기본적인 방정식

Schrödinger 방정식

$$i\hbar\frac{\partial\Psi}{\partial t}=H\Psi$$

시간에 무관한 Schrödinger 방정식

$$H\psi=E\psi,\qquad \Psi=\psi e^{-iEt/\hbar}$$

Hamiltonian 연산자

$$H=-\frac{\hbar^2}{2m}\nabla^2+V$$

운동량 연산자

$$\mathbf{p}=-i\hbar\nabla$$

기댓값의 시간 의존성

$$\frac{d\langle Q\rangle}{dt}=\frac{i}{\hbar}\langle[H,Q]\rangle+\left\langle\frac{\partial Q}{\partial t}\right\rangle$$

일반화된 불확정성 원리

$$\sigma_A\sigma_B\geq\left|\frac{1}{2i}\langle[A,B]\rangle\right|$$

Heisenberg 불확정성 원리

$$\sigma_x\sigma_p\geq\hbar/2$$

정준교환자

$$[x,p]=i\hbar$$

각운동량

$$[L_x,L_y]=i\hbar L_z,\quad [L_y,L_z]=i\hbar L_x,\quad [L_z,L_x]=i\hbar L_y$$

Pauli 행렬

$$\sigma_x=\begin{pmatrix}0&1\\1&0\end{pmatrix},\quad \sigma_y=\begin{pmatrix}0&-i\\i&0\end{pmatrix},\quad \sigma_z=\begin{pmatrix}1&0\\0&-1\end{pmatrix}$$

기본 상수

Planck의 상수	$\hbar$	$= 1.05457 \times 10^{-34}\ \mathrm{J\,s}$
빛의 속도	c	$= 2.99792 \times 10^{8}\ \mathrm{m/s}$
전자의 질량	m_e	$= 9.10938 \times 10^{-31}\ \mathrm{kg}$
양성자의 질량	m_p	$= 1.67262 \times 10^{-27}\ \mathrm{kg}$
양성자의 전하	e	$= 1.60218 \times 10^{-19}\ \mathrm{C}$
전자의 전하	$-e$	$= -1.60218 \times 10^{-19}\ \mathrm{C}$
공간의 유전율	ϵ_0	$= 8.85419 \times 10^{-12}\ \mathrm{C^2/J\,m}$
Boltzmann 상수	k_B	$= 1.38065 \times 10^{-23}\ \mathrm{J/K}$

수소 원자

미세구조상수	$\alpha = \dfrac{e^2}{4\pi\epsilon_0\hbar c}$		$= 1/137.036$
Bohr 반지름	$a = \dfrac{4\pi\epsilon_0\hbar^2}{m_e e^2}$	$= \dfrac{\hbar}{\alpha m_e c}$	$= 5.29177 \times 10^{-11}\ \mathrm{m}$
Bohr 에너지	$E_n = -\dfrac{m_e e^4}{2(4\pi\epsilon_0)^2\hbar^2 n^2}$		$= \dfrac{E_1}{n^2}\ (n = 1, 2, 3, \ldots)$
결합에너지	$-E_1 = \dfrac{\hbar^2}{2m_e a^2}$	$= \dfrac{\alpha^2 m_e c^2}{2}$	$= 13.6057\ \mathrm{eV}$
바닥상태	$\psi_0 = \dfrac{1}{\sqrt{\pi a^3}} e^{-r/a}$		
Rydberg 공식	$\dfrac{1}{\lambda} = R\left(\dfrac{1}{n_f^2} - \dfrac{1}{n_i^2}\right)$		
Rydberg 상수	$R = -\dfrac{E_1}{2\pi\hbar c}$		$= 1.09737 \times 10^{7}\ /\mathrm{m}$

INTRODUCTION TO
QUANTUM MECHANICS

DAVID J. GRIFFITHS
DARRELL F. SCHROETER

양자역학 3rd Edition

최준곤 옮김

CAMBRIDGE UNIVERSITY PRESS

TEXTBOOKS 텍스트북스

Introduction To Quantum Mechanics, Third edition
by David J. Griffiths, Darrell F. Schroeter

ISBN 978-1-107-18963-8

양자역학 3rd Edition

발행일 2025년 3월 1일 7쇄
지은이 David J. Griffiths, Darrell F. Schroeter
옮긴이 최준곤
발행인 임은정 **발행처** (주)텍스트북스 **주소** 서울특별시 영등포구 양평로 30길 14, 세종앤까뮤스퀘어 1109호
전 화 02-702-5725 **팩스** 02-702-5727 **웹사이트** www.textbooks.co.kr
등록번호 제2022-000098호

ISBN: 978-89-93543-81-0 93420
정가 32,000원

양자역학

3판

David J. Griffiths는 Harvard 대학교에서 학사(1964), 박사(1970) 학위를 받았다. 그는 1978년 Reed College에 교수로 부임하기 전에는 Hampshire College, Mount Holyoke College와 Trinity College에서 강의하였다. 2001~2002년에 다섯 대학(UMass, Amherst, Mount Holyoke, Smith와 Hampshire)에 물리학과 방문교수로 지냈고, 2007년 봄 Stanford에서 전자기학을 강의하였다. 입자물리 이론으로 박사 학위를 받았지만 전자기학과 양자역학 분야에서 대부분의 연구를 하였다. 그는 50개의 논문과 네 권의 책을 썼다. *Introduction to Electrodynamics* (4th edition, Cambridge University Press, 2013), *Introduction to Elementary Particles* (2nd edition, Wiley-VCH, 2008), *Introduction to Quantum Mechanics* (2nd edition, Cambridge, 2005), *Revolutions in Twentieth-Century Physics* (Cambridge, 2013).

Darrel F. Schroeter는 이론 응집물리학자이다. Reed College에서 학사(1995) 학위를 받았고, National Science Foundation Graduate Research Fellow였던 Stanford 대학교에서 박사(2002) 학위를 받았다. 2007년 Reed College에 교수로 부임하기 전에 Schroeter는 Swarthmore College와 Occidental College에서 강의를 하였다. 2011년에 학부생과 성공적으로 수행한 이론 연구 업적으로 KITP-Anacapa 학자로 명명되었다.

역자 소개

최준곤은 서울대학교에서 학사(1984), Harvard 대학교에서 입자물리 이론으로 석사(1986), 박사(1990) 학위를 받았다. 1990~1992년에 University of Washington에서 박사후 연구원을 지낸 후, 1992년부터 고려대학교 물리학과에 부임하여 현재 교수로 있다. 고려대학교 물리학과에서 일반물리학, 수리물리학, 양자역학, 고전역학, 전자기학 등 물리학과의 필수 과목에 대한 강의를 하고 있다. 저서로는 대중 과학에서 “소리를 질러봐” (장경애 공저, 동아사이언스, 2006), “행복한 물리 여행” (이다미디어 2011), 물리학 서적으로는 “양성자 구조에 대한 현대적 이해” (청문각, 2002), “양자역학” (범한서적주식회사, 2010), 역서로는 “수리물리학, 3판” (범한서적주식회사, 2008)이 있다.

저자 서문

Preface

Newton의 역학이나 Maxwell의 전자기학, 혹은 Einstein의 상대론과는 다르게 양자 이론은 한 사람에 의해 만들어진 것이 아니고, 심지어는 명확하게 정리된 것도 아니면서, 오늘날까지 흥분하지만, 충격을 받는 젊은이들에게 상처를 주고 있다. 기본적인 원리가 무엇인지, 어떻게 가르칠지, 정말로 무엇을 "의미하는지" 통일된 의견이 없다. 모든 유능한 물리학자는 양자역학을 "할" 수 있지만 무엇을 하고 있는지 자신에게 말하는 이야기는 천일야화만큼이나 다양하고, 또한 믿기도 어렵다. Niels Bohr는 "양자역학이 혼동스럽지 않다면 그것을 진정으로 이해하지 못하는 것이다"라고 말했다. Richard Feynman은 "아무도 양자역학을 이해하지 못한다고 생각한다"고 말했다.

이 책의 목적은 양자역학을 "하는" 방법을 가르치는 것이다. 1장에서 기본적인 개념을 제외하고는, 심각한 그리고 약간은 철학적인 질문은 맨 끝에 있다. 양자역학이 무엇을 하는지 확고한 느낌이 들어야만 양자역학이 무엇인지 지적으로 논의할 수 있다고 믿는다. 그러나 기다릴 수 없다면 1장을 마치고 바로 후기를 읽으면 된다.

양자론은 개념적으로 풍부할 뿐 아니라 기술적으로 어려워서 교과서에 나타나는 인공적인 예제를 제외하고는 정확한 해는 거의 없다. 그러므로 더 실제적인 문제를 풀려면 특별한 기술을 개발하는 것이 중요하다. 따라서 이 책은 두 부분으로 나누어져 있다.[1] 1부는 기본적인 이론을 다루고, 2부에서는 실례를 들어 응용과 더불어 근사 방법을 모아 놓았다. 비록 두 부분을 논리적으로 따로 유지하는 것이 중요하지만, 여기서 보여주는 순서대로 그 내용을 공부할 필요는 없다. 예컨대 어떤 강사는 시간에 무관한 섭동 이론을 2장 바로 다음에 다루기를 원할 수도 있다.

이 책은 3학년 혹은 4학년 수준에서 한 학기 또는 일 년 과목으로 강의하도록 준비하였다. 한 학기 과목에서는 주로 1부에 집중해야 할 것이다. 일 년 과목에서는 2부를 넘어서는 추가적인 주제를 다룰 여지가 있다. 독자는 (부록에 요약한) 선형 대수, 복소수와 편미분까지의 미적분학을 알고 있어야 한다. Fourier 분석과 Dirac 델타함수를 알고 있으면 도움이 될 것이다. 기본적인 고전역학은 물론 필수적이고, 약간의 전자기학에 대한 지식은 여러 곳에서 유용하다. 언제나 물리학과 수학을 더 많이 알수록 더 쉬울 것이고, 공부하면서 더 많은 것을 얻을 것이다. 그러나 양자역학은 이전의 이론에서 부드럽고 자연스럽게 나오는 것은 아니다. 이와는 대조적으로 고전적인 개념에서 갑작스럽고 혁명적으로 벗어나기 때문에 세상에 대해 아주 새롭고 직관에 거스르는 사고 방식을 요구한다. 이 부분이 양자역학이 매우 매력적인 과목이 되는 이유이다.

처음 볼 때에는 이 책은 너무 수학적으로 보일 것이다. 이 책에서 Legendre, Hermite와 Laguerre 다항식, 구면 조화 함수, Bessel, Neumann과 Hankel 함수, Airy 함수와 심지어 Rie-

---

[1] 이 구조는 David Park의 대표적인 교재인 *Introduction to the Quantum Theory*, 3rd edn, McGraw-Hill, New York (1992)에서 영감을 받았다.

mann zeta 함수까지 접하게 될 것이다. 물론 Fourier 변환, Hilbert 공간, hermitian 연산자와 Clebsch-Gordan 계수도 보게 될 것이다. 이와 같은 수학이 정말 필요한가? 아마 그렇지 않을지도 모르지만 물리학은 목수의 일과 비슷하다. 올바른 도구를 쓰면 일이 쉬워지지 더 어려워지지는 않는다. 적절한 수학적 지식 없이 양자역학을 가르치는 것은 날이 빠진 톱을 쓰는 것과 같다. 가능하지만 고통스럽다. (반면에 강사가 각각의 도구를 제대로 쓰는 방법에 대해 자세히 설명한다면 지겹고, 관심이 다른 데로 갈 것이다. 학생에게 삽을 주고, 땅을 파라고 말하기만 하면 된다. 처음에는 손에 물집이 생길 수 있지만 이것이 가장 효율적이고 흥미진진한 방법이라고 생각한다.) 어쨌든 이 책에 깊은 수학은 없고, 친숙하지 않은 것을 만나서 설명이 적당하지 않다고 느끼면, 딴 사람에게 물어보거나 다른 책을 찾아보면 된다. 수학적인 방법에 대한 좋은 책은 많다. 특히 다음 책을 추천한다. Mary Boas, *Mathematical Methods in the Physical Sciences*, 3rd edn, Wiley, New York (2006)이나 George Arfken, Hans-Jurgen Weber, *Mathematical Methods for Physicists*, 7th edn, Academic Press, Orlando (2013). 무엇을 하든 우리에게는 단지 도구인 수학으로 인해 물리를 흐리게 하지는 말라.

여러 독자들이 생각보다 훨씬 적은 예제가 있고, 어떤 중요한 내용은 문제로 넘어간 것을 눈치챘을 것이다. 이것은 우연이 아니다. 스스로 많은 연습문제를 풀지 않고 양자역학을 배울 수 있다고 믿지 않는다. 강사는 물론 시간이 허락하는 한 강의에서 되도록 많은 문제를 다루어야 하지만, 학생은 이 과목은 누구나 직관으로 접근할 수 있지 않다는 것을 염두에 두어야 한다. 여기서 새로운 근육을 만들려고 하는 것이고, 건강 체조를 대신할 것은 어떤 것도 없다. Mark Semon은 "미슐랭 안내서"처럼 난이도와 중요한 수준을 나타내는 별의 수를 표시해야 한다고 제안하였다. (식당의 질처럼 문제의 중요성은 일부는 취향 문제이기는 하지만) 좋은 생각으로 보인다. 그래서 다음과 같은 등급 기준을 정했다.

*	모든 독자가 반드시 공부해야 할 기본적인 문제
**	약간 어렵거나 주변적인 문제
***	한 시간 이상 걸릴 예외적으로 도전적인 문제

(전혀 별이 없는 것은 패스트푸드이다. 배고플 때는 괜찮지만, 그렇게 영양가가 있는 것은 아니다.) 대부분의 별 한 개 문제는 관련 있는 절의 끝에 있다. 대부분의 별 세 개 문제는 장의 끝에 있다. 컴퓨터가 필요하면 여백에 마우스()를 붙였다. 해답집은 출판사에서 (강사만) 구할 수 있다.

3판을 준비하면서 1판과 2판의 의도를 가능한 한 유지하려고 노력하였다. 이제 저자는 두 명이지만 독자에게 전할 때 여전히 "나"라는 일인칭을 쓰겠다. 더 친밀하게 느껴지고, 결국 한 번에 저자 한 사람만 말한다. (책에서 "우리"라고 할 때는 독자와 저자 모두를 지칭한다.) Schroeter는 고체물리 이론의 신선한 관점을 집어 넣었고, 그는 대칭성에 대한 새 장을 거의 다 썼다. 더 많은 문제를 추가했고, 많은 설명을 더 분명하게 했으며, 후기를 수정하였다. 그러나 책이 두꺼워지지 않도록 하였고, 그렇기 때문에 서행 변화 근사에 대한 장을 없앴다. (그 장에서 중요한 개념은 11장에 나온다.) 그리고 5장에서 (열물리 책에 나오는 것이 적당한) 통계물리에 대한 내용을 뺐다. 강사는 적당하다고 생각하면 이와 같은 다른 주제를 다루는 것이 좋지만, 교재 자체는 이 과목의 중요한 핵심만 표현하기를 원했다.

이 책의 초고를 읽고, 첫 두 판에서 부족한 부분(혹은 오류)을 지적해주고, 표현 방법을 개선하는 것을 제안하고, 흥미로운 문제들을 제공한 많은 동료들의 제언과 충고가 큰 도움이 되었다. 특히 다음 동료들에게 감사를 표한다.

P. K. Aravind (Worcester Polytech), Greg Benesh (Baylor), James Bernhard (Puget Sound), Burt Brody (Bard), Ash Carter (Drew), Edward Chang (Massachusetts), Peter Collings (Swarthmore), Richard Crandall (Reed), Jeff Dunham (Middlebury), Greg Elliott (Puget Sound), John Essick (Reed), Gregg Franklin (Carnegie Mellon), Joel Franklin (Reed), Henry Greenside (Duke), Paul Haines (Dartmouth), J. R. Huddle (Navy), Larry Hunter (Amherst), David Kaplan (Washington), Don Koks (Adelaide), Peter Leung (Portland State), Tony Liss (Illinois), Jeffry Mallow (Chicago Loyola), James McTavish (Liverpool), James Nearing (Miami), Dick Palas, Johnny Powell (Reed), Krishna Rajagopal (MIT), Brian Raue (Florida International), Robert Reynolds (Reed), Keith Riles (Michigan), Klaus Schmidt-Rohr (Brandeis), Kenny Scott (London), Dan Schroeder (Weber State), Mark Semon (Bates), Herschel Snodgrass (Lewis and Clark), John Taylor (Colorado), Stavros Theodorakis (Cyprus), A. S. Tremsin (Berkeley), Dan Velleman (Amherst), Nicholas Wheeler (Reed), Scott-Willenbrock (Illinois),WilliamWootters (Williams), and Jens Zorn (Michigan).

역자 서문

최근 "양자역학"이 상식적인 단어가 되어 일반인도 여러 차례 들을 정도로 친숙해졌다. 양자역학의 기본적인 개념을 쉽게 설명하려는 많은 대중강연, 유튜브 방송 등이 있지만, 양자역학은 호기심만으로 접근하기에는 매우 어려운 주제이다. 이 책은 물리학을 전공하는 3, 4학년을 대상으로 양자역학의 정성적인 성질뿐만 아니라, 적절한 수학적인 기술을 통해 정량적인 분석을 할 수 있도록 하기 위해 만들어졌다. 물리학을 전공하는 학생은 탄탄한 수학적인 도구를 사용하여 양자역학의 기본적인 틀을 이해할 뿐만 아니라, 양자역학에서 묻는 여러 질문에 구체적이고 정량적인 대답을 할 수 있어야 한다. 한편 여러 문제를 푸는 과정에서 철학적인 문제와 더불어 직관을 얻을 수 있는 정성적 이해가 가능하다.

이 책은 3판까지 출판되는 전 세계적으로 인기 있는 양자역학 교재이다. 양자역학 교재는 셀 수 없이 많지만, 현대적인 시각과 방법론을 선택한 최근의 교재는 그렇게 많지 않다. 그런 의미에서 이 책은 여러 독자에게 사랑을 받고 있다. 개인적으로는 개념의 전달과 수학적인 지식을 난이도의 순서에 따라 체계적으로 전개한 것이 마음에 든다. 또한 이론물리학자답게 양자역학의 수학적인 구조 및 관측의 문제에 대해 깊게 고찰하였다. 하지만 독자와 친숙함을 강조하기 위하여 정통적인 교재의 순서와는 다른 독특한 순서를 정했기 때문에 처음에 독자는 낯설게 느낄 수도 있다. 본 역자는 여러 해 양자역학을 강의했고, 그때마다 이 책을 교재 혹은 부교재로 사용하였다. 이 책의 수준과 내용은 국내에서도 물리학과 학생들에게 적합한 것이어서 물리학도라면 누구나 이 책을 양자역학 교재로 추천할 것이다.

양자역학을 공부하는 독자는 수학적 지식이 많거나 적은 두 부류가 있다. 수학을 잘 알고 있는 학생에게는 이 책은 그리 어렵지 않다. 이 경우 물리적 의미를 이해하는 것이 중요하다. 수학적 지식이 많지 않은 경우 양자역학에서 필요한 수학이 이 책에서 대부분 나온다. 따라서 이 책은 양자역학을 공부하려는 많은 학생들에게 도움이 될 것이다.

이 책의 번역을 제안하고 많은 도움을 준 텍스트북스 출판사에 감사의 말을 전한다.

2019년 2월
고려대 물리학과
최준곤

차례

Part 1
이론

1 파동함수
The Wave Function

1.1 Schrödinger 방정식

질량 m인 입자가 주어진 힘 $F(x, t)$를 받으며 x축 위에서 움직인다고 생각해보자(그림 1.1). 고전역학에서 주된 목표는 임의의 시간에 입자의 위치 $x(t)$를 결정하는 것이다. 이를 알고 나면 속도($v = dx/dt$), 운동량($p = mv$), 운동에너지[$T = (1/2)mv^2$]와 다른 흥미 있는 동역학적 변수를 구할 수 있다. $x(t)$를 어떻게 결정하는가? 우선 Newton의 방정식 $F = ma$를 적용한다. (운 좋게도 미시세계에서 일어날 수 있는 유일한 경우인 "보존계"만 고려하면 되는데 이때 힘은 퍼텐셜 에너지를[1] 미분하여 $F = -\partial V/\partial x$로 표현할 수 있고, Newton의 법칙은 $m\, d^2x/dt^2 = -\partial V/\partial x$로 쓸 수 있다). 이 식과 적당한 초기 조건을 주면 (전형적으로 $t = 0$에서 위치와 시간으로 주어진다) $x(t)$를 결정한다.

양자역학에서는 똑같은 문제를 매우 다른 방법으로 접근한다. 이 경우 입자의 **파동함수** $\Psi(x, t)$를 구하는데, 이는 **Schrödinger 방정식**을 풀어서 구한다.

$$\boxed{i\hbar\frac{\partial \Psi}{\partial t} = -\frac{\hbar^2}{2m}\frac{\partial^2 \Psi}{\partial x^2} + V\Psi.} \tag{1.1}$$

여기서 i는 -1의 제곱근이고, $\hbar$는 Planck 상수, 혹은 원래의 상수(h)를 2π로 나눈 값이다.

$$\hbar = \frac{h}{2\pi} = 1.054573 \times 10^{-34}\ \text{J s}. \tag{1.2}$$

논리적으로 보면 Schrödinger 방정식은 Newton의 제2법칙과 비슷한 역할을 한다. 적절한 초기조건[전형적으로 $\Psi(x, 0)$]이 주어지면 Schrödinger 방정식을 통해 모든 미래 시간 t에 대한 $\Psi(x, t)$를 결정하는데, 이는 고전역학에서 Newton의 법칙을 통해 모든 미래 시간에 대해 $x(t)$를

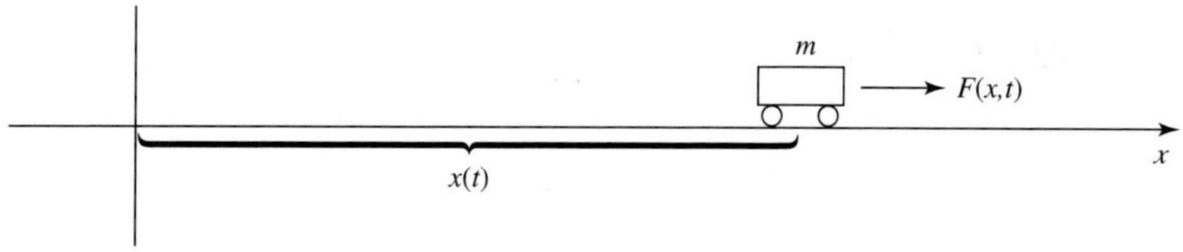

그림 1.1: 주어진 힘을 받으며 일차원에서 움직이는 "입자".

[1] 자기력은 예외이지만 당장은 걱정하지 말자. 하지만 이 책에서 운동은 비상대론적인 것으로($v \ll c$) 가정한다.

결정하는 것과 마찬가지이다.[2]

1.2 통계적 해석

그러나 이 "파동함수"는 정확히 무엇이고, 이 함수를 얻으면 무엇을 할 수 있을까? 결국 입자는 그 특성상 한 점에 있는 반면 (용어가 의미하듯) 파동함수는 공간에 퍼져 있다(주어진 t에서 x의 함수이다). 이 함수가 어떻게 입자의 상태를 나타낼까? 이 답은 Born의 **통계적 해석**으로 주어지는데 $|\Psi(x, t)|^2$이 시간 t, 위치 x에서 입자를 발견할 확률이라는 것이다. 더 정확히 표현하면 다음과 같다.[3]

$$\boxed{\int_a^b |\Psi(x,t)|^2\, dx = \left\{ \begin{array}{l} \text{시간 } t\text{에서 } a\text{와 } b \text{ 사이에서 입자를} \\ \text{찾을 수 있는 확률.} \end{array} \right\}} \tag{1.3}$$

확률은 $|\Psi|^2$ 그래프 아래의 면적이다. 그림 1.2의 파동함수에서는 입자가 $|\Psi|^2$이 큰 점 A 근처에서 발견될 확률은 크지만, 점 B 근처에서는 거의 발견하지 못하게 된다.

이론적으로 입자에 대하여 말할 수 있는 모든 것(정확하게는 파동함수)을 알고 있다고 하더라도 통계적인 해석으로 인해 양자역학에 일종의 **불확정성**이 도입된다. 즉 위치를 측정하는 간단한 실험결과도 확실하게 예측할 수 없다. 양자역학은 가능한 결과에 대한 통계적인 정보를 제공한다. 물리학자와 철학자 모두가 이러한 불확정성에 대해 불편하게 생각했고, 이것이 자연의 특성인지 이론의 결점인지 의아해하는 것은 당연하게 보인다.

만일 입자의 위치를 측정하고 이 입자가 점 C에 있는 것을 알게 되었다고 하자.[4] 질문: 측정하기 직전 입자는 어디에 있었는가? 이 질문에 세 가지 가능한 답이 있고, 이는 대표적 학파가 양자역학적 불확정성을 바라보는 성격을 규정짓는다.

1. **사실주의적** 입장: 입자는 C에 있었다. 이는 분명히 합리적이고 Einstein도 이렇게

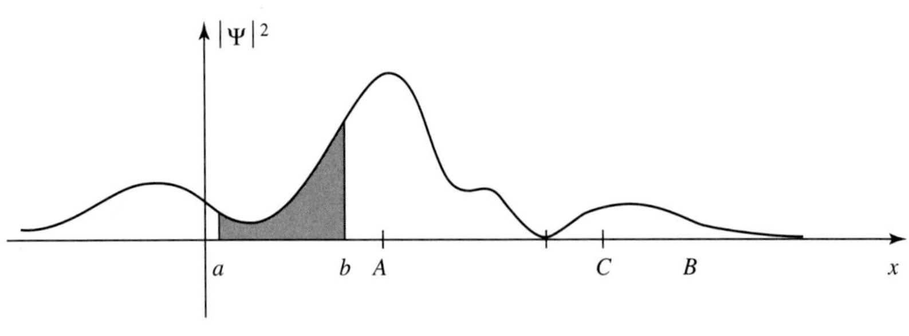

그림 1.2: 전형적인 파동함수. 어두운 부분은 a와 b 사이에서 입자를 발견할 확률을 나타낸다. 입자는 A 근처에서 상대적으로 발견되기 쉬우며 B 근처에서는 발견할 가능성이 작다.

---

[2] Schrödinger 방정식의 근원에 대한 멋진 경험적인 설명을 보려면 Felix Bloch가 쓴 *Physics Today* 1976년 12월호의 기사를 읽어보길 권한다.

[3] 파동함수 자체는 복소수이지만, $|\Psi|^2 = \Psi^*\Psi$는 실수이고 0 이상인 수이다(Ψ^*는 Ψ의 복소켤레이다). 확률이 되려면 반드시 그래야 한다.

[4] 물론 측정기기가 완벽하게 정확할 수는 없다. 여기서는 입자가 기기의 정확도에 의해 결정되어 C 근처에 있다는 의미이다.

주장했다. 그러나 이것이 사실이라면 양자역학은 불완전한 이론이다. 왜냐하면 입자는 실제로 C에 있었는데 양자역학에서는 그렇다고 할 수 없기 때문이다. 사실주의자에게 불확정성은 자연의 성질이 아니고, 우리의 무지의 소산인 것이다. d'Espagnat가 말했듯이 "입자의 위치는 전혀 불확정적이지 않지만, 실험하는 사람에게 알려지지 않은 것뿐이다."[5] 분명히 Ψ가 전부는 아니다. (**숨은 변수**로 알려진) 다른 추가적인 정보가 있어야 입자를 완벽하게 기술할 수 있다.

2. **정통적인** 입장: 사실 입자는 어느 곳에도 있지 않다. 측정행위를 했을 때에만 (비록 어떻게, 왜 그 입자가 점 C로 결정했는지는 묻지 않지만) 입자가 "나타나는" 것이다. Jordan이 이를 가장 잘 표현했다. "관측은 측정하려는 것을 흔들어 놓을 뿐만 아니라, 이를 만들어 낸다…. 우리는 입자가 특정한 위치를 가지도록 강요하는 것이다."[6] (소위 **Copenhagen 해석**이라고 부르는) 이러한 견해는 Bohr와 그의 추종자들이 믿고 있었다. 이 견해가 지금까지 물리학자들이 널리 받아 들이고 있는 입장이다. 그러나 이것이 맞더라도 측정행위에는 매우 특별한 점이 있다. 이에 대해 거의 한 세기 동안 논쟁해왔지만 얻은 것은 별로 없었다.

3. **불가지론적** 입장: 답하기를 거절한다. 이는 생각보다 어리석지 않은 입장이다. 측정하기 전에 입자의 상태에 대해 주장할 때 그 주장이 맞는지 아는 방법은 정확히 측정을 하는 것이라고 하면 이 주장은 더이상 "측정하기 전"이 아닌데 어떤 의미가 있겠는가? 이것은 본질적으로 시험할 수 없는 것에 대해 걱정을 하는 (약간 비꼬는 말이지만) 형이상학이다. Pauli는 다음과 같이 말했다. "얼마나 많은 천사가 바늘 끝에 앉을 수 있는가와 같은 옛날 질문처럼 전혀 알 수 없는 것이 그럼에도 불구하고 존재할 수 있는가라는 질문에 머리를 씩일 필요는 없다."[7] 이 견해가 지난 수십 년 동안 대부분 물리학자들이 취해온 미봉책이었다. 정통적인 답을 주장하다가도, 사람들이 더 끈질기게 접근하면 물리학자들은 불가지론적 대답을 하고 대화를 끝내 버린다.

최근까지 세 입장(사실주의적, 정통적, 불가지론적)에 각각 동조하는 사람들이 있었다. 그러나 1964년에 John Bell은 측정을 하기 전이든, 그렇지 않든 (비록 모르지만) 입자가 정확한 위치에 있는가에 따라 관측 가능한 차이가 있다는 것을 증명함으로써 물리학계에 충격을 주었다. Bell의 발견 때문에 불가지론적 입장은 사실상 제거된 셈이고, 첫 번째 혹은 두 번째 입장이 옳은 선택인가 하는 실험적인 질문이 남게 되었다. 책 마지막 부분에서 독자가 Bell의 논의를 더 잘 이해하게 되었을 때 이 이야기를 다시 하겠다. 하지만 실험을 통해 정통적인 해석이 확인되었다는 것만을 여기서 밝히겠다.[8] 연못의 수면파와 마찬가지로 입자는 측정하기 전에는 정확한 위치를 정할 수 없다. 한 특정한 숫자를 주는 것이 측정과정이고, 따라서 어떤 의미에서는 파동

5 Bernard d'Espagnat, "The Quantum Theory and Reality" (*Scientific American*, November 1979, p. 165).

6 N. David Mermin의 "Is the moon there when nobody looks?" *Physics Today*, April 1985, p. 38에 있는 아름다운 글에서 인용

7 위와 같은 출처, p. 40.

8 사실 이 말은 너무 강한 주장이다. (David Bohm과 같이) 맞을 수도 있는 비국소적 숨은 변수이론이나 (**다세계** 해석과 같은) 다른 이론체계가 있고, 이들은 위의 세 범주에 분명하게 속하지 않는다. 하지만 적어도 교육적인 목적에서는 이 단계에서 분명하고, 일관성 있는 틀을 제공하는 것이 좋다고 생각하고 다른 가능성에 대해서는 나중에 걱정하기로 하자.

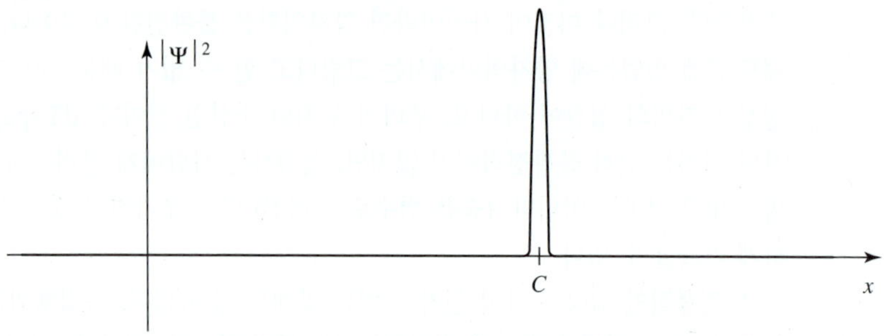

그림 1.3: 파동함수의 붕괴. 점 C에서 입자를 발견한 측정 직후 $|\Psi|^2$의 그래프.

함수에 의한 통계적 가중치에 의해서만 제한되는 특정한 결과를 만들어 낸다고 할 수 있다.

첫 번째 측정을 한 직후 두 번째 측정을 하면 무슨 일이 일어날까? C에 있다는 결과를 다시 얻을까, 아니면 측정 자체가 매번 어떤 새로운 숫자를 뱉어 낼까? 이 질문에 대해서는 누구나 다음과 같이 동의한다. (똑같은 입자에 대해) 반복해서 측정하면 같은 결과가 나와야 한다. 사실 측정한 결과가 바로 반복한 측정에 의해 확인할 수 없다면 첫 번째 입자가 C에서 측정되었다는 것을 증명하기는 어렵다. 정통적인 해석에서 두 번째 측정한 결과가 값 C가 나온다는 것을 어떻게 설명할까? 첫 번째 측정을 하면 반드시 파동함수를 격렬하게 바꿔어 C 근처에서 최고조를 이루어야 할 것이다(그림 1.3). 이때 측정한 후 점 C에 못처럼 뾰족하게 **붕괴**되었다고 한다. (이 함수는 Schrödinger 방정식에 의해 곧 공간에 퍼져 나간다. 따라서 두 번째 측정은 매우 빨리 이루어져야 한다.) 따라서 물리 과정은 전혀 다른 두 종류로 이루어져 있다. 하나는 Schrödinger 방정식에 의해 천천히 파동함수가 변하는 "보통" 과정이고, 다른 하나는 Ψ가 갑자기 불연속적으로 붕괴하는 "측정" 과정이다.[9]

예제 1.1

전자 간섭. (예를 들면 전자 같은) 입자가 Ψ로 코드화되어 있는 파동의 성질을 갖는다고 했다. 이것을 실험실에서 어떻게 확인할까?

파동현상의 전형적인 특징은 간섭현상이다. 위상이 같은 두 파동은 보강간섭을 하고, 위상이 맞지 않으면 상쇄간섭을 한다. 빛의 파동적 성질은 1801년 Young의 유명한 이중슬릿 실험으로 확인되었는데, 단일 파장의 빛이 두 슬릿을 통과할 때 먼 스크린 위에 간섭 "무늬"가 나타난 것을 보였다. 만일 전자로 근본적으로 같은 실험을 하여 같은 간섭무늬가 나타나면,[10] 전자의 파동에 대한 성질을 확인할 수 있다.

이제 전자빔의 세기를 줄여서 특정한 시간에 전자가 하나만 기기 안에 있게 만들어 보자.

---

9 양자역학에서 측정의 역할은 매우 중요하고 이상해서 측정을 구성하는 것이 정확히 무엇인지 의아해 할 것이다. 이 책의 후기에서 이 곤란한 문제를 다시 논의할 것이다. 당분간은 다음과 같이 순진하게 보겠다. 측정은 하얀 코트를 입은 과학자가 실험실에서 자, 스톱워치, Geiger 계수기 등으로 하는 것이다.

10 전자의 파장은 매우 작기 때문에 슬릿은 극도로 가까이 있어야 한다. 역사적으로 보면 Davisson과 Germer가 1925년에 결정 안의 원자층을 "슬릿"으로 사용하여 처음으로 이 슬릿을 만들었다. 흥미 있는 설명을 보려면 다음을 참조하라. R. K. Gehrenbeck, *Physics Today*, January 1970, 34쪽.

통계적 해석에 따르면 각 전자는 스크린에 한 점을 만들 것이다. 양자역학에서는 이 점의 정확한 위치를 예측할 수 없다. 다만 주어진 전자가 특정한 장소에 있을 확률을 구할 수 있다. 그러나 수 만 개의 전자를 하나씩 인내심을 갖고 기다리면, 쌓이는 점들이 모여 고전적인 이중슬릿 간섭무늬를 만드는 것을 보게 될 것이다(그림 1.4).[11]

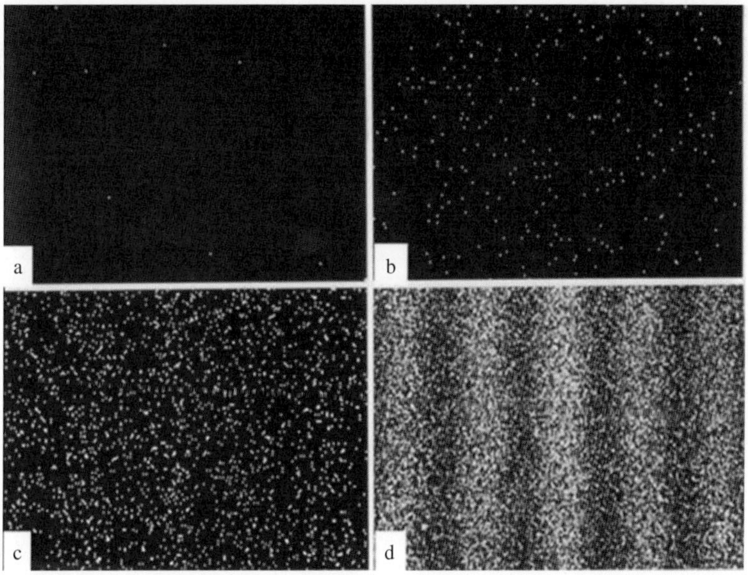

그림 1.4: 전자 간섭무늬가 만들어지는 과정. (a) 8개의 전자, (b) 270개의 전지, (c) 2000개의 전자, (d) 160,000개의 전자. The Central Research Laboratory, Hitachi, Ltd., Japan의 허가를 받음.

물론 슬릿 한 개를 닫거나 어느 슬릿으로 전자가 통과하는지 관측하는 장치를 첨가하면 간섭무늬는 사라진다. 이때 입자의 파동함수는 전혀 다르다(첫 번째 경우에는 Schrödinger 방정식의 경계조건이 다르기 때문이고, 두 번째 경우에는 측정 후 파동함수가 붕괴되기 때문이다). 그러나 두 슬릿이 모두 열려 있으면 진자는 방해를 받지 않고, 전자가 자기 자신과 간섭한다. 전자가 한 슬릿 혹은 다른 슬릿을 통과하는 것이 아니라 동시에 두 슬릿을 지나간다. 이는 마치 수면파가 구멍이 두 개 뚫린 곳을 지날 때 서로 간섭하는 것과 마찬가지이다. 입자가 파동방정식을 만족한다는 것을 받아들이기만 하면 이것은 전혀 신비한 것이 아니다. 정말로 놀라운 것은 한 개씩 얻은 점들이 모여 간섭무늬를 만드는 것이다. 어떤 고전적인 파동이론에서도 간섭무늬는 시간이 지나면 점점 더 강해질 뿐이므로 부드럽고 연속적으로 만

[11] Tonomura et al., *American Journal of Physics*, Volume 57, Issue 2, pp. 117–120 (1989)를 참조하고, 이와 관련된 훌륭한 비디오는 www.hitachi.com/rd/portal/highlight/quantum/doubleslit을 찾아보라. 이 실험을 훨씬 질량이 큰 "버키볼"로도 할 수 있다. M. Arndt, et al., *Nature* **40**, 680 (1999) 참조. 우연하게도 같은 실험을 빛으로도 했다. 빛의 세기를 매우 낮추어 한 번에 "광자" 한 개만 나오게 하여 각 점들을 모으면 간섭무늬를 얻는다. R. S. Aspden, M. J. Padgett, G. C. Spalding, *Am. J. Phys.* **84**, 617 (2016) 참조.

들어진다. 양자역학적 과정은 Seurat의 점묘법과 같다. 모든 각각의 점들이 모여 무늬가 나타나게 된다.[12]

1.3 확률

1.3.1 불연속 변수

통계적인 해석 때문에 양자역학에서 확률은 중요한 역할을 하므로, 여기서 간단하게 확률에 대한 논의를 하겠다. 여기서는 간단한 예제를 통해 주로 표기법과 용어를 도입하겠다.

연령분포가 다음과 같은 열네 명이 방 안에 있다.

14살 1명,
15살 1명,
16살 3명,
22살 2명,
24살 2명,
25살 5명.

$N(j)$가 나이 j인 사람의 수라고 하면 다음과 같이 쓸 수 있다.

$$N(14) = 1,$$
$$N(15) = 1,$$
$$N(16) = 3,$$
$$N(22) = 2,$$
$$N(24) = 2,$$
$$N(25) = 5.$$

한편 예를 들어 $N(17)$은 0이다. 전체 사람 수는

$$N = \sum_{j=0}^{\infty} N(j) \tag{1.4}$$

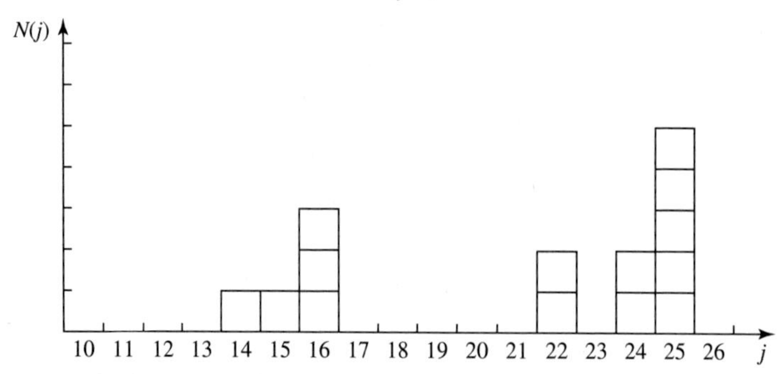

그림 1.5: 1.3.1절의 예제에 있는 나이 j인 사람 수 $N(j)$를 나타내는 막대그래프.

[12] 통계적 해석으로 인해 유도되는 측정과정의 독특한 양자역학적 특징과 어떤 파동이론에서도 나타나는 간섭과 회절 현상과는 구별하는 것이 중요하다고 생각한다.

이다(물론 이 예제에서 $N = 14$이다). 자료에 대한 막대그래프를 그림 1.5에 나타내었다. 다음은 이 분포에 대해 물어볼 수 있는 질문이다.

문제 1 이 집단에서 한 개인을 선택할 때 이 사람의 나이가 15살일 **확률**은 얼마인가?

답 어느 한 사람이 특정한 나이를 가질 모든 똑같은 가능성을 갖는 선택이 14가지이므로 1/14이다. $P(j)$가 나이 j일 확률이라고 하면 $P(14) = 1/14$, $P(15) = 1/4$, $P(16) = 3/14$ 등이다. 일반적으로는 다음과 같다.

$$P(j) = \frac{N(j)}{N}. \tag{1.5}$$

14살 혹은 15살인 사람을 선택할 확률은 각각의 확률을 더한다(이 경우 1/7이다). 특히 모든 확률을 더하면 1이 되어야 한다. 선택한 사람은 어떤 나이든 가져야 한다.

$$\sum_{j=0}^{\infty} P(j) = 1. \tag{1.6}$$

문제 2 **가장 잦은 확률**을 갖는 나이는?

답 당연히 25이다. 이 연령에 다섯 사람이 있는 반면, 다른 연령대에는 기껏해야 세 명이 있기 때문이다. 가장 잦은 확률을 갖는 j는 $P(j)$가 최대인 값이다.

문제 3 나이의 **중간값**은 얼마인가?

답 7 사람이 23살보다 적고, 7 사람이 많으므로 당연히 23살이다(중간값은 더 큰 결과를 얻을 확률과 더 작은 결과를 얻을 확률이 같은 j값이다).

문제 4 **평균** 연령은 얼마인가?

답

$$\frac{(14) + (15) + 3(16) + 2(22) + 2(24) + 5(25)}{14} = \frac{294}{14} = 21.$$

일반적으로 ($\langle j \rangle$로 표기하는) 평균값은 다음과 같다.

$$\langle j \rangle = \frac{\sum jN(j)}{N} = \sum_{j=0}^{\infty} jP(j). \tag{1.7}$$

평균 연령이나 중간 연령을 갖는 사람이 반드시 있어야 할 필요는 없다. 이 예제에서 21살이나 23살인 사람은 아무도 없다. 양자역학에서 관심있는 양은 평균값이다. 이 맥락에서 볼 때 이를 **기댓값**이라고도 부른다. 이 용어는 오해를 불러일으킬 수 있는데 왜냐하면 기댓값은 한 번 측정했을 때 가장 많이 일어날 결과를 암시하기 때문이다(이것은 가장 확률이 큰 값이지, 평균값은 아니다). 하지만 그냥 이렇게 용어를 사용한다.

문제 5 연령의 제곱에 대한 평균은 얼마인가?

답 확률 1/14로 $14^2 = 196$, 확률 1/14로 $15^2 = 225$, 확률 3/14으로 $16^2 = 256$ 등을 얻는다. 따라서 평균값은 다음과 같다.

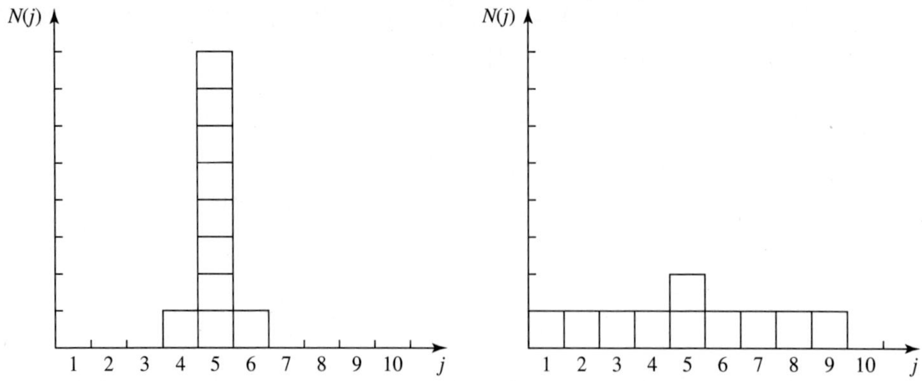

그림 1.6: 같은 중간값, 평균, 가장 잦은 값을 갖지만, 표준편차가 다른 두 개의 막대그래프.

$$\langle j^2 \rangle = \sum_{j=0}^{\infty} j^2 P(j). \tag{1.8}$$

일반적으로 j의 함수에 대한 평균값은 다음과 같다.

$$\boxed{\langle f(j) \rangle = \sum_{j=0}^{\infty} f(j) P(j).} \tag{1.9}$$

(식 1.6, 1.7, 1.8은 이 공식의 특별한 경우이다.) 주의: 제곱의 평균 $\langle j^2 \rangle$은 일반적으로 평균의 제곱 $\langle j \rangle^2$과는 같지 않다. 예를 들어 방 안에 1살, 3살 아기가 한 명씩 있다면 $\langle j^2 \rangle = 5$이지만 $\langle j \rangle^2 = 4$이다.

그림 1.6에 있는 두 막대그래프는 중간값, 평균, 가장 잦은 값과 개수가 같지만, 큰 차이가 있다. 첫 그림은 평균값에 뾰족한 봉우리를 이루고 있지만, 두 번째 그림은 넓고, 평평하게 분포되어 있다(첫 그래프는 대도시의 한 교실에 있는 학생의 연령 분포, 두 번째는 시골 분교의 한 교실 안의 연령 분포일 수 있다). 평균에 대해 분포가 "퍼져 있는" 정도를 수치로 나타낼 필요가 있다. 이를 보기 위한 가장 명백한 방법은 각 값이 평균에서 얼마나 멀리 있는지 알아보고,

$$\Delta j = j - \langle j \rangle \tag{1.10}$$

Δj의 평균값을 계산하는 것이다. 문제는 물론 0을 얻는다는 것이다.

$$\begin{aligned}\langle \Delta j \rangle &= \sum (j - \langle j \rangle) P(j) = \sum j P(j) - \langle j \rangle \sum P(j) \\ &= \langle j \rangle - \langle j \rangle = 0.\end{aligned}$$

($\langle j \rangle$는 상수이므로 합기호 밖으로 내보낼 수 있다.) 이 짜증나는 문제를 피하려면 Δj의 절대값에 대한 평균을 구하면 된다고 생각할 수 있다. 그러나 절대값은 다루기 끔찍하므로, 그 대신 평균을 구하기 전에 제곱을 해서 부호 문제를 피하기로 하자.

$$\sigma^2 \equiv \langle (\Delta j)^2 \rangle. \tag{1.11}$$

이 양은 분포의 **가변도**라고 한다. σ는 **표준편차**라고 한다(평균에 대한 편차의 제곱을 평균해서 제곱근을 취한다). 이 표준편차가 $\langle j \rangle$ 근처의 퍼진 정도를 나타내는 척도이다.

가변도에 대한 유용한 정리는 다음과 같다.

$$\begin{aligned}\sigma^2 &= \left\langle (\Delta j)^2 \right\rangle = \sum (\Delta j)^2 P(j) = \sum (j - \langle j \rangle)^2 P(j) \\ &= \sum \left(j^2 - 2j \langle j \rangle + \langle j \rangle^2 \right) P(j) \\ &= \sum j^2 P(j) - 2 \langle j \rangle \sum j P(j) + \langle j \rangle^2 \sum P(j) \\ &= \left\langle j^2 \right\rangle - 2 \langle j \rangle \langle j \rangle + \langle j \rangle^2 = \left\langle j^2 \right\rangle - \langle j \rangle^2 .\end{aligned}$$

제곱근을 취하면 표준편차는 다음과 같이 쓸 수 있다.

$$\sigma = \sqrt{\left\langle j^2 \right\rangle - \langle j \rangle^2}. \tag{1.12}$$

실제로 이것이 식 1.11을 직접 적용하는 것보다 훨씬 빠르게 σ를 구하는 방법이다. 그냥 $\left\langle j^2 \right\rangle$과 $\langle j \rangle^2$을 계산하여 빼고, 제곱근을 구하면 된다. 앞에서 $\left\langle j^2 \right\rangle$은 일반적으로 $\langle j \rangle^2$과는 같지 않다고 했다. (정의 1.11로부터) σ^2은 음수가 아니므로

$$\left\langle j^2 \right\rangle \geq \langle j \rangle^2 \tag{1.13}$$

을 얻고, $\sigma = 0$일 때만 두 값이 같다. 이것은 전혀 퍼져 있지 않은 (모든 값이 같은) 분포일 경우에 해당한다.

1.3.2 연속 변수

지금까지 불연속 변수를 다루었다. 즉 특정한 떨어져 있는 값만을 가진 경우이다(위의 예제에서 나이를 몇 살인가로 주었으므로, j는 정수이어야 했다). 그러나 이것을 연속적 분포로 일반화하는 것은 간단하다. 길거리에서 임의로 한 사람을 선택하여 그 사람의 나이가 정확히 16년 4시간 27분 3.333…초일 확률은 0이다. 의미 있는 유일한 방법은 나이가 어떤 간격, 예를 들어 16살과 17살 사이에 있을 확률을 구하는 것이다. 이 간격이 충분히 좁으면 이 확률은 이 간격의 길이에 비례한다. 예를 들어 나이가 16살과 16살 2일 사이에 있을 가능성은 아마도 16살과 16살 1일 사이에 있을 확률의 두 배가 될 것이다. (물론 16년 전 특정한 날에 놀라운 베이비붐이 있지 않을 경우에만 그렇다. 이 경우 이 규칙이 적용되는 기간은 너무 길게 잡았다. 베이비붐이 6시간 지속되었다면, 안전하게 하려면 간격은 1초 혹은 그보다 작게 정하면 된다. 전문적인 용어를 쓰면 미소 간격을 말하고 있다.) 따라서

$$\left\{ \begin{array}{l} x\text{와 } (x + dx) \text{ 사이에 (임의로 선택한)} \\ \text{개인이 있을 확률} \end{array} \right\} = \rho(x)\, dx \tag{1.14}$$

이다. 간격에 비례하는 양 $\rho(x)$를 "x를 얻을 확률"이라고 대략 말하지만, 이는 매우 모호한 표현이다. 더 좋은 용어는 **확률밀도**이다. x가 (유한한 간격인) a와 b 사이에 있을 확률은 $\rho(x)$를 적분한

$$P_{ab} = \int_a^b \rho(x)\, dx \tag{1.15}$$

로 구하고, 불연속적 분포에서 구한 규칙은 다음과 같이 명백하게 바꿀 수 있다.

$$\int_{-\infty}^{+\infty} \rho(x)\, dx = 1, \tag{1.16}$$

$$\langle x\rangle = \int_{-\infty}^{+\infty} x\rho(x)\, dx, \tag{1.17}$$

$$\langle f(x)\rangle = \int_{-\infty}^{+\infty} f(x)\, \rho(x)\, dx, \tag{1.18}$$

$$\sigma^2 \equiv \left\langle(\Delta x)^2\right\rangle = \left\langle x^2\right\rangle - \langle x\rangle^2. \tag{1.19}$$

예제 1.2

높이 h인 절벽에서 바위를 떨어뜨린다. 떨어지는 동안 임의의 시간간격 동안 백만 장의 사진을 찍는다. 각 사진에서 바위가 떨어진 거리를 측정한다.

문제: 이 모든 거리의 평균은 얼마인가? 즉 지나간 거리의 시간 평균은 얼마인가?[13]

풀이: 바위는 정지 상태에서 출발하여 떨어지면서 속력이 커진다. 따라서 꼭대기에서 더 오래 있으므로, 평균거리는 틀림없이 $h/2$보다 작을 것이다. 공기저항을 무시할 때 시간 t에서 거리 x는

$$x(t) = \frac{1}{2}gt^2$$

이다. 속도는 $dx/dt = gt$이고, 전체 떨어진 시간은 $T = \sqrt{2h/g}$이다. t와 $t + dt$ 사이에 사진을 찍을 확률은 dt/T이므로, 이에 해당하는 범위 x와 $x + dx$ 사이의 거리에 있을 확률은 다음과 같다.

$$\frac{dt}{T} = \frac{dx}{gt}\sqrt{\frac{g}{2h}} = \frac{1}{2\sqrt{hx}}\, dx.$$

따라서 확률밀도(식 1.14)는

$$\rho(x) = \frac{1}{2\sqrt{hx}}, \quad (0 \le x \le h)$$

이다. (물론 이 영역 바깥에서 확률밀도는 0이다.)

식 1.16을 이용하여 다음을 확인할 수 있다.

$$\int_0^h \frac{1}{2\sqrt{hx}}\, dx = \frac{1}{2\sqrt{h}}\left(2x^{1/2}\right)\Big|_0^h = 1.$$

[13] 유한한 표본의 평균(이 경우 백만)과 (전체 연속분포에 대한) "진정한" 평균과 혼동한다고 통계학자는 불평할 것이다. 특히 표본의 크기가 작을 경우 실험물리학자에게 이것은 곤란한 문제일 수 있지만, 여기서는 표본의 평균이 진정한 평균에 대한 좋은 근사인 경우에 대해서만 논의하겠다.

평균거리(식 1.17)는

$$\langle x \rangle = \int_0^h x \frac{1}{2\sqrt{hx}}\,dx = \frac{1}{2\sqrt{h}}\left(\frac{2}{3}x^{3/2}\right)\Bigg|_0^h = \frac{h}{3}$$

이고, 예상한 대로 $h/2$보다 약간 작다.

그림 1.7에 $\rho(x)$의 그래프를 나타내었다. (ρ를 적분한) 확률 자체는 유한해야 하지만(1보다 작거나 같아야 한다) 확률밀도는 무한할 수 있다는 것을 주목하라.

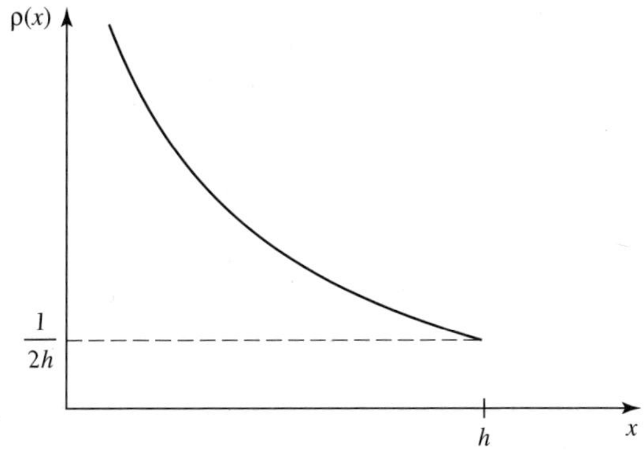

그림 1.7: 예제 1.2의 확률밀도: $\rho(x) = 1\Big/\left(2\sqrt{hx}\right)$.

* **문제 1.1** 1.3.1절 예제의 연령분포에 대해

(a) $\langle j^2 \rangle$와 $\langle j \rangle^2$를 구하라.

(b) 각 j에 대해 Δj를 결정하고, 식 1.11을 사용하여 표준편차를 구하라.

(c) (a)와 (b)의 결과를 이용하여 식 1.12를 확인하라.

문제 1.2

(a) 예제 1.2의 분포에 대한 표준편차를 구하라.

(b) 임의로 선택한 사진에서 거리 x가 평균으로부터 한 표준편차 σ보다 더 떨어져 있을 확률을 구하라.

* **문제 1.3 Gauss** 분포

$$\rho(x) = Ae^{-\lambda(x-a)^2}$$

이 있다. 여기서 A, a, λ는 양의 실수 상수이다. (필요한 적분은 책 뒷표지 안쪽에 있다.)

(a) 식 1.16을 이용하여 A를 구하라.

(b) $\langle x \rangle$, $\langle x^2 \rangle$, σ를 구하라.

(c) $\rho(x)$의 그래프를 그려라.

1.4 규격화

이제 $|\Psi(x, t)|^2$가 시간 t, 위치 x에서 입자를 발견할 확률밀도라는 파동함수(식 1.3)의 통계적 해석으로 돌아가 보자. 모든 x에 대해 $|\Psi|^2$를 적분하면(식 1.16) 1이 된다. (입자는 어디에는 있어야 한다.)

$$\boxed{\int_{-\infty}^{+\infty} |\Psi(x, t)|^2 \, dx = 1.} \tag{1.20}$$

이 결과가 성립하지 않으면 통계적 해석은 무의미하다.

그러나 이 조건이 당황스러운 것은 아니다. 결국 파동함수는 Schrödinger 방정식에 의해 결정된다. 두 가지 사실이 일관성이 있다는 것을 확인하지 않고 Ψ에 대한 추가 조건을 넣을 수는 없다. 식 1.1을 보면 $\Psi(x, t)$가 해이면 $A\Psi(x, t)$도 해이다. 여기서 A는 임의의 (복소수) 상수이다. 이제 식 1.20이 만족하도록 이 상수를 결정해야 한다. 이 과정을 파동함수를 **규격화**한다고 한다. 어떤 경우에는 Schrödinger 방정식의 해는 적분하면 무한대로 발산한다. 이 경우 어떤 상수도 파동함수의 적분을 1로 만들 수 없다. $\Psi = 0$인 단순한 경우에도 마찬가지이다. 이와 같이 **규격화할 수 없는** 해는 입자를 나타낼 수 없으므로, 파동함수로 사용할 수 없다. 물리적으로 가능한 상태는 Schrödinger 방정식의 **제곱적분 가능한** 해에 해당한다.[14]

그러나 잠깐 생각해 보자. 파동함수를 시간 $t = 0$에서 규격화했다고 하자. 그러면 시간이 지나서 Ψ도 변화하면 이 파동함수는 계속 규격화되어 있을까? (파동함수를 계속 규격화할 수는 없다. 그럴 경우 A는 t의 함수가 되어 더 이상 Schrödinger 방정식의 해를 얻지 못한다.) 다행스럽게도 Schrödinger 방정식의 놀라운 성질은 파동함수의 규격화를 자동적으로 보존시켜준다는 것이다. 이 중요한 성질이 없으면 Schrödinger 방정식은 통계적 해석과 양립할 수 없고, 전체 이론은 무너지게 될 것이다.

이것은 중요하므로 조심스럽게 증명할 필요가 있다. 우선 다음의 관계로부터 시작하자.

$$\frac{d}{dt} \int_{-\infty}^{+\infty} |\Psi(x, t)|^2 \, dx = \int_{-\infty}^{+\infty} \frac{\partial}{\partial t} |\Psi(x, t)|^2 \, dx. \tag{1.21}$$

[이 적분은 t만의 함수이므로 좌변에서 전체 미분(d/dt)을 쓰지만, 적분되는 함수는 x와 t의 함수이므로 우변에서는 편미분($\partial/\partial t$)이라는 것에 주의하라.] 곱의 미분규칙에 따라 다음과 같이 쓸 수 있다.

$$\frac{\partial}{\partial t} |\Psi|^2 = \frac{\partial}{\partial t} \left(\Psi^* \Psi\right) = \Psi^* \frac{\partial \Psi}{\partial t} + \frac{\partial \Psi^*}{\partial t} \Psi. \tag{1.22}$$

이제 Schrödinger 방정식은

$$\frac{\partial \Psi}{\partial t} = \frac{i\hbar}{2m} \frac{\partial^2 \Psi}{\partial x^2} - \frac{i}{\hbar} V \Psi \tag{1.23}$$

[14] $\Psi(x, t)$는 $|x| \to \infty$일 때 $1/\sqrt{|x|}$보다 빨리 0에 접근해야 한다. 규격화를 통해서는 A의 크기만 결정할 수 있고, 위상은 결정할 수 없다. 그러나 앞으로 보게 되겠지만 이 위상의 물리적 의미는 없다.

으로 쓸 수 있으므로 (식 1.23의 복소켤레를 취하면)

$$\frac{\partial \Psi^*}{\partial t} = -\frac{i\hbar}{2m}\frac{\partial^2 \Psi^*}{\partial x^2} + \frac{i}{\hbar}V\Psi^* \tag{1.24}$$

를 얻는다. 따라서 다음을 얻는다.

$$\frac{\partial}{\partial t}|\Psi|^2 = \frac{i\hbar}{2m}\left(\Psi^*\frac{\partial^2 \Psi}{\partial x^2} - \frac{\partial^2 \Psi^*}{\partial x^2}\Psi\right) = \frac{\partial}{\partial x}\left[\frac{i\hbar}{2m}\left(\Psi^*\frac{\partial \Psi}{\partial x} - \frac{\partial \Psi^*}{\partial x}\Psi\right)\right]. \tag{1.25}$$

식 1.21의 적분은 다음과 같이 구할 수 있다.

$$\frac{d}{dt}\int_{-\infty}^{+\infty}|\Psi(x,t)|^2\,dx = \frac{i\hbar}{2m}\left(\Psi^*\frac{\partial \Psi}{\partial x} - \frac{\partial \Psi^*}{\partial x}\Psi\right)\Bigg|_{-\infty}^{+\infty}. \tag{1.26}$$

하지만 x가 $\pm\infty$로 갈 때 $\Psi(x, t)$는 0에 접근해야 한다. 그렇지 않으면 파동함수는 규격화할 수 없다.[15] 따라서

$$\frac{d}{dt}\int_{-\infty}^{+\infty}|\Psi(x,t)|^2\,dx = 0 \tag{1.27}$$

을 얻고 이 적분은 (시간에 무관한) 상수가 된다. Ψ가 $t = 0$에서 규격화되어 있으면 미래의 어떤 시간에서도 규격화되어 있다. 증명끝.

문제 1.4 시간 $t = 0$에서 입자를 다음의 파동함수로 표현한다.

$$\Psi(x,0) = \begin{cases} A(x/a), & 0 \le x \le a, \\ A(b-x)/(b-a), & a \le x \le b, \\ 0, & \text{그 외의 경우.} \end{cases}$$

여기서 A, a, b는 (양의) 상수이다.

(a) Ψ를 규격화하라. (즉 A를 a와 b로 나타내라.)

(b) $\Psi(x, 0)$를 x의 함수로 그려라.

(c) $t = 0$에서 입자가 발견될 확률이 가장 큰 위치는 어디인가?

(d) a의 왼쪽에서 입자를 발견할 확률은 얼마인가? $b = a$와 $b = 2a$인 경우에 대해 이 결과를 확인하라.

(e) x의 기댓값은 얼마인가?

* **문제 1.5** 다음의 파동함수가 있다.

$$\Psi(x,t) = Ae^{-\lambda|x|}e^{-i\omega t}.$$

여기서 A, λ, ω는 양의 상수이다. [2장에서 어떤 퍼텐셜(V)에 대해 이 파동함수가 Schrödinger

[15] 수학자는 고약한 반례를 들 수 있겠지만, 그러한 예는 물리학에서는 일어나지 않는다. 파동함수와 모든 미분은 무한대에서 0으로 접근한다.

방정식을 만족하는지 보게 될 것이다.]

(a) Ψ를 규격화하라.

(b) x와 x^2의 기댓값을 구하라.

(c) x의 표준편차를 구하라. $|\Psi|^2$을 x의 함수로 그리고, 점 $(\langle x\rangle + \sigma)$와 $(\langle x\rangle - \sigma)$를 표시하라. 그러면 σ가 x의 "퍼진" 정도를 나타내는 것을 볼 수 있다. 입자를 이 범위 바깥쪽에서 발견할 확률은 얼마인가?

1.5 운동량

Ψ 상태에 있는 입자에 대한 x의 기댓값은

$$\langle x\rangle = \int_{-\infty}^{+\infty} x\,|\Psi(x,t)|^2\,dx \tag{1.28}$$

이다. 이것은 정확히 무엇을 뜻하는가? 한 입자의 위치를 계속하여 측정하면, $\int x|\Psi|^2\,dx$가 얻은 결과의 평균을 얻는다는 것은 아니라는 것을 강조하고 싶다. 반면에 (결정되지 않은) 첫 번째 측정으로 인해 파동함수는 이미 얻은 값 근처에 몰려있는 파동함수로 붕괴하고, (그 이후 빨리 측정한다면) 그 다음의 측정값은 계속 같을 것이다. 이보다는 $\langle x\rangle$는 상태 Ψ에 있는 입자들을 측정했을 때 얻는 측정의 평균값이다. 즉 한 번 측정 후 입자를 원래 상태로 돌려놓는 방법을 찾거나, 각 입자가 같은 상태 Ψ에 있는 입자의 **앙상블**을 준비하고 이 모든 입자들에 대해 위치를 측정해야 한다. $\langle x\rangle$는 이 결과의 평균이다. 이것을 병을 선반에 늘어놓고, 각 병에는 상태 Ψ에 있는 입자가 들어 있는 것으로 생각하면 흥미 있다. 각 병을 담당하고 있는 대학원생이 자를 들고, 신호를 보내면 모두 각각 입자의 위치를 측정한다. 그리고 이 결과를 막대그래프로 그리면, 이것이 $|\Psi|^2$에 해당하고, 평균을 계산할 수 있는데 이것이 $\langle x\rangle$와 일치한다. (물론 유한한 표본을 사용하므로 완벽하게 일치할 수는 없지만, 더 많은 병을 사용할 수록 더 가깝게 접근할 수 있다.) 간단히 말하면 기댓값이란 동일하게 준비된 계로 이루어진 앙상블에 대하 측정한 평균이지, 한 입자를 계속 측정한 평균값은 아니다.

이제 시간이 지남에 따라 (Ψ가 시간에 의존하므로) $\langle x\rangle$는 변할 것이고, 입자가 얼마나 빨리 움직이는지 알고 싶다. 식 1.25와 1.28을 보면 다음이 성립함을 알 수 있다.[16]

$$\frac{d\langle x\rangle}{dt} = \int x\frac{\partial}{\partial t}|\Psi|^2\,dx = \frac{i\hbar}{2m}\int x\frac{\partial}{\partial x}\left(\Psi^*\frac{\partial\Psi}{\partial x} - \frac{\partial\Psi^*}{\partial x}\Psi\right)dx. \tag{1.29}$$

이는 부분적분을 하여 다음과 같이 간단히 만들 수 있다.[17]

---

[16] 복잡한 것을 피하기 위해 적분의 극한인 $\pm\infty$를 생략했다.

[17] 곱에 대한 미분은

$$\frac{d}{dx}(fg) = f\frac{dg}{dx} + \frac{df}{dx}g$$

으로 주어지므로 다음이 성립한다.

$$\frac{d\langle x\rangle}{dt} = -\frac{i\hbar}{2m}\int \left(\Psi^*\frac{\partial \Psi}{\partial x} - \frac{\partial \Psi^*}{\partial x}\Psi\right) dx. \tag{1.30}$$

($\partial x/\partial x = 1$을 이용하고, Ψ는 $\pm\infty$에서 0으로 가기 때문에 경계값을 버렸다.) 두 번째 항에 대해 부분적분을 한 번 더 하면 다음을 얻는다.

$$\frac{d\langle x\rangle}{dt} = -\frac{i\hbar}{m}\int \Psi^*\frac{\partial \Psi}{\partial x}\, dx. \tag{1.31}$$

이 결과는 무엇을 뜻하는가? 여기서는 x의 기댓값에 대한 "속도"를 말하는 것이고, 이는 입자의 속도와 같은 것은 아니다. 지금까지 입자의 속도를 계산하는 어떤 방법도 제시되지 않았다. 심지어 양자역학에서 속도가 무엇을 의미하는지도 분명하지 않다. (측정하기 전) 입자의 위치가 결정되지 않았다면 속도도 잘 정의할 수 없다. 합리적으로 물어볼 수 있는 것은 특정한 값을 얻을 확률이다. 3장에서 Ψ가 주어지면 속도에 대한 확률밀도를 어떻게 구할지 보겠지만, 당분간 속도의 기댓값은 위치의 기댓값을 시간에 대해 미분한 것과 같다는 가설을 세워보자.

$$\langle v\rangle = \frac{d\langle x\rangle}{dt}. \tag{1.32}$$

식 1.31에 의하면 Ψ로부터 직접 $\langle v\rangle$를 계산할 수 있다.

사실 속도보다는 흔히 **운동량**($p = mv$)을 사용한다.

$$\boxed{\langle p\rangle = m\frac{d\langle x\rangle}{dt} = -i\hbar\int \left(\Psi^*\frac{\partial \Psi}{\partial x}\right) dx.} \tag{1.33}$$

$\langle x\rangle$와 $\langle p\rangle$에 대한 표현을 다음과 같이 써보자.

$$\langle x\rangle = \int \Psi^*\,[x]\,\Psi\, dx, \tag{1.34}$$

$$\langle p\rangle = \int \Psi^*\left[-i\hbar\,(\partial/\partial x)\right]\Psi\, dx. \tag{1.35}$$

연산자[18] x는 위치를 "표현"하고, 연산자 $-i\hbar(\partial/\partial x)$는 운동량을 "표현"한다고 말한다. 기댓값을 구하려면 적절한 연산자를 Ψ^*와 Ψ 사이에 끼워 넣고, 적분하면 된다.

이는 그럴듯하게 들리지만 다른 양에 대해서는 어떻게 해야 할까? 사실 모든 고전역학적 변수는 위치와 운동량으로 나타낼 수 있다. 예를 들어 운동에너지는

$$T = \frac{1}{2}mv^2 = \frac{p^2}{2m}$$

$$\int_a^b f\frac{dg}{dx}\,dx = -\int_a^b \frac{df}{dx}g\,dx + fg\Big|_a^b.$$

적분 기호 안에서 곱은 한쪽의 미분을 다른 쪽으로 옮길 수 있다. 이때 마이너스 부호가 붙고, 경계에서의 값이 필요하다.

[18] "연산자"란 그 다음에 오는 함수에 어떤 것을 수행하라는 지시이다. 함수 한 개를 받아들여 다른 함수를 뱉어 낸다. 위치 연산자는 x를 곱하라는 것이고, 운동량 연산자는 x에 대해 미분하고 그 결과에 $-i\hbar$를 곱하라는 것이다.

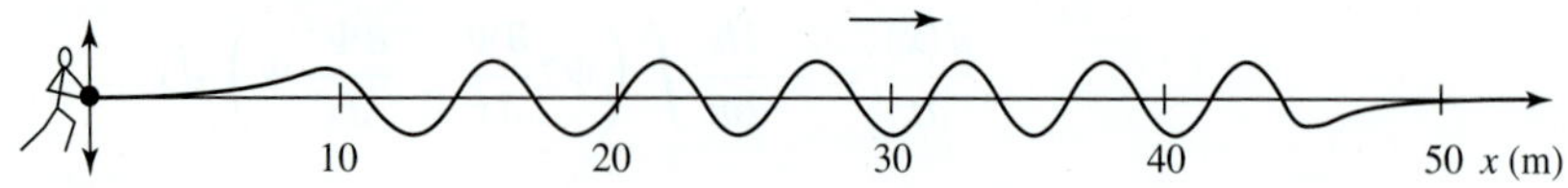

그림 1.8: (매우) 잘 정의된 파장을 갖고 있지만, 위치가 잘 정의되지 않은 파동.

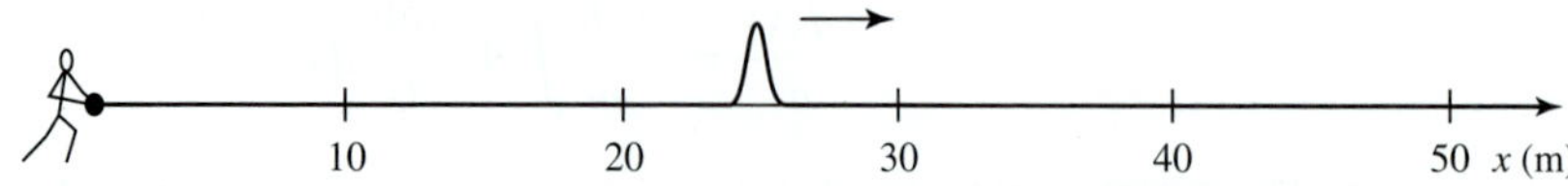

그림 1.9: (매우) 잘 정의된 위치를 갖지만, 파장이 잘 정의되지 않은 파동.

이고, 각운동량은

$$\mathbf{L} = \mathbf{r} \times m\mathbf{v} = \mathbf{r} \times \mathbf{p}$$

이다(물론 일차원에서 각운동량은 나타나지 않는다). 이와 같은 임의의 양 $Q(x, p)$에 대한 기댓값을 계산하려면 모든 p를 $-i\hbar(\partial/\partial x)$로 바꾸어 얻은 연산자를 Ψ^*와 Ψ 사이에 넣고 적분하면 된다.

$$\boxed{\langle Q(x, p)\rangle = \int \Psi^* \left[Q(x, -i\hbar\,\partial/\partial x)\right] \Psi\, dx.} \tag{1.36}$$

예를 들어 운동에너지의 기댓값은 다음과 같다.

$$\langle T\rangle = -\frac{\hbar^2}{2m}\int \Psi^* \frac{\partial^2 \Psi}{\partial x^2}\, dx. \tag{1.37}$$

식 1.36을 통해 상태 Ψ에 있는 입자에 대한 임의의 역학적 변수의 기댓값을 계산할 수 있다. 식 1.34와 1.35도 이에 해당되는 예이다. Born의 통계적 해석방법이 주어졌을 때 식 1.36이 그럴듯하게 보이게 노력했지만, 사실 이것은 (고전역학과 비교하면) 획기적으로 새로운 방법을 의미하기 때문에 (3장에서) 다시 고려하기 전에 사용하는 연습을 하는 것이 좋고, 이를 통해 더 튼튼한 이론적 기초를 세울 수 있다. 당분간 이 방법을 공리라고 받아들여도 좋다.

문제 1.6 식 1.29의 두 번째 항에서 직접 부분적분을 할 수 없는가? 즉 x를 시간에 대해 미분하고, $\partial x/\partial t = 0$임을 이용하여 $d\langle x\rangle/dt = 0$이라고 결론지을 수 없는가?

* **문제 1.7** $d\langle p\rangle/dt$를 구하라. 답:

$$\frac{d\langle p\rangle}{dt} = \left\langle -\frac{\partial V}{\partial x}\right\rangle. \tag{1.38}$$

이것은 기댓값은 고전법칙을 따른다고 주장하는 **Ehrenfest 정리**의 한 예이다.[19]

[19] 어떤 학자들은 두 식 $\langle p\rangle = m\, d\langle x\rangle/dt$와 $\langle -\partial V/\partial x\rangle = d\langle p\rangle/dt$에만 한정한다.

문제 1.8 퍼텐셜에너지에 상수 V_0를 더했다("상수"란 t뿐만 아니라 x에도 무관하다는 뜻이다). 고전역학에서는 아무 변화가 생기지 않지만, 양자역학에서는 어떤가? 파동함수는 시간에 의존하는 위상 $\exp(-iV_0t/\hbar)$을 얻게 된다는 것을 보여라. 이것이 운동변수의 기댓값에 어떤 영향을 주는가?

1.6 불확정성 원리

매우 긴 줄의 한쪽 끝은 잡고 위아래로 규칙적으로 흔들어 파동을 만든다고 상상해보자(그림 1.8). 어떤 사람이 "파동은 정확히 어디에 있는가?"하고 물어보면 미친 사람이라고 생각할지 모른다. 정확한 파동의 위치는 모르지만 대략 50미터에 걸쳐 퍼져 있다. 반면 파장이 얼마냐고 물어보면 약 6미터 정도라는 합리적인 대답을 할 수 있다. 이와는 대조적으로 갑자기 줄을 한 번 세게 흔들면(그림 1.9) 좁은 펄스가 줄을 따라 이동한다. 이번에는 첫 번째 질문(파동이 어디에 있는가?)이 의미 있는 질문이고, 두 번째 질문(파장은 얼마인가?)은 말도 되지 않는다. 주기적이지도 않은데 어떻게 파장을 정할 수 있는가? 물론 파동이 적당히 좁은 부분에 있고, 파장도 적당히 잘 정의되는 중간 경우를 생각할 수 있지만, 항상 서로 충돌하는 사실이 있다. 파동의 위치가 정확할수록 파장은 덜 정확해지며, 그 반대도 마찬가지이다.[20] Fourier 분석에서 나타나는 정리를 이용하여 이것을 더 엄밀하게 다루겠지만, 당분간은 정성적인 논의만 하도록 하겠다.

이것은 물론 어떤 파동현상에도 적용되고 따라서 특별히 양자역학적 파동함수에도 적용된다. 그러나 Ψ의 파장은 **de Broglie 공식**[21]

$$p = \frac{h}{\lambda} = \frac{2\pi\hbar}{\lambda} \tag{1.39}$$

에 의해 입자의 운동량과 관련이 있다. 따라서 파장이 퍼져있다는 것은 운동량이 퍼져있다는 것이고, 일반적으로 표현하면 입자의 위치를 더 정확히 측정할수록 운동량은 더 부정확해진다. 이를 수식으로 표현하면

$$\boxed{\sigma_x\sigma_p \geq \frac{\hbar}{2}} \tag{1.40}$$

이다. 여기서 σ_x는 x의 표준편차이고, σ_p는 p의 표준편차이다. 이것이 유명한 Heisenberg의 **불확정성 원리**이다. (3장에서 이것을 증명하겠지만, 여기서 바로 언급하여 2장의 예제에서 확인하겠다.)

불확정성 원리가 의미하는 것을 이해해야 한다. 위치 측정과 마찬가지로 운동량을 측정해도

---

[20] 이 때문에 피콜로 연주자는 정확하게 음정을 찾아야 하지만 더블베이스 주자는 정원용 장갑을 끼고도 연주할 수 있다. 피콜로는 64분음표는 여러 주기를 포함하고 진동수도 잘 정의되어 있지만(공간 대신 시간영역을 고려하고 있다) 베이스의 경우 64분음표는 몇 주기만 포함되어 있으므로 뚜렷한 음정을 나타내지 않고, 그저 "웅"하는 소리로 들릴 뿐이다.

[21] 적당한 때에 이것을 설명하겠다. 많은 저자들이 de Broglie 공식을 공리로 여기고, 운동량이 연산자 $-i\hbar(\partial/\partial x)$와 연관이 있다고 유도한다. 비록 이 접근방법이 개념적으로는 분명하지만, 수학적으로는 매우 복잡하므로 나중에 다루도록 하겠다.

정확한 값을 구할 수 있다. 여기서 "퍼짐"은 동일하게 준비한 계에 대해 측정했을 때 동일한 결과를 얻지 못한다는 것을 뜻한다. 원한다면 (Ψ를 국소화된 뾰족한 "스파이크"로 만들어) 위치를 측정한 값이 서로 매우 가깝게 있도록 할 수 있다. 하지만 잃어버려야 할 것이 있다. 이 상태에 대해 운동량을 측정하면 그 값은 넓게 퍼져 있다. 혹은 (Ψ를 긴 사인파동으로 만들어) 운동량이 정확하게 주어지는 상태를 만들 수 있지만, 이 경우 위치를 측정하면 넓게 퍼져 있다. 그리고 물론 기분이 좋지 않으면 위치도 운동량도 잘 정의되지 않는 상태를 만들 수도 있다. 식 1.40은 부등식이고, σ_x와 σ_p가 얼마나 커지는가에 대한 제한은 없다. 이 경우에는 Ψ를 울퉁불퉁하고, 길며 주기적인 구조가 없는 상태를 만들면 된다.

* **문제 1.9** 질량 m인 입자의 파동함수가

$$\Psi(x, t) = Ae^{-a[(mx^2/\hbar)+it]}$$

이다. 여기서 A와 a는 양의 상수이다.

(a) A를 구하라.

(b) 이 파동함수는 어떤 퍼텐셜에너지 함수 $V(x)$에 대한 Schrödinger 방정식의 해인가?

(c) x, x^2, p, p^2의 기댓값을 구하라.

(d) σ_x와 σ_p를 구하라. 이들의 곱은 불확정성 원리를 만족하는가?

1장 추가문제

문제 1.10 π를 전개하여 첫 25 숫자를 고려하자. (3, 1, 4, 1, 5, 9, ⋯)

(a) 이 집합에서 임의로 숫자를 하나 선택했을 때 각 10개의 숫자(0에서 9)를 얻을 확률을 구하라.

(b) 가장 잦은 숫자는? 중간값은? 평균값은 얼마인가?

(c) 이 분포의 표준편차를 구하라.

문제 1.11 [이 문제는 예제 1.2를 일반화한 것이다.] 퍼텐셜 우물 $V(x)$ 안에 질량 m, 에너지 E인 입자가 마찰 없이 고전적 반환점(그림 1.10에서 a와 b) 사이에서 미끄러지고 있다. 고전적으로 dx 영역에서 입자를 발견할 확률은 (예를 들어 임의의 시간 t에서 사진을 찍는다고 하자) 간격 dx 사이에 있는 시간을 a에서 b까지 움직이는 데 걸리는 시간 T로 나누어 구한다.

$$\rho(x)\,dx = \frac{dt}{T} = \frac{(dt/dx)\,dx}{T} = \frac{1}{v(x)\,T}\,dx. \tag{1.41}$$

여기서 $v(x)$는 속력이고

$$T = \int_0^T dt = \int_a^b \frac{1}{v(x)}\,dx \tag{1.42}$$

이다. 따라서 다음을 얻는다.

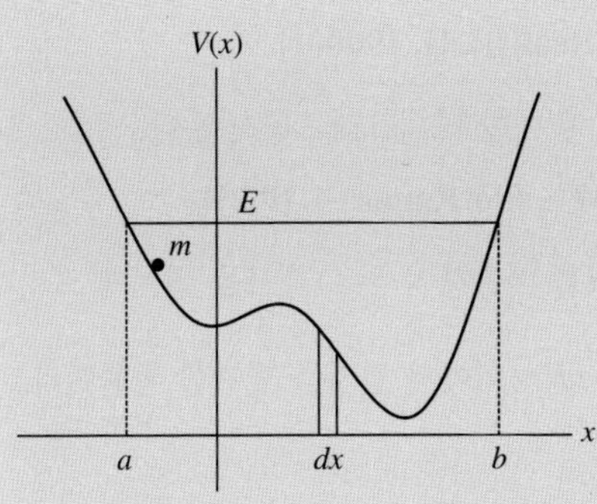

그림 1.10: 퍼텐셜 우물 안에 있는 고전적 입자.

$$\rho(x) = \frac{1}{v(x)T}. \tag{1.43}$$

아마도 이것이 고전적으로 $|\Psi|^2$에 가장 가까운 것이다.[22]

(a) 에너지 보존을 이용하여 $v(x)$를 E와 $V(x)$로 나타내라.

(b) 한 예로 단순조화진동자 $V(x) = kx^2/2$에 대해 $\rho(x)$를 구하라. $\rho(x)$를 그리고 제대로 규격화되었는지 확인하라.

(c) (b)의 고전적 조화진동자에서 $\langle x \rangle$, $\langle x^2 \rangle$과 σ_x를 구하라.

** **문제 1.12** 고전적인 조화진동자[문제 1.11(b)]에 대해 운동량($p = mv$)의 분포를 살펴보자.

(a) 고전적인 확률분포 $\rho(p)$를 구하라. (p의 범위는 $-\sqrt{2mE}$에서 $+\sqrt{2mE}$임을 주의하라.)

(b) $\langle p \rangle$, $\langle p^2 \rangle$과 σ_p를 구하라.

(c) 이 계에 대한 고전적인 불확정도의 곱 $\sigma_x \sigma_p$는 얼마인가? 이 곱은 고전적으로는 $E \to 0$으로 보내면 원하는 만큼 작게 만들 수 있다는 것을 주목하라. 그러나 2장에서 보겠지만 양자역학에서는 단순조화진동자의 에너지는 $\hbar\omega/2$보다 작을 수 없다. 여기서 $\omega = \sqrt{k/m}$은 고전적인 진동수이다. 이 경우 곱 $\sigma_x \sigma_p$은 어떻게 되는가?

문제 1.13 문제 1.11(b)의 결과를 다음의 "수치해석 실험"을 통해 확인하라. 시간 t에서 진동자의 위치는

$$x(t) = A\cos(\omega t) \tag{1.44}$$

이다. (시간의 단위를 정하기 위해) $\omega = 1$로 정하고 (길이를 정하기 위해) $A = 1$로 놓을 수 있다. 10,000번의 임의의 시간에서 x의 그래프를 그리고 $\rho(x)$와 비교하라.

귀띔: Mathematica에서

```
x[t_] := Cos[t]
```

을 정의하고, 위치의 표를

[22] 한 계를 임의의 시간에 사진을 찍는 대신, 에너지가 같지만 임의의 시작점을 갖는 앙상블을 준비하고, 동시에 모든 계를 사진 찍어도 된다. 이에 대한 분석은 같지만 이러한 방법이 양자역학의 불확정성에 대한 관점에 더 가깝다.

snapshots = Table[x[π RandomReal[j]], {j, 10000}]

으로 만든다. 그리고 마지막으로 자료에 대한 막대그래프를 만든다.

Histogram[snapshots, 100, ″PDF″, PlotRange → {0,2}]

그리고 밀도함수 $\rho(x)$를 그리고 **Show**를 이용하여 두 그래프를 겹치게 그려라.

문제 1.14 $P_{ab}(t)$가 시간 t, 영역 $a < x < b$ 사이에서 입자를 발견할 확률이라고 하자.

(a) 다음을 증명하라.

$$\frac{dP_{ab}}{dt} = J(a,t) - J(b,t).$$

여기서

$$J(x,t) \equiv \frac{i\hbar}{2m}\left(\Psi\frac{\partial\Psi^*}{\partial x} - \Psi^*\frac{\partial\Psi}{\partial x}\right)$$

이다. $J(x, t)$의 단위는 무엇인가? 참고: J를 **확률흐름**이라고 한다. 왜냐하면 이 양은 점 x를 지나 확률이 "흐르는" 비율이기 때문이다. $P_{ab}(t)$가 증가하면 한쪽 끝으로 들어오는 확률이 다른 쪽으로 흘러 나가는 확률보다 크다.

(b) 문제 1.9의 파동함수에 대해 확률흐름을 구하라. (그렇게 나쁜 예는 아니다. 더 중요한 것들은 적당한 때에 다루겠다.)

문제 1.15 [같은 퍼텐셜 $V(x)$에 대해] Schrödinger 방정식의 임의의 (규격화된) 두 개의 해 Ψ_1과 Ψ_2에 대해 다음을 증명하라.

$$\frac{d}{dt}\int_{-\infty}^{\infty}\Psi_1^*\,\Psi_2\,dx = 0.$$

문제 1.16 (시간 $t = 0$에서) 입자는 다음의 파동함수로 표현한다.

$$\Psi(x,0) = \begin{cases} A\left(a^2 - x^2\right), & -a \le x \le +a, \\ 0, & \text{그 외의 경우.} \end{cases}$$

(a) 규격화상수 A를 구하라.

(b) x의 기댓값을 구하라.

(c) p의 기댓값은 얼마인가? (이 값은 $\langle p\rangle = md\langle x\rangle/dt$로 구할 수 없다. 이유는?)

(d) x^2의 기댓값을 구하라.

(e) p^2의 기댓값을 구하라.

(f) x의 불확정도 σ_x를 구하라.

(g) p의 불확정도 σ_p를 구하라.

(h) 이 결과가 불확정성 원리를 만족함을 확인하라.

** **문제 1.17** 자발적으로 붕괴하는 "수명" τ인 **불안정한 입자**를 기술해 보자. 이 경우 어떤 곳에서 입자를 발견할 전체 확률은 상수가 아니고, (예를 들어) 지수함수적으로 감소해야

한다.

$$P(t) \equiv \int_{-\infty}^{+\infty} |\Psi(x,t)|^2\, dx = e^{-t/\tau}.$$

이 결과를 얻는 대략적 방법은 다음과 같다. 식 1.24에서 퍼텐셜에너지 V는 실수라고 가정했다. 분명히 합리적이고, 이로 인해 식 1.27로 주어지는 "확률보존"이 성립한다. 만일 V에

$$V = V_0 - i\Gamma$$

으로 허수 부분을 첨가하면 어떻게 될까? 여기서 V_0는 진정한 퍼텐셜에너지이고, Γ는 양의 상수이다.

(a) (식 1.27 대신)

$$\frac{dP}{dt} = -\frac{2\Gamma}{\hbar} P$$

을 얻는 것을 보여라.

(b) $P(t)$에 대해 풀고, 입자의 수명을 Γ로 나타내라.

문제 1.18 대략적으로 말해 양자역학은 입자의 de Broglie 파장(h/p)이 계의 전형적인 크기(d)보다 클 때 적용된다. (Kelvin) 온도 T에서 열적평형을 이룰 때 입자의 평균 운동에너지는

$$\frac{p^2}{2m} = \frac{3}{2}k_B T$$

이다. (여기서 k_B는 Boltzmann 상수이다.) 그러므로 전형적인 de Broglie 파장은

$$\lambda = \frac{h}{\sqrt{3mk_B T}} \tag{1.45}$$

이다. 이 문제의 목적은 어떤 계를 양자역학적으로 다루고, 어떤 계는 고전적으로 다루어도 좋은지 결정하려는 것이다.

(a) 고체. 전형적인 고체의 격자 간격은 대략 $d = 0.3$ nm이다. 고체 내부의 속박되지 않은[23] 전자를 양자역학적으로 다루어야 하는 온도의 상한을 구하라. 어떤 온도 아래에서 고체 내부의 핵을 양자역학으로 다루어야 하는가? (규소를 예제로 사용하라.) 주의: 고체 내부의 자유전자는 항상 양자역학적으로 다루어야 한다. 일반적으로 핵은 그렇지 않다. 이것은 (원자 사이의 거리가 거의 같은) 액체의 경우도 마찬가지이다. 다만 4 K 아래의 헬륨은 예외이다.

(b) 기체. 압력이 P인 이상기체는 어느 온도에서 양자역학을 적용해야 하는가? 귀띔: 이상기체 법칙($PV = Nk_BT$)을 이용하여 원자 사이의 간격을 구하라.

답: $T < (1/k_B)(h^2/3m)^{3/5} P^{2/5}$. (기체가 양자역학적으로 행동하려면) m이 가능한 작

---

[23] 고체에서 내부전자는 특정한 핵에 속박되어 있고, 이 경우 관련된 크기는 원자의 반지름일 것이다. 그러나 최외각 전자는 속박되어 있지 않고, 이 경우 관련된 거리는 격자 간격이다. 이 문제는 외각 전자에 대한 것이다.

아야 하고, P는 될수록 커야 한다. 대기압에서 헬륨에 대한 숫자를 구하라. (원자 사이의 간격이 1 cm이고, 온도가 3 K인) 우주에서 전자는 양자역학적인가? (H_2가 아닌 단원자 수소로 가정하라.)

2 시간에 무관한 Schrödinger 방정식

Time-Independent Schrödinger Equation

2.1 정상상태

1장에서 파동함수와 이를 이용하여 관심 있는 여러 물리량을 어떻게 계산하는지 자세히 살펴보았다. 이를 기초로 하여 그 다음 논리적 단계는 다음 질문을 하는 것이다. 먼저 $\Psi(x, t)$를 어떻게 얻는가? 특정한 퍼텐셜[1] $V(x, t)$에 대하여 Schrödinger 방정식을 풀어야 한다.

$$i\hbar\frac{\partial\Psi}{\partial t} = -\frac{\hbar^2}{2m}\frac{\partial^2\Psi}{\partial x^2} + V\Psi. \tag{2.1}$$

이 장에서, 그리고 이 책의 대부분에서 V는 시간 t에 무관하다고 가정할 것이다. 이 경우 Schrödinger 방정식은 (임의의 편미분방정식을 풀려고 하는 물리학자의 첫 번째 시도인) **변수분리** 방법을 이용해 풀 수 있다. 해가 곱의 형태인

$$\Psi(x, t) = \psi(x)\,\varphi(t) \tag{2.2}$$

형태로 쓰자. 여기서 (소문자) ψ는 x만의 함수이고, φ는 t만의 함수이다. 처음 보면 이것은 말도 되지 않는 제한된 표현이고 이 방법으로는 모든 해 중 작은 부분집합만을 구할 수 있다고 걱정할 수 있다. 하지만 이렇게 얻은 해가 매우 중요하므로 인내심을 가지고 계속해 보자. 더구나 (변수분리의 경우에 전형적으로 하는 일이지만) 결국 이 방법으로 분리 가능한 해를 적당히 더하여 가장 일반적인 해를 구할 수 있다.

분리 가능한 해에 대해

$$\frac{\partial\Psi}{\partial t} = \psi\frac{d\varphi}{dt}, \quad \frac{\partial^2\Psi}{\partial x^2} = \frac{d^2\psi}{dx^2}\varphi$$

을 만족하고(이제 보통 미분이다) Schrödinger 방정식은 다음과 같이 쓸 수 있다.

$$i\hbar\psi\frac{d\varphi}{dt} = -\frac{\hbar^2}{2m}\frac{d^2\psi}{dx^2}\varphi + V\psi\varphi.$$

이 식을 $\psi\varphi$로 나누면 다음을 얻는다.

[1] "퍼텐셜에너지 함수"라고 계속 표현하다는 것이 너무 길어 V를 그냥 "퍼텐셜"이라고 하겠다. 가끔은 전기퍼텐셜과 혼동될 수도 있다. 퍼텐셜은 단위전하당 퍼텐셜에너지이기 때문이다.

$$i\hbar\frac{1}{\varphi}\frac{d\varphi}{dt} = -\frac{\hbar^2}{2m}\frac{1}{\psi}\frac{d^2\psi}{dx^2} + V. \tag{2.3}$$

이제 좌변은 t만의 함수이고, 우변은 x만의 함수이다.[2] 이것이 가능한 유일한 경우는 양변이 상수일 때뿐이다. 그렇지 않으면 예를 들어 t를 바꾸면 우변은 바뀌지 않고 좌변만 바뀔 수 있고 양변은 더 이상 같지 않게 된다. (이것은 미묘하지만 중요한 논의이므로, 처음 보는 것이라면 시간을 들여 천천히 생각해보라.) 잠시 후에 보게 될 이유로 인해 분리상수를 E로 부르겠다. 그러면

$$i\hbar\frac{1}{\varphi}\frac{d\varphi}{dt} = E$$

즉

$$\frac{d\varphi}{dt} = -\frac{iE}{\hbar}\varphi \tag{2.4}$$

이고,

$$-\frac{\hbar^2}{2m}\frac{1}{\psi}\frac{d^2\psi}{dx^2} + V = E$$

즉 다음 식을 얻는다.

$$\boxed{-\frac{\hbar^2}{2m}\frac{d^2\psi}{dx^2} + V\psi = E\psi.} \tag{2.5}$$

변수분리를 하면 한 개의 편미분방정식으로부터 두 개의 상미분방정식을 얻는다(식 2.4와 2.5). 첫 식은 (dt를 곱하고 적분하면 되므로) 풀기 쉽다. 일반해는 $C\exp(-iEt/\hbar)$이지만 상수 C를 ψ에 포함시키겠다(관심 있는 양은 곱 $\psi\varphi$이다). 그러면[3]

$$\varphi(t) = e^{-iEt/\hbar} \tag{2.6}$$

을 얻는다. 두 번째 식(식 2.5)은 **시간에 무관한 Schrödinger 방정식**이라고 부른다. 이제 퍼텐셜 $V(x)$의 형태를 알아야만 이 식을 풀 수 있다.

이제부터는 여러 간단한 퍼텐셜에 대해 시간에 무관한 Schrödinger 방정식을 풀겠다. 그 전에 다음과 같은 질문을 할 수 있다. 변수분리를 해서 얻은 해는 뭐가 그리 대단한가? 당연히 (시간에 의존하는) Schrödinger 방정식의 대부분의 해는 $\psi(x)\varphi(t)$의 형태로 나타낼 수 없다. 이에 대해 두 가지는 물리적이고, 한 가지는 수학적인 세 가지 대답을 내놓겠다.

---

[2] V가 x뿐만 아니라 t의 함수라면 이 방법은 불가능하다.

[3] **Euler 공식**

$$e^{i\theta} = \cos\theta + i\sin\theta$$

을 사용하여

$$\varphi(t) = \cos(Et/\hbar) + i\sin(Et/\hbar)$$

로 쓸 수 있다. 실수와 허수 부분은 사인함수로 진동한다. (Carlton College의) Mike Casper는 φ를 "씰룩거림 인자"라고 불렀다. 이것은 양자역학에서 나타나는 특정한 시간의존성이다.

1. 이것은 **정상상태**이다. 파동함수

$$\Psi(x,t) = \psi(x)e^{-iEt/\hbar} \tag{2.7}$$

자체는 t에 의존하지만, 확률밀도

$$|\Psi(x,t)|^2 = \Psi^*\Psi = \psi^* e^{+iEt/\hbar}\psi e^{-iEt/\hbar} = |\psi(x)|^2 \tag{2.8}$$

은 시간 의존성이 상쇄되어 시간에 무관하게 된다.[4] 임의의 역학적 변수의 기댓값을 계산할 때에도 같은 일이 일어난다. 식 1.36은

$$\langle Q(x,p)\rangle = \int \psi^* \left[Q\left(x, -i\hbar\frac{d}{dx}\right)\right] \psi\, dx \tag{2.9}$$

가 된다. 모든 기댓값은 시간에 대해 상수이다. Ψ 대신 $\varphi(t)$를 없앤 ψ만을 써도 좋다. (사실 흔히 ψ를 "파동함수"로 부르기도 하는데, 이럴 때는 조심해야 한다. 중요한 것은 진정한 파동함수는 반드시 시간에 의존하는 씰룩거림 인자를 포함해야 한다는 것이다.) 특히 $\langle x\rangle$는 상수이고, 따라서 $\langle p\rangle = 0$이다(식 1.33). 정상상태일 때는 어떤 것도 변하지 않는다.

2. 명확한 전체에너지를 갖는 상태가 있다. 고전역학에서 전체에너지(운동과 퍼텐셜)를 **Hamiltonian**이라고 부른다.

$$H(x,p) = \frac{p^2}{2m} + V(x). \tag{2.10}$$

전형적으로 $p \to -i\hbar(\partial/\partial x)$로 바꾸어 얻는 Hamiltonian 연산자에 대응되는 것은 따라서[5]

$$\hat{H} = -\frac{\hbar^2}{2m}\frac{\partial^2}{\partial x^2} + V(x) \tag{2.11}$$

이다. 따라서 시간에 무관한 Schrödinger 방정식(식 2.5)은

$$\hat{H}\psi = E\psi \tag{2.12}$$

로 쓸 수 있고, 전체에너지의 기댓값은 다음과 같다.

$$\langle H\rangle = \int \psi^*\hat{H}\psi\, dx = E\int |\psi|^2\, dx = E\int |\Psi|^2\, dx = E. \tag{2.13}$$

(Ψ의 규격화는 ψ의 규격화에서 오는 것에 주목하라.) 더구나

$$\hat{H}^2\psi = \hat{H}\left(\hat{H}\psi\right) = \hat{H}\left(E\psi\right) = E\left(\hat{H}\psi\right) = E^2\psi$$

의 관계가 성립하므로

$$\left\langle H^2\right\rangle = \int \psi^*\hat{H}^2\psi\, dx = E^2\int |\psi|^2\, dx = E^2$$

으로 쓸 수 있다. 따라서 H의 가변도는 다음과 같다.

$$\sigma_H^2 = \left\langle H^2\right\rangle - \langle H\rangle^2 = E^2 - E^2 = 0. \tag{2.14}$$

---

[4] 규격화할 수 있는 해에 대해서 E는 실수여야 한다[문제 2.1(a) 참조].

[5] 언제든 혼동이 일어날 수 있을 때 연산자에 "모자"(ˆ)를 씌워서 이것이 나타내는 역학적 변수와 구별하겠다.

여기서 기억할 것은 $\sigma = 0$이면 표본은 모두 같은 값을 갖는다는 것이다(분포는 전혀 퍼져있지 않다). 결론: 변수분리한 해는 전체에너지에 대한 모든 측정이 항상 E값을 갖는 성질이 있다. (이 때문에 분리 상수로 이 문자를 골랐다.)

3. 일반해는 변수분리한 해의 **선형결합**이다. 앞으로 알게 되겠지만, 시간에 무관한 Schrödinger 방정식(식 2.5)은 무한히 많은 해[$\psi_1(x)$, $\psi_2(x)$, $\psi_3(x)$, . . .]를 갖는다. 이를 $\{\psi_n(x)\}$로 쓰겠다. 이들은 각각 관련된 분리상수(E_1, E_2, E_3, . . . = $\{E_n\}$)가 있다. 따라서 각각의 **가능한 에너지**에 대해 다른 파동함수가 있다.

$$\Psi_1(x,t) = \psi_1(x)e^{-iE_1t/\hbar}, \quad \Psi_2(x,t) = \psi_2(x)e^{-iE_2t/\hbar}, \ \ldots.$$

쉽게 확인할 수 있듯이 (시간에 의존하는) Schrödinger 방정식(식 2.1)은 해를 임의로 선형결합[6]을 해도 역시 해가 된다는 성질이 있다. 일단 변수분리된 해를 찾으면 바로 훨씬 더 일반적인 형태인

$$\Psi(x,t) = \sum_{n=1}^{\infty} c_n \psi_n(x) e^{-iE_nt/\hbar} \tag{2.15}$$

의 해를 만들 수 있다. 모든 (시간에 의존하는) Schrödinger 방정식의 해는 이런 형태로 쓸 수 있다. 이제 문제는 문제에 대한 초기조건을 만족하도록 적절한 상수(c_1, c_2, . . .)를 구하는 것이다. 다음 절에서 구체적으로 어떻게 문제를 푸는지 살펴보고, 3장에서는 더 우아한 표현을 보게 될 것이다. 하지만 요점은 다음과 같다. 일단 시간에 무관한 Schrödinger 방정식을 풀면, 모든 것을 다한 것이다. 여기서 시간에 의존하는 Schrödinger 방정식의 일반해를 구하는 작업은 원칙적으로 단순하고, 쉽다.

앞의 몇 쪽에서 많은 일이 일어났다. 이것을 약간 다른 각도에서 다시 살펴보도록 하자. 가장 일반적인 문제는 다음과 같다. (시간에 무관한) 퍼텐셜 $V(x)$와 처음 파동함수 $\Psi(x, 0)$가 주어졌다. 이제 이후 임의의 시간 t에서 파동함수 $\Psi(x, t)$를 구하는 것이다. 그러기 위해서는 (시간에 의존하는) Schrödinger 방정식(식 2.1)을 풀어야 한다. 그 방법은 우선 시간에 무관한 Schrödinger 방정식(식 2.5)을 푼다. 그러면 일반적으로 무한한 개수의 해 $\{\psi_n(x)\}$를 얻고, 각 함수는 이와 관련된 에너지 $\{E_n\}$을 가지고 있다. $\Psi(x, 0)$에 맞추려면 이 해의 일반적인 선형결합

$$\Psi(x,0) = \sum_{n=1}^{\infty} c_n \, \psi_n(x) \tag{2.16}$$

을 쓴다. 놀라운 사실은 상수 $\{c_n\}$을 적당히 선택하면 언제나 특정한 초기조건[7]과 맞출 수 있다는 것이다. $\Psi(x, t)$를 구하려면, 각 항에 이에 맞는 시간의존성("씰룩거림 인자") $\exp(-iE_nt/\hbar)$

---

[6] 함수 $f_1(z), f_2(z), \ldots$ 의 **선형결합**이란

$$f(z) = c_1 f_1(z) + c_2 f_2(z) + \cdots$$

의 형태로 쓴 것이다. 여기서 c_1, c_2, . . . 는 (복소수) 상수이다.

[7] 원리적으로는 임의의 규격화된 함수 $\Psi(x, 0)$라고 해야 맞다. 이것이 연속적일 필요도 없다. 입자를 그 상태에 어떻게 놓는가 하는 것은 다른 문제이고, 사실 거의 물어보지 않는다.

를 붙이면 된다.[8]

$$\Psi(x, t) = \sum_{n=1}^{\infty} c_n \psi_n(x) e^{-iE_n t/\hbar} = \sum_{n=1}^{\infty} c_n \Psi_n(x, t). \tag{2.17}$$

변수분리된 해

$$\Psi_n(x, t) = \psi_n(x) e^{-iE_n t/\hbar} \tag{2.18}$$

자체는 모든 확률과 기댓값이 시간에 무관하다는 점에서 정상상태이지만, 일반해(식 2.17)는 절대로 이러한 성질을 갖지 않는다. 다른 정상상태에 대해서는 에너지가 다르고, 지수함수는 $|\Psi|^2$를 쓸 때 상쇄되지 않는다.

예제 2.1

입자가

$$\Psi(x, 0) = c_1 \psi_1(x) + c_2 \psi_2(x)$$

의 단지 두 정상상태의 선형결합에서 시작된다고 하자. (문제를 간단하게 하기 위해 상수 c_n과 상태 $\psi_n(x)$는 실수라고 하자.) 이후의 시간에 파동함수 $\Psi(x, t)$는 무엇인가? 확률밀도를 구하고, 그 운동을 기술하라.

풀이: 첫 번째 부분은 쉽다.

$$\Psi(x, t) = c_1 \psi_1(x) e^{-iE_1 t/\hbar} + c_2 \psi_2(x) e^{-iE_2 t/\hbar}$$

이고, 여기서 E_1과 E_2는 ψ_1과 ψ_2에 관련된 에너지이다. 따라서 확률밀도는 다음과 같다.

$$\begin{aligned} |\Psi(x, t)|^2 &= \left(c_1 \psi_1 e^{iE_1 t/\hbar} + c_2 \psi_2 e^{iE_2 t/\hbar}\right)\left(c_1 \psi_1 e^{-iE_1 t/\hbar} + c_2 \psi_2 e^{-iE_2 t/\hbar}\right) \\ &= c_1^2 \psi_1^2 + c_2^2 \psi_2^2 + 2c_1 c_2 \psi_1 \psi_2 \cos\left[(E_2 - E_1)\, t/\hbar\right]. \end{aligned}$$

확률밀도는 $\omega = (E_2 - E_1)/\hbar$의 각진동수로 사인함수적으로 진동한다. 이것은 전혀 정상상태가 아니다. 그러나 운동을 만들기 위해 (에너지가 다른) 정상상태의 선형결합을 이용했다는 것에 주목하라.[9]

계수 $\{c_n\}$이 물리적으로 무엇을 뜻하는지 궁금할 것이다. 그 설명은 3장에 가서야 하겠지만 여기서 대답하겠다.

$$|c_n|^2 \quad \text{은 에너지를 측정했을 때 } E_n\text{값이 나올 확률이다.} \tag{2.19}$$

---

[8] 여기서 변수분리 방법을 처음 접해보았다면 해가 무한급수의 형태라는 것에 실망할 것이다. 가끔은 이 급수를 더한 결과를 얻거나 변수분리 방법을 통하지 않고 Schrödinger 방정식을 풀 수도 있다. 예를 들어 문제 2.49, 2.50, 2.51을 참조하라. 그러나 이런 경우는 매우 드물다.

[9] Paul Falstad가 만든 애플렛에 잘 나타나 있다. www.falstad.com/qm1d/.

측정을 하면 항상 "허용된" 값만 나오고, $|c_n|^2$은 이 특정한 값 E_n이 나올 확률이다.[10] 물론 이 확률의 합은 1이 되어야 한다.

$$\boxed{\sum_{n=1}^{\infty} |c_n|^2 = 1} \tag{2.20}$$

그리고 에너지의 기댓값은

$$\boxed{\langle H \rangle = \sum_{n=1}^{\infty} |c_n|^2 E_n} \tag{2.21}$$

이 되어야 한다. 몇 개의 구체적인 예제에서 어떻게 작동하는지 보게 될 것이다. 마지막으로 계수 $\{c_n\}$은 시간에 무관하고, 따라서 특정한 에너지를 얻을 확률도, H의 기댓값도 그렇다는 것을 주목하라. 이것이 양자역학에서 나타나는 **에너지 보존**이다.

* **문제 2.1** 다음의 세 정리를 증명하라.

(a) 규격화된 해를 얻을 수 있으면 분리 상수 E는 실수이다. 귀띔: 식 (2.7)의 E를 $E_0 + i\Gamma$로 쓰고(E_0와 Γ는 실수) 식 1.20이 모든 t에서 성립하려면 Γ는 0이 되어야 한다는 것을 증명하라.

(b) 시간에 무관한 파동함수 $\psi(x)$는 항상 실수로 만들 수 있다[반면에 $\Psi(t)$는 반드시 복소수여야 한다]. 그렇다고 시간에 무관한 Schrödinger 방정식의 모든 해가 실수인 것은 아니다. 이 정리가 뜻하는 것은 실수가 아닌 해를 얻어도, 이를 항상 (같은 에너지의) 실수인 해에 대한 선형결합으로 쓸 수 있다는 것이다. 따라서 실수인 ψ로만 생각해도 좋다. 귀띔: 주어진 E에 대해 $\psi(x)$가 식 2.5를 만족하면, 복소켤레도 만족시킨다. 따라서 실수의 선형결합 $(\psi + \psi^*)$과 $i(\psi - \psi^*)$도 만족한다.

(c) $V(x)$가 **짝함수**이면[즉 $V(-x) = V(x)$] $\psi(x)$는 항상 짝함수나 홀함수로 만들 수 있다. 귀띔: $\psi(x)$가 주어진 E에 대해 식 2.5를 만족하면 $\psi(-x)$도 만족한다. 따라서 짝함수, 홀함수의 선형결합 $\psi(x) \pm \psi(-x)$도 만족한다.

* **문제 2.2** 시간에 무관한 Schrödinger 방정식의 모든 규격화된 해에 대해 E는 반드시 $V(x)$의 최솟값보다 커야 한다는 것을 증명하라. 이에 대응하는 고전적 예가 있는가? 귀띔: 식 2.5를

$$\frac{d^2\psi}{dx^2} = \frac{2m}{\hbar^2}[V(x) - E]\psi$$

의 형태로 다시 써라. $E < V_{\min}$이면 ψ와 이의 2차 미분은 항상 같은 부호를 갖는다. 이와 같은 함수는 규격화될 수 없다고 논의하라.

---

[10] $|c_n|^2$은 "입자가 n번째 정상상태에 있을 확률이다"라고 하는 경우도 있는데, 이는 좋지 않은 표현이다. 입자는 상태 Ψ에 있지, Ψ_n에 있는 것이 아니다. 어쨌든 실험실에서 "입자가 특정한 상태에 있는 것을 구하지 않는다." 다만 어떤 관측량을 측정하고, 얻는 것은 숫자이지 파동함수가 아니다.

2.2 무한한 사각형 우물

퍼텐셜이

$$V(x) = \begin{cases} 0, & 0 \le x \le a, \\ \infty, & \text{이외의 경우} \end{cases} \tag{2.22}$$

라고 하자(그림 2.1). 이 퍼텐셜 안의 입자는 양쪽 끝($x = 0$와 $x = a$)을 제외하고는 자유입자이다. 양쪽 끝에서는 무한한 힘이 작용하여 탈출하지 못하게 한다. 고전적인 모형은 완전한 탄성 범퍼를 양쪽에 달고 마찰이 없는 수평 공기 트랙 위에 있는 수레로 볼 수 있다. 이 수레는 앞뒤로 계속 튕기며 움직인다. (물론 이 퍼텐셜은 인공적이지만 잘 살펴보기 바란다. 이 경우는 매우 단순하기 때문에 나중에 나오는 환상적인 경우와 쉽게 비교할 수 있다. 이것을 뒤에서 자주 언급하겠다.)

우물 바깥쪽에서는 $\psi(x) = 0$이다. (이곳에서 입자를 발견할 확률은 0이다.) 우물 안에서는 $V = 0$이므로 시간에 무관한 Schrödinger 방정식(식 2.5)은

$$-\frac{\hbar^2}{2m}\frac{d^2\psi}{dx^2} = E\psi \tag{2.23}$$

즉

$$\frac{d^2\psi}{dx^2} = -k^2\psi, \quad \text{여기서} \quad k \equiv \frac{\sqrt{2mE}}{\hbar} \tag{2.24}$$

로 쓸 수 있다. (이렇게 쓸 때 $E \ge 0$인 것을 가정했다. 문제 2.2로부터 $E < 0$인 경우는 성립하지 않는다.) 식 2.24는 고전적인 **단순조화진동자**에 대한 식이다. 일반적인 해는

$$\psi(x) = A \sin kx + B \cos kx \tag{2.25}$$

이다. 여기서 A와 B는 임의의 상수이다. 전형적으로 이 상수는 문제에 나타나는 **경계조건**으로 결정된다. $\psi(x)$인 경우 적절한 경계조건은 무엇일까? 일반적으로는 ψ와 $d\psi/dx$가 연속이라는 것이다.[11] 그러나 퍼텐셜이 무한대가 되는 곳은 ψ만 연속이다. (이 경계조건이 맞다는 것을 보이고, 2.5절에서 $V = \infty$의 예외에 대해 설명하겠으니, 우선은 받아들이도록 하자.)

$\psi(x)$가 연속이므로

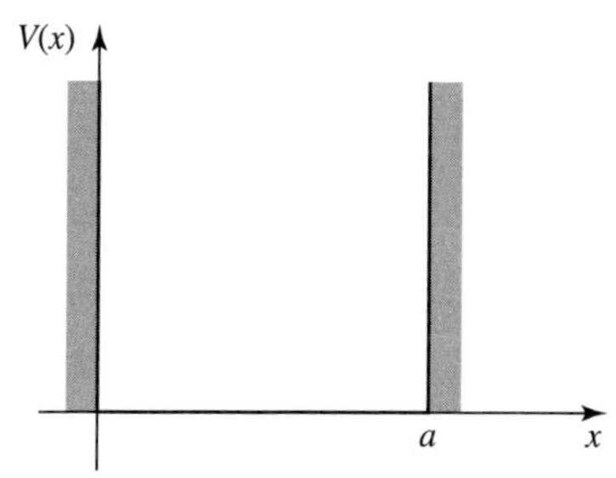

그림 2.1: 무한한 사각형 퍼텐셜 우물(식 2.22).

[11] 그렇다! $\Psi(x, t)$는 그럴 필요는 없지만, $\psi(x)$는 x의 연속함수이다.

$$\psi(0) = \psi(a) = 0 \tag{2.26}$$

이 되어 우물 바깥쪽의 해와 연결되어야 한다. 이것으로 A와 B에 대해 무엇을 얻을까?

$$\psi(0) = A\sin 0 + B\cos 0 = B$$

이므로 $B = 0$이 되어야 한다. 따라서

$$\psi(x) = A\sin kx \tag{2.27}$$

이다. 그러면 $\psi(a) = A\sin ka$이므로 $A = 0$이거나(이것은 아무것도 없는 해 $\psi(x) = 0$이고 규격화할 수도 없다) $\sin ka = 0$이다. 따라서

$$ka = 0,\ \pm\pi,\ \pm 2\pi,\ \pm 3\pi,\ \ldots. \tag{2.28}$$

를 만족해야 한다. 그러나 $k = 0$일 수는 없다[역시 $\psi(x) = 0$이 되기 때문이다]. 그리고 음수는 새로운 해를 만들지 않는다. 왜냐하면 $\sin(-\theta) = -\sin(\theta)$이므로 음의 부호를 A에 흡수시킬 수 있다. 그러므로 가능한 해는

$$k_n = \frac{n\pi}{a},\ \text{여기서}\ n = 1,\ 2,\ 3,\ \ldots. \tag{2.29}$$

이다.

흥미 있게도 $x = a$에서의 경계조건으로 상수 A를 결정할 수는 없지만, 대신 상수 k를 결정할 수 있다. 따라서 가능한 E값은 다음과 같다.

$$\boxed{E_n = \frac{\hbar^2 k_n^2}{2m} = \frac{n^2\pi^2\hbar^2}{2ma^2}} \tag{2.30}$$

고전적인 경우와 매우 대조적인 점은 무한한 사각형 우물 안의 양자 입자는 임의의 에너지를 가질 수 없고 특별한("허용된") 값 중의 한 값이어야 한다.[12] A를 구하려면 ψ를 규격화해야 한다.[13]

$$\int_0^a |A|^2 \sin^2(kx)\,dx = |A|^2\frac{a}{2} = 1,\ \text{따라서}\ |A|^2 = \frac{2}{a}.$$

이것은 $A = \sqrt{2/a}$의 크기만을 결정하지만, 양의 실수 제곱근을 구하는 것이 가장 간단하다. (사실 A의 위상에는 아무런 물리적 의미가 없다.) 따라서 우물 안에서의 해는

$$\boxed{\psi_n(x) = \sqrt{\frac{2}{a}}\sin\left(\frac{n\pi}{a}x\right).} \tag{2.31}$$

이다.

예상한 대로 시간에 무관한 Schrödinger 방정식으로부터 (양의 정수 n에 대해 하나씩) 무한 개의 해를 구했다. 첫 몇 개를 그림 2.2에 나타내었다. 이 상태들은 길이 a인 줄에서 나타나는

---

[12] 에너지가 양자화되는 것은 시간에 무관한 Schrödinger 방정식의 해에 적용되는 경계조건 때문에 나타난다는 것에 주목하라.

[13] 사실 $\Psi(x, t)$를 규격화해야 한다. 하지만 식 2.7을 보면 이는 $\psi(x)$를 규격화하는 것에 해당한다.

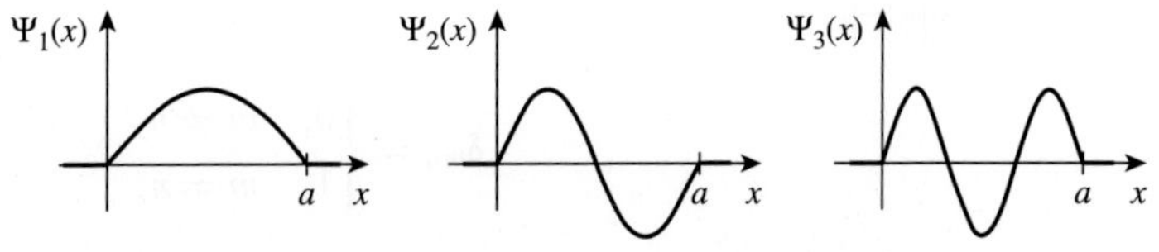

그림 2.2: 무한 사각형 우물의 첫 세 개의 정상상태(식 2.31).

정지파동처럼 생겼다. 가장 낮은 에너지를 갖는 ψ_1을 **바닥상태**라고 하고, n^2에 비례하여 에너지가 증가하는 다른 상태는 **들뜬 상태**라고 한다. 이 모든 함수 $\psi_n(x)$는 다음의 흥미 있고 중요한 성질을 가지고 있다.

1. 이 상태는 우물의 중심에 대해 교대로 **짝함수**, **홀함수**로 나타난다. ψ_1은 짝함수, ψ_2는 홀함수, ψ_3는 짝함수와 같이 계속된다.[14]

2. 에너지가 커질수록 각 연속된 상태는 (0을 지나는) **마디**가 하나씩 증가한다. ψ_1은 하나도 없고(양쪽 끝은 제외한다), ψ_2는 하나, ψ_3는 세 개로 늘어난다.

3. 이 상태는

$$\int \psi_m(x)^* \psi_n(x)\, dx = 0, \quad (m \neq n) \tag{2.32}$$

인 의미[15]에서 서로 **직교**한다.

증명:

$$\begin{aligned}
\int \psi_m(x)^* \psi_n(x)\, dx &= \frac{2}{a}\int_0^a \sin\left(\frac{m\pi}{a}x\right)\sin\left(\frac{n\pi}{a}x\right) dx \\
&= \frac{1}{a}\int_0^a \left[\cos\left(\frac{m-n}{a}\pi x\right) - \cos\left(\frac{m+n}{a}\pi x\right)\right] dx \\
&= \left\{\frac{1}{(m-n)\pi}\sin\left(\frac{m-n}{a}\pi x\right) - \frac{1}{(m+n)\pi}\sin\left(\frac{m+n}{a}\pi x\right)\right\}\Bigg|_0^a \\
&= \frac{1}{\pi}\left\{\frac{\sin[(m-n)\pi]}{(m-n)} - \frac{\sin[(m+n)\pi]}{(m+n)}\right\} = 0.
\end{aligned}$$

이 결과는 $m = n$일 때는 성립하지 않는다. (정확히 어디서 성립하지 않는지 집어낼 수 있는가?) 그 경우 규격화에 의하면 적분은 1이 된다. 사실 직교성과 규격화를 함께 써서

$$\boxed{\int \psi_m(x)^* \psi_n(x)\, dx = \delta_{mn}} \tag{2.33}$$

의 한 표현으로 나타낼 수 있다. 여기서 (**Kronecker 델타**라고 부르는) δ_{mn}은 다음과 같

[14] 이 대칭성이 더 잘 보이게 하려면 우물이 $-a$에서부터 $+a$까지 있어서, 중심이 원점에 있도록 하면 된다. 그러면 짝함수는 코사인이고, 홀함수는 사인함수이다. 문제 2.36 참조.

[15] 이 경우 ψ는 실수이므로 ψ_m의 복소켤레(*)를 취할 필요는 없지만, 그렇지 않은 경우를 위해 붙이는 습관을 들이는 것이 좋다.

이 정의한다.

$$\delta_{mn} = \begin{cases} 0, & m \neq n, \\ 1, & m = n. \end{cases} \tag{2.34}$$

이때 ψ는 **직교규격화**되어 있다고 한다.

4. 임의의 다른 함수 $f(x)$는 선형결합

$$f(x) = \sum_{n=1}^{\infty} c_n \psi_n(x) = \sqrt{\frac{2}{a}} \sum_{n=1}^{\infty} c_n \sin\left(\frac{n\pi}{a}x\right). \tag{2.35}$$

로 쓸 수 있다는 의미에서 이 함수들은 **완전**하다. 함수 $\sqrt{2/a}\,\sin(n\pi x/a)$가 완전하다는 것을 증명하려는 것은 아니지만 고급 미적분학을 배웠다면 식 2.35는 다름 아닌 $f(x)$의 **Fourier 급수**이고, "임의의" 함수가 이렇게 전개될 수 있다는 것은 **Dirichlet 정리**[16]라고 부른다.

$f(x)$가 주어지면 계수 c_n은 **Fourier 방법**으로 구할 수 있는데 이때 다음과 같이 $\{\psi_n\}$의 직교규격화를 아름답게 사용한다. 식 2.35의 양변에 $\psi_m(x)^*$를 곱하고 적분하면

$$\int \psi_m(x)^* f(x)\, dx = \sum_{n=1}^{\infty} c_n \int \psi_m(x)^* \psi_n(x)\, dx = \sum_{n=1}^{\infty} c_n \delta_{mn} = c_m \tag{2.36}$$

을 얻는다. (Kronecker 델타로 인해 합에서 $n = m$인 항을 제외하고는 모두 없어지는 것을 주목하라.) 따라서 $f(x)$를 전개할 때 n차 계수는

$$\boxed{c_n = \int \psi_n(x)^* f(x)\, dx} \tag{2.37}$$

이다.[17]

이 네 가지 성질은 매우 강력하고, 무한한 사각형 우물에만 국한된 것이 아니다. 첫 번째 성질은 퍼텐셜 자체가 대칭성이 있는 함수이면 언제나 성립한다. 두 번째 성질은 퍼텐셜 모양에 상관 없이 나타나는 일반적 성질이다.[18] 직교성 또한 일반적인 성질이며 3장에서 증명하겠다. 완전성은 앞으로 접하게 될 모든 퍼텐셜에 대해 성립하지만, 이에 대한 증명은 어렵고 복잡하다. 대부분의 물리학자는 단순히 완전성을 가정하고, 그 가정이 깨지지 않을 것이라고 기대한다.

무한한 사각형 우물의 정상상태(식 2.18)는

$$\Psi_n(x,t) = \sqrt{\frac{2}{a}} \sin\left(\frac{n\pi}{a}x\right) e^{-i(n^2\pi^2\hbar/2ma^2)t} \tag{2.38}$$

---

[16] 예를 들어 Mary Boas, *Mathematical Methods in the Physical Sciences*, 3rd edn (New York: John Wiley, 2006) 356쪽을 참조하라. 심지어 $f(x)$는 유한한 점에서 유한한 불연속점을 가져도 된다.

[17] "허깨비 지수"로 m이든 n을 써도 상관없다. 다만 식의 양변에서 일관성 있게 쓰기만 하면 된다. 어떤 문자를 사용하는 "임의의 양의 정수"를 나타낸다.

[18] 문제 2.45에서 이 성질을 살펴볼 것이다. 더 많은 논의를 보려면 John L. Powell, Bernd Crasemann, *Quantum Mechanics* (Addison-Wesley, Reading, MA, 1961), 5~7절을 참조하라.

이다. 식 2.17에서 (시간에 의존하는) Schrödinger 방정식의 가장 일반적인 해는 정상상태의 선형결합인

$$\Psi(x,t)=\sum_{n=1}^{\infty}c_n\sqrt{\frac{2}{a}}\sin\left(\frac{n\pi}{a}x\right)e^{-i(n^2\pi^2\hbar/2ma^2)t} \tag{2.39}$$

로 쓸 수 있다고 했다. (이것이 해인지 의심스러우면 확인해보라!) 이제 남은 것은 계수 c_n을 적당히 선택하여 처음 파동함수 $\Psi(x,0)$이 되도록 만드는 방법을 보이는 것이다.

$$\Psi(x,0)=\sum_{n=1}^{\infty}c_n\psi_n(x).$$

(이 경우에는 Dirichlet 정리에 의해 확인된) ψ의 완전성으로 인해 $\Psi(x,0)$를 항상 이와 같이 쓸 수 있고, 직교구격화의 성질 때문에 실제 계수를 Fourier 방법으로 구할 수 있다.

$$c_n=\sqrt{\frac{2}{a}}\int_0^a\sin\left(\frac{n\pi}{a}x\right)\Psi(x,0)\,dx. \tag{2.40}$$

이것으로 다 끝났나. 처음 파동함수 $\Psi(x,0)$이 주어지면 식 2.40을 이용하여 전개 계수 c_n을 계산하고, 이를 식 2.39에 집어 넣어 $\Psi(x,t)$를 구한다. 파동함수를 구하면 1장의 과정을 따라 관심있는 임의의 물리량을 계산할 수 있다. 이 방법은 임의의 퍼텐셜에 적용된다. 다만 다른 것은 ψ 함수의 형태와 허용된 에너지에 대한 식이다.

예제 2.2

무한한 사각형 우물 안의 입자에 대한 처음 파동함수는

$$\Psi(x,0)=Ax(a-x),\quad (0\le x\le a)$$

이다. A는 상수이다(그림 2.3). 물론 우물 바깥쪽에서는 $\Psi=0$이다. $\Psi(x,t)$를 구하라.

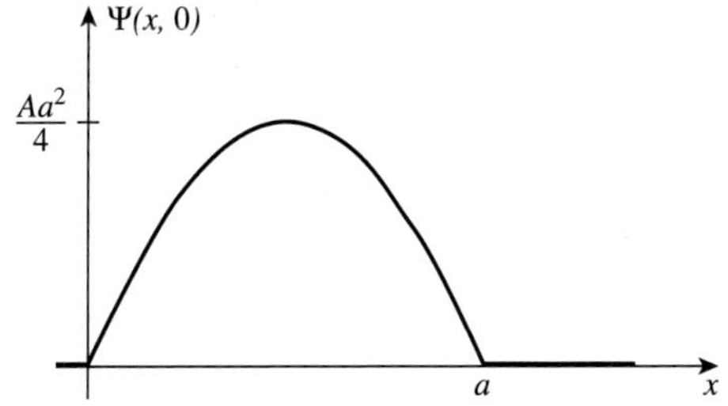

그림 2.3: 예제 2.2의 처음 파동함수

풀이: 먼저 $\Psi(x,0)$를 규격화하여 A를 결정해야 한다.

$$1=\int_0^a|\Psi(x,0)|^2\,dx=|A|^2\int_0^a x^2(a-x)^2\,dx=|A|^2\frac{a^5}{30}$$

따라서

$$A=\sqrt{\frac{30}{a^5}}$$

이다. n번째 계수는 (식 2.40) 다음과 같다.

$$\begin{aligned}
c_n &= \sqrt{\frac{2}{a}}\int_0^a \sin\left(\frac{n\pi}{a}x\right)\sqrt{\frac{30}{a^5}}\,x\,(a-x)\,dx \\
&= \frac{2\sqrt{15}}{a^3}\left[a\int_0^a x\sin\left(\frac{n\pi}{a}x\right)dx - \int_0^a x^2\sin\left(\frac{n\pi}{a}x\right)dx\right] \\
&= \frac{2\sqrt{15}}{a^3}\left\{a\left[\left(\frac{a}{n\pi}\right)^2\sin\left(\frac{n\pi}{a}x\right)-\frac{ax}{n\pi}\cos\left(\frac{n\pi}{a}x\right)\right]\Bigg|_0^a\right. \\
&\quad \left.-\left[2\left(\frac{a}{n\pi}\right)^2 x\sin\left(\frac{n\pi}{a}x\right)-\frac{(n\pi x/a)^2-2}{(n\pi/a)^3}\cos\left(\frac{n\pi}{a}x\right)\right]\Bigg|_0^a\right\} \\
&= \frac{2\sqrt{15}}{a^3}\left[-\frac{a^3}{n\pi}\cos(n\pi)+a^3\frac{(n\pi)^2-2}{(n\pi)^3}\cos(n\pi)+a^3\frac{2}{(n\pi)^3}\cos(0)\right] \\
&= \frac{4\sqrt{15}}{(n\pi)^3}\left[\cos(0)-\cos(n\pi)\right] \\
&= \begin{cases} 0, & n \text{ 짝수}, \\ 8\sqrt{15}/(n\pi)^3, & n \text{ 홀수}. \end{cases}
\end{aligned}$$

따라서 (식 2.39) 다음을 얻는다.

$$\Psi(x,t)=\sqrt{\frac{30}{a}}\left(\frac{2}{\pi}\right)^3\sum_{n=1,3,5\ldots}\frac{1}{n^3}\sin\left(\frac{n\pi}{a}x\right)e^{-in^2\pi^2\hbar t/2ma^2}.$$

예제 2.3

예제 2.2의 파동함수가 식 2.20을 만족하는 것을 확인하라. 이 상태에 있는 입자의 에너지를 측정하면 가장 큰 확률을 갖는 결과는 무엇인가? 에너지 기댓값은 얼마인가?

풀이: 처음 파동함수(그림 2.3)는 바닥상태 ψ_1과 매우 비슷하게 생겼다. 이것은 $|c_1|^2$가 가장 크다는 것을 암시한다.[19] 사실

$$|c_1|^2=\left(\frac{8\sqrt{15}}{\pi^3}\right)^2=0.998555\ldots.$$

[19] 대략 표현하면 c_n은 "Ψ에 포함된 ψ_n의 양"이라고 말할 수 있다.

이다. 나머지 계수가 그 차이를 메꾼다.[20]

$$\sum_{n=1} |c_n|^2 = \left(\frac{8\sqrt{15}}{\pi^3}\right) \sum_{n=1,3,5,\ldots} \frac{1}{n^6} = 1.$$

가장 큰 확률로 에너지를 측정할 값은 $E_1 = \pi^2\hbar^2/2ma^2$이다. 측정의 99.8% 이상 이 값을 얻을 것이다. 에너지의 기댓값(식 2.21)은 다음과 같다.

$$\langle H \rangle = \sum_{n=1,3,5,\ldots}^{\infty} \left(\frac{8\sqrt{15}}{n^3\pi^3}\right)^2 \frac{n^2\pi^2\hbar^2}{2ma^2} = \frac{480\hbar^2}{\pi^4 ma^2} \sum_{n=1,3,5,\ldots}^{\infty} \frac{1}{n^4} = \frac{5\hbar^2}{ma^2}.$$

예상했듯이 이 값은 E_1에 매우 가깝다($\pi^2/2 \approx 4.935$ 대신 5이다). 이는 들뜬 상태가 약간 섞여 있기 때문에 조금 큰 것이다.

물론 예제 2.3에서 식 2.20이 나온 것은 우연이 아니다. 사실 이는 Ψ를 규격화하면서 나오게 된다(c_n은 시간에 무관하므로 $t = 0$일 경우에 대해 증명하겠다. 이것이 불편하면 언제든 쉽게 임의의 t로 일반화할 수 있을 것이다).

$$\begin{aligned} 1 &= \int |\Psi(x,0)|^2\, dx = \int \left(\sum_{m=1}^{\infty} c_m \psi_m(x)\right)^* \left(\sum_{n=1}^{\infty} c_n \psi_n(x)\right) dx \\ &= \sum_{m=1}^{\infty}\sum_{n=1}^{\infty} c_m^* c_n \int \psi_m(x)^* \psi_n(x)\, dx \\ &= \sum_{n=1}^{\infty}\sum_{m=1}^{\infty} c_m^* c_n \delta_{mn} = \sum_{n=1}^{\infty} |c_n|^2 . \end{aligned}$$

(여기서도 Kronecker 델타로 인해 m에 대한 합 중 $m = n$인 항만 남는다.) 마찬가지로 에너지의 기댓값(식 2.21)을 확인할 수 있다. 시간에 무관한 Schrödinger 방정식(식 2.12)에 의하면

$$\hat{H}\psi_n = E_n\psi_n \tag{2.41}$$

이므로 다음을 얻는다.

$$\begin{aligned} \langle H \rangle &= \int \Psi^* \hat{H} \Psi\, dx = \int \left(\sum c_m \psi_m\right)^* \hat{H} \left(\sum c_n \psi_n\right) dx \\ &= \sum\sum c_m^* c_n E_n \int \psi_m^* \psi_n\, dx = \sum |c_n|^2 E_n. \end{aligned}$$

[20] 공식표에서 "음의 차수에 대한 급수" 혹은 "Riemann Zeta 함수"를 찾아보면 급수

$$\frac{1}{1^6} + \frac{1}{3^6} + \frac{1}{5^6} + \cdots = \frac{\pi^6}{960}$$

과

$$\frac{1}{1^4} + \frac{1}{3^4} + \frac{1}{5^4} + \cdots = \frac{\pi^4}{96}$$

을 찾을 수 있을 것이다.

문제 2.3 무한한 사각형 우물에 대한 (시간에 무관한) Schrödinger 방정식에서 $E = 0$이거나 $E < 0$인 해가 있을 수 없다는 것을 증명하라. (이것은 문제 2.2에 있는 일반적 정리의 특별한 경우이지만, 이번에는 Schrödinger 방정식을 직접 풀어 경계조건을 만족할 수 없다는 것을 확인하라.)

* **문제 2.4** 무한 사각형 우물의 n번째 정상상태에 대해 $\langle x\rangle$, $\langle x^2\rangle$, $\langle p\rangle$, $\langle p^2\rangle$, σ_x, σ_p를 구하라. 불확정성 원리가 만족되는 것을 확인하라. 어느 상태가 불확정성 극한에 가장 가깝게 접근하는가?

* **문제 2.5** 무한 사각형 우물 안에 있는 입자의 처음 파동함수가 첫 두 개의 정상상태의 결합으로 주어졌다.

$$\Psi(x, 0) = A\,[\psi_1(x) + \psi_2(x)]\,.$$

(a) $\Psi(x, 0)$를 규격화하라. [즉 A를 구하라. ψ_1과 ψ_2의 직교규격 성질을 이용하면 매우 쉽다. $t = 0$일 때 Ψ를 규격화하면 항상 규격화되어 있다는 것을 기억하라. 이것이 의심스러우면 (b)를 풀고 확인해보라.]

(b) $\Psi(x, t)$와 $|\Psi(x, t)|^2$를 구하라. 두 번째 양을 예제 2.1과 같이 시간의 사인함수로 나타내라. 결과를 간단하기 위하여 $\omega \equiv \pi^2\hbar/2ma^2$로 놓아라.

(c) $\langle x\rangle$를 구하라. 이 양은 시간에 대해 진동하는 것에 주목하라. 이 진동의 각진동수는 얼마인가? 이 진동의 진폭은 얼마인가? (진폭이 $a/2$보다 크면 잘못 푼 것이다.)

(d) $\langle p\rangle$를 구하라.

(e) 이 입자의 에너지를 측정하면 어떤 값을 얻는가? 이 값을 얻는 각각의 확률은 얼마인가? H의 기댓값을 구하라. 이 값과 E_1, E_2를 비교하라.

문제 2.6 파동함수의 전체 위상은 물리적 의미가 없더라도(측정 가능한 양을 계산할 때 언제나 상쇄된다) 식 2.17에 나타난 계수 사이의 상대 위상은 중요하다. 예를 들어 문제 2.5에서 ψ_1과 ψ_2의 상대 위상이 있어서

$$\Psi(x, 0) = A\left[\psi_1(x) + e^{i\phi}\psi_2(x)\right]$$

으로 주어졌다고 하자. 여기서 ϕ는 상수이다. $\Psi(x, t)$, $|\Psi(x, t)|^2$, $\langle x\rangle$를 구하고, 전에 얻었던 값들과 비교하라. $\phi = \pi/2$, $\phi = \pi$인 특별한 경우를 고려하라. (이 문제를 그래프로 보려면 이 장의 각주 9에서 언급한 애플렛을 참고하라.)

* **문제 2.7** 무한 사각형 우물 안의 입자에 대한 처음 파동함수는 다음과 같다.

$$\Psi(x,0) = \begin{cases} Ax, & 0 \le x \le a/2, \\ A(a-x), & a/2 \le x \le a. \end{cases}$$

(a) $\Psi(x, 0)$을 그리고, 상수 A를 결정하라.

(b) $\Psi(x, t)$를 구하라.

(c) 에너지를 측정하여 E_1을 얻을 확률은 얼마인가?

(d) 식 2.21을 이용하여 에너지의 기댓값을 구하라.[21]

문제 2.8 (너비가 a인) 무한 사각형 우물 안에 있는 질량 m인 입자의 처음 상태는

$$\Psi(x,0) = \begin{cases} A, & 0 \le x \le a/2, \\ 0, & a/2 \le x \le a \end{cases}$$

으로 주어졌다. A는 상수이다. 따라서 ($t = 0$에서) 우물의 왼쪽 반에 있는 임의의 점에서 발견될 확률은 동일하다. (나중 시간 t에서) $\pi^2\hbar^2/2ma^2$인 에너지를 측정할 확률은 얼마인가?

문제 2.9 예제 2.2의 파동함수에 대해 시간 t에서의 H의 기댓값을 "정통적인" 방법

$$\langle H \rangle = \int \Psi(x,0)^* \hat{H} \Psi(x,0)\, dx$$

를 이용하여 구하라. 이것을 예제 2.3의 결과와 비교하라. 주의: $\langle H \rangle$는 시간에 무관하므로 $t = 0$으로 놓아도 좋다.

2.3 조화진동자

고전적인 조화진동자는 질량 m이 용수철 상수 k인 용수철에 매달려 있는 것이다. 이 운동은 **Hooke의 법칙**

$$F = -kx = m\frac{d^2x}{dt^2}$$

을 따른다(마찰은 무시한다). 그 해는

$$x(t) = A\sin(\omega t) + B\cos(\omega t)$$

이고, 여기서

[21] 처음 파동함수는 규격화할 수 있는 한 어떤 모양이더라도 원칙적으로 상관없다. 특히 $\Psi(x, 0)$는 미분이 연속이 아니어도 괜찮다. 그러나 $\int \Psi(x,0)^* \hat{H}\Psi(x,0)\, dx$를 이용해 $\langle H \rangle$를 계산할 때 기술적으로 어려울 수 있다. 왜냐하면 $\Psi(x, 0)$의 이차 미분이 정의되지 않기 때문이다. 문제 2.9에서는 불연속점이 끝점이므로 이러한 문제가 없고, 어차피 여기서 파동함수는 0이다. 문제 2.39에서 문제 2.7과 같은 경우를 어떻게 다루는 지 볼 것이다.

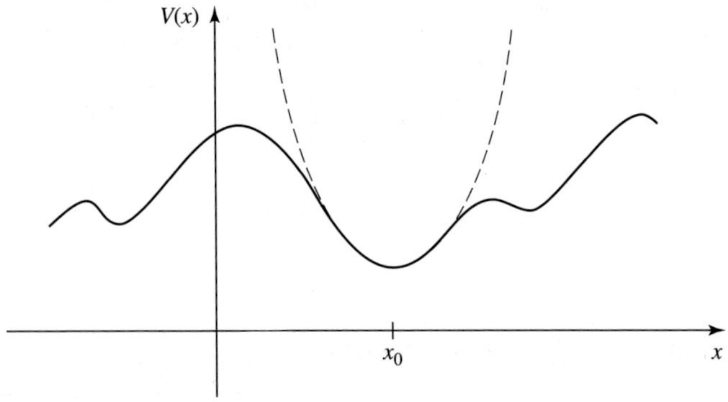

그림 2.4: 국소적 최솟값 근처에서 임의의 퍼텐셜을 포물선으로 어림한 그림(점선).

$$\omega \equiv \sqrt{\frac{k}{m}} \tag{2.42}$$

는 진동의 (각)진동수이다. 퍼텐셜에너지는

$$V(x) = \frac{1}{2}kx^2 \tag{2.43}$$

이고, 포물선 모양이다.

물론 완벽한 조화진동자는 없다. 용수철을 너무 잡아당기면 끊어지고, Hooke의 법칙인 이 점에 도달하기 훨씬 전에 성립하지 않게 된다. 그러나 실제적으로는 국소적 최솟값 근처에서는 어떤 퍼텐셜도 어림하여 포물선 형태로 만들 수 있다(그림 2.4). 수식으로 표현하면 $V(x)$를 최솟값 근처에서 **Taylor 전개**하면

$$V(x) = V(x_0) + V'(x_0)(x - x_0) + \frac{1}{2}V''(x_0)(x - x_0)^2 + \cdots$$

을 얻는다. 여기서 $V(x_0)$를 빼고[$V(x)$에 임의의 상수를 더해도 힘에 전혀 영향을 끼치지 않는다], x_0가 최소이므로 $V'(x_0) = 0$임을 이용하고, $(x - x_0)$가 작을 때는 항상 무시할 수 있는 고차항을 무시하면

$$V(x) \approx \frac{1}{2}V''(x_0)(x - x_0)^2$$

을 얻는다. 이 식은 점 x_0 근처에서 유효 용수철상수 $k = V''(x_0)$인 조화진동자를 기술한다. 이 때문에 단순조화진동자가 중요한 것이다. 진폭이 작기만 하면 어떤 진동운동도 단순조화에 가까운 운동을 한다.[22]

양자역학적 문제는 퍼텐셜

$$V(x) = \frac{1}{2}m\omega^2 x^2 \tag{2.44}$$

---

[22] x_0에서 최솟값이라고 가정했으므로 $V''(x_0) \geq 0$임을 주목하라. 아주 드물게 $V''(x_0) = 0$인 경우에 이 진동은 근사적으로 전혀 단순조화진동이 아니다.

에 대한 Schrödinger 방정식을 푸는 것이다(흔히 식 2.42를 이용하여 용수철상수를 고전적 진동수로 바꾸어 나타낸다). 앞에서 보았듯이 시간에 무관한 Schrödinger 방정식

$$-\frac{\hbar^2}{2m}\frac{d^2\psi}{dx^2} + \frac{1}{2}m\omega^2 x^2\psi = E\psi \tag{2.45}$$

를 풀기만 하면 된다. 이 문제를 푸는 데 매우 다른 두 가지 접근 방법이 있다. 첫 번째 방법은 **멱급수 방법**을 이용하여 미분방정식을 "고지식하게" 푸는 것이다. 이 방법은 많은 다른 퍼텐셜에 대해서도 적용할 수 있는 방법이고, 사실 4장에서 수소원자를 다룰 때 사용할 것이다. 두 번째 방법은 마법과도 같은 소위 **사다리연산자**를 이용한 대수적인 방법이다. 대수적인 방법이 빠르고, 단순하며 훨씬 재미있으므로 대수적인 방법을 먼저 사용하겠다.[23] 당장에는 멱급수 방법을 건너뛰어도 상관없지만, 언젠가는 이를 공부해야 한다.

2.3.1 대수적 방법

식 2.45를

$$\frac{1}{2m}\left[\hat{p}^2 + (m\omega x)^2\right]\psi = E\psi \tag{2.46}$$

으로 다시 써서 시작하도록 하자. 여기서 $\hat{p} \equiv -i\hbar d/dx$는 운동량연산자이다.[24] 이제 Hamiltonian

$$\hat{H} = \frac{1}{2m}\left[\hat{p}^2 + (m\omega x)^2\right] \tag{2.47}$$

을 인수분해 한다. 만일 이 식이 숫자로 표현되었다면 쉽게

$$u^2 + v^2 = (iu + v)(-iu + v)$$

으로 쓸 수 있다. 그러나 여기서 $\hat{p}$와 x는 연산자이고, 연산자는 일반적으로 **교환**하지 않으므로 이처럼 간단하지는 않다(곧 보게 되겠지만 $\hat{p}x$는 $x\hat{p}$와 같지 않다. 왜 그런지 생각해보라). 하지만 다음의 양

$$\hat{a}_\pm \equiv \frac{1}{\sqrt{2\hbar m\omega}}\left(\mp i\hat{p} + m\omega x\right) \tag{2.48}$$

을 조사해보자(앞의 계수는 최종 결과를 깔끔하게 만들려고 붙인 것이다).

곱 $\hat{a}_-\hat{a}_+$는 무엇인가?

$$\begin{aligned}\hat{a}_-\hat{a}_+ &= \frac{1}{2\hbar m\omega}\left(i\hat{p} + m\omega x\right)\left(-i\hat{p} + m\omega x\right)\\ &= \frac{1}{2\hbar m\omega}\left[\hat{p}^2 + (m\omega x)^2 - im\omega\left(x\hat{p} - \hat{p}x\right)\right].\end{aligned}$$

---

[23] 각운동량이론에서도 같은 방법을 사용할 것이다(4장 참조). 그리고 이 방법은 **초대칭 양자역학**에서 다양한 퍼텐셜에 일반화할 수 있는 방법이다[문제 3.47, 그리고 Richard W. Robinett, *Quantum Mechanics* (Oxford University Press, New York, 1997), 14.4절을 참조하라].

[24] 원한다면 x에도 모자를 씌워서 쓸 수도 있다. 하지만 $\hat{x} = x$이므로 생략하겠다.

예상한 대로 $(x\hat{p} - \hat{p}x)$항이 더 있다. 이 양을 x와 $\hat{p}$의 **교환자**라고 하고, 얼마나 잘 교환되지 않는가에 대한 정도를 나타낸다. 일반적으로 연산자 $\hat{A}$와 $\hat{B}$의 교환자는 사각 괄호로 나타낸다.

$$\left[\hat{A}, \hat{B}\right] \equiv \hat{A}\hat{B} - \hat{B}\hat{A}. \tag{2.49}$$

이 표현을 쓰면 다음을 얻는다.

$$\hat{a}_-\hat{a}_+ = \frac{1}{2\hbar m\omega}\left[\hat{p}^2 + (m\omega x)^2\right] - \frac{i}{2\hbar}\left[x, \hat{p}\right]. \tag{2.50}$$

x와 $\hat{p}$의 교환자를 이해할 필요가 있다. 주의: 연산자를 추상적으로 생각하면 계산이 혼동스럽기 때문에 "시험함수" $f(x)$를 적용해야만 실수하지 않는다. 마지막에 시험함수를 없애면 연산자만 포함하는 식을 얻을 수 있다. 지금의 경우는

$$\begin{aligned}\left[x, \hat{p}\right] f(x) &= \left[x\,(-i\hbar)\frac{d}{dx}(f) - (-i\hbar)\frac{d}{dx}(xf)\right] = -i\hbar\left(x\frac{df}{dx} - x\frac{df}{dx} - f\right) \\ &= i\hbar f(x)\end{aligned} \tag{2.51}$$

이다. 시험함수를 떼어내면 다음을 얻는다.

$$\boxed{\left[x, \hat{p}\right] = i\hbar.} \tag{2.52}$$

이 공식을 **정준교환관계**라고 한다.[25]

이를 이용하면 식 2.50은

$$\hat{a}_-\hat{a}_+ = \frac{1}{\hbar\omega}\hat{H} + \frac{1}{2} \tag{2.53}$$

즉

$$\hat{H} = \hbar\omega\left(\hat{a}_-\hat{a}_+ - \frac{1}{2}\right) \tag{2.54}$$

이 된다. 명백하게 Hamiltonian은 완벽하게 인수분해 되지 않고, 우변에 여분의 $-1/2$이 있다. 여기서 $\hat{a}_+$와 $\hat{a}_-$의 순서가 중요하다. $\hat{a}_+$를 왼쪽에 놓으면

$$\hat{a}_+\hat{a}_- = \frac{1}{\hbar\omega}\hat{H} - \frac{1}{2} \tag{2.55}$$

이 되고, 특히

$$\left[\hat{a}_-, \hat{a}_+\right] = 1 \tag{2.56}$$

을 만족한다. 한편 Hamiltonian은

$$\hat{H} = \hbar\omega\left(\hat{a}_+\hat{a}_- + \frac{1}{2}\right) \tag{2.57}$$

---

[25] 양자역학의 모든 신비는 그 깊은 면에는 위치와 운동량이 교환하지 않는다는 사실에서 비롯된다. 어떤 저자들은 정준교환관계를 이론의 공리로 받아들이고 이를 이용하여 $\hat{p} = -i\hbar d/dx$를 유도한다.

로도 쓸 수 있다. 조화진동자의 Schrödinger 방정식[26]을 $\hat{a}_\pm$로 표현하면

$$\hbar\omega\left(\hat{a}_\pm\hat{a}_\mp \pm \frac{1}{2}\right)\psi = E\psi \tag{2.58}$$

를 얻는다(이 식의 부호는 복호동순을 따른다).

이제 중요한 단계를 거친다.

> ψ가 에너지 E인 Schrödinger 방정식을 만족하면 (즉, $\hat{H}\psi = E\psi$ 이면) $\hat{a}_+\psi$는 에너지 $(E + \hbar\omega)$인 Schrödinger 방정식을 만족한다. $\hat{H}(\hat{a}_+\psi) = (E + a\hbar\omega)(\hat{a}_+\psi)$.

증명:

$$\begin{aligned}\hat{H}\left(\hat{a}_+\psi\right) &= \hbar\omega\left(\hat{a}_+\hat{a}_- + \frac{1}{2}\right)\left(\hat{a}_+\psi\right) = \hbar\omega\left(\hat{a}_+\hat{a}_-\hat{a}_+ + \frac{1}{2}\hat{a}_+\right)\psi \\ &= \hbar\omega\hat{a}_+\left(\hat{a}_-\hat{a}_+ + \frac{1}{2}\right)\psi = \hat{a}_+\left[\hbar\omega\left(\hat{a}_+\hat{a}_- + 1 + \frac{1}{2}\right)\psi\right] \\ &= \hat{a}_+\left(\hat{H} + \hbar\omega\right)\psi = \hat{a}_+(E + \hbar\omega)\psi = (E + \hbar\omega)\left(\hat{a}_+\psi\right). \quad \text{증명끝}\end{aligned}$$

(두 번째 줄에서 식 2.56을 이용하여 $\hat{a}_-\hat{a}_+$를 $(\hat{a}_+\hat{a}_- + 1)$로 바꾸었다. $\hat{a}_+$와 $\hat{a}_-$의 순서는 중요하지만, $\hat{a}_\pm$와 $\hbar$, ω, E 같은 상수 사이의 순서는 중요하지 않다. 연산자는 임의의 상수와 교환한다.)

마찬가지로 $\hat{a}_-\psi$는 에너지 $(E - \hbar\omega)$인 해이나.

$$\begin{aligned}\hat{H}\left(\hat{a}_-\psi\right) &= \hbar\omega\left(\hat{a}_-\hat{a}_+ - \frac{1}{2}\right)\left(\hat{a}_-\psi\right) = \hbar\omega\hat{a}_-\left(\hat{a}_+\hat{a}_- - \frac{1}{2}\right)\psi \\ &= \hat{a}_-\left[\hbar\omega\left(\hat{a}_-\hat{a}_+ - 1 - \frac{1}{2}\right)\psi\right] = \hat{a}_-\left(\hat{H} - \hbar\omega\right)\psi = \hat{a}_-(E - \hbar\omega)\psi \\ &= (E - \hbar\omega)\left(\hat{a}_-\psi\right).\end{aligned}$$

따라서 더 크거나 작은 에너지를 갖는 새로운 해를 만들어 내는 좋은 방법을 얻게 되었다. 한 개의 해를 찾을 수 있으면 다른 해를 모두 찾을 수 있다. 에너지를 올리거나 내릴 수 있으므로 $\hat{a}_\pm$를 **사다리연산자**라고 부른다. $\hat{a}_+$는 **올림연산자**이고, $\hat{a}_-$는 **내림연산자**이다. 상태의 "사다리"를 그림 2.5에 그려놓았다.

그러나 내림연산자를 계속 적용하면 어떻게 되나? 그러면 결국 0보다 작은 에너지 상태를 얻게 될 것이고, 문제 2.3의 일반적 정리에 의하면 존재하지 않아야 한다. 어느 순간 이 방법은 틀리게 된다. 어떻게 이런 일이 일어날까? $\hat{a}_-\psi$가 Schrödinger 방정식의 새로운 해라는 것을 알지만, 이것이 항상 규격화되리라는 보장은 없다. 이것은 0이 될 수도 있고, 제곱해서 적분하면 무한대가 될 수도 있다. 실제로는 0이 된다.

---

[26] "시간에 무관한 Schrödinger 방정식"이라고 쓰기 지쳐서 내용상 분명할 때에는 그냥 "Schrödinger 방정식"이라고 하겠다.

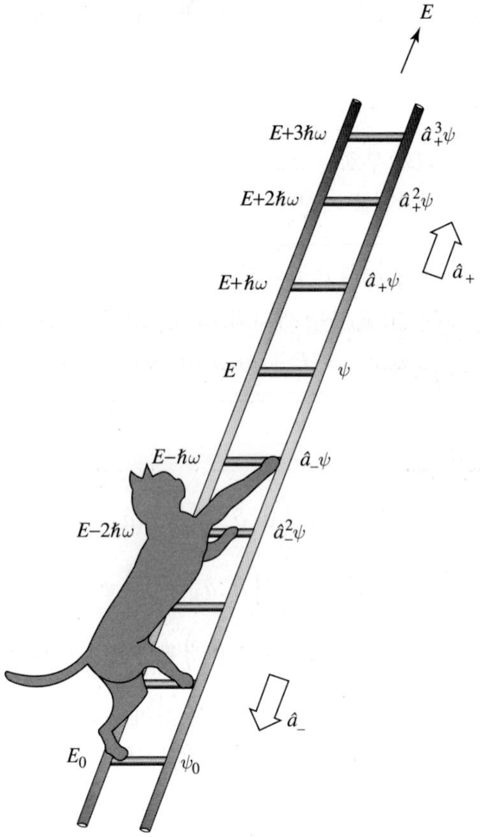

그림 2.5: 조화진동자에 대한 상태의 "사다리".

$$\hat{a}_-\psi_0 = 0. \tag{2.59}$$

를 만족하는 (ψ_0로 부르는) "가장 낮은 바닥"이 있다. 이를 이용하여 $\psi_0(x)$를 결정할 수 있다.

$$\frac{1}{\sqrt{2\hbar m\omega}}\left(\hbar\frac{d}{dx} + m\omega x\right)\psi_0 = 0$$

즉

$$\frac{d\psi_0}{dx} = -\frac{m\omega}{\hbar}x\psi_0$$

을 만족한다.

이 미분방정식은 쉽게 풀 수 있다.

$$\int \frac{d\psi_0}{\psi_0} = -\frac{m\omega}{\hbar}\int x\,dx \quad\Rightarrow\quad \ln\psi_0 = -\frac{m\omega}{2\hbar}x^2 + \text{상수}$$

따라서

$$\psi_0(x) = Ae^{-\frac{m\omega}{2\hbar}x^2}$$

을 얻는다. 또 이 함수를 다음과 같이 규격화할 수 있다.

$$1 = |A|^2 \int_{-\infty}^{\infty} e^{-m\omega x^2/\hbar}\, dx = |A|^2 \sqrt{\frac{\pi\hbar}{m\omega}}$$

여기서 $A^2 = \sqrt{m\omega/\pi\hbar}$이고, 따라서 다음을 얻는다.

$$\boxed{\psi_0(x) = \left(\frac{m\omega}{\pi\hbar}\right)^{1/4} e^{-\frac{m\omega}{2\hbar}x^2}.} \tag{2.60}$$

이 상태의 에너지를 결정하려면 이 해를 (식 2.58의 형태인) Schrödinger 방정식 $\hbar\omega(\hat{a}_+\hat{a}_- + 1/2)\psi_0 = E_0\psi_0$에 집어 넣고, $\hat{a}_-\psi_0 = 0$임을 이용하여 다음을 얻는다.

$$E_0 = \frac{1}{2}\hbar\omega. \tag{2.61}$$

양자 진동자의 **바닥상태**인 맨 아래 바닥에서 시작하여 올림연산자를 계속 적용하면, 한 번 작용할 때마다 에너지 $\hbar\omega$씩 증가하는 들뜬 상태를[27] 만들 수 있다.

$$\boxed{\psi_n(x) = A_n \left(\hat{a}_+\right)^n \psi_0(x)\,, \quad E_n = \left(n + \frac{1}{2}\right)\hbar\omega} \tag{2.62}$$

여기서 A_n은 규격화 상수이다. ψ_0에 올림연산자를 계속 적용하면 원칙적으로 조화진동자의 모든[28] 정상상태를 만들 수 있다. 이 모든 작업을 하지 않고 허용된 에너지를 결정했다.

예제 2.4

조화진동자의 첫 번째 들뜬 상태를 구하라.

풀이: 식 2.62를 이용하면 다음을 얻는다.

$$\begin{aligned}\psi_1(x) = A_1\hat{a}_+\psi_0 &= \frac{A_1}{\sqrt{2\hbar m\omega}}\left(-\hbar\frac{d}{dx} + m\omega x\right)\left(\frac{m\omega}{\pi\hbar}\right)^{1/4} e^{-\frac{m\omega}{2\hbar}x^2} \\ &= A_1\left(\frac{m\omega}{\pi\hbar}\right)^{1/4}\sqrt{\frac{2m\omega}{\hbar}}\, x e^{-\frac{m\omega}{2\hbar}x^2}.\end{aligned} \tag{2.63}$$

이를 다음과 같이 규격화한다.

$$\int |\psi_1|^2\, dx = |A_1|^2 \sqrt{\frac{m\omega}{\pi\hbar}}\left(\frac{2m\omega}{\hbar}\right)\int_{-\infty}^{\infty} x^2 e^{-\frac{m\omega}{\hbar}x^2} dx = |A_1|^2$$

따라서 $A_1 = 1$이다.

---

[27] 조화진동자의 경우 $n = 1$로 시작하는 평소와는 달리 $n = 0$부터 시작한다. 물론 식 2.17과 같은 공식의 합은 0부터 시작하면 된다.

[28] 이 과정을 통해 모든 (규격화할 수 있는) 해를 얻는다. 다른 해가 있다면 올림연산자와 내림연산자를 이용하여 두 번째 사다리를 통해 만들 수 있다. 그러나 이 새로운 사다리의 바닥은 식 2.59를 만족해야 하고, 결국 식 2.60을 만족해야 하므로 두 사다리는 사실 똑같은 조화진동자가 된다.

이 방법으로 올림연산자를 50번 적용하여 ψ_{50}을 구하려고 하지는 않겠지만, 걱정할 필요는 없다. 사실 규격화를 제외하고는 식 2.62로 모두 결정할 수 있다.

규격화도 대수적으로 구할 수 있지만, 놀라운 방법을 이용할 것이므로 잘 살펴보기 바란다. $\hat{a}_{\pm}\psi_n$이 $\psi_{n\pm1}$에 비례한다는 것을 알고 있다.

$$\hat{a}_+\psi_n = c_n\psi_{n+1}, \quad \hat{a}_-\psi_n = d_n\psi_{n-1}. \tag{2.64}$$

그러나 비례상수 c_n과 d_n은 얼마일까? 먼저 "임의의"[29] 함수 $f(x)$와 $g(x)$에 대해 다음이 성립한다는 것에 주목하자.

$$\int_{-\infty}^{\infty} f^*\left(\hat{a}_{\pm}g\right)\,dx = \int_{-\infty}^{\infty}\left(\hat{a}_{\mp}f\right)^* g\,dx. \tag{2.65}$$

선형대수의 용어를 사용하면 $\hat{a}_{\mp}$는 $\hat{a}_{\pm}$의 **hermitian 켤레**(**수반**연산자)이다.

증명:

$$\int_{-\infty}^{\infty} f^*\left(\hat{a}_{\pm}g\right)\,dx = \frac{1}{\sqrt{2\hbar m\omega}}\int_{-\infty}^{\infty} f^*\left(\mp\hbar\frac{d}{dx} + m\omega x\right)g\,dx$$

이고, 부분적분을 하면 $\int f^*(dg/dx)\,dx$를 $-\int(df/dx)^*\,g\,dx$로 바꾸고(각주 29에서 밝힌 것처럼 경계에서 값은 사라진다) 다음을 얻는다.

$$\int_{-\infty}^{\infty} f^*\left(\hat{a}_{\pm}g\right)\,dx = \frac{1}{\sqrt{2\hbar m\omega}}\int_{-\infty}^{\infty}\left[\left(\pm\hbar\frac{d}{dx} + m\omega x\right)f\right]^* g\,dx$$
$$= \int_{-\infty}^{\infty}\left(\hat{a}_{\mp}f\right)^* g\,dx. \quad \text{증명끝}$$

특히

$$\int_{-\infty}^{\infty}\left(\hat{a}_{\pm}\psi_n\right)^*\left(\hat{a}_{\pm}\psi_n\right)\,dx = \int_{-\infty}^{\infty}\left(\hat{a}_{\mp}\hat{a}_{\pm}\psi_n\right)^*\psi_n\,dx$$

이 성립한다. 그러나 식 2.58과 2.62를 이용하면

$$\hat{a}_+\hat{a}_-\psi_n = n\psi_n, \quad \hat{a}_-\hat{a}_+\psi_n = (n+1)\,\psi_n \tag{2.66}$$

이므로, 다음을 얻는다.

$$\int_{-\infty}^{\infty}\left(\hat{a}_+\psi_n\right)^*\left(\hat{a}_+\psi_n\right)\,dx = |c_n|^2\int|\psi_{n+1}|^2\,dx = (n+1)\int_{-\infty}^{\infty}|\psi_n|^2\,dx,$$
$$\int_{-\infty}^{\infty}\left(\hat{a}_-\psi_n\right)^*\left(\hat{a}_-\psi_n\right)\,dx = |d_n|^2\int|\psi_{n-1}|^2\,dx = n\int_{-\infty}^{\infty}|\psi_n|^2\,dx.$$

그러나 ψ_n과 $\psi_{n\pm1}$은 규격화되어 있으므로 $|c_n|^2 = n+1$, $|d_n|^2 = n$이 되고, 따라서[30]

---

[29] 물론 적분이 존재해야 하고, 그러려면 $f(x)$와 $g(x)$가 $\pm\infty$에서 0으로 가야 한다.

[30] 물론 c_n과 d_n에 위상을 넣으면 ψ_n을 다르게 정의할 수 있지만, 위의 선택을 하면 파동함수가 실수가 된다.

$$\boxed{\hat{a}_+\psi_n = \sqrt{n+1}\,\psi_{n+1}, \quad \hat{a}_-\psi_n = \sqrt{n}\,\psi_{n-1}} \tag{2.67}$$

을 얻는다. 그러므로 다음을 얻는다.

$$\psi_1 = \hat{a}_+\psi_0, \quad \psi_2 = \frac{1}{\sqrt{2}}\hat{a}_+\psi_1 = \frac{1}{\sqrt{2}}\left(\hat{a}_+\right)^2\psi_0.$$

$$\psi_3 = \frac{1}{\sqrt{3}}\hat{a}_+\psi_2 = \frac{1}{\sqrt{3\cdot 2}}\left(\hat{a}_+\right)^3\psi_0, \quad \psi_4 = \frac{1}{\sqrt{4}}\hat{a}_+\psi_3 = \frac{1}{\sqrt{4\cdot 3\cdot 2}}\left(\hat{a}_+\right)^4\psi_0,$$

일반적으로

$$\boxed{\psi_n = \frac{1}{\sqrt{n!}}\left(\hat{a}_+\right)^n\psi_0} \tag{2.68}$$

을 얻게 된다. 이것은 식 2.62에서 규격화 상수가 $A_n = 1/\sqrt{n!}$이라는 것이다(특히 $A_1 = 1$이어서 예제 2.4의 결과를 확인할 수 있다).

무한한 사각형 우물의 경우와 마찬가지로 조화진동자의 정상상태는 직교한다.

$$\int_{-\infty}^{\infty}\psi_m^*\psi_n\,dx = \delta_{mn}. \tag{2.69}$$

이것은 식 2.66과 2.65를 두 번 사용하여 증명할 수 있다. 먼저 $\hat{a}_+$를 옮기고, 그 다음 $\hat{a}_-$를 옮기면 된다.

$$\begin{aligned}\int_{-\infty}^{\infty}\psi_m^*\left(\hat{a}_+\hat{a}_-\right)\psi_n\,dx &= n\int_{-\infty}^{\infty}\psi_m^*\psi_n\,dx\\ &= \int_{-\infty}^{\infty}\left(\hat{a}_-\psi_m\right)^*\left(\hat{a}_-\psi_n\right)dx = \int_{-\infty}^{\infty}\left(\hat{a}_+\hat{a}_-\psi_m\right)^*\psi_n\,dx\\ &= m\int_{-\infty}^{\infty}\psi_m^*\psi_n\,dx.\end{aligned}$$

$m = n$인 경우 이외에는 $\int\psi_m^*\psi_n\,dx$는 0이어야 한다. 직교성을 이용하면 $\Psi(x, 0)$을 정상상태의 선형결합으로 전개할 때(식 2.16) 그 계수 c_n을 Fourier 방법으로 구할 수 있다. 역시 여기서도 $|c_n|^2$은 에너지를 측정할 때 E_n값을 얻을 확률이다.

예제 2.5

조화진동자의 n번째 정상상태에서 퍼텐셜에너지의 기댓값을 구하라.

풀이:

$$\langle V\rangle = \left\langle\frac{1}{2}m\omega^2x^2\right\rangle = \frac{1}{2}m\omega^2\int_{-\infty}^{\infty}\psi_n^*\,x^2\psi_n\,dx.$$

(x와 $\hat{p}$의 멱수를 포함하는) 이러한 종류의 적분을 계산할 수 있는 우아한 방법이 있다. 먼저

식 2.48의 정의를 이용하여 x와 $\hat{p}$를 올림연산자와 내림연산자로 나타낸다.

$$\boxed{x = \sqrt{\frac{\hbar}{2m\omega}}\left(\hat{a}_+ + \hat{a}_-\right); \quad \hat{p} = i\sqrt{\frac{\hbar m\omega}{2}}\left(\hat{a}_+ - \hat{a}_-\right).} \tag{2.70}$$

이 예제에서는 x^2에 관심이 있다.

$$x^2 = \frac{\hbar}{2m\omega}\left[\left(\hat{a}_+\right)^2 + \left(\hat{a}_+\hat{a}_-\right) + \left(\hat{a}_-\hat{a}_+\right) + \left(\hat{a}_-\right)^2\right].$$

따라서 다음을 얻는다.

$$\langle V \rangle = \frac{\hbar\omega}{4}\int_{-\infty}^{\infty}\psi_n^*\left[\left(\hat{a}_+\right)^2 + \left(\hat{a}_+\hat{a}_-\right) + \left(\hat{a}_-\hat{a}_+\right) + \left(\hat{a}_-\right)^2\right]\psi_n\,dx.$$

그러나 $(\hat{a}_+)^2\,\psi_n$은 ψ_{n+2}에 비례하므로 ψ_n과는 직교하고, 마찬가지로 $(\hat{a}_-)^2\,\psi_n$은 ψ_{n-2}에 비례한다. 그러므로 이 양들은 0이 되고, 식 2.66을 이용해 나머지 두 항을 계산하면

$$\langle V \rangle = \frac{\hbar\omega}{4}(n + n + 1) = \frac{1}{2}\hbar\omega\left(n + \frac{1}{2}\right)$$

을 얻는다. 여기서 보듯이 퍼텐셜에너지의 기댓값은 정확히 전체 에너지의 반이다(나머지 반은 당연히 운동에너지다). 이것은 나중에 보겠지만(문제 3.37) 조화진동자의 특성이다.

* **문제 2.10**

(a) $\psi_2(x)$를 구하라.

(b) ψ_0, ψ_1, ψ_2를 그려라.

(c) ψ_0, ψ_1, ψ_2의 직교성을 직접 적분하여 확인하라. 귀띔: 짝함수와 홀함수의 성질을 이용하면 실제로 해야 할 적분은 한 개이다.

* **문제 2.11**

(a) 상태 ψ_0(식 2.60)와 ψ_1(식 2.63)에 대해 직접 적분을 통해 $\langle x\rangle$, $\langle p\rangle$, $\langle x^2\rangle$, $\langle p^2\rangle$을 계산하라. 참고: 조화진동자와 관련된 문제에서는 변수 $\xi \equiv \sqrt{m\omega/\hbar}\,x$와 상수 $\alpha \equiv (m\omega/\pi\hbar)^{1/4}$를 도입하면 더 간단하게 표현할 수 있다.

(b) 이 상태들에 대해 불확정성 원리를 확인하라.

(c) 이 상태들에 대해 $\langle T\rangle$와 $\langle V\rangle$를 계산하라. (새로운 적분을 할 필요가 없다!) 이들의 합은 예상한 대로 나오는가?

* **문제 2.12** 예제 2.5의 방법을 이용하여 조화진동자의 n번째 정상상태에 대해 $\langle x\rangle$, $\langle p\rangle$, $\langle x^2\rangle$, $\langle p^2\rangle$과 $\langle T\rangle$를 구하라.

문제 2.13 조화진동자 퍼텐셜 안의 입자가 다음의 상태에 있다.

$$\Psi(x, 0) = A\left[3\psi_0(x) + 4\psi_1(x)\right].$$

(a) A를 구하라.

(a) $\Psi(x, t)$와 $|\Psi(x, t)|^2$을 구하라. $|\Psi(x, t)|^2$이 정확히 고전적인 진동수로 진동한다고 놀랄 필요는 없다. $\psi_1(x)$ 대신 $\psi_2(x)$로 바꾸면 어떻게 되는가?[31]

(a) $\langle x\rangle$와 $\langle p\rangle$를 구하라. 이 파동함수에 대해 Ehrenfest 정리(식 1.38)가 성립함을 확인하라.

(a) 이 입자의 에너지를 측정하면 어떤 값을 어떤 확률로 얻게 되는가?

2.3.2 해석적 방법

이제 조화진동자의 Schrödinger 방정식

$$-\frac{\hbar^2}{2m}\frac{d^2\psi}{dx^2} + \frac{1}{2}m\omega^2x^2\psi = E\psi \tag{2.71}$$

로 돌아가 멱급수 방법을 이용하여 직접 풀어보도록 하자. 무차원의 변수

$$\xi \equiv \sqrt{\frac{m\omega}{\hbar}}x \tag{2.72}$$

를 도입하면 식을 간단히 쓸 수 있는데, ξ로 Schrödinger 방정식을 쓰면

$$\frac{d^2\psi}{d\xi^2} = \left(\xi^2 - K\right)\psi \tag{2.73}$$

을 얻는다. 여기서 K는 $(1/2)\ \hbar\omega$의 단위로 나타낸 에너지이다.

$$K \equiv \frac{2E}{\hbar\omega}. \tag{2.74}$$

이제 식 2.73을 풀면 된다. 이 과정에서 K의 "허용된" 값(따라서 E)을 얻게 된다.

먼저 매우 큰 ξ에 대해서(즉 매우 큰 x에 대해서) ξ^2이 상수 K보다 훨씬 크므로 이 영역에서

$$\frac{d^2\psi}{d\xi^2} \approx \xi^2\psi \tag{2.75}$$

가 된다. 이에 대한 근사적인 해는 (확인해보면 알겠지만)

$$\psi(\xi) \approx Ae^{-\xi^2/2} + Be^{+\xi^2/2} \tag{2.76}$$

이다. B항은 규격화할 수 없다($|x| \to \infty$일 때 발산한다). 따라서 물리적으로 허용되는 점근해는

$$\psi(\xi) \to (\ \ )e^{-\xi^2/2}, \quad \text{큰 } \xi\text{인 경우} \tag{2.77}$$

[31] 하지만 $\langle x\rangle$는 고전적인 진동수로 진동한다. 문제 3.40 참조.

이다. 이제 지수 부분을 분리하여

$$\psi(\xi) = h(\xi)\, e^{-\xi^2/2} \tag{2.78}$$

로 쓴 후 남은 $h(\xi)$가 $\psi(\xi)$보다 더 간단한 함수 형태를 갖는지 살펴보겠다.[32] 식 2.78을 미분하면

$$\frac{d\psi}{d\xi} = \left(\frac{dh}{d\xi} - \xi h\right) e^{-\xi^2/2}$$

과

$$\frac{d^2\psi}{d\xi^2} = \left(\frac{d^2h}{d\xi^2} - 2\xi\frac{dh}{d\xi} + (\xi^2 - 1)h\right) e^{-\xi^2/2}$$

을 얻으므로 Schrödinger 방정식(식 2.73)은

$$\frac{d^2h}{d\xi^2} - 2\xi\frac{dh}{d\xi} + (K - 1)\,h = 0 \tag{2.79}$$

가 된다.

이제 식 2.79의 해를 ξ의 급수 형태

$$h(\xi) = a_0 + a_1\xi + a_2\xi^2 + \cdots = \sum_{j=0}^{\infty} a_j \xi^j \tag{2.80}$$

으로 구해보자.[33] 이 급수의 각 항을 미분하면

$$\frac{dh}{d\xi} = a_1 + 2a_2\xi + 3a_3\xi^2 + \cdots = \sum_{j=0}^{\infty} j a_j \xi^{j-1}$$

과

$$\frac{d^2h}{d\xi^2} = 2a_2 + 2\cdot 3a_3\xi + 3\cdot 4a_4\xi^2 + \cdots = \sum_{j=0}^{\infty} (j+1)\,(j+2)\,a_{j+2}\xi^j$$

을 얻는다. 이들을 식 2.80에 대입하면 다음을 얻는다.

$$\sum_{j=0}^{\infty} \left[(j+1)\,(j+2)\,a_{j+2} - 2ja_j + (K-1)\,a_j\right] \xi^j = 0. \tag{2.81}$$

(멱급수 전개의 유일성에 의하면[34]) ξ의 각 차수에 대한 계수는 0이 되어야 하므로

---

[32] 식 2.78의 형태를 얻기 위해 근사법을 이용했지만, 이로부터 유도되는 것은 정확하다. 이와 같이 점근 형태를 분리하는 것은 미분방정식을 멱급수 형태로 풀 때 사용하는 표준적인 첫 번째 단계이다. 예를 들어 Boas 12장, 각주 16을 참조하라.

[33] Taylor 정리에 의하면 임의의 부드럽게 변하는 함수는 멱급수로 쓸 수 있어서 식 2.80은 일반성이 있다. 이 방법을 적용할 수 있는 조건에 대해서는 Boas 각주 16이나 George B. Arfken, Hans-Jurgen Weber, *Mathematical Methods for Physicists*, 7th edn, Academic Press, Orlando (2013), 7.5절을 참조하라.

[34] 예를 들어 Arfken, Weber의 1.2절 각주 33을 참조하라.

$$(j+1)(j+2)a_{j+2} - 2ja_j + (K-1)a_j = 0$$

이므로 다음과 같은 관계를 얻는다.

$$a_{j+2} = \frac{(2j+1-K)}{(j+1)(j+2)}a_j. \tag{2.82}$$

이 **되풀이 공식**은 Schrödinger 방정식과 동등하다. a_0로부터 시작하여 모든 짝수항의 계수를 구할 수 있고,

$$a_2 = \frac{(1-K)}{2}a_0, \quad a_4 = \frac{(5-K)}{12}a_2 = \frac{(5-K)(1-K)}{24}a_0, \quad \ldots,$$

a_1으로부터는 모든 홀수항을 얻을 수 있다.

$$a_3 = \frac{(3-K)}{6}a_1, \quad a_5 = \frac{(7-K)}{20}a_3 = \frac{(7-K)(3-K)}{120}a_1, \quad \ldots.$$

완전한 해는

$$h(\xi) = h_{\text{even}}(\xi) + h_{\text{odd}}(\xi), \tag{2.83}$$

으로 쓸 수 있고, 여기서

$$h_{\text{even}}(\xi) \equiv a_0 + a_2\xi^2 + a_4\xi^4 + \cdots$$

은 a_0로부터 만들어진 짝함수이고,

$$h_{\text{odd}}(\xi) = a_1\xi + a_3\xi^3 + a_5\xi^5 + \cdots$$

은 a_1으로부터 만들어진 홀함수이다. 따라서 식 2.82를 이용하여 두 개의 임의의 상수(a_0와 a_1)로 표현한 $h(\xi)$를 결정한다. 이는 이차 미분방정식에서 예상되는 결과이다.

그러나 이와 같이 얻은 모든 해를 규격화할 수는 없다. 매우 큰 j에 대해 되풀이 공식은 근사적으로

$$a_{j+2} \approx \frac{2}{j}a_j$$

가 되고, 이에 대한 근사적인 해는

$$a_j \approx \frac{C}{(j/2)!}$$

이다. 여기서 C는 임의의 상수이다. 높은 차수가 가장 커지는 큰 ξ값에 대해서는

$$h(\xi) \approx C\sum \frac{1}{(j/2)!}\xi^j \approx C\sum \frac{1}{j!}\xi^{2j} \approx Ce^{\xi^2}$$

의 형태가 된다. 이제 h가 $\exp(\xi^2)$처럼 변하면 (우리가 원래 계산하고자 했던) ψ는 $\exp(\xi^2/2)$가 되고(식 2.78) 이 함수는 우리가 원하지 않는 점근적 형태를 갖는다.[35] 여기서 벗어날 수 있는

---

[35] 올바르지 않은 해가 식 2.82에 포함되어 있다는 것은 놀라운 일은 아니다. 이 되풀이 관계는 Schrödinger 방정식과 동등하므로 식 2.76에서 얻었던 모든 점근적 형태를 포함해야 한다.

유일한 한 가지 방법이 있다. 규격화된 해를 얻으려면 멱급수는 끝나야 한다. "가장 큰" j값(n으로 부르겠다)이 있어서 되풀이 공식에 의해 $a_{n+2} = 0$이 되면 된다(그러면 급수 h_{even}이나 급수 h_{odd}가 끝나야 하고, 다른 급수는 처음부터 0이 되어야 한다. n이 짝수이면 $a_1 = 0$이고, n이 홀수이면 $a_0 = 0$이다). 물리적으로 허용된 해에 대하여 식 2.82에 의하면 어떤 정수 n에 대해

$$K = 2n + 1,$$

이어야 한다. (식 2.74에 의하면) 에너지는

$$E_n = \left(n + \frac{1}{2}\right)\hbar\omega, \quad n = 0, 1, 2, \ldots. \tag{2.84}$$

을 만족해야 한다. 따라서 전혀 다른 방법을 이용하여 식 2.62에서 대수적으로 구했던 기본적인 양자화 조건을 얻었다.

에너지가 양자화되는 것이 Schrödinger 방정식의 멱급수해의 구체적인 조건에서 나온다는 것이 처음 볼 때에는 놀라울 수 있지만 다른 관점에서 살펴보도록 하자. 물론 식 2.71은 임의의 E값에 대한 해가 있다. 사실 모든 E에 대한 두 개의 선형독립적인 해가 있어야 한다. 그러나 이 모든 해는 큰 x값에서 지수함수적으로 발산하므로 규격화할 수 없다. 예를 들어 E가 $0.49\hbar\omega$처럼 허용된 값보다 약간 작은 값이라고 상상하고, 해를 그려보자[그림 2.6 (a)]. 이제 E가 (예를 들어 $0.51\hbar\omega$ 정도로) 약간 큰 경우에는 "꼬리" 부분이 반대 방향으로 발산한다[그림 2.6(b)]. 에너지를 0.49에서 0.51로 조금씩 바꾸어 가면 정확히 0.5의 값에서 그래프가 "뒤집어"진다. 정확히 0.5값에서만 해는 물리적으로 받아들일 수 없는 점근적으로 지수함수로 증가하는 형태를 벗어나는 해를 얻게 된다.[36]

K의 허용된 값에 대해 되풀이 공식은 다음과 같다.

$$a_{j+2} = \frac{-2(n-j)}{(j+1)(j+2)} a_j. \tag{2.85}$$

$n = 0$이면 급수에 한 개의 항만 있다(h_{odd}를 없애기 위해 $a_1 = 0$으로 선택하면, 식 2.85에서 $j = 0$이면 $a_2 = 0$이다).

$$h_0(\xi) = a_0$$

따라서

$$\psi_0(\xi) = a_0 e^{-\xi^2/2}$$

을 얻는다(규격화를 제외하고는 식 2.60과 같다). $n = 1$인 경우에는 $a_0 = 0$으로 놓고,[37] 식 2.85에 $j = 1$을 대입하면 $a_3 = 0$이므로

$$h_1(\xi) = a_1\xi$$

---

[36] 컴퓨터로 이를 볼 수 있고, 허용된 에너지를 "실험적으로" 볼 수 있다. 이것을 **개 흔들기 방법**이라고 부를 수 있다. 꼬리가 흔들리면 허용된 값을 바로 지났다는 것을 알 수 있다. 컴퓨터학자들은 **슈팅** 방법이라고 한다. [Nicholas Giordano, *Computational Physics*, Prentice Hall, Upper Saddle River, NJ (1997), 10.2절 참조] 문제 2.55~2.57 참조.

[37] 각각의 n값에 따라 계수 a_j의 집합은 매우 다른 값을 얻는다.

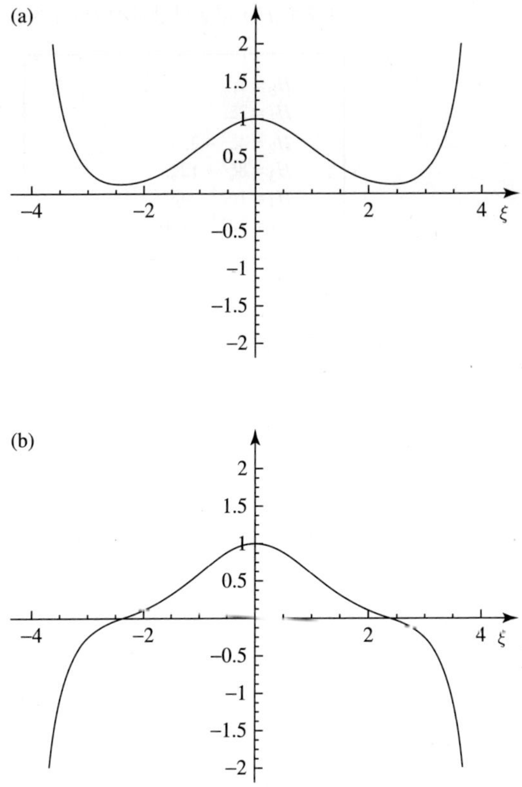

그림 2.6: (a) $E = 0.49\hbar\omega$, (b) $E = 0.51\hbar\omega$인 경우 Schrödinger 방정식의 해.

이고,

$$\psi_1(\xi) = a_1 \xi e^{-\xi^2/2}$$

을 얻는다(식 2.63과 일치). $n = 2$일 때 $j = 0$이면 $a_2 = -2a_0$이고, $j = 2$이면 $a_4 = 0$이므로

$$h_2(\xi) = a_0\left(1 - 2\xi^2\right)$$

과

$$\psi_2(\xi) = a_0\left(1 - 2\xi^2\right) e^{-\xi^2/2}$$

을 얻고, 이런 방식으로 계속한다. (대수적인 방법으로 마지막 결과를 얻는 문제 2.10과 비교하라.)

일반적으로 $h_n(\xi)$는 ξ의 n차 다항식인데 n이 짝수이면 짝수 차수만, n이 홀수이면 홀수 차수만 포함한다. 앞의 계수(a_0와 a_1)를 제외한 나머지를 **Hermite 다항식** $H_n(\xi)$라고 부른다.[38] 첫 몇 개를 표 2.1에 나타내었다. 앞의 계수는 전통적으로 ξ의 가장 높은 차수의 계수가 2^n이 되도

[38] Hermite 다항식은 수학에서 많이 연구되었고, 이를 이용하는 도구와 방법이 잘 알려져 있다. 이 중 몇 개는 문제 2.16에서 다루겠다.

표 2.1: *Hermite* 다항식 $H_n(\xi)$의 처음 몇 항.

$$\begin{aligned}
H_0 &= 1,\\
H_1 &= 2\xi,\\
H_2 &= 4\xi^2 - 2,\\
H_3 &= 8\xi^3 - 12\xi,\\
H_4 &= 16\xi^4 - 48\xi^2 + 12,\\
H_5 &= 32\xi^5 - 160\xi^3 + 120\xi.
\end{aligned}$$

록 정한다. 이 방법을 따라 조화진동자에 대한 규격화된[39] 정상상태는 다음과 같다.

$$\psi_n(x) = \left(\frac{m\omega}{\pi\hbar}\right)^{1/4} \frac{1}{\sqrt{2^n n!}} H_n(\xi)\, e^{-\xi^2/2}. \tag{2.86}$$

이것은 물론 식 2.68에 대수적으로 구한 것과 같다.

그림 2.7(a)에 첫 번째 몇 개의 n값에 대한 $\psi_n(x)$을 그려놓았다. 양자진동자는 이에 대응하는 고전적 진동자와 매우 다르다. 에너지가 양자화되었을 뿐만 아니라 위치의 분포도 이상한 특징을 나타낸다. 예를 들어 고전적으로 허용된 영역 바깥쪽에서 입자를 발견할 확률(즉 주어진 에너지에 대한 고전적 진폭보다 큰 x에 대해)은 0이 아니고(문제 2.14 참조), 모든 홀함수 상태에서 중심에서 입자를 발견할 확률은 0이다. n값이 큰 경우에만 고전적인 경우와 비슷한 점을 보게 된다. 그림 2.7(b)에서 고전적인 위치의 분포(문제 1.11)와 ($n = 60$인) 양자상태를 겹쳐서 나타내었다. 울퉁불퉁한 것을 부드럽게 이으면 두 그래프는 잘 겹치게 된다.

문제 2.14 조화진동자의 바닥상태에서 고전적으로 허용된 지역 바깥에서 입자를 발견할 확률을 세 개의 유효숫자까지 구하라. 귀띔: 고전적으로 진동자의 에너지는 $E = (1/2)ka^2 = (1/2)\,m\omega^2a^2$이고, a는 진폭이다. 그러므로 에너지 E인 진동자의 "고전적으로 허용된 영역"은 $-\sqrt{2E/m\omega^2}$에서 $\sqrt{2E/m\omega^2}$ 사이이다. 수학표에서 "정규분포" 혹은 "오차함수"를 찾아서 적분의 값을 구하거나 컴퓨터로 계산하라.

문제 2.15 (식 2.85의) 되풀이 공식을 이용하여 $H_5(\xi)$와 $H_6(\xi)$를 구하라. ξ의 가장 높은 차수의 계수가 2^n이라고 하여 전체 계수를 결정하라.

** **문제 2.16** 이 문제에서 (증명 없이) Hermite 다항식에 대한 유용한 정리를 알아보겠다.

(a) Rodrigues 공식에 의하면

$$H_n(\xi) = (-1)^n\, e^{\xi^2} \left(\frac{d}{d\xi}\right)^n e^{-\xi^2} \tag{2.87}$$

[39] 여기서 규격화 상수를 다루지는 않겠다. 구하는 방법에 관심이 있으면 예를 들어 Leonard Schiff, *Quantum Mechanics*, 3rd edn, McGraw-Hill, New York (1968), 13절을 참조하라.

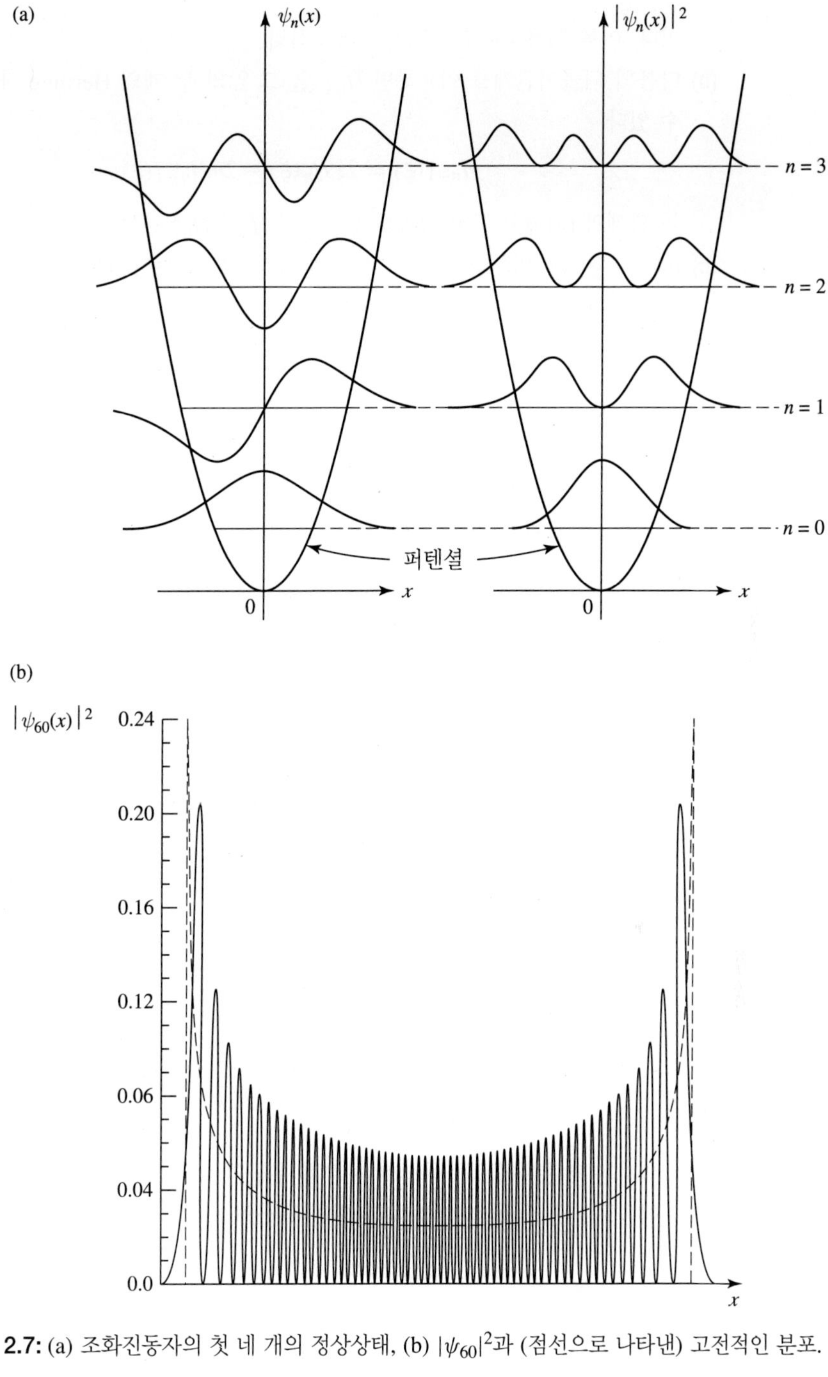

그림 2.7: (a) 조화진동자의 첫 네 개의 정상상태, (b) $|\psi_{60}|^2$과 (점선으로 나타낸) 고전적인 분포.

이다. 이를 이용하여 H_3와 H_4를 유도하라.

(b) 다음의 되풀이관계를 이용하면 H_{n+1}을 그 앞의 두 개의 Hermite 다항식으로 나타낼 수 있다.

$$H_{n+1}(\xi) = 2\xi H_n(\xi) - 2n H_{n-1}(\xi)\,. \tag{2.88}$$

이 관계와 (a)에서 구한 결과를 결합하여 H_5와 H_6을 구하라.

(c) n차 다항식을 미분하면 $(n-1)$차의 다항식을 얻는다. Hermite 다항식에 대해서는 다음 관계가 성립한다.

$$\frac{dH_n}{d\xi} = 2n H_{n-1}(\xi)\,. \tag{2.89}$$

H_5와 H_6을 미분하여 이 관계를 확인하라.

(d) $H_n(\xi)$는 **모함수** $\exp\left(-z^2 + 2z\xi\right)$를 z에 대해 n번 미분하고 $z = 0$으로 놓은 결과이다. 달리 표현하면 이 함수를 Taylor 전개하여 얻은 $z^n/n!$의 계수이다.

$$e^{-z^2+2z\xi} = \sum_{n=0}^{\infty} \frac{z^n}{n!} H_n(\xi)\,. \tag{2.90}$$

이를 이용하여 H_1, H_2, H_3를 구하라.

2.4 자유입자

이제 가장 단순한 경우인 $V(x) = 0$인 자유입자를 살펴볼 것이다. 고전적으로는 속력이 일정한 운동이지만, 양자역학에서 이 문제는 놀랍게도 미묘하다. 시간에 무관한 Schrödinger 방정식은

$$-\frac{\hbar^2}{2m}\frac{d^2\psi}{dx^2} = E\psi \tag{2.91}$$

즉

$$\frac{d^2\psi}{dx^2} = -k^2\psi, \quad \text{여기서 } k \equiv \frac{\sqrt{2mE}}{\hbar} \tag{2.92}$$

이다. 지금까지는 퍼텐셜이 0인 무한한 사각형 우물의 내부와 같다(식 2.24). 그러나 적절한 때에 설명할 이유로 가장 일반적인 해로 (사인과 코사인 대신) 지수함수 형태로 쓰겠다.

$$\psi(x) = Ae^{ikx} + Be^{-ikx}. \tag{2.93}$$

무한한 사각형 우물과는 달리 k의 가능한 값(따라서 E)을 제한하는 경계조건이 없다. 자유입자는 임의의 (양의) 에너지를 가질 수 있다. 기본적인 시간 의존성 $\exp(-iEt/\hbar)$를 붙이면

$$\Psi(x,t) = Ae^{ik\left(x - \frac{\hbar k}{2m}t\right)} + Be^{-ik\left(x + \frac{\hbar k}{2m}t\right)} \tag{2.94}$$

를 얻는다.

어떤 함수가 x와 t에 의존하는데 특별한 형태 $(x \pm vt)$를 가지면(v는 상수), 이 함수는 모양이 변하지 않고 속력 v로 $\mp x$ 방향으로 움직이는 파동을 나타낸다. 파동의 한 고정점(예를 들어

최댓값이나 최솟값)은 변수의 고정된 값에 해당되므로 x와 t에 대해

$$x \pm vt = 상수, \quad 즉 \quad x = \mp vt + 상수$$

이다. 파동의 모든 점은 같은 속도로 움직이므로 이동하면서 모양이 바뀌지 않는다. 따라서 식 2.94의 첫 항은 오른쪽으로 움직이는 파동을 나타내고, 두 번째 항은 (같은 에너지의) 파동이 왼쪽으로 움직이는 것을 나타낸다. 그런데 이들은 k 앞의 부호만 다르므로,

$$\Psi_k(x,t) = Ae^{i\left(kx - \frac{\hbar k^2}{2m}t\right)} \tag{2.95}$$

로 쓸 수 있고, 왼쪽으로 움직일 때는 k가 음수가 되도록 한다.

$$k \equiv \pm\frac{\sqrt{2mE}}{\hbar}, \qquad \begin{cases} k > 0 \Rightarrow & 오른쪽으로 이동, \\ k < 0 \Rightarrow & 왼쪽으로 이동. \end{cases} \tag{2.96}$$

자유입자의 "정상상태"는 명백하게 진행하는 파동이다. 그 파장은 $\lambda = 2\pi/|k|$이고, de Broglie 공식(식 1.39)에 의하면

$$p = \hbar k \tag{2.97}$$

의 운동량을 갖는다.

(t 앞의 계수를 x 앞의 계수로 나눈) 이 파동의 속력은 다음과 같다.

$$v_{\text{quantum}} = \frac{\hbar|k|}{2m} = \sqrt{\frac{E}{2m}}. \tag{2.98}$$

반면 에너지 E인 자유입자의 고전적 속력은 $E = (1/2)mv^2$($V = 0$이므로 운동에너지만)이므로

$$v_{\text{classical}} = \sqrt{\frac{2E}{m}} = 2v_{\text{quantum}} \tag{2.99}$$

의 관계가 있다. 언뜻 보기에는 양자역학적 파동함수는 입자의 속력의 절반인 것 같아 보인다! 이 모순에 대해서 곧 설명할 것이다. 먼저 접할 더 심각한 문제가 있다. 이 파동함수는 규격화할 수 없다.

$$\int_{-\infty}^{+\infty} \Psi_k^* \Psi_k \, dx = |A|^2 \int_{-\infty}^{+\infty} dx = |A|^2 (\infty). \tag{2.100}$$

자유입자의 경우 변수분리한 해는 물리적으로 실현할 수 있는 상태를 나타내지 않는다. 자유입자는 정상상태로 존재할 수 없다. 다르게 표현하면 특정한 에너지를 갖는 자유입자는 없다.

그렇다고 변수분리한 해가 아무 소용도 없다는 것은 아니다. 왜냐하면 물리적인 해석과는 전적으로 무관한 수학적인 역할을 하기 때문이다. 시간에 의존하는 Schrödinger 방정식의 일반해는 여전히 변수분리한 해의 선형결합이다(다만 이 경우에는 불연속적인 지수 n에 대한 합 대신 연속변수 k에 대한 적분이다).

$$\boxed{\Psi(x,t) = \frac{1}{\sqrt{2\pi}} \int_{-\infty}^{+\infty} \phi(k) e^{i\left(kx - \frac{\hbar k^2}{2m}t\right)} dk.} \tag{2.101}$$

[편의상 $1/\sqrt{2\pi}$를 앞에 빼놓았다. 식 2.17에서 계수 c_n의 역할은 $\left(1/\sqrt{2\pi}\right)\phi(k)\,dk$이다.] 이 파동함수는 [적절한 $\phi(k)$에 대해] 규격화할 수 있다. 하지만 반드시 k의 영역이 있어야 하고, 따라서 에너지와 속력의 범위가 있다. 이것을 **파동묶음**이라고 한다.[40]

보통의 양자역학 문제는 $\Psi(x, 0)$가 주어지면 $\Psi(x, t)$를 구하는 것이다. 자유입자의 경우 그 해는 식 2.101의 형태를 갖는다. 유일한 질문은 처음 파동함수

$$\Psi(x,0) = \frac{1}{\sqrt{2\pi}} \int_{-\infty}^{+\infty} \phi(k) e^{ikx}\,dk \tag{2.102}$$

를 만족하는 $\phi(k)$를 결정하는 것이다. 이것은 Fourier 분석의 전형적인 문제이다. 그 답은 **Plancherel 정리**로 주어진다.

$$\boxed{f(x) = \frac{1}{\sqrt{2\pi}} \int_{-\infty}^{+\infty} F(k)\,e^{ikx}\,dk \iff F(k) = \frac{1}{\sqrt{2\pi}} \int_{-\infty}^{+\infty} f(x)\,e^{-ikx}\,dx.} \tag{2.103}$$

$F(k)$를 $f(x)$의 **Fourier 변환**이라고 한다. $f(x)$는 $F(k)$의 **역 Fourier 변환**이라고 한다(둘의 차이는 지수의 부호뿐이다).[41] 물론 허용되는 함수에 대한 적분이 존재해야만 한다는 제한이 있다.[42] 여기서 이는 $\Psi(x, 0)$가 규격화되어야 한다는 물리적 조건에 의해 보장된다. 따라서 일반적인 양자역학 문제의 해는 자유입자에 대해서는 식 2.101로 주어지고

$$\boxed{\phi(k) = \frac{1}{\sqrt{2\pi}} \int_{-\infty}^{+\infty} \Psi(x,0)\,e^{-ikx}\,dx} \tag{2.104}$$

로 주어진다.

예제 2.6

처음에 $-a < x < a$ 영역에 국소화된 자유입자를 시간 $t = 0$에 풀어놓았다.

$$\Psi(x,0) = \begin{cases} A, & -a < x < a, \\ 0, & \text{이외의 경우.} \end{cases}$$

여기서 A와 a는 양의 상수이다. $\Psi(x, t)$를 구하라.

풀이: 먼저 $\Psi(x, 0)$을 규격화해야 한다.

$$1 = \int_{-\infty}^{\infty} |\Psi(x,0)|^2\,dx = |A|^2 \int_{-a}^{a} dx = 2a\,|A|^2 \Rightarrow A = \frac{1}{\sqrt{2a}}.$$

---

[40] 사인함수는 무한대로 퍼져가고, 규격화할 수 없다. 하지만 이러한 파동을 중첩시키면 간섭을 하게 되어 국소화되고 규격화할 수 있다.

[41] 어떤 저자들은 Fourier 변환을 $1/\sqrt{2\pi}$ 없이 정의한다. 그러면 역변환은 $f(x) = (1/2\pi)\int_{-\infty}^{\infty} F(k)e^{ikx}dk$가 되어 두 공식의 대칭성이 망가진다.

[42] $f(x)$에 대한 필요충분조건은 $\int_{-\infty}^{\infty}|f(x)|^2\,dx$가 유한해야 한다. (이 경우 $\int_{-\infty}^{\infty}|F(k)|^2\,dk$도 물론 유한하다. 사실 이 두 적분은 같다. 어떤 이는 이것을 Plancherel 정리라고 하고 식 2.102에는 아무런 이름을 붙이지 않는다.) Arfken, Webber (각주 33), 20.4절 참조.

다음으로 식 2.104를 이용하여 $\phi(k)$를 계산한다.

$$\phi(k) = \frac{1}{\sqrt{2\pi}}\frac{1}{\sqrt{2a}}\int_{-a}^{a} e^{-ikx}\,dx = \frac{1}{2\sqrt{\pi a}}\frac{e^{-ikx}}{-ik}\bigg|_{-a}^{a}$$
$$= \frac{1}{k\sqrt{\pi a}}\left(\frac{e^{ika}-e^{-ika}}{2i}\right) = \frac{1}{\sqrt{\pi a}}\frac{\sin(ka)}{k}.$$

마지막으로 이것을 식 2.101에 집어 넣는다.

$$\Psi(x,t) = \frac{1}{\pi\sqrt{2a}}\int_{-\infty}^{\infty}\frac{\sin(ka)}{k}e^{i\left(kx-\frac{\hbar k^2}{2m}t\right)}\,dk. \tag{2.105}$$

불행하게도 이 적분은 수치분석으로 값을 구할 수는 있지만, 기본적인 함수로 풀 수 없다(그림 2.8). [사실 식 2.101의 $\Psi(x, t)$에 대한 적분을 할 수 있는 경우는 거의 없다. 특별히 아름다운 예제로 문제 2.21을 참조하라.]

그림 2.9에 $\Psi(x, 0)$과 $\phi(k)$를 그려놓았다. a가 작을 때 $\Psi(x, 0)$는 x 공간에서 좁아지고, $\phi(k)$는 k 공간에서 넓고, a가 클 때는 그 반대이다. 그런데 k는 식 2.97에서 운동량과 관계가 있으므로, 이것은 불확정성 원리를 보여주는 것이다. 위치는 a가 작을 때 잘 정의되고, 운동량은 a가 클 때 잘 정의되지만, 동시에 잘 정의되지 않는다.

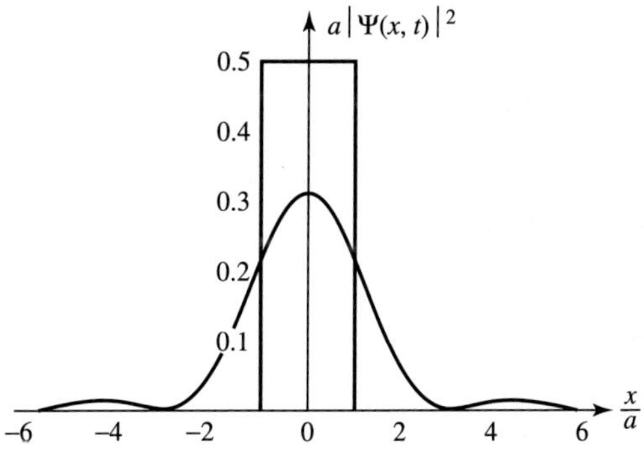

그림 2.8: 시간 $t = 0$에서 $|\Psi(x, t)|^2$의 그래프(직사각형)와 $t = ma^2/\hbar$에서의 그래프(곡선).

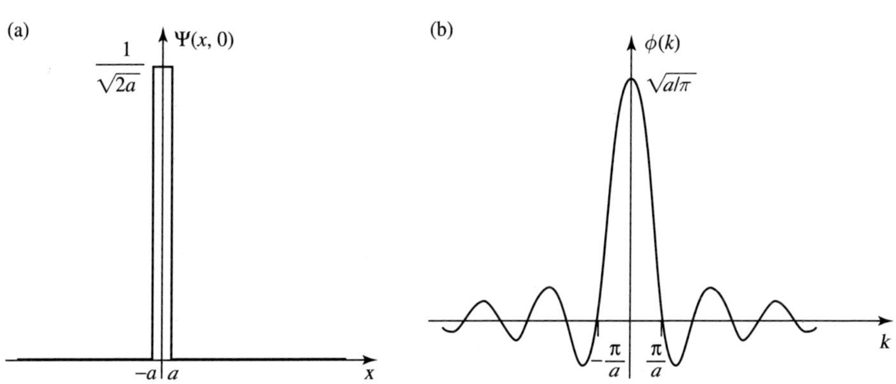

그림 2.9: (a) $\Psi(x, 0)$의 그래프. (b) $\phi(k)$의 그래프.

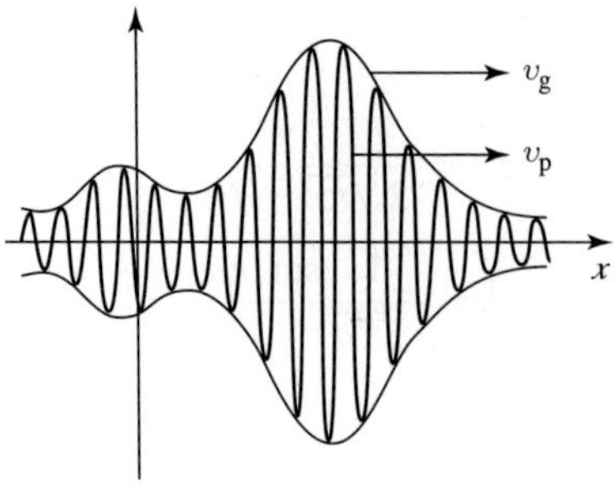

그림 2.10: 파동묶음. "둘러싼 부분"은 무리속도로 움직인다. "잔물결"은 위상속도로 움직인다.

이제 앞에서 언급한 모순으로 돌아가자. 변수분리한 해 $\Psi_k(x, t)$는 이 상태가 표면적으로 나타내는 입자에 대한 "틀린" 속력으로 진행한다는 것이다. 엄격히 말하면 Ψ_k가 물리적으로 실현될 수 있는 상태가 아니라는 것만 알면 이 문제는 사라지게 된다. 그럼에도 불구하고 입자의 속도에 대한 정보가 어떻게 파동함수(식 2.101)에 포함되어 있는지 이해하는 것은 흥미 있다. 본질적인 것은 파동묶음은 ϕ에 의해 크기가 결정되는 확률로 주어지는 사인함수의 중첩이라는 것이다(그림 2.10). 이 파동묶음은 "둘러싼 부분" 안에 "잔물결"이 있다. 입자의 속도에 해당되는 것은 (**위상속도**라고 부르는) 각 물결의 속력이 아니고, 둘러싼 부분의 속력(**무리속도**)이다. 이것은 파동의 성질에 의존하는데 잔물결의 속도보다 크거나, 작거나 혹은 같을 수도 있다. 줄 위의 파동에서 무리속도는 위상속도와 같다. 수면파동에서는 연못에 돌을 던졌을 때 보듯이 위상속도의 반이다(특별한 물결에 집중해 보면 이것은 뒤에서부터 쌓여 무리를 지나 앞으로 움직여서 앞에서 사라진다. 반면 묶음 전체는 이 속력의 반으로 진행한다). 여기서 보일 것은 양자역학에서 자유입자의 파동함수에서 무리속도는 위상속도의 두 배가 되어 고전적인 입자의 속력과 같게 된다.

그러면 이제 일반적인 형태

$$\Psi(x, t) = \frac{1}{\sqrt{2\pi}} \int_{-\infty}^{+\infty} \phi(k)\, e^{i(kx-\omega t)}\, dk \tag{2.106}$$

로 주어지는 파동묶음의 무리속도를 결정해야 한다. 이 경우 $\omega = \left(\hbar k^2/2m\right)$이지만, 지금 말할 것은 **분산관계**($\omega$를 k의 함수로 나타낸 공식)에 상관없이 어떤 파동묶음에도 적용된다. $\phi(k)$가 특정한 값 k_0 근처에서 매우 뾰족한 형태라고 가정하자. (k에 대해 넓게 퍼져도 괜찮지만, 이런 파동묶음의 모양은 빨리 변한다. 다른 성분은 다른 속력으로 움직여서 잘 정의된 속도를 갖는 전체 "무리"라는 의미가 사라진다.) 적분되는 함수는 k_0 근처를 제외하고는 무시할 수 있으므로 이 점 근처에서 함수 $\omega(k)$를 Taylor 전개할 수 있고, 가장 큰 항만 쓰면

$$\omega(k) \approx \omega_0 + \omega_0'\,(k - k_0)$$

을 얻는다. 여기서 ω_0'은 점 k_0에서 ω를 k로 미분한 값이다.

(적분의 중심을 k_0로 하기 위해) 변수를 k에서 $s \equiv k - k_0$로 바꾸면 다음을 얻는다.

$$\Psi(x,t) \approx \frac{1}{\sqrt{2\pi}} \int_{-\infty}^{+\infty} \phi(k_0+s)\, e^{i[(k_0+s)x-(\omega_0+\omega_0' s)t]}\, ds$$
$$= \frac{1}{\sqrt{2\pi}} e^{i(k_0 x-\omega_0 t)} \int_{-\infty}^{+\infty} \phi(k_0+s)\, e^{is(x-\omega_0' t)}\, ds. \tag{2.107}$$

앞에 있는 항은 속력 ω_0/k_0로 움직이는 사인파동("잔물결")이다. 이것은 $x - \omega_0' t$의 함수이어서 속력 ω_0'으로 움직이는 적분("둘러싼 부분")에 의해 크기가 정해진다. 따라서 위상속도는

$$v_{\text{phase}} = \frac{\omega}{k} \tag{2.108}$$

이고, 무리속도는

$$v_{\text{group}} = \frac{d\omega}{dk} \tag{2.109}$$

이다(모두 $k = k_0$에서 얻은 값이다).

이 경우 $\omega = (\hbar k^2/2m)$이므로 $\omega/k = (\hbar k/2m)$이고, $d\omega/dk = (\hbar k/m)$이므로 두 배가 된다. 이로 인해 파동묶음의 무리속도가 고전적인 입자의 속도와 같다는 것을 볼 수 있다.

$$v_{\text{classical}} = v_{\text{group}} = 2v_{\text{phase}}. \tag{2.110}$$

* **문제 2.17** $[Ae^{ikx} + Be^{-ikx}]$와 $[C\cos kx + D\sin kx]$는 같은 x의 함수를 쓰는 동등한 방법이라는 것을 증명하고, 상수 C와 D를 A와 B로, 그리고 그 역으로 표현하라. 참고: 양자역학에서 $V = 0$일 때 지수함수는 움직이는 파동이고, 자유입자를 논의할 때 가장 편리하다. 반면에 사인과 코사인 함수는 정지파에 해당하고, 무한한 사각형 우물의 경우에 자연히 나타난다.

문제 2.18 자유입자 파동함수 식 2.95에 대한 확률흐름 J(문제 1.14)를 구하라. 확률은 어느 방향으로 흐르는가?

** **문제 2.19** 이 문제는 Plancherel 정리를 체계적으로 "증명"하기 위해 구성했다. 우선 유한한 구간에서 일반 Fourier 급수에 대한 이론으로부터 시작해서 구간을 무한대로 확장하려고 한다.

(a) Dirichlet 정리에 의하면 구간 $[-a, +a]$에서 "임의의" 함수 $f(x)$는 Fourier 급수

$$f(x) = \sum_{n=0}^{\infty}\left[a_n \sin\left(\frac{n\pi x}{a}\right) + b_n \cos\left(\frac{n\pi x}{a}\right)\right]$$

로 전개할 수 있다. 이것은 마찬가지로

$$f(x) = \sum_{n=-\infty}^{\infty} c_n e^{in\pi x/a}$$

으로 쓸 수 있음을 증명하라. c_n을 a_n과 b_n으로 나타내라.

(b) (Fourier 방법을 적당히 변형시켜) 다음을 증명하라.

$$c_n = \frac{1}{2a}\int_{-a}^{+a} f(x)\, e^{-in\pi x/a}\, dx.$$

(c) n과 c_n을 새로운 변수 $k = (n\pi/a)$와 $F(k) = \sqrt{2/\pi}\, ac_n$으로 표현하라. 그러면 (a)와 (b)는

$$f(x) = \frac{1}{\sqrt{2\pi}}\sum_{n=-\infty}^{\infty} F(k)\, e^{ikx}\,\Delta k; \quad F(k) = \frac{1}{\sqrt{2\pi}}\int_{-a}^{+a} f(x)\, e^{-ikx}\, dx$$

이 됨을 증명하라. 여기서 Δk는 한 n값에서 다음 값으로 갈 때 k의 증가분이다.

(d) $a \to \infty$인 극한을 취하여 Plancherel 정리를 구하라. 참고: 근원은 매우 다르지만 $F(k)$를 $f(x)$로, $f(x)$를 $F(k)$로 표현한 두 공식은 $a \to \infty$인 극한에서 비슷한 구조를 갖는다는 것은 놀랍다.

문제 2.20 자유입자의 처음 파동함수가

$$\Psi(x, 0) = Ae^{-a|x|}$$

이다. A와 a는 양의 상수이다.

(a) $\Psi(x, 0)$을 규격화하라.

(b) $\phi(k)$를 구하라.

(c) 적분 형태로 $\Psi(x, t)$를 나타내라.

(d) (a가 매우 클 때와 매우 작을 때의) 극한에 대해 논의하라.

---

* **문제 2.21 Gaussian 파동묶음**. 자유입자의 처음 파동함수가

$$\Psi(x, 0) = Ae^{-ax^2}$$

이다. A와 a는 양의 상수이다.

(a) $\Psi(x, 0)$을 규격화하라.

(b) $\Psi(x, t)$를 구하라. 귀띔: 다음 형태의 적분

$$\int_{-\infty}^{+\infty} e^{-(ax^2+bx)}\, dx$$

은 "완전제곱" 형태로 풀 수 있다. $y \equiv \sqrt{a}\,[x + (b/2a)]$라고 하면 $(ax^2 + bx) = y^2 - (b^2/4a)$이다. 답:

$$\Psi(x, t) = \left(\frac{2a}{\pi}\right)^{1/4} \frac{1}{\gamma} e^{-ax^2/\gamma^2}, \quad \text{여기서} \quad \gamma \equiv \sqrt{1 + (2i\hbar at/m)}. \tag{2.111}$$

(c) $|\Psi(x,t)|^2$을 구하라. 답을

$$w \equiv \sqrt{a/\left[1+(2\hbar at/m)^2\right]}.$$

으로 표현하라. $|\Psi|^2$을 $t=0$에서 (x의 함수로) 그리고, 큰 t 값인 경우에도 그려라. 시간이 지나면 $|\Psi|^2$은 어떻게 변하는 지 정성적으로 나타내라.

(d) $\langle x\rangle$, $\langle p\rangle$, $\langle x^2\rangle$, $\langle p^2\rangle$, σ_x, σ_p를 구하라. 부분답: $\langle p^2\rangle = a\hbar^2$. 하지만 이렇게 간단한 형태로 만들기 위해서는 약간의 계산을 해야 한다.

(e) 불확정성 원리가 성립하는가? 어느 시간 t에서 불확정성의 극한에 가장 가깝게 다가 가는가?

2.5 델타함수 퍼텐셜

2.5.1 속박상태와 충돌상태

시간에 무관한 Schrödinger 방정식에 대한 매우 다른 두 종류의 해가 있다. 무한 사각형 우물과 조화진동자의 경우, 이 해는 규격화할 수 있고, 불연속적인 지수 n으로 지정한다. 자유입자의 경우에는 규격화할 수 없으며 연속변수 k로 지정한다. 전자의 경우 그 자체로 물리적으로 실현 가능하고, 후자는 그렇지 않다. 그러나 모든 경우 시간에 의존하는 Schrödinger 방정식에 대한 일반해는 정상상태의 선형결합이다. 첫 번째 경우 이 결합은 (n에 대한) 합인 반면 두 번째 경우에는 (k에 대한) 적분이다. 이 차이에 대한 물리적 중요성은 무엇인가?

고전역학에서 시간에 무관한 일차원 퍼텐셜의 경우 두 가지 다른 형태의 운동이 나타난다. $V(x)$가 양쪽에서 입자의 전체에너지 E보다 커지면[그림 2.11(a)] 입자는 퍼텐셜 우물 안에 "갇히게" 된다. 입자는 **반환점** 사이에서 왔다갔다 하지만 벗어날 수는 없다. (물론 엔진을 달아 에너지를 더하면 벗어날 수 있지만, 이 경우를 고려하지 않는다.) 이 상태를 **속박상태**라고 한다. 반면에 한쪽 혹은 양쪽에서 E가 $V(x)$보다 커지면 입자는 "무한대"에서 와서 퍼텐셜의 영향으로 느려지거나 빨라진다[그림 2.11(b)]. (마찰로 인해 에너지를 잃는 경우에는 속박될 수도 있지만 이것 역시 고려하지 않는다.) 이를 **충돌상태**라고 부른다. 어떤 퍼텐셜에서는 (조화진동자처럼) 속박상태만 허용되며, 어떤 경우에는 (움푹 들어간 곳이 전혀 없는 퍼텐셜처럼) 충돌상태만 허용되며, 어떤 경우에는 입자의 에너지에 따라 두 가지 모두 가능할 수도 있다.

Schrödinger 방정식의 두 종류 해는 정확히 속박상태와 충돌상태에 해당한다. 이 차이는 양자영역에서 더 분명해진다. 왜냐하면 (곧 다룰) **터널링** 현상에서는 입자가 유한한 퍼텐셜 장벽에서 "새나갈" 수 있기 때문이다. 따라서 유일하게 중요한 것은 무한대에서의 퍼텐셜이다[그림 2.11(c)].

$$\begin{cases} E < V(-\infty)\text{와 } V(+\infty) & \Rightarrow \text{속박상태}, \\ E > V(-\infty)\text{ 또는 } V(+\infty) & \Rightarrow \text{충돌상태}. \end{cases} \tag{2.112}$$

실제로 대부분의 퍼텐셜은 무한대에서 0으로 간다. 이 경우 이 기준은 더 간단해진다.

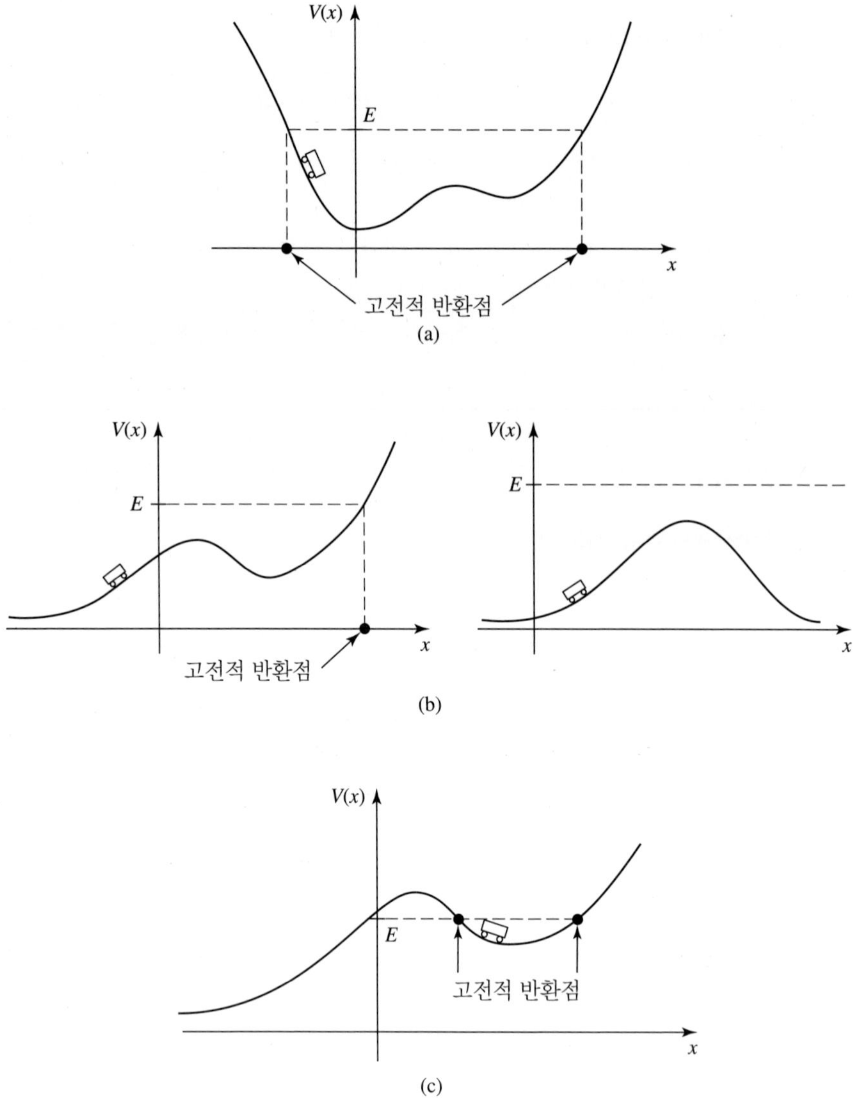

그림 2.11: (a) 속박상태, (b) 충돌상태, (c) 고전적인 속박상태, 그러나 양자적으로는 충돌상태.

$$\begin{cases} E < 0 \Rightarrow \text{ 속박상태,} \\ E > 0 \Rightarrow \text{ 충돌상태.} \end{cases} \tag{2.113}$$

무한한 사각형 우물과 조화진동자는 $x \to \pm\infty$일 때 퍼텐셜이 무한대로 가므로 속박상태만 허용된다. 자유입자는 어느 곳에서나 퍼텐셜이 0이므로 충돌상태만 허용된다.[43] 이 절에서 (그리고 다음 절에서) 두 종류의 상태를 허용하는 퍼텐셜에 대해 살펴볼 것이다.

---

[43] 깊은 관찰력으로 심각하게 보면 $E > V_{\min}$을 요구하는 일반적인 정리(문제 2.2)는 충돌상태에 적용되지 않는다는 것을 알게 될 것이다. 왜냐하면 규격화할 수 없기 때문이다. 이것이 불편하면 자유입자에 대해서 $E \le 0$인 Schrödinger 방정식을 풀어 보라. 그러나 이 해의 선형결합도 규격화할 수 없다. 양의 에너지를 갖는 해 자체로 완전집합을 이룬다.

2.5.2 델타함수 우물

Dirac 델타함수는 원점에서 무한히 높고, 매우 좁은 뾰족한 스파이크 모양이며, 그러나 그 넓이는 1이다(그림 2.12).

$$\delta(x) \equiv \left\{ \begin{array}{ll} 0, & x \neq 0 \\ \infty, & x = 0 \end{array} \right\} \text{ 그리고 } \int_{-\infty}^{+\infty} \delta(x)\, dx = 1. \tag{2.114}$$

기술적으로 말하면 이것은 전혀 함수가 아니다. 왜냐하면 $x = 0$에서 유한하지 않기 때문이다(수학자들은 이것을 **일반적 함수** 혹은 **분포**라고 부른다).[44] 그럼에도 불구하고 이것은 이론물리에서 매우 유용한 양이다. (예를 들어 전자기학에서 점전하의 전하밀도는 델타함수이다.) $\delta(x-a)$는 점 a에서 넓이 1인 스파이크이다. 보통의 함수 $f(x)$에 $\delta(x-a)$를 곱한 것은 $f(a)$를 곱한 것과 같다.

$$f(x)\,\delta(x-a) = f(a)\,\delta(x-a) \tag{2.115}$$

왜냐하면 이 곱은 점 a를 제외한 모든 점에서 0이기 때문이다. 특히 다음이 성립한다.

$$\int_{-\infty}^{+\infty} f(x)\,\delta(x \quad a)\,dx = f(a) \int_{-\infty}^{+\infty} \delta(x-a)\,dx = f(a)\,. \tag{2.116}$$

이것이 델타함수의 가장 중요한 성질이다. 적분 기호 안에서는 점 a에서 $f(x)$의 값을 "끄집어 낸다." (물론 적분을 $-\infty$에서 $+\infty$까지 할 필요는 없다. 중요한 것은 적분 구간이 점 a를 포함하기만 하면 된다는 것이다. 즉 임의의 $\epsilon > 0$에 대해 $a - \epsilon$에서 $a + \epsilon$까지 하면 된다.)

이제

$$V(x) = -\alpha\delta(x) \tag{2.117}$$

인 형태의 퍼텐셜을 생각하자. 여기서 α는 임의의 양의 상수이다.[45] 물론 이것은 인공적으로 만든 퍼텐셜이지만(무한 사각형 우물도 마찬가지이다) 깔끔하게 다룰 수 있고, 복잡한 수학을 쓰지 않고 기본적인 이론을 밝혀줄 수 있다. 델타함수에 대한 Schrödinger 방정식은 다음과 같다.

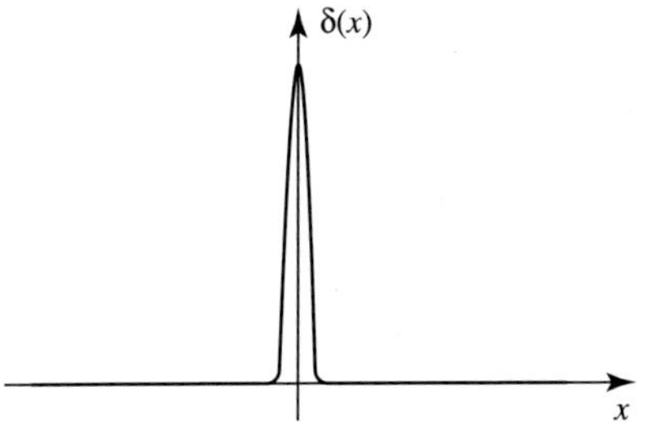

그림 2.12: Dirac 델타함수(식 2.114).

[44] 델타함수는 높이는 점점 증가하고, 폭은 점점 감소하는 직사각형(또는 삼각형)과 같은 함수 수열의 극한으로 생각할 수 있다.

[45] 델타함수 자체는 길이의 역수의 차원이므로(식 2.114 참조) α는 에너지×길이의 차원이다.

$$-\frac{\hbar^2}{2m}\frac{d^2\psi}{dx^2} - \alpha\delta(x)\,\psi = E\psi. \tag{2.118}$$

이 식은 속박상태($E < 0$)와 충돌상태($E > 0$) 모두 해로 가질 수 있다.

우선 속박상태부터 살펴보자. $x < 0$인 영역에서 $V(x) = 0$이므로

$$\frac{d^2\psi}{dx^2} = -\frac{2mE}{\hbar^2}\psi = \kappa^2\psi \tag{2.119}$$

이고, 여기서

$$\kappa \equiv \frac{\sqrt{-2mE}}{\hbar} \tag{2.120}$$

이다. (가정에 의해 E가 음수이므로 κ는 양수이다.) 식 2.119의 일반해는

$$\psi(x) = Ae^{-\kappa x} + Be^{\kappa x} \tag{2.121}$$

이다. 그러나 첫 번째 해는 $x \to -\infty$일 때 발산하므로 $A = 0$이어야 한다.

$$\psi(x) = Be^{\kappa x}, \quad (x < 0)\,. \tag{2.122}$$

$x > 0$인 영역에서 $V(x)$ 역시 0이므로 일반해는 $F\exp(-\kappa x) + G\exp(\kappa x)$의 형태이다. 이번에는 두 번째 항이 ($x \to \infty$일 때 발산하므로)

$$\psi(x) = Fe^{-\kappa x}, \quad (x > 0) \tag{2.123}$$

이어야 한다.

이제 이 두 함수를 $x = 0$에서 적절한 경계조건을 이용하여 붙이면 된다. 앞에서 ψ에 대한 표준적인 경계조건을 다음과 같이 나타내었다.

$$\begin{cases} 1.\ \psi\text{는 항상 연속이다.} \\ 2.\ d\psi/dx\text{는 퍼텐셜이 무한대인 점을 제외한 곳에서 연속이다.} \end{cases} \tag{2.124}$$

이 경우 첫 번째 경계조건을 이용하면 $F = B$이 되므로 다음을 얻는다.

$$\psi(x) = \begin{cases} Be^{\kappa x}, & (x \le 0)\,, \\ Be^{-\kappa x}, & (x \ge 0)\,. \end{cases} \tag{2.125}$$

그림 2.13에 $\psi(x)$를 그려놓았다. 두 번째 경계조건으로는 아무것도 구할 수 없다. 이것은 (무한 사각형 우물의 벽과 마찬가지로) 연결되는 점에서 V가 무한대인 예외적인 경우이고, 그래프를 보면 이 함수는 $x = 0$에서 뾰족한 모양을 갖는다. 게다가 이 점까지 델타함수는 들어오지도 않았다. 사실 델타함수는 $x = 0$에서 ψ의 미분에 대한 불연속을 결정한다. 이것이 어떻게 작용할 것인지 보이고, 그 부산물로 보통의 경우에는 $d\psi/dx$가 왜 연속인지 알게 될 것이다.

그러기 위해서는 Schrödinger 방정식을 $-\epsilon$에서 $+\epsilon$까지 적분하고, $\epsilon \to 0$인 극한을 취하면 된다.

$$-\frac{\hbar^2}{2m}\int_{-\epsilon}^{+\epsilon}\frac{d^2\psi}{dx^2}\,dx + \int_{-\epsilon}^{+\epsilon}V(x)\,\psi(x)\,dx = E\int_{-\epsilon}^{+\epsilon}\psi(x)\,dx. \tag{2.126}$$

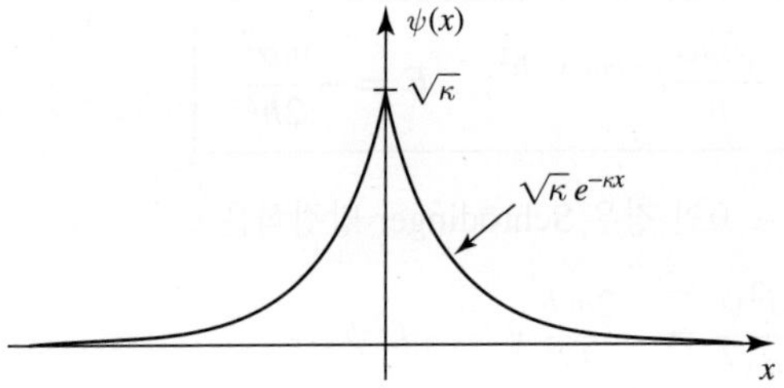

그림 2.13: 델타함수 퍼텐셜에 대한 속박상태의 파동함수(식 2.125).

첫 번째 적분은 양 끝점에서 $d\psi/dx$의 값이다. 마지막 적분은 $\epsilon \to 0$인 극한에서 0이다. 왜냐하면 유한한 높이와 너비가 0인 좁은 막대의 넓이이기 때문이다. 따라서 다음을 얻는다.

$$\Delta\left(\frac{d\psi}{dx}\right) \equiv \lim_{\epsilon\to 0}\left(\left.\frac{\partial\psi}{\partial x}\right|_{+\epsilon} - \left.\frac{\partial\psi}{\partial x}\right|_{-\epsilon}\right) = \frac{2m}{\hbar^2}\lim_{\epsilon\to 0}\int_{-\epsilon}^{+\epsilon} V(x)\,\psi(x)\,dx. \tag{2.127}$$

보통 우변의 극한은 0이다. 이 때문에 $d\psi/dx$가 연속이다. 하지만 경계에서 $V(x)$가 무한하면 이것은 더 이상 성립하지 않는다. 특히 $V(x) = -\alpha\delta(x)$이면 식 2.116은

$$\Delta\left(\frac{d\psi}{dx}\right) = -\frac{2m\alpha}{\hbar^2}\psi(0) \tag{2.128}$$

이 된다.

식 2.125의 경우에는 다음을 얻는다.

$$\begin{cases} d\psi/dx = -B\kappa e^{-\kappa x}, & (x > 0)\text{일 때, 따라서 } d\psi/dx\big|_+ = -B\kappa, \\ d\psi/dx = +B\kappa e^{+\kappa x}, & (x < 0)\text{일 때, 따라서 } d\psi/dx\big|_- = +B\kappa. \end{cases}$$

따라서 $\Delta(d\psi/dx) = -2B\kappa$이다. 그리고 $\psi(0) = B$이다. 그러므로 식 2.128에 의하면

$$\kappa = \frac{m\alpha}{\hbar^2} \tag{2.129}$$

이고, 허용된 에너지(식 2.120)는

$$E = -\frac{\hbar^2\kappa^2}{2m} = -\frac{m\alpha^2}{2\hbar^2} \tag{2.130}$$

이다. 마지막으로 ψ를 규격화한다.

$$\int_{-\infty}^{+\infty} |\psi(x)|^2\,dx = 2\,|B|^2\int_0^{\infty} e^{-2\kappa x}\,dx = \frac{|B|^2}{\kappa} = 1.$$

그러므로 (양의 제곱근을 취하면)

$$B = \sqrt{\kappa} = \frac{\sqrt{m\alpha}}{\hbar} \tag{2.131}$$

를 얻는다. 분명한 것은 α의 "세기"에 상관없이 델타함수 우물에는 정확히 한 개의 속박상태가 있다는 것이다.

$$\boxed{\psi(x) = \frac{\sqrt{m\alpha}}{\hbar} e^{-m\alpha|x|/\hbar^2}; \quad E = -\frac{m\alpha^2}{2\hbar^2}.} \tag{2.132}$$

$E > 0$인 충돌상태는 어떨까? $x < 0$인 경우 Schrödinger 방정식은

$$\frac{d^2\psi}{dx^2} = -\frac{2mE}{\hbar^2}\psi = -k^2\psi$$

이 되고, 여기서

$$k \equiv \frac{\sqrt{2mE}}{\hbar} \tag{2.133}$$

은 실수이고 양수이다. 일반적인 해는

$$\psi(x) = Ae^{ikx} + Be^{-ikx} \tag{2.134}$$

이고, 이번에는 두 해 모두 포함해야 한다. 왜냐하면 어떤 해도 발산하지 않기 때문이다. 마찬가지로 $x > 0$일 때

$$\psi(x) = Fe^{ikx} + Ge^{-ikx} \tag{2.135}$$

이다. $x = 0$에서 $\psi(x)$가 연속이므로

$$F + G = A + B \tag{2.136}$$

이다. 미분은 다음과 같은 관계를 얻는다.

$$\begin{cases} d\psi/dx = ik\left(Fe^{ikx} - Ge^{-ikx}\right), (x > 0)\text{일 때, 따라서 } d\psi/dx\big|_+ = ik\,(F - G)\,, \\ d\psi/dx = ik\left(Ae^{ikx} - Be^{-ikx}\right), (x < 0)\text{ 일 때, 따라서 } d\psi/dx\big|_- = ik\,(A - B). \end{cases}$$

따라서 $\Delta(d\psi/dx) = ik(F - G - A + B)$이다. 한편 $\psi(0) = (A + B)$이므로 두 번째 경계조건 (식 2.128)은

$$ik\,(F - G - A + B) = -\frac{2m\alpha}{\hbar^2}\,(A + B) \tag{2.137}$$

로 쓸 수 있고, 더 간단히 쓰면

$$F - G = A\,(1 + 2i\beta) - B\,(1 - 2i\beta)\,, \quad \text{여기서 } \beta \equiv \frac{m\alpha}{\hbar^2 k} \tag{2.138}$$

이다.

모든 경계조건을 만족시키면 두 식(식 2.136과 2.139)과 미지수(A, B, F와 G) 네 개, k까지 포함하면 다섯 개가 있다. 규격화는 도움이 되지 않는다. 이 상태는 규격화할 수 있는 상태가 아니기 때문이다. 여기서 잠깐 여러 상수의 물리적 의미를 알아보도록 하자. $\exp(ikx)$는 [시간요소 $\exp(-iEt/\hbar)$를 결합시키면] 오른쪽으로 이동하는 파동함수가 되고, $\exp(-ikx)$는 왼쪽으로 이동하는 파동이다. 따라서 식 2.134의 A는 왼쪽으로부터 오는 파동의 진폭이고, B는 왼쪽으로 돌아가는 파동의 진폭이다. 식 2.135의 F는 오른쪽으로 이동하는 파동의 진폭이고, G는 오른쪽에서 들어오는 파동의 진폭이다(그림 2.14 참조). 전형적인 충돌 실험에서 한쪽 방향, 예를 들어 왼쪽으로부터 입자를 발사한다. 이 경우 오른쪽으로부터 오는 파동의 진폭은 0이 될 것이다.

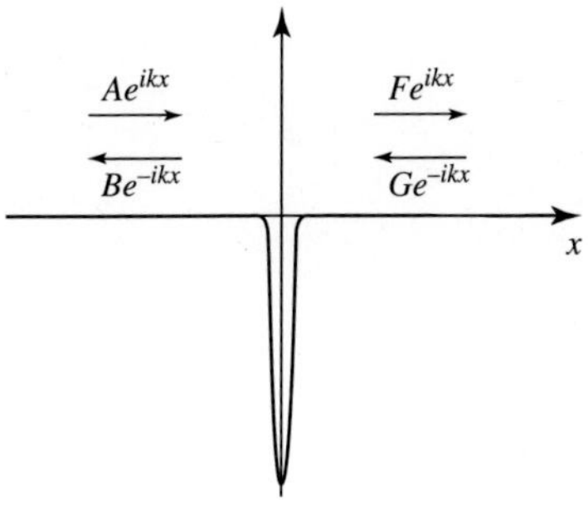

그림 2.14: 델타함수 우물에서의 충돌.

$$G = 0 \qquad \text{(왼쪽으로부터의 충돌)}. \tag{2.139}$$

A는 **입사파동**의 진폭이고, B는 **반사파동**의 진폭이다. 그리고 F는 **투과파동**의 진폭이다. 식 2.136과 2.138을 B와 F에 대해 풀면

$$B = \frac{i\beta}{1 - i\beta}A, \quad F = \frac{1}{1 - i\beta}A \tag{2.140}$$

을 얻는다. (만일 오른쪽으로부터의 충돌을 보려면 $A = 0$으로 놓는다. 그러면 G는 입사진폭, F는 반사진폭, 그리고 B는 투과진폭이다.)

이제 특정한 위치에서 입자를 발견할 확률은 $|\Psi|^2$이므로, 입사입자가 뒤로 반사될 상대[46] 확률은

$$R \equiv \frac{|B|^2}{|A|^2} = \frac{\beta^2}{1 + \beta^2} \tag{2.141}$$

이다. R을 **반사계수**라고 한다. (입자빔으로 실험을 한다면 이 값은 입사입자 중 반사된 입자수의 비율이다.) 한편 입자가 계속 오른쪽으로 뚫고 지나갈 확률은 **투과계수**[47]

$$T \equiv \frac{|F|^2}{|A|^2} = \frac{1}{1 + \beta^2} \tag{2.142}$$

이다. 물론 이 확률의 합은 1이 되어야 하고, 사실

$$R + T = 1 \tag{2.143}$$

이다. R과 T는 β의 함수이므로, E의 함수이다(식 2.133과 2.138 참조).

$$\boxed{R = \frac{1}{1 + \left(2\hbar^2 E/m\alpha^2\right)}, \quad T = \frac{1}{1 + (m\alpha^2/2\hbar^2 E)}.} \tag{2.144}$$

에너지가 높을수록 투과확률은 (예상한 대로) 커진다.

---

46 이것은 규격화할 수 없는 파동함수이므로, 측정한 위치에서 입자를 발견할 절대적인 확률은 잘 정의되지 않는다. 그럼에도 불구하고 입사파동과 반사파동의 상대 확률은 의미가 있다. 이에 대해서는 다음 문단에서 더 논의한다.

47 우물의 양쪽에서 입자의 속도가 같은 것에 주목하라. 문제 2.34에서 일반적인 경우를 다룬다.

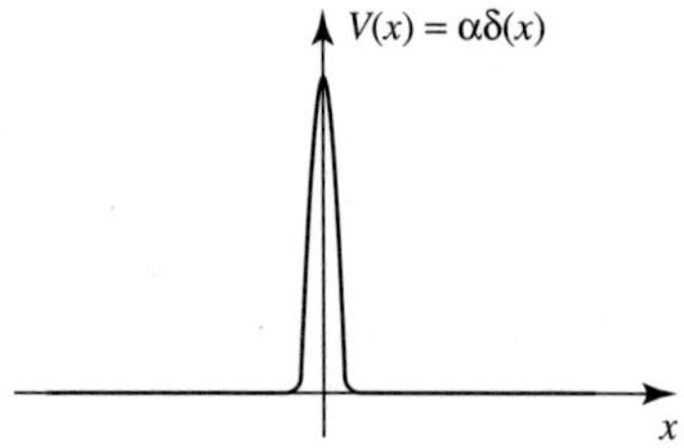

그림 2.15: 델타함수 장벽.

이것은 매우 깔끔하지만, 무시할 수 없는 원칙상의 문제가 있다. 이 충돌 파동함수는 규격화할 수 없으므로, 가능한 입자의 상태를 표현하지 않는다. 이 문제의 해결책을 알고 있다. 자유입자의 경우와 마찬가지로 규격화할 수 있는 정상상태의 선형결합을 만든다. 진정한 물리적 입자는 이렇게 만든 파동묶음으로 표현된다. 원칙적으로는 단순하지만, 실제로는 지저분한 작업이고, 여기서 이 문제는 컴퓨터를 이용하는 것이 좋다.[48] 한편 여러 에너지를 포함하는, 규격화할 수 있는 자유입자 파동함수는 만들 수 없으므로, R과 T는 E 근처에 있는 에너지를 갖는 입자에 대한 근사적인 반사 및 투과확률로 해석해야 한다.

여기서 (입자가 들어와서 퍼텐셜에 의해 충돌하고, 무한대로 날아가는) 분명히 시간에 의존하는 문제를 정상상태를 이용해 분석할 수 있다는 것이 이상하다고 여길 것이다. 사실 (식 2.134와 2.135의) ψ는 양쪽 방향으로 (일정한 진폭으로) 무한대로 퍼져있는 단순한 시간에 무관한 사인 형태의 복소수 함수일 뿐이다. 그러나 이 함수에 적절한 경계조건을 부과하여 (국소적인 파동묶음으로 표현한) 입자가 퍼텐셜에 의해 튕겨 나가거나 통과하는 확률을 결정할 수 있었다. 이에 대한 수학적인 기적은 모든 공간에 퍼져 있고, 단순한 시간의존성을 갖는 상태의 선형결합을 취하여 (움직이는) 점 근처에 집중되어 있고, 시간에 대한 정교한 의존성을 갖는 파동함수를 만들 수 있었다는 것이다(문제 2.42 참조).

필요한 모든 식을 가지고 델타함수 장벽의 경우를 보자(그림 2.15). 수식적으로는 단지 α의 부호만 바꾸면 된다. 물론 속박상태는 사라진다(문제 2.2). 한편 반사와 투과계수는 α^2에 의존하므로 변화가 없다. 이상하게 들리지만 입자는 우물을 지나는 것처럼 장벽을 지날 것이다. 물론 고전적으로 입자는 에너지에 상관없이 무한히 높은 장벽을 넘어갈 수 없다. 사실 고전적인 충돌문제는 단순하다. $E > V_{max}$이면 $T = 1$, $R = 0$이다. 입자는 확실히 넘어간다. $E < V_{max}$이면 $T = 0$, $R = 1$이다. 입자는 고개에 다가서며 에너지를 잃다가, 온 곳으로 돌아간다. 양자충돌 문제는 훨씬 다양하다. $E < V_{max}$인 경우에도 퍼텐셜을 지날 확률이 0이 아니다. 이것을 **터널링**이라고 한다. 이로 인해 현대 전자공학의 많은 부분, 특별히 미시현미경의 놀라운 발전이 가능해졌다. 반대로 $E > V_{max}$라 하더라도 입자가 튕겨 나올 가능성이 있다. 그렇다고 양자역학의 가능성을 기대하고 절벽에서 떨어지지 말기 바란다(문제 2.35 참조).

[48] 일차원 퍼텐셜에서 파동묶음의 충돌을 분석하는 강력한 프로그램이 있다. 예를 들어 PhET Interactive Simulations, University of Colorado Bouler, http://phet.colorado.edu에 있는 "Quantum Tunneling and Wave Packets"를 참조하라.

* **문제 2.22** 다음의 적분을 계산하라.

(a) $\int_{-3}^{+1}\left(x^3-3x^2+2x-1\right)\delta(x+2)\,dx.$

(b) $\int_0^{\infty}[\cos(3x)+2]\,\delta(x-\pi)\,dx.$

(c) $\int_{-1}^{+1}\exp(|x|+3)\delta(x-2)\,dx.$

* **문제 2.23** 델타함수는 적분 기호 안에서만 의미가 있고 델타함수를 포함하는 다음의 두 표현[$D_1(x)$와 $D_2(x)$]은

$$\int_{-\infty}^{+\infty} f(x)\,D_1(x)\;dx=\int_{-\infty}^{+\infty} f(x)\,D_2(x)\;dx,$$

이면, 모든 (보통의) 함수 $f(x)$에 대해 같다.

(a) 다음의 관계

$$\delta(cx)=\frac{1}{|c|}\delta(x) \tag{2.145}$$

가 성립한다는 것을 증명하라. 여기서 c는 실수의 상수이다. (c가 음수인 경우에도 반드시 확인하라.)

(b) $\theta(x)$는

$$\theta(x)=\begin{cases}1, & x>0,\\ 0, & x<0\end{cases} \tag{2.146}$$

로 정의하는 **계단함수**이다. [실제로 중요한 드문 경우인 $\theta(0)=1/2$로 정의한다.] $d\theta/dx=\delta(x)$임을 증명하라.

** **문제 2.24** 식 2.132에 있는 파동함수에 대해 불확정성 원리가 성립하는지 확인하라. 귀띔: ψ의 미분은 $x=0$에서 계난 모양으로 불연속이므로, $\langle p^2\rangle$을 계산하는 것은 복잡할 수 있다. 문제 2.23(b)의 결과를 이용할 수 있다. 부분답: $\langle p^2\rangle=(m\alpha/\hbar)^2$.

문제 2.25 (식 2.132의) 델타함수 우물의 속박상태는 충돌상태(식 2.134와 2.135)와 직교한다는 것을 확인하라.

* **문제 2.26** $\delta(x)$의 Fourier 변환은 무엇인가? Plancherel 정리를 이용하여 다음을 증명하라.

$$\delta(x)=\frac{1}{2\pi}\int_{-\infty}^{+\infty} e^{ikx}\,dk. \tag{2.147}$$

참고: 이 공식은 어떤 수학자들도 경악할 것이다. 이 적분은 $x=0$일 때 분명히 무한대가 된다. 적분되는 함수는 무한히 진동하므로 $x\neq 0$이면 (0이든, 어떤 값으로든) 수렴하지 않는다.

이것을 치료하는 방법이 있다. 예를 들어 적분을 $-L$부터 $+L$까지 적분하고, 식 2.147은 $L \to \infty$인 극한에서 이 유한한 적분의 평균값을 의미하는 것으로 해석한다. 문제의 근원은 Plancherel 정리가 성립할 (제곱적분 가능성에 대한) 조건을 만족하기 않기 때문이다(각주 42 참조). 그럼에도 불구하고 식 2.147은 조심해서 사용하면 매우 유용하다.

** **문제 2.27** 두 개의 델타함수 퍼텐셜

$$V(x) = -\alpha\,[\delta(x+a) + \delta(x-a)]$$

을 고려하자. 여기서 α와 a는 상수이다.

(a) 이 퍼텐셜을 대략 그려라.

(b) 속박상태는 몇 개나 있는가? $\alpha = \hbar^2/ma$인 경우와 $\alpha = \hbar^2/4ma$인 경우 허용된 에너지를 구하고, 파동함수를 그려라.

(c) 다음의 극한 (i) $a \to 0$, (ii) $a \to \infty$에서 (α는 고정) 속박상태의 에너지는 얼마인가? 이 답을 한 개의 델타함수 우물과 비교하여 합리적인 이유를 설명하라.

** **문제 2.28** 문제 2.27의 퍼텐셜에 대해 투과계수를 구하라.

2.6 유한한 사각형 우물

마지막 예제로 유한한 사각형 우물

$$V(x) = \begin{cases} -V_0, & -a \le x \le a, \\ 0, & |x| > a \end{cases} \tag{2.148}$$

을 고려하자. 여기서 V_0는 (양의) 상수이다(그림 2.16). 델타함수와 마찬가지로 이 퍼텐셜도 속박상태($E < 0$)와 충돌상태($E < 0$)를 갖는다. 먼저 속박상태를 살펴보자.

$x < -a$인 영역에서 퍼텐셜은 0이므로 Schrödinger 방정식은

$$-\frac{\hbar^2}{2m}\frac{d^2\psi}{dx^2} = E\psi, \quad 즉, \ \frac{d^2\psi}{dx^2} = \kappa^2\psi$$

이다. 여기서

$$\kappa \equiv \frac{\sqrt{-2mE}}{\hbar} \tag{2.149}$$

은 양의 실수이다. 일반적인 해는 $\psi(x) = A\exp(-\kappa x) + B\exp(\kappa x)$이지만, 첫 항은 ($x \to -\infty$일 때) 발산하므로, 물리적으로 가능한 해는

$$\psi(x) = Be^{\kappa x}, \quad (x < -a) \tag{2.150}$$

이다. $-a < x < a$인 영역에서 $V(x) = -V_0$이고, Schrödinger 방정식은

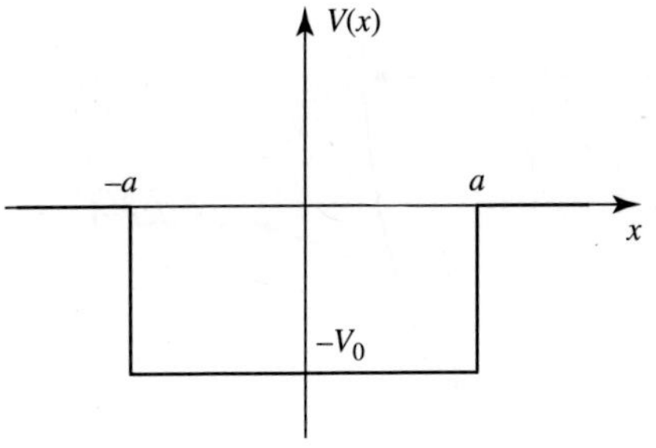

그림 2.16: 유한한 사각형 우물(식 2.148).

$$-\frac{\hbar^2}{2m}\frac{d^2\psi}{dx^2} - V_0\psi = E\psi, \quad 즉, \ \frac{d^2\psi}{dx^2} = -l^2\psi$$

이고, 여기서

$$l \equiv \frac{\sqrt{2m\,(E+V_0)}}{\hbar} \tag{2.151}$$

이다. 속박상태에 대해서는 E가 음수이지만 (문제 2.2) $E > V_{\text{min}}$인 이선의 징리에 의하면, E는 $-V_0$보다는 커야 한다. 따라서 l은 양의 실수이다. 일반적인 해는[49]

$$\psi(x) = C\sin(lx) + D\cos(lx)\,, \quad (-a < x < a) \tag{2.152}$$

이다. 여기서 C와 D는 임의의 상수이다. 마지막으로 $x > a$인 영역에서 퍼텐셜은 다시 0이다. 일반해는 $\psi(x) = F\exp(-\kappa x) + G\exp(\kappa x)$이지만, 두 번째 항은 ($x \to \infty$일 때) 발산하므로, 해는 다음과 같다.

$$\psi(x) = Fe^{-\kappa x}, \quad (x > a)\,. \tag{2.153}$$

다음 단계는 경계조건을 부여하는 것이다. ψ와 $d\psi/dx$는 $-a$와 $+a$에서 연속이다. 그러나 이 퍼텐셜은 짝함수라는 것을 주목하면 일반성을 잃지 않고 해는 짝함수나 홀함수라고 가정하면 시간을 아낄 수 있다[문제 2.1(c)] 이에 대한 장점은 한쪽(예를 들어 $+a$에서)에서 경계조건만 부여하면 된다는 것이다. 다른 쪽은 $\psi(-x) = \pm\psi(x)$이기 때문에 자동적으로 얻는다. 짝함수를 살펴보자. 홀함수는 문제 2.29에서 고려할 것이다. 코사인은 짝함수(사인은 홀함수)이므로 다음의 형태를 갖는 해를 보겠다.

$$\psi(x) = \begin{cases} Fe^{-\kappa x}, & (x > a)\,, \\ D\cos(lx)\,, & (0 < x < a)\,, \\ \psi(-x)\,, & (x < 0)\,. \end{cases} \tag{2.154}$$

$x = a$에서 $\psi(x)$가 연속이므로

$$Fe^{-\kappa a} = D\cos(la) \tag{2.155}$$

[49] 원한다면 일반해를 지수함수 $(C'e^{ilx} + D'e^{-ilx})$로 쓸 수 있다. 그래도 같은 결과를 얻지만, 퍼텐셜이 대칭적이므로 해는 짝함수나 홀함수라는 것을 알기 때문에 사인, 코사인의 표현을 사용하면 처음부터 이 성질을 바로 이용할 수 있다.

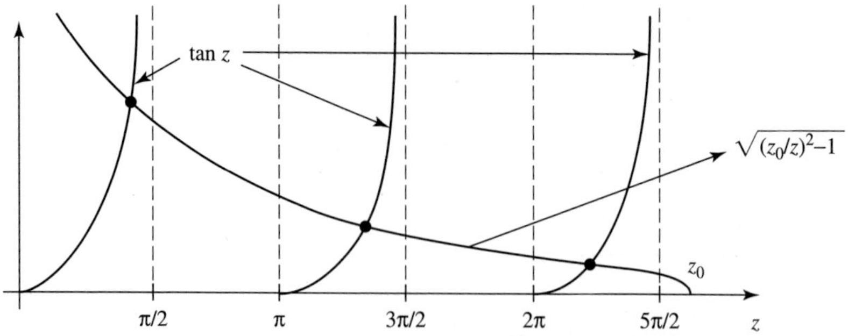

그림 2.17: $z_0 = 8$(짝함수)에 대한 식 2.159를 그래프로 푸는 그림.

이고, $d\psi/dx$가 연속이므로

$$-\kappa F e^{-\kappa a} = -l D \sin(la) \tag{2.156}$$

을 만족한다. 식 2.156을 식 2.155로 나누면

$$\kappa = l \tan(la) \tag{2.157}$$

을 얻는다.

κ와 l은 E의 함수이므로 이것은 허용된 에너지에 대한 식이다. E에 대해 풀기 위해 더 깔끔한 표현을 사용하겠다.

$$z \equiv la \text{와}, \qquad z_0 \equiv \frac{a}{\hbar}\sqrt{2mV_0} \tag{2.158}$$

라고 하자. 식 2.149와 2.151에 의하면 $(\kappa^2 + l^2) = 2m\,V_0/\hbar^2$이므로 $\kappa a = \sqrt{z_0^2 - z^2}$이고, 식 2.157은

$$\tan z = \sqrt{(z_0/z)^2 - 1} \tag{2.159}$$

가 된다.

이것은 z(따라서 E)에 대한 초월함수 방정식이고, (우물의 "크기"의 척도인) z_0의 함수이다. 이 식은 $\tan z$와 $\sqrt{(z_0/z)^2 - 1}$을 같이 그리고, 컴퓨터나 그래프를 이용하여 수치적으로 교차점을 구할 수 있다(그림 2.17 참조). 두 가지의 극한인 경우가 특히 흥미 있다.

1. **넓고, 깊은 우물.** z_0가 매우 크면 (곡선 $\sqrt{(z_0/z)^2 - 1}$가 그래프에서 올라가고, z_0가 0이 되는 점이 오른쪽으로 옮겨간다) 교차점은 n이 홀수일 때 $z_n = n\pi/2$ 약간 밑에서 생긴다. 식 2.158과 2.151을 이용하면

$$E_n + V_0 \approx \frac{n^2\pi^2\hbar^2}{2m(2a)^2} \quad (n = 1, 3, 5, \ldots) \tag{2.160}$$

이 된다. 그러나 $E + V_0$는 우물 바닥으로부터의 에너지이고, 우변은 정확히 바닥의 너비가 $2a$인 무한한 사각형 우물의 에너지이다(식 2.30 참조). 엄밀하게는 n이 홀수이므로, 에너지 스펙트럼의 절반이다. (물론 다른 나머지는 문제 2.29에서 발견하겠지만 홀함수

이다.) 그러므로 유한한 사각형 우물은 $V_0 \to \infty$일 때 무한한 사각형 우물에 접근한다. 그러나 임의의 유한한 V_0에 대해서는 속박상태의 개수는 유한하다.

2. 좁고, 얕은 퍼텐셜. z_0가 감소하면 속박상태의 수가 점점 감소하여 $z_0 < \pi/2$이면 한 개만 남는다. 그러나 우물이 아무리 "작더라도" 항상 한 개의 속박상태가 존재한다.

이제 관심이 있으면(문제 2.30) ψ를 규격화할 수 있다(식 2.154). 하지만 이제 충돌상태($E > 0$)로 넘어가 보자. 왼쪽은 $V(x) = 0$이고,

$$\psi(x) = Ae^{ikx} + Be^{-ikx}, \quad (x < -a)\text{에 대해} \tag{2.161}$$

이고,

$$k \equiv \frac{\sqrt{2mE}}{\hbar} \tag{2.162}$$

이다. 우물 안에서 $V(x) = -V_0$이고,

$$\psi(x) = C\sin(lx) + D\cos(lx), \quad (-a < x < a)\text{에 대해} \tag{2.163}$$

이다. 전과 같이

$$l \equiv \frac{\sqrt{2m(E + V_0)}}{\hbar} \tag{2.164}$$

이다. 오른쪽에서는 이 영역으로 들어오는 파동이 없다고 가정하면

$$\psi(x) = Fe^{ikx} \tag{2.165}$$

이다. 여기서 A는 입사진폭, B는 반사진폭, F는 투과진폭이다.[50]

네 개의 경계조건이 있다. $-a$에서 $\psi(x)$가 연속이므로

$$Ae^{-ika} + Be^{ika} = -C\sin(la) + D\cos(la) \tag{2.166}$$

을 얻고, $d\psi/dx$가 $-a$에서 연속이므로

$$ik\left[Ae^{-ika} - Be^{ika}\right] = l\left[C\cos(la) + D\sin(la)\right] \tag{2.167}$$

을 얻는다. $+a$에서 $\psi(x)$가 연속이므로

$$C\sin(la) + D\cos(la) = Fe^{ika} \tag{2.168}$$

이고, $+a$에서 $d\psi/dx$가 연속이므로

$$l\left[C\cos(la) - D\sin(la)\right] = ikFe^{ika} \tag{2.169}$$

이다. 이들 중 두 식을 이용하여 C와 D를 없애고, 나머지 두 식으로 B와 F를 구하면(문제 2.32 참조)

[50] 속박상태의 경우에 한 것처럼 짝함수와 홀함수를 구할 수 있지만, 충돌 문제는 파동이 한쪽에서만 들어오므로 시작부터 비대칭적이고, (이동하는 파동을 나타내는) 지수함수의 표현이 더 적당하다.

$$B = i\frac{\sin(2la)}{2kl}\left(l^2 - k^2\right)F \tag{2.170}$$

$$F = \frac{e^{-2ika}A}{\cos(2la) - i\frac{(k^2+l^2)}{2kl}\sin(2la)} \tag{2.171}$$

을 얻는다.

투과계수($T = |F|^2/|A|^2$)를 원래 함수로 표현하면

$$T^{-1} = 1 + \frac{V_0^2}{4E(E+V_0)}\sin^2\left(\frac{2a}{\hbar}\sqrt{2m(E+V_0)}\right) \tag{2.172}$$

를 얻는다. 사인함수가 0이 될 때마다, 즉

$$\frac{2a}{\hbar}\sqrt{2m(E_n+V_0)} = n\pi, \tag{2.173}$$

일 때마다 $T = 1$(우물이 "투명"해진다)인 것에 주목하라. 여기서 n은 임의의 정수이다. 완벽한 투과를 할 경우 에너지는

$$E_n + V_0 = \frac{n^2\pi^2\hbar^2}{2m(2a)^2} \tag{2.174}$$

로 주어진다. 이 경우는 무한한 사각형 우물에 대해 허용된 에너지와 정확히 같을 때에 일어난다. 그림 2.18에 에너지의 함수로 T를 그려놓았다.[51]

* **문제 2.29** 유한한 사각형 우물에 대한 홀함수의 속박상태 파동함수를 분석하라. 허용된 에너지에 대한 초월 방정식을 구하고, 그래프를 이용하여 풀라. 두 극한의 경우를 조사하라. 홀함수의 속박상태가 항상 존재하는가?

문제 2.30 식 2.154에서 $\psi(x)$를 규격화하여 상수 D와 F를 구하라.

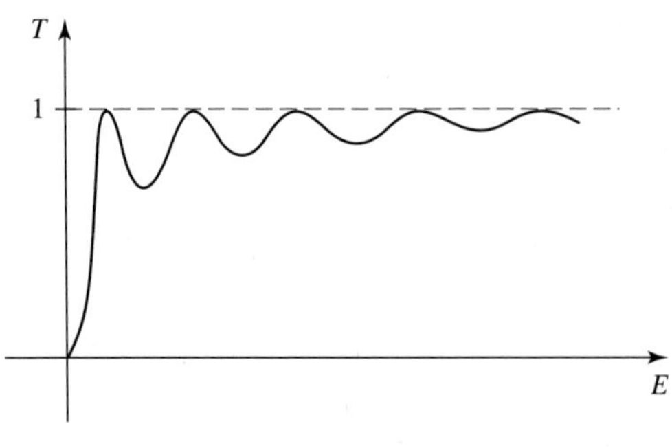

그림 2.18: 에너지의 함수로 나타낸 투과계수(식 2.172).

[51] 이 놀라운 현상은 양자역학이 등장하기 전에 **Ramsauer-Townsend 효과**에서 관측되었다. 흥미 있는 논의를 보려면 Richard W. Robinett, *Quantum Mechanics*, Oxford University Press, 1997, 12.4.1을 참조하라.

문제 2.31 Dirac 델타함수는 넓이가 1인 사각형이 높이가 무한대로 가고, 너비가 0으로 가는 극한의 경우로 생각할 수 있다. 식 2.117의 델타함수 우물은 (비록 무한히 깊지만) $z_0 \to 0$이라는 의미에서 "약한" 퍼텐셜이라는 것을 증명하라. 델타함수 퍼텐셜을 유한한 사각형 우물의 극한으로 취급하여 속박상태의 에너지를 결정하라. 답이 식 2.132와 일치하는 것을 확인하라. 그리고 적절한 극한에서 식 2.172가 식 2.144로 환원되는 것을 증명하라.

문제 2.32 식 2.170과 2.171을 유도하라. 귀띔: 식 2.168과 2.169를 이용하여 C와 D를 F로 나타내라.

$$C = \left[\sin(la) + i\frac{k}{l}\cos(la)\right]e^{ika}F; \quad D = \left[\cos(la) - i\frac{k}{l}\sin(la)\right]e^{ika}F.$$

이것을 다시 식 2.166과 2.171에 대입하라. 투과계수를 구하고, 식 2.172를 확인하라.

** **문제 2.33** 사각형 장벽[식 2.148과 같지만 $-a < x < a$의 영역에서 $V(x) = +V_0 > 0$]에 대한 투과계수를 구하라. 세 가지 경우 $E < V_0$, $E = V_0$, $E > V_0$에 대해 각각 풀라(세 가지 경우에 장벽 안의 파동함수가 다르다는 것에 주목하라). 부분답: $E < V_0$인 경우[52]

$$T^{-1} = 1 + \frac{V_0^2}{4E\,(V_0 - E)}\sinh^2\left(\frac{2a}{\hbar}\sqrt{2m(V_0 - E)}\right)$$

이다.

* **문제 2.34** 다음의 "계단" 퍼텐셜을 고려하자.[53]

$$V(x) = \begin{cases} 0, & x \le 0, \\ V_0, & x > 0. \end{cases}$$

(a) $E < V_0$인 경우 반사계수를 계산하고, 그 답에 대해 논하라.

(b) $E > V_0$인 경우 반사계수를 구하라.

(c) 장벽의 오른쪽에서 다시 0이 되지 않는 이와 같은 퍼텐셜의 경우 투과계수는 단순히 $|F|^2/|A|^2$이 아니다(A는 입사진폭이고, F는 투과진폭이다). 왜냐하면 투과파동은 다른 속력으로 움직이기 때문이다. $E > V_0$인 경우

$$T = \sqrt{\frac{E - V_0}{E}}\,\frac{|F|^2}{|A|^2} \tag{2.175}$$

임을 증명하라. 귀띔: 식 2.99를 이용하면 이해할 수 있다. 더 우아하게 풀려면 확률 밀도(문제 2.18)를 이용하라. $E < V_0$일 때 T는 얼마인가?

(d) $E > V_0$인 경우 계단 퍼텐셜에 대한 투과계수를 구하고, $T + R = 1$임을 확인하라.

---

52 이것은 터널링에 대한 좋은 예이다. 고전적으로는 입자가 튕겨 돌아간다.

53 이에 대해 흥미 있게 언급한 것을 보려면 C. O. Dib, O. Orellana, *Eur. J. Phys.* **38**, 045403 (2017)을 참조하라.

문제 2.35 질량 m, 운동에너지 $E > 0$인 입자가 갑자기 퍼텐셜 낙차 V_0가 생기는 지점으로 접근한다(그림 2.19).[54]

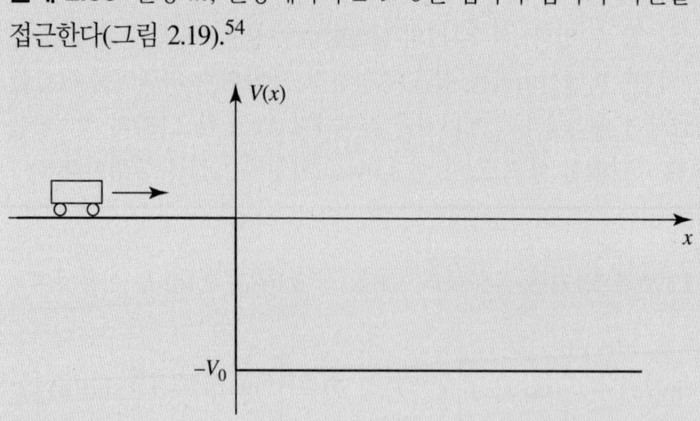

그림 2.19: "절벽"에서의 충돌(문제 2.35).

(a) $E = V_0/3$인 경우 "반사"될 확률은 얼마인가? 귀띔: 이것은 계단이 올라가지 않고, 내려간다는 것만을 제외하면 문제 2.34와 같다.

(b) 그림에는 차가 절벽에 접근하는 것처럼 그렸지만, 절벽 모서리에서 "튕겨나오는" 확률은 (a)에서 구한 것보다 명백히 훨씬 작다. 이 퍼텐셜이 절벽을 올바르게 표현한 것이 아닌 이유를 설명하라. 귀띔: 그림 2.20에서 차의 퍼텐셜에너지는 $x = 0$를 지날 때 $-V_0$로 불연속적으로 떨어진다. 추락하는 차에 대해 이것이 사실인가?

(c) 자유 중성자가 핵으로 들어올 때 바깥쪽에서는 $V = 0$이였다가, 안쪽에서는 대략 -12 MeV(백만 전자볼트)로 퍼텐셜에너지가 갑자기 떨어진다. 핵분열에 의해 4 MeV의 운동에너지을 갖는 중성자가 방출되어, 이와 같은 핵에 충돌한다고 하자. 이 중성자가 흡수되어 다른 핵분열을 초래하는 확률은 얼마인가? 귀띔: (a)에서는 반사확률을 계산했다. 표면을 통과하는 투과확률을 구하려면 $T = 1 - R$을 이용하라.

2장 추가문제

문제 2.36 "중간"에 있는 무한한 사각형 우물[$-a < x < +a$에서 $V(x) = 0$, 그 외의 곳에서는 $V(x) = \infty$]에 대한 적절한 경계조건을 세우고 시간에 무관한 Schrödinger 방정식을 풀라. 허용된 에너지는 식 2.30과 같은 것을 확인하고, 여기서 구한 ψ는 식 2.31에서 $x \to (x + a)/2$로 바꾸면 (적당한 규격화를 통해) 얻을 수 있다는 것을 보여라. 이제 우물의 너비는 $2a$라는 것을 주의하라.

문제 2.37 무한한 사각형 우물(식 2.22) 안에 입자의 처음 파동함수가

$$\Psi(x, 0) = A \sin^3(\pi x/a) \quad (0 \le x \le a)$$

[54] 보충 논의를 보려면 P. L. Garrido, et al., *Am. J. Phys.* **79**, 1218 (2011)을 참조하라.

이다. A를 결정하고, $\Psi(x, t)$를 구하고, $\langle x \rangle$를 시간의 함수로 계산하라. 에너지의 기댓값은 얼마인가? 귀띔: $\sin^n \theta$와 $\cos^n \theta$는 삼각함수의 합공식을 이용하면 계속 줄여나가 $\sin(m\theta)$와 $\cos(m\theta)$의 선형결합으로 쓸 수 있다. 여기서 $m = 0, 1, 2, \ldots, n$이다.

문제 2.38

(a) 무한한 사각형 우물 안의 입자에 대한 파동함수는 한 양자 **재생시간** $T = 4ma^2/\pi\hbar$가 지나면 원래 상태로 돌아온다는 것을 증명하라. 즉 (단지 하나의 정상상태에만 해당하는 것이 아니고) 임의의 상태에 대하여 $\Psi(x, T) = \Psi(x, 0)$이다.

(b) 에너지 E인 입자가 벽 사이에서 앞뒤로 튕길 때 고전적인 재생시간은 얼마인가?

(c) 어떤 에너지에 대해 두 재생시간이 같은가?[55]

문제 2.39 문제 2.7(d)에서 식 2.21의 급수를 더하여 에너지의 기댓값을 얻었지만 (각주 21에서) "낡은 방법"인 $\langle H \rangle = \int \Psi(x, 0)^* \hat{H}\Psi(x, 0)dx$를 시도하지 말라고 경고했다. 왜냐하면 $\Psi(x, 0)$의 일차 미분이 불연속하여 이차 미분을 구하는 데 문제가 있기 때문이다. 사실 부분적분을 이용하면 풀 수 있지만, Dirac 델타함수를 이용하면 이와 같은 문제를 더 분명하게 다룰 수 있다.

(a) $\Psi(x, 0)$의 일차 미분을 계산하고(문제 2.7), 그 답을 식 2.146에서 정의한 계단함수 $\theta(x - a/2)$로 표현하라.

(b) 문제 2.23(b)의 결과를 써서 델타함수를 이용하여 $\Psi(x, 0)$의 이차 미분을 써라.

(c) 적분 $\int \Psi(x, 0)^* \hat{H}\Psi(x, 0)\,dx$를 계산하고, 이전과 같은 답을 얻는다는 것을 확인하라.

** **문제 2.40** 질량 m인 입자가 조화진동자 퍼텐셜(식 2.44) 안에 처음 상태

$$\Psi(x, 0) = A\left(1 - 2\sqrt{\frac{m\omega}{\hbar}}x\right)^2 e^{-\frac{m\omega}{2\hbar}x^2}$$

으로 시작한다. 여기서 A는 상수이다.

(a) A와 이 상태를 조화진동자의 정상상태로 전개했을 때 계수 c_n을 구하라.

(b) 입자의 에너지를 측정하면 어떤 결과를 얻는가? 어느 확률로 얻는가? 에너지의 기댓값은 얼마인가?

(c) 나중 시간 T에서 파동함수는 다음과 같다.

$$\Psi(x, T) = B\left(1 + 2\sqrt{\frac{m\omega}{\hbar}}x\right)^2 e^{-\frac{m\omega}{2\hbar}x^2},$$

여기서 B는 상수이다. T의 가능한 최솟값은 얼마인가?

문제 2.41 조화진동자의 절반인

$$V(x) = \begin{cases} (1/2)\,m\omega^2 x^2, & x > 0, \\ \infty, & x < 0 \end{cases}$$

[55] 고전, 양자 재생시간 사이에 서로 명백한 관계가 없다는 사실(그리고 양자역학적인 재생시간은 에너지에 의존하지도 않는다는 사실)은 신기한 모순이다. D. F. Styer, *Am. J. Phys.*, **69**, 56 (2001)을 참조하라.

에 대한 허용된 에너지를 구하라. (예를 들면 이것은 용수철을 잡아당길 수는 있지만, 누를 수는 없는 경우이다.) 귀띔: 조심스럽게 생각해야 하지만 실제 계산은 별로 필요 없다.

∗∗∗ **문제 2.42** 문제 2.21에서 자유입자의 gaussian 파동묶음의 정상상태에 대해 분석했다. 이제 같은 문제를 처음 파동함수

$$\Psi(x, 0) = Ae^{-ax^2}e^{ilx}$$

에서 시작하여 이동하는 gaussian 파동묶음에 대하여 풀라. 여기서 l은 실수의 상수이다. [제안: $\phi(k)$에서 $\Psi(x, t)$로 갈 때 적분을 하기 전에 $u \equiv k - l$로 변수를 바꿔라.] 부분답:

$$\Psi(x, t) = \left(\frac{2a}{\pi}\right)^{1/4} \frac{1}{\gamma} e^{-a(x-\hbar lt/m)^2/\gamma^2} e^{il(x-\hbar lt/2m)}$$

여기서 전과 같이 $\gamma \equiv \sqrt{1 + 2ia\hbar t/m}$이다. $\Psi(x, t)$는 이동하는 사인파동의 크기를 조절하는 gaussian의 "둘러싼 부분"의 구조를 가진 것에 주목하라. 둘러싼 부분의 속력은 얼마인가? 이동하는 파동의 속력은 무엇인가?

∗∗ **문제 2.43** 중심에 무한한 사각형 우물이 있고, 중간에 델타함수 장벽이 있는 경우 시간에 무관한 Schrödinger 방정식을 풀라.

$$V(x) = \begin{cases} \alpha\delta(x), & -a < x < +a, \\ \infty, & |x| \geq a. \end{cases}$$

파동함수가 짝함수인 경우와 홀함수인 경우를 따로 취급하라. 규격화는 하지 않아도 된다. 허용된 에너지를 구하라(필요하면 그래프 방법을 사용하라). 이 결과와 델타함수가 없을 때 해당되는 에너지와 비교하라. 홀함수가 델타함수에 의해 영향을 받지 않는 이유를 설명하라. $\alpha \to 0$, $\alpha \to \infty$인 극한의 경우에 대해 논하라.

문제 2.44 (시간에 무관한) Schrödinger 방정식에서 다른[56] 두 해(혹은 그 이상)가 같은 에너지 E를 갖는다면 이 상태는 **겹쳐 있다**고 한다. 예를 들어 자유입자 상태는 이중으로 겹쳐 있다. 한 해는 오른쪽으로 이동하고 다른 해는 왼쪽으로 이동한다. 그러나 규격화된 겹친 해는 접해보지 않았고, 이는 우연이 아니다. 다음의 정리를 증명하라. 일차원에서[57]($-\infty < x < \infty$) 겹친 속박된 상태는 없다. [귀띔: 같은 에너지 E를 갖는 두 해 ψ_1과 ψ_2가 있다고 하자. ψ_1에 대한 Schrödinger 방정식에 ψ_2를 곱하고, 또 ψ_2에 대한 Schrödinger 방정식에 ψ_1을 곱한 후 빼서 ($\psi_2 d\psi_1/dx - \psi_1 d\psi_2/dx$)가 상수임을 증명하라. 규격화된 해는 $\pm\infty$에서 $\psi \to 0$이므로 이 상수는 사실 0이라는 것을 보여라. 따라서 ψ_2는 ψ_1에 비례하고, 따라서 두 해는 다르지 않다.]

---

56 두 해가 곱해지는 상수만큼 다르다면(즉 일단 규격화한 후 위상인자 $e^{i\phi}$만큼만 다르면) 같은 물리적 상태를 나타내고, 이런 의미에서 이들은 다른 해가 아니다. "다른" 해는 "선형적으로 독립"인 해를 뜻한다.

57 고차원에서는 이와 같은 겹침은 4장과 6장에서 보듯이 매우 흔하다. 퍼텐셜이 $V = \infty$인 영역으로 분리된 고립된 부분으로 구성되어 있지 않다고 가정하면 예를 들어 두 개의 떨어진 무한한 사각형 우물에서는 겹친 속박상태가 생기고, 입자는 한쪽 우물 또는 다른 쪽 우물 안에 있게 된다.

문제 2.45 이 문제에서 일차원 퍼텐셜의 정상상태의 마디 수는 에너지가 증가하면 항상 증가한다는 것을 증명할 것이다.[58] [주어진 퍼텐셜 $V(x)$에 대해] 시간에 무관한 Schrödinger 방정식의 두 개의 (ψ_n과 ψ_m) (실수이고 규격화된) 해를 고려하자. 에너지는 $E_n > E_m$이다.

(a) 다음을 증명하라.

$$\frac{d}{dx}\left(\frac{d\psi_m}{dx}\psi_n - \psi_m\frac{d\psi_n}{dx}\right) = \frac{2m}{\hbar^2}(E_n - E_m)\,\psi_m\psi_n.$$

(b) x_1과 x_2가 함수 $\psi_m(x)$의 두 이웃한 마디라고 하자. 다음을 증명하라.

$$\psi_m'(x_2)\,\psi_n(x_2) - \psi_m'(x_1)\,\psi_n(x_1) = \frac{2m}{\hbar^2}(E_n - E_m)\int_{x_1}^{x_2}\psi_m\psi_n\,dx.$$

(c) 만일 $\psi_n(x)$가 x_1과 x_2 사이에서 마디가 없다면 이 구간 모든 곳에서 같은 부호를 가져야만 한다. 그러면 (b)는 모순이라는 것을 증명하라. 그러므로 모든 $\psi_n(x)$과 $\psi_m(x)$의 마디의 쌍 사이에는 적어도 한 개의 마디가 있어야 하고, 특히 마디 수는 에너지에 따라 증가한다.

문제 2.46 원주 길이가 L인 원형 도선 주위로 마찰 없이 미끄러지는 질량 m의 구슬을 상상하자. [이것은 $\psi(x + L) = \psi(x)$인 것을 제외하면 자유입자와 같다.] (적절한 규격화를 한) 정상상태를 구하고 이에 해당하는 허용된 에너지를 구하라. (한 개의 예외 말고는) 에너지 E_n에 대해 항상 두 개의 독립적인 해가 존재한다는 것을 주목하라. 한 해는 시계방향, 다른 해는 반시계방향으로 움직인다. 이들을 $\psi_n^+(x)$와 $\psi_n^-(x)$라고 하자. 문제 2.44의 정리를 생각할 때 이 겹침을 어떻게 설명하겠는가? (이 경우 왜 정리가 성립하지 않는가?)

** **문제 2.47** 주의: 이 문제는 완전히 정성적인 문제이다. 어떤 계산도 허용되지 않는다! "두 개의 사각형 우물"(그림 2.20)을 생각하자. 깊이 V_0와 너비 a는 고정되어 있고, 충분히 커서 여러 개의 속박상태가 존재한다.

(a) 바닥상태의 파동함수 ψ_1과 첫 번째 들뜬 상태 ψ_2를 다음의 경우에 대해 그려라.
(i) $b = 0$, (ii) $b \approx a$, (iii) $b \gg a$.

(b) b가 0에서 ∞로 갈 때 이에 해당하는 에너지(E_1과 E_2)는 정성적으로 어떻게 변하는가? $E_1(b)$와 $E_2(b)$를 같은 그래프에 그려라.

(c) 두 개의 우물은 이원자 분자 안에 있는 전자가 겪는 퍼텐셜에 대한 대략적인 일차원 모형이다(두 우물은 핵의 인력을 나타낸다). 두 핵이 자유롭게 움직이면 최소 에너지를 갖는 구조를 만들게 될 것이다. (b)에서의 결론을 살펴볼 때 전자는 이 핵들을 잡아당기려고 하는가, 밀려고 하는가? (물론 핵 사이의 반발력도 있지만, 이것은 별도의 문제이다.)

---

[58] M. Moriconi, *Am. J. Phys.* **75**, 284 (2007).

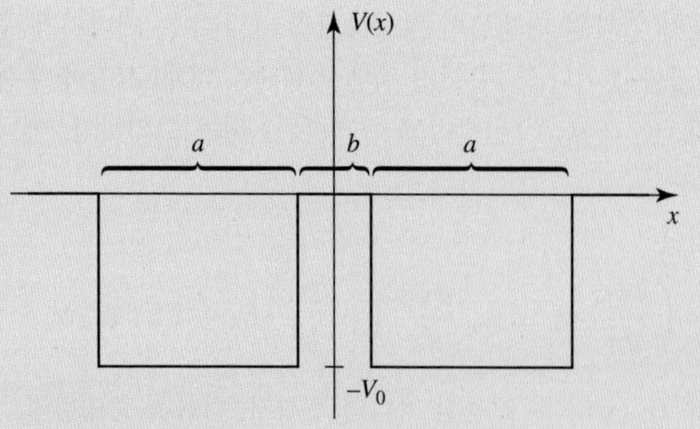

그림 2.20: 두 개의 사각형 우물(문제 2.47).

문제 2.48 질량 m인 입자가 퍼텐셜

$$V(x) = \begin{cases} \infty & x < 0, \\ -32\hbar^2/ma^2 & 0 \le x \le a, \\ 0 & x > a \end{cases}$$

안에 있다.

(a) 속박상태의 개수는?

(b) 가장 큰 에너지를 갖는 속박상태에서 입자가 우물 바깥쪽($x > a$)에서 발견될 확률은 얼마인가? 답: 0.542. 따라서 우물에 의해 "속박"되어 있어도 입자는 안쪽보다 바깥쪽에서 발견될 가능성이 크다.

*** **문제 2.49**

(a) 다음의 파동함수

$$\Psi(x,t) = \left(\frac{m\omega}{\pi\hbar}\right)^{1/4} \exp\left[-\frac{m\omega}{2\hbar}\left(x^2 + \frac{x_0^2}{2}\left(1 + e^{-2i\omega t}\right) + \frac{i\hbar t}{m} - 2x_0 x e^{-i\omega t}\right)\right]$$

이 자유진동자 퍼텐셜(식 2.44)에 대한 시간에 무관한 Schrödinger 방정식을 만족한다는 것을 증명하라. 여기서 x_0는 길이의 차원을 갖는 임의의 실수의 상수이다.[59]

(b) $|\Psi(x,t)|^2$를 구하고, 파동묶음의 운동을 기술하라,

(c) $\langle x \rangle$와 $\langle p \rangle$를 구하고, Ehrenfest 정리(식 1.38)를 만족하는 것을 확인하라.

** **문제 2.50** 움직이는 델타함수 우물

$$V(x,t) = -\alpha\delta(x - vt)$$

을 고려하자. 여기서 v는 우물의 (일정한) 속도이다.

---

[59] 시간에 의존하는 Schrödinger 방정식에 대한 정확한 해를 얻는 이 드문 예제는 1926년에 Schrödinger 자신이 발견했다. 이것을 얻는 한 가지 방법은 문제 6.30에 있다. 이것과 그리고 연관된 문제에 대한 논의를 보려면 W. van Dijk, et al, *Am. J. Phys.* **82**, 955 (2014)를 참조하라.

(a) 시간에 의존하는 Schrödinger 방정식의 정확한 해[60]

$$\Psi(x,t) = \frac{\sqrt{m\alpha}}{\hbar} e^{-m\alpha|x-vt|/\hbar^2} e^{-i\left[(E+(1/2)mv^2)t-mvx\right]/\hbar}$$

이 있다는 것을 보여라. 여기서 $E = -m\alpha^2/2\hbar^2$는 정지한 델타함수에 대한 속박상태의 에너지이다. 귀띔: 이 식을 대입하고 확인해보라! 문제 2.23(b)의 결과를 이용하라.

(b) 이 상태에서 Hamiltonian의 기댓값을 구하고, 그 결과에 대해 논하라.

** **문제 2.51 자유낙하.** 다음의 상태

$$\Psi(x,t) = \Psi_0\left(x + \frac{1}{2}gt^2, t\right) \exp\left[-i\frac{mgt}{\hbar}\left(x + \frac{1}{6}gt^2\right)\right] \tag{2.176}$$

이 균일한 중력장

$$V(x) = mgx \tag{2.177}$$

안에 있는 입자에 대한 시간에 의존하는 Schrödinger 방정식을 만족함을 증명하라. 여기서 $\Psi_0(x, t)$는 자유 gaussian 파동묶음이다(식 2.111). $\langle x\rangle$를 시간의 함수로 구하고, 그 결과에 대하여 논의하라.[61]

*** **문제 2.52** 퍼텐셜

$$V(x) = -\frac{\hbar^2 a^2}{m}\operatorname{sech}^2(ax)$$

을 고려하자. 여기서 a는 양의 상수이고, "sech"는 쌍곡 secant를 나타낸다.

(a) 퍼텐셜을 그려라.

(b) 이 퍼텐셜의 바닥상태는

$$\psi_0(x) = A\operatorname{sech}(ax)$$

임을 보이고, 그 에너지를 구하라. ψ_0를 규격화하고, 그래프를 그려라.

(c) 함수

$$\psi_k(x) = A\left(\frac{ik - a\tanh(ax)}{ik + a}\right)e^{ikx},$$

(여기서 $k \equiv \sqrt{2mE}/\hbar$)가 임의의 (양의) 에너지 E에 대한 Schrödinger 방정식의 해가 됨을 보여라. $z \to -\infty$일 때 $\tanh z \to -1$이므로

$$\psi_k(x) \approx Ae^{ikx}, \quad \text{큰 음수의 } x\text{에 대해}$$

이다. 이것은 반사되는 파동 없이[즉 $\exp(-ikx)$가 없이] 왼쪽에서 들어오는 파동을 나타낸다. 큰 양의 x에서 $\psi_k(x)$의 점근 형태는 무엇인가? 이 퍼텐셜에 대해 R과 T는

---

60 유도하기 위해서는 문제 6.35를 참조하라.

61 도움이 되는 논의를 보려면 M. Nauenberg, *Am. J. Phys.* **84**, 879 (2016)을 참조하라.

무엇인가? 참고: 이것은 **무반사 퍼텐셜**에 대한 유명한 예제이다. 에너지에 상관없이 모든 입사입자는 바로 통과해버린다.[62]

문제 2.53 산란행렬. 임의의 국소적인 퍼텐셜에 대해서도 분명하게 산란이론을 일반화할 수 있다(그림 2.21). 왼쪽으로는(영역 I) $V(x) = 0$이므로

$$\psi(x) = Ae^{ikx} + Be^{-ikx}, \quad \text{여기서 } k \equiv \frac{\sqrt{2mE}}{\hbar} \tag{2.178}$$

이다.

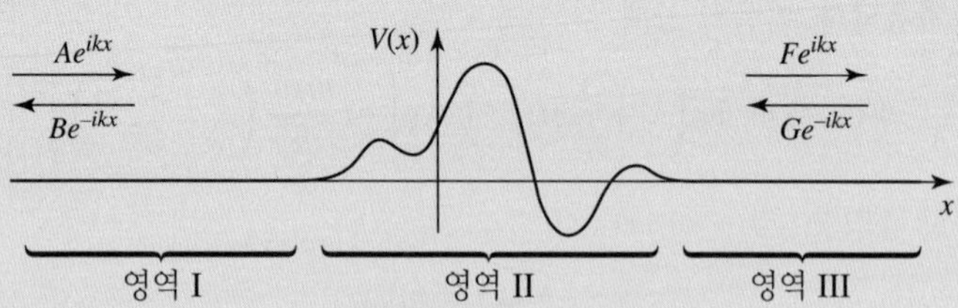

그림 2.21: 임의의 국소화된 퍼텐셜(영역 II를 제외하고는 $V(x) = 0$)에 의한 산란.

오른쪽에서는(영역 III) $V(x)$가 또 0이므로

$$\psi(x) = Fe^{ikx} + Ge^{-ikx} \tag{2.179}$$

이다. 그 사이에서는(영역 II) 물론 퍼텐셜을 지정하지 않고는 ψ가 무엇인지 알 수 없지만, Schrödinger 방정식인 선형 이차 미분방정식이므로 일반해는

$$\psi(x) = Cf(x) + Dg(x)$$

의 형태여야 한다. 여기서 $f(x)$와 $g(x)$는 두 개의 선형독립적인 특별한 해이다.[63] 여기에는 네 개의 경계조건이 있다. 두 개는 영역 I과 II를 연결하고, 두 개는 영역 II와 III을 연결한다. 이 중 두 개를 이용하여 C와 D를 없애고, 다른 두 개로 B와 F를 A와 G로 "표현"한다.

$$B = S_{11}A + S_{12}G, \quad F = S_{21}A + S_{22}G.$$

네 개의 계수 S_{ij}로 k(따라서 E)에 의존하는 2×2 행렬 **S**를 만든다. 이를 **산란행렬**(간단하게는 **S 행렬**)이라고 한다. S 행렬을 통해 나가는 진폭(B와 F)을 입사진폭(A와 G)으로부터 구할 수 있다.

$$\begin{pmatrix} B \\ F \end{pmatrix} = \begin{pmatrix} S_{11} & S_{12} \\ S_{21} & S_{22} \end{pmatrix} \begin{pmatrix} A \\ G \end{pmatrix}. \tag{2.180}$$

왼쪽으로부터 입사하는 전형적인 경우에는 $G = 0$이므로, 반사계수와 투과계수는 다음과 같다.

---

[62] R. E. Crandall, B. R. Lin, *Annals of Physics*, **146**, 458 (1983).

[63] 미분방정식의 어떤 교재든지 참조하라. 예를 들어 John L. Van Iwaarden, *Ordinary Differential Equations with Numerical Techniques,* Harcourt Brace Jovanovich, San Diego, 1985, 3장.

$$R_l = \left.\frac{|B|^2}{|A|^2}\right|_{G=0} = |S_{11}|^2, \quad T_l = \left.\frac{|F|^2}{|A|^2}\right|_{G=0} = |S_{21}|^2. \tag{2.181}$$

오른쪽으로부터의 충돌인 경우 $A = 0$이고

$$R_r = \left.\frac{|F|^2}{|G|^2}\right|_{A=0} = |S_{22}|^2, \quad T_r = \left.\frac{|B|^2}{|G|^2}\right|_{A=0} = |S_{12}|^2. \tag{2.182}$$

이다.

(a) 델타함수 우물(식 2.117)에 의한 충돌에 대한 S 행렬을 만들라.

(b) 유한한 사각형 우물(식 2.148) 충돌에 대한 S 행렬을 만들라. 귀띔: 문제의 대칭성을 조심스럽게 이용하면, 새롭게 더할 것은 없다.

*** **문제 2.54 전달행렬.**[64] S 행렬(문제 2.53)을 통해서 나가는 진폭(B와 F)을 들어오는 진폭(A와 G)으로 표현할 수 있다(식 2.180). 어떤 경우에는 **전달행렬** M을 이용하는 것이 더 편리하다. 이것은 퍼텐셜 오른쪽의 진폭(F와 G)을 왼쪽의 진폭(A와 B)으로 나타내는 것이다.

$$\begin{pmatrix} F \\ G \end{pmatrix} = \begin{pmatrix} M_{11} & M_{12} \\ M_{21} & M_{22} \end{pmatrix} \begin{pmatrix} A \\ B \end{pmatrix}. \tag{2.183}$$

(a) M 행렬의 네 요소를 S 행렬의 요소로, 그리고 그 반대로 구하라. R_l, T_l, R_r, T_r(식 2.181과 2.182)을 M 행렬요소로 나타내라.

(b) 두 개의 분리된 조각으로 구성된 퍼텐셜이 있다(그림 2.22). 둘을 결합한 M 행렬은 각 부분에 대한 두 M 행렬을 곱해서 얻어진다는 것을 증명하라.

$$\mathsf{M} = \mathsf{M}_2\mathsf{M}_1. \tag{2.184}$$

(이것은 임의의 조각으로 일반화할 수 있고, M 행렬이 유용한 이유이다.)

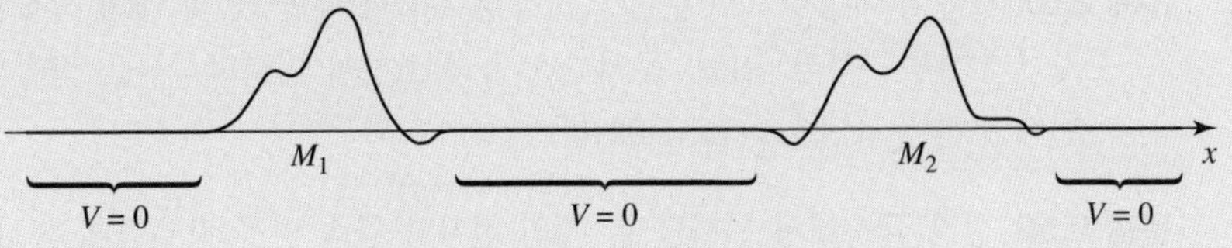

그림 2.22: 두 개의 분리된 조각으로 구성된 퍼텐셜(문제 2.54).

(c) 점 a에 있는 한 개의 델타함수

$$V(x) = -\alpha\delta(x - a)$$

로 주어지는 퍼텐셜의 충돌에 대한 M 행렬을 구하라.

(d) (b)의 방법을 이용하여 두 개의 델타함수

$$V(x) = -\alpha\,[\delta(x + a) + \delta(x - a)]$$

[64] 이 방법에 대한 응용을 보려면 예를 들어 D. J. Griffiths, C. A. Steinke, *Am. J. Phys.* **69**, 137 (2001)이나 S. Das, *Am. J. Phys.* **83**, 590 (2015)를 참조하라.

의 충돌에 대한 M 행렬을 구하라. 이 퍼텐셜에 대한 투과계수는 얼마인가?

** **문제 2.55** "개꼬리 흔들기" 방법으로 조화진동자의 바닥상태 에너지를 유효숫자 5개까지 구하라. 즉 식 2.73에서 K를 변화시켜 큰 ξ에서 0으로 가는 파동함수를 구하는 방법을 써서 이 식을 수치적으로 풀라. Mathematica에서 적절한 코드는 다음과 같다.

```
Plot[
  Evaluate[
    u[x] /.
      NDSolve[
        {u''[x] -(x^2 - K)*u[x] == 0,  u[0] == 1, u'[0] == 0},
        u[x], {x, 0, b}
      ]
    ],
  {x, a, b}, PlotRange -> {c, d}
]
```

[여기서 (a, b)는 그래프의 수평범위이고, (c, d)는 수직범위이다. $a = 0$, $b = 0$, $c = -10$, $d = 10$에서 시작하라.] 올바른 해는 $K = 2n + 1$임을 알고 있으므로 $K = 0.9$로 "짐작"해서 시작할 수도 있다. 파동함수의 "꼬리"가 어떻게 변하는지 주목하라. 이제 $K = 1.1$을 시도하고, 꼬리가 뒤집히는 것을 주목하라. 이 값들 중간 어디선가 올바른 해가 있다. K의 범위를 줄여가면서 참 값에 더 가까이 접근해보라. 이렇게 할 때 변환점을 구하기 위해 a, b, c, d를 조절하라.

문제 2.56 (문제 2.55와 같은 방법을 이용하여) 조화진동자의 첫 세 개의 들뜬 상태에 대한 에너지를 유효숫자 5개까지 구하라. 첫 번째와 세 번째 들뜬 상태에서는 **u[0] == 0, u′[0] == 1**로 두어야 할 것이다.

문제 2.57 마찬가지 방법으로 무한한 사각형 우물에 대한 첫 네 개의 허용된 에너지를 유효숫자 5개까지 구하라. 귀띔: 문제 2.55를 참조하여 미분방정식을 적절하게 변화시켜라. 이번에 구하는 조건은 $u(1) = 0$이다.

문제 2.58 일가 금속에서 원자당 한 개의 전자가 금속 안을 자유롭게 움직인다. 무엇이 이러한 물질을 붙어 있게 하는가? 즉 왜 이 물체는 각각의 원자들로 떨어지지 않는가? 분명히 결합상태의 에너지가 분리된 원자들의 에너지보다 작다. 이 문제는 금속의 응집현상에 대해 대략적이지만 영감을 주는 설명을 제공한다.

(a) N개의 분리된 원자들의 에너지를 각 원자는 너비 a인 무한한 사각형 우물의 바닥상태에 전자가 한 개 있다고 취급하여 구하라[그림 2.23(a)].

(b) 이 원자들이 모여 금속을 만들 때 폭이 Na인 훨씬 넓은 무한한 사각형 우물 안에 N개의 전자가 있게 된다. (5장에서 논의할) Pauli 배타원리 때문에 허용된 각각의 상태에는 한 개의 전자만 있을 수 있다(스핀을 고려하면 두 개지만 일단 무시하자). 이 계의 가장 낮은 에너지는 얼마인가[그림 2.23(b)]?

(c) 이 두 에너지의 차이가 금속의 **응집에너지**이다. 즉 금속을 찢어 각각의 원자로 분리

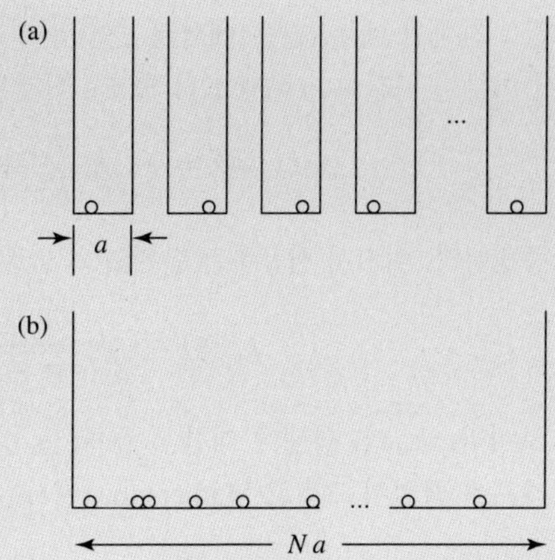

그림 2.23: (a) 너비 a인 각각의 우물 안에 있는 N개의 전자, (b) 너비 Na인 한 우물 안에 있는 N개의 전자.

시킬 때 필요한 에너지이다. 큰 N의 극한에서 원자당 **응집에너지**를 구하라.

(d) 금속 안에서 전형적인 원자 사이의 거리는 수 옹스트롬이다($a \approx 4$ Å). 이 모형에서 원자당 응집에너지의 수치적 값은 얼마인가? (측정한 값은 2~4 eV이다.)

*** **문제 2.59 "튀는 공."**[65] 퍼텐셜이

$$V(x) = \begin{cases} mgx, & x > 0, \\ \infty, & x \leq 0 \end{cases} \tag{2.185}$$

로 주어져 있다.

(a) 이 퍼텐셜에 대한 (시간에 무관한) Schrödinger 방정식을 풀라. 귀띔: 먼저 $z \equiv ax$, $y(z) \equiv \left(1/\sqrt{a}\right)\psi(x)$로 놓아[$\psi(x)$가 x에 대해 규격화했듯이, $\sqrt{a}$를 집어 넣으면 $y(z)$는 z에 대해 규격화된다] 무차원의 형태

$$-y''(z) + z\,y(z) = \epsilon y(z) \tag{2.186}$$

로 먼저 바꿔라. 상수 a와 ϵ은 무엇인가? 사실 $a \to 1$로 놓아도 된다. 이것은 길이의 단위를 정하는 것에 해당한다. 이 식의 일반해를 구하라(Mathematica에서는 **DSolve**를 이용하면 된다). 이 결과는 물론 (아마도 친숙하지 않은) 두 함수의 선형결합이다. 이 함수를 ($-15 < z < 5$에서) 그려라. 이 중 한 개는 큰 z값에서 0으로 가지 않으므로(더 정확하게 말하면 규격화되지 않는다) 버린다. 허용된 ϵ(따라서 E) 값은 $\psi(0) = 0$의 조건으로 결정된다. 바닥상태의 ϵ_1을 수치적으로 구하고 (Mathematica에서는 **FindRoot**를 이용하면 된다) 열 번째 ϵ_{10}도 구하라. 해당하는 규격화 상수를 구하라. $0 \leq z < 16$에서 $\psi_1(x)$와 $\psi_{10}(x)$를 그려라. 확인의 차원에서 $\psi_1(x)$와 $\psi_{10}(x)$가 직교함을 보여라.

(b) (수치적으로) 이 두 상태에 대한 불확정성 σ_x와 σ_p를 구하고, 불확정성 원리가 만족됨을 확인하라.

(c) 높이 x, 간격 dx 근처에서 공을 찾을 확률은 $\rho_Q(x)dx = |\psi(x)|^2\, dx$이다. 이에 가장

---

[65] 이 문제는 Nicholas Wheeler가 제안했다.

가까운 고전적인 예는 (같은 에너지 E인) 탄성적으로 튀는 공이 높이 x, 간격 dx 근처에서 머무는 시간이다(문제 1.11 참조). 이것은

$$\rho_C(x)\,dx = \frac{mg}{2\sqrt{E\,(E-mgx)}}\,dx \tag{2.187}$$

임을 증명하라. 여기서 사용하는 단위($a = 1$)로는

$$\rho_C(x) = \frac{1}{2\sqrt{\epsilon\,(\epsilon - x)}} \tag{2.188}$$

임을 보여라. $\psi_{10}(x)$ 상태에 대한 $\rho_Q(x)$와 $\rho_C(x)$를 $0 \le x \le 12.5$ 사이에서 그려라. 두 그래프를 겹쳐서 그리고(Mathematica에서는 **Show**), 그 결과에 대하여 논하라.

*** **문제 2.60** $1/x^2$ **퍼텐셜.** 퍼텐셜이

$$V(x) = \begin{cases} -\alpha/x^2, & x > 0, \\ \infty, & x \le 0 \end{cases} \tag{2.189}$$

로 주어졌다. 여기서 α는 적당한 차원을 갖는 양의 상수이다. 여기서 속박상태를 찾고 싶다. 즉 시간에 무관한 Schrödinger 방정식

$$-\frac{\hbar^2}{2m}\frac{d^2\psi}{dx^2} - \frac{\alpha}{x^2}\psi = E\psi \tag{2.190}$$

에 대한 음의 에너지($E < 0$)를 갖는 해를 찾고자 한다.

(a) 먼저 바닥상태 에너지 E_0를 구하자. 차원분석을 통해 E_0를 나타내는 가능한 공식이 없다는 것을 증명하라. 즉 주어진 상수 $m, \hbar, \alpha$로 에너지의 단위를 갖는 양을 만들 수 없다. 이것은 이상하지만, 더 나빠진다 . . . .

(b) 편의상 식 2.190을

$$\frac{d^2\psi}{dx^2} + \frac{\beta}{x^2}\psi = \kappa^2\psi, \text{ 여기서 } \beta \equiv \frac{2m\alpha}{\hbar^2} \text{ 와 } \kappa \equiv \frac{\sqrt{-2mE}}{\hbar} \tag{2.191}$$

로 다시 쓰자. $\psi(x)$가 에너지 E인 이 방정식을 만족한다면 임의의 양수 λ에 대해 에너지 $E' = \lambda^2 E$인 $\psi(\lambda x)$도 이 식을 만족한다는 것을 증명하라. [이것은 심각한 문제다. 임의의 해가 존재하기만 하면 모든 (음의) 에너지에 대한 해가 있다는 것이다! 지금까지 보아온 사각형 우물, 조화진동자, 그리고 모든 다른 퍼텐셜 우물과는 달리 불연속적인 허용된 상태가 없으며, 바닥상태도 없다. 허용된 가장 낮은 에너지를 갖는 바닥상태가 없는 계는 불안정하면 계속 낮은 상태로 내려가면서 무한히 많은 에너지를 방출한다. 우리의 에너지 문제를 해결할 수 있겠지만, 이 과정에서 우리는 모두 타버릴 것이다.] 아마도 풀이가 전혀 없을지도 모른다.

(c) (지금부터는 컴퓨터를 사용하라.)

$$\psi_\kappa(x) = A\sqrt{x}\,K_{ig}(\kappa x) \tag{2.192}$$

이 식 2.191을 만족한다는 것을 보여라(여기서 K_{ig}는 차수 ig인 수정된 Bessel 함수

이고, $g \equiv \sqrt{\beta - 1/4}$이다). $g = 4$일 때 이 함수를 그려라(그래프를 그릴 때 $\kappa = 1$로 놓아도 좋다. 이것은 길이의 크기를 정한다.) 이 함수는 $x \to 0$일 때, 그리고 $x \to \infty$일 때 0으로 접근한다. 이 함수는 규격화할 수 있다. A를 구하라.[66] 마디 수가 낮은 에너지 상태의 수를 세는 것이라는 오래된 규칙은 어떻게 되는가? 이 함수에는 에너지(즉 κ)에 상관없이 무한히 많은 마디가 있다. 임의의 E에 대해 더 낮은 에너지가 무한히 많이 있으므로 일관성이 있다고 짐작할 수 있다.

(d) 이 퍼텐셜은 우리가 예상했던 모든 것을 사실상 뒤흔들어 놓는다. 문제는 $x \to 0$일 때 이 퍼텐셜은 너무 급격하게 발산하는 것이다. 이 "벽돌벽"을 머리카락만큼 움직이면

$$V(x) = \begin{cases} -\alpha/x^2, & x > \epsilon > 0, \\ \infty, & x \le \epsilon \end{cases} \tag{2.193}$$

갑자기 문제는 완전히 정상적으로 바뀐다. $g = 4$, $\epsilon = 1$일 때 바닥상태의 파동함수를 $x = 0$에서 $x = 6$까지 그려라(먼저 κ값을 적당히 결정해야 한다). 길이의 차원을 갖는 새 상수(ϵ)를 도입한 것에 주목하라. 따라서 (a)의 논의는 더 이상 필요 없다. 바닥상태의 에너지는

$$E_0 = -\frac{\alpha}{\epsilon^2} f(\beta) \tag{2.194}$$

의 형태를 갖는다는 것을 증명하라. 여기서 f는 무차원의 양 β의 함수이다.

*** **문제 2.61** 퍼텐셜 우물의 허용된 에너지를 수치적으로 구하는 한 가지 방법은 변수 x를 불연속적으로 만들어 Schrödinger 방정식을 행렬식으로 만드는 것이다. 주어진 구간을 균일하게 떨어진 점 $\{x_j\}$로 나눠라. 여기서 $x_{j+1} - x_j \equiv \Delta x$이고, $\psi_j \equiv \psi(x_j)$라고 하자[마찬가지로 $V_j \equiv V(x_j)$]. 그러면 다음을 얻는다.

$$\frac{d\psi}{dx} \approx \frac{\psi_{j+1} - \psi_j}{\Delta x}, \quad \frac{d^2\psi}{dx^2} \approx \frac{(\psi_{j+1} - \psi_j) - (\psi_j - \psi_{j-1})}{(\Delta x)^2} = \frac{\psi_{j+1} - 2\psi_j + \psi_{j-1}}{(\Delta x)^2}. \tag{2.195}$$

(이 근사는 Δx가 감소할수록 더 잘 맞는다.) 불연속적인 Schrödinger 방정식은 다음과 같다.

$$-\frac{\hbar^2}{2m}\left(\frac{\psi_{j+1} - 2\psi_j + \psi_{j-1}}{(\Delta x)^2}\right) + V_j\psi_j = E\psi_j \tag{2.196}$$

즉

$$-\lambda\psi_{j+1} + (2\lambda + V_j)\,\psi_j - \lambda\psi_{j-1} = E\psi_j, \quad \text{여기서} \quad \lambda \equiv \frac{\hbar^2}{2m\,(\Delta x)^2} \tag{2.197}$$

이다. 행렬 형태로는

---

[66] g가 실수인 한, 즉 $\beta > 1/4$이면 $\psi_k(x)$는 규격화할 수 있다. 이 이상한 문제에 대해 더 알아보려면 A. M. Essin, D. J. Griffiths, *Am. J. Phys.* **74**, 109 (2006)과 그 안의 참고문헌을 참조하라.

$$\mathsf{H}\Psi = E\Psi \tag{2.198}$$

이다. 여기서 ($v_j \equiv V_j/\lambda$로 놓으면)

$$\mathsf{H} \equiv \lambda \begin{pmatrix} \ddots & & & & & \\ & -1 & (2+v_{j-1}) & -1 & 0 & 0 \\ & 0 & -1 & (2+v_j) & -1 & 0 \\ & 0 & 0 & -1 & (2+v_{j+1}) & -1 \\ & & & & & \ddots \end{pmatrix} \tag{2.199}$$

이고,

$$\Psi \equiv \begin{pmatrix} \vdots \\ \psi_{j-1} \\ \psi_j \\ \psi_{j+1} \\ \vdots \end{pmatrix} \tag{2.200}$$

이다. (H의 왼쪽 위와 오른쪽 아래부분은 앞으로 알게 되겠지만 경계조건에 의존한다.) 명백하게 허용된 에너지는 행렬 H의 고유값이다($\Delta x \to 0$인 극한에서 그럴 것이다).[67]

이 방법을 무한한 사각형 우물에 적용하라. 구간 $0 \le x \le a$를 $N + 1$ 등분하고[따라서 $\Delta x = a/(N + 1)$이다], $x_0 \equiv 0$, $x_{N+1} \equiv a$로 놓아라. 경계조건에 의하면 $\psi_0 = \psi_{N+1} = 0$이므로

$$\Psi \equiv \begin{pmatrix} \psi_1 \\ \vdots \\ \psi_N \end{pmatrix}. \tag{2.201}$$

이 된다.

(a) $N \times N$ 행렬 H를 $N = 1, 2, 3$일 때 각각 구하라. ($j = 1, j = N$인 특별한 경우에 대해 식 2.197이 올바르게 표현되었는지 확인하라.)

(b) 이 세 가지 경우에 대해 "손으로" H의 고유값을 구하고, 허용된 에너지의 정확한 값과 비교하라(식 2.30).

(c) 컴퓨터를 사용하여(Mathematica의 **Eigenvalue** 패키지라면 충분할 것이다) $N = 10$, $N = 100$인 경우 다섯 개의 낮은 에너지 고유값을 수치적으로 구하고, 정확한 에너지와 비교하라.

(d) (손으로) $N = 1, 2, 3$의 고유벡터를 그리고, (컴퓨터로는 **Eigenvectors**) $N = 10$, $N = 100$인 경우 첫 세 개의 고유벡터를 그려라.

** **문제 2.62** 무한한 사각형 우물의 바닥이 평평하지[$V(x) = 0$] 않고

[67] 더 많은 논의를 보려면 Joel Franklin, *Computational Methods for Physics* (Cambridge University Press, Cambridge, UK, 2013) 10.4.2절을 참조하라.

$$V(x) = 500\,V_0 \sin\left(\frac{\pi x}{a}\right), \quad \text{여기서} \quad V_0 \equiv \frac{\hbar^2}{2ma^2}$$

라고 하자. 문제 2.61의 방법을 사용하여 수치적으로 허용된 세 개의 낮은 에너지 값을 구하고, 이에 해당되는 파동함수를 그려라($N = 100$을 사용하라).

문제 2.63 Boltzmann 식[68]

$$P(n) = \frac{1}{Z} e^{-\beta E_n}, \quad Z \equiv \sum_n e^{-\beta E_n}, \quad \beta \equiv \frac{1}{k_B T} \tag{2.202}$$

을 이용하면 온도 T에서 계가 상태 n(에너지 E_n)에 있을 확률을 구할 수 있다. 여기서 k_B는 Boltzmann 상수이다. 주의: 여기서 확률은 임의의 열적 분포를 뜻하지, 양자역학적 불확정성과는 아무 연관이 없다. 이 문제에서 에너지 E_n을 양자화할 때만 양자역학이 들어온다.

(a) 이 계의 에너지에 대한 열적 평균은

$$\bar{E} = \sum_n E_n P(n) = -\frac{\partial}{\partial \beta} \ln(Z) \tag{2.203}$$

으로 쓸 수 있음을 증명하라.

(b) 양자역학적 조화진동자에서 지수 n은 친숙한 양자수이고, $E_n = (n + 1/2)\hbar\omega$이다. 이 경우 **분배함수** Z는

$$Z = \frac{e^{-\beta\hbar\omega/2}}{1 - e^{-\beta\hbar\omega}} \tag{2.204}$$

임을 증명하라. 기하급수를 더해야 할 필요가 있다. 고전적인 조화진동자에 대해서는 $Z_{\text{classical}} = 2\pi/(\omega\beta)$임을 증명할 수 있다.

(c) (a)와 (b)의 결과를 이용하여 양자진동자의 경우

$$\bar{E} = \left(\frac{\hbar\omega}{2}\right) \frac{1 + e^{-\beta\hbar\omega}}{1 - e^{-\beta\hbar\omega}} \tag{2.205}$$

임을 증명하라. 고전 진동자에서 같은 논리로 보면 $\bar{E}_{\text{classical}} = 1/\beta = k_B T$이다.

(d) N개의 원자로 구성된 결정은 $3N$개의 진동자로 이루어져 있다고 생각할 수 있다(각 원자는 x, y, z 방향으로 가장 가까운 6개의 이웃과 용수철로 연결되어 있지만, 양쪽 끝에 있는 원자들은 이 용수철로 연결되어 있다). (원자당) 결정의 **열용량**은

$$C = 3\frac{\partial \bar{E}}{\partial T} \tag{2.206}$$

이 될 것이다. (이 모형에서)

$$C = 3k_B \left(\frac{\theta_E}{T}\right)^2 \frac{e^{\theta_E/T}}{\left(e^{\theta_E/T} - 1\right)^2} \tag{2.207}$$

---

[68] 예를 들어 Daniel V. Schroeder, *An Introduction to Thermal Physics*, Pearson, Boston (2000), 6.1절을 참조.

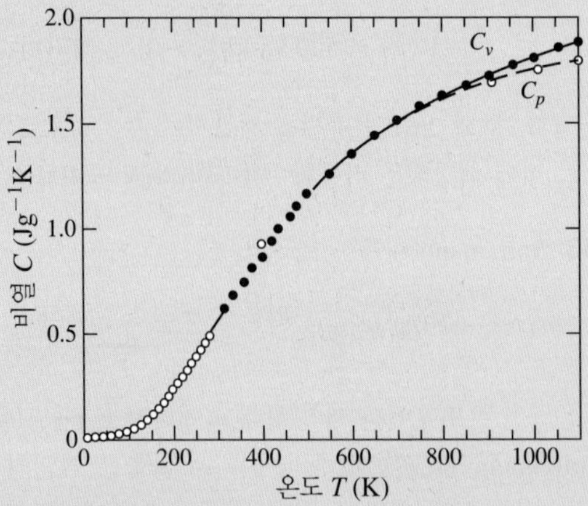

그림 2.24: 다이아몬드의 비열(문제 2.63). *Semiconductors on NSM* (http://www.ioffe.rssi.ru/SVA/NSM/Semicond/에서 발췌.

임을 증명하라. 여기서 $\theta_E \equiv \hbar\omega/k_B$는 **Einstein 온도**이다. $\bar{E}$에 대한 고전적인 표현을 할 때 사용한 논리에 따르면 $C_{\text{classical}} = 3k_B$로 온도에 무관하다.

(e) C/k_B를 T/θ_E로 그려라. 이 결과는 그림 2.24에 나타난 다이아몬드의 실험결과와 비슷하게 보이지, 고전적인 예측과는 전혀 다르다.

문제 2.64 Legendre 미분방정식은

$$\left(1 - x^2\right) \frac{d^2 f}{dx^2} - 2x \frac{df}{dx} + \ell(\ell + 1) f = 0, \tag{2.208}$$

이다. 여기서 ℓ은 (음이 아닌) 실수이다.

(a) 멱급수해

$$f(x) = \sum_{n=0}^{\infty} a_n x^n$$

이 있다고 가정하고, 계수 a_n에 대한 되풀이 공식을 구하라.

(b) 급수가 끝나지 않는 한(이는 ℓ이 정수일 때만 가능하다) 이 해는 $x = 1$에서 발산한다는 논의를 하라.

(c) ℓ이 정수이면 두 선형독립적인 해에 대한 급수(ℓ이 짝수, 홀수에 따라 f_{even} 혹은 f_{odd})는 유한한 급수가 되고, 이 해는 **Legendre 다항식** $P_\ell(x)$라고 한다. 되풀이 공식을 사용하여 $P_0(x)$, $P_1(x)$, $P_2(x)$, $P_3(x)$를 구하라. 답을 a_0 또는 a_1을 이용하여 나타내라.[69]

---

[69] 관습상 Legendre 다항식은 $P_\ell(1) = 1$이 되도록 규격화한다. 사라지지 않는 계수는 ℓ이 다르면 달라진다는 것을 조심하라.

3 수식화
Formalism

3.1 Hilbert 공간

앞의 두 장에서 간단한 양자계의 흥미 있는 몇 가지 성질을 살펴보았다. 이 중 어떤 것은 (예를 들어 조화진동자의 에너지 간격이 같은 것처럼) 특별한 퍼텐셜의 "우연한" 특징이지만, 다른 성질은 더 일반적이므로 이를 증명하는 것이 유익할 것이다(불확정성 원리나 정상상태의 직교성이 그 예이다). 이 장의 목적은 이론을 더 강력한 형태로 바꾸는 것이다. 여기서 사실 새로운 것은 없지만, 특별한 경우에 이미 발견한 것들에 대해 일관성 있게 생각하게 될 것이다.

양자이론은 파동함수와 연신자로 구성되어 있다. 계의 **상태**는 파동함수로 표현되며, **관측가능량**은 연산자로 나타낸다. 수학적으로는 파동함수는 추상적인 **벡터**를 정의하는 조건을 만족하고, 연산자는 **선형변환**의 형태로 파동함수에 작용한다. 따라서 양자역학을 기술하는 자연스러운 언어는 **선형대수**이다.[1]

하지만 친숙한 선형대수의 형태는 아닐 것이다. N차원 공간에서 벡터 $|\alpha\rangle$는 특정한 직교규격화된 기준에서 성분 $\{a_n\}$으로 만든 N개의 행으로 표현하는 것이 가장 간단하다.

$$|\alpha\rangle \rightarrow \mathsf{a} = \begin{pmatrix} a_1 \\ a_2 \\ \vdots \\ a_N \end{pmatrix}. \tag{3.1}$$

(삼차원에서 스칼라곱을 일반화시킨) 두 벡터의 **점곱** $\langle\alpha|\beta\rangle$는 다음의 복소수로 나타낸다.

$$\langle\alpha|\beta\rangle = a_1^* b_1 + a_2^* b_2 + \cdots + a_N^* b_N. \tag{3.2}$$

선형변환 T는 (특정한 기준에 대한) **행렬**로 나타내는데, 행렬곱에 대한 규칙에 따라 벡터에 적용되어 새로운 벡터를 만든다.

$$|\beta\rangle = \hat{T}|\alpha\rangle \rightarrow \mathsf{b} = \mathsf{Ta} = \begin{pmatrix} t_{11} & t_{12} & \cdots & t_{1N} \\ t_{21} & t_{22} & \cdots & t_{2N} \\ \vdots & \vdots & & \vdots \\ t_{N1} & t_{N2} & \cdots & t_{NN} \end{pmatrix} \begin{pmatrix} a_1 \\ a_2 \\ \vdots \\ a_N \end{pmatrix}. \tag{3.3}$$

그러나 양자역학에서 접하게 되는 "벡터"는 (대부분) 함수이고, 무한 차원의 공간 안에 있다. 이때 N개의 성분과 행렬 표현은 어색하고, 유한한 차원의 경우에 잘 계산되는 곱이 문제를 일으

1 선형대수를 처음 접해본다면 계속하기 전에 부록을 참조하라.

킬 수 있다. (주된 이유는 식 3.2에 유한한 합은 항상 존재하지만, 무한급수 혹은 적분은 수렴하지 않을 수 있고, 이 경우 내적은 존재하지 않을 수 있다. 따라서 내적과 관련된 논의는 바로 의심스럽게 된다.) 그러므로 대부분의 용어와 표현이 친숙하더라도 조심스럽게 접근해야 한다.

x의 모든 함수를 모아놓으면 벡터공간을 이루지만, 이 공간은 너무 크다. 가능한 물리상태를 나타내기 위해서는 파동함수 Ψ는

$$\int |\Psi|^2\, dx = 1$$

으로 규격화되어야 한다. 주어진 구간[2]에서 **제곱적분 가능한** 함수의 집합

$$\int_a^b |f(x)|^2\, dx < \infty\text{를 만족하는 } f(x) \tag{3.4}$$

는 (훨씬 작은) 벡터공간을 만든다[문제 3.1(a) 참조]. 수학자들은 이를 $L^2(a, b)$라고 하고, 물리학자들은 **Hilbert 공간**[3]이라고 부른다. 그러므로 양자역학에서 다음과 같이 말한다.

$$\boxed{\textbf{파동함수는 Hilbert 공간 안에 존재한다.}} \tag{3.5}$$

두 함수 $f(x)$와 $g(x)$의 **내적**은 다음과 같이 정의한다.

$$\boxed{\langle f|g\rangle \equiv \int_a^b f(x)^* g(x)\, dx.} \tag{3.6}$$

f와 g가 모두 제곱적분 가능하면(즉 모두 Hilbert 공간 안에 있으면), 내적은 반드시 존재한다(식 3.6의 적분이 유한한 수로 수렴한다).[4] 이 결과는 **Schwarz 부등식**[5]으로부터 얻을 수 있다.

$$\left|\int_a^b f(x)^*\, g(x)\, dx\right| \le \sqrt{\int_a^b |f(x)|^2\, dx \int_a^b |g(x)|^2\, dx}. \tag{3.7}$$

여기서 이 정의(식 3.6)가 내적에 대한 모든 조건을 만족한다는 것을 확인할 수 있다[문제

---

[2] 여기서 두 극한 a, b는 거의 항상 $\pm\infty$이지만, 여기서는 되도록이면 일반적으로 다루고자 한다.

[3] 기술적으로는 Hilbert 공간은 **완전내적공간**이라고 하며, 제곱적분 가능한 함수들의 모임은 단지 Hilbert 공간의 한 예일 뿐이다. 사실 모든 유한 차원의 벡터공간은 바로 Hilbert 공간을 이룬다. 그러나 L^2는 양자역학의 영역이므로 이것이 물리학자들이 "Hilbert 공간"이라고 할 때 의미하는 것이다. 한편 여기서 **완전**이란 단어는 Hilbert 공간에서 임의의 함수에 대한 Cauchy 수열 역시 이 공간 안에 있다는 것을 뜻한다. 모든 실수가 아무 뚫린 곳이 없이 연속적인 것처럼 여기서도 "구멍"이 없다(반대로 예를 들어 유리수 집합과 같이 모든 다항식의 공간은 구멍이 있다). 공간의 완전성은 함수 집합의 완전성(불행하게도 같은 용어지만)과는 전혀 상관이 없다. 함수 집합의 완전성은 어떤 다른 함수도 이 함수 집합의 선형결합으로 나타낼 수 있다는 것이다. Hilbert 공간에 대해 더 알고 싶으면 Daniel T. Gillespie, *A Quantum Mechanics Primer* (International Textbook Company, London, 1970), 2.3, 2.4절을 참조하라.

[4] 2장에서 가끔 규격화되지 않는 함수를 다루었다. 이 같은 함수는 Hilbert 공간 밖에 있고, 특별히 조심하여 다룰 것이다. 당분간 접하게 될 모든 함수는 Hilbert 공간 안에 있다고 가정한다.

[5] 증명을 보려면 Frigyes Riesz, Bela Sz.-Nagy, *Functional Analysis* (Dover, Mineola, NY, 1990), 21절을 참조하라. 유한 차원의 벡터 공간에서 Schwarz 부등식 $|\langle\alpha|\beta\rangle|^2 \le \langle\alpha|\alpha\rangle\ \langle\beta|\beta\rangle$을 증명하는 것은 쉽다(문제 A.5 참조). 하지만 그 증명에서는 내적이 존재한다는 것을 가정하지만, 여기서는 그것을 보이려고 한다.

3.1(b)]. 특별히

$$\langle g|f\rangle = \langle f|g\rangle^* \tag{3.8}$$

을 주목하라. 더구나 $f(x)$ 자기 자신의 내적

$$\langle f|f\rangle = \int_a^b |f(x)|^2\,dx \tag{3.9}$$

는 실수이며 0 이상이다. $f(x) = 0$일 때에만 이 내적은 0이다.[6]

자신과의 내적이 1인 함수는 **규격화**되었다고 한다. 내적이 0인 두 함수는 **직교**한다. 함수의 집합 $\{f_n\}$이 규격화되어 있고, 서로 직교할 때 이들은 **직교규격화**되어 있다고 한다.

$$\langle f_m|f_n\rangle = \delta_{mn}. \tag{3.10}$$

마지막으로 (Hilbert 공간에서) 어떤 함수도 이들의 선형결합

$$f(x) = \sum_{n=1}^{\infty} c_n f_n(x) \tag{3.11}$$

로 쓸 수 있다면 이 함수의 집합은 **완전**하다고 한다. 함수 $\{f_n(x)\}$이 직교규격화되어 있으면 계수는 Fourier 방법을 써서

$$c_n = \langle f_n|f\rangle \tag{3.12}$$

인 것을 확인할 수 있을 것이다. 이 용어를 2장에서 사용하려고 했다. (무한한 사각형 우물의 정상상태(식 2.31)는 구간 $(0, a)$에서 완전 직교규격화된 집합이다. 소화진동자의 정상상태[식 2.68 혹은 2.86)는 구간 $(-\infty, \infty)$에서 완전 직교규격화된 집합이다.]

문제 3.1

(a) 모든 제곱적분 가능한 함수의 집합은 벡터공간을 이룬다는 것을 증명하라(A.1절에서 정의를 참조하라). 귀띔: 요점은 두 제곱적분 가능한 함수의 합 역시 제곱적분 가능하다는 것을 증명하는 것이다. 식 3.7을 이용하라. 모든 규격화된 함수의 집합은 벡터공간인가?

(b) 식 3.6의 적분은 내적에 대한 조건(A.2절)을 만족하는 것을 보여라.

* **문제 3.2**

(a) 구간 (0,1)에서 함수 $f(x) = x^\nu$가 Hilbert 공간에 있기 위한 ν의 범위는 무엇인가? ν는 실수이지만 반드시 양수일 필요는 없다.

(b) $\nu = 1/2$인 특별한 경우 $f(x)$는 Hilbert 공간에 있는가? $xf(x)$는? $(d/dx)\,f(x)$는 어떤가?

---

[6] 몇 개의 고립된 점을 제외하고 모든 점에서 0인 함수는 어떤가? 함수 자체는 없어지지 않지만 (식 3.9의) 적분은 0이 될 것이다. 이것이 불편하다면 수학을 전공해야 한다. 물리학에서는 이와 같이 이상한 함수는 생기지 않는다. 어쨌든 Hilbert 공간에서 두 함수의 차이에 대한 절대값의 제곱을 적분하여 0이 되면 두 함수를 동등하게 생각한다. 전문용어를 사용하면 Hilbert 공간에서 벡터는 함수의 **동등한 등급**을 나타낸다.

3.2 관측량

3.2.1 Hermitian 연산자

관측량 $Q(x, p)$의 기댓값은 내적으로 깔끔하게 표현할 수 있다.[7]

$$\langle Q \rangle = \int \Psi^* \hat{Q} \Psi \, dx = \langle \Psi | \hat{Q} \Psi \rangle. \tag{3.13}$$

또한 측정의 결과, 더 강하게 말하면 많은 측정의 평균은 실수이어야 한다.

$$\langle Q \rangle = \langle Q \rangle^*. \tag{3.14}$$

그러나 내적의 복소켤레는 순서가 뒤집히므로(식 3.8)

$$\langle \Psi | \hat{Q} \Psi \rangle = \langle \hat{Q} \Psi | \Psi \rangle \tag{3.15}$$

이고, 이것은 임의의 파동함수 Ψ에 대해 성립해야 한다. 따라서 관측량을 나타내는 연산자는

$$\langle f | \hat{Q} f \rangle = \langle \hat{Q} f | f \rangle \quad \text{모든 } f(x)\text{에 대해} \tag{3.16}$$

의 매우 특별한 성질을 만족해야 한다. 이와 같은 연산자를 **hermitian**이라고 부른다.[8]

실제로 대부분의 교재에서는 더 강한 조건을 요구한다.

$$\langle f | \hat{Q} g \rangle = \langle \hat{Q} f | g \rangle \quad \text{모든 } f(x)\text{와 } g(x)\text{에 대해.} \tag{3.17}$$

그러나 보기와는 달리 이것은 이 책의 정의(식 3.16)와 완전히 동등하다. 문제 3.3에서 증명할 것이다. 따라서 어떤 것을 사용해도 좋다. 중요한 점은 hermitian 연산자는 내적의 첫 번째 항이나 두 번째 항 어느 곳에도 적용하여 같은 결과를 얻고, hermitian 연산자는 그 기댓값이 실수이므로 양자역학에서 자연스럽게 나타난다.

$$\boxed{\textbf{관측량은 hermitian 연산자로 표현한다.}} \tag{3.18}$$

이것을 확인해 보자. 예를 들어 운동량 연산자는 hermitian인가?

$$\langle f | \hat{p} g \rangle = \int_{-\infty}^{\infty} f^* (-i\hbar) \frac{dg}{dx} \, dx = -i\hbar f^* g \Big|_{-\infty}^{\infty} + \int_{-\infty}^{\infty} \left(-i\hbar \frac{df}{dx} \right)^* g \, dx = \langle \hat{p} f \,|\, g \rangle. \tag{3.19}$$

물론 여기서 부분적분을 이용했고, 예전처럼 경계항을 버렸다. 만일 $f(x)$와 $g(x)$가 제곱적분

---

7 $\hat{Q}$는 Q에서 $p \to -i\hbar d/dx$로 바꾸어 얻은 연산자이다. 이 연산자는 임의의 함수 f, g와 임의의 복소수 a, b에 대해

$$\hat{Q}\left[af(x) + bg(x)\right] = a\,\hat{Q}f(x) + b\,\hat{Q}g(x)$$

이 성립하기 때문에 **선형**이다. 이들은 모든 함수의 공간에서 선형변환을 나타낸다(A.3절). 그러나 가끔 이 연산자는 Hilbert 공간 안의 함수를 바깥으로 끄집어 내기도 하는데[문제 3.2(b) 참조], 이 경우 연산자의 **영역**(연산자가 작용하는 함수의 집합)이 제한될 수도 있다(문제 3.48 참조).

8 유한 차원 벡터공간에서 hermitian 연산자는 hermitian 행렬로 나타낼 수 있다. Hermitian 행렬은 자리를 바꾸고 복소켤레를 취한 것과 같다. $\mathsf{T} = \mathsf{T}^\dagger = \tilde{\mathsf{T}}^*$. 이것이 친숙하지 않으면 부록을 참조하라.

가능하다면 $\pm\infty$에서는 0에 접근해야 한다.[9] i의 복소켤레를 취한 것이 부분적분에서 나오는 마이너스 부호를 상쇄시키는 것에 주목하라. (i가 없는) 연산자 d/dx는 hermitian이 아니고, 가능한 관측량을 나타내지 못한다.

연산자 $\hat{Q}$의 **hermitian 켤레**(혹은 **수반**) 연산자 $\hat{Q}^\dagger$는 다음을 만족한다.

$$\langle f|\hat{Q}g\rangle = \langle \hat{Q}^\dagger f|g\rangle \quad [\text{모든 } f(x)\text{와 } g(x)\text{에 대해}]. \tag{3.20}$$

그러면 hermitian 연산자는 hermitian 켤레와 같다. $\hat{Q} = \hat{Q}^\dagger$.

* **문제 3.3** (Hillbert 공간에 있는) 모든 h에 대해 $\langle h|\hat{Q}h\rangle = \langle \hat{Q}h|h\rangle$이 성립하면 모든 f와 g에 대해 $\langle f|\hat{Q}g\rangle = \langle \hat{Q}f|g\rangle$임을 증명하라. (즉, 식 3.16과 3.17의 "hermitian"에 대한 정의는 동등하다.) 귀띔: 먼저 $h = f + g$로 놓고, 그 다음 $h = f + ig$로 놓아라.

문제 3.4

(a) 두 hermitian 연산자의 합이 hermitian임을 증명하라.

(b) $\hat{Q}$는 hermitian이고, α는 복소수다. α가 어떤 조건을 만족해야 $\alpha\hat{Q}$가 hermitian인가?

(c) 두 hermitian 연산자의 곱은 언제 hermitian이 되는가?

(d) 위치연산자 $\hat{x}$와 Hamiltonian 연산자 $\hat{H} = -(\hbar^2/2m)d^2/dx^2 + V(x)$가 hermitian 연산자임을 증명하라.

* **문제 3.5**

(a) x, i, d/dx의 hermitian 켤레를 구하라.

(b) $(\hat{Q}\hat{R})^\dagger = \hat{R}^\dagger\hat{Q}^\dagger$(순서가 바뀐 것에 주의), $(\hat{Q}+\hat{R})^\dagger = \hat{Q}^\dagger + \hat{R}^\dagger$, 그리고 복소수 c에 대하여 $(c\hat{Q})^\dagger = c^*\hat{Q}^\dagger$임을 증명하라.

(c) (식 2.48의) a_+의 hermitian 켤레를 구하라.

3.2.2 결정된 상태

보통 동일하게 준비된 계의 앙상블에 대해 관측가능량 Q를 측정하면 항상 같은 결과를 얻지 않는다. 이것이 양자역학의 불확정성이다. 질문: Q를 측정할 때마다 (q라는) 같은 값을 주는 상태를 준비할 수 있는가? 이것은 관측가능량 Q에 대한 **결정된 상태**이다. (사실 한 가지 계를 알고 있다. 즉, 정상상태는 Hamiltonian의 결정된 상태이다. 정상상태 Ψ_n에 있는 입자의 에너지를 측정하면 반드시 이에 해당하는 "허용된" 에너지 E_n값을 얻는다.)

결정된 상태에서 Q의 표준편차는 0이 될 것이다. 즉

[9] 1장에서 언급했듯이 제곱적분 가능하지만 무한대에서 0으로 가지 않는 고약한 함수가 있다. 그러나 이와 같은 함수는 물리학에서는 나타나지 않고, 그래도 걱정된다면 연산자가 적용되는 영역에서 이러한 함수를 제외시키겠다. 그러나 유한한 간격에서는 경계항에 더 주의를 기울여야 한다. $(-\infty, \infty)$에서 hermitian인 연산자가 $(0, \infty)$이나 $(-\pi, \pi)$에서는 hermitian이 아닐 수도 있다. [무한한 사각형 우물을 생각한다면 그 파동함수를 무한히 펼쳐져 있는 공간에서 생각하면 된다. 단지 파동함수는 $(0, a)$ 바깥에서는 0일 뿐이다.] 문제 3.48 참조.

$$\sigma^2 = \left\langle (Q - \langle Q \rangle)^2 \right\rangle = \left\langle \Psi \middle| (\hat{Q} - q)^2 \Psi \right\rangle = \langle (\hat{Q} - q)\Psi | (\hat{Q} - q)\Psi \rangle = 0 \tag{3.21}$$

이다[물론 측정할 때마다 q가 나오면 평균값도 q이다. $\langle \hat{Q} \rangle = q$. 여기서 $\hat{Q}$(따라서 $\hat{Q} - q$도) hermitian 연산자라는 사실을 이용하여 첫 항을 내적의 첫 항으로 옮겼다]. 그러나 자신과의 내적이 0인 벡터는 0만 있으므로

$$\hat{Q}\Psi = q\Psi \tag{3.22}$$

이다. 이것은 연산자 $\hat{Q}$에 대한 **고유값 방정식**이다. Ψ는 $\hat{Q}$의 **고유함수**이고, q는 이에 해당하는 **고유값**이다.

Q의 결정된 상태는 $\hat{Q}$의 고유함수이다. (3.23)

이와 같은 상태에 대해 Q를 측정하면 항상 고유값 q를 얻는다.[10]

고유값은 (연산자나 함수가 아닌) 숫자라는 것에 주의하라. 어떤 고유함수에도 상수를 곱할 수 있고, 이것은 여전히 같은 고유값을 갖는 고유함수이다. 0은 고유함수에 포함시키지 않는다(정의에 의해 제외시킨다. 그렇지 않으면 임의의 선형연산자 $\hat{Q}$와 모든 q에 대해 $\hat{Q}\,0 = q\,0 = 0$이 성립하므로 모든 숫자가 고유값이 된다). 그러나 0을 고유값으로 갖는 것은 아무런 문제가 없다. 연산자의 모든 고유값의 집합을 **스펙트럼**이라고 부른다. 가끔 두 개의 (혹은 그 이상의) 선형독립인 고유함수가 같은 고유값을 가질 때가 있다. 이 경우 스펙트럼은 **겹쳐있다**고 한다. (문제 2.44 혹은 2.46을 풀어보았다면, 에너지 고유상태의 경우 이 용어를 이미 접했을 것이다.)

예를 들어 전체 에너지의 결정된 상태는 Hamiltonian의 고유함수이다.

$$\hat{H}\psi = E\psi. \tag{3.24}$$

이것은 바로 시간에 무관한 Schrödinger 방정식이다. 이런 관점에서 문자 E를 고유값으로 사용하고, 소문자 ψ를 고유함수로 사용했다[시간의존성 $\exp\left(-iEt/\hbar\right)$를 넣어 Ψ를 만들어도 상관없고, 이것도 $\hat{H}$의 고유함수이다].

예제 3.1

연산자

$$\hat{Q} \equiv i\frac{d}{d\phi} \tag{3.25}$$

를 고려하자. 여기서 ϕ는 이차원에서의 극좌표이다. (이 연산자는 고리 위의 구슬을 고려할 때 물리적으로 나타날 수 있다. 문제 2.46 참조) $\hat{Q}$는 hermitian인가? 고유함수와 고유값을 구하라.

[10] 물론 정당한 측정을 말하는 것이다. 언제나 실수를 할 수 있고, 단순히 잘못된 답을 얻을 수는 있다. 하지만 이것이 양자역학의 결점은 아니다.

풀이: 여기서는 유한한 구간 $0 \leq \phi \leq 2\pi$에서

$$f(\phi + 2\pi) = f(\phi) \tag{3.26}$$

의 성질을 만족하는 함수 $f(\phi)$를 다룬다. 왜냐하면 ϕ와 $\phi + 2\pi$는 물리적으로 같은 점이기 때문이다. 부분적분을 사용하면

$$\langle f|\hat{Q}\, g\rangle = \int_0^{2\pi} f^* \left(i\frac{dg}{d\phi}\right) d\phi = i f^* g\Big|_0^{2\pi} - \int_0^{2\pi} i\left(\frac{df^*}{d\phi}\right) g\, d\phi = \langle \hat{Q}\, f|g\rangle$$

을 얻으므로, $\hat{Q}$는 hermitian이다(여기서 경계항은 식 3.26의 성질 때문에 사라진다).

고유값 방정식

$$i\frac{d}{d\phi} f(\phi) = q f(\phi) \tag{3.27}$$

의 일반해는

$$f(\phi) = A e^{-iq\phi} \tag{3.28}$$

이다. 식 3.26에 의해 가능한 q값이 결정된다.

$$e^{-iq2\pi} = 1 \quad \Rightarrow \quad q = 0, \pm 1, \pm 2, \ldots . \tag{3.29}$$

이 연산자의 스펙트럼은 모든 정수의 집합이고, 겹치지 않는다.

문제 3.6 연산자 $\hat{Q} = d^2/d\phi^2$를 고려하자. 여기서 ϕ는 예제 3.1과 같이 극좌표에서 방위각이고, 함수는 식 3.26의 조건을 만족한다. $\hat{Q}$는 hermitian인가? 고유함수와 고유값을 구하라. $\hat{Q}$의 스펙트럼은 무엇인가? 스펙트럼은 겹쳐있는가?

3.3 Hermitian 연산자의 고유함수

이제 hermitian 연산자의 고유함수를 생각하자(물리적으로는 관측가능량의 결정된 상태이다). 여기에 두 가지 유형이 있다. 스펙트럼이 **불연속**이면(즉, 고유값이 서로 띄엄띄엄 떨어져 있으면) 고유함수는 Hilbert 공간에 있고, 물리적으로 실현되는 상태로 구성된다. 스펙트럼이 **연속적**이면(즉, 고유값이 모든 영역을 다 채우면) 고유함수는 규격화할 수 없고, 가능한 파동함수를 나타내지 않는다(물론 고유값이 퍼져 있는 고유함수들의 선형결합은 규격화할 수도 있다). 어떤 연산자는 (예를 들어, 조화진동자에 대한 Hamiltonian처럼) 불연속적인 스펙트럼만 있고, 어떤 것은 (예를 들어, 자유입자 Hamiltonian처럼) 연속적인 스펙트럼만 있고, 어떤 것은 (예를 들어, 유한한 사각형 우물과 같이) 일부는 불연속이고, 일부는 연속적이다. 불연속인 경우는 다루기 쉽다. 왜냐하면 이에 관련된 내적은 반드시 존재하기 때문이다. 사실 이것은 유한 차원의 이론과 매우 비슷하다(hermitian 행렬의 고유벡터). 먼저 불연속적인 경우를 다루고, 다음으로 연속적인 경우를 다루겠다.

3.3.1 불연속 스펙트럼

수학적으로 hermitian 연산자의 규격화할 수 있는 고유함수는 두 가지 중요한 성질이 있다.

> **정리 1** 고유값은 실수이다.
>
> **증명:** $f(x)$는 고유값 q인 $\hat{Q}$의 고유함수라고 하고
>
> $$\hat{Q}f = qf$$
>
> 그리고[11]
>
> $$\left\langle f \middle| \hat{Q}f \right\rangle = \left\langle \hat{Q}f \middle| f \right\rangle$$
>
> 이라고 하자($\hat{Q}$는 hermitian이다). 그러면
>
> $$q\langle f \mid f \rangle = q^*\langle f \mid f \rangle$$
>
> 이다[q는 숫자이므로 적분 밖으로 나올 수 있고, 내적의 첫 번째 함수는 복소수 켤레이므로(식 3.6) 우변의 q도 복소수 켤레이다]. 그러나 $\langle f|f \rangle$는 0일 수 없다[$f(x) = 0$은 고유함수가 아니다]. 따라서 $q = q^*$이고, 따라서 q는 실수이다. 증명끝.

결정된 상태에 있는 입자에 대해 관측가능량을 측정할 때 적어도 실수를 얻는다는 점에서 이 결과는 다행스럽다.

> **정리 2** 다른 고유값을 갖는 고유함수는 직교한다.
>
> **증명:** 다음의 식
>
> $$\hat{Q}f = qf, \quad \hat{Q}g = q'g$$
>
> 이 성립하고, $\hat{Q}$는 hermitian이라고 하자. 그러면 $\langle f|\hat{Q}g \rangle = \langle \hat{Q}f|g \rangle$이므로
>
> $$q'\langle f \mid g \rangle = q^*\langle f \mid g \rangle$$
>
> 이다(여기서도 고유함수는 Hilbert 공간에 있으므로 내적이 존재한다). 그러나 (정리 1에 의해) q가 실수이므로 $q' \neq q$이면 $\langle f|g \rangle = 0$이어야 한다. 증명끝.

이것이 예를 들어 무한한 사각형 우물이나 조화진동자에서 정상상태들이 직교하는 이유이다. 이들은 다른 고유값을 갖는 Hamiltonian의 고유함수이다. 이것은 임의의 관측가능량에 대한 결정된 상태에 대해서도 성립한다.

불행하게도 정리 2로 겹친 상태($q' = q$)에 대해서는 아무것도 알 수 없다. 그러나 두 개 (혹은 그 이상의) 고유함수가 같은 고유값을 가지면, 이들의 임의의 선형결합도 같은 고유값을 갖는 고유함수이다(문제 3.7). 이때 각 겹친 상태의 부속공간 안에서 **Gram-Schmidt 직교화 과정**(문제 A.4)을 통해 직교하는 고유함수를 만들 수 있다. 이것을 자세하게 살펴볼 필요는 없지만, 원리적으로 언제든지 할 수 있다. 따라서 겹침이 있더라도 고유함수는 직교하게 만들 수 있고, 앞으로는 이렇게 되어 있다고 가정할 것이다. 이로 인해 기준함수의 직교성에 의존하는 Fourier

---

[11] 고유함수는 Hilbert 공간에 있다고 가정한다. 그렇지 않으면 내적은 존재할 수 없다.

방법을 쓸 수 있다.

유한 차원의 벡터공간에서는 hermitian 행렬의 고유벡터는 세 번째 기본적인 성질이 있다. 이 벡터들은 이 공간을 만든다(모든 공간은 고유벡터의 선형결합으로 표현할 수 있다). 불행하게도 이 증명을 무한 차원의 공간으로 일반화할 수는 없다. 그러나 그 성질 자체는 양자역학의 내부 일관성에 필수적이므로 (Dirac[12]에 의하면) 공리로 받아들일 것이다(더 정확하게는 관측가능량을 나타내는 hermitian 연산자의 종류에 대한 제한이다).

> **공리:** 관측가능한 연산자의 고유함수는 완전한 집합이다. (Hilbert 공간 안의) 임의의 함수는 고유함수의 선형결합으로 나타낼 수 있다.[13]

문제 3.7

(a) $f(x)$와 $g(x)$가 연산자 $\hat{Q}$에 대해 같은 고유값 q를 갖는 두 고유함수라고 하자. f와 g의 임의의 선형결합 자체는 고유값 q인 $\hat{Q}$의 고유함수라는 것을 증명하라.

(b) $f(x) = \exp(x)$와 $g(x) = \exp(-x)$는 연산자 d^2/dx^2에 대해 같은 고유값을 갖는 고유함수라는 것을 확인하라. $(-1, 1)$ 구간에서 f와 g의 적당한 선형결합을 만들어 직교하는 고유함수를 구하라.

문제 3.8

(a) 예제 3.1의 hermitian 연산자의 고유값이 실수라는 것을 확인하라. (다른 고유값을 갖는) 고유함수가 직교한다는 것을 증명하라.

(b) 문제 3.6의 연산자로 다시 증명하라.

3.3.2 연속 스펙트럼

Hermitian 연산자의 스펙트럼이 연속적이면 고유함수는 규격화되지 않고, 정리 1과 2의 증명이 성립하지 않는다. 왜냐하면 내적이 존재하지 않을 수 있기 때문이다. 그럼에도 불구하고 세 가지 중요한 성질(실수, 직교성, 완전성)이 성립한다. 특별한 예제를 통해 이 경우를 접근하는 것이 가장 좋을 것이다.

예제 3.2

(구간 $-\infty < x < \infty$에서) 운동량 연산자에 대한 고유함수와 고유값을 구하라.

풀이: $f_p(x)$가 고유함수이고, p가 고유값이라고 하자.

$$-i\hbar\frac{d}{dx}f_p(x) = pf_p(x). \tag{3.30}$$

---

[12] P. A. M. Dirac, *The Principles of Quantum Mechanics*, Oxford University Press, New York (1958).

[13] 특별한 경우에는 완전성을 증명할 수 있다(예를 들어 무한한 사각형 우물의 정상상태는 Dirichlet 정리에 의해 완전하다). 어떤 경우에는 증명할 수 있는 것을 "공리"라고 부르는 것은 어색하지만, 더 좋은 방법을 찾지 못했다.

일반해는

$$f_p(x) = Ae^{ipx/\hbar}$$

이다. 이 해는 임의의 (복소수) p값에 대해서 적분가능하지 않다. 운동량 연산자는 Hilbert 공간에서 고유함수가 없다.

그러나 실수의 고유값에 국한시키면 "직교규격화"에 대신하는 것을 찾을 수 있다. 문제 2.23(a)와 2.26을 참고하면

$$\int_{-\infty}^{\infty} f_{p'}^*(x)\, f_p(x)\, dx = |A|^2 \int_{-\infty}^{\infty} e^{i(p-p')x/\hbar}\, dx = |A|^2\, 2\pi\hbar\, \delta(p - p') \tag{3.31}$$

을 얻는다. $A = 1/\sqrt{2\pi\hbar}$로 선택하면

$$f_p(x) = \frac{1}{\sqrt{2\pi\hbar}} e^{ipx/\hbar} \tag{3.32}$$

가 되고, 따라서

$$\langle f_{p'} | f_p \rangle = \delta(p - p') \tag{3.33}$$

을 얻는다. 이것은 진정한 직교규격화(식 3.10)를 연상시킨다. 이제 지수가 연속변수이고, Kronecker 델타가 Dirac 델타가 된 것을 제외하고는 똑같아 보인다. 식 3.33을 **Dirac 직교 규격화**라고 부르겠다.

가장 중요한 것은 (실수의 고유값을 갖는) 고유함수는 완전집합을 이루고, (식 3.11의) 합은 적분으로 바뀐다. 임의의 (제곱적분 가능한) 함수 $f(x)$는

$$f(x) = \int_{-\infty}^{\infty} c(p)\, f_p(x)\, dp = \frac{1}{\sqrt{2\pi\hbar}} \int_{-\infty}^{\infty} c(p)\, e^{ipx/\hbar}\, dp \tag{3.34}$$

의 형태로 쓸 수 있다. [이제는 함수 $c(p)$인] "계수"는 여전히 Fourier 방법으로 구할 수 있다.

$$\langle f_{p'} \mid f \rangle = \int_{-\infty}^{\infty} c(p) \langle f_{p'} \mid f_p \rangle\, dp = \int_{-\infty}^{\infty} c(p)\, \delta(p - p')\, dp = c(p'). \tag{3.35}$$

다른 방법으로는 이 관계를 Plancherel 정리(식 2.103)로부터 얻을 수 있다. 이 전개(식 3.34)는 바로 Fourier 변환이다.

운동량의 고유함수(식 3.32)는 사인함수이며, 그 파장은

$$\lambda = \frac{2\pi\hbar}{p} \tag{3.36}$$

이다. 이것은 적당한 때 정당화하겠다고 약속한 예전의 de Broglie 공식(식 1.39)이다. 사실 de Broglie가 상상했던 것보다는 더 미묘한 것으로 판명되었다. 왜냐하면 이제 더 이상 결정되어 있는 운동량을 갖는 입자라는 것은 없다는 것을 알기 때문이다. 그러나 운동량의 좁은 영역을 고르면 규격화할 수 있는 파동묶음을 만들 수 있고, 이와 같은 것에 de Broglie 관계를 적용할 수 있다.

예제 3.2에서 무엇을 얻었는가? 어떤 $\hat{p}$의 고유함수도 Hilbert 공간에 있지 않지만 (실수 고유값을 갖는) 일부는 유사한 규격화의 성질을 가지며 그 "근처"에 있다. 이들은 가능한 물리적 상태를 나타내지는 않지만 (일차원 충돌을 공부할 때 보았듯이) 여전히 유용하다.[14]

예제 3.3

위치연산자의 고유함수와 고유값을 구하라.

풀이: $g_y(x)$가 고유값 y인 고유함수라고 하자.

$$\hat{x}g_y(x) = x\,g_y(x) = y\,g_y(x). \tag{3.37}$$

여기서 y는 (임의의 주어진 고유함수에 대해) 고정된 수이지만 x는 연속변수이다. x의 어떤 함수가 x를 곱한 것이 상수 y를 곱한 것과 같아지는가? 명백히 이것은 한 점 $x = y$를 제외하고는 0이어야 한다. 사실 이것이 바로 Dirac 델타함수이다.

$$g_y(x) = A\delta(x - y).$$

이번에는 고유값이 실수여야 한다. 고유함수는 제곱적분 가능하지 않지만 Dirac 직교성은 성립한다.

$$\int_{-\infty}^{\infty} g_{y'}^*(x)\,g_y(x)\,dx = |A|^2 \int_{-\infty}^{\infty} \delta\left(x - y'\right)\delta(x - y)\,dx = |A|^2\,\delta\left(y - y'\right). \tag{3.38}$$

$A = 1$로 선택하면

$$g_y(x) = \delta(x - y) \tag{3.39}$$

가 되어

$$\left\langle g_{y'} \middle| g_y \right\rangle = \delta\left(y - y'\right) \tag{3.40}$$

이 된다. 이 고유함수는 또한 완전집합을 이룬다.

$$f(x) = \int_{-\infty}^{\infty} c(y)\,g_y(x)\,dy = \int_{-\infty}^{\infty} c(y)\delta(x - y)\,dy. \tag{3.41}$$

여기서

$$c(y) = f(y) \tag{3.42}$$

이다(이 경우는 당연하지만, 원한다면 Fourier 방법으로 얻을 수 있다).

---

[14] 실수가 아닌 고유값을 갖는 고유함수는 어떤가? 이들은 규격화할 수 없을 뿐만 아니라 $\pm\infty$에서 발산한다. Hilbert 공간의 "근처"라고 부르는 곳에 있는 함수는 (전체 영역은 가끔 "교묘한 Hilbert 공간"이라고도 한다. 예를 들어 Leslie Ballentine의 *Quantum Mechanics: A Modern Development*, World Scientific, 1998 참조) 자기 자신과 내적이 전혀 유한하지 않아도, Hilbert 공간의 모든 요소들과 내적을 허용하는 성질이 있다. 실수가 아닌 고유값을 갖는 $\hat{p}$의 고유함수에 대해서는 성립하지 않는다. 특히 운동량 연산자는 Hilbert 공간 안의 함수에 대해서 hermitian이라고 증명했지만 이 논의는 (식 3.19에서) 경계항을 없앨 수 있다는 것에 의존했다. 그 항은 g가 실수의 고유값을 갖는 $\hat{p}$의 고유함수이면 (f가 Hilbert 공간 안에 있는 한) 여전히 0이다. 이러한 의미에서 임의의 복소수는 연산자 $\hat{p}$의 고유함수이지만 실수만이 hermitian 연산자 $\hat{p}$의 고유값이다. 실수가 아니면 $\hat{p}$는 hermitian인 공간의 영역 밖에 있다.

Hermitian 연산자의 스펙트럼이 연속이면 (따라서 고유값은 예제에서는 연속변수 p나 y로 나타내고, 다음에는 일반적으로 z로 나타낼 것이다) 고유함수는 규격화되지 않고, Hilbert 공간에 있지 않으며 가능한 물리적 상태를 나타내지 않는다. 그럼에도 불구하고 실수 고유값을 갖는 고유함수는 Dirac 직교규격화가 가능하고, 완전집합을 이룬다(여기서 합은 적분으로 바뀐다). 다행히 이것이 우리가 요구하는 모든 것이다.

문제 3.9

(a) (조화진동자를 제외하고) 2장에서 불연속 스펙트럼만 갖는 Hamiltonian을 골라 적어라.

(b) (자유입자를 제외하고) 2장에서 연속 스펙트럼만 갖는 Hamiltonian을 골라 적어라.

(c) (유한한 사각형 우물을 제외하고) 2장에서 불연속 스펙트럼과 연속 스펙트럼을 모두 갖는 Hamiltonian을 골라 적어라.

문제 3.10 무한한 사각형 우물의 바닥상태는 운동량의 고유함수인가? 그렇다면 운동량은 얼마인가? 그렇지 않다면 그 이유는? [더 논의를 하려면 문제 3.44 참조.]

3.4 일반화된 통계적 해석

1장에서 입자를 특별한 위치에서 발견할 확률을 어떻게 계산하는지, 그리고 임의의 관측 가능한 양의 기댓값을 어떻게 결정하는지 알아보았다. 2장에서는 에너지를 측정했을 때 가능한 결과와 그 확률을 구하는 방법을 배웠다. 이제 이 모든 것을 포함하는 **일반화된 통계적 해석**을 할 차례이고, 이를 통해 임의의 측정에 대한 가능한 결과와 그 확률을 구할 수 있는 방법을 알아보겠다. (파동함수가 시간에 따라 어떻게 변하는지 알려주는) Schrödinger 방정식과 더불어 이것은 양자역학의 기초를 이룬다.

일반화된 통계적 해석: 상태 $\Psi(x, t)$에 있는 입자에 대해 관측가능량 $Q(x, p)$를 측정하면 반드시 hermitian 연산자 $\hat{Q}(x, -i\hbar d/dx)$의 고유값 중 하나를 얻는다.[15] 만일 $\hat{Q}$의 스펙트럼이 불연속이면, (직교규격화된) 고유함수 $f_n(x)$와 연관된 특정한 고유값 q_n을 얻을 확률은

$$|c_n|^2, \quad \text{여기서} \quad c_n = \langle f_n|\Psi\rangle \tag{3.43}$$

이다. (Dirac 직교규격화된) 고유함수 $f_z(x)$의 실수 고유값 $q(z)$의 스펙트럼이 연속적이면 dz 범위에 있는 결과를 얻을 확률은

$$|c(z)|^2\, dz \quad \text{여기서} \quad c(z) = \langle f_z|\Psi\rangle \tag{3.44}$$

이다. 측정을 하면 파동함수는 해당하는 고유상태로 "붕괴"한다.[16]

---

[15] 만일 $Q(x, p)$에 곱 xp가 있다면 이 방법이 모호하다는 것을 알 것이다. 고전적 변수인 x와 p는 물론 교환하지만 $\hat{x}$와 $\hat{p}$는 교환하지 않으므로(식 2.52) $\hat{x}\hat{p}$로 쓸지, $\hat{p}\hat{x}$로 쓸지(혹은 이의 선형결합으로 쓸지) 분명하지 않다. 다행하게 이러한 관측가능량은 드물지만, 나타날 때에는 모호함을 해결하기 위한 다른 조건을 첨가해야 한다.

[16] 연속스펙트럼의 경우 측정기기의 정밀도에 의존하며, 측정값 주위의 좁은 영역으로 붕괴한다.

통계적인 해석은 고전물리학에서 접했던 어떤 것과도 근본적으로 다르다. 약간 다른 견해를 보면 도움이 될 것이다. 관측 가능한 연산자의 고유함수는 완전하므로, 파동함수는 이들의 선형 결합으로 쓸 수 있다.

$$\Psi(x,t) = \sum_n c_n(t) f_n(x). \tag{3.45}$$

(간단하게 하기 위해 스펙트럼이 불연속이라고 가정하겠다. 이 논의를 연속적인 경우로 쉽게 일반화할 수 있다.) 고유함수는 직교규격화되어 있으므로 계수는 Fourier 방법으로 얻는다.[17]

$$c_n(t) = \langle f_n | \Psi \rangle = \int f_n(x)^* \, \Psi(x,t)\, dx. \tag{3.46}$$

정성적으로는 c_n은 "f_n이 얼마나 많이 Ψ에 포함되어 있는지"를 알려주고, 측정하면 $\hat{Q}$의 고유값 중 하나가 나오므로 특정한 고유값 q_n을 얻을 확률은 Ψ 안에 있는 "f_n의 양"으로 결정된다. 그러나 확률은 파동함수의 절대값 제곱으로 결정되기 때문에 정확한 값은 사실 $|c_n|^2$이다. 이것이 일반화된 통계적 해석의 기본 개념이다.[18]

물론 (모든 가능한 결과에 대한 합인) 전체 확률은 1이 되어야 한다.

$$\sum_n |c_n|^2 = 1. \tag{3.47}$$

그리고 당연히 이 결과는 파동함수의 규격화에서 얻는다.

$$\begin{aligned} 1 = \langle \Psi \mid \Psi \rangle &= \left\langle \left(\sum_{n'} c_{n'} f_{n'} \right) \middle| \left(\sum_n c_n f_n \right) \right\rangle = \sum_{n'} \sum_n c_{n'}^* c_n \langle f_{n'} | f_n \rangle \\ &= \sum_{n'} \sum_n c_{n'}^* c_n \delta_{n'n} = \sum_n c_n^* c_n = \sum_n |c_n|^2. \end{aligned} \tag{3.48}$$

마찬가지로 Q의 기댓값은 특정한 기댓값에 그 기댓값을 가질 확률을 곱하여 모든 가능한 결과에 대해 더한 것이다.

$$\langle Q \rangle = \sum_n q_n |c_n|^2 \tag{3.49}$$

따라서

$$\langle Q \rangle = \langle \Psi | \hat{Q} \Psi \rangle = \left\langle \left(\sum_{n'} c_{n'} f_{n'} \right) \middle| \left(\hat{Q} \sum_n c_n f_n \right) \right\rangle \tag{3.50}$$

을 얻지만, $\hat{Q} f_n = q_n f_n$이므로

---

[17] 여기서 관심의 대상이 아닌 시간의존성은 계수에 들어 있다는 것에 주목하라. 이를 분명히 나타내기 위해 $c_n(t)$로 썼다. 퍼텐셜에너지가 시간에 무관한 Hamiltonian ($\hat{Q} = \hat{H}$)과 같은 특별한 경우에는 2.1절에서 보았듯이 이 계수는 상수이다.

[18] 다시 "$|c_n|^2$은 입자가 f_n 상태에 있을 확률"이라는 너무나 흔한 주장을 조심스럽게 피했다. 이것은 말도 되지 않는다. 입자는 Ψ 상태에 있을 뿐이다. 이보다는 $|c_n|^2$은 Q를 측정했을 때 q_n을 얻을 확률이다. 이와 같은 측정을 하면 상태는 고유함수 f_n으로 붕괴되는 것은 맞으므로 올바르게 말하려면 "$|c_n|^2$은 현재 Ψ 상태에 있는 입자가 Q를 측정한 후 상태 f_n이 될 확률이다." 하지만 이것은 전혀 다른 주장이다.

$$\langle Q\rangle = \sum_{n'}\sum_{n} c_{n'}^{*}c_n q_n \langle f_{n'}|f_n\rangle = \sum_{n'}\sum_{n} c_{n'}^{*}c_n q_n \delta_{n'n} = \sum_{n} q_n |c_n|^2, \tag{3.51}$$

이 된다. 적어도 지금까지는 모든 것이 일관성이 있다.

이 방법으로 원래의 위치 측정에 대한 통계적 해석을 다시 만들 수 있을까? 물론이다. 당연하지만 확인해볼 가치는 있다. 상태 Ψ에 있는 입자에 x를 측정하면 위치 연산자의 고유값 중의 하나가 나와야 한다. 예제 3.3에서 보았듯이 모든 실수 y는 x의 고유값이고, 이에 해당하는 (Dirac 직교규격화된) 고유함수는 $g_y(x) = \delta(x - y)$이다. 따라서

$$c(y) = \langle g_y|\Psi\rangle = \int_{-\infty}^{\infty} \delta(x-y)\Psi(x,t)\,dx = \Psi(y,t) \tag{3.52}$$

를 얻고, dy 범위에서 결과를 얻을 확률은 $|\Psi(y,t)|^2\,dy$이고, 이것이 바로 원래의 통계적 해석이다.

운동량은 어떨까? 예제 3.2에서 (Dirac 직교규격화된) 운동량 연산자의 고유함수는 $f_p(x) = (1/\sqrt{2\pi\hbar})\exp(ipx/\hbar)$이므로

$$c(p) = \langle f_p|\Psi\rangle = \frac{1}{\sqrt{2\pi\hbar}}\int_{-\infty}^{\infty} e^{-ipx/\hbar}\Psi(x,t)\,dx \tag{3.53}$$

이다. 이것은 중요한 양이어서 특별한 이름과 기호를 붙여 **운동량 공간의 파동함수** $\Phi(p,t)$라고 부르겠다. 이것은 기본적으로 (**위치 공간**) 파동함수 $\Psi(x,t)$의 Fourier 변환이고, Plancherel 정리에 의하면 $\Psi(x,t)$는 $\Phi(p,t)$의 역 Fourier 변환이다.

$$\Phi(p,t) = \frac{1}{\sqrt{2\pi\hbar}}\int_{-\infty}^{\infty} e^{-ipx/\hbar}\Psi(x,t)\,dx. \tag{3.54}$$

$$\Psi(x,t) = \frac{1}{\sqrt{2\pi\hbar}}\int_{-\infty}^{\infty} e^{ipx/\hbar}\Phi(p,t)\,dp. \tag{3.55}$$

일반화된 통계적 해석에 의하면 운동량이 dp 범위에서 측정될 확률은

$$|\Phi(p,t)|^2\,dp \tag{3.56}$$

이다.

예제 3.4

질량 m인 입자가 델타함수 우물 $V(x) = -\alpha\delta(x)$ 안에 갇혀 있다. 측정한 운동량의 값이 $p_0 = m\alpha/\hbar$보다 큰 값을 가질 확률은 얼마인가?

풀이: (위치 공간) 파동함수는 (식 2.132)

$$\Psi(x,t) = \frac{\sqrt{m\alpha}}{\hbar}e^{-m\alpha|x|/\hbar^2}e^{-iEt/\hbar}$$

이다. 여기서 $E = -m\alpha^2/2\hbar^2$이다. 그러므로 운동량 공간 파동함수는

$$\Phi(p,t) = \frac{1}{\sqrt{2\pi\hbar}}\frac{\sqrt{m\alpha}}{\hbar}e^{-iEt/\hbar}\int_{-\infty}^{\infty} e^{-ipx/\hbar}e^{-m\alpha|x|/\hbar^2}\,dx = \sqrt{\frac{2}{\pi}}\frac{p_0^{3/2}e^{-iEt/\hbar}}{p^2+p_0^2}$$

이다(적분표 참조). 따라서 확률은

$$\frac{2}{\pi}p_0^3\int_{p_0}^{\infty}\frac{1}{(p^2+p_0^2)^2}\,dp=\frac{1}{\pi}\left[\frac{pp_0}{p^2+p_0^2}+\tan^{-1}\left(\frac{p}{p_0}\right)\right]\Bigg|_{p_0}^{\infty}=\frac{1}{4}-\frac{1}{2\pi}=0.0908$$

이다(역시 적분표 참조).

문제 3.11 조화진동자의 바닥상태에 있는 입자의 운동량 공간 파동함수 $\Phi(p, t)$를 구하라. 이 상태에 있는 입자의 p를 측정하면 (같은 에너지에 대한) 고전적 영역에서 벗어나는 값을 가질 확률을 (두 개의 유효숫자까지) 구하라. 귀띔: 수학표에서 "정규분포" 혹은 "오차함수"에 대한 수치해석 부분을 찾거나 Mathematica를 이용하라.

문제 3.12 자유입자에 대해 $\Phi(p, t)$를 식 2.101에서 도입한 함수 $\phi(k)$로 나타내라. 자유입자의 경우 $|\Phi(p, t)|^2$는 시간에 무관하다는 것을 증명하라. 참고: 자유입자에 대한 $|\Phi(p, t)|^2$가 시간에 무관한 것은 이 계의 운동량 보존의 결과이다.

* **문제 3.13** 다음을 증명하라.

$$\langle x\rangle=\int\Phi^*\left(i\hbar\frac{\partial}{\partial p}\right)\Phi\,dp. \tag{3.57}$$

귀띔: $x\exp(ipx/\hbar)=-i\hbar(\partial/\partial p)\exp(ipx/\hbar)$임을 참고하고, 식 2.147을 이용하라. 그러면 운동량 공간에서 위치 연산자는 $i\hbar\partial/\partial p$가 된다. 더 일반적으로

$$\langle Q(x,p,t)\rangle=\begin{cases}\int\Psi^*\hat{Q}\left(x,-i\hbar\frac{\partial}{\partial x},t\right)\Psi\,dx, & \text{위치 공간,}\\ \int\Phi^*\hat{Q}\left(i\hbar\frac{\partial}{\partial p},p,t\right)\Phi\,dp, & \text{운동량 공간.}\end{cases} \tag{3.58}$$

이다. 원칙적으로 모든 계산은 위치 공간뿐만 아니라 운동량 공간에서도 할 수 있다.

3.5 불확정성 원리

1.6절에서 ($\sigma_x\sigma_p \geq \hbar/2$의 형태로) 불확정성 원리를 나타내었고 문제에서 여러 번 확인했다. 그러나 증명한 것은 아니었다. 이 절에서 불확정성 원리의 더 일반적인 형태를 증명하고, 그 결과를 탐구하겠다. 여기서 논의는 아름답지만 다소 추상적이므로 조심스럽게 보아야 한다.

3.5.1 일반화된 불확정성 원리의 증명

임의의 관측량 A에 대해

$$\sigma_A^2=\left\langle\left(\hat{A}-\langle A\rangle\right)\Psi\,\middle|\,\left(\hat{A}-\langle A\rangle\right)\Psi\right\rangle=\langle f|f\rangle$$

이 성립한다(식 3.21). 여기서 $f \equiv \left(\hat{A} - \langle A \rangle\right)\Psi$이다. 마찬가지로 임의의 다른 관측량 B에 대해서도 다음이 성립한다.

$$\sigma_B^2 = \langle g \mid g \rangle, \quad \text{여기서 } g \equiv \left(\hat{B} - \langle B \rangle\right)\Psi.$$

그러므로 (식 3.7의 Schwarz 부등식을 적용하면)

$$\sigma_A^2 \sigma_B^2 = \langle f \mid f \rangle \langle g \mid g \rangle \geq |\langle f \mid g \rangle|^2 \tag{3.59}$$

를 얻는다. 이제 임의의 복소수 z에 대하여

$$|z|^2 = [\mathrm{Re}(z)]^2 + [\mathrm{Im}(z)]^2 \geq [\mathrm{Im}(z)]^2 = \left[\frac{1}{2i}\left(z - z^*\right)\right]^2 \tag{3.60}$$

으로 쓸 수 있다. 그러므로 $z = \langle f|g \rangle$로 놓으면

$$\sigma_A^2 \sigma_B^2 \geq \left(\frac{1}{2i}\left[\langle f|g \rangle - \langle g|f \rangle\right]\right)^2 \tag{3.61}$$

을 얻는다. 그러나 (첫 줄에서 $\left(\hat{A} - \langle A \rangle\right)$가 hermitian이라는 것을 이용하면) 다음을 얻는다.

$$\begin{aligned}
\langle f \mid g \rangle &= \left\langle \left(\hat{A} - \langle A \rangle\right)\Psi \middle| \left(\hat{B} - \langle B \rangle\right)\Psi \right\rangle = \left\langle \Psi \middle| \left(\hat{A} - \langle A \rangle\right)\left(\hat{B} - \langle B \rangle\right)\Psi \right\rangle \\
&= \left\langle \Psi \middle| \left(\hat{A}\hat{B} - \hat{A}\langle B \rangle - \hat{B}\langle A \rangle + \langle A \rangle \langle B \rangle\right)\Psi \right\rangle \\
&= \left\langle \Psi \middle| \hat{A}\hat{B}\Psi \right\rangle - \langle B \rangle \left\langle \Psi \middle| \hat{A}\Psi \right\rangle - \langle A \rangle \left\langle \Psi \middle| \hat{B}\Psi \right\rangle + \langle A \rangle \langle B \rangle \langle \Psi \mid \Psi \rangle \\
&= \left\langle \hat{A}\hat{B} \right\rangle - \langle B \rangle \langle A \rangle - \langle A \rangle \langle B \rangle + \langle A \rangle \langle B \rangle \\
&= \left\langle \hat{A}\hat{B} \right\rangle - \langle A \rangle \langle B \rangle .
\end{aligned}$$

($\langle A \rangle$와 $\langle B \rangle$는 숫자이지 연산자가 아니라는 것을 기억하면, 어떤 순서로도 쓸 수 있다.) 마찬가지로

$$\langle g \mid f \rangle = \left\langle \hat{B}\hat{A} \right\rangle - \langle A \rangle \langle B \rangle$$

이므로

$$\langle f|g \rangle - \langle g|f \rangle = \left\langle \hat{A}\hat{B} \right\rangle - \left\langle \hat{B}\hat{A} \right\rangle = \left\langle \left[\hat{A}, \hat{B}\right] \right\rangle$$

이 된다. 여기서

$$\left[\hat{A}, \hat{B}\right] \equiv \hat{A}\hat{B} - \hat{B}\hat{A}$$

는 두 연산자의 교환자이다(식 2.49). 결론은 다음과 같다.

$$\boxed{\sigma_A^2 \sigma_B^2 \geq \left(\frac{1}{2i}\left\langle\left[\hat{A}, \hat{B}\right]\right\rangle\right)^2 .} \tag{3.62}$$

이것이 (일반화된) **불확정성 원리**이다. (식 안의 i는 별로 중요하지 않다고 여길 수도 있다. 우변은 음수인가? 그렇지 않다. 왜냐하면 두 hermitian 연산자의 교환자 안에 i를 가지고 있고, 이 둘

이 상쇄된다.[19] 따라서 괄호 안의 양은 실수이고, 그 제곱은 양수이다.)

한 예제로 첫 관측량은 위치 $\left(\hat{A} = x\right)$이고, 두 번째는 운동량 $\left(\hat{B} = -i\hbar d/dx\right)$라고 하자. 이 교환자는 2장에서 다루었다(식 2.52).

$$\left[\hat{x}, \hat{p}\right] = i\hbar.$$

따라서

$$\sigma_x^2 \sigma_p^2 \geq \left(\frac{1}{2i} i\hbar\right)^2 = \left(\frac{\hbar}{2}\right)^2$$

을 얻고, 표준편차는 양수이므로

$$\sigma_x \sigma_p \geq \frac{\hbar}{2} \tag{3.63}$$

을 얻는다. 이것이 원래의 Heisenberg 불확정성 원리이지만, 이제 이것은 훨씬 더 일반적인 정리를 응용한 것임을 알게 되었다.

사실 교환하지 않는 모든 쌍의 연산자에 대한 "불확정성 원리"가 존재한다. 이러한 연산자를 **비양립성 관측량**이라고 부른다. 비양립성 관측량에 대해서 공통적인 고유함수는 없다. 적어도 공통적인 고유함수의 완전한 집합이 있을 수는 없다(문제 3.16 참조). 대조적으로 양립적(교환하는) 관측량에 대해서는 동시 고유함수(즉, 두 관측량에 대해 결정적인 상태)의 완전 집합이 있다.[20] 예를 들어 (4장에서 보게 될) 수소 원자의 경우 Hamiltonian, 각운동량의 크기, 각운동량의 z 성분은 서로 양립적인 관측량이고, 이 세 개에 대한 동시 고유함수를 만들고, 각각의 고유값으로 이름을 붙일 수 있다. 그러나 위치의 고유함수가 동시에 운동량의 고유함수가 될 수 없다. 이 연산자들은 비양립적이다.

불확정성 원리는 양자이론에서 추가된 가정이 아니라, 통계적 해석의 결과라는 점을 주목하라. 이것이 실험실에서는 어떻게 나타날지 궁금할 것이다. 왜 (예를 들어) 입자의 위치와 운동량을 동시에 결정할 수 없는가? 분명히 입자의 위치를 측정할 수 있지만, 측정 과정이 파동함수를 좁은 스파이크로 붕괴시키고, 이것은 Fourier 분해를 하면 파장(따라서 운동량)이 넓은 영역에 퍼져 있다. 운동량을 측정한다면, 상태는 긴 사인파동으로 붕괴하여 (이제) 잘 정의된 파장을 갖지만, 입자는 더 이상 첫 번째 측정한 위치에 있지 않다.[21] 그러면 문제는 두 번째 측정이 첫 측

---

[19] 더 정확하게 말하면 두 hermitian 연산자의 교환자 자체는 반 hermitian $\left(\hat{Q}^\dagger = -\hat{Q}\right)$이고, 그 기댓값은 허수이다. (문제 3.32)

[20] 이것은 교환하지 않는 행렬이 동시에 대각선화될 수 없다(즉, 같은 유사변환으로 대각선 형태로 만들 수 없다)는 것에 해당한다. 반면에 교환하는 hermitian 행렬은 동시에 대각선화할 수 있다. A.5절 참조.

[21] Bohr와 Heisenberg는 (예를 들어) x를 측정하면 전에 존재했던 p값을 파괴하는 작동 방법을 어렵게 찾아내었다. 요점은 입자의 위치를 결정하려면 입자를 무엇인가로 찔러야 한다는 것이다. 예를 들어 빛을 쪼여야 한다. 그러나 이 광자는 조절할 수 없는 운동량을 입자에 전달한다. 이제 위치를 알지만, 더 이상 운동량을 알지 못한다. Einstein과 했던 Bohr의 유명한 토론에는 실험적인 제한이 어떻게 불확정성 원리를 만족하게 되는지 자세하게 보여주는 많은 즐거운 예제들이 있다. 이를 흥미 있게 설명한 것을 보려면 *Albert Einstein: Philosopher-Scientist*, ed. Paul A. Schilpp, Open Court Publishing Co., Peru, IL (1970)에 있는 Bohr의 글을 참조하라. 최근에 Bohr/Heisenberg의 설명에 의문이 생기게 되었다. 좋은 논의를 보려면 G. Brumfiel, *Nature News* https://doi.org/10.1038/nature.2012.11394를 참조하라.

정 결과를 쓸모없게 만든다는 것이다. 파동함수가 두 관측량에 대해 동시적인 고유상태일 때에만 입자의 상태를 변형시키지 않고 두 번째 측정을 할 수 있다(이 경우 두 번째 붕괴는 아무것도 변화시키지 않는다). 그러나 이것은 일반적으로 두 관측량이 양립적일 때만 가능하다.

* **문제 3.14**

(a) 다음의 교환자에 대한 관계를 증명하라.

$$\left[\hat{A}+\hat{B}, \hat{C}\right] = \left[\hat{A}, \hat{C}\right] + \left[\hat{B}, \hat{C}\right]. \tag{3.64}$$

$$\left[\hat{A}\hat{B}, \hat{C}\right] = \hat{A}\left[\hat{B}, \hat{C}\right] + \left[\hat{A}, \hat{C}\right]\hat{B}. \tag{3.65}$$

(b) 다음을 증명하라.

$$\left[x^n, \hat{p}\right] = i\hbar n x^{n-1}.$$

(c) 더 일반적으로

$$\left[f(x), \hat{p}\right] = i\hbar\frac{df}{dx} \tag{3.66}$$

을 증명하라. 여기서 $f(x)$는 Taylor 전개가 가능한 임의의 함수이다.

(d) 단순조화진동자의 경우

$$\left[\hat{H}, \hat{a}_\pm\right] = \pm\hbar\omega\hat{a}_\pm \tag{3.67}$$

을 증명하라. 귀띔: 식 2.54를 이용하라.

* **문제 3.15** 위치($A = x$)의 불확정도와 에너지($B = p^2/2m + V$)의 불확정도 사이의 관계를 맺는 "불확정성 원리"

$$\sigma_x\sigma_H \geq \frac{\hbar}{2m}\left|\langle p\rangle\right|$$

을 증명하라. 정상상태인 경우 많은 정보를 얻지 못한다. 왜 그럴까?

문제 3.16 두 개의 교환하지 않는 연산자는 공통적인 고유함수의 완전집합을 가질 수 없다는 것을 증명하라. 귀띔: 만일 $\hat{P}$와 $\hat{Q}$가 공통적인 고유함수의 완전집합을 갖는다면 Hilbert 공간 안의 임의의 함수에 대해 $\left[\hat{P}, \hat{Q}\right]f = 0$임을 증명하라.

3.5.2 최소불확정도 파동 묶음

지금까지 두 번 위치−운동량 불확정도의 극한값($\sigma_x\sigma_p = \hbar/2$)을 갖는 파동함수를 보았다. 이것은 조화진동자의 바닥상태(문제 2.11)와 자유입자에 대한 Gaussian 파동 묶음(문제 2.21)이다. 이제 흥미 있는 질문을 할 수 있다. 가장 일반적인 최소불확정도를 갖는 파동 묶음은 무엇인가? 불확정성 원리에 대한 증명을 돌이켜보면 부등식이 논의에 나타나는 두 가지 부분이 식 3.59와 식 3.60에 있다. 이것이 등식이라고 놓고, Ψ가 어떻게 되는지 살펴보자.

Schwarz 부등식은 한 함수가 다른 함수에 비례할 때, 즉 어떤 복소수 c에 대해 $g(x) = cf(x)$일 경우 등호가 성립한다(문제 A.5 참조). 한편 식 3.60에서 z의 실수 부분을 버렸는데 등호는 $\text{Re}(z) = 0$, 즉 $\text{Re}\langle f|g\rangle = \text{Re}(c\,\langle f|f\rangle) = 0$일 때 성립한다. $\langle f|f\rangle$는 실수이므로 상수 c는 순허수이어야 한다. 이것을 ia로 놓자. 최소불확정도를 얻기 위한 필요충분조건은 다음과 같다.

$$g(x) = iaf(x), \quad \text{여기서 } a\text{는 실수이다.} \tag{3.68}$$

위치-운동량 불확정성 원리에 대해서 이 기준은

$$\left(-i\hbar\frac{d}{dx} - \langle p\rangle\right)\Psi = ia(x - \langle x\rangle)\Psi \tag{3.69}$$

가 되고, 이것은 x의 함수인 Ψ의 미분방정식이다. 일반해는(문제 3.17 참조)

$$\Psi(x) = Ae^{-a(x-\langle x\rangle)^2/2\hbar}e^{i\langle p\rangle x/\hbar} \tag{3.70}$$

이다. 분명히 최소불확정도를 갖는 파동 묶음은 gaussian이다. 그리고 앞에서 보았던 두 개의 예제에서도 gaussian이었다.[22]

문제 3.17 식 3.69를 $\Psi(x)$에 대해 풀라. $\langle x\rangle$와 $\langle p\rangle$는 (x에 무관한) 상수인 것에 주목하라.

3.5.3 에너지-시간 불확정성 원리

위치-운동량 불확정성 원리는

$$\Delta x\,\Delta p \geq \frac{\hbar}{2} \tag{3.71}$$

의 형태로 자주 쓴다. Δx (x의 "불확정도")는 동일하게 준비된 계에 반복하여 측정한 결과의 표준편차를 대략 표현한 것이다.[23] 식 3.71은 종종 **에너지-시간 불확정성 원리**

$$\Delta t\,\Delta E \geq \frac{\hbar}{2} \tag{3.72}$$

와 쌍을 이루어 나타낸다. 사실 특수상대론의 관점에서 보면 에너지-시간의 형태는 위치-운동량 표현의 결과로 볼 수 있다. 왜냐하면 x와 t(정확하게는 ct)는 위치-시간의 4-벡터에 같이 나타나고, 한편 p와 E(정확하게는 E/c)가 에너지-운동량 벡터에 나타나기 때문이다. 그러므로 상대론에서 식 3.72는 식 3.71에서 반드시 따라오는 결과일 것이다. 하지만 여기서 상대론적 양자역학을 보는 것은 아니다. Schrödinger 방정식은 비상대론적이다. 여기서는 t와 x의 역할은 다르고 (미분방정식은 t에 대해 일차이고, x에 대해서는 이차이다) 식 3.72는 식 3.71이 절대로 암

[22] 여기서 중요한 것은 Ψ의 x에 대한 의존성뿐이다. "상수" A, a, $\langle x\rangle$, $\langle p\rangle$는 모두 시간의 함수일 수 있고, Ψ는 최소 형태에서 벗어나며 변할 수 있다. 여기서 주장하는 것은 어떤 순간에 파동함수가 x의 gaussian이면 (그 순간에) 불확정도의 곱은 최소라는 것이다.

[23] 불확정성 원리를 대충 적용한 것은 전혀 다르고, 가끔은 전혀 정당화할 수 없는 "불확정"의 측정에 기반하고 있다. J. Hilgevoord, *Am. J. Phys.* **70**, 983 (2002) 참조.

시하지 않는다. 여기서 에너지-시간 불확정성 원리를 유도하고자 하고, 이 과정에서 이 관계가 표면적으로는 위치-운동량 불확정성 원리와 비슷하다는 것은 매우 잘못된 것이고, 둘은 전혀 다르다는 것을 알게 될 것이다.

결국 위치, 운동량과 에너지는 모두 역학적 변수이고, 임의의 주어진 시간에 측정 가능한 계의 특성이다. 그러나 시간 자체는 역학적 변수가 아니다(적어도 비상대론적 이론에서는 그렇다). 위치나 에너지처럼, 입자의 "시간"을 측정하지는 않는다. 시간은 독립적 변수이며, 역학적 변수는 시간의 함수이다. 특히 에너지-시간 불확정성 원리에서 Δt는 시간 측정을 모아 놓은 것의 표준편차가 아니다. 대략 말하면(곧 더 정확하게 표현할 것이다) 계가 충분히 변하는 데 걸리는 시간이다.

계가 얼마나 빨리 변하는지 측정하기 위해 관측량 $Q(x, p, t)$의 시간에 대한 미분을 계산하자.

$$\frac{d}{dt}\langle Q\rangle = \frac{d}{dt}\left\langle\Psi \middle| \hat{Q}\Psi\right\rangle = \left\langle\frac{\partial\Psi}{\partial t} \middle| \hat{Q}\Psi\right\rangle + \left\langle\Psi \middle| \frac{\partial\hat{Q}}{\partial t}\Psi\right\rangle + \left\langle\Psi \middle| \hat{Q}\frac{\partial\Psi}{\partial t}\right\rangle.$$

이제 Schrödinger 방정식은

$$i\hbar\frac{\partial\Psi}{\partial t} = \hat{H}\Psi$$

이다(여기서 $\hat{H} = p^2/2m + V$는 Hamiltonian이다). 그러므로 다음을 얻는다.

$$\frac{d}{dt}\langle Q\rangle = -\frac{1}{i\hbar}\left\langle\hat{H}\Psi \middle| \hat{Q}\Psi\right\rangle + \frac{1}{i\hbar}\left\langle\Psi \middle| \hat{Q}\hat{H}\Psi\right\rangle + \left\langle\frac{\partial\hat{Q}}{\partial t}\right\rangle.$$

그러나 $\hat{H}$는 hermitian이므로 $\langle\hat{H}\Psi|\hat{Q}\Psi\rangle = \langle\Psi|\hat{H}\hat{Q}\Psi\rangle$이고, 따라서 다음을 얻는다.

$$\boxed{\frac{d}{dt}\langle Q\rangle = \frac{i}{\hbar}\left\langle\left[\hat{H}, \hat{Q}\right]\right\rangle + \left\langle\frac{\partial\hat{Q}}{\partial t}\right\rangle.} \tag{3.73}$$

이것은 그 자체로 흥미 있고 유용한 결과이다(문제 3.18과 3.37 참조). 이 관계는 아무 이름이 붙어 있지 않지만 붙일만한 가치가 있다. 이것을 **일반화된 Ehrenfest 정리**라고 부르겠다. 연산자가 시간에 명시적으로 의존하지 않는 전형적인 경우에는,[24] 기댓값의 변화율은 연산자와 Hamiltonian의 교환자로 결정된다. 특히 $\hat{Q}$가 $\hat{H}$와 교환하면 $\langle Q\rangle$는 상수이고, 이런 의미에서 Q는 보존되는 양이다.

이제 일반화된 불확정성 원리(식 3.62)에서 $A = H$, $B = Q$로 고르고, Q가 t에 명시적으로 의존하지 않는다고 가정하자. 그러면

$$\sigma_H^2\sigma_Q^2 \geq \left(\frac{1}{2i}\left\langle\left[\hat{H}, \hat{Q}\right]\right\rangle\right)^2 = \left(\frac{1}{2i}\frac{\hbar}{i}\frac{d\langle Q\rangle}{dt}\right)^2 = \left(\frac{\hbar}{2}\right)^2\left(\frac{d\langle Q\rangle}{dt}\right)^2$$

이 된다. 더 간단히 쓰면

---

[24] t에 명시적으로 의존하는 연산자는 극히 드물다. 그러므로 거의 대부분 $\partial\hat{Q}/\partial t = 0$이다. 시간에 대한 명시적 의존성이 있는 예로는 (온도가 올라가서 용수철이 더 약해져서) 용수철 상수가 변하는 조화진동자의 퍼텐셜에너지를 고려하면 $Q = (1/2)\, m[\omega(t)]^2\, x^2$이다.

$$\sigma_H \sigma_Q \geq \frac{\hbar}{2}\left|\frac{d\langle Q\rangle}{dt}\right| \tag{3.74}$$

이다. $\Delta E \equiv \sigma_H$로 정의하면

$$\Delta t \equiv \frac{\sigma_Q}{|d\langle Q\rangle/dt|} \tag{3.75}$$

이다. 그러면

$$\Delta E\, \Delta t \geq \frac{\hbar}{2} \tag{3.76}$$

이고, 이것이 에너지-시간 불확정성 원리이다. 그러나 여기서 Δt가 의미하는 것에 주목하라.

$$\sigma_Q = \left|\frac{d\langle Q\rangle}{dt}\right| \Delta t$$

이므로, Δt는 Q의 기댓값이 한 표준편차만큼 변하는 데 걸리는 시간을 나타낸다.[25] 특히 Δt는 보려고 하는 관측량(Q)에만 의존한다. 이 변화는 한 관측량에 대해서는 빠르고, 다른 양에 대해서는 느릴 수도 있다. 그러나 만일 ΔE가 작다면 모든 관측량의 변화율은 매우 느릴 것이다. 다르게 표현하면, 임의의 관측량이 빠르게 변화하면 에너지의 "불확정도"는 커져야 한다.

예제 3.5

에너지가 유일하게 결정되는 정상상태의 극한적인 경우에 모든 기댓값은 시간에 대해 상수이다($\Delta E = 0 \rightarrow \Delta t = \infty$). 사실 식 2.9에서 살펴보았다. 무엇인가 일어나려면 적어도 두 개 이상의 정상상태를 선형결합해야 한다. 예를 들어

$$\Psi(x,t) = a\psi_1(x)e^{-iE_1t/\hbar} + b\psi_2(x)e^{-iE_2t/\hbar}$$

이다. 만일 a, b, ψ_1, ψ_2가 실수라면

$$|\Psi(x,t)|^2 = a^2(\psi_1(x))^2 + b^2(\psi_2(x))^2 + 2ab\psi_1(x)\psi_2(x)\cos\left(\frac{E_2 - E_1}{\hbar}t\right)$$

이 된다. 진동주기는 $\tau = 2\pi\hbar/(E_2 - E_1)$이다. 대략 말하면 $\Delta E = E_2 - E_1$이고, $\Delta t = \tau$이다(정확한 계산을 보려면 문제 3.20을 참조). 따라서

$$\Delta E\, \Delta t = 2\pi\hbar$$

이고, 정말로 $\geq \hbar/2$이다.

예제 3.6

Δt가 자유입자의 파동 묶음이 특정한 점을 지나가는 시간이라고 하자(그림 3.1). 정성적으로는(정확한 풀이는 문제 3.21에서 볼 것이다) $\Delta t = \Delta x/v = m\Delta x/p$이다. 그러나 $E = p^2/2m$이므로 $\Delta E = p\Delta p/m$이다. 그러므로

[25] 이것은 "Mandelstam-Tamm"의 에너지-시간 불확정성 원리에 대한 공식이라고 한다. 다른 접근방법을 보려면 P. Busch, *Found. Phys.* **20**, 1 (1990)을 참고하라.

$$\Delta E\,\Delta t = \frac{p\Delta p}{m}\frac{m\Delta x}{p} = \Delta x \Delta p$$

이고, 이것은 위치-운동량 불확정성 원리에 의해 $\geq \hbar/2$이다.

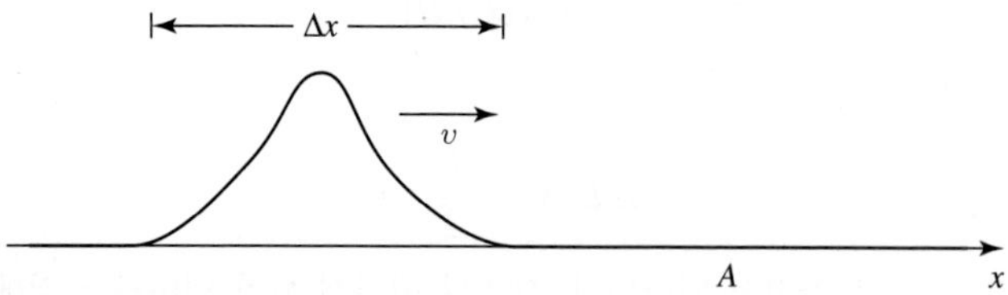

그림 3.1: 자유입자 파동 묶음이 점 A에 접근한다(예제 3.6).

예제 3.7

Δ 입자는 자발적으로 붕괴하기 전에 약 10^{-23}초만큼 지속된다. 질량에 대한 모든 측정을 하여 막대그래프를 그리면 1232 MeV/c^2를 중심으로 폭이 약 120 MeV/c^2인 종 모양의 곡선을 얻을 것이다(그림 3.2). 왜 정지에너지(mc^2)가 가끔은 1232보다 크게 나오고, 가끔은 작게 나오는가? 이것은 실험적 오차인가? 아니다. 왜냐하면 Δt를 입자의 수명으로 정하면(분명히 "계가 많이 변하는 데 얼마나 걸리는가"에 대한 한 척도이다),

$$\Delta E\,\Delta t = \left(\frac{120}{2}\text{ MeV}\right)\left(10^{-23}\text{ s}\right) = 6 \times 10^{-22}\text{ MeV-s}$$

이 되고, $\hbar/2 = 3 \times 10^{-22}$ MeV s이다. 그러므로 m이 퍼진 정도는 불확정성 원리가 허용하는 만큼 작다. 매우 짧은 수명을 갖는 입자는 질량이 잘 정의되어 있지 않다.[26]

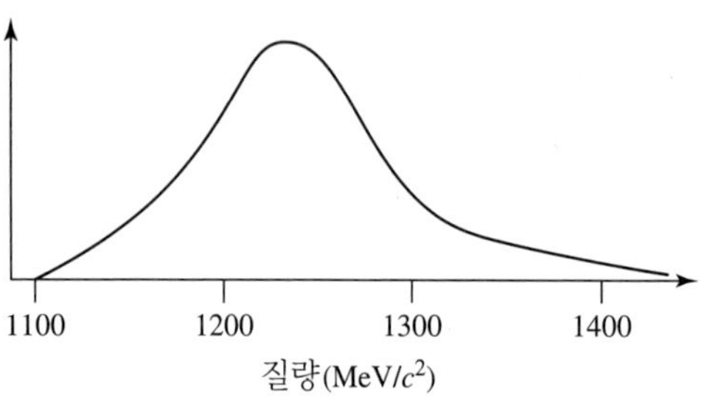

그림 3.2: Δ 질량의 측정(예제 3.7).

위의 예제에서 Δt에 부여한 특별한 의미가 다양하다는 것을 주목하라. 예제 3.5에서는 진동의 주기이다. 예제 3.6에서는 입자가 한 점을 지나는 데 걸리는 시간이다. 예제 3.7에서는 불안정한 입자의 수명이다. 그러나 모든 경우 Δt는 계가 "충분한" 변화를 일으키는 시간이다.

[26] 사실 예제 3.7은 눈속임이다. 스톱워치로 10^{-23}초를 측정할 수 없고 실제로 이와 같이 수명이 짧은 입자의 수명은 불확정성 원리를 사용하여, 질량 분포를 그렸을 때 그 폭에서 유추한다. 그러나 논리가 뒤집혔지만, 요점은 유효하다. 더구나 Δ가 양성자의 크기 $\left(\sim 10^{-15}\text{ m}\right)$와 비슷하다고 가정하면 10^{-23}초는 입자를 가로지르는 시간과 거의 같고, 수명이 이보다 작을 것이라고 상상하기는 힘들다.

가끔 불확정성 원리에 의해 양자역학에서는 에너지가 엄격하게 보존되지 않는다고 한다. 에너지 ΔE를 "빌려서", 시간 $\Delta t \approx \hbar/(2\Delta E)$ 안에만 "돌려주면" 된다. 위반하는 양이 클수록 일어나는 시간은 짧아진다. 에너지-시간 불확정성 원리에 대한 여러 적절한 결과가 있지만, 이것은 틀렸다. 양자역학의 어느 곳에서도 에너지 보존이 깨지지 않고, 식 3.76을 유도할 때 어디서도 그러한 내용을 포함시키지 않았다. 그러나 불확정성 원리는 매우 견고하다. 가끔 심각하게 틀린 결과를 유도하는 데 잘못 사용될 수도 있고, 그 결과로 물리학자들은 부주의하게 적용하는 습관을 갖게 된다.

* **문제 3.18** 식 3.73을 다음의 특별한 경우에 적용하라. (a) $Q = 1$, (b) $Q = H$, (c) $Q = x$, (d) $Q = p$. 각각의 경우 결과에 대해 식 1.27, 1.33, 1.38과 에너지 보존을 참고하여 논의하라 (식 2.21 다음의 논의를 참조).

문제 3.19 식 3.73을[혹은 문제 3.18 (c)와 (d)] 이용하여 다음을 증명하라.

(a) 자유입자를 나타내는 임의의 (규격화된) 파동 묶음에 대하여[$V(x) = 0$], $\langle x \rangle$는 일정한 속도로 움직인다(이것은 Newton의 제1법칙에 대한 양자역학적인 대응이다). 참고: 문제 2.42에서 gaussian 파동 묶음에 대해서 증명했지만, 훨씬 더 일반적인 결과이다.

(b) 조화진동자 퍼텐셜$\left(V(x) = \frac{1}{2}m\omega^2x^2\right)$ 안의 입자를 나타내는 임의의 (규격화된) 파동 묶음에 대하여, $\langle x \rangle$는 고전진동수로 진동한다. 참고: 문제 2.49에서 특별한 gaussian 파동 묶음에 대해서 증명했지만, 훨씬 더 일반적인 결과이다.

문제 3.20 문제 2.5에 있는 파동함수와 관측량 x에 대해 σ_H, σ_x, $d\langle x \rangle/dt$를 정확히 계산하여 에너지-시간 불확정성 원리를 확인하라.

문제 3.21 문제 2.42에 있는 자유입자 파동묶음과 관측량 x에 대해 σ_H, σ_x, $d\langle x \rangle/dt$를 정확히 계산하여 에너지-시간 불확정성 원리를 확인하라.

문제 3.22 관심 대상의 관측량이 x일 경우 에너지-시간 불확정성 원리는 문제 3.15의 불확정성 원리가 됨을 증명하라.

3.6 벡터와 연산자

3.6.1 Hilbert 공간의 기준

이차원 공간에서의 보통 벡터 **A**를 생각하자[그림 3.3(a)]. 이 벡터를 다른 사람에게 어떻게 기술할까? "길이는 1센티미터이고, 이 페이지에 대해 똑바로 위쪽 방향에 대해 시계 방향으로 20°인 곳을 향한다"라고 말할 수 있을 것이다. 하지만 이것은 매우 어색하다. 더 좋은 방법은 직교

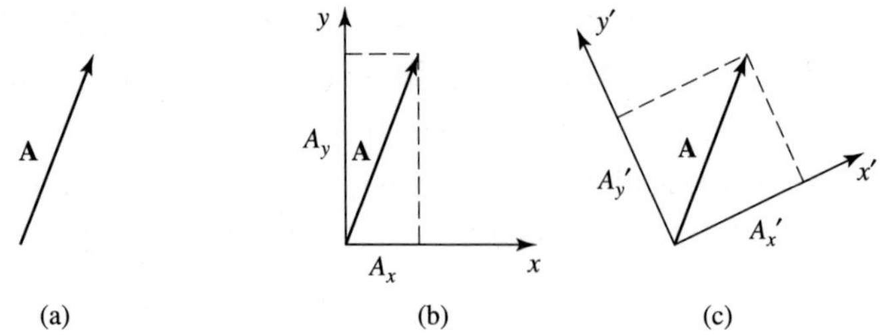

그림 3.3: (a) 벡터 **A**, (b) xy축에 대한 **A**의 성분, (c) $x'y'$축에 대한 **A**의 성분.

축 x와 y축을 정하고, **A**의 성분을 지정하는 것이다. $A_x = \hat{\imath}\cdot\mathbf{A}$, $A_y = \hat{\jmath}\cdot\mathbf{A}$[그림 3.3(b)]. 물론 다른 사람이 와서 다른 축 x', y'을 그리고, 다른 성분 $A'_x = \hat{\imath}'\cdot\mathbf{A}$, $A'_y = \hat{\jmath}'\cdot\mathbf{A}$을 말할 수도 있다[그림 3.3 (c)]. 그러나 이것은 모든 같은 벡터이다. 이것을 단지 두 개의 다른 **기준** $(\{\hat{\imath}, \hat{\jmath}\}$와 $\{\hat{\imath}', \hat{\jmath}'\})$에서 표현했을 뿐이다. 벡터 자체는 좌표계를 임의로 선택한 것과는 무관하게 "공간에" 존재하고 있다.

양자역학에서 계의 상태에 대해서도 마찬가지로 성립한다. 상태는 "Hilbert 공간"에 있는 벡터 $|\mathcal{S}(t)\rangle$로 표현되지만, 이것을 임의의 기분에서 나타낼 수 있다. 파동함수 $\Psi(x, t)$는 사실 위치 고유함수의 기준에서 $|\mathcal{S}(t)\rangle$를 전개했을 때 x "성분"이다($\hat{\imath}\cdot\mathbf{A}$에 대응된다).

$$\boxed{\Psi(x,t) = \langle x|\mathcal{S}(t)\rangle.} \tag{3.77}$$

여기서 $|x\rangle$는 고유값 x인 $\hat{x}$의 고유함수를 나타낸다.[27] 운동량 공간 파동함수 $\Phi(p, t)$는 운동량 고유함수 기준에서 $|\mathcal{S}(t)\rangle$를 전개했을 때 p 성분이다.

$$\Phi(p,t) = \langle p|\mathcal{S}(t)\rangle. \tag{3.78}$$

($|p\rangle$는 고유값 p인 $\hat{p}$의 고유함수를 나타낸다.)[28] 혹은 $|\mathcal{S}(t)\rangle$를 에너지 고유함수의 기준으로 (간단하게 스펙트럼이 불연속적이라고 가정하면)

$$c_n(t) = \langle n|\mathcal{S}(t)\rangle \tag{3.79}$$

로 쓸 수 있다($|n\rangle$은 $\hat{H}$의 n번째 고유함수를 나타낸다. 식 3.46). 그러나 이것은 모두 같은 상태이다. 함수 Ψ와 Φ, 계수의 집합 $\{c_n\}$은 정확하게 같은 정보를 포함한다. 이들은 단지 같은 벡터를 나타내는 세 가지 다른 방법일 뿐이다.

$$\begin{aligned}|\mathcal{S}(t)\rangle \to \int \Psi(y,t)\delta(x-y)\,dy &= \int \Phi(p,t)\frac{1}{\sqrt{2\pi\hbar}}e^{ipx/\hbar}\,dp \\ &= \sum c_n e^{-iE_nt/\hbar}\psi_n(x).\end{aligned} \tag{3.80}$$

---

[27] 이것을 식 3.39처럼 g_x로 부르지 않겠다. 왜냐하면 그것은 위치 기준에서의 형태이고, 여기서의 요점은 어느 특정한 기준에서 벗어나는 것이기 때문이다. 처음 Hilbert 공간을 x에 대해 제곱적분 가능한 함수로 정의했을 때에는 이미 너무 제한적이어서 특정한 표현(위치 기준)을 사용했다. 이제 이것을 추상적인 벡터 공간으로 생각하여, 그 요소는 임의의 기준에 대해 표현할 수 있다.

[28] 위치 공간에서는 f_p일 것이다(식 3.32).

(관측량을 나타내는) 연산자는 Hilbert 공간에서 선형변환이다. 이들은 한 벡터를 다른 벡터로 "변환"시킨다.

$$|\beta\rangle = \hat{Q}|\alpha\rangle. \tag{3.81}$$

벡터를 직교규격화된 기준 $\{|e_n\rangle\}$에서 그 성분으로 표현하는 것처럼[29]

$$|\alpha\rangle = \sum_n a_n|e_n\rangle, \quad |\beta\rangle = \sum_n b_n|e_n\rangle, \quad a_n = \langle e_n|\alpha\rangle, \quad b_n = \langle e_n \mid \beta\rangle \tag{3.82}$$

가 되고, 연산자는 (특정한 기준에 대해) **행렬요소**[30]

$$\left\langle e_m \middle| \hat{Q} \middle| e_n \right\rangle \equiv Q_{mn} \tag{3.83}$$

로 나타낸다. 이 표현 방법으로 식 3.81을 쓰면

$$\sum_n b_n\,|e_n\rangle = \sum_n a_n \hat{Q}|e_n\rangle \tag{3.84}$$

즉, $|e_m\rangle$과 내적을 취하면

$$\sum_n b_n\,\langle e_m \mid e_n\rangle = \sum_n a_n \left\langle e_m \middle| \hat{Q} \middle| e_n \right\rangle \tag{3.85}$$

가 되고, 따라서($\langle e_m|e_n\rangle = \delta_{mn}$이므로)

$$b_m = \sum_n Q_{mn} a_n \tag{3.86}$$

이다. 따라서 $\hat{Q}$의 행렬요소로 성분이 어떻게 변환되는지 알 수 있다.[31]

나중에 단지 유한한 N개의 선형독립적인 상태만 허용되는 계를 보게 될 것이다. 이 경우 $|\mathcal{S}(t)\rangle$는 N차원 벡터 공간에 있다. 이 상태는 (주어진 기준에 대해) N개의 성분을 갖는 행으로 표시할 수 있으며, 연산자는 일반적인 $N \times N$ 행렬의 형태이다. 이것이 가장 간단한 양자계이다. 무한 차원 벡터와 관련된 어떠한 미묘함도 나타나지 않는다. 가장 쉬운 것은 다음 예제에서 보게 될 이준위계이다.

예제 3.8

두 개의 선형독립적인 상태만 있는 계를 생각하자.[32]

$$|1\rangle = \begin{pmatrix}1\\0\end{pmatrix}\text{과} \qquad |2\rangle = \begin{pmatrix}0\\1\end{pmatrix}.$$

가장 일반적인 상태는 규격화된 선형결합이다.

---

[29] 기준이 불연속적이라고 가정하겠다. 그렇지 않으면 n은 연속적인 지수가 되고, 합은 적분으로 바뀐다.

[30] 이 용어는 분명히 유한 차원의 경우에서 빌려 왔지만, "행렬"은 이제 전형적으로 무한한 개수의 요소를 갖는다.

[31] 행렬 표현으로 식 3.86은 $\mathbf{b} = \mathbf{Qa}$가 되고(벡터는 행으로 나타낸다), 보통의 행렬 곱에 대한 규칙으로 곱한다(식 A.42 참조).

[32] 기술적으로 "등호"는 "표현된다"는 의미이지만, 관습적인 일상적인 표기법을 사용해도 어떤 혼동도 없을 것이다.

$$|S\rangle = a|1\rangle + b|2\rangle = \begin{pmatrix} a \\ b \end{pmatrix}, \qquad \text{여기서 } |a|^2 + |b|^2 = 1.$$

Hamiltonian은 행렬로 나타낼 수 있다(식 3.83). 이것이 특정한 형태

$$\mathsf{H} = \begin{pmatrix} h & g \\ g & h \end{pmatrix}$$

로 쓸 수 있다고 하자. 여기서 g와 h는 실수의 상수이다. 계가 $t = 0$에서 상태 $|1\rangle$로 시작한다면 시간 t에서의 상태는 무엇인가?

풀이: (시간에 의존하는) Schrödinger 방정식은[33]

$$i\hbar \frac{d}{dt}|\mathcal{S}(t)\rangle = \hat{H}|\mathcal{S}(t)\rangle \tag{3.87}$$

이다. 언제나 시간에 무관한 Schrödinger 방정식을 푸는 것으로 시작한다.

$$\hat{H}|s\rangle = E|s\rangle. \tag{3.88}$$

즉, $\hat{H}$의 고유벡터와 고유값을 찾는다. 특성 방정식을 통해 고유값을 찾는다.

$$\det\begin{pmatrix} h-E & g \\ g & h-E \end{pmatrix} = (h-E)^2 - g^2 = 0 \Rightarrow h - E = \mp g \Rightarrow E_\pm = h \pm g.$$

허용된 에너지는 $(h+g)$와 $(h-g)$이다. 고유벡터를 결정하기 위해

$$\begin{pmatrix} h & g \\ g & h \end{pmatrix}\begin{pmatrix} \alpha \\ \beta \end{pmatrix} = (h \pm g)\begin{pmatrix} \alpha \\ \beta \end{pmatrix} \Rightarrow h\alpha + g\beta = (h \pm g)\alpha \Rightarrow \beta = \pm\alpha$$

로 쓰면, 규격화된 고유벡터는

$$|s_\pm\rangle = \frac{1}{\sqrt{2}}\begin{pmatrix} 1 \\ \pm 1 \end{pmatrix}$$

이다. 다음으로 처음 상태를 Hamiltonian의 고유벡터의 선형결합으로 나타낸다.

$$|\mathcal{S}(0)\rangle = \begin{pmatrix} 1 \\ 0 \end{pmatrix} = \frac{1}{\sqrt{2}}(|s_+\rangle + |s_-\rangle).$$

마지막으로 표준 시간의존성 $\exp(-iE_{nt}/\hbar)$를 붙인다.

$$\begin{aligned} |\mathcal{S}(t)\rangle &= \frac{1}{\sqrt{2}}\left[e^{-i(h+g)t/\hbar}|s_+\rangle + e^{-i(h-g)t/\hbar}|s_-\rangle\right] \\ &= \frac{1}{2}e^{-iht/\hbar}\left[e^{-igt/\hbar}\begin{pmatrix} 1 \\ 1 \end{pmatrix} + e^{igt/\hbar}\begin{pmatrix} 1 \\ -1 \end{pmatrix}\right] \\ &= \frac{1}{2}e^{-iht/\hbar}\begin{pmatrix} e^{-igt/\hbar} + e^{igt/\hbar} \\ e^{-igt/\hbar} - e^{igt/\hbar} \end{pmatrix} = e^{-iht/\hbar}\begin{pmatrix} \cos(gt/\hbar) \\ -i\sin(gt/\hbar) \end{pmatrix}. \end{aligned}$$

[33] 1장에서 위치 공간에서의 파동함수에 대한 Schrödinger 방정식으로 시작했다. 여기서는 이를 Hilbert 공간에서 상태 벡터로 일반화했다.

> 이 결과가 의심스럽다면 확인해보라. 이것이 시간에 의존하는 Schrödinger 방정식을 만족하는가(식 3.87)? $t = 0$일 때 처음 상태와 같은가?[34]

다른 기준에서 보면 벡터가 다르게 보이듯이 연산자도 그렇다(혹은 불연속적인 경우에는 이를 나타내는 행렬이 그렇다). 특별한 좋은 예제를 이미 보았다.

$$\hat{x}\,(\text{위치 연산자}) \to \begin{cases} x & (\text{위치 공간}), \\ i\hbar\partial/\partial p & (\text{운동량 공간}). \end{cases}$$

$$\hat{p}\,(\text{운동량 연산자}) \to \begin{cases} -i\hbar\partial/\partial x & (\text{위치 공간}), \\ p & (\text{운동량 공간}). \end{cases}$$

("위치 공간"은 다름 아닌 위치 기준이다. "운동량 공간"은 운동량 기준이다.) 누가 "양자역학에서 위치를 나타내는 연산자 $\hat{x}$가 무엇인가?"라고 묻는다면 "x 그 자체"라고 대답할 것이다. 그러나 마찬가지로 "$i\hbar\partial/\partial p$" 또한 올바른 대답이므로, 최선의 대응은 "어느 기준에서?"라고 물어보는 것이다.

"계의 상태는 파동함수 $\Psi(x, t)$로 나타낸다"고 종종 표현하고, 이것은 보통의 벡터가 삼차원에서 세 개의 성분으로 "표현된다"는 의미에서 맞는 말이다. 그러나 "위치 기준에서"라고 덧붙여야 한다. 결국 계의 상태는 Hilbert 공간의 벡터 $|\mathcal{S}(t)\rangle$이다. 이것은 어떤 특정한 기준도 지정하지 않는다. $\Psi(x, t)$와의 관계는 식 3.77로 주어진다. $\Psi(x, t) = \langle x|\mathcal{S}(t)\rangle$. 사실 대부분 위치 공간에서 고려하므로 파동함수를 "계의 상태"라고 해도 크게 틀리지 않는다.

3.6.2 Dirac 표기법

Dirac은 내적 $\langle\alpha|\beta\rangle$의 괄호를 두 조각으로 나누어 $\langle\alpha|$를 **브라**로, $|\beta\rangle$를 **켓**으로 불렀다. 나중 것은 벡터이지만 첫 번째는 무엇인가? 이것은 (오른쪽에) 벡터를 만났을 때 내적인 (복소)수를 만들어 낸다는 의미에서 벡터의 선형함수이다. (연산자가 벡터를 만나면 다른 벡터를 만든다. 브라가 벡터를 만나면 숫자를 만든다.) 함수 공간에서 브라는 다음과 같이

$$\langle f| = \int f^*\,[\cdots]\,dx$$

적분을 하라는 것으로 생각할 수 있다. 여기서 생략부호 $[\cdots]$는 브라가 오른쪽으로 만나는 켓에 있는 임의의 함수로 채워진다. 유한 차원의 벡터 공간에서 켓을 (어떤 기준에 대한 성분에 해당하는) 행으로 나타내고,

$$|\alpha\rangle \to \begin{pmatrix} a_1 \\ a_2 \\ \vdots \\ a_n \end{pmatrix} \tag{3.89}$$

---

[34] 이것은 **중성미자 진동**에 대한 단순한 모형이다. 이 관점에서 보면 $|1\rangle$은 (예를 들어) 전자 중성미자 상태를 나타내고, $|2\rangle$는 뮤온 중성미자 상태를 나타낸다. Hamiltonian의 비대각선 요소(g)가 0이 아니면 시간이 지나면 전자 중성미자는 뮤온 중성미자가 되고, 다시 돌아온다.

브라는 열로 나타낸다.

$$\langle\beta| \to \left(b_1^* \, b_2^* \, \ldots \, b_n^*\right). \tag{3.90}$$

여기서 $\langle\beta|\alpha\rangle = b_1^*a_1 + b_2^*a_2 + \cdots + b_n^*a_n$은 행렬의 곱이다. 모든 브라를 모아 놓으면 다른 벡터 공간을 만드는데, 이를 **쌍대공간**(dual space)이라고 부른다.

브라를 그 자체로 분리된 존재로 취급하면 강력하고 멋진 표기법을 사용할 수 있다. 예를 들어 $|\alpha\rangle$가 규격화된 벡터라면, 연산자

$$\hat{P} \equiv |\alpha\rangle\langle\alpha| \tag{3.91}$$

은 임의의 다른 벡터에서 $|\alpha\rangle$와 "나란한" 성분을 끄집어 낸다.

$$\hat{P}\,|\beta\rangle = (\langle\alpha|\,\beta\rangle)\,|\alpha\rangle.$$

이것을 $|\alpha\rangle$가 만들어내는 일차원 부속공간으로의 **투영연산자**라고 부른다. 만일 $\{|e_n\rangle\}$이 불연속적인 직교규격화된 기준이라면

$$\langle e_m|e_n\rangle = \delta_{mn} \tag{3.92}$$

이므로

$$\boxed{\sum_n |e_n\rangle\langle e_n| = 1} \tag{3.93}$$

이 된다(단위 연산자). 왜냐하면 이 연산자를 임의의 벡터 $|\alpha\rangle$에 적용하면 $|\alpha\rangle$를 $\{|e_n\rangle\}$ 기준에서 전개한 것을 얻기 때문이다.

$$\sum_n (\langle e_n\,|\alpha\rangle)|\,e_n\rangle = |\alpha\rangle. \tag{3.94}$$

마찬가지로 $\{|e_z\rangle\}$가 Dirac 직교규격화된 연속적인 기준이라면

$$\langle e_z|e_{z'}\rangle = \delta(z - z') \tag{3.95}$$

이고, 따라서 다음을 얻는다.

$$\boxed{\int |e_z\rangle\langle e_z|\,dz = 1.} \tag{3.96}$$

식 3.93과 3.96은 완전성을 표현하는 깔끔한 방법이다.

기술적으로 켓과 브라의 내부($|\cdots\rangle$나 $\langle\cdots|$의 생략부호)는 이름이다. 마치 "철수"나 "영희"처럼 관심의 대상인 벡터의 이름 "α"나 "n"이다. 여기에는 어떠한 수학적 특성이 포함되어 있지 않다. 물론 제곱적분 가능한 함수의 공간 L^2에서는 각각의 벡터를 그 벡터가 나타내는 함수를 따라 $|f\rangle$로 쓰는 것이 도움이 될 것이다. 그러면 예를 들어 식 3.17에서 했던 것처럼 hermitian 연산자의 정의를

$$\left\langle f \,\middle|\, \hat{Q} f\right\rangle = \left\langle \hat{Q} f \,\middle|\, f\right\rangle$$

로 쓸 수 있다. 엄격하게 말하면 Dirac 표기법에서 이것은 엉터리 표현이다. 여기서 f는 이름이고, 연산자는 벡터에 작용하지 이름에 작용하지는 않는다. 좌변은

$$\left\langle f \middle| \hat{Q} \middle| f \right\rangle$$

으로 써야 적절하지만, 우변은 어떻게 써야 할까? $\langle \hat{Q}f|$는 "$\hat{Q}|f\rangle$에 대응하는 브라"를 의미한다. 그러나 그 이름은 무엇인가? 만일

$$\left\langle \left(\text{벡터의 이름 } \hat{Q}|f\rangle \right) \right|$$

이라고 쓰면 너무 길고 복잡하다. 그러나 각각의 벡터를 이것이 나타내는 함수로 이름 짓기로 정했으므로, 또 $\hat{Q}$가 (이름이 아닌) 함수 f에 어떻게 작용하는지 알기 때문에 사실

$$\langle \hat{Q}f|$$

로 쓸 수 있고,[35] 이것은 괜찮다.[36]

연산자는 Hilbert 공간에서 한 벡터를 취하여 다른 벡터를 만든다.

$$\hat{Q}|\alpha\rangle = |\beta\rangle. \tag{3.97}$$

두 연산자의 합은 분명하게

$$\left(\hat{Q} + \hat{R}\right)|\alpha\rangle = \hat{Q}|\alpha\rangle + \hat{R}|\alpha\rangle \tag{3.98}$$

로 정의되고, 두 연산자의 곱은

$$\hat{Q}\hat{R}|\alpha\rangle = \hat{Q}\left(\hat{R}|\alpha\rangle\right) \tag{3.99}$$

이다(먼저 $\hat{R}$을 $|\alpha\rangle$에 적용하고, 그리고 얻은 결과에 $\hat{Q}$를 적용한다. 물론 이 순서에 주의해야 한다). 가끔 연산자의 함수를 집할 것이다. 이들은 전형적으로 멱급수로 정의한다.

$$e^{\hat{Q}} \equiv 1 + \hat{Q} + \frac{1}{2}\hat{Q}^2 + \frac{1}{3!}\hat{Q}^3 + \cdots \tag{3.100}$$

$$\frac{1}{1-\hat{Q}} \equiv 1 + \hat{Q} + \hat{Q}^2 + \hat{Q}^3 + \hat{Q}^4 + \cdots \tag{3.101}$$

$$\ln\left(1 + \hat{Q}\right) \equiv \hat{Q} - \frac{1}{2}\hat{Q}^2 + \frac{1}{3}\hat{Q}^3 - \frac{1}{4}\hat{Q}^4 + \cdots \tag{3.102}$$

등등이다. 우변에는 합과 곱만 있고, 이것은 어떻게 다루는지 알고 있다.

문제 3.23 투영연산자는 **멱등**(idempotent), 즉 $\hat{P}^2 = \hat{P}$임을 증명하라. $\hat{P}$의 고유값을 구하고, 고유벡터의 특성을 살펴보라.

문제 3.24 연산자 $\hat{Q}$가 hermitian이면, 임의의 직교규격화된 기준에서 그 행렬요소는 $Q_{mn} = Q_{nm}^*$를 만족한다는 것을 증명하라. 즉 대응하는 행렬은 자리를 바꾸고 복소켤레를 취한 것과 같다.

---

[35] 식 3.20으로 인해 $\langle \hat{Q}f| = \langle f|\hat{Q}^\dagger$ 임을 주목하라.

[36] 델타함수처럼 Dirac의 표기법도 아름답고, 강력하며, 규칙에 잘 맞는다. (모든 사람들이 그러하듯이) 남용을 할 수 있지만, 해롭지는 않다. 그러나 가끔 기호가 무엇을 의미하는지 자문해 보아야 한다.

문제 3.25 어떤 이준위계의 Hamiltonian이

$$\hat{H} = \epsilon\,(|1\rangle\langle 1| - |2\rangle\langle 2| + |1\rangle\langle 2| + |2\rangle\langle 1|)$$

로 주어졌다. 여기서 $|1\rangle$과 $|2\rangle$는 직교규격화된 기준이고, ϵ은 에너지의 차원을 갖는 수이다. 고유값을 구하고, 고유벡터를 $|1\rangle$과 $|2\rangle$의 선형결합으로 나타내라. 이 기준에서 $\hat{H}$를 나타내는 행렬 H는 무엇인가?

* **문제 3.26** 직교규격화된 기준 $|1\rangle$, $|2\rangle$, $|3\rangle$로 만든 삼차원 벡터 공간을 고려하자. 켓 $|\alpha\rangle$와 $|\beta\rangle$는

$$|\alpha\rangle = i|1\rangle - 2|2\rangle - i|3\rangle, \quad |\beta\rangle = i|1\rangle + 2|3\rangle$$

으로 주어진다.

(a) $\langle\alpha|$와 $\langle\beta|$를 쌍대기준 $\langle 1|$, $\langle 2|$, $\langle 3|$로 나타내라.

(b) $\langle\alpha|\beta\rangle$와 $\langle\beta|\alpha\rangle$를 구하고, $\langle\beta|\alpha\rangle = \langle\alpha|\beta\rangle^*$임을 확인하라.

(c) 연산자 $\hat{A} \equiv |\alpha\rangle\langle\beta|$의 모든 9개의 행렬요소를 이 기준에서 구하고, 행렬 A를 구하라. 이것은 hermitian인가?

문제 3.27 연산자 $\hat{Q}$가 직교규격화된 고유벡터의 완전집합에 대해

$$\hat{Q}\,|e_n\rangle = q_n|e_n\rangle \quad (n = 1, 2, 3, \ldots)$$

을 만족한다고 하자.

(a) $\hat{Q}$는 **스펙트럼 분할**을 이용하여

$$\hat{Q} = \sum_n q_n\,|e_n\rangle\langle e_n| \tag{3.103}$$

으로 쓸 수 있다는 것을 증명하라. 귀띔: 연산자는 모든 가능한 벡터에 작용한 결과로 결정되므로 증명해야 할 것은 임의의 벡터 $|\alpha\rangle$에 대하여

$$\hat{Q}|\alpha\rangle = \left\{\sum_n q_n|e_n\rangle\langle e_n|\right\}|\alpha\rangle$$

을 증명하면 된다.

(b) $\hat{Q}$의 함수를 스펙트럼 분할을 이용하면

$$f(\hat{Q}) = \sum_n f(q_n)\,|e_n\rangle\langle e_n| \tag{3.104}$$

의 다른 방법으로 정의할 수 있다. 이것은 $e^{\hat{Q}}$의 경우 식 3.100과 동등하다는 것을 증명하라.

문제 3.28 $\hat{D} = d/dx$(미분 연산자)라고 하자. 다음을 구하라.

(a) $\left(\sin \hat{D}\right) x^5$.

(b) $\left(\dfrac{1}{1-\hat{D}/2}\right) \cos(x)$.

** **문제 3.29** 연산자 $\hat{A}$와 $\hat{B}$가 서로 교환하지는 않지만$\left(\hat{C} = \left[\hat{A}, \hat{B}\right]\right)$, 교환자와는 교환한다. 즉, $\left[\hat{A}, \hat{C}\right] = \left[\hat{B}, \hat{C}\right] = 0$일 경우(예를 들어 $\hat{x}$와 $\hat{p}$)

(a) 다음을 증명하라.

$$\left[\hat{A}^n, \hat{B}\right] = n\,\hat{A}^{n-1}\,\hat{C}.$$

귀띔: 식 3.65를 이용하여 n에 대해 귀납법을 이용하여 증명할 수 있다.

(b) 다음을 증명하라.

$$\left[e^{\lambda \hat{A}}, \hat{B}\right] = \lambda\, e^{\lambda \hat{A}}\, \hat{C}$$

여기서 λ는 임의의 복소수이다. 귀띔: $e^{\lambda\hat{A}}$를 멱급수로 전개하라.

(c) **Baker-Campbell-Hausdorff 공식**[37]

$$e^{\hat{A}+\hat{B}} = e^{\hat{A}}\, e^{\hat{B}}\, e^{-\hat{C}/2}$$

을 증명하라. 귀띔: 다음의 함수를 정의한다.

$$\hat{f}(\lambda) = e^{\lambda\left(\hat{A}+\hat{B}\right)}, \qquad \hat{g}(\lambda) = e^{\lambda \hat{A}}\, e^{\lambda \hat{B}}\, e^{-\lambda^2 \hat{C}/2}$$

이 함수들은 $\lambda = 0$일 때 같다는 것을 주목하고, 이들이 같은 미분방정식 $d\hat{f}/d\lambda = \left(\hat{A}+\hat{B}\right)\hat{f}$, $d\hat{g}/d\lambda = \left(\hat{A}+\hat{B}\right)\hat{g}$를 만족한다는 것을 증명하라. 그러므로 이 함수는 모든 λ에 대해 같다.[38]

3.6.3 Dirac 표기법에서 기준 바꾸기

Dirac 표기법의 장점은 특별한 기준을 정할 필요가 없고, 기준 사이의 변환이 자연스럽다는 것이다. 동일 연산자는 상태의 완전집합에 대한 투영으로 쓴 것을 돌이켜 보자(식 3.93과 3.96). 특별히 관심 있는 것은 위치 고유상태 $|x\rangle$, 운동량 고유상태 $|p\rangle$와 (불연속적이라고 가정한) 에너지 고유상태 $|n\rangle$이다.

---

[37] 이것은 $\hat{A}$와 $\hat{B}$가 $\hat{C}$와 교환하지 않을 때 적용되는 더 일반적인 공식의 특별한 경우이다. 예를 들어 Eugen Merzbacher, *Quantum Mechanics*, 3rd edn. Wiley, New York (1998) 40쪽을 참조하라.

[38] 순서를 지키는 한 곱에 대한 연산자의 미분은 성립한다.

$$\frac{d}{d\lambda}\left[\hat{A}(\lambda)\ \hat{B}(\lambda)\right] = \hat{A}'(\lambda)\ \hat{B}(\lambda) + \hat{A}(\lambda)\ \hat{B}'(\lambda). \tag{3.105}$$

$$1 = \int dx\, |x\rangle\, \langle x|,$$

$$1 = \int dp\, |p\rangle\, \langle p|,$$

$$1 = \sum |n\rangle\, \langle n|. \tag{3.106}$$

상태벡터 $|\mathcal{S}(t)\rangle$에 각각의 동일연산자를 적용하면 다음을 얻는다.

$$|\mathcal{S}(t)\rangle = \int dx\, |x\rangle\, \langle x \,|\, \mathcal{S}(t)\rangle \equiv \int \Psi(x,t)\, |x\rangle\, dx,$$

$$|\mathcal{S}(t)\rangle = \int dp\, |p\rangle\, \langle p \,|\, \mathcal{S}(t)\rangle \equiv \int \Phi(p,t)\, |p\rangle\, dp,$$

$$|\mathcal{S}(t)\rangle = \sum_n |n\rangle\, \langle n \,|\, \mathcal{S}(t)\rangle \equiv \sum c_n(t)\, |n\rangle. \tag{3.107}$$

여기서 위치 공간, 운동량 공간, "에너지 공간"의 파동함수(식 3.77~3.79)는 각 기준에서 벡터 $|\mathcal{S}(t)\rangle$의 성분이다.

예제 3.9

위치 공간 파동함수에서 운동량 공간 파동함수로의 변환을 유도하라. (물론 이미 그 답을 알고 있지만, Dirac 표기법에서 어떻게 사용되는지 보여주고 싶다.)

풀이: $\Psi(x,t) = \langle x|\mathcal{S}(t)\rangle$가 주어졌을 때 $\Phi(p,t) = \langle p|\mathcal{S}(t)\rangle$를 구하고 싶다. 이 둘은 동일연산자를 끼워 넣어 관계를 맺을 수 있다.

$$\begin{aligned}\Phi(p,t) &= \langle p \,|\, \mathcal{S}(t)\rangle \\ &= \left\langle p \,\middle|\, \left(\int dx\, |x\rangle\, \langle x|\right) \middle|\, \mathcal{S}(t)\right\rangle \\ &= \int \langle p \,|\, x\rangle\, \langle x \,|\, \mathcal{S}(t)\rangle\, dx \\ &= \int \langle p \,|\, x\rangle\, \Psi(x,t)\, dx.\end{aligned} \tag{3.108}$$

이제 $\langle x|p\rangle$는 위치 기준에서 (고유값 p인) 운동량 고유상태이다. 이전에 식 3.32에서 $f_p(x)$로 썼던 것이다. 그러므로 다음을 얻는다.

$$\langle p|x\rangle = \langle x|p\rangle^* = [f_p(x)]^* = \frac{1}{\sqrt{2\pi\hbar}}\, e^{-ipx/\hbar}.$$

이것을 식 3.108에 집어 넣으면

$$\Phi(p,t) = \int \frac{1}{\sqrt{2\pi\hbar}}\, e^{-ipx/\hbar}\, \Psi(x,t)\, dx$$

을 얻고 이것이 정확히 식 3.54이다.

파동함수가 다른 기준에서는 다른 형태이듯이, 연산자도 그렇다. 위치 연산자는 위치 기준에서

$$\hat{x} \to x$$

이고, 운동량 기준에서는

$$\hat{x} \to i\hbar\frac{\partial}{\partial p}$$

이다. 그러나 Dirac 표기법에서는 화살표를 없애고 등호를 쓸 수 있다. 연산자는 켓에 작용한다 [예를 들면 $\hat{x}|\mathcal{S}(t)\rangle$]. 이 연산의 결과는 임의의 기준에서 적절한 기준벡터와 내적을 취하여 표현할 수 있다. 즉

$$\langle x\,|\hat{x}|\,\mathcal{S}(t)\rangle = x \text{ 기준에서 연산자의 작용} = x\,\Psi(x,t) \tag{3.109}$$

또는

$$\langle p\,|\hat{x}|\,\mathcal{S}(t)\rangle = p \text{ 기준에서 연산자의 작용} = i\hbar\frac{\partial\Phi}{\partial p} \tag{3.110}$$

로 쓸 수 있다. 이 표기법에서 기준 사이의 연산자의 변환은 다음의 예제에서 보듯이 간단하다.

예제 3.10

운동량 기준(식 3.110)에서 좌변에 동일 연산자를 끼워 넣어 위치 연산자를 구하라.

풀이:

$$\begin{aligned}\langle p\,|\hat{x}|\,\mathcal{S}(t)\rangle &= \left\langle p\left|\hat{x}\int dx\right|x\right\rangle\left\langle x\right|\left|\mathcal{S}(t)\right\rangle \\ &= \int \langle p\,|x|\,x\rangle\,\langle x\,|\,S(t)\rangle\,dx\,,\end{aligned}$$

여기서 $|x\rangle$는 $\hat{x}$의 고유상태라는 것을 이용했다($\hat{x}|x\rangle = x|x\rangle$). x는 숫자이므로 내적 밖으로 꺼낼 수 있어서 다음을 얻는다.

$$\begin{aligned}\langle p\,|\hat{x}|\,\mathcal{S}(t)\rangle &= \int x\,\langle p\,|\,x\rangle\,\Psi(x,t)\,dx \\ &= \int x\,\frac{e^{-ipx/\hbar}}{\sqrt{2\pi\hbar}}\Psi(x,t)\,dx \\ &= i\hbar\frac{\partial}{\partial p}\int\frac{e^{-ipx/\hbar}}{\sqrt{2\pi\hbar}}\Psi(x,t)\,dx.\end{aligned}$$

마지막으로 적분은 $\Phi(p,t)$인 것을 알 수 있다(식 3.54).

문제 3.30 예제 3.9의 방법을 이용하여 위치 공간 파동함수로부터 "에너지 공간" 파동함수 ($c_n(t)$)로의 변환을 유도하라. 에너지 스펙트럼은 불연속적이고, 퍼텐셜은 시간에 무관하다고 가정하라.

3장 추가문제

* **문제 3.31 Legendre 다항식.** Gram-Schmidt 과정(문제 A.4)을 이용하여 함수 1, x, x^2, x^3을 구간 $-1 \leq x \leq 1$에서 규격화하라. 그 결과로 (규격화 상수를 제외하고)[39] **Legendre 다항식**을 얻는다(문제 2.64와 표 4.1).

문제 3.32 반 hermitian(혹은 **빗 hermitian**) 연산자는 자신의 hermitian 켤레에 음의 부호를 붙인 것과 같다.

$$\hat{Q}^{\dagger} = -\hat{Q}. \tag{3.111}$$

(a) 반 hermitian 연산자의 기댓값은 허수임을 증명하라.

(b) 반 hermitian의 고유값은 허수임을 증명하라.

(c) 다른 고유값을 갖는 반 hermitian 연산자의 고유벡터는 직교함을 증명하라.

(d) 두 hermitian 연산자의 교환자는 반 hermitian임을 증명하라. 두 반 hermitian 연산자의 교환자는 어떻게 되는가?

(e) 임의의 연산자 $\hat{Q}$는 hermitian 연산자 $\hat{A}$와 반 hermitian 연산자 $\hat{B}$의 합으로 쓸 수 있음을 증명하고, $\hat{A}$와 $\hat{B}$를 연산자 $\hat{Q}$와 이의 수반 연산자 $\hat{Q}^{\dagger}$로 나타내라.

문제 3.33 연속적인 측정. 관측량 A를 나타내는 연산자 $\hat{A}$의 두 개의 (규격화된) 고유상태 ψ_1과 ψ_2는 각각 고유값이 a_1과 a_2이다. 관측량 B를 나타내는 연산자 $\hat{B}$의 두 개의 (규격화된) 고유상태 ϕ_1과 ϕ_2는 각각 고유값이 b_1과 b_2이다. 고유상태들의 관계는 다음과 같다.

$$\psi_1 = (3\phi_1 + 4\phi_2)/5, \quad \psi_2 = (4\phi_1 - 3\phi_2)/5.$$

(a) 관측량 A를 측정했더니 값 a_1을 얻었다. 이 측정 직후의 상태는 무엇인가?

(b) 이제 B를 측정하면 가능한 결과는 무엇이고, 어떤 확률로 나타나는가?

(c) B를 측정한 직후 다시 A를 측정했다. a_1을 얻을 확률은 얼마인가? (B를 측정한 결과를 알려준다면 답은 매우 다를 것이다.)

*** **문제 3.34**

(a) 무한한 사각형 우물의 n번째 정상상태에 대한 운동량 공간의 파동함수 $\Phi_n(p, t)$를 구하라.

(b) 확률밀도 $|\Phi_n(p, t)|^2$을 구하라. 이 함수를 $n = 1$, $n = 2$, $n = 5$, $n = 10$일 때 그래프로 그려라. n이 클 때 p가 가장 큰 확률로 나오는 값은 얼마인가? 이것은 예상했던 것인가?[40] 답을 문제 3.10과 비교하라.

(c) $\Phi_n(p, t)$를 이용하여 n번째 상태에서 p^2의 기댓값을 계산하라. 이 답을 문제 2.4와 비교하라.

---

[39] Legendre는 최선의 관습이 무엇인지 몰랐다. 그래서 모든 함수가 $x = 1$일 때 1이 되도록 정했고, 이후로 모두 이 불행한 선택을 사용하게 되었다.

[40] F. L Markley, *Am. J. Phys.* **40**, 1545 (1972) 참조.

문제 3.35 다음의 파동함수가 있다.

$$\Psi(x,0)=\begin{cases}\frac{1}{\sqrt{2n\lambda}}e^{i2\pi x/\lambda}, & -n\lambda < x < n\lambda,\\ 0, & \text{이외의 경우.}\end{cases}$$

여기서 n은 양의 정수이다. 이 함수는 $-n\lambda < x < n\lambda$인 구간에서 (파장이 λ인) 완벽한 사인 파동이지만, 진동이 무한대까지 계속되지 않으므로 운동량의 범위가 있다. 운동량 공간 파동함수 $\Phi(p, 0)$를 구하라. $|\Psi(x, 0)|^2$과 $|\Phi(p, 0)|^2$의 그래프를 그리고, 너비 w_x와 w_p를 구하라(주된 봉우리 양쪽의 0 사이의 거리이다). $n \to \infty$일 때 각 너비가 어떻게 되는지 주목하라. w_x와 w_p를 Δx와 Δp의 크기로 생각하여, 불확정성 원리가 만족됨을 확인하라. 주의: σ_p를 계산하려 한다면 놀랄 것이다. 이 문제를 해결할 수 있는가?

문제 3.36 다음의 파동함수가 있다.

$$\Psi(x,0)=\frac{A}{x^2+a^2}, \quad (-\infty < x < \infty).$$

여기서 A와 a는 상수이다.

(a) $\Psi(x, 0)$를 규격화하여 A를 결정하라.

(b) (시간 $t = 0$에서) $\langle x\rangle$, $\langle x^2\rangle$과 σ_x를 구하라.

(c) 운동량 공간 파동함수 $\Phi(p, 0)$를 구하고, 이것이 규격화되어 있음을 확인하라.

(d) $\Phi(p, 0)$을 이용하여 (시간 $t = 0$에서) $\langle p\rangle$, $\langle p^2\rangle$과 σ_p를 구하라.

(e) 이 상태에 대해 Heisenberg 불확정싱 원리를 확인하라.

* **문제 3.37 비리얼 정리.** 식 3.73을 이용하여 다음을 증명하라.

$$\frac{d}{dt}\langle xp\rangle = 2\langle T\rangle - \left\langle x\frac{\partial V}{\partial x}\right\rangle. \tag{3.112}$$

여기서 T는 운동에너지이다($H = T + V$). 정상상태에서 좌변은 0이므로(왜 그런가?)

$$2\langle T\rangle = \left\langle x\frac{dV}{dx}\right\rangle \tag{3.113}$$

을 얻는다. 이것을 **비리얼 정리**라고 한다. 이것을 이용하여 조화진동자의 정상상태에 대해 $\langle T\rangle = \langle V\rangle$임을 증명하고, 이것은 문제 2.11과 2.12에서 얻은 결과와 일관성이 있음을 확인하라.

문제 3.38 에너지-시간 불확정성 원리의 흥미 있는 표현인[41] $\Delta t = \tau/\pi$를 보자. 여기서 τ는 $\Psi(x, t)$가 변화하여 $\Psi(x, 0)$과 직교할 때까지 걸리는 시간이다. 임의의 퍼텐셜에 대한 두 개의 (직교하는) 정상상태의 선형결합으로 이루어진 파동함수 $\Psi(x,0)=\left(1/\sqrt{2}\right)[\psi_1(x) + \psi_2(x)]$를 이용하여 이 결과를 검사해 보아라.

[41] 이에 대한 증명을 보려면 L. Vaidman, *Am. J. Phys.* **60**, 182 (1992)를 참조하라.

** **문제 3.39** 조화진동자의 정상상태의 (직교규격화된) 기준(식 2.68)을 이용하여 행렬요소 $\langle n|x|n'\rangle$과 $\langle n|p|n'\rangle$을 구하라. 이미 문제 2.12에서 "대각화" 요소($n = n'$)는 계산했다. 일반적인 경우에 대해 같은 방법을 사용하라. 이에 대응하는 (무한 차원의) 행렬 X와 P를 구하라. 이 기준에서 $(1/2m)\ \mathsf{P}^2 + (m\omega^2/2)\mathsf{X}^2 = \mathsf{H}$는 대각 행렬이 됨을 증명하라. 대각 행렬 요소는 예상한 대로인가? 부분답:

$$\langle n \mid x \mid n' \rangle = \sqrt{\frac{\hbar}{2m\omega}} \left(\sqrt{n'}\delta_{n,n'-1} + \sqrt{n}\delta_{n',n-1} \right). \tag{3.114}$$

** **문제 3.40** 단순조화진동자 안의 입자에 대한 가장 일반적인 파동함수는

$$\Psi(x,t) = \sum_n c_n\, \psi_n(x)\, e^{-iE_n t/\hbar}$$

이다. 위치의 기댓값은

$$\langle x \rangle = C\cos(\omega t - \phi)$$

임을 증명하라. 여기서 C와 ϕ는

$$Ce^{-i\phi} = \left(\sqrt{\frac{2\hbar}{m\omega}}\right) \sum_{n=0}^{\infty} \sqrt{n+1}\, c_{n+1}^*\, c_n$$

이다. 따라서 조화진동자 안의 입자에 대한 위치의 기댓값은 고전 진동수 ω로 진동한다 [Ehrenfest 정리에서 예상한 것이다. 문제 3.19(b) 참조]. 귀띔: 식 3.114를 이용하라. 예를 들어 문제 2.40에 있는 파동함수에 대해 C와 ϕ를 구하라.

문제 3.41 조화진동자가 에너지를 측정하면 같은 확률로 $(1/2)\hbar\omega$ 혹은 $(3/2)\hbar\omega$를 얻는다. 이 상태에서 $\langle p\rangle$의 가능한 가장 큰 값은 얼마인가? 시간 $t = 0$에서 이 최대값을 갖는다면 $\Psi(x, t)$는 무엇인가?

*** **문제 3.42 조화진동자의 결맞은 상태.** 조화진동자의 정상상태(식 2.68) 중 $n = 0$인 상태만이 불확정성의 최소값($\sigma_x\sigma_p = \hbar/2$)을 갖는다. 일반적으로 문제 2.12에서 구한 것처럼 $\sigma_x\sigma_p = (2n + 1)\hbar/2$이다. 그러나 (**결맞은 상태**로 알려진) 적절한 선형결합을 취하면 불확정도의 곱을 최소화시킬 수 있다. 이것은 내림연산자의 고유상태이다.[42]

$$a_- |\alpha\rangle = \alpha|\alpha\rangle$$

(고유값 α는 임의의 복소수이다.)

(a) 상태 $|\alpha\rangle$에서 $\langle x\rangle$, $\langle x^2\rangle$, $\langle p\rangle$, $\langle p^2\rangle$을 계산하라. 귀띔: 예제 2.5의 방법을 사용하고, a_+는 a_-의 hermitian 켤레임을 기억하라. α가 실수라고 가정하지 말라.

(b) σ_x와 σ_p를 구하라. $\sigma_x\sigma_p = \hbar/2$임을 보여라.

(c) 임의의 다른 파동함수와 같이 결맞은 상태는 에너지의 고유상태로 전개할 수 있다.

---

[42] 올림연산자에 대한 규격화할 수 있는 고유함수는 없다.

$$|\alpha\rangle = \sum_{n=0}^{\infty} c_n\,|n\rangle.$$

전개 계수는

$$c_n = \frac{\alpha^n}{\sqrt{n!}}c_0$$

임을 증명하라.

(d) $|\alpha\rangle$를 규격화하여 c_0를 결정하라. 답: $\exp\,(-|\alpha|^2/2)$.

(e) 이제 시간 의존성

$$|n\rangle \to e^{-iE_n t/\hbar}\,|n\rangle$$

을 집어 넣어 $|\alpha\ (t)\rangle$는 $a_$의 고유상태로 남지만, 고유값은 시간에 대해

$$\alpha(t) = e^{-i\omega t}\alpha$$

로 변함을 보여라. 그러므로 결맞은 상태는 계속 결맞게 남아 있고, 불확정도의 곱을 계속 최소화한다.

(f) (a), (b)와 (e)의 답을 근거로 $\langle x\rangle$와 σ_x를 시간의 함수로 구하라. 복소수 α를

$$\alpha = C\sqrt{\frac{m\,\omega}{2\,\hbar}}\,e^{i\,\phi}$$

로 쓰면 도움이 될 것이다. 여기서 C와 ϕ는 상수이다. 참고: 다르게 말하면 결맞은 상태는 준고전적으로 행동한다고 볼 수 있다.

(g) 바닥상태($|n=0\rangle$) 자체는 결맞은 상태인가? 그렇다면 고유값은 무엇인가?

문제 3.43 확장된 불확정성 원리.[43] 일반화된 불확정성 원리(식 3.62)에 의하면

$$\sigma_A^2\sigma_B^2 \geq \frac{1}{4}\,\langle C\rangle^2$$

이다. 여기서 $\hat{C} \equiv -i\left[\hat{A},\,\hat{B}\right]$이다.

(a) 위의 결과는

$$\sigma_A^2\sigma_B^2 \geq \frac{1}{4}\left(\langle C\rangle^2 + \langle D\rangle^2\right) \tag{3.115}$$

로 확장됨을 증명하라. 여기서 $\hat{D} \equiv \hat{A}\hat{B} + \hat{B}\hat{A} - 2\langle A\rangle\langle B\rangle$이다. 귀띔: 식 3.60에서 $\mathrm{Re}(z)$항을 유지하라.

(b) $B = A$인 경우 식 3.115를 확인하라(이 경우 표준 불확정성 원리는 $\hat{C} = 0$이므로 자명하다. 불행하게도 확장된 불확정성 원리도 도움이 되지 않는다).

[43] 흥미로운 언급과 참고 논문을 보려면 R. P. Puri, *Phys. Rev. A* **49**, 2178 (1994)를 참조하라.

문제 3.44 삼준위계의 Hamiltonian이 다음의 행렬

$$\mathsf{H} = \begin{pmatrix} a & 0 & b \\ 0 & c & 0 \\ b & 0 & a \end{pmatrix}$$

으로 주어진다. 여기서 a, b, c는 실수이다.

(a) 계가 다음의 상태

$$|\mathcal{S}(0)\rangle = \begin{pmatrix} 0 \\ 1 \\ 0 \end{pmatrix}$$

에서 시작한다면 $|\mathcal{S}(t)\rangle$는 무엇인가?

(b) 계가 다음의 상태

$$|\mathcal{S}(0)\rangle = \begin{pmatrix} 1 \\ 0 \\ 0 \end{pmatrix}$$

에서 시작한다면 $|\mathcal{S}(t)\rangle$는 무엇인가?

문제 3.45 조화진동자의 에너지 상태 기준에서 위치연산자를 구하라. 즉

$$\langle n \,|\hat{x}|\, \mathcal{S}(t)\rangle$$

을 $c_n(t) = \langle n|\mathcal{S}(t)\rangle$로 나타내라. 귀띔: 식 3.114를 이용하라.

문제 3.46 어떤 삼준위계의 Hamiltonian은 다음의 행렬

$$\mathsf{H} = \hbar\omega \begin{pmatrix} 1 & 0 & 0 \\ 0 & 2 & 0 \\ 0 & 0 & 2 \end{pmatrix}$$

로 쓸 수 있다. 다른 두 관측량 A와 B는 다음 행렬로 나타낸다.

$$\mathsf{A} = \lambda \begin{pmatrix} 0 & 1 & 0 \\ 1 & 0 & 0 \\ 0 & 0 & 2 \end{pmatrix}, \quad \mathsf{B} = \mu \begin{pmatrix} 2 & 0 & 0 \\ 0 & 0 & 1 \\ 0 & 1 & 0 \end{pmatrix}.$$

여기서 ω, λ와 μ는 양의 실수이다.

(a) H, A, B의 고유값과 (규격화된) 고유벡터를 구하라.

(b) 이 계가 일반적인 상태

$$|\mathcal{S}(0)\rangle = \begin{pmatrix} c_1 \\ c_2 \\ c_3 \end{pmatrix}$$

에서 시작한다. 여기서 $|c_1|^2 + |c_2|^2 + |c_3|^2 = 1$이다. ($t = 0$에서) H, A, B의 기댓값을 구하라.

(c) $|\mathcal{S}(t)\rangle$는 무엇인가? 이 계의 에너지를 (시간 t에서) 측정했다면 어떤 값을 얻고, 각각의 얻을 확률은 얼마인가? 관측량 A와 B에 대해서도 같은 질문에 대한 답을 구하라.

** **문제 3.47 초대칭성.** 두 연산자

$$\hat{A} = i\frac{\hat{p}}{\sqrt{2m}} + W(x)\text{와}\quad \hat{A}^\dagger = -i\frac{\hat{p}}{\sqrt{2m}} + W(x) \tag{3.116}$$

를 고려하자. 여기서 $W(x)$는 임의의 함수이다. 이들을 가능한 순서대로 곱하여 두 개의 Hamiltonian을 만들 수 있다.

$$\hat{H}_1 \equiv \hat{A}^\dagger\hat{A} = \frac{\hat{p}^2}{2m} + V_1(x)\text{와}\quad \hat{H}_2 \equiv \hat{A}\hat{A}^\dagger = \frac{\hat{p}^2}{2m} + V_2(x). \tag{3.117}$$

V_1과 V_2는 **초대칭성 짝퍼텐셜**이라고 한다. $\hat{H}_1$과 $\hat{H}_2$의 에너지와 고유상태는 흥미 있는 방법으로 관련되어 있다.[44]

(a) V_1과 V_2를 **초퍼텐셜** $W(x)$로 나타내라.

(b) $\psi_n^{(1)}$이 고유값 $E_n^{(1)}$인 $\hat{H}_1$의 고유상태라면, $\hat{A}\psi_n^{(1)}$은 같은 고유값을 갖는 $\hat{H}_2$의 고유상태임을 증명하라. 마찬가지로 $\psi_n^{(2)}(x)$가 고유값 $E_n^{(2)}$인 $\hat{H}_2$의 고유상태라면, $\hat{A}^\dagger\psi_n^{(2)}$은 같은 고유값을 갖는 $\hat{H}_1$의 고유상태임을 증명하라. 그러므로 두 Hamiltonian은 근본적으로 동일한 스펙트럼을 갖는다.

(c) 보통 $\hat{H}_1$의 바닥상태가

$$\hat{A}\psi_0^{(1)}(x) = 0 \tag{3.118}$$

을 만족하도록 $W(x)$를 선택한다. 따라서 $E_0^{(1)} = 0$이다. 이를 이용하여 초퍼텐셜 $W(x)$를 바닥상태의 파동함수 $\psi_0^{(1)}(x)$로 나타내라. ($\hat{A}$가 $\psi_0^{(1)}$을 소멸시킨다는 것은 $\hat{H}_2$가 $\hat{H}_1$보다 고유상태의 수가 한 개 적다는 것을 의미하고, 고유값 $E_0^{(1)}$은 없다.)

(d) Dirac 델타함수 우물

$$V_1(x) = \frac{m\alpha^2}{2\hbar^2} - \alpha\delta(x) \tag{3.119}$$

를 고려하자(상수 $m\alpha^2/2\hbar^2$는 $E_0^{(1)} = 0$이 되도록 집어 넣었다). 이것은 한 개의 속박상태를 갖는다(식 2.132).

$$\psi_0^{(1)}(x) = \frac{\sqrt{m\alpha}}{\hbar}\exp\left[-\frac{m\alpha}{\hbar^2}|x|\right]. \tag{3.120}$$

(a)와 (c), 그리고 문제 2.23(b)를 이용하여 초퍼텐셜 $W(x)$와 짝퍼텐셜 $V_2(x)$를 구하라. 이 짝퍼텐셜은 알아챌 수 있는 것이고, 속박상태가 없는 반면 이 두 상태 사이의 초대칭성으로 인해 반사계수와 투과계수가 동일하다는 사실을 설명할 수 있다(2.5.2절의 마지막 문단 참조).

** **문제 3.48** 연산자는 작용(작용된 벡터를 어떻게 변화시키는가)뿐만 아니라 영역(작용하는 벡터의 집합)으로 정의한다. 유한 차원의 벡터 공간에서 영역은 전체 공간이고, 이에 대해 걱정할 필요는 없다. 그러나 Hilbert 공간의 대부분 연산자에 대해서는 그 영역이 제

---

[44] Fred Cooper, Avinash Khare, Uday Sukhatme, *Supersymmetry in Quantum Mechanics*, World Scientific, Singapore, 2001.

한되어 있다. 특히 $\hat{Q}f(x)$가 Hilbert 공간에 남는 함수만이 $\hat{Q}$의 영역에 허용된다. (문제 3.2에서 보았듯이 미분연산자는 함수를 L^2 밖으로 몰아낼 수 있다.)

Hermitian 연산자는 그 작용이 수반연산자의 작용과 같은 것이다[45](문제 3.5). 그러나 관측량을 표현하려면 더 많은 요구조건이 있다. $\hat{Q}$와 $\hat{Q}^\dagger$의 영역 역시 동일해야 한다는 것이다. 이러한 연산자를 **자기수반 연산자**라고 한다.[46]

(a) 유한한 구간 $0 \leq x \leq a$에서 운동량 연산자 $\hat{p} = -i\hbar d/dx$를 고려하자. 무한한 사각형 우물을 생각하면서 그 영역을 $f(0) = f(a) = 0$을 만족하는 함수 $f(x)$의 집합으로 정의할 수 있다[당연히 $f(x)$와 $\hat{p}f(x)$는 L^2 $(0, a)$에 속한다]. $\hat{p}$가 hermitian임을 증명하라. 즉 $\hat{p}^\dagger = \hat{p}$이고 $\langle g|\hat{p}f\rangle = \langle \hat{p}^\dagger g|f\rangle$임을 보여라. 하지만 자기수반 연산자인가? 귀띔: $f(0) = f(a) = 0$인 한 $g(0)$나 $g(a)$에 대한 제한은 없다. $\hat{p}^\dagger$의 영역은 $\hat{p}$의 영역보다 훨씬 크다.[47]

(b) 임의의 고정된 복소수 λ에 대해 $f(a) = \lambda f(0)$를 만족하는 모든 함수를 포함하도록 $\hat{p}$의 영역을 확대해 보자. $\hat{p}$가 hermitian이려면 $\hat{p}^\dagger$의 영역에 대해 어떤 조건을 주어야 하는가? 어떤 λ값이 $\hat{p}$가 자기수반이 되도록 하는가? 참고: 기술적으로는 유한한 구간에 대해서는 어떠한 운동량 연산자도 없다. 그보다 어느 것이 "올바른" 것인지 결정하는 무한히 많은 방법이 있거나 전혀 없다. (문제 3.34에서는 무한한 구간에서 고려하여 이러한 문제를 피했다.)

(c) 반만 무한한 구간 $0 \leq x < \infty$에서는 어떠한가? 이 경우 자기수반 운동량 연산자가 있는가?[48]

** **문제 3.49**

(a) 운동량 공간에서 자유입자에 대한 시간에 의존하는 "Schrödinger 방정식"을 쓰고, 이를 풀라. 답: $\exp(-ip^2t/2m\hbar)\ \Phi(p, 0)$.

(b) 이동하는 gaussian 파동 묶음(문제 2.42)에 대하여 $\Phi(p, 0)$을 구하고, 이 경우 $\Phi(p, t)$를 구하라. 그리고 $|\Phi(p, t)|^2$을 구하고, 이것은 시간에 무관함을 주목하라.

(c) Φ를 포함하는 적절한 적분을 계산하여 $\langle p\rangle$와 $\langle p^2\rangle$을 구하고, 문제 2.42에서 구한 답과 비교하라.

(d) $\langle H\rangle = \langle p\rangle^2/2m + \langle H\rangle_0$임을 증명하고(첨자 0은 정상상태의 gaussian을 나타낸다) 그 결과에 대해 논하라.

---

[45] 수학자는 "대칭적" 연산자라고 한다.

[46] 이러한 차이는 거의 나타나지 않지만 물리학자는 거의 구별하지 않고 "hermitian"이라고 쓰는 경향이 있다. 기술적으로는 작용과 영역에서 $\hat{Q} = \hat{Q}^\dagger$를 의미하는 "자기수반"이라고 해야 한다.

[47] $\hat{Q}$의 영역은 우리가 규정하는 것이고, 이것이 $\hat{Q}^\dagger$의 영역을 결정한다.

[48] J. von Neumann은 hermitian 연산자를 **자기수반 연산자**로 확장하는 (혹은 어떤 경우에는 존재할 수 없다는 것을 보이는) 방법을 도입했다. 이를 쉽게 풀어 쓴 것을 보려면 G. Bonneau, J. Faraut, B. Valent, *Am. J. Phys.* **69**, 322 (2001)을 참조하라. 흥미 있는 적용방법을 보려면 M. T. Ahari, G. Ortiz, B. Seradjeh, *Am. J. Phys.* **84**, 858 (2016)을 참조하라.

4 삼차원 양자역학

Quantum Mechanics in Three Dimensions

4.1 Schrödinger 방정식

삼차원으로 일반화하는 것은 간단하다. Schrödinger 방정식은

$$i\hbar\frac{\partial\Psi}{\partial t} = \hat{H}\Psi \tag{4.1}$$

이다. Hamiltonian 연산자 $\hat{H}$는 고전적 에너지

$$\frac{1}{2}mv^2 + V = \frac{1}{2m}\left(p_x^2 + p_y^2 + p_z^2\right) + V$$

을 (x뿐만 아니라 y와 z까지 포함하여) 표준적인 방법

$$p_x \to -i\hbar\frac{\partial}{\partial x}, \quad p_y \to -i\hbar\frac{\partial}{\partial y}, \quad p_z \to -i\hbar\frac{\partial}{\partial z} \tag{4.2}$$

즉, 간단하게

$$\boxed{\mathbf{p} \to -i\hbar\nabla} \tag{4.3}$$

을 통해 얻을 수 있다. 따라서

$$\boxed{i\hbar\frac{\partial\Psi}{\partial t} = -\frac{\hbar^2}{2m}\nabla^2\Psi + V\Psi} \tag{4.4}$$

가 되고, 여기서

$$\nabla^2 \equiv \frac{\partial^2}{\partial x^2} + \frac{\partial^2}{\partial y^2} + \frac{\partial^2}{\partial z^2} \tag{4.5}$$

는 직각좌표계에서의 **Laplacian**이다.

퍼텐셜에너지 V와 파동함수 Ψ는 이제 $\mathbf{r} = (x, y, z)$과 t의 함수이다. 입자를 미소부피 $d^3\mathbf{r} = dx\,dy\,dz$ 안에서 입자를 찾을 확률은 $|\Psi(\mathbf{r}, t)|^2\,d^3\mathbf{r}$이고, 규격화 조건은

$$\int |\Psi|^2\,d^3\mathbf{r} = 1 \tag{4.6}$$

이다. 여기서 적분은 모든 공간에 대해서 한다. V가 시간에 무관하면 정상상태의 완전집합

$$\Psi_n(\mathbf{r}, t) = \psi_n(\mathbf{r})\, e^{-iE_nt/\hbar} \tag{4.7}$$

이 존재한다. 여기서 공간 파동함수 ψ_n은 시간에 무관한 Schrödinger 방정식

$$\boxed{-\frac{\hbar^2}{2m}\nabla^2\psi + V\psi = E\psi} \tag{4.8}$$

을 만족한다. (시간에 무관한) Schrödinger 방정식의 일반해는

$$\Psi(\mathbf{r}, t) = \sum c_n \psi_n(\mathbf{r})\, e^{-iE_nt/\hbar} \tag{4.9}$$

이고, 상수 c_n은 항상 하던 방법대로 처음 파동함수 $\Psi(\mathbf{r}, 0)$에 의해 결정된다. (퍼텐셜이 연속상태를 허용하면 식 4.9에서 합은 적분이 된다.)

* **문제 4.1**

(a) 연산자 **r**과 **p**의 성분에 대한 모든 **바른 교환관계** $[x, y]$, $[x, p_y]$, $[x, p_x]$, $[p_y, p_z]$ 등을 구하라. 답:

$$[r_i, p_j] = -[p_i, r_j] = i\hbar\delta_{ij}, \quad [r_i, r_j] = [p_i, p_j] = 0. \tag{4.10}$$

여기서 지표는 x, y 혹은 z를 뜻하고, $r_x = x$, $r_y = y$, $r_z = z$이다.

(b) 삼차원에서 **Ehrenfest 정리**를 확인하라.

$$\frac{d}{dt}\langle\mathbf{r}\rangle = \frac{1}{m}\langle\mathbf{p}\rangle, \qquad \frac{d}{dt}\langle\mathbf{p}\rangle = \langle-\nabla V\rangle. \tag{4.11}$$

(물론 각각의 성분에 대한 세 식을 나타낸다.) 귀띔: 먼저 "일반화된" Ehrenfest 정리인 식 3.73이 삼차원에서 유효한지 확인하라.

(c) 삼차원에서 **Heisenberg 불확정성 원리**를 표현하라. 답:

$$\sigma_x\sigma_{p_x} \geq \hbar/2, \quad \sigma_y\sigma_{p_y} \geq \hbar/2, \quad \sigma_z\sigma_{p_z} \geq \hbar/2. \tag{4.12}$$

그러나 예를 들어 $\sigma_x\sigma_{p_y}$에 대한 제한은 없다.

* **문제 4.2** 직각좌표계에서 변수분리를 이용하여 무한 삼차원 우물("상자 안의 입자")에 대하여 풀라.

$$V(x, y, z) = \begin{cases} 0, & x, y, z \text{ 모두 } 0\text{과 } a \text{ 사이;} \\ \infty, & \text{이외의 경우.} \end{cases}$$

(a) 정상상태와 이에 해당하는 에너지를 구하라.

(b) 불연속적인 에너지를 갖는 에너지를 증가하는 순서로 $E_1, E_2, E_3, \ldots$ 라고 부르자. $E_1, E_2, E_3, E_4, E_5, E_6$를 구하라. 겹침(즉, 같은 에너지를 갖는 다른 상태)을 결정하라. 참고: 일차원에서 겹치는 속박상태는 일어나지 않지만(문제 2.44 참조) 삼차원에서는 흔하게 일어난다.

(c) E_{14}의 겹침은 얼마인가? 왜 이 경우가 흥미 있는가?

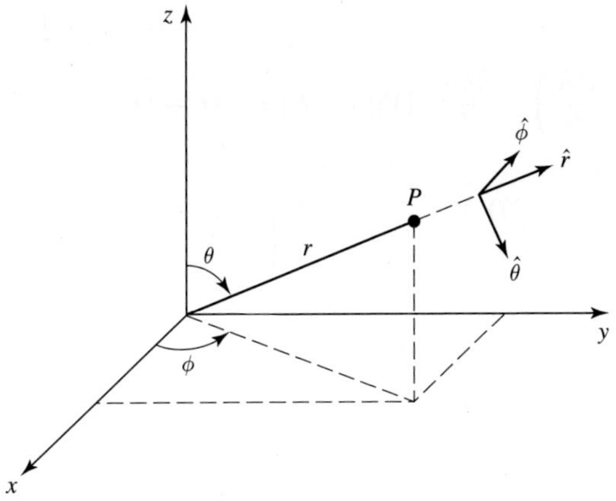

그림 4.1: 구면좌표계: 반지름 r, 극각 θ, 방위각 ϕ.

4.1.1 구면좌표계

앞으로 보게 될 대부분의 응용문제는 **중심 퍼텐셜**에 대한 것인데 V는 원점으로부터의 거리에만 의존하는 함수이다. 즉 $V(\mathbf{r}) = V(r)$이다. 이 경우 **구면좌표계**(r, θ, ϕ)를 쓰는 것이 자연스럽다(그림 4.1). 구면좌표계에서 Laplacian은 다음의 형태를 갖는다.[1]

$$\nabla^2 = \frac{1}{r^2}\frac{\partial}{\partial r}\left(r^2\frac{\partial}{\partial r}\right) + \frac{1}{r^2\sin\theta}\frac{\partial}{\partial\theta}\left(\sin\theta\frac{\partial}{\partial\theta}\right) + \frac{1}{r^2\sin^2\theta}\left(\frac{\partial^2}{\partial\phi^2}\right). \tag{4.13}$$

구면좌표계에서 시간에 무관한 Schrödinger 방정식은 다음과 같다.

$$-\frac{\hbar^2}{2m}\left[\frac{1}{r^2}\frac{\partial}{\partial r}\left(r^2\frac{\partial\psi}{\partial r}\right) + \frac{1}{r^2\sin\theta}\frac{\partial}{\partial\theta}\left(\sin\theta\frac{\partial\psi}{\partial\theta}\right) + \frac{1}{r^2\sin^2\theta}\left(\frac{\partial^2\psi}{\partial\phi^2}\right)\right] + V\psi = E\psi. \tag{4.14}$$

곱으로 표현되는 해(r의 함수 곱하기 θ와 ϕ의 함수)로 이루어진 해를 찾아보자.

$$\psi(r, \theta, \phi) = R(r)\,Y(\theta, \phi). \tag{4.15}$$

이것은 식 4.14에 대입하면 다음을 얻는다.

$$-\frac{\hbar^2}{2m}\left[\frac{Y}{r^2}\frac{d}{dr}\left(r^2\frac{dR}{dr}\right) + \frac{R}{r^2\sin\theta}\frac{\partial}{\partial\theta}\left(\sin\theta\frac{\partial Y}{\partial\theta}\right) + \frac{R}{r^2\sin^2\theta}\frac{\partial^2 Y}{\partial\phi^2}\right] + VRY = ERY.$$

이것을 YR로 나누고, $-2mr^2/\hbar^2$를 곱하면

$$\left\{\frac{1}{R}\frac{d}{dr}\left(r^2\frac{dR}{dr}\right) - \frac{2mr^2}{\hbar^2}[V(r) - E]\right\} + \frac{1}{Y}\left\{\frac{1}{\sin\theta}\frac{\partial}{\partial\theta}\left(\sin\theta\frac{\partial Y}{\partial\theta}\right) + \frac{1}{\sin^2\theta}\frac{\partial^2 Y}{\partial\phi^2}\right\} = 0$$

을 얻는다. 첫 번째 괄호 안에 있는 항은 r에만 의존하고, 나머지는 θ와 ϕ에만 의존한다. 따라서

---

[1] 사실 이것은 직각좌표계의 표현 4.5에서 변수변환을 통해 얻을 수 있다. 그러나 이것을 얻는 훨씬 효율적인 방법이 있다. 예를 들어 M. Boas, *Mathematical Methods in the Physical Sciences*, 3rd edn, Wiley, New York (2006), 10장 9절을 참조하라.

각각은 상수여야 한다. 적당한 때 나타날 이유로 인해[2] "분리 상수"를 $\ell(\ell+1)$의 형태로 쓰겠다.

$$\frac{1}{R}\frac{d}{dr}\left(r^2\frac{dR}{dr}\right)-\frac{2mr^2}{\hbar^2}[V(r)-E]=\ell(\ell+1); \tag{4.16}$$

$$\frac{1}{Y}\left\{\frac{1}{\sin\theta}\frac{\partial}{\partial\theta}\left(\sin\theta\frac{\partial Y}{\partial\theta}\right)+\frac{1}{\sin^2\theta}\frac{\partial^2 Y}{\partial\phi^2}\right\}=-\ell(\ell+1). \tag{4.17}$$

문제 4.3

(a) 상수 A와 a에 대해 $\psi(r,\theta,\phi)=Ae^{-r/a}$이다. $r\to\infty$일 때 $V(r)\to 0$임을 가정하고, E와 $V(r)$을 구하라.

(b) $V(0)=0$임을 가정하고, $\psi(r,\theta,\phi)=Ae^{-r^2/a^2}$인 경우에도 구하라.

4.1.2 각도 방정식

식 4.17로 ψ의 θ와 ϕ에 대한 의존성을 결정한다. $Y\sin^2\theta$를 곱하면 다음을 얻는다.

$$\sin\theta\frac{\partial}{\partial\theta}\left(\sin\theta\frac{\partial Y}{\partial\theta}\right)+\frac{\partial^2 Y}{\partial\phi^2}=-\ell(\ell+1)\sin^2\theta\, Y. \tag{4.18}$$

이 식을 알아볼 수 있을 것이다. 이것은 고전 전자기학의 Laplace 방정식의 해에서 나타난다. 이 방정식은 언제나 변수분리를 이용해 푼다.

$$Y(\theta,\phi)=\Theta(\theta)\,\Phi(\phi). \tag{4.19}$$

이것을 대입하고 $\Theta\Phi$로 나누면

$$\left\{\frac{1}{\Theta}\left[\sin\theta\frac{d}{d\theta}\left(\sin\theta\frac{d\Theta}{d\theta}\right)\right]+\ell(\ell+1)\sin^2\theta\right\}+\frac{1}{\Phi}\frac{d^2\Phi}{d\phi^2}=0$$

을 얻는다. 첫 항은 θ만의 함수이고, 두 번째는 ϕ만의 함수이므로, 각각은 상수여야 한다. 이번에는[3] 분리 상수를 m^2으로 쓰겠다.

$$\frac{1}{\Theta}\left[\sin\theta\frac{d}{d\theta}\left(\sin\theta\frac{d\Theta}{d\theta}\right)\right]+\ell(\ell+1)\sin^2\theta=m^2; \tag{4.20}$$

$$\frac{1}{\Phi}\frac{d^2\Phi}{d\phi^2}=-m^2. \tag{4.21}$$

ϕ 방정식은 쉽다.

---

[2] 여기서 일반성을 잃지 않는 것에 주목하라. 이 단계에서 ℓ은 임의의 복소수일 수 있다. 나중에 보겠지만 ℓ은 정수여야 하고, 이 결과를 예상하고 분리 상수를 특별한 방법으로 표현했다.

[3] 다시 여기서도 일반성을 잃지 않는다. 이 단계에서 m은 임의의 복소수일 수 있지만, 곧 보게 되겠지만 사실 m은 정수여야 한다. 주의: 문자 m은 질량과 분리 상수에서 모두 나타난다. 두 표현 모두 표준적으로 사용되므로 이 혼동을 피하는 좋은 방법은 없다. 어떤 저자는 질량을 M이나 μ로 바꾸어 쓰지만, 중간에 표기를 바꾸기를 싫어하고, 문제만 잘 이해하기 하면 혼동이 일어나지 않을 것으로 생각한다.

$$\frac{d^2\Phi}{d\phi^2} = -m^2\Phi \;\Rightarrow\; \Phi(\phi) = e^{im\phi}. \tag{4.22}$$

사실 두 개의 해 $\exp(im\phi)$와 $\exp(-im\phi)$가 있지만, 두 번째 것은 m을 음수까지 허용하여 첫 번째에 포함시키겠다. 또한 상수가 앞에 붙을 수 있지만 이것은 Θ에 포함시키겠다. 전자기학에서는 방위각함수(Φ)를 지수함수 대신 사인과 코사인으로 나타내었다. 왜냐하면 전기장은 실수이기 때문이다. 그러나 파동함수에는 그러한 제한이 없고, 지수함수가 다루기 훨씬 쉽다. 이제 ϕ가 2π만큼 회전하면 공간에서 같은 점으로 돌아오므로(그림 4.1 참조) 다음 조건을 만족한다.[4]

$$\Phi(\phi + 2\pi) = \Phi(\phi). \tag{4.23}$$

다르게 표현하면 $\exp[im(\phi + 2\pi)] = \exp(im\phi)$, 즉 $\exp(2\pi im) = 1$이다. 이로부터 m은 정수여야 한다.

$$m = 0, \pm1, \pm2, \ldots. \tag{4.24}$$

θ에 대한 식

$$\sin\theta \frac{d}{d\theta}\left(\sin\theta \frac{d\Theta}{d\theta}\right) + \left[\ell(\ell+1)\sin^2\theta - m^2\right]\Theta = 0 \tag{4.25}$$

는 낯설게 보일 수도 있다. 그 해는

$$\Theta(\theta) = A P_\ell^m(\cos\theta) \tag{4.26}$$

이다. 여기서 P_ℓ^m은

$$P_\ell^m(x) \equiv (-1)^m \left(1 - x^2\right)^{m/2} \left(\frac{d}{dx}\right)^m P_\ell(x) \tag{4.27}$$

로 정의하는[5] **Legendre 연관 함수**이고, $P_\ell(x)$는 **Rodrigues 공식**으로 정의하는 ℓ번째 **Legendre 다항식**이다.

$$P_\ell(x) \equiv \frac{1}{2^\ell \ell!}\left(\frac{d}{dx}\right)^\ell \left(x^2 - 1\right)^\ell. \tag{4.28}$$

예를 들면

$$P_0(x) = 1, \quad P_1(x) = \frac{1}{2}\frac{d}{dx}\left(x^2 - 1\right) = x,$$

---

[4] 이것은 보기보다 미묘하다. 결국 확률밀도($|\Phi|^2$)는 m에 관계 없이 한 값을 가져야 한다. 4.3절에서 전혀 다른 논의를 통해 m에 대한 조건을 구할 것이다.

[5] (이 책의 이전 판을 포함하여) 어떤 책에서는 P_ℓ^m의 정의에 $(-1)^m$을 포함시키지 않았다. 식 4.27에서는 $m \geq 0$임을 가정했다. 음수인 경우 다음과 같이 정의한다.

$$P_\ell^{-m}(x) = (-1)^m \frac{(\ell - m)!}{(\ell + m)!} P_\ell^m(x).$$

(이 책의 이전 판을 포함하여) 어떤 책에서는 $P_\ell^{-m} = P_\ell^m$으로 정의한다. 이제 Mathematica에서 사용하는 더 표준적인 관습을 따르겠다.

표 4.1: Legendre 다항식 $P_\ell(x)$의 첫 몇 개의 항. (a) 함수의 형태, (b) 그래프.

$P_0 = 1$

$P_1 = x$

$P_2 = \frac{1}{2}(3x^2 - 1)$

$P_3 = \frac{1}{2}(5x^3 - 3x)$

$P_4 = \frac{1}{8}(35x^4 - 30x^2 + 3)$

$P_5 = \frac{1}{8}(63x^5 - 70x^3 + 15x)$

(a)

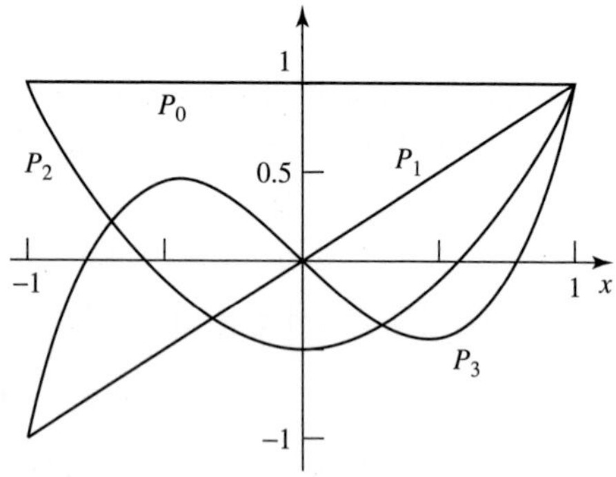

(b)

$$P_2(x) = \frac{1}{4 \cdot 2}\left(\frac{d}{dx}\right)^2 \left(x^2 - 1\right)^2 = \frac{1}{2}\left(3x^2 - 1\right)$$

등이다. 첫 몇 개의 Legendre 다항식은 표 4.1에 나와 있다. 이름이 암시하듯 $P_\ell(x)$는 (ℓ차의) x에 대한 다항식이고, ℓ의 반전성에 따라 짝함수, 혹은 홀함수가 된다. 그러나 일반적으로 $P_\ell^m(x)$는 다항식이 아니다.[6] m이 홀수일 때는 $\sqrt{1-x^2}$를 붙인다.

$$P_2^0(x) = \frac{1}{2}\left(3x^2 - 1\right), \quad P_2^1(x) = -\left(1 - x^2\right)^{1/2} \frac{d}{dx}\left[\frac{1}{2}\left(3x^2 - 1\right)\right] = -3x\sqrt{1 - x^2},$$

$$P_2^2(x) = \left(1 - x^2\right)\left(\frac{d}{dx}\right)^2 \left[\frac{1}{2}\left(3x^2 - 1\right)\right] = 3\left(1 - x^2\right).$$

(반면에 우리가 필요한 것은 $P_\ell^m(\cos\theta)$이고, $\sqrt{1 - \cos^2\theta} = \sin\theta$이므로, $P_\ell^m(\cos\theta)$는 $\cos\theta$의 다항식이고, m이 홀수일 때는 $\sin\theta$를 곱한다. 몇 개의 Legendre 연관 함수를 표 4.2에 $\cos\theta$의 함수로 나타내었다.)

Rodrigues의 공식이 의미가 있으려면 ℓ이 음이 아닌 정수여야 한다는 것에 주목하라. 게다가 $m > \ell$이면 식 4.27에 의해 $P_\ell^m = 0$이다. 그러면 주어진 ℓ에 대해 m은 $(2\ell + 1)$개의 값이 가능하다.

$$\ell = 0,\ 1,\ 2, \ldots; \quad m = -\ell,\ -\ell + 1,\ \ldots,\ -1,\ 0,\ 1, \ldots,\ \ell - 1,\ \ell. \tag{4.29}$$

그러나 식 4.25는 이차 미분방정식이다. 이것은 임의의 ℓ과 m값에 대해 두 개의 선형독립적인 해가 있어야 한다. 다른 해는 어디 있는가? 답: 물론 방정식의 수학적인 해가 존재하지만, 이것은 물리적으로 받아들일 수 없다. 왜냐하면 이 해는 $\theta = 0$이나 $\theta = \pi$에서 발산하기 때문이다(문제 4.5 참조).

구면좌표계에서 부피 요소는[7]

---

6 그럼에도 불구하고 어떤 저자들은 (혼동스럽게) "Legendre 연관 함수"라고 부른다.

7 예를 들어 Boas(각주 1), 5장 4절을 참조하라.

표 4.2: 몇 개의 Legendre 연관 함수 $P_\ell^m(\cos\theta)$: (a) 함수 형태, (b) $r = \left|P_\ell^m(\cos\theta)\right|$의 그래프. (이 그림에서 r은 θ 방향으로 함수의 크기를 나타낸다. 각 그림은 z축에 대해 회전해야 한다.)

$P_0^0 = 1$	$P_2^0 = \frac{1}{2}(3\cos^2\theta - 1)$
$P_1^1 = -\sin\theta$	$P_3^3 = -15\sin\theta(1-\cos^2\theta)$
$P_1^0 = \cos\theta$	$P_3^2 = 15\sin^2\theta\cos\theta$
$P_2^2 = 3\sin^2\theta$	$P_3^1 = -\frac{3}{2}\sin\theta(5\cos^2\theta - 1)$
$P_2^1 = -3\sin\theta\cos\theta$	$P_3^0 = \frac{1}{2}(5\cos^3\theta - 3\cos\theta)$

(a)

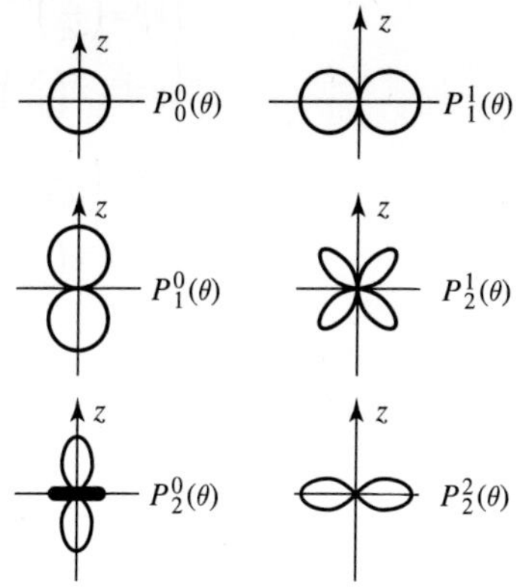

(b)

$$d^3\mathbf{r} = r^2 \sin\theta\, dr\, d\theta\, d\phi = r^2\, dr\, d\Omega, \qquad \text{여기서} \qquad d\Omega \equiv \sin\theta\, d\theta\, d\phi \tag{4.30}$$

이므로, 규격화조건(식 4.6)은

$$\int |\psi|^2 r^2 \sin\theta\, dr\, d\theta\, d\phi = \int |R|^2 r^2\, dr \int |Y|^2\, d\Omega = 1$$

이 된다. R과 Y를 각각 규격화하는 것이 편리하다.

$$\int_0^\infty |R|^2 r^2\, dr = 1 \quad \text{과} \quad \int_0^\pi \int_0^{2\pi} |Y|^2 \sin\theta\, d\theta\, d\phi = 1. \tag{4.31}$$

규격화된 각도 파동함수를[8] **구면 조화 함수**라고 부른다.

$$\boxed{Y_\ell^m(\theta,\phi) = \sqrt{\frac{(2\ell+1)}{4\pi}\frac{(\ell-m)!}{(\ell+m)!}}\, e^{im\phi}\, P_\ell^m(\cos\theta).} \tag{4.32}$$

나중에 증명하겠지만, 이것은 자동적으로 직교한다.

$$\int_0^\pi \int_0^{2\pi} \left[Y_\ell^m(\theta,\phi)\right]^* \left[Y_{\ell'}^{m'}(\theta,\phi)\right] \sin\theta\, d\theta\, d\phi = \delta_{\ell\ell'}\delta_{mm'}. \tag{4.33}$$

표 4.3에 첫 몇 개의 구면 조화 함수를 나타내었다.

* **문제 4.4** 식 4.27, 4.28과 4.32를 이용하여 Y_0^0와 Y_2^1을 유도하라. 이것이 규격화되어 있고, 직교하는 것을 확인하라.

[8] 규격화 상수는 문제 4.63에서 유도한다.

표 4.3: 구면 조화 함수 $Y_\ell^m(\theta, \phi)$의 첫 몇 항.

$Y_0^0 = \left(\frac{1}{4\pi}\right)^{1/2}$	$Y_2^{\pm 2} = \left(\frac{15}{32\pi}\right)^{1/2} \sin^2\theta e^{\pm 2i\phi}$
$Y_1^0 = \left(\frac{3}{4\pi}\right)^{1/2} \cos\theta$	$Y_3^0 = \left(\frac{7}{16\pi}\right)^{1/2} (5\cos^3\theta - 3\cos\theta)$
$Y_1^{\pm 1} = \mp\left(\frac{3}{8\pi}\right)^{1/2} \sin\theta e^{\pm i\phi}$	$Y_3^{\pm 1} = \mp\left(\frac{21}{64\pi}\right)^{1/2} \sin\theta (5\cos^2\theta - 1) e^{\pm i\phi}$
$Y_2^0 = \left(\frac{5}{16\pi}\right)^{1/2} (3\cos^2\theta - 1)$	$Y_3^{\pm 2} = \left(\frac{105}{32\pi}\right)^{1/2} \sin^2\theta \cos\theta e^{\pm 2i\phi}$
$Y_2^{\pm 1} = \mp\left(\frac{15}{8\pi}\right)^{1/2} \sin\theta\cos\theta e^{\pm i\phi}$	$Y_3^{\pm 3} = \mp\left(\frac{35}{64\pi}\right)^{1/2} \sin^3\theta e^{\pm 3i\phi}$

문제 4.5 다음 함수

$$\Theta(\theta) = A \ln\left[\tan(\theta/2)\right]$$

가 $\ell = m = 0$인 경우의 θ 방정식(식 4.25)을 만족함을 증명하라. 이것이 받아들일 수 없는 "두 번째 해"이다. 왜 받아들일 수 없는가?

문제 4.6 식 4.32와 각주 5를 이용하여 다음을 증명하라.

$$Y_\ell^{-m} = (-1)^m \left(Y_\ell^m\right)^*.$$

* **문제 4.7** 식 4.32를 이용하여 $Y_\ell^\ell(\theta, \phi)$와 $Y_3^2(\theta, \phi)$를 구하라. (표 4.2에서 P_3^2를 취할 수 있지만, 식 4.27과 4.28로부터 P_ℓ^ℓ을 구해야 한다.) 이들은 적절한 ℓ과 m값에 대하여 각도 방정식(식 4.18)을 만족하는 것을 확인하라.

** **문제 4.8** Rodrigues 공식에서 시작하여 Legendre 다항식에 대한 직교관계

$$\int_{-1}^{1} P_\ell(x) P_{\ell'}(x)\, dx = \left(\frac{2}{2\ell + 1}\right) \delta_{\ell\ell'} \tag{4.34}$$

를 유도하라. 귀띔: 부분 적분을 이용하라.

4.1.3 지름 방정식

파동함수의 각도 부분 $Y(\theta, \phi)$는 모든 구면 대칭성이 있는 퍼텐셜에 대해 같다. 퍼텐셜 $V(r)$의 실제 모양에 따라 파동함수의 지름 부분 $R(r)$이 영향을 받는다. 이것은 식 4.16으로 결정된다.

$$\frac{d}{dr}\left(r^2 \frac{dR}{dr}\right) - \frac{2mr^2}{\hbar^2}[V(r) - E]\, R = \ell(\ell + 1)\, R. \tag{4.35}$$

변수를 바꾸면 식이 간단해진다.

$$u(r) \equiv r R(r) \tag{4.36}$$

이라고 놓으면 $R = u/r$, $dR/dr = [r(du/dr) - u]\, r^2$, $(d/dr)[r^2 (dR/dr)] = rd^2u/dr^2$이므로

$$-\frac{\hbar^2}{2m}\frac{d^2u}{dr^2}+\left[V+\frac{\hbar^2}{2m}\frac{\ell(\ell+1)}{r^2}\right]u=Eu \tag{4.37}$$

을 얻는다. 이것을 **지름방정식**이라고 하고,[9] 그 형태는 **유효 퍼텐셜**

$$V_{\text{eff}}=V+\frac{\hbar^2}{2m}\frac{\ell(\ell+1)}{r^2} \tag{4.38}$$

을 제외하고는 일차원 Schrödinger 방정식(식 2.5)과 형태가 같다. 여기에는 **원심력 항**으로 부르는 $(\hbar^2/2m)[\ell(\ell+1)/r^2]$의 여분의 항이 포함되어 있다. 이것은 고전역학에서 (가상의) 원심력처럼 입자를 (원점으로부터) 바깥 쪽으로 밀어내려는 경향이 있다. 한편 규격화 조건(식 4.31)은

$$\int_0^\infty |u|^2\,dr=1 \tag{4.39}$$

가 된다. 특정한 퍼텐셜 $V(r)$이 주어지기 전까지는 여기까지만 말할 수 있다.

예제 4.1

무한한 구면 우물

$$V(r)=\begin{cases}0, & r\le a;\\ \infty, & r>a\end{cases} \tag{4.40}$$

을 고려하자. 파동함수와 허용된 에너지를 구하라.

풀이: 우물 밖에서 파동함수는 0이다. 우물 안쪽에서 지름 방정식은

$$\frac{d^2u}{dr^2}=\left[\frac{\ell(\ell+1)}{r^2}-k^2\right]u \tag{4.41}$$

이다. 여기서

$$k\equiv\frac{\sqrt{2mE}}{\hbar} \tag{4.42}$$

이다. 여기서 문제는 경계조건 $u(a)=0$을 만족하는 식 4.41의 해를 구하는 것이다. $\ell=0$인 경우는 쉽다.

$$\frac{d^2u}{dr^2}=-k^2u \quad\Rightarrow\quad u(r)=A\sin(kr)+B\cos(kr).$$

그러나 실제 지름 파동함수는 $R(r)=u(r)/r$이고, $[\cos(kr)]/r$은 $r\to 0$일 때 발산한다는 것을 기억하라. 따라서[10] $B=0$이다. 경계조건에 의하면 $\sin(ka)=0$이므로, $ka=N\pi$이다. 여

---

[9] 여기서 m은 물론 질량이다. 분리 상수 m은 지름 방정식에 나타나지 않는다.

[10] 사실 요구하는 것은 파동함수를 규격화할 수 있느냐 하는 것이지 유한하다는 것은 아니다. 원점에서 $R(r)\sim 1/r$인 함수는 규격화할 수 있다(식 4.31에 있는 r^2 때문이다). $u(0)=0$이어야 하는 일반적인 논의는 Ramamurti Shankar, *Principles of Quantum Mechanics*, 2nd edn (Plenum, New York, 1994) 342쪽을 참조하라. 추가 논의를 보려면 F. A. B. Coutinho, M. Amaku, *Eur. J. Phys.* **30**, 1015 (2009)를 참조하라.

기서 N은 정수이다. 허용된 에너지는 다음과 같다.

$$E_{N0} = \frac{N^2\pi^2\hbar^2}{2ma^2}, \quad (N = 1, 2, 3, \ldots) \tag{4.43}$$

(일차원 무한 우물과 같다. 식 2.30). $u(r)$을 규격화하면 $A = \sqrt{2/a}$를 얻는다.

$$u_{N0} = \sqrt{\frac{2}{a}}\sin\left(\frac{N\pi r}{a}\right). \tag{4.44}$$

지름 파동함수의 마디수는 $N-1$임을 주목하라.

(임의의 정수 ℓ에 대한) 식 4.41에 대한 일반해는 친숙하지 않다.

$$u(r) = Arj_\ell(kr) + Brn_\ell(kr)\,, \tag{4.45}$$

여기서 $j_\ell(x)$는 ℓ차 **구면 Bessel 함수**이고, $n_\ell(x)$는 ℓ차 **구면 Neumann 함수**이며, 다음과 같이 정의한다.

$$j_\ell(x) \equiv (-x)^\ell\left(\frac{1}{x}\frac{d}{dx}\right)^\ell \frac{\sin x}{x}; \quad n_\ell(x) \equiv -(-x)^\ell\left(\frac{1}{x}\frac{d}{dx}\right)^\ell \frac{\cos x}{x}. \tag{4.46}$$

예를 들면

$$j_0(x) = \frac{\sin x}{x}; \quad n_0(x) = -\frac{\cos x}{x};$$

$$j_1(x) = (-x)\frac{1}{x}\frac{d}{dx}\left(\frac{\sin x}{x}\right) = \frac{\sin x}{x^2} - \frac{\cos x}{x};$$

$$j_2(x) = (-x)^2\left(\frac{1}{x}\frac{d}{dx}\right)^2\frac{\sin x}{x} = x^2\left(\frac{1}{x}\frac{d}{dx}\right)\frac{x\cos x - \sin x}{x^3}$$
$$= \frac{3\sin x - 3x\cos x - x^2\sin x}{x^3}$$

등이다. 첫 몇 개의 구면 Bessel과 Neumann 함수를 표 4.4에 나타내었다. x가 작으면(이때 $\sin x = x - x^3/3! + x^5/5! - \cdots$, $\cos x = 1 - x^2/2 + x^4/4! - \cdots$ 이고)

$$j_0(x) \approx 1; \quad n_0(x) \approx \frac{1}{x}; \quad j_1(x) \approx \frac{x}{3}; \quad j_2(x) \approx \frac{x^2}{15}$$

이다. Bessel 함수는 원점에서 유한하지만 Neumann 함수는 원점에서 발산하는 것에 주목하라. 따라서 $B_\ell = 0$이므로

$$R(r) = A\,j_\ell(kr) \tag{4.47}$$

이 된다. 경계조건 $R(a) = 0$이 남아 있다. 분명히 k는

$$j_\ell(ka) = 0 \tag{4.48}$$

을 만족하도록 결정되어야 한다. 즉 (ka)는 ℓ차 구면 Bessel 함수가 0이 되는 곳이다. Bessel 함수는 진동한다(그림 4.2 참조). 각 함수는 0이 되는 점이 무한히 많다. 그러나 불행하게도

표 4.4: 구면 Bessel 함수 $j_\ell(x)$와 구면 Neumann 함수 $n_\ell(x)$의 첫 몇 개의 함수와 x가 작을 때의 점근 형태.

$j_0 = \dfrac{\sin x}{x}$	$n_0 = -\dfrac{\cos x}{x}$
$j_1 = \dfrac{\sin x}{x^2} - \dfrac{\cos x}{x}$	$n_1 = -\dfrac{\cos x}{x^2} - \dfrac{\sin x}{x}$
$j_2 = \left(\dfrac{3}{x^3} - \dfrac{1}{x}\right)\sin x - \dfrac{3}{x^2}\cos x$	$n_2 = -\left(\dfrac{3}{x^3} - \dfrac{1}{x}\right)\cos x - \dfrac{3}{x^2}\sin x$
$j_\ell \to \dfrac{2^\ell \ell!}{(2\ell+1)!}x^\ell,$	$n_\ell \to -\dfrac{(2\ell)!}{2^\ell \ell!}\dfrac{1}{x^{\ell+1}},$ for $x \ll 1$.

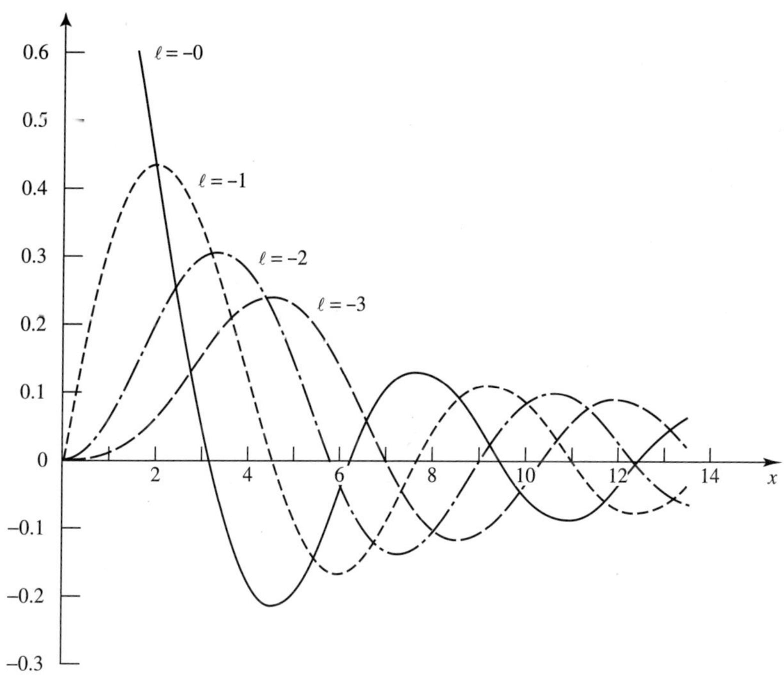

그림 4.2: 첫 네 개의 구면 Bessel 함수의 그래프.

(π의 배수처럼) 구하기 쉬운 점에 있지는 않다. 이 위치는 수치적으로 계산해야 한다.[11] 어쨌든 경계조건에 의해

$$k = \frac{1}{a}\beta_{N\ell} \tag{4.49}$$

를 얻는다. 여기서 $\beta_{N\ell}$은 ℓ차 구면 Bessel 함수의 N번째 0이 되는 점이다. 그러면 허용된

[11] Milton Abramowitz, Irene A. Stegun, eds., *Handbook of Mathematical Functions*, Dover, New York (1965), 10장에 자세히 나타나 있다.

에너지는

$$E_{N\ell} = \frac{\hbar^2}{2ma^2}\beta_{N\ell}^2 \tag{4.50}$$

이다. 보통 **주양자수** n을 도입하는데, 이것은 바닥상태에 대해 1에서 시작하여 허용된 에너지를 늘어놓는 데 사용한다(그림 4.3 참조). 파동함수는

$$\psi_{n\ell m}(r, \theta, \phi) = A_{n\ell}\, j_\ell\left(\beta_{N\ell}\frac{r}{a}\right) Y_\ell^m(\theta, \phi) \tag{4.51}$$

이고, 상수 $A_{n\ell}$은 규격화에 의해 결정된다. 이전의 경우와 마찬가지로 파동함수는 $N-1$개의 지름 마디가 있다.[12]

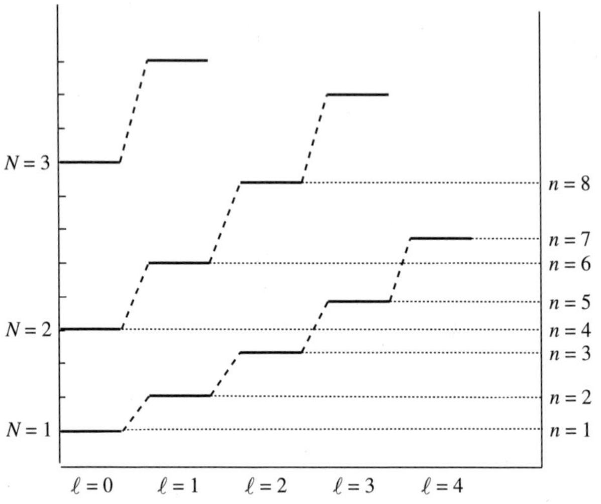

그림 4.3: 무한 구면 우물(식 4.50)의 에너지 준위. 같은 N값을 갖는 상태는 점선으로 연결했다.

에너지 준위는 $(2\ell+1)$개의 겹침이 있다. 왜냐하면 각 ℓ값에 대해 $(2\ell+1)$개의 다른 m값이 있기 때문이다(식 4.29 참조). 이 겹침은 구면 대칭 퍼텐셜에서 예상된 것이다. 왜냐하면 (에너지를 결정하는) 지름 방정식에는 m이 나타나지 않기 때문이다. 그러나 어떤 경우(가장 유명한 것은 수소 원자) 구면 대칭성만으로는 일어나지 않는, 우연한 에너지 준위의 추가 겹침이 있다. 6장에서 보겠지만 이와 같은 "우연한" 겹침에 대한 깊은 이유는 흥미롭다.

문제 4.9

(a) 정의(식 4.46)에 의해 $n_1(x)$와 $n_2(x)$를 구하라.

(b) $x \ll 1$일 때 사인과 코사인을 전개하여 $n_1(x)$와 $n_2(x)$에 대한 근사식을 구하라. 이 함수들이 원점에서 발산하는 것을 확인하라.

---

[12] 모든 중심퍼텐셜에 대해 ($N-1$을 지름마디의 수, n을 에너지의 순서로 쓰는) 표기법을 사용하겠다. n과 N 모두 정수(1, 2, 3, ⋯)이다. n은 N과 ℓ로 결정한다(반대로 N은 n과 ℓ로 결정한다). 그러나 (이 예제처럼) 실제 관계는 복잡하다. Coulomb 퍼텐셜의 특별한 경우에는 곧 보게 되겠지만, 이 둘 사이에 놀랄 정도로 간단한 공식이 있다.

문제 4.10

(a) $Arj_1(kr)$은 $V(r) = 0$, $\ell = 1$인 지름 방정식을 만족한다는 것을 확인하라.

(b) 그래프를 그려 $\ell = 1$일 때 무한 구면 우물의 허용된 에너지를 결정하라. N이 클 때 $E_{N1} \approx (\hbar^2\pi^2/2ma^2)(N + 1/2)^2$임을 보여라. 귀띔: 먼저 $j_1(x) = 0 \Rightarrow x = \tan x$임을 증명하라. x와 $\tan x$를 같은 그래프에 그리고, 교차점을 구하라.

** **문제 4.11** 질량 m인 입자가 유한한 구면 우물 안에 있다.

$$V(r) = \begin{cases} -V_0, & r \le a; \\ 0, & r > a. \end{cases}$$

$\ell = 0$인 경우 지름 방정식을 풀어 바닥상태를 구하라. $V_0 a^2 < \pi^2\hbar^2/8m$이면 속박 상태가 없음을 증명하라.

4.2 수소 원자

수소 원자는 전하 e인 무겁고, 기본적으로 움직이지 않는 양성자(원점에 놓을 것이다)와 반대 전하 사이의 상호 인력으로 속박되어 양성자 주위를 도는 훨씬 가벼운 전자(질량 m_e, 전하 $-e$)로 구성되어 있다(그림 4.4 참조). Coulomb의 법칙으로부터 전자의 퍼텐셜에너지는[13] (SI 단위로)

$$V(r) = -\frac{e^2}{4\pi\epsilon_0}\frac{1}{r} \tag{4.52}$$

이고, 지름 방정식(식 4.37)은

$$-\frac{\hbar^2}{2m_e}\frac{d^2u}{dr^2} + \left[-\frac{e^2}{4\pi\epsilon_0}\frac{1}{r} + \frac{\hbar^2}{2m_e}\frac{\ell(\ell+1)}{r^2}\right]u = Eu \tag{4.53}$$

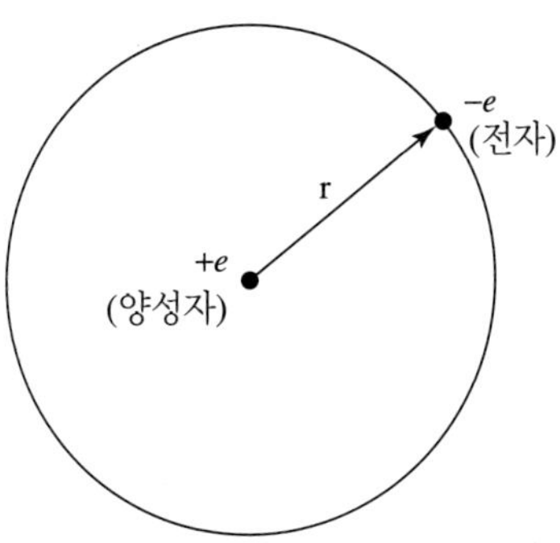

그림 4.4: 수소 원자.

[13] 이것이 Schrödinger 방정식에 들어가지, 전기퍼텐셜($e/4\pi\epsilon_0 r$)이 아니다.

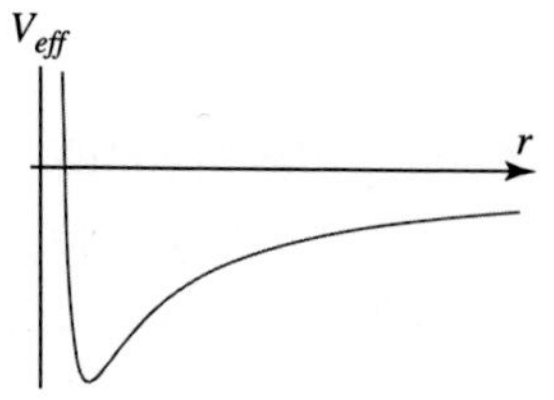

그림 4.5: ($\ell > 0$인 경우) 수소에 대한 유효퍼텐셜(식 4.53).

이 된다(괄호 안에 있는 유효퍼텐셜은 그림 4.5에 나타내었다). 여기서는 $u(r)$에 대해 식을 풀고, 허용된 에너지를 결정하고자 한다. 수소 원자는 매우 중요한 경우이기 때문에 자세히 풀어 보도록 하겠다. 이 문제에 조화진동자의 해석적인 방법에서 사용한 방법을 자세히 적용하겠다. (이 과정의 어떤 단계라도 분명하지 않아서 더 완전한 설명을 원하면 2.3.2절을 참조하라.) Coulomb 퍼텐셜(식 4.52)에서는 전자−양성자 충돌을 기술하는 ($E > 0$인) 연속적인 상태를 허용할 뿐더러 수소 원자에 해당하는 불연속적인 속박 상태가 있는데, 먼저 속박 상태에 집중하겠다.[14]

4.2.1 지름 파동함수

먼저 표기법을 간단히 하자.

$$\kappa \equiv \frac{\sqrt{-2m_e E}}{\hbar} \tag{4.54}$$

로 놓자. (속박상태의 경우 E는 음수이므로 κ는 실수이다.) 식 4.53을 E로 나누면

$$\frac{1}{\kappa^2}\frac{d^2u}{dr^2} = \left[1 - \frac{m_e e^2}{2\pi\epsilon_0\hbar^2\kappa}\frac{1}{(\kappa r)} + \frac{\ell(\ell+1)}{(\kappa r)^2}\right]u$$

을 얻는다. 이를 보면

$$\rho \equiv \kappa r \text{과} \qquad \rho_0 \equiv \frac{m_e e^2}{2\pi\epsilon_0\hbar^2\kappa} \tag{4.55}$$

를 도입하여

$$\frac{d^2u}{d\rho^2} = \left[1 - \frac{\rho_0}{\rho} + \frac{\ell(\ell+1)}{\rho^2}\right]u \tag{4.56}$$

을 얻을 수 있다.

다음으로 해의 점근형태를 조사한다. $\rho \to \infty$일 때 괄호 안에서 상수항이 가장 크므로 (근사적으로)

$$\frac{d^2u}{d\rho^2} = u$$

---

[14] 그러나 속박상태만으로는 완전 집합이 아니라는 것을 주목하라.

이 된다. 일반해는

$$u(\rho)=Ae^{-\rho}+Be^{\rho} \tag{4.57}$$

이지만, e^{ρ}는 ($\rho\to\infty$일 때) 발산하므로 $B=0$이다. 따라서 ρ가 클 때

$$u(\rho)\sim Ae^{-\rho} \tag{4.58}$$

을 얻는다. 반면 $\rho\to 0$일 때 원심력 항이 가장 크므로[15] 어림하여

$$\frac{d^2u}{d\rho^2}=\frac{\ell(\ell+1)}{\rho^2}u$$

을 얻는다. 일반해는

$$u(\rho)=C\rho^{\ell+1}+D\rho^{-\ell}$$

이다(확인하라). 그러나 $\rho\to 0$일 때 $\rho^{-\ell}$은 발산한다. 그러므로 작은 ρ에 대해서

$$u(\rho)\sim C\rho^{\ell+1} \tag{4.59}$$

를 얻는다.

다음 단계는 새로운 함수 $v(\rho)$를 도입하여

$$u(\rho)=\rho^{\ell+1}e^{-\rho}v(\rho), \tag{4.60}$$

$v(\rho)$의 점근형태가 $u(\rho)$보다 간단하게 되는지 살펴보자. 언뜻 보기에는 그렇게 간단하지 않다.

$$\frac{du}{d\rho}=\rho^{\ell}e^{-\rho}\left[(\ell+1-\rho)v+\rho\frac{dv}{d\rho}\right]$$

과

$$\frac{d^2u}{d\rho^2}=\rho^{\ell}e^{-\rho}\left\{\left[-2\ell-2+\rho+\frac{\ell(\ell+1)}{\rho}\right]v+2(\ell+1-\rho)\frac{dv}{d\rho}+\rho\frac{d^2v}{d\rho^2}\right\}$$

을 얻는다. 지름 방정식(식 4.56)을 $v(\rho)$로 쓰면

$$\rho\frac{d^2v}{d\rho^2}+2(\ell+1-\rho)\frac{dv}{d\rho}+[\rho_0-2(\ell+1)]v=0 \tag{4.61}$$

이다.

마지막으로 해 $v(\rho)$를 ρ에 대한 멱급수로 쓸 수 있다고 가정한다.

$$v(\rho)=\sum_{j=0}^{\infty}c_j\rho^j. \tag{4.62}$$

이제 문제는 계수 $(c_0, c_1, c_2, \ldots)$를 결정하는 것이다. 각 항마다 미분하면

[15] $\ell=0$일 때 이 논의는 적용되지 않는다(그럼에도 불구하고, 이 경우에도 식 4.59의 결론은 유효하다). 그러나 걱정할 필요 없다. 여기서 하려는 것은 변수변환(식 4.60)에 대한 동기를 제공하려는 것이다.

$$\frac{dv}{d\rho} = \sum_{j=0}^{\infty} j c_j \rho^{j-1} = \sum_{j=0}^{\infty} (j+1) c_{j+1} \rho^j$$

이다. (두 번째 합에서 "허깨비" 지수를 $j \to j+1$로 바꾸었다. 이것이 걱정이 되면 첫 몇 개의 항을 직접 써보고, 확인하라. 이제 합이 $j = -1$부터 시작한다는 것에 반대할 지 모르겠지만, 앞에 있는 $j+1$항이 이 항을 없애므로, 0부터 시작하는 것과 같다.) 다시 한 번 미분하면

$$\frac{d^2 v}{d\rho^2} = \sum_{j=0}^{\infty} j(j+1) c_{j+1} \rho^{j-1}$$

을 얻는다. 이것을 식 4.61에 대입하면

$$\sum_{j=0}^{\infty} j(j+1) c_{j+1} \rho^j + 2(\ell+1) \sum_{j=0}^{\infty} j(j+1) c_{j+1} \rho^j$$

$$-2\sum_{j=0}^{\infty} j c_j \rho^j + [\rho_0 - 2(\ell+1)] \sum_{j=0}^{\infty} c_j \rho^j = 0$$

이 된다. 같은 차수의 계수를 같다고 놓으면 다음 식을 얻는다.

$$j(j+1) c_{j+1} + 2(\ell+1)(j+1) c_{j+1} - 2j c_j + [\rho_0 - 2(\ell+1)] c_j = 0.$$

즉

$$c_{j+1} = \left\{ \frac{2(j+\ell+1) - \rho_0}{(j+1)(j+2\ell+2)} \right\} c_j \tag{4.63}$$

이다. 이 되풀이 공식으로 계수를 결정하고 따라서 함수 $v(\rho)$를 결정한다. c_0부터 시작하여(이것은 결국 규격화로 고정될 전체 상수가 된다) 식 4.63을 이용하면 c_1을 얻는다. 이것을 다시 집어넣으면 c_2를 얻고, 이 방법을 계속한다.[16]

이제 큰 j값에 대해 계수가 어떤 형태를 띠는지 알아보자(이는 높은 차수가 훨씬 큰 ρ가 큰 경우에 해당한다). 이 영역에서 되풀이 공식은[17]

$$c_{j+1} \approx \frac{2j}{j(j+1)} c_j = \frac{2}{j+1} c_j$$

이므로

---

[16] 왜 직접 $u(\rho)$에 대해 급수 방법을 사용하지 않는지 궁금할 것이다. 즉 왜 이 과정을 적용하기 전에 점근 형태를 끄집어 내었나? $\rho^{\ell+1}$을 끄집어 낸 것은 결과를 더 간단하게 하려고 한 것이다. 그렇지 않으면 많은 계수의 처음 부분은 0이 된다(첫 0이 아닌 계수는 $c_{\ell+1}$이다). $\rho^{\ell+1}$을 끄집어 내어 ρ^0부터 시작하는 급수를 얻는다. $e^{-\rho}$는 더 중요하다. 이것을 끄집어 내지 않으면 c_{j+2}, c_{j+1}과 c_j를 포함하는 세 항이 연관된 되풀이 공식을 얻고, 이것은 훨씬 풀기 어렵다.

[17] 왜 $j+1$에서 1을 없애지 않을까? 결국 분자에서 $2(\ell+1) - \rho_0$와 분모에서 $2\ell+2$를 무시할 것이다. 이 어림 방법에서 1도 없애는 것이 괜찮을 수 있지만, 논의를 더 분명히 하기 위해 넣어 두었다. 1을 없애고 계속해 보면 무엇을 뜻하는지 알 수 있을 것이다.

$$c_j \approx \frac{2^j}{j!} c_0 \tag{4.64}$$

가 된다.

$$v(\rho) = c_0 \sum_{j=0}^{\infty} \frac{2^j}{j!} \rho^j = c_0 e^{2\rho}$$

따라서

$$u(\rho) = c_0 \rho^{l+1} e^{\rho} \tag{4.65}$$

를 얻고 ρ가 클 때 발산한다. 양의 지수함수는 식 4.57에서 정확히 점근 형태를 볼 때 원하지 않는 양이다. (이것이 다시 나타나는 것은 우연이 아니다. 결국 이것은 지름 방정식의 어떤 해에 대한 점근 형태를 나타내는 것이다. 단지 규격화할 수 없기 때문에 우리가 관심이 없을 뿐이다.)

이 문제를 벗어나는 단 한 가지 방법이 있다. 급수가 끝나면 된다. 어떤 정수 N이 있어서

$$c_{N-1} \neq 0 \text{ 이지만 } \quad c_N = 0 \tag{4.66}$$

를 만족하면 된다(이 뒤의 모든 계수는 자동적으로 사라진다).[18] 이 경우 식 4.63에 의하면

$$2(N + \ell) - \rho_0 = 0$$

이 된다.

$$n \equiv N + \ell \tag{4.67}$$

로 정의하면

$$\rho_0 = 2n \tag{4.68}$$

을 얻는다. 그러나 ρ_0로 E를 결정한다(식 4.54와 4.55).

$$E = -\frac{\hbar^2 \kappa^2}{2m} = -\frac{m_e e^4}{8\pi^2 \epsilon_0^2 \hbar^2 \rho_0^2}. \tag{4.69}$$

따라서 허용된 에너지는 다음과 같다.

$$\boxed{E_n = -\left[\frac{m_e}{2\hbar^2}\left(\frac{e^2}{4\pi\epsilon_0}\right)^2\right]\frac{1}{n^2} = \frac{E_1}{n^2}, \quad n = 1, 2, 3, \ldots.} \tag{4.70}$$

이것이 유명한 **Bohr 공식**이다. 이는 양자역학에서 가장 중요한 결과이다. Bohr는 1913년에 적용할 수 없는 고전역학과 아직 성숙하지 않은 양자이론을 교묘하게 섞어서 이 공식을 얻었다 (Schrödinger 방정식은 1926년이 되어서 나타났다).

식 4.55와 4.68을 결합하면

---

[18] 이로 인해 $v(\rho)$는 $(N-1)$차 다항식이 된다. 그러므로 $N-1$개의 근이 있고, 따라서 지름 파동함수는 $N-1$개의 마디가 있다.

$$\kappa = \left(\frac{m_e e^2}{4\pi\epsilon_0\hbar^2}\right)\frac{1}{n} = \frac{1}{an} \tag{4.71}$$

을 얻는다. 여기서

$$\boxed{a \equiv \frac{4\pi\epsilon_0\hbar^2}{m_e e^2} = 0.529 \times 10^{-10}\ \text{m}} \tag{4.72}$$

는 소위 **Bohr 반지름**이라고 한다.[19] (식 4.55로부터)

$$\rho = \frac{r}{an} \tag{4.73}$$

을 얻는다. 공간 파동함수는 세 개의 양자수(n, ℓ과 m)[20]로 지정한다.

$$\psi_{n\ell m}(r,\theta,\phi) = R_{n\ell}(r)\,Y_\ell^m(\theta,\phi). \tag{4.74}$$

여기서 (식 4.36과 4.60을 보면)

$$R_{n\ell}(r) = \frac{1}{r}\rho^{\ell+1}e^{-\rho}v(\rho) \tag{4.75}$$

이고, $v(\rho)$는 ρ에 대하여 $n-\ell-1$차 다항식이다. 그 계수는 (전체 규격화상수를 제외하면) 다음의 되풀이 공식

$$c_{j+1} = \frac{2(j+\ell+1-n)}{(j+1)(j+2\ell+2)}c_j \tag{4.76}$$

으로 결정된다.

바닥상태(가장 낮은 에너지 상태)는 $n=1$인 경우다. 물리 상수값을 대입하면 다음을 얻는다.[21]

$$\boxed{E_1 = -\left[\frac{m_e}{2\hbar^2}\left(\frac{e^2}{4\pi\epsilon_0}\right)^2\right] = -13.6\ \text{eV}.} \tag{4.77}$$

다르게 표현하면 수소의 **결합에너지**(원자를 이온화하기 위해 바닥상태의 전자에 전달해야 하는 에너지)는 13.6 eV이다. 식 4.67에 의하면 $\ell=0$이고, 또한 $m=0$이다(식 4.29 참조). 따라서 다음을 얻는다.

$$\psi_{100}(r,\theta,\phi) = R_{10}(r)Y_0^0(\theta,\phi). \tag{4.78}$$

되풀이 공식은 첫 항에서 끝난다(식 4.76에서 $j=0$이면 $c_1=0$이다). 그러므로 $v(\rho)$는 상수(c_0)이고

---

[19] Bohr 반지름을 첨자를 넣은 a_0로 보통 쓴다. 그러나 이것은 불편하고, 불필요하므로 첨자를 없애고 쓰겠다.

[20] 여기서도 n은 **주양자수**이다. 이것이 전자의 에너지를 결정한다(식 4.70). 역사적인 이유로 ℓ은 **방위각양자수**, m은 **자기양자수**라고 한다. 4.3절에서 보게 되듯이 이들은 전자의 각운동량과 관련이 있다.

[21] 1 **전자볼트**는 전기퍼텐셜 1 볼트를 지나면 전자가 얻는 에너지이다. $1\ \text{eV} = 1.60 \times 10^{-19}\ \text{J}$.

$$R_{10}(r) = \frac{c_0}{a} e^{-r/a} \tag{4.79}$$

가 된다. 식 4.31을 따라 규격화하면

$$\int_0^\infty |R_{10}|^2 r^2\, dr = \frac{|c_0|^2}{a^2} \int_0^\infty e^{-2r/a} r^2\, dr = |c_0|^2 \frac{a}{4} = 1$$

이므로 $c_0 = 2/\sqrt{a}$가 된다. 한편 $Y_0^0 = 1/\sqrt{4\pi}$이므로 수소의 바닥상태는 다음과 같다.

$$\boxed{\psi_{100}(r, \theta, \phi) = \frac{1}{\sqrt{\pi a^3}} e^{-r/a}.} \tag{4.80}$$

$n = 2$인 경우 에너지는

$$E_2 = \frac{-13.6\ \text{eV}}{4} = -3.40\ \text{eV} \tag{4.81}$$

이다. 이것은 첫 번째 들뜬 상태, 사실 상태들이다. 왜냐하면 $\ell = 0$일 수 있고(이 경우 $m = 0$), 혹은 $\ell = 1$(이 경우 $m = -1, 0,$ 혹은 $+1$)일 수 있기 때문이다. 이 네 개의 다른 상태는 같은 에너지를 갖는다. $\ell = 0$인 경우 되풀이 공식에 의하면

$$c_1 = -c_0\ (j = 0\text{을 이용}), \quad c_2 = 0\ (j = 1\text{을 이용})$$

이므로 $v(\rho) = c_0\,(1 - \rho)$가 된다. 그러므로 다음을 얻는다.

$$R_{20}(r) = \frac{c_0}{2a}\left(1 - \frac{r}{2a}\right) e^{-r/2a}. \tag{4.82}$$

[전개 계수(c_j)는 양자수 n과 ℓ이 다르면 전혀 달라진다는 것에 주목하라.] $\ell = 1$인 경우 되풀이 공식에 의해 급수는 첫 항만 있고, 바로 끝나버린다. $v(\rho)$는 상수이고 다음을 얻는다.

$$R_{21}(r) = \frac{c_0}{4a^2} r e^{-r/2a}. \tag{4.83}$$

(각각의 경우 상수 c_0는 규격화로 결정된다. 문제 4.13 참조.)

임의의 n에 대하여 (식 4.67을 만족하는) 가능한 l 값은

$$\ell = 0, 1, 2, \ldots, n-1 \tag{4.84}$$

이고, 각각의 ℓ에 대해 m의 가능한 값은 $(2\ell + 1)$개가 있으므로(식 4.29) 전체 에너지 준위 E_n의 겹침은

$$d(n) = \sum_{\ell=0}^{n-1} (2\ell + 1) = n^2 \tag{4.85}$$

이다. 그림 4.6.1에 수소의 에너지 준위를 그려 놓았다. (주어진 n에 대해) ℓ값이 다르더라도 같은 에너지를 갖는 것에 주목하라. 이것은 무한 구면 우물의 그림 4.3과 대비된다. (식 4.67에서 허용된 에너지를 유도하는 데 ℓ은 파동함수에 영향을 주지만, 보이지 않도록 했다.) 이것이 Coulomb 퍼텐셜의 “추가적인” 겹침을 주는 것으로 구면대칭성만으로 예상했던 것과는 비교된

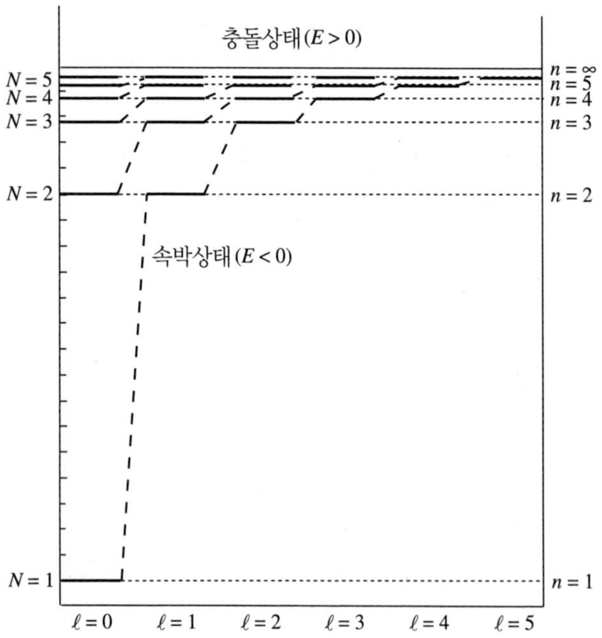

그림 4.6: 수소 에너지 준위(식 4.70). $n = 1$은 $E_1 = -13.6$ eV인 바닥상태이다. 무한히 많은 상태가 $n = 5$와 $n = \infty$ 사이에 끼어 있다. $E_\infty = 0$이 속박상태와 충돌상태를 구분한다. 그림 4.3과 비교하고, 추가적인 ("우연한") 수소 원자 에너지의 겹침을 주목하라.

다[$n^2 = 1, 4, 9, 16, \ldots,$과 이에 반해 구면대칭성만으로 주어지는 $(2\ell + 1) = 1, 3, 5, 7, \ldots$].

(식 4.76의 되풀이 공식으로 정의한) 다항식 $v(\rho)$는 응용수학자들은 잘 알고 있는 함수이다. 규격화를 제외하고 다음과 같이 쓸 수 있다.

$$v(\rho) = L_{n-\ell-1}^{2\ell+1}(2\rho) \tag{4.86}$$

여기서

$$L_q^p(x) \equiv (-1)^p \left(\frac{d}{dx}\right)^p L_{p+q}(x) \tag{4.87}$$

은 **Laguerre 연관 다항식**이고,

$$L_q(x) \equiv \frac{e^x}{q!}\left(\frac{d}{dx}\right)^q \left(e^{-x}x^q\right) \tag{4.88}$$

은 q번째 **Lauguerre 다항식**이다.[22] Laguerre 다항식의 첫 몇 개를 표 4.5에 나타내었다. Laguerre 연관 다항식의 몇 개는 표 4.6에 나타내었다. 첫 몇 개의 지름 파동함수를 표 4.7에 나

[22] 여기서도 여러 규격화 관습이 있다. (이 책의 이전 판을 포함한) 옛날 물리책에서는 $(1/q!)$이 없다. 그러나 [$L_q(0) =$ 1로 정하는] Mathematica의 표준을 따르는 것이 좋다고 생각한다. 이름이 암시하듯이 $L_q(x)$와 $L_q^p(x)$는 x에 대한 (q 차) 다항식이다. Laguerre 연관 다항식은 다음의 형태로도 쓸 수 있다.

$$L_q^p(x) = \frac{x^{-p}e^x}{q!}\left(\frac{d}{dx}\right)^q \left(e^{-x}x^{p+q}\right).$$

표 4.5: 첫 몇 개의 Laguerre 다항식.

$$
\begin{aligned}
L_0(x) &= 1 \\
L_1(x) &= -x+1 \\
L_2(x) &= \tfrac{1}{2}x^2 - 2x + 1 \\
L_3(x) &= -\tfrac{1}{6}x^3 + \tfrac{3}{2}x^2 - 3x + 1 \\
L_4(x) &= \tfrac{1}{24}x^4 - \tfrac{2}{3}x^3 + 3x^2 - 4x + 1 \\
L_5(x) &= -\tfrac{1}{120}x^5 + \tfrac{5}{24}x^4 - \tfrac{5}{3}x^3 + 5x^2 - 5x + 1 \\
L_6(x) &= \tfrac{1}{720}x^6 - \tfrac{1}{20}x^5 + \tfrac{5}{8}x^4 - \tfrac{10}{3}x^3 + \tfrac{15}{2}x^2 - 6x + 1
\end{aligned}
$$

표 4.6: 몇 개의 Laguerre 연관 다항식.

$L_0^0(x) = 1$	$L_0^2(x) = 1$
$L_1^0(x) = -x+1$	$L_1^2(x) = -x+3$
$L_2^0(x) = \frac{1}{2}x^2 - 2x + 1$	$L_2^2(x) = \frac{1}{2}x^2 - 4x + 6$
$L_0^1(x) = 1$	$L_0^3(x) = 1$
$L_1^1(x) = -x+2$	$L_1^3(x) = -x+4$
$L_2^1(x) = \frac{1}{2}x^2 - 3x + 3$	$L_2^3(x) = \frac{1}{2}x^2 - 5x + 10$

열하고, 그림 4.7에 그려 놓았다. 규격화된 수소 파동함수는 다음과 같다.[23]

$$
\boxed{\psi_{n\ell m} = \sqrt{\left(\frac{2}{na}\right)^3 \frac{(n-\ell-1)!}{2n\,(n+\ell)!}}\; e^{-r/na} \left(\frac{2r}{na}\right)^{\ell} \left[L_{n-\ell-1}^{2\ell+1}(2r/na)\right] Y_\ell^m(\theta,\phi).} \tag{4.89}
$$

깔끔하지는 않지만 불평할 필요는 없다. 이것은 정확히 닫힌 형태의 답이 나오는 실제적인 계의 몇 개 안되는 극히 드문 예이다. 파동함수는 서로 직교한다.

$$
\int \psi_{n\ell m}^{*}\, \psi_{n'\ell'm'}\, r^2\, dr\, d\Omega = \delta_{nn'}\delta_{\ell\ell'}\delta_{mm'}. \tag{4.90}
$$

이것은 구면 조화 함수의 직교성(식 4.33)과 ($n \neq n'$일 때) 다른 고유값을 갖는 $\hat{H}$의 고유함수는 직교한다는 사실로부터 얻는다.

수소 파동함수를 시각화하는 것은 쉽지 않다. 화학자는 구름의 밝기가 $|\psi|^2$에 비례하는 **밀도 그림**을 그리기 좋아한다(그림 4.8). (해독하기는 더 어렵지만) 더 정량적인 방법은 일정한 확률

[23] 규격화상수를 어떻게 계산하는지 알고 싶다면 (예를 들어) Leonard I. Schiff, *Quantum Mechanics*, 2nd edn, McGraw-Hill, New York, 1968, 93쪽을 공부하라. Laguerre 다항식의 오래된 규격화 관습을 사용한 책에서는(각주 22 참조) 근호 안의 $(n+\ell)!$의 세제곱을 해야 한다.

표 4.7: 수소에 대한 첫 몇 개의 지름 파동함수 $R_{n\ell}(r)$.

$R_{10} = 2a^{-3/2}\exp(-r/a)$
$R_{20} = \frac{1}{\sqrt{2}}a^{-3/2}\left(1-\frac{1}{2}\frac{r}{a}\right)\exp(-r/2a)$ $R_{21} = \frac{1}{2\sqrt{6}}a^{-3/2}\left(\frac{r}{a}\right)\exp(-r/2a)$
$R_{30} = \frac{2}{3\sqrt{3}}a^{-3/2}\left(1-\frac{2}{3}\frac{r}{a}+\frac{2}{27}\left(\frac{r}{a}\right)^2\right)\exp(-r/3a)$ $R_{31} = \frac{8}{27\sqrt{6}}a^{-3/2}\left(1-\frac{1}{6}\frac{r}{a}\right)\left(\frac{r}{a}\right)\exp(-r/3a)$ $R_{32} = \frac{4}{81\sqrt{30}}a^{-3/2}\left(\frac{r}{a}\right)^2\exp(-r/3a)$
$R_{40} = \frac{1}{4}a^{-3/2}\left(1-\frac{3}{4}\frac{r}{a}+\frac{1}{8}\left(\frac{r}{a}\right)^2-\frac{1}{192}\left(\frac{r}{a}\right)^3\right)\exp(-r/4a)$ $R_{41} = \frac{5}{16\sqrt{15}}a^{-3/2}\left(1-\frac{1}{4}\frac{r}{a}+\frac{1}{80}\left(\frac{r}{a}\right)^2\right)\left(\frac{r}{a}\right)\exp(-r/4a)$ $R_{42} = \frac{1}{64\sqrt{5}}a^{-3/2}\left(1-\frac{1}{12}\frac{r}{a}\right)\left(\frac{r}{a}\right)^2\exp(-r/4a)$ $R_{43} = \frac{1}{768\sqrt{35}}a^{-3/2}\left(\frac{r}{a}\right)^3\exp(-r/4a)$

밀도 표면을 그리는 것이다(그림 4.9). 양자수 n, ℓ과 m은 파동함수의 마디에서 볼 수 있다. 지름 방향의 마디수는 항상 $N-1$이다(수소의 경우 이것은 $n-\ell-1$이다). 각각의 지름 마디마다 파동함수는 그림 4.8에서 보듯이 구면 위에서 사라진다. 양자수 m으로 ϕ방향으로 파동함수의 실수(혹은 허수) 부분의 마디수를 센다. 이 마디는 ψ의 실수 혹은 허수 부분이 사라지는 z축을 포함하는 평면이다.[24] 마지막으로 $\ell-m$은 θ방향의 마디수이다. 이것은 ψ가 사라지는 z축에 대한 원뿔이다(열린 각이 $\pi/2$인 원뿔은 $x-y$ 평면 자체라는 것을 주목하라).

* **문제 4.12** 되풀이 공식(식 4.76)을 이용하여 지름 파동함수 R_{30}, R_{31}과 R_{32}를 구하라. 규격화는 하지 않아도 된다.

[24] 이 평면은 그림 4.8이나 4.9에서 보이지 않는다. 왜냐하면 이 그림은 ψ의 절대값을 보여주기 때문이고, 파동함수의 실수와 허수 부분은 다른 평면의 집합에서 사라진다. 그러나 두 집합 모두 z축을 포함하므로 파동함수 자체는 $m \neq 0$일 때 z축에서 사라진다(그림 4.9 참조).

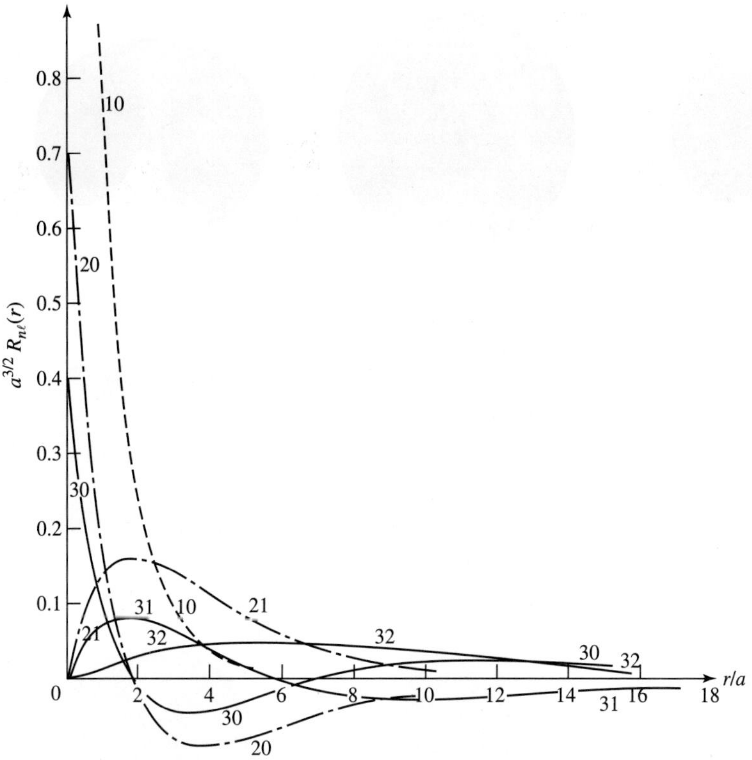

그림 4.7: 첫 몇 개의 수소 지름 파동함수 $R_{n\ell}(r)$의 그래프.

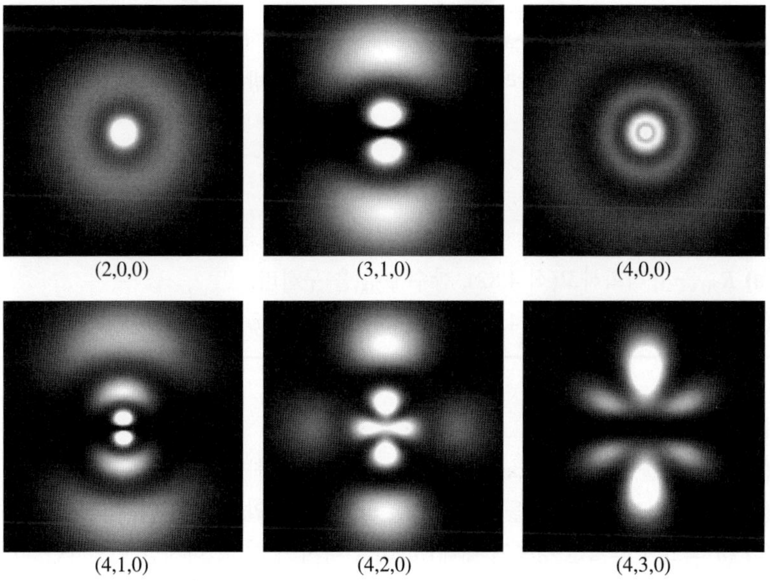

그림 4.8: (n, ℓ, m)으로 표시된 첫 몇 개의 수소 파동함수의 밀도 그림. Dauger Research의 허가를 받아 "상자 안의 원자"를 이용하여 그렸음. http://dauger.com에서 직접 그려볼 수도 있다.

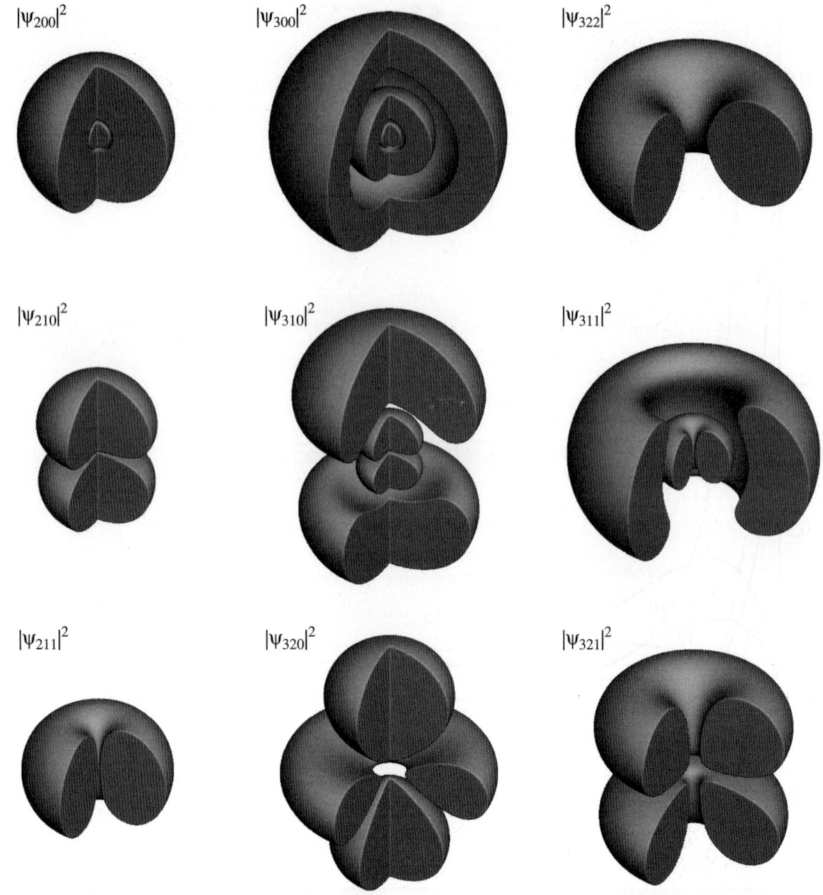

그림 4.9: 첫 몇 개의 수소 파동함수에 대해 그림자 부분은 전자 밀도가 큰 곳($|\psi|^2 > 0.25/\text{nm}^3$)을 나타낸다. $0 < \phi < \pi/2$인 영역은 잘라내었다. 모든 경우 $|\psi|^2$은 방위각 대칭성이 있다.

* **문제 4.13**

(a) R_{20}을 규격화하고(식 4.82), 함수 ψ_{200}을 구하라.

(b) R_{21}을 규격화하고(식 4.83), 함수 ψ_{211}, ψ_{210}과 ψ_{21-1}을 구하라.

* **문제 4.14**

(a) 식 4.88을 이용하여 Laguerre 다항식 첫 네 개를 구하라.

(b) 식 4.86, 4.87과 4.88을 이용하여 $n = 5$, $\ell = 2$인 경우에 대해 $v(\rho)$를 구하라.

(c) ($n = 5$, $\ell = 2$인 경우에 대해) $v(\rho)$를 다시 구하라. 하지만 이번에는 되풀이 공식으로부터 구하라(식 4.76).

* **문제 4.15**

(a) 수소의 바닥상태에 있는 전자에 대하여 $\langle r \rangle$과 $\langle r^2 \rangle$을 구하라. 답을 Bohr 반지름으로 나타내라.

(b) 수소의 바닥상태에 있는 전자에 대하여 $\langle x \rangle$와 $\langle x^2 \rangle$을 구하라. 귀띔: 이를 풀기 위해 새로 적분할 필요는 없다. $r^2 = x^2 + y^2 + z^2$임을 주목하고, 바닥상태의 대칭성을 이용하라.

(c) $n = 2, \ell = 1, m = 1$인 상태에서 $\langle x^2 \rangle$을 구하라. 귀띔: 이 상태는 x, y, z에 대해 대칭적이지 않다. $x = r \sin\theta \cos\phi$를 사용하라.

문제 4.16 수소의 바닥상태에서 가장 큰 확률로 나타나는 r값은 무엇인가? (답은 0이 아니다!) 귀띔: 먼저 전자가 r과 $r + dr$ 사이에 존재할 확률을 구해야 한다.

문제 4.17 수소의 바닥상태에서 $\langle z \hat{H} z \rangle$을 계산하라. 귀띔: 문제를 어떻게 푸는가에 따라 두 쪽 정도의 계산과 여섯 개의 적분이 필요하거나, 혹은 네 줄 정도의 계산과 아무 적분도 할 필요가 없을 수도 있다. 빨리 풀려면 $[z, [H, z]] = 2zHz - Hz^2 - z^2 H$임을 주목하여 시작하라.[25]

문제 4.18 수소 원자가 처음에 정상상태 $n = 2, \ell = 1, m = 1$과 $n = 2, \ell = 1, m = -1$의 다음 선형결합

$$\Psi(\mathbf{r}, 0) = \frac{1}{\sqrt{2}} (\psi_{211} + \psi_{21-1})$$

으로 시작한다.

(a) $\Psi(\mathbf{r}, t)$를 구하라. 가능한 한 간단히 하라.

(b) 퍼텐셜에너지의 기댓값 $\langle V \rangle$을 구하라. (이것은 t에 의존하는가?) 공식을 구하고 실제 값을 전자볼트로 나타내라.

4.2.2 수소 스펙트럼

수소 원자를 한 정상상태 $\Psi_{n\ell m}$에 놓으면 원칙적으로 영원히 이 상태에 머물러 있어야 한다. 그러나 (예컨대 다른 원자와의 충돌이나 빛을 쪼여서) 원자를 약간 건드리면, 다른 정상상태로 **전이**한다. 원자는 에너지를 흡수하여 더 큰 에너지 상태로 올라가거나, (전형적으로 전자기파의 형태로) 에너지를 방출하여 낮은 상태로 옮겨간다.[26] 실제로 이와 같은 섭동은 항상 존재한다.

---

[25] 기본적으로 $\hat{H}$가 왼쪽이나 오른쪽에 나타나도록 연산자를 재배열하는 것이다. 왜냐하면 (물론) $\hat{H}\psi_{100}$가 무엇인지 알기 때문이다.

[26] 본질적으로 이는 시간에 의존하는 퍼텐셜이 있어야 한다. 자세한 것은 11장에서 다룰 것이다. 당분간 실제 어떤 일이 일어나는지는 중요하지 않다.

(가끔 **양자 도약**이라고 부르는) 전이는 항상 일어나며 그 결과로 수소는 빛(**광자**)을 내고, 그 에너지는 처음과 나중 상태 사이의 에너지 차이에 해당한다.

$$E_\gamma = E_i - E_f = -13.6\,\mathrm{eV}\left(\frac{1}{n_i^2} - \frac{1}{n_f^2}\right). \tag{4.91}$$

이제 **Planck 공식**에[27] 의하면 광자의 에너지는 진동수에 비례한다.

$$E_\gamma = h\nu. \tag{4.92}$$

반면에 파장은 $\lambda = c/\nu$로 주어지므로

$$\frac{1}{\lambda} = \mathcal{R}\left(\frac{1}{n_f^2} - \frac{1}{n_i^2}\right) \tag{4.93}$$

을 얻는다. 여기서

$$\mathcal{R} \equiv \frac{m_e}{4\pi c\hbar^3}\left(\frac{e^2}{4\pi\epsilon_0}\right)^2 = 1.097 \times 10^7\,\mathrm{m}^{-1} \tag{4.94}$$

는 **Rydberg 상수**로 알려져 있다. 식 4.93은 수소 스펙트럼의 **Rydberg 공식**이다. 이것은 19세기에 실험적으로 발견되었으며, Bohr 이론이 위대한 성공을 거둔 것은 이 결과를 설명할 수 있고, $\mathcal{R}$을 자연의 기본 상수로 계산할 수 있기 때문이었다. 바닥상태($n_f = 1$)로의 전이는 자외선 영역에 있다. 분광학자에게는 **Lyman 계열**로 알려져 있다. 첫 번째 들뜬 상태($n_f = 2$)로의 전이는 가시광선 영역으로 **Balmer 계열**을 이룬다. $n_f = 3$으로의 전이(**Paschen 계열**)는 적외선 영역 등 여러 가지가 있다(그림 4.10 참조). (상온에서 대부분의 수소 원자는 바닥상태에 있다. 방출 스펙트럼을 얻으려면 다양한 들뜬 상태를 만들어야 한다. 이것은 전형적으로 기체를 방전시켜 얻는다.)

* **문제 4.19 수소 모양 원자**는 Z개의 양성자가 있는 핵 주위에 한 개의 전자가 있다. ($Z = 1$은 수소 자체이고, $Z = 2$는 이온화된 헬륨, $Z = 3$은 2가의 리튬 원자 등이다.) 수소 모양 원자에 대해 Bohr 에너지 $E_n(Z)$, 결합 에너지 $E_1(Z)$, Bohr 반지름 $a(Z)$와 Rydberg 상수 $\mathcal{R}(Z)$를 구하라. (답을 수소의 해당하는 값에 대한 적절한 배수로 나타내라.) $Z = 2$와 $Z = 3$일 때 Lyman 계열에 해당하는 전자기 스펙트럼은 어디서 나타나는가? 귀띔: 더 계산할 것은 없다. 퍼텐셜(식 4.52)에서 $e^2 \to Ze^2$로 바꾸기만 하면 되므로 모든 최종 결과에서 이와 같이 바꾸기만 하면 된다.

문제 4.20 지구–태양계가 수소 원자와 비교할 때 중력에 대한 대응이라고 생각하자.

(a) (식 4.52를 대신하는) 퍼텐셜에너지 함수는 무엇인가? (m_E를 지구의 질량, M을 태양의 질량이라고 하자.)

[27] 광자는 전자기파의 양자이다. 이는 상대론적 물체이고, 따라서 비상대론적 양자역학의 영역을 벗어난다. 가끔 광자를 언급하고, 그 에너지에 대해 Planck 공식을 이용하는 것이 유용하지만, 이것은 여기서 전개하는 이론의 범위 밖에 있다는 것에 유의하라.

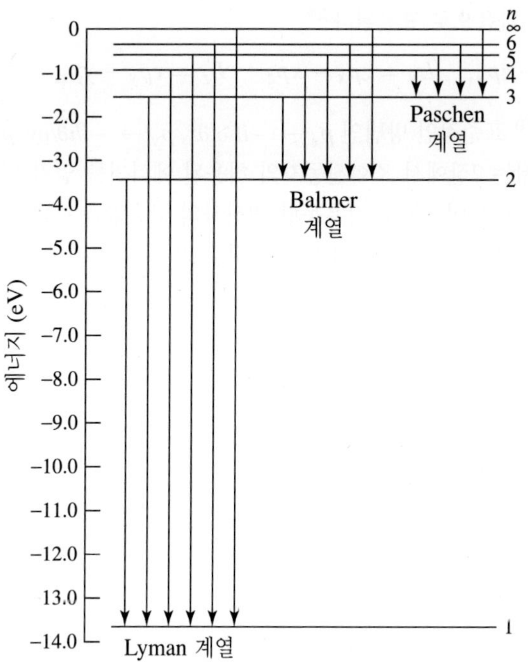

그림 4.10: 수소 스펙트럼에서 에너지 준위와 전이.

(b) 이 계의 "Bohr 반지름" a_g는 무엇인가? 실제 값을 구하라.

(c) 중력에 대한 "Bohr 공식"을 쓰고, E_n을 반지름 r_o인 원궤도를 도는 행성의 고전적 에너지로 놓고, $n = \sqrt{r_o/a_g}$임을 증명하라. 이로부터 지구의 양자수 n을 추정하라.

(d) 지구가 다음의 낮은 준위 $(n - 1)$로 전이했다고 하자. 얼마나 많은 에너지가 (줄의 단위로) 방출되었는가? 방출된 광자(더 정확하게는 중력자)의 파장은 무엇인가? (답을 광년으로 나타내라. 이 놀라운 답은[28] 우연인가?)

4.3 각운동량

지금까지 보았듯이 수소 원자의 정상상태는 세 양자수 n, ℓ, m으로 지정한다. 주양자수(n)는 상태의 에너지를 결정한다(식 4.70). ℓ과 m은 궤도각운동량과 관련이 있다. 중심력에 대한 고전 이론에서 에너지와 각운동량은 보존되는 기본적인 양이고, 각운동량이 양자이론에서 중요한 역할을 하는 것은 당연하다.

고전적으로 (원점에 대하여) 입자의 각운동량은

$$\mathbf{L} = \mathbf{r} \times \mathbf{p} \tag{4.95}$$

[28] John Meyer가 고맙게도 이것을 지적했다.

의 공식으로 주어지고, 이것은 다음으로 표현된다.[29]

$$L_x = yp_z - zp_y, \quad L_y = zp_x - xp_z, \quad L_z = xp_y - yp_x. \tag{4.96}$$

이에 해당하는 양자 연산자는[30] 표준적인 방법인 $p_x \to -i\hbar\partial/\partial x$, $p_y \to -i\hbar\partial/\partial y$, $p_z \to -i\hbar\partial/\partial z$를 사용하여 얻는다. 이 절에서는 2장에서 조화진동자의 허용된 에너지를 얻기 위해 사용한 방법을 연상하게 하는 대수적 방법을 이용하여 각운동량 연산자의 고유값을 구하겠다. 이는 교환관계를 현명하게 이용하는 데 있다. 이후 고유함수를 결정하는 더 어려운 문제를 풀 것이다.

4.3.1 고유값

연산자 L_x와 L_y는 교환하지 않는다. 사실 다음을 만족한다.

$$\begin{aligned}\left[L_x, L_y\right] &= \left[yp_z - zp_y, zp_x - xp_z\right] \\ &= \left[yp_z, zp_x\right] - \left[yp_z, xp_z\right] - \left[zp_y, zp_x\right] + \left[zp_y, xp_z\right].\end{aligned} \tag{4.97}$$

바른 교환관계(식 4.10)로부터 교환하지 않는 연산자들은 x와 p_x, y와 p_y, z와 p_z뿐이다. 그래서 가운데 두 항은 사라지고, 남는 것은 다음과 같다.

$$\left[L_x, L_y\right] = yp_x\left[p_z, z\right] + xp_y\left[z, p_z\right] = i\hbar\left(xp_y - yp_x\right) = i\hbar L_z. \tag{4.98}$$

물론 $[L_y, L_z]$나 $[L_z, L_x]$로 시작할 수도 있지만, 이들을 따로 계산할 필요는 없다. 이것은 지수의 순환 자리바꿈($x \to y$, $y \to z$, $z \to x$)으로 바로 얻을 수 있다.

$$\boxed{\left[L_x, L_y\right] = i\hbar L_z; \quad \left[L_y, L_z\right] = i\hbar L_x; \quad \left[L_z, L_x\right] = i\hbar L_y.} \tag{4.99}$$

이것이 각운동량의 기본적인 교환관계이다. 모든 것은 이로부터 나온다.

L_x, L_y와 L_z는 비양립적인 관측량임을 주목하라. 일반화된 불확정성 원리에 의하면(식 3.62)

$$\sigma_{L_x}^2 \sigma_{L_y}^2 \geq \left(\frac{1}{2i}\langle i\hbar L_z\rangle\right)^2 = \frac{\hbar^2}{4}\langle L_z\rangle^2.$$

즉

$$\sigma_{L_x}\sigma_{L_y} \geq \frac{\hbar}{2}\left|\langle L_z\rangle\right| \tag{4.100}$$

이다. 그러므로 L_x와 L_y에 대한 동시 고유함수인 상태를 찾을 수 없다. 반면 전체 각운동량의 제곱

$$L^2 \equiv L_x^2 + L_y^2 + L_z^2 \tag{4.101}$$

---

[29] 각운동량은 위치와 운동량의 곱이므로, 3장(각주 15)에서 제기한 모호함이 있을 것이라고 걱정할 수 있다. 다행히 **r**과 **p**의 다른 성분만이 곱해지고, 이들은 서로 교환한다(식 4.10).

[30] 복잡함도 줄이고, 단위벡터($\hat{\imath}$, $\hat{\jmath}$, $\hat{k}$, $\hat{r}$, $\hat{\theta}$, $\hat{\phi}$)와 혼동을 피하기 위해 이 장의 남은 부분에서는 연산자에서 모자를 없애겠다.

은 L_x와 교환한다.

$$\begin{aligned}\left[L^2, L_x\right] &= \left[L_x^2, L_x\right] + \left[L_y^2, L_x\right] + \left[L_z^2, L_x\right] \\ &= L_y\left[L_y, L_x\right] + \left[L_y, L_x\right]L_y + L_z\left[L_z, L_x\right] + \left[L_z, L_x\right]L_z \\ &= L_y(-i\hbar L_z) + (-i\hbar L_z)L_y + L_z\left(i\hbar L_y\right) + \left(i\hbar L_y\right)L_z \\ &= 0.\end{aligned}$$

(교환자를 줄이기 위해 식 3.65를 사용했다. 물론 어떤 연산자도 자기자신과 교환한다.) L^2은 L_y, L_z와도 교환한다.

$$\left[L^2, L_x\right] = 0, \quad \left[L^2, L_y\right] = 0, \quad \left[L^2, L_z\right] = 0, \tag{4.102}$$

더 간단히 쓰면 다음과 같다.

$$\left[L^2, \mathbf{L}\right] = 0. \tag{4.103}$$

따라서 L^2은 $\mathbf{L}$의 각 성분과 양립적이고, L^2과 (예컨대) L_z의 동시 고유상태를 구할 수 있다.

$$L^2 f = \lambda f \quad \text{그리고} \quad L_z f = \mu f. \tag{4.104}$$

2.3.1절에서 조화연산자에 적용했던 것과 매우 비슷한 **사다리연산자** 방법을 사용할 것이다.

$$L_\pm \equiv L_x \pm iL_y \tag{4.105}$$

라고 하자. 이것과 L_z와의 교환자는

$$\left[L_z, L_\pm\right] = \left[L_z, L_x\right] \pm i\left[L_z, L_y\right] = i\hbar L_y \pm i(-i\hbar L_x) = \pm\hbar\left(L_x \pm iL_y\right)$$

이므로

$$\left[L_z, L_\pm\right] = \pm\hbar L_\pm \tag{4.106}$$

을 얻는다. 또한 (식 4.102로부터) 다음을 얻는다.

$$\left[L^2, L_\pm\right] = 0. \tag{4.107}$$

만일 f가 L^2과 L_z의 고유함수라면, $L_\pm f$도 그렇다. 식 4.107에 의하면

$$L^2(L_\pm f) = L_\pm\left(L^2 f\right) = L_\pm(\lambda f) = \lambda(L_\pm f) \tag{4.108}$$

이다. 그러므로 $L_\pm f$는 같은 고유값 λ를 갖는 L^2의 고유함수이다. 그리고 식 4.106에 의하면

$$\begin{aligned}L_z(L_\pm f) &= (L_z L_\pm - L_\pm L_z) f + L_\pm L_z f = \pm\hbar L_\pm f + L_\pm(\mu f) \\ &= (\mu \pm \hbar)(L_\pm f)\end{aligned} \tag{4.109}$$

가 되므로, $L_\pm f$는 새로운 고유값 $\mu \pm \hbar$를 갖는 L_z의 고유함수이다. L_+는 L_z를 $\hbar$만큼 증가시키므로 **올림연산자**라고 하고, L_-는 고유값을 $\hbar$만큼 낮추므로 **내림연산자**라고 한다.

그러면 주어진 λ값에 대해 상태의 "사다리"를 얻고, 각 "가로대"는 이웃 가로대와 L_z의 고유값이 $\hbar$씩 떨어져 있다(그림 4.11 참조). 사다리를 올라가려면 올림연산자를 적용하고, 내려가려면 내림연산자를 적용한다. 그러나 이 과정을 영원히 계속할 수는 없다. 결국 z 성분이 전체 각

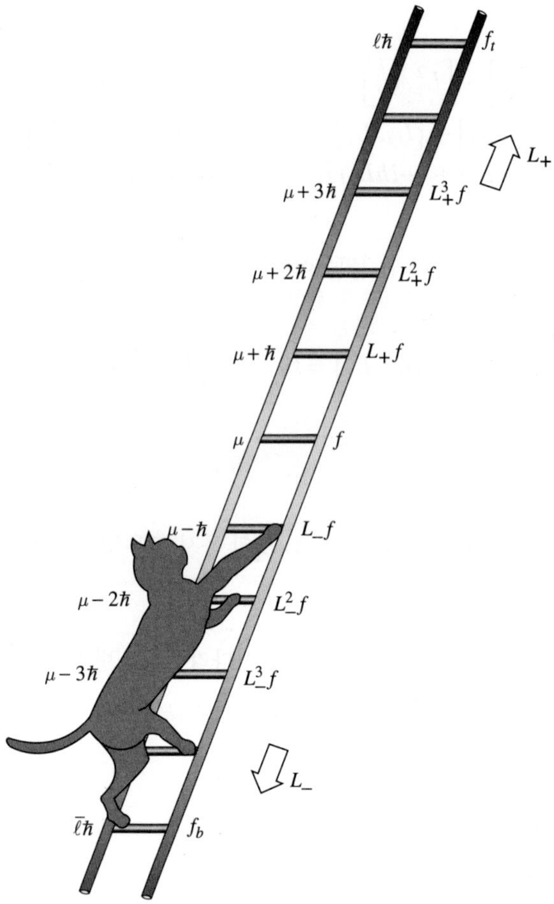

그림 4.11: 각운동량 상태의 "사다리."

운동량에 도달하지만, 그럴 수는 없다.[31] 그러므로 "맨 위 가로대" f_t가 존재하여[32]

$$L_+ f_t = 0 \tag{4.110}$$

을 만족한다. 꼭대기 가로대에서 L_z의 고유값을 $\hbar\ell$이라고 하자(곧 문자 "ℓ"이 적절하다는 것을 보일 것이다).

$$L_z f_t = \hbar\ell f_t; \quad L^2 f_t = \lambda f_t. \tag{4.111}$$

이제

$$\begin{aligned} L_\pm L_\mp &= \left(L_x \pm i L_y\right)\left(L_x \mp i L_y\right) = L_x^2 + L_y^2 \mp i\left(L_x L_y - L_y L_x\right) \\ &= L^2 - L_z^2 \mp i\,(i\hbar L_z) \end{aligned}$$

---

[31] 공식적으로는 $\langle L^2\rangle = \langle L_x^2\rangle + \langle L_y^2\rangle + \langle L_z^2\rangle$이지만, $\langle L_x^2\rangle = \langle f \mid L_x^2 f\rangle = \langle L_x f \mid L_x f\rangle \geq 0$ (L_y에 대해서도 마찬가지)이므로 $\lambda = \langle L_x^2\rangle + \langle L_y^2\rangle + \mu^2 \geq \mu^2$이다.

[32] 사실 $L_+ f_t$를 규격화할 수 없다는 것만 결론지을 수 있다. 그 크기는 0이 아니고, 무한대일 수도 있다. 문제 4.21에서 이 다른 가능성을 살펴볼 것이다.

이므로, 이것을 다시 쓰면

$$L^2 = L_\pm L_\mp + L_z^2 \mp \hbar L_z \tag{4.112}$$

를 얻는다. 그래서

$$L^2 f_t = \left(L_- L_+ + L_z^2 + \hbar L_z\right) f_t = \left(0 + \hbar^2 \ell^2 + \hbar^2 \ell\right) f_t = \hbar^2 \ell \left(\ell + 1\right) f_t$$

을 얻고, 따라서 다음을 얻는다.

$$\lambda = \hbar^2 \ell \left(\ell + 1\right). \tag{4.113}$$

즉, L^2의 고유값을 L_z의 최대 고유값으로 나타내었다.

한편 (같은 이유로)

$$L_- f_b = 0 \tag{4.114}$$

를 만족하는 바닥 가로대 f_b가 존재한다. 이 바닥 가로대에서 L_z의 고유값을 $\hbar\bar{\ell}$라고 하자.

$$L_z f_b = \hbar \bar{\ell} f_b; \quad L^2 f_b = \lambda f_b. \tag{4.115}$$

식 4.112를 이용하면

$$L^2 f_b = \left(L_+ L_- + L_z^2 - \hbar L_z\right) f_b = \left(0 + \hbar^2 \bar{\ell}^2 - \hbar^2 \bar{\ell}\right) f_b = \hbar^2 \bar{\ell} (\bar{\ell} \quad 1) f_b$$

을 얻고, 그러므로

$$\lambda = \hbar^2 \bar{\ell} \left(\bar{\ell} - 1\right) \tag{4.116}$$

이다. 식 4.113과 4.116을 이용하면 $\ell(\ell + 1) = \bar{\ell}(\bar{\ell} - 1)$이므로 $\bar{\ell} = \ell + 1$이거나 (이것은 말이 안 된다. 바닥 가로대가 꼭대기 가로대보다 높다!)

$$\bar{\ell} = -\ell \tag{4.117}$$

이다. 그러므로 L_z의 고유값은 $m\hbar$이고, m은 $-\ell$부터 $+\ell$까지 정수 N개의 상태가 있다(m이 사용하는 것이 왜 적절한지 곧 분명해질 것이다). 특히 $\ell = -\ell + N$이므로 $\ell = N/2$이므로 ℓ은 정수이거나 반정수이다. 고유함수는 ℓ과 m값으로 지정한다.

$$\boxed{L^2 f_\ell^m = \hbar^2 \ell \left(\ell + 1\right) f_\ell^m; \quad L_z f_\ell^m = \hbar m f_\ell^m.} \tag{4.118}$$

여기서

$$\ell = 0,\ 1/2,\ 1,\ 3/2, \ldots; \quad m = -\ell,\ -\ell + 1,\ \ldots,\ \ell - 1,\ \ell. \tag{4.119}$$

이다. 주어진 ℓ값에 대해 m은 $2\ell + 1$개의 다른 값이 있다(즉 "사다리"에 $2\ell + 1$개의 "가로대"가 있다).

어떤 이는 이것을 그림 4.12로 나타내기를 좋아한다($\ell = 2$인 경우에 대해 그렸다). 화살표는 ($\hbar$의 단위로) 가능한 각운동량을 표현한다. 이들은 모두 같은 길이 $\sqrt{\ell\left(\ell + 1\right)}$이고(이 경우 $\sqrt{6} = 2.45$), z 성분은 허용된 m값이다($-2, -2, 0, 1, 2$). 벡터의 크기(구의 반지름)는 z의 최대값보다 크다는 것을 주목하라. (일반적으로 "단순한" $\ell = 0$인 경우를 제외하고는 $\sqrt{\ell\left(\ell + 1\right)} > \ell$이다.) 분명히 각운동량이 완전히 z 방향을 향하게 할 수는 없다. 먼저 이것은 터무니없다. "왜 좌표축을 잘 선택하여 각운동량의 방향이 z 방향을 향하게 할 수 없는가?" 그러기 위해서는 세

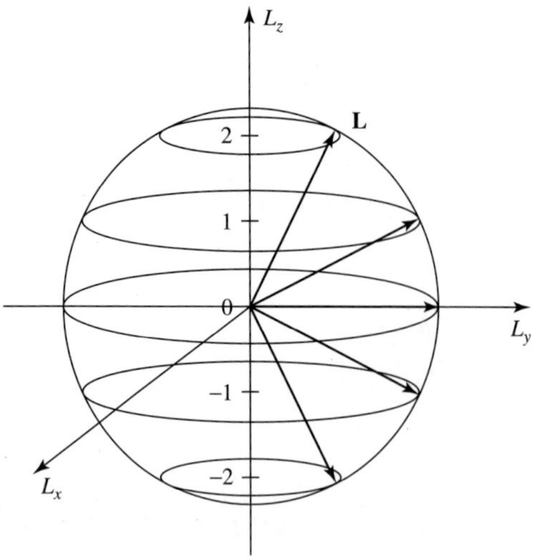

그림 4.12: ($\ell = 2$에 대한) 각운동량 상태.

개의 모든 성분을 동시에 알아야 하는데, 불확정성 원리(식 4.100)에 의하면 이것은 불가능하다. "그렇다면 가끔 z축이 우연히 **L** 방향을 향하게 되는 행운이 있을 수 있다." 전혀 그렇지 않다! 요점을 놓치고 있다. 단지 **L**의 세 성분을 모두 모르는 것이 아니다. 이것은 그저 세 성분이 아니다. 입자는 동시에 확정된 위치와 운동량을 가질 수 없는 것과 마찬가지로 확정된 각운동량 벡터를 가질 수 없다. L_z가 잘 정의된 값을 갖는다면 L_x와 L_y는 그렇지 않다. 그림 4.12와 같은 벡터를 그리는 것 자체가 오해의 소지가 있다. 그래도 그리려면 L_x와 L_y가 비확정적이라는 것을 표시하기 위해 위도 근처에 퍼져 있게 그려야 한다.

이것은 매우 놀랍다. 순전히 대수적인 방법에 의하여 각운동량에 대한 기본적인 교환관계(식 4.99)에서 시작하여 고유함수 자체를 보지도 않고 L^2과 L_z의 고유값을 결정했다! 이제 고유함수를 구하는 문제를 보겠지만, 이것은 훨씬 지저분한 작업이다. 그렇지만 어떻게 진행할지 알고 있다. 결론부터 말하면 L^2과 L_z의 고유함수는 4.12절에서 전혀 다른 경로로 접했던 구면조화함수 $f_\ell^m = Y_\ell^m$이다(물론 그렇기 때문에 같은 문자 ℓ과 m을 선택했다). 그리고 이제 구면조화함수가 직교한다는 것을 설명할 수 있다. 이것은 다른 고유값을 갖는 hermitian 연산자(L^2과 L_z)의 고유함수이다(정리 2, 3.3.1절).

* **문제 4.21** 올림연산자와 내림연산자는 m값을 하나씩 바꾼다.

$$L_+ f_\ell^m = \left(A_\ell^m\right) f_\ell^{m+1}, \quad L_- f_\ell^m = \left(B_\ell^m\right) f_\ell^{m-1}. \tag{4.120}$$

여기서 A_ℓ^m과 B_ℓ^m은 상수이다. 질문: 고유함수가 규격화되려면 이 상수는 무엇인가? 귀띔: 먼저 $L_\mp$는 $L_\pm$의 hermitian 켤레라는 것을 증명하라(L_x와 L_y는 관측량이므로, 이들은 hermitian이라고 가정하지만, 하고 싶다면 증명하라). 그리고 식 4.112를 이용하라. 답:

$$A_\ell^m = \hbar\sqrt{\ell(\ell+1) - m(m+1)} = \hbar\sqrt{(\ell - m)(\ell + m + 1)},$$
$$B_\ell^m = \hbar\sqrt{\ell(\ell+1) - m(m-1)} = \hbar\sqrt{(\ell + m)(\ell - m + 1)}. \tag{4.121}$$

사다리의 꼭대기와 바닥에서 무엇이 일어나는가? (즉 L_+를 f_ℓ^ℓ에 적용하거나 L_-를 $f_\ell^{-\ell}$을 적용했을 때 어떻게 되는가?)

* **문제 4.22**

(a) 위치와 운동량에 대한 바른 교환관계(식 4.10)에서 시작하여 다음의 교환자를 구하라.

$$\begin{array}{lll} [L_z, x] = i\hbar y, & [L_z, y] = -i\hbar x, & [L_z, z] = 0 \\ [L_z, p_x] = i\hbar p_y, & [L_z, p_y] = -i\hbar p_x, & [L_z, p_z] = 0. \end{array} \tag{4.122}$$

(b) 이 결과를 이용하여 식 4.96으로부터 직접 $[L_z, L_x] = i\hbar L_y$를 구하라.

(c) 교환자 $[L_z, r^2]$와 $[L_z, p^2]$를 구하라(물론 $r^2 = x^2 + y^2 + z^2$, $p^2 = p_x^2 + p_y^2 + p_z^2$이다).

(d) Hamiltonian $H = (p^2/2m) + V$는 V가 r에만 의존하는 경우 $\mathbf{L}$의 모든 성분과 교환함을 증명하라. (따라서 H, L^2, L_z는 서로 양립하는 관측량이다.)

** **문제 4.23**

(a) 퍼텐셜 $V(\mathbf{r})$ 안에 있는 입자에 대하여 궤도각운동량 $\mathbf{L}$의 기댓값의 변화율은 토크의 기댓값과 같다는 것을 증명하라.

$$\frac{d}{dt}\langle \mathbf{L}\rangle = \langle \mathbf{N}\rangle.$$

여기서

$$\mathbf{N} = \mathbf{r} \times (-\nabla V)$$

이다. (이것은 회전에 대한 Ehrenfest 정리이다.)

(b) 임의의 구면대칭 퍼텐셜에 대해 $d\langle \mathbf{L}\rangle/dt = 0$임을 증명하라. (이것은 **각운동량 보존**에 대한 양자역학적 표현 중의 하나이다.)

4.3.2 고유함수

먼저 L_x, L_y와 L_z를 구면좌표계에서 다시 쓰자. 이제 $\mathbf{L} = -i\hbar(\mathbf{r} \times \nabla)$와 기울기 연산자는 구면좌표계에서는[33]

$$\nabla = \hat{r}\frac{\partial}{\partial r} + \hat{\theta}\frac{1}{r}\frac{\partial}{\partial \theta} + \hat{\phi}\frac{1}{r\sin\theta}\frac{\partial}{\partial \phi} \tag{4.123}$$

이고, 한편 $\mathbf{r} = r\hat{r}$이므로 다음을 얻는다.

$$\mathbf{L} = -i\hbar\left[r\left(\hat{r}\times\hat{r}\right)\frac{\partial}{\partial r} + \left(\hat{r}\times\hat{\theta}\right)\frac{\partial}{\partial\theta} + \left(\hat{r}\times\hat{\phi}\right)\frac{1}{\sin\theta}\frac{\partial}{\partial\phi}\right].$$

[33] George Arfken, Hans-Jurgen Weber, *Mathematical Methods for Physicists*, 7th edn, Academic Press, Orlando (2013), 3.10절.

그러나 $\left(\hat{r}\times\hat{r}\right)=0$, $\left(\hat{r}\times\hat{\theta}\right)=\hat{\phi}$이고, $\left(\hat{r}\times\hat{\phi}\right)=-\hat{\theta}$이므로(그림 4.1 참조)

$$\mathbf{L}=-i\hbar\left(\hat{\phi}\frac{\partial}{\partial\theta}-\hat{\theta}\frac{1}{\sin\theta}\frac{\partial}{\partial\phi}\right) \tag{4.124}$$

이다. 단위벡터 $\hat{\theta}$와 $\hat{\phi}$를 직각좌표계에서 쓰면 다음과 같다.

$$\hat{\theta}=(\cos\theta\cos\phi)\,\hat{\imath}+(\cos\theta\sin\phi)\,\hat{\jmath}-(\sin\theta)\,\hat{k}; \tag{4.125}$$

$$\hat{\phi}=-(\sin\phi)\,\hat{\imath}+(\cos\phi)\,\hat{\jmath}. \tag{4.126}$$

따라서

$$\begin{aligned}\mathbf{L}=-i\hbar\bigg[&\left(-\sin\phi\,\hat{\imath}+\cos\phi\,\hat{\jmath}\right)\frac{\partial}{\partial\theta}\\&-\left(\cos\theta\cos\phi\,\hat{\imath}+\cos\theta\sin\phi\,\hat{\jmath}-\sin\theta\,\hat{k}\right)\frac{1}{\sin\theta}\frac{\partial}{\partial\phi}\bigg]\end{aligned}$$

이 된다. 그러므로

$$L_x=-i\hbar\left(-\sin\phi\frac{\partial}{\partial\theta}-\cos\phi\cot\theta\frac{\partial}{\partial\phi}\right) \tag{4.127}$$

$$L_y=-i\hbar\left(+\cos\phi\frac{\partial}{\partial\theta}-\sin\phi\cot\theta\frac{\partial}{\partial\phi}\right) \tag{4.128}$$

이고

$$\boxed{L_z=-i\hbar\frac{\partial}{\partial\phi}} \tag{4.129}$$

를 얻는다.

이제 올림연산자와 내림연산자는

$$L_\pm=L_x\pm iL_y=-i\hbar\left[(-\sin\phi\pm i\cos\phi)\frac{\partial}{\partial\theta}-(\cos\phi\pm i\sin\phi)\cot\theta\frac{\partial}{\partial\phi}\right]$$

으로 쓸 수 있다. 그러나 $\cos\phi\pm i\sin\phi=e^{\pm i\phi}$이므로

$$L_\pm=\pm\hbar e^{\pm i\phi}\left(\frac{\partial}{\partial\theta}\pm i\cot\theta\frac{\partial}{\partial\phi}\right) \tag{4.130}$$

이 된다. 특히 [문제 4.24(a)]

$$L_+L_-=-\hbar^2\left(\frac{\partial^2}{\partial\theta^2}+\cot\theta\frac{\partial}{\partial\theta}+\cot^2\theta\frac{\partial^2}{\partial\phi^2}+i\frac{\partial}{\partial\phi}\right) \tag{4.131}$$

이므로 [문제 4.24(b)] 다음을 얻는다.

$$\boxed{L^2=-\hbar^2\left[\frac{1}{\sin\theta}\frac{\partial}{\partial\theta}\left(\sin\theta\frac{\partial}{\partial\theta}\right)+\frac{1}{\sin^2\theta}\frac{\partial^2}{\partial\phi^2}\right].} \tag{4.132}$$

이제 $f_\ell^m(\theta, \phi)$를 결정할 단계이다. 이것은 고유값 $\hbar^2\ell(\ell+1)$인 L^2의 고유함수이다.

$$L^2 f_\ell^m = -\hbar^2 \left[\frac{1}{\sin\theta}\frac{\partial}{\partial\theta}\left(\sin\theta\frac{\partial}{\partial\theta}\right) + \frac{1}{\sin^2\theta}\frac{\partial^2}{\partial\phi^2}\right] f_\ell^m = \hbar^2\ell\,(\ell+1)\,f_\ell^m.$$

그러나 이것은 정확히 "각도 방정식"이다(식 4.18). 그리고 이것은 또한 고유값 $m\hbar$인 L_z의 고유함수이다.

$$L_z f_\ell^m = -i\hbar\frac{\partial}{\partial\phi} f_\ell^m = \hbar m f_\ell^m.$$

그러나 이것은 방위각 방정식과 같다(식 4.21). 이 식들은 이미 풀었다! 그 결과는 (적절하게 규격화하면) 구면조화함수 $Y_\ell^m(\theta, \phi)$이다. 결론: 구면조화함수는 L^2과 L_z의 고유함수이다. 4.1절에서 변수분리를 이용하여 Schrödinger 방정식을 풀었을 때 우연히 세 개의 교환하는 연산자 H, L^2와 L_z의 동시 고유함수를 만들었다.

$$H\psi = E\psi, \quad L^2\psi = \hbar^2\ell\,(\ell+1)\,\psi, \quad L_z\psi = \hbar m\psi. \tag{4.133}$$

식 4.132를 이용하여 Schrödinger 방정식(식 4.14)을 다음과 같이 더 간단히 다시 쓸 수 있다.

$$\frac{1}{2mr^2}\left[-\hbar^2\frac{\partial}{\partial r}\left(r^2\frac{\partial}{\partial r}\right) + L^2\right]\psi + V\psi = E\psi.$$

한 가지 조심할 것이 있다. 각운동량의 대수적 이론에 의하면 ℓ은 (따라서 m도) 반정수일 수 있지만(식 4.119), 변수분리에 의해 얻은 고유함수는 정수값만을 갖는다(식 4.29).[34] 반정수 해는 허용되지 않는다고 여길 수도 있지만, 다음 절에서 보게 되듯이 이 가능성이 매우 중요하다.

* **문제 4.24**

(a) 식 4.130으로부터 식 4.131을 유도하라. 귀띔: 시험함수를 이용하라. 그렇지 않으면 몇 개의 항을 없애야 한다.

(b) 식 4.129와 4.131로부터 식 4.132를 유도하라. 귀띔: 식 4.112를 이용하라.

* **문제 4.25**

(a) $L_+Y_\ell^\ell$은 무엇인가? (어떤 계산도 허용하지 않는다!)

(b) (a)의 결과를 식 4.130과 $LzY_\ell^\ell = \hbar\ell Y_\ell^\ell$라는 사실과 함께 이용하여 규격함수를 제외한 $Y_\ell^\ell(\theta, \phi)$를 구하라.

(c) 직접 적분하여 규격화상수를 구하라. 마지막 답을 문제 4.7에서 얻었던 것과 비교하라.

문제 4.26 문제 4.4에서

$$Y_2^1(\theta, \phi) = -\sqrt{15/8\pi}\,\sin\theta\cos\theta e^{i\phi}$$

을 증명했다. 올림연산자를 적용하여 $Y_2^2(\theta, \phi)$를 구하라. 식 4.121을 이용하여 규격화하라.

[34] 흥미 있는 논의를 보려면 I. R. Gatland, *Am. J. Phys.* **74**, 191 (2006)을 참조하라.

** **문제 4.27** 질량이 m_1과 m_2인 두 입자가 질량이 없는 길이 a인 강체 막대 양 끝에 매달려 있다. 이 계는 (고정된) 질량중심에 대해 삼차원에서 자유롭게 회전할 수 있다.

(a) 이 **강체 회전자**의 허용된 에너지는 다음과 같음을 증명하라.

$$E_n = \frac{\hbar^2}{2I} n(n+1), \quad (n = 0,\ 1,\ 2, \ldots), \quad \text{여기서} \quad I = \frac{m_1 m_2}{(m_1 + m_2)} a^2$$

는 계의 회전관성이다. 귀띔: 먼저 각운동량으로 (고전적인) 에너지를 나타내라.

(b) 이 계의 규격화된 고유함수는 무엇인가? (θ와 ϕ가 회전자 축의 방향을 정의하도록 하자.) n번째 에너지 준위의 겹침은 얼마인가?

(c) 이 계에 대한 어떤 스펙트럼을 예상하는가? (스펙트럼 선에 대한 공식을 써라.) 답: $\nu_j = \hbar j / 2\pi I,\ j = 1, 2, 3, \ldots$

(d) 그림 4.13에 일산화탄소(CO)의 회전 스펙트럼의 일부분을 나타내었다. 이웃한 선 사이의 진동수 간격($\Delta\nu$)은 얼마인가? ^{12}C와 ^{16}O의 질량을 찾고, m_1, m_2와 $\Delta\nu$로부터 원자 사이의 거리를 결정하라.

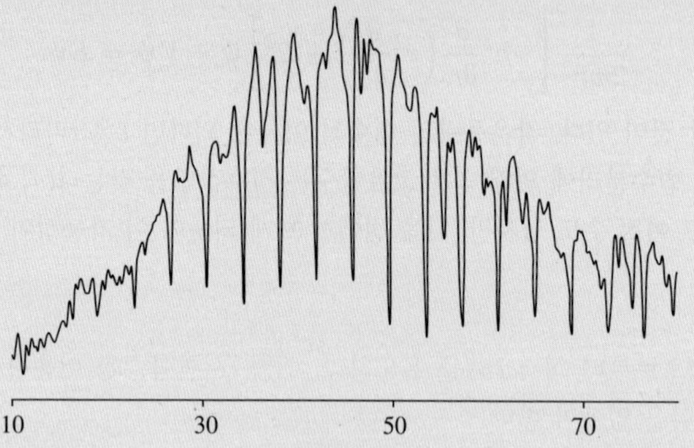

그림 4.13: CO의 회전 스펙트럼. 진동수는 분광학자 단위인 cm^{-1}로 나타낸 것에 주의하라. 헤르츠로 바꾸려면 $c = 3.00 \times 10^{10}$ cm/s를 곱하면 된다. John M. Brown, Allan Carrington, *Rotational Spectroscopy of Diatomic Molecules*, Cambridge University Press, 2003의 허가를 받아 만들었고, 이것은 E. V. Loewenstein, *Journal of the Optical Society of America*, **50**, 1163 (1960)에서 따온 것이다.

4.4 스핀

고전역학에서 강체는 두 가지 각운동량을 가지고 있다. 질량중심의 운동과 관련된 **궤도**각운동량($\mathbf{L} = \mathbf{r} \times \mathbf{p}$)과 질량중심 주위에 대한 운동과 관련된 **스핀**($\mathbf{S} = I\omega$)이 있다. 예를 들어 지구는 태양 주위를 공전하는 것에 부여하는 궤도각운동량과 남–북 축에 대한 자전에서 오는 스핀 각운동량이 있다. 고전적인 관점에서 이 구분은 대부분 편의성에 있다. $\mathbf{S}$는 지구를 구성하는 모든 바위나 먼지가 축 주위로 돌 때 이 모든 "궤도"각운동량의 전체 합일 뿐이다. 양자역학에서도 비슷한 일이 일어나지만, 이 구분은 완전히 근본적인 것이다. (수소 원자의 경우) 핵 주위로 전자가 움직이는 운동(구면조화함수로 기술한다)과 관련된 궤도각운동량과 더불어 전자는 공간에서의 운동과 전혀 관계 없는 다른 형태의 각운동량을 갖지만(그러므로 어떤 위치변수 r, θ, ϕ로도 전혀 기술할 수 없다), 어떤 면에서는 고전적인 스핀과 비슷한 면이 있다(따라서 같은 용어를 사용한다). 그러나 이 대응을 끝까지 밀고 갈 수 없다. (우리가 아는 한) 전자는 구조가 없는 점입자이고, 스핀각운동량은 구성하고 있는 부분의 궤도각운동량으로 쓸 수 없다(문제 4.28 참고).[35] 기본 입자는 "외부" 각운동량(**L**)뿐만 아니라 고유한 각운동량(**S**)을 갖고 있다고 하면 충분하다.

스핀에 대한 대수적 이론은 궤도각운동량에 대한 이론을 그대로 복사하면 되는데 다음의 기본적인 교환관계로부터 시작한다.[36]

$$\left[S_x, S_y\right] = i\hbar S_z, \quad \left[S_y, S_z\right] = i\hbar S_x, \quad \left[S_z, S_x\right] = i\hbar S_y. \tag{4.134}$$

(전과 같이) S^2과 S_z의 고유벡터는[37]

$$S^2 |s\, m\rangle = \hbar^2 s\,(s+1)\,|s\, m\rangle; \quad S_z |s\, m\rangle = \hbar m |s\, m\rangle \tag{4.135}$$

이고,

$$S_{\pm}\,|s\, m\rangle = \hbar\sqrt{s\,(s+1) - m\,(m \pm 1)}\;|s\;(m \pm 1)\rangle \tag{4.136}$$

이다. 여기서 $S_{\pm} \equiv S_x \pm iS_y$이다. 그러나 이번에는 고유벡터는 구면조화함수가 아니고(이들은 전혀 θ와 ϕ의 함수가 아니다), s와 m이 반정수인 경우를 제외할 이유가 없다.

$$s = 0,\ \frac{1}{2},\ 1,\ \frac{3}{2}, \ldots; \quad m = -s,\ -s+1, \ldots, s-1,\ s. \tag{4.137}$$

모든 기본입자는 특정한, 변하지 않는 s값을 가지고 있고, 이를 그 입자의 **스핀**이라고 부른다. π 중간자는 스핀이 0이고, 전자는 스핀이 1/2이며, 광자는 스핀이 1이다. Δ 중입자는 스핀이 3/2이고, 중력자는 스핀이 2이다. 이와는 대조적으로 (예를 들어 수소 원자 안의 전자에 대해) 궤도각운동량 양자수 l은 원하는 임의의 정수값을 가지고 있고, 계에 약간의 충격을 주면 한 값에서 다른 값으로 바뀐다. 그러나 어떤 입자라도 s는 고정되어 있고, 이로 인해 스핀에 대한 이론은 상대적으로 단순하다.[38]

---

[35] 반대의 해석을 보려면 Hans C. Ohanian, "What is Spin?", *Am. J. Phys.* **54**, 500 (1986) 참조.

[36] 이것을 스핀 이론에 대한 가정으로 택하겠다. 궤도각운동량에 대한 비슷한 공식(식 4.99)은 알려진 연산자의 형태로부터 유도되었다(식 4.96). 사실 6장에서 보게 되겠지만, 이들 모두 삼차원에서 회전 불변성으로부터 나온다. 이 기본적인 교환관계는 스핀, 궤도, 혹은 일부는 스핀이고, 일부는 궤도인 복합계의 결합각운동량이든 모든 형태의 각운동량에 대해 성립한다.

[37] 스핀의 고유상태는 함수가 아니므로 이제부터 Dirac 표기법을 사용하겠다. 그렇지만 새로 문자를 사용하지 않고, L_z에 대해 했던 것처럼 m을 S_z의 고유값으로 쓰겠다(어떤 저자는 이 단계에서 매우 분명하도록 하기 위해 m_l과 m_s로 쓴다).

[38] 수학적인 의미에서 스핀 1/2이 단순하지 않은 가장 간단한 양자계이다. 왜냐하면 두 개의 기준 상태가 허용되기 때문이다(예제 3.8을 참조). 모든 미묘함과 복잡함이 있는 무한 차원의 Hilbert 공간 대신 보통의 이차원 벡터 공간에서 고려한다. 낯선 미분방정식과 환상적인 함수 대신 2 × 2 행렬과 두 개의 성분을 갖는 벡터를 다룬다. 이러한 이유로 어떤 저자들은 스핀에 대한 연구로 양자역학을 시작한다. (뚜렷한 예로는 John S. Townsend, *A Modern Approach to Quantum Mechanics*, 2nd edn, University Books, Sausalito, CA, 2012가 있다.) 그러나 수학적 단순함 때문에 개념이 너무 추상적이 되므로, 여기서는 그 방법을 택하지 않겠다.

문제 4.28 전자가 고전적으로 속이 꽉 찬 공이고 반지름이

$$r_c = \frac{e^2}{4\pi\epsilon_0 mc^2} \tag{4.138}$$

이라고 하자(이것은 소위 **고전적인 전자 반지름**으로 전자의 질량이 전기장에 저장된 에너지라고 보고 Einstein 공식 $E = mc^2$를 통해 얻는다). 그리고 각운동량은 $(1/2)\hbar$라고 하면 "적도" 위의 한점은 (m/s로) 얼마나 빨리 움직이는가? 이 모형은 말이 되는가? (사실 실험적으로 전자의 반지름은 r_c보다 훨씬 작다고 알려져 있지만, 이러면 상황은 더 나빠진다.)[39]

4.4.1 스핀 1/2

가장 중요한 경우는 $s = 1/2$인 경우이다. 왜냐하면 이 경우가 보통 물질을 구성하는 입자(양성자, 중성자와 전자)뿐만 아니라 쿼크와 경입자의 스핀이기 때문이다. 게다가 일단 스핀 1/2을 이해하면, 더 큰 스핀에 대해서는 쉽게 수식화할 수 있기 때문이다. 두 개의 고유상태가 있는데 하나는 $\left|\frac{1}{2}\,\frac{1}{2}\right\rangle$로 **윗방향 스핀**이라고 부르고(↑로 나타낸다), 다른 하나는 $\left|\frac{1}{2}\,\left(-\frac{1}{2}\right)\right\rangle$로 **아랫방향 스핀**이라고 한다(↓로 나타낸다). 이들을 기준벡터로 이용하면 스핀 1/2인 입자의 일반적인 상태는[40] 두 개의 요소를 갖는 행렬(**스피너**)로 표현할 수 있다.

$$\chi = \begin{pmatrix} a \\ b \end{pmatrix} = a\chi_+ + b\chi_-. \tag{4.139}$$

여기서

$$\chi_+ = \begin{pmatrix} 1 \\ 0 \end{pmatrix} \tag{4.140}$$

은 윗방향 스핀을 나타내고,

$$\chi_- = \begin{pmatrix} 0 \\ 1 \end{pmatrix} \tag{4.141}$$

은 아랫방향 스핀을 나타낸다.

이 기준에 대해 스핀 연산자는 2 × 2 행렬이 된다.[41] 그리고 χ_+와 χ_-에 작용한 결과를 보면 된다. 식 4.135에 의하면

---

39 전자가 작은 회전하는 구로 생각하고 싶으면 그래도 좋다. 다만 문자 그대로 믿지만 않으면 상관없다.

40 당분간 스핀 상태만을 고려한다. 입자가 움직이는 경우에는 위치 상태(Ψ)도 고려해야 하지만, 당분간 생각하지 말자.

41 표기방법에 대해 잔소리하는 것을 싫어하지만, 여기서 다시 한 번 반복한다. ($|s\ m\rangle$과 같은) 켓은 Hilbert 공간[이 경우 $(2s + 1)$ 차원의 벡터 공간] 안의 벡터이고, 스피너 χ는 특별한 기준(스핀 $\frac{1}{2}$인 경우 $\left|\frac{1}{2}\,\frac{1}{2}\right\rangle, \left|\frac{1}{2}\,-\frac{1}{2}\right\rangle$)에서 행으로 나타낸 기준벡터 성분의 집합이다. 물리학자들은 가끔 $\left|\frac{1}{2}\,\frac{1}{2}\right\rangle = \chi_+$로 쓰지만, 기술적으로는 (Hilbert 공간에 있는) 벡터와 (숫자를 나열한) 성분을 혼동한 것이다. 마찬가지로 (예를 들어) S_z는 켓에 작용하는 연산자이다. 이것은 (선택한 기준에서) 행렬 S_z로 표현하고, 스피너에 곱한다. 그러나, 다시 한 번 말하면 비록 완전히 이해할 수 있지만 $S_z = \mathsf{S}_z$는 엉성한 표현이다.

$$\mathsf{S}^2\chi_+ = \frac{3}{4}\hbar^2\chi_+ \quad \text{그리고} \quad \mathsf{S}^2\chi_- = \frac{3}{4}\hbar^2\chi_- \tag{4.142}$$

이다. S^2를 아직 결정되지 않은 요소를 갖는 행렬

$$\mathsf{S}^2 = \begin{pmatrix} c & d \\ e & f \end{pmatrix}$$

으로 쓰면, 첫 번째 식은

$$\begin{pmatrix} c & d \\ e & f \end{pmatrix}\begin{pmatrix} 1 \\ 0 \end{pmatrix} = \frac{3}{4}\hbar^2\begin{pmatrix} 1 \\ 0 \end{pmatrix}, \quad \text{즉} \quad \begin{pmatrix} c \\ e \end{pmatrix} = \begin{pmatrix} \frac{3}{4}\hbar^2 \\ 0 \end{pmatrix}$$

이므로 $c = (3/4)\hbar^2$, $e = 0$이다. 두 번째 식에 의하면

$$\begin{pmatrix} c & d \\ e & f \end{pmatrix}\begin{pmatrix} 0 \\ 1 \end{pmatrix} = \frac{3}{4}\hbar^2\begin{pmatrix} 0 \\ 1 \end{pmatrix}, \quad \text{즉} \quad \begin{pmatrix} d \\ f \end{pmatrix} = \begin{pmatrix} 0 \\ \frac{3}{4}\hbar^2 \end{pmatrix}$$

이므로 $d = 0, f = (3/4)\hbar^2$이다. 결론:

$$\mathsf{S}^2 = \frac{3}{4}\hbar^2\begin{pmatrix} 1 & 0 \\ 0 & 1 \end{pmatrix}. \tag{4.143}$$

마찬가지로

$$\mathsf{S}_z\chi_+ = \frac{\hbar}{2}\chi_+, \quad \mathsf{S}_z\chi_- = -\frac{\hbar}{2}\chi_- \tag{4.144}$$

이고, 이로부터

$$\mathsf{S}_z = \frac{\hbar}{2}\begin{pmatrix} 1 & 0 \\ 0 & -1 \end{pmatrix} \tag{4.145}$$

를 얻는다. 한편 식 4.136에 의하면

$$\mathsf{S}_+\chi_- = \hbar\chi_+, \quad \mathsf{S}_-\chi_+ = \hbar\chi_-, \quad \mathsf{S}_+\chi_+ = \mathsf{S}_-\chi_- = 0.$$

즉

$$\mathsf{S}_+ = \hbar\begin{pmatrix} 0 & 1 \\ 0 & 0 \end{pmatrix}, \quad \mathsf{S}_- = \hbar\begin{pmatrix} 0 & 0 \\ 1 & 0 \end{pmatrix} \tag{4.146}$$

이다. 이제 $S_\pm = S_x \pm iS_y$이므로 $S_x = (1/2)(S_+ + S_-)$, $S_y = (1/2i)\,(S_+ - \mathsf{S}_-)$이고, 따라서

$$\mathsf{S}_x = \frac{\hbar}{2}\begin{pmatrix} 0 & 1 \\ 1 & 0 \end{pmatrix}, \quad \mathsf{S}_y = \frac{\hbar}{2}\begin{pmatrix} 0 & -i \\ i & 0 \end{pmatrix} \tag{4.147}$$

이다. S_x, S_y, S_z는 모두 $\hbar/2$를 달고 다니므로 $\mathbf{S} = (\hbar/2)\boldsymbol{\sigma}$로 쓰는 것이 깔끔하다. 여기서

$$\boxed{\sigma_x \equiv \begin{pmatrix} 0 & 1 \\ 1 & 0 \end{pmatrix}, \; \sigma_y \equiv \begin{pmatrix} 0 & -i \\ i & 0 \end{pmatrix}, \; \sigma_z \equiv \begin{pmatrix} 1 & 0 \\ 0 & -1 \end{pmatrix}} \tag{4.148}$$

이다. 이것이 유명한 **Pauli 스핀 행렬**이다. S_x, S_y, S_z와 S^2는 모두 hermitian 행렬이다(그래야만 한다. 왜냐하면 이들은 관측량을 표현하기 때문이다). 한편 S_+와 S_-는 hermitian이 아니다. 분

명히 이들은 관측할 수 없다.

$\mathbf{S}_z$의 고유 스피너는 (물론)

$$\chi_+ = \begin{pmatrix}1\\0\end{pmatrix}, \left(\text{고유값} + \frac{\hbar}{2}\right); \quad \chi_- = \begin{pmatrix}0\\1\end{pmatrix}, \left(\text{고유값} - \frac{\hbar}{2}\right) \tag{4.149}$$

이다. 일반적인 상태 χ에 있는(식 4.139) 입자에 대해 S_z를 측정하면 확률 $|a|^2$로 $+\hbar/2$를 얻고, 확률 $|b|^2$으로 $-\hbar/2$를 얻는다. 이 가능성밖에 없으므로

$$|a|^2 + |b|^2 = 1 \tag{4.150}$$

을 만족해야 한다(즉 스피너는 규격화되어 있다. $\chi^\dagger\chi = 1$).[42]

그러나 S_x를 측정하기로 하면 어떻게 되는가? 가능한 결과는 무엇이며, 각각의 확률은 얼마인가? 일반화된 확률 해석에 의하면 $\mathbf{S}_x$의 고유값과 고유스피너를 알아야 한다. 특성 방정식은

$$\begin{vmatrix}-\lambda & \hbar/2\\ \hbar/2 & -\lambda\end{vmatrix} = 0 \Rightarrow \lambda^2 = \left(\frac{\hbar}{2}\right)^2 \Rightarrow \lambda = \pm\frac{\hbar}{2}$$

이다. 놀라운 일은 아니지만(하지만 어떻게 작동하는가를 보는 것은 만족스럽다) 가능한 S_x의 값은 S_z의 경우와 같다. 고유스피너는 보통의 방법으로 얻는다.

$$\frac{\hbar}{2}\begin{pmatrix}0 & 1\\1 & 0\end{pmatrix}\begin{pmatrix}\alpha\\\beta\end{pmatrix} = \pm\frac{\hbar}{2}\begin{pmatrix}\alpha\\\beta\end{pmatrix} \Rightarrow \begin{pmatrix}\beta\\\alpha\end{pmatrix} = \pm\begin{pmatrix}\alpha\\\beta\end{pmatrix}.$$

따라서 $\beta = \pm\alpha$이다. 따라서 $\mathbf{S}_x$의 (규격화된) 고유스피너는 다음과 같다.

$$\chi_+^{(x)} = \begin{pmatrix}1/\sqrt{2}\\1/\sqrt{2}\end{pmatrix}, \left(\text{고유값} + \frac{\hbar}{2}\right); \; \chi_-^{(x)} = \begin{pmatrix}1/\sqrt{2}\\-1/\sqrt{2}\end{pmatrix}, \left(\text{고유값} - \frac{\hbar}{2}\right). \tag{4.151}$$

Hermitian 행렬의 고유벡터로서 이 공간을 이룬다. 임의의 스피너 χ(식 4.139)는 이들의 선형결합으로 나타낼 수 있다.

$$\chi = \left(\frac{a+b}{\sqrt{2}}\right)\chi_+^{(x)} + \left(\frac{a-b}{\sqrt{2}}\right)\chi_-^{(x)}. \tag{4.152}$$

만일 S_x를 측정한다면 $+\hbar/2$를 얻을 확률은 $(1/2)|a+b|^2$이고, $-\hbar/2$를 얻을 확률은 $(1/2)|a-b|^2$이다. (이 확률을 더하면 1이 되는 것을 확인하라.)

예제 4.2

스핀1/2인 입자가

$$\chi = \frac{1}{\sqrt{6}}\begin{pmatrix}1+i\\2\end{pmatrix}$$

[42] 종종 $|a|^2$는 "입자가 윗방향 스핀 상태에 있을 확률"이라고 말하지만, 이것은 나쁜 표현이다. 이것이 의미하는 것은 S_z를 측정한다면 $|a|^2$의 확률로 $\hbar/2$를 얻는다는 것이다. 각주 18 참조.

의 상태에 있다. S_z와 S_x를 측정할 때 $+\hbar/2$와 $-\hbar/2$를 얻을 확률은 얼마인가?

풀이: 여기서 $a = (1 + i)/\sqrt{6}$이고, $b = 2/\sqrt{6}$이므로 S_z에 대해서 $+\hbar/2$를 얻을 확률은 $|(1 + i)/\sqrt{6}|^2 = 1/3$)이고, $-\hbar/2$를 얻을 확률은 $|2/\sqrt{6}|^2 = 2/3$이다. S_x에 대해서는 $+\hbar/2$를 얻을 확률은 $(1/2)|(3 + i)/\sqrt{6}|^2 = 5/6$이고, $-\hbar/2$를 얻을 확률은 $(1/2)|(-1 + i)/\sqrt{6}|^2 = 1/6$이다. 따라서 S_x의 기댓값은

$$\frac{5}{6}\left(+\frac{\hbar}{2}\right) + \frac{1}{6}\left(-\frac{\hbar}{2}\right) = \frac{\hbar}{3}$$

이다. 이것은 직접 다음과 같이 구할 수 있다.

$$\langle S_x \rangle = \chi^{\dagger} \mathsf{S}_x \chi = \left((1-i)/\sqrt{6} \quad 2/\sqrt{6}\right) \begin{pmatrix} 0 & \hbar/2 \\ \hbar/2 & 0 \end{pmatrix} \begin{pmatrix} (1+i)/\sqrt{6} \\ 2/\sqrt{6} \end{pmatrix} = \frac{\hbar}{3}.$$

1장에서 논의했던 추상적인 개념을 구체적으로 나타내는 데 적합하므로, 스핀 1/2을 포함하는 가상의 측정 과정을 생각해 보자. 상태 χ_+에서 시작하자. 입자의 스핀 각운동량의 z 성분이 무엇이냐고 묻는다면, 정확히 $+\hbar/2$라고 말할 수 있다. S_z를 측정하면 틀림없이 이 값을 얻는다. 그러나 그 대신 "입자 스핀 각운동량의 x 성분이 무엇이냐?"라고 물으면 얼버무릴 수밖에 없다. S_x를 측정한다면 $+\hbar/2$나 $-\hbar/2$를 얻을 확률은 반반이다. 고전물리학자, 즉 (1.2절의 의미에서) "실재론자"는 이것이 부적절한 대답이라고 여길 것이다. "그 입자의 진정한 상태를 모른다고 말하는 것인가?"라고 물을 것이다. 반면에 관측자는 입자의 상태가 정확하게 χ_+라고 알고 있다. "그러면 어떻게 스핀의 x 성분이 얼마인 지 모르는가?" 왜냐하면 입자는 스핀의 특정한 x 성분을 가지고 있지 않기 때문이다. 사실 가질 수 없다. 왜냐하면 S_x와 S_z 모두가 잘 정의되면 불확정성 원리에 위배된다.

여기서 도전자는 시험관을 들고 입자의 스핀의 x 성분을 측정하여 예를 들어 $+\hbar/2$값을 얻었다고 하자. "아!"(시험자는 의기양양해서 소리친다.) "거짓말을 했다! 이 입자는 완전히 잘 정의된 S_x값 $\hbar/2$를 갖고 있다." 그렇다. 이제는 그렇다. 그러나 이것이 측정 전에 그 값을 가지고 있었다고 증명하지는 않는다. "그중 하나를 골랐을 뿐이다. 어쨌든 불확정성 원리는 어떻게 되었는가? 이제 S_x와 S_z를 모두 알고 있다." 미안하지만 둘 다 가지고 있지 않다. 측정 과정 동안 입자의 상태를 바꾸었다. 이제 $\chi_+^{(x)}$ 상태에 있다. 이제 S_x의 값을 알고 있지만, 더 이상 S_z값을 알지 못한다. "그러나 나는 S_x를 측정할 때 입자를 건드리지 않도록 매우 조심했다." 그렇게 믿지 못한다면 다음을 확인해 보라. S_z를 측정하여 무엇을 얻는지 보라. (물론 이 경우 $+\hbar/2$를 얻으면 당황스러울 것이다. 그러나 이 과정을 계속 되풀이하면 반은 $-\hbar/2$를 얻을 것이다.)

초보자, 철학자, 고전 물리학자에게는 "이 입자는 잘 정의된 위치(혹은 운동량, 스핀 각운동량의 x 성분이나 무엇이든)를 갖지 않는다"는 표현은 모호하고, 부적절하고, (최악의 경우) 심오하지 않다. 하지만 전혀 그렇지 않다. 하지만 정확한 의미를 양자역학을 깊이 공부하지 않은 사람에게 전달하는 것은 거의 불가능하다. 독자 본인이 가끔 잘 이해하지 못한다면(그렇지 않다면 아마 문제를 이해하지 못한 것이다) 스핀1/2 계로 돌아와 보라. 이것은 양자역학의 개념적 모순을 통해 생각할 수 있는 가장 단순하고 분명한 예이다.

문제 4.29

(a) 스핀 행렬(식 4.145와 4.147)은 각운동량에 대한 기본적인 교환관계, 식 4.134를 만족한다는 것을 확인하라.

(b) Pauli 스핀 행렬(식 4.148)은 곱의 규칙

$$\sigma_j \sigma_k = \delta_{jk} + i \sum_l \epsilon_{jkl} \sigma_l \tag{4.153}$$

을 만족한다는 것을 증명하라. 여기서 지수는 x, y나 z를 나타내고, ϵ_{jkl}는 **Levi-Civita** 기호이다. $jkl = 123, 231, 312$이면 $+1$이고, $jkl = 132, 213, 321$이면 -1이고, 그 밖의 경우에는 0이다.

* **문제 4.30** 전자가 다음의 스핀 상태에 있다.

$$\chi = A \begin{pmatrix} 3i \\ 4 \end{pmatrix}.$$

(a) 규격화상수 A를 결정하라.

(b) S_x, S_y와 S_z의 기댓값을 구하라.

(c) "불확정도" σ_{S_x}, σ_{S_y}와 σ_{S_z}를 구하라. 주의: 이 시그마는 Pauli 행렬이 아니라 표준편차이다!

(d) 이 결과는 모든 세 개의 불확정성 원리와 일관성이 있음을 확인하라. (식 4.100과 순환 자리바꿈을 보라. 물론 L 대신 S를 넣은 것만 보라.)

* **문제 4.31** 가장 일반적인 규격화된 스피너 χ(식 4.139)에 대해 $\langle S_x \rangle$, $\langle S_y \rangle$, $\langle S_z \rangle$, $\langle S_x^2 \rangle$, $\langle S_y^2 \rangle$과 $\langle S_z^2 \rangle$을 계산하라. $\langle S_x^2 \rangle + \langle S_y^2 \rangle + \langle S_z^2 \rangle = \langle S^2 \rangle$임을 확인하라.

* **문제 4.32**

(a) S_y의 고유값과 고유스피너를 구하라.

(b) 일반 상태 χ(식 4.139)에 있는 입자에 대해 S_y를 측정하면 어떤 값을 갖고, 각각에 대해 어떤 확률로 얻는가? 확률을 모두 더하면 1이 된다는 것을 확인하라. 주의: a와 b가 실수일 필요는 없다!

(c) S_y^2을 측정하면 어떤 값을 어떤 확률로 얻는가?

** **문제 4.33** 임의의 방향 $\hat{r}$을 향하는 스핀 각운동량의 성분을 표현하는 행렬 S_r을 만들라. 구면좌표계를 쓰면

$$\hat{r} = \sin\theta \cos\phi \, \hat{\imath} + \sin\theta \sin\phi \, \hat{\jmath} + \cos\theta \, \hat{k} \tag{4.154}$$

이다. S_r의 고유값과 (규격화된) 고유스피너를 구하라. 답:

$$\chi_+^{(r)} = \begin{pmatrix} \cos(\theta/2) \\ e^{i\phi}\sin(\theta/2) \end{pmatrix}; \quad \chi_-^{(r)} = \begin{pmatrix} e^{-i\phi}\sin(\theta/2) \\ -\cos(\theta/2) \end{pmatrix}. \tag{4.155}$$

주의: 언제나 자유롭게 임의의 위상 $e^{i\phi}$를 곱할 수 있으므로, 위의 답과 정확하게 똑같게 보이지는 않을 수 있다.

문제 4.34 스핀 1인 입자에 대한 스핀 행렬(S_x, S_y와 S_z)을 구하라. 귀띔: S_z의 고유상태는 몇 개 있는가? 이 각 상태에 대해 S_z, S_+, S_-가 작용한 결과를 결정하라. 스핀 1/2에서 했던 과정을 따라하라.

4.4.2 자기장 안의 전자

스핀이 있는 대전입자는 자기쌍극자를 만든다. **자기쌍극자 모멘트** μ는 스핀각운동량 $\mathbf{S}$에 비례한디.

$$\boldsymbol{\mu} = \gamma \mathbf{S}. \tag{4.156}$$

비례상수 γ를 **자기 회전 비율**이라고 한다.[43] 자기쌍극자가 자기장 $\mathbf{B}$ 안에 있으면 토크 $\boldsymbol{\mu}\times\mathbf{B}$를 받는데 이는 (나침반 바늘과 같이) 자기장과 평행으로 향하도록 한다. 이 토크와 관련된 에너지는[44]

$$H = -\boldsymbol{\mu} \cdot \mathbf{B} \tag{4.157}$$

이므로, 스핀이 있는 대전입자가 자기장 $\mathbf{B}$ 안에서 정지해 있을 때 Hamiltonian은[45]

$$\mathsf{H} = -\gamma \mathbf{B} \cdot \mathsf{S} \tag{4.158}$$

이다. 여기서 S는 적절한 스핀 행렬이다(스핀 1/2인 경우 식 4.145와 4.147).

예제 4.3

Larmor 세차운동: 정지한 스핀 1/2 입자가 z축을 향하는 균일한 자기장 안에 있다고 하자.

$$\mathbf{B} = B_0 \hat{k}. \tag{4.159}$$

Hamiltonian(식 4.158)은

[43] 예를 들어 David J. Griffiths, *Introduction to Electrodynamics*, 4th edn (Pearson, Boston, 2013), 문제 5.58을 참조하라. 고전적으로 물체의 자기 회전 비율은 전하와 질량이 동일하게 분포되어 있을 때 $q/2m$이다. 여기서 q는 전하, m은 질량이다. 상대론적 양자론에서만 완전하게 설명되는 이유로 전자의 자기 회전 비율은 (거의) 정확히 고전적인 값 $\gamma = -e/m$의 두 배이다.

[44] Griffiths(각주 43), 문제 6.21.

[45] 입자가 움직이면 운동에너지를 고려해야 한다. 게다가 퍼텐셜에너지 함수에서 유도할 수 없는 Lorentz 힘($q\mathbf{v} \times \mathbf{B}$)을 받으므로, 지금까지 수식화한 Schrödinger 방정식과는 맞지 않는다. 나중에 이를 어떻게 다루는지 보이겠지만(문제 4.42) 당분간 입자는 자유롭게 회전하지만, 정지해 있다고 가정한다.

$$\mathsf{H} = -\gamma B_0 \mathsf{S}_z = -\frac{\gamma B_0 \hbar}{2}\begin{pmatrix}1 & 0\\ 0 & -1\end{pmatrix} \tag{4.160}$$

이다. H의 고유상태는 S_z의 고유상태와 같다.

$$\begin{cases}\chi_+, & \text{에너지 } E_+ = -(\gamma B_0 \hbar)/2,\\ \chi_-, & \text{에너지 } E_- = +(\gamma B_0 \hbar)/2.\end{cases} \tag{4.161}$$

고전적인 경우와 마찬가지로 자기쌍극자가 자기장과 평행할 때 에너지가 가장 작다.

Hamiltonian은 시간에 무관하므로 시간의 의존하는 Schrödinger 방정식

$$i\hbar\frac{\partial \chi}{\partial t} = \mathsf{H}\chi \tag{4.162}$$

의 일반해는 정상상태로 나타낼 수 있다.

$$\chi(t) = a\chi_+ e^{-iE_+t/\hbar} + b\chi_- e^{-iE_-t/\hbar} = \begin{pmatrix}ae^{i\gamma B_0 t/2}\\ be^{-i\gamma B_0 t/2}\end{pmatrix}.$$

상수 a와 b는 처음 조건

$$\chi(0) = \begin{pmatrix}a\\ b\end{pmatrix}$$

으로 결정된다(물론 $|a|^2 + |b|^2 = 1$이다). 일반성을 전혀 잃지 않고[46] $a = \cos(\alpha/2)$와 $b = \sin(\alpha/2)$로 쓰겠다. 여기서 α는 물리적 의미를 곧 보여줄 고정된 각도이다. 따라서 다음과 같이 쓴다.

$$\chi(t) = \begin{pmatrix}\cos(\alpha/2)\ e^{i\gamma B_0 t/2}\\ \sin(\alpha/2)\ e^{-i\gamma B_0 t/2}\end{pmatrix}. \tag{4.163}$$

여기서 무엇이 일어나는지 알기 위해 시간의 함수로 **S**의 기댓값을 계산하자.

$$\begin{aligned}\langle S_x\rangle &= \chi(t)^\dagger \mathsf{S}_x \chi(t)\\ &= \left(\cos(\alpha/2)e^{-i\gamma B_0 t/2} \quad \sin(\alpha/2)e^{i\gamma B_0 t/2}\right)\frac{\hbar}{2}\begin{pmatrix}0 & 1\\ 1 & 0\end{pmatrix}\begin{pmatrix}\cos(\alpha/2)e^{i\gamma B_0 t/2}\\ \sin(\alpha/2)e^{-i\gamma B_0 t/2}\end{pmatrix}\\ &= \frac{\hbar}{2}\sin\alpha\cos(\gamma B_0 t).\end{aligned} \tag{4.164}$$

마찬가지로

$$\langle S_y\rangle = \chi(t)^\dagger \mathsf{S}_y \chi(t) = -\frac{\hbar}{2}\sin\alpha\sin(\gamma B_0 t) \tag{4.165}$$

와

$$\langle S_z\rangle = \chi(t)^\dagger \mathsf{S}_z \chi(t) = \frac{\hbar}{2}\cos\alpha \tag{4.166}$$

이다. 따라서 ⟨**S**⟩는 z축에 대해 일정한 각도 α로 기울어져 있고, 자기장 주위로 **Larmor 진동수**

[46] 여기서는 a와 b가 실수라고 가정한다. 원한다면 일반적인 경우를 다룰 수도 있지만, 이는 t에 상수를 더하는 것뿐이다.

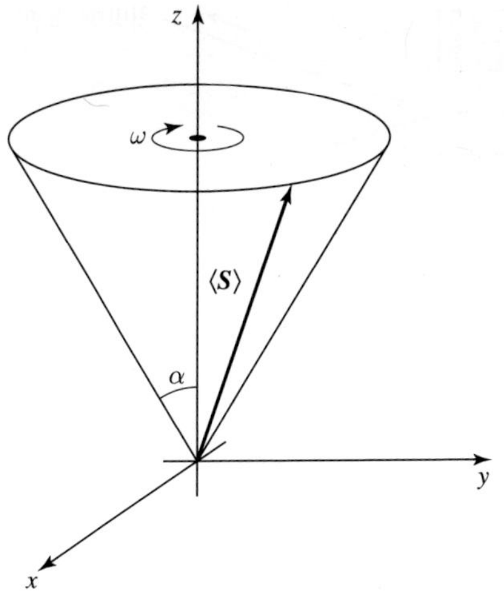

그림 4.14: 균일한 자기장 안에서 ⟨**S**⟩의 세차운동.

$$\omega = \gamma B_0 \tag{4.167}$$

로 고전적인 경우와[47] 마찬가지로 세차운동을 한다(그림 4.14 참조). 여기서도 역시 (문제 4.23에서 유도한 형태의) Ehrenfest 정리에 의하면 ⟨**S**⟩는 고전적인 법칙에 따라 변한다. 그러나 이 특별한 예제에서 어떻게 작용하는지 보는 것은 훌륭하다.

예제 4.4

Stern-Gerlach 실험: 불균일한 자기장 안에서는 자기쌍극자에 토크뿐만 아니라 힘이 작용한다.[48]

$$\mathbf{F} = \nabla(\boldsymbol{\mu}\cdot\mathbf{B}). \tag{4.168}$$

이 힘으로 특별한 스핀 방향을 갖는 입자를 분리한다. 무거운 중성 원자빔이[49] y 방향으로 움직이며, 정적이지만 불균일한 자기장(그림 4.15)

$$\mathbf{B}(x, y, z) = -\alpha x\hat{\imath} + (B_0 + \alpha z)\hat{k} \tag{4.169}$$

이 있는 지역을 통과한다고 생각하자. 여기서 B_0는 강한 균일한 자기장이고, 상수 α는 균일

---

[47] 예를 들어 Richard P. Feynman, Robert B. Leighton, *The Feynman Lectures on Physics* (Addison-Wesley, Reading, 1964), II권, 34-3절을 참조하라. 물론 고전적인 경우에는 기댓값이 아니라 각운동량 벡터 자체가 자기장 주위로 세차 운동한다.

[48] Griffiths(각주 43) 6.1.2절. **F**는 에너지의 음의 기울기라는 것을 주목하라(식 4.157).

[49] Lorentz 힘으로 생기는 거시적인 휨이 생기지 않도록 중성 입자로 정했다. 그리고 국소적인 파동묶음을 만들어 운동을 고전적인 입자의 궤도로 기술할 수 있도록 무거운 입자를 선택했다. 예컨대 실제로 자유전자 빔으로는 Stern-Gerlach 실험을 할 수 없다. Stern과 Gerlach는 은 원자를 사용했다. 이들의 발견에 대한 이야기를 보려면 B. Friedlich, D. Herschbach, *Physics Today* **56**, 53 (2003)을 참조하라.

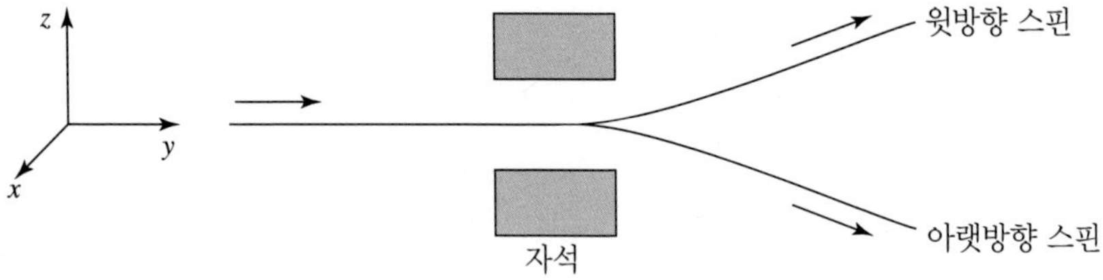

그림 4.15: Stern-Gerlach 장치.

성에서 작게 벗어난 정도를 기술한다. (사실 이 성분의 z 성분만 있으면 좋지만, 불행하게도 이것은 불가능하다. 왜냐하면 전자기적인 법칙 $\nabla \cdot \mathbf{B} = 0$을 위배하기 때문이다. 좋든 싫든 x 성분은 나타나야 한다.) 이 원자에 작용하는 힘은[50]

$$\mathbf{F} = \gamma\alpha\left(-S_x\hat{\imath} + S_z\hat{k}\right)$$

이다.

그러나 $\mathbf{B}_0$ 주위의 세차운동 때문에 S_x는 빠르게 진동하고, 평균을 취하면 0이 된다. 알짜 힘은 z 방향이다.

$$F_z = \gamma\alpha S_z. \tag{4.170}$$

그리고 빔은 스핀 각운동량의 z 성분에 비례해서 위 혹은 아래로 휘어진다. 고전적으로는 (S_z가 양자화되어 있지 않으므로) 퍼져 있겠지만, 사실은 $(2s+1)$개의 분리된 흐름으로 빔이 갈라지고, 이것은 각운동량의 양자화를 아름답게 보여준다. (은 원자를 사용한다면 모든 내부 전자는 쌍을 이루어 각운동량이 상쇄된다. 알짜 스핀은 단순히 짝을 이루지 않은 최외각 전자에서 나오고, 이 경우 $s = 1/2$이고, 빔은 두 개로 갈라진다.)

Stern-Gerlach 실험은 양자역학의 철학적인 부분에 중요한 역할을 했다. 이것은 양자 상태를 준비하는 전형적 방법이고, 양자 측정에 대한 이해를 돕는 모형이 되었다. 보통 계의 처음 상태는 알려져 있다고 가정하지만(Schrödinger 방정식으로 이후 어떻게 변하는지 알고 있다) 우선 계를 어떻게 특정한 상태에 놓을 수 있는가 궁금해 하는 것이 자연스럽다. 원자 빔을 특정한 스핀을 가지도록 준비하고 싶다면 Stern-Gerlach 자석에 편극되지 않은 빔을 쏘고, 나오는 빔 중 관심 있는 것을 선택하면 된다(다른 것은 셔터 등을 통해 닫으면 된다). 반대로 원자 스핀의 z 성분을 측정하고 싶으면 원자를 Stern-Gerlach 장치로 보내어 어느 부분에 도달하는지 기록하면 된다. 이것이 항상 이 실험을 하는 가장 현실적인 방법이라고는 하지 않겠지만, 개념적으로는 매우 분명하다. 따라서 상태를 준비하고, 측정하는 문제를 탐구하는 유용한 방법이다.

문제 4.35 예제 4.3에서

(a) 스핀 각운동량의 성분을 시간 t에서 x축 방향으로 측정했다면 $+\hbar/2$를 얻을 확률은 얼마인가?

[50] 이 식에 대한 양자역학적인 정당성을 보려면 문제 4.73을 참조하라.

(b) y 성분에 대한 같은 질문.

(c) z 성분에 대한 같은 질문.

** **문제 4.36** 정지한 전자가 진동하는 자기장

$$\mathbf{B} = B_0 \cos(\omega t)\, \hat{k}$$

안에 있다. 여기서 B_0와 ω는 상수이다.

(a) 이 계의 Hamiltonian 행렬을 구하라.

(b) 전자가 ($t = 0$에서) x축에 대해 윗방향 스핀을 갖는 상태에서 시작한다[즉 $\chi(0) = \chi_+^{(x)}$]. 나중 시간의 $\chi(t)$를 결정하라. 경고: 이것은 시간에 의존하는 Hamiltonian이므로 정상상태로부터 보통의 방법으로 $\chi(t)$를 구할 수 없다. 다행스럽게도 이 경우 시간에 의존하는 Schrödinger 방정식(식 4.162)을 직접 풀 수 있다.

(c) S_x를 측정했을 때 $-\hbar/2$를 얻을 확률을 구하라. 답:

$$\sin^2\left(\frac{\gamma B_0}{2\omega} \sin(\omega t)\right).$$

(d) S_x가 완전히 뒤집히는 데 필요한 최소한의 장의 크기(B_0)는 얼마인가?

4.4.3 각운동량의 덧셈

이제 스핀 s_1과 s_2인 두 입자가 있다고 하자. 첫 번째는 $|s_1\, m_1\rangle$ 상태에 있고, 두 번째는 $|s_2\, m_2\rangle$ 상태에 있다. 합성 상태를 $|s_1\, s_2\, m_1\, m_2\rangle$로 나타내자.

$$\begin{aligned}
S^{(1)2}\, |s_1\, s_2\, m_1\, m_2\rangle &= s_1\,(s_1+1)\,\hbar^2\, |s_1\, s_2\, m_1\, m_2\rangle\,, \\
S^{(2)2}\, |s_1\, s_2\, m_1\, m_2\rangle &= s_2\,(s_2+1)\,\hbar^2\, |s_1\, s_2\, m_1\, m_2\rangle\,, \\
S_z^{(1)}\, |s_1\, s_2\, m_1\, m_2\rangle &= m_1\hbar\, |s_1\, s_2\, m_1\, m_2\rangle\,, \\
S_z^{(2)}\, |s_1\, s_2\, m_1\, m_2\rangle &= m_2\hbar\, |s_1\, s_2\, m_1\, m_2\rangle\,.
\end{aligned} \tag{4.171}$$

질문: 이 계의 전체 각운동량

$$\mathbf{S} = \mathbf{S}^{(1)} + \mathbf{S}^{(2)} \tag{4.172}$$

는 무엇인가? 즉, 결합한 상태의 알짜 스핀 s는 무엇이고, z 성분 m은 얼마인가? z 성분은 쉽다.

$$\begin{aligned}
S_z\, |s_1\, s_2\, m_1\, m_2\rangle &= S_z^{(1)}\, |s_1\, s_2\, m_1\, m_2\rangle + S_z^{(2)}\, |s_1\, s_2\, m_1\, m_2\rangle\,, \\
&= \hbar\,(m_1+m_2)\, |s_1\, s_2\, m_1\, m_2\rangle = \hbar m\, |s_1\, s_2\, m_1\, m_2\rangle
\end{aligned} \tag{4.173}$$

이므로

$$m = m_1 + m_2 \tag{4.174}$$

이다. 두 개를 더하기만 하면 된다. 그러나 s는 더 미묘하므로 가장 단순한 예제로 시작하자.

예제 4.5

두 개의 스핀1/2인 입자를 고려하자. 예를 들어 수소의 바닥상태에 있는 전자와 양성자를 생각하자. 각각은 윗방향 스핀이나 아랫방향 스핀을 가질 수 있으므로 모두 네 가지 가능성이 있다.[51]

$$|\uparrow\uparrow\rangle = \left|\tfrac{1}{2}\,\tfrac{1}{2}\,\tfrac{1}{2}\,\tfrac{1}{2}\right\rangle, \qquad m = 1,$$

$$|\uparrow\downarrow\rangle = \left|\tfrac{1}{2}\,\tfrac{1}{2}\,\tfrac{1}{2}\,\tfrac{-1}{2}\right\rangle, \qquad m = 0,$$

$$|\downarrow\uparrow\rangle = \left|\tfrac{1}{2}\,\tfrac{1}{2}\,\tfrac{-1}{2}\,\tfrac{1}{2}\right\rangle, \qquad m = 0,$$

$$|\downarrow\downarrow\rangle = \left|\tfrac{1}{2}\,\tfrac{1}{2}\,\tfrac{-1}{2}\,\tfrac{-1}{2}\right\rangle, \qquad m = -1.$$

이것은 올바르게 보이지 않는다. m은 $-s$부터 $+s$까지 정수 단위로 변해야 하므로 $s = 1$인 것처럼 보인다. 하지만 여기에 $m = 0$인 "또 하나의" 상태가 있다.

이 문제를 풀어 내는 한 가지 방법은 내림연산자 $S_- = S_-^{(1)} + S_-^{(2)}$를 식 4.146을 이용하여 $|\uparrow\uparrow\rangle$에 적용하는 것이다.

$$\begin{aligned} S_- |\uparrow\uparrow\rangle &= \left(S_-^{(1)} |\uparrow\rangle\right) |\uparrow\rangle + |\uparrow\rangle \left(S_-^{(2)} |\uparrow\rangle\right) \\ &= (\hbar |\downarrow\rangle) |\uparrow\rangle + |\uparrow\rangle (\hbar |\downarrow\rangle) = \hbar (|\downarrow\uparrow\rangle + |\uparrow\downarrow\rangle). \end{aligned}$$

($|s\ m\rangle$의 표기 방법에서) $s = 1$인 세 개의 상태는 다음과 같다.

$$\boxed{\left\{\begin{array}{lcl} |1\,1\rangle &=& |\uparrow\uparrow\rangle \\ |1\,0\rangle &=& \frac{1}{\sqrt{2}}(|\uparrow\downarrow\rangle + |\downarrow\uparrow\rangle) \\ |1\,-1\rangle &=& |\downarrow\downarrow\rangle \end{array}\right\} \quad s = 1 \ (\text{삼중항}).} \tag{4.175}$$

[이를 확인하기 위해 $|1\ 0\rangle$에 내림연산자를 적용해 보라. 무엇을 얻는가? 문제 4.37(a)를 참조하라.] 이것은 분명한 이유로 **삼중항** 결합이라고 한다. 한편 $m = 0$인 상태와 직교하는 상태는 $s = 0$이다.

$$\boxed{\left\{|0\,0\rangle = \frac{1}{\sqrt{2}}(|\uparrow\downarrow\rangle - |\downarrow\uparrow\rangle)\right\} \quad s = 0 \ (\text{단일항}).} \tag{4.176}$$

[여기에 올림 혹은 내림연산자를 작용하면 0이 된다. 문제 4.37(b) 참조.]

그러면 두 개의 스핀1/2인 입자를 결합하면 이들이 삼중항 혹은 단일항 배열이 되는가에 따라 전체 스핀이 1이거나 0이 된다. 이것을 확인하려면 삼중항은 고유값이 $2\hbar^2$인 S^2의 고유벡터이고, 단일항은 고유값이 0인 S^2의 고유벡터라는 것을 증명하면 된다.

---

[51] 더 정확하게 말하면 합성계는 위에 나열한 네 상태의 선형결합이다. 스핀 1/2인 경우 지표가 네 개 있는 켓보다 화살표가 더 그럴 듯 하지만, 이에 대해 걱정스러우면 언제든지 공식적인 표기 방법으로 돌아갈 수 있다.

$$S^2 = \left(\mathbf{S}^{(1)} + \mathbf{S}^{(2)}\right) \cdot \left(\mathbf{S}^{(1)} + \mathbf{S}^{(2)}\right) = \left(S^{(1)}\right)^2 + \left(S^{(2)}\right)^2 + 2\mathbf{S}^{(1)} \cdot \mathbf{S}^{(2)} \tag{4.177}$$

이다. 식 4.145와 4.147을 이용하면 다음을 얻는다.

$$\begin{aligned}\mathbf{S}^{(1)} \cdot \mathbf{S}^{(2)} |\uparrow\downarrow\rangle &= \left(S_x^{(1)}|\uparrow\rangle\right)\left(S_x^{(2)}|\downarrow\rangle\right) + \left(S_y^{(1)}|\uparrow\rangle\right)\left(S_y^{(2)}|\downarrow\rangle\right) + \left(S_z^{(1)}|\uparrow\rangle\right)\left(S_z^{(2)}|\downarrow\rangle\right) \\ &= \left(\frac{\hbar}{2}|\downarrow\rangle\right)\left(\frac{\hbar}{2}|\uparrow\rangle\right) + \left(\frac{i\hbar}{2}|\downarrow\rangle\right)\left(\frac{-i\hbar}{2}|\uparrow\rangle\right) + \left(\frac{\hbar}{2}|\uparrow\rangle\right)\left(\frac{-\hbar}{2}|\downarrow\rangle\right) \\ &= \frac{\hbar^2}{4}\left(2|\downarrow\uparrow\rangle - |\uparrow\downarrow\rangle\right).\end{aligned}$$

마찬가지로

$$\mathbf{S}^{(1)} \cdot \mathbf{S}^{(2)} \left(|\downarrow\uparrow\rangle\right) = \frac{\hbar^2}{4}\left(2|\uparrow\downarrow\rangle - |\downarrow\uparrow\rangle\right)$$

이 된다. 따라서

$$\mathbf{S}^{(1)} \cdot \mathbf{S}^{(2)} |1\,0\rangle = \frac{\hbar^2}{4}\frac{1}{\sqrt{2}}\left(2|\downarrow\uparrow\rangle - |\uparrow\downarrow\rangle + 2|\uparrow\downarrow\rangle - |\downarrow\uparrow\rangle\right) = \frac{\hbar^2}{4}|1\,0\rangle \tag{4.178}$$

과

$$\mathbf{S}^{(1)} \cdot \mathbf{S}^{(2)} |0\,0\rangle = \frac{\hbar^2}{4}\frac{1}{\sqrt{2}}\left(2|\downarrow\uparrow\rangle - |\uparrow\downarrow\rangle - 2|\uparrow\downarrow\rangle + |\downarrow\uparrow\rangle\right) = -\frac{3\hbar^2}{4}|0\,0\rangle. \tag{4.179}$$

를 얻는다. 식 4.177로 돌아가 (식 4.142를 이용하면)

$$S^2|1\,0\rangle = \left(\frac{3\hbar^2}{4} + \frac{3\hbar^2}{4} + 2\frac{\hbar^2}{4}\right)|1\,0\rangle = 2\hbar^2|1\,0\rangle \tag{4.180}$$

로 결론지을 수 있으므로, $|1\,0\rangle$는 정말로 고유값이 $2\hbar^2$인 S^2의 고유벡터이다. 그리고

$$S^2|0\,0\rangle = \left(\frac{3\hbar^2}{4} + \frac{3\hbar^2}{4} - 2\frac{3\hbar^2}{4}\right)|0\,0\rangle = 0 \tag{4.181}$$

이므로 $|0\,0\rangle$은 고유값이 0인 S^2의 고유벡터이다. [$|1\,1\rangle$과 $|1\;-1\rangle$은 적절한 고유값을 갖는 S^2의 고유상태라는 것을 확인해 보라. 문제 4.37(c) 참조.]

스핀 1/2과 스핀 1/2를 더해 스핀 1과 스핀 0을 얻은 것은 더 일반적인 문제에 대한 가장 단순한 예제이다. 스핀 s_1과 스핀 s_2를 결합하면 얻을 수 있는 전체 스핀 s는 얼마인가?[52] 답은[53] $(s_1 + s_2)$로부터 $(s_1 - s_2)$까지 정수로 줄어드는 모든 스핀을 얻는다. $s_2 > s_1$이면 $(s_2 - s_1)$까지 내려간다.

---

[52] 단순히 스핀이라고 하지만 둘 중의 하나 (혹은 모두) 궤도각운동량이어도 된다(하지만 이 경우에는 문자 ℓ을 쓸 것이다).

[53] 증명하려면 더 고급 교재를 보아야 한다. 예를 들어 Claude Cohen-Tannoudji, Bernard Diu, Franck Laloë, *Quantum Mechanics*, Wiley, New York (1977), Vol. 2, Chapter X를 참조하라.

표 4.8: Clebsch-Gordan 계수. (모든 항에 근호를 씌워야 한다. 음의 부호는 근호 바깥쪽에 둔다.)

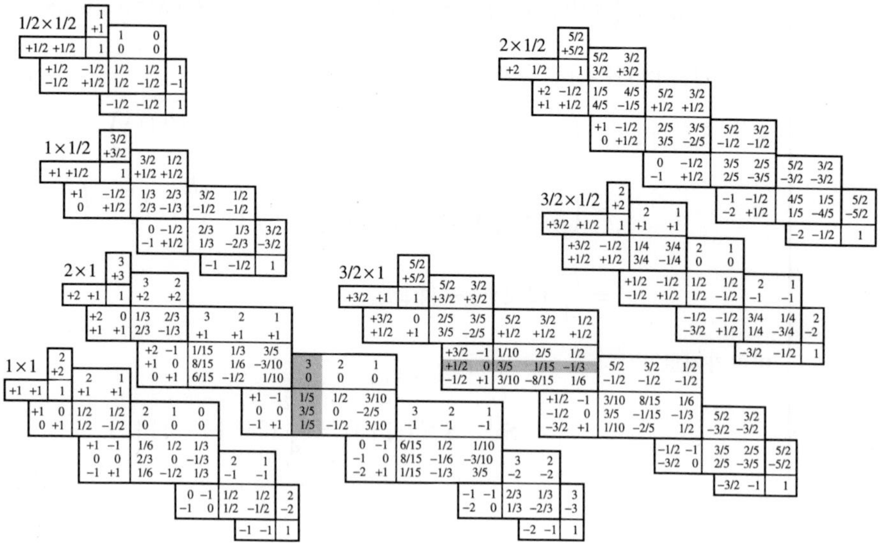

$$\boxed{s = (s_1 + s_2)\,,\ (s_1 + s_2 - 1)\,,\ (s_1 + s_2 - 2)\,,\ \ldots\,,\ |s_1 - s_2|.} \tag{4.182}$$

(대략 말하면 가장 큰 전체 스핀은 각각의 스핀이 서로 평행하게 나열되어 있을 때이고, 역평행인 경우 가장 작다.) 예를 들어 스핀 3/2인 입자와 스핀 2인 입자를 모아 놓으면 전체 스핀은 배열에 따라 7/2, 5/2, 3/2, 1/2을 얻는다. 다른 예를 보자. 수소 원자가 $\psi_{n\ell m}$ 상태에 있다면 전자의 알짜 각운동량(스핀 더하기 궤도)은 $\ell + 1/2$ 혹은 $\ell - 1/2$이다. 여기에 양성자의 스핀을 넣으면 원자의 전체 각운동량 양자수는 $\ell + 1$, ℓ 혹은 $\ell - 1$이다(그리고 ℓ은 전자가 $\ell + 1/2$의 배열, 혹은 $\ell - 1/2$의 배열인가에 따라 두 가지 다른 방법으로 얻을 수 있다).

전체 스핀 s, z 성분이 m인 결합 상태 $|s\,m\rangle$은 결합된 상태 $|s_1\,s_2\,m_1\,m_2\rangle$의 선형결합일 것이다.

$$|s\,m\rangle = \sum_{m_1+m_2=m} C^{s_1 s_2 s}_{m_1 m_2 m}\,|s_1\,s_2\,m_1\,m_2\rangle \tag{4.183}$$

(왜냐하면 z 성분은 더해지고, $m_1 + m_2 = m$인 상태만이 결합 상태에 기여하기 때문이다.) 식 4.175와 4.176은 이 일반적 형태 중 $s_1 = s_2 = 1/2$인 특별한 경우이다. 상수 $C^{s_1 s_2 s}_{m_1 m_2 m}$를 **Clebsch-Gordan 계수**라고 한다. 가장 간단한 경우 몇 개를 표 4.8에 나타내었다.[54] 예를 들어 2 × 1 표에 그늘진 부분에 의하면 다음을 얻는다.

$$|3\,0\rangle = \frac{1}{\sqrt{5}}\,|2\,1\rangle\,|1\,{-1}\rangle + \sqrt{\frac{3}{5}}\,|2\,0\rangle\,|1\,0\rangle + \frac{1}{\sqrt{5}}\,|2\,{-1}\rangle\,|1\,1\rangle\,.$$

[54] 일반적인 공식은 Arno Bohm, *Quantum Mechanics: Foundations and Applications*, 2nd edn, Springer, 1986, 172쪽에 나와 있다.

(스핀 2와 스핀 1인) 두 입자가 상자 안에서 정지해 있고, 전체 스핀이 3, z 성분이 0이라면 $S_z^{(1)}$을 측정하면 (확률 1/5로) $\hbar$값을, (확률 3/5으로) 0을, (확률 1/5로) $-\hbar$를 얻는다. 이 확률은 더해서 1이 된다는 것에 주목하라(Clebsch-Gordan 표의 임의의 행을 제곱하여 더하면 1이 된다).

이 표는 역으로도 작동한다.

$$|s_1\, s_2\, m_1\, m_2\rangle = \sum_s C^{s_1 s_2 s}_{m_1 m_2 m}\, |s\, m\rangle\,, \qquad (m = m_1 + m_2)\,. \tag{4.184}$$

예를 들어 3/2 × 1에 있는 그늘진 열에 의하면 다음을 얻는다.

$$\left|\tfrac{3}{2}\,1\,\tfrac{1}{2}\,0\right\rangle = \sqrt{\tfrac{3}{5}}\;\left|\tfrac{5}{2}\,\tfrac{1}{2}\right\rangle + \sqrt{\tfrac{1}{15}}\;\left|\tfrac{3}{2}\,\tfrac{1}{2}\right\rangle - \sqrt{\tfrac{1}{3}}\;\left|\tfrac{1}{2}\,\tfrac{1}{2}\right\rangle.$$

스핀 3/2과 스핀 1인 입자를 상자에 넣으면 첫 번째는 $m_1 = 1/2$이고, 두 번째는 $m_2 = 0$이고(따라서 m은 반드시 1/2이다) 전체 스핀 s를 측정하면 (확률 3/5으로) 5/2, (확률 1/15로) 3/2, (확률 1/3로) 1/2를 얻는다. 다시 한 번 확률의 합은 1이다(Clebsch-Gordan 표의 열의 각 항을 제곱하여 더하면 1을 얻는다).

이것은 신비한 숫자점처럼 보이기 시작한다면, 비난하지는 않겠다. 이제부터는 Clebsch-Gordan 표를 사용하지는 않겠지만, 나중에 다시 접할 경우 어떻게 사용하는지 알기 바란다. 수학적 의미에서 이것은 모두 응용 **군론**이다. 여기서 말하는 것은 회전군에 대한 두 개의 기약 표현에 대한 직접곱을 기약 표현의 직접합으로 분해하는 것이다(친구에게 깊은 인상을 주려면 이대로 말하면 된다).

* **문제 4.37**

(a) $|1\;0\rangle$에 S_-를 작용하고(식 4.175), $\sqrt{2}\hbar|1\;-1\rangle$을 얻는 것을 확인하라.

(b) $|0\;0\rangle$에 $S_\pm$를 작용하고(식 4.176), 0이 된다는 것을 확인하라.

(c) $|1\;1\rangle$과 $|1\;-1\rangle$은(식 4.175) 적절한 고유값을 갖는 S^2의 고유상태라는 것을 증명하라.

문제 4.38 **쿼크**는 스핀이 1/2이다. 세 개의 쿼크가 함께 속박되어 (양성자나 중성자 같은) **중입자**를 만든다. 두 개의 쿼크(더 엄밀하게는 쿼크 하나와 반쿼크 하나)가 속박되어 (파이 입자나 케이온 같은) **중간자**를 만든다. 쿼크가 모두 바닥상태(따라서 궤도각운동량은 0이다)에 있다고 가정하라.

(a) 중입자가 가질 수 있는 스핀은 얼마인가?

(b) 중간자가 가질 수 있는 스핀은 얼마인가?

* **문제 4.39** Clebsch-Gordan 표를 이용하여 식 4.175와 4.176을 확인하라.

문제 4.40

(a) 스핀 1인 입자와 스핀 2인 입자가 전체 스핀이 3, z 성분이 $\hbar$인 배열이 있으며, 정지해 있다. 스핀 2인 입자의 각운동량 z 성분을 측정하면 각각 어떤 값을 어떤 확률로 얻는가? 참고: 처음 Clebsch-Gordan 표를 사용하려고 하면 무섭고, 짜증날 수 있지만, 익숙해지면 쉽다.

(b) 아래방향의 스핀을 갖는 전자가 수소 원자의 ψ_{510} 상태에 있다. (양성자 스핀을 포함하지 않고) 전자만의 전체 각운동량의 제곱을 측정하면, 각각 어떤 값을, 어떤 확률로 얻는가?

문제 4.41 ($\mathbf{S} \equiv \mathbf{S}^{(1)} + \mathbf{S}^{(2)}$일 때) S^2과 $S_z^{(1)}$의 교환자를 구하라. 이 결과를 일반화하여 다음을 증명하라.

$$\left[S^2, \mathbf{S}^{(1)}\right] = 2i\hbar\left(\mathbf{S}^{(1)} \times \mathbf{S}^{(2)}\right). \tag{4.185}$$

참고: S^2은 $S_z^{(1)}$과 교환하지 않으므로 둘의 동시 고유벡터인 상태를 찾을 수 없다. S^2의 고유상태를 만들려면 $S_z^{(1)}$ 고유상태의 선형결합이 필요하다. 이것이 정확히 Clebsch-Gordan 계수(식 4.183)가 하는 일이다. 한편 생각해보면 합 $\mathbf{S}^{(1)} + \mathbf{S}^{(2)}$는 S^2과 교환한다. 하지만 이것인 이미 아는 것이다(식 4.103 참조).

4.5 전자기적 상호작용

4.5.1 최소결합

고전전자기학에서[55] 전하 q이고, 속도 $\mathbf{v}$로 전기장 $\mathbf{E}$와 자기장 $\mathbf{B}$ 안을 지나는 입자에 작용하는 힘은 **Lorentz 힘 법칙**

$$\mathbf{F} = q\left(\mathbf{E} + \mathbf{v} \times \mathbf{B}\right) \tag{4.186}$$

으로 주어진다. 이 힘은 스칼라 퍼텐셜에너지 함수의 기울기로 표현할 수 없고, 따라서 원래의 형태(식 1.1)로 Schrödinger 방정식을 쓸 수 없다. 그러나 더 세련된 형태인

$$i\hbar\frac{\partial \Psi}{\partial t} = \hat{H}\Psi \tag{4.187}$$

로 쓰는 데에는 문제가 없다. 전하 q, 운동량 $\mathbf{p}$인 입자가 전자기장 안에 있을 때 고전적인 Hamiltonian은[56]

$$H = \frac{1}{2m}\left(\mathbf{p} - q\mathbf{A}\right)^2 + q\varphi \tag{4.188}$$

이다. 여기서 $\mathbf{A}$는 벡터퍼텐셜이고, φ는 스칼라퍼텐셜이다.

---

[55] 전자기학을 공부하지 않은 독자는 4.5절로 넘어가도 된다.

[56] 예를 들어 Herbert Goldstein, Charles P. Poole, John Safko, *Classical Mechanics*, 3rd edn, Prentice Hall, Upper Saddle River, NJ, 2002, 342쪽을 참조하라.

$$\mathbf{E} = -\nabla\varphi - \partial\mathbf{A}/\partial t, \quad \mathbf{B} = \nabla \times \mathbf{A}. \tag{4.189}$$

표준적인 치환 $\mathbf{p} \to -i\hbar\nabla$을 하면 Hamiltonian 연산자[57]

$$\hat{H} = \frac{1}{2m}(-i\hbar\nabla - q\mathbf{A})^2 + q\varphi \tag{4.190}$$

을 얻고, Schrödinger 방정식은 다음과 같다.

$$\boxed{i\hbar\frac{\partial\Psi}{\partial t} = \left[\frac{1}{2m}(-i\hbar\nabla - q\mathbf{A})^2 + q\varphi\right]\Psi.} \tag{4.191}$$

이것이 Lorentz 힘의 법칙을 양자역학적으로 표현한 것이다. 가끔 이를 **최소 결합 규칙**이라고 한다.[58]

*** **문제 4.42**

(a) 식 4.190과 일반화한 Ehrenfest 정리 (3.73)을 이용하여 다음을 증명하라.

$$\frac{d\langle\mathbf{r}\rangle}{dt} = \frac{1}{m}\langle(\mathbf{p} - q\mathbf{A})\rangle. \tag{4.192}$$

귀띔: 이것은 각 성분당 하나씩 세 식을 나타낸다. 예를 들어 x 성분을 구하고, 이 결과를 일반화하라.

(b) 언제나처럼(식 1.32 참조) $d\langle\mathbf{r}\rangle/dt$를 $\langle\mathbf{v}\rangle$로 놓는다. 다음을 증명하라.[59]

$$m\frac{d\langle\mathbf{v}\rangle}{dt} = q\langle\mathbf{E}\rangle + \frac{q}{2m}\langle(\mathbf{p}\times\mathbf{B} - \mathbf{B}\times\mathbf{p})\rangle - \frac{q^2}{m}\langle(\mathbf{A}\times\mathbf{B})\rangle. \tag{4.193}$$

(c) 특히 만일 $\mathbf{E}$와 $\mathbf{B}$가 파동묶음의 부피에 걸쳐 균일하면 다음을 증명하라.

$$m\frac{d\langle\mathbf{v}\rangle}{dt} = q(\mathbf{E} + \langle\mathbf{v}\rangle\times\mathbf{B}) \tag{4.194}$$

따라서 $\mathbf{v}$의 기댓값은 Ehrenfest 정리에서 예상하듯이 Lorentz 힘의 법칙에 따라 움직인다.

*** **문제 4.43** 다음과 같이 퍼텐셜이 주어진다.

$$\mathbf{A} = \frac{B_0}{2}\left(x\hat{j} - y\hat{i}\right), \quad \varphi = Kz^2.$$

여기서 B_0와 K는 상수이다.

---

57 정전기학에서는 $\mathbf{A} = \mathbf{0}$으로 놓을 수 있고, $q\varphi$는 퍼텐셜에너지 V이다.

58 정상적인 Schrödinger 방정식에서 퍼텐셜에너지처럼 퍼텐셜이 주어져 있다는 것에 주목하라. 양자전기역학(QED)에서 장 자체는 양자화되어 있지만, 이것은 전혀 다른 이야기이다.

59 $\mathbf{p}$는 $\mathbf{B}$와 교환하지 않으므로 $(\mathbf{p}\times\mathbf{B}) \neq -(\mathbf{B}\times\mathbf{p})$이지만, $\mathbf{A}$는 $\mathbf{B}$와 교환되어 $(\mathbf{A}\times\mathbf{B}) = -(\mathbf{B}\times\mathbf{A})$가 되는 것에 주목하라.

(a) **E**와 **B**를 구하라.

(b) 이 장 안에서 질량 m, 전하 q인 입자에 대해 허용된 에너지를 구하라.

답:

$$E(n_1, n_2) = \left(n_1 + \tfrac{1}{2}\right)\hbar\omega_1 + \left(n_2 + \tfrac{1}{2}\right)\hbar\omega_2, \quad (n_1, n_2 = 0, 1, 2, \ldots). \quad (4.195)$$

여기서 $\omega_1 \equiv qB_0/m$, $\omega_2 \equiv \sqrt{2qK/m}$이다. 참고: 이차원에서 ($K = 0$이고, x와 y) 이것은 양자역학적으로 **사이클로트론 운동**에 대응된다. ω_1은 고전적인 사이클로트론 진동수이고, $\omega_2 = 0$이다. 허용된 에너지 $\left(n_1 + \frac{1}{2}\right)\hbar\omega_1$은 **Landau 준위**라고 한다.[60]

4.5.2 Aharanov-Bohm 효과

고전 전기역학에서 퍼텐셜 **A**와 φ는 유일하게 결정되지 않는다. 물리적인 양은 장인 **E**와 **B**이다.[61] 자세히는 퍼텐셜

$$\varphi' \equiv \varphi - \frac{\partial \Lambda}{\partial t}, \quad \mathbf{A}' \equiv \mathbf{A} + \nabla\Lambda \quad (4.196)$$

(Λ는 임의의 위치와 시간에 대한 실수 함수)는 φ와 **A**로 얻는 장과 같다. (식 4.189를 이용하여 직접 확인하라.) 식 4.196을 **게이지 변환**이라고 하며, 이 이론은 **게이지 불변**이라고 한다.

양자역학에서 퍼텐셜은 더 직접적인 역할을 한다(식 4.19에 나타난 것은 장이 아니라 퍼텐셜이다). 그리고 이론이 게이지 불변인지 물어보는 것은 흥미 있는 일이다. 다음의 식(문제 4.44)

$$\Psi' \equiv e^{iq\Lambda/\hbar}\Psi \quad (4.197)$$

이 게이지 변환된 퍼텐셜 φ'와 $\mathbf{A}'$을 사용한 식 4.191을 만족한다는 것은 쉽게 증명할 수 있다. Ψ'은 Ψ에 비해 위상 인자만 다르므로 같은 물리적 상태[62]를 나타내고, 이러한 의미에서 이론은 게이지 불변이다. 오랫동안 **E**와 **B**가 0인 지역에서 고전이론에서와 마찬가지로 전자기적인 영향은 있을 수 없다고 당연하게 생각했다. 그러나 1959년 Aharanov와 Bohm[63]은 심지어 입자가 장 자체가 0인 지역에 국한되어 있더라도 벡터퍼텐셜은 대전입자의 양자적 운동에 영향을 준다는 것을 증명했다.

---

[60] 심도 있는 논의를 보려면 Leslie E. Ballentine, *Quantum Mechanics: A Modern Development*, World Scientific, Singapore (1998), 11.3절을 참조하라.

[61] 예를 들어 Griffiths(각주 43), 10.1.2절을 참조하라.

[62] 즉, 예를 들어 $\langle \mathbf{r} \rangle$, $d\langle \mathbf{r} \rangle/dt$ 등은 변하지 않는다. Λ는 위치에 의존하므로 $\langle \mathbf{p} \rangle$(여기서 **p**는 연산자 $-i\hbar\nabla$로 나타낸다)는 변하지 않지만, 식 4.192에서 보았듯이 **p**는 역학적 운동량 ($m\mathbf{v}$)를 나타내지 않는다(Lagrangian 역학에서 $\mathbf{p} = m\mathbf{v} + q\mathbf{A}$를 소위 **바른 운동량**이라고 부른다.)

[63] Y. Aharanov, D. Bohm, *Phys. Rev.* **115**, 485 (1959). 이전의 중요한 논문으로는 W. Ehrenberg, R. E. Siday, *Proc. Phys. Soc. London* **B62**, 8 (1949)를 참조하라.

예제 4.6

입자가 반지름 b인 원주 위에서만 움직인다고 상상하자(원한다면 철사 고리 위의 구슬을 생각하라). 축을 따라 반지름 $a < b$인 솔레노이드가 있고, 일정한 전류 I가 흐른다(그림 4.16 참조). 솔레노이드가 매우 길다면 그 안의 자기장은 균일하고, 바깥의 장은 0이다. 그러나 솔레노이드 바깥의 벡터퍼텐셜은 0이 아니다. 사실 (편리한 게이지 조건 $\nabla \cdot \mathbf{A} = 0$를 선택하면)[64]

$$\mathbf{A} = \frac{\Phi}{2\pi r}\hat{\phi}, \quad (r > a) \tag{4.198}$$

이 된다. 여기서 $\Phi = \pi a^2 B$는 솔레노이드를 지나는 **자기 다발**이다. 한편 솔레노이드 자체는 대전되지 않았으므로 스칼라퍼텐셜 φ는 0이다. 이 경우 Hamiltonian(식 4.190)은

$$\hat{H} = \frac{1}{2m}\left[-\hbar^2\nabla^2 + q^2A^2 + 2i\hbar q\mathbf{A}\cdot\nabla\right] \tag{4.199}$$

가 된다[문제 4.45(a)]. 그러나 파동함수는 방위각 ϕ에만($\theta = \pi/2$와 $r = b$) 의존하므로 $\nabla \to \left(\hat{\phi}/b\right)(d/d\phi)$이고, Schrödinger 방정식은 다음으로 쓸 수 있다.

$$\frac{1}{2m}\left[-\frac{\hbar^2}{b^2}\frac{d^2}{d\phi^2} + \left(\frac{q\Phi}{2\pi b}\right)^2 + i\frac{\hbar q\Phi}{\pi b^2}\frac{d}{d\phi}\right]\psi(\phi) = E\psi(\phi). \tag{4.200}$$

이것은 계수가 상수인 선형 미분방정식이다.

$$\frac{d^2\psi}{d\phi^2} - 2i\beta\frac{d\psi}{d\phi} + \epsilon\psi = 0. \tag{4.201}$$

여기서

$$\beta \equiv \frac{q\Phi}{2\pi\hbar} \text{와} \quad \epsilon \equiv \frac{2mb^2E}{\hbar^2} - \beta^2 \tag{4.202}$$

이다. 해는

$$\psi = Ae^{i\lambda\phi} \tag{4.203}$$

의 형태를 갖고, 여기서

$$\lambda = \beta \pm \sqrt{\beta^2 + \epsilon} = \beta \pm \frac{b}{\hbar}\sqrt{2mE} \tag{4.204}$$

이다.

$\phi = 2\pi$에서 $\psi(\phi)$가 연속이므로 λ는 정수여야 한다.

$$\beta \pm \frac{b}{\hbar}\sqrt{2mE} = n. \tag{4.205}$$

---

[64] 예를 들어 Griffiths(각주 43), 식 5.71을 참조하라.

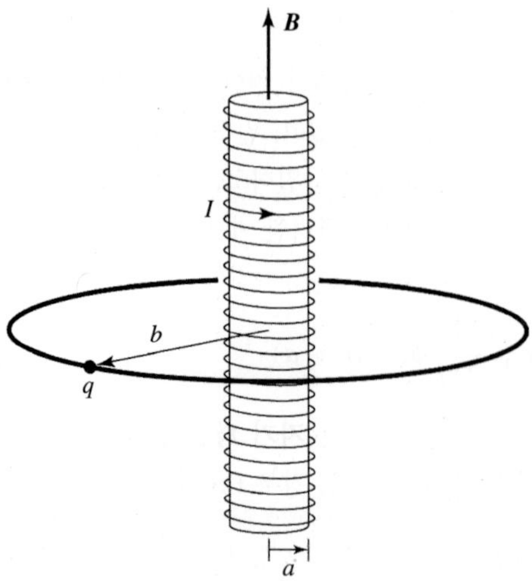

그림 4.16: 긴 솔레노이드가 지나는 원형 고리 위의 대전된 구슬.

따라서 다음을 얻는다.

$$E_n = \frac{\hbar^2}{2mb^2}\left(n - \frac{q\Phi}{2\pi\hbar}\right)^2, \quad (n = 0, \pm 1, \pm 2, \ldots). \tag{4.206}$$

솔레노이드는 고리 위의 구슬에 있는 이중 겹침을 없앤다(문제 2.46). 솔레노이드의 전류와 같은 방향으로 움직이는 입자를 나타내는 양의 n은 (q가 양수라고 가정하면) 반대 방향으로 움직이는 입자를 기술하는 음의 n인 경우보다 약간 에너지가 작다. 더 중요한 것은 허용된 에너지는 분명히 입자의 위치에서 장의 값이 0이더라도 솔레노이드 내부의 장에 의존한다는 것이다.[65]

더 일반적으로 입자가 **B**가 0인 지역을 지나가지만(따라서 $\nabla \times \mathbf{A} = \mathbf{0}$), **A** 자체는 0이 아니라고 하자. (비록 이 방법은 시간에 의존하는 퍼텐셜로 일반화할 수 있지만, **A**는 정적인 장이라고 가정하자.) Schrödinger 방정식

$$\left[\frac{1}{2m}(-i\hbar\nabla - q\mathbf{A})^2\right]\Psi = i\hbar\frac{\partial\Psi}{\partial t} \tag{4.207}$$

은

$$\Psi = e^{ig}\Psi' \tag{4.208}$$

로 쓰면 간단하게 만들 수 있다. 여기서

[65] **초전도** 고리에서 특이한 성질은 둘러싸인 다발이 양자화되어 있다는 것이다. $\Phi = (2\pi\hbar/q)n'$, 여기서 n'은 정수이다. 이 경우 이 효과는 관측할 수 없다. 왜냐하면 $E_n = \left(\hbar^2/2mb^2\right)\left(n + n'\right)^2$이고, $\left(n + n'\right)$은 또 하나의 다른 정수일 뿐이기 때문이다. (우연히도 여기서 전하 q는 전자 전하의 두 배이다. 초전도 전자는 쌍으로 묶여 있다.) 그러나 (차이를 만드는 흐르는 전하를 유도하는) 초전도체가 다발 양자화를 일으키지, 솔레노이드나 전자기장이 만드는 것은 아니고 여기서 고려하는 (초전도체가 아닌) 예제에서는 일어나지 않는다.

$$g(\mathbf{r}) \equiv \frac{q}{\hbar}\int_{\mathcal{O}}^{\mathbf{r}} \mathbf{A}(\mathbf{r}')\cdot d\mathbf{r}' \tag{4.209}$$

이고, $\mathcal{O}$는 (임의로 선택한) 기준점이다. (이 정의는 관심있는 영역 전체에서 $\nabla \times \mathbf{A} = \mathbf{0}$일 때만 성립한다.[66] 그렇지 않으면 선적분은 $\mathcal{O}$부터 $\mathbf{r}$까지의 경로에 의존하고, 따라서 $\mathbf{r}$의 함수가 되지 않는다.) Ψ의 기울기를 Ψ'으로 나타내면

$$\boldsymbol{\nabla}\Psi = e^{ig}\,(i\boldsymbol{\nabla} g)\,\Psi' + e^{ig}\left(\boldsymbol{\nabla}\Psi'\right)$$

이 되지만 $\nabla g = (q/\hbar)\mathbf{A}$이므로

$$(-i\hbar\nabla - q\mathbf{A})\,\Psi = -i\hbar e^{ig}\boldsymbol{\nabla}\Psi', \tag{4.210}$$

이 된다. 따라서 다음을 얻는다

$$(-i\hbar\nabla - q\mathbf{A})^2\,\Psi = -\hbar^2 e^{ig}\nabla^2\Psi' \tag{4.211}$$

[문제 4.45(b)]. 이것을 식 4.207에 대입하고, 공통의 인자 e^{ig}를 상쇄시키면 다음을 얻게 된다.

$$-\frac{\hbar^2}{2m}\nabla^2\Psi' = i\hbar\frac{\partial\Psi'}{\partial t}. \tag{4.212}$$

명백히 Ψ'은 $\mathbf{A}$가 없는 Schrödinger 방정식을 만족한다. (컬이 0인) 벡터퍼텐셜의 존재에 대해 수정한 식 4.212는 쉽게 풀 수 있다. 위상 e^{ig}만 붙이면 된다.

Aharanov와 Bohm은 전자빔이 둘로 갈라지고 다시 결합하기 전에 긴 솔레노이드 양쪽으로 지나가는 실험을 제안했다(그림 4.17). 빔은 솔레노이드 자체로부터 멀리 떨어져 있어서, $\mathbf{B} = \mathbf{0}$인 지역에서만 움직인다. 그러나 식 4.198로 주어지는 $\mathbf{A}$는 0이 아니고, 두 빔은 다른 위상[67]

$$g = \frac{q}{\hbar}\int \mathbf{A}\cdot d\mathbf{r} = \frac{q\Phi}{2\pi\hbar}\int\left(\frac{1}{r}\hat{\phi}\right)\cdot\left(r\hat{\phi}\,d\phi\right) = \pm\frac{q\Phi}{2\hbar} \tag{4.213}$$

을 갖고 만나게 된다. 양의 부호는 $\mathbf{A}$와 같은 방향, 즉 솔레노이드의 전류와 같은 방향으로 움직이는 전자에 해당한다. 빔은 이들 경로가 둘러싸는 자기 다발에 비례하는 양만큼 위상의 차이가 생긴다.

$$\text{위상차} = \frac{q\Phi}{\hbar}. \tag{4.214}$$

이 위상 이동은 측정할 수 있는 간섭 무늬를 만들고 Chambers 등에 의해 실험적으로 확인되었다.[68]

---

[66] 관심 지역은 또한 (구멍이 없이) 단순 연결되어 있어야 한다. 이것은 기술적인 것처럼 보이지만, 현재의 예제에서는 솔레노이드 자체를 제거해야 한다. 그러면 공간에 구멍이 남는다. 이것을 피하기 위해서 솔레노이드의 양쪽을 각각 단순 연결된 영역으로 취급한다. 이것은 불편한 사실이다. Aharanov와 Bohm도 불편할 것이다. 왜냐하면 이 논의와 더불어 그들의 결과를[Y. Aharanov, D. Bohm, *Phys. Rev.* **115**, 485 (1959)] 확인할 대안을 제시했기 때문이다. Aharanov-Bohm 효과는 **Berry 위상**(11장 참조)의 한 예로 볼 수도 있다. 여기서 이 문제는 일어나지 않는다[M. Berry, *Proc. Roy. Soc. Lond.* **A 392**, 45 (1984)].

[67] 솔레노이드 축을 중심으로 한 원통 좌표계를 사용하라. $\mathcal{O}$를 들어오는 빔 위에 놓고, 항상 $r > a$인 곳에서 ϕ가 한 쪽에서는 $0 < \pi$로 변하고, 다른 쪽에서는 $0 > -\pi$로 변하게하라.

[68] R. G. Chambers, *Phys. Rev. Lett.* **5**, 3 (1960).

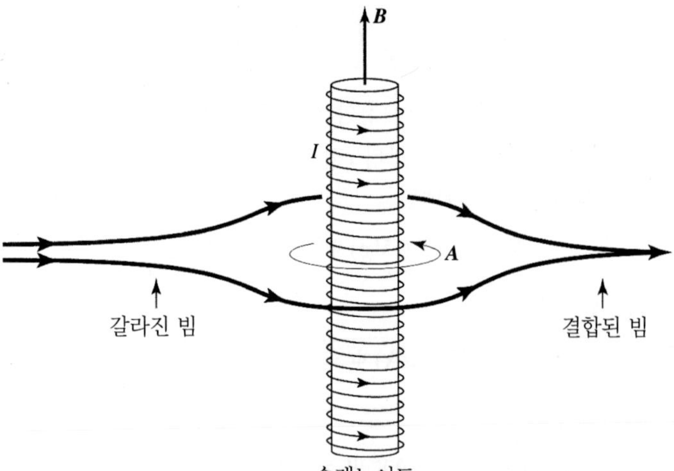

그림 4.17: Aharanov-Bohm 효과. 전자빔은 갈라져서 반씩 긴 솔레노이드 양쪽으로 지나간다.

Aharanov-Bohm 효과로 무엇을 알 수 있는가? 고전적인 개념은 단순히 틀린 것처럼 보인다. 장이 0인 지역에서 전자기적인 효과가 있을 수 있다. 그러나 그렇다고 해서 **A** 자체를 측정할 수 있지는 않다는 것을 주목하라. 단지 둘러싸인 다발만이 최종 답에 있고, 이론은 여전히 게이지 불변이다.[69]

∗∗ **문제 4.44** (식 4.197의) Ψ'은 퍼텐셜 φ'과 $\mathbf{A}'$인 Schrödinger 방정식(식 4.191)을 만족한다는 것을 증명하라.

문제 4.45

(a) 식 4.190으로부터 식 4.199를 유도하라.

(b) 식 4.210에서 시작하여 식 4.211을 유도하라.

4장 추가문제

∗ **문제 4.46** 퍼텐셜이

$$V(r) = \frac{1}{2}m\omega^2 r^2 \tag{4.215}$$

로 주어지는 **삼차원 조화진동자**를 고려하자.

(a) 직각좌표계에서 변수분리를 하면 이것은 세 개의 일차원 조화진동자로 바뀌는 것을

[69] Aharanov와 Bohm 자신은 벡터퍼텐셜은 고전 이론에서는 없지만 양자역학에서는 물리적 의미가 있다고 결론지었고, 오늘날 대부분의 물리학자들은 동의한다. Aharanov-Bohm 효과에 대한 초기 역사를 보려면 H. Ehrlickson, *Am. J. Phys.* **38**, 162 (1970)을 참조하라.

증명하고, 이에 대한 지식을 활용하여 허용된 에너지를 결정하라. 답:

$$E_n = \left(n + \frac{3}{2}\right)\hbar\omega. \tag{4.216}$$

(b) E_n의 겹침 $d(n)$을 결정하라.

*** **문제 4.47** 삼차원 조화진동자 퍼텐셜(식 4.215 참조)은 구면 대칭성이 있으므로 Schrödinger 방정식은 구면좌표계에서 변수분리를 하여 풀 수 있다. (2.3.2절과 4.2.1절에서처럼) 멱급수 방법을 사용하여 지름방정식을 풀라. 계수에 대한 되풀이 공식을 구하고, 허용되는 에너지를 결정하라. (답이 식 4.216과 일관성이 있는 것을 확인하라.) 이 경우 N과 n의 관계는 무엇인가? 그림 4.3과 4.6과 비슷한 그림을 그리고, n번째 에너지 준위의 겹침을 결정하라.[70]

** **문제 4.48**

(a) 정상상태에 대해 **삼차원 비리얼 정리**

$$2\langle T\rangle = \langle \mathbf{r}\cdot\nabla V\rangle \tag{4.217}$$

을 증명하라. 귀띔: 문제 3.37 참조.

(b) 수소의 경우에 비리얼 정리를 적용하여 다음을 증명하라.

$$\langle T\rangle = -E_n;\quad \langle V\rangle = 2E_n. \tag{4.218}$$

(c) 삼차원 조화진동자(문제 4.46)에 대해 비리얼 정리를 적용하여 이경우

$$\langle T\rangle = \langle V\rangle = E_n/2 \tag{4.219}$$

가 됨을 증명하라.

*** **문제 4.49** 주의: 벡터 해석학에 친숙한 경우에만 이 문제를 시도하라. 문제 1.14를 일반화하여 (삼차원) **확률 흐름**을

$$\mathbf{J} \equiv \frac{i\hbar}{2m}\left(\Psi\,\nabla\Psi^* - \Psi^*\,\nabla\Psi\right) \tag{4.220}$$

으로 정의하자.

(a) $\mathbf{J}$는 **연속방정식**

$$\nabla\cdot\mathbf{J} = -\frac{\partial}{\partial t}|\Psi|^2 \tag{4.221}$$

을 만족함을 증명하라. 이것은 국소적인 **확률 보존**을 나타낸다. (발산 정리에 의해)

$$\oint_{\mathcal{S}} \mathbf{J}\cdot d\mathbf{a} = -\frac{d}{dt}\int_{\mathcal{V}} |\Psi|^2\, d^3\mathbf{r} \tag{4.222}$$

가 성립한다. 여기서 $\mathcal{V}$는 (고정된) 부피이고, $\mathcal{S}$는 그 경계면이다. 말로 표현하면 표면

---

[70] 이상한 이유로 조화진동자에서 에너지 준위는 전통적으로 $n = 0$부터 시작한다. 이것은 상식과 명백한 관습(각주 12)에 어긋나지만, 이 문제에서는 이 방법대로 하자.

을 통과하여 나가는 확률 흐름은 그 부피 안에서 입자를 발견할 확률의 감소량과 같다.

(b) $n = 2$, $l = 1$, $m = 1$인 상태에 있는 수소에 대해 $\mathbf{J}$를 구하라. 답:

$$\frac{\hbar}{64\pi m a^5} r e^{-r/a} \sin\theta\, \hat{\phi}.$$

(c) $m\mathbf{J}$를 질량의 흐름으로 해석하면 각운동량은

$$\mathbf{L} = m \int (\mathbf{r} \times \mathbf{J})\, d^3\mathbf{r}$$

이다. 이를 이용하여 ψ_{211} 상태에 대해 L_z를 계산하고, 그 결과에 대해 논하라.[71]

*** **문제 4.50** 삼차원에서 (시간에 무관한) **운동량 공간 파동함수**는 식 3.54를 자연스럽게 일반화하여 정의한다.

$$\phi(\mathbf{p}) \equiv \frac{1}{(2\pi\hbar)^{3/2}} \int e^{-i(\mathbf{p}\cdot\mathbf{r})/\hbar} \psi(\mathbf{r})\, d^3\mathbf{r}. \tag{4.223}$$

(a) 수소의 바닥상태(식 4.80)에 대한 운동량 공간 파동함수를 구하라. 귀띔: 극축을 $\mathbf{p}$의 방향으로 잡고 구면좌표계를 사용하라. θ 적분을 먼저 하라. 답:

$$\phi(\mathbf{p}) = \frac{1}{\pi} \left(\frac{2a}{\hbar}\right)^{3/2} \frac{1}{\left[1 + (ap/\hbar)^2\right]^2}. \tag{4.224}$$

(b) $\phi(\mathbf{p})$가 규격화되었다는 것을 확인하라.

(c) 수소의 바닥상태에서 $\phi(\mathbf{p})$를 이용하여 $\langle p^2 \rangle$를 계산하라.

(d) 이 상태에서 운동에너지의 기댓값은 얼마인가? 답을 E_1의 배수로 쓰고, 비리얼 정리(식 4.218)와 맞음을 확인하라.

*** **문제 4.51** 2.6절에서 (일차원에서) 유한한 사각형 우물에는 아무리 얕거나 좁더라도, 적어도 한 개의 속박상태가 있음을 알고 있다. 문제 4.11에서 (삼차원) 유한 구면 우물에서는 퍼텐셜이 충분히 약하면 속박상태가 전혀 없다는 것을 증명했다. 질문: (이차원에서) 유한한 원형 우물은 어떤가? (일차원의 경우처럼) 적어도 한 개의 속박상태가 항상 존재한다는 것을 증명하라. 귀띔: Bessel 함수에 대해 필요한 정보를 찾고, 컴퓨터를 이용하여 그래프를 그려라.

문제 4.52

(a) $n = 3$, $\ell = 2$, $m = 1$ 상태에 있는 수소에 대한 공간 파동함수(ψ)를 구하라. 답을 r, θ, ϕ와 a (Bohr 반지름)만으로 나타내라. 다른 변수(ρ, z 등)나 함수(Y, v 등)나 상수(A, c_0 등)나 미분은 허용하지 않는다(π, e나 2 등은 괜찮다).

[71] Schrödinger는 [*Annalen der Physik* **81**, 109 (1926)] $e\mathbf{J}$를 전류밀도로 해석했다(이것은 Born이 파동함수의 통계적 해석에 대한 논문을 발표하기 전이다). 그리고 이것은 (정상상태에서) 시간에 무관하다는 것에 주목했다. “어떤 의미에서 정전기와 정자기적인 원자 모형으로 돌아왔다고 말할 수 있다. 이 방법으로 (정상) 상태에서 복사가 없는 것을 참으로 놀라울 정도로 간단하게 설명할 수 있다.” (Kirk McDonald가 이 논문을 알려준 것에 감사한다.)

(b) r, θ, ϕ에 대한 적절한 적분을 하여 이 파동함수가 규격화되어 있는 것을 확인하라.

(c) 이 상태에서 r^s의 기댓값을 구하라. 어떤 영역의 s(양수 혹은 음수)에 대해 결과가 유한한가?

문제 4.53

(a) $n = 4$, $\ell = 3$, $m = 3$ 상태에 있는 수소에 대한 파동함수를 구하라. 답을 구면좌표 r, θ, ϕ로 나타내라.

(b) 이 상태에서 r의 기댓값을 구하라(언제나처럼 복잡한 적분은 적분표에서 찾아보라).

(c) 이 상태에 있는 원자에 관측량 $L_x^2 + L_y^2$을 어떻게든 측정한다면 어떤 값(혹은 값들)을 얻고, 각각의 확률은 얼마인가?

문제 4.54 수소의 바닥상태에 있는 전자가 핵 안에서 발견될 확률은 얼마인가?

(a) 먼저 파동함수(식 4.80)가 $r = 0$일 때에도 맞는다고 가정하고 정확한 답을 계산하라. b가 핵의 반지름이라고 하자.

(b) 이 결과를 작은 수 $\epsilon \equiv 2b/a$에 대한 멱급수로 전개하고, 가장 낮은 차수의 항은 3차 $P \approx (4/3)(b/a)^3$임을 증명하라. $b \ll a$인 경우 이것은 적절한 어림 방법이다.

(c) 다른 방법으로는 $\psi(r)$이 핵의 (작은) 부피 안에서 거의 상수라고 가정하여 $P \approx (4/3)\pi b^3|\psi(0)|^2$라고 놓는 것이다. 이 방법으로 같은 결과를 얻는다는 것을 확인하라.

(d) $b \approx 10^{-15}\,\text{m}$, $a \approx 0.5 \times 10^{-10}\,\text{m}$임을 이용하여 P에 대한 값을 구하라. 대략 말하면 이것은 "전자가 핵 안에서 보내는 시간 비율"이다.

문제 4.55

(a) 되풀이 공식(식 4.76)을 이용하여 $\ell = n - 1$일 때 지름 파동함수는

$$R_{n(n-1)} = N_n r^{n-1} e^{-r/na}$$

의 형태를 갖는 것을 확인하고, 직접 적분하여 규격화상수 N_n을 구하라.

(b) $\psi_{n(n-1)m}$의 형태를 갖는 상태에 대해 $\langle r \rangle$과 $\langle r^2 \rangle$을 구하라.

(c) r에 대한 "불확정도"(σ_r)은 이와 같은 상태에 대해 $\langle r \rangle/\sqrt{2n+1}$임을 보여라. n이 증가할수록 r이 퍼지는 비율은 감소한다는 것을 주목하라(이러한 의미에서 계는 큰 n에 대해 확인 가능한 원형 "궤도"를 도는 "고전적인 물체로 보이기 시작한다.") 이것을 보이기 위하여 몇 개의 n값에 대해 지름파동함수를 그려라.

문제 4.56 우연한 스펙트럼선.[72] Rydberg 공식(식 4.93)에 의하면 수소 선스펙트럼의 파장은 처음과 마지막 상태의 주양자수에 의해 결정된다. 같은 λ를 만들어내는 두 개의 다른 쌍 $\{n_i, n_f\}$를 구하라. 예를 들어 {6851, 6409}와 {15283, 11687} 같은 것이 있지만, 이것을 답으로 제시하지는 않는다!

문제 4.57 관측량 $A = x^2$와 $B = L_z$를 고려하자.

(a) $\sigma_A \sigma_B$에 대한 불확정성 원리를 만들라.

---

[72] Nicholas Wheeler, "Coincident Spectral Lines"(미출간 Reed College 보고서, 2001).

(b) 수소 상태 $\psi_{n\ell m}$에서 σ_B를 구하라.

(c) 이 상태에서 $\langle xy \rangle$에 대해서는 어떤 결론을 내릴 수 있는가?

문제 4.58 전자가 다음의 스핀 상태에 있다.

$$\chi = A\begin{pmatrix} 1-2i \\ 2 \end{pmatrix}.$$

(a) χ를 규격화하여 상수 A를 결정하라.

(b) 이 전자의 S_z를 측정한다면 어떤 값을, 어떤 확률로 얻는가? S_z의 기댓값은 얼마인가?

(c) 이 전자의 S_x를 측정한다면 어떤 값을, 어떤 확률로 얻는가? S_x의 기댓값은 얼마인가?

(d) 이 전자의 S_y를 측정한다면 어떤 값을, 어떤 확률로 얻는가? S_y의 기댓값은 얼마인가?

∗∗∗ **문제 4.59** 두 개의 스핀 1/2인 입자가 단일항(식 4.176)을 이루고 있다. $S_a^{(1)}$을 벡터 **a**로 정의된 방향에 대한 입자 1의 스핀 각운동량 성분이라고 하자. 마찬가지로 $S_b^{(2)}$를 벡터 **b** 방향에 대한 입자 2의 스핀 각운동량 성분이라고 하자. 다음을 증명하라.

$$\left\langle S_a^{(1)} S_b^{(2)} \right\rangle = -\frac{\hbar^2}{4}\cos\theta. \tag{4.225}$$

여기서 θ는 **a**와 **b** 사이의 각도이다.

∗∗∗ **문제 4.60**

(a) $s_1 = 1/2$, $s_2 =$ 임의의 수인 경우에 대한 Clebsch-Gordan 계수를 구하라. 귀띔: 다음 식에서 $|s\, m\rangle$이 S^2의 고유상태가 되도록 계수 A와 B를 구하는 것이다.

$$|s\, m\rangle = A\left|\tfrac{1}{2}\, s_2\, \tfrac{1}{2}\, \left(m-\tfrac{1}{2}\right)\right\rangle + B\left|\tfrac{1}{2}\, s_2\, \tfrac{-1}{2}\, \left(m+\tfrac{1}{2}\right)\right\rangle.$$

식 4.177에서 4.180까지 사용한 방법을 이용하라. (예를 들어) $S_x^{(2)}$가 $|s_2 m_2\rangle$에 어떻게 작용하는지 이해하지 못한다면 식 4.136과 식 4.147 앞 줄을 참고하라. 답:

$$A = \sqrt{\frac{s_2 \pm m + 1/2}{2s_2+1}}; \quad B = \pm\sqrt{\frac{s_2 \mp m + 1/2}{2s_2+1}}.$$

여기서 부호는 $s = s_2 \pm 1/2$에 의해 결정된다.

(b) 이 일반적인 결과를 표 4.8에 있는 세 개 혹은 네 개에 대해 확인하라.

문제 4.61 (S_z의 고유상태의 기준에서) 스핀 3/2 입자의 S_x를 나타내는 행렬을 구하라. S_x의 고유값을 결정하기 위해 특성방정식을 풀라.

∗∗∗ **문제 4.62** 스핀 1/2(식 4.145와 4.147), 스핀 1(문제 4.34), 스핀 3/2(문제 4.61)을 일반화하여 임의의 스핀 s에 대한 스핀 행렬을 구하라. 답:

$$\mathsf{S}_z = \hbar\begin{pmatrix} s & 0 & 0 & \cdots & 0 \\ 0 & s-1 & 0 & \cdots & 0 \\ 0 & 0 & s-2 & \cdots & 0 \\ \vdots & \vdots & \vdots & \cdots & \vdots \\ 0 & 0 & 0 & \cdots & -s \end{pmatrix};$$

$$\mathsf{S}_x = \frac{\hbar}{2}\begin{pmatrix} 0 & b_s & 0 & 0 & \cdots & 0 & 0 \\ b_s & 0 & b_{s-1} & 0 & \cdots & 0 & 0 \\ 0 & b_{s-1} & 0 & b_{s-2} & \cdots & 0 & 0 \\ 0 & 0 & b_{s-2} & 0 & \cdots & 0 & 0 \\ \vdots & \vdots & \vdots & \vdots & \cdots & \vdots & \vdots \\ 0 & 0 & 0 & 0 & \cdots & 0 & b_{-s+1} \\ 0 & 0 & 0 & 0 & \cdots & b_{-s+1} & 0 \end{pmatrix}$$

$$\mathsf{S}_y = \frac{\hbar}{2}\begin{pmatrix} 0 & -ib_s & 0 & 0 & \cdots & 0 & 0 \\ ib_s & 0 & -ib_{s-1} & 0 & \cdots & 0 & 0 \\ 0 & ib_{s-1} & 0 & -ib_{s-2} & \cdots & 0 & 0 \\ 0 & 0 & ib_{s-2} & 0 & \cdots & 0 & 0 \\ \vdots & \vdots & \vdots & \vdots & \cdots & \vdots & \vdots \\ 0 & 0 & 0 & 0 & \cdots & 0 & -ib_{-s+1} \\ 0 & 0 & 0 & 0 & \cdots & ib_{-s+1} & 0 \end{pmatrix}.$$

여기서

$$b_j \equiv \sqrt{(s+j)(s+1-j)}$$

이다.

*** **문제 4.63** 다음과 같이 구면 조화함수의 규격화상수를 구하라. 4.1.2절에서

$$Y_\ell^m = K_\ell^m e^{im\phi} P_\ell^m(\cos\theta)$$

임을 알고 있다. 문제는 상수 K_ℓ^m을 구하는 것이다(식 4.32에서는 인용만 했지, 유도하지는 않았다). 식 4.120, 4.121과 4.130을 이용하여 K_ℓ^m으로 K_ℓ^{m+1}을 구하는 되풀이 공식을 구하라. m에 대한 귀납법을 사용하여 K_ℓ^m을 전체 상수 $C(\ell) \equiv K_\ell^0$로 나타내라. 마지막으로 문제 4.25를 이용하여 상수를 고정하라. 연관 Legendre 함수의 미분에 대해서는 다음의 공식이 유용할 것이다.

$$\left(1-x^2\right)\frac{dP_\ell^m}{dx} = -\sqrt{1-x^2}\,P_\ell^{m+1} - mxP_\ell^m. \tag{4.226}$$

문제 4.64 수소 원자 내의 전자가 스핀과 위치가 결합된 상태

$$R_{21}\left(\sqrt{1/3}\,Y_1^0\chi_+ + \sqrt{2/3}\,Y_1^1\chi_-\right)$$

에 있다.

(a) 궤도 각운동량의 제곱(L^2)을 측정하면 어떤 값을, 어떤 확률로 얻는가?

(b) 궤도 각운동량의 z 성분(L_z)에 대한 같은 질문.

(c) 스핀 각운동량의 제곱(S^2)에 대한 같은 질문.

(d) 스핀 각운동량의 z 성분(S_z)에 대한 같은 질문.

$\mathbf{J} \equiv \mathbf{L} + \mathbf{S}$를 전체 각운동량이라고 하자.

(e) J^2을 측정하면 어떤 값을, 어떤 확률로 얻는가?

(f) J_z에 대한 같은 질문.

(g) 입자의 위치를 측정하면 입자를 r, θ, ϕ에서 찾을 확률밀도는 얼마인가?

(h) 스핀의 z 성분과 원점으로부터의 거리를 동시에 측정한다면(이들은 양립적인 관측량이다), 윗방향 스핀을 갖는 입자를 반지름 r에서 찾을 단위 r당 확률은 얼마인가?

** **문제 4.65** 세 개의 스핀 1/2 입자를 결합하면 전체 스핀은 3/2이거나 1/2이다(나중 상태는 두 가지 다른 방법으로 얻을 수 있다). 식 4.175와 4.176의 표기법을 사용하여 사중항과 두 개의 이중항을 만들라.

$$\left.\begin{cases} \left|\frac{3}{2}\,\frac{3}{2}\right\rangle &= ?? \\ \left|\frac{3}{2}\,\frac{1}{2}\right\rangle &= ?? \\ \left|\frac{3}{2}\,\frac{-1}{2}\right\rangle &= ?? \\ \left|\frac{3}{2}\,\frac{-3}{2}\right\rangle &= ?? \end{cases}\right\} \quad s = \frac{3}{2} \ (\text{사중항})$$

$$\left.\begin{cases} \left|\frac{1}{2}\,\frac{1}{2}\right\rangle_1 &= ?? \\ \left|\frac{1}{2}\,\frac{-1}{2}\right\rangle_1 &= ?? \end{cases}\right\} \quad s = \frac{1}{2} \ (\text{이중항 1})$$

$$\left.\begin{cases} \left|\frac{1}{2}\,\frac{1}{2}\right\rangle_2 &= ?? \\ \left|\frac{1}{2}\,\frac{-1}{2}\right\rangle_2 &= ?? \end{cases}\right\} \quad s = \frac{1}{2} \ (\text{이중항 2})$$

귀띔: 첫 번째 것은 쉽다. $\left|\frac{3}{2}\,\frac{3}{2}\right\rangle = |\uparrow\uparrow\uparrow\rangle$ 내림연산자를 적용하여 사중항의 다른 상태를 구하라. 이중항에 대해서는 첫 두 입자로 단일항을 만들어 시작하여 세 번째 입자를 붙여라.

$$\left|\tfrac{1}{2}\,\tfrac{1}{2}\right\rangle_1 = \frac{1}{\sqrt{2}}\left(|\uparrow\downarrow\rangle - |\downarrow\uparrow\rangle\right)|\uparrow\rangle.$$

여기서부터 시작하라($\left|\frac{1}{2}\,\frac{1}{2}\right\rangle_2$는 $\left|\frac{1}{2}\,\frac{1}{2}\right\rangle_1$과 $\left|\frac{3}{2}\,\frac{1}{2}\right\rangle$에 직교한다는 것을 확인하라). 주의: 두 개의 이중항은 유일하게 결정되지 않는다. 이들은 임의의 선형결합은 여전히 스핀 1/2이다. 요점은 두 개의 독립적인 이중항을 만드는 것이다.

문제 4.66 임의의 상태(식 4.139)에 있는 스핀 1/2 입자에 대해 S_x와 S_y의 최소 불확정성에 대한 조건을 추론하라[즉 $\sigma_{S_x}\sigma_{S_y} \geq (\hbar/2)|\langle S_z\rangle|$]의 표현에서 등호가 성립하는 조건]. 답: 일반성을 잃지 않고 a를 실수로 고를 수 있다. 그러면 최소 불확정도에 대한 조건은 b가 실수이거나 순허수여야 한다.

** **문제 4.67 자기 쩔쩔맴.** 세 개의 스핀 1/2 입자가 삼각형의 꼭지점에 놓여 있고 Hamiltonian

$$H = J\left(\mathbf{S}_1 \cdot \mathbf{S}_2 + \mathbf{S}_2 \cdot \mathbf{S}_3 + \mathbf{S}_3 \cdot \mathbf{S}_1\right) \tag{4.227}$$

을 통해 상호작용을 한다. 여기서 J는 양의 상수이다. 이 상호작용은 이웃한 스핀이 반대로 배열되는 것을 선호하지만(이들이 자기쌍극자라면 **반강자성**) 삼각형 구조인 경우 이 조건은 모든 세 쌍에 대해서 동시에 만족될 수 없다(그림 4.18). 이것을 기하학적 "쩔쩔맴"이라고 한다.

(a) Hamiltonian을 전체 스핀의 제곱 S^2으로 표현할 수 있다는 것을 증명하라. 여기서 $\mathbf{S} = \sum_i \mathbf{S}_i$ 이다.

(b) 바닥상태의 에너지와 겹침을 결정하라.

(c) 이제 정사각형의 꼭지점에 네 개의 스핀 1/2인 입자가 놓여 있고, 최인접 상호작용

$$H = J\left(\mathbf{S}_1 \cdot \mathbf{S}_2 + \mathbf{S}_2 \cdot \mathbf{S}_3 + \mathbf{S}_3 \cdot \mathbf{S}_4 + \mathbf{S}_4 \cdot \mathbf{S}_1\right) \tag{4.228}$$

이 주어졌다. 이 경우 바닥상태는 유일하다. 이 경우 Hamiltonian은 다음과 같이 쓸 수 있음을 증명하라.

$$H = \frac{1}{2} J\left[S^2 - \left(\mathbf{S}_1 + \mathbf{S}_3\right)^2 - \left(\mathbf{S}_2 + \mathbf{S}_4\right)^2\right]. \tag{4.229}$$

바닥상태의 에너지는 얼마인가?

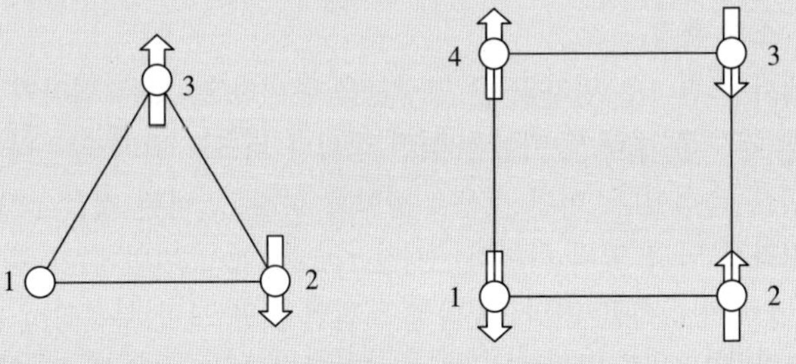

그림 4.18: 세 개의 스핀이 삼각형 주위에 배열된 것을 그림에 나타내었다. 여기서 각 스핀이 모든 이웃과 반대로 배열될 수 없다. 이와는 대조적으로 정사각형 주위에 네 개의 스핀을 배열하면 이러한 쩔쩔맴은 없다.

** **문제 4.68** 수소 원자가 반지름 b인 무한한 구면 우물의 중심에 있다고 상상해보자. b는 Bohr 반지름(a)보다 매우 커서 낮은 n값을 갖는 상태는 $r = b$인 멀리 있는 "벽"의 영향을 거의 받지 않는다. 그러나 $u(b) = 0$이므로 지름 방정식(4.53)을 수치적으로 풀기 위해 문제 2.61의 방법을 사용할 수 있다.

(a) 문제 2.61의 v_j는 다음 형태를 갖는다는 것을 증명하라.

$$v_j = -\frac{2\beta}{j} + \frac{\ell(\ell+1)}{j^2} \quad \text{여기서} \quad \beta \equiv \frac{b}{(N+1)a}.$$

(b) $\Delta r \ll a$이고(따라서 퍼텐셜 안에서 적당한 수의 점을 취할 수 있다), $a \ll b$이기를 (벽이 원자를 너무 변형시키지 않도록) 원한다. 따라서

$$1 \ll \beta^{-1} \ll N$$

이다. $\beta = 1/50$이고, $N = 1000$임을 사용하자. $\ell = 0$, $\ell = 1$, $\ell = 2$인 경우 H의 가장 작은 세 개의 고유값을 구하고, 이에 해당하는 고유함수를 그려라. 알려진 (Bohr) 에너지(식 4.70)와 비교하라. 주의: 파동함수가 $r = b$에 도달하기 훨씬 전에 0이 되면, 이 계의 에너지는 자유 수소의 파동함수와 연결시킬 수 없지만, "압축된" 수소의 허용된 에너지로서 그 자체로 흥미 있다.[73]

** **문제 4.69** "개를 흔드는 방법"(문제 2.55)으로, 식 4.53 혹은 식 4.56에서 시작하여 수소에 대한 몇 개의 Bohr 에너지를 구하라. 사실 $\rho_0 = 2n$으로 놓고, n을 바꾸면서 식 4.68을 사용하면 어떤가? 올바른 해는 n이 양의 정수일 때 얻는다는 것을 알기 때문에 $n = 0.9$, 1.9, 2.9 등으로 시작할 수 있고 이 값을 작은 양만큼 증가시킨다. 1, 2, 3, …을 지날 때 꼬리 부분이 매우 커지게 된다. 먼저 $\ell = 0$, 그리고 $\ell = 1$과 $\ell = 2$일 때 유효숫자 네 자리까지 가장 작은 세 개의 n값을 구하라. 경고: Mathematica에서는 0으로 나누는 것이 불가능하므로, 분모에서 ρ를 $(\rho + 0.000001)$로 바꾸어야 한다. 주의: 모든 경우 $u(0) = 0$이지만, $\ell \geq 1$일 때만 $u'(0) = 0$이다(식 4.59). 그러므로 $\ell = 0$일 때 $u(0) = 0$, $u'(0) = 1$을 쓸 수 있다. $\ell > 0$일 때는 $u(0) = 0$과 $u'(0) = 0$을 쓰고 싶겠지만, Mathematica는 게을러서 간단한 해 $u(\rho) \equiv 0$를 내놓을 것이다. 그러므로 (예를 들어) $u(1) = 1$, $u'(0) = 0$을 사용하는 것이 낫다.

문제 4.70 연속적인 스핀 측정.

(a) 시간 $t = 0$에서 스핀 1/2 입자의 큰 앙상블을 준비하고, 모든 입자가 (z축에 대해) 윗방향 스핀을 갖도록 했다.[74] 이들은 어떤 힘이나 토크도 받지 않는다. 시간 $t_1 > 0$일 때 각 스핀을 측정했다. 어떤 것은 z 방향을 향하고, 어떤 것은 x 방향을 향한다(그러나 그 결과를 알고 있지 못한다). 시간 $t_2 > t_1$에서 이번에는 x축 방향으로 스핀을 다시 측정하여 (x축을 따라) 윗방향 스핀인 것만 보아 부분앙상블로 저장했다(스핀이 아래 방향인 것은 버린다). 질문: (부분앙상블로) 남은 것 중 첫 번째 측정했을 때 (무엇을 측정했는가에 따라 z나 x 방향으로) 윗방향 스핀을 갖는 비율은 얼마인가?

(b) (a)는 쉽다. 사실 이것을 일단 보면 너무 단순하다. 이제 더 간결하게 일반화해보자. 시간 $t = 0$에서 스핀 1/2인 입자의 앙상블을 준비하여 모든 스핀이 $\boldsymbol{a}$ 방향에 대해 윗방향 스핀을 갖도록 했다. 시간 $t_1 > 0$에서 $\boldsymbol{b}$ 방향에 대한 스핀을 측정했다(그러나 그 결과에 대해 알지 못한다). 그리고 $t_2 > t_1$에서 $\boldsymbol{c}$ 방향으로 스핀을 측정한다. ($\boldsymbol{c}$ 방향으로) 윗방향 스핀인 입자들을 부분앙상블로 저장한다. 이 부분앙상블에 있는 입자 중에서 첫 번째 측정에서 ($\boldsymbol{b}$ 방향으로) 윗방향 스핀을 갖는 비율은 얼마인가? 귀띔: 식 4.155를 이용하여 첫 번째 측정에서 ($\boldsymbol{b}$ 방향으로) 윗방향 스핀을 가질 확률이 $P_+ = \cos^2(\theta_{ab}/2)$이고, (연장하여) 두 측정에서 모두 윗방향 스핀을 얻을 확률은

---

[73] 여러 이유로 이 계를 많이 연구했다. 예를 들어 J. M. Ferreyra, C. R. Proetto, *Am. J. Phys.* **81**, 860 (2013)을 참조하라.

[74] N. D. Mermin, *Physics Today*, October 2011, 8쪽.

$P_{++} = \cos^2(\theta_{ab}/2)\cos^2(\theta_{bc}/2)$임을 증명하라. 다른 세 개의 확률($P_{+-}$, P_{-+}, P_{--})을 구하라. 경고: 첫 측정의 결과가 아랫방향 스핀이면, 관련된 각도는 θ_{bc}의 보각이다. 답: $\left[1 + \tan^2(\theta_{ab}/2)\tan^2(\theta_{bc}/2)\right]^{-1}$.

문제 4.71 분자 및 고체물리에서 응용할 때 이 장에서 사용된 기준 $\psi_{n\ell m}$ 대신 가끔 직각 좌표축에 정렬된 궤도 기준을 사용한다. 예를 들어 궤도 함수

$$\psi_{2p_x}(r,\theta,\phi) = \frac{1}{\sqrt{32\pi a^3}}\frac{x}{a}e^{-r/2a}$$
$$\psi_{2p_y}(r,\theta,\phi) = \frac{1}{\sqrt{32\pi a^3}}\frac{y}{a}e^{-r/2a}$$
$$\psi_{2p_z}(r,\theta,\phi) = \frac{1}{\sqrt{32\pi a^3}}\frac{z}{a}e^{-r/2a}$$

은 $n = 2$와 $\ell = 1$인 수소 상태에 대한 기준이다.

(a) 각각의 궤도 함수는 $n = 2$, $\ell = 1$과 $m = -1, 0, 1$인 궤도함수 $\psi_{n\ell m}$의 선형결합으로 쓸 수 있음을 증명하라.

(b) 상태 ψ_{2p_i}는 이에 해당하는 각운동량 성분 $\hat{L}_i$의 고유함수라는 것을 증명하라. 각각의 경우 고유값은 얼마인가?

(c) 세 궤도함수에 대해 (그림 4.9와 같이) 등고선 그림을 그려라. Mathematica에서는 **ContourPlot3D**를 사용하라.

문제 4.72 전하 q, 질량 m, 스핀 s인 입자가 균일한 자기장 $\mathbf{B}_0$ 안에 있다. 벡터퍼텐셜은

$$\mathbf{A} = -\frac{1}{2}\mathbf{r}\times\mathbf{B}_0$$

으로 선택할 수 있다.

(a) 이 벡터퍼텐셜이 균일한 자기장 $\mathbf{B}_0$를 만들어 낸다는 것을 확인하라.

(b) Hamiltonian은

$$H = \frac{p^2}{2m} + q\varphi - \mathbf{B}_0\cdot(\gamma_o\mathbf{L} + \gamma\mathbf{S}) + \frac{q^2}{8m}\left[r^2B_0^2 - (\mathbf{r}\cdot\mathbf{B}_0)^2\right] \tag{4.230}$$

으로 쓸 수 있다는 것을 증명하라. 여기서 $\gamma_o = q/2m$은 궤도운동에 대한 자기 회전 비율이다. 주의: $\mathbf{B}_0$의 일차항 때문에 (궤도 혹은 스핀) 자기 모멘트가 자기장과 정렬하는 것이 에너지가 더 낮아지게 된다. 이것이 물질의 **상자성**의 근원이다. $\mathbf{B}_0$의 이차항은 그 반대 효과인 **반자성**의 원인이다.[75]

문제 4.73 힘의 관점에서 볼 때 예제 4.4는 Stern-Gerlach 효과에 대한 표면상 고전적인 설명이다. 식 4.169에 주어진 중성이고, 스핀 1/2인 입자가 자기장을 지날 때의 Hamiltonian

$$H = \frac{p^2}{2m} - \gamma\mathbf{B}\cdot\mathbf{S}$$

[75] 이것이 분명하지는 않지만, 7장에서 이를 증명할 것이다.

에서 시작하여 일반화된 Ehrenfest 정리(식 3.73)를 이용하여

$$m\,\frac{d^2}{dt^2}\,\langle z\rangle = \gamma\,\alpha\,\langle S_z\rangle$$

임을 증명하라. 참고: 식 4.170은 그러므로 물리량이 기댓값이라고 이해하는, 올바른 양자역학적 표현이다.

문제 4.74 예제 4.4도 문제 4.73도 실제로 Stern-Gerlach 실험에 대한 Schrödinger 방정식을 푼 것은 아니다. 이 문제에서는 어떻게 계산을 하는지 보게 될 것이다. Stern-Gerlach 장치를 지나는 중성이고, 스핀 1/2인 입자에 대한 Hamiltonian은

$$H = \frac{p^2}{2m} - \gamma\,\mathbf{B}\cdot\mathbf{S}$$

이다. 여기서 **B**는 식 4.169로 주어진다. 공간, 스핀 자유도를 모두 포함하는 스핀 1/2인 입자에 대한 가장 일반적인 파동함수는[76]

$$\boldsymbol{\Psi}(\mathbf{r},t) = \Psi_+(\mathbf{r},t)\;\chi_+ + \Psi_-(\mathbf{r},t)\;\chi_-$$

이다.

(a) $\Psi(\mathbf{r}, t)$를 Schrödinger 방정식

$$H\,\boldsymbol{\Psi} = i\,\hbar\,\frac{\partial}{\partial t}\,\boldsymbol{\Psi}$$

에 넣어 $\Psi_\pm$에 대한 결합된 한 쌍의 방정식을 구하라. 부분답:

$$-\frac{\hbar^2}{2m}\,\nabla^2\,\Psi_+ - \frac{\hbar}{2}\,\gamma\,(B_0+\alpha\,z)\;\Psi_+ + \frac{\hbar}{2}\,\gamma\,\alpha\,x\,\Psi_- = i\,\hbar\,\frac{\partial}{\partial t}\,\Psi_+\,.$$

(b) 예제 4.3으로부터 스핀은 균일한 장 $B_0\,\hat{k}$ 안에서 세차운동을 한다는 것을 알고 있다. 일반성을 잃지 않고

$$\Psi_\pm(\mathbf{r},t) = e^{\pm i\,\gamma\,B_0\,t/2}\,\tilde{\Psi}(\mathbf{r},t)$$

으로 써서, 이 행동을 우리의 해에서 끄집어낼 수 있다. $\tilde{\Psi}_\pm$에 대한 결합된 방정식을 구하라. 부분답:

$$-\frac{\hbar^2}{2m}\,\nabla^2\,\tilde{\Psi}_+ - \frac{\hbar}{2}\,\gamma\,\alpha\,z\,\tilde{\Psi}_+ + \frac{\hbar}{2}\,\gamma\,\alpha\,x\,e^{-i\,\gamma\,B_0\,t}\;\tilde{\Psi}_- = i\,\hbar\,\frac{\partial}{\partial t}\,\tilde{\Psi}_+\,.$$

(c) 만일 (b)에 대한 해에서 평균을 취하면 0이 된다는 이유로, 진동항을 무시한다면(예제 4.4 참조) 다음 형태의 결합되지 않은 방정식을 얻는다.

$$-\frac{\hbar^2}{2m}\,\nabla^2\,\tilde{\Psi}_\pm + V_\pm\,\tilde{\Psi}_\pm = i\,\hbar\,\frac{\partial}{\partial t}\,\tilde{\Psi}_\pm\,.$$

"퍼텐셜" $V_\pm$ 안에 있는 입자에 대해 예상하는 운동을 근거로 하여 Stern-Gerlach 실

[76] 이 표기법에서 $|\Psi_+(\mathbf{r})|^2\,d^3\mathbf{r}$은 **r** 근처에서 z 방향에 대해 윗방향 스핀을 측정할 확률이고, $|\Psi_-(\mathbf{r})|^2\,d^3\mathbf{r}$은 아랫방향 스핀을 측정할 확률이다.

험을 설명하라.

문제 4.75 이제 시간에 의존하는 다발 $\Phi(t)$가 솔레노이드 안을 지나는 예제 4.6의 계를 고려하자. 다음의 해가 시간의 의존하는 Schrödinger 방정식을 만족함을 증명하라.

$$\Psi(t) = \frac{1}{\sqrt{2\pi}} e^{i n \phi} e^{-i f(t)}.$$

여기서

$$f(t) = \frac{1}{\hbar} \int_0^t \frac{\hbar^2}{2 m b^2} \left(n - \frac{q \Phi(t')}{2 \pi \hbar} \right)^2 dt'$$

이다.

문제 4.76 예제 4.6의 에너지 준위의 이동은 고전 전자기학으로 이해할 수 있다. 처음에 솔레노이드에 전류가 전혀 흐르지 않는 경우를 고려하자. 이제 전류가 서서히 증가한다.

(a) (고전 전자기학으로부터) 변하는 다발에 의해 생기는 기전력을 계산하고 고리에 제한된 전하에 일이 작용하는 비율은

$$\frac{dW}{d\Phi} = -q \frac{\omega}{2\pi}$$

으로 쓸 수 있다는 것을 증명하라. 여기서 ω는 입자의 각속도이다.

(b) 예제 4.6에서 상태 ψ_n에 있는 입자에 대하여 역학적 각운동량의 z 성분[77]

$$\mathbf{L}_{\text{mechanical}} = \mathbf{r} \times m \mathbf{v} = \mathbf{r} \times (\mathbf{p} - q \mathbf{A}) \tag{4.231}$$

을 계산하라. 역학적 각운동량은 $\hbar$의 정수배로 양자화되지 않는다는 것을 주목하라![78]

(c) (a)의 결과는 정확히 다발이 증가할 때 정상상태의 에너지가 변하는 비율 $dE_n/d\Phi$와 같음을 증명하라.

---

[77] 바른 운동량과 역학적 운동량의 차이에 대한 논의를 보려면 각주 62를 참조하라.

[78] 그러나 전자기장 역시 각운동량을 갖고, (역학적 더하기 전자기적) 전체 각운동량은 $\hbar$의 정수배로 양자화된다. 이에 대한 논의는 M. Peskin, *Physics Reports* **80**, 375 (1981)이나 Frank Wilczek, *Fractional Statistics and Anyon Superconductivity*, World Scientific, New Jersey (1990)을 참조하라.

5 똑같은 입자
Identical Particles

5.1 이입자계

단일 입자에 대해 $\Psi(\mathbf{r}, t)$는 공간 좌표 $\mathbf{r}$과 시간 t의 함수이다. (당분간 스핀은 무시하겠다.) 두 입자 상태는 입자 1의 좌표($\mathbf{r}_1$), 입자 2의 좌표($\mathbf{r}_2$)와 시간의 함수이다.

$$\Psi(\mathbf{r}_1, \mathbf{r}_2, t). \tag{5.1}$$

이에 대한 시간에 대한 변화는 Schrödinger 방정식으로 결정된다.

$$i\hbar\frac{\partial\Psi}{\partial t} = \hat{H}\Psi. \tag{5.2}$$

여기서 H는 전체 Hamiltonian이다.

$$\hat{H} = -\frac{\hbar^2}{2m_1}\nabla_1^2 - \frac{\hbar^2}{2m_2}\nabla_2^2 + V(\mathbf{r}_1, \mathbf{r}_2, t) \tag{5.3}$$

(∇의 첨자는 입자 1이나 입자 2의 좌표에 대한 미분을 뜻한다.) 통계적 해석은 명백하게 확장할 수 있다.

$$|\Psi(\mathbf{r}_1, \mathbf{r}_2, t)|^2\, d^3\mathbf{r}_1\, d^3\mathbf{r}_2 \tag{5.4}$$

는 입자 1을 부피 $d^3\mathbf{r}_1$에서, 입자 2를 부피 $d^3\mathbf{r}_2$에서 발견할 확률이다. 여기서도 Ψ는 규격화되어야 한다.

$$\int |\Psi(\mathbf{r}_1, \mathbf{r}_2, t)|^2\, d^3\mathbf{r}_1\, d^3\mathbf{r}_2 = 1. \tag{5.5}$$

시간에 무관한 퍼텐셜에 대해 변수분리를 통해 해의 완전집합을 얻는다.

$$\Psi(\mathbf{r}_1, \mathbf{r}_2, t) = \psi(\mathbf{r}_1, \mathbf{r}_2)e^{-iEt/\hbar}. \tag{5.6}$$

여기서 공간 파동함수(ψ)는 시간에 무관한 Schrödinger 방정식

$$-\frac{\hbar^2}{2m_1}\nabla_1^2\psi - \frac{\hbar^2}{2m_2}\nabla_2^2\psi + V\psi = E\psi. \tag{5.7}$$

을 만족하고, E는 이 계의 전체 에너지이다. 일반적으로 식 5.7을 푸는 것은 어렵지만, 다음의 특별한 두 가지 경우에는 단일 입자 문제로 환원된다.

1. 상호작용 없는 입자. 입자들이 서로 상호작용을 하지 않지만, 각각이 어떤 외부 힘을 받

는 경우를 생각하자. 예를 들어 두 입자가 두 개의 다른 용수철에 연결된 경우이다. 이 경우 전체 퍼텐셜에너지는 둘의 합이고

$$V(\mathbf{r}_1, \mathbf{r}_2) = V_1(\mathbf{r}_1) + V_2(\mathbf{r}_2) \tag{5.8}$$

식 5.7은 변수분리를 통해 풀 수 있다.

$$\psi(\mathbf{r}_1, \mathbf{r}_2) = \psi_a(\mathbf{r}_1)\psi_b(\mathbf{r}_2). \tag{5.9}$$

식 5.9를 식 5.7에 대입하여, $\psi(\mathbf{r}_1, \mathbf{r}_2)$로 나누고, $\mathbf{r}_1$에만, 그리고 $\mathbf{r}_2$에만 의존하는 항들을 따로 모으면, $\psi_a(\mathbf{r}_1)$과 $\psi_b(\mathbf{r}_2)$는 각각 단일 입자 Schrödinger 방정식을 만족한다.

$$\begin{aligned} -\frac{\hbar^2}{2m_1}\nabla_1^2\psi_a(\mathbf{r}_1) + V_1(\mathbf{r}_1)\psi_a(\mathbf{r}_1) &= E_a\psi_a(\mathbf{r}_1), \\ -\frac{\hbar^2}{2m_2}\nabla_2^2\psi_b(\mathbf{r}_2) + V_2(\mathbf{r}_2)\psi_b(\mathbf{r}_2) &= E_b\psi_b(\mathbf{r}_2). \end{aligned} \tag{5.10}$$

여기서 $E = E_a + E_b$이다. 이 경우 두 입자 파동함수는 한 입자 파동함수를 단순히 곱한 것이다.

$$\begin{aligned} \Psi(\mathbf{r}_1, \mathbf{r}_2, t) &= \psi_a(\mathbf{r}_1)\psi_b(\mathbf{r}_2)e^{-i(E_a+E_b)t/\hbar} \\ &= \left(\psi_a(\mathbf{r}_1)e^{-iE_at/\hbar}\right)\left(\psi_b(\mathbf{r}_2)e^{-iE_bt/\hbar}\right) = \Psi_a(\mathbf{r}_1, t)\Psi_b(\mathbf{r}_2, t). \end{aligned} \tag{5.11}$$

그리고 입자 1은 상태 a에 있고, 입자 2는 상태 b에 있다고 말하는 것이 의미가 있다. 그러나 이러한 해의 임의의 선형결합, 예를 들어

$$\Psi(\mathbf{r}_1, \mathbf{r}_2, t) = \frac{3}{5}\Psi_a(\mathbf{r}_1, t)\,\Psi_b(\mathbf{r}_2, t) + \frac{4}{5}\Psi_c(\mathbf{r}_1, t)\,\Psi_d(\mathbf{r}_2, t) \tag{5.12}$$

도 여전히 (시간에 무관한) Schrödinger 방정식을 만족한다. 이 경우 입자 1의 상태는 입자 2의 상태에 의존하고, 그 역도 성립한다. 입자 1의 에너지를 측정한다면 (확률 9/25로) 입자 2의 에너지는 확실히 E_b이고, 혹은 E_c를 (확률 16/25로) 측정하면 입자 2의 에너지는 E_d이다. (Schrödinger가 좋아하는 용어로) 이 두 입자는 **얽혀** 있다고 한다. 얽힌 상태는 단일 입자 상태의 곱으로 쓸 수 없는 상태이다.[1]

2. 중심 퍼텐셜. 입자가 거리에만 의존하는 퍼텐셜

$$V(\mathbf{r}_1, \mathbf{r}_2) \to V(|\mathbf{r}_1 - \mathbf{r}_2|) \tag{5.13}$$

만으로 서로 상호작용을 한다고 하자. 양성자의 운동을 포함시키면 수소 원자가 그 예이다. 이 경우 이체 문제는 고전역학의 경우와 마찬가지로 동등한 단일 물체 문제로 바뀐다(문제 5.1 참조).

그렇지만 일반적으로 두 입자는 외부 힘과 상호작용이 모두 작용하고, 이 때문에 분석이 더 복잡해진다. 예를 들어 헬륨 원자 안의 두 전자를 생각하자. 각각은 (전하가 $2e$인) 핵의 Coulomb 인력을 느끼고, 동시에 서로 밀어낸다.

---

[1] 얽힌 상태의 유명한 예는 두 개의 스핀 1/2인 입자가 단일항 상태에 있는 것이다(식 4.176).

$$V(\mathbf{r}_1, \mathbf{r}_2) = \frac{1}{4\pi\epsilon_0}\left(-\frac{2e^2}{|\mathbf{r}_1|} - \frac{2e^2}{|\mathbf{r}_2|} + \frac{e^2}{|\mathbf{r}_1 - \mathbf{r}_2|}\right). \tag{5.14}$$

이 문제는 나중에 풀 것이다.

** **문제 5.1** 전형적인 상호작용 퍼텐셜은 두 입자 사이의 벡터 변위 $\mathbf{r} \equiv \mathbf{r}_1 - \mathbf{r}_2$에만 의존한다. $V(\mathbf{r}_1, \mathbf{r}_2) \to V(\mathbf{r})$. 이 경우 Schrödinger 방정식은 변수를 $\mathbf{r}_1$, $\mathbf{r}_2$에서 $\mathbf{r}$, $\mathbf{R} \equiv (m_1\mathbf{r}_1 + m_2\mathbf{r}_2)/(m_1 + m_2)$(질량중심)로 바꾸면 분리된다.

(a) $\mathbf{r}_1 = \mathbf{R} + (\mu/m_1)\,\mathbf{r}$, $\mathbf{r}_2 = \mathbf{R} - (\mu/m_2)\,\mathbf{r}$이고, $\nabla_1 = (\mu/m_2)\,\nabla_R + \nabla_r$, $\nabla_2 = (\mu/m_1)\,\nabla_R - \nabla_r$임을 증명하라. 여기서

$$\mu \equiv \frac{m_1 m_2}{m_1 + m_2} \tag{5.15}$$

는 이 계의 **환산 질량**이다.

(b) (시간에 무관한) Schrödinger 방정식 (5.7)은

$$-\frac{\hbar^2}{2(m_1 + m_2)}\nabla_R^2\psi - \frac{\hbar^2}{2\mu}\nabla_r^2\psi + V(\mathbf{r})\psi = E\psi$$

이 됨을 증명하라.

(c) 변수를 분리하여 $\psi(\mathbf{R}, \mathbf{r}) = \psi_R(\mathbf{R})\psi_r(\mathbf{r})$로 쓰자. ψ_R은 질량 m 대신 전체 질량 $(m_1 + m_2)$를 넣고, 퍼텐셜은 0이고, 에너지 E_R인 단일 입자 Schrödinger 방정식을 만족하고, ψ_r은 질량 m 대신 환산 질량을 넣고, 퍼텐셜 $V(\mathbf{r})$, 에너지 E_r인 단일 입자 Schrödinger 방정식을 만족하는 것에 주목하라. 전체 에너지는 이들의 합이다. $E = E_R + E_r$. 이것이 의미하는 것은 질량중심은 자유입자처럼 움직이고, 상대적인 운동(즉, 입자 1에 대한 입자 2의 운동)은 퍼텐셜 V 안에서 환산 질량을 갖는 한 입자가 움직이는 것과 같다는 것이다. 이러한 분리가 정확하게 고전역학에서 일어난다.[2] 이 방법으로 이체 문제를 동등한 단일 물체 문제로 바꾼다.

문제 5.2 문제 5.1의 관점에서 단순히 전자의 질량을 환산 질량으로 바꾸면 핵의 운동을 수정할 수 있다.

(a) m 대신 μ를 써서 나타나는 수소의 결합에너지(식 4.77)의 퍼센트 오차를 (유효숫자 두 자리까지) 구하라.

(b) 수소와 (핵 안에 양성자뿐만 아니라 중성자가 한 개 있는) 이중 수소에 대한 적색 Balmer선($n = 3 \to n = 2$) 사이의 파장 차이를 구하라.

(c) (양성자 대신 양전자로 바뀐) **포지트로늄**의 결합에너지를 구하라. 양전자는 전자와 질량은 같지만, 전하는 반대이다.

---

[2] 예를 들어 Jerry B. Marion, Stephen T. Thornton, *Classical Dynamics of Particles and Systems*, 4th edn, Saunder, Fort Worth, TX (1995), 8.2절을 참조하라.

(d) 전자가 뮤온으로 바뀐 **뮤온 수소**의 존재를 확인하고 싶다고 하자. 뮤온은 전자와 전하는 같지만, 질량은 206.77배 무겁다. 어디서 (즉, 어느 파장에서) "Lyman-α"선 ($n = 2 \rightarrow n = 1$)을 찾을 수 있는가?

문제 5.3 염소는 두 개의 자연적인 동위원소 Cl^{35}와 Cl^{37}이 있다. HCl의 진동 스펙트럼에는 가까이 위치한 이중항이 있고, 그 차이는 $\Delta\nu = 7.51\times10^{-4}\nu$임을 증명하라. 여기서 ν는 방출된 광자의 진동수이다. 귀띔: 이것을 $\omega = \sqrt{k/\mu}$인 조화진동자로 생각하라. 여기서 μ는 환산 질량(식 5.15)이고, k는 두 동위원소에 대해 같은 값일 것이다.

5.1.1 보스 입자와 페르미 입자

상호작용이 없는 두 입자의 경우 입자 1은 (단일 입자) 상태 $\psi_a(\mathbf{r})$에, 입자 2는 상태 $\psi_b(\mathbf{r})$에 있다고 하자. 이 경우 $\psi(\mathbf{r}_1, \mathbf{r}_2)$는 곱(식 5.9)

$$\psi(\mathbf{r}_1, \mathbf{r}_2) = \psi_a(\mathbf{r}_1)\psi_b(\mathbf{r}_2) \tag{5.16}$$

이다. 물론 입자를 구별할 수 있다고 가정한 것이다. 그렇지 않으면 입자 1이 ψ_a 상태에 있고, 입자 2가 ψ_b 상태에 있다고 말하는 것은 아무 의미가 없다. 말할 수 있는 것은 단지 한 개는 상태 ψ_a에 있고, 다른 입자는 상태 ψ_b에 있다는 것이지만, 어느 것이 어디에 있는지 알지 못한다. 이는 고전 역학에서 어리석은 주장이다. 원리적으로 언제나 입자들을 구별할 수 있다. 한 개를 빨간색으로 칠하고, 다른 것을 파랗게 칠하거나, 입자 위에 번호를 찍어 놓거나, 사립 탐정을 고용해서 쫓아 다니면 된다. 그러나 양자역학에서 이 상황은 근본적으로 달라진다. 전자를 빨갛게 칠할 수 없고, 인식표를 붙일 수도 없으며 탐정이 관측하면 불가피하고, 예측 불가능하게 상태를 바꾸어 놓아서, 두 입자가 몰래 자리를 바꿀 가능성이 생기게 된다. 사실 어떤 고전적인 두 물체에서도 불가능하지만, 모든 전자는 전적으로 똑같다. 이것은 단지 어느 전자가 어느 것인지 모르기 때문은 아니다. 어느 누구도 어느 전자가 어느 것인지 모른다. 왜냐하면 "이" 전자나 "저" 전자라는 것이 없기 때문이다. 그저 말할 수 있는 것은 "하나의" 전자인 것이다.

양자역학에서는 원리적으로 구별할 수 없는 입자의 존재를 잘 기술할 수 있다. 단지 어느 입자가 어느 상태에 있는지 애매한 파동함수를 만들면 된다. 사실 이렇게 하는 두 가지 방법이 있다.

$$\psi_{\pm}(\mathbf{r}_1, \mathbf{r}_2) = A\left[\psi_a(\mathbf{r}_1)\psi_b(\mathbf{r}_2) \pm \psi_b(\mathbf{r}_1)\psi_a(\mathbf{r}_2)\right] \tag{5.17}$$

이론적으로 두 종류의 똑같은 입자가 허용된다. (양의 부호인) **보스 입자**와 (음의 부호인) **페르미 입자**이다. 보스 입자는 입자를 바꾸는 것에 대해 **대칭적**이다. $\psi_+(\mathbf{r}_2, \mathbf{r}_1) = \psi_+(\mathbf{r}_1, \mathbf{r}_2)$. 페르미 입자는 **반대칭적**이다. $\psi_-(\mathbf{r}_1, \mathbf{r}_2) = -\psi_-(\mathbf{r}_1, \mathbf{r}_2)$. 그리고 다음의 관계가 있다.

$$\left\{\begin{array}{l}\text{정수 스핀을 갖는 모든 입자는 보스 입자이고,}\\ \text{반정수 스핀을 갖는 모든 입자는 페르미 입자이다.}\end{array}\right. \tag{5.18}$$

이러한 **스핀과 통계 사이의 관계**(보스 입자와 페르미 입자는 전혀 다른 통계적 성질을 갖는다)

는 상대론적 양자역학에서 증명할 수 있다. 비상대론적인 이론에서는 단순히 공리로 받아들인다.[3]

특별히 두 개의 똑같은 페르미 입자(예를 들어 두 개의 전자)는 같은 상태에 있을 수 없다는 사실이 유도된다. 왜냐하면 만일 $\psi_a = \psi_b$이면

$$\psi_-(\mathbf{r}_1, \mathbf{r}_2) = A\left[\psi_a(\mathbf{r}_1)\psi_a(\mathbf{r}_2) - \psi_a(\mathbf{r}_1)\psi_a(\mathbf{r}_2)\right] = 0$$

이고, 파동함수가 전혀 없게 된다.[4] 이것이 유명한 **Pauli 배타 원리**이다. 이것은 전자에만 적용되는 이상한 가정이 아니고, 두 입자 파동함수를 만들 때 모든 똑같은 페르미 입자에 적용하는 규칙에 따르는 결과이다.

예제 5.1

두 개의 상호작용이 없는 입자를 생각하자. 모두 질량이 m이고, 무한한 사각형 우물(2.2절) 안에 있다. 한 입자 상태는

$$\psi_n(x) = \sqrt{\frac{2}{a}}\sin\left(\frac{n\pi}{a}x\right), \quad E_n = n^2 K$$

이다. 여기서 $K \equiv \pi^2\hbar^2/2ma^2$이다. 입자를 구별할 수 있어서 입자 1은 n_1 상태, 입자 2는 n_2의 상태에 있다면 합성 상태는 단순한 곱

$$\psi_{n_1 n_2}(x_1, x_2) = \psi_{n_1}(x_1)\psi_{n_2}(x_2), \quad E_{n_1 n_2} = \left(n_1^2 + n_2^2\right)K$$

이다. 예를 들어 바닥상태는

$$\psi_{11} = \frac{2}{a}\sin\left(\frac{\pi x_1}{a}\right)\sin\left(\frac{\pi x_2}{a}\right), \quad E_{11} = 2K;$$

이고, 첫 번째 들뜬 상태

$$\psi_{12} = \frac{2}{a}\sin\left(\frac{\pi x_1}{a}\right)\sin\left(\frac{2\pi x_2}{a}\right), \quad E_{12} = 5K$$

$$\psi_{21} = \frac{2}{a}\sin\left(\frac{2\pi x_1}{a}\right)\sin\left(\frac{\pi x_2}{a}\right), \quad E_{21} = 5K$$

는 두 개의 겹침이 있고, 이런 방식으로 계속한다. 두 입자가 똑같은 보스 입자라면, 바닥상태는 변하지 않지만, 첫 번째 들뜬 상태는 겹쳐 있지 않다.

$$\frac{\sqrt{2}}{a}\left[\sin\left(\frac{\pi x_1}{a}\right)\sin\left(\frac{2\pi x_2}{a}\right) + \sin\left(\frac{2\pi x_1}{a}\right)\sin\left(\frac{\pi x_2}{a}\right)\right]$$

---

[3] 상대론이 무슨 관계가 있는지 이상할 것이다. 그리고 스핀-통계 관계를 다른 방법으로 증명할 수 있는지 많이 논의해왔다. 예를 들어 Robert C. Hilborn, *Am. J. Phys.* **63**, 298 (1995), Ian Duck, E. C. G. Sudarshan, *Pauli and the Spin-Statistics Theorem*, World Scientific, Singapore (1997)을 참조하라. 스핀과 통계에 대한 풍부한 참고서적을 보려면 C. Curceanu, J. D. Gillaspy, R. C. Hilborn, *Am. J. Phys.* **80**, 561 (2010)을 보라.

[4] 여전히 스핀을 제외하고 있다는 것을 잊지 말라. 이것이 거슬린다면(결국 스핀이 없는 페르미 입자라는 것을 말도 안 된다) 같은 스핀 상태에 있다고 가정하라. 5.13절에서 스핀이 어떤 영향을 주는지 보일 것이다.

(에너지는 여전히 5 K이다.) 그리고 입자들이 똑같은 페르미 입자라면, 에너지가 2 K인 상태는 없다. 바닥상태는

$$\frac{\sqrt{2}}{a}\left[\sin\left(\frac{\pi x_1}{a}\right)\sin\left(\frac{2\pi x_2}{a}\right)-\sin\left(\frac{2\pi x_1}{a}\right)\sin\left(\frac{\pi x_2}{a}\right)\right]$$

이고, 그 에너지는 5 K이다.

* **문제 5.4**

(a) ψ_a와 ψ_b가 직교하고, 모두 규격화되어 있으면 식 5.17에서 상수 A는 무엇인가?

(b) $\psi_a = \psi_b$이고 규격화되어 있으면 A는 무엇인가? (물론 이 경우는 보스 입자일 때만 해당된다.)

문제 5.5

(a) 유한한 사각형 우물 안에 있는 두 개의 상호작용하지 않는 똑같은 입자에 대한 Hamiltonian을 써라. 예제 1에 주어진 페르미 입자의 바닥상태는 적당한 고유값을 갖는 $\hat{H}$의 고유함수임을 확인하라.

(b) (앞의 예제에서 주어진 것을 넘어서) 다음의 두 개의 들뜬 상태를 구하라. 각각의 세 경우(구별 가능, 똑같은 보스 입자, 똑같은 페르미 입자)에 대해 파동함수, 에너지, 겹침을 구하라.

5.1.2 교환력

대칭화의 필요성(식 5.17)이 실제로 무엇인지 알기 위해 단순한 일차원 예제를 풀어보겠다. 한 입자가 상태 $\psi_a(x)$에 있고, 다른 입자는 상태 $\psi_b(x)$에 있으며, 이 두 상태는 직교하고 규격화되어 있다. 두 입자가 구별 가능하고 입자 1이 ψ_a 상태에 있다면 결합된 파동함수는

$$\psi(x_1, x_2) = \psi_a(x_1)\psi_b(x_2) \tag{5.19}$$

이다. 만일 이들이 똑같은 보스 입자이면 결합된 파동함수는 (규격화에 대해서는 문제 5.4 참조)

$$\psi_+(x_1, x_2) = \frac{1}{\sqrt{2}}\left[\psi_a(x_1)\psi_b(x_2) + \psi_b(x_1)\psi_a(x_2)\right] \tag{5.20}$$

이고, 똑같은 페르미 입자이면

$$\psi_-(x_1, x_2) = \frac{1}{\sqrt{2}}\left[\psi_a(x_1)\psi_b(x_2) - \psi_b(x_1)\psi_a(x_2)\right] \tag{5.21}$$

이다.

두 입자 사이의 분리된 거리의 제곱에 대한 기댓값을 계산하자.

$$\left\langle (x_1 - x_2)^2 \right\rangle = \langle x_1^2\rangle + \langle x_2^2\rangle - 2\langle x_1 x_2\rangle. \tag{5.22}$$

경우 1: 구별 가능한 입자. 식 5.19의 파동함수에 대해

$$\langle x_1^2\rangle = \int x_1^2 |\psi_a(x_1)|^2 \, dx_1 \int |\psi_b(x_2)|^2 \, dx_2 = \langle x^2\rangle_a$$

(한 입자 상태 ψ_a에 대한 x^2의 기댓값),

$$\langle x_2^2\rangle = \int |\psi_a(x_1)|^2 \, dx_1 \int x_2^2 |\psi_b(x_2)|^2 \, dx_2 = \langle x^2\rangle_b$$

이고

$$\langle x_1 x_2\rangle = \int x_1 |\psi_a(x_1)|^2 \, dx_1 \int x_2 |\psi_b(x_2)|^2 \, dx_2 = \langle x\rangle_a \langle x\rangle_b$$

이다. 이 경우 다음을 얻는다.

$$\left\langle (x_1 - x_2)^2 \right\rangle_d = \langle x^2\rangle_a + \langle x^2\rangle_b - 2\langle x\rangle_a \langle x\rangle_b. \tag{5.23}$$

(이 답은 물론 입자 1이 ψ_b 상태에 있고, 입자 2가 ψ_a에 있는 경우와 같다.)

경우 2: 똑같은 입자. 식 5.20과 5.21의 파동함수에 대해

$$\begin{aligned}\langle x_1^2\rangle = \frac{1}{2}\Bigg[& \int x_1^2 |\psi_a(x_1)|^2 \, dx_1 \int |\psi_b(x_2)|^2 \, dx_2 \\ & + \int x_1^2 |\psi_b(x_1)|^2 \, dx_1 \int |\psi_a(x_2)|^2 \, dx_2 \\ & \pm \int x_1^2 \psi_a(x_1)^* \psi_b(x_1) \, dx_1 \int \psi_b(x_2)^* \psi_a(x_2) \, dx_2 \\ & \pm \int x_1^2 \psi_b(x_1)^* \psi_a(x_1) \, dx_1 \int \psi_a(x_2)^* \psi_b(x_2) \, dx_2 \Bigg] \\ = \frac{1}{2}\Big[& \langle x^2\rangle_a + \langle x^2\rangle_b \pm 0 \pm 0 \Big] = \frac{1}{2}\left(\langle x^2\rangle_a + \langle x^2\rangle_b \right).\end{aligned}$$

이다. 마찬가지로

$$\langle x_2^2\rangle = \frac{1}{2}\left(\langle x^2\rangle_b + \langle x^2\rangle_a \right)$$

이다. (둘을 구별할 수 없으므로 당연히 $\langle x_2^2\rangle = \langle x_1^2\rangle$이다.) 그러나

$$\begin{aligned}\langle x_1 x_2\rangle = \frac{1}{2}\Bigg[& \int x_1 |\psi_a(x_1)|^2 \, dx_1 \int x_2 |\psi_b(x_2)|^2 \, dx_2 \\ & + \int x_1 |\psi_b(x_1)|^2 \, dx_1 \int x_2 |\psi_a(x_2)|^2 \, dx_2 \\ & \pm \int x_1 \psi_a(x_1)^* \psi_b(x_1) \, dx_1 \int x_2 \psi_b(x_2)^* \psi_a(x_2) \, dx_2 \\ & \pm \int x_1 \psi_b(x_1)^* \psi_a(x_1) \, dx_1 \int x_2 \psi_a(x_2)^* \psi_b(x_2) \, dx_2 \Bigg] \\ = \frac{1}{2} & \left(\langle x\rangle_a \langle x\rangle_b + \langle x\rangle_b \langle x\rangle_a \pm \langle x\rangle_{ab} \langle x\rangle_{ba} \pm \langle x\rangle_{ba} \langle x\rangle_{ab} \right) \\ = \langle x & \rangle_a \langle x\rangle_b \pm |\langle x\rangle_{ab}|^2\end{aligned}$$

이고, 여기서

$$\langle x\rangle_{ab} \equiv \int x\psi_a(x)^*\psi_b(x)\,dx \tag{5.24}$$

이다. 따라서

$$\left\langle (x_1 - x_2)^2 \right\rangle_\pm = \left\langle x^2\right\rangle_a + \left\langle x^2\right\rangle_b - 2\langle x\rangle_a\langle x\rangle_b \mp 2|\langle x\rangle_{ab}|^2 \tag{5.25}$$

를 얻는다.

식 5.23과 5.25를 비교하면 마지막 항에 차이가 있는 것을 볼 수 있다.

$$\left\langle (\Delta x)^2 \right\rangle_\pm = \left\langle (\Delta x)^2 \right\rangle_d \mp 2|\,\langle x\rangle_{ab}\,|^2. \tag{5.26}$$

같은 두 상태에 있는 구별 가능한 입자와 비교하여 똑같은 보스 입자(위 부호)는 서로 붙어 있으려고 하고, 똑같은 페르미 입자(아래 부호)는 서로 떨어져 있으려고 한다. 두 파동함수가 실제로 겹치지 않는 한 $\langle x\rangle_{ab}$는 0이 되는 것을 주목하라. $\psi_b(x)$가 0이 아닌 어떤 곳에서도 $\psi_a(x)$가 0이라면 식 5.24의 적분은 0이다. 그러므로 ψ_a가 부산에 있는 원자 안의 전자를 나타내고, ψ_b가 서울에 있는 원자 안의 전자를 나타낸다면 파동함수를 반대칭화하는 하지 않든 전혀 차이가 없을 것이다. 그러므로 실제로 겹치지 않는 파동함수를 갖는 전자는 구별 가능하다고 취급해도 괜찮다. (정말로 화학자들이 연구할 수 있는 유일한 이유다. 왜냐 하면 원리적으로 우주의 모든 전자는 파동함수의 반대칭화를 통해 서로 연결되어 있기 때문이다. 이것이 정말 중요하다면 모든 전자를 취급할 준비가 되어 있지 않는 한 어느 한 전자에 대해서도 말할 수 없을 것이다.)

중요한 경우는 겹침 적분(식 5.24)이 0이 아닐 때다. 계는 마치 똑같은 보스 입자를 서로 잡아당기는 "인력"이 있는 것처럼 행동하고, 똑같은 페르미 입자 사이에는 서로 밀어내는 "척력"이 작용하는 것처럼 행동한다. (당분간 스핀은 무시하고 있다는 것을 기억하라.) 이것은 전혀 실제 힘은 아니지만[5] **교환력**이라고 부른다. 사실 이것은 대칭화를 요구하기 때문에 나타나는 순수한 기하학적 결과이다. 또한 고전역학적으로 대응되는 부분이 전혀 없는 순수한 양자역학적 현상이다.

* **문제 5.6** 각 질량이 m인 두 개의 상호작용하지 않는 입자가 무한한 사각형 우물 안에 있다고 하자. 하나는 ψ_n 상태(식 2.28)에 있고, 다른 입자는 ψ_l $(l \neq n)$에 있다면, $\left\langle (x_1 - x_2)^2 \right\rangle$을 (a) 구별 가능한 입자, (b) 똑같은 보스 입자, (c) 똑같은 페르미 입자인 경우에 대해 계산하라.

** **문제 5.7** (질량이 같은) 두 개의 상호작용하지 않는 입자가 같은 조화진동자 퍼텐셜 안에서 하나는 바닥상태에, 다른 하나는 첫 번째 들뜬 상태에 있다.

(a) (i) 구별 가능한 입자, (ii) 똑같은 보스 입자, (iii) 똑같은 페르미 입자인 경우에 대해

[5] 이 용어에 대한 날카로운 비평을 보려면 W. J. Mullin, G. Blaylock, *Am. J. Phys.* **71**, 1223 (2003)을 참조하라.

파동함수 $\psi(x_1, x_2)$를 계산하라. 각각의 경우 $|\psi(x_1, x_2)|^2$를 그려라. (예를 들어 Mathematica의 **Plot3D**를 사용하라.)

(b) 식 5.23과 5.25를 이용하여, 각각의 경우 $\langle (x_1 - x_2)^2 \rangle$을 계산하라.

(c) 각 $\psi(x_1, x_2)$를 상대 좌표 $r \equiv x_1 - x_2$, 질량중심 좌표 $R \equiv (x_1 + x_2)/2$로 나타내고, R에 대해 적분하여 입자들이 거리 $|r|$만큼 떨어진 곳에서 있을 확률을 구하라.

$$P(|r|) = 2\int |\psi(R, r)|^2 \, dR$$

(2는 r이 양수 혹은 음수인 경우를 더한 것이다.) 세 경우에 대해 $P(r)$을 그려라.

(d) 밀도 연산자를

$$n(x) = \sum_{i=1}^{2} \delta(x - x_i)$$

로 정의한다. $\langle n(x) \rangle \, dx$는 구간 dx에서 입자수의 기댓값이다. 각각의 세 경우에 대해 $\langle n(x) \rangle$을 계산하고, 그 결과를 그려라. (이 결과는 매우 놀라울 것이다.)

문제 5.8 세 입자가 한 개는 $\psi_a(x)$, 한 개는 $\psi_b(x)$, 한 개는 $\psi_c(x)$에 있다고 하자. $\psi_a(x)$, $\psi_b(x)$, $\psi_c(x)$가 직교한다고 가정하고 (식 5.19, 5.20과 5.21과 비슷하게) (a) 구별 가능한 입자, (b) 똑같은 보스 입자, (c) 똑같은 페르미 입자인 경우에 대해 3-입자 상태를 만들라. (b)의 경우 임의의 쌍의 입자를 바꾸어도 완전히 대칭적이어야 하고, (c)의 경우 완전히 반대칭적이어야 한다는 것을 기억하라. 참고: 완전히 반대칭적인 파동함수를 만드는 깔끔한 기술이 있다. **Slater 행렬식**을 만드는 것이다. 첫 번째 열은 $\psi_a(x_1)$, $\psi_b(x_1)$, $\psi_c(x_1)$ 등이고, 두 번째 열은 $\psi_a(x_2)$, $\psi_b(x_2)$, $\psi_c(x_2)$ 등으로 만드는 것이다. (이것은 입자수에 상관없이 성립한다.)[6]

5.1.3 스핀

이제 스핀을 포함시키자. (예를 들어) 전자의 완전한 상태는 위치 파동함수뿐만 아니라 스핀의 방향을 기술하는 스피너를 포함해야 한다.[7]

$$\psi(\mathbf{r})\chi. \tag{5.27}$$

2-입자 상태를 붙여 놓은 상태[8]

---

[6] 완전히 대칭적인 배열을 만들려면 행렬식에서 음의 부호를 없앤 행렬식의 절대값을 사용하면 된다.

[7] 스핀과 위치가 결합되어 있지 않으면 상태에서 스핀과 공간 좌표를 분리할 수 있다고 가정해도 좋다. 이는 윗방향 스핀을 얻을 확률은 입자의 위치와 무관하다는 것이다. 결합이 존재하면 일반적인 상태는 문제 4.64와 같이 선형결합 $\psi_+(\mathbf{r})\chi_+ + \psi_-(\mathbf{r})\chi_-$의 형태를 갖는다.

[8] $\chi(1, 2)$가 결합된 스핀 상태를 나타내도록 한다. Dirac 표기법에서는 이것은 상태 $|s_1\, s_2\, m_1\, m_2\rangle$의 적당한 선형결합이다. 문제 5.10에서 보게 되듯이, 상태는 위치 상태와 스핀 상태의 단순한 곱으로 가정한다. 세 개나 그 이상의 전자가 있으면 결합이 없더라도, 이것이 항상 맞지는 않는다.

$$\psi(\mathbf{r}_1, \mathbf{r}_2)\chi(1, 2) \tag{5.28}$$

은 공간 부분이 아니라 전체가 교환에 대해 반대칭이어야 한다.

$$\psi(\mathbf{r}_1, \mathbf{r}_2)\chi(1, 2) = -\psi(\mathbf{r}_2, \mathbf{r}_1)\chi(2, 1). \tag{5.29}$$

이제 결합된 스핀 상태(식 4.175와 4.176)를 돌아보면 단일항 결합은 반대칭이고, 따라서 대칭적인 공간함수와 결합되어야 하고, 반면에 세 개의 삼중항 상태는 모두 대칭적이므로, 반대칭적인 공간함수가 필요하다. 따라서 Pauli 원리에 의하면 두 전자는 스핀이 단일항 배열에 있는 한, 주어진 공간 상태에 있을 수 있다. (그러나 같은 위치 상태와 같은 스핀 상태, 예를 들어 둘 모두 윗방향 스핀을 가질 수 없다.)

** **문제 5.9** 예제 5.1과 문제 5.5(b)에서 스핀을 무시했다. (혹은 입자가 같은 스핀 상태에 있다고 가정했다.)

(a) 스핀 1/2인 입자에 대해 다시 문제를 풀자. 네 개의 낮은 에너지 배열을 만들고, 에너지와 겹침을 결정하라. 제안: $\psi_{n_1 n_2}|sm\rangle$의 표기법을 사용하라. 여기서 $\psi_{n_1 n_2}$는 예제 5.1에서, $|sm\rangle$은 4.4.3절에서 정의했다.[9]

(b) 같은 문제를 스핀 1에 대해 풀라. 귀띔: 먼저 Clebsch-Gordan 계수를 사용하여 스핀 1/2에 대응되는 스핀 1인 경우를 구하라. 어느 것이 대칭적이고, 어느 것이 반대칭적인지 주목하라.[10]

5.1.4 일반화된 대칭화 원리

단순하게 보기 위해 입자들은 상호작용하지 않고, 스핀과 위치는 결합되지 않아서 결합된 상태는 위치와 스핀 함수의 곱으로 쓸 수 있고, 퍼텐셜은 시간에 무관하다고 가정했다. 그러나 똑같은 보스 입자/페르미 입자에 대한 근본적인 대칭화/반대칭화에 대한 요구는 훨씬 더 일반적이다. 두 입자를 교환하는 **교환 연산자** $\hat{P}$를 정의하자.[11]

$$\hat{P}\,|(1, 2)\rangle = |(2, 1)\rangle. \tag{5.30}$$

분명히 $\hat{P}^2 = 1$이고, $\hat{P}$의 고유값은 ± 1이다(증명해보라). 이제 두 입자가 똑같다면, Hamiltonian에서 모두 같게 취급해야 한다. $m_1 = m_2$이고, $V(\mathbf{r}_1, \mathbf{r}_2, t) = V(\mathbf{r}_2, \mathbf{r}_1, t)$이다. $\hat{P}$와 $\hat{H}$는 양립적인 관측량이다.

$$\left[\hat{P}, \hat{H}\right] = 0. \tag{5.31}$$

그리고, 따라서 (식 3.73)

---

9 물론 스핀은 삼차원이 필요한 반면, 보통 무한한 사각형 우물은 일차원에서 존재하는 것으로 생각한다. 그러나 삼차원 중 일차원 도선에 제한된 입자를 나타낼 수 있다.

10 이 문제는 Greg Elliott가 제안했다.

11 $\hat{P}$는 입자를 바꾼다($1 \leftrightarrow 2$). 이것은 위치, 스핀, 그리고 입자가 가지는 모든 성질을 바꾼다는 것을 의미한다. 원한다면 지표 1과 2를 바꾸는 것으로 볼 수 있다. (1장에서) 모든 연산자는 곱셈과 미분을 포함한다고 했다. 이것은 사실이 아니다. 교환 연산자가 그 예외다. 이 문제에 대해서는 투영 연산자도 그렇다(3.6.2절).

$$\frac{d\left\langle \hat{P}\right\rangle}{dt} = 0 \tag{5.32}$$

이다. 계가 $\hat{P}$의 고유상태[대칭적이면 $(\langle \hat{P}\rangle = 1)$, 반대칭적이면 $(\langle \hat{P}\rangle = -1)$]로 시작하면 영원히 이 상태로 남는다. **대칭화 공리**에 의하면 모든 똑같은 입자에 대해 상태가 단지 허용만 되는 것이 아니고

$$|(1, 2)\rangle = \pm|(2, 1)\rangle \tag{5.33}$$

을 만족해야 한다. 양의 부호는 보스 입자, 음의 부호는 페르미 입자에 해당한다.[12] 물론 n개의 똑같은 입자가 있으면, 그 상태는 임의의 두 입자를 교환했을 때 대칭적이거나 반대칭적이어야 한다.

$$\boxed{|(1, 2, \ldots, i, \ldots, j, \ldots, n)\rangle = \pm|(1, 2, \ldots, j, \ldots, i, \ldots, n)\rangle.} \tag{5.34}$$

이것이 식 5.17을 특별한 경우로 포함하는 일반적인 서술이다.

** **문제 5.10** 두 개의 스핀 1/2 입자에 대해 대칭적, 반대칭적인 상태를 만들 수 있다. (각각 삼중항과 단일항이 해당된다.) 세 개의 스핀 1/2 입자에 대해 대칭적인 상태(문제 4.65의 사중항)를 만들 수 있지만, 완전히 반대칭인 상태는 만들 수 없다.

(a) 이를 증명하라. 귀띔: "무식한" 방법으로는 가장 일반적인 선형결합

$$\chi(1,2,3) = a\,|\uparrow\uparrow\uparrow\rangle + b|\uparrow\uparrow\downarrow\rangle + c\,|\uparrow\downarrow\uparrow\rangle + d|\uparrow\downarrow\downarrow\rangle + e\,|\downarrow\uparrow\uparrow\rangle + f|\downarrow\uparrow\downarrow\rangle + g\,|\downarrow\downarrow\uparrow\rangle + h|\downarrow\downarrow\downarrow\rangle$$

을 쓰는 것이다. $1 \leftrightarrow 2$에 대한 반대칭성에 의하면 계수에 대해 무엇을 말할 수 있는가? (여덟 개 항은 서로 직교하는 것에 주목하라.) 이제 $2 \leftrightarrow 3$에 대해 반대칭이 되도록 하라.

(b) 세 개의 상호작용하지 않는 똑같은 스핀 1/2 입자를 무한한 사각형 우물 안에 넣는다. 이 계의 바닥상태는 무엇이고, 에너지와 겹침은 무엇인가? 참고: 세 개 입자 모두 위치 상태 ψ_1에 넣지 못한다. (왜 그런가?) 두 개는 ψ_1에, 남은 한 개는 ψ_2에 넣어야 한다. 그러나 대칭적 배열 $[\psi_1(x_1)\psi_1(x_2)\psi_2(x_3) + \psi_1(x_1)\psi_2(x_2)\psi_1(x_3) + \psi_2(x_1)\psi_1(x_2)\psi_1(x_3)$는 소용없다. (왜냐 하면 이에 해당하는 반대칭적 스핀 결합을 할 수 없기 때문이다.) 그리고 이 세 항이 완전히 반대칭이 되는 결합도 만들 수 없다. 이 경우 단순히 공간 상태와 스핀 상태의 반대칭적 곱을 만들 수 없다. 그러나 이 곱의 적절한 선형결합을 만들 수 있다. 귀띔: 꼭대기 열이 $\psi_1(x_1)|\uparrow\rangle_1$, $\psi_1(x_1)|\downarrow\rangle_1$, $\psi_2(x_1)|\uparrow\rangle_1$인 Slater 행렬식(문제 5.8)을 만들라.

---

[12] 가끔 대칭화 요구(식 5.33)는 $\hat{P}$와 $\hat{H}$가 교환하기 때문에 일어난다고 주장한다. 이것은 사실이 아니다. 두 개의 구별 가능한 입자(예를 들어 전자와 양전자)에 대해 Hamiltonian이 대칭적이지만 상태는 대칭적(혹은 반대칭적)일 필요가 없는 계를 상상하는 것이 충분히 가능하다. 그러나 똑같은 입자는 대칭적, 혹은 반대칭적인 상태에 있어야 하고, 이것은 논리적으로 Schrödinger 방정식과 통계적 해석과 더불어 새로운 근본적인 법칙이다. 물론 똑같은 입자가 있어야 할 필요는 없다. 우주의 모든 단일 입자는 다른 입자와 구별할 수 있을 수도 있다. 양자역학에서는 똑같은 입자의 가능성이 허용되고, 자연은 그 기회를 잡았다. (그러나 불평하지 말라. 이 때문에 모든 것이 엄청나게 단순해졌다.)

(c) (b)의 답을 적절히 규격화하면

$$\Phi(1,2,3) = \frac{1}{\sqrt{3}}\,[\Phi(1,2)\,\phi(3) - \Phi(1,3)\,\phi(2) + \Phi(2,3)\,\phi(1)]$$

의 형태로 쓸 수 있다는 것을 증명하라. 여기서 $\Phi(i, j)$는 두 입자가 $n = 1$인 상태에 있고, 단일항 스핀 배열을 갖는 파동함수이고

$$\Phi(i,j) = \psi_1(x_i)\,\psi_1(x_j)\,\frac{|\uparrow_i\downarrow_j\rangle - |\downarrow_i\uparrow_j\rangle}{\sqrt{2}} \tag{5.35}$$

$\phi(i)$는 i번째 입자가 $n = 2$인 윗방향 스핀인 파동함수 $\phi(i) = \psi_2(x_i)\ |\uparrow_i\rangle$이다. $\Phi(i, j)$가 $i \leftrightarrow j$에 대해 반대칭임을 주목하여, $\Phi(1, 2, 3)$는 모든 세 개의 교환($1 \leftrightarrow 2$, $2 \leftrightarrow 3$와 $3 \leftrightarrow 1$)에 대해 반대칭임을 확인하라.

** **문제 5.11** 5.1절에서 상호작용이 없는 입자에 대해 파동함수는 단일 입자 상태의 곱(식 5.9)으로, 똑같은 입자에 대해서는 이와 같은 상태의 대칭적/반대칭적 선형결합으로 표현할 수 있는 것을 알았다(식 5.20과 5.21). 상호작용하는 입자에 대해서는 더 이상 이렇게 쓸 수 없다. 유명한 예는 **Laughlin 파동함수**이다.[13] 이것은 크기 B인 수직 자기장 안에 이차원으로 제한된(**분수 양자홀 효과**에 대한 실험 장치) N개의 전자가 있는 바닥상태에 대한 근사식이다. Laughlin 파동함수는

$$\psi(z_1, z_2, \ldots, z_N) = A\left[\prod_{j<k}^{N}\left(z_j - z_k\right)^q\right]\exp\left[-\frac{1}{2}\sum_{k}^{N}|z_k|^2\right]$$

이다. 여기서 q는 양의 홀수이고,

$$z_j \equiv \sqrt{\frac{e\,B}{2\,\hbar\,c}}\left(x_j + i\,y_j\right)$$

이다. (스핀은 여기서 관심의 대상이 아니다. 바닥상태에서 모든 전자는 **B** 방향에 대해 모두 아래방향이고, 이것은 단순한 대칭적인 배열이다.)

(a) ψ는 페르미 입자에 대한 적절한 반대칭성을 가지고 있음을 증명하라.

(b) $q = 1$인 경우 ψ는 상호작용하지 않는 입자를 기술한다. (즉 하나의 Slater 행렬식으로 쓸 수 있다는 것을 의미한다. 문제 5.8 참조.) 이것은 임의의 N에 대해 성립하지만 $N = 3$인 경우에 대해 직접 확인하라. 이 경우 어떤 단일 입자 상태가 채워져 있는가?

(c) 1보다 큰 q값에 대해 ψ는 하나의 Slater 행렬식으로 쓸 수 없고, 상호작용하는 입자를 기술한다. (실제로 전자의 Coulomb 척력을 나타낸다.) 그러나 Slater 행렬식의 합으로 쓸 수 있다. $q = 3$이고 $N = 2$인 경우 ψ는 두 개의 Slater 행렬식의 합으로 쓸 수

---

[13] "Robert B. Laughlin—Nobel Lecture: Fractional Quantization." Nobelprize.org. Nobel Media AB 2014 (http://www.nobelprize.org/nobel_prizes/physics/laureates/1998/laughlin-lecture.html).

있다는 것을 증명하라.

참고: 상호작용을 하지 않는 경우 (b)에서 파동함수로 "세 개의 단일 입자 상태 ψ_a, ψ_b와 ψ_c에 있는 세 개의 입자"를 기술하지만, 상호작용하는 경우 (c)에서는 어떤 대응되는 말도 할 수 없다. 이 경우 ψ를 구성하는 다른 Slater 행렬식은 단일 입자 상태의 다른 모임에 있는 것에 해당한다.

5.2 원자

원자 번호 Z인 중성 원자는 전하 Ze인 무거운 핵에 (질량 m, 전하 $-e$인) Z개의 전자가 둘러싸고 있다. 이 계의 Hamiltonian은[14]

$$\hat{H} = \sum_{j=1}^{Z}\left\{-\frac{\hbar^2}{2m}\nabla_j^2 - \left(\frac{1}{4\pi\epsilon_0}\right)\frac{Ze^2}{r_j}\right\} + \frac{1}{2}\left(\frac{1}{4\pi\epsilon_0}\right)\sum_{j\neq k}^{Z}\frac{e^2}{|\mathbf{r}_j - \mathbf{r}_k|} \tag{5.36}$$

이다. 괄호 안에 있는 항은 핵의 전기장 안에서 j번째 전자의 운동에너지와 퍼텐셜에너지를 나타낸다. ($j = k$를 제외한 모든 j와 k 값에 대해 더하는) 두 번째 항은 전자가 서로 밀어내는 것과 관련된 퍼텐셜에너지이다. (앞의 1/2은 각 쌍을 두 번 더하는 것을 수정하기 위한 것이다.) 문제는 Schrödinger 방정식

$$\hat{H}\psi = E\psi \tag{5.37}$$

을 파동함수 $\psi(\mathbf{r}_1, \mathbf{r}_2, \ldots, \mathbf{r}_Z)$에 대해 푸는 것이다.[15]

불행히도 식 5.36의 Hamiltonian에 대한 Schrödinger 방정식은 아주 단순한 $Z = 1$(수소)인 경우를 제외하고는 정확히 풀 수 없다. 실제로는 정교한 어림 방법을 사용해야 한다. 이 중 몇 개는 II부에서 다루겠다. 현재는 전자의 척력 항을 무시해서 얻은 해의 정성적인 특징을 살펴보려고 한다. 5.2.1절에서 헬륨의 바닥상태와 들뜬 상태를 공부하고, 5.2.2절에서 더 큰 원자의 바닥상태를 조사하겠다.

문제 5.12

(a) 식 5.36의 Hamiltonian에 대한 Schrödinger 방정식(식 5.37)의 해 $\psi(\mathbf{r}_1, \mathbf{r}_2, \ldots, \mathbf{r}_Z)$를 구할 수 있다고 하자. 이로부터 같은 에너지를 갖고, Schrödinger 방정식도 만족하는

---

[14] 핵은 정지해 있다고 가정한다. 핵의 운동을 환산 질량(문제 5.1)을 이용하여 설명하는 방법은 이체 문제에서만 작용한다. 다행스럽게도 핵은 전자보다 매우 무거워서 수소의 경우에도[문제 5.2(a) 참조] 수정되는 양은 매우 작고, 다른 원자의 경우는 더 작다. 전자의 스핀, 상대론적 수정과 핵의 유한한 크기와 관련된 자기 상호작용에 의한 더 흥미 있는 효과가 있다. 나중에 이들을 살펴볼 것이지만, 이 모든 것은 식 5.36으로 기술하는 "순수한 Coulomb 형" 원자에 대해 그 수정은 작다.

[15] Hamiltonian (5.36)은 스핀이 전혀 포함되지 않았으므로 곱 $\psi(\mathbf{r}_1, \mathbf{r}_2, \ldots, \mathbf{r}_Z)\chi(\mathbf{s}_1, \mathbf{s}_2, \ldots, \mathbf{s}_Z)$는 여전히 Schrödinger 방정식을 만족한다. 그러나 $Z > 2$에 대해서 이러한 곱은 일반적으로 (반)대칭성의 조건을 만족시킬 수 없고, 지수를 바꾸어 선형결합을 만드는 것이 필요하다(문제 5.16 참조). 그러나 이것은 마지막에 취급할 것이다. 당분간 공간 파동함수만을 고려하겠다.

완전히 대칭적인 함수와 완전히 반대칭적인 함수를 어떻게 만들 수 있는지 기술하라. $\psi(\mathbf{r}_1, \mathbf{r}_2, \ldots, \mathbf{r}_Z)$가 (예를 들어) 첫 두 변수의 교환에 대해 $(\mathbf{r}_1 \leftrightarrow \mathbf{r}_2)$ 대칭이라면 완전히 반대칭인 함수에는 어떤 일이 일어나는가?

(b) 같은 논리에 의해 $Z > 2$인 경우 Z개의 전자에 대한 완전히 반대칭인 스핀 상태는 불가능하다는 것을 증명하라. [이것은 문제 5.10(a)를 일반화한 것이다.]

5.2.1 **헬륨**

수소 다음으로 가장 단순한 원자는 헬륨이다($Z = 2$). Hamiltonian

$$\hat{H} = \left\{-\frac{\hbar^2}{2m}\nabla_1^2 - \frac{1}{4\pi\epsilon_0}\frac{2e^2}{r_1}\right\} + \left\{-\frac{\hbar^2}{2m}\nabla_2^2 - \frac{1}{4\pi\epsilon_0}\frac{2e^2}{r_2}\right\} + \frac{1}{4\pi\epsilon_0}\frac{e^2}{|\mathbf{r}_1 - \mathbf{r}_2|} \quad (5.38)$$

은 (핵 전하가 $2e$인) 수소 원자 같은 두 개의 Hamiltonian으로 구성되어 있다. 하나는 전자 1, 다른 하나는 전자 2, 그리고 마지막 항은 두 전자의 척력을 나타낸다. 마지막 항이 모든 문제를 만들어 낸다. 이것을 단순히 무시하면 Schrödinger 방정식은 분리되고, 해는 수소 파동함수의 곱

$$\psi(\mathbf{r}_1, \mathbf{r}_2) = \psi_{n\ell m}(\mathbf{r}_1)\psi_{n'\ell'm'}(\mathbf{r}_2) \quad (5.39)$$

쓸 수 있고, 다만 Bohr 반지름(식 4.72)의 반과 Bohr 에너지(식 4.70)의 네 배를 쓰면 된다. 왜 그런지 모른다면 문제 4.19를 참조하라. 전체 에너지는

$$E = 4(E_n + E_{n'}) \quad (5.40)$$

이 되고, 여기서 $E_n = -13.6/n^2$ eV이다. 특히 바닥상태는

$$\psi_0(\mathbf{r}_1, \mathbf{r}_2) = \psi_{100}(\mathbf{r}_1)\psi_{100}(\mathbf{r}_2) = \frac{8}{\pi a^3}e^{-2(r_1+r_2)/a} \quad (5.41)$$

이 되고(식 4.80), 에너지는

$$E_0 = 8(-13.6\,\text{eV}) = -109\,\text{eV} \quad (5.42)$$

가 될 것이다. ψ_0는 대칭적인 함수이므로 스핀 상태는 반대칭이어야 하고, 따라서 헬륨의 바닥상태는 단일항 배열로 스핀이 "반대로 향해 있다." 헬륨의 실제 바닥상태는 단일항이지만, 실험적으로 결정된 에너지는 −78.975 eV이므로, 잘 맞지 않는다. 그러나 이것은 놀랍지 않다. 분명히 작은 기여가 아닌 전자−전자 척력을 무시했기 때문이다. 이것은 분명히 양수(식 5.38 참조)이고, 다행스러운 결과이다. 분명히 이것은 전체 에너지를 −109에서 −79 eV로 올리기 때문이다(문제 5.15 참조).

헬륨의 들뜬 상태는 한 개의 전자는 수소 같은 바닥상태에 있고, 다른 전자는 들뜬 상태에 있다.

$$\psi_{n\ell m}\psi_{100}. \quad (5.43)$$

[두 전자 모두 들뜬 상태에 넣으면, 다른 전자를 연속 상태($E > 0$)로 올려 보내기 충분한 에너지를 방출하며 바닥상태로 내려가 헬륨 이온(He^+)과 자유 전자가 된다. 이것은 그 자체로 재미

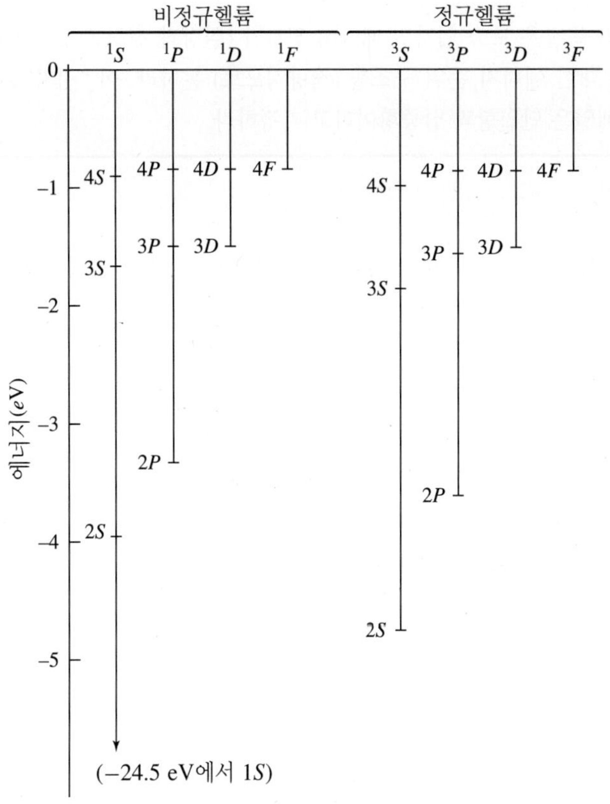

그림 5.1: 헬륨에 대한 에너지 준위 그림. (표기법은 5.2.2절에서 설명했다.) 비정규헬륨 에너지는 균일하게 대응되는 정규헬륨 에너지보다 높다. 수직 축의 값은 이온화된 헬륨(He^+)의 바닥상태에 대한 것이다: $4 \times (-13.6)$ eV $= -54.4$ eV. 상태의 전체 에너지를 얻으려면 54.4 eV를 뺀다.

있는 계이다. 문제 5.13 참조. 그러나 지금 관심의 대상은 아니다.] 보통의 방법으로 (식 5.17) 대칭적이고, 반대칭적인 결합을 만들 수 있다. 전자는 반대칭 스핀 배열(단일항)이고 **비정규헬륨**이라고 부른다. 반면 후자는 대칭적 스핀 배열(삼중항)을 이루고, **정규헬륨**이라고 한다. 바닥상태는 필수적으로 비정규헬륨이다. 들뜬 상태는 두 가지 형태 모두 가능하다. 대칭적인 공간 함수에서는 전자들이 (5.1.2절에서 보았듯이) 더 가까워지므로, 비정규헬륨에서 상호작용 에너지가 더 클 것으로 예상하고, 사실 실험적으로 비정규헬륨이 이에 대응되는 정규헬륨보다 약간 에너지가 크다는 것이 확인되었다(그림 5.1 참조).

문제 5.13

(a) 헬륨 원자에서 두 개의 전자 모두 $n = 2$인 상태에 넣는다고 하자. 방출되는 전자의 에너지는 얼마인가? (이 과정에서 어떤 광자도 방출되지 않았다고 가정하라.)

(b) (정량적으로) 헬륨 이온 He^+의 스펙트럼을 기술하라. 즉 방출 파장에 대한 "Rydberg" 공식과 같은 식을 구하라.

문제 5.14 (a) 전자가 똑같은 보스 입자일 때, (b) 전자가 (질량과 전하는 같지만) 구별 가능한 입자일 때 헬륨에 대한 에너지 준위 구조를 (정량적으로) 논하라. 이 "전자"는 여전히 스핀이 1/2여서 스핀 배열은 단일항과 삼중항이라고 가정하라.

** **문제 5.15**

(a) 상태 ψ_0(식 5.41)에 대해 $\langle(1/|\mathbf{r}_1 - \mathbf{r}_2|)\rangle$을 계산하라. 귀띔: 구면좌표계를 사용하고, $\mathbf{r}_1$ 방향을 극축으로 잡아

$$|\mathbf{r}_1 - \mathbf{r}_2| = \sqrt{r_1^2 + r_2^2 - 2r_1r_2\cos\theta_2}$$

이 되도록 하여, $d^3\mathbf{r}_2$에 대한 적분을 먼저 하라. θ_2에 대한 적분은 쉽지만, 양의 제곱근을 취할 때 조심하라. r_2 적분을 하나는 0에서 r_1까지, 다른 하나는 r_1에서 ∞까지로, 두 부분으로 나누어야 할 것이다. 답: $5/4a$.

(b) (a)의 결과를 이용하여 헬륨의 바닥상태에서 전자의 상호작용 에너지를 추정하라. 답을 전자볼트로 나타내고 여기에 E_0(식 5.42)를 더하여 바닥상태 에너지에 대한 올바른 추정을 하라. 실험값과 비교하라. (물론 어림한 파동함수를 이용하므로 완벽하게 일치하리라고 기대하지는 말라.)

문제 5.16 리튬의 바닥상태. 전자－전자 척력을 무시하고, 리튬($Z = 3$)의 바닥상태를 만들라. 식 5.41과 비슷한 공간 파동함수에서 시작하라. 그러나 단지 두 개의 전자만이 수소 원자 같은 바닥상태에 있을 수 있고, 세 번째 전자는 ψ_{200}로 간다는 것을 기억하라.[16] 이 상태의 에너지는 얼마인가? 이제 스핀을 붙여서 반대칭화하라. (막히는 경우에는 문제 5.10을 참조하라.) 바닥상태의 겹침은 얼마인가?

5.2.2 주기율표

더 무거운 원자에 대한 바닥상태 전자 배열은 같은 방법으로 짜맞추면 된다. (상호 척력을 모두 무시한) 첫 번째 어림에서 각각의 전자는 전하 Ze인 핵의 Coulomb 퍼텐셜 안에 있는 **궤도상태**라고 부르는 단일 입자 수소 같은 상태 (n, ℓ, m)에 있다. 전자가 보스 입자(혹은 구별 가능한 입자)라면 모든 전자는 바닥상태 (1, 0, 0)로 떨어질 것이고, 화학은 매우 지루할 것이다. 그러나 전자는 사실 Pauli 배타 원리를 만족하는 똑같은 페르미 입자이므로 임의의 주어진 궤도 상태에 단지 두 개의 스핀(하나는 윗방향 스핀, 다른 하나는 아랫방향 스핀, 더 정확하게는 단일항 배열)만이 있을 수 있다. 주어진 n값에 대해 (모두 같은 에너지 E_n인) n^2개의 수소 꼴 파동함수가 있으므로 $n = 1$일 **껍질**은 두 개의 전자, $n = 2$인 껍질은 8개, $n = 3$은 18개, 일반적으로 n번째 껍질은 $2n^2$개의 전자가 있을 수 있다. 정성적으로 **주기율표**의 수평 열은 각각의 껍질을 채우는 것에 대응한다. (이것이 전부라면 주기율표는 2, 8, 8, 18, 18 등의 길이 대신 2, 8, 18, 32, 50 등의 길

[16] 사실 $\ell = 1$도 괜찮지만, 앞으로 보겠지만 전자－전자 척력으로 인해 $\ell = 0$를 더 선호한다.

이를 가질 것이다. 전자-전자의 척력이 이 셈법을 어긋나게 한다는 것을 곧 보게 될 것이다.)

헬륨에서는 $n = 1$인 껍질이 채워져서, 다음 원자 리튬($Z = 3$)은 전자 한 개를 $n = 2$인 껍질에 넣어야 한다. 이제 $n = 2$인 경우 $\ell = 0$이거나 $\ell = 1$이다. 이 중 세 번째 전자는 어느 것을 선택할까? 전자-전자 상호작용이 없으면 모두 같은 에너지를 갖는다. (Bohr 에너지는 n에만 의존하지, ℓ과는 무관하다는 것을 기억하라.) 그러나 전자의 척력 효과로 인해 다음의 이유로 가장 작은 ℓ값을 선택한다. 각운동량으로 인해 전자는 밖으로 밀려나고, 더 멀어질수록 내부의 전자는 더 효과적으로 핵을 **가린다**. (대략 말하면, 가장 내부의 전자는 전체 핵전하 Ze를 "보지만," 가장 외부의 전자는 e보다 거의 크지 않은 유효 전하를 본다.) 그러므로 주어진 껍질 안에서 가장 낮은 에너지 상태(즉 가장 강하게 속박된 전자)는 $\ell = 0$이고, 에너지는 ℓ이 증가할수록 커진다. 따라서 리튬의 세 번째 전자는 궤도 상태 (2, 0, 0)에 있다.[17] 다음 원자($Z = 4$인 베릴륨) 또한 이 상태(단지 "반대의 스핀"을 가지고)에 있지만, 붕소($Z = 5$)는 $\ell = 1$인 상태를 이용한다.

이 방법으로 계속하면 네온($Z = 10$)까지 가서 $n = 2$인 껍질이 차고, 주기율표의 다음 줄로 가서 $n = 3$인 껍질을 채우기 시작한다. 먼저 $\ell = 0$인 두 원자(나트륨과 마그네슘)가 있고, 그 다음 $\ell = 1$인 여섯 원자(알루미늄에서 아르곤까지)가 있다. 아르곤 다음에는 $n = 3$이고, $\ell = 2$인 10개의 원자가 "있어야" 한다. 그러나 여기부터는 가림 효과가 너무 강하여 다음 껍질과 겹친다. 칼륨($Z = 19$)과 칼슘($Z = 20$)은 $n = 3$, $\ell = 2$보다는 $n = 4$, $\ell = 0$을 선택한다. 그 다음 아래로 내려가서 $n = 3$, $\ell = 2$로 뒤쳐진 상태(스칸듐부터 아연까지)를 선택한다. 그리고 $n = 4$, $\ell = 1$ 상태(갈륨부터 크립톤까지)가 되고, 여기서 다시 다음 열($n = 5$)로 미리 뛰어 오른 후, 나중에 다시 $n = 4$인 껍질의 $\ell = 2$와 $\ell = 3$인 궤도 상태로 미끄러질 때까지 기다린다. 이 복잡한 과정에 대한 자세한 설명은 원자 물리에 대한 아무 책이나 참고하면 된다.[18]

모든 화학자와 대부분의 물리학자가 사용하는 원자 상태에 대한 오래된 용어를 언급하지 않을 수 없다(그리고 GRE 문제 출제자는 이런 것을 좋아한다). 19세기 분광학자들에게 가장 잘 알려진 이유 때문에 $\ell = 0$은 s ("sharp")라고 부른다. $\ell = 1$은 p ("principal")로, $\ell = 2$는 d ("diffuse"), 그리고 $\ell = 3$은 f ("fundamental")로 부른다. 그 다음은 상상력이 받쳐주지 않아서 알파벳 순으로(g, h, i, 그리고 j는 말도 되지 않은 이유로 넘어가고, k, l 등) 계속된다.[19] 전자의 상태는 $n\ell$로 표현된다. 여기서 숫자 n은 껍질을 나타내고, 문자 ℓ은 궤도 각운동량을 나타낸다. 자기 양자수 m은 나타나지 않았지만, 지수가 관심 상태에 넣을 수 있는 전자 수를 나타낸다. 따라서 배열

$$(1s)^2\,(2s)^2\,(2p)^2 \tag{5.44}$$

는 궤도 상태 (1,0,0)에 전자 두 개, 궤도 상태 (2, 0, 0)에 두 개, 궤도 상태 (2,1,1), (2,1,0)와 (2,1,−1)의 결합에 두 개 있다는 것을 의미한다. 이것은 탄소의 바닥상태이다.

이 예제에서 궤도 각운동량 양자수 1을 가진 두 개의 전자가 있으므로, 전체 각운동량 양자수

---

[17] 이 표준적인 논의에 의문을 가진 논문은 W. Stacey, F. Marsiglio, *EPL*, **100**, 43002 (2012)이다.

[18] 예를 들어 Ugo Fano, and L. Fano, *Basic Physics of Atoms and Molecules*, Wiley, New York (1959), 18장 혹은 Gerhard Herzberg의 고전 *Atomic Spectra and Atomic Structure*, Dover, New York (1044)를 참조하라.

[19] 껍질 자체는 마찬가지로 임의의 별명이 붙어 있다. (왜인지 묻지 말고) K부터 시작한다. K 껍질은 $n = 1$, L 껍질은 $n = 2$, M 껍질은 $n = 3$ 등이다. (적어도 알파벳 순이다.)

L(소문자 ℓ 대신, 대문자 L을 써서 한 입자에 관한 것이 아니라 전체에 해당한다는 것을 나타낸다)은 2, 1 혹은 0이다. 한편 두 개의 (1s) 전자는 전체 스핀 0으로 단일항 상태에 묶여 있지만, 두 개의 (2p) 전자는 단일항, 혹은 삼중항 배열에 있을 수 있다. 따라서 전체 스핀 양자수 S(여기서도 전체를 나타내므로 대문자를 썼다)는 1 또는 0이다. 분명히 (궤도와 스핀을 더한) 전체 합 J는 3, 2, 1 또는 0이다(식 4.182). 특별한 원자에 대해 이 전체 값을 이해하는 **Hund의 규칙**(문제 5.18 참조)라는 것이 있다. 그 결과는 다음의 표기법으로 나타낸다.

$$^{2S+1}L_J. \tag{5.45}$$

여기서 S와 J는 숫자이고, L은 문자이다. 그리고 전체를 나타내기 때문에 대문자를 사용한다. 탄소 원자의 바닥상태는 $^3P_0$이다. 전체 스핀은 1(따라서 3)이고, 전체 궤도 각운동량은 1(따라서 P)이고, 전체 각운동량은 0(따라서 0)이다. 표 5.1에 (식 5.45의 표기법에 따라) 주기율표의 첫 네 열에 대한 개별적인 배열과 전체 각운동량을 나열했다.[20]

* **문제 5.17**

(a) (식 5.44의 표기법을 사용하여) 주기율표의 첫 두 열(네온까지)에 대한 전자의 배열을 구하고, 답을 표 5.1에서 확인하라.

표 5.1: 주기율표의 첫 네 열에 대한 바닥상태의 전자 배열.

Z	원소	배열	
1	H	$(1s)$	$^2S_{1/2}$
2	He	$(1s)^2$	$^1S_0$
3	Li	$(\mathrm{He})(2s)$	$^2S_{1/2}$
4	Be	$(\mathrm{He})(2s)^2$	$^1S_0$
5	B	$(\mathrm{He})(2s)^2(2p)$	$^2P_{1/2}$
6	C	$(\mathrm{He})(2s)^2(2p)^2$	$^3P_0$
7	N	$(\mathrm{He})(2s)^2(2p)^3$	$^4S_{3/2}$
8	O	$(\mathrm{He})(2s)^2(2p)^4$	$^3P_2$
9	F	$(\mathrm{He})(2s)^2(2p)^5$	$^2P_{3/2}$
10	Ne	$(\mathrm{He})(2s)^2(2p)^6$	$^1S_0$
11	Na	$(\mathrm{Ne})(3s)$	$^2S_{1/2}$
12	Mg	$(\mathrm{Ne})(3s)^2$	$^1S_0$
13	Al	$(\mathrm{Ne})(3s)^2(3p)$	$^2P_{1/2}$
14	Si	$(\mathrm{Ne})(3s)^2(3p)^2$	$^3P_0$
15	P	$(\mathrm{Ne})(3s)^2(3p)^3$	$^4S_{3/2}$
16	S	$(\mathrm{Ne})(3s)^2(3p)^4$	$^3P_2$
17	Cl	$(\mathrm{Ne})(3s)^2(3p)^5$	$^2P_{3/2}$
18	Ar	$(\mathrm{Ne})(3s)^2(3p)^6$	$^1S_0$
19	K	$(\mathrm{Ar})(4s)$	$^2S_{1/2}$
20	Ca	$(\mathrm{Ar})(4s)^2$	$^1S_0$
21	Sc	$(\mathrm{Ar})(4s)^2(3d)$	$^2D_{3/2}$
22	Ti	$(\mathrm{Ar})(4s)^2(3d)^2$	$^3F_2$
23	V	$(\mathrm{Ar})(4s)^2(3d)^3$	$^4F_{3/2}$
24	Cr	$(\mathrm{Ar})(4s)(3d)^5$	$^7S_3$
25	Mn	$(\mathrm{Ar})(4s)^2(3d)^5$	$^6S_{5/2}$

(계속)

[20] 원소 36번인 크립톤 이후에는 상황이 더 복잡해진다. (미세 구조가 상태의 순서를 정하는 데 중요한 역할을 한다.) 따라서 표를 그 곳에서 끝내는 것은 공간이 부족해서 그런 것만은 아니다.

26	Fe	$(Ar)(4s)^2(3d)^6$	$^5D_4$
27	Co	$(Ar)(4s)^2(3d)^7$	$^4F_{9/2}$
28	Ni	$(Ar)(4s)^2(3d)^8$	$^3F_4$
29	Cu	$(Ar)(4s)(3d)^{10}$	$^2S_{1/2}$
30	Zn	$(Ar)(4s)^2(3d)^{10}$	$^1S_0$
31	Ga	$(Ar)(4s)^2(3d)^{10}(4p)$	$^2P_{1/2}$
32	Ge	$(Ar)(4s)^2(3d)^{10}(4p)^2$	$^3P_0$
33	As	$(Ar)(4s)^2(3d)^{10}(4p)^3$	$^4S_{3/2}$
34	Se	$(Ar)(4s)^2(3d)^{10}(4p)^4$	$^3P_2$
35	Br	$(Ar)(4s)^2(3d)^{10}(4p)^5$	$^2P_{3/2}$
36	Kr	$(Ar)(4s)^2(3d)^{10}(4p)^6$	$^1S_0$

(b) 식 5.45의 표기법을 사용하여 첫 네 개의 원소에 대해 전체 각운동량을 구하라. 붕소, 탄소와 질소에 대한 모든 가능성을 열거하라.

** **문제 5.18**

(a) **Hund의 첫 번째 규칙**은 Pauli 원리와 상통하는 것으로 가장 큰 전체 스핀(S)을 갖는 상태의 에너지가 가장 낮다는 것이다. 이 규칙에 의하면 헬륨의 들뜬 상태에 대해 무엇을 예측할 수 있는가?

(b) **Hund의 두 번째 규칙**은 스핀이 주어졌을 때 전체 궤도 각운동량(L)이 제일 큰 상태는 가장 낮은 에너지를 갖는다는 것이다. 이는 전체 반대칭화와 관련이 있다. 왜 탄소는 $L = 2$를 갖지 않는가? 귀띔: "사다리 꼭대기"($M_L = L$)은 대칭적이라는 것을 주목하라.

(c) **Hund의 세 번째 규칙**에 의하면 부속껍질(n, ℓ)에 반 이하로 차있을 때에는 가장 낮은 에너지 준위는 $J = |L - S|$를 갖는다. 반보다 많이 차있으면 $J = L + S$이다. 이를 이용하여 문제 5.17(b)에 나타난 붕소의 모호함을 해결하라.

(d) Hund의 규칙과 대칭적인 스핀 상태는 반드시 반대칭적인 위치 상태(혹은 그 반대)를 가져야 한다는 사실을 이용하여 문제 5.17(b)의 탄소와 질소의 모호함을 해결하라. 귀띔: 상태의 대칭성을 이해하려면 항상 "사다리의 꼭대기"로 가라.

문제 5.19 디스프로시움(주기율표 여섯 번째 열에 있는 66번 원소)의 바닥상태는 $^5I_8$이다. 전체 스핀, 전체 궤도와 전체 각운동량 양자수는 무엇인가? 디스프로시움의 그럴듯한 전자 배열을 제안하라.

5.3 고체

고체 상태에서 각 원자 안에 있는 약하게 속박된 최외각 **원자가** 전자들은 원자에서 떨어져 나가 물질 전체를 돌아다녀서 더 이상 특정한 "어미" 핵의 Coulomb 장의 영향만을 받지 않고, 전체 결정 구조의 결합된 퍼텐셜의 영향을 받는다. 이 절에서는 두 가지 극단적으로 원시적인 모형을 고려하겠다. 먼저 (가두어 두는 경계면을 제외하고) 모든 힘을 무시하는 Sommerfeld의 "전자

기체" 이론에서는 돌아다니는 전자를 상자 안의 자유입자(삼차원 무한한 사각형 우물과 비슷하다)로 취급한다. 둘째는 규칙적으로 배열된 양전하를 띤 핵의 전기적 인력을 나타내는 주기적인 퍼텐셜을 도입하는 Bloch 이론이다. (여전히 전자−전자의 척력은 무시한다.) 이 모형들은 고체의 양자이론으로 가는 첫 번째 단계에 불과하지만, 이미 이 모형은 "딱딱함"을 설명하는 Pauli 배타 원리의 중요한 역할을 보여주고, 도체, 반도체, 부도체의 전기적 성질에 대한 통찰력을 줄 수 있다.

5.3.1 자유 전자 기체

관심 있는 물체가 길이 l_x, l_y, l_z인 직육면체라고 하고, 내부의 전자는 뚫고 지나갈 수 없는 벽을 제외하고는 어떤 힘도 느끼지 않는다고 상상하자.

$$V(x, y, z) = \begin{cases} 0, & 0 < x < l_x, 0 < y < l_y, 0 < z < l_z; \\ \infty, & \text{이외의 경우.} \end{cases} \tag{5.46}$$

Schrödinger 방정식

$$-\frac{\hbar^2}{2m}\nabla^2\psi = E\psi$$

은 직각좌표계에서 $\psi(x, y, z) = X(x)Y(y)Z(z)$로 분리하면 다음을 얻는다.

$$-\frac{\hbar^2}{2m}\frac{d^2X}{dx^2} = E_x X, \quad -\frac{\hbar^2}{2m}\frac{d^2Y}{dy^2} = E_y Y, \quad -\frac{\hbar^2}{2m}\frac{d^2Z}{dz^2} = E_z Z.$$

여기서 $E = E_x + E_y + E_z$이다. 이제

$$k_x \equiv \frac{\sqrt{2mE_x}}{\hbar}, \quad k_y \equiv \frac{\sqrt{2mE_y}}{\hbar}, \quad k_z \equiv \frac{\sqrt{2mE_z}}{\hbar}$$

로 놓으면 일반해

$$X(x) = A_x \sin(k_x x) + B_x \cos(k_x x), \; Y(y) = A_y \sin\big(k_y y\big) + B_y \cos\big(k_y y\big)$$

$$Z(z) = A_z \sin(k_z z) + B_z \cos(k_z z)$$

를 얻는다. 경계조건은 $X(0) = Y(0) = Z(0) = 0$이므로 $B_x = B_y = B_z = 0$이고, $X(l_x) = Y(l_y) = Z(l_z) = 0$이므로 다음을 얻는다.

$$k_x l_x = n_x\pi, \quad k_y l_y = n_y\pi, \quad k_z l_z = n_z\pi. \tag{5.47}$$

여기서 각각의 n은 양의 정수이다.

$$n_x = 1, 2, 3, \ldots, \quad n_y = 1, 2, 3, \ldots, \quad n_z = 1, 2, 3, \ldots. \tag{5.48}$$

(규격화된) 파동함수는

$$\psi_{n_x n_y n_z} = \sqrt{\frac{8}{l_x l_y l_z}} \sin\left(\frac{n_x\pi}{l_x}x\right) \sin\left(\frac{n_y\pi}{l_y}y\right) \sin\left(\frac{n_z\pi}{l_z}z\right) \tag{5.49}$$

이고 허용된 에너지는

$$E_{n_x n_y n_z} = \frac{\hbar^2 \pi^2}{2m}\left(\frac{n_x^2}{l_x^2} + \frac{n_y^2}{l_y^2} + \frac{n_z^2}{l_z^2}\right) = \frac{\hbar^2 k^2}{2m} \tag{5.50}$$

이다. 여기서 k는 **파동 벡터** $\mathbf{k} \equiv (k_x, k_y, k_z)$의 크기이다.

삼차원 공간을 상상하여 k_x, k_y, k_z가 축이고, $k_x = (\pi/l_x), (2\pi/l_x), (3\pi/l_x), \ldots$, $k_y = (\pi/l_y), (2\pi/l_y), (3\pi/l_y), \ldots$, 그리고 $k_z = (\pi/l_z), (2\pi/l_z), (3\pi/l_z), \ldots$, 의 평면을 그리면, 각 교차점은 다른 (단일 입자) 정상상태를 나타낸다(그림 5.2). 이 격자의 각각의 사각형 덩어리, 따라서 각각의 상태 또한 "k 공간"에서

$$\frac{\pi^3}{l_x l_y l_z} = \frac{\pi^3}{V} \tag{5.51}$$

의 부피를 차지한다. 여기서 $V \equiv l_x l_y l_z$는 물체 자체의 부피이다. 시료는 N 원자를 포함하고, 각 원자는 d개의 자유 전자가 있다고 하자. (실제로 거시적인 물체에 대해 N은 매우 커서 Avogadro 수

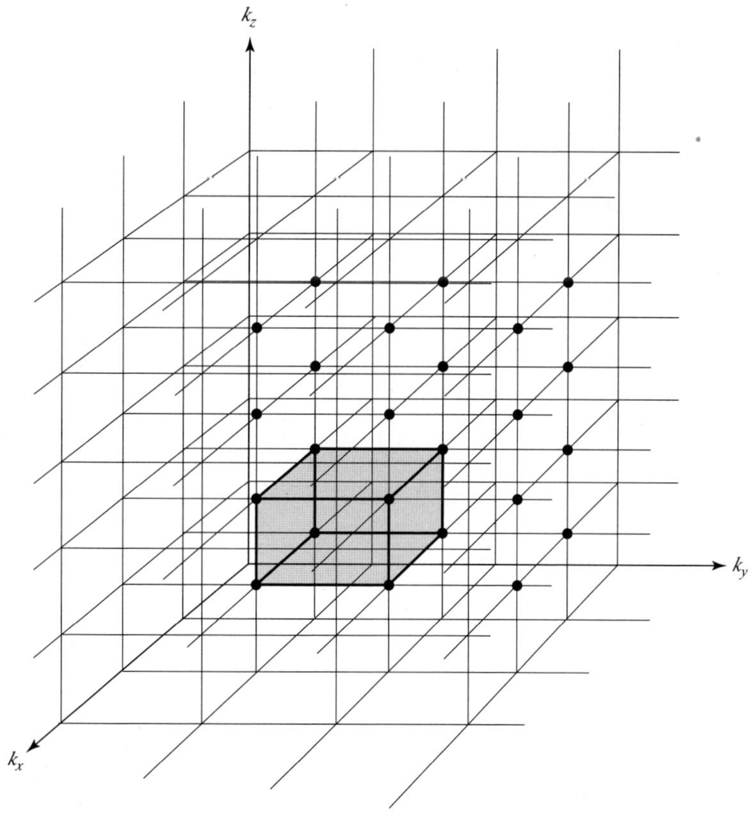

그림 5.2: 자유 전자 기체. 격자 위의 각 교차점은 정상상태를 나타낸다. 그림자가 있는 부피는 한 "블록"이고, 각 블록에 대해 한 상태(두 개의 가능한 전자)가 있다.

정도이다. 반면에 d는 전형적으로 1, 2, 3 등 작은 숫자이다.) 전자가 보스 입자(혹은 구별 가능한 입자)라면 이들은 모두 바닥상태 ψ_{111}에 있을 것이다.[21] 그러나 사실 전자는 똑같은 페르미 입자여서 Pauli 배타 원리를 만족하므로 임의의 상태에는 두 개의 전자만 있을 수 있다. 이들은 k 공간에서[22] 반지름 k_F인 구의 팔분의 안에 있다. 반지름은 전자의 각 쌍이 부피 π^3/V가 필요하다는 사실로 결정된다(식 5.51).

$$\frac{1}{8}\left(\frac{4}{3}\pi k_F^3\right) = \frac{Nd}{2}\left(\frac{\pi^3}{V}\right).$$

따라서

$$k_F = \left(3\rho\pi^2\right)^{1/3} \tag{5.52}$$

이고, 여기서

$$\rho \equiv \frac{Nd}{V} \tag{5.53}$$

은 자유전자밀도(단위 부피당 자유 전자의 수)이다.

k 공간에서 점유된 상태와 점유되지 않은 상태를 구분하는 경계를 **Fermi 표면**(따라서 첨자 F)이라고 한다. 이에 해당하는 에너지는 **Fermi 에너지** E_F이다. 자유 전자 기체에 대해서는

$$E_F = \frac{\hbar^2}{2m}\left(3\rho\pi^2\right)^{2/3} \tag{5.54}$$

이다. 전자 기체의 전체 에너지는 다음과 같이 계산할 수 있다. 두께 dk인 껍질(그림 5.3)의 부피는

$$\frac{1}{8}\left(4\pi k^2\right) dk$$

이므로 이 껍질 안에 있는 전자의 수는

$$\frac{2\left[(1/2)\,\pi k^2\,dk\right]}{\left(\pi^3/V\right)} = \frac{V}{\pi^2}k^2\,dk$$

이다. 이 상태는 각각 에너지 $\hbar^2k^2/2m$(식 5.50)을 가지고 있으므로, 이 껍질에 있는 전자의 에너지는

$$dE = \frac{\hbar^2k^2}{2m}\frac{V}{\pi^2}k^2\,dk \tag{5.55}$$

---

21 고체가 전체적인 바닥상태에서 벗어날 정도의 큰 열적 들뜸이나 다른 들뜸이 없다고 가정한다. 원한다면 "차가운" 고체에 대해 고려하는 것이다. 하지만 [문제 5.21(c)에서 보게 되겠지만] 이러한 의미에서 상온보다 높아도 고체는 여전히 "차갑다."

22 N은 매우 큰 숫자이므로 격자의 실제 울퉁불퉁한 모서리와 이를 어림한 매끄러운 구면의 차이에 대해 걱정할 필요는 없다.

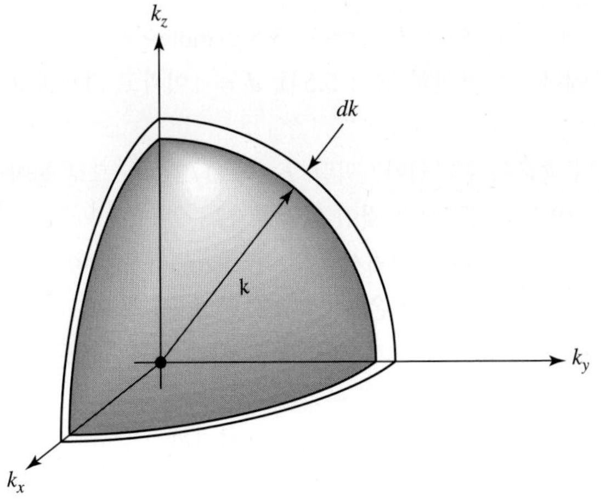

그림 5.3: k 공간에서 구면 껍질 중 한 개의 팔분의.

이고, 따라서 모든 채워진 상태의 전체 에너지는 다음과 같다.

$$E_{\text{tot}} = \frac{\hbar^2 V}{2\pi^2 m}\int_0^{k_F} k^4\, dk = \frac{\hbar^2 k_F^5 V}{10\pi^2 m} = \frac{\hbar^2 \left(3\pi^2 Nd\right)^{5/3}}{10\pi^2 m} V^{-2/3}. \tag{5.56}$$

이 양자역학적 에너지는 보통 기체의 내부 열에너지(U)와 비슷한 역할을 한다. 특히 이는 벽에 압력을 가한다. 왜냐하면 상자가 dV만큼 증가하면 전체 에너지가 감소하기 때문이다.

$$dE_{\text{tot}} = -\frac{2}{3}\frac{\hbar^2 \left(3\pi^2 Nd\right)^{5/3}}{10\pi^2 m} V^{-5/3}\, dV = -\frac{2}{3}E_{\text{tot}}\frac{dV}{V}.$$

그리고 이것은 양자 압력 P에 의해 바깥쪽으로 한 일($dW = P\,dV$)로 나타난다. 즉

$$P = \frac{2}{3}\frac{E_{\text{tot}}}{V} = \frac{2}{3}\frac{\hbar^2 k_F^5}{10\pi^2 m} = \frac{\left(3\pi^2\right)^{2/3}\hbar^2}{5m}\rho^{5/3} \tag{5.57}$$

이다. 이로 인해 차가운 고체가 왜 단순히 붕괴하지 않는가 하는 질문에 부분적인 답을 할 수 있다. 안정화를 이루는 내부 압력이 존재하는데 이는 (지금까지 무시한) 전자–전자의 척력이나 (제외했던) 열 운동과는 전혀 관련이 없지만, 이는 순수하게 양자역학적이고 결국에는 똑같은 페르미 입자의 파동함수에 대한 반대칭화를 요구하여 유도된 것이다. 비록 "배타 압력"이 더 좋은 용어이지만, 이를 **겹침 압력**이라고 부른다.[23]

문제 5.20 자유전자의 평균 에너지(E_{tot}/Nd)를 Fermi 에너지를 이용하여 나타내라. 답: $(3/5)E_F$.

[23] 무한한 사각형 우물의 특별한 경우에 대해 식 5.52, 5.54, 5.56, 5.57을 유도했지만, 입자의 수가 엄청나게 크면 어떤 형태의 용기에 대해서도 성립한다.

문제 5.21 구리의 밀도는 8.96 g/cm^{3}이고, 원자량은 63.5 g/mole이다.

(a) 구리에 대한 Fermi 에너지를 계산하라(식 5.54). $d = 1$이라고 가정하고, 답을 전자볼트로 나타내라.

(b) 이에 해당하는 전자의 속도는 얼마인가? 귀띔: $E_F = (1/2)\, mv^2$으로 놓아라. 구리 안의 전자가 비상대론적이라고 가정하는 것이 안전한가?

(c) 어떤 온도에서 특성 열에너지($k_B T$, 여기서 k_B는 Boltzmann 상수이고, T는 Kelvin 온도)와 같은가? 참고: 이것을 **Fermi 온도** T_F라고 한다. 실제 온도가 Fermi 온도보다 훨씬 낮으면 물체는 대부분의 전자가 가장 낮은 상태에 있으므로 "차가운" 것이다. 구리의 녹는 점은 1356 K이므로 고체 구리는 항상 차갑다.

(d) 구리의 겹침 압력(식 5.57)을 전자 기체 모형에서 계산하라.

문제 5.22 헬륨-3은 스핀 1/2인 페르미 입자이다. (이는 보스 입자인 더 흔한 동위원소 헬륨-4와 다르다.) 낮은 온도에서($T \ll T_F$) 헬륨-3은 Fermi 기체로 취급할 수 있다(5.3.1절). 밀도가 82 kg/m^{3}으로 주어졌을 때 헬륨-3에 대한 T_F를 계산하라[문제 5.21(c)].

문제 5.23 물체의 **부피 탄성률**은 압력의 작은 감소량을 이에 의한 부피 변화로 나눈 비율이다.

$$B = -V \frac{dP}{dV}.$$

자유 전자 기체 모형에서 $B = (5/3)\, P$임을 증명하고, 문제 5.21(d)의 결과를 이용하여 구리의 부피 탄성률을 추정하라. 참고: 관측값은 13.4×10^{10} N/m^{2}이지만, 완벽하게 일치된다고 예상하지 말라. 결국 모든 전자−핵, 전자−전자 사이의 힘은 무시하고 있는 것이다! 사실 이 계산이 실제 값과 매우 가까운 것이 오히려 놀라운 일이다.

5.3.2 띠 구조

이제 규칙적으로 배열된, 양의 전하를 띠고, 기본적으로 정지해 있는 핵이 전자에 작용하는 힘을 포함하여 자유 전자 모형을 개선하려고 한다. 고체의 정성적인 특징은 이 퍼텐셜이 주기적이라는 사실만으로 놀라울 정도로 결정된다. 그 실제 모양은 자세한 내용에서만 중요하다. 어떻게 이를 볼 수 있는지 보기 위해 가장 단순한 모형을 만들겠다. 그것은 규칙적으로 배열된 델타함수의 스파이크로 이루어진 일차원 **Dirac의 빗**이다(그림 5.4).[24] 그러나 먼저 주기적인 퍼텐셜의 분석이 매우 단순하게 되는 강력한 정리를 도입할 필요가 있다.

주기적인 퍼텐셜이란 고정된 거리 a마다 반복되는 퍼텐셜이다.

$$V(x + a) = V(x). \tag{5.58}$$

---

[24] 델타함수가 뒤집어져 핵의 인력을 나타내도록 하는 것이 더 자연스러워 보인다. 그러나 그러면 양의 에너지 해뿐만 아니라 음의 에너지 해도 존재해서 계산이 더 복잡해진다(문제 5.26 참조). 주기성의 결과를 보려고 하므로, 이 모양을 보는 것이 더 단순하다. 더 편하게 생각하려면 핵이 $\pm a/2, \pm 3a/2, \pm 5a/2, \ldots$ 에 있다고 생각하라.

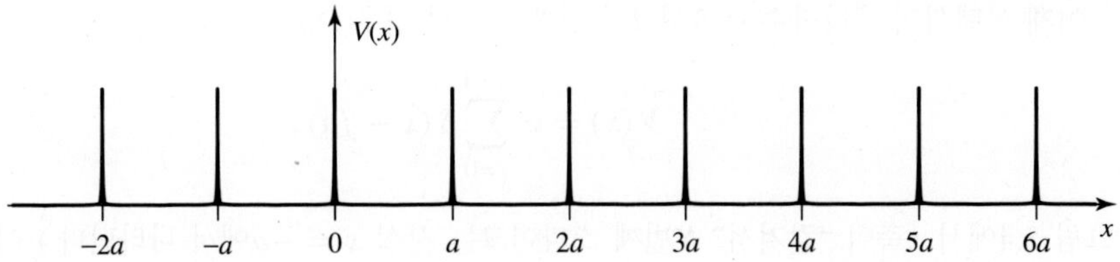

그림 5.4: Dirac의 빗, 식 5.64.

Bloch 정리에 의하면 이와 같은 퍼텐셜에 대해 Schrödinger 방정식

$$-\frac{\hbar^2}{2m}\frac{d^2\psi}{dx^2}+V(x)\psi=E\psi \tag{5.59}$$

의 해는 다음의 조건

$$\psi(x+a)=e^{iqa}\psi(x) \tag{5.60}$$

을 만족한다. 여기서 q는 상수이다. ("상수"란 x에 무관하다는 뜻이다. E에 의존할 수는 있다.)[25] 곧 q는 실수라는 것을 발견할 것이므로, 비록 $\psi(x)$가 주기적이지 않더라도, 예상했듯이 $|\psi(x)|^2$는 주기적이다.[26]

$$|\psi(x+a)|^2=|\psi(x)|^2. \tag{5.61}$$

물론 어떤 실제 고체도 무한히 계속되지 않고, 모서리가 $V(x)$의 주기성을 망칠 것이고, Bloch 정리를 적용할 수 없게 된다. 그러나 원사수가 Avogadro수 정도 되는 어떤 거시적인 결정에 대해서도 모서리 효과가 훨씬 안쪽에 있는 전자의 행동에 심각한 영향을 끼칠 것이라고 상상하기는 어렵다. 하지만 다음과 같은 방법을 사용하면 Bloch 정리를 안전하게 사용할 수 있다. x축을 원으로 감고, 매우 큰 수 $N\approx 10^{23}$개를 넣고 처음과 끝을 연결한다. 수식적으로는 경계조건

$$\psi(x+Na)=\psi(x) \tag{5.62}$$

를 부여한다. 그러면 식 5.60으로부터

$$e^{iNqa}\psi(x)=\psi(x)$$

이 되므로 $e^{iNqa}=1$, 즉 $Nqa=2\pi n$이 되어 다음을 얻는다.

$$q=\frac{2\pi n}{Na}, \quad (n=0,\ \pm1,\ \pm2,\ \ldots). \tag{5.63}$$

특히 q는 반드시 실수여야 한다. Bloch 정리의 특징은 하나의 칸(예컨대 $0\le x<a$인 구간) 안에서만 Schrödinger 방정식을 풀면 된다는 것이다. 식 5.60을 되풀이해서 적용하면 다른 모든 곳에서의 해를 만든다.

---

[25] Bloch 정리는 6장에서 증명하겠다(6.2.2절 참조).

[26] Bloch 정리를 증명하는 한 방법으로 식 5.61에서 시작하여 논의를 뒤집어보고 싶을 수 있다. 그러나 이는 성립하지 않는다. 왜냐하면 식 5.61만으로는 식 5.60의 위상이 x의 함수일 가능성이 있기 때문이다.

이제 퍼텐셜이 델타함수 스파이크가 길게 늘어선 경우(Dirac의 빗)를 고려하자.

$$V(x) = \alpha \sum_{j=0}^{N-1} \delta(x - ja). \tag{5.64}$$

(그림 5.4에서 x축이 "감겨서" N번째 스파이크는 사실 $x = -a$에서 나타난다.) 이것이 현실적인 모형이라고 아무도 생각하지 않지만, 여기서 관심 있는 것은 주기성의 효과뿐임을 기억하자. 고전적인 **Kronig-Penney 모형**에서는[27] 사각형 모양이 반복되는 것을 사용했고, 많은 저자들이 아직도 이 모형을 좋아한다.[28] $0 < x < a$인 영역에서 퍼텐셜이 0이므로

$$-\frac{\hbar^2}{2m}\frac{d^2\psi}{dx^2} = E\psi$$

즉

$$\frac{d^2\psi}{dx^2} = -k^2\psi$$

이 된다. 여기서 항상 그렇듯이

$$k \equiv \frac{\sqrt{2mE}}{\hbar} \tag{5.65}$$

이다.

일반해는

$$\psi(x) = A\sin(kx) + B\cos(kx), \quad (0 < x < a) \tag{5.66}$$

이다. Bloch 정리에 의하면 원점의 왼쪽에 바로 붙어 있는 칸의 파동함수는 다음과 같다.

$$\psi(x) = e^{-iqa}\{A\sin[k(x+a)] + B\cos[k(x+a)]\}, \qquad (-a < x < 0). \tag{5.67}$$

$x = 0$에서 ψ는 연속이므로

$$B = e^{-iqa}[A\sin(ka) + B\cos(ka)] \tag{5.68}$$

이고, 미분된 파동함수는 델타함수의 크기에 비례하는 불연속량이 있다. (이것이 우물이 아니고 스파이크이므로 α의 부호를 바꾼 식 2.128이다.)

$$kA - e^{-iqa}k[A\cos(ka) - B\sin(ka)] = \frac{2m\alpha}{\hbar^2}B. \tag{5.69}$$

식 5.68을 A sin(ka)에 대해 풀면

$$A\sin(ka) = \left[e^{iqa} - \cos(ka)\right]B \tag{5.70}$$

을 얻는다. 이것을 식 5.69에 대입하고, kB를 상쇄시키면

$$\left[e^{iqa} - \cos(ka)\right]\left[1 - e^{-iqa}\cos(ka)\right] + e^{-iqa}\sin^2(ka) = \frac{2m\alpha}{\hbar^2 k}\sin(ka)$$

---

[27] R. de L. Kronig, W. G. Penney, *Proc. R. Soc. Lond.*, ser. A., **130**, 499 (1930).

[28] 예를 들어 David Park, *Introduction to the Quantum Theory*, 3rd edn, McGraw-Hill, New York (1992) 참조.

을 얻고, 이를 간단하게 하면 다음을 얻는다.

$$\cos(qa) = \cos(ka) + \frac{m\alpha}{\hbar^2 k}\sin(ka). \tag{5.71}$$

이것이 모든 다른 것들을 설명하는 기본적인 결과이다.[29]

식 5.71로 가능한 k값, 따라서 허용된 에너지를 결정한다. 표기를 간단하게 하기 위해

$$z \equiv ka, \quad \beta \equiv \frac{m\alpha a}{\hbar^2} \tag{5.72}$$

로 놓으면, 식 5.71의 우변을 다음과 같이 쓸 수 있다.

$$f(z) \equiv \cos(z) + \beta\frac{\sin(z)}{z}. \tag{5.73}$$

상수 β는 델타함수의 "세기"에 대한 무차원의 척도이다. 그림 5.5에서 $\beta = 10$인 경우 $f(z)$를 그려 놓았다. 주목해야 할 중요한 점은 $f(z)$가 $(-1, +1)$의 영역 바깥으로 나가는 경우도 있고, 이와 같은 지역에서는 식 5.71을 풀 수 없다. 왜냐하면 $[\cos(qa)]$는 당연히 1보다 클 수 없기 때문이다. 이 **간격**은 금지된 에너지를 나타낸다. 이들은 허용된 에너지의 **띠**에 의해 분리된다. 주어진 띠 안에서는 어떤 에너지도 허용된다. 왜냐하면 N이 매우 큰 숫자일 때 식 5.63, $qa = 2\pi n/N$에 의하면 n은 어떤 정수라도 가능하기 때문이다. 그림 5.5에서 $\cos(2\pi n/N)$의 값이 $+1$ $(n = 0)$에서 -1 $(n = N/2)$로 내려와 다시 거의 $+1$ $(n = N - 1)$까지 올라갈 때 이 값에서 N개의 수평선을 그린 것을 상상해보자. 마지막 점에서는 Bloch 인자 e^{iqa}가 다시 반복되므로 n을 증가시켜도 새로운 해가 만들어지지 않는다. 각각의 선과 $f(z)$의 교점이 허용된 에너지를 만들어 낸다. 분명히 각 띠에 N개의 상태가 있지만, 매우 가깝게 붙어 있으므로 대부분의 경우 연속이라고 생각해도 좋다(그림 5.6).

지금까지 퍼텐셜에 전자 한 개만을 넣었다. 실제로는 Nd개가 있다. 여기서 d는 원자당 "자유" 전자의 수이다. Pauli 배타 원리 때문에 두 개의 전자만이 주어진 공간상태를 차지할 수 있으므로 $d = 1$이라면 첫 번째 띠에는 반이 찰 것이다. $d = 2$일 경우에는 첫째 띠를 완전히 채우고, $d = 3$이면 두 번째 띠의 반을 채우고, 이렇게 계속된다. (삼차원에서 더 실제적인 퍼텐셜의

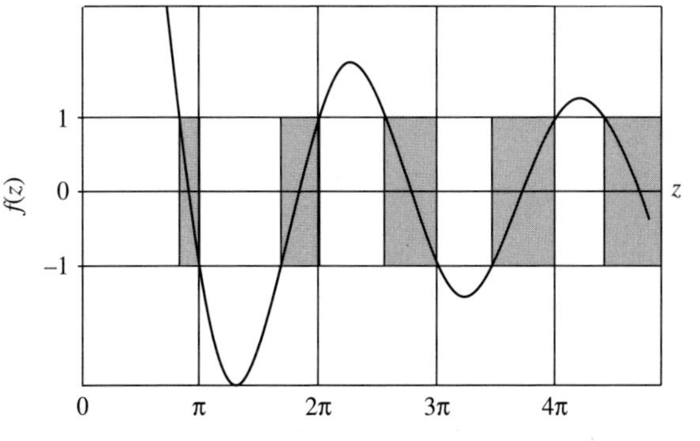

그림 5.5: $\beta = 10$에 대한 $f(z)$의 그래프(식 5.73). 허용된 띠가 금지된 간격에 의해 분리되어 있다.

[29] Kronig-Penney 퍼텐셜에 대해서는(각주 27) 결과식이 더 복잡하지만, 여기서 알아보고자 하는 정성적인 특징은 같다.

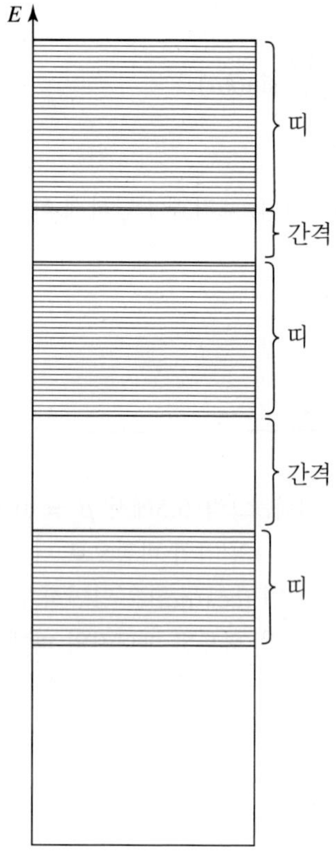

그림 5.6: 주기적인 퍼텐셜에 대해 허용되는 에너지는 기본적으로 연속적인 띠를 이룬다.

경우 띠 구조는 더 복잡하지만, 금지된 간격에 의해 분리된 허용된 띠의 존재, 즉 띠 구조는 주기적인 퍼텐셜의 특징이다.[30)]

이제 맨 위의 띠만 부분적으로 차 있다면 다음 허용된 준위에서 전자를 들뜨게 할 때 거의 에너지가 필요하지 않고, 이와 같은 물질은 **도체(금속)**가 된다. 한편 맨 위의 띠가 완전히 차 있으면 금지된 지역을 뛰어 넘어야 하기 때문에 전자를 들뜨게 하려면 상대적으로 많은 에너지가 필요하다. 이와 같은 물질은 전형적으로 **절연체**이다. 간격이 좁고, 온도가 충분히 높아 열에너지로 인해 전자가 문턱을 넘어설 수 있는 경우 이 물질은 **반도체**이다(규소와 게르마늄이 그 예이다).[31] 자유 전자 모형에서 허용된 에너지 스펙트럼에 큰 간격이 없으므로 모든 고체는 도체여야 한다. 자연계에 있는 고체에서 나타나는 매우 넓은 영역의 전도도를 설명하려면 띠 이론이 필요하다.

---

[30] 차원과 상관없이 만일 d가 홀수이면 부분적으로 찬 띠가 반드시 있고, 금속의 성질을 나타낼 것이다. d가 짝수이면 부분적으로 찬 띠가 있는지의 여부는 특정한 띠 구조에 의존한다. 흥미 있게도 **Mott 절연체**라고 하는 물질은 d가 홀수이더라도 부도체이다. 이 경우 절연체가 되게 하는 전자 사이의 상호작용 때문이지 단일 입자 에너지 스펙트럼에 있는 간격의 존재 유무에 따른 것은 아니다.

[31] 반도체는 전형적으로 띠 간격이 4 eV 혹은 그보다 작아서, 상온에서 열적 들뜸($k_BT \approx 0.025$ eV)에 의해 현저한 전도성을 보인다. 반도체의 전도도는 **도핑**에 의해 조절할 수 있다. 이는 d가 크거나 작은 원자를 몇 개 첨가하는 것이다. 이로 인해 다음의 높은 띠에 "여분의" 전자를 만들거나 이미 찬 띠에 **양공**을 만든다. 어떤 경우에도 약한 전류가 흐를 수 있게 된다.

문제 5.24

(a) 식 5.66과 5.70을 이용하여 주기적인 델타함수 퍼텐셜 안에 있는 입자의 파동함수는

$$\psi(x) = C\left\{\sin(kx) + e^{-iqa}\sin[k\,(a-x)]\right\}, \qquad (0 \le x \le a)$$

의 형태로 쓸 수 있음을 증명하라. (규격화상수 C를 결정할 필요는 없다.)

(b) $z = j\pi$인 띠의 꼭대기에서 (a)의 파동함수는 $\psi(x) = 0/0$(부정)의 형태가 된다. 이 경우 올바른 파동함수를 구하라. 각 델타함수에서 ψ에 무엇이 일어나는지 주목하라.

문제 5.25 $\beta = 10$인 경우에 대해 첫 번째 허용된 띠의 바닥 에너지를 유효숫자 세 자리까지 구하라. 논의를 위해 $\alpha/a = 1$ eV라고 가정하라.

** **문제 5.26** 스파이크 대신 델타함수 우물을 사용해보자. (즉 식 5.64에서 α의 부호를 바꾼다.) 그림 5.5에 대응되는 것을 만들어 이 경우를 분석하라. 양의 에너지 해에 대해서는 새로운 계산을 할 필요는 없다. (이제 β가 음수이므로 그래프를 그릴 때 $\beta = -1.5$를 사용하라.) 그러나 음의 에너지 해는 구할 필요가 있다. ($E < 0$일 때 $\kappa \equiv \sqrt{-2mE}/\hbar$, $z \equiv -\kappa a$로 놓아라.) 이제 그래프는 음수의 z까지 연장된다. 첫 번째 허용된 띠에는 몇 개의 상태가 있는가?

문제 5.27 식 5.71로 결정되는 대부분의 에너지는 이중의 겹침이 있다는 것을 증명하라. 예외적인 경우는 무엇인가? 귀띔: $N = 1, 2, 3, 4, \ldots,$인 경우 어떻게 되는지 확인해 보라. 각각의 경우 $\cos(qa)$의 가능한 값은 무엇인가?

문제 5.28 5.3.2절의 띠 구조에 대해 E와 q에 대한 그림을 그려라. ($m = \hbar = a = 1$인 단위에서) $\alpha = 1$을 사용하라. 귀띔: Mathematica에서는 **ContourPlot**을 쓰면 식 5.71로 간접적으로 정의된 $E(q)$를 그릴 것이다. 다른 프로그램을 이용하려면 다음의 단계로 그림을 그릴 수 있다.

- $E = 0$과 $E = 30$의 영역의 에너지에 대해 같은 간격의 값을 매우 많게(예를 들어 30,000) 선택한다.
- 각 E값에 대해 식 5.71의 우변을 계산한다. 그 결과가 -1과 1 사이라면 식 5.71을 q에 대해 풀고, `{q,E}`와 `{-q,E}`의 쌍에 대한 값을 기록하라. (각 에너지에 대해 두 개의 해가 있다.)

이제 `{{q1,E1},{q2,E2},...}`와 같은 값으로 그림을 그릴 수 있다.

5장 추가문제

문제 5.29 세 개의 입자와 세 개의 다른 단일 입자 상태[$\psi_a(x)$, $\psi_b(x)$와 $\psi_c(x)$]가 있다. (a) 구별 가능한 입자, (b) 똑같은 보스 입자, (c) 똑같은 페르미 입자의 경우 얼마나 많은 다른 세 입자 상태를 만들 수 있는가? [입자들이 다른 상태에 있을 필요는 없다. 구별 가능한 입자의 경우 $\psi_a(x_1)\psi_a(x_2)\psi_a(x_3)$도 가능한 것 중의 하나이다.]

문제 5.30 이차원 무한한 사각형 우물 안에 있는 전자에 대한 Fermi 에너지를 계산하라. σ는 단위 면적당 자유 전자의 수이다.

문제 5.31 스핀 효과를 포함하여 삼차원 금속에서 응집 에너지를 추정하기 위해 문제 2.58의 분석을 다시 하라.

문제 5.32 윗방향 스핀과 아랫방향 스핀을 갖는 입자의 수가 다른 (각각 N_+와 N_-) 자유 전자 기체(5.3.1절)를 고려하자. 이러한 기체는 알짜 **자기화**(단위 부피당 자기 쌍극자 모멘트)가 있다.

$$\mathbf{M} = -\frac{(N_+ - N_-)}{V}\mu_B\,\hat{k} = M\hat{k}. \tag{5.74}$$

여기서 $\mu_B = e\hbar/2m_e$는 **Bohr 마그네톤**이다(음의 부호는 물론 전자의 전하가 음수이기 때문이다).

(a) 전자는 각 스핀 방향을 갖는 입자의 수에 대해 적절히 배치되어 가장 낮은 에너지 준위를 갖는다고 가정하여 E_{tot}를 구하라. 이 답은 $N_+ = N_-$일 때 식 5.56이 됨을 확인하라.

(b) $M/\mu_B \ll \rho \equiv (N_+ + N_-)/V$인 경우 [즉 $|N_+ - N_-| \ll (N_+ + N_-)$인 경우] 에너지 밀도는

$$\frac{1}{V}E_{\text{tot}} = \frac{\hbar^2\left(3\pi^2\rho\right)^{5/3}}{10\pi^2 m}\left[1 + \frac{5}{9}\left(\frac{M}{\rho\,\mu_B}\right)^2\right]$$

이 됨을 증명하라. 에너지는 $M = 0$일 때 최소이므로 바닥상태의 자기화는 없을 것이다. 그러나 기체가 자기장 안에 있을 때(혹은 입자 사이의 상호작용이 있을 때) 기체가 자기화되는 것을 에너지 측면에서 선호할 수도 있다. 이것은 문제 5.33과 5.34에서 살펴볼 것이다.

문제 5.33 Pauli 상자성. 자유 전자 기체(5.3.1절)가 균일한 자기장 $\mathrm{B} = B\,\hat{k}$ 안에 있다면 윗방향 스핀과 아랫방향 스핀의 에너지는 다를 것이다.[32]

$$E^{\pm}_{n_x n_y n_z} = \frac{\hbar^2\pi^2}{2m}\left(\frac{n_x^2}{l_x^2} + \frac{n_y^2}{l_y^2} + \frac{n_z^2}{l_z^2}\right) \pm \mu_B\,B.$$

[32] 여기서는 스핀과 자기장의 결합만을 고려하고, 궤도 운동과의 결합은 무시한다.

아랫방향의 스핀 상태가 윗방향 스핀 상태보다 많을 것이다(에너지가 더 낮기 때문이다). 결과적으로 계는 자기화된다(문제 5.32 참조).

(a) $M/\mu_B \ll \rho$로 어림했을 때 전체 에너지를 최소화하는 자기화를 구하라. 귀띔: 문제 5.32(b)의 결과를 이용하라.

(b) **자기 감수율**은[33]

$$\chi = \mu_0 \frac{dM}{dB}$$

이다. 알루미늄($\rho = 18.1 \times 10^{22}\,\text{cm}^{-3}$)에 대한 자기 감수율을 계산하고, 실험값[34] 22×10^{-6}과 비교하라.

문제 5.34 Stoner 기준. 자유 전자 기체 모형(5.3.1절)에서 전자 사이의 Coulomb 척력은 무시한다. 교환력(5.1.2절) 때문에 Coulomb 척력은 두 전자의 스핀이 반대 방향일 때(마치 구별 가능한 입자처럼 행동한다)가 스핀이 평행한 두 전자(위치 파동함수는 반대칭적이어야 한다)의 경우보다 더 큰 영향을 끼친다. Coulomb 척력을 대략 설명하기 위해 스핀이 반대인 모든 전자쌍은 추가적인 에너지 U가 있고, 반면에 같은 방향의 스핀을 갖는 전자는 전혀 상호작용하지 않는다고 가정하자. 그러면 전자 기체의 전체 에너지에 $\Delta E = U N_+ N_-$만큼 더 더해야 한다. U의 임계값 위에서는 기체가 자발적으로 자기화하는 것이($N_+ \neq N_-$) 에너지 측면에서 선호된다는 것을 증명할 것이다. 이 물질은 강자성체가 된다.

(a) ΔE를 밀도 ρ와 자기화 M(식 5.74)으로 나타내라.

(b) $M/\mu_B \ll \rho$임을 가정하면 어떤 U의 최소값에서 0이 아닌 자기화가 에너지 측면에서 선호되는가? 귀띔: 문제 5.32(b)의 결과를 이용하라.

*** **문제 5.35** (**백색 왜성**이라고 부르는) 차가운 별은 중력 붕괴에 반하여 전자의 겹침 압력이(식 5.57) 균형을 이루어 안정되어 있다. 일정한 밀도를 가정하고 이와 같은 물체의 반지름 R을 다음과 같이 계산할 수 있다.

(a) 전체 전자 에너지(식 5.56)를 반지름, 핵자(양성자와 중성자)의 수 N, 핵자당 전자의 수 d와 전자의 질량 m으로 써라. 주의: 이 문제에서 본문과는 약간 다른 용도로 문자 N과 d를 사용하고 있다.

(b) 균일한 밀도의 구에 대한 중력 에너지를 찾아보거나 계산하라. 답을 G(중력상수), R, N과 M(핵자의 질량)으로 표현하라. 중력에너지는 음수임을 주목하라.

(c) (a)와 (b)를 더한 전체 에너지에 대한 반지름을 구하라. 답:

---

[33] 엄밀하게 말하면 감수율은 dM/dH이지만, 지금처럼 $\chi \ll 1$인 경우에 그 차이는 무시할 정도이다.

[34] 구리와 같은 금속에서 잘 일치하지 않는다. 심지어 부호도 틀리다. 구리는 반자성이다. ($\chi < 0$)이 차이에 대한 설명은 우리의 모형에서 생략할 것이다. 외부 장에 대한 스핀 자기 모멘트의 상자성 결합뿐만 아니라 외부 장과 궤도 자기 모멘트와의 결합도 있고, 이것은 상자성과 반자성에 모두 기여한다(문제 4.72 참조). 게다가 자유 전자 기체 모형에서는 단단하게 속박된 핵심 전자를 무시하고, 이들은 또한 자기장과 결합한다. 구리의 경우 핵심 전자의 반자성 결합이 가장 크다.

$$R = \left(\frac{9\pi}{4}\right)^{2/3} \frac{\hbar^2 d^{5/3}}{GmM^2N^{1/3}}.$$

(전제 질량이 증가함에 따라 반지름은 줄어든다!) $d = 1/2$을 이용하여 N을 제외한 모든 숫자를 집어 넣어 계산하라. (실제로 원자 번호가 증가하면 d는 약간 감소하지만, 이 값은 충분히 근접한 값이다.) 답: $R = 7.6 \times 10^{25} N^{-1/3}$ m.

(d) 태양의 질량을 갖는 백색 왜성의 반지름을 킬로미터로 구하라.

(e) (d)의 백색 왜성에 대한 Fermi 에너지를 전자볼트로 구하고, 이것을 전자의 정지 에너지와 비교하라. 이 계는 위험할 정도로 상대론적이라는 것을 주목하라(문제 5.36 참조).

*** **문제 5.36** 자유 전자 기체(5.3.1절) 이론에서 고전적인 운동에너지 $E = p^2/2m$을 상대론적 에너지 $E = \sqrt{p^2c^2 + m^2c^4} - mc^2$으로 바꾸면 상대론적 영역으로 확장할 수 있다. 운동량은 여전히 파동 벡터와 $\mathbf{p} = \hbar\mathbf{k}$의 관계가 있다. 특히 극한적인 상대론적 극한에서는 $E \approx pc = \hbar ck$이다.

(a) 식 5.55에서 $\hbar^2k^2/2m$을 극한적으로 상태적인 표현 $\hbar ck$로 바꾸고, 이 영역에서 E_{tot}를 계산하라.

(b) 문제 5.35의 (a)와 (b)를 극한적으로 상대론적인 전자 기체에 대해 다시 풀라. 이 경우 R에 상관없이 안정된 최소값이 없다는 것에 주목하라. 전체 에너지가 양수이면 겹침힘이 중력보다 크고, 별은 팽창하지만, 전체 에너지가 음수이면 중력이 커서 별은 붕괴한다. 핵자 수의 임계값 N_c를 구하라. 즉 $N > N_c$이면 중력 붕괴가 일어난다. 이것을 **Chandrasekhar 극한**이라고 한다. 답: 2.04×10^{57}. 이에 해당하는 별의 질량은 무엇인가? (답을 태양 질량의 배수로 구하라.) 이것보다 무거운 별은 백색 왜성을 만들지 못하지만, 더 붕괴하여 (조건이 맞는다면) **중성자별**이 된다.

(c) 극한적으로 높은 밀도에서 **역베타 붕괴** $e^- + p^+ \to n + \nu$에 의해 거의 모든 양성자와 전자가 중성자로 바뀐다(이 과정에서 중성미자는 에너지를 방출하며 빠져나간다). 결국 전자의 겹침이 백색 왜성에 작용하는 것처럼 중성자의 겹침 압력이 붕괴를 안정화시킨다(문제 5.35 참조). 태양의 질량을 갖는 중성자별의 반지름을 계산하라. 그리고 (중성자의) Fermi 에너지를 계산하고, 중성자의 정지 에너지와 비교하라. 중성자별을 비상대론적으로 취급하는 것이 적절한가?

문제 5.37 많은 계산에서 중요한 양은 **상태 밀도** $G(E)$이다.

$$G(E)\,dE \equiv E\text{와 } E + dE\text{의 에너지 사이에 있는 상태의 수.}$$

일차원 띠 구조에 대해

$$G(E)\,dE = 2\left(\frac{dq}{2\pi/Na}\right)$$

이다. 여기서 $dq/(2\pi/N a)$는 dq 영역에 있는 상태의 수이다(식 5.63 참조). 그리고 숫자 2는 q와 $-q$를 갖는 상태는 같은 에너지를 갖기 때문에 붙인 것이다. 그러므로 다음을 언는다.

$$\frac{1}{N a} G(E) = \frac{1}{\pi} \frac{1}{|dE/dq|}.$$

(a) $\alpha = 0$(자유 입자)인 경우 상태 밀도는

$$\frac{1}{N a} G_{\text{free}}(E) = \frac{1}{\pi \hbar} \sqrt{\frac{m}{2E}}$$

임을 증명하라.

(b) dE/dq를 결정하기 위해 식 5.71을 q에 대해 미분하여, $\alpha \neq 0$인 경우에 대한 상태 밀도를 구하라. 주의: 답은 E만의 함수로 써야 한다(물론 α, m, $\hbar$, a와 N은 포함된다). 그리고 q가 포함되지 않아야 한다(원한다면 k를 $\sqrt{2mE}/\hbar$로 놓고 사용하라).

(c) ($m = \hbar = a = 1$인 단위에서) $\alpha = 0$과 $\alpha = 1$인 두 경우에 대해 $G(E)/N$을 한 그림에 모두 나타내라. 참고: 띠 모서리에서 발산하는 것은 **van Hove 발산**[35]의 예이다.

*** **문제 5.38** N개의 같은 질량이 직선을 따라 배열되어 있고, 이웃 입자와는 같은 용수철로 연결된 **조화 사슬**의 Hamiltonian은 다음과 같다.

$$\hat{H} = -\frac{\hbar^2}{2m} \sum_{j=1}^{N} \frac{\partial}{\partial x_j^2} + \sum_{j=1}^{N} \frac{1}{2} m\, \omega^2 \left(x_{j+1} - x_j\right)^2.$$

여기서 x_j는 j번째 질량의 평형 위치에서의 변위이다. 이 계(이차원, 삼차원으로 확장된 **조화 결정**)는 고체의 진동에 대한 모형으로 사용할 수 있다. 단순하게 하기 위해 주기적 경계조건 $x_{N+1} = x_1$을 사용하고 사다리연산자[36]

$$\hat{a}_{k\pm} \equiv \frac{1}{\sqrt{N}} \sum_{j=1}^{N} e^{\pm i\, 2\pi\, j\, k/N} \left[\sqrt{\frac{m\, \omega_k}{2\hbar}}\, x_j \mp \sqrt{\frac{\hbar}{2m\, \omega_k}} \frac{\partial}{\partial x_j}\right] \tag{5.75}$$

를 도입한다. 여기서 $k = 1, \ldots, N-1$이고, 진동수는

$$\omega_k = 2\,\omega \sin\left(\frac{\pi\, k}{N}\right)$$

로 주어진다.

(a) 1과 $N-1$사이의 정수 k와 k'에 대해 다음을 증명하라.

---

[35] 일차원 Van Hove 발산은 탄소 나노튜브의 분광학에서 관측되었다. J. W. G. Wildöer외, *Nature*, **391**, 59 (1998) 참조.

[36] 결합된 진동자의 고전적인 문제에 익숙하다면 이 사다리연산자는 만들기 쉽다. 고전적인 문제를 단순하게 하기 위해 사용하는 정규 모드, 즉

$$q_k = \frac{1}{\sqrt{N}} \sum_{j=1}^{N} e^{-i\, 2\pi\, j\, k/N}\, x_j$$

로 시작한다. 진동수 ω_k는 고전적인 정규 모드 진동수이고, 단일 입자(식 2.48)와 비슷하게 각각의 정규 모드에 대한 한 쌍의 사다리연산자를 만들면 된다.

$$\frac{1}{N}\sum_{j=1}^{N} e^{i\,2\pi\,j(k-k')/N} = \delta_{k',k}$$

$$\frac{1}{N}\sum_{j=1}^{N} e^{i\,2\pi\,j(k+k')/N} = \delta_{k',N-k}\,.$$

귀띔: 기하급수를 더하라.

(b) 사다리연산자에 대한 교환관계를 유도하라.

$$\left[\hat{a}_{k-}, \hat{a}_{k'+}\right] = \delta_{k,k'} \text{ 그리고 } \left[\hat{a}_{k-}, \hat{a}_{k'-}\right] = \left[\hat{a}_{k+}, \hat{a}_{k'+}\right] = 0\,. \tag{5.76}$$

(c) 식 5.75를 이용하여 다음을 증명하라.

$$x_j = R + \frac{1}{\sqrt{N}}\sum_{k=1}^{N-1}\sqrt{\frac{\hbar}{2m\,\omega_k}}\left(\hat{a}_{k-} + \hat{a}_{N-k+}\right)e^{i\,2\pi\,j\,k/N}.$$

$$\frac{\partial}{\partial x_j} = \frac{1}{N}\frac{\partial}{\partial R} + \frac{1}{\sqrt{N}}\sum_{k=1}^{N-1}\sqrt{\frac{m\,\omega_k}{2\hbar}}\left(\hat{a}_{k-} - \hat{a}_{N-k+}\right)e^{i\,2\pi\,j\,k/N}.$$

여기서 $R = \sum_j x_j/N$은 질량중심 좌표이다.

(d) 마지막으로 다음을 증명하라.

$$\hat{H} = -\frac{\hbar^2}{2\,(N\,m)}\frac{\partial^2}{\partial R^2} + \sum_{k=1}^{N-1}\hbar\,\omega_k\left(\hat{a}_{k+}\,\hat{a}_{k-} + \frac{1}{2}\right).$$

참고: 위의 형태로 쓴 Hamiltonian은 진동수가 ω_k인 $N-1$개의 독립적인 진동자를 기술한다. (또한 질량 $N\,m$의 자유입자가 움직이는 질량중심도 기술한다.) 허용된 에너지는 바로

$$E = -\frac{\hbar^2 K^2}{2\,(N\,m)} + \sum_{k=1}^{N-1}\hbar\,\omega_k\left(n_k + \frac{1}{2}\right)$$

로 쓸 수 있다. 여기서 $\hbar K$는 질량중심의 운동량이고, $n_k = 0, 1, \ldots$ 는 진동의 k번째 모드의 에너지 준위이다. 관습적으로 n_k를 **포논수**라고 한다. 광자가 빛의 양자이듯이 포논은 소리(원자의 진동)에 대한 양자이다. 사다리연산자 a_{k+}와 a_{k-}는 k번째 모드에서 포논의 수를 증가하거나 감소시키므로 **포논 생성과 소멸 연산자**라고 한다.

문제 5.39 5.3.1절에서 전자를 뚫고 나갈 수 없는 상자 안에 넣었다. **주기적인 경계조건**을 사용하여 같은 결과를 얻을 수 있다. 여전히 전자는 변의 길이가 l_x, l_y와 l_z인 상자 안에 있지만, 파동함수가 벽에서 사라진다는 조건 대신 함수가 반대편 벽에서의 값과 같다고 요구한다.

$$\psi(x, y, z) = \psi(x + l_x, y, z) = \psi\left(x, y + l_y, z\right) = \psi(x, y, z + l_z)\,.$$

이 경우 파동함수는 정지 파동(식 5.49) 대신 진행하는 파동으로 나타낼 수 있다.

$$\psi = \frac{1}{\sqrt{l_x l_y l_z}} e^{i\mathbf{k}\cdot\mathbf{r}} = \frac{1}{\sqrt{l_x l_y l_z}} e^{i(k_x x + k_y y + k_z z)}.$$

주기적인 경계조건은 분명히 물리적이지는 않지만 종종 다루기 쉽다(전류와 같은 것을 기술하려면 정지 파동의 기준보다 진행하는 파동의 기준이 더 자연스럽다). 그리고 물질의 덩어리 성질을 계산하려면 어느 것을 사용해도 문제가 되지 않는다.

(a) 주기적인 경계조건을 사용하면 파동 벡터는 다음을 만족한다는 것을 증명하라.

$$k_x l_x = 2 n_x \pi, \qquad k_y l_y = 2 n_y \pi, \qquad k_z l_z = 2 n_z \pi.$$

여기서 각각의 n은 (반드시 양수일 필요는 없는) 정수이다. (식 5.51에 해당하는) 격자에서 각 블록이 차지하는 k 공간의 부피는 얼마인가?

(b) 주기적인 경계조건을 갖는 자유 전자 기체에 대하여 k_F, E_F와 E_{tot}를 계산하라. [(a)에서 구한] 각각의 k 공간의 블록은 더 큰 부피를 차지하는데도 결과는 5.3.1절과 같게 나오도록 이를 상쇄하는 부분은 무엇인가?

6 대칭성과 보존 법칙

Symmetries & Conservation Laws

6.1 소개

(에너지, 운동량과 각운동량의) 보존 법칙은 고전 역학을 처음 배웠을 때부터 익숙하다. 이와 같은 보존 법칙은 양자양학에서도 성립한다. 어떤 역학에서든 이는 대칭성에 의한 결과이다. 이 장에서 대칭성이 무엇이고, 양자역학에서 보존되는 것에는 어떤 의미가 있는지 설명할 것이다. 그리고 이 둘이 어떤 관련이 있는지 볼 것이다. 이 과정에서 양자역학계의 두 가지 관련된 성질인 에너지 준위 겹침과 허용된 전이와 "금지된" 전이를 구별하는 선택 규칙에 대해 알아볼 것이다.

대칭성이란 무엇인가? 이것은 어떤 변환을 해도 계가 변화하지 않는 것이다. 예를 들어 그림 6.1처럼 정사각형 종이를 회전시켜 보자. 중심축에 대해 30° 회전하면 종이는 처음과는 다른 방향을 가리키지만, 만일 90° 회전한다면 다시 원래의 방향으로 돌아온다. 모서리에 숫자를 써넣지 않는 한(이 경우 숫자는 바뀔 것이다) 회전했다는 것도 알지 못할 것이다. 그러므로 정사각형은 불연속 대칭성을 갖는다. 즉 임의의 정수 n에 대해 $n\pi/2$만큼 회전해도 정사각형은 변하지 않는다.[1] 이 실험을 원형 종이로 하면 원은 임의의 각도로 회전해도 변하지 않는나. 즉 원은 연속적인 회전 대칭성이 있다. 불연속, 연속적 대칭성은 양자역학에서 중요하다는 것을 보게 될 것이다.

이제 그림 6.1에 있는 모양이 종이 조각을 나타내지 않고, 이차원 무한한 사각형 우물의 경계라고 상상해보자. 이 경우 퍼텐셜에너지는 종이 조각과 같은 회전 대칭성을 갖고, (운동에너지는 회전에 대해 변하지 않으므로) Hamiltonian 역시 회전에 대해 불변이다. 양자역학에서 계가

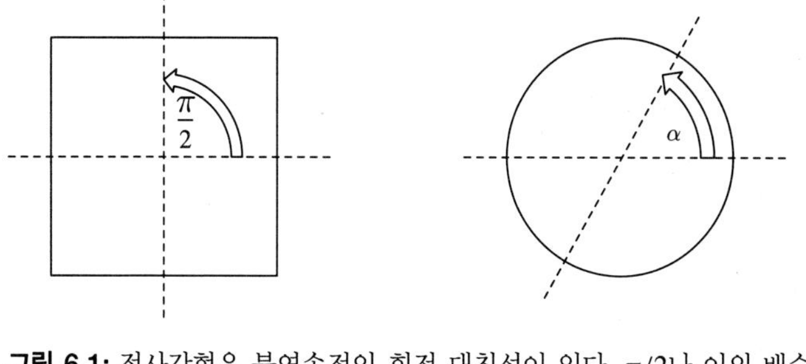

그림 6.1: 정사각형은 불연속적인 회전 대칭성이 있다. $\pi/2$나 이의 배수만큼 회전할 때 변하지 않는다. 원은 연속적인 회전 대칭성이 있다. 임의의 각도 α에 대해 회전해도 변하지 않는다.

[1] 물론 정사각형은 다른 대칭성도 있다. 즉 대각선 축이나 두 변을 이등분하는 축에 대한 거울 대칭성이 있다. 정사각형을 변화시키지 않는 모든 변환의 집합을 4차 "이면군" D_4라고 한다.

대칭성이 있다는 것이 바로 이것을 의미한다. 즉 Hamiltonian은 회전이나 이동과 같은 변환에 대해 불변이라는 것이다.

6.1.1 공간의 변환

이 절에서 이동, 반전과 회전에 대한 양자역학적 연산자를 도입하겠다. 이 연산자는 임의의 함수에 적용되는 방법으로 정의한다. **이동 연산자**는 함수를 거리 a만큼 이동시킨다. 이를 수행하는 연산자는 다음의 관계

$$\hat{T}(a)\,\psi(x) = \psi'(x) = \psi(x-a) \tag{6.1}$$

로 정의한다. 처음에는 부호가 혼란스러울 수 있다. 이 식의 뜻은 x에서 이동된 함수 ψ'의 값은 $x-a$에서 ψ의 값과 같다는 것이다(그림 6.2). 함수 자체는 a만큼 오른쪽으로 이동했다.

원점에 대해 함수를 뒤집는 연산자인 일차원에서의 **반전 연산자**는

$$\hat{\Pi}\,\psi(x) = \psi'(x) = \psi(-x)$$

로 정의한다. 반전 효과는 그림 6.3에 나타내었다. 삼차원에서 반전은 모든 세 좌표의 부호를 바꾼다. $\hat{\Pi}\,\psi(x, y, z) = \psi(-x, -y, -z)$.[2]

마지막으로 함수를 z축에 대해 각도 φ만큼 회전하는 연산자는 극좌표계에서 가장 자연스럽게

$$\hat{R}_z(\varphi)\,\psi(r, \theta, \phi) = \psi'(r, \theta, \phi) = \psi(r, \theta, \phi - \varphi) \tag{6.2}$$

로 표현할 수 있다. 6.5절에서 회전에 대해 공부할 때 임의의 축에 대한 회전을 기술하겠다. 그림 6.4에 **회전 연산자**를 함수 ψ에 적용하는 것을 나타내었다.

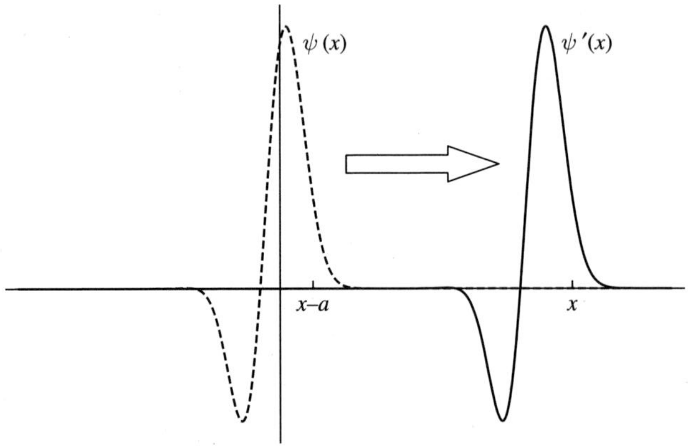

그림 6.2: 파동함수 $\psi(x)$와 이동된 파동함수 $\psi'(x) = \hat{T}(a)\psi(x)$. x에서 ψ'의 값은 $x-a$에서 ψ의 값과 같다.

---

[2] 삼차원에서 반전 연산은 거울 반사와 회전을 통해 얻을 수 있다(문제 6.1 참조). 이차원에서 변환 $\psi'(x, y) = \psi(-x, -y)$는 180° 회전한 것과 같다. 반전이라는 용어는 일차원 혹은 삼차원에서 수행하는 공간 반전 $\hat{\Pi}\,\psi(\mathbf{r}) = \psi(-\mathbf{r})$에 대해서만 사용하겠다.

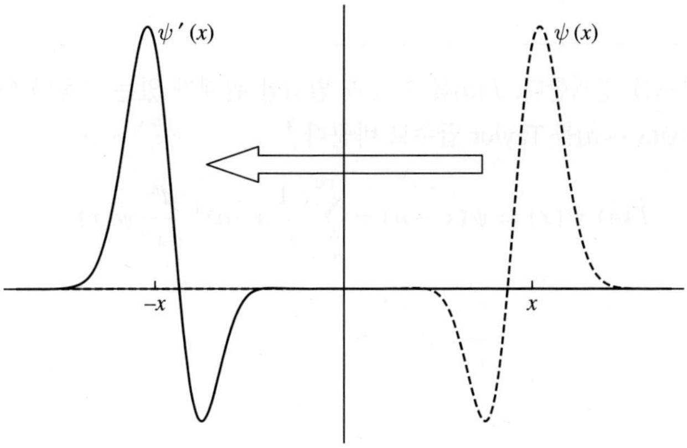

그림 6.3: 함수 $\psi(x)$와 공간 반전을 한 후의 함수 $\psi'(x) = \hat{\Pi}\psi(x) = \psi(-x)$. x에서 ψ'의 값은 $-x$에서 ψ의 값과 같다.

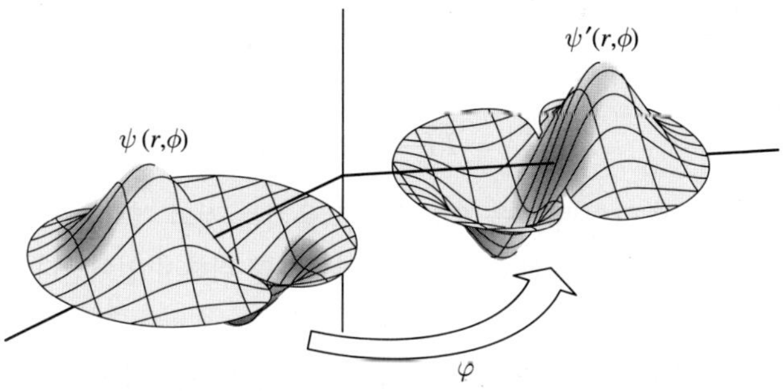

그림 6.4: 함수 $\psi(r, \phi)$와 수직축에 대해 각도 φ만큼 반시계 방향으로 회전한 함수 $\psi'(r, \phi) = \psi(r, \phi - \varphi)$.

* **문제 6.1** 삼차원에서 반전 연산자를 고려하자.

(a) $\hat{\Pi}\psi(\mathbf{r}) = \psi'(\mathbf{r}) = \psi(-\mathbf{r})$은 거울 반사 후 회전한 것과 동등함을 증명하라.

(b) 극좌표에서 ψ에 대해 반전 연산자를 작용한 것은

$$\hat{\Pi}\,\psi(r, \theta, \phi) = \psi(r, \pi - \theta, \phi + \pi)$$

이 됨을 증명하라.

(c) 수소꼴 궤도에 대해

$$\hat{\Pi}\,\psi_{n\ell m}(r, \theta, \phi) = (-1)^{\ell}\;\psi_{n\ell m}(r, \theta, \phi)$$

임을 증명하라. 즉 $\psi_{n\ell m}$은 고유값이 $(-1)^{\ell}$인 반전 연산자의 고유상태이다. 참고: 사실 이 결과는 임의의 중심력 퍼텐셜 $V(\mathbf{r}) = V(r)$의 정상상태에 대해 성립한다. 중심력 퍼텐셜에 대해 고유상태는 분리된 형태 $R_{n\ell}(r)\,Y_{\ell}^{m}(\theta, \phi)$로 쓸 수 있고, 여기서 상태의 반전성을 결정하는 데 전혀 역할을 하지 않는 지름 함수 $R_{n\ell}$만이 $V(r)$의 특정한 함수 형태에 의존한다.

6.2 이동 연산자

식 6.1로 이동 연산자를 정의한다. $\hat{T}(a)$를 이것과 밀접한 관계가 있는 운동량 연산자로 표현할 수 있다. 이를 위해 $\psi(x-a)$를 Taylor 급수로 바꾼다.[3]

$$\hat{T}(a)\ \psi(x) = \psi(x-a) = \sum_{n=0}^{\infty} \frac{1}{n!} (-a)^n \frac{d^n}{dx^n} \psi(x)$$
$$= \sum_{n=0}^{\infty} \frac{1}{n!} \left(\frac{-i\,a}{\hbar}\,\hat{p} \right)^n \psi(x)\,.$$

이 식의 우변은 지수함수이므로[4] 다음과 같이 쓸 수 있다.

$$\boxed{\hat{T}(a) = \exp\left[-\frac{i\,a}{\hbar}\,\hat{p} \right].} \tag{6.3}$$

운동량은 **이동의 "생성원"**이라고 한다.[5]

$\hat{T}(a)$는 unitary 연산자[6]임을 주목하라.

$$\hat{T}(a)^{-1} = \hat{T}(-a) = \hat{T}(a)^{\dagger}\,. \tag{6.4}$$

첫 등호는 물리적으로 명백하고(어떤 것을 오른쪽으로 옮기는 것의 역작용은 같은 양만큼 왼쪽으로 옮기는 것이다), 두 번째 등호는 식 6.3의 수반 연산자를 취해서 얻어진다(문제 6.2 참조).

* **문제 6.2** Hermitian 연산자 $\hat{Q}$에 대해, 연산자 $\hat{U} = \exp\left[i\,\hat{Q}\right]$는 unitary임을 보여라. 귀띔: 먼저 수반 연산자는 $\hat{U}^{\dagger} = \exp\left[-i\,\hat{Q}\right]$임을 증명해야 한다. 그리고 $\hat{U}^{\dagger}\,\hat{U} = 1$임을 증명하라. 문제 3.5가 도움이 될 것이다.

6.2.1 연산자의 변환

지금까지 함수를 이동하는 것을 보였다. 이것은 그림 6.2를 통해 분명하게 그림으로 해석이 가능하다. 이제 연산자를 이동시키는 것이 무엇을 뜻하는지 생각해볼 수 있다. 변환된 연산자 $\hat{Q}'$은 이동한 상태 ψ'에서 연산자 $\hat{Q}$의 기댓값과 이동하지 않는 상태 ψ에 대한 기댓값이 같은 연산자로 정의한다.

$$\left\langle \psi' \,\middle|\, \hat{Q} \,\middle|\, \psi' \right\rangle = \left\langle \psi \,\middle|\, \hat{Q}' \,\middle|\, \psi \right\rangle.$$

---

[3] 관심 있는 함수는 Taylor 급수 전개가 가능하다고 가정하지만, 최종 결과는 이보다 더 일반적으로 적용된다. 자세한 것을 보려면 문제 6.31을 참조하라.

[4] 연산자의 지수함수에 대한 정의를 보려면 3.6.2절을 참조하라.

[5] 이 용어는 **Lie 군**(이동군이 그 예이다)의 연구에서 나왔다. 관심이 있다면 (물리학자를 위해 쓴) Lie 군에 대한 소개는 George B. Arfken, Hans J. Weber, Frank E. Harris, *Mathematical Methods for Physicists*, 7th edn, Academic Press, New York (2013), 17.7절을 참조하라.

[6] Unitary 연산자는 문제 A.30에서 논의한다. Unitary 연산자는 수반 연산자가 자신의 역연산자이다. $\hat{U}\,\hat{U}^{\dagger} = \hat{U}^{\dagger}\,\hat{U} = 1$.

기댓값에 대한 이동의 효과를 계산할 수 있는 두 가지 방법이 있다. 실제로 파동함수를 어떤 거리만큼 이동할 수 있고(이것을 **능동적 변환**이라고 한다) 혹은 파동함수는 그대로 두고 좌표계의 원점을 반대 방향으로 같은 양만큼 이동할 수 있다. (이것을 **수동적 변환**이라고 한다.) 연산자 $\hat{Q}'$은 이 이동한 좌표계에서의 연산자이다.

식 6.1을 이용하면 다음을 얻는다.

$$\left\langle \psi \left| \hat{T}^{\dagger}\, \hat{Q}\, \hat{T} \right| \psi \right\rangle = \left\langle \psi \left| \hat{Q}' \right| \psi \right\rangle. \tag{6.5}$$

여기서 수반 연산자는 $\hat{T}\,|f\rangle \equiv |Tf\rangle$라면 $\langle Tf| = \langle f|\hat{T}^{\dagger}$로 정의한다(문제 3.5 참조). 식 6.5는 모든 ψ에 대해 성립하므로 다음을 만족한다.

$$\boxed{\hat{Q}' = \hat{T}^{\dagger}\, \hat{Q}\, \hat{T}.} \tag{6.6}$$

$\hat{Q} = \hat{x}$인 경우에 대해 변환된 연산자는 예제 6.1에서 다루었다. 변환을 수행하는 두 가지 방법이 동등하다는 것을 그림 6.5에서 나타내었다.

예제 6.1

연산자 $\hat{x}$를 거리 a만큼 이동시켜 얻은 연산자 $\hat{x}'$을 구하라. 즉 임의의 $f(x)$에 식 6.6에서 정의한 $\hat{x}'$을 적용하면 어떻게 되는가?

풀이: $\hat{x}'$의 정의(식 6.6)와 시험 함수 $f(x)$를 이용하면

$$\hat{x}'\ f(x) = \hat{T}^{\dagger}(a)\ \hat{x}\,\hat{T}(a)\ \ f(x)$$

을 얻고, $\hat{T}^{\dagger}(a) = \hat{T}(-a)$(식 6.4)이므로 다음을 얻는다.

$$\hat{x}'\ f(x) = \hat{T}(-a)\ \hat{x}\,\hat{T}(a)\ \ f(x).$$

식 6.1로부터

$$\hat{x}'\ f(x) = \hat{T}(-a)\ x\ f(x-a)$$

이고, 다시 식 6.1에서 $\hat{T}(-a)\left[x\,f(x-a)\right] = (x+a)\,f(x)$이므로

$$\hat{x}'\ f(x) = (x+a)\ \ f(x)$$

이다. 결국 연산자는

$$\hat{x}' = \hat{x} + a. \tag{6.7}$$

임을 알 수 있다. 예상한 대로 식 6.7은 좌표계의 원점을 왼쪽으로 a만큼 움직인 것으로, 이 변환된 좌표계에서의 위치는 변환되지 않은 좌표계에서보다 a만큼 크다.

문제 6.3에서 운동량 연산자를 이동한 것을 적용하여 $\hat{p}' = \hat{T}^{\dagger}\,\hat{p}\,\hat{T} = \hat{p}$임을 증명할 것이다. 운동량 연산자는 이 변환에 대해 변하지 않는다. 물리적으로 입자의 운동량은 좌표계의 원점을 정하는 것에 무관하고, 위치의 차이에만 의존하기 때문이다. $p = m\,dx/dt$. 일단 이동에 대해 위

치와 운동량 연산자가 어떻게 변하는지 알면 임의의 연산자가 어떻게 변화하는지 알 수 있다. 왜냐하면

$$\hat{Q}'(\hat{x}, \hat{p}) = \hat{T}^{\dagger}\, \hat{Q}(\hat{x}, \hat{p})\, \hat{T} = \hat{Q}(\hat{x}', \hat{p}') = \hat{Q}(\hat{x} + a, \hat{p}) \tag{6.8}$$

이기 때문이다. 문제 6.4에서 이에 대한 증명을 할 것이다.

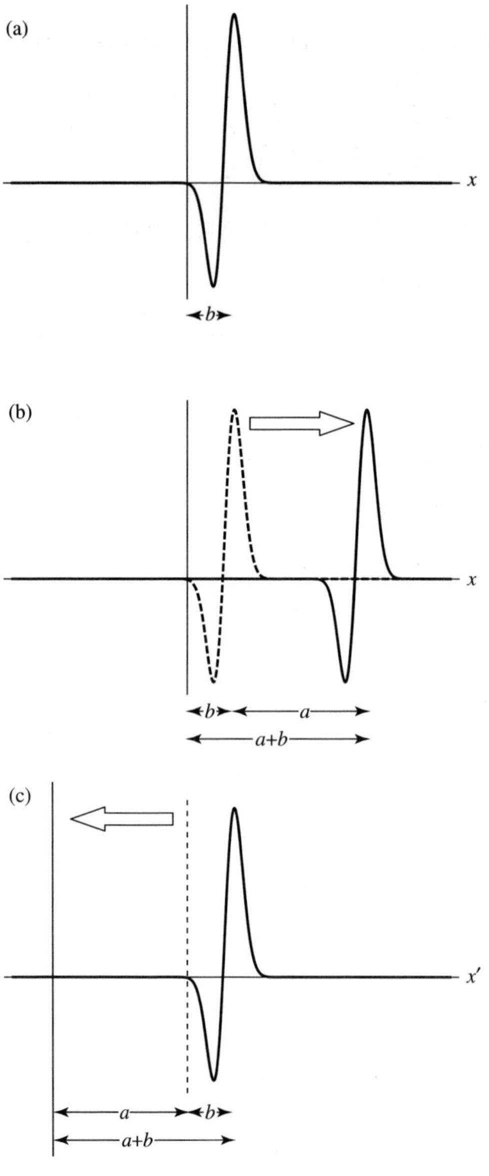

그림 6.5: 능동적 변환과 수동적 변환: (a)는 원래 함수이고, (b)는 함수가 오른쪽으로 a만큼 이동한 능동적 변환을 나타내며, (c)는 축이 왼쪽으로 a만큼 이동한 수동적 변환을 나타낸다. 변환을 하기 전에 파동 위의 점이 원점에서 거리 b만큼 떨어져 있으면 (b)나 (c)에서 변환 후에는 원점으로부터 거리 $a + b$ 만큼 떨어져 있다. 이것을 통해 두 변환이 동등함을 알 수 있다.

문제 6.3 연산자 $\hat{p}$에 이동을 적용하여 얻은 연산자 $\hat{p}'$은 $\hat{p}' = \hat{T}^\dagger \, \hat{p} \, \hat{T} = \hat{p}$임을 증명하라.

문제 6.4 식 6.8을 증명하라. $Q(\hat{x}, \hat{p})$은 적당한 상수 a_{mn}에 대하여 멱급수

$$\hat{Q}(\hat{x}, \hat{p}) = \sum_{m=0}^{\infty} \sum_{n=0}^{\infty} a_{mn} \, \hat{x}^m \, \hat{p}^n$$

로 쓸 수 있다고 가정하라.

6.2.2 이동 대칭성

지금까지 함수가 이동에 대해 어떻게 변하고, 연산자는 이동에 대해 어떻게 변하는지 보았다. 이제 소개할 때 언급했던 대칭성의 의미를 정확하게 하겠다. 계는 Hamiltonian이 이동 변환에 대해 변하지 않을 때

$$\hat{H}' = \hat{T}^\dagger \, \hat{H} \, \hat{T} = \hat{H}$$

이동 불변이라고 한다. (이동 대칭성이 있다는 것과 동등하다.) $\hat{T}$가 unitary이므로(식 6.4) 이 식의 양 변에 $\hat{T}$를 곱하여

$$\hat{H} \, \hat{T} = \hat{T} \, \hat{H}$$

을 얻는다. 그러므로 Hamiltonian이 이동 연산자와 교환하는 계는 이동 대칭성이 있다.

$$\left[\hat{H}, \hat{T}\right] = 0. \tag{6.9}$$

일차원 퍼텐셜 안에서 움직이는 질량 m인 입자의 Hamiltonian은

$$\hat{H} = \frac{\hat{p}^2}{2m} + V(x)$$

이다. 식 6.8에 의하면 변환된 Hamiltonian은

$$\hat{H}' = \frac{\hat{p}^2}{2m} + V(x + a)$$

이므로 이동 대칭성이 있다면

$$V(x + a) = V(x) \tag{6.10}$$

을 만족해야 한다. 이제 식 6.10이 초래하는 두 개의 매우 다른 물리적인 경우가 있다. 첫째는 모든 a에 대해 식 6.10이 성립하는 일정한 퍼텐셜이다. 이와 같은 계는 **연속 이동 대칭성**이 있다고 한다. 두 번째는 결정 안의 전자와 같이 주기적인 퍼텐셜로, 식 6.10은 불연속적인 a값에 대해서만 성립한다. 이와 같은 경우 계는 **불연속 이동 대칭성**이 있다고 한다. 이 두 가지 경우를 그림 6.6에 나타내었다.

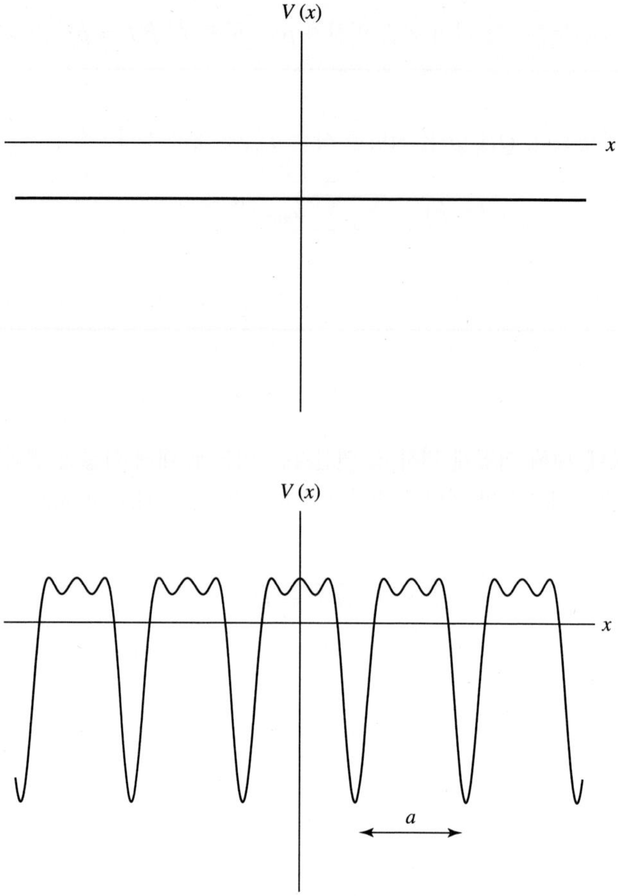

그림 6.6: 연속적(위), 불연속적(아래) 이동 대칭성이 있는 계의 퍼텐셜. 첫 번째 경우에 퍼텐셜은 좌우로 어떤 양만큼 옮겨도 같다. 두 번째에서는 a의 정수배만큼 좌우로 이동할 때 퍼텐셜이 같다.

불연속 이동 대칭성과 Bloch 정리

이동 대칭성의 의미는 무엇일까? 불연속 이동 대칭성이 있는 계에서 가장 중요한 결과는 Bloch 정리이다. 이 정리로 인해 정상상태의 형태를 지정할 수 있다. 5.3.2절에서 이 정리를 이용했다. 이제 이것을 증명할 것이다.

A.5절에서 두 연산자가 교환하면 이 연산자에 대한 동시적인 고유상태의 완전 집합이 있다는 것을 증명했다. 따라서 Hamiltonian이 이동 불변이라면(즉 Hamiltonian이 이동 연산자와 교환하면) Hamiltonian의 고유상태 $\psi(x)$는 동시에 $\hat{T}$의 고유상태가 되도록 선택할 수 있다.

$$\hat{H}\,\psi(x) = E\,\psi(x)\,, \qquad \hat{T}(a)\,\psi(x) = \lambda\,\psi(x).$$

여기서 λ는 $\hat{T}$의 고유값이다. $\hat{T}$는 unitary이므로 고유값의 크기는 1이다(문제 A.30 참조). 즉 임의의 실수 ϕ에 대하여 λ는 $\lambda = e^{i\phi}$로 쓸 수 있다. 관습적으로 $\phi = -qa$로 쓰고, $\hbar q$를 **결정 운동량**이라고 한다. 그러므로 주기적인 퍼텐셜 안에서 움직이는 질량 m인 입자의 정상상태는 다음의 성질이 있다.

$$\psi(x-a) = e^{-i\,qa}\,\psi(x)\,. \tag{6.11}$$

더 이해를 잘 할 수 있도록 식 6.11을 쓸 수 있다.[7]

$$\boxed{\psi(x) = e^{i\,q\,x}\,u(x).} \tag{6.12}$$

여기서 $u(x)$는 x의 주기적인 함수 $u(x+a) = u(x)$이고, $e^{i\,qx}$는 파장이 $2\pi/q$인 진행 파동이다. (진행 파동 자체는 자유 입자를 기술한다고 2.4절에서 언급했다.) 식 6.12는 **Bloch 정리**이고, 이것은 주기적인 퍼텐셜 안의 입자에 대한 정상상태는 주기함수에 진행 파동을 곱한 것이라는 것을 의미한다. 단지 Hamiltonian이 이동 불변이라고 해서 반드시 정상상태 자체가 이동 불변은 아니라는 것에 주목하라. 이는 다만 이동 연산자의 고유상태로 선택할 수 있다는 것을 뜻한다.

Bloch 정리는 정말 놀랍다. 이로 인해 (결정 안의 전자와 같이) 주기적인 퍼텐셜 안에 있는 입자의 정상상태는 주기적인 함수를 제외하고는 진행 파동이라는 것을 알 수 있다. 그러므로 0이 아닌 속도를 갖는다.[8] 이것은 전자가 충돌 없이 완벽한 결정을 지나간다는 의미이다! 이것은 고체 내부의 전기 전도에 대한 극적인 영향을 준다.

연속 이동 대칭성과 운동량 보존

계가 연속 이동 대칭성이 있으면 Hamiltonian은 어떤 a를 선택하더라도 $\hat{T}(a)$와 교환한다. 이 경우 **미소 이동**

$$\hat{T}(\delta) = e^{-i\,\delta\,\hat{p}/\hbar} \approx 1 - i\,\frac{\delta}{\hbar}\,\hat{p}$$

을 고려하는 것이 도움이 된다. 여기서 δ는 미소 길이다.[9]

Hamiltonian이 연속 이동 대칭성이 있다면, 미소 변환을 포함한 어떤 이동을 해도 변하지 않아야 한다. 다르게 말하면 이동 연산자와 교환한다. 따라서 다음을 얻는다.

$$\left[\hat{H}, \hat{T}(\delta)\right] = \left[\hat{H}, 1 - i\,\frac{\delta}{\hbar}\,\hat{p}\right] = 0 \Rightarrow \left[\hat{H}, \hat{p}\right] = 0.$$

그러므로 Hamiltonian이 연속 이동 대칭성이 있으면 운동량 연산자와 교환해야 한다. 그리고 Hamiltonian이 운동량과 교환하면 "일반화된 Ehrenfest 정리"(식 3.73)에 의하면 다음을 얻는다.

---

[7] 분명히 식 6.12는 식 6.11을 만족한다. 문제 6.5에서 이들은 사실 동등한 표현이라는 것을 증명할 것이다.

[8] 섭동 이론을 사용한 깔끔한 증명을 보려면, 문제 6.6을 풀고 7장을 공부한 후에 Neil Ashcroft, N. David Mermin, *Solid State Physics*, Cengage, Belmont, 1976 (765쪽)을 참조하라.

[9] 연속 대칭성의 경우 변환의 미소 형태로 작업하는 것이 훨씬 쉽다. 임의의 유한한 변환은 미소 변환을 계속 곱하여 얻을 수 있다. 특히 a로 유한한 이동하는 것은 $N \to \infty$인 극한에서 $\delta = a/N$의 미소 변환을 N번 계속하여 얻을 수 있다.

$$\lim_{N\to\infty}\left(1 - i\,\frac{a}{N}\,\frac{1}{\hbar}\,\hat{p}\right)^N = \exp\left[-\frac{i\,a}{\hbar}\,\hat{p}\right].$$

증명을 보려면 R. Shankar, *Basic Training in Mathematics: A Fitness Program for Science Students*, Plenum Press, New York, 1995 (11쪽)을 참조하라.

$$\frac{d}{dt}\langle p\rangle = \frac{i}{\hbar}\left\langle\left[\hat{H}, \hat{p}\right]\right\rangle = 0. \tag{6.13}$$

이것이 **운동량 보존**을 뜻하고, 이제 연속 이동 대칭성이 있으면 운동량이 보존된다는 것을 증명했다. 이것이 강력한 일반적 원리의 첫 번째 예이다. 대칭성은 보존 법칙을 암시한다.[10]

물론 퍼텐셜 $V(x)$ 안에서 움직이는 질량 m인 한 개의 입자를 고려한다면 연속 이동 대칭성을 갖는 유일한 퍼텐셜은 일정한 퍼텐셜이고, 이것은 자유입자와 동등하다. 그리고 이 경우 운동량이 보존되는 것은 당연하다. 그러나 이 분석은 바로 상호작용하는 입자계로 확장할 수 있다(문제 6.7 참조). 이 경우에도 (Hamiltonian이 이동 불변인 한) 운동량이 보존된다는 사실은 전혀 단순하지 않은 결과이다. 어쨌든 기억할 요점은 운동량 보존은 이동 대칭성의 결과라는 것이다.

문제 6.5 식 6.12는 식 6.11로부터 나온다는 것을 증명하라. 귀띔: 먼저 $\psi(x) = e^{i\,qx}\,u(x)$로 써라. 이것은 어떤 $u(x)$에 대해서는 분명히 맞다. 그리고 $u(x)$는 반드시 x의 주기함수여야 한다는 것을 증명하라.

*** **문제 6.6** 주기 a인 퍼텐셜 $V(x)$ 안에서 움직이는 질량 m인 입자를 고려하자. Bloch 정리로부터 파동함수는 식 6.12의 형태로 쓸 수 있다는 것을 알고 있다. 주의: 관습적으로 상태를 양자수 n과 q로 표기하여 $\psi_{nq}(x) = e^{-i\,qx}\,u_{nq}(x)$로 쓴다. E_{nq}는 주어진 q값에 대한 n번째 에너지이다.

(a) u가 다음의 식을 만족하는 것을 증명하라.

$$-\frac{\hbar^2}{2m}\frac{d^2u_{nq}}{dx^2} - \frac{i\hbar^2 q}{m}\frac{du_{nq}}{dx} + V(x)\,u_{nq} = \left(E_{nq} - \frac{\hbar^2 q^2}{2m}\right)u_{nq}. \tag{6.14}$$

(b) 문제 2.61의 방법을 사용하여 u_{nq}에 대한 미분방정식을 풀라. Hermitian 행렬을 대각선화하려면 일차 미분에 대해 양쪽의 차이를 사용할 필요가 있다. $\frac{d\psi}{dx} \approx \frac{\psi_{j+1}-\psi_{j-1}}{2\Delta x}$ 구간 0과 a 사이의 퍼텐셜에 대해

$$V(x) = \begin{cases} -V_0 & a/4 < x < 3a/4 \\ 0 & \text{그 이외의 경우} \end{cases}$$

로 놓자. 여기서 $V_0 = 20\hbar^2/2m\,a^2$이다. (함수 u_{nq}가 주기적이라는 사실을 포함하려면 방법을 약간 수정할 필요가 있다.) 결정 운동량의 $q\,a = -\pi, -\pi/2, 0, \pi/2, \pi$값에 대해 가장 낮은 두 개의 에너지를 구하라. q와 $q + 2\pi/a$는 같은 파동함수를 기술하므로(식 6.12) 구간 $-\pi$에서 π를 벗어나는 $q\,a$값을 고려할 이유는 없다. 고체물리학에서 이 영역 안의 q값이 **첫 번째 Brillouin 영역**을 이룬다고 한다.

[10] 불연속 이동 대칭성의 경우에는 운동량은 보존되지 않지만, 불연속 이동 대칭성과 밀접하게 관련된 보존되는 양이 있는데, 바로 결정 운동량이다. 결정 운동량에 대한 논의를 보려면 Steven H. Simon, *The Oxford Solid State Basics*, Oxford, 2013, 84쪽을 참조하라.

(c) $-\pi/a$와 π/a 사이의 q값에 대해 에너지 E_{1q}와 E_{2q}의 그림을 그려라. (b)에서 자동화된 코드를 사용했다면 이 영역에서 많은 수의 q값을 보일 수 있을 것이다. 그렇지 않다면 (b)에서 계산한 값에 대한 그림만 그려라.

문제 6.7 (일차원에서) 질량 m_1, m_2인 두 개의 입자가 두 입자 사이의 거리에만 의존하는 퍼텐셜 $V(|x_1 - x_2|)$로 상호작용하고 있는 계의 Hamiltonian은

$$\hat{H} = -\frac{\hbar^2}{2m_1}\frac{\partial^2}{\partial x_1^2} - \frac{\hbar^2}{2m_2}\frac{\partial^2}{\partial x_2^2} + V(|x_1 - x_2|).$$

이다. 두 입자 파동함수에 작용하는 이동 연산자는

$$\hat{T}(a)\ \psi(x_1, x_2) = \psi(x_1 - a, x_2 - a)$$

일 것이다.

(a) 이동 연산자는

$$\hat{T}(a) = e^{-\frac{ia}{\hbar}\hat{P}},$$

로 쓸 수 있다는 것을 보여라. 여기서 $\hat{P} = \hat{p}_1 + \hat{p}_2$는 전체 운동량이다.

(b) 이 계에서 전체 운동량이 보존된다는 것을 증명하라.

6.3 보존 법칙

고전역학에서 보존 법칙의 의미는 분명하다. 관심의 대상이 어떤 사건 전과 후에 같으면 된다. 돌을 떨어뜨리면 퍼텐셜에너지는 운동에너지로 변환되지만 전체 에너지는 돌을 놓았을 때나 땅에 충돌하기 직전이나 같다. 두 당구공을 충돌시키면 운동량이 한 공에서 다른 공으로 전달되지만, 전체는 변하지 않는다. 그러나 양자역학에서는 계는 일반적으로 과정이 시작되기 전에 (혹은 후에) 정해진 에너지(혹은 운동량)를 갖지 않는다. 이 경우 관측량 Q가 보존된다(혹은 되지 않는다)는 것은 무엇을 의미하는가? 두 가지 가능성이 있다.

- **첫 번째 정의:** 기댓값 $\langle Q\rangle$는 시간에 무관하다.
- **두 번째 정의:** 특정한 값을 가질 확률이 시간에 무관하다.

어떤 조건에서 각각의 보존 법칙이 성립할까?

관심 대상인 관측량이 시간에 명시적으로 의존하지 않는다고 가정하자. $\partial Q/\partial t = 0$. 이 경우 일반화된 Ehrenfest 정리(식 3.73)에 의하면 Q의 기댓값은 시간에 무관하다. 연산자 $\hat{Q}$는 Hamiltonian과 교환한다. 두 번째 정의를 통해서도 같은 기준에 의해 보존이 보장된다.

이 결과를 증명하지는 않겠다. 시간 t에서 Q를 측정했을 때 q_n의 결과를 얻을 확률은 (식 3.43)

$$P(q_n) = |\langle f_n \mid \Psi(t)\rangle|^2 \tag{6.15}$$

임을 기억하자. 여기서 f_n은 해당하는 고유벡터이다. $\hat{Q}|f_n\rangle = q_n\,|f_n\rangle$.[11] 파동함수의 시간에 대한 변화는(식 2.17)

$$|\Psi(t)\rangle = \sum_m e^{-i\,E_m\,t/\hbar}\,c_m\,|\psi_m\rangle$$

임을 알고 있다. 여기서 $|\psi_n\rangle$은 $\hat{H}$의 고유상태이므로

$$P(q_n) = \left|\sum_m e^{-i\,E_m\,t/\hbar}\,c_m\,\langle f_n|\psi_m\rangle\right|^2$$

을 얻는다. 이제 요점은 다음과 같다. $\hat{Q}$와 $\hat{H}$는 교환하므로 이들에 대한 동시 고유상태의 완전 집합을 구할 수 있다(A.5절 참조). 일반성을 잃지 않고 $|f_n\rangle = |\psi_n\rangle$으로 놓을 수 있다. $|\psi_n\rangle$의 직교규격성을 이용하면

$$P(q_n) = \left|\sum_m e^{-i\,E_m\,t/\hbar}\,c_m\,\langle\psi_n\mid\psi_m\rangle\right|^2 = |c_n|^2$$

을 얻고, 이것은 분명히 시간에 무관하다.

6.4 반전성

6.4.1 일차원에서의 반전성

공간 반전은 반전 연산자 $\hat{\Pi}$를 통해 일어난다. 일차원에서

$$\hat{\Pi}\,\psi(x) = \psi'(x) = \psi(-x)$$

이다. 분명히 반전 연산자는 자신의 역연산자이다. $\hat{\Pi}^{-1} = \hat{\Pi}$. 문제 6.8에서 Hermitian이라는 것을 보일 것이다. $\hat{\Pi}^\dagger = \hat{\Pi}$. 이를 결합하면 반전 연산자는 또한 unitary하다.

$$\hat{\Pi}^{-1} = \hat{\Pi} = \hat{\Pi}^\dagger\,. \tag{6.16}$$

공간 반전에 대해 연산자는

$$\hat{Q}' = \hat{\Pi}^\dagger\,\hat{Q}\,\hat{\Pi} \tag{6.17}$$

로 변환한다. 식 6.17을 얻는 논의를 반복하지 않겠다. 왜냐하면 이것은 이동의 경우 식 6.6을 얻을 때의 논의와 같기 때문이다. 위치와 운동량 연산자는 "홀반전성"을 갖는다(문제 6.10).

$$\hat{x}' = \hat{\Pi}^\dagger\,\hat{x}\,\hat{\Pi} = -\hat{x} \tag{6.18}$$

[11] $\hat{Q}$의 스펙트럼에 겹침이 있으면 (같은 고유값 q_n에 대해 다른 고유벡터 $\hat{Q}|f_n^{(i)}\rangle = q_n|f_n^{(i)}\rangle$, $i = 1, 2, \ldots$가 있다) 이 상태에 대해 더해야 한다.

$$P(q_n) = \sum_i \left|\left\langle f_n^{(i)} \,\middle|\, \Psi(t)\right\rangle\right|^2 .$$

i에 대한 합을 제외하고는 증명은 같은 방법으로 진행된다.

$$\hat{p}' = \hat{\Pi}^\dagger \, \hat{p} \, \hat{\Pi} = -\hat{p}. \tag{6.19}$$

그리고 이로 인해 다른 연산자가 변환하는 방법을 알 수 있다(문제 6.4 참조).

$$\hat{Q}'(\hat{x}, \hat{p}) = \hat{\Pi}^\dagger \, \hat{Q}(\hat{x}, \hat{p}) \, \hat{\Pi} = \hat{Q}(-\hat{x}, -\hat{p}) \, .$$

Hamiltonian이 반전 변환에 대해 변하지 않으면 계는 반전 대칭성이 있다고 한다.

$$\hat{H}' = \hat{\Pi}^\dagger \, \hat{H} \, \hat{\Pi} = \hat{H}$$

혹은 반전 연산자의 unitary 성질을 이용하면

$$\left[\hat{H}, \hat{\Pi}\right] = 0 \tag{6.20}$$

을 얻는다. Hamiltonian이 일차원 퍼텐셜 $V(x)$ 안에 있는 질량 m의 입자를 기술한다면 반전 대칭성은 단순히 퍼텐셜이 위치의 짝함수라는 것을 의미한다.

$$V(x) = V(-x) \, .$$

반전 대칭성이 암시하는 것은 두 가지이다. 첫째, $\hat{\Pi}$와 $\hat{H}$의 동시 고유상태의 완전 집합을 구할 수 있는 것이다. 이와 같은 고유상태를 ψ_n으로 쓰면, 다음을 만족한다.

$$\hat{\Pi} \, \psi_n(x) = \psi_n(-x) = \pm \, \psi_n(x).$$

왜냐하면 반전 연산자의 고유값은 ± 1뿐이기 때문이다(문제 6.8). 그러므로 위치의 짝함수인 퍼텐셜의 정상상태 자체는 짝함수이거나 홀함수이다. (겹침이 있는 경우 이렇게 선택할 수 있다.)[12] 이 성질은 단순 조화 진동자와 (원점을 우물 중심에 놓은) 무한한 사각형 우물, 그리고 Dirac 델타함수 퍼텐셜에서 이미 익숙한 것이고, 문제 2.1에서 일반적으로 증명했다.

둘째로 Ehrenfest 정리에 의하면, 만일 Hamiltonian이 반전 대칭성이 있으면

$$\frac{d}{dt} \langle \Pi \rangle = \frac{i}{\hbar} \left\langle \left[\hat{H}, \hat{\Pi}\right] \right\rangle = 0$$

이므로, 대칭적인 퍼텐셜 안에서 움직이는 입자에 대해 반전성은 보존된다. 기댓값만이 아니고, 측정에서 특정한 결과를 얻을 확률도 6.3절의 정리에 따라 보존된다. 반전성 보존은 예를 들어 $t = 0$에서 조화진동자의 파동함수가 짝함수이면 임의의 나중 시간 t에서도 짝함수라는 것을 의미한다. 그림 6.7을 참조하라.

* **문제 6.8**

(a) 반전 연산자 $\hat{\Pi}$는 Hermitian임을 증명하라.

(b) 반전 연산자의 고유값은 ± 1임을 증명하라.

---

[12] 일차원에서 (규격화할 수 있는) 속박 상태에 대해서는 겹침이 없고, 대칭적인 퍼텐셜의 모든 속박상태는 자동적으로 반전성의 고유상태이다. (하지만 문제 2.46를 참조하라.) 충돌 상태에 대해서는 겹침이 일어난다.

6.4.2 삼차원에서의 반전성

삼차원에서 반전 연산자로 수행되는 공간 반전은 다음과 같다.

$$\hat{\Pi}\,\psi(\mathbf{r}) = \psi'(\mathbf{r}) = \psi(-\mathbf{r})\,.$$

연산자 $\hat{\mathbf{r}}$과 $\hat{\mathbf{p}}$는 다음과 같이 변환한다.

$$\hat{\mathbf{r}}' = \hat{\Pi}^{\dagger}\,\hat{\mathbf{r}}\,\hat{\Pi} = -\hat{\mathbf{r}}. \tag{6.21}$$

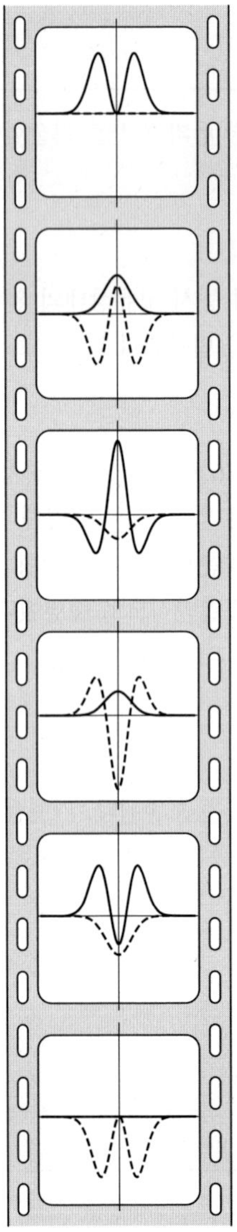

그림 6.7: 이 영사슬라이드에서 조화진동자 퍼텐셜 안에 있는 입자에 대한 특정한 파동함수 $\left(\Psi_0(\xi) = A\xi^2 e^{-\xi^2/2}\right)$의 시간에 대한 변화를 나타내었다. 실선과 점선은 각각 파동함수의 실수와 허수 부분을 나타내고, 시간은 위에서 아래로 흐른다. 반전성이 보존되므로, 처음에 (이것과 같이) 위치의 짝함수인 파동함수는 모든 이후의 시간에 짝함수로 남는다.

$$\hat{\mathbf{p}}' = \hat{\Pi}^\dagger\,\hat{\mathbf{p}}\,\hat{\Pi} = -\hat{\mathbf{p}}. \tag{6.22}$$

다른 연산자는

$$\hat{Q}'(\hat{\mathbf{r}}, \hat{\mathbf{p}}) = \hat{\Pi}^\dagger\,\hat{Q}(\hat{\mathbf{r}}, \hat{\mathbf{p}})\,\hat{\Pi} = \hat{Q}(-\hat{\mathbf{r}}, -\hat{\mathbf{p}})\,. \tag{6.23}$$

으로 변환한다.

예제 6.2

반전 변환된 각운동량 연산자 $\hat{\mathbf{L}}' = \hat{\Pi}^\dagger\,\hat{\mathbf{L}}\hat{\Pi}$를 $\hat{\mathbf{L}}$로 나타내라.

풀이: $\mathbf{L} = \mathbf{r} \times \mathbf{p}$이므로 식 6.23에 의하면 다음을 얻는다.

$$\hat{\mathbf{L}}' = \hat{\Pi}^\dagger\,\hat{\mathbf{L}}\,\hat{\Pi} = \hat{\mathbf{r}}' \times \hat{\mathbf{p}}' = (-\hat{\mathbf{r}}) \times (-\hat{\mathbf{p}}) = \hat{\mathbf{r}} \times \hat{\mathbf{p}} = \hat{\mathbf{L}}. \tag{6.24}$$

$\hat{\mathbf{L}}$과 같이 짝반전성이 있는 벡터에 대한 특별한 이름이 있다. 이를 **유사 벡터**라고 한다. 왜냐하면 $\hat{\mathbf{r}}$이나 $\hat{\mathbf{p}}$ 같은 "진짜" 벡터가 반전성에 대해 변환할 때와 같이 부호가 바뀌지는 않기 때문이다. 마찬가지로 홀반전성을 갖는 스칼라는 **유사 스칼라**라고 한다. 왜냐하면 (짝반전성을 갖는 $\hat{\mathbf{r}} \cdot \hat{\mathbf{r}}$ 같이) "진짜" 스칼라가 반전성에 대해 변환하는 것과 다르게 변환하기 때문이다. 문제 6.9를 참조하라. 주의: **스칼라**와 **벡터**라는 이름은 회전에 대해 연산자가 어떻게 행동하는지 알려준다. 이 용어를 다음 절에서 조심스럽게 정의할 것이다. "진짜" 벡터와 유사 벡터는 회전에 대해서는 같은 방법으로 행동한다. 이들 모두 벡터이다.

삼차원에서 $V(-\mathbf{r}) = V(\mathbf{r})$이면 퍼텐셜 $V(\mathbf{r})$ 안에서 움직이는 질량 m인 입자에 대한 Hamiltonian은 반전 대칭성이 있다. 일차원의 경우와 같이 이와 같은 계에서 반전성은 보존되고, Hamiltonian의 고유상태는 동시에 반전성의 고유상태로 선택할 수 있다. 문제 6.1에서 중심력 퍼텐셜 안의 입자에 대한 $\psi_{n\ell m}(r,\theta,\phi) = R_{n\ell}(r)\,Y_\ell^m(\theta,\phi)$로 표현한 고유상태는 반전성의 고유상태이다.[13]

$$\hat{\Pi}\,\psi_{n\ell m}(r,\theta,\phi) = (-1)^\ell\,\psi_{n\ell m}(r,\theta,\phi)\,.$$

* **문제 6.9**

(a) 반전성에 대해 "진짜" 스칼라 연산자는 변하지 않는다.

$$\hat{\Pi}^\dagger\,\hat{f}\,\hat{\Pi} = \hat{f}$$

반면 유사 스칼라는 부호가 바뀐다. 그러므로 "진짜" 스칼라에 대해서는 $\left[\hat{\Pi}, \hat{f}\right] = 0$이지만, 유사 스칼라에 대해서는 $\left\{\hat{\Pi}, \hat{f}\right\} = 0$임을 증명하라. 귀띔: 두 연산자 $\hat{A}$와 $\hat{B}$의 **반교환자**는 $\left\{\hat{A}, \hat{B}\right\} \equiv \hat{A}\,\hat{B} + \hat{B}\,\hat{A}$로 정의한다.

(b) 마찬가지로 "진짜" 벡터는 부호가 바뀌고

[13] 식 6.24는 동등하게 $\left[\hat{\Pi}, \hat{\mathbf{L}}\right] = \mathbf{0}$으로 쓸 수 있다. 반전성이 각운동량의 모든 성분과 교환(따라서 $\hat{L}^2$과도)한다는 사실이 $\hat{L}^2$, $\hat{L}_z$와 $\hat{\Pi}$의 동시 고유상태를 구할 수 있는 이유이다.

$$\hat{\Pi}^\dagger\,\hat{\mathbf{V}}\,\hat{\Pi} = -\hat{\mathbf{V}}.$$

반면에 유사 벡터는 변하지 않는다. 따라서 "진짜" 벡터는 $\left\{\hat{\Pi}, \hat{\mathbf{V}}\right\} = \mathbf{0}$을 만족하고, 유사 벡터는 $\left[\hat{\Pi}, \hat{\mathbf{V}}\right] = \mathbf{0}$를 만족함을 증명하라.

6.4.3 반전성 선택 규칙

선택 규칙은 대칭성에 기초하여 언제 어떤 행렬요소가 0이 되는지 알려준다. 행렬요소는 $\langle b|\hat{Q}|a\rangle$의 형태를 갖는 양이다. 기댓값은 $a = b = \psi$인 행렬요소의 특별한 경우이다. 선택 규칙이 물리적으로 중요한 연산자는 전기 쌍극자 모멘트 연산자

$$\hat{\mathbf{p}}_e = q\,\hat{\mathbf{r}}$$

이다. 이 연산자는 입자의 전하에 위치를 곱한 것에 지나지 않지만, 이 연산자에 대한 선택 규칙은 어느 원자 상태의 전이가 허용되고, 어떤 것이 금지되는지 결정한다(11장 참조). 위치 벡터 $\hat{\mathbf{r}}$이 홀반전성을 가지므로 이 연산자도 홀반전성이 있다.

$$\hat{\Pi}^\dagger\,\hat{\mathbf{p}}_e\,\hat{\Pi} = -\hat{\mathbf{p}}_e. \tag{6.25}$$

이제 두 상태 $\psi_{n\ell m}$과 $\psi_{n'\ell'm'}$ 사이에서 전기 쌍극자 연산자의 행렬요소를 고려하자. (이에 해당하는 켓을 $|n\ell m\rangle$과 $|n'\ell'm'\rangle$로 표시하겠다.) 식 6.25를 이용하면 다음을 얻는다.

$$\begin{aligned}\left\langle n'\ell'm'\,\middle|\,\hat{\mathbf{p}}_e\,\middle|\,n\ell m\right\rangle &= -\left\langle n'\ell'm'\,\middle|\,\hat{\Pi}^\dagger\,\hat{\mathbf{p}}_e\,\hat{\Pi}\,\middle|\,n\ell m\right\rangle\\ &= -\left\langle n'\ell'm'\,\middle|(-1)^{\ell'}\,\hat{\mathbf{p}}_e\,(-1)^{\ell}\,\middle|\,n\ell m\right\rangle\\ &= (-1)^{\ell+\ell'+1}\left\langle n'\ell'm'\,\middle|\,\hat{\mathbf{p}}_e\,\middle|\,n\ell m\right\rangle.\end{aligned}$$

이로부터 바로 다음을 얻는다.

$$\left\langle n'\ell'm'\,\middle|\,\hat{\mathbf{p}}_e\,\middle|\,n\ell m\right\rangle = \mathbf{0} \quad \ell+\ell'\text{이 짝수일 경우}. \tag{6.26}$$

이것을 **Laporte의 규칙**이라고 한다. 이 규칙에 의하면 쌍극자 모멘트 연산자의 행렬요소는 같은 반전성을 갖는 상태 사이에서는 0이 된다. 식 6.26에 도달하는 논리는 연산자가 반전성에 대해 어떻게 변환하는지 알기만 하면 임의의 연산자에 대한 선택 규칙을 유도하는 데 일반화할 수 있다. $\hat{\mathbf{L}}$과 같이 짝반전성을 갖는 연산자에 대한 선택 규칙은 문제 6.11에서 유도하겠다.

문제 6.10 위치와 운동량 연산자는 홀반전성을 갖는다는 것을 증명하라. 즉 식 6.18, 6.19, 그리고 확장하여 식 6.21과 6.22를 증명하라.

* **문제 6.11** 두 개의 특정한 반전성 상태 사이에서 $\hat{\mathbf{L}}$의 행렬요소 $\langle n'\ell'm'|\hat{\mathbf{L}}|n\ell m\rangle$을 고려하자. 이 행렬요소가 반드시 0이 되는 조건은 무엇인가? 같은 선택 규칙은 임의의 유사 벡터 연산자 혹은 임의의 "진짜" 스칼라 연산자에 대해서도 성립한다는 것에 주목하라.

문제 6.12 스핀 각운동량 $\hat{\mathbf{S}}$는 궤도 각운동량 $\hat{\mathbf{L}}$과 마찬가지로 짝반전성을 갖는다.

$$\hat{\Pi}^\dagger \hat{\mathbf{S}} \hat{\Pi} = \hat{\mathbf{S}} \quad \text{또는} \quad \left[\hat{\Pi}, \hat{\mathbf{S}}\right] = 0. \tag{6.27}$$

표준 기준으로 쓴 스피너에 작용하면(식 4.139) 반전 연산자는 2 × 2 행렬이 된다. 식 6.27에 의하면 이 행렬은 단위행렬에 상수를 곱한 것이 되어야 한다는 것을 증명하라. 그 자체로 스피너의 반전성은 그다지 흥미 있지 않다. 왜냐 하면 두 스핀 상태 모두 같은 고유값을 갖는 반전성의 고유함수이기 때문이다. 이 반전성을 임의로 +1로 선택할 수 있으므로 파동함수의 스핀 부분에 반전성 연산자는 아무런 영향이 없다.[14]

* **문제 6.13** 수소 원자 안의 전자를 고려하자.

(a) 전자가 바닥상태에 있으면 반드시 $\langle \mathbf{p}_e \rangle = 0$임을 증명하라. 어떤 계산도 허용하지 않는다.

(b) 전자가 $n = 2$ 상태에 있으면 $\langle \mathbf{p}_e \rangle$가 0일 필요는 없다는 것을 증명하라. $n = 2$ 에너지 준위에 대한 파동함수가 0이 아닌 $\langle \mathbf{p}_e \rangle$를 갖는 파동함수의 예를 들고, 이 상태에 대한 $\langle \mathbf{p}_e \rangle$를 계산하라.

6.5 회전 대칭성

6.5.1 z축에 대한 회전

z축에 대하여 각도 φ만큼 함수를 회전하는 작용(식 6.2)

$$\hat{R}_z(\varphi)\, \psi(r, \theta, \phi) = \psi'(r, \theta, \phi) = \psi(r, \theta, \phi - \varphi) \tag{6.28}$$

은 각운동량의 z 성분과 밀접한 관련이 있다(식 4.129). 식 6.3을 유도할 때와 같은 논리로

$$\hat{R}_z(\varphi) = \exp\left[-\frac{i\,\varphi}{\hbar}\,\hat{L}_z\right] \tag{6.29}$$

이고 $\hat{L}_z$는 z축에 대한 **회전 생성원**이라고 한다(식 6.3과 비교하라).

$\hat{\mathbf{r}}$과 $\hat{\mathbf{p}}$는 회전에 대해 어떻게 변화할까? 이 질문에 답하기 위해 연산자의 미소 형태를 사용한다.

$$\hat{R}_z(\delta) \approx 1 - \frac{i\,\delta}{\hbar}\,\hat{L}_z.$$

그러면 연산자 $\hat{x}$는 다음과 같이 변환한다.

$$\begin{aligned} \hat{x}' = \hat{R}^\dagger\, \hat{x}\, \hat{R} &\approx \left(1 + \frac{i\,\delta}{\hbar}\,\hat{L}_z\right) \hat{x} \left(1 - \frac{i\,\delta}{\hbar}\,\hat{L}_z\right) \\ &\approx \hat{x} + \frac{i\,\delta}{\hbar}\left[\hat{L}_z, \hat{x}\right] \approx \hat{x} - \delta\,\hat{y} \end{aligned}$$

---

[14] 그러나 스핀 1/2인 반입자는 반대의 반전성을 갖는다. 따라서 전자는 관습적으로 반전성 +1을 부여하고, 양전자는 반전성 −1을 갖는다.

(식 4.122를 사용하여 교환자를 구했다.) 같은 계산을 하면 $\hat{y}' = \hat{y} + \delta\hat{x}$, $\hat{z}' = \hat{z}$를 얻는다. 이 결과를 행렬로 쓰면 다음과 같다.

$$\begin{pmatrix} \hat{x}' \\ \hat{y}' \\ \hat{z}' \end{pmatrix} = \begin{pmatrix} 1 & -\delta & 0 \\ \delta & 1 & 0 \\ 0 & 0 & 1 \end{pmatrix} \begin{pmatrix} \hat{x} \\ \hat{y} \\ \hat{z} \end{pmatrix}. \tag{6.30}$$

이것은 회전에 대해 올바르게 보이지 않는다.

$$\begin{pmatrix} \hat{x}' \\ \hat{y}' \\ \hat{z}' \end{pmatrix} = \begin{pmatrix} \cos\varphi & -\sin\varphi & 0 \\ \sin\varphi & \cos\varphi & 0 \\ 0 & 0 & 1 \end{pmatrix} \begin{pmatrix} \hat{x} \\ \hat{y} \\ \hat{z} \end{pmatrix} ? \tag{6.31}$$

의 형태가 되어야 하지 않을까? 그렇다. 그렇지만 $\varphi \to \delta$는 미소량이라고 가정하므로 (δ^2 혹은 고차항을 무시하면) $\cos\varphi \to 1$, $\sin\varphi \to \delta$이다.[15]

** **문제 6.14** 이 문제에서 식 6.30과 6.31 사이의 대응관계를 만들 것이다.

(a) 행렬

$$\mathsf{M} = \begin{pmatrix} 1 & -\varphi/N \\ \varphi/N & 1 \end{pmatrix}$$

을 대각선화하여[16] 행렬

$$\mathsf{M}' = \mathsf{S}\,\mathsf{M}\,\mathsf{S}^{-1}$$

을 구하라. 여기서 S^{-1}는 M의 (규격화된) 고유벡터를 행으로 넣은 unitary 행렬이다.

(b) 이항전개를 이용하여 $\lim_{N\to\infty}(\mathsf{M}')^N$은 대각선에 $e^{-i\varphi}$와 $e^{i\varphi}$ 항들이 있는 대각선 행렬이 됨을 증명하라.

(c) 다시 원래 기준으로 돌아가서

$$\lim_{N\to\infty} \mathsf{M}^N = \mathsf{S}^{-1}\left[\lim_{N\to\infty}(\mathsf{M}')^N\right]\mathsf{S}$$

이 식 6.31의 행렬과 같게 됨을 증명하라.

6.5.2 삼차원 회전

식 6.29는 명백한 방법으로 단위 벡터 **n**을 향하는 축에 대한 회전으로 일반화할 수 있다.

$$\hat{R}_{\mathbf{n}}(\varphi) = \exp\left[-\frac{i\varphi}{\hbar}\,\mathbf{n}\cdot\hat{\mathbf{L}}\right]. \tag{6.32}$$

선운동량이 이동의 생성원이듯이 각운동량은 **회전의 생성원**이다.

회전에 대해 위치 연산자와 같은 방법으로 변환하는 (세 성분이 있는) 임의의 연산자를 **벡터**

[15] 거꾸로 미소에서 유한한 변환으로 가려면 문제 6.14를 참조하라.

[16] A.5절 참조.

연산자라고 한다. "같은 방법으로 변환한다"는 것은 $\hat{\mathbf{r}}' = \mathsf{D}\hat{\mathbf{r}}$에 나타나는 행렬 D와 같은 행렬이 $\hat{\mathbf{V}}' = \mathsf{D}\hat{\mathbf{V}}$에 나타난다는 의미이다. 특히 z축에 대한 회전에 대해서는 다음을 얻는다(식 6.31).

$$\begin{pmatrix} \hat{V}_x' \\ \hat{V}_y' \\ \hat{V}_z' \end{pmatrix} = \begin{pmatrix} \cos\varphi & -\sin\varphi & 0 \\ \sin\varphi & \cos\varphi & 0 \\ 0 & 0 & 1 \end{pmatrix} \begin{pmatrix} \hat{V}_x \\ \hat{V}_y \\ \hat{V}_z \end{pmatrix}.$$

이 변환 규칙은 다음의 교환관계에서 나온다.[17]

$$\boxed{\left[\hat{L}_i, \hat{V}_j\right] = i\hbar\epsilon_{ijk}\hat{V}_k.} \tag{6.33}$$

(문제 6.16 참조.) 그리고 식 6.33을 벡터 연산자의 정의로 정하겠다. 지금까지 이와 같은 세 연산자 $\hat{\mathbf{r}}$, $\hat{\mathbf{p}}$, $\hat{\mathbf{L}}$을 보았다.

$$\left[\hat{L}_i, \hat{r}_j\right] = i\hbar\epsilon_{ijk}\hat{r}_k, \qquad \left[\hat{L}_i, \hat{p}_j\right] = i\hbar\epsilon_{ijk}\hat{p}_k, \qquad \left[\hat{L}_i, \hat{L}_j\right] = i\hbar\epsilon_{ijk}\hat{L}_k.$$

(식 4.99와 4.122 참조.)

스칼라 연산자는 회전에 대해 변하지 않는 한 개의 양이다. 이것은 연산자가 $\hat{\mathbf{L}}$과 교환한다는 것과 동등하다.

$$\boxed{\left[\hat{L}_i, \hat{f}\right] = 0.} \tag{6.34}$$

$\hat{\mathbf{L}}$과의 교환관계(회전에 대한 변환 방법)에 관련되어 연산자를 스칼라나 벡터로 분류할 수 있고, $\hat{\Pi}$와의 교환관계(반전성에 대한 변환 방법)에 따라 "진짜" 혹은 유사량으로 분류한다. 이 결과를 표 6.1에 요약했다.[18]

연속 회전 대칭성

퍼텐셜 $V(\mathbf{r})$ 안에서 움직이는 질량 m인 입자의 Hamiltonian

$$\hat{H} = \frac{\hat{p}^2}{2m} + V(\mathbf{r})$$

은 $V(\mathbf{r}) = V(r)$이면(4.1.1절에서 공부한 중심력 퍼텐셜) 회전에 대해 불변이다. 이 경우 Hamiltonian은 임의의 축에 대한 임의의 각도로 돌리는 회전과 교환한다.

$$\left[\hat{H}, \hat{R}_{\mathbf{n}}(\varphi)\right] = 0. \tag{6.35}$$

특히 식 6.35는 미소회전에 대해서도 성립한다.

---

[17] Levi-Civita 기호 ϵ_{ijk}는 문제 4.29에서 정의했다.

[18] 물론 모든 연산자가 이 영역에 속하지는 않는다. 스칼라와 벡터 연산자는 단지 텐서 연산자의 체계에서 첫 두 개의 예이다. 그 다음은 2차 텐서(예를 들어 고전역학에서 관성 텐서나 전자기학에서 사중항 텐서), 3차 텐서 등으로 계속된다.

표 6.1: 연산자는 회전에 대해 어떻게 변환하는지 알려주는 $\hat{\mathbf{L}}$과의 교환관계에 근거하여 벡터와 스칼라로 분류하고, 공간 반전에 대해 어떻게 변환하는지 알려주는 $\hat{\Pi}$와의 교환관계에 의해 유사 혹은 "진짜" 연산자로 분류한다. 첫 번째 행의 꼬불꼬불한 괄호는 문제 6.9에서 정의한 반교환자를 나타낸다. 이 표에 스핀 $\hat{\mathbf{S}}$를 포함시키기 위해 세 번째 행에서 $\hat{L}_i$가 나타나는 모든 곳에서 이것 대신 쓰면 되고 $\hat{J}_i = \hat{L}_i + \hat{S}_i$이다. (문제 6.12와 6.32에서 각각 스피너에 대한 반전성과 회전의 효과에 대해 논의하겠다.) 그러면 $\hat{\mathbf{S}}$는 $\hat{\mathbf{L}}$과 같이 유사 벡터이고, $\hat{\mathbf{p}} \cdot \hat{\mathbf{S}}$는 유사 스칼라이다.

	반전성	회전	예
진짜 벡터 $\hat{\mathbf{V}}$	$\left\{\hat{\Pi}, \hat{V}_i\right\} = 0$	$\left[\hat{L}_i, \hat{V}_j\right] = i\hbar\epsilon_{ijk}\hat{V}_k$	$\hat{\mathbf{r}}, \hat{\mathbf{p}}$
유사 벡터 $\hat{\mathbf{V}}$	$\left[\hat{\Pi}, \hat{V}_i\right] = 0$	$\left[\hat{L}_i, \hat{V}_j\right] = i\hbar\epsilon_{ijk}\hat{V}_k$	$\hat{\mathbf{L}}$
진짜 스칼라 $\hat{f}$	$\left[\hat{\Pi}, \hat{f}\right] = 0$	$\left[\hat{L}_i, \hat{f}\right] = 0$	$\hat{\mathbf{r}} \cdot \hat{\mathbf{r}}$
유사 스칼라 $\hat{f}$	$\left\{\hat{\Pi}, \hat{f}\right\} = 0$	$\left[\hat{L}_i, \hat{f}\right] = 0$	

$$R_{\mathbf{n}}(\delta) \approx 1 - i\frac{\delta}{\hbar}\mathbf{n} \cdot \hat{\mathbf{L}}.$$

즉 Hamiltonian은 $\mathbf{L}$의 세 성분과도 교환한다.

$$\left[\hat{H}, \hat{\mathbf{L}}\right] = \mathbf{0}. \tag{6.36}$$

그렇다면 회전 불변성의 결과는 무엇인가?

식 6.36과 Ehrenfest 정리로부터 중심력 퍼텐셜에 대해 다음을 얻는다.

$$\frac{d}{dt}\langle\mathbf{L}\rangle = \frac{i}{\hbar}\left\langle\left[\hat{H}, \hat{\mathbf{L}}\right]\right\rangle = \mathbf{0} \tag{6.37}$$

따라서 각운동량 보존은 회전 불변성의 결과이다. 6.37이 서술하는 것을 넘어서, 각운동량 보존은 (각운동량의 각각의 성분에 대해) 확률 분포도 시간에 무관하다는 것이다(6.3절 참조).

중심력 퍼텐셜에 대한 Hamiltonian은 각운동량의 모든 세 성분과 교환하므로, $\hat{L}^2$과도 교환한다. 연산자 $\hat{H}$, $\hat{L}_z$, $\hat{L}^2$는 중심력 퍼텐셜의 속박 상태에 대해 양립적인 **관측량의 완전집합**을 이룬다. 양립적이란 어떤 쌍에 대해서도 교환한다는 뜻이다.

$$\begin{aligned}\left[\hat{H}, \hat{L}^2\right] &= 0,\\ \left[\hat{H}, \hat{L}_z\right] &= 0,\\ \left[\hat{L}_z, \hat{L}^2\right] &= 0.\end{aligned} \tag{6.38}$$

따라서 $\hat{H}$의 고유상태는 동시에 $\hat{L}^2$과 $\hat{L}_z$의 고유상태로 선택할 수 있다.

$$\hat{H}\,\psi_{n\ell m} = E_n\,\psi_{n\ell m},$$
$$\hat{L}_z\,\psi_{n\ell m} = m\,\hbar\,\psi_{n\ell m},$$
$$\hat{L}^2\,\psi_{n\ell m} = \ell\,(\ell+1)\,\hbar^2\,\psi_{n\ell m}.$$

완전하다는 것은 양자수 n, ℓ과 m이 Hamiltonian의 속박상태를 유일하게 지정한다는 뜻이다. 이것은 수소 원자의 해, 무한한 원형 우물과 삼차원 조화진동자에서 친숙한 것이지만, 일반적으로 임의의 중심력 퍼텐셜에 대해 성립한다.[19]

* **문제 6.15** 식 6.34가 어떻게 스칼라가 회전에 대해 변하지 않는다는 것을 보장하는지 증명하라. $\hat{f}' = \hat{R}^\dagger\,\hat{f}\,\hat{R} = \hat{f}$.

* **문제 6.16** 식 6.33에서 시작하여 y축에 대해 각도 δ만큼 미소 회전을 하면 벡터 연산자 $\hat{\mathbf{V}}$가 어떻게 변환하는지 구하라. 즉

$$\hat{\mathbf{V}}' = \mathsf{D}\,\hat{\mathbf{V}}$$

에서 행렬 D를 구하라.

문제 6.17 각운동량 고유상태 $\psi_{n\ell m}$에 대해 $\mathbf{n}$축으로 미소 회전하는 것을 고려하자.

$$\hat{R}_{\mathbf{n}}(\delta)\;\psi_{n\ell m} = \sum_{m'} D_{m'\,m}\,\psi_{n\,\ell\,m'}$$

을 증명하고, 복소수 $D_{m'\,m}$을 구하라. (이것은 m과 m'뿐만 아니라 δ, $\mathbf{n}$, ℓ에 의존할 것이다.) 이 결과는 타당하다. 회전을 하면 (ℓ로 지정된) 각운동량의 크기는 변하지 않지만, (m으로 지정하는) z축에 대한 투영은 변한다.

6.6 겹침

대칭성은 양자역학에서 겹침이 일어나는 대부분의[20] 원인이다. 대칭성이 있으면 Hamiltonian과 교환하는 연산자 $\hat{Q}$가 존재한다는 것을 암시한다.

$$\left[\hat{H},\,\hat{Q}\right] = 0. \tag{6.39}$$

그러면 왜 대칭성은 에너지 스펙트럼에서 겹침을 만드는가? 기본적인 설명은 다음과 같다. 만일 정상상태 $|\psi_n\rangle$이 있다면 $|\psi_n'\rangle = \hat{Q}|\psi_n\rangle$은 같은 에너지를 갖는 정상상태이다. 증명은 간단하다.

---

[19] 이 사실은 지름 방향의 Schrödinger 방정식(식 4.35)은 기껏해야 한 개의 규격화할 수 있는 해가 존재하고, 따라서 일단 ℓ과 m을 지정하면 에너지가 유일하게 상태를 지정한다. 주양자수 n은 규격화할 수 있는 해를 갖도록 하는 이 에너지 값을 나타낸다.

[20] 특별한 겹침을 주는 대칭성을 알 수 없을 때 이 겹침을 **우연 겹침**이라고 한다. 이 대부분의 경우 겹침은 전혀 우연이 아닌 것으로 판명되지만, 회전 불변성과 같이 대칭성을 알기 어렵기 때문이다. 쉬운 예는 수소 원자의 더 큰 대칭군이다(문제 6.34).

$$\hat{H}\,|\psi_n'\rangle = \hat{H}\left(\hat{Q}\,|\psi_n\rangle\right) = \hat{Q}\,\hat{H}\,|\psi_n\rangle = \hat{Q}\,E_n\,|\psi_n\rangle = E_n\left(\hat{Q}\,|\psi_n\rangle\right) = E_n\,|\psi_n'\rangle.$$

예를 들어 구면 대칭성이 있는 Hamiltonian의 고유상태가 있으면, 이 상태를 어떤 축에 대해 회전시키면 같은 에너지를 갖는 다른 상태를 얻는다.

대칭성으로 인해 항상 겹침이 생기고, 연속적인 대칭성이 있으면 겹침이 무한히 많을 것으로 생각할 수도 있지만, 그렇지는 않다. 그 이유는 $|\psi_n\rangle$과 $|\psi_n'\rangle$이 같을 수 있기 때문이다.[21] 한 예로 일차원 조화진동자에 대한 Hamiltonian을 고려하자. 이것은 반전성과 교환한다. 모든 정상상태는 짝함수이거나 홀함수이어서, 이 상태에 반전 연산자를 작용하면 항상 시작했던 것과 같은 상태를 얻는다. (-1이 곱해지는 경우도 있지만, 물리적으로는 같은 상태이다.) 그러므로 이 경우 반전과 관련된 겹침은 없다.

사실 단지 한 개의 대칭성 연산자 $\hat{Q}$만 있다면(혹은 모두 교환되는 여러 대칭성 연산자가 있다면) 스펙트럼에 겹침이 없다. 이유는 이제까지 여러 번 인용했던 같은 정리이다. $\hat{Q}$와 $\hat{H}$가 교환하므로 $\hat{Q}$와 $\hat{H}$의 동시 고유상태 $|\psi_n\rangle$을 찾을 수 있고, 이 상태들은 대칭 작용에 대해 자기 자신으로 변환한다. $\hat{Q}|\psi_n\rangle = q_n\,|\psi_n\rangle$.

그러나 Hamiltonian과 교환하는 두 개의 연산자가 있지만(이를 $\hat{Q}$와 $\hat{\Lambda}$라고 부르자) 서로 교환하지 않으면 어떻게 되는가? 이 경우 에너지 스펙트럼의 겹침은 피할 수 없다. 왜 그런가?

첫째로 상태 $|\psi\rangle$가 $\hat{H}$와 $\hat{Q}$의 고유상태이고, 고유값은 각각 E_n과 q_m이라고 하자. $\hat{H}$와 $\hat{\Lambda}$는 교환하므로 상태 $|g\rangle = \hat{\Lambda}|\psi\rangle$ 역시 고유값이 E_n인 $\hat{H}$의 고유상태이다. $\hat{Q}$와 $\hat{\Lambda}$는 교환하지 않으므로 (A.5절) 모든 세 개의 연산자($\hat{Q}$, $\hat{\Lambda}$와 $\hat{H}$)의 동시 고유상태로 이루어진 완전집합이 존재할 수 없다. 그러므로 어떤 $|\psi\rangle$에 대해서는 $\hat{\Lambda}|\psi\rangle$가 $|\psi\rangle$와 달라야 한다. (즉 $\hat{\Lambda}$의 고유상태는 아니다.) 그러므로 에너지 준위 E_n은 적어도 이중 겹침이 있다는 뜻이다. 여러 개의 교환하지 않는 대칭 연산자가 있으면 반드시 에너지 스펙트럼에서 겹침이 나타난다.

이것이 정확하게 중심력 퍼텐셜의 경우 접했던 상황이다. 여기서 Hamiltonian은 임의의 축에 대한 회전(혹은 동등하게 생성원 $\hat{L}_x$, $\hat{L}_y$와 $\hat{L}_z$)과 교환하지만, 이 회전은 서로 교환하지 않는다. 그러므로 중심력 퍼텐셜 안에 있는 입자의 스펙트럼에 겹침이 있을 것이라고 알게 된다. 다음의 예제에서 회전 불변성으로 얼마나 많은 겹침을 설명할 수 있는지 정확하게 볼 것이다.

예제 6.3

에너지 E_n인 중심력 퍼텐셜의 고유상태 $\psi_{n\ell m}$을 고려하자. 중심력 퍼텐셜에 대한 Hamiltonian은 $\hat{\mathbf{L}}$의 어떤 성분과도 교환하고, 따라서 $\hat{L}_+$와 $\hat{L}_-$와도 교환한다는 사실을 이용하여 $\psi_{n\ell m\pm1}$은 반드시 $\psi_{n\ell m}$과 같은 에너지를 갖는 고유상태임을 증명하라.[22]

---

[21] 이것은 전혀 고전적이지 않다. 고전역학에서 Kepler 궤도가 있으면, 임의의 축에 대해 회전하면 (에너지가 같은) 다른 Kepler 궤도를 얻고, 사실 다른 방향을 향하는 무한히 많은 이와 같은 궤도가 있다. 양자역학에서는 수소 원자의 바닥상태를 회전시키면 어떤 축을 선택하는 상관없이 정확하게 같은 상태를 얻는다. 만일 $n = 2$, $\ell = 1$인 상태 중의 한 개를 회전하면 이 양자수를 갖는 세 개의 직교상태의 선형결합을 얻는다.

[22] 물론 지름 방정식 4.35는 m에 의존하지 않으므로 에너지가 같다는 것을 이미 알고 있다. 이 예제는 겹침 뒤에 숨어 있는 회전 불변성을 보이는 것이다.

풀이: Hamiltonian이 $\hat{L}_\pm$과 교환하므로

$$\left(\hat{H}\,\hat{L}_\pm - \hat{L}_\pm\,\hat{H}\right)\psi_{n\ell m} = 0$$

을 얻으므로

$$\hat{H}\,\hat{L}_\pm\,\psi_{n\ell m} = \hat{L}_\pm\,\hat{H}\,\psi_{n\ell m} = E_n\,\hat{L}_\pm\,\psi_{n\ell m}$$

즉

$$\hat{H}\,\psi_{n\ell m\pm 1} = E_n\,\psi_{n\ell m\pm 1}$$

을 얻는다. (마지막 표현에서 양변에 있는 상수 $\hbar\sqrt{\ell(\ell+1) - m(m\pm 1)}$을 상쇄했다.) 이 논의는 반복해서 적용하면 $\psi_{n\ell m\pm 2}$도 $\psi_{n\ell m\pm 1}$과 같은 에너지를 가진다고 증명할 수 있고, 이를 계속하여 상태 사다리의 모든 상태에 적용할 수 있다. 그러므로 회전 불변성으로 인해 양자수 m만 다른 상태의 상태들은 같은 에너지를 갖는다는 것을 증명할 수 있고, $(2\ell+1)$개의 다른 m값이 있으므로 중심력 퍼텐셜 안의 에너지에 대해서는 $2\ell+1$은 "정규" 겹침이다.

물론 (스핀을 무시한) 수소의 겹침은 n^2 $(= 1, 4, 9, \ldots)$이고(식 4.85), 이것은 $2\ell+1$ $(= 1, 3, 5, \ldots)$보다 크다.[23] 분명히 수소는 회전 불변성만으로 설명하는 겹침보다 많다. 이 추가적인 겹침의 근원은 $1/r$ 퍼텐셜에 유일하게 존재하는 추가적인 대칭성이다. 이것은 문제 6.34에서 알아 볼 것이다.[24]

이 절에서는 연속적인 회전 대칭성에 초점을 맞추지만, (예를 들어) 결정 안의 전자가 갖는 불연속적 회전 대칭성 또한 흥미 있다. 문제 6.33에서 그와 같은 계를 보겠다.

문제 6.18 일차원 자유입자를 고려하자. $\hat{H} = \hat{p}^2/2m$. 이 Hamiltonian에는 이동 대칭성과 반전 대칭성이 있다.

(a) 이동과 반전은 교환하지 않음을 증명하라.

(b) 이동 대칭성 때문에 $\hat{H}$의 고유상태는 동시에 운동량의 고유상태, 즉 $f_p(x)$로 선택할 수 있다는 것을 알고 있나(식 3.32). 반전연산자를 적용하면 $f_p(x)$가 $f_{-p}(x)$로 되는 것을 보여라. 그러므로 이 두 상태는 같은 에너지를 가져야 한다.

(c) 거꾸로 보면, 반전 대칭성 때문에 $\hat{H}$의 고유상태는 동시에 반전성의 고유상태, 즉

$$\frac{1}{\sqrt{\pi\hbar}}\cos\left(\frac{px}{\hbar}\right) \text{ 그리고 } \frac{1}{\sqrt{\pi\hbar}}\sin\left(\frac{px}{\hbar}\right)$$

[23] 반드시 이 순서로 나타난다는 것은 아니다. 무한한 구면 우물(그림 4.3)을 보면, 바닥상태로부터 겹침은 = 1, 3, 5, 1, 7, 3, 9, 5, ... 이다. 이것은 정확하게 회전 불변성으로 예상하는 겹침 정도(정수 ℓ에 대해 $2\ell+1$)이지만, 각 겹침이 스펙트럼의 어느 곳에서 나타날지는 대칭성만을 고려하여 알 수는 없다.

[24] 삼차원 조화진동자에서 겹침은 $n(n+1)/2 = 1, 3, 6, 10, \ldots$이다(문제 4.46). 이것 역시 $2\ell+1$보다 크다. 진동자 문제에서 추가적인 대칭성에 관한 논의를 보려면 M. Fradkin, *Am. J. Phys.* **33**, 207 (1965)를 참조하라.

로 선택할 수 있다. 이동 연산자는 이 두 상태를 섞어 놓는다는 것을 증명하라. 따라서 이들은 겹쳐 있는 상태이다.

주의: 자유 입자 스펙트럼의 겹침을 설명하는 데에는 반전과 이동 불변성 모두 필요하다. 반전성이 없으면 $f_p(x)$와 $f_{-p}(x)$가 같은 에너지를 가질 이유가 없다. (즉 지금까지 논의한 대칭성에 근거한 이유가 없다는 뜻이다. 분명히 이 함수들을 시간에 무관한 Schrödinger 방정식에 대입하여 이것이 사실이라는 것을 보일 수 있다.)

문제 6.19 임의의 벡터 연산자 $\hat{\mathbf{V}}$에 대해 올림과 내림연산자를

$$\hat{V}_{\pm} = \hat{V}_x \pm i\,\hat{V}_y$$

로 정의할 수 있다.

(a) 식 6.33을 이용하여 다음을 증명하라.

$$\left[\hat{L}_z, \hat{V}_{\pm}\right] = \pm\hbar\,\hat{V}_{+}.$$

$$\left[\hat{L}^2, \hat{V}_{\pm}\right] = 2\,\hbar^2\,\hat{V}_{\pm} \pm 2\,\hbar\,\hat{V}_{\pm}\,\hat{L}_z \mp 2\,\hbar\,\hat{V}_z\,\hat{L}_{\pm}.$$

(b) 만일 ψ가 $\hat{L}^2$, $\hat{L}_z$의 고유상태이고, 고유값이 각각 $\ell(\ell+1)\,\hbar^2$, $\ell\,\hbar$라면, $\hat{V}_+\psi$는 0이거나, $\hat{V}_+\psi$는 $\hat{L}^2$, $\hat{L}_z$의 고유상태이고, 고유값이 각각 $(\ell+1)\,(\ell+2)\,\hbar^2$, $(\ell+1)\,\hbar$라는 것을 증명하라. 연산자 $\hat{V}_+$를 최대값 $m_\ell = \ell$인 상태에 작용하면, ℓ과 m 모두 1씩 "올리거나" 상태를 없앤다.

6.7 회전 선택 규칙

회전 선택 규칙에 대한 가장 일반적인 결과는 **Wigner-Eckart 정리**로 표현한다. 논란은 있겠지만 이 정리는 양자역학에서 가장 중요한 정리이다. 이 정리를 가장 일반적인 방법으로 증명하기보다는 가장 많이 접하는 두 종류의 연산자인 스칼라 연산자(6.7.1절)와 벡터 연산자(6.7.2절)에 대한 선택 규칙을 만들 것이다. 이 선택 규칙을 유도할 때 연산자가 회전에 대해 어떻게 행동하는지에 대해서만 고려할 것이다. 그러므로 이 절의 결과는 "진짜" 스칼라와 유사 스칼라, 다음 절의 결과는 "진짜" 벡터와 유사 벡터에 똑같이 적용된다. 이 선택 규칙을 6.3.4절의 반전성 선택 규칙과 결합하면 연산자에 대한 선택 규칙의 더 큰 집합을 얻을 수 있다.

6.7.1 스칼라 연산자에 대한 선택 규칙

스칼라 연산자 $\hat{f}$과 각운동량의 세 성분(식 6.34) 사이의 교환 관계는 올림과 내림 연산자를 이용하여 다음과 같이 다시 쓸 수 있다.

$$\left[\hat{L}_z, \hat{f}\right] = 0. \tag{6.40}$$

$$\left[\hat{L}_{\pm}, \hat{f}\right] = 0. \tag{6.41}$$

$$\left[\hat{L}^2, \hat{f}\right] = 0. \tag{6.42}$$

$\hat{f}$에 대한 선택 규칙은 이 교환자들을 $|n\,\ell\,m\rangle$, $|n'\,\ell'\,m'\rangle$로 쓰는 특정한 각운동량을 갖는 두 상태 사이에 집어 넣어 유도한다. 이 상태는 수소꼴 궤도함수일 수도 있지만 반드시 그럴 필요는 없다(사실 임의의 Hamiltonian에 대한 고유상태일 필요도 없지만, 친숙하게 보이도록 양자수 n을 남겨 놓겠다). 필요한 것은 $|n\,\ell\,m\rangle$은 단지 $\hat{L}^2$와 $\hat{L}_z$의 고유상태이고, 양자수는 각각 ℓ과 m이라는 것이다.[25]

식 6.40을 이와 같은 두 상태 사이에 집어 넣으면

$$\left\langle n'\,\ell'\,m'\,\middle|\,\left[\hat{L}_z, \hat{f}\right]\,\middle|\,n\,\ell\,m\right\rangle = 0$$

즉

$$\left\langle n'\,\ell'\,m'\,\middle|\,\hat{L}_z\,\hat{f}\,\middle|\,n\,\ell\,m\right\rangle - \left\langle n'\,\ell'\,m'\,\middle|\,\hat{f}\,\hat{L}_z\,\middle|\,n\,\ell\,m\right\rangle = 0$$

을 얻는다. 따라서 ($\hat{L}_z$가 hermitian이라는 것을 이용하여) 다음을 얻는다.

$$\left(m' - m\right)\left\langle n'\,\ell'\,m'\,\middle|\,\hat{f}\,\middle|\,n\,\ell\,m\right\rangle = 0. \tag{6.43}$$

식 6.43은 스칼라 연산자의 행렬요소는 $m' - m \equiv \Delta m = 0$이 아닌 한 0이 된다는 것이다. 이 과정을 식 6.42에 반복하면 다음을 얻는다.

$$\begin{aligned}
\left\langle n'\,\ell'\,m'\,\middle|\,\left[\hat{L}^2, \hat{f}\right]\,\middle|\,n\,\ell\,m\right\rangle &= 0. \\
\left\langle n'\,\ell'\,m'\,\middle|\,\hat{L}^2\,\hat{f}\,\middle|\,n\,\ell\,m\right\rangle - \left\langle n'\,\ell'\,m'\,\middle|\,\hat{f}\,\hat{L}^2\,\middle|\,n\,\ell\,m\right\rangle &= 0. \\
\left[\ell'\left(\ell'+1\right) - \ell\left(\ell+1\right)\right]\left\langle n'\,\ell'\,m'\,\middle|\,\hat{f}\,\middle|\,n\,\ell\,m\right\rangle &= 0.
\end{aligned} \tag{6.44}$$

이것은 스칼라 연산자의 행렬요소는 $\ell' - \ell \equiv \Delta\ell = 0$이 아닌 한 0이 된다는 의미이다.[26] 이것이 스칼라 연산자에 대한 선택 규칙이다. 즉 $\Delta\ell = 0$이고 $\Delta m = 0$이다.

그러나 나머지 교환관계로부터 행렬요소에 대한 더 많은 정보를 얻을 수 있다(여기서는 +의 경우만 다루고, −의 경우는 문제 6.20에 있다).

$$\begin{aligned}
\left\langle n'\,\ell'\,m'\,\middle|\,\left[\hat{L}_+, \hat{f}\right]\,\middle|\,n\,\ell\,m\right\rangle &= 0. \\
\left\langle n'\,\ell'\,m'\,\middle|\,\hat{L}_+\,\hat{f}\,\middle|\,n\,\ell\,m\right\rangle - \left\langle n'\,\ell'\,m'\,\middle|\,\hat{f}\,\hat{L}_+\,\middle|\,n\,\ell\,m\right\rangle &= 0. \\
B_{\ell'}^{m'}\left\langle n'\,\ell'\,\left(m'-1\right)\,\middle|\,\hat{f}\,\middle|\,n\,\ell\,m\right\rangle - A_\ell^m\left\langle n'\,\ell'\,m'\,\middle|\,\hat{f}\,\middle|\,n\,\ell\,(m+1)\right\rangle &= 0,
\end{aligned} \tag{6.45}$$

여기서 (문제 4.21로부터) 다음을 얻는다.

---

[25] 중요한 것은 이들이 식 4.118과 4.120을 만족한다는 것이다.

[26] 이차 방정식 $\ell'\,(\ell'+1) - \ell\,(\ell+1) = 0$의 다른 해는 $\ell' = -\,(\ell+1)$이다. ℓ과 ℓ'은 0이 아닌 정수이므로 이것은 불가능하다.

$$A_\ell^m = \hbar\sqrt{\ell(\ell+1) - m(m+1)} \qquad \text{이고} \qquad B_\ell^m = \hbar\sqrt{\ell(\ell+1) - m(m-1)}.$$

($\hat{L}_\pm$이 $\hat{L}_\mp$의 Hermitian켤레라는 사실도 이용했다. $\langle\psi|\,\hat{L}_\pm = \langle L_\mp\psi|$.)[27] 식 6.45의 두 항 모두 식 6.43과 6.44에서 증명했듯이 $m' = m+1$과 $\ell' = \ell$이 아닌 한 0이 된다. 이 조건들이 만족될 때 두 계수는 같고 $\left(B_\ell^{m+1} = A_\ell^m\right)$, 식 6.45는 다음과 같게 된다.

$$\left\langle n'\,\ell\,m \,\middle|\, \hat{f} \,\middle|\, n\,\ell\,m\right\rangle = \left\langle n'\,\ell\,(m+1) \,\middle|\, \hat{f} \,\middle|\, n\,\ell\,(m+1)\right\rangle. \tag{6.46}$$

분명히 스칼라 연산자의 행렬요소는 m에 무관하다.

이 절의 결과를 다음과 같이 요약할 수 있다.

$$\boxed{\left\langle n'\,\ell'\,m' \,\middle|\, \hat{f} \,\middle|\, n\,\ell\,m\right\rangle = \delta_{\ell\ell'}\,\delta_{mm'}\,\left\langle n'\,\ell \,\|\, f \,\|\, n\,\ell\right\rangle.} \tag{6.47}$$

우변에 두 개의 막대를 그은 이상하게 보이는 행렬요소는 **환산 행렬요소**라고 부르며 "n, ℓ과 n'에는 의존하지만, m에는 무관한 상수"를 간단히 표현한 것이다.

예제 6.4

(a) 수소 원자의 $n = 2$인 모든 겹친 네 상태에 대해 $\langle r^2\rangle$을 구하라.

풀이: 식 6.47로부터 $\ell = 1$인 상태에 대해 다음 관계를 얻는다.

$$\left\langle 2\,1\,1 \,\middle|\, r^2 \,\middle|\, 2\,1\,1\right\rangle = \left\langle 2\,1\,0 \,\middle|\, r^2 \,\middle|\, 2\,1\,0\right\rangle = \left\langle 2\,1\,-1 \,\middle|\, r^2 \,\middle|\, 2\,1\,-1\right\rangle \equiv \left\langle 2\,1 \,\middle\|\, r^2 \,\middle\|\, 2\,1\right\rangle.$$

환산 행렬요소를 계산하기 위해서는 이 기댓값 중 임의의 한 개만 고르면 된다.

$$\begin{aligned}\left\langle 2\,1 \,\middle\|\, r^2 \,\middle\|\, 2\,1\right\rangle &= \left\langle 2\,1\,0 \,\middle|\, r^2 \,\middle|\, 2\,1\,0\right\rangle \\ &= \int r^2\,|\psi_{210}(r)|^2\,d^3\mathbf{r} \\ &= \int_0^\infty r^4\,|R_{21}(r)|^2\,dr \int \left|Y_1^0(\theta,\phi)\right|^2 d\Omega.\end{aligned}$$

구면조화함수는 규격화되어 있으므로(식 4.31) 각도에 대한 적분은 1이고, 지름 함수 $R_{n\ell}$에 대한 적분은 표 4.7을 찾아보면, 다음의 결과를 얻는다.

$$\left\langle 2\,1 \,\middle\|\, r^2 \,\middle\|\, 2\,1\right\rangle = \int_0^\infty r^4\,\frac{1}{24\,a^3}\,\frac{r^2}{a^2}\,e^{-r/a}\,dr = 30\,a^2.$$

이것을 통해 세 개의 기댓값을 결정한다. 최종 기댓값은 다음과 같다.

[27] $\hat{L}_x$와 $\hat{L}_y$는 Hermitian이므로 다음이 성립한다.

$$\hat{L}_\pm^\dagger = \left(\hat{L}_x \pm i\,\hat{L}_y\right)^\dagger = \hat{L}_x^\dagger \pm (-i)\,\hat{L}_y^\dagger = \hat{L}_x \mp i\,\hat{L}_y = \hat{L}_\mp.$$

$$\begin{aligned}\left\langle 2\,0 \left\| r^2 \right\| 2\,0 \right\rangle &= \left\langle 2\,0\,0 \left| r^2 \right| 2\,0\,0 \right\rangle \\ &= \int r^2\, |\psi_{200}(r)|^2\, d^3\mathbf{r} \\ &= \int_0^\infty r^4\, |R_{20}(r)|^2\, dr \int \left| Y_0^0(\theta,\phi)\right|^2 d\Omega \\ &= \int_0^\infty r^4 \frac{1}{2\,a^3}\left(1-\frac{1}{2}\frac{r}{a}\right)^2 e^{-r/a}\, dr \\ &= 42\,a^2.\end{aligned}$$

요약하면 다음을 얻는다.

$$\left\langle 200 \left| r^2 \right| 200 \right\rangle = 42\,a^2, \qquad \left.\begin{matrix}\langle 211 \,|\, r^2 \,|\, 211\rangle \\ \langle 210 \,|\, r^2 \,|\, 210\rangle \\ \langle 21-1 \,|\, r^2 \,|\, 21-1\rangle\end{matrix}\right\} = 30\,a^2. \tag{6.48}$$

(b) 다음의 중첩상태

$$|\psi\rangle = \frac{1}{\sqrt{2}}\left(|200\rangle - i\;|211\rangle\right).$$

에 있는 전자에 대해 r^2의 기댓값을 구하라.

풀이: 기댓값은 다음과 같이 전개할 수 있다.

$$\begin{aligned}\left\langle \psi \left| r^2 \right| \psi \right\rangle &= \frac{1}{2}\left(\left(\langle 200| + i\,\langle 211|\right) r^2 \left(|200\rangle - i\;|211\rangle\right)\right) \\ &= \frac{1}{2}\left(\left\langle 200 \left| r^2 \right| 200\right\rangle + i\left\langle 211 \left| r^2 \right| 200\right\rangle - i\left\langle 200 \left| r^2 \right| 211\right\rangle \right. \\ &\quad \left. + \left\langle 211 \left| r^2 \right| 211\right\rangle\right).\end{aligned}$$

식 6.47로부터 이들 중 두 개의 행렬요소는 0이 되고, 다음을 얻는다.

$$\left\langle \psi \left| r^2 \right| \psi \right\rangle = \frac{1}{2}\left(\left\langle 20 \left\| r^2 \right\| 20\right\rangle + \left\langle 21 \left\| r^2 \right\| 21\right\rangle\right) = 36\,a^2. \tag{6.49}$$

문제 6.20 교환자 $\left[\hat{L}_-, \hat{f}\right] = 0$으로 인해 얻은 것과 같은 규칙 6.46을 교환자 $\left[\hat{L}_+, \hat{f}\right] = 0$을 통해서도 얻을 수 있다는 것을 증명하라.

* **문제 6.21** 수소 상태

$$\psi = \frac{1}{\sqrt{2}}\left(\psi_{211} + \psi_{21-1}\right)$$

에 있는 전자에 대해 $\langle r\rangle$을 먼저 하나의 환산 행렬요소로 표현한 후 구하라.

6.7.2 벡터 연산자에 대한 선택 규칙

이제 벡터 연산자 $\hat{\mathbf{V}}$에 대한 선택 규칙으로 넘어가자. 이것은 스칼라의 경우보다 훨씬 많은 작업이 필요하지만, 그 결과는 원자 전이를 이해하는 데 중요하다(11장). 각운동량의 올림과 내림 연산자와 비슷하게 연산자[28]

$$\hat{V}_{\pm} \equiv \hat{V}_x \pm i\,\hat{V}_y$$

을 정의하고 시작하자. 식 6.33을 이 연산자들로 쓰면 다음과 같다.

$$\left[\hat{L}_z, \hat{V}_z\right] = 0. \tag{6.50}$$

$$\left[\hat{L}_z, \hat{V}_{\pm}\right] = \pm\,\hbar\,\hat{V}_{\pm}. \tag{6.51}$$

$$\left[\hat{L}_{\pm}, \hat{V}_{\pm}\right] = 0. \tag{6.52}$$

$$\left[\hat{L}_{\pm}, \hat{V}_z\right] = \mp\,\hbar\,\hat{V}_{\pm}. \tag{6.53}$$

$$\left[\hat{L}_{\pm}, \hat{V}_{\mp}\right] = \pm\,2\,\hbar\,\hat{V}_z. \tag{6.54}$$

이들은 문제 6.22(a)에서 증명할 것이다.[29] 6.7.1절의 스칼라 연산자와 마찬가지로 각각의 교환자를 특정한 각운동량을 갖는 상태 사이에 집어 넣어 (a) 행렬요소가 반드시 0이 되는 조건과 (b) 다른 m값, 또는 $\hat{\mathbf{V}}$의 다른 성분의 행렬요소 사이의 관계를 유도할 것이다.

식 6.51로부터

$$\left\langle n'\,\ell'\,m' \middle| \hat{L}_z\,\hat{V}_{\pm} \middle| n\,\ell\,m \right\rangle - \left\langle n'\,\ell'\,m' \middle| \hat{V}_{\pm}\,\hat{L}_z \middle| n\,\ell\,m \right\rangle = \pm\hbar \left\langle n'\,\ell'\,m' \middle| \hat{V}_{\pm} \middle| n\,\ell\,m \right\rangle$$

을 얻고, 상태는 $\hat{L}_z$의 고유상태이므로 다음과 같이 간단하게 된다.

$$\left[m' - (m \pm 1)\right] \left\langle n'\,\ell'\,m' \middle| \hat{V}_{\pm} \middle| n\,\ell\,m \right\rangle = 0. \tag{6.55}$$

식 6.55에 의하면 $m' = m \pm 1$이거나 $\hat{V}_{\pm}$의 행렬요소는 0이어야 한다. 식 6.50도 마찬가지로 적용할 수 있고(문제 6.22 참조), 이 교환자의 첫 집합으로 m에 대한 선택 규칙을 얻게 된다.

$$\left\langle n'\,\ell'\,m' \middle| \hat{V}_{+} \middle| n\,\ell\,m \right\rangle = 0 \qquad m' = m + 1\text{이 아닌 한.} \tag{6.56}$$

---

[28] 연산자 $\hat{V}_{\pm}$은 상수를 제외하고 $\hat{T}_q^{(k)}$로 쓰는 1차의 **구면 텐서**의 성분으로 알려져 있다. 여기서 k는 차수이고, q는 연산자의 성분이다.

$$\hat{T}_{\pm 1}^{(1)} = \mp\frac{1}{\sqrt{2}}\,\hat{V}_{\pm} \qquad \hat{T}_0^{(1)} = \hat{V}_z.$$

마찬가지로 6.7.1절에서 취급한 스칼라 연산자 f는 0차 구면 텐서 연산자이다.

$$\hat{T}_0^{(0)} = \hat{f}.$$

[29] 식 6.51~6.54는 각각 두 식을 나타낸다. 복호동순으로 나타내었다.

$$\left\langle n'\,\ell'\,m' \,\middle|\, \hat{V}_z \,\middle|\, n\,\ell\,m \right\rangle = 0 \qquad m' = m\text{이 아닌 한.} \tag{6.57}$$

$$\left\langle n'\,\ell'\,m' \,\middle|\, \hat{V}_- \,\middle|\, n\,\ell\,m \right\rangle = 0 \qquad m' = m - 1\text{이 아닌 한.} \tag{6.58}$$

원한다면 이 표현은 연산자의 x와 y 성분에 대한 선택 규칙으로 다시 표현할 수 있다. 왜냐하면 다음과 같이 쓸 수 있기 때문이다.

$$\left\langle n'\,\ell'\,m' \,\middle|\, \hat{V}_x \,\middle|\, n\,\ell\,m \right\rangle = \frac{1}{2}\left[\left\langle n'\,\ell'\,m' \,\middle|\, \hat{V}_- \,\middle|\, n\,\ell\,m \right\rangle + \left\langle n'\,\ell'\,m' \,\middle|\, \hat{V}_+ \,\middle|\, n\,\ell\,m \right\rangle\right].$$
$$\left\langle n'\,\ell'\,m' \,\middle|\, \hat{V}_y \,\middle|\, n\,\ell\,m \right\rangle = \frac{i}{2}\left[\left\langle n'\,\ell'\,m' \,\middle|\, \hat{V}_- \,\middle|\, n\,\ell\,m \right\rangle - \left\langle n'\,\ell'\,m' \,\middle|\, \hat{V}_+ \,\middle|\, n\,\ell\,m \right\rangle\right].$$

나머지 교환자인 식 6.52~6.54로 ℓ에 대한 선택 규칙과 0이 아닌 행렬요소 사이의 관계를 얻는다. 문제 6.24에서 증명하겠지만, 그 결과는 다음과 같이 요약할 수 있다.[30]

$$\left\langle n'\ell'm' \,\middle|\, \hat{V}_+ \,\middle|\, n\ell m \right\rangle = -\sqrt{2}\, C^{\ell\,1\,\ell'}_{m\,1\,m'} \,\langle n\ell' \,\|\, V \,\|\, n\ell\rangle. \tag{6.59}$$

$$\left\langle n'\ell'm' \,\middle|\, \hat{V}_- \,\middle|\, n\ell m \right\rangle = \sqrt{2}\, C^{\ell\,1\,\ell'}_{m\,-1\,m'} \,\langle n\ell' \,\|\, V \,\|\, n\ell\rangle. \tag{6.60}$$

$$\left\langle n'\ell'm' \,\middle|\, \hat{V}_z \,\middle|\, n\ell m \right\rangle = C^{\ell\,1\,\ell'}_{m\,0\,m'} \,\langle n\ell' \,\|\, V \,\|\, n\ell\rangle. \tag{6.61}$$

이 표현에서 상수 $C^{j_1\,j_2\,J}_{m_1\,m_2\,M}$는 바로 각운동량을 더할 때 나타난 Clebsch-Gordan 계수다(4.4.3절). Clebsch-Gordan 계수 $C^{j_1\,j_2\,J}_{m_1\,m_2\,M}$는 $M = m_1 + m_2$가 아니면(왜냐하면 각운동량의 z 성분은 더해야 하기 때문이다), 그리고 $J = j_1 + j_2, j_1 + j_2 - 1, \ldots, |j_1 - j_2|$가 아니면(식 4.182) 0이 된다. 특히 벡터 연산자의 임의의 성분에 대한 행렬요소 $\langle n'\ell'm'|\hat{V}_i|n\ell m\rangle$은 다음의 경우에만 0이 아니다.

$$\Delta\ell = 0,\ \pm 1\text{와} \qquad \Delta m = 0, \pm 1\,. \tag{6.62}$$

예제 6.5

$n = 2$, $\ell = 1$인 상태와 $n' = 3$, $\ell' = 2$인 상태 사이에서 $\hat{\mathbf{r}}$의 모든 행렬요소

$$\langle 3\,2\,m' \,|\, r_i \,|\, 2\,1\,m\rangle$$

---

[30] 표기법에 대한 경고: 스칼라 연산자 r에 대한 선택 규칙에서는

$$\langle n'\ell'm' \,|\, r \,|\, n\ell m\rangle = \delta_{\ell\ell'}\,\delta_{mm'}\,\langle n'\ell' \,\|\, r \,\|\, n\ell\rangle$$

이고, 벡터 연산자 $\mathbf{r}$의 한 성분에 대해서는(예컨대 z)

$$\langle n'\ell'm' \,|\, z \,|\, n\ell m\rangle = C^{\ell\,1\,\ell'}_{m\,0\,m'}\,\langle n'\ell' \,\|\, r \,\|\, n\ell\rangle$$

이다. 두 개의 환산 행렬요소는 같지 않다. 하나는 r에 대한 환원 행렬요소이고, 다른 하나는 $\mathbf{r}$에 대한 환산 행렬요소이다. 이들은 이름만 같을 뿐 다른 연산자이다. 의미를 분명하게 하려면 첨자 ($\langle n'\ell' \,\|\, r \,\|\, n\ell\rangle_s$와 $\langle n'\ell' \,\|\, r \,\|\, n\ell\rangle_v$)를 넣어 이 둘을 구별할 수도 있다.

을 구하라. 여기서 $m = -1, 0, 1$, $m' = -2, -1, 0, 1, 2$이고 $r_i = x, y, z$이다.

풀이: 벡터 연산자 $\hat{\mathbf{V}} = \hat{r}$에 대해 그 성분은 $V_z = z$, $V_+ = x + i\,y$, 그리고 $V_- = x - i\,y$이다. 이 중 한 개의 행렬요소를 먼저 계산한다.

$$\begin{aligned}\langle 320\,|\,z\,|\,210\rangle &= \int \psi_{320}(\mathbf{r})\; r\cos\theta\; \psi_{2\,1\,0}(\mathbf{r})\; d^3\mathbf{r} \\ &= \int R_{32}(r)^*\; r\; R_{21}(r)\; r^2\,dr \int Y_2^0(\theta,\phi)^*\,\cos\theta\; Y_1^0(\theta,\phi)\; d\Omega \\ &= \frac{2^{12}\,3^3\,\sqrt{3}}{5^7}\,a.\end{aligned}$$

식 6.61로부터 환산 행렬요소를 결정할 수 있다.

$$\begin{aligned}\langle 320\,|\,z\,|\,210\rangle &= C^{1\,1\,2}_{0\,0\,0}\;\langle 32\,\|\,V\,\|\,21\rangle. \\ \frac{2^{12}\,3^3\,\sqrt{3}}{5^7}\,a &= \sqrt{\frac{2}{3}}\;\langle 32\,\|\,V\,\|\,21\rangle.\end{aligned}$$

그러므로 다음을 얻는다.

$$\langle 32\,\|\,V\,\|\,21\rangle = \frac{2^{12}\,3^4}{5^7\,\sqrt{2}}\,a. \tag{6.63}$$

식 6.59~6.60에서 Clebsch-Gordan 표를 참조하여 나머지 모든 행렬요소를 구할 수 있다. 그림 6.8에 필요한 계수를 나타내었다. 0이 아닌 행렬요소는 다음과 같다.

$$\begin{aligned}
\left\langle 322\,\middle|\,\hat{V}_+\,\middle|\,211\right\rangle &= -\sqrt{2}\,C^{112}_{112}\;\langle 32\,\|\,V\,\|\,21\rangle = -\sqrt{2}\;\langle 32\,\|\,V\,\|\,21\rangle. \\
\left\langle 321\,\middle|\,\hat{V}_+\,\middle|\,210\right\rangle &= -\sqrt{2}\,C^{112}_{011}\;\langle 32\,\|\,V\,\|\,21\rangle = -\;\langle 32\,\|\,V\,\|\,21\rangle. \\
\left\langle 320\,\middle|\,\hat{V}_+\,\middle|\,21-1\right\rangle &= -\sqrt{2}\,C^{\;\;112}_{-110}\;\langle 32\,\|\,V\,\|\,21\rangle = -\frac{1}{\sqrt{3}}\;\langle 32\,\|\,V\,\|\,21\rangle. \\
\left\langle 320\,\middle|\,\hat{V}_-\,\middle|\,211\right\rangle &= \sqrt{2}\,C^{1\;\;12}_{1-10}\;\langle 32\,\|\,V\,\|\,21\rangle = \frac{1}{\sqrt{3}}\;\langle 32\,\|\,V\,\|\,21\rangle. \\
\left\langle 32-1\,\middle|\,\hat{V}_-\,\middle|\,210\right\rangle &= \sqrt{2}\,C^{1\;\;1\;\;2}_{0-1-1}\;\langle 32\,\|\,V\,\|\,21\rangle = \langle 32\,\|\,V\,\|\,21\rangle. \\
\left\langle 32-2\,\middle|\,\hat{V}_-\,\middle|\,21-1\right\rangle &= \sqrt{2}\,C^{\;\;1\;\;1\;\;2}_{-1-1-2}\;\langle 32\,\|\,V\,\|\,21\rangle = \sqrt{2}\;\langle 32\,\|\,V\,\|\,21\rangle. \\
\left\langle 321\,\middle|\,\hat{V}_z\,\middle|\,211\right\rangle &= C^{112}_{101}\;\langle 32\,\|\,V\,\|\,21\rangle = \frac{1}{\sqrt{2}}\;\langle 32\,\|\,V\,\|\,21\rangle. \\
\left\langle 320\,\middle|\,\hat{V}_z\,\middle|\,210\right\rangle &= C^{112}_{000}\;\langle 32\,\|\,V\,\|\,21\rangle = \sqrt{\frac{2}{3}}\;\langle 32\,\|\,V\,\|\,21\rangle. \\
\left\langle 32-1\,\middle|\,\hat{V}_z\,\middle|\,21-1\right\rangle &= C^{\;\;11\;\;2}_{-10-1}\;\langle 32\,\|\,V\,\|\,21\rangle = \frac{1}{\sqrt{2}}\;\langle 32\,\|\,V\,\|\,21\rangle.
\end{aligned}$$

여기서 환산 행렬요소는 식 6.63으로 주어진다. 다른 36개의 행렬요소는 선택 규칙에 의해 0이 된다(식 6.56~6.58과 6.62). 모든 45개의 행렬요소를 결정했고, 한 개의 적분만 계산하면 된다. 행렬요소를 V_+와 V_-로 썼지만, 이를 x와 y로 표현할 수 있다.

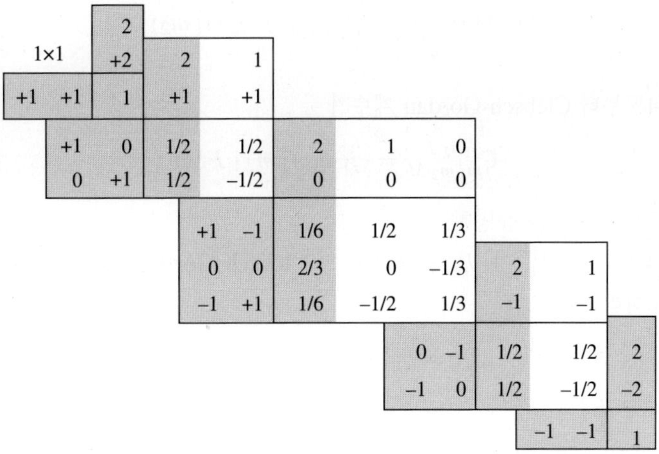

그림 6.8: 1 ⊗ 1에 대한 Clebsch-Gordan 계수.

식 6.59~6.61에서 Clebsch-Gordan 계수가 나타난 것은 우연이 아니다. 상태는 각운동량을 갖고 있지만, 연산자 또한 각운동량을 가지고 있다. 스칼라 연산자(식 6.34)는 $\ell = 0$이어서, 각운동량이 0인 상태가 회전에 대해 변하지 않듯이, 스칼라 연산자도 변하지 않는다. 벡터 연산자(식 6.33)는 $\ell = 1$이다. 그 세 성분은 각운동량이 $\ell = 1$인 삼중항이 회전에 대해 서로 변환하는 것처럼 변환한다.[31] 연산자가 있는 상태에 작용할 때 상태와 연산자의 각운동량을 더해 최종 상태의 각운동량을 얻는다. 이 각운동량의 덧셈 때문에 식 6.59~6.61에서 Clebsch-Gordan 계수가 나타나는 것이다.[32]

* **문제 6.22**

(a) 식 6.50~6.54의 교환관계는 식 6.33의 벡터 연산자의 정의에서 나온다는 것을 증명하라. 문제 6.19를 풀었다면 이 중 하나를 이미 유도했다.

(b) 식 6.57을 유도하라.

문제 6.23 Clebsch-Gordan 계수는 식 4.183으로 정의한다. 각운동량이 j_1과 j_2인 두 상태를 더하면 전체 각운동량이 J인 상태가 다음과 같이 나타난다.

---

[31] 위치 연산자 $\hat{\mathbf{r}}$인 경우 연산자를 표 4.3을 이용해 다시 쓰면 이 대응 관계는 명백하다.

$$x \pm i\,y = r\,\sin\theta\, e^{\pm i\,\phi} = \mp r\sqrt{\frac{8\pi}{3}}\;Y_1^{\pm 1}(\theta,\phi).$$

$$z = r\,\cos\theta = r\sqrt{\frac{4\pi}{3}}\;Y_1^{0}(\theta,\phi).$$

[32] $C^{\ell\,0\,\ell'}_{m 0 m'} = \delta_{mm'}\,\delta_{\ell\ell'}$이므로 스칼라 연산자에 대한 선택 규칙(식 6.47)을 다음과 같이 다시 쓸 수 있다.

$$\left\langle n'\ell' m' \,\middle|\, \hat{f} \,\middle|\, n\ell m \right\rangle = C^{\ell\,0\,\ell'}_{m 0 m'} \left\langle n'\ell' \,\middle\|\, f \,\middle\|\, n\ell \right\rangle.$$

$$|J\, M\rangle = \sum_{m_1, m_2} C^{j_1\, j_2\, J}_{m_1\, m_2\, M}\, |j_1\, j_2\, m_1\, m_2\rangle\,. \tag{6.64}$$

(a) 식 6.64로부터 Clebsch-Gordan 계수가

$$C^{j_1\, j_2\, J}_{m_1\, m_2\, M} = \langle j_1\, j_2\, m_1\, m_2 \,|\, J\, M\rangle \tag{6.65}$$

를 만족한다는 것을 증명하라.

(b) 식 6.64에 $\hat{J}_\pm = \hat{J}^{(1)}_\pm + \hat{J}^{(2)}_\pm$를 적용하여 **Clebsch-Gordan 계수에 대한 되풀이 공식**을 유도하라.

$$\begin{aligned} A^M_J\, C^{j_1\, j_2\, J}_{m_1\, m_2\, M+1} &= B^{m_1}_{j_1}\, C^{j_1\, j_2\, J}_{m_1-1\, m_2\, M} + B^{m_2}_{j_2}\, C^{j_1\, j_2\, J}_{m_1\, m_2-1\, M} \\ B^M_J\, C^{j_1\, j_2\, J}_{m_1\, m_2\, M-1} &= A^{m_1}_{j_1}\, C^{j_1\, j_2\, J}_{m+1\, m_2\, M} + A^{m_2}_{j_2}\, C^{j_1\, j_2\, J}_{m_1\, m_2+1\, M} \end{aligned} \tag{6.66}$$

*** **문제 6.24**

(a) 식 6.52~6.54에 있는 6개의 교환 관계를 $\langle n'\ell'm'|$과 $|n\ell m\rangle$ 사이에 넣어 $\hat{\mathbf{V}}$의 행렬요소 사이의 관계를 구하라. 예를 들어 식 6.52의 위의 부호를 취한 것에서 다음을 얻는다.

$$B^{m'}_{\ell'}\, \langle n'\, \ell'\, (m'-1)\,|\, V_+ \,|\, n\, \ell\, m\rangle = A^m_\ell\, \langle n'\, \ell'\, m' \,|\, V_+ \,|\, n\, \ell\, (m+1)\rangle\,.$$

(b) 문제 6.23의 결과를 이용하여 (a)에서 쓴 6개의 표현은 식 6.59~6.61을 만족한다는 것을 증명하라.

* **문제 6.25** 수소 상태

$$\psi = \frac{1}{\sqrt{2}}\,(\psi_{211} + \psi_{210})$$

에 있는 전자에 대해 쌍극자 모멘트 $\mathbf{p}_e$의 기댓값을 하나의 환원 행렬요소로 나타내고, 기댓값을 계산하라. 주의: 이것은 벡터의 기댓값이므로 세 성분 모두 계산해야 한다. Laporte의 규칙을 잊지 말라.

6.8 시간 이동

이 절에서는 시간 이동 불변성을 공부하겠다. 시간에 의존하는 Schrödinger 방정식

$$\hat{H}\, \Psi(x,t) = i\,\hbar\, \frac{\partial}{\partial t}\, \Psi(x,t)$$

의 해 $\Psi(x,t)$를 고려하자. 파동함수가 시간에 대해 앞으로 진행하는 연산자 $\hat{U}(t)$를

$$\hat{U}(t)\ \Psi(x,0) = \Psi(x,t) \tag{6.67}$$

로 정의할 수 있다. $\hat{U}(t)$는 Hamiltonian으로 표현할 수 있고, Hamiltonian 자체가 시간의 함수가 아니면 간단하게 쓸 수 있다. 이 경우 식 6.67의 우변을 Taylor 급수로 전개하면 다음을 얻는다.[33]

$$\hat{U}(t)\ \Psi(x,0) = \Psi(x,t) = \sum_{n=0}^{\infty} \frac{1}{n!} \left.\frac{\partial^n}{\partial t^n} \Psi(x,t)\right|_{t=0} t^n \tag{6.68}$$

$$= \sum_{n=0}^{\infty} \frac{1}{n!} \left(-\frac{i}{\hbar} \hat{H}\, t\right)^n \Psi(x,0)\,. \tag{6.69}$$

그러므로 시간에 무관한 Hamiltonian의 경우 시간 변화 연산자는[34]

$$\boxed{\hat{U}(t) = \exp\left[-\frac{i\,t}{\hbar}\,\hat{H}\right]} \tag{6.71}$$

이다. Hamiltonian을 **시간 이동의 생성원**이라고 한다. $\hat{U}(t)$는 unitary 연산자임을 주목하라(문제 6.2 참조)

시간 변화 연산자를 이용하면 시간에 의존하는 Schrödinger 방정식을 푸는 과정을 간명하게 표현할 수 있다. 그 대응관계를 보려면 시간 $t=0$에서 파동함수를 정상상태 $\left(\hat{H}\,\psi_n = E_n\,\psi_n\right)$의 중첩으로 쓴다.

$$\Psi(x,0) = \sum_n c_n\,\psi_n(x)\,.$$

그러면 나음을 얻는다.

$$\Psi(x,t) = \hat{U}(t)\ \Psi(x,0) = \sum_n c_n\,\hat{U}(t)\ \psi_n(x)$$
$$= \sum_n c_n\,e^{-i\,\hat{H}\,t/\hbar}\,\psi_n(x) = \sum_n c_n\,e^{-i\,E_n\,t/\hbar}\,\psi_n(x)\,.$$

이러한 의미에서 식 6.71은 처음 파동함수를 정상상태로 전개하고, 나중 시간의 파동함수를 얻기 위해 "시간 진행 인자"를 붙이는 과정을 간략하게 표현한 것이다.

---

[33] 왜 $\hat{H}$가 시간에 무관한 경우로 제한하여 분석하는가? $\hat{H}$가 시간에 의존하든, 의존하지 않든 Schrödinger 방정식은 $i\hbar\,\dot{\Psi} = \hat{H}\,\Psi$이다. 그러나 $\hat{H}$가 시간에 의존하면 Ψ의 이차 미분은 다음과 같다.

$$\frac{\partial^2}{\partial t^2}\Psi = \frac{\partial}{\partial t}\left(\frac{1}{i\hbar}\hat{H}\,\Psi\right) = \frac{1}{i\hbar}\frac{\partial \hat{H}}{\partial t}\Psi - \frac{1}{\hbar^2}\hat{H}^2\,\Psi.$$

그리고 고차 미분은 더 복잡할 것이다. 그러므로 $\hat{H}$가 시간에 의존하지 않을 때에만 식 6.68에서 식 6.69를 얻을 수 있다.

[34] 이 유도는 Schrödinger 방정식의 실제 해인 $\Psi(x,t)$가 t에 대해 Taylor 전개를 할 수 있다고 가정하여 얻을 수 있지만, 아무것도 이를 보장하지 않는다. B. R. Holstein, A. R. Swift, *A. J. Phys.* **40**, 829 (1980)에서 이와 같은 전개가 존재하지 않는 단순한 예를 들었다. 그럼에도 불구하고 지수함수를 스펙트럼 분해(식 3.103)를 통해 정의하는 한, 식 6.71은 성립한다.

$$\hat{U}(t) \equiv \sum_n e^{-i\,E_n\,t/\hbar}\,|\psi_n\rangle\,\langle\psi_n|\,. \tag{6.70}$$

M. Amaku 등, *Am. J. Phys.* **85**, 692 (2017)도 참조하라.

6.8.1 Heisenberg 묘사

이 장에서 공부한 다른 변환과 마찬가지로 시간 이동을 파동함수뿐만 아니라 연산자에 작용한 효과를 조사하겠다. 변환된 연산자는 **Heisenberg 묘사**에서의 연산자라고 하고, 프라임보다 첨자 H를 넣는 관습을 따르겠다.

$$\boxed{\hat{Q}_H(t) = \hat{U}^\dagger(t)\ \hat{Q}\ \hat{U}(t)\,.} \tag{6.72}$$

예제 6.6

질량 m인 입자가 일차원에서 퍼텐셜 $V(x)$ 안에서 움직인다.

$$\hat{H} = \frac{\hat{p}^2}{2m} + V(x)\,.$$

미소 시간 이동 δ에 대한 Heisenberg 묘사에서 위치 연산자를 구하라.

풀이: 식 6.71에서

$$\hat{U}(\delta) \approx 1 - i\,\frac{\delta}{\hbar}\,\hat{H}$$

이다. 식 6.72를 적용하면 다음을 얻는다.

$$\hat{x}_H(\delta) \approx \left(1 + i\,\frac{\delta}{\hbar}\,\hat{H}^\dagger\right)\hat{x}\left(1 - i\,\frac{\delta}{\hbar}\,\hat{H}\right)$$
$$\approx \hat{x} - i\frac{\delta}{\hbar}\left[\hat{x}, \hat{H}\right] \approx \hat{x} - i\frac{\delta}{\hbar}\,i\,\hbar\,\frac{\hat{p}}{m}.$$

따라서

$$\hat{x}_H(\delta) \approx \hat{x}_H(0) + \frac{1}{m}\,\hat{p}_H(0)\,\delta$$

이다. (시간 0에서 Heisenberg 묘사를 한 연산자는 바로 변환되지 않은 연산자라는 사실을 이용했다.) 이 결과는 정확히 고전역학의 경우와 같아 보인다. $x(\delta) \approx x(0) + v(0)\,\delta$. Heisenberg 묘사는 고전역학과 양자역학 사이의 관계를 잘 보여준다. 양자역학의 연산자는 고전역학의 운동방정식을 따른다(문제 6.19 참조).

예제 6.7

질량 m인 입자가 일차원 조화진동자 퍼텐셜 안에서 움직인다.

$$\hat{H} = \frac{\hat{p}^2}{2m} + \frac{1}{2}m\,\omega^2\,x^2.$$

시간 t에서 Heisenberg 묘사에서의 위치 연산자를 구하라.

풀이: 정상상태 ψ_n에 $\hat{x}_H$를 작용한 것을 고려하자. (ψ_n을 도입하면 연산자 $e^{-i\hat{H}t/\hbar}$를 숫자 $e^{-iE_n t/\hbar}$로 바꿀 수 있다. 왜냐하면 $e^{-i\hat{H}t/\hbar}\,\psi_n = e^{-iE_n t/\hbar}\,\psi_n$이기 때문이다.) $\hat{x}$를 올림과 내

림 연산자로 쓰면 (식 2.62, 2.67과 2.70을 이용하여) 다음을 얻는다.

$$\begin{aligned}
\hat{x}_H(t)\,\psi_n(x) &= \hat{U}^\dagger(t)\,\hat{x}\,\hat{U}(t)\,\psi_n(x) \\
&= e^{i\hat{H}t/\hbar}\sqrt{\frac{\hbar}{2m\omega}}\left(\hat{a}_+ + \hat{a}_-\right)e^{-i\hat{H}t/\hbar}\,\psi_n(x) \\
&= \sqrt{\frac{\hbar}{2m\omega}}\,e^{-iE_n t/\hbar}\,e^{i\hat{H}t/\hbar}\left(\hat{a}_+ + \hat{a}_-\right)\psi_n(x) \\
&= \sqrt{\frac{\hbar}{2m\omega}}\,e^{-iE_n t/\hbar}\,e^{i\hat{H}t/\hbar}\left[\sqrt{n+1}\,\psi_{n+1}(x) + \sqrt{n}\,\psi_{n-1}(x)\right] \\
&= \sqrt{\frac{\hbar}{2m\omega}}\,e^{-iE_n t/\hbar}\left[\sqrt{n+1}\,e^{iE_{n+1}t/\hbar}\,\psi_{n+1}(x)\right. \\
&\quad \left. + \sqrt{n}\,e^{iE_{n-1}t/\hbar}\,\psi_{n-1}(x)\right] \\
&= \sqrt{\frac{\hbar}{2m\omega}}\left[\sqrt{n+1}\,e^{i\omega t}\,\psi_{n+1}(x) + \sqrt{n}\,e^{-i\omega t}\,\psi_{n-1}(x)\right]. \qquad (6.73)
\end{aligned}$$

따라서[35]

$$\hat{x}_H(t) = \sqrt{\frac{\hbar}{2m\omega}}\left[e^{i\omega t}\hat{a}_+ + e^{-i\omega t}\,\hat{a}_-\right]$$

을 얻는다. 즉 식 2.48을 이용하여 $\hat{a}_\pm$을 $\hat{x}$와 $\hat{p}$로 표현하면 다음을 얻는다.

$$\hat{x}_H(t) = \hat{x}_H(0)\cos(\omega t) + \frac{1}{m\omega}\,\hat{p}_H(0)\sin(\omega t)\,. \qquad (6.74)$$

예제 6.6에서처럼 Heisenberg 묘사에서의 연산자는 용수철에 매달린 질량에 대한 고전 운동 방정식을 만족한다.

이 책에서는 지금까지 Dirac이 이름 붙인 **Schrödinger 묘사**를 사용해왔다. 왜냐하면 이것이 Schrödinger 자신이 생각했던 묘사였기 때문이다. Schrödinger 묘사에서는 파동함수가 Schrödinger 방정식

$$\hat{H}\,\Psi(x,t) = i\hbar\frac{\partial}{\partial t}\Psi(x,t)$$

에 의해 시간에 따라 변화한다. 연산자 $\hat{x} = x$와 $\hat{p} = -i\hbar\partial_x$는 그 자체에 시간 의존성은 없고, 기댓값(더 일반적으로는 행렬요소)의 시간 의존성은 파동함수의 시간 의존성에서 온다.

$$\left\langle \hat{Q}\right\rangle = \left\langle \Psi(t)\,\middle|\,\hat{Q}\,\middle|\,\Psi(t)\right\rangle.$$

Heisenberg 묘사에서는 파동함수는 시간에 대해 상수 $\Psi_H(x) = \Psi(x, 0)$이고, 연산자가 식 6.72에 따라 시간에 대해 변화한다. Heisenberg 묘사에서 기댓값(혹은 행렬요소)의 시간 의존성은 연산자에서 나온다.[36]

[35] 식 6.73은 임의의 정상상태 ψ_n에 대해 성립하고 ψ_n은 상태의 완전집합을 이루므로 연산자는 사실 같아야 한다.

[36] $\hat{Q}$는 $\hat{x}$와 $\hat{p}$같이 명시적인 시간 의존성이 없다고 가정한다.

$$\left\langle \hat{Q} \right\rangle = \left\langle \Psi_H \middle| \hat{Q}_H(t) \middle| \Psi_H \right\rangle.$$

물론 두 묘사는 전적으로 동등하다. 왜냐하면

$$\left\langle \Psi(t) \middle| \hat{Q} \middle| \Psi(t) \right\rangle = \left\langle \Psi(0) \middle| \hat{U}^\dagger \hat{Q}\, \hat{U} \middle| \Psi(0) \right\rangle = \left\langle \Psi_H \middle| \hat{Q}_H(t) \middle| \Psi_H \right\rangle$$

이 성립하기 때문이다.

두 묘사에 대한 좋은 비유를 다음과 같이 할 수 있다. 보통의 시계에서 시계 바늘은 시계 방향으로 움직이지만, 숫자는 고정되어 있다. 그러나 시계 바늘이 정지하고 숫자가 반시계 방향으로 움직이는 시계를 만들 수도 있다. 이 두 시계에 대한 대응이 대략적으로 Schrödinger 묘사와 Heisenberg 묘사의 대응에 해당한다. 시계 바늘이 파동함수를 나타내고 숫자가 연산자를 나타낸다. 시계 바늘과 숫자가 둘 다 움직이지만 시계는 여전히 올바른 시간을 나타내는 다른 묘사도 도입할 수 있다.[37]

* **문제 6.26** 예제 6.7의 계에 대해 $\hat{p}_H(t)$를 구하고, 고전적인 운동방정식과의 대응에 대해 논하라.

** **문제 6.27** 질량 m인 자유입자를 고려하자. Heisenberg 묘사에서 위치와 운동량 연산자는

$$\hat{x}_H(t) = \hat{x}_H(0) + \frac{1}{m}\,\hat{p}_H(0)\,t$$
$$\hat{p}_H(t) = \hat{p}_H(0)$$

으로 주어지는 것을 증명하라.이 식과 고전적인 운동방정식 사이의 관계에 대해 논하라. 귀띔: 먼저 교환자 $\left[\hat{x}, \hat{H}^n\right]$을 계산해야 한다. 이를 통해 교환자 $\left[\hat{x}, \hat{U}\right]$를 계산할 수 있다.

6.8.2 시간 이동 불변성

Hamiltonian이 시간에 의존한다 해도 여전히 시간 이동 연산자 $\hat{U}$를 이용하여 Schrödinger 방정식의 해를

$$\Psi(x,t) = \hat{U}(t,t_0)\;\Psi(x,t_0) \tag{6.75}$$

로 쓸 수 있지만, $\hat{U}$는 더 이상 6.71의 단순한 형태가 아니다.[38] (일반적인 경우에 대해서는 문제 11.23을 참조하라.) 미소 시간 간격 δ에 대해서는(문제 6.28 참조)

$$\hat{U}(t_0+\delta, t_0) \approx 1 - \frac{i}{\hbar}\,\hat{H}(t_0)\,\delta \tag{6.76}$$

이다.

시간 이동 불변성이란 시간에 대한 변화는 고려하는 시간 간격에 무관하다는 것이다. 다르게

[37] 이 다른 묘사 중 가장 중요한 것은 **상호작용 묘사**(또는 Dirac 묘사)이고, 이는 시간에 의존하는 섭동 이론에서 사용한다.

[38] 처음 시간 t_0와 나중 시간 t의 함수이고, 단지 파동함수가 변화하는 시간 간격이 아니다.

표현하면 임의의 t_1과 t_2를 선택해도

$$\hat{U}(t_1+\delta, t_1) = \hat{U}(t_2+\delta, t_2) \tag{6.77}$$

이 성립한다는 것이다. 이로 인하여 계가 시간 t_1에 상태 $|\alpha\rangle$에서 시작하고 시간 δ 동안 변화하여도, 그리고 계가 시간 t_2에서 같은 상태 $|\alpha\rangle$에서 시작하여 같은 시간 δ만큼 변화해도 반드시 같은 상태 $|\beta\rangle$에 도달한다. 즉 동일한 조건을 가정하면 실험을 화요일에 하든 목요일에 하든 똑같이 진행된다. 식 6.76을 식 6.77에 대입하면 이것이 성립하려면 $\hat{H}(t_1) = \hat{H}(t_2)$이어야 하고, 이것이 모든 t_1과 t_2에 대해 성립해야 하므로 사실 (시간 이동 불변성이 성립하려면) Hamiltonian이 시간에 무관해야 한다.

$$\frac{\partial \hat{H}}{\partial t} = 0.$$

이 경우 일반화된 Ehrenfest 정리에 의하면

$$\frac{d}{dt}\left\langle \hat{H}\right\rangle = \frac{i}{\hbar}\left\langle\left[\hat{H}, \hat{H}\right]\right\rangle + \left\langle\frac{\partial \hat{H}}{\partial t}\right\rangle = 0$$

을 만족한다. 그러므로 **에너지 보존은 시간 이동 불변성의 결과이다**.

이제 모든 고전적인 보존 법칙을 다루었다. 운동량, 에너지, 각운동량의 보존을 다루었고, 이들은 각각 Hamiltonian의 연속적 대칭성(각각 공간 이동, 시간 이동, 회전)과 관련이 있다는 것을 보았다. 그리고 양자역학에서 (반전성과 같은) 불연속 대칭성 또한 보존 법칙을 만들어 낸다.

문제 6.28 식 6.75와 6.76은 미소 시간 δ에 대한 Schrödinger 방정식의 해임을 증명하라. 귀띔: $\Psi(x, t)$를 Taylor 급수로 전개하라.

* **문제 6.29** 식 6.72를 미분하여 **Heisenberg 운동방정식**

$$i\hbar\frac{d}{dt}\hat{Q}_H(t) = \left[\hat{Q}_H(t), \hat{H}\right] \tag{6.78}$$

을 구하라. ($\hat{Q}$와 $\hat{H}$는 시간에 무관하다.)[39] $\hat{Q} = \hat{x}$와 $\hat{Q} = \hat{p}$를 대입하여 퍼텐셜 $V(x)$ 안에서 움직이는 질량 m인 한 입자에 대한 Heisenberg 묘사에서 $\hat{x}_H$와 $\hat{p}_H$에 대한 미분방정식을 구하라.

*** **문제 6.30** 일차원에서 움직이는 입자에 대해 에너지 E_n인 정상상태 $\psi_n(x)$를 갖는 시간에 무관한 Hamiltonian을 고려하자.

(a) 시간에 의존하는 Schrödinger 방정식의 해는

[39] 시간에 의존하는 $\hat{Q}$와 $\hat{H}$에 대해 일반화하면 다음을 얻는다.

$$i\hbar\frac{d}{dt}\hat{Q}_H(t) = \left[\hat{Q}_H(t), \hat{H}_H(t)\right] + \hat{U}^\dagger\frac{\partial \hat{Q}}{\partial t}\hat{U}.$$

$$\Psi(x,t) = \hat{U}(t)\ \Psi(x,0) = \int K\left(x, x', t\right)\ \Psi\left(x', 0\right)\, dx'$$

으로 쓸 수 있음을 증명하라. 여기서 **전파 인자**로 알려진 $K(x, x', t)$는 다음과 같다.

$$K\left(x, x', t\right) = \sum_n \psi_n^*\left(x'\right)\ e^{-i E_n t/\hbar}\ \psi_n(x)\,. \tag{6.79}$$

여기서 $|K(x, x', t)|^2$는 양자역학적인 입자가 시간 t에서 위치 x'에서 위치 x로 이동할 확률이다.

(b) 진동수 ω인 단순조화진동자 안의 질량 m인 입자에 대해 K를 구하라. 다음의 관계가 필요할 것이다.

$$\frac{1}{\sqrt{1-z^2}} \exp\left[-\frac{\xi^2+\eta^2-2\xi\eta z}{1-z^2}\right] = e^{-\xi^2}\, e^{-\eta^2} \sum_{n=0}^{\infty} \frac{z^n}{2^n\, n!}\, H_n(\xi)\ H_n(\eta)\,.$$

(c) (a)의 입자가 처음에 상태[40]

$$\Psi(x,0) = \left(\frac{2a}{\pi}\right)^{1/4} e^{-a(x-x_0)^2}$$

에 있을 때 $\Psi(x, t)$를 구하라. 이 답과 문제 2.49를 비교하라. 주의: 문제 2.49는 $a = m\omega/2\hbar$인 특별한 경우이다.

(d) 질량 m인 자유입자에 대해 K를 구하라. 이 경우 정상상태는 불연속이 아니고 연속이므로, 식 6.79에서

$$\sum_n \to \int_{-\infty}^{\infty} dp$$

으로 바꾸어야 한다.

(e) 상태

$$\Psi(x,0) = \left(\frac{2a}{\pi}\right)^{1/4} e^{-a x^2}$$

에서 시작하는 자유입자에 대해 $\Psi(x, t)$를 구하라. 이 답을 문제 2.21과 비교하라.

6장 추가문제

문제 6.31 식 6.3을 유도할 때 함수를 Taylor 급수 전개할 수 있다고 가정했다. 연산자의 지수함수를 스펙트럼 분해

[40] (c)~(e)에 나타나는 적분은 모두 문제 2.21에서 유도한 다음 관계식

$$\int_{-\infty}^{\infty} e^{-ax^2+bx}\, dx = \sqrt{\frac{\pi}{a}}\, e^{b^2/4a}$$

으로 구할 수 있다.

$$\hat{T}(a) = \int e^{-i\,a\,p/\hbar}\;|p\rangle\,\langle p|\;dp \tag{6.80}$$

으로 정의하면 이 결과는 급수 전개보다 더 일반적으로 성립한다. 여기서 연산자를 Dirac 표기법으로 나타내었다. 이 연산자를 위치 공간 함수에 작용하면 다음을 의미한다.

$$\hat{T}(a)\;\psi(x) = \int_{-\infty}^{\infty} e^{-i\,a\,p/\hbar}\;f_p(x)\;\Phi(p)\;dp. \tag{6.81}$$

여기서 $\Phi(p)$는 $\psi(x)$에 대응하는 운동량 공간의 파동함수이고, $f_p(x)$는 식 3.32에서 정의했다. 식 6.81로 주어진 연산자 $\hat{T}(a)$를 함수

$$\psi(x) = \sqrt{\lambda}\,e^{-\lambda|x|}$$

에 적용하면 (일차 미분은 $x = 0$에서 정의되지 않는다) 올바른 결과를 얻는다는 것을 증명하라.

** **문제 6.32** 스핀 상태에 대한 회전은 궤도각운동량을 스핀각운동량으로 바꾸면 식 6.32와 같은 표현으로 주어진다.

$$\mathsf{R}_{\mathbf{n}}(\varphi) = \exp\left[-i\,\frac{\varphi}{\hbar}\,\mathbf{n}\cdot\mathsf{S}\right].$$

이 문제에서 스핀 1/2인 상태의 회전을 고려할 것이다.

(a) 다음을 증명하라.

$$(\mathbf{a}\cdot\boldsymbol{\sigma})\,(\mathbf{b}\cdot\boldsymbol{\sigma}) = \mathbf{a}\cdot\mathbf{b} + i\,(\mathbf{a}\times\mathbf{b})\cdot\boldsymbol{\sigma}.$$

여기서 σ_i는 Pauli 스핀 행렬이고, **a**와 **b**는 보통 벡터이다. 문제 4.29의 결과를 이용하라.

(b) (a)의 결과를 이용하여 다음을 증명하라.

$$\exp\left[-i\,\frac{\varphi}{\hbar}\,\mathbf{n}\cdot\mathsf{S}\right] = \cos\!\left(\frac{\varphi}{2}\right) - i\,\sin\!\left(\frac{\varphi}{2}\right)\,\mathbf{n}\cdot\boldsymbol{\sigma}.$$

$\mathsf{S} = (\hbar/2)\,\boldsymbol{\sigma}$이다.

(c) (b)의 결과는 z축에 대한 스핀 윗방향과 아랫방향의 표준 기준에서는 다음 행렬이 되는 것을 증명하라.

$$\mathsf{R}_{\mathbf{n}} = \cos\!\left(\frac{\varphi}{2}\right)\begin{pmatrix} 1 & 0 \\ 0 & 1 \end{pmatrix} - i\,\sin\!\left(\frac{\varphi}{2}\right)\begin{pmatrix} \cos\theta & \sin\theta\,e^{-i\phi} \\ \sin\theta\,e^{i\phi} & -\cos\theta \end{pmatrix}$$

여기서 θ와 ϕ는 회전축을 기술하는 단위벡터 **n**의 극좌표이다.

(d) (c)에서 구한 행렬 $\mathsf{R}_{\mathbf{n}}$이 unitary임을 확인하라.

(e) 행렬 $\mathsf{S}'_x = \mathsf{R}^\dagger\,\mathsf{S}_x\,\mathsf{R}$을 명시적으로 계산하라. 여기서 R은 z축에 대해 각도 φ만큼 회전한 것을 나타낸다. 그리고 예상한 결과를 얻는다는 것을 확인하라. 귀띔: S'_x의 결과를 S_x와 S_y로 다시 써라.

(f) x축에 대해 π만큼 회전한 행렬을 만들고, 이것은 윗방향 스핀을 아랫방향 스핀으로 바꾼다는 것을 확인하라.

(g) z축에 대해 2π만큼 회전한 행렬을 구하라. 왜 이 답이 놀라울까?[41]

문제 6.33 한 변의 길이가 L인 이차원 무한한 사각형 우물 안에 질량 m인 입자가 있다. 원점을 우물의 중심에 놓으면 정상상태는 다음과 같이 쓸 수 있다.

$$\psi_{n_x n_y}(x, y) = \frac{2}{L} \sin\left[\frac{n_x \pi}{L}\left(x - \frac{L}{2}\right)\right] \sin\left[\frac{n_y \pi}{L}\left(y - \frac{L}{2}\right)\right].$$

여기서 에너지는

$$E_{n_x n_y} = \frac{\pi^2 \hbar^2}{2 m L^2}\left(n_x^2 + n_y^2\right)$$

이고 n_x와 n_y는 양의 정수이다.

(a) 두 상태 ψ_{ab}와 ψ_{ba}는 $a \neq b$이면 분명히 겹쳐 있다. 정사각형의 중심에 대해 반시계 방향으로 90° 회전시키면 한 파동함수를 다른 파동함수와 겹쳐지게 한다는 것을 증명하고,

$$\hat{R}\,\psi_{ab} \propto \psi_{ba}$$

비례상수를 결정하라. 귀띔: ψ_{ab}를 극좌표로 써라.

(b) ψ_{ab}와 ψ_{ba} 대신 두 겹친 상태 ψ_+와 ψ_-의 기준을 선택해보자.

$$\psi_\pm = \frac{\psi_{ab} \pm \psi_{ba}}{\sqrt{2}}.$$

a와 b가 모두 짝수이거나, 모두 홀수이면 ψ_+와 ψ_-는 회전에 대한 고유상태임을 증명하라.

(c) $a = 5$이고 $b = 7$인 경우 ψ_-에 대한 등고선 그림을 그리고 (시각적으로) 이것이 정사각형의 모든 대칭 연산($\pi/2$의 정수배만큼의 회전, 대각선에 대한 반사 혹은 두 변을 이등분하는 직선에 대한 반사)의 고유상태임을 확인하라. ψ_+와 ψ_-가 정사각형의 어떤 대칭성에 의해서도 관련이 없다는 사실은 이 두 상태의 겹침을 설명하는 추가적인 대칭성이 있어야 한다는 것을 뜻한다.[42]

*** **문제 6.34** Coulomb퍼텐셜은 단순한 회전 불변성보다 많은 대칭성을 가지고 있다. 이 추가적인 대칭성은 추가적인 보존량인 **Laplace-Runge-Lenz 벡터**

$$\hat{\mathbf{M}} = \frac{\hat{\mathbf{p}} \times \hat{\mathbf{L}} - \hat{\mathbf{L}} \times \hat{\mathbf{p}}}{2m} + V(r)\,\mathbf{r}$$

---

[41] 이 부호의 변화를 실제로 어떻게 측정하는가에 대한 논의를 보려면 S. A. Werner 등, *Phys. Rev. Lett.* **35**, 11053 (1975)를 참조하라.

[42] 이 "우연한" 대칭성에 대한 논의를 보려면 F. Leyvraz 등, *Am. J. Phys.* **65**, 087 (1997)을 참조하라.

에서 명백하게 나타난다. 여기서 $V(r)$은 퍼텐셜에너지이다. $V(r) = -e^2/4\pi\,\epsilon_0\,r$.[43] 수소 원자의 보존량에 대한 교환자의 완전 집합은 다음과 같다.

$$\text{(i)}\quad \left[\hat{H}, \hat{M}_i\right] = 0.$$

$$\text{(ii)}\quad \left[\hat{H}, \hat{L}_i\right] = 0.$$

$$\text{(iii)}\quad \left[\hat{L}_i, \hat{L}_j\right] = i\,\hbar\,\epsilon_{ijk}\,\hat{L}_k.$$

$$\text{(iv)}\quad \left[\hat{L}_i, \hat{M}_j\right] = i\,\hbar\,\epsilon_{ijk}\,\hat{M}_k.$$

$$\text{(v)}\quad \left[\hat{M}_i, \hat{M}_j\right] = \frac{\hbar}{i}\,\epsilon_{ijk}\,L_k\,\frac{2}{m}\,\hat{H}.$$

이 식의 물리적 내용은 (i) **M**은 보존량이다, (ii) **L**은 보존량이다, (iii) **L**은 벡터이다, (iv) **M**은 벡터이다[(v)는 분명한 해석을 할 수 없다]. $\hat{\mathbf{L}}$, $\hat{\mathbf{M}}$과 $\hat{H}$ 사이에 추가적인 두 개의 관계가 있고, 다음과 같다.

$$\text{(vi)}\quad \hat{M}^2 = \left(\frac{e^2}{4\pi\,\epsilon_0}\right)^2 + \frac{2}{m}\,\hat{H}\left(\hat{L}^2 + \hbar^2\right)$$

$$\text{(vii)}\quad \hat{\mathbf{M}}\cdot\hat{\mathbf{L}} = 0.$$

(a) 문제 6.19의 결과와 $\hat{\mathbf{M}}$은 보존량이라는 사실로부터 어떤 상수 $c_{n\ell}$에 대해 $\hat{M}_+\,\psi_{n\ell\ell} = c_{n\ell}\,\psi_{n(\ell+1)(\ell+1)}$임을 알고 있다. (vii)을 $\psi_{n\ell\ell}$에 적용하여 다음을 증명하라.

$$\hat{M}_z\,\psi_{n\ell\ell} = -\frac{1}{\sqrt{2}}\,\frac{1}{\sqrt{\ell+1}}\,c_{n\ell}\,\psi_{n(\ell+1)\ell}.$$

(b) (vi)을 이용하여 다음을 증명하라.

$$\hat{M}_-\,\hat{M}_+\,\psi_{n\ell\ell} = \left(\frac{e^2}{4\pi\,\epsilon_0}\right)^2\left[1 - \left(\frac{\ell+1}{n}\right)^2\right]\psi_{n\ell\ell} - \hat{M}_z^2\,\psi_{n\ell\ell}.$$

(c) (a)와 (b)에서 얻은 결과로부터 상수 $c_{n\ell}$을 구하라. $\ell = n-1$이 아니어야 $c_{n\ell}$이 0이 아니라는 것을 먼저 증명하라. 귀띔: $\int |M_+\psi_{n\ell m}|^2 d^3\mathbf{r}$을 고려하고, $M_\pm$는 Hermitian 켤레라는 사실을 사용하라. 그림 6.9에 수소의 겹친 상태들이 생성원 $\hat{\mathbf{L}}$과 $\hat{\mathbf{M}}$에 의해 어떤 관계가 있는지 나타내었다.

[43] Coulomb Hamiltonian의 모든 대칭성은 [수학자들에게는 SO(3)로 알려진] 명백한 삼차원 회전군만이 아니라, 여섯 개의 생성원(**L**과 **M**)이 있는 사차원 회전군[(SO(4)]이다. (네 축이 w, x, y, z라면 생성원은 각각의 여섯 개의 직교 평면 wx, wy, wz(이에 해당하는 **M**)과 yz, zx, xy(이에 해당하는 **L**)에서 회전에 해당한다.

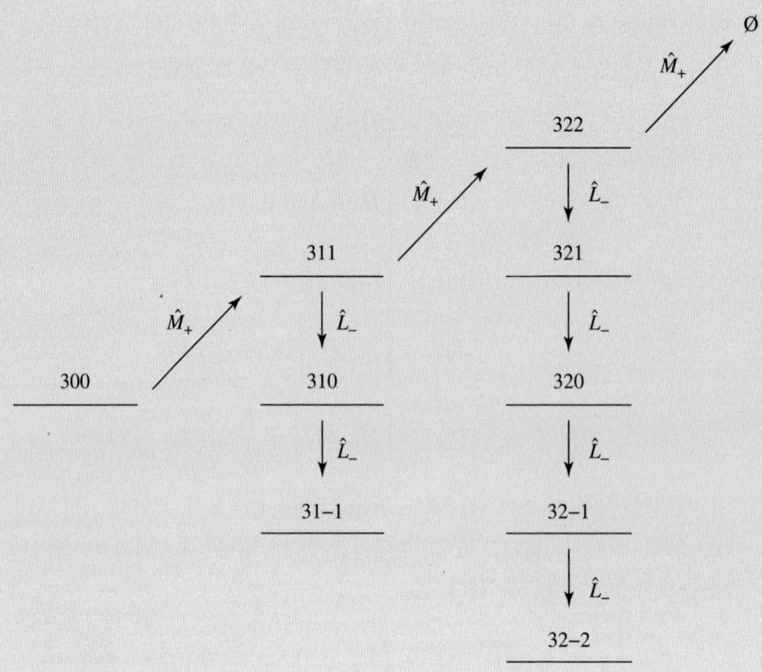

그림 6.9: 수소 원자의 겹친 $n = 3$ 상태와 이들을 연결시키는 대칭 작용.

** **문제 6.35 Galilean 변환**은 관성계 $\mathcal{S}$에서 $\mathcal{S}$에 대해 속도 $-v$로 움직이는 관성계 $\mathcal{S}'$으로 움직이게 한다. (두 좌표계의 원점은 $t = 0$에서 일치한다.) 시간 t에서 Galilean 변환을 하는 unitary 연산자는 다음과 같다.

$$\hat{\Gamma}(v, t) = \exp\left[-\frac{i}{\hbar}\, v\left(t\,\hat{p} - m\,\hat{x}\right)\right].$$

(a) 속도 δ로 움직이는 미소 변환에 대해 $\hat{x}' = \hat{\Gamma}^\dagger\,\hat{x}\,\hat{\Gamma}$와 $\hat{p}' = \hat{\Gamma}^\dagger\,\hat{p}\,\hat{\Gamma}$를 구하라. 이 결과의 물리적인 의미는 무엇인가?

(b) 다음을 증명하라.

$$\begin{aligned}\hat{\Gamma}(v, t) &= \exp\left[\frac{i}{\hbar}\left(m\,x\,v - \frac{1}{2}\,m\,v^2\,t\right)\right]\hat{T}(vt)\\ &= \hat{T}(vt)\,\exp\left[\frac{i}{\hbar}\left(m\,x\,v + \frac{1}{2}\,m\,v^2\,t\right)\right].\end{aligned}$$

여기서 $\hat{T}$는 공간 이동 연산자이다(식 6.3). Baker-Campbell-Hausdorff 공식을 사용해야 할 것이다(문제 3.29).

(c) Ψ가 Hamiltonian

$$\hat{H} = \frac{\hat{p}^2}{2m} + V(x)$$

인 시간에 의존하는 Schrödinger 방정식의 해라면, 이동된 파동함수 $\Psi' = \hat{\Gamma}(v, t)\Psi$

는 움직이는 퍼텐셜 $V(x)$를 갖는 Hamiltonian

$$\hat{H} = \frac{\hat{p}^2}{2m} + V(x - vt)$$

의 시간에 의존하는 Schrödinger 방정식의 해라는 것을 증명하라.

주의: $(d/dt)\, e^{\hat{A}} = e^{\hat{A}} \left(d\hat{A}/dt\right)$ 단 $\left[\hat{A}, \left(d\hat{A}/dt\right)\right] = 0$일 때만.

(d) 문제 2.50(a)의 결과는 이 결과의 한 예라는 것을 보여라.

문제 6.36 공기 속에서 던진 공은 위치 $\mathbf{r}_0$에서 속도 $\mathbf{v}_0$로 손을 떠나서 시간 t에서 속도 $\mathbf{v}_1$으로 움직이며 위치 $\mathbf{r}_1$에 있다(그림 6.10). 공이 $\mathbf{r}_1$에 도착했을 때 갑자기 공의 속도를 뒤집는다고 생각해보자. 공기 저항을 무시하면 공은 $\mathbf{r}_0$에서 $\mathbf{r}_1$으로 왔던 경로를 되돌아가 시간 t가 지나면 $\mathbf{r}_0$로 돌아가고, 속도는 $-\mathbf{v}_0$가 된다. 이것은 **시간 반전 불변성**의 한 예이다. 궤도 위의 임의의 점에서 입자의 운동을 뒤집으면, 공은 모든 위치에서 크기는 같고, 방향이 반대인 속도로 경로를 되돌아 간다.

왜 이것을 시간 반전이라고 부르는가? 결국 뒤집힌 것은 속도이지, 시간은 아니다. $\mathbf{r}_1$에서 $\mathbf{r}_0$로 움직이는 공에 대한 영화를 보여주면 뒤집힌 다음 앞으로 돌린 공의 영화를 보는 것인지, 뒤집기 전에 거꾸로 돌린 공의 영화를 보는 것인지 알 수 있는 방법은 전혀 없다. 시간 반전 불변인 계에서 영화를 거꾸로 돌리는 것은 가능한 다른 운동을 나타낸다.

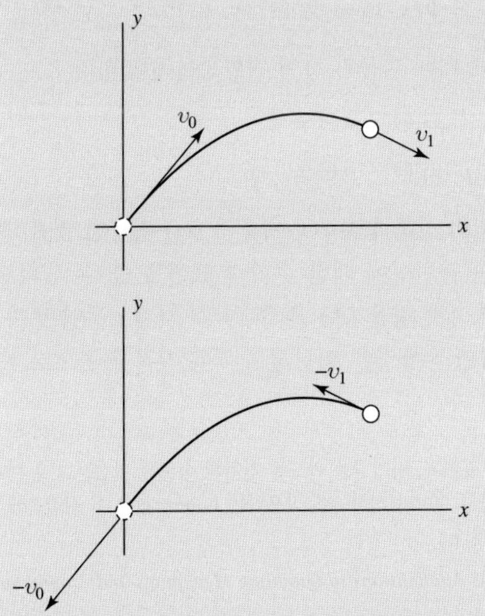

그림 6.10: 공기 중에 (공기저항을 무시한) 던진 공은 시간 반전 대칭성이 있는 계의 한 예이다. 궤도 위의 임의의 한 점에서 입자의 속도를 뒤집으면 경로를 되돌아간다.

시간 반전 대칭성이 없는 계의 친숙한 예는 외부 자기장 안에서 움직이는 대전입자이다.[44] 이 경우 입자의 속도를 뒤집으면 Lorentz힘 또한 부호가 바뀌고, 입자는 경로를 되돌아가지 않을 것이다. 이것을 그림 6.11에 나타내었다.

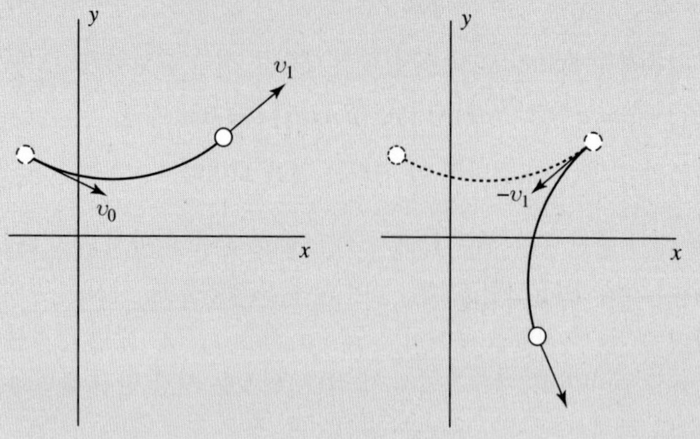

그림 6.11: 외부 자기장은 시간 반전 대칭성을 깬다. 그림에는 페이지 면으로 들어가는 방향을 향하는 균일한 자기장 안을 지나가는 전하 $+q$인 입자의 경로를 나타내었다. 입자의 속도를 나타낸 점에서 $\mathbf{v}_1$에서 $-\mathbf{v}_1$으로 뒤집으면, 입자는 경로를 되돌아가지 않고, 그 대신 새로운 원궤도로 움직인다.

시간 반전 연산자 $\hat{\Theta}$는 입자의 운동량을 뒤집고($\mathbf{p} \to -\mathbf{p}$), 위치는 변하지 않게 한다. 이에 대한 더 좋은 이름은 "운동 방향을 뒤집는" 연산자일 것이다.[45] 스핀이 없는 입자에 대해 시간 반전 연산자 $\hat{\Theta}$는 단순히 위치 공간 파동함수의 복소켤레를 취하는 것이다.[46]

$$\hat{\Theta}\,\Psi(x,t) = \Psi^*(x,t)\,. \tag{6.82}$$

(a) 연산자 $\hat{x}$와 $\hat{p}$는 시간 반전에 대해 다음과 같이 변환함을 증명하라.

$$\hat{x}' = \hat{\Theta}^{-1}\,\hat{x}\,\hat{\Theta} = \hat{x}$$
$$\hat{p}' = \hat{\Theta}^{-1}\,\hat{p}\,\hat{\Theta} = -\hat{p}.$$

귀띔: 이를 증명하려면 임의의 시험 함수 $f(x)$에 $\hat{x}'$과 $\hat{p}'$을 작용한 것을 계산하라.

(b) 위의 논의로부터 시간 반전 불변성에 대한 수학적 표현을 쓸 수 있다. 계를 선택하여, 시간 t 동안 변화시키고, 운동량을 뒤집은 후, 다시 시간 t 동안 변화시킨다. 계가 시간 반전에 대해 불변이라면 운동량은 뒤집혀도 처음 시작한 곳으로 돌아올 것이다

---

[44] 외부 자기장이란 전하 q의 속도만 뒤집는 것이지, 자기장을 만드는 전하의 속도를 뒤집는 것은 아니라는 뜻이다. 이 속도도 뒤집는다면 자기장 또한 방향을 바꿀 것이며 전하 q에 작용하는 Lorentz힘은 이 뒤집음에 대해 변하지 않을 것이고, 계는 사실 시간 반전에 대해 불변이다.

[45] Eugene P. Wigner, *Group Theory and its Applications to Quantum Mechanics and Atomic Spectra* (Academic Press, New York, 1959) 325쪽 참조.

[46] 시간 반전은 **반unitary 연산자**이다. 반unitary 연산자는 다음을 만족한다.

$$\langle \Theta f \mid \Theta g \rangle = \langle f \mid g \rangle^*.$$
$$\hat{\Theta}\,(a\,|\alpha\rangle + b\,|\beta\rangle) = a^*\,\hat{\Theta}\,|\alpha\rangle + b^*\,\hat{\Theta}\,|\beta\rangle.$$

반면에 unitary 연산자는 복소켤레가 없는 같은 두 식을 만족한다. 반unitary 연산자의 수반 연산자를 정의하지는 않겠다. 그대신 반untitary 연산자에 대해 $\hat{\Theta}^{-1}$을 사용하겠다. 한편 unitary 연산자에 대해서는 $\hat{U}^\dagger$와 $\hat{U}^{-1}$을 모두 사용한다.

(그림 6.10). 연산자로 표현하면 다음과 같다.

$$\hat{U}(t)\ \hat{\Theta}\,\hat{U}(t) = \hat{\Theta}.$$

이것이 임의의 시간 간격에 대해 성립하려면 특별히 미소 시간 간격 δ에 대해서도 성립해야 한다. 시간 반전 불변성이 있으면 다음을 만족한다는 것을 증명하라.

$$\left[\hat{\Theta}, \hat{H}\right] = 0. \tag{6.83}$$

(c) 시간 반전 불변인 Hamiltonian에 대해 $\psi_n(x)$가 에너지 E_n인 정상상태라면 ψ_n^*도 같은 에너지 E_n을 갖는 정상상태라는 것을 증명하라. 에너지가 겹치지 않으면 이것은 정상상태는 실수로 선택할 수 있다는 것을 의미한다.

(d) 운동량 고유함수 $f_p(x)$(식 3.32)에 시간 반전 연산을 적용하면 무엇을 얻는가? 수소 파동함수 $\psi_{n\ell m}(r, \theta, \phi)$는 어떤가? 각 상태와 변환되지 않은 상태의 관계에 대해 논하고, (c)가 보장하듯이 변환된 상태와 변환되지 않은 상태는 같은 에너지를 갖는다는 것을 확인하라.

문제 6.37 각운동량으로서 입자의 스핀은 시간 반전에 대해 뒤집힌다(문제 6.36). 스피너(4.4.1절)에 시간 반전을 적용하면 사실 다음을 얻는다.

$$\hat{\Theta}\begin{pmatrix} a \\ b \end{pmatrix} = \begin{pmatrix} -b^* \\ a^* \end{pmatrix} \tag{6.84}$$

따라서 복소켤레뿐만 아니라 위와 아래 성분이 서로 바뀐다.[47]

(a) 스핀 1/2인 입자에 대해 $\hat{\Theta}^2 = -1$임을 증명하라.

(b) 시간 반전 불변인 Hamiltonian(식 6.83)에 대해 에너지 E_n인 고유상태 $|\psi_n\rangle$를 고려하자. $|\psi_n'\rangle = \hat{\Theta}\ |\psi_n\rangle$ 또한 같은 에너지 E_n을 갖는 $\hat{H}$의 고유상태라는 것을 알고 있다. 두 가지 가능성이 있다. $|\psi_n'\rangle$과 $|\psi_n\rangle$은 같은 상태이거나(어떤 복소수 상수 c에 대하여 $|\psi_n'\rangle = c\,|\psi_n\rangle$), 둘은 다른 상태이다. 스핀 1/2인 입자의 경우 첫 번째 경우는 모순이 된다는 것을 증명하라. 즉 이 경우 에너지 준위는 (적어도) 이중 겹침이 있어야 한다.

참고: 여기서 증명한 것은 **Kramer 겹침**의 특별한 예이다. 홀수의 스핀 1/2인 입자에 대해 (혹은 이에 관한 한 임의의 반정수 스핀에 대해) 시간 반전 불변 Hamiltonian의 모든 에너지 준위는 적어도 이중 겹침이 있다. 방금 증명했듯이 반정수 스핀에 대해서 상태와 시간 반전된 상태는 반드시 다르기 때문이다.[48]

---

[47] 임의의 스핀에 대해서는

$$\hat{\Theta} = e^{-i\pi \hat{S}_y/\hbar}\,\hat{K} \tag{6.85}$$

이다. 여기서 첫 항은 y축에 대해 π만큼 회전한 것이고, $\hat{K}$는 복소켤레를 만드는 연산자이다.

[48] 스핀 0인 입자인 경우는 어떤가? 시간 반전 대칭성이 어떤 흥미 있는 것을 말하는가? 실제로 그렇다. 그중 한 가지는 정상상태를 실수로 선택할 수 있다는 것이다. 이것은 문제 2.2에서 증명했지만 이제 시간 반전 대칭성의 결과라는 것을 안다. 다른 예는 주기적 퍼텐셜(5.3.2절과 문제 6.6) 안에서 결정 운동량 q와 $-q$인 상태의 에너지 준위가 겹치는 것이다. 이것은 퍼텐셜이 대칭적이면 반전 대칭성에 의한 것이라고 할 수 있지만, 반전 대칭성이 없더라도 겹침은 계속 남아 있다. (시도해보라!) 이것은 시간 반전 대칭성의 결과이다.

Part 2
응용

7 시간에 무관한 섭동 이론

Time-Independent Perturbation Theory

7.1 겹침이 없는 섭동 이론

7.1.1 일반적인 수식화

예컨대 일차원 무한한 사각형 우물과 같은 퍼텐셜에 대해 (시간에 무관한) Schrödinger 방정식

$$H^0\psi_n^0 = E_n^0\psi_n^0 \tag{7.1}$$

을 풀고, 직교규격화된 고유함수 ψ_n^0의 완전집합을 얻고

$$\left\langle \psi_n^0 \middle| \psi_m^0 \right\rangle = \delta_{nm} \tag{7.2}$$

이에 해당하는 고유값 E_n^0을 구했다고 하자. 이제 (그림 7.1처럼 우물 바닥에 작은 둔덕을 두듯이) 퍼텐셜을 약간 변화시킨다. 이때 새로운 고유함수와 고유값을 찾으려고 한다.

$$H\psi_n = E_n\psi_n. \tag{7.3}$$

그러나 행운이 따르지 않는 한, 이와 같이 더 복잡한 퍼텐셜에 대해 Schrödinger 방정식을 정확하게 풀 수는 없다. **섭동 이론**은 섭동이 없는 경우 알려진 정확한 해를 사용해 섭동이 있는 문제의 어림해를 얻는 체계적인 과정이다.

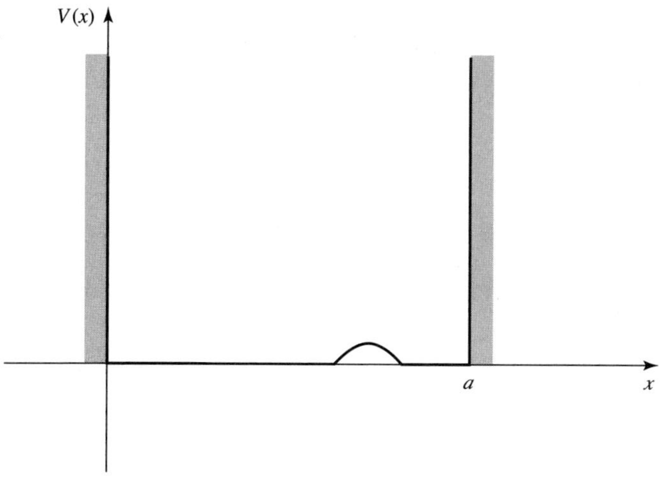

그림 7.1: 작은 섭동이 있는 무한 사각우물.

먼저 새 Hamiltonian을 두 항의 합으로 쓰자.

$$H = H^0 + \lambda H'. \tag{7.4}$$

여기서 H'은 섭동이다. (첨자 0은 언제나 섭동이 없는 양을 나타낸다.) 당분간 λ는 작은 수로 생각하겠다. 나중에 이것을 1까지 올리면, H가 진정한 Hamiltonian이 될 것이다. 다음으로 ψ_n과 E_n을 λ에 대한 급수로 쓴다.

$$\psi_n = \psi_n^0 + \lambda\psi_n^1 + \lambda^2\psi_n^2 + \cdots ; \tag{7.5}$$

$$E_n = E_n^0 + \lambda E_n^1 + \lambda^2 E_n^2 + \cdots . \tag{7.6}$$

여기서 E_n^1은 n번째 고유값의 **일차 수정**이고, ψ_n^1은 n번째 고유함수의 일차 수정이다. E_n^2와 ψ_n^2는 **이차 수정** 등으로 계속된다. 식 7.5와 7.6을 식 7.3에 대입하면 다음을 얻는다.

$$\begin{aligned}&\left(H^0 + \lambda H'\right)\left[\psi_n^0 + \lambda\psi_n^1 + \lambda^2\psi_n^2 + \cdots\right]\\ &\quad = \left(E_n^0 + \lambda E_n^1 + \lambda^2 E_n^2 + \cdots\right)\left[\psi_n^0 + \lambda\psi_n^1 + \lambda^2\psi_n^2 + \cdots\right].\end{aligned}$$

즉 (λ의 같은 차수끼리 모으면) 다음과 같다.

$$\begin{aligned}&H^0\psi_n^0 + \lambda\left(H^0\psi_n^1 + H'\psi_n^0\right) + \lambda^2\left(H^0\psi_n^2 + H'\psi_n^1\right) + \cdots\\ &\quad = E_n^0\psi_n^0 + \lambda\left(E_n^0\psi_n^1 + E_n^1\psi_n^0\right) + \lambda^2\left(E_n^0\psi_n^2 + E_n^1\psi_n^1 + E_n^2\psi_n^0\right) + \cdots .\end{aligned}$$

가장 낮은 차수에서[1] (λ^0) $H^0\,\psi_n^0 = E_n^0\,\psi_n^0$를 얻고, 이것은 전혀 새로운 것이 아니다(식 7.1). 일차에서는 (λ^1) 다음을 얻는다.

$$H^0\psi_n^1 + H'\psi_n^0 = E_n^0\psi_n^1 + E_n^1\psi_n^0. \tag{7.7}$$

이차에서는 (λ^2)

$$H^0\psi_n^2 + H'\psi_n^1 = E_n^0\psi_n^2 + E_n^1\psi_n^1 + E_n^2\psi_n^0 \tag{7.8}$$

을 얻고, 이런 방식으로 계속된다. (이제 λ는 그만 쓰겠다. 이것은 다른 차수를 구별하는 도구였을 뿐이다. 이제 이것을 1의 크기로 올려 놓겠다.)

7.1.2 일차 이론

식 7.7을 ψ_n^0와 내적을 하면 (즉 $\left(\psi_n^0\right)^*$를 곱하고 적분하면) 다음을 얻는다.

$$\left\langle\psi_n^0\middle|H^0\psi_n^1\right\rangle + \left\langle\psi_n^0\middle|H'\psi_n^0\right\rangle = E_n^0\left\langle\psi_n^0\middle|\psi_n^1\right\rangle + E_n^1\left\langle\psi_n^0\middle|\psi_n^0\right\rangle.$$

그러나 H^0는 hermitian이므로

$$\left\langle\psi_n^0\middle|H^0\psi_n^1\right\rangle = \left\langle H^0\psi_n^0\middle|\psi_n^1\right\rangle = \left\langle E_n^0\psi_n^0\middle|\psi_n^1\right\rangle = E_n^0\left\langle\psi_n^0\middle|\psi_n^1\right\rangle$$

---

[1] 언제나(2장 각주 34) 멱급수의 유일성은 보장되어 같은 차수의 계수는 같다.

이 되고, 이것은 우변의 첫 항과 상쇄된다. 게다가 $\langle\psi_n^0|\psi_n^0\rangle = 1$이므로[2] 다음을 얻는다.

$$\boxed{E_n^1 = \left\langle \psi_n^0 \middle| H' \middle| \psi_n^0 \right\rangle.} \tag{7.9}$$

이것이 일차 섭동 이론의 기본적인 결과이다. 실제로 양자역학에서 가장 자주 사용되는 식일 것이다. 이 식에 의하면 에너지에 대한 일차 수정은 섭동이 없는 상태에서 섭동의 기댓값이다.

예제 7.1

무한 사각 우물의 섭동이 없는 파동함수는(식 2.31)

$$\psi_n^0(x) = \sqrt{\frac{2}{a}} \sin\left(\frac{n\pi}{a}x\right)$$

이다. 이 계에 우물의 "바닥"을 일정한 양 V_0만큼 올려 놓는 섭동을 가한다(그림 7.2). 에너지에 대한 일차 수정을 구하라.

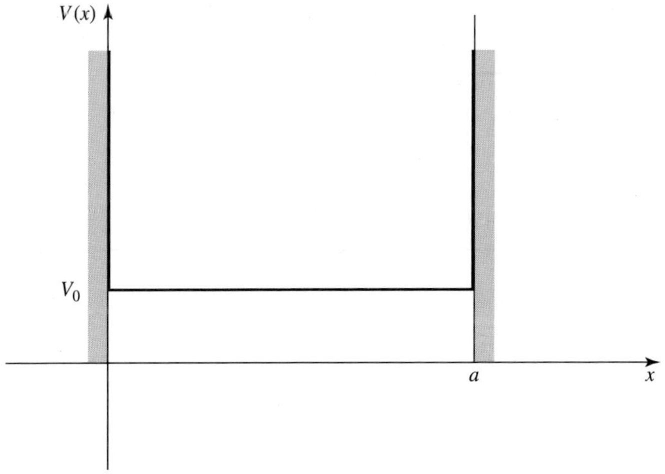

그림 7.2: 우물 전체에 가한 일정한 섭동.

풀이: 이 경우 $H' = V_0$이고, n번째 상태의 에너지에 대한 일차 수정은 다음과 같다.

$$E_n^1 = \left\langle \psi_n^0 \middle| V_0 \middle| \psi_n^0 \right\rangle = V_0 \left\langle \psi_n^0 \middle| \psi_n^0 \right\rangle = V_0.$$

그러면 수정된 에너지 준위는 $E_n \approx E_n^0 + V_0$이다. 단지 V_0의 양만큼 증가했을 뿐이다. 물론이다! 단 한 가지 놀라운 것은 이 경우 일차 이론에서 정확한 답을 얻는다는 것이다. 분명히

[2] 여기서는 $\langle\psi_n^0|H'\psi_n^0\rangle$이든 $\langle\psi_n^0|H'|\psi_n^0\rangle$로(막대가 하나 더 있다) 쓰든 상관없다. 왜냐하면 파동함수 자체가 상태를 표시하기 때문이다. 그러나 나중 표현이 더 낫다. 왜냐하면 이 관습으로부터 자유로울 수 있기 때문이다. 예를 들어 조화진동자(식 2.86)의 n번째 상태를 $|n\rangle$으로 나타내면 $H'|n\rangle$은 의미가 있지만 $|H'n\rangle$은 이해할 수 없다. (연산자는 벡터/함수에 작용하지, 숫자에 작용하지 않는다.)

일정한 섭동에 대해서는 모든 고차 수정은 0이 된다.[3] 한편 섭동이 우물의 반쪽에만 있다면 (그림 7.3) 다음을 얻는다.

$$E_n^1 = \frac{2V_0}{a}\int_0^{a/2} \sin^2\left(\frac{n\pi}{a}x\right) dx = \frac{V_0}{2}.$$

이 경우 에너지는 $V_0/2$만큼 올라간다. 그러나 이것이 정확한 결과는 아닐 것이다. 하지만 일차 어림으로는 그럴듯하게 보인다.

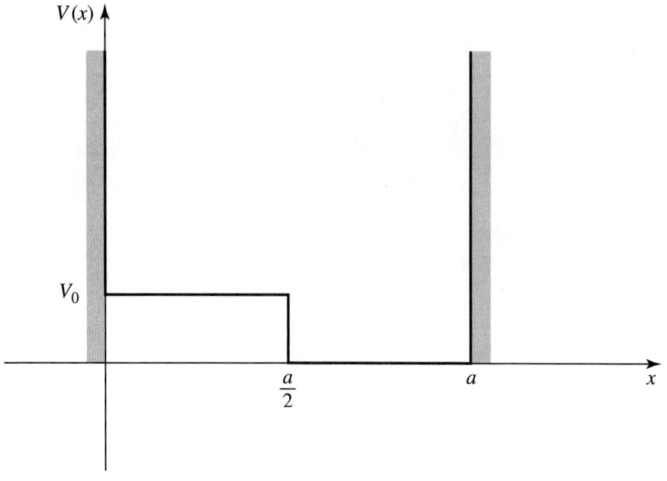

그림 7.3: 우물의 반쪽에 있는 일정한 섭동.

식 7.9는 에너지에 대한 일차 수정이다. 파동함수에 대한 일차 수정을 구하려면 식 7.7을

$$\left(H^0 - E_n^0\right)\psi_n^1 = -\left(H' - E_n^1\right)\psi_n^0 \tag{7.10}$$

으로 다시 쓰자. 우변은 알고 있는 함수이므로, 이것은 ψ_n^1에 대한 불균일한 미분방정식에 해당한다. 이제 섭동이 없는 파동함수는 완전 집합을 이루므로, (다른 임의의 함수와 마찬가지로) ψ_n^1은 이들의 선형결합으로 표현할 수 있다.

$$\psi_n^1 = \sum_{m \neq n} c_m^{(n)} \psi_m^0. \tag{7.11}$$

[합에 $m = n$인 항을 넣을 필요는 없다. 왜냐하면 ψ_n^1이 식 7.10을 만족한다면 임의의 상수 α에 대해 $(\psi_n^1 + \alpha\psi_n^0)$도 만족하기 때문이고, 이 때문에 자유롭게 ψ_n^0항을 뺄 수 있다.[4]] 계수 $c_m^{(n)}$을 결정할 수 있으면 모든 것이 완성되었다.

---

[3] 아무것도 무한 사각우물의 특정한 성질에 의존하지 않는다. 섭동이 상수일 때 임의의 퍼텐셜에 대해서도 마찬가지로 성립한다.

[4] 다른 방법으로는 식 7.5를 살펴보면 ψ_n^1 안에 있는 어떤 ψ_n^0의 성분도 끄집어내어 첫 항과 결합시킬 수 있다. 사실 $c_n^{(n)} = 0$으로 선택한 것은 식 7.5에서 ψ_n^0의 계수를 1로 정하여 ψ_n이 (λ의 일차까지) 규격화되도록 만든 것이다. $\langle\psi_n|\psi_n\rangle = \langle\psi_n^0|\psi_n^0\rangle + \lambda\left(\langle\psi_n^1|\psi_n^0\rangle + \langle\psi_n^0|\psi_n^1\rangle\right) + \lambda^2(\cdots) + \cdots$. 섭동이 없는 상태의 직교성 때문에 첫 항은 1이고, ψ_n^1에 ψ_n^0 성분이 없는 한 $\langle\psi_n^1|\psi_n^0\rangle = \langle\psi_n^0|\psi_n^1\rangle = 0$이다.

그런데 식 7.11을 식 7.10에 대입하고, ψ_m^0가 섭동이 없는 Schrödinger 방정식(식 7.1)을 만족한다는 사실을 이용하면

$$\sum_{m\neq n}\left(E_m^0 - E_n^0\right) c_m^{(n)} \psi_m^0 = -\left(H' - E_n^1\right)\psi_n^0$$

이 된다. ψ_l^0와 내적을 취하면 다음을 얻는다.

$$\sum_{m\neq n}\left(E_m^0 - E_n^0\right) c_m^{(n)} \left\langle \psi_l^0 \middle| \psi_m^0 \right\rangle = -\left\langle \psi_l^0 \middle| H' \middle| \psi_n^0 \right\rangle + E_n^1 \left\langle \psi_l^0 \middle| \psi_n^0 \right\rangle .$$

만일 $l = n$이면 좌변은 0이고, 식 7.9가 된다. 만일 $l \neq n$이면

$$\left(E_l^0 - E_n^0\right) c_l^{(n)} = -\left\langle \psi_l^0 \middle| H' \middle| \psi_n^0 \right\rangle$$

즉

$$c_m^{(n)} = \frac{\left\langle \psi_m^0 \middle| H' \middle| \psi_n^0 \right\rangle}{E_n^0 - E_m^0} \tag{7.12}$$

을 얻으므로, 다음의 결과를 얻는다.

$$\boxed{\psi_n^1 = \sum_{m\neq n} \frac{\left\langle \psi_m^0 \middle| H' \middle| \psi_n^0 \right\rangle}{\left(E_n^0 - E_m^0\right)} \psi_m^0 .} \tag{7.13}$$

($m = n$에 대한 계수가 없으므로) 섭동이 없는 에너지 스펙트럼이 겹쳐 있지만 않다면 분모는 유한하다는 것에 주목하라. 그러나 섭동이 없는 두 개의 다른 상태가 같은 에너지를 가지면, 심각한 문제가 생긴다. (식 7.12를 얻기 위해 0으로 나누었다.) 이 경우 **겹침이 있는 섭동 이론**이 필요하고, 7.2절에서 다루겠다.

이것으로 일차 섭동 이론을 완성했다. 에너지의 일차 수정 E_n^1은 식 7.9로 주어지고, 파동함수의 일차 수정 ψ_n^1은 식 7.13에 있다.

* **문제 7.1** 무한 사각우물의 가운데에 델타함수 둔덕을 넣자.

$$H' = \alpha\delta(x - a/2)$$

여기서 α는 상수이다.

(a) 허용된 에너지의 일차 수정을 구하라. n이 짝수인 경우 에너지에 섭동 효과가 없는 이유를 설명하라.

(b) 바닥상태 ψ_1^1에 대한 수정의 전개(식 7.13)에서 0이 아닌 첫 세 항을 구하라.

* **문제 7.2** 조화진동자$[V(x) = (1/2)kx^2]$에 대해 허용된에너지는

$$E_n = (n + 1/2)\hbar\omega, \quad (n = 0, 1, 2, \ldots)$$

이다. 여기서 $\omega = \sqrt{k/m}$은 고전 진동수이다. 이제 용수철 상수가 약간 증가한다고 하자. $k \to (1+\epsilon)k$. (용수철을 냉각시키면 덜 유연해질 수 있다.)

(a) (이 경우 쉽지만) 정확한 새로운 에너지를 구하라. 얻은 공식을 ϵ에 대한 이차까지 급수 전개를 하라.

(b) 이제 식 7.9를 이용하여 에너지의 일차 섭동을 계산하라. 여기서 H'은 무엇인가? 이 결과를 (a)와 비교하라. 귀띔: 사실 이 문제를 푸는 데 한 개의 적분도 할 필요가 없으므로, 적분 계산을 허용하지 않는다.

문제 7.3 두 개의 똑같은 스핀 0인 보스 입자가 무한 사각우물에(식 2.22) 놓여 있다. 이들은 서로 퍼텐셜

$$V(x_1, x_2) = -aV_0\delta(x_1 - x_2)$$

을 통해 약하게 상호작용한다. (여기서 V_0는 에너지 차원인 상수이고, a는 우물의 너비이다.)

(a) 먼저 입자 사이의 상호작용을 무시하고 바닥상태와 첫 번째 들뜬 상태를 구하라. 파동함수와 이에 연관된 에너지를 구하라.

(a) 일차 섭동 이론을 사용하여 입자–입자의 상호작용이 바닥상태와 첫 번째 들뜬 상태의 에너지에 끼치는 효과를 계산하라.

7.1.3 이차 에너지

전과 마찬가지로 진행하여 이차식 (식 7.8)을 ψ_n^0와 내적을 한다.

$$\left\langle \psi_n^0 \middle| H^0 \psi_n^2 \right\rangle + \left\langle \psi_n^0 \middle| H' \psi_n^1 \right\rangle = E_n^0 \left\langle \psi_n^0 \middle| \psi_n^2 \right\rangle + E_n^1 \left\langle \psi_n^0 \middle| \psi_n^1 \right\rangle + E_n^2 \left\langle \psi_n^0 \middle| \psi_n^0 \right\rangle.$$

다시 H^0가 hermitian이라는 것을 이용하여

$$\left\langle \psi_n^0 \middle| H^0 \psi_n^2 \right\rangle = \left\langle H^0 \psi_n^0 \middle| \psi_n^2 \right\rangle = E_n^0 \left\langle \psi_n^0 \middle| \psi_n^2 \right\rangle$$

을 얻으면, 좌변의 첫 항은 우변의 첫 항과 상쇄된다. 한편 $\langle \psi_n^0 | \psi_n^0 \rangle = 1$이고, E_n^2에 대한 공식을 얻는다.

$$E_n^2 = \left\langle \psi_n^0 \middle| H' \middle| \psi_n^1 \right\rangle - E_n^1 \left\langle \psi_n^0 \middle| \psi_n^1 \right\rangle. \tag{7.14}$$

그러나

$$\langle \psi_n^0 | \psi_n^1 \rangle = \sum_{m \neq n} c_m^{(n)} \langle \psi_n^0 | \psi_m^0 \rangle = 0$$

이므로 (왜냐하면 합은 $m = n$인 항을 제외하고, 다른 모든 것은 직교하기 때문이다)

$$E_n^2 = \left\langle \psi_n^0 \middle| H' \middle| \psi_n^1 \right\rangle = \sum_{m \neq n} c_m^{(n)} \left\langle \psi_n^0 \middle| H' \middle| \psi_m^0 \right\rangle = \sum_{m \neq n} \frac{\langle \psi_m^0 | H' | \psi_n^0 \rangle \langle \psi_n^0 | H' | \psi_m^0 \rangle}{E_n^0 - E_m^0}$$

이 되고, 최종적으로 다음을 얻는다.

$$E_n^2 = \sum_{m \neq n} \frac{\left|\langle \psi_m^0 | H' | \psi_n^0 \rangle\right|^2}{E_n^0 - E_m^0}. \tag{7.15}$$

이것이 이차 섭동 이론의 기본적인 결과이다.

파동함수의 이차 수정(ψ_n^2), 에너지의 삼차 수정 등을 계속 계산할 수 있지만, 실제로 이 방법을 사용하는 것이 유용한 경우에는 보통 식 7.15까지만 구한다.[5]

** **문제 7.4** 섭동 이론을 가장 일반적인 이준위계에 적용하자. 섭동이 없는 Hamiltonian은

$$\mathsf{H}^0 = \begin{pmatrix} E_a^0 & 0 \\ 0 & E_b^0 \end{pmatrix}$$

이고, 섭동은

$$\mathsf{H}' = \lambda \begin{pmatrix} V_{aa} & V_{ab} \\ V_{ba} & V_{bb} \end{pmatrix}$$

이다. 여기서 $V_{ba} = V_{ab}^*$이고 V_{bb}는 실수이어서 H는 hermitian이다. 7.1.1절과 같이 λ는 상수이고, 나중에 1로 놓을 것이다.

(a) 이러한 이준위계의 정확한 에너지를 구하라.

(b) (a)의 결과를 λ의 이차까지 전개하라. (그리고 λ를 1로 놓아라.) 급수의 항들이 7.1.2절과 7.1.3절의 섭동 이론의 결과와 일치함을 확인하라. $E_b > E_a$라고 가정하라.

(c) $V_{aa} = V_{bb} = 0$으로 놓고 (b)의 급수는

$$\left| \frac{V_{ab}}{E_b^0 - E_a^0} \right| < \frac{1}{2}$$

일 경우에만 수렴한다는 것을 증명하라. 참고: 일반적으로 섭동 이론은 섭동의 행렬 요소가 에너지 준위 간격에 비해 작을 때에만 성립한다. 그렇지 않으면 (보통 계산하는) 첫 몇 항만으로는 관심있는 양에 대해 나쁜 어림을 하는 것이고, 여기서 증명한대로 급수는 수렴하지 않게 되고, 이 경우 첫 몇 개의 항으로는 아무 것도 알 수 없다.

---

[5] 간단하게 $V_{mn} \equiv \langle \psi_m^0 | H' | \psi_n^0 \rangle$, $\Delta_{mn} \equiv E_m^0 - E_n^0$라고 쓰면, n번째 에너지의 첫 세 개의 수정은 다음과 같다.

$$E_n^1 = V_{nn}, \quad E_n^2 = \sum_{m \neq n} \frac{|V_{nm}|^2}{\Delta_{nm}}, \quad E_n^3 = \sum_{l,m \neq n} \frac{V_{nl} V_{lm} V_{mn}}{\Delta_{nl} \Delta_{nm}} - V_{nn} \sum_{m \neq n} \frac{|V_{nm}|^2}{\Delta_{nm}^2}.$$

삼차 수정은 Landau, Lifschitz, *Quantum Mechanics: Non-Relativistic Theory*, 3rd edn, Pergamon, Oxford (1977), 136쪽에 있고, (고차항을 얻는 강력한 일반적인 방법과 함께) 사차와 오차 수정은 Nicholas Wheeler, *Higher-Order Spectral Perturbation* (미출간 Reed College Report, 2000)에 있다. 시간에 무관한 섭동 이론에 대한 다른 대안적인 방법으로는 Dalgarno-Lewis 방법과, 밀접하게 관련 있는 "로그" 섭동 이론이다. (예를 들어 로그 섭동 이론에 대해서는 T. Imbo, U. Sukhatme, *Am. J. Phys.* **52**, 140 (1984)를, Dalgarno-Lewis에 대해서는 H. Mavromatis, *Am. J. Phys.* **59**, 738 (1991)을 참조하라.)

* **문제 7.5**

(a) 문제 7.1의 퍼텐셜에 대해 에너지의 이차 수정(E_n^2)을 구하라. 참고: 급수를 직접 더하여 n이 홀수일 때 $-2m(\alpha/\pi\hbar n)^2$을 얻을 수 있다.

(b) 문제 7.2의 퍼텐셜에 대해 바닥상태 에너지의 이차 수정(E_0^2)을 계산하라. 이 결과가 정확한 해와 일치함을 확인하라.

*** **문제 7.6** 일차원 조화진동자 퍼텐셜 안에 있는 대전입자를 고려하자. 약한 전기장(E)을 켜서, 퍼텐셜에너지가 $H' = -qEx$만큼 변했다고 하자.

(a) 에너지 준위의 일차 변화는 없다는 것을 증명하고, 이차 수정을 계산하라. 귀띔: 문제 3.39 참조.

(b) 이 경우 Schrödinger 방정식은 $x' \equiv x - (qE/(m\omega^2)$로 변수 변환을 하면 직접 풀 수 있다. 정확한 에너지를 구하고, 이 결과는 섭동 이론의 어림 방법과 일치함을 보여라.

** **문제 7.7** 그림 7.3에 있는 퍼텐셜을 고려하자.

(a) 바닥상태의 파동함수에 대한 일차 수정을 구하라. 합에서 첫 세 개의 0이 아닌 항만 구하면 충분하다.

(b) 문제 2.61의 방법을 사용하여 바닥상태의 파동함수와 에너지를 (수치적으로) 구하라. $V_0 = 4\hbar^2/ma^2$와 $N = 100$을 이용하라. 수치적으로 얻은 에너지와 일차 섭동 이론에서 구한 결과와 비교하라(예제 7.1 참조).

(c) 한 개의 그림에 (i) 섭동이 없는 바닥상태의 파동함수, (ii) 수치적으로 구한 바닥상태의 파동함수를 그려라. 참고: 수치적인 결과를 적절하게 규격화시켜야 한다.

$$1 = \int |\psi(x)|^2\, dx \approx \sum_{i=1}^{N} |\psi_i|^2\, \Delta x.$$

7.2 겹침이 있는 섭동 이론

섭동이 없는 상태가 겹쳐 있다면, 즉 두 개 (혹은 그 이상의) 다른 상태(ψ_a^0와 ψ_b^0)가 같은 에너지를 가지면 보통의 섭동 이론은 맞지 않는다. $c_a^{(b)}$(식 7.12)와 E_a^2(식 7.15)는 발산한다. (아마도 분자도 0이 되면 $\langle \psi_a^0 | H' | \psi_b^0 \rangle = 0$, 그렇지 않을 수도 있다. 이것이 나중에 중요하게 될 구멍이다.) 그러므로 겹침이 있는 경우에는 에너지에 대한 일차 수정(식 7.9)조차 믿을 이유가 없고, 이 문제를 다룰 다른 방법을 찾아야 한다. 이것은 사소한 문제가 아니다. 섭동 이론의 거의 모든 응용에는 겹침이 나타난다.

7.2.1 이중 겹침

다음의 경우를 생각하자.

$$H^0\psi_a^0 = E^0\psi_a^0, \quad H^0\psi_b^0 = E^0\psi_b^0, \quad \left\langle \psi_a^0 \middle| \psi_b^0 \right\rangle = 0 \tag{7.16}$$

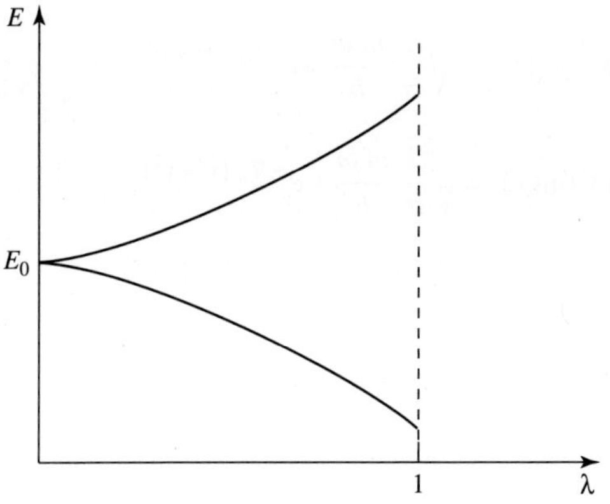

그림 7.4: 섭동에 의한 겹침의 "갈라짐".

여기서 ψ_a^0와 ψ_b^0는 규격화되어 있다. 이 상태의 임의의 선형결합

$$\psi^0 = \alpha\psi_a^0 + \beta\psi_b^0 \tag{7.17}$$

도 여전히 H^0의 고유상태이며, 같은 고유값 E^0를 갖고 있다.

$$H^0\psi^0 = E^0\psi^0. \tag{7.18}$$

전형적으로 섭동(H')에 의해서 겹침이 "깨진다"(혹은 "갈라진다"). λ를 (0에서 1로) 증가시키면 공통의 섭동이 없는 에너지 E^0는 두 개로 갈라진다(그림 7.4). 섭동을 끄면 반대 방향으로 가서 "위의" 상태는 ψ_a^0와 ψ_b^0의 하나의 선형결합으로 환원되고, "낮은" 상태는 어떤 (직교하는) 선형결합으로 환원되지만, 미리 **"좋은"** 선형결합이 무엇이 될지 알지 못한다. 이 때문에 일차 에너지(식 7.9)는 계산도 못한다. 어떤 섭동이 없는 상태를 사용해야 할지 알지 못한다.

"좋은" 상태란 섭동이 꺼졌을 때($\lambda \to 0$) 진정한 고유상태의 극한으로 정의하지만, 실제 상황에서는 이런 방법으로 구하지 않는다. (만일 정확한 고유상태를 알았다면 섭동 이론이 필요하지 않을 것이다.) 이들을 계산하는 실제적인 방법을 보이기 전에 정확한 고유상태의 $\lambda \to 0$인 극한을 취하는 예제를 살펴보자.

예제 7.2

이차원 진동자 퍼텐셜

$$H^0 = \frac{p^2}{2m} + \frac{1}{2}m\,\omega^2\left(x^2 + y^2\right)$$

안에 질량 m인 입자를 고려하자. 여기에 섭동

$$H' = \epsilon\, m\,\omega^2\, x\, y$$

이 더해진다. 섭동이 없는 첫 번째 들뜬 상태($E^0 = 2\hbar\omega$)는 이중 겹침이 있고, 이 두 겹쳐진 상태 중 한 기준은

$$\psi_a^0 = \psi_0(x)\ \psi_1(y) = \sqrt{\frac{2}{\pi}}\,\frac{m\,\omega}{\hbar}\ y\,e^{-\frac{m\omega}{2\hbar}(x^2+y^2)}$$

$$\psi_b^0 = \psi_1(x)\ \psi_0(y) = \sqrt{\frac{2}{\pi}}\,\frac{m\,\omega}{\hbar}\ x\,e^{-\frac{m\omega}{2\hbar}(x^2+y^2)}, \tag{7.19}$$

이다. 여기서 ψ_0와 ψ_1은 일차원 조화진동자 상태(식 2.86)를 나타낸다. "좋은" 선형결합을 얻기 위해 $H = H^0 + H'$의 정확한 고유상태에 대해 풀고, $\epsilon \to 0$인 극한을 취하자. 귀띔: 이 문제는 좌표를 회전하여

$$x' = \frac{x+y}{\sqrt{2}} \qquad y' = \frac{x-y}{\sqrt{2}} \tag{7.20}$$

풀 수 있다.

풀이: 회전된 좌표로 Hamiltonian을 쓰면 다음과 같다.

$$H = \frac{1}{2m}\left(\frac{\partial^2}{\partial x'^2} + \frac{\partial^2}{\partial y'^2}\right) + \frac{1}{2}m\,(1+\epsilon)\ \omega^2\,x'^2 + \frac{1}{2}m\,(1-\epsilon)\ \omega^2\,y'^2.$$

이것은 두 개의 독립적인 일차원 진동자이다. 정확한 해는

$$\psi_{mn} = \psi_m^+(x')\ \psi_n^-(y')$$

이고, $\psi_m^\pm$는 각각 진동수 $\omega_\pm = \sqrt{1\pm\epsilon}\,\omega$인 일차원 진동자 상태이다. 정확한 에너지

$$E_{mn} = \left(m+\frac{1}{2}\right)\hbar\omega_+ + \left(n+\frac{1}{2}\right)\hbar\omega_- \tag{7.21}$$

의 첫 몇 개를 그림 7.5에 나타내었다.

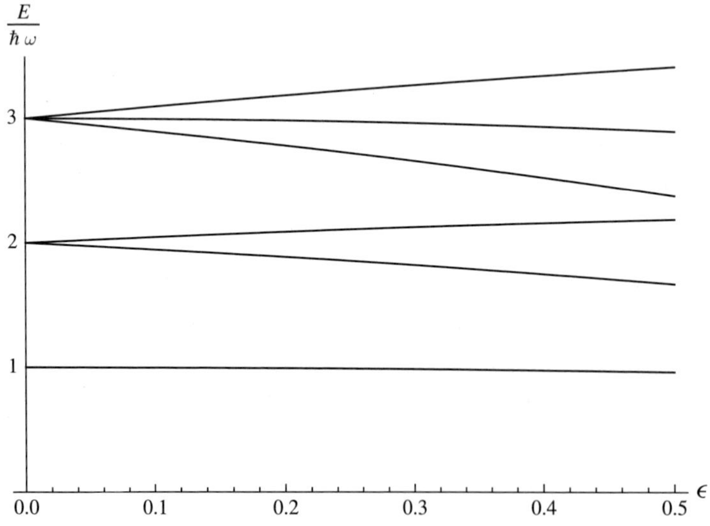

그림 7.5: 예제 7.2의 정확한 에너지 준위를 ϵ의 함수로 나타낸 그림.

ϵ이 증가하면서 점점 벌어지는 첫 번째 들뜬 두 개의 겹친 상태는 $m = 0$, $n = 1$(아래 상

태)와 $m = 1$, $n = 0$(위 상태)이다. 이 상태를 $\epsilon = 0$인 곳으로 따라 가면(이 극한에서는 $\omega_+ = \omega_- = \omega$) 다음을 얻는다.

$$\lim_{\epsilon\to 0}\psi_{01}(x) = \lim_{\epsilon\to 0}\psi_0^+(x')\,\psi_1^-(y') = \psi_0\left(\frac{x+y}{\sqrt{2}}\right)\psi_1\left(\frac{x-y}{\sqrt{2}}\right)$$
$$= \sqrt{\frac{2}{\pi}}\,\frac{m\,\omega}{\hbar}\,\frac{x-y}{\sqrt{2}}\,e^{-\frac{m\omega}{2\hbar}(x^2+y^2)} = \frac{-\psi_a^0+\psi_b^0}{\sqrt{2}}.$$

$$\lim_{\epsilon\to 0}\psi_{10}(x) = \frac{\psi_a^0+\psi_b^0}{\sqrt{2}}. \tag{7.22}$$

그러므로 이 문제에서 "좋은" 상태는

$$\boxed{\psi_\pm^0 \equiv \frac{1}{\sqrt{2}}\left(\psi_b^0 \pm \psi_a^0\right)} \tag{7.23}$$

이다. 이 예제에서 H의 정확한 상태를 구할 수 있었고, 섭동을 꺼서 이들이 어느 상태에서 변화했는지 알 수 있다. 그러나 계에 대해 정확히 풀 수 없을 때에는 "좋은" 상태를 어떻게 구하는가?

당분간 "좋은" 섭동이 없는 상태(식 7.17)를 α와 β를 변화시키며, 구체적으로 쓰지 말자. 여기서 Schrödinger 방정식

$$H\psi = E\psi \tag{7.24}$$

를 풀려고 한다. $H = H^0 + \lambda H'$이고 다음의 관계가 있다.

$$E = E^0 + \lambda E^1 + \lambda^2 E^2 + \cdots, \qquad \psi = \psi^0 + \lambda\psi^1 + \lambda^2\psi^2 + \cdots. \tag{7.25}$$

이들을 식 7.24에 대입하고 (예전처럼) λ의 같은 차수인 항을 모으면 다음을 얻는다.

$$H^0\psi^0 + \lambda\left(H'\psi^0 + H^0\psi^1\right) + \cdots = E^0\psi^0 + \lambda\left(E^1\psi^0 + E^0\psi^1\right) + \cdots.$$

그러나 $H^0\psi^0 = E^0\psi^0$(식 7.18)이므로 첫 항들은 상쇄된다. λ^1의 차수에서는 다음을 얻는다.

$$H^0\psi^1 + H'\psi^0 = E^0\psi^1 + E^1\psi^0 \tag{7.26}$$

ψ_a^0와 내적을 취하면

$$\left\langle\psi_a^0\middle|H^0\psi^1\right\rangle + \left\langle\psi_a^0\middle|H'\psi^0\right\rangle = E^0\left\langle\psi_a^0\middle|\psi^1\right\rangle + E^1\left\langle\psi_a^0\middle|\psi^0\right\rangle.$$

이 된다 H^0는 hermitian이므로 좌변의 첫 항은 우변의 첫 항과 상쇄된다. 식 7.17을 이용하고, 직교규격화 조건(식 7.16)을 사용하면 다음을 얻는다.

$$\alpha\left\langle\psi_a^0\middle|H'\middle|\psi_a^0\right\rangle + \beta\left\langle\psi_a^0\middle|H'\middle|\psi_b^0\right\rangle = \alpha E^1.$$

더 간단하게 나타내면

$$\alpha W_{aa} + \beta W_{ab} = \alpha E^1 \tag{7.27}$$

이다. 여기서

$$W_{ij} \equiv \left\langle \psi_i^0 \middle| H' \middle| \psi_j^0 \right\rangle \qquad (i, j = a, b) \tag{7.28}$$

이다. 마찬가지로 ψ_b^0와 내적을 취하면

$$\alpha W_{ba} + \beta W_{bb} = \beta E^1 \tag{7.29}$$

를 얻는다.

W는 (원칙적으로) 알려져 있다. 이것은 섭동이 없는 파동함수 ψ_a^0와 ψ_b^0에 대한 H'의 "행렬요소"이다. 행렬 형태로 쓰면 식 7.27과 7.29는 다음과 같다.

$$\underbrace{\begin{pmatrix} W_{aa} & W_{ab} \\ W_{ba} & W_{bb} \end{pmatrix}}_{\mathbf{W}} \begin{pmatrix} \alpha \\ \beta \end{pmatrix} = E^1 \begin{pmatrix} \alpha \\ \beta \end{pmatrix}. \tag{7.30}$$

행렬 **W**의 고유값은 에너지의 일차 수정(E^1)을 주고, 이에 해당하는 고유벡터로 "좋은" 상태를 결정하는 계수 α와 β를 결정한다.[6]

부록(A.5절)에 행렬의 고유값을 얻는 방법이 나와 있다. 여기서 이 단계를 반복하여 E^1에 대한 일반적인 해를 구할 것이다. 먼저 식 7.30의 모든 항을 좌변으로 옮긴다.

$$\begin{pmatrix} W_{aa} - E^1 & W_{ab} \\ W_{ba} & W_{bb} - E^1 \end{pmatrix} \begin{pmatrix} \alpha \\ \beta \end{pmatrix} = 0 \tag{7.31}$$

이 식은 좌변의 행렬의 역행렬이 없어야만 0이 아닌 해가 존재한다. 즉 행렬식이 0이어야 한다.

$$\begin{vmatrix} W_{aa} - E^1 & W_{ab} \\ W_{ba} & W_{bb} - E^1 \end{vmatrix} = (W_{aa} - E_1)(W_{bb} - E_1) - |W_{ab}|^2 = 0. \tag{7.32}$$

여기서 $W_{ba} = W_{ab}^*$임을 이용했다. 이차 방정식을 풀면

$$\boxed{E_\pm^1 = \frac{1}{2}\left[W_{aa} + W_{bb} \pm \sqrt{(W_{aa} - W_{bb})^2 + 4\,|W_{ab}|^2}\right]} \tag{7.33}$$

을 얻는다. 이것이 겹침이 있는 섭동 이론의 기본적인 결과이다. 두 근은 두 개의 섭동 에너지에 해당한다.

예제 7.3

예제 7.2로 돌아가서 행렬 **W**을 대각선화하면 이 문제를 정확하게 풀 때 얻었던 것과 같은 "좋은" 상태를 얻는다는 것을 증명하라.

---

6 이는 **W**의 고유값이 달라서 일차에서 겹침이 갈라진다고 가정한 것이다. 그렇지 않다면 어떤 α와 β를 선택해도 식 7.30을 만족하므로, 여전히 좋은 상태가 무엇인지 알지 못한다. 이 경우에 식 7.33은 일차 에너지를 올바르게 주고, 많은 경우 이것이 필요한 전부이다. 그러나 "좋은" 상태를 알 필요가 있다면, 예를 들어 고차 수정을 계산하려면, 이차 겹침이 있는 섭동 이론을 쓰거나(문제 7.39, 7.40과 7.41 참조) 7.2.2절의 정리를 이용해야 한다.

풀이: W의 행렬요소를 구할 필요가 있다. 먼저 다음을 얻는다.

$$W_{aa} = \int\int \psi_a^0(x, y)\ H'\ \psi_a^0(x, y)\ dx\,dy$$
$$= \epsilon\, m\,\omega^2 \int |\psi_0(x)|^2\ x\,dx \int |\psi_0(y)|^2\ y\,dy = 0$$

(적분되는 함수는 모두 홀함수이다.) 마찬가지로 $W_{bb} = 0$이고, 다음만 계산하면 된다.

$$W_{ab} = \int\int \psi_a^0(x, y)\ H'\ \psi_b^0(x, y)\ dx\,dy$$
$$= \epsilon\, m\,\omega^2 \int \psi_0(x)\ x\,\psi_1(x)\ dx \int \psi_1(y)\ y\,\psi_0(y)\ dy.$$

이 두 적분은 같고

$$x = \sqrt{\frac{\hbar}{2m\omega}}\,(a_+ + a_-)$$

임을 기억하면(식 2.70)

$$W_{ab} = \epsilon\, m\,\omega^2 \left[\int \psi_0(x)\ \sqrt{\frac{\hbar}{2m\omega}}\,(a_+ + a_-)\ \psi_1(x)\ dx\right]^2$$
$$= \epsilon\,\frac{\hbar\omega}{2}\left[\int \psi_0(x)\ \psi_0(x)\ dx\right]^2 = \epsilon\,\frac{\hbar\omega}{2}$$

이다. 그러므로 행렬 W는

$$W = \epsilon\,\frac{\hbar\omega}{2}\begin{pmatrix} 0 & 1 \\ 1 & 0 \end{pmatrix}$$

이다. 이 행렬의 (규격화된) 고유벡터는

$$\frac{1}{\sqrt{2}}\begin{pmatrix} 1 \\ 1 \end{pmatrix} \quad \text{와} \quad \frac{1}{\sqrt{2}}\begin{pmatrix} -1 \\ 1 \end{pmatrix}$$

이다. 이 고유벡터로 식 7.23처럼 어떤 ψ_a^0와 ψ_b^0의 선형결합이 좋은 상태인지 알 수 있다.

$$\boxed{\psi_\pm^0 = \frac{1}{\sqrt{2}}\left(\psi_b^0 \pm \psi_a^0\right).}$$

행렬 W의 고유값은

$$E^1 = \pm\epsilon\,\frac{\hbar\omega}{2} \tag{7.34}$$

이고, 이것이 에너지의 일차 수정이다. (식 7.33과 비교하라.)

식 7.30에서 $W_{ab} = 0$이면 두 고유벡터는

$$\begin{pmatrix} 1 \\ 0 \end{pmatrix} \text{과} \quad \begin{pmatrix} 0 \\ 1 \end{pmatrix}$$

이고, 에너지

$$E_+^1 = W_{aa} = \left\langle \psi_a^0 \middle| H' \middle| \psi_a^0 \right\rangle, \quad E_-^1 = W_{bb} = \left\langle \psi_b^0 \middle| H' \middle| \psi_b^0 \right\rangle \tag{7.35}$$

는 정확히 겹침이 없는 섭동 이론에서 얻은 값이다(식 7.9). 단지 운이 좋았을 뿐이다. 상태 ψ_a^0와 ψ_b^0는 이미 "좋은" 선형결합이다. 분명히 처음부터 "좋은" 상태에 대해 짐작할 수 있다면 훨씬 도움이 될 것이다. 이것은 다음 절에 있는 정리를 통해 할 수 있다.

7.2.2 "좋은" 상태

정리: A는 H^0와 H'과는 교환하는 hermitian 연산자라고 하자. ψ_a^0와 ψ_b^0 (H^0의 겹친 고유상태)는 고유값이 다른 A의 고유상태이다.

$$A\psi_a^0 = \mu\psi_a^0, \quad A\psi_b^0 = \nu\psi_b^0, \quad \text{여기서} \ \mu \neq \nu.$$

그러면 ψ_a^0와 ψ_b^0는 섭동 이론에서 사용할 수 있는 "좋은" 상태이다.

증명: $H(\lambda) = H^0 + \lambda H'$과 A는 교환하므로, 동시 고유함수 $\psi_\gamma(\lambda)$가 존재한다.

$$H(\lambda)\ \psi_\gamma(\lambda) = E(\lambda)\ \psi_\gamma(\lambda)\text{와} \quad A\,\psi_\gamma(\lambda) = \gamma\,\psi_\gamma(\lambda)\,. \tag{7.36}$$

A가 hermitian이라는 것은 (μ가 실수라는 사실을 이용하면) 다음을 의미한다.

$$\begin{aligned} \left\langle \psi_a^0 \middle| A\psi_\gamma(\lambda) \right\rangle &= \left\langle A\psi_a^0 \middle| \psi_\gamma(\lambda) \right\rangle. \\ \gamma \left\langle \psi_a^0 \middle| \psi_\gamma(\lambda) \right\rangle &= \mu^* \left\langle \psi_a^0 \middle| \psi_\gamma(\lambda) \right\rangle. \end{aligned} \tag{7.37}$$

$$(\gamma - \mu) \left\langle \psi_a^0 \middle| \psi_\gamma(\lambda) \right\rangle = 0. \tag{7.38}$$

이것은 임의의 λ값에 대해 성립하고, $\lambda \to 0$인 극한을 취하면

$$\left\langle \psi_a^0 \middle| \psi_\gamma(0) \right\rangle = 0,\ \gamma = \mu\text{가 아닌 경우}$$

이고, 마찬가지로

$$\left\langle \psi_b^0 \middle| \psi_\gamma(0) \right\rangle = 0,\ \gamma = \nu\text{가 아닌 경우}$$

이다. 이제 좋은 상태는 ψ_a^0와 ψ_b^0의 선형결합이다. $\psi_\gamma(0) = \alpha\psi_a^0 + \beta\psi_b^0$. 위의 관계를 보면 $\gamma = \mu$일 경우 $\beta = \langle \psi_b^0 | \psi_\gamma(0) \rangle = 0$이고 좋은 상태는 단순히 ψ_a^0이거나, 혹은 $\gamma = \nu$이고 좋은 상태는 ψ_b^0이다. 증명끝.

식 7.30을 풀거나 이 정리를 사용해서 일단 "좋은" 상태를 알고 나면, 이 "좋은" 상태를 섭

동이 없는 상태로 사용하고, 보통의 겹침이 없는 섭동 이론을 적용한다.[7] 대부분의 경우 연산자 A는 6장에서 보았듯이 대칭성에 의해 알 수 있고, 대칭성은 H와 교환하는 연산자와 관련되어 있어서 이로 인해 정확히 좋은 상태를 구할 수 있게 된다.

예제 7.4

예제 7.2와 7.3의 "좋은" 상태를 만들기 위해 위의 정리의 조건을 만족하는 연산자 A를 구하라.

풀이: 섭동 H'은 H^0보다 적은 대칭성을 가지고 있다. H^0는 연속적인 회전 대칭성이 있지만, $H = H^0 + H'$은 π의 정수 배만큼 회전한 것에 대해서만 불변이다. A를 구하려면 함수를 반시계 방향으로 각도 π만큼 회전하는 연산자 $R(\pi)$를 고려하자. 상태 ψ_a^0와 ψ_b^0에 작용시키면 다음을 얻는다.

$$R(\pi)\ \psi_a^0(x, y) = \psi_a^0(-x, -y) = -\psi_a^0(x, y)\,,$$
$$R(\pi)\ \psi_b^0(x, y) = \psi_b^0(-x, -y) = -\psi_b^0(x, y)\,.$$

이것은 좋지 않다. 왜냐하면 다른 고유값을 갖는 연산자가 필요하기 때문이다. x와 y를 바꾸는 연산자는 어떨까? 이것은 우물의 45° 대각선에 대한 반사이다. 이 연산자를 D라고 하자. D는 H^0와 H'과 교환한다. 왜냐하면 x와 y를 바꾸어도 이들은 변하지 않기 때문이다. 이제

$$D\,\psi_a^0(x, y) = \psi_a^0(y, x) = \psi_b^0(x, y)$$
$$D\,\psi_b^0(x, y) = \psi_b^0(y, x) = \psi_a^0(x, y)$$

이므로, 겹친 고유상태는 D의 고유상태가 아니다. 그러나

$$\psi_\pm^0 \equiv \pm\psi_a^0 + \psi_b^0 \tag{7.39}$$

의 선형결합을 취한 것은 고유상태이다. 그러면 다음을 얻는다.

$$D\left(\pm\psi_a^0 + \psi_b^0\right) = \pm\,D\,\psi_a^0 + D\,\psi_b^0 = \pm\psi_b^0 + \psi_a^0 = \pm\left(\pm\psi_a^0 + \psi_b^0\right).$$

이것은 "좋은" 상태이다. 왜냐하면 이들은 다른 고유값(±1)을 갖는 연산자 D의 고유함수이고, D는 H^0와 H'과 교환하기 때문이다.

교훈: 겹친 상태를 만나면 H^0와 H'과 교환하는 hermitian 연산자 A를 찾아라. 섭동이 없는 상태로는 H^0와 (고유값이 다른) A의 동시 고유함수로 고른다. 그리고 보통 일차 섭동 이론을 사용한다. 이와 같은 연산자를 찾을 수 없으면 식 7.33으로 돌아가야 하지만, 실제로는 거의 필요하지 않다.

문제 7.8 두 개의 "좋은" 섭동이 없는 상태를

[7] 이 정리는 식 7.30보다 더 일반적임을 주목하라. 식 7.30에서 좋은 상태를 알기 위해서 에너지 $E_\pm^1$은 달라야만 한다. 어떤 경우 이들은 같을 수 있고, 겹친 상태의 에너지는 이차, 삼차 혹은 고차의 섭동 이론에서 갈라진다. 그러나 이 정리에 의하면 어느 경우에도 좋은 상태를 구할 수 있다.

$$\psi_{\pm}^0 = \alpha_{\pm}\psi_a^0 + \beta_{\pm}\psi_b^0$$

이라고 하자. $\alpha_{\pm}$와 $\beta_{\pm}$는 (규격화를 제외하고는) 식 7.27(또는 식 7.29)로 결정된다. 다음을 구체적으로 증명하라.

(a) $\psi_{\pm}^0$은 직교한다$\left(\langle\psi_+^0|\psi_-^0\rangle = 0\right)$.

(b) $\langle\psi_+^0\,|H'|\,\psi_-^0\rangle = 0$.

(c) $\langle\psi_{\pm}^0\,|H'|\,\psi_{\pm}^0\rangle = E_{\pm}^1$, 여기서 $E_{\pm}^1$은 식 7.33에서 주어졌다.

문제 7.9 질량 m인 입자가 끝이 연결된 길이 L인 일차원 영역(예를 들어 문제 2.46과 같이 원형 철사 위에 마찰 없이 미끄러지는 구슬)에서 자유롭게 움직이고 있다.

(a) 정상상태는 다음의 형태로 쓸 수 있음을 증명하라.

$$\psi_n(x) = \frac{1}{\sqrt{L}}e^{2\pi inx/L}, \quad (-L/2 < x < L/2).$$

여기서 $n = 0, \pm 1, \pm 2, \ldots$이고, 허용된 에너지는

$$E_n = \frac{2}{m}\left(\frac{n\pi\hbar}{L}\right)^2$$

이다. 바닥상태($n = 0$)를 제외하고는 모두 이중 겹침이 있다는 것을 주목하라.

(b) 이제 섭동

$$H' = -V_0 e^{-x^2/a^2}$$

을 도입하자. 여기서 $a \ll L$이다. (이것은 마치 철사줄을 약간 굽혀 "함정"을 만드는 것처럼 $x = 0$에서 퍼텐셜에 작은 "보조개"를 만드는 것이다). 식 7.33을 사용하여 E_n의 일차 수정을 구하라. 귀띔: 적분을 계산하기 위해 $a \ll L$이라는 사실을 이용하여 $\pm L/2$ 사이의 극한을 $\pm\infty$로 확장하라. 결국 H'은 $-a < x < a$ 밖에서는 기본적으로 0이다.

(c) 이 문제에서 ψ_n과 ψ_{-n}의 어떤 선형결합이 "좋은" 상태가 되는가? (귀띔: 식 7.27을 사용하라.) 이 상태로 식 7.9를 이용하면 일차 수정을 얻는다는 것을 증명하라.

(d) 정리의 요구조건을 만족하는 hermitian 연산자 A를 구하고, H^0와 A의 동시 고유상태가 정확히 (c)에서 사용한 상태라는 것을 증명하라.

7.2.3 다중 겹침

앞 절에서 두 개의 겹침이 있다고 가정했지만, 이 방법을 일반화시키는 것은 쉽다. n개의 겹침이 있는 경우 $n \times n$ 행렬

$$W_{ij} = \left\langle\psi_i^0\,\middle|\,H'\,\middle|\,\psi_j^0\right\rangle \tag{7.40}$$

의 고유값을 찾는다. (ψ_a^0, ψ_b^0와 ψ_c^0가 겹친 상태인) 세 개의 겹침이 있는 경우 에너지 E^1에 대한

일차 수정은 W의 고유값이고, 다음을 풀어서 결정한다.

$$\begin{pmatrix} W_{aa} & W_{ab} & W_{ac} \\ W_{ba} & W_{bb} & W_{bc} \\ W_{ca} & W_{cb} & W_{cc} \end{pmatrix} \begin{pmatrix} \alpha \\ \beta \\ \gamma \end{pmatrix} = E^1 \begin{pmatrix} \alpha \\ \beta \\ \gamma \end{pmatrix} \tag{7.41}$$

그리고 "좋은" 상태는 이에 해당하는 고유벡터이다.[8]

$$\psi^0 = \alpha\,\psi_a^0 + \beta\,\psi_b^0 + \gamma\,\psi_c^0. \tag{7.42}$$

다시 한 번 H^0와 H'과 교환하는 연산자 A를 생각하고, A와 H^0의 동시 고유함수를 사용하면 W 행렬은 자동적으로 대각선화되어 W의 대각선 밖의 요소를 계산하거나 특성 방정식을 풀 필요가 없다.[9] (이중 겹침에서 n개의 겹침으로 일반화하는 것이 의심스러우면 문제 7.13을 풀어 보라.)

문제 7.10 예제 7.3에서 계산한 일차 에너지 수정(식 7.34)은 정확한 해(식 7.21)를 ϵ의 일차까지 전개한 것과 같음을 보여라.

문제 7.11 무한 상자 우물(문제 4.2)에 점 $(a/4, a/2, 3a/4)$에 델타함수 "둔덕"으로 주어지는 섭동을 넣는다.

$$H' = a^3 V_0 \delta(x - a/4)\delta(y - a/2)\delta(z - 3a/4).$$

바닥상태와 (삼중 중첩이 있는) 첫 번째 들뜬 상태의 에너지에 대한 일차 수정을 구하라.

* **문제 7.12** 세 개의 선형 독립 상태로 이루어진 양자계를 고려하자. Hamiltonian은 행렬의 형태로

$$\mathsf{H} = V_0 \begin{pmatrix} (1-\epsilon) & 0 & 0 \\ 0 & 1 & \epsilon \\ 0 & \epsilon & 2 \end{pmatrix}$$

이다. V_0는 상수이고, ϵ은 작은 수이다($\epsilon \ll 1$).

(a) 섭동이 없는 Hamiltonian($\epsilon = 0$)의 고유벡터와 고유값을 써라.

(b) H의 정확한 고유값에 대해서 풀라. 각각을 ϵ에 대한 멱급수로 전개하여, 이차항까지 구하라.

(c) 일차와 이차의 겹침이 없는 섭동 이론을 사용하여 H^0의 겹치지 않는 고유벡터에서 갈라져 나오는 상태에 대한 어림 고유값을 구하라. 정확한 결과를 (b)와 비교하라.

(d) 겹침이 있는 섭동 이론을 사용하여 처음에 겹쳐 있는 두 개의 고유값에 대한 일차 수정을 구하라. 정확한 결과와 비교하라.

---

[8] 고유값이 겹쳐 있다면, 각주 6을 참조하라.

[9] 겹침이 있는 섭동 이론은 Hamiltonian의 겹친 부분을 대각선화하는 것에 해당한다. 문제 7.34와 7.35를 참조하라.

문제 7.13 본문에서 n개의 겹침이 있는 에너지에 대한 일차 수정은 W 행렬의 고유값이라고 했고, 이것이 $n = 2$인 경우의 "자연스러운" 일반화라고 주장했다. 7.2.1절의 단계를 다시 밟아 이것을 증명하라.

$$\psi^0 = \sum_{j=1}^{n} \alpha_j \psi_j^0$$

으로 시작하여(식 7.17을 일반화하고) 식 7.27에 해당하는 것은 행렬 W의 고유값 방정식으로 해석할 수 있다는 것을 보임으로 끝내면 된다.

7.3 수소의 미세 구조

수소 원자를 고찰했을 때(4.2절) Bohr Hamiltonian이라고 부른 Hamiltonian

$$H_{\text{Bohr}} = -\frac{\hbar^2}{2m}\nabla^2 - \frac{e^2}{4\pi\epsilon_0}\frac{1}{r} \tag{7.43}$$

(전자의 운동에너지 더하기 Coulomb 퍼텐셜에너지)을 사용했다. 그러나 이것이 전부가 아니다. 이미 핵의 운동에 대해 어떻게 수정을 하는지 배웠다. 단지 m을 환원질량으로 바꾸기만 하면 된다(문제 5.1). 더 중요한 것은 소위 **미세 구조**로서 두 개의 다른 요인인 **상대론적 수정**과 **스핀-궤도 결합**에 의해 일어난다. 이는 모두 Bohr 에너지(식 4.70)에 비해 α^2 인자만큼 매우 작은 섭동이다. 여기서

$$\alpha \equiv \frac{e^2}{4\pi\epsilon_0\hbar c} \approx \frac{1}{137.036} \tag{7.44}$$

는 유명한 **미세 구조 상수**이다. (추가의 α만큼) 더 작은 효과는 전기장의 양자화와 관련된 **Lamb 이동**이 있고, 한 차수 더 작은 섭동은 **초미세 구조**로 전자와 양성자의 자기 쌍극자 모멘트 사이의 상호작용에 의한 것이다. 이러한 계층 구조를 표 7.1에 나타내었다. 이 절에서는 시간에 무관한 섭동 이론의 응용으로 수소의 미세 구조를 분석하겠다.

문제 7.14

(a) Bohr 에너지를 미세 구조 상수와 전자의 정지 에너지(mc^2)로 나타내라.

표 7.1: 수소의 Bohr 에너지 수정에 대한 계층 구조.

Bohr 에너지:	크기	$\alpha^2 mc^2$
미세 구조:	크기	$\alpha^4 mc^2$
Lamb 이동:	크기	$\alpha^5 mc^2$
초미세 갈라짐:	크기	$(m/m_p)\alpha^4 mc^2$

(b) 기본 원리에서(즉 ϵ_0, e, $\hbar$와 c의 실험값에 의존하지 않고) 미세 구조 상수를 계산하라. 참고: 미세 구조 상수는 의심의 여지없이 물리학의 모든 분야에서 가장 기본적인 순수한 (차원이 없는) 숫자이다. 이것은 전자기학의 기본 상수(전자의 전하), 상대론(빛의 속도)와 양자역학(Planck 상수) 사이의 관계를 맺어준다. (b)를 풀 수 있다면 틀림없이 노벨상을 받을 수 있다. 그러나 당장 여기에 많은 시간을 쓰라고 추천하지는 않겠다. 많은 똑똑한 사람들이 시도했고, (지금까지) 모두 실패했다.

7.3.1 상대론적 수정

Hamiltonian의 첫 항은 운동에너지를 나타낸다.

$$T = \frac{1}{2}mv^2 = \frac{p^2}{2m}. \tag{7.45}$$

그리고 표준적인 치환 $\mathbf{p} \to -i\hbar\nabla$을 하면 연산자

$$T = -\frac{\hbar^2}{2m}\nabla^2 \tag{7.46}$$

을 얻는다. 그러나 식 7.45는 운동에너지에 대한 고전적인 표현이다. 상대론적 공식은

$$T = \frac{mc^2}{\sqrt{1-(v/c)^2}} - mc^2 \tag{7.47}$$

이다. 첫 항은 전체 상대론적 에너지이고(당분간 관심을 가지지 않을 퍼텐셜에너지는 포함하지 않는다), 두 번째 항은 정지 에너지이다. 이 차이가 운동에 부여하는 에너지이다.

T를 속도 대신 (상대론적) 운동량

$$p = \frac{mv}{\sqrt{1-(v/c)^2}} \tag{7.48}$$

로 표현할 필요가 있다. 다음의 관계

$$p^2c^2 + m^2c^4 = \frac{m^2v^2c^2 + m^2c^4\left[1-(v/c)^2\right]}{1-(v/c)^2} = \frac{m^2c^4}{1-(v/c)^2} = \left(T + mc^2\right)^2$$

을 이용하면 다음을 얻는다.

$$T = \sqrt{p^2c^2 + m^2c^4} - mc^2. \tag{7.49}$$

이 운동에너지에 대한 상대론적 식은 (물론) 비상대론적 극한 $p \ll mc$에서 고전적인 결과(식 7.45)로 환원된다. 작은 수 (p/mc)의 차수로 전개하면 다음을 얻는다.

$$T = mc^2\left[\sqrt{1+\left(\frac{p}{mc}\right)^2} - 1\right] = mc^2\left[1 + \frac{1}{2}\left(\frac{p}{mc}\right)^2 - \frac{1}{8}\left(\frac{p}{mc}\right)^4 \cdots - 1\right]$$

$$= \frac{p^2}{2m} - \frac{p^4}{8m^3c^2} + \cdots . \tag{7.50}$$

그러므로 가장 낮은 차수의[10] Hamiltonian에 대한 수정은

$$H_r' = -\frac{p^4}{8m^3c^2} \tag{7.51}$$

이다.

일차 섭동 이론에서 E_n에 대한 수정은 섭동이 없는 상태에서 H'의 기댓값이다(식 7.9).

$$E_r^1 = \langle H_r' \rangle = -\frac{1}{8m^3c^2}\left\langle \psi \,\middle|\, p^4\psi \right\rangle = -\frac{1}{8m^3c^2}\left\langle p^2\psi \,\middle|\, p^2\psi \right\rangle. \tag{7.52}$$

이제 (섭동이 없는 상태에 대한) Schrödinger 방정식에 의하면

$$p^2\psi = 2m(E - V)\psi \tag{7.53}$$

이고, 따라서[11] 다음을 얻는다.

$$E_r^1 = -\frac{1}{2mc^2}\left\langle (E - V)^2 \right\rangle = -\frac{1}{2mc^2}\left[E^2 - 2E\langle V \rangle + \left\langle V^2 \right\rangle\right]. \tag{7.54}$$

지금까지는 매우 일반적이었다. 그러나 이제 $V(r) = -(1/4\pi\epsilon_0)e^2/r$인 수소 원자를 고려하자.

$$E_r^1 = -\frac{1}{2mc^2}\left[E_n^2 + 2E_n\left(\frac{e^2}{4\pi\epsilon_0}\right)\left\langle \frac{1}{r} \right\rangle + \left(\frac{e^2}{4\pi\epsilon_0}\right)^2\left\langle \frac{1}{r^2} \right\rangle\right]. \tag{7.55}$$

여기서 E_n은 관심 대상의 상태에 대한 Bohr 에너지이다.

마지막 단계로 (섭동이 없는) 상태 $\psi_{n\ell m}$에서 $1/r$과 $1/r^2$의 기댓값이 필요하다(식 4.89). 첫 번째는 쉽다(문제 7.15 참조).

$$\left\langle \frac{1}{r} \right\rangle = \frac{1}{n^2 a}. \tag{7.56}$$

여기서 a는 Bohr 반지름이다(식 4.72). 두 번째는 유도하기 쉽지 않지만(문제 7.42 참조) 그 답은[12] 다음과 같다.

$$\left\langle \frac{1}{r^2} \right\rangle = \frac{1}{(\ell + 1/2)\, n^3 a^2}. \tag{7.57}$$

따라서 다음을 얻는다.

---

[10] 수소 안의 전자의 운동에너지는 10 eV 정도이고, 이것은 정지 에너지(511,000 eV)보다 매우 작으므로, 수소 원자는 기본적으로 비상대론적이고, 가장 낮은 차수의 수정만 하면 된다. 식 7.50에서 p는 상대론적 운동량(식 7.48)이지, 고전적인 운동량 mv가 아니다. p를 식 7.51에서 양자역학적 연산자 $-i\hbar\nabla$로 취할 것이다.

[11] 이 책의 이전 판에서 $\ell = 0$인 상태에 대해 p^4은 hermitian이 아니라고 했다. (이것은 식 7.54에 이르는 단계를 의심스럽게 만든다.) 이것은 틀렸다. 모든 ℓ에 대해 p^4은 hermitian이다(문제 7.18 참조).

[12] r의 임의의 차수의 기댓값에 대한 일반적인 공식은 Hans A. Bethe, Edwin E. Salpeter, *Quantum Mechanics of One- and Two-Electron Atoms*, Plenum, New York (1977), 17쪽에 있다.

$$E_r^1 = -\frac{1}{2mc^2}\left[E_n^2 + 2E_n\left(\frac{e^2}{4\pi\epsilon_0}\right)\frac{1}{n^2a} + \left(\frac{e^2}{4\pi\epsilon_0}\right)^2\frac{1}{(\ell+1/2)\,n^3a^2}\right].$$

여기서 (식 4.72를 이용하여) a를 소거하고, 모든 것을 (식 4.70을 이용하여) E_n으로 나타내면 다음을 얻는다.

$$E_r^1 = -\frac{(E_n)^2}{2mc^2}\left[\frac{4n}{\ell+1/2} - 3\right]. \tag{7.58}$$

명백하게 상대론적 수정은 E_n보다 $E_n/(mc^2) = 2 \times 10^{-5}$의 인자만큼 작다.

이 계산(식 7.52)에서 수소 원자는 겹침이 매우 많음에도 불구하고, 겹침이 없는 섭동 이론을 사용한 것을 알아챘을 것이다. 그러나 섭동은 구면 대칭성이 있어서 L^2과 L_z와 교환한다. 게다가 이 연산자들 (모두의) 고유함수는 주어진 E_n을 갖는 n^2개의 상태에 대해 다른 고유값을 갖는다. 그러면 다행스럽게 파동함수 $\psi_{n\ell m}$은 이 문제에서 "좋은" 상태이다. (혹은 n, ℓ, m을 **좋은 양자수**라고 한다.) 그러므로 겹침이 없는 섭동 이론을 사용해도 좋다. (7.2.1절의 "교훈"을 참조하라.)

식 7.58로부터 n번째 에너지 준위 중 겹침 몇 개는 갈라지는 것을 보았다. 그러나 m의 $(2\ell+1)$개의 겹침은 남아 있다. 예제 6.3에서 보았듯이 이것은 회전 대칭성 때문이고, 이 대칭성은 섭동이 있더라도 남아 있다. 한편 ℓ에 대한 "우연한" 겹침은 사라진다. 그 원인은 $1/r$ 퍼텐셜에 유일하게 나타나는 추가적인 대칭성(문제 6.34 참조) 때문이므로 이 겹침은 실제로 어떤 섭동이라도 있기만 하면 깨질 것으로 예상할 수 있다.

* **문제 7.15** 비리얼 정리(문제 4.48)를 이용하여 식 7.56을 증명하라.

문제 7.16 문제 4.52에서 상태 ψ_{321}에서 r^s의 기댓값을 계산했다. 이 답을 다음의 특별한 경우 $s = 0$(간단함), $s = -1$(식 7.56), $s = -2$(식 7.57)와 $s = -3$(식 7.66)에 대해 확인하라. $s = -7$인 경우에 대해 논하라.

** **문제 7.17** 일차원 조화진동자의 에너지 준위에 대한 (가장 낮은 차수의) 상대론적 수정을 구하라. 귀띔: 문제 2.12의 방법을 사용하라.

*** **문제 7.18** $\ell = 0$인 수소 상태에 대해 p^2는 hermitian임을 증명하라. 귀띔: 이와 같은 상태에서 ψ는 θ와 ϕ에 무관하므로

$$p^2 = -\frac{\hbar^2}{r^2}\frac{d}{dr}\left(r^2\frac{d}{dr}\right)$$

이다(식 4.13). 부분 적분을 이용하여 다음을 증명하라.

$$\left\langle f \middle| p^2 g \right\rangle = -4\pi\hbar^2 \left(r^2 f \frac{dg}{dr} - r^2 g \frac{df}{dr} \right) \Big|_0^\infty + \left\langle p^2 f \middle| g \right\rangle.$$

ψ_{n00}에 대해 경계항은 0이 되는 것을 확인하라. ψ_{n00}는 원점 근처에서

$$\psi_{n00} \sim \frac{1}{\sqrt{\pi}\,(na)^{3/2}} \exp(-r/na)$$

과 같이 변한다.

p^4의 경우는 더 미묘하다. $1/r$의 Laplacian은 델타함수를 만든다(예를 들어 D. J. Griffiths, *Introduction to Electrodynamics*, 4th edn, 식 1.102 참조). 다음을 증명하라.

$$\nabla^4 \left[e^{-kr} \right] = \left(-\frac{4k^3}{r} + k^4 \right) e^{-kr} + 8\pi k\, \delta^3(\mathbf{r}).$$

그리고 p^4이 hermitian임을 증명하라.[13]

7.3.2 스핀-궤도 결합

핵 주위의 궤도를 도는 전자를 상상해보자. 전자의 관점에서 보면 양성자가 전자 주위를 돈다(그림 7.6). 이 궤도를 도는 양의 전하는 전자의 좌표계에서는 자기장 **B**를 만들고, 스핀이 있는 전자에 토크를 작용하여 자기 모멘트($\boldsymbol{\mu}$)를 자기장의 방향과 같은 방향으로 향하게 한다. Hamiltonian(식 4.157)은

$$H = -\boldsymbol{\mu} \cdot \mathbf{B} \tag{7.59}$$

이다. 먼저 양성자의 자기장(**B**)과 전자의 자기 모멘트(μ)를 이해할 필요가 있다.

양성자의 자기장. (전자의 관점에서) 양성자를 연속적인 전류 회로로 보면(그림 7.6) 자기장은 Biot-Savart 법칙에서 계산할 수 있다.

$$B = \frac{\mu_0 I}{2r}$$

여기서 $I = e/T$는 유효 전류이고, e는 양성자의 전하이고, T는 궤도의 주기이다. 한편 (핵의 정

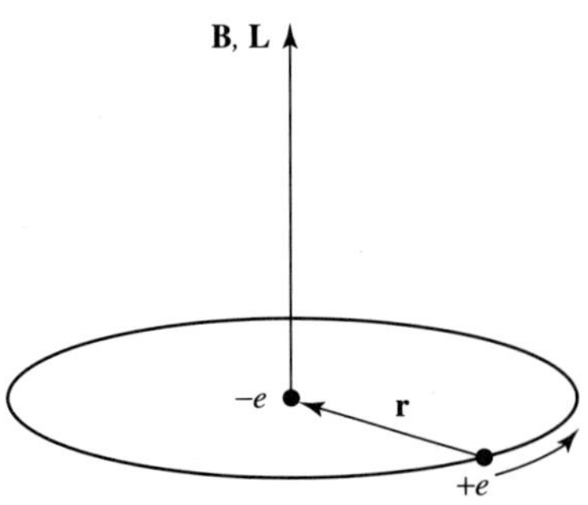

그림 7.6: 전자의 관점에서 본 수소 원자.

[13] 이 문제를 고쳐준 Edward Ross와 Li Yi-ding에게 감사한다.

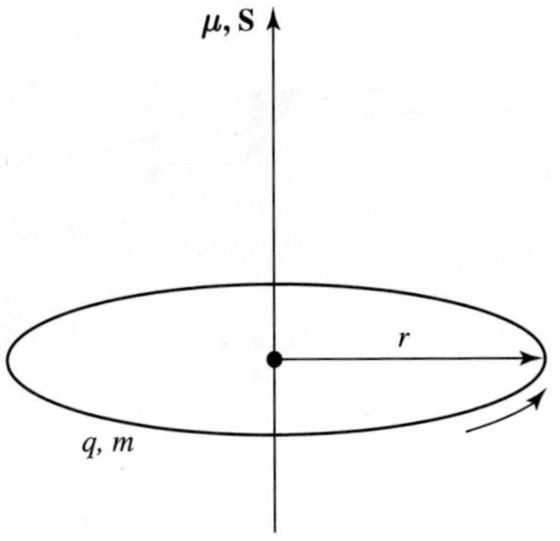

그림 7.7: 축 주위를 회전하는 전하 고리.

지 좌표계에서) 전자의 궤도 각운동량은 $L = rmv = 2\pi mr^2/T$이다. 게다가 **B**와 **L**은 같은 방향을 향하므로 (그림 7.6에서는 위방향이다)

$$\mathbf{B} = \frac{1}{4\pi\epsilon_0}\frac{e}{mc^2r^3}\mathbf{L} \tag{7.60}$$

이다. (μ_0를 없애서 ϵ_0만으로 쓰기 위해 $c = 1/\sqrt{\epsilon_0\mu_0}$를 사용했다.)

전자의 자기 쌍극자 모멘트. 자전하는 전하의 자기 쌍극자 모멘트는 (스핀) 각운동량과 관계가 있다. 비례 상수는 (이미 4.4.2절에서 봤던) 자기 회전 비율이다. 이번에는 고전 전자기학을 이용하여 유도하자. 먼저 한 축 주위로 주기 T로 회전하는 반지름 r인 고리에 퍼져 있는 전하 q를 고려하자(그림 7.7). 고리의 자기 쌍극자 모멘트는 전류(q/T)에 면적(πr^2)을 곱한 것으로 정의한다.

$$\mu = \frac{q\pi r^2}{T}.$$

고리의 질량이 m이면 각운동량은 관성 모멘트(mr^2)에 각속도($2\pi/T$)를 곱한 것이다.

$$S = \frac{2\pi mr^2}{T}.$$

이 배열에 대한 자기 회전 비율은 분명히 $\mu/S = q/2m$이다. 이것은 r(그리고 T)에 무관하다는 것에 주목하라. 구와 같은 더 복잡한 물체라면(한 축 주위로 회전하는 회전체이기만 하면 된다) 이것을 작은 고리로 잘라 $\boldsymbol{\mu}$와 **S**를 계산하고, 이를 더하면 된다. 질량과 전하가 같이 분포하면 (즉, 전하와 질량의 비가 균일하면) 자기 회전 비율은 각 고리에 대해 같고, 따라서 전체 물체에 대해서도 그렇다. 게다가 $\boldsymbol{\mu}$와 **S**의 방향은 같아서 (전하가 음수이면 반대이다)

$$\boldsymbol{\mu} = \left(\frac{q}{2m}\right)\mathbf{S} \tag{7.61}$$

이다.

이것은 완전히 고전적인 계산이다. 그러나 실제 전자의 자기 모멘트는 고전적인 값의 두 배이다.

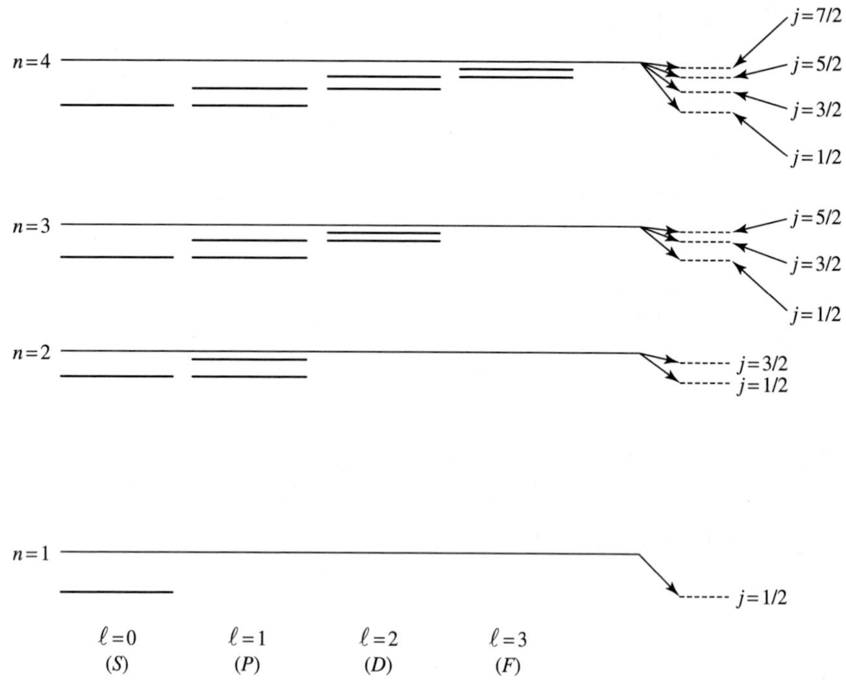

그림 7.8: 미세 구조를 포함한 수소의 에너지 준위(임의의 크기로 그렸음).

$$\boldsymbol{\mu}_e = -\frac{e}{m}\mathbf{S}. \tag{7.62}$$

"추가적인" 인자 2는 Dirac이 전자의 상대론적 이론에서 설명했다.[14]

이 모든 것을 결합하면 다음을 얻는다.

$$H = \left(\frac{e^2}{4\pi\epsilon_0}\right)\frac{1}{m^2c^2r^3}\mathbf{S}\cdot\mathbf{L}.$$

그러나 이 계산에는 치명적인 단점이 있다. 이 분석은 전자의 정지계에서 했지만, 이것은 전자가 핵 주위를 돌기 때문에 가속되고, 따라서 관성계가 아니다. 이는 **Thomas 세차**로[15] 알려진

---

[14] 이미 보았듯이 전자를 회전하는 구로 보는 것은 위험하고(문제 4.28 참조) 대략적인 고전적 모형에서는 자기 회전 비율이 잘못 나오는 것이 놀랍지는 않다. 고전적인 예상과 벗어난 것을 **g인자**라고 한다. $\boldsymbol{\mu} = g(q/2m)\mathbf{S}$. 따라서 Dirac 이론에서 전자의 g인자는 정확하게 2이다. 그러나 **양자전자역학**에 의하면 작은 수정이 있다. g_e는 사실 $2 + (\alpha/\pi) + \cdots = 2.002\ldots$이다. (매우 정교하게 일치하는) 소위 전자의 **이상 자기 모멘트**의 계산과 측정은 20세기 물리학의 위대한 업적 중의 하나이다.

[15] 이것을 생각하는 한 가지 방법은 전자가 연속적으로 한 관성계에서 다른 관성계로 옮겨간다고 보는 것이다. Thomas 세차는 이 모든 Lorentz 변환의 축적된 효과에 해당한다. 물론 이 모든 문제는 핵이 정지한 실험실 계에 있으면 피할 수 있다. 이 경우 양성자는 전기장만을 만들고, 어떻게 전자에 토크를 작용할 수 있는지 궁금할 것이다. 사실 움직이는 자기 쌍극자는 전기 쌍극자 모멘트를 얻게 되고, 실험실계에서 스핀-궤도 결합은 핵의 전기장과 전자의 전기 쌍극자 모멘트와의 상호작용에 의한 것이다. 이 분석은 더 복잡한 전자기학이 필요하므로 물리적인 이유가 더 분명한 전자의 관점을 취하는 것이 나을 것이다.

적절한 운동학적 수정을 하면 해결할 수 있다. 이 관점에서 보면 1/2 인자를 넣으면 된다.[16]

$$H'_{so} = \left(\frac{e^2}{8\pi\epsilon_0}\right)\frac{1}{m^2c^2r^3}\mathbf{S}\cdot\mathbf{L}. \tag{7.63}$$

이것이 **스핀-궤도 상호작용**이다. 두 가지 수정(전자의 수정된 자기 회전 비율과 Thomas 세차 인자인데 이 둘은 우연히도 상쇄된다)을 제외하면 대략적인 고전 모형을 근거로 한 결과와 같다. 물리적으로는 전자의 순간적인 정지계에서 양성자의 자기장에 의해 스핀이 있는 전자의 자기 쌍극자 모멘트에 작용하는 토크 때문에 일어난다.

이제 양자역학으로 돌아가자. 스핀-궤도 결합이 있으면 Hamiltonian은 더 이상 $\mathbf{L}$과 $\mathbf{S}$와는 교환하지 않으므로, 스핀과 각운동량은 각각 보존되지 않는다(문제 7.19 참조). 그러나 H'_{so}는 L^2, S^2과 전체 각운동량

$$\mathbf{J} \equiv \mathbf{L} + \mathbf{S} \tag{7.64}$$

와 교환하므로, 이 양들은 보존된다(식 3.73). 다르게 표현하면 L_z와 S_z의 고유상태는 섭동 이론에서 사용하기에는 "좋은" 상태가 아니지만, L^2, S^2, J^2와 J_z의 고유상태는 좋은 상태이다. 이제

$$J^2 = (\mathbf{L}+\mathbf{S})\cdot(\mathbf{L}+\mathbf{S}) = L^2 + S^2 + 2\mathbf{L}\cdot\mathbf{S}$$

이므로

$$\mathbf{L}\cdot\mathbf{S} = \frac{1}{2}\left(J^2 - L^2 - S^2\right) \tag{7.65}$$

이고, $\mathbf{L}\cdot\mathbf{S}$의 고유값은 다음과 같다.

$$\frac{\hbar^2}{2}\left[j(j+1) - \ell(\ell+1) - s(s+1)\right].$$

물론 이 경우 $s = 1/2$이다. 한편 $1/r^3$의 기댓값은 (문제 7.43 참조)[17]

$$\left\langle\frac{1}{r^3}\right\rangle = \frac{1}{\ell(\ell+1/2)(\ell+1)n^3a^3} \tag{7.66}$$

이다. 결론적으로

$$E^1_{so} = \langle H'_{so}\rangle = \frac{e^2}{8\pi\epsilon_0}\frac{1}{m^2c^2}\frac{(\hbar^2/2)\left[j(j+1) - \ell(\ell+1) - 3/4\right]}{\ell(\ell+1/2)(\ell+1)n^3a^3}$$

이고, 이것을 E_n으로 표현하면 다음을 얻는다.[18]

---

[16] 더 정확하게는 Thomas 세차에 의하면 자기 회전 비율에서 1을 빼야 한다[R. R. Haar, L. J. Curtis, *Am. J. Phys.* **55**, 1044 (1987) 참조].

[17] 문제 7.43에서 수소 파동함수 $\psi(n\ell m)$, 즉 L_z의 고유함수를 사용하여 기댓값을 계산했다. 반면에 여기서는 J_z의 고유상태를 사용한다. 이것은 $m = m_j + \frac{1}{2}$와 $m = m_j - \frac{1}{2}$의 선형결합이다. 그러나 $\langle r^s\rangle$은 m에 무관하므로 차이가 없다.

[18] $\ell = 0$인 경우는 문제가 있다. 왜냐하면 0으로 나누기 때문이다. 한편 이 경우 $j = s$이므로 분자 또한 0이므로, 식 7.67은 부정이다. 물리적인 이유를 보면 $\ell = 0$일 때 스핀-궤도 결합은 없다. 어쨌든 이 문제는 스핀-궤도 결합에 상대론적 수정을 더하면 없어지고, 그 합(식 7.68)은 모든 ℓ값에 대해 맞다. 이 모든 계산이 불편하다고 느낀다면 당연히 그럴 수 있다. 정확한 해는 (비상대론적인) Schrödinger 방정식 대신 (상대론적인) Dirac 방정식을 사용하여 얻을 수 있다는 사실로 안심할 수 있다. 그리고 여기서 얻은 결과는 덜 정밀한 방법으로 얻었다(문제 7.22 참조).

$$E^1_{\mathrm{so}} = \frac{(E_n)^2}{mc^2}\left\{\frac{n\left[j(j+1) - \ell(\ell+1) - 3/4\right]}{\ell(\ell+1/2)(\ell+1)}\right\}. \tag{7.67}$$

전혀 다른 물리적인 작용이 포함된 것을 고려하면, 상대론적 수정과 스핀-궤도 결합이 (E_n/mc^2) 정도의 같은 크기인 것은 주목할 만하다. 이 둘을 더하면 완전한 미세 구조 공식을 얻는다(문제 7.20 참조).

$$E^1_{\mathrm{fs}} = \frac{(E_n)^2}{2mc^2}\left(3 - \frac{4n}{j+1/2}\right). \tag{7.68}$$

이것을 Bohr의 공식과 결합하면 미세 구조를 포함한 수소의 에너지 준위에 대한 위대한 결과를 얻는다.

$$\boxed{E_{nj} = -\frac{13.6\,\mathrm{eV}}{n^2}\left[1 + \frac{\alpha^2}{n^2}\left(\frac{n}{j+1/2} - \frac{3}{4}\right)\right].} \tag{7.69}$$

미세 구조는 ℓ의 겹침을 깬다. (즉 주어진 n에 대해 ℓ의 허용된 다른 값에 대해서는 같은 에너지가 없다.) 그러나 여전히 j에 대한 겹침은 있다(그림 7.8 참조). 궤도와 스핀 각운동량의 z 성분 고유값(m_ℓ과 m_s)은 더 이상 "좋은" 양자수가 아니다. 정상상태는 이 양의 다른 값을 갖는 상태의 선형결합이다. "좋은" 양자수는 n, ℓ, s, j와 m_j이다.[19]

문제 7.19 다음의 교환자를 구하라. (a) $[\mathbf{L}\cdot\mathbf{S}, \mathbf{L}]$, (b) $[\mathbf{L}\cdot\mathbf{S}, \mathbf{S}]$, (c) $[\mathbf{L}\cdot\mathbf{S}, \mathbf{J}]$, (d) $[\mathbf{L}\cdot\mathbf{S}, L^2]$, (e) $[\mathbf{L}\cdot\mathbf{S}, S^2]$, (f) $[\mathbf{L}\cdot\mathbf{S}, J^2]$. 귀띔: **L**과 **S**는 각운동량에 대한 기본적인 교환 관계(식 4.99와 4.134)를 만족하지만, 이들은 서로 교환한다.

* **문제 7.20** 상대론적 수정(식 7.58)과 스핀-궤도 결합(식 7.67)으로부터 미세 구조 공식(식 7.68)을 유도하라. 귀띔: (양의 부호만 나타나는 $\ell = 0$인 경우를 제외하고는) $j = \ell \pm 1/2$이다. 양의 부호와 음의 부호를 따로 취급하고, 어떤 방법으로든 같은 최종 답을 얻는다는 것을 알게 될 것이다.

** **문제 7.21** 가시 영역에서 수소 스펙트럼의 가장 두드러진 특징은 $n = 3$에서 $n = 2$로의 전이에서 오는 적색 Balmer 선이다. 먼저 Bohr 이론을 이용하여 이 선의 파장과 진동수를 결정하라. 미세 구조에 의해 이 선이 촘촘하게 붙은 몇 개의 선으로 분리된다. 문제는 몇 개가, 얼마나 떨어져 있는가 하는 것이다. 귀띔: 먼저 $n = 2$인 준위가 몇 개의 부속 준위로 갈라지는지 결정하고, 각각에 대해 E^1_{fs}을 eV로 구하라. 그리고 $n = 3$인 경우도 구하라. $n = 3$에서 $n = 2$로 전이하는 모든 가능한 경우를 보여주는 에너지 준위 그림을 그려라. (광

[19] (주어진 ℓ과 s에 대해) $|j\,m_j\rangle$을 $|\ell\, s\, m_\ell\, m_s\rangle$의 선형결합으로 쓰려면 적절한 Clebsch-Gordan 계수를 사용해야 한다. (식 4.183)

자로) 방출되는 에너지는 $(E_3 - E_2) + \Delta E$이고, 첫 번째 부분은 모두에 공통이고, (미세 구조에 의한) ΔE는 전이마다 다르다. 각 전이에 대해 (eV로) ΔE를 구하라. 마지막으로 광자의 진동수로 변환하여 이웃한 스펙트럼 선 사이의 간격을 (Hz로) 결정하라. 각 선과 (관측할 수 없는) 섭동이 없는 선 사이의 진동수 간격이 아니고, 각 선과 다음 선 사이의 진동수 간격이다. 마지막 답은 다음의 형태로 나타나야 한다. "적색 Balmer 선은 (???)개의 선으로 갈라진다. 진동수가 증가하는 순서로 이 선은 전이 (1) $j =$ (???)에서 $j =$ (???)로, (2) $j =$ (???)에서 $j =$ (???)로 ⋯ 선 (1)과 선 (2) 사이의 진동수 간격은 (???) Hz이고, 선 (2)와 선 (3) 사이의 간격은 (???) Hz, . . ."

문제 7.22 (섭동 이론을 사용하지 않은 Dirac 방정식으로부터 얻은) 수소의 정확한 미세 구조 공식은[20] 다음과 같다.

$$E_{nj} = mc^2\left\{\left[1+\left(\frac{\alpha}{n-(j+1/2)+\sqrt{(j+1/2)^2-\alpha^2}}\right)^2\right]^{-1/2}-1\right\}.$$

($\alpha \ll 1$이므로) α^4까지 전개하고, 식 7.69를 다시 얻음을 보여라.

7.4 Zeeman 효과

원자가 균일한 외부 자기장 $\mathbf{B}_{\text{ext}}$ 안에 있을 때 에너지 준위는 이동한다. 이 현상을 **Zeeman 효과**라고 한다. 한 개의 전자에 대해 섭동은[21]

$$H_Z' = -\left(\boldsymbol{\mu}_l + \boldsymbol{\mu}_s\right)\cdot \mathbf{B}_{\text{ext}} \tag{7.70}$$

이다. 여기서

$$\boldsymbol{\mu}_s = -\frac{e}{m}\mathbf{S} \tag{7.71}$$

(식 7.62)은 전자 스핀과 관련된 자기 쌍극자 모멘트이고,

$$\boldsymbol{\mu}_l = -\frac{e}{2m}\mathbf{L} \tag{7.72}$$

(식 7.61)은 궤도 운동과 관련된 쌍극자 모멘트이다.[22] 따라서 다음을 얻는다.

---

[20] Bethe, Salpeter(주석 12, 306쪽) 238쪽.

[21] 이것은 B의 일차에서 맞다. Hamiltonian에서 B^2 차수의 항을 무시한다. (정확한 결과는 문제 4.72에서 계산했다.) 더구나 궤도 자기 모멘트(식 7.72)는 역학적 각운동량에 비례하지, 바른 운동량에 비례하지 않는다(문제 7.49 참조). 이 무시된 항으로 B^2 차수의 수정을 얻고, H_Z'에서 얻는 이차 수정과 크기가 비슷하다. 일차에서 보기 때문에 이들은 안전하게 무시할 수 있다.

[22] 궤도 운동에 대한 자기 회전 비율은 바로 고전적인 값($q/2m$)이다. "추가적인" 인자 2는 스핀에 대해서만 붙는다.

$$H'_Z = \frac{e}{2m}(\mathbf{L} + 2\mathbf{S}) \cdot \mathbf{B}_{\text{ext}}. \tag{7.73}$$

Zeeman 갈라짐의 성질은 스핀-궤도 결합을 일으키는 내부 장(식 7.60)과 비교할 때 외부 장의 크기에 민감하게 의존한다. $B_{\text{ext}} \ll B_{\text{int}}$인 경우에는 미세 구조가 우세하고, H'_Z는 섭동으로 취급할 수 있는 반면, $B_{\text{ext}} \ll B_{\text{int}}$인 경우에는 Zeeman 효과가 우세하고 미세 구조가 섭동이 된다. 두 개의 장이 비슷한 중간 지역에서는 겹침이 있는 섭동 이론을 모두 사용해야 하며, 관계 있는 Hamiltonian을 "손으로" 대각선화시킬 필요가 있다. 다음 절에서 수소의 경우에 대해 각각의 지역에 대해 탐구할 것이다.

문제 7.23 식 7.60을 이용하여 수소 안의 내부 장을 추정하고, 정량적으로 "강하고", "약한" Zeeman 장을 구분하라.

7.4.1 약한 장에 의한 Zeeman 효과

만일 $B_{\text{ext}} \ll B_{\text{int}}$라면 미세 구조가 우세하다. $H_{\text{Bohr}} + H'_{fs}$를 "섭동이 없는" Hamiltonian으로, H'_Z를 섭동으로 취급한다. "섭동이 없는" 고유상태는 미세 구조에 적절한 $|n\ell j m_j\rangle$이고, "섭동이 없는" 에너지는 E_{nj}이다(식 7.69). 비록 Bohr 모형에서 미세 구조로 인해 겹침의 일부가 갈라졌더라도, 이 상태들은 여전히 겹쳐 있다. 왜냐하면 에너지는 m_j와 ℓ에 의존하지 않기 때문이다. 다행스럽게도 상태 $|n\ell j m_j\rangle$는 섭동 H'_Z를 취급하기에 "좋은" 상태이다. (즉 H'_Z는 이미 대각선화 되어 있으므로, 이에 대한 W 행렬을 쓸 필요가 없다는 뜻이다.) 왜냐하면 H'_Z는 ($\mathbf{B}_{\text{ext}}$가 z축으로 향하는 경우에는) J_z와, 그리고 L^2과 교환하기 때문이고, 겹친 각각의 상태는 두 개의 양자수 m_j와 ℓ에 의해 유일하게 지정되기 때문이다.

일차 섭동 이론에서 에너지에 대한 Zeeman 수정은 다음과 같다.

$$E_Z^1 = \langle n\,\ell\,j\,m_j \,|H'_Z|\, n\,\ell\,j\,m_j\rangle = \frac{e}{2m} B_{\text{ext}}\,\hat{k} \cdot \langle \mathbf{L} + 2\mathbf{S}\rangle. \tag{7.74}$$

여기서 위에서 언급했듯이 W의 비대각선 요소를 없애기 위해 $\mathbf{B}_{\text{ext}}$를 z축으로 향하게 했다. 이제

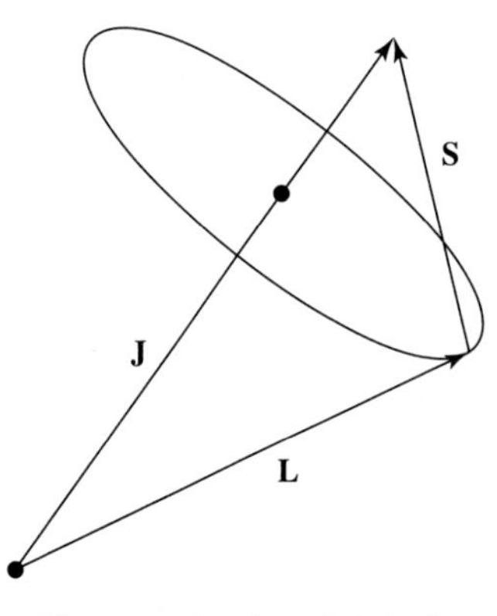

그림 7.9: 스핀-궤도 결합이 있는 경우 **L**과 **S**는 각각 보존되지는 않지만, 전체 각운동량 **J** 주위로 세차운동을 한다.

$\mathbf{L} + 2\mathbf{S} = \mathbf{J} + \mathbf{S}$이다. 불행하게도 **S**의 기댓값을 즉시 알지 못한다. 그러나 다음과 같이 구할 수 있다. 전체 각운동량 $\mathbf{J} = \mathbf{L} + \mathbf{S}$는 일정하다(그림 7.9). **L**과 **S**는 이 고정된 벡터 주위로 빠르게 세차운동을 한다. 특히 **S**의 (시간) 평균값은 바로 **J**에 대한 투영이 된다.

$$\mathbf{S}_{\text{ave}} = \frac{(\mathbf{S} \cdot \mathbf{J})}{J^2} \mathbf{J}. \tag{7.75}$$

그러나 $\mathbf{L} = \mathbf{J} - \mathbf{S}$이므로 $L^2 = J^2 + S^2 - 2\mathbf{J} \cdot \mathbf{S}$이다. 따라서

$$\mathbf{S} \cdot \mathbf{J} = \frac{1}{2}\left(J^2 + S^2 - L^2\right) = \frac{\hbar^2}{2}\left[j(j+1) + s(s+1) - \ell(\ell+1)\right] \tag{7.76}$$

이 된다. 이로부터 다음을 얻는다.[23]

$$\langle \mathbf{L} + 2\mathbf{S} \rangle = \left\langle \left(1 + \frac{\mathbf{S} \cdot \mathbf{J}}{J^2}\right) \mathbf{J} \right\rangle = \left[1 + \frac{j(j+1) - \ell(\ell+1) + s(s+1)}{2j(j+1)}\right] \langle \mathbf{J} \rangle . \tag{7.78}$$

사각 괄호 안에 있는 항을 **Landég 인자** g_J로 알려져 있다.[24]

그러면 에너지 수정은

$$E_Z^1 = \mu_B g_J B_{\text{ext}} m_j \tag{7.79}$$

이고, 여기서

$$\mu_B \equiv \frac{e\hbar}{2m} = 5.788 \times 10^{-5} \text{ eV/T} \tag{7.80}$$

은 소위 **Bohr 마그네톤**이라고 한다. (예제 6.3에서) 양자수 m의 겹침은 회전 불변성의 결과임을 기억하자.[25] 섭동 H_Z'로 인해 공간에서 특별한 방향이 정해지고(**B** 방향) 이 때문에 회전대칭성이 깨지고 m의 겹침이 갈라지게 된다.

전체 에너지는 미세 구조 부분(식 7.69)과 Zeeman 기여(식 7.79)의 합이다. 예를 들어 바닥상태($n = 1, \ell = 0, j = 1/2$, 그러므로 $g_J = 2$)는 두 개의 준위로 갈라진다.

$$-13.6 \text{ eV}\left(1 + \alpha^2/4\right) \pm \mu_B B_{\text{ext}}. \tag{7.81}$$

여기서 양의 부호는 $m_j = 1/2$이고, 음의 부호는 $m_j = -1/2$이다. 이 에너지를 (B_{ext}의 함수로) 그림 7.10에 나타내었다.

---

[23] 식 7.78은 **S**를 그 평균값으로 바꾸어 유도했지만, 결과는 어림한 것이 아니다. $\mathbf{L} + 2\mathbf{S}$와 **J**는 모두 벡터 연산자이고, 상태는 각운동량 고유상태이다. 그러므로 행렬요소는 Wigner-Eckart 정리(식 6.59~6.61)를 이용하여 구할 수 있다. 행렬요소들은 서로 비례하게 된다(문제 7.25).

$$\left\langle n\ell j m_j \middle| \mathbf{L} + 2\mathbf{S} \middle| n\ell j m_j' \right\rangle = g_J \left\langle n\ell j m_j \middle| \mathbf{J} \middle| n\ell j m_j' \right\rangle. \tag{7.77}$$

그리고 비례상수 g_J는 환원 행렬요소의 비율이다. g_J를 계산하는 것만 남았다. Claude Cohen-Tannoudji, Bernard Diu, Franck Laloë, *Quantum Mechanics*, Wiley, New York (1977), 2권 X장을 참조하라.

[24] 전자가 한 개 있어서 $j = \ell \pm \frac{1}{2}$인 경우는 $g_J = (2j+1)/(2\ell+1)$이다.

[25] 특별히 이 예는 궤도 각운동량을 취급했지만, 전체 각운동량에 대해서도 같은 논의가 성립한다.

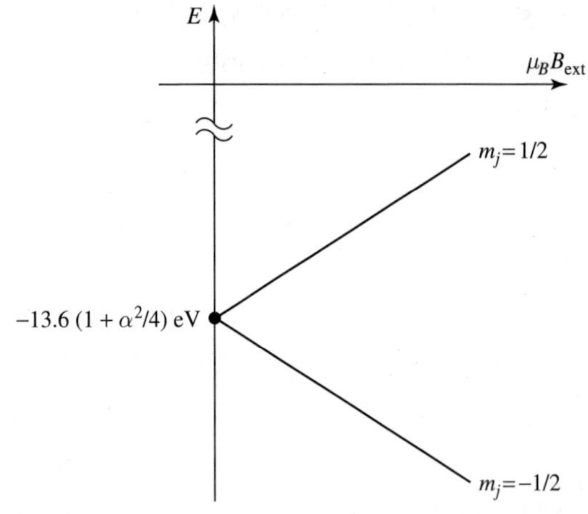

그림 7.10: 약한 장에 의한 수소 바닥상태의 Zeeman 갈라짐. 위쪽 선 ($m_j = 1/2$)은 기울기가 1이고, 아래쪽 선 ($m_j = -1/2$)은 기울기가 -1이다.

* **문제 7.24** (8개의) $n = 2$ 상태 $|2\ell\, j\, m_j\rangle$을 고려하자. 약한 장에 의한 Zeeman 갈라짐이 있을 때 각 상태의 에너지를 구하고, 그림 7.10과 같은 그림을 그려 B_{ext} 증가함에 따라 에너지가 어떻게 변화하는지 나타내라. 각 선을 지정하고, 그 기울기를 표시하라.

문제 7.25 Wigner-Eckart 정리(식 6.59~6.61)를 이용하여 임의의 두 벡터 연산자 **V**와 **W**의 행렬요소는 각운동량 고유상태의 기준에서 비례함을 증명하라.

$$\langle n\,\ell'\,m' \,|\, \mathbf{V} \,|\, n\,\ell\,m \rangle = \alpha\,\langle n\,\ell'\,m' \,|\, \mathbf{W} \,|\, n\,\ell\,m \rangle. \tag{7.82}$$

참고: ℓ을 j로 바꾸면(이 정리는 상태가 궤도, 스핀, 전체 각운동량의 어떤 고유상태에 대해서도 성립한다) $\mathbf{V} = \mathbf{L} + 2\mathbf{S}$, $\mathbf{W} = \mathbf{J}$가 되어, 이로 인해 식 7.77을 증명할 수 있다.

7.4.2 강한 장에 의한 Zeeman 효과

$B_{\text{ext}} \gg B_{\text{int}}$인 경우에는 Zeeman 효과가 우세하고[26] "섭동이 없는" Hamiltonian을 $H_{\text{Bohr}} + H'_Z$로, 섭동을 H'_{fs}로 정한다. Zeeman Hamiltonian은

$$H'_Z = \frac{e}{2m} B_{\text{ext}} (L_z + 2S_z)$$

이고, "섭동이 없는" 에너지는 간단히 계산할 수 있다.

$$E_{nm_l m_s} = -\frac{13.6\text{ eV}}{n^2} + \mu_B B_{\text{ext}} (m_\ell + 2m_s). \tag{7.83}$$

여기서 사용하는 상태 $|n\ell m_\ell m_s\rangle$는 에너지가 ℓ에 의존하지 않으므로 겹쳐 있고, 추가적인 겹침

[26] 이 영역에서 Zeeman 효과는 **Paschen-Back 효과**라고도 한다.

이 있는데 이는 예를 들어 $m_\ell = 3$과 $m_s = -1/2$인 상태와 $m_\ell = 1$과 $m_s = 1/2$인 상태의 에너지가 같기 때문이다. 여기서도 다행인 것은 $|n\ell m_\ell m_s\rangle$가 섭동을 취급할 때 "좋은" 상태라는 것이다. 미세 구조 Hamiltonian H'_{fs}은 L^2과 J_z와 교환한다. (이 두 연산자는 7.2.2절의 정리에서 A의 역할을 한다.) 첫 연산자는 ℓ에 대한 겹침을 없애고, 두 번째는 $m_\ell + 2m_s = m_j + m_s$인 우연한 결과에 대한 겹침을 없앤다.

일차 섭동 이론에서 이 준위에 대한 미세 구조 수정은

$$E^1_{\text{fs}} = \langle n\,\ell\, m_\ell\, m_s \,|\, (H'_r + H'_{\text{so}}) \,|\, n\,\ell\, m_\ell\, m_s\rangle \tag{7.84}$$

이다. 상대론적 기여는 이전과 같다(식 7.58). 스핀-궤도 항(식 7.63)에 대해서는 다음이 필요하다.

$$\langle \mathbf{S}\cdot\mathbf{L}\rangle = \langle S_x\rangle\langle L_x\rangle + \langle S_y\rangle\langle L_y\rangle + \langle S_z\rangle\langle L_z\rangle = \hbar^2 m_l m_s. \tag{7.85}$$

(S_z와 L_z의 고유상태에 대해서는 $\langle S_x\rangle = \langle S_y\rangle = \langle L_x\rangle = \langle L_y\rangle = 0$임을 주목하라.) 이 모든 것을 결합하면(문제 7.26) 다음과 같이 결론지을 수 있다.

$$E^1_{\text{fs}} = \frac{13.6\text{ eV}}{n^3}\alpha^2\left\{\frac{3}{4n} - \left[\frac{\ell(\ell+1) - m_\ell m_s}{\ell(\ell+1/2)(\ell+1)}\right]\right\}. \tag{7.86}$$

(사각 괄호 안의 항은 $\ell = 0$인 경우에는 부정의 형태이다. 이 경우 올바른 값은 1이다. 문제 7.28 참조.) 전체 에너지는 Zeeman 부분(식 7.83)과 미세 구조의 기여(식 7.86)이다.

문제 7.26 식 7.84에서 시작하여 식 7.58, 7.63, 7.66과 7.85를 이용하여 식 7.86을 유도하라.

** **문제 7.27** (8개의) $n = 2$ 상태 $|2\,\ell\, m_\ell\, m_s\rangle$을 고려하자. 강한 장에 의한 Zeeman 갈라짐이 있을 때 각 상태의 에너지를 구하라. 각각의 답을 Bohr 에너지, (α^2에 비례하는) 미세 구조와 ($\mu_B B_{\text{ext}}$에 비례하는) Zeeman 기여의 세 개의 항에 대한 합으로 나타내라. 미세 구조를 모두 무시한다면 얼마나 많은 다른 준위가 있고, 이들의 겹침은 얼마인가?

문제 7.28 $\ell = 0$이면 $j = s$, $m_j = m_s$이고, "좋은" 상태는 약한 장이든 강한 장이든 ($|n\, m_s\rangle$) 같다. (식 7.74로부터) E^1_Z과 미세 구조 에너지(식 7.69)를 결정하고, 장의 세기에 상관없는 $\ell = 0$인 Zeeman 효과에 대한 일반적인 결과를 써라. 강한 장에 대한 공식(식 7.86)은 사각 괄호 안의 부정인 항을 1로 해석한다면, 이 결과를 만든다는 것을 증명하라.

7.4.3 중간 장에 의한 Zeeman 효과

중간 영역에서는 H'_Z도 H'_{fs}도 우세하지 않고, 둘을 같은 크기로 취급해야 하고, Bohr Hamiltonian(식 7.43)이 섭동이다.

$$H' = H'_Z + H'_{fs}. \tag{7.87}$$

이제 $n = 2$인 경우에 한정하겠다. ($n = 3$인 경우는 문제 7.30에 있다.) 무엇이 "좋은" 상태인지 명백하지 않으므로 겹침이 있는 섭동 이론을 사용해야 한다. 기준 상태를 ℓ, j와 m_j로 지정하겠다.[27] Clebsch-Gordan 계수(문제 4.60이나 표 4.8)를 이용하여 $|j\, m_j\rangle$를 $|\ell\, s\, m_l\, m_s\rangle$의[28] 선형결합으로 나타내면 다음을 얻는다.

$\underline{\ell = 0:}$

$$\psi_1 \equiv \left|\tfrac{1}{2}\,\tfrac{1}{2}\right\rangle = \left|0\,\tfrac{1}{2}\,0\,\tfrac{1}{2}\right\rangle.$$

$$\psi_2 \equiv \left|\tfrac{1}{2}\,\tfrac{-1}{2}\right\rangle = \left|0\,\tfrac{1}{2}\,0\,\tfrac{-1}{2}\right\rangle.$$

$\underline{\ell = 1:}$

$$\psi_3 \equiv \left|\tfrac{3}{2}\,\tfrac{3}{2}\right\rangle = \left|1\,\tfrac{1}{2}\,1\,\tfrac{1}{2}\right\rangle,$$

$$\psi_4 \equiv \left|\tfrac{3}{2}\,\tfrac{-3}{2}\right\rangle = \left|1\,\tfrac{1}{2}\,{-1}\,\tfrac{-1}{2}\right\rangle,$$

$$\psi_5 \equiv \left|\tfrac{3}{2}\,\tfrac{1}{2}\right\rangle = \sqrt{2/3}\left|1\,\tfrac{1}{2}\,0\,\tfrac{1}{2}\right\rangle + \sqrt{1/3}\left|1\,\tfrac{1}{2}\,1\,\tfrac{-1}{2}\right\rangle.$$

$$\psi_6 \equiv \left|\tfrac{1}{2}\,\tfrac{1}{2}\right\rangle = -\sqrt{1/3}\left|1\,\tfrac{1}{2}\,0\,\tfrac{1}{2}\right\rangle + \sqrt{2/3}\left|1\,\tfrac{1}{2}\,1\,\tfrac{-1}{2}\right\rangle.$$

$$\psi_7 \equiv \left|\tfrac{3}{2}\,\tfrac{-1}{2}\right\rangle = \sqrt{1/3}\left|1\,\tfrac{1}{2}\,{-1}\,\tfrac{1}{2}\right\rangle + \sqrt{2/3}\left|1\,\tfrac{1}{2}\,0\,\tfrac{-1}{2}\right\rangle.$$

$$\psi_8 \equiv \left|\tfrac{1}{2}\,\tfrac{-1}{2}\right\rangle = -\sqrt{2/3}\left|1\,\tfrac{1}{2}\,{-1}\,\tfrac{1}{2}\right\rangle + \sqrt{1/3}\left|1\,\tfrac{1}{2}\,0\,\tfrac{-1}{2}\right\rangle.$$

이 기준에서 H'_{fs}의 0이 아닌 행렬요소는 모든 대각선 요소이고, 식 7.68에 있다. H'_Z는 대각선이 아닌 곳에 네 개의 요소가 있고, 완전한 행렬 $-\mathsf{W}$는 다음과 같다(문제 7.29 참조).

$$\begin{pmatrix}
5\gamma-\beta & 0 & 0 & 0 & 0 & 0 & 0 & 0 \\
0 & 5\gamma+\beta & 0 & 0 & 0 & 0 & 0 & 0 \\
0 & 0 & \gamma-2\beta & 0 & 0 & 0 & 0 & 0 \\
0 & 0 & 0 & \gamma+2\beta & 0 & 0 & 0 & 0 \\
0 & 0 & 0 & 0 & \gamma-\frac{2}{3}\beta & \frac{\sqrt{2}}{3}\beta & 0 & 0 \\
0 & 0 & 0 & 0 & \frac{\sqrt{2}}{3}\beta & 5\gamma-\frac{1}{3}\beta & 0 & 0 \\
0 & 0 & 0 & 0 & 0 & 0 & \gamma+\frac{2}{3}\beta & \frac{\sqrt{2}}{3}\beta \\
0 & 0 & 0 & 0 & 0 & 0 & \frac{\sqrt{2}}{3}\beta & 5\gamma+\frac{1}{3}\beta
\end{pmatrix}$$

여기서

$$\gamma \equiv (\alpha/8)^2\ 13.6\ \text{eV}\text{와} \quad \beta \equiv \mu_B B_{\text{ext}}$$

이다. 첫 네 개의 고유값은 이미 대각선에 나타내었고, 두 개의 2×2 블록의 고유값을 구하기

---

[27] 원한다면 ℓ, m_ℓ, m_s 상태를 사용할 수 있다. 이 상태를 사용하면 H'_Z의 행렬요소는 더 쉽게 계산할 수 있지만, H'_{fs}의 행렬요소는 더 어렵다. W 행렬은 더 복잡하지만, (기준에 독립적인) 고유값은 어떤 기준에서도 같다.

[28] Clebsch-Gordan 표에 있는 표기 방법 $|\ell\, s\, m_\ell\, m_s\rangle$와 (7.4.1절의) $|n\, \ell\, j\, m_j\rangle$, 또는 (7.4.2절의) $|n\, \ell\, m_\ell\, m_s\rangle$와 혼동하지 말라. 여기서 n은 항상 2이고 s는 (물론) 항상 1/2이다.

표 7.2: 수소의 $n = 2$ 상태에 대한 미세 구조와 Zeeman 갈라짐이 있는 에너지 준위.

$$\begin{aligned}
\epsilon_1 &= E_2 - 5\gamma + \beta. \\
\epsilon_2 &= E_2 - 5\gamma - \beta. \\
\epsilon_3 &= E_2 - \gamma + 2\beta. \\
\epsilon_4 &= E_2 - \gamma - 2\beta. \\
\epsilon_5 &= E_2 - 3\gamma + \beta/2 + \sqrt{4\gamma^2 + (2/3)\gamma\beta + \beta^2/4}. \\
\epsilon_6 &= E_2 - 3\gamma + \beta/2 - \sqrt{4\gamma^2 + (2/3)\gamma\beta + \beta^2/4}. \\
\epsilon_7 &= E_2 - 3\gamma - \beta/2 + \sqrt{4\gamma^2 - (2/3)\gamma\beta + \beta^2/4}. \\
\epsilon_8 &= E_2 - 3\gamma - \beta/2 - \sqrt{4\gamma^2 - (2/3)\gamma\beta + \beta^2/4}.
\end{aligned}$$

만 하면 된다. 이들 중 첫 번째의 특성 방정식은

$$\lambda^2 - \lambda(6\gamma - \beta) + \left(5\gamma^2 - \frac{11}{3}\gamma\beta\right) = 0$$

이고, 고유값에 대한 이차 방정식을 풀면 다음의 고유값을 얻는다.

$$\lambda_\pm = 3\gamma - (\beta/2) \pm \sqrt{4\gamma^2 + (2/3)\,\gamma\beta + \left(\beta^2/4\right)}. \tag{7.88}$$

두 번째 블록의 고유값은 같지만 β의 부호가 반대이다. 여덟 개의 에너지는 표 7.2에 나타내었고, 그림 7.11에서 B_{ext}에 대해 그렸다. 장이 없어지는 극한($\beta = 0$)에서 이 값은 미세 구조의 값으로 돌아간다. 약한 장에서는($\beta \ll \gamma$) 문제 7.24에서 얻은 결과가 된다. 강한 장에서는($\beta \gg \gamma$) 문제 7.27의 결과를 얻는다. (문제 7.27에서 예측했듯이 매우 강한 장에서는 다섯 개의 다른 에너지 준위로 수렴하는 것에 주목하라.)

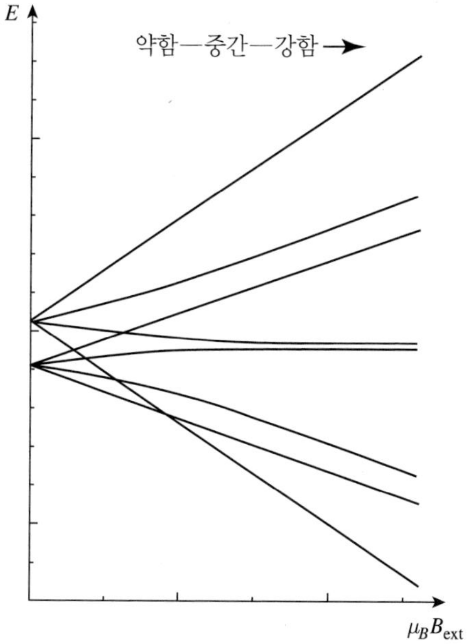

그림 7.11: 약한 장, 중간 장, 강한 장의 영역에서 $n = 2$인 수소 상태의 Zeeman 갈라짐.

문제 7.29 H'_Z와 H'_{fs}의 행렬요소를 구하고, $n = 2$인 경우 본문에 주어진 W 행렬을 구하라.

*** **문제 7.30** 약한 장, 강한 장, 중간 장의 영역에서 $n = 3$인 수소 상태의 Zeeman 효과를 분석하라. (표 7.2와 비슷한) 에너지의 표를 만들고, (그림 7.11처럼) 외부 장의 함수로 그리고, 중간 장의 결과는 두 극한적인 경우에 적절히 접근하는 것을 확인하라. 귀띔: Wigner-Eckart 정리를 사용하면 편리하다. 6장에서 이 정리를 궤도 각운동량 ℓ에 대해 썼지만, 이것은 전체 각운동량 j 상태에 대해서도 성립한다. 특히 임의의 벡터 연산자 $\mathbf{V}$ (그리고 $\mathbf{L} + 2\mathbf{S}$는 벡터 연산자이다)에 대해 다음이 성립한다.

$$\left\langle j'm'_j \middle| V^z \middle| jm_j \right\rangle = C^{j\ 1\ j}_{m_j 0 m'_j} \langle j' \| V \| j \rangle.$$

7.5 수소의 초미세 구조

양성자 자체는 자기 쌍극자이다. 그러나 질량이 분모에 있으므로(식 7.62) 전자보다는 자기 모멘트가 훨씬 작다.

$$\boldsymbol{\mu}_p = \frac{g_p e}{2m_p}\mathbf{S}_p, \quad \boldsymbol{\mu}_e = -\frac{e}{m_e}\mathbf{S}_e. \tag{7.89}$$

[양성자는 세 개의 쿼크로 이루어진 합성 구조이고, 자기 회전 비율은 전자처럼 단순하지 않다. 따라서 명시적으로 g 인자(g_p)를 넣었고, 전자는 2.00이지만 양성자의 측정값은 5.59이다.] 고전 전자기학에 의하면 쌍극자 $\boldsymbol{\mu}$는 자기장을 만든다.[29]

$$\mathbf{B} = \frac{\mu_0}{4\pi r^3}\left[3\left(\boldsymbol{\mu}\cdot\hat{r}\right)\hat{r} - \boldsymbol{\mu}\right] + \frac{2\mu_0}{3}\boldsymbol{\mu}\delta^3(\mathbf{r}). \tag{7.90}$$

그러므로 양성자의 자기 쌍극자 모멘트에 의한 자기장 안에 있는 전자의 Hamiltonian(식 7.59)은 다음과 같다.

$$H'_{\text{hf}} = \frac{\mu_0 g_p e^2}{8\pi m_p m_e}\frac{\left[3\left(\mathbf{S}_p\cdot\hat{r}\right)\left(\mathbf{S}_e\cdot\hat{r}\right) - \mathbf{S}_p\cdot\mathbf{S}_e\right]}{r^3} + \frac{\mu_0 g_p e^2}{3m_p m_e}\mathbf{S}_p\cdot\mathbf{S}_e\delta^3(\mathbf{r}). \tag{7.91}$$

섭동 이론에 의하면 에너지에 대한 일차 수정은(식 7.9) 섭동 Hamiltonian의 기댓값이다.

$$\begin{aligned} E^1_{\text{hf}} = {} & \frac{\mu_0 g_p e^2}{8\pi m_p m_e}\left\langle \frac{3\left(\mathbf{S}_p\cdot\hat{r}\right)\left(\mathbf{S}_e\cdot\hat{r}\right) - \mathbf{S}_p\cdot\mathbf{S}_e}{r^3}\right\rangle \\ & + \frac{\mu_0 g_p e^2}{3m_p m_e}\left\langle \mathbf{S}_p\cdot\mathbf{S}_e\right\rangle |\psi(0)|^2 . \end{aligned} \tag{7.92}$$

바닥상태에서(혹은 $\ell = 0$인 임의의 상태에서) 파동함수는 구면 대칭적이고, 첫 번째 기댓값은

[29] 식 7.90에서 델타함수 항이 낯설다면 쌍극자를 회전하는 대전된 구형 껍질로 취급하고 반지름이 0으로, 전하는 무한대로 가는($\boldsymbol{\mu}$는 고정) 극한을 취하여 유도할 수 있다. D. J. Griffiths, *Am. J. Phys.* **50**, 698 (1982) 참조.

0이다(문제 7.31 참조). 반면에 식 4.80으로부터 $|\psi_{100}|^2 = 1/(\pi a^3)$이므로 바닥상태에서는

$$E^1_{\mathrm{hf}} = \frac{\mu_0 g_p e^2}{3\pi m_p m_e a^3}\langle \mathbf{S}_p \cdot \mathbf{S}_e \rangle, \tag{7.93}$$

을 얻는다. 이것을 **스핀–스핀 결합**이라고 부른다. 왜냐하면 두 스핀의 스칼라곱으로 주어지기 때문이다. (반면 스핀–궤도 결합에는 $\mathbf{S}\cdot\mathbf{L}$이 있다.)

스핀–스핀 결합이 있을 때 각각의 스핀 각운동량은 더 이상 보존되지 않는다. "좋은" 상태는 전체 스핀의 고유벡터이다.

$$\mathbf{S} \equiv \mathbf{S}_e + \mathbf{S}_p. \tag{7.94}$$

전과 같이 이를 제곱하면

$$\mathbf{S}_p \cdot \mathbf{S}_e = \frac{1}{2}\left(S^2 - S_e^2 - S_p^2\right) \tag{7.95}$$

를 얻는다. 그러나 전자와 양성자는 모든 스핀 1/2이므로 $S_e^2 = S_p^2 = (3/4)\hbar^2$이다. 삼중항 상태("평행한" 스핀)에서는 전체 스핀이 1이므로 $S^2 = 2\hbar^2$이고, 단일항 상태는 전체 스핀이 0이므로 $S^2 = 0$이다. 따라서 다음을 얻는다.

$$E^1_{\mathrm{hf}} = \frac{4 g_p \hbar^4}{3 m_p m_e^2 c^2 a^4}\begin{cases} +1/4, & (\text{삼중항}); \\ -3/4, & (\text{단일항}). \end{cases} \tag{7.96}$$

스핀–스핀 결합은 바닥상태의 스핀 겹침을 깨고, 삼중항 상태의 에너지가 올라가고, 단일한 상태는 내려간다(그림 7.12 참조). 에너지 간격은 다음과 같다.

$$\Delta E = \frac{4 g_p \hbar^4}{3 m_p m_e^2 c^2 a^4} = 5.88 \times 10^{-6}\,\mathrm{eV}. \tag{7.97}$$

삼중항에서 단일항으로 전이할 때 방출되는 광자의 진동수는

$$\nu = \frac{\Delta E}{h} = 1420\ \mathrm{MHz} \tag{7.98}$$

이고, 이에 해당하는 파장은 $c/\nu = 21$ cm이어서 마이크로파 영역에 해당한다. 이 유명한 **21-센티미터 선**이 우주에서 가장 우세한 복사 형태이다.

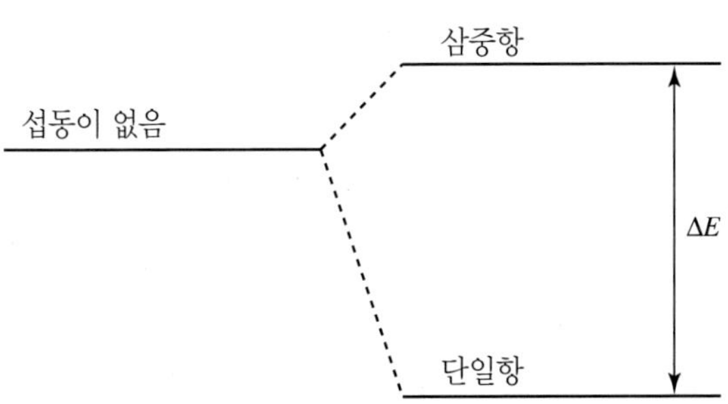

그림 7.12: 수소 바닥상태의 초미세 갈라짐.

문제 7.31 **a**와 **b**가 두 개의 일정한 벡터라고 하자. 다음을 증명하라.

$$\int (\mathbf{a} \cdot \hat{r}) (\mathbf{b} \cdot \hat{r}) \sin\theta \, d\theta \, d\phi = \frac{4\pi}{3} (\mathbf{a} \cdot \mathbf{b}) \tag{7.99}$$

(적분은 $0 < \theta < \pi$, $0 < \phi < 2\pi$의 영역에서 한다.) 이 결과를 이용하여 $\ell = 0$인 상태에 대해 다음을 보여라.

$$\left\langle \frac{3 (\mathbf{S}_p \cdot \hat{r}) (\mathbf{S}_e \cdot \hat{r}) - \mathbf{S}_p \cdot \mathbf{S}_e}{r^3} \right\rangle = 0$$

귀띔: $\hat{r} = \sin\theta \cos\phi \, \hat{\imath} + \sin\theta \sin\phi \, \hat{\jmath} + \cos\theta \, \hat{k}$. 각도에 대한 적분을 먼저 하라.

문제 7.32 수소에 대한 공식을 적절하게 수정하여 (a) **뮤온꼴 수소**(뮤온은 전자와 전하와 g 인자는 같지만 질량은 207배 크다. 전자 대신 이 뮤온이 들어가 있다), (b) **포지트로늄**(양전자는 전자와 질량과 g 인자는 같지만, 전하는 반대이다. 양성자 대신 이 양전자가 들어가 있다), (c) **뮤오늄**(뮤온과 질량과 g 인자는 같지만, 전하는 반대이다. 양성자 대신 반뮤온이 들어가 있다)에 대하여 바닥상태의 초미세 갈라짐을 결정하라. 귀띔: 이 색다른 "원자"의 "Bohr 반지름"을 계산할 때 환원 질량(문제 5.1)을 사용하지만, 자기 회전 비율에서는 실제 질량을 사용해야 한다는 것을 잊지 말라. 그런데 포지트로늄에 대해 얻은 답(4.82×10^{-4} eV)은 실험값(8.41×10^{-4} eV)과는 매우 다르다. 가장 큰 차이는 쌍소멸($e^+ + e^- \to \gamma + \gamma$) 때문이고, 이것이 추가로 $(3/4)\Delta E$만큼 기여하고, (물론) 보통의 수소, 뮤온꼴 수소나 뮤오늄에서는 일어나지 않는다.[30]

7장 추가문제

문제 7.33 핵의 유한한 크기에 의한 수소의 바닥상태 에너지에 대한 수정을 추정하라. 양성자를 반지름 b인 균일하게 대전된 구 껍질로 취급하여 껍질 안에 있는 전자의 퍼텐셜에너지는 $-e^2/(4\pi\epsilon_0 b)$로 일정하다고 하자. 이것은 그리 실제적은 아니지만 가장 간단한 모형이고, 대략적인 크기를 얻을 수 있다. 이 결과를 작은 양 (b/a)의 급수로 전개하라. 여기서 a는 Bohr 반지름이다. 제일 큰 항만을 쓰면 최종 답은

$$\frac{\Delta E}{E} = A\,(b/a)^n$$

의 형태를 띌 것이다. 여기서 상수 A와 차수 n을 결정하라. 마지막으로 $b \approx 10^{-15}$ m(대략적인 양성자의 반지름)로 놓고, 실제 숫자를 구하라. 이 값을 미세 구조, 초미세 구조와 비교하면 어떻게 되는가?

[30] 자세한 것은 Griffiths, 각주 29를 참조하라.

문제 7.34 이 문제에서 겹침이 있는 섭동 이론에 대한 또 다른 접근 방법에 대해 알아볼 것이다. 섭동이 없는 Hamiltonian H^0에 두 개의 겹친 상태 ψ_a^0와 ψ_b^0가 있고(에너지 E^0) 섭동은 H'이라고 하자. 겹친 부속 공간으로 투영하는[31] 연산자를 다음과 같이 정의하자.

$$P_D = \left|\psi_a^0\right\rangle\left\langle\psi_a^0\right| + \left|\psi_b^0\right\rangle\left\langle\psi_b^0\right|. \tag{7.100}$$

Hamiltonian은

$$H = H^0 + H' = \tilde{H}^0 + \tilde{H}' \tag{7.101}$$

로 쓸 수 있고, 여기서

$$\tilde{H}^0 = H^0 + P_D\, H'\, P_D, \qquad \tilde{H}' = H' - P_D\, H'\, P_D \tag{7.102}$$

이다. 요점은 $\tilde{H}^0$를 “섭동이 없는” Hamiltonian으로, $\tilde{H}'$을 섭동으로 취급하는 것이다. 곧 보게 되겠지만 $\tilde{H}^0$는 겹쳐 있지 않으므로 보통의 겹침이 없는 섭동 이론을 사용할 수 있다.

(a) 먼저 $\tilde{H}^0$의 고유상태를 찾아야 한다.

I. (ψ_a^0와 ψ_b^0가 아닌) H^0의 어떤 고유상태도 같은 고유값을 갖는 $\tilde{H}^0$의 고유상태임을 증명하라.

II. “좋은” 상태 $\psi^0 = \alpha\psi_a^0 + \beta\psi_b^0$(식 7.30을 풀어 α와 β를 결정한다)는 에너지 $E^0 + E_\pm^1$인 $\tilde{H}^0$의 고유상태임을 증명하라.

(b) E_+^1과 E_-^1이 다르다고 가정하면 이제 겹침이 없는 Hamiltonian $\tilde{H}^0$이 있고, 섭동 $\tilde{H}'$을 이용하여 겹침이 없는 섭동 이론을 사용할 수 있다. (ii)의 상태 $\psi_\pm^0$에 대한 에너지를 이차까지 구하라.

참고: 이 접근 방법의 한 가지 장점은 섭동이 없는 에너지가 정확하게 같지는 않지만 매우 근접한 경우도 다룬다는 것이다.[32] $E_a^0 \approx E_b^0$. 이 경우 여전히 겹침이 있는 섭동 이론을 사용해야 한다. 이러한 경우에 대한 중요한 예는 띠 구조를 계산할 때 **거의 자유로운 전자 어림 방법**에서 나타난다.[33]

문제 7.35 문제 7.34에서 개발한 방법을 응용해보자. 다음의 Hamiltonian을 고려하자.

$$\mathsf{H}^0 = \begin{pmatrix} \epsilon & 0 & 0 \\ 0 & \epsilon & 0 \\ 0 & 0 & \epsilon' \end{pmatrix}, \quad \mathsf{H}' = \begin{pmatrix} 0 & a & b \\ a^* & 0 & c \\ b^* & c^* & 0 \end{pmatrix}.$$

(a) 다음의 상태

$$\left|\psi_a^0\right\rangle = \begin{pmatrix} 1 \\ 0 \\ 0 \end{pmatrix} \quad \text{그리고} \quad \left|\psi_b^0\right\rangle = \begin{pmatrix} 0 \\ 1 \\ 0 \end{pmatrix}.$$

---

[31] 투영 연산자에 대한 논의를 보려면 120쪽을 보라.

[32] 이 경우 근접하다는 것의 의미에 대한 논의를 보려면 문제 7.4를 참조하라.

[33] 예를 들어 Steven H. Simon, *The Oxford Solid State Basics* (Oxford University Press, 2013), 15.1절을 참조하라.

에 의해 만들어지는 부속 공간으로 투영하는 투영 연산자 P_D (3×3 행렬)를 구하라. 그리고 행렬 $\tilde{\mathsf{H}}^0$와 $\tilde{\mathsf{H}}'$을 만들라.

(b) $\tilde{\mathsf{H}}^0$의 고유상태에 대해 풀고, 다음을 확인하라.

I. 스펙트럼은 겹쳐 있지 않다.

II. $\tilde{\mathsf{H}}^0$의 겹쳐 있지 않은 고유상태

$$\left|\psi_c^0\right\rangle = \begin{pmatrix} 0 \\ 0 \\ 1 \end{pmatrix}$$

은 같은 고유값을 갖는 $\tilde{\mathsf{H}}^0$의 고유상태이다.

(c) "좋은" 상태는 무엇이고, 이 섭동의 일차까지 에너지는 무엇인가?

문제 7.36 등방 삼차원 조화진동자를 고려하자(문제 4.46). 섭동

$$H' = \lambda x^2 yz$$

의 (일차까지) 효과에 대해 논의하자. (λ는 상수)

(a) 바닥상태.

(b) (겹침이 세 개인) 첫 번째 들뜬 상태. 귀띔: 문제 2.12와 3.39의 답을 사용하라.

*** **문제 7.37 Van der Waals 상호작용**. 거리 R만큼 떨어진 두 원자를 고려하자. 이들은 전기적으로 중성이므로 이들 사이에는 힘이 작용하지 않을 것이라고 생각할 수 있지만, 편극이 일어나면 사실 약한 인력이 작용한다. 이 계에 대한 모형을 만들기 위해 각각의 원자가 전자(질량 m, 전하 $-e$)가 (용수철 상수 k인) 용수철에 의해 (전하 $+e$인) 핵에 붙어 있다고 생각하자. 핵은 무거워서 그림 7.13처럼 기본적으로 정지해 있다고 가정한다. 섭동이 없는 계의 Hamiltonian은

$$H^0 = \frac{1}{2m}p_1^2 + \frac{1}{2}kx_1^2 + \frac{1}{2m}p_2^2 + \frac{1}{2}kx_2^2 \tag{7.103}$$

이다. 원자 사이의 Coulomb 상호작용은

$$H' = \frac{1}{4\pi\epsilon_0}\left(\frac{e^2}{R} - \frac{e^2}{R - x_1} - \frac{e^2}{R + x_2} + \frac{e^2}{R - x_1 + x_2}\right) \tag{7.104}$$

이다.

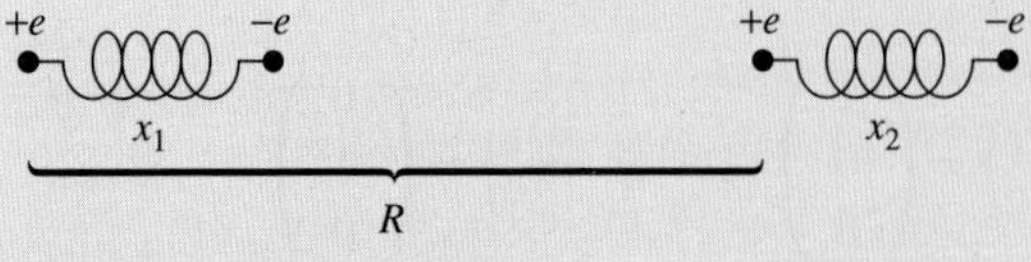

그림 7.13: 두 개의 가까이 있는 편극이 일어날 수 있는 원자(문제 7.37).

(a) 식 7.104를 설명하라. $|x_1|$과 $|x_2|$가 모두 R보다 매우 작다고 가정하면

$$H' \cong -\frac{e^2 x_1 x_2}{2\pi\epsilon_0 R^3} \tag{7.105}$$

임을 보여라.

(b) 전체 Hamiltonian(H^0와 식 7.105의 합)은 두 개의 조화진동자 Hamiltonian으로 분리된다는 것을 증명하라.

$$H = \left[\frac{1}{2m}p_+^2 + \frac{1}{2}\left(k - \frac{e^2}{2\pi\epsilon_0 R^3}\right)x_+^2\right] + \left[\frac{1}{2m}p_-^2 + \frac{1}{2}\left(k + \frac{e^2}{2\pi\epsilon_0 R^3}\right)x_-^2\right]. \tag{7.106}$$

이때 변수는 다음과 같이 변환한다.

$$x_\pm \equiv \frac{1}{\sqrt{2}}(x_1 \pm x_2), \quad \text{이에 의해} \quad p_\pm = \frac{1}{\sqrt{2}}(p_1 \pm p_2). \tag{7.107}$$

(c) 이 Hamiltonian의 바닥상태 에너지는 당연히 다음과 같다.

$$E = \frac{1}{2}\hbar(\omega_+ + \omega_-), \quad \text{여기서} \quad \omega_\pm = \sqrt{\frac{k \mp \left(e^2/2\pi\epsilon_0 R^3\right)}{m}}. \tag{7.108}$$

Coulomb 상호작용이 없으면 $E_0 = \hbar\omega_0$일 것이다. 여기서 $\omega_0 = \sqrt{k/m}$이다. $k \gg (e^2/2\pi\epsilon_0 R^3)$이라고 가정하면

$$\Delta V \equiv E - E_0 \cong -\frac{\hbar}{8m^2\omega_0^3}\left(\frac{e^2}{2\pi\epsilon_0}\right)^2 \frac{1}{R^6} \tag{7.109}$$

임을 증명하라. 결론: 원자 사이에는 거리의 육제곱에 반비례하는 인력 퍼텐셜이 있다. 이것이 두 개의 중성 원자 사이의 **van der Waals 상호작용**이다.

(d) 이제 이차 섭동 이론을 사용하여 같은 계산을 하라. 귀띔: 섭동이 없는 상태는 $\psi_{n_1}(x_1)\,\psi_{n_2}(x_2)$의 형태이다. 여기서 $\psi_n(x)$는 질량 m, 용수철 상수 k인 단일 입자 진동자 파동함수이다. ΔV는 식 7.105의 섭동에 대한 바닥상태 에너지의 이차 수정이다. (일차 수정은 0임을 주목하라.)[34]

** **문제 7.38** 특별한 양자계에서 Hamiltonian H가 어떤 매개변수 λ의 함수라고 하자. $E_n(\lambda)$과 $\psi_n(\lambda)$가 $H(\lambda)$의 고유값과 고유함수라고 하자. **Feynman-Hellmann 정리**에[35] 의하면

$$\frac{\partial E_n}{\partial \lambda} = \left\langle \psi_n \left| \frac{\partial H}{\partial \lambda} \right| \psi_n \right\rangle \tag{7.110}$$

---

[34] 이 잘 알려진 문제에 대한 흥미 있는 반전이 있다. H'을 $1/R^5$ 차수까지 전개하면, 추가적인 항은 H^0의 바닥상태에서 0이 아닌 기댓값을 가지므로, 0이 아닌 일차 섭동이 있고, 가장 우세한 기여는 $1/R^6$이 아니라 $1/R^5$이다. 이 모형은 (기댓값이 0인) 삼차원에서는 차수를 "제대로" 얻지만, 일차원에서는 그렇지 않다. A. C. Ipsen, K. Splittorff, *Am. J. Phys.* **83**, 150 (2015) 참조.

[35] Feynman은 MIT에서 학부 논문을 쓰면서 식 7.110을 얻었다(R. P. Feynman, *Phys. Rev.* **56**, 340, 1939). Hellmann의 업적은 잘 알려지지 않은 러시아 학회지에 4년 먼저 발표되었다.

이다. (En이 겹쳐 있지 않거나, 겹쳐 있다면 ψ_n이 겹친 고유함수의 "좋은" 선형결합이라고 가정한다.)

(a) Feynman-Hellmann 정리를 증명하라. 귀띔: 식 7.9를 이용하라.

(b) 이 정리를 일차원 조화진동자에 적용하라. (i) $\lambda = \omega$로 놓고(V의 기댓값에 대한 공식을 얻게 된다), (ii) $\lambda = \hbar$로 놓고($\langle T\rangle$를 얻게 된다), (iii) $\lambda = m$으로 놓는다($\langle T\rangle$와 $\langle V\rangle$의 관계를 얻는다). 이 답을 문제 2.12와 비리얼 정리의 예측(문제 3.37)과 비교하라.

문제 7.39 섭동이 없는 Hamiltonian이

$$\mathsf{H}^0 = \begin{pmatrix} \epsilon_a & 0 & 0 \\ 0 & \epsilon_a & 0 \\ 0 & 0 & \epsilon_c \end{pmatrix} \tag{7.111}$$

이고($\epsilon_a > \epsilon_c$), 섭동이

$$\mathsf{H}' = \begin{pmatrix} 0 & 0 & V \\ 0 & 0 & V \\ V^* & V^* & 0 \end{pmatrix}. \tag{7.112}$$

인 삼준위계를 고려하자. 상태의 기준을 (1, 0, 0)과 (0, 1, 0)으로 선택하면 (2×2) 행렬 W는 대각선화되어 있으므로(사실은 0이다) 이들이 좋은 상태로 가정할 수 있을지 모르지만, 그렇지 않다. 이것을 보기 위해 다음의 단계로 문제를 풀어 보자.

(a) 섭동 Hamiltonian $\mathsf{H} = \mathsf{H}^0 + \mathsf{H}'$에 대한 정확한 고유값을 구하라.

(b) (a)의 결과를 $|V|$의 이차항까지 전개하라.

(c) (이차항까지) 이 모든 상태에 대한 에너지를 구하기 위하여 겹침이 없는 섭동 이론을 적용하면 무엇을 얻는가? 좋은 상태에 대해 위의 가정이 맞다고 가정하면 이 결과가 맞을 것이다.

교훈: W의 어떤 고유값이라도 같으면, W를 대각선화하는 상태는 유일하지 않고, W를 대각선화한다고 "좋은" 상태를 결정하는 것은 아니다. 이런 일이 일어날 때(드물지 않다) 이차 겹침이 있는 섭동 이론을 사용해야 한다(문제 7.40 참조).

문제 7.40 식 7.33의 근호가 0이 되면 $E_+^1 = E_-^1$이다. 일차에서 겹침이 사라지지 않는다. 이 경우 W 행렬을 대각선화 해도 α와 β에 대한 조건을 주지 않으며, 무엇이 "좋은" 상태인지 알지 못한다. "좋은" 상태를 결정하려면, 예컨대 고차 수정을 계산하려면, **이차 겹침이 있는 섭동 이론**을 사용할 필요가 있다.

(a) 7.2.1절에서 공부한 이중 겹침에 대하여 겹침이 있는 섭동 이론에서 파동함수의 일차 수정은 다음과 같음을 증명하라.

$$\psi^1 = \sum_{m \neq a,b} \frac{\alpha V_{ma} + \beta V_{mb}}{E^0 - E_m^0} \psi_m^0.$$

(b) (겹침이 없는 경우 식 7.8에 해당하는) λ^2 차수의 항을 고려하여 α와 β는 행렬 W^2의

(위첨자는 2차를 나타낸 것이지, 제곱이 아니다) 고유벡터를 찾아야 결정된다는 것을 증명하라. 여기서

$$\left[\mathsf{W}^2\right]_{ij} = \sum_{m \neq a,b} \frac{\langle \psi_i^0 | H' | \psi_m^0 \rangle \langle \psi_m^0 | H' | \psi_j^0 \rangle}{E^0 - E_m^0}$$

이고, 이 행렬의 고유값은 이차 에너지 E^2에 해당한다.

(c) (b)에서 얻는 이차 겹침이 있는 섭동 이론으로 문제 7.39의 삼준위 Hamiltonian에 대한 올바른 이차 에너지를 얻는다는 것을 보여라.

** **문제 7.41** 질량 m인 자유 입자가 둘레 L인 고리에서 움직여서 $\psi(x + L) = \psi(x)$를 만족한다. 섭동이 없는 Hamiltonian은

$$H^0 = -\frac{\hbar^2}{2m}\frac{d^2}{dx^2}$$

이고, 여기서 섭동

$$H' = V_0 \cos\left(2\pi \frac{x}{L}\right)$$

을 더한다.

(a) 섭동이 없는 상태는

$$\psi_n^0(x) = \frac{1}{\sqrt{L}} e^{i\,2\pi n x/L}$$

으로 쓸 수 있음을 보여라. 여기서 $n = 0, \pm 1, \pm 2$이고, $n = 0$을 제외하고 다른 모든 상태는 이중 겹침이 있다.

(b) 섭동의 행렬요소

$$H'_{mn} = \left\langle \psi_m^0 \,\middle|\, H' \,\middle|\, \psi_n^0 \right\rangle$$

에 대한 일반적 표현을 구하라.

(c) $n = \pm 1$인 겹친 상태의 쌍을 고려하자. 행렬 W를 만들고, 일차 에너지 수정 E^1을 계산하라. 겹침은 일차에서 없어지지 않는다는 것을 주목하라. 따라서 W를 대각선화해도 "좋은" 상태를 알지 못한다.

(d) $n = \pm 1$인 상태에 대해 행렬 W^2를 만들고(문제 7.40) 겹침은 이차에서 사라짐을 보여라. $n = \pm 1$인 상태의 좋은 선형결합은 무엇인가?

(e) 이 상태들에 대해 이차까지 정확한 에너지는 무엇인가?[36]

---

[36] 이 문제에 대한 심도 있는 논의를 보려면 D. Kiang, *Am. J. Phys.* **46** (11), 1978과 L.-K. Chen, *Am. J. Phys.* **72** (7), 2004를 참조하라. 섭동 이론에서 각각의 겹친 에너지 준위 $E^0_{\pm n}$는 $2n$ 차수에서 갈라짐을 증명했다. 이 문제의 정확한 해는 $H = H^0 + H^1$에 대해 시간에 무관한 Schrödinger 방정식을 풀면 얻을 수 있는데, 이때 얻는 식은 **Mathieu 방정식**이다.

** **문제 7.42** Feynman-Hellmann 정리(문제 7.38)는 수소에서 $1/r$과 $1/r^2$의 기댓값을 결정할 때 사용할 수 있다.[37] 지름 방향의 파동함수에 대한 유효 Hamiltonian은 (식 4.53)

$$H = -\frac{\hbar^2}{2m}\frac{d^2}{dr^2} + \frac{\hbar^2}{2m}\frac{\ell(\ell+1)}{r^2} - \frac{e^2}{4\pi\epsilon_0}\frac{1}{r}$$

이고, (ℓ로 표현한) 고유값은[38](식 4.70) 다음과 같다.

$$E_n = -\frac{me^4}{32\pi^2\epsilon_0^2\hbar^2(N+\ell)^2}.$$

(a) Feynman-Hellmann 정리에서 $\lambda = e$로 놓아 $\langle 1/r \rangle$을 구하라. 이 결과를 식 7.56과 비교하라.

(b) $\lambda = \ell$로 놓고 $\langle 1/r^2 \rangle$을 구하라. 이 답을 식 7.57과 비교하라.

*** **문제 7.43 Kramers의 관계**를 증명하라.[39]

$$\frac{s+1}{n^2}\langle r^s \rangle - (2s+1)\,a\langle r^{s-1}\rangle + \frac{s}{4}\left[(2\ell+1)^2 - s^2\right]a^2\langle r^{s-2}\rangle = 0. \quad (7.113)$$

이 식은 수소의 $\psi_{n\ell m}$ 상태에 있는 전자에 대해 r의 세 개의 다른 차수(s, $s-1$과 $s-2$)에 대한 기댓값 사이의 관계를 나타낸다. 귀띔: 지름 방정식(식 4.53)을

$$u'' = \left[\frac{\ell(\ell+1)}{r^2} - \frac{2}{ar} + \frac{1}{n^2a^2}\right]u$$

의 형태로 쓰고, 이를 이용하여 $\int(ur^su'')\,dr$을 $\langle r^s \rangle$, $\langle r^{s-1}\rangle$과 $\langle r^{s-2}\rangle$으로 표현하라. 그리고 부분 적분을 이용하여 이차 미분을 없앤다. $\int(ur^su')\,dr = -(s/2)\langle r^{s-1}\rangle$, 그리고 $\int(u'r^su')\,dr = -\left[2/(s+1)\right]\int(u''r^{s+1}u')\,dr$임을 증명하고, 여기서부터 시작하라.

문제 7.44

(a) Kramers의 관계(식 7.113)에 $s=0$, $s=1$, $s=2$ 와 $s=3$을 넣어 $\langle r^{-1}\rangle$, $\langle r \rangle$, $\langle r^2 \rangle$과 $\langle r^3 \rangle$에 대한 공식을 구하라. 임의의 양의 차수에 대해서 계속할 수 있다는 것을 주목하라.

(b) 그러나 다른 방향으로는 문제가 생긴다. $s=-1$로 놓으면 얻는 것은 $\langle r^{-2}\rangle$과 $\langle r^{-3}\rangle$ 사이의 관계만을 얻는다는 것을 보여라.

(c) 그러나 어떤 다른 방법으로 $\langle r^{-2}\rangle$을 얻을 수 있다면 Kramers 관계를 이용하여 나머지 음의 차수를 구할 수 있다. (문제 7.42에서 유도된) 식 7.57을 이용하여 $\langle r^{-3}\rangle$을 구하고, 식 7.66에 대해 확인하라.

---

[37] C. Sánchez del Rio, *Am. J. Phys.*, **50**, 556 (1982), H. S. Valk, *Am. J. Phys.*, **54**, 921 (1986).

[38] (b)에서 ℓ을 연속 변수로 취급했다. 식 4.67에 의하면 n은 ℓ의 함수가 된다. 왜냐하면 정수인 N은 고정되어 있기 때문이다. 혼동을 피하기 위해 n을 없애고, ℓ에 대한 의존성을 명시적으로 나타내었다.

[39] 이것은 (이차) **Pasternack 관계**로도 알려져 있다. H. Beker, *Am. J. Phys.*, **65**, 1118 (1997) 참조. Feynman-Hellmann 정리(문제 7.38)를 이용한 증명을 보려면 S. Balasubramanian, *Am. J. Phys.*, **68**, 959 (2000)을 참조하라.

*** **문제 7.45** 원자가 균일한 외부 전기장 $\mathbf{E}_{\text{ext}}$ 안에 있을 때 에너지 준위는 이동한다. 이 현상을 **Stark 효과**라고 한다. (Zeeman 효과와 비교했을 때 전기장에 의해 대응되는 효과이다.) 이 문제에서 수소의 $n = 1$과 $n = 2$ 상태에 대한 Stark 효과를 분석할 것이다. 전기장이 z 방향을 향한다고 하면 전자의 퍼텐셜에너지는

$$H'_S = eE_{\text{ext}}z = eE_{\text{ext}}r\cos\theta$$

이다. 이것을 Bohr Hamiltonian(식 7.43)에 대한 섭동으로 취급한다. (이 문제에서 스핀은 상관없으므로 무시하고, 미세 구조도 무시한다.)

(a) 바닥상태의 에너지는 일차에서 이 섭동에 의해 영향을 받지 않는다는 것을 증명하여라.

(b) 첫 번째 들뜬 상태의 겹침은 4이다: ψ_{200}, ψ_{211}, ψ_{210}, ψ_{21-1}. 겹침이 있는 섭동 이론을 사용하여 에너지의 일차 수정을 결정하라. E_2는 몇 개의 준위로 갈라지는가?

(c) (b)에서 "좋은" 파동함수는 무엇인가? 각각의 "좋은" 상태에서 전기 쌍극자 모멘트 ($\mathbf{p}_e = -e\mathbf{r}$)의 기댓값을 구하라. 이 결과는 가해진 장과 무관하다는 것에 주목하라. 분명히 첫 번째 들뜬 상태에 있는 수소는 영구 전기 쌍극자 모멘트를 가질 수 있다.

귀띔: 이 문제에는 많은 적분이 나타나지만 거의 모든 것은 0이다. 그러므로 실제로 계산을 하기 전에 각각을 조심스럽게 살펴보라. 만일 ϕ의 적분이 0이라면, r과 θ에 대한 적분은 할 필요가 없다! 6.4.3절과 6.7.2절의 선택 규칙을 사용하면 이 모든 적분을 피할 수 있다. 부분답: $W_{13} = W_{31} = -3eaE_{\text{ext}}$, 나머지는 모두 0이다.

*** **문제 7.46** 수소의 $n = 3$인 상태에 대하여 Stark 효과(문제 7.45)를 생각하자. 처음에 9개의 겹친 상태 $\psi_{3\ell m}$이 있고(전과 같이 스핀은 무시한다) z 방향의 전기장을 켠다.

(a) 섭동 Hamiltonian을 나타내는 9 × 9 행렬을 구하라. 부분답: $\langle 3\,0\,0|z|3\,1\,0\rangle = -3\sqrt{6}a$, $\langle 3\,1\,0|z|3\,2\,0\rangle = -3\sqrt{3}a$, $\langle 3\,1\pm 1|z|3\,2\pm 1\rangle = -(9/2)a$.

(b) 고유값과 겹침을 구하라.

문제 7.47 **중수소**의 바닥상태($n = 1$)에서 초미세 전이를 할 때 방출되는 광자의 파장을 센티미터로 계산하라. 중수소는 "무거운" 수소로 핵 안에 중성자가 한 개 더 있다. 양성자와 중성자가 결합하여 중수소핵을 만들며, 스핀은 1이고 자기 모멘트는

$$\boldsymbol{\mu}_d = \frac{g_d e}{2m_d}\mathbf{S}_d$$

이다. 중수소의 g 인자는 1.71이다.

*** **문제 7.48** 결정 안에서 이웃한 이온의 전기장은 원자의 에너지 준위에 섭동을 준다. 대략적인 모형으로 그림 7.14에 나타나 있듯이 수소 원자가 세 쌍의 점전하에 둘러싸인 것을 상상해보자. (이 문제에서 스핀은 무관하므로 무시하겠다.)

(a) $r \ll d_1$, $r \ll d_2$, 그리고 $r \ll d_3$라고 가정하고 다음을 증명하라.

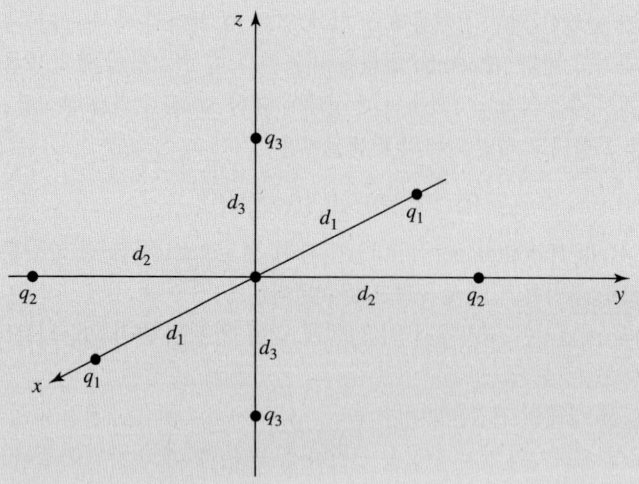

그림 7.14: 여섯 개의 점전하로 둘러싸인 수소 원자. (결정 격자에 대한 대략적인 모형) 문제 7.48.

$$H' = V_0 + 3\left(\beta_1 x^2 + \beta_2 y^2 + \beta_3 z^2\right) - (\beta_1 + \beta_2 + \beta_3)\, r^2.$$

여기서

$$\beta_i \equiv -\frac{e}{4\pi\epsilon_0}\frac{q_i}{d_i^3}, \quad \text{그리고} \quad V_0 = 2\left(\beta_1 d_1^2 + \beta_2 d_2^2 + \beta_3 d_3^2\right).$$

(b) 바닥상태 에너지의 제일 낮은 차수의 수정을 구하라.

(c) 첫 번째 들뜬 상태($n = 2$)의 에너지에 대한 일차 수정을 계산하라. 이 네 개의 겹친 계가 다음의 경우 얼마나 많은 준위로 갈라지는가? (i) **입방 대칭**인 경우 $\beta_1 = \beta_2 = \beta_3$, (ii) **정방 대칭**인 경우 $\beta_1 = \beta_2 \neq \beta_3$, (iii) (세 개 모두 다른) 일반적인 직방 대칭인 경우. 주의: 문제 4.71로부터 "좋은" 상태를 알아챘을 것이다.

문제 7.49 수소 원자가 균일한 자기장 $\mathbf{B_0} = B_0\hat{z}$ 안에 놓여 있다. (Hamiltonian은 식 4.230 처럼 쓸 수 있다.) Feynman-Hellmann 정리(문제 7.38)를 이용하여

$$\frac{\partial E_n}{\partial B_0} = -\langle\psi_n|\mu_z|\psi_n\rangle \tag{7.114}$$

를 증명하라. 여기서 전자의 자기 쌍극자 모멘트는[40](궤도 더하기 스핀)

$$\boldsymbol{\mu} = \gamma_o\,\mathbf{L}_{\text{mechanical}} + \gamma\,\mathbf{S}$$

이다. 역학적 각운동량은 식 4.231에서 정의했다.

주의: 식 7.114로부터 온도 0 K에서 부피 V 안에 있는 N개의 원자에 대한 자기 감수

---

[40] 대부분의 경우 이것을 역시 원자의 자기 모멘트로 택한다. 양성자의 질량이 크기 때문에 자기 쌍극자에 대한 기여는 전자의 기여보다 크기가 훨씬 작다.

율은(모두 바닥상태에 있을 때)[41]

$$\chi = \mu_0 \frac{\partial M}{\partial B_0} = -\frac{N}{V}\mu_0 \frac{\partial^2 E_0}{\partial B_0^2} \tag{7.115}$$

이다. 여기서 E_0는 바닥상태 에너지이다. 식 7.114를 수소 원자에 대해서 유도했지만, 이 표현은 여러 전자가 있는 원자에도 적용된다. 심지어 전자–전자의 상호작용이 포함되어도 적용된다.

문제 7.50 균일한 자기장 $\mathbf{B_0} = B_0\,\hat{z}$ 안에 있는 원자에 대하여 식 4.230에 의하면 다음을 얻는다.

$$H = H_{\text{atom}} - B_0\,(\gamma_o\,L_z + \gamma\,S_z) + \frac{e^2}{8\,m}\,B_0^2 \sum_{i=1}^{Z}\left(x_i^2 + y_i^2\right).$$

여기서 L_z와 S_z는 모든 전자의 전체 궤도와 스핀 각운동량이다.

(a) B_0를 포함한 항들을 섭동으로 취급하여 헬륨 원자의 바닥상태 에너지 이동을 B_0의 이차까지 계산하라. 헬륨의 바닥상태는

$$\psi_0 = \psi_{100}(r_1)\;\psi_{100}(r_2)\;\frac{|\uparrow\downarrow\rangle - |\downarrow\uparrow\rangle}{\sqrt{2}}$$

이라고 가정하라. 여기서 ψ_{100}는 ($Z = 2$인) 수소꼴 바닥상태이다.

(b) 문제 7.49의 결과를 이용하여 헬륨의 자기 감수율을 계산하라. 밀도가 0.166 kg/m^{3}으로 수어졌을 때 삼수율의 값을 구하라. 주의: 실험 결과는 -1.0×10^{-9}이다. (음의 부호는 헬륨이 **반자성체**라는 것을 의미한다.) 궤도 반지름을 증가시키는 차폐 효과를 고려하면 답이 더 가까워질 수 있다(8.2절 참조).

*** **문제 7.51** 가끔 ψ_n^1을 섭동이 없는 파동함수(식 7.11)로 전개할 필요 없이 식 7.10을 직접 풀 수 있다. 여기 특별히 깔끔한 두 개의 예제를 보이겠다.

(a) 수소 바닥상태에서 Stark 효과

(i) 균일한 외부 전기장 E_{ext} 안에 있을 때 수소 바닥상태의 일차 수정을 구하라(문제 7.45). 귀띔: 다음 형태

$$\left(A + Br + Cr^2\right)e^{-r/a}\cos\theta$$

의 해를 시도하라. 이제 문제는 식 7.10을 푸는 상수 A, B와 C를 구하는 것이다.

(ii) 식 7.14를 이용하여 바닥상태 에너지의 이차 수정을 결정하라. [문제 7.45(a)에서 보았듯이 일차 수정은 0이다.] 답: $-m(3a^2eE_{\text{ext}}/2\hbar)^2$.

---

[41] 자기 감수율에 대한 정의에 대해서는 문제 5.33을 참조하라. 이 공식은 바닥상태가 겹쳐 있을 때에는 적용되지 않는다. [Neil W. Ashcroft, N. David Mermin, *Solid State Physics* (Belmont: Cengage, 1976), 655쪽 참조.] 겹치지 않는 바닥상태의 원자는 $J = 0$이다(표 5.1 참조).

(b) 양성자에 전기 쌍극자 모멘트 p가 있다면 수소 안의 전자의 퍼텐셜에너지는 다음의 섭동을 갖는다.

$$H' = -\frac{ep\cos\theta}{4\pi\epsilon_0 r^2}.$$

(i) 식 7.10을 바닥상태 파동함수의 일차 수정에 대해 풀라.

(ii) 원자의 전체 전기 쌍극자 모멘트는 (놀랍게도) 이 차수에서는 0이 됨을 보여라.

(iii) 식 7.14를 이용하여 바닥상태 에너지의 이차 수정을 결정하라. 일차 수정은 얼마인가?

문제 7.52 이차원 조화진동자 퍼텐셜

$$V(x, y) = \frac{1}{2}m\omega^2\left(x^2 + y^2\right)$$

의 영향 안에서 xy 평면에서만 움직이는 전하 q, 질량 m인 스핀이 없는 입자를 고려하자.

(a) 바닥상태 파동함수 $\psi_0(x, y)$를 구하고, 그 에너지를 써라. (겹침이 있는) 첫 번째 들뜬 상태에 대해서도 반복하라.

(b) 이제 z 방향을 향하는 크기 B_0인 약한 자기장을 켠다고 상상하면 (B_0의 일차까지) Hamiltonian은 추가적인 항

$$H' = -\boldsymbol{\mu}\cdot\mathbf{B} = -\frac{q}{2m}(\mathbf{L}\cdot\mathbf{B}) = -\frac{qB_0}{2m}\left(x\,p_y - y\,p_x\right)$$

을 얻는다. 이것을 섭동으로 취급하여 바닥상태와 첫 번째 들뜬 상태의 에너지에 대한 일차 수정을 구하라.

*** **문제 7.53** 무한한 사각우물(식 2.22) 안에 델타함수 섭동

$$H'(x) = \lambda\,\delta(x - x_0)$$

을 집어 넣는다고 상상해보자. 여기서 λ는 양의 상수이고 $0 < x_0 < a$이다. (간단하게 하기 위해 $x_0 = pa$라고 하자. $0 < p < 1$이다.)[42]

(a) λ가 작다고 가정하고 n번째 허용된 에너지(식 2.30)의 일차 수정을 구하라. (이 경우 "작다"는 것은 무엇을 의미하는가?)

(b) 허용된 에너지의 이차 수정을 구하라. (답을 합의 형태로 남겨둬라.)

(c) 이제 $0 \le x < x_0$와 $x_0 < x < a$의 영역을 따로 취급하고, x_0에서 경계조건을 부여하여 Schrödinger 방정식을 정확하게 풀라. 에너지에 대한 초월 방정식

$$u_n\sin(u_n) + \Lambda\sin(pu_n)\sin\left[(1-p)\,u_n\right] = 0 \qquad (E > 0) \tag{7.116}$$

을 유도하라. 여기서 $\Lambda \equiv 2ma\lambda/\hbar^2$, $u_n \equiv k_n a$이고 $k_n \equiv \sqrt{2mE_n}/\hbar$이다. 적절한 극한에서 식 7.116에서 (a)의 결과를 얻을 수 있다는 것을 확인하라.

---

[42] 이 문제를 가져온 Y. N. Joglekar, *Am. J. Phys.* **77**, 734 (2009)의 표현을 따랐다.

(d) 지금까지 모든 것은 λ가 음수라도 성립하지만, 이 경우 음의 에너지에 대한 추가적인 해가 있을 것이다. 음의 에너지 상태에 대한 초월 방정식

$$v\sinh(v) + \Lambda\sinh(pv)\sinh\left[(1-p)\,v\right] = 0 \qquad (E<0) \tag{7.117}$$

을 유도하라. 여기서 $v \equiv \kappa a$이고 $\kappa \equiv \sqrt{-2mE}/\hbar$이다. 대칭적인 경우인 $p = 1/2$에 한정해서 적절한 영역에서 델타함수 우물(식 2.132)의 에너지를 얻는다는 것을 증명하라.

(e) 사실 $|\Lambda| > 1/[p(1-p)]$인 경우에는 음의 에너지 해는 한 개만 있다. 먼저 이것을 $p = 1/2$인 경우 (그래프를 그려) 증명하라. (임계값 아래에서는 음의 에너지 해가 없다.) 다음으로 컴퓨터를 사용하여 해 v를 $\Lambda = -4.1,\ -5,\ -10$인 경우 p의 함수로 그려라. 이 해는 예측한 p의 영역 내에서만 해가 존재한다는 것을 확인하라.

(f) $p = 1/2$인 경우 바닥상태 파동함수 $\psi_1(x)$를 $\Lambda = 0,\ -2,\ -3,\ -3.5,\ -4.5,\ -5,\ -10$인 경우에 그려서 델타함수 우물이 "깊어질수록" 사인 파동 모양(그림 2.2)이 지수함수 형태(그림 2.13)로 변화하는 것을 보여라.[43]

*** **문제 7.54** H'으로 섭동이 되는 계의 n번째 에너지 고유상태에서 어떤 관측량 Ω의 기댓값을 계산하고 싶다고 하자.

$$\langle\Omega\rangle = \left\langle\psi_n\left|\hat{\Omega}\right|\psi_n\right\rangle.$$

ψ_n을 섭동 전개(식 7.5)하여[44] 다음을 얻는다.

$$\langle\Omega\rangle = \left\langle\psi_n^0\left|\hat{\Omega}\right|\psi_n^0\right\rangle + \lambda\left[\left\langle\psi_n^1\left|\hat{\Omega}\right|\psi_n^0\right\rangle + \left\langle\psi_n^0\left|\hat{\Omega}\right|\psi_n^1\right\rangle\right] + \lambda^2(\cdots) + \cdots.$$

그러므로 $\langle\Omega\rangle$의 일차 수정은

$$\langle\Omega\rangle^1 = 2\mathrm{Re}\left[\left\langle\psi_n^0\left|\hat{\Omega}\right|\psi_n^1\right\rangle\right],$$

즉, 식 7.13을 이용하면

$$\langle\Omega\rangle^1 = 2\,\mathrm{Re}\sum_{m\neq n}\frac{\left\langle\psi_n^0\middle|\hat{\Omega}\middle|\psi_m^0\right\rangle\left\langle\psi_m^0\middle|H'\middle|\psi_n^0\right\rangle}{E_n^0 - E_m^0} \tag{7.118}$$

이 된다. (섭동이 없는 에너지는 겹침이 없거나 "좋은" 기준상태를 사용하고 있다고 가정한다.)

(a) $\Omega = H'$(섭동 자체)이라고 하자. 이 경우 식 7.118은 무엇을 나타내는가? 왜 이것이 식 7.15와 일치하는지 (조심스럽게) 설명하라.

(b) 전하 q인 입자(수소 원자 안의 전자이거나 용수철에 연결된 공)가 x 방향을 향하는 약한 전기장 E_{ext} 안에 놓여 있다고 생각하면

---

[43] 델타함수 장벽($\lambda > 0$)에 대한 대응되는 분석은 문제 11.34를 참조하라.

[44] 일반적으로 식 7.5는 규격화된 파동함수를 내놓지 않지만, 식 7.11에서 $c_n^{(n)} = 0$으로 선택하면 λ의 일차까지 규격화가 보장된다. 이것이 여기서 필요한 모든 것이다(290쪽의 각주 4 참조).

$$H' = -qE_{\text{ext}}x$$

이 된다. 전기장은 "원자" 안에서 전기 쌍극자 모멘트 $p_e = qx$를 유도한다. p_e의 기댓값은 가해진 장에 비례하고, 비례 상수를 **편극률** α라고 한다. 다음을 증명하라.

$$\alpha = -2q^2 \sum_{m \neq n} \frac{|\langle \psi_n^0 \mid x \mid \psi_m^0 \rangle|^2}{E_n^0 - E_m^0}. \tag{7.119}$$

일차원 조화진동자의 바닥상태에 대한 편극률을 구하라. 고전적인 답과 비교하라.

(c) 이제 질량 m인 입자가 일차원 조화진동자와 작은 비조화 섭동[45]

$$H' = -\frac{1}{6}\kappa x^3 \tag{7.120}$$

이 있다고 하자. n번째 에너지 고유상태에서 $\langle x \rangle$을 (일차까지) 구하라. 답: $\left(n + \frac{1}{2}\right) \hbar\kappa / \left(2m^2\omega^3\right)$.

참고: 온도가 증가하면 높은 에너지 상태가 채워지고, 입자는 (평균적으로) 평형 위치에서 더 벗어나게 된다. 이로 인해 대부분의 고체는 온도가 올라가면 팽창한다.

문제 7.55 Crandall의 수수께끼.[46] 일차원 Schrödinger 방정식의 정상상태는 보통 다음의 세 가지 규칙을 만족한다. (1) 에너지는 겹쳐 있지 않다. (2) 바닥상태는 마디가 없고, 첫 번째 들뜬 상태는 한 개의 마디, 두 번째 들뜬 상태는 두 개의 마디와 같은 방식으로 마디가 생긴다. (3) 퍼텐셜이 x의 짝함수이면 바닥상태는 짝함수, 첫 들뜬 상태는 홀함수, 두 번째는 짝함수 등으로 교대로 나타난다. 이미 "고리 위의 구슬"(문제 2.46)에서 첫 번째 규칙이 깨지는 것을 보았다. 이제 원점에 "흠집"을 도입하자.

$$H' = -\alpha\delta(x).$$

(델타함수가 싫다면 문제 7.9처럼 gaussian으로 만들라.) 이것은 겹침은 없앤다. 그러나 짝, 홀 파동함수의 수열은 무엇인가? 마디의 수에 대한 수열은 무엇인가? 귀띔: 여기서 어떤 계산도 할 필요는 없다. 여기서는 α가 작다고 가정해도 좋지만, 원한다면 Schrödinger 방정식을 정확하게 풀라.

*** **문제 7.56** 이 문제에서 전자-전자의 척력 항을 헬륨 Hamiltonian(식 5.38)에 섭동으로 넣는다.

$$H' = \frac{1}{4\pi\epsilon_0} \frac{e^2}{|\mathbf{r}_1 - \mathbf{r}_2|}.$$

(이것은 매우 정확하지는 않다. 왜냐하면 핵의 Coulomb 인력과 비교하면 섭동이 작지 않기 때문이다. 하지만 여기서부터 시작하자.)

---

[45] 이것은 단순 조화진동자 퍼텐셜 $\frac{1}{2}kx^2$을 약간 비튼 것이다. κ는 상수이고, 인자 $-1/6$은 편의상 붙였다.

[46] Richard Crandall이 이 문제를 내게 알려주었다.

(a) 바닥상태

$$\psi_0(\mathbf{r}_1, \mathbf{r}_2) = \psi_{100}(\mathbf{r}_1)\psi_{100}(\mathbf{r}_2)$$

에 대한 일차 수정을 구하라. (문제 5.15를 풀었다면 이미 이 계산은 했다. 그때는 단지 이것을 섭동 이론이라고 부르지 않았을 뿐이다.)

(b) 이제 한 개의 전자는 수소꼴 바닥상태 ψ_{100}에 넣고, 다른 한 개는 상태 ψ_{200}에 넣는다. 실제로 전자 스핀에 단일항 배열(비정규 헬륨) 혹은 삼중항 배열(정규 헬륨)에 있느냐에 따라 두 개의 상태가 있다.[47]

$$\psi_{\pm}(\mathbf{r}_1, \mathbf{r}_2) = \frac{1}{\sqrt{2}}\left[\psi_{100}(\mathbf{r}_1)\psi_{200}(\mathbf{r}_2) \pm \psi_{200}(\mathbf{r}_1)\psi_{100}(\mathbf{r}_2)\right].$$

다음을 증명하라.

$$E^1_{\pm} = \frac{1}{2}(K \pm J)$$

여기서

$$K \equiv 2\int \psi_{100}(\mathbf{r}_1)\psi_{200}(\mathbf{r}_2)H'\psi_{100}(\mathbf{r}_1)\psi_{200}(\mathbf{r}_2)\, d^3\mathbf{r}_1\, d^3\mathbf{r}_2$$

$$J \equiv 2\int \psi_{100}(\mathbf{r}_1)\psi_{200}(\mathbf{r}_2)H'\psi_{200}(\mathbf{r}_1)\psi_{100}(\mathbf{r}_2)\, d^3\mathbf{r}_1\, d^3\mathbf{r}_2$$

이다. 이 두 적분을 계산하고, 실제 숫자를 집어 넣어 그림 5.2와 비교하라. (측정값은 −59.2 eV와 −58.4 eV이다.)[48]

문제 7.57 Bloch 함수(식 6.12)에 대한 Hamiltonian은 H^0와 H'을

$$H^0\, u_{n0} = E_{n0}\, u_{n0},$$
$$\left(H^0 + H'\right) u_{nq} = E_{nq}\, u_{nq}.$$

을 만족하도록 정의하여 섭동 이론으로 분석할 수 있다. 이 문제에서 $V(x)$의 형태에 대해서는 어떤 것도 가정하지 않는다.

(a) 연산자 H^0와 H'을 결정하라. ($\hat{p}$로 이들을 표현하라.)

(b) E_{nq}를 q의 이차까지 구하라. 즉 A_n, B_n과 C_n을 (E^0_n와 "섭동이 없는" 상태 u_{n0}에서 $\hat{p}$의 행렬요소로) 나타내라.

$$E_{nq} \approx A_n + B_n\, q + C_n\, q^2\,.$$

(c) 상수 B_n은 모두 0임을 증명하라. 귀띔: 시작하려면 문제 2.1(b)를 참조하라. $u_{n0}(x)$는 주기적임을 기억하라.

---

[47] 처음 볼 때 스핀과 관련이 있다는 것이 이상하게 보일 것이다. 왜냐하면 섭동 자체는 스핀이 포함되지 않기 때문이다. (그리고 스핀 상태를 명시적으로 표현하지도 않았다.) 물론 요점은 반대칭 스핀 상태는 대칭적인 (위치) 파동함수를 요구하고, 그 반대도 성립하기 때문에 결과에 영향을 끼친다.

[48] 이 문제를 더 생각해보려면 R. C. Massé, T. G. Walker, *Am. J. Phys.* **83**, 730 (2015)를 참조하라.

참고: $C_n = \hbar^2/2m_n^*$로 쓰면 편리하다. 여기서 m_n^*는 n번째 띠에 있는 입자의 **유효질량**이다. 그러면 증명한 바와 같이

$$E_{nq} \approx \text{상수} + \frac{\hbar^2 q^2}{2 m_n^*}$$

이고, $k \to q$일 때 자유입자(식 2.92)와 같다.

8 변분 원리
The Variational Principle

8.1 이론

Hamiltonian H로 기술되는 계에 대해 바닥상태 에너지 E_{gs}를 계산하고 싶지만 (시간에 무관한) Schrödinger 방정식을 풀 수 없는 경우를 생각하자. **변분 원리**를 이용하면 E_{gs}에 대한 상한값을 구할 수 있고, 가끔 이것이 필요한 원하는 모든 것일 때가 있다. 종종 조금 더 현명한 방법을 사용하면 정확한 값에 매우 가까운 값을 얻을 수 있는데, 이는 다음과 같이 구한다. 임의의 규격화된 함수 ψ를 선택한다. 그러면 다음의 관계가 성립한다.

$$\boxed{E_{gs} \leq \langle\psi|H|\psi\rangle \equiv \langle H\rangle\,.} \tag{8.1}$$

즉 (아마도 틀린) 상태 ψ에서 H의 기댓값은 반드시 바닥상태 에너지를 과대평가한다. 물론 ψ가 들뜬 상태 중의 하나라면 분명히 $\langle H\rangle$는 E_{gs}보다 크다. 요점은 임의의 어떤 ψ에 대해서도 항상 성립한다는 것이다.

증명: H의 (알지 못하는) 고유함수는 완전집합을 이루므로 ψ를 이들의 선형결합으로 표현할 수 있다.[1]

$$\psi = \sum_n c_n\psi_n, \quad \text{여기서 } H\psi_n = E_n\psi_n.$$

ψ가 규격화되어 있으므로 다음을 만족한다.

$$1 = \langle\psi|\psi\rangle = \left\langle \sum_m c_m\psi_m \middle| \sum_n c_n\psi_n \right\rangle = \sum_m\sum_n c_m^* c_n \langle\psi_m|\psi_n\rangle = \sum_n |c_n|^2.$$

(고유함수 자체는 직교규격화되어 있다고 가정한다. $\langle\psi_m|\psi_n\rangle = \delta_{mn}$.) 한편

$$\langle H\rangle = \left\langle \sum_m c_m\psi_m \middle| H\sum_n c_n\psi_n \right\rangle = \sum_m\sum_n c_m^* E_n c_n \langle\psi_m|\psi_n\rangle = \sum_n E_n|c_n|^2$$

이다. 그러나 바닥상태 에너지는 정의에 의해 가장 작은 고유값이고($E_{gs} \leq E_n$), 따라서 다음이 성립한다.

[1] Hamiltonian이 속박 상태뿐만 아니라 충돌 상태를 허용한다면 합뿐만 아니라 적분도 필요하지만 논의가 변하지는 않는다.

$$\langle H \rangle \geq E_{gs} \sum_n |c_n|^2 = E_{gs}.$$

이것이 증명하려고 하는 것이다.

이것은 전혀 놀랍지 않다. 결국 ψ는 (예컨대 $t = 0$에서) 실제 파동함수일 수도 있다. 입자의 에너지를 측정했다면 반드시 H의 고유값 중 하나를 얻을 것이다. 이 중 가장 작은 것이 E_{gs}이므로 여러 번 측정한 값의 평균은($\langle H \rangle$) E_{gs}보다 작을 수 없다.

예제 8.1

일차원 조화진동자에 대한 바닥상태 에너지를 구하고 싶다고 하자.

$$H = -\frac{\hbar^2}{2m}\frac{d^2}{dx^2} + \frac{1}{2}m\omega^2 x^2.$$

물론 이 경우 이미 정확한 값을 알고 있다(식 2.62). $E_{gs} = (1/2)\hbar\omega$. 그러나 이 방법을 시험할 수 있는 좋은 예이다. "시행" 파동함수로 gaussian을 선택할 수 있다.

$$\psi(x) = Ae^{-bx^2}. \tag{8.2}$$

여기서 b는 상수이고, A는 규격화하여 결정한다.

$$1 = |A|^2 \int_{-\infty}^{\infty} e^{-2bx^2}\,dx = |A|^2\sqrt{\frac{\pi}{2b}} \Rightarrow A = \left(\frac{2b}{\pi}\right)^{1/4}. \tag{8.3}$$

이제

$$\langle H \rangle = \langle T \rangle + \langle V \rangle \tag{8.4}$$

이다. 이 경우

$$\langle T \rangle = -\frac{\hbar^2}{2m}|A|^2 \int_{-\infty}^{\infty} e^{-bx^2}\frac{d^2}{dx^2}\left(e^{-bx^2}\right)dx = \frac{\hbar^2 b}{2m} \tag{8.5}$$

이고

$$\langle V \rangle = \frac{1}{2}m\omega^2|A|^2 \int_{-\infty}^{\infty} e^{-2bx^2}x^2\,dx = \frac{m\omega^2}{8b}$$

이므로 다음을 얻는다.

$$\langle H \rangle = \frac{\hbar^2 b}{2m} + \frac{m\omega^2}{8b}. \tag{8.6}$$

식 8.1에 의하면 이것은 어떤 b에 대해서도 E_{gs}보다 크다. 가장 근접한 상한값을 얻기 위해 $\langle H \rangle$을 최소화하자.

$$\frac{d}{db}\langle H \rangle = \frac{\hbar^2}{2m} - \frac{m\omega^2}{8b^2} = 0 \Rightarrow b = \frac{m\omega}{2\hbar}.$$

이것을 다시 $\langle H\rangle$에 넣으면

$$\langle H\rangle_{\min} = \frac{1}{2}\hbar\omega. \tag{8.7}$$

을 얻는다. 이 경우 바로 바닥상태 에너지를 얻는다. (명백하게도) 그 이유는 "우연히" 시행 함수를 정확히 실제 바닥상태 형태(식 2.60)로 선택했기 때문이다. 그러나 gaussian은 다루기 매우 쉬우므로, 비록 실제 바닥상태와 거의 비슷하지 않을 때에도 많이 사용하는 인기 있는 시행 함수이다.

예제 8.2

델타함수 퍼텐셜

$$H = -\frac{\hbar^2}{2m}\frac{d^2}{dx^2} - \alpha\delta(x)$$

의 바닥상태 에너지를 구해보자. 여기서도 정확한 답(식 2.132)을 이미 알고 있다. $E_{gs} = -m\alpha^2/2\hbar^2$. 전과 같이 gaussian 시행 함수(식 8.2)를 사용하겠다. 이미 규격화를 결정했고 $\langle T\rangle$를 계산했다. 이제 필요한 것은

$$\langle V\rangle = -\alpha|A|^2\int_{-\infty}^{\infty} e^{-2bx^2}\delta(x)\,dx = -\alpha\sqrt{\frac{2b}{\pi}}$$

이나. 분명히

$$\langle H\rangle = \frac{\hbar^2 b}{2m} - \alpha\sqrt{\frac{2b}{\pi}} \tag{8.8}$$

이고, 이것은 모든 b에 대해 E_{gs}보다 큰 것을 알고 있다. 이를 최소화하면 다음을 얻는다.

$$\frac{d}{db}\langle H\rangle = \frac{\hbar^2}{2m} - \frac{\alpha}{\sqrt{2\pi b}} = 0 \;\Rightarrow\; b = \frac{2m^2\alpha^2}{\pi\hbar^4}.$$

그러므로

$$\langle H\rangle_{\min} = -\frac{m\alpha^2}{\pi\hbar^2} \tag{8.9}$$

이고, $\pi > 2$이므로 정말로 E_{gs}보다 크다.

어떤 임의의 (규격화된) 시행 함수라도 쓸 수 있다고 했고, 이는 어떤 의미에서 사실이다. 그러나 불연속적인 함수에 대해서는 조심하여 선택하여, 이차 미분에 대한 의미를 부여할 수 있어야 한다. (이는 $\langle T\rangle$를 계산하기 위해 필요하다.) 연속 함수인 경우 조심하기만 하면 그 안에 뾰족한 부분이 있어도 좋다. 다음 예제에서 이것을 어떻게 다루는지 볼 것이다.[2]

[2] 흥미 있는 예제 모음을 보려면 W. N. Mei, *Int. J. Math. Educ. Sci. Tech.* **30**, 513 (1999)를 참조하라.

예제 8.3

일차원 무한 사각우물(식 2.22)의 바닥상태 에너지에 대한 상한값을 다음의 "삼각형" 시행 파동함수(그림8.1)를 이용하여 구하라.[3]

$$\psi(x)=\begin{cases}Ax, & 0\le x\le a/2,\\ A(a-x), & a/2\le x\le a,\\ 0, & \text{그 이외의 경우.}\end{cases} \tag{8.10}$$

여기서 A는 규격화로 결정한다.

$$1=|A|^2\left[\int_0^{a/2}x^2\,dx+\int_{a/2}^{a}(a-x)^2\,dx\right]=|A|^2\frac{a^3}{12}\ \Rightarrow\ A=\frac{2}{a}\sqrt{\frac{3}{a}}. \tag{8.11}$$

이 경우 그림 8.2에 나타낸 것처럼

$$\frac{d\psi}{dx}=\begin{cases}A, & 0\le x\le a/2,\\ -A, & a/2\le x\le a,\\ 0, & \text{그 이외의 경우}\end{cases}$$

이다. 이제 계단 함수의 미분은 델타함수이고[문제 2.23(b) 참조]

$$\frac{d^2\psi}{dx^2}=A\delta(x)-2A\delta(x-a/2)+A\delta(x-a) \tag{8.12}$$

이므로 다음을 얻는다.

$$\begin{aligned}\langle H\rangle&=-\frac{\hbar^2A}{2m}\int\left[\delta(x)-2\delta(x-a/2)+\delta(x-a)\right]\psi(x)\,dx\\&=-\frac{\hbar^2A}{2m}\left[\psi(0)-2\psi(a/2)+\psi(a)\right]=\frac{\hbar^2A^2a}{2m}=\frac{12\hbar^2}{2ma^2}.\end{aligned} \tag{8.13}$$

정확한 바닥상태 에너지는 $E_{gs}=\pi^2\hbar^2/2ma^2$이다(식2.30). 따라서 정리는 성립한다($12>\pi^2$).

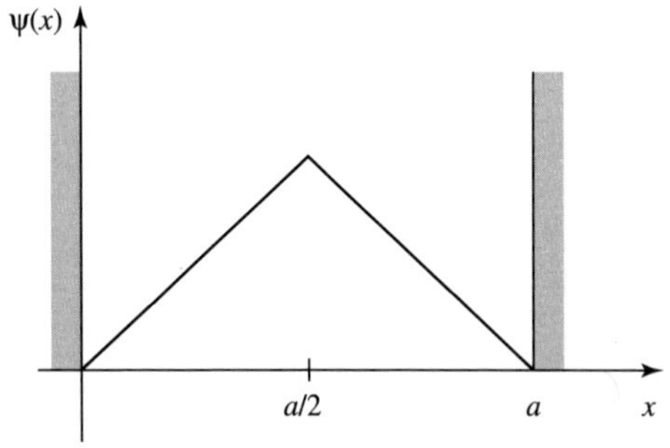

그림 8.1: 무한 사각 우물에 대한 삼각형 시행 파동함수(식 8.10).

[3] 우물 밖으로 나가는 (gaussian과 같은) 함수를 시도할 필요는 없다. 왜냐하면 $\langle V\rangle=\infty$를 얻고, 식 8.1에서 아무것도 알 수 없기 때문이다.

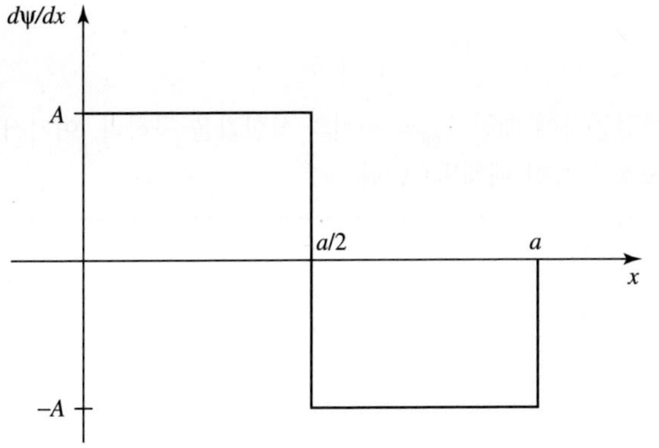

그림 8.2: 그림 8.1의 파동함수에 대한 미분.

다른 방법으로는 $\hat{p}$가 hermitian이라는 사실을 이용하면 된다.

$$\begin{aligned}\langle H\rangle &= \frac{1}{2m}\left\langle \hat{p}^2\right\rangle = \frac{1}{2m}\langle \hat{p}\psi \mid \hat{p}\psi\rangle = \frac{1}{2m}\int_0^a \left(-i\hbar\frac{d\psi}{dx}\right)^* \left(-i\hbar\frac{d\psi}{dx}\right) dx \\ &= \frac{\hbar^2}{2m}\left[\int_0^{a/2} (A)^2\, dx + \int_{a/2}^{a} (-A)^2\, dx\right] = \frac{\hbar^2}{2m}A^2 a = \frac{12\hbar^2}{2ma^2}. \qquad (8.14)\end{aligned}$$

변분 원리는 매우 강력하고, 당황스러울 정도로 사용하기 쉽다. 어떤 복잡한 분자의 바닥상태 에너지를 구하기 위해 물리화학자가 시도하는 것은 많은 수의 조정 가능한 매개변수를 갖는 시행 파동함수를 쓰고 ⟨H⟩를 계산한 후, 매개변수를 조정하여 가장 작은 값을 얻는 것이다. 심지어 ψ가 실제 파동함수와 거의 비슷하지 않아도 가끔 기적과 같이 E_{gs}의 정확한 값을 얻는다. 물론 실제적인 ψ를 짐작하는 방법이 있다면 더 좋다. 이 방법의 유일한 문제는 얼마나 목표에 가까이 접근했는지 절대로 확신할 수 없다는 것이다. 확신할 수 있는 것은 상한값을 얻었다는 것뿐이다.[4] 게다가 그 자체로 이 방법은 바닥상태에만 적용할 수 있다. (그러나 문제 8.4를 참조하라.)[5]

* **문제 8.1** Gaussian 시행 함수(식 8.2)를 이용하여 다음 바닥상태의 가장 작은 상한값을 구하라. (a) 선형 퍼텐셜 $V(x) = \alpha|x|$, (b) 사차 퍼텐셜 $V(x) = \alpha x^4$.

** **문제 8.2** 다음 형태의 시행 파동함수

[4] 실제로 이것은 큰 제한은 아니고 가끔 정확성을 추정하는 방법이 있다. 헬륨의 속박 에너지는 이 방법으로 여러 유효숫자까지 계산되었다. [예를 들어 G. W. Drake 등, *Phys. Rev. A* **65**, 054501 (2002)나 Vladimir I. Korobov, *Phys. Rev. A* **66**, 024501 (2002)를 참조하라.]

[5] 들뜬 상태 에너지의 계산에 변분 원리를 체계적으로 확장한 것을 보려면, 예를 들어 Linus Pauling, E. Bright Wilson, *Introduction to Quantum Mechanics, With Applications to Chemistry*, McGraw-Hill, New York (1935, 페이퍼백 판 1985), 26절을 참조하라.

$$\psi(x) = \frac{A}{x^2 + b^2}$$

을 사용하여 일차원 조화진동자에 대한 E_{gs}의 최선의 상한값을 구하라. 여기서 A는 규격화에 의해 결정되고, b는 조정 가능한 매개변수이다.

문제 8.3 델타함수 퍼텐셜 $V(x) = -\alpha\delta(x)$에 대한 E_{gs}의 최선의 상한값을 삼각형 시행 함수(식 8.10, 원점에 중심이 있다)를 사용하여 구하라. 이번에는 a가 조정 가능한 매개변수이다.

문제 8.4

(a) 변분 원리에 대한 다음의 따름 정리를 증명하라. $\langle\psi|\psi_{gs}\rangle = 0$이면 $\langle H\rangle \geq E_{fe}$이다. 여기서 E_{fe}는 첫 번째 들뜬 상태의 에너지이다. 참고: 정확한 바닥상태와 직교하는 시행 함수를 찾을 수 있으면 첫 번째 들뜬 상태의 상한값을 얻을 수 있다. 일반적으로 ψ가 ψ_{gs}와 직교하는지 확신하기 어렵다. 왜냐하면 바닥상태를 모르기 때문이다. 그러나 퍼텐셜 $V(x)$가 x의 짝함수이면 마찬가지로 바닥상태도 짝함수이고, 따라서 임의의 홀함수의 시행 함수를 쓰면 이 따름 정리에 대한 조건을 자동적으로 만족할 것이다.[6]

(b) 다음의 시행 함수

$$\psi(x) = Axe^{-bx^2}$$

을 이용하여 일차원 조화진동자의 첫 번째 들뜬 상태에 대한 최선의 상한값을 구하라.

문제 8.5 시행 함수를 고안하여 "튀는 공" 퍼텐셜(식 2.185)에 대한 바닥상태 에너지의 상한값을 구하고, 이것을 정확한 값(문제 2.59)과 비교하라. $E_{gs} = 2.33811\ (mg^2\hbar^2/2)^{1/3}$.

문제 8.6

(a) 변분 원리를 이용하여 겹침이 없는 일차 섭동은 언제나 바닥상태 에너지를 과대평가한다(혹은 어쨌든 절대로 과소평가는 하지 않는다)는 것을 증명하라.

(b) (a)를 보면, 바닥상태의 이차 수정은 언제나 음수일 것을 예상할 것이다. 식 7.15를 이용하여 이것이 정말로 사실이라는 것을 확인하라.

---

[6] 이 방법을 다른 대칭성에 확장할 수 있다. Hermitian 연산자 A가 $[A, H] = 0$을 만족한다고 하자. (겹쳐 있지 않다면) 바닥상태는 A의 고유상태여야 한다. 고유값을 λ라고 하자. $A\,\psi_{gs} = \lambda\,\psi_{gs}$. 변분 함수 ψ가 다른 고유값을 갖는 A의 고유함수라면 $A\,\psi = \nu\,\psi$, $\lambda \neq \nu$, ψ와 ψ_{gs}는 틀림없이 직교한다(3.3절 참조). 응용을 보려면 문제 8.20을 참조하라.

8.2 헬륨의 바닥상태

헬륨 원자(그림 8.3)는 두 개의 양성자(중성자도 있지만 우리 목적과는 무관하다)를 포함하는 핵 주위 궤도를 도는 두 개의 전자로 구성되어 있다. 이 계의 Hamiltonian은 (미세 구조와 더 작은 수정을 무시하면) 다음과 같다.

$$H = -\frac{\hbar^2}{2m}\left(\nabla_1^2 + \nabla_2^2\right) - \frac{e^2}{4\pi\epsilon_0}\left(\frac{2}{r_1} + \frac{2}{r_2} - \frac{1}{|\mathbf{r}_1 - \mathbf{r}_2|}\right). \tag{8.15}$$

풀어야 할 문제는 바닥상태 에너지 E_{gs}를 계산하는 것이다. 물리적으로 이것은 두 전자 모두 떼어내는 데 필요한 에너지를 뜻한다. (E_{gs}가 주어지면 한 개의 전자를 제거하는 데 필요한 "이온화 에너지"를 구하는 것은 쉽다. 문제 8.7 참조.) 헬륨의 바닥상태 에너지는 실험실에서 매우 정확하게 측정했다.

$$E_{gs} = -78.975 \text{ eV} \quad (\text{실험값}). \tag{8.16}$$

이 값이 이론적으로 얻고자 하는 숫자이다.

이와 같이 간단하고 중요한 문제에 대한 정확한 해가 전혀 알려지지 않았다는 것은 궁금한 일이다.[7] 문제는 전자–전자의 척력 때문이다.

$$V_{ee} = \frac{e^2}{4\pi\epsilon_0}\frac{1}{|\mathbf{r}_1 - \mathbf{r}_2|}. \tag{8.17}$$

이 항을 무시하면 H는 두 개의 독립적인 수소 Hamiltonian으로 갈라진다. (다만 핵의 전하는 e 대신 $2e$이다.) 정확한 해는 바로 수소꼴 파동함수의 곱이다.

$$\psi_0(\mathbf{r}_1, \mathbf{r}_2) \equiv \psi_{100}(\mathbf{r}_1)\psi_{100}(\mathbf{r}_2) = \frac{8}{\pi a^3}e^{-2(r_1+r_2)/a}. \tag{8.18}$$

그리고 에너지는 $8E_1 = -109$ eV이다(식 5.42).[8] 이 값은 -79 eV에서 멀리 떨어져 있지만, 여

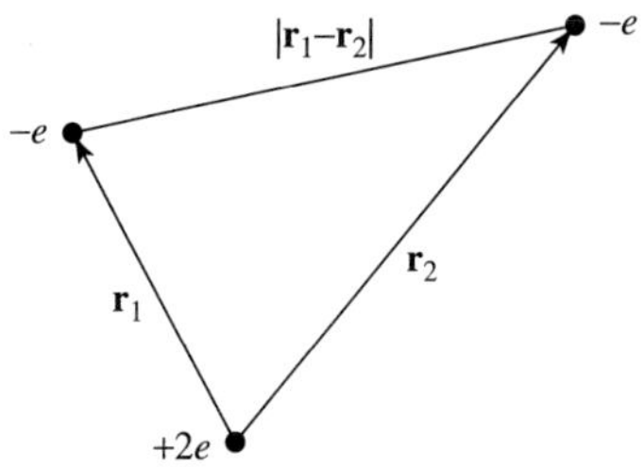

그림 8.3: 헬륨 원자.

---

[7] 헬륨의 많은 정성적 특징을 나타내는 정확하게 풀 수 있는 세 개의 물체 문제가 존재하기는 하지만, Coulomb 퍼텐셜을 사용하지는 않는다. (문제 8.24 참조)

[8] 여기서 a는 보통의 Bohr 반지름이고, $E_n = -13.6/n^2$ eV는 n번째 Bohr 에너지이다. 원자 번호가 Z인 핵에 대해서는 $E_n \to Z^2 E_n$, $a \to a/Z$임을 기억하라(문제 4.19). 식 8.18과 관련된 스핀 배열은 반대칭(단일항)이다.

기서부터 시작하겠다.

E_{gs}를 더 잘 어림하려면 ψ_0를 시행 함수로 사용하여 변분 원리를 적용할 것이다. 이것은 특히 편리한 선택이다 왜냐하면 Hamiltonian의 많은 부분에 대한 고유함수이기 때문이다.

$$H\psi_0 = (8E_1 + V_{ee})\,\psi_0. \tag{8.19}$$

따라서

$$\langle H\rangle = 8E_1 + \langle V_{ee}\rangle \tag{8.20}$$

이고, 여기서[9]

$$\langle V_{ee}\rangle = \left(\frac{e^2}{4\pi\epsilon_0}\right)\left(\frac{8}{\pi a^3}\right)^2 \int \frac{e^{-4(r_1+r_2)/a}}{|\mathbf{r}_1 - \mathbf{r}_2|}\, d^3\mathbf{r}_1\, d^3\mathbf{r}_2. \tag{8.21}$$

이다. $\mathbf{r}_2$에 대한 적분을 먼저 한다. 이를 위해 $\mathbf{r}_1$을 고정하고, 극축이 $\mathbf{r}_1$의 방향이 되도록 $\mathbf{r}_2$에 대한 좌표계를 정한다(그림 8.4 참조). 코사인 법칙에 의하면

$$|\mathbf{r}_1 - \mathbf{r}_2| = \sqrt{r_1^2 + r_2^2 - 2r_1 r_2 \cos\theta_2}, \tag{8.22}$$

이므로

$$I_2 \equiv \int \frac{e^{-4r_2/a}}{|\mathbf{r}_1 - \mathbf{r}_2|}\, d^3\mathbf{r}_2 = \int \frac{e^{-4r_2/a}}{\sqrt{r_1^2 + r_2^2 - 2r_1 r_2 \cos\theta_2}}\, r_2^2 \sin\theta_2\, dr_2\, d\theta_2\, d\phi_2 \tag{8.23}$$

이 된다. ϕ_2에 대한 적분은 쉬워서 2π가 되고, θ_2에 대한 적분은 다음과 같다.

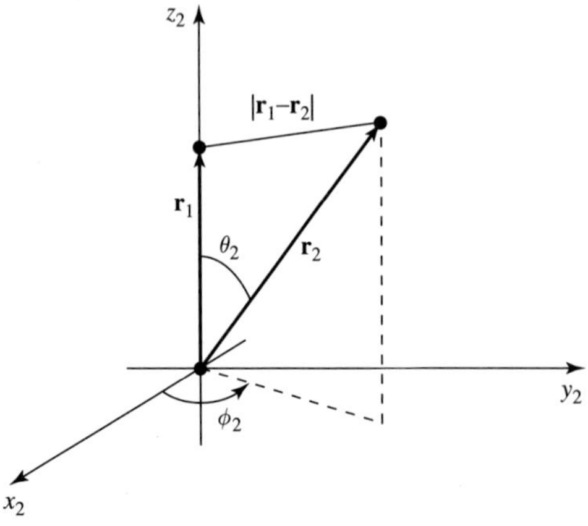

그림 8.4: $\mathbf{r}_2$ 적분을 위한 좌표계의 선택.

[9] 원한다면 식 8.21을 $H' = V_{ee}$인 일차 섭동 이론으로 해석할 수 있다[문제 7.56(a)]. 그러나 이것은 잘못된 방법이다. 왜냐하면 섭동이 섭동이 없는 퍼텐셜과 크기가 거의 같기 때문이다. 그러므로 이것을 변분 계산으로 생각하고, 여기서 E_{gs}에 대한 정교한 상한값을 찾고자 한다.

$$\int_0^\pi \frac{\sin\theta_2}{\sqrt{r_1^2+r_2^2-2r_1r_2\cos\theta_2}}\,d\theta_2 = \left.\frac{\sqrt{r_1^2+r_2^2-2r_1r_2\cos\theta_2}}{r_1r_2}\right|_0^\pi$$

$$= \frac{1}{r_1r_2}\left(\sqrt{r_1^2+r_2^2+2r_1r_2} - \sqrt{r_1^2+r_2^2-2r_1r_2}\right)$$

$$= \frac{1}{r_1r_2}\left[(r_1+r_2)-|r_1-r_2|\right] = \begin{cases} 2/r_1, & r_2 < r_1, \\ 2/r_2, & r_2 > r_1. \end{cases} \tag{8.24}$$

따라서

$$I_2 = 4\pi\left(\frac{1}{r_1}\int_0^{r_1} e^{-4r_2/a} r_2^2\,dr_2 + \int_{r_1}^\infty e^{-4r_2/a} r_2\,dr_2\right)$$

$$= \frac{\pi a^3}{8r_1}\left[1-\left(1+\frac{2r_1}{a}\right)e^{-4r_1/a}\right] \tag{8.25}$$

이다. 따라서 다음을 얻는다.

$\langle V_{ee}\rangle$는 다음과 같다.

$$\left(\frac{e^2}{4\pi\epsilon_0}\right)\left(\frac{8}{\pi a^3}\right)\int\left[1-\left(1+\frac{2r_1}{a}\right)e^{-4r_1/a}\right]e^{-4r_1/a} r_1 \sin\theta_1\,dr_1 d\theta_1 d\phi_1.$$

각도 적분은 쉬워서 4π이고, r_1에 대한 적분을 하면

$$\int_0^\infty \left[re^{-4r/a} - \left(r+\frac{2r^2}{a}\right)e^{-8r/a}\right]dr = \frac{5a^2}{128}$$

이다. 최종적으로

$$\langle V_{ee}\rangle = \frac{5}{4a}\left(\frac{e^2}{4\pi\epsilon_0}\right) = -\frac{5}{2}E_1 = 34\text{ eV} \tag{8.26}$$

을 얻고, 그러므로

$$\langle H\rangle = -109\text{ eV} + 34\text{ eV} = -75\text{ eV} \tag{8.27}$$

이다. (실험값이 -79 eV인 것을 기억하면) 나쁘니 않은 값이다. 하지만 이보다 더 잘할 수 있다.

ψ_0보다 더 실제적인 시행 함수를 생각할 필요가 있다. (ψ_0는 두 개의 전자가 전혀 상호작용을 하지 않는 것으로 취급한다.) 다른 전자의 영향을 완전히 무시하기보다는 평균적으로 각각의 전자는 핵을 부분적으로 가리는 음의 전하 구름을 나타낸다고 하자. 그러면 다른 전자가 실제로 보는 것은 2보다는 약간 작은 유효 핵전하(Z)를 볼 것이다. 이것이 암시하는 것은 시행 함수를

$$\psi_1(\mathbf{r}_1,\mathbf{r}_2) \equiv \frac{Z^3}{\pi a^3}e^{-Z(r_1+r_2)/a} \tag{8.28}$$

로 쓰는 것이다. Z를 변분 매개변수로 취급하고 $\langle H\rangle$를 최소화하는 값을 고를 것이다. (변분 방

법에서는 Hamiltonian 자체는 절대로 건드리지 않는다. 헬륨에 대한 Hamiltonian은 식 8.15로 주어지고, 변하지 않는다. 그러나 Hamiltonian을 시행 파동함수를 선택하는 것에 대한 이유가 되도록 어림하는 것은 괜찮다.)

파동함수는 (전자의 척력을 무시하면) "섭동이 없는" Hamiltonian의 고유상태이다. 그러나 Coulomb 항에서 2 대신 Z로 쓴다. 이것을 염두에 두고 H를(식 8.15) 다음과 같이 쓴다.

$$H = -\frac{\hbar^2}{2m}\left(\nabla_1^2 + \nabla_2^2\right) - \frac{e^2}{4\pi\epsilon_0}\left(\frac{Z}{r_1} + \frac{Z}{r_2}\right) + \frac{e^2}{4\pi\epsilon_0}\left(\frac{(Z-2)}{r_1} + \frac{(Z-2)}{r_2} + \frac{1}{|\mathbf{r}_1 - \mathbf{r}_2|}\right). \tag{8.29}$$

당연히 H의 기댓값은

$$\langle H \rangle = 2Z^2 E_1 + 2(Z-2)\left(\frac{e^2}{4\pi\epsilon_0}\right)\left\langle \frac{1}{r} \right\rangle + \langle V_{ee} \rangle \tag{8.30}$$

이다. 여기서 $\langle 1/r \rangle$은 (단일 입자의) 수소꼴 바닥상태 ψ_{100}에(핵 전하는 Z로 두었다) 대한 기댓값이다. 식 7.56에 의하면

$$\left\langle \frac{1}{r} \right\rangle = \frac{Z}{a} \tag{8.31}$$

이다. V_{ee}의 기댓값은 $Z = 2$ 대신 임의의 Z라는 것을 제외하고는 전과 같다(식 8.26). 그러므로 a에 $2/Z$를 곱한다.

$$\langle V_{ee} \rangle = \frac{5Z}{8a}\left(\frac{e^2}{4\pi\epsilon_0}\right) = -\frac{5Z}{4}E_1. \tag{8.32}$$

이 모든 것을 결합하면 다음을 얻는다.

$$\langle H \rangle = \left[2Z^2 - 4Z(Z-2) - (5/4)Z\right]E_1 = \left[-2Z^2 + (27/4)Z\right]E_1. \tag{8.33}$$

변분 원리에 의하면 이 양은 어떤 Z 값에 대해서도 E_{gs}보다 크다. 가장 작은 상한값은 $\langle H \rangle$을 최소화하여 얻는다.

$$\frac{d}{dZ}\langle H \rangle = \left[-4Z + (27/4)\right]E_1 = 0.$$

이로부터 다음을 얻는다.

$$Z = \frac{27}{16} = 1.69. \tag{8.34}$$

이것은 그럴듯하게 보인다. 다른 전자는 부분적으로 핵을 막아서 유효 전하가 2에서 약 1.69로 줄어든다. Z에 대한 이 값을 집어넣으면 다음을 얻는다.

$$\langle H \rangle = \frac{1}{2}\left(\frac{3}{2}\right)^6 E_1 = -77.5\ \text{eV}. \tag{8.35}$$

헬륨의 바닥상태는 이러한 방법으로 더 많은 조정 가능한 매개변수를 도입해서 점점 더 복잡한 시행 파동함수를 사용하여 매우 정확하게 계산했다.[10] 그러나 올바른 답의 2% 안에 있고, 이제는 여기서 더 이상 이 문제에 대해 탐구하지 않겠다.[11]

문제 8.7 헬륨의 바닥상태 에너지가 $E_{gs} = -79.0$ eV인 것을 이용하여 이온화 에너지(한 개의 전자만을 제거하는 데 필요한 에너지)를 계산하라. 귀띔: 먼저 핵 주위를 도는 한 개의 전자가 있는 헬륨 이온 He^+의 바닥상태 에너지를 계산하라. 그리고 이 두 에너지를 뺀다.

* **문제 8.8** 이 절의 방법을 H^-와 Li^+ 이온(각각은 헬륨과 같이 전자가 두 개 있지만, 핵 전하는 각각 $Z = 1$과 $Z = 3$이다)에 적용하라. 유효(부분적으로 가려진) 핵 전하를 구하고, E_{gs}에 대한 제일 좋은 상한값을 결정하라. 참고: H^-의 경우 $\langle H \rangle > -13.6$ eV를 얻어야 한다. 이것은 속박 상태가 전혀 없다는 것을 암시하는 것처럼 보인다. 왜냐하면 중성 수소 원자를 남기고 한 전자가 날아가는 것이 에너지 측면에서 보면 더 선호되기 때문이다. 전자는 헬륨에 있을 때보다 핵에 덜 세게 잡아당겨지고, 전자의 척력은 원자를 깨지게 하려는 경향이 있기 때문에 그리 놀라운 일은 아니다. 그러나 이것은 틀렸다. 더 복잡한 시행 파동함수를 사용하면(문제 8.25 참조) $E_{gs} < -13.6$ eV임을 증명할 수 있고, 따라서 속박 상태가 존재한다. 그러나 겨우 속박되어 있고, 들뜬 속박 상태가 없어서[12] H^-는 불연속적인 스펙트럼이 없다. (모든 전이는 연속적이다.) 그 결과 태양 표면에는 풍부하게 존재하지만 실험실에서 연구하기는 어렵다.[13]

8.3 수소 분자 이온

또 다른 대표적인 예는 (두 양성자의 Coulomb 장 안에 있는 한 개의 전자로 구성되어 있는) 수소 분자 이온 H_2^+에 변분 원리를 적용하는 것이다(그림 8.5). 당분간 양성자는 공간에 고정되어 있고, 특정한 거리 R만큼 떨어져 있다고 가정하겠다. 하지만 이 계산의 가장 흥미 있는 부산물 중의 하나는 실제 R값이다. Hamiltonian은

$$H = -\frac{\hbar^2}{2m}\nabla^2 - \frac{e^2}{4\pi\epsilon_0}\left(\frac{1}{r} + \frac{1}{r'}\right) \tag{8.36}$$

이다. 여기서 r과 r'은 각각의 양성자로부터 전자까지의 거리이다. 여기서도 전략은 그럴듯한 시

---

[10] 대표적인 연구는 E. A. Hylleraas, *Z. Phys.* **65**, 209 (1930), C. L. Pekeris, *Phys. Rev.* **115**, 1216 (1959)이다. 더 최근의 연구를 보려면 각주 4를 참조하라.

[11] 헬륨의 첫 번째 들뜬 상태도 바닥상태와 직교하는 시행 파동함수를 사용하여 같은 방법으로 계산할 수 있다. Phillip J. E. Peebles, *Quantum Mechanics*, Princeton U. P., Princeton, NJ (1992), 40절을 참조하라.

[12] Robert N. Hill, *J. Math. Phys.* **18**, 2316 (1977).

[13] 심화된 논의를 보려면 Hans A. Bethe, Edwin E. Salpeter, *Quantum Mechanics of One- and Two-Electron Atoms*, Plenum, New York (1977), 34절을 참조하라.

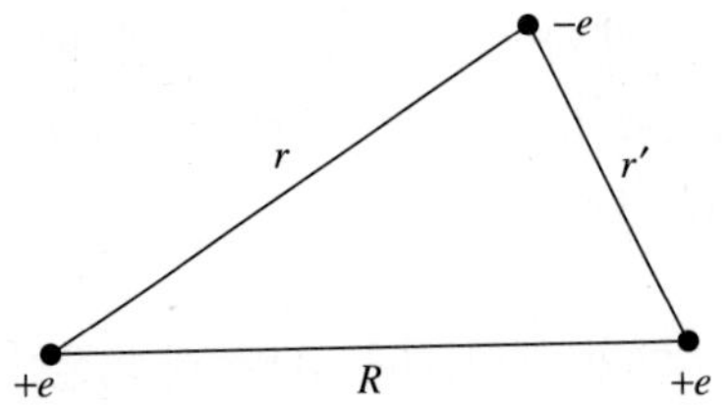

그림 8.5: 수소 분자 이온 H_2^+.

행 파동함수를 짐작하고, 변분 원리를 적용하여 바닥상태 에너지의 상한값을 얻는 것이다. (사실 주된 관심사는 이 계가 결합이 이루어지는가 알아보는 것이다. 즉 이 에너지가 중성 수소 원자에 자유 양성자를 더한 계의 에너지보다 작은지 알고 싶다.)

시행 파동함수를 만들기 위해 이온은 바닥상태에 있는 수소 원자를 취하여 만들었다고 상상해보자(식 4.80).

$$\psi_0(\mathbf{r}) = \frac{1}{\sqrt{\pi a^3}} e^{-r/a}. \tag{8.37}$$

그리고 두 번째 양성자를 "무한대"에서 가져와 R만큼 떨어진 곳에 고정시킨다. R이 Bohr 반지름보다 훨씬 크다면 전자의 파동함수는 아마 많이 변하지 않을 것이다. 그러나 두 양성자를 동등하게 취급하여 전자는 각각의 양성자와 관련된 확률이 같다고 정한다. 그러면 시행 함수는 다음의 형태를 선택할 수 있다.

$$\psi = A\left[\psi_0(r) + \psi_0(r')\right]. \tag{8.38}$$

[양자 화학자는 이것을 **LCAO** 방법이라고 한다. 왜냐하면 분자 파동함수를 원자 궤도의 선형 결합(**l**inear **c**ombination of **a**tomic **o**rbitals)로 표현하기 때문이다.]

첫 번째 할 일은 시행 함수를 규격화하는 것이다.

$$1 = \int |\psi|^2 d^3\mathbf{r} = |A|^2 \left[\int \psi_0(r)^2 d^3\mathbf{r} + \int \psi_0(r')^2 d^3\mathbf{r} + 2\int \psi_0(r)\psi_0(r')\, d^3\mathbf{r}\right]. \tag{8.39}$$

(ψ_0 자체는 규격화되어 있으므로) 첫 두 적분은 1이다. 세 번째 적분은 더 어렵다.

$$I \equiv \langle \psi_0(r) \,|\, \psi_0(r') \rangle = \frac{1}{\pi a^3} \int e^{-(r+r')/a}\, d^3\mathbf{r} \tag{8.40}$$

이라고 하자. 좌표계를 적당히 잡아 양성자 1은 원점에, 양성자 2는 z축 위의 점 R에 있도록 하자(그림 8.6). 그러면

$$r' = \sqrt{r^2 + R^2 - 2rR\cos\theta} \tag{8.41}$$

이고, 따라서 다음을 얻는다.

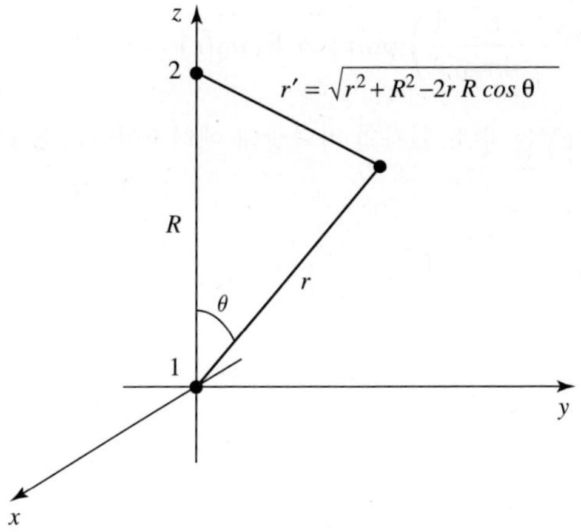

그림 8.6: I(식 8.40)를 계산하기 위한 좌표계.

$$I = \frac{1}{\pi a^3} \int e^{-r/a} e^{-\sqrt{r^2+R^2-2rR\cos\theta}/a} r^2 \sin\theta\, dr\, d\theta\, d\phi. \tag{8.42}$$

ϕ 적분은 단순하다(2π). θ에 대한 적분을 하려면 $y \equiv \sqrt{r^2+R^2-2rR\cos\theta}$로 놓으면 $d(y^2) = 2y\,dy = 2rR\sin\theta\,d\theta$가 된다. 그러면 다음을 얻는다.

$$\int_0^\pi e^{-\sqrt{r^2+R^2-2rR\cos\theta}/a} \sin\theta\, d\theta = \frac{1}{rR}\int_{|r-R|}^{r+R} e^{-y/a} y\, dy$$

$$= -\frac{a}{rR}\left[e^{-(r+R)/a}(r+R+a) - e^{-|r-R|/a}(|r-R|+a)\right].$$

r 적분은 간단하다.

$$I = \frac{2}{a^2 R}\left[-e^{-R/a}\int_0^\infty (r+R+a)e^{-2r/a} r\, dr + e^{-R/a}\int_0^R (R-r+a)\, r\, dr \right.$$
$$\left. + e^{R/a}\int_R^\infty (r-R+a)\, e^{-2r/a} r\, dr\right].$$

적분을 계산하고 (결과를 간단히 하면)

$$I = e^{-R/a}\left[1 + \left(\frac{R}{a}\right) + \frac{1}{3}\left(\frac{R}{a}\right)^2\right] \tag{8.43}$$

을 얻는다. I를 **중첩** 적분이라고 한다. 이것은 $\psi_0(r)$이 $\psi_0(r')$과 겹치는 정도를 알려준다. ($R \to 0$이면 1로 접근하고, $R \to \infty$이면 0으로 접근한다.) 규격화 인자(식 8.39)를 I로 쓰면 다음과 같다.

$$|A|^2 = \frac{1}{2(1+I)}. \tag{8.44}$$

다음으로 시행 상태 ψ에 대해 H의 기댓값을 계산해야 한다.

$$\left(-\frac{\hbar^2}{2m}\nabla^2 - \frac{e^2}{4\pi\epsilon_0}\frac{1}{r}\right)\psi_0(r) = E_1\psi_0(r)$$

임을 참고하고(여기서 $E_1 = -13.6$ eV는 수소 원자의 바닥상태 에너지이다) r을 r'으로 바꾸어도 같으므로 다음을 얻는다.

$$\begin{aligned} H\psi &= A\left[-\frac{\hbar^2}{2m}\nabla^2 - \frac{e^2}{4\pi\epsilon_0}\left(\frac{1}{r}+\frac{1}{r'}\right)\right]\left[\psi_0(r)+\psi_0(r')\right] \\ &= E_1\psi - A\left(\frac{e^2}{4\pi\epsilon_0}\right)\left[\frac{1}{r'}\psi_0(r)+\frac{1}{r}\psi_0(r')\right]. \end{aligned}$$

따라서 다음을 얻는다.

$$\langle H\rangle = E_1 - 2|A|^2\left(\frac{e^2}{4\pi\epsilon_0}\right)\left[\left\langle\psi_0(r)\left|\frac{1}{r'}\right|\psi_0(r)\right\rangle + \left\langle\psi_0(r)\left|\frac{1}{r}\right|\psi_0(r')\right\rangle\right]. \tag{8.45}$$

나머지 두 개의 적분을 해야 하는데 하나는 소위 **직접 적분**이라고 하는

$$D \equiv a\left\langle\psi_0(r)\left|\frac{1}{r'}\right|\psi_0(r)\right\rangle \tag{8.46}$$

이고, 다른 것은 **교환 적분**이라는 것으로

$$X \equiv a\left\langle\psi_0(r)\left|\frac{1}{r}\right|\psi_0(r')\right\rangle. \tag{8.47}$$

이다. 결과는(문제 8.9 참조)

$$D = \frac{a}{R} - \left(1+\frac{a}{R}\right)e^{-2R/a} \tag{8.48}$$

이고

$$X = \left(1+\frac{R}{a}\right)e^{-R/a} \tag{8.49}$$

이다.

모든 것을 결합하고 $E_1 = -(e^2/4\pi\epsilon_0)(1/2a)$임을 기억하면(식 4.70과 4.72) 다음과 같이 결론지을 수 있다.

$$\langle H\rangle = \left[1 + 2\frac{(D+X)}{(1+I)}\right]E_1. \tag{8.50}$$

변분 원리에 의하면 바닥상태 에너지는 $\langle H\rangle$보다 작다. 물론 이것은 전자의 에너지일뿐이다. 양성자−양성자 척력과 관련된 퍼텐셜에너지도 있다.

$$V_{pp} = \frac{e^2}{4\pi\epsilon_0}\frac{1}{R} = -\frac{2a}{R}E_1. \tag{8.51}$$

따라서 계의 전체 에너지는 $-E_1$의 단위로, $x \equiv R/a$의 함수로 표현하면

$$F(x) = -1 + \frac{2}{x}\left\{\frac{\left(1-(2/3)x^2\right)e^{-x} + (1+x)\,e^{-2x}}{1+\left(1+x+(1/3)x^2\right)e^{-x}}\right\} \tag{8.52}$$

보다 작다. 이 함수를 그림 8.7에 그렸다. 분명히 속박 상태가 나타난다. 왜냐하면 그래프가 -1 보다 작은 영역이 있고, 이것은 에너지가 중성 원자 더하기 자유 양성자의 에너지(-13.6 eV)보다 작다는 것을 나타낸다. 이것은 **공유결합**으로 전자는 두 양성자에 똑같이 나뉘어 있다. 양성자의 평형 거리는 약 2.4 Bohr 반지름, 즉 1.3 Å이다. (실험값은 1.06 Å이다.) 계산한 결합 에너지는 1.8 eV이지만 실험값은 2.8 eV이다. 언제나 변분 원리는 바닥상태 에너지를 과대평가한다. 따라서 결합의 강도를 과소평가한다. 그러나 신경 쓰지 말라. 중요한 요점은 결합이 나타나는지 보는 것이다. 더 좋은 변분 함수는 퍼텐셜 우물을 더 깊게 만들 수 있다.

* **문제 8.9** D와 X를 추정하라(식 8.46과 8.47). 이 답을 식 8.48, 8.49와 비교하라.

** **문제 8.10** 시행 파동함수(식 8.38)에 음의 부호를 사용한다고 하자.

$$\psi = A\left[\psi_0(r) - \psi_0(r')\right]. \tag{8.53}$$

이 경우에 대해 새로운 적분을 계산하지 않고 (식 8.52에 대응되는 양인) $F(x)$를 구하고, 그래프를 그려라. 결합의 증거가 없다는 것을 증명하라.[14] (변분 원리는 상한값만을 주므로 이것이 이와 같은 상태에 대해 결합이 일어날 수 없다고 증명하는 것은 아니지만, 있을 것 같지는 않다.)

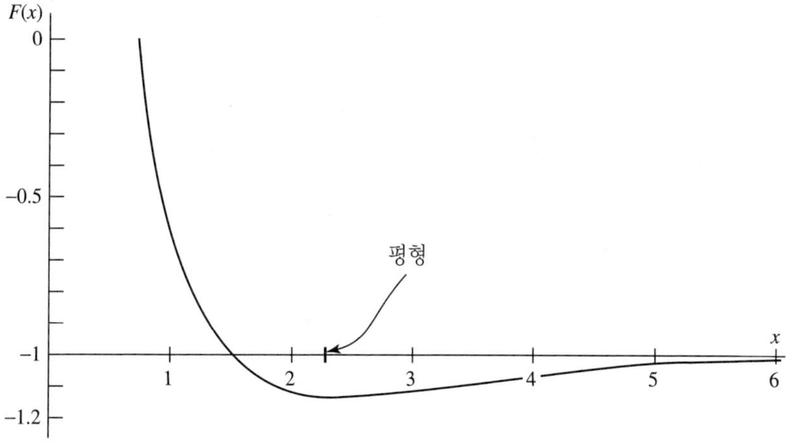

그림 8.7: 속박 상태의 존재를 보여주는 함수 $F(x)$의 그림. 식 8.52.

[14] 양의 부호인 파동함수(식 8.38)는 **결합성 궤도 함수**라고 한다. 결합은 두 핵 사이에 있는 전자 확률이 쌓여 있는 것과 관련이 있다. 홀함수 선형결합(식 8.53)은 가운데 마디가 있으므로 이 배열은 당연히 결합을 만들지 않는다. 이것을 **반결합 궤도 함수**라고 한다.

*** **문제 8.11** 평형점에서 $F(x)$의 이차 미분으로 수소꼴 분자 이온(2.3절 참조)에서 두 양성자의 자연 진동수(ω)를 계산할 수 있다. 이 진동자의 바닥상태 에너지($\hbar\omega/2$)가 이 계의 결합 에너지보다 크면 떨어져 나갈 것이다. 사실 진동자의 에너지가 충분히 작아 이런 일은 일어나지 않는다는 것을 증명하고, 얼마나 많은 속박 진동 준위가 있는지 추정하라. 주의: 최소값의 위치를 구할 수는 없을 것이다. 더구나 그 점에서 해석적으로 이차 미분을 구할 수도 없다. 수치적으로 혹은 컴퓨터를 이용하여 구하라.

8.4 수소 분자

이제 8.3절에서 공부한 수소 분자 이온에 두 번째 전자를 더해 수소 분자 자체를 생각하자. 두 양성자를 정지한 것을 보면 Hamiltonian은

$$\hat{H} = -\frac{\hbar^2}{2m}\left(\nabla_1^2 + \nabla_2^2\right) + \frac{e^2}{4\pi\epsilon_0}\left(\frac{1}{r_{12}} + \frac{1}{R} - \frac{1}{r_1} - \frac{1}{r_1'} - \frac{1}{r_2} - \frac{1}{r_2'}\right) \tag{8.54}$$

이다. 여기서 그림 8.8에 나타내었듯이 r_1과 r_1'은 각각의 양성자부터 전자 1까지의 거리이고, r_2와 r_2'은 각각의 양성자로부터 전자 2까지의 거리이다. 여섯 개의 퍼텐셜에너지 항은 두 전자 사이의 척력, 두 양성자 사이의 척력과 각각의 전자와 양성자 사이의 인력을 기술한다.

변분 파동함수로는 한 전자를 각각의 양성자와 관련을 짓고, 대칭화한다.

$$\psi_+(\mathbf{r}_1, \mathbf{r}_2) = A_+\left[\psi_0(r_1)\,\psi_0(r_2') + \psi_0(r_1')\,\psi_0(r_2)\right]. \tag{8.55}$$

곧 A_+의 규격화를 계산할 것이다. 이 부분적인 파동함수는 교환에 대해 대칭적이므로, 전자는 반대칭(단일항) 스핀 상태를 가져야 한다. 물론 시행 파동함수를

$$\psi_-(\mathbf{r}_1, \mathbf{r}_2) = A_-\left[\psi_0(r_1)\,\psi_0(r_2') - \psi_0(r_1')\,\psi_0(r_2)\right] \tag{8.56}$$

으로 선택할 수 있다. 이 경우 전자는 대칭(삼중항) 스핀 상태에 있다. 이 두 개의 변분 파동함수가 **Heitler-London 어림 방법**을 구성한다.[15] 식 8.55와 8.56 중 어느 것이 에너지 측면에서 선

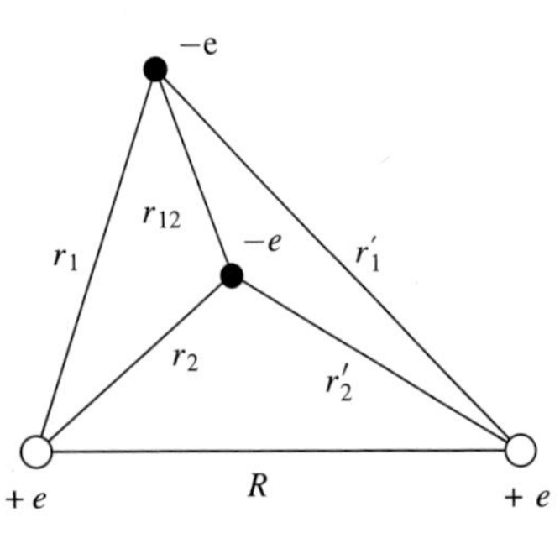

그림 8.8: 퍼텐셜에너지가 의존하는 거리를 나타내는 H_2의 그림.

[15] W. Heitler, F. London, *Z. Phys.* **44**, 455 (1928). 영어로 번역된 것을 보려면 Hinne Hettema, *Quantum Chemistry: Classic Scientific Papers*, World Scientific, New Jersey, PA, 2000을 참조하라.

호하게 될지 모르므로 각각의 에너지를 계산하여 알아보자.[16]

먼저 파동함수를 규격화할 필요가 있다. 다음을 주목하자.

$$|\psi_\pm(\mathbf{r}_1, \mathbf{r}_2)|^2 = A_\pm^2 \Big[\psi_0(r_1)^2\, \psi_0(r_2')^2 + \psi_0(r_1')^2\, \psi_0(r_2)^2 \pm 2\,\psi_0(r_1)\,\psi_0(r_2')\,\psi_0(r_1')\,\psi_0(r_2)\Big]. \tag{8.58}$$

$$\begin{aligned} 1 &= \int\int |\psi_\pm(\mathbf{r}_1, \mathbf{r}_2)|^2\, d^3\mathbf{r}_1\, d^3\mathbf{r}_2 \\ &= A_\pm^2 \Big[\int \psi_0(r_1)^2\, d^3\mathbf{r}_1 \int \psi_0(r_2')^2\, d^3\mathbf{r}_2 + \int \psi_0(r_1')^2\, d^3\mathbf{r}_1 \int \psi_0(r_2)^2\, d^3\mathbf{r}_2 \\ &\quad \pm 2 \int \psi_0(r_1)\,\psi_0(r_1')\, d^3\mathbf{r}_1 \int \psi_0(r_2')\,\psi_0(r_2)\, d^3\mathbf{r}_2\Big]. \end{aligned} \tag{8.59}$$

각각의 궤도 함수가 규격화되고 겹침 적분은 기호 I로 주어지고 식 8.43에서 계산했다. 따라서 다음을 얻는다.

$$A_\pm = \frac{1}{\sqrt{2\,(1 \pm I^2)}} \tag{8.60}$$

에너지의 기댓값을 계산하기 위해 입자 1의 운동에너지부터 시작하자. ψ_0가 수소 Hamiltonian의 바닥상태이므로 식 8.45을 얻은 같은 방법을 이용하면

$$\begin{aligned} -\frac{\hbar^2}{2m}\nabla_1^2\,\psi_\pm &= A_\pm \Big[\Big(-\frac{\hbar^2}{2m}\nabla_1^2\,\psi_0(r_1)\Big)\,\psi_0(r_2') \pm \Big(-\frac{\hbar^2}{2m}\nabla_1^2\,\psi_0(r_1')\Big)\,\psi_0(r_2)\Big] \\ &= A_\pm \Big[\Big(E_1 + \frac{e^2}{4\pi\epsilon_0 r_1}\Big)\,\psi_0(r_1)\,\psi_0(r_2') \\ &\quad \pm \Big(E_1 + \frac{e^2}{4\pi\epsilon_0 r_1'}\Big)\,\psi_0(r_1')\,\psi_0(r_2)\Big] \\ &= E_1\,\psi_\pm + \frac{e^2}{4\pi\epsilon_0 a} A_\pm \Big(\frac{a}{r_1}\,\psi_0(r_1)\,\psi_0(r_2') \pm \frac{a}{r_1'}\,\psi_0(r_1')\,\psi_0(r_2)\Big) \end{aligned}$$

이 된다. $\psi_\pm$과 내적을 취하면 다음을 얻는다.

$$\begin{aligned} \Big\langle -\frac{\hbar^2}{2m}\nabla_1^2 \Big\rangle &= E_1 + \Big(\frac{e^2}{4\pi\epsilon_0 a}\Big) A_\pm^2 \Big[\Big\langle \psi_0(r_1) \Big| \frac{a}{r_1} \Big| \psi_0(r_1) \Big\rangle \langle \psi_0(r_2') \mid \psi_0(r_2') \rangle \\ &\quad \pm \Big\langle \psi_0(r_1') \Big| \frac{a}{r_1} \Big| \psi_0(r_1) \Big\rangle \langle \psi_0(r_2) \mid \psi_0(r_2') \rangle \end{aligned}$$

---

[16] 다른 자연스러운 변분 파동함수는 두 개의 전자 모두 8.3절에서 공부했던 결합성 궤도 함수에 넣는 것이다.

$$\psi(\mathbf{r}_1, \mathbf{r}_2) = \left(\frac{\psi_0(r_1) + \psi_0(r_1')}{\sqrt{2\,(1+I)}}\right)\left(\frac{\psi_0(r_2) + \psi_0(r_2')}{\sqrt{2\,(1+I)}}\right) \tag{8.57}$$

그리고 단일항 스핀 상태에 놓는다. 이 함수를 전개하면 $\psi_0(r_1)\,\psi_0(r_2)$와 같은 항의 반은 두 전자를 같은 양성자에 붙이는 것에 해당하고, 이것은 식 8.54의 전자-전자 척력 때문에 에너지가 더 들어간다. Heitler-London 어림 방법인 식 8.55는 식 8.57에서 이 방해하는 항을 없애는 것이다.

$$\pm \left\langle \psi_0(r_1) \left| \frac{a}{r_1'} \right| \psi_0(r_1') \right\rangle \langle \psi_0(r_2') \mid \psi_0(r_2) \rangle$$
$$+ \left\langle \psi_0(r_1') \left| \frac{a}{r_1'} \right| \psi_0(r_1') \right\rangle \langle \psi_0(r_2) \mid \psi_0(r_2) \rangle \Bigg] . \tag{8.61}$$

이 내적은 8.3절에서 계산했고, 입자 1의 운동에너지는

$$\left\langle -\frac{\hbar^2}{2m} \nabla_1^2 \right\rangle = E_1 + \left(\frac{e^2}{4\pi \epsilon_0 a} \right) \frac{1 \pm I X}{1 \pm I^2} \tag{8.62}$$

이다. 입자 2의 운동에너지는 물론 같으므로 전체 운동에너지는 바로 식 8.62의 두 배이다. 전자-양성자 퍼텐셜에너지를 계산하는 것은 비슷하다. 문제 8.13에서

$$\left\langle -\frac{e^2}{4\pi \epsilon_0 r_1} \right\rangle = -\frac{1}{2} \left(\frac{e^2}{4\pi \epsilon_0 a} \right) \frac{1 + D \pm 2 I X}{1 \pm I^2} \tag{8.63}$$

임을 보일 것이고 전체 전자-양성자 에너지는 이 양의 네 배이다.

전자-전자 퍼텐셜에너지는

$$\begin{aligned}
\langle V_{ee} \rangle &= \left(\frac{e^2}{4\pi \epsilon_0 a} \right) \int \int |\psi_\pm(\mathbf{r}_1, \mathbf{r}_2)|^2 \, \frac{a}{r_{12}} \, d^3\mathbf{r}_1 \, d^3\mathbf{r}_2 \\
&= \left(\frac{e^2}{4\pi \epsilon_0 a} \right) A_\pm^2 \left[\int \int \psi_0(r_1)^2 \, \frac{a}{r_{12}} \, \psi_0(r_2')^2 \, d^3\mathbf{r}_1 \, d^3\mathbf{r}_2 \right. \\
&\quad + \int \int \psi_0(r_1')^2 \, \frac{a}{r_{12}} \, \psi_0(r_2)^2 \, d^3\mathbf{r}_1 \, d^3\mathbf{r}_2 \\
&\quad \left. \pm 2 \int \int \psi_0(r_1) \, \psi_0(r_1') \, \frac{a}{r_{12}} \, \psi_0(r_2) \, \psi_0(r_2') \, d^3\mathbf{r}_1 \, d^3\mathbf{r}_2 \right]
\end{aligned} \tag{8.64}$$

로 주어진다. 식 8.64의 첫 두 적분은 같다. 이것은 지표 1과 2를 서로 바꾸어 보면 알 수 있다. 남은 두 개의 적분에 다음의 이름을 붙이겠다.

$$D_2 = \int \int |\psi_0(r_1)|^2 \, \frac{a}{r_{12}} \, |\psi_0(r_2')|^2 \, d^3\mathbf{r}_1 \, d^3\mathbf{r}_2 \tag{8.65}$$

$$X_2 = \int \int \psi_0(r_1) \, \psi_0(r_1') \, \frac{a}{r_{12}} \, \psi_0(r_2) \, \psi_0(r_2') \, d^3\mathbf{r}_1 \, d^3\mathbf{r}_2 . \tag{8.66}$$

따라서 다음을 얻는다.

$$\langle V_{ee} \rangle = \left(\frac{e^2}{4\pi \epsilon_0 a} \right) \frac{D_2 \pm X_2}{1 \pm I^2} . \tag{8.67}$$

이 적분의 계산은 문제 8.14에서 논하겠다. 적분 D_2는 바로 두 개의 전하 분포 $\rho_1 = |\psi_0(r_1)|^2$와 $\rho_2 = |\psi_0(r_2)|^2$의 정전기 퍼텐셜에너지이다. 교환한 X_2는 이와 같은 고전적인 대응은 없다.

에너지에 대한 모든 기여인 운동에너지, 전자-양성자 퍼텐셜에너지, 전자-전자 퍼텐셜에너지와 양성자-양성자 퍼텐셜에너지(이것은 $e^2/4\pi \epsilon_0 R$인 상수이다)를 더하면 다음을 얻는다.

$$\boxed{\langle H \rangle_{\pm} = 2E_1 \left[1 - \frac{a}{R} + \frac{2D - D_2 \pm (2IX - X_2)}{1 \pm I^2} \right].} \tag{8.68}$$

$\langle H \rangle_+$와 $\langle H \rangle_-$를 그림 8.9에 그려 놓았다. 상태 ψ_+는 두 전자를 단일항 스핀 배열에 놓고, ψ_-는 삼중항 스핀 배열에 놓아야 한다는 것을 기억하자. 그림에 의하면 두 전자가 단일항 배열을 이룰 때에만 결합이 일어난다. 이것은 실험에서 검증되었다. 이것 역시 공유결합이다.

그림에서 최소값의 위치에 대해 계산해보면 약 1.64 Bohr 반지름(실험 값은 1.40 Bohr 반지름)이 결합의 길이가 되고, 결합 에너지는 3.15 eV(실험값은 4.75 eV) 정도이다. 이러한 경향은 수소 분자 이온에서도 나타난다. 계산은 결합 길이를 과대평가하고, 결합에너지를 과소평가하지만 아무 조정 가능한 매개변수가 없는 변분 계산치고는 놀라울 정도로 잘 맞는다.

단일항과 삼중항 에너지 사이의 차이를 **교환 분할** J라고 한다. Heitler-London 어림 방법에서 이것은

$$J = \langle H \rangle_+ - \langle H \rangle_- = 4E_1 \frac{(D_2 - 2D)\, I^2 - (X_2 - 2IX)}{1 - I^4} \tag{8.69}$$

이다. 이것은 평형 거리에서 약 -10 eV이다. (단일항의 에너지가 낮으므로 음수이다.) 이것은 전자의 스핀이 반대로 배열되려는 강한 경향이 있다는 것을 의미한다. 그러나 이렇게 H_2를 취급할 때 전자 사이의 (자기) 스핀–스핀 상호작용을 완전히 무시했다. 양성자와 전자 사이의 스핀–스핀 상호작용은 초미세 구조(7.5절)를 일으킨다는 것을 기억하라. 이것을 무시하는 것이 괜찮은가? 그렇다. 식 7.9를 거리 R만큼 떨어진 두 개의 전자에 적용하면 스핀–스핀 상호작용 에너지는 이 계에서 10^{-4} eV 정도로 교환 분할보다 다섯 자리나 자이가 난다.

계산에 의하면 스핀 배열이 다르면 스핀 사이의 상호작용이 무시할 정도라도 매우 다른 에너

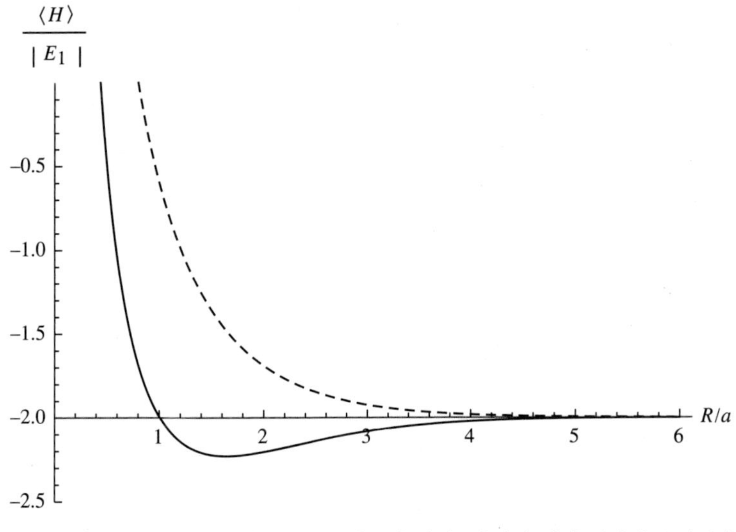

그림 8.9: H_2에 대한 단일항(실선)과 삼중항(점선) 상태의 전체 에너지를 양성자 사이의 간격 R의 함수로 나타낸 그림. 단일항 상태는 1.6 Bohr 반지름 근처에서 최소값이 있어서 안정된 결합을 나타낸다. 삼중항 상태는 에너지는 $R \to \infty$일 때 최소값이 생기므로 불안정하고, 분해된다.

지를 갖는다. 이로 인해 (물질 안에서 스핀이 정렬하는) 강자성과 (스핀이 교대로 나타나는) 반자성을 이해하는 데 도움이 된다. 방금 보았듯이 스핀–스핀 상호작용은 이것을 설명하기에는 너무 약하지만, 교환 분할은 그렇지 않다. 직관에 어긋나지만 강자성을 설명하는 것은 자기 상호작용이 아니라 정전기적 상호작용이다! H_2는 일종의 반자성체인데 스핀에 무관한 Hamiltonian은 특정한 공간의 함수인 바닥상태를 선택하고, Fermi 통계를 만족하기 위해 스핀 상태는 이에 따라 오는 것이다.

문제 8.12 반대칭 상태(식 8.56)는 8.3절의 분자 궤도 함수로 표현할 수 있다는 것을 증명하라. 특히 한 개의 전자를 결합 궤도 함수(식 8.38)에 놓고, 다른 하나는 반궤도 함수(식 8.53)에 놓는다.

문제 8.13 전자–양성자 퍼텐셜에너지에 대해 식 8.63을 확인하라.

*** **문제 8.14** 이체 적분 D_2와 X_2는 식 8.65와 8.66으로 정의한다. D_2를 계산하기 위해 다음과 같이 쓴다.

$$D_2 = \int \left|\psi_0(r_2')\right|^2 \Phi(r_2)\, d^3\mathbf{r}_2$$
$$= \int\int\int \frac{e^{-2\sqrt{R^2+r_2^2-2Rr_2\cos\theta_2}/a}}{\pi a^3} \Phi(r_2)\, r_2^2\, dr_2\, \sin\theta_2\, d\theta_2\, d\phi_2.$$

여기서 θ_2는 $\boldsymbol{R}$과 $\mathbf{r}_2$ 사이의 각도이고(그림 8.8)

$$\Phi(r_2) \equiv \int |\psi_0(r_1)|^2 \frac{a}{|\mathbf{r}_1 - \mathbf{r}_2|} d^3\mathbf{r}_1$$

이다.

(a) 먼저 $\mathbf{r}_1$에 대한 적분을 고려하자. z축을 $\mathbf{r}_2$ 방향으로 정하면 (이 첫 번째 적분을 하기 위해 일정한 벡터로 생각한다)

$$\Phi(r_2) = \frac{1}{\pi a^3} \int\int\int \frac{ae^{-2r_1/a}}{\sqrt{r_1^2 + r_2^2 - 2r_1 r_2 \cos\theta_1}} r_1^2\, dr_1\, \sin\theta_1\, d\theta_1\, d\phi_1$$

이 된다. 먼저 각도에 대한 적분을 하고 다음을 증명하라.

$$\Phi(r_2) = \frac{a}{r_2} - \left(1 + \frac{a}{r_2}\right) e^{-2r_2/a}.$$

(b) (a)에서 얻은 결과를 다시 D_2에 대한 관계에 집어 넣고, 다음을 증명하라.

$$D_2 = \frac{a}{R} - e^{-2R/a}\left[\frac{1}{6}\left(\frac{R}{a}\right)^2 + \frac{3}{4}\left(\frac{R}{a}\right) + \frac{11}{8} + \frac{a}{R}\right]. \quad (8.70)$$

여기서도 각도 적분을 먼저 한다.

참고: 적분 X_2도 닫힌 형태로 계산할 수 있지만, 계산 과정은 다소 복잡하다.[17] 다만 결과만을 인용하겠다.

$$X_2 = e^{-2R/a}\left[\frac{5}{8} - \frac{23}{20}\frac{R}{a} - \frac{3}{5}\left(\frac{R}{a}\right)^2 - \frac{1}{15}\left(\frac{R}{a}\right)^3\right]$$
$$+\frac{6}{5}\frac{a}{R}I^2\left[\gamma + \log\left(\frac{R}{a}\right) + \left(\frac{\tilde{I}}{I}\right)^2 \mathrm{Ei}\left(-\frac{4R}{a}\right) - 2\frac{\tilde{I}}{I}\mathrm{Ei}\left(-\frac{2R}{a}\right)\right]. \quad (8.71)$$

여기서 $\gamma = 0.5772...$는 Euler 상수이고, $\mathrm{Ei}(x)$는 지수함수 적분

$$\mathrm{Ei}(x) = -\int_{-x}^{\infty} \frac{e^{-t}}{t}\,dt$$

이고, $\tilde{I}$는 I에서 R의 부호를 바꾸어 얻는다.

$$\tilde{I} = e^{R/a}\left[1 - \frac{R}{a} + \frac{1}{3}\left(\frac{R}{a}\right)^2\right]. \quad (8.72)$$

* **문제 8.15** H_2의 단일항과 삼중항의 운동에너지를 R/a의 함수로 그려라. 전자-양성자 퍼텐셜에너지와 전자-전자 퍼텐셜에너지에 대해서도 같은 그림을 그려라. 모든 R값에 대해 삼중항 상태가 단일항 상태보다 낮은 퍼텐셜에너지를 가져야 한다는 것을 밝혀야 한다. 그러나 단일항의 운동에너지는 매우 작아서 선체 에니지는 더 작게 나온다. 참고: 원자 안에서 부분적으로 채워진 궤도에 있는 두 개의 전자처럼 스핀을 정렬시키는 데 큰 운동에너지가 없으면, 삼중항 상태는 더 낮은 에너지를 가질 수 있다. 이것이 Hund의 첫 번째 규칙 뒤에 숨은 물리적 이유이다.

8장 추가문제

문제 8.16

(a) 함수 $\psi(x) = Ax(a - x)$ ($0 < x < a$일 때이고, 그 이외의 경우는 0이다)를 이용하여 무한 사각우물의 바닥상태에 대한 상한값을 구하라.

(b) 실수 p에 대해 $\psi(x) = A[x(a - x)]^p$로 함수를 일반화하자. 적절한 p값은 무엇이고, 바닥상태 에너지에 대한 최선의 상한값은 무엇인가? 정확한 값과 비교하라. 답: $(5 + 2\sqrt{6})\,\hbar^2/2ma^2$.

문제 8.17

(a) 다음의 형태

---

[17] 계산은 Y. Sugiura, *Z. Phys.* **44**, 455 (1927)에 되어 있다.

$$\psi(x) = \begin{cases} A\cos(\pi x/a), & -a/2 < x < a/2, \\ 0, & \text{이외의 경우} \end{cases}$$

인 시행 파동함수를 사용하여 일차원 조화진동자의 바닥상태 에너지의 상한값을 구하라. a의 "최선의" 값은 무엇인가? $\langle H\rangle_{\text{min}}$과 정확한 값을 비교하라. 참고: 이 시행함수는 그 안에 $\pm a/2$에서 "꼬임"(불연속적인 미분)이 있다. 예제 8.3에서 한 것처럼 이것을 고려할 필요가 있는가?

(b) 구간 $(-a, a)$에서 $\psi(x) = B\sin(\pi x/a)$를 사용하여 첫 번째 들뜬 상태의 상한값을 구하라. 정확한 답과 비교하라.

*** **문제 8.18**

(a) 임의의 n에 대해 시행 파동함수[18]

$$\psi(x) = \frac{A}{(x^2+b^2)^n}$$

을 사용하여 문제 8.2를 일반화하라. 부분답: b에 대한 최선의 값은

$$b^2 = \frac{\hbar}{m\omega}\left[\frac{n(4n-1)(4n-3)}{2(2n+1)}\right]^{1/2}$$

이다.

(b) 다음 형태의 시행 함수

$$\psi(x) = \frac{Bx}{(x^2+b^2)^n}$$

을 이용하여 조화진동자의 첫 번째 들뜬 상태의 상한값에 대한 최소값을 구하라. 부분답: b에 대한 최선의 값은

$$b^2 = \frac{\hbar}{m\omega}\left[\frac{n(4n-5)(4n-3)}{2(2n+1)}\right]^{1/2}$$

이다.

(c) $n \to \infty$일 때 상한값은 정확한 에너지에 접근하는 것에 주목하라. 왜 그런가? 귀띔: $n = 2$, $n = 3$, $n = 4$에 대해 시행 파동함수를 그리고 이들을 진짜 파동함수(식 2.60과 2.63)와 비교하라. 해석적으로 하려면 다음의 관계에서 시작하라.

$$e^z = \lim_{n\to\infty}\left(1+\frac{z}{n}\right)^n.$$

문제 8.19 Gaussian 시행 파동함수

$$\psi(\mathbf{r}) = Ae^{-br^2}$$

[18] W. N. Mei, *Int. J. Educ. Sci. Tech.* **27**, 285 (1996).

을 사용하여 얻을 수 있는 수소 바닥상태의 상한값에 대한 최소값을 구하라. 여기서 A는 규격화로 결정되고 b는 조정 가능한 매개변수이다. 답: -11.5 eV.

문제 8.20 수소의 첫 번째 들뜬 상태의 에너지에 대한 상한값을 구하라. $\ell = 1$인 시행 함수는 자동적으로 바닥상태와 직교한다(각주 6 참조). ψ의 지름 부분에 대해서는 문제 8.19와 같은 함수를 써라.

** **문제 8.21** 광자의 질량이 0이 아니면($m_\gamma \neq 0$) Coulomb 퍼텐셜은 **Yukawa 퍼텐셜**로 바뀐다.

$$V(\mathbf{r}) = -\frac{e^2}{4\pi\epsilon_0}\frac{e^{-\mu r}}{r}. \tag{8.73}$$

여기서 $\mu = m_\gamma c/\hbar$이다. 적당히 고안한 시행 파동함수로 이 퍼텐셜이 있는 "수소" 원자의 결합 에너지를 추정하라. $\mu a \ll 1$임을 가정하고, 답을 $(\mu a)^2$의 차수까지 구하라.

문제 8.22 (시간에 무관한) Hamiltonian H^0가 단지 두 개의 고유상태 ψ_a(에너지 E_a)와 ψ_b(에너지 E_b)만 허용하는 이준위 양자계가 있다고 하자. 이 상태들은 직교하고, 규격화되어 있고, 겹쳐 있지 않다. (E_a가 두 에너지 중 작은 값이라고 가정하라.) 이제 다음의 행렬요소를 갖는 섭동 H'을 켠다.

$$\langle\psi_a \,|\, H' \,|\, \psi_a\rangle = \langle\psi_b \,|\, H' \,|\, \psi_b\rangle = 0; \quad \langle\psi_a \,|\, H' \,|\, \psi_b\rangle = \langle\psi_b \,|\, H' \,|\, \psi_a\rangle = h. \tag{8.74}$$

여기서 h는 지정된 상수이다.

(a) 섭동이 있는 Hamiltonian에 대한 정확한 고유값을 구하라.

(b) 이차 섭동 이론을 이용하여 섭동된 계의 에너지를 계산하라.

(c) 다음 형태의 시행 함수

$$\psi = (\cos\phi)\,\psi_a + (\sin\phi)\,\psi_b \tag{8.75}$$

로 변분 원리를 이용하여 섭동이 있는 계의 바닥상태 에너지를 추정하라. 여기서 ϕ는 조정 가능한 매개변수이다. 참고: 이 방법으로 선형결합을 쓰는 것은 ψ가 규격화된다는 것을 보장하는 깔끔한 방법이다.

(d) 이 답을 (a), (b), (c)와 비교하라. 이 경우 왜 변분 원리가 이렇게 정확한가?

문제 8.23 문제 8.22에서 개발한 방법에 대한 명백한 예로 균일한 자기장 $\mathbf{B} = B_z\hat{k}$ 안에 정지한 전자를 고려하자. 이 Hamiltonian은 (식 4.158)

$$H^0 = \frac{eB_z}{m}S_z \tag{8.76}$$

이다. 고유스피너 χ_a와 χ_b, 이에 해당하는 에너지 E_a와 E_b는 식 4.161에 있다. 이제 x 방향의 균일한 자기장 형태인

$$H' = \frac{eB_x}{m}S_x \tag{8.77}$$

의 섭동이 켜진다.

(a) H'의 행렬요소를 구하고 이들은 식 8.74의 구조를 갖는다는 것을 확인하라. h는 무엇인가?

(b) 문제 8.22(b)의 결과를 이용하여 이차 섭동 이론에서 새로운 바닥상태 에너지를 구하라.

(c) 문제 8.22(c)의 결과를 이용하여 바닥상태 에너지에 대한 변분 원리에 의한 상한값을 구하라.

*** **문제 8.24** 비록 헬륨에 대한 Schrödinger 방정식 자체는 정확하게 풀 수 없지만 정확한 해가 있는 "헬륨꼴" 계는 존재한다. 간단한 예로[19] Coulomb 힘을 Hooke 법칙을 만족하는 힘으로 바꾼 "고무줄 헬륨"이다.

$$H = -\frac{\hbar^2}{2m}\left(\nabla_1^2 + \nabla_2^2\right) + \frac{1}{2}m\omega^2\left(r_1^2 + r_2^2\right) - \frac{\lambda}{4}m\omega^2|\mathbf{r}_1 - \mathbf{r}_2|^2. \tag{8.78}$$

(a) $\mathbf{r}_1$, $\mathbf{r}_2$에서

$$\mathbf{u} \equiv \frac{1}{\sqrt{2}}(\mathbf{r}_1 + \mathbf{r}_2), \quad \mathbf{v} \equiv \frac{1}{\sqrt{2}}(\mathbf{r}_1 - \mathbf{r}_2) \tag{8.79}$$

로 변수 변환을 하면 Hamiltonian이 두 개의 독립적인 삼차원 조화진동자

$$H = \left[-\frac{\hbar^2}{2m}\nabla_u^2 + \frac{1}{2}m\omega^2 u^2\right] + \left[-\frac{\hbar^2}{2m}\nabla_v^2 + \frac{1}{2}(1-\lambda)\,m\omega^2 v^2\right] \tag{8.80}$$

이 된다는 것을 증명하라.

(b) 이 계에 대한 정확한 바닥상태 에너지는 무엇인가?

(c) 정확한 해를 알지 못한다면 8.2절의 방법을 원래 형태(식 8.78)의 Hamiltonian에 적용하고 싶을 것이다. 그렇게 해보라. (가림 효과는 걱정하지 말라.) 이 결과를 정확한 답과 비교하라. 답: $\langle H \rangle = 3\hbar\omega(1 - \lambda/4)$.

*** **문제 8.25**

문제 8.8에서 헬륨에 대해 잘 맞는 가림이 있는 시행 파동함수(식 8.28)가 음으로 대전된 수소 이온의 속박 상태의 존재를 확인하는 데 적합하지 않다는 것을 알았다. Chandrasekhar는[20] 다음의 시행 파동함수를 사용했다.

$$\psi(\mathbf{r}_1, \mathbf{r}_2) \equiv A\left[\psi_1(r_1)\psi_2(r_2) + \psi_2(r_1)\psi_1(r_2)\right]. \tag{8.81}$$

여기서

$$\psi_1(r) \equiv \sqrt{\frac{Z_1^3}{\pi a^3}}e^{-Z_1 r/a} \text{와} \qquad \psi_2(r) \equiv \sqrt{\frac{Z_2^3}{\pi a^3}}e^{-Z_2 r/a} \tag{8.82}$$

이다. 사실 두 개의 다른 가림 인자를 허용했는데 한 전자는 핵에 상대적으로 더 가깝게

---

[19] 더 복잡한 모형에 대해서는 R. Crandall, R. Whitnell, R. Bettega, *Am. J. Phys.* **52**, 438 (1984)를 참조하라.

[20] S. Chandrasekhar, *Astrophys. J.* **100**, 176 (1944).

있고, 다른 것은 멀리 있을 수 있다는 것을 제안한 것이다. (전자는 똑같은 입자이므로 공간 파동함수는 교환에 대해 대칭적이어야 한다. 이 계산에 상관없는 스핀 상태는 당연히 반대칭적이다.) 조정 가능한 매개변수 Z_1과 Z_2를 잘 선택하면 $\langle H\rangle$를 -13.6 eV보다 작게 얻을 수 있다는 것을 보여라. 답:

$$\langle H\rangle = \frac{E_1}{x^6+y^6}\left(-x^8+2x^7+\frac{1}{2}x^6y^2-\frac{1}{2}x^5y^2-\frac{1}{8}x^3y^4+\frac{11}{8}xy^6-\frac{1}{2}y^8\right)$$

여기서 $x \equiv Z_1 + Z_2$이고 $y \equiv 2\sqrt{Z_1Z_2}$이다. Chandrasekhar는 $Z_1 = 1.039$(이것은 1보다 크므로 유효 핵 전하로 해석하는 것이 불가능하지만 걱정할 필요는 없고, 이것은 여전히 허용되는 시행 파동함수이다)와 $Z_2 = 0.283$을 사용했다.

문제 8.26 핵 융합을 조절하는 기본적인 문제는 두 입자(예컨대 두 개의 중양성자)를 잡아당기는(하지만 짧은 영역의) 핵력이 Coulomb 척력을 극복할 정도로 충분히 가깝게 놓는 것이다. "불도저" 방법은 입자를 매우 높은 온도에 이르게 하여 제멋대로 충돌하도록 허용해서 이들을 가깝게 놓는 것이다. 더 교묘한 제안은 **뮤온 촉매 작용**으로 양성자 대신 중양성자를, 전자 대신 뮤온으로 만든 "수소 분자 이온"을 만드는 것이다. 이와 같은 구조에서 중양성자 사이의 평형 분리 거리를 예측하고, 왜 이러한 용도로는 뮤온이 전자보다 우수한지 설명하라.[21]

*** **문제 8.27 양자점.** 그림 8.10에 나타난 것처럼 이차원에서 십자가 모양의 영역에서만 움직일 수 있는 입자를 고려하사. 십자가의 "팔"은 무한히 뻗어 나간다. 십자가 안에서 퍼텐

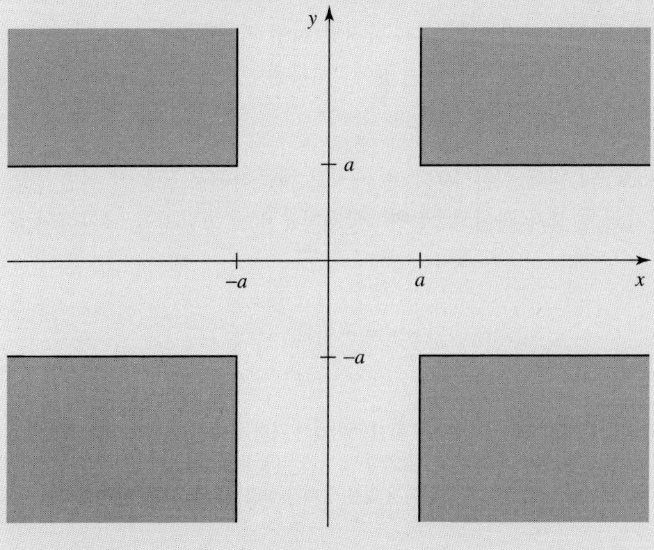

그림 8.10: 문제 8.27의 십자가형 영역.

[21] 뮤온 촉매 융합에 대한 대표적인 논문은 J. D. Jackson, *Phys. Rev.* **106**, 330 (1957)이다. 더 최근의 대중적인 글은 J. Rafelski, S. Jones, *Scientific American*, November 1987, 84쪽에 있다.

셜은 0이고, 그림자가 있는 지역에서는 무한대이다. 놀랍게도, 이 배열에서 양의 에너지를 갖는 속박 상태가 존재한다.[22]

(a) 무한대로 퍼져나가는 가장 낮은 에너지는

$$E_{\text{threshold}} = \frac{\pi^2\hbar^2}{8ma^2}$$

이고, 이보다 작은 에너지를 갖는 해는 속박 상태임을 증명하라. 귀띔: 한쪽 팔(예컨대 $x \gg a$)로 가서 변수를 분리하여 Schrödinger 방정식을 풀라. 파동함수가 무한히 퍼져 나가면 x에 대해 $\exp(ik_x x)$의 형태가 되어야 한다. 여기서 $k_x > 0$이다.

(b) 이제 변분 원리를 사용하여 바닥상태의 에너지가 $E_{\text{threshold}}$보다 작다는 것을 증명하라. (Jim McTavish가 제안한) 다음의 시행 파동함수를 사용하라.

$$\psi(x, y) = A\begin{cases}\left[\cos(\pi x/2a) + \cos(\pi y/2a)\right]e^{-\alpha}, & |x| \le a\text{와 } |y| \le a \\ \cos(\pi x/2a)e^{-\alpha|y|/a}, & |x| \le a\text{와 } |y| > a \\ \cos(\pi y/2a)e^{-\alpha|x|/a}, & |x| > a\text{와 } |y| \le a \\ 0, & \text{그 이외의 지역.}\end{cases}$$

규격화를 통해 A를 구하고, H의 기댓값을 구하라. 답:

$$\langle H\rangle = \frac{\hbar^2}{ma^2}\left[\frac{\pi^2}{8} - \left(\frac{1-(\alpha/4)}{1+\left(8/\pi^2\right)+(1/2\alpha)}\right)\right].$$

이제 α에 대해 최소화하고, 이 결과는 $E_{\text{threshold}}$보다 작다는 것을 증명하라. 귀띔: 문제의 대칭성을 최대한 이용하라. 열린 지역의 1/8만 적분하면 된다. 왜냐하면 다른 일곱 개의 적분을 같기 때문이다. 하지만 시행 파동함수는 연속이지만 미분은 그렇지 않다는 것에 주의하라. 연결되는 곳에 "지붕선"이 있고, 예제 8.3의 방법을 이용할 필요가 있다.[23]

문제 8.28 Yukawa의 원래 이론(1934)은 아직도 핵물리에서 유용한 어림 방법으로 남아 있다. 즉 양성자와 중성자 사이의 "강한" 상호작용은 π 중간자를 교환하여 생긴다. 퍼텐셜 에너지는

$$V(r) = -r_0V_0\frac{e^{-r/r_0}}{r} \tag{8.83}$$

---

[22] 이 모형은 R. L. Schult 등, *Phys. Rev. B* **39**, 5476 (1989)에서 가져 왔다. 심화된 논의를 보려면 J. T. Londergan, D. P. Murdock, *Am. J. Phys.* **80**, 1085 (2012)를 참조하라. 양자 터널링이 있으면 고전적인 속박 상태는 속박되지 않을 수 있다. 이것은 그 반대이다. 고전적으로 속박되지 않은 상태가 양자역학적으로는 속박된다.

[23] W.-N. Mei는

$$\psi(x, y) = Ae^{-\alpha\left(x^2+y^2\right)/a^2}\begin{cases}\left(1 - x^2y^2/a^4\right), \\ \left(1 - x^2/a^2\right), \\ \left(1 - y^2/a^2\right),\end{cases}$$

을 사용하여 더 좋은 상한값을 얻었지만(지붕선도 피했다) 적분은 수치적으로 해야 한다.

이다. 여기서 r은 핵자 사이의 거리이고, 영역 r_0는 중간자의 질량과 관련이 있다. $r_0 = \hbar/m_\pi c$. 질문: 이 이론으로 **중양성자**(양성자와 중성자의 속박 상태)의 존재를 설명할 수 있는가?

양성자/중성자 계에 대한 Schrödinger 방정식은 (문제 5.1 참조)

$$-\frac{\hbar^2}{2\mu}\nabla^2\psi(\mathbf{r}) + V(r)\psi(\mathbf{r}) = E\psi(\mathbf{r}) \tag{8.84}$$

이고, μ는 환원질량이다. (양성자와 중성자는 거의 같은 질량을 가지므로, 이를 모두 m이라고 부르겠다.) $\mathbf{r}$은 양성자에 대한 중성자의 위치이다. $\mathbf{r} = \mathbf{r}_n - \mathbf{r}_p$. 음의 에너지를 갖는 해(속박 상태)가 존재한다는 것을

$$\psi_\beta(\mathbf{r}) = Ae^{-\beta r/r_0} \tag{8.85}$$

의 형태를 갖는 시행 파동함수를 사용하여 증명하면 된다.

(a) $\psi_\beta(\mathbf{r})$를 규격화하여 A를 결정하라.

(b) ψ_β 상태에서 Hamiltonian$\left(H = -\frac{\hbar^2}{2\mu}\nabla^2 + V\right)$의 기댓값을 구하라. 답:

$$E(\beta) = \frac{\hbar^2}{2\mu r_0^2}\beta^2\left[1 - \frac{4\gamma\beta}{(1+2\beta)^2}\right], \quad \text{여기서} \quad \gamma \equiv \frac{2\mu r_0^2}{\hbar^2}V_0. \tag{8.86}$$

(c) $dE(\beta)/d\beta = 0$으로 놓아 시행 파동함수를 최적화하라. 이 조건으로 β를 γ의 함수로 쓸 수 있다. (따라서 V_0로 쓸 수 있고, 다른 모든 것은 상수이다.) 그러나 이것을 이용하여 γ를 소거하여 β만 남게 하자.

$$E_{\min} = \frac{\hbar^2}{2\mu r_0^2}\frac{\beta^2(1-2\beta)}{(3+2\beta)}. \tag{8.87}$$

(d) $\hbar^2/2\mu r_0^2 = 1$로 놓고, $E_{\min}$을 $0 \le \beta \le 1$에서 β의 함수로 그려라. 이것을 통해 중양성자의 결합에 대해서 무엇을 알 수 있는가? 속박 상태가 있다고 확신할 수 있는 V_0의 최소값은 얼마인가? (필요한 질량을 찾아 보라.) 실험값은 52 MeV이다.

문제 8.29 속박 상태의 존재. (일차원에서) 퍼텐셜 "우물"은 절대로 양수가 아닌 함수 $V(x)$이고[모든 x에 대해 $V(x) \le 0$], 무한대에서 0으로 간다[$x \to \pm\infty$일 때 $V(x) \to 0$].[24]

(a) 다음의 **정리**를 증명하라. 퍼텐셜 우물 $V_1(x)$에 적어도 한 개의 속박 상태가 있으면 어떤 더 깊거나, 더 넓은 우물[모든 x에 대해 $V_2(x) \le V_1(x)$] 또한 적어도 한 개의 속박 상태를 갖는다. 귀띔: V_1의 바닥상태 $\psi_1(x)$를 변분 시행 함수로 사용하라.

(b) 다음의 **따름 정리**를 증명하라. 일차원에서 모든 퍼텐셜 우물은 속박 상태를 갖는다.[25] 귀띔: V_1에 대해 유한 사각우물(2.6절)을 사용하라.

---

[24] 사소한 경우를 제외하려면 면적이 0이 아니라고 가정한다[$\int V(x)\,dx \ne 0$]. 이 문제에 대해서는 무한 사각우물도, 조화진동자도 비록 이들에 대해 속박 상태가 존재하더라도 "퍼텐셜 우물"이 아니다.

[25] K. R. Brownstein, *Am. J. Phys.* **68**, 160 (2000)에서 $\int_{-\infty}^{\infty} V(x)\,dx \le 0$인 임의의 일차원 퍼텐셜에는 [$V(x)$가 모든 곳에서 0이 아닌 한] 어떤 곳에서 양수가 되더라도 속박 상태를 허용한다는 것이 증명되었다.

(c) 이 정리는 이차원과 삼차원으로 확장되는가? 따름 정리는 어떤가? 귀띔: 문제 4.11과 4.51을 복습하면 좋을 것이다.

** **문제 8.30** 변분 계산을 하려면 변분 매개변수의 함수로서 에너지의 최소값을 찾아야 한다. 일반적으로 이것은 매우 어려운 문제이다. 그러나 시행 파동함수를 신중하게 선택하면 효율적인 알고리즘을 만들 수 있다. 특별히 함수 $\phi_n(x)$의 선형결합

$$\psi(x) = \sum_{n=1}^{N} c_n \phi_n(x) \tag{8.88}$$

을 사용한다고 하자. 여기서 c_n은 변분 매개변수이다. ϕ_n이 직교규격화된 집합($\langle\phi_m|\phi_n\rangle = \delta_{mn}$)이지만, $\psi(x)$는 규격화될 필요가 없다면 $\langle H\rangle$은

$$\varepsilon = \frac{\langle\psi\mid H\mid\psi\rangle}{\langle\psi\mid\psi\rangle} = \frac{\sum_{mn} c_m^* H_{mn} c_n}{\sum_n |c_n|^2} \tag{8.89}$$

이다. 여기서 $H_{mn} = \langle\phi_m|H|\phi_n\rangle$이다. c_j^*에 대해 미분을 취하고 (결과를 0으로 놓으면) 다음을 얻는다.[26]

$$\sum_n H_{jn} c_n = \varepsilon c_j. \tag{8.90}$$

이것은 고유값 문제

$$\begin{pmatrix} H_{11} & H_{12} & \cdots & H_{1N} \\ H_{21} & H_{22} & \cdots & H_{2N} \\ \vdots & \vdots & \ddots & \vdots \\ H_{N1} & H_{N2} & \cdots & H_{NN} \end{pmatrix}\begin{pmatrix} c_1 \\ c_2 \\ \vdots \\ c_N \end{pmatrix} = \varepsilon \begin{pmatrix} c_1 \\ c_2 \\ \vdots \\ c_N \end{pmatrix} \tag{8.91}$$

의 j번째 열로 인식할 수 있다. 이 행렬 H의 고유값의 최소값이 바닥상태 에너지의 상한값을 주고, 이에 해당하는 고유벡터는 식 8.88의 형태 중 최선의 변분 파동함수를 결정한다.

(a) 식 8.90을 확인하라.

(b) 이제 식 8.89를 c_j에 대해 미분하고 식 8.90과 반복되는 결과를 얻는 것을 증명하라.

(c) 너비 a인 무한 사각 우물에 기울어진 바닥

---

26 복소수인 각각의 c_j는 두 개의 (실수 부분과 허수 부분의) 독립적인 매개변수를 나타낸다. 실수와 허수 부분에 대한 미분을 취할 수 있다.

$$\frac{\partial}{\partial \operatorname{Re}[c_j]} E = 0 \text{와} \quad \frac{\partial}{\partial \operatorname{Im}[c_j]} E = 0.$$

그러나 c_j와 c_j^*를 독립적인 매개변수로 취급해도 되고, 더 간단하다.

$$\frac{\partial}{\partial c_j} E = 0 \text{와} \quad \frac{\partial}{\partial c_j^*} E = 0.$$

어떤 방법으로도 같은 결과를 얻는다.

$$V(x) = \begin{cases} \infty & x < 0, \\ V_0\, x/a & 0 \le x \le a, \\ \infty & x > a \end{cases}$$

이 있는 곳에 놓인 입자를 고려하자. 무한 사각 우물의 정상상태

$$\phi_n = \sqrt{\frac{2}{a}}\, \sin\!\left(\frac{n\,\pi\, x}{a}\right)$$

중 첫 열 개의 선형결합을 이용하여 $V_0 = 100\ \hbar^2/ma^2$인 경우 바닥상태 에너지에 대한 상한값을 구하라. 최적화된 변분 파동함수의 그림을 그려라. [참고: 정확한 결과는 $39.9819\ \hbar^2/m\,a^2$이다.]

9 WKB 어림 방법

The WKB Approximation

WKB (Wentzel, Kramers, Brillouin)[1] 방법은 일차원에서 시간에 무관한 Schrödinger 방정식에 대한 어림해를 얻는 방법이다. (이와 같은 기본적인 개념은 많은 다른 미분방정식에 적용할 수 있고, 삼차원 Schrödinger 방정식의 지름 부분에도 적용할 수 있다.) 이것은 속박 상태 에너지와 퍼텐셜 장벽을 지나는 터널링 비율을 계산하는 데 특히 유용하다.

기본적인 개념은 다음과 같다. 퍼텐셜 $V(x)$가 상수인 지역을 지나는 에너지 E인 입자를 상상하자. 만일 $E > V$라면 파동함수는 다음의 형태이다.

$$\psi(x) = Ae^{\pm ikx}, \quad 여기서 \quad k \equiv \sqrt{2m(E-V)}/\hbar.$$

양의 부호는 입자가 오른쪽으로, 음의 부호는 왼쪽으로 이동하는 파동을 나타낸다. (물론 일반해는 이 둘의 선형결합이다.) 파동함수는 고정된 파장($\lambda = 2\pi/k$)으로 진동하고, 진폭(A)은 변하지 않는다. 이제 $V(x)$가 상수는 아니지만, λ에 비해서 매우 천천히 변해서 여러 개의 파장에 해당하는 영역에서 퍼텐셜은 기본적으로 상수로 생각할 수 있는 경우를 생각하자. 그러면 ψ는 파장과 진폭이 x에 대해 천천히 변하는 것을 제외하고는 실제로 사인 함수 형태라고 생각하는 것이 합리적이다. 이것이 WKB 어림 방법 뒤에 숨어 있는 영감을 주는 생각이다. 사실 여기에는 두 개의 다른 수준에서 x에 대한 의존성이 있다. 즉 빠른 진동이 진폭과 파장에서 나타나는 점진적인 변화에 의해 변조된다.

같은 방식으로 $E < V$이면(그리고 V는 상수이다) ψ는 지수함수이다.

$$\psi(x) = Ae^{\pm\kappa x}, \quad 여기서 \quad \kappa \equiv \sqrt{2m(V-E)}/\hbar.$$

그리고 $V(x)$가 상수가 아니지만 $1/\kappa$에 비해 천천히 변하면, 해는 A와 κ가 이제 천천히 변하는 x의 함수라는 것을 제외하고는 실제로는 지수함수이다.

이제 이 전체 과정이 성립하지 않는 지점이 있고, 이 점은 $E \approx V$인 고전적인 **반환점**에 매우 가까운 곳이다. 여기서 λ(혹은 $1/\kappa$)는 무한대로 가고, $V(x)$는 비교하여 "천천히" 변한다고는 말할 수 없다. 앞으로 보겠지만 최종 결과는 기술하기 간단하고, 적용하기 쉽지만 반환점을 적절히 취급하는 것이 WKB 어림 방법의 가정 어려운 요소이다.

9.1 "고전적인" 영역

Schrödinger 방정식

$$-\frac{\hbar^2}{2m}\frac{d^2\psi}{dx^2} + V(x)\psi = E\psi$$

[1] 네덜란드에서는 KWB이고, 프랑스에서는 BWK이며, 영국에서는 JWKB (Jeffreys 포함)이다.

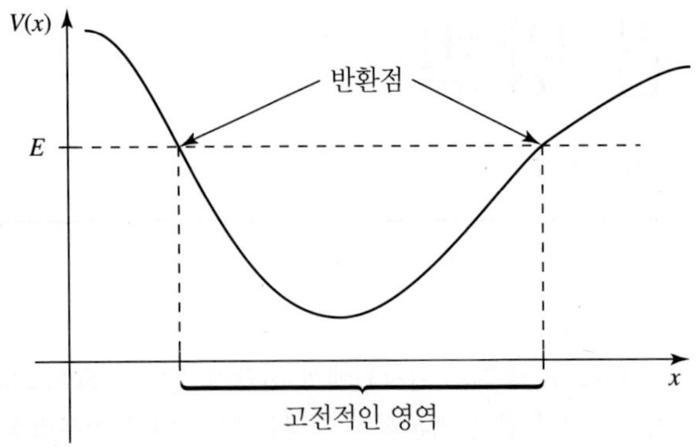

그림 9.1: 고전적인 경우 입자는 $E \geq V(x)$인 영역에 갇혀 있다.

은 다음과 같이 다시 쓸 수 있다.

$$\frac{d^2\psi}{dx^2} = -\frac{p^2}{\hbar^2}\psi. \tag{9.1}$$

여기서

$$p(x) \equiv \sqrt{2m\,[E - V(x)]} \tag{9.2}$$

는 전체 에너지 E, 퍼텐셜에너지 $V(x)$인 입자의 운동량(의 크기)에 대한 고전적인 공식이다. 당분간 $E > V(x)$라고 가정하면 $p(x)$는 실수이다. 이곳을 명백한 이유로 "고전적인" 영역이라고 한다. 고전적으로 입자는 이 영역의 x에 갇혀 있다(그림 9.1 참조). 일반적으로 ψ는 복소수 함수이다. 이것을 진폭 $A(x)$와 위상 $\phi(x)$로 쓸 수 있고, 이들은 모두 실수이다.

$$\psi(x) = A(x)e^{i\phi(x)}. \tag{9.3}$$

프라임 기호로 x에 대한 미분을 나타내면

$$\frac{d\psi}{dx} = \left(A' + iA\phi'\right)e^{i\phi}$$

이고

$$\frac{d^2\psi}{dx^2} = \left[A'' + 2iA'\phi' + iA\phi'' - A\left(\phi'\right)^2\right]e^{i\phi} \tag{9.4}$$

이다. 이것을 식 9.1에 넣으면

$$A'' + 2iA'\phi' + iA\phi'' - A\left(\phi'\right)^2 = -\frac{p^2}{\hbar^2}A \tag{9.5}$$

를 얻는다. 이것은 두 개의 실수 방정식에 해당한다. 하나는 실수 부분이고, 다른 하나는 허수 부분이다.

$$A'' - A\left(\phi'\right)^2 = -\frac{p^2}{\hbar^2}A \quad \text{즉} \quad A'' = A\left[\left(\phi'\right)^2 - \frac{p^2}{\hbar^2}\right], \tag{9.6}$$

$$2A'\phi' + A\phi'' = 0 \quad \text{즉} \quad \left(A^2\phi'\right)' = 0 \tag{9.7}$$

이다.

식 9.6과 9.7은 원래의 Schrödinger 방정식과 완전히 같은 것이다. 두 번째 식은 쉽게 풀 수 있다.

$$A^2\phi' = C^2, \quad \text{즉} \quad A = \frac{C}{\sqrt{|\phi'|}}. \tag{9.8}$$

여기서 C는 (실수의) 상수이다. 첫 번째 식(식 9.6)은 일반적으로 풀 수 없으므로, 여기서 어림 방법이 필요하다. 진폭 A가 천천히 변한다고 가정하면 A''은 무시할 수 있다. [더 정확하게는 A''/A가 $(\phi')^2$과 $p^2/\hbar^2$에 비해 매우 작다고 가정하는 것이다.] 이 경우 식 9.6의 좌변을 버릴 수 있고

$$\left(\phi'\right)^2 = \frac{p^2}{\hbar^2}, \quad \text{즉} \quad \frac{d\phi}{dx} = \pm\frac{p}{\hbar}$$

이므로

$$\phi(x) = \pm\frac{1}{\hbar}\int p(x)\,dx \tag{9.9}$$

가 된다. (이것을 부정적분으로 쓰겠다. 이제 임의의 적분 상수는 C로 흡수할 것이므로 이로 인해 복소수가 된다. 또한 $\sqrt{\hbar}$ 인자도 흡수시키겠다.) 그러면 다음을 얻는다.

$$\boxed{\psi(x) \approx \frac{C}{\sqrt{p(x)}}e^{\pm\frac{i}{\hbar}\int p(x)\,dx}.} \tag{9.10}$$

다음을 주목하자.

$$|\psi(x)|^2 \approx \frac{|C|^2}{p(x)}. \tag{9.11}$$

이는 점 x에서 입자를 발견할 확률은 그 점에서 (고전적인) 운동량(따라서 속도)에 반비례한다는 것을 뜻한다. 이것이 정확히 예상한 바이다. 입자는 빨리 움직이는 곳에서는 오래 머물지 않으므로 이곳에서 잡힐 확률은 작다. 사실 WKB 어림 방법은 미분방정식에서 A''을 버리는 대신, 가끔 이러한 "준고전적인" 관측에서 시작하여 유도하기도 한다. 첫 번째 방법은 수학적으로 더 깨끗하지만, 두 번째 방법은 물리적인 직관을 더 제공한다. 물론 일반적인 (어림)해는 식 9.10에서 각각의 부호를 갖는 두 해의 선형결합이다.

예제 9.1

두 개의 수직 벽이 있는 퍼텐셜 우물. 울퉁불퉁한 바닥이 있는 무한 사각 우물을 고려하자 (그림 9.2).

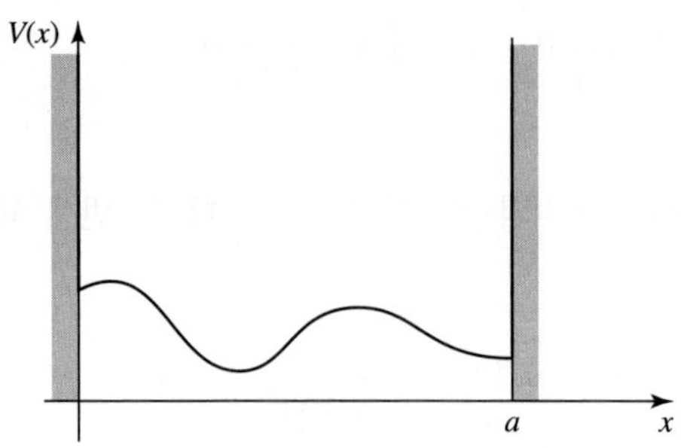

그림 9.2: 울퉁불퉁한 바닥이 있는 무한 사각 우물.

$$V(x) = \begin{cases} \text{주어진 함수}, & (0 < x < a), \\ \infty & (\text{이 외의 경우}). \end{cases} \tag{9.12}$$

퍼텐셜 우물 안에서는[$E > V(x)$로 가정한다]

$$\psi(x) \approx \frac{1}{\sqrt{p(x)}}\left[C_+ e^{i\phi(x)} + C_- e^{-i\phi(x)}\right] \tag{9.13}$$

을 얻고, 더 편리하게 쓰면

$$\psi(x) \approx \frac{1}{\sqrt{p(x)}}\left[C_1 \sin\phi(x) + C_2 \cos\phi(x)\right] \tag{9.14}$$

이다. 여기서 (적분의 하한을 편리하게 정할 수 있으므로 자유롭게 정해서)[2] 다음을 얻는다.

$$\phi(x) = \frac{1}{\hbar}\int_0^x p(x')\,dx'. \tag{9.15}$$

이제 $x = 0$에서 $\psi(x)$는 0이 되어야 하므로 [$\phi(0) = 0$이므로] $C_2 = 0$이다. $x = a$에서도 $\psi(x)$는 0이 되어야 하므로

$$\phi(a) = n\pi \quad (n = 1,\ 2,\ 3,\ \ldots) \tag{9.16}$$

이다.

결론:

$$\boxed{\int_0^a p(x)\,dx = n\pi\hbar.} \tag{9.17}$$

이 양자화 조건이 (어림한) 허용된 에너지를 결정한다.

예를 들어 우물의 바닥이 평평하다면[$V(x) = 0$] $p(x) = \sqrt{2mE}$(상수)이고, 식 9.17에 의하면 $pa = n\pi\hbar$, 즉

$$E_n = \frac{n^2\pi^2\hbar^2}{2ma^2}$$

2 양의 부호를 선택할 수도 있다. 왜냐하면 둘 모두 식 9.13에 포함되기 때문이다.

이다. 이것이 무한 사각 우물의 에너지 준위에 대한 원래 공식(식 2.30)이다. 이 경우 WKB 어림 방법으로 정확한 값을 얻는다. (실제 파동함수의 진폭은 상수이므로 A''을 버리는 것은 아무 영향이 없다.)

* **문제 9.1** WKB 어림 방법을 이용하여 반쪽만 높이 V_0의 문턱이 있는 무한 사각 우물(그림 7.3)

$$V(x) = \begin{cases} V_0, & (0 < x < a/2), \\ 0, & (a/2 < x < a), \\ \infty, & (\text{이 외의 경우}) \end{cases}$$

에 대해 허용된 에너지(E_n)를 구하라. 답을 V_0와 $E_n^0 \equiv (n\pi\hbar)^2/2ma^2$(문턱이 없는 무한 사각 우물의 n번째 허용된 에너지)로 나타내라. $E_1^0 > V_0$임을 가정하지만 $W_n \gg V_0$라고는 가정하지 말라. 이 결과를 7.1.2절에서 일차 섭동 이론을 사용한 결과와 비교하라. V_0가 매우 작거나(섭동 이론의 영역), n이 매우 큰 경우(WKB, 즉 준고전적 영역)와 서로 같다는 것에 주목하라.

** **문제 9.2** WKB 공식(식 9.10)을 유도하는 다른 방법은 $\hbar$의 차수로 전개하는 것이다. 자유 입자 파동함수가 $\psi = A\exp(\pm ipx/\hbar)$라는 것에 기초하여

$$\psi(x) = e^{if(x)/\hbar}$$

으로 쓴다. 여기서 $f(x)$는 적당한 복소수 함수이다. (여기서 일반성을 잃지 않았다. 임의의 0이 아닌 함수는 이 방법으로 쓸 수 있다.)

(a) 이것을 (식 9.1의 형태로) Schrödinger 방정식에 넣고 다음을 증명하라.

$$i\hbar f'' - (f')^2 + p^2 = 0.$$

(b) $f(x)$를 $\hbar$의 급수로 써라.

$$f(x) = f_0(x) + \hbar f_1(x) + \hbar^2 f_2(x) + \cdots.$$

그리고 $\hbar$의 같은 차수인 항을 모으면 다음이 된다는 것을 증명하라.

$$(f_0')^2 = p^2, \quad if_0'' = 2f_0'f_1', \quad if_1'' = 2f_0'f_2' + (f_1')^2, \quad \text{등}.$$

(c) $f_0(x)$와 $f_1(x)$에 대해 풀고, $\hbar$의 일차까지 구하면 식 9.10을 다시 얻는다는 것을 증명하라.

참고: 음수의 로그는 $\ln(-z) = \ln(z) + in\pi$로 정의한다. 여기서 n은 홀수 정수이다. 이 공식을 처음 보았다면, 양변을 지수함수로 만들면 이 식이 어떻게 나왔는지 볼 수 있을 것이다.

9.2 터널링

지금까지 $E > V$를 가정하여 $p(x)$는 실수였다. 그러나 비고전적인 영역($E < V$)에 대응되는 결과도

쉽게 쓸 수 있다. 이것은 전과 같고(식 9.10) 다만 $p(x)$가 허수일 뿐이다.[3]

$$\boxed{\psi(x) \approx \frac{C}{\sqrt{|p(x)|}} e^{\pm \frac{1}{\hbar} \int |p(x)| \, dx}.} \tag{9.18}$$

예를 들어 울퉁불퉁한 꼭대기가 있는 사각 장벽으로부터 충돌하는 문제를 고려하자(그림 9.3). 장벽의 왼쪽으로는 ($x < 0$)

$$\psi(x) = Ae^{ikx} + Be^{-ikx} \tag{9.19}$$

이다. A는 입사 진폭, B는 반사 진폭이고, $k \equiv \sqrt{2mE}/\hbar$이다(2.5절 참조). 장벽의 오른쪽에서 ($x > a$)

$$\psi(x) = Fe^{ikx} \tag{9.20}$$

이고, F는 투과진폭이다. 투과 확률은

$$T = \frac{|F|^2}{|A|^2} \tag{9.21}$$

이다. 터널링 지역($0 \leq x \leq$ a)에서는 WKB 어림 방법에 의하면 다음을 얻는다.

$$\psi(x) \approx \frac{C}{\sqrt{|p(x)|}} e^{\frac{1}{\hbar} \int_0^x |p(x')| \, dx'} + \frac{D}{\sqrt{|p(x)|}} e^{-\frac{1}{\hbar} \int_0^x |p(x')| \, dx'}. \tag{9.22}$$

만일 장벽이 매우 높거나 매우 넓으면(즉 터널링 확률이 작다면) 지수함수로 증가하는 항(C)의 계수는 작을 것이다. (사실 장벽이 무한히 넓다면 0이 되어야 한다.) 그리고 파동함수는 그림 9.4처럼 보일 것이다.[4] 입사 파동과 투과 파동의 상대적인 진폭은 기본적으로 비고전적인 영역에서 지수함수가 전체적으로 감소한 것으로 결정된다.

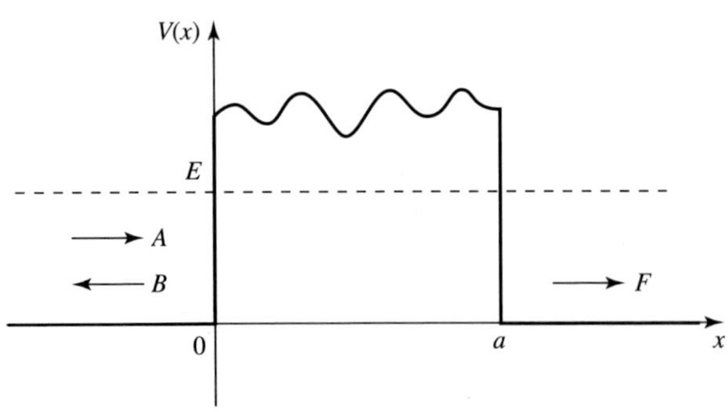

그림 9.3: 울퉁불퉁한 꼭대기가 있는 사각 장벽에서의 충돌.

---

[3] 이 경우 파동함수는 실수이고, 식 9.6과 9.7과 비슷한 결과를 얻는 데 식 9.5가 필요조건은 아니다. 하지만 여전히 충분조건이다. 이것이 거슬린다면 문제 9.2에 다른 유도 방법을 공부하라.

[4] 이 발견적인 논의는 더 정확하게 만들 수 있다. 문제 9.11 참조.

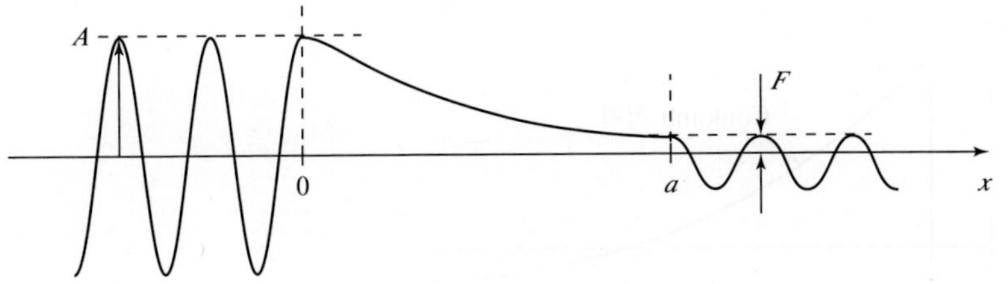

그림 9.4: 높고, 넓은 장벽에서의 충돌에 대한 파동함수의 정성적 구조.

$$\frac{|F|}{|A|} \sim e^{-\frac{1}{\hbar}\int_0^a |p(x')|\,dx'}.$$

따라서 다음을 얻는다.

$$\boxed{T \approx e^{-2\gamma}, \quad \text{여기서} \quad \gamma \equiv \frac{1}{\hbar}\int_0^a |p(x)|\,dx.} \tag{9.23}$$

예제 9.2

Gamow의 알파 붕괴 이론.[5] 1928년 George Gamow(그리고 독립적으로 Condon과 Gurney)는 식 9.23을 이용하여 처음으로 알파 붕괴(두 개의 양성자와 두 개의 중성자로 이루어진 알파 입자가 어떤 방사성 핵으로부터 지발적으로 방출되는 현상)를 성공적으로 설명했다.[6] 알파 입자는 양의 전하($2e$)를 가지므로 핵의 속박하는 힘에서 충분히 벗어나자마자 (전하 Ze의) 남은 핵이 전기적으로 밀어낼 것이다. 그러나 먼저 (우라늄의 경우) 이미 알려진 대로 방출된 알파 입자 에너지의 두 배보다 큰 퍼텐셜 장벽을 만난다. Gamow는 이 퍼텐셜에너지를 (잡아당기는 핵력을 나타내기 위해) 유한한 사각 우물로 어림했고, 이 우물은 (핵의 반지름인) r_1까지 펼쳐진다. 그리고 밀어내는 Coulomb형 꼬리 부분과 연결한다(그림 9.5). 그리고 탈출 작용을 양자 터널링이라고 생각했다. (이것은 양자역학을 처음으로 핵물리에 작용한 것이다.)

E가 방출된 알파 입자의 에너지라면 바깥쪽의 반환점(r_2)은

$$\frac{1}{4\pi\epsilon_0}\frac{2Ze^2}{r_2} = E \tag{9.24}$$

로 결정된다. 지수 γ는(식 9.23) 다음과 같이 주어진다.[7]

---

5 더 완전한 논의와 다른 수식화를 보려면 B. R. Holstein, *Am. J. Phys.* **64**, 1061 (1996)을 참조하라.

6 흥미로운 간단한 역사를 보려면 E. Merzbacher, "The Early History of Quantum Tunneling", *Physics Today*, August 2002, 44쪽을 참조하라.

7 이 경우 퍼텐셜은 장벽의 왼쪽에서 0으로 떨어지지 않는다. (더구나 이것은 실제로는 삼차원 문제이다.) 그러나 식 9.23에 포함된 기본적인 생각이 필요한 모든 것이다.

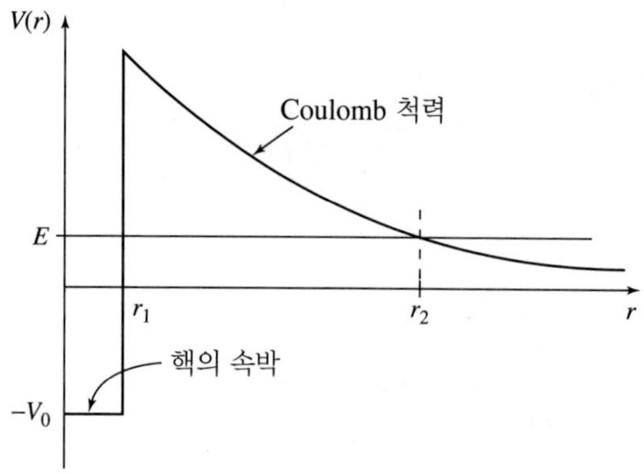

그림 9.5: 방사능 핵에서 알파 입자의 퍼텐셜에너지에 대한 Gamow의 모형.

$$\gamma = \frac{1}{\hbar}\int_{r_1}^{r_2}\sqrt{2m\left(\frac{1}{4\pi\epsilon_0}\frac{2Ze^2}{r} - E\right)}\,dr = \frac{\sqrt{2mE}}{\hbar}\int_{r_1}^{r_2}\sqrt{\frac{r_2}{r} - 1}\,dr.$$

적분은 $r \equiv r_2 \sin^2 u$로 치환하면 계산할 수 있고, 그 결과는

$$\gamma = \frac{\sqrt{2mE}}{\hbar}\left[r_2\left(\frac{\pi}{2} - \sin^{-1}\sqrt{\frac{r_1}{r_2}}\right) - \sqrt{r_1(r_2 - r_1)}\right] \tag{9.25}$$

이다. 전형적으로 $r_1 \ll r_2$이고 작은 각도 어림($\sin\epsilon \approx \epsilon$)을 이용하면 이 결과를 간단히 할 수 있다.

$$\gamma \cong \frac{\sqrt{2mE}}{\hbar}\left[\frac{\pi}{2}r_2 - 2\sqrt{r_1 r_2}\right] = K_1\frac{Z}{\sqrt{E}} - K_2\sqrt{Zr_1}. \tag{9.26}$$

여기서

$$K_1 \equiv \left(\frac{e^2}{4\pi\epsilon_0}\right)\frac{\pi\sqrt{2m}}{\hbar} = 1.980\,\mathrm{MeV}^{1/2} \tag{9.27}$$

이고

$$K_2 \equiv \left(\frac{e^2}{4\pi\epsilon_0}\right)^{1/2}\frac{4\sqrt{m}}{\hbar} = 1.485\,\mathrm{fm}^{-1/2} \tag{9.28}$$

이다. [1 페르미(fm)는 10^{-15} m이고, 대략 전형적인 핵의 크기이다.]

알파 입자가 핵 안에서 평균 속도 v로 달가닥거리며 움직인다고 상상하면, "벽"과 "충돌"하는 시간 간격은 약 $2r_1/v$이고, 따라서 충돌 진동수는 $v(2r_1)$이다. 각각의 충돌마다 탈출할 확률은 $e^{-2\gamma}$이므로, 단위 시간당 방출할 확률은 $(v/2r_1)\,e^{-2\gamma}$이고, 따라서 어미 핵의 **수명**은 약

$$\tau = \frac{2r_1}{v}e^{2\gamma} \tag{9.29}$$

이다. 불행하게도 v를 모르지만, 전혀 중요하지 않다. 왜냐하면 한 방사능 핵에서 다른 핵으

로 갈 때 지수 인자는 매우 긴 영역에서 변하므로(크기는 25개의 자리수만큼 작아진다) 이것에 비해 v의 변화는 그리 중요하지 않다. 특히 실험적으로 측정한 수명의 로그를 $1/\sqrt{E}$에 대해 그리면, 아름다운 직선을 얻는다(그림 9.6).[8] 이것은 식 9.26과 9.29에서 바로 예상한 것이다.

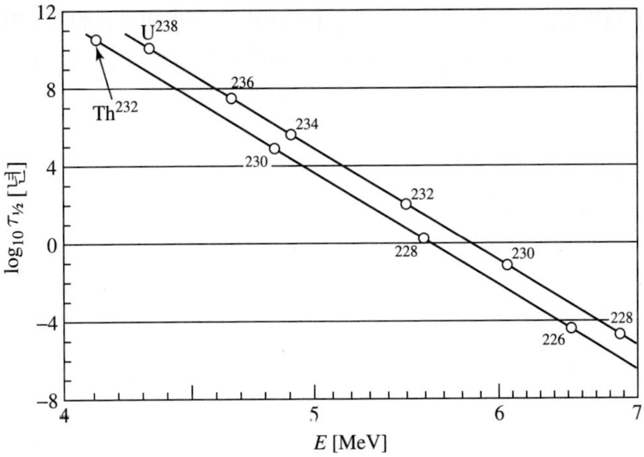

그림 9.6: 우라늄과 토륨의 동위원소에 대해 반감기($\tau_{1/2} = \tau \ln 2$)의 로그를 $1/\sqrt{E}$에 대해 그린 그래프. (여기서 E는 방출된 알파 입자의 에너지다.)

* **문제 9.3** 식 9.23을 이용하여 높이 $V_0 > E$이고 니비 $2a$인 유한한 사각 장벽을 만나는 에너지 E의 입자에 대한 투과 확률을 어림하여 계산하라. 이 답을 WKB 영역에서 $T \ll 1$으로 환원되는 정확한 결과(문제 2.33)와 비교하라.

** **문제 9.4** 식 9.26과 9.29를 이용하여 U^{238}과 Po^{212}의 수명을 계산하라. 귀띔: 핵 물질의 밀도는 상대적으로 일정하다. (즉 모든 핵에 대해 같다.) 그러므로 $(r_1)^3$은 A(중성자 수 더하기 양성자 수)에 비례한다. 실험적으로

$$r_1 \cong (1.07 \text{ fm})\, A^{1/3} \tag{9.30}$$

이다. 방출된 알파 입자의 에너지는 Einstein의 공식($E = mc^2$)에서 유도할 수 있다.

$$E = m_p c^2 - m_d c^2 - m_\alpha c^2 \tag{9.31}$$

여기서 m_p는 어미 핵의 질량, m_d는 딸 핵의 질량이고, m_α는 알파 입자(즉 He^4 핵)의 질량이다. 딸 핵이 무엇인지 알려면 알파 입자는 두 개의 양성자와 두 개의 중성자를 가지고 나가므로 Z는 2만큼, A는 4만큼 줄어든다는 것에 주목하라. 관계된 핵 질량을 찾아보라.

---

[8] 이 그림은 David Park, *Introduction to the Quantum Theory*, 3rd edn, Dover Publications, New York (2005)에서 허가를 받아 가져왔다. 이것은 I. Perlman, J. O. Rasmussen, "Alpha Radioactivity", *Encyclopedia of Physics*, Vol. **42**, Springer (1957)에서 따온 것이다.

v를 추정하려면 $E = (1/2)\ m_\alpha v^2$를 이용하라. 이때 핵 안의 (음의) 퍼텐셜에너지를 무시했으며, 틀림없이 v를 과소평가하지만 이 단계에서 할 수 있는 최선이다. 한편 실험적인 수명은 각각 6×10^9년과 0.5 μs이다.

문제 9.5 Zener 터널링. 반도체에서 전기장은 (충분히 크기만 하면) 에너지 띠 사이에 전이를 만들 수 있다. 이 현상은 Zener 터널링으로 알려져 있다. 균일한 자기장 $\mathbf{E} = -E_0\,\hat{\imath}$가 있으면

$$H' = -e\,E_0\,x$$

은 그림 9.7에 나타낸 것처럼 에너지 띠는 위치에 의존한다. 그러면 전자는 공유(낮은) 띠에서 전도(높은) 띠로 터널링을 한다. 이 현상이 **Zener 다이오드**에 대한 기초가 된다. 간격을 전자가 터널링할 수 있는 퍼텐셜 장벽으로 취급하여 터널링 확률을 E_g와 E_0로(m, $\hbar$, e로도) 표현하라.

9.3 연결 공식

지금까지의 논의에서 퍼텐셜 우물(혹은 장벽)의 "벽"은 수직이라고 가정하여 "외부"의 해는 단순하고, 경계 조건은 간단하다. 주된 결과(식 9.17과 9.23)는 모서리가 급격히 변하지 않더라도 꽤 정확하다. (사실 Gamow 이론에서 바로 그런 경우에 적용했다.) 그럼에도 불구하고 "고전적인" 영역이 "비고전적"인 영역과 연결되고, WKB 어림 방법 자체가 성립하지 않는 반환점($E = V$)에서 파동함수에 어떤 일이 일어나는지 더 자세하게 살펴보는 것이 흥미 있을 것이다. 이 절에서는 속박 상태 문제(그림 9.1)를 다루겠다. 충돌 문제는 스스로 해보라(문제 9.11).[9]

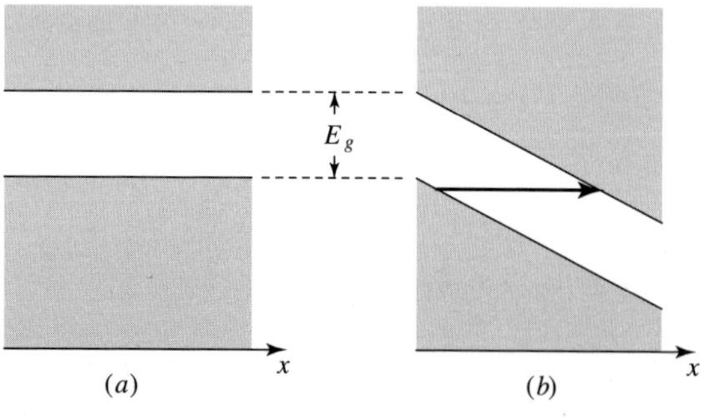

그림 9.7: (a) 전기장이 없을 때 에너지 띠, (b) 전기장이 있을 때 전자는 에너지 띠 사이로 터널링을 할 수 있다.

[9] 주의: 다음의 논의는 매우 기술적이므로, 처음 읽을 때에는 넘어가도 좋다.

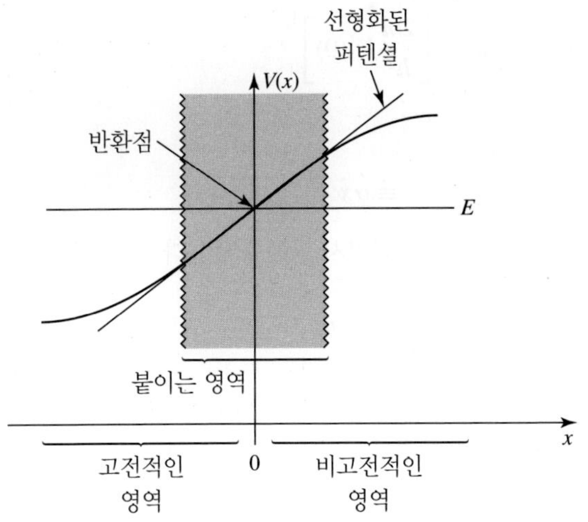

그림 9.8: 오른쪽으로 올라가는 반환점을 확대한 그림.

단순히게 보기 위해 축을 이동시켜 오른쪽으로 올라가는 반환점이 $x = 0$에 있도록 하자(그림 9.8). WKB 어림 방법에서는 다음을 얻는다.

$$\psi(x) \approx \begin{cases} \frac{1}{\sqrt{p(x)}}\left[Be^{\frac{i}{\hbar}\int_x^0 p(x')\,dx'} + Ce^{-\frac{i}{\hbar}\int_x^0 p(x')\,dx'}\right], & x < 0, \\ \frac{1}{\sqrt{|p(x)|}}De^{-\frac{1}{\hbar}\int_0^x |p(x')|\,dx'}, & x > 0. \end{cases} \tag{9.32}$$

(모든 x에 대해 $V(x)$가 E보다 크다고 가정하면 이 영역에서 양의 지수는 세외할 수 있다. 왜냐하면 $x \to \infty$일 때 해가 발산하기 때문이다.) 이제 할 일은 경계에서 두 해를 연결하는 것이다. 그러나 여기에 심각한 어려움이 있다. WKB 어림 방법에서는 $p(x) \to 0$인 반환점에서 ψ가 무한대로 간다. 물론 진정한 파동함수는 이와 같이 제멋대로 행동하지 않는다. 다만 WKB 방법이 반환점 근처에서 성립하지 않을 뿐이다. 그렇지만 허용된 에너지를 결정하는 것은 정확히 반환점에서의 경계조건이다. 그러면 해야 할 것은 반환점을 가로지르는 "연결하는" 파동함수를 이용하여 두 개의 WKB 해를 잇는 것이다.

원점 근처에서 연결하는 파동함수(ψ_p)만 필요하므로 퍼텐셜을 직선으로 어림하고

$$V(x) \approx E + V'(0)x \tag{9.33}$$

이 선형화된 V에 대해 Schrödinger 방정식

$$-\frac{\hbar^2}{2m}\frac{d^2\psi_p}{dx^2} + (E + V'(0)x)\psi_p = E\psi_p$$

을 푼다. 즉

$$\frac{d^2\psi_p}{dx^2} = \alpha^3 x\psi_p \tag{9.34}$$

이고, 여기서

$$\alpha \equiv \left[\frac{2m}{\hbar^2} V'(0) \right]^{1/3} \tag{9.35}$$

이다. α는

$$z \equiv \alpha x \tag{9.36}$$

으로 정의하여 독립 변수에 흡수시킬 수 있고, 따라서 다음을 얻는다.

$$\frac{d^2\psi_p}{dz^2} = z\psi_p \, . \tag{9.37}$$

이것은 **Airy 방정식**이고, 그 해는 **Airy 함수**라고 한다.[10] Airy 방정식은 이차 미분방정식이므로 두 개의 선형독립적인 Airy 함수 Ai(z)와 Bi(z)가 있다. 이들은 차수 1/3인 Bessel 함수와 관련이 있다. 몇 개의 성질은 표 9.1에 나타내었고, 그림 9.9에 그려 놓았다. 연결하는 파동함수는 적절한 상수 a와 b를 이용한 Ai(z)와 Bi(z)의 선형결합이다.

$$\psi_p(x) = a\text{Ai}(\alpha x) + b\text{Bi}(\alpha x) \tag{9.38}$$

이제 ψ_p는 원점 근처에서 (어림한) 파동함수이다. 이것을 겹치는 지역 양쪽에서 WKB 해와 결합을 시켜야 한다(그림 9.10 참조). 이 겹치는 지역은 반환점에 충분히 가깝게 있어서 선형화된 퍼텐셜이 비교적 정확하지만(따라서 ψ_p는 진정한 파동함수에 대한 좋은 어림이다) 한편으로는 반환점에서 충분히 멀리 있어서 WKB 어림 방법을 믿을 수 있다.[11] 겹치는 지역에서 식 9.33은 성립하므로 (식 9.35의 표기 방법을 사용하면)

표 9.1: Airy 함수의 성질.

미분방정식:	$\dfrac{d^2y}{dz^2} = zy.$
	해: Airy 함수 Ai(z)와 Bi(z)의 선형결합.
적분 표현:	$\text{Ai}(z) = \dfrac{1}{\pi}\displaystyle\int_0^\infty \cos\left(\frac{s^3}{3} + sz\right) ds.$
	$\text{Bi}(z) = \dfrac{1}{\pi}\displaystyle\int_0^\infty \left[e^{-\frac{s^3}{3} + sz} + \sin\left(\frac{s^3}{3} + sz\right)\right] ds.$
점근형태:	
	$\left.\begin{aligned} \text{Ai}(z) &\sim \frac{1}{2\sqrt{\pi}z^{1/4}} e^{-\frac{2}{3}z^{3/2}} \\ \text{Bi}(z) &\sim \frac{1}{\sqrt{\pi}z^{1/4}} e^{\frac{2}{3}z^{3/2}} \end{aligned}\right\} z \gg 0; \quad \left.\begin{aligned} \text{Ai}(z) &\sim \frac{1}{\sqrt{\pi}(-z)^{1/4}} \sin\left[\frac{2}{3}(-z)^{3/2} + \frac{\pi}{4}\right] \\ \text{Bi}(z) &\sim \frac{1}{\sqrt{\pi}(-z)^{1/4}} \cos\left[\frac{2}{3}(-z)^{3/2} + \frac{\pi}{4}\right] \end{aligned}\right\} z \ll 0.$

[10] 고전적으로 선형 퍼텐셜은 일정한 힘을 의미하므로, 가장 간단한 가능한 운동인 일정한 가속도를 갖고, 이것이 기본적인 역학의 출발점이다. 역설적으로 양자역학에서는 같은 퍼텐셜에서는 정상상태가 낯선 초월함수이고, 이론에서 단지 주변적인 역할만 한다. 그래도 파동 묶음은 비교적 간단하다. 문제 2.51과 특히 83쪽의 각주 61을 참조하라.

[11] 이것은 미묘한 이중적인 제한이고, 기묘한 퍼텐셜을 만들어 이와 같은 겹치는 지역이 없도록 억지로 만들 수는 있다. 그러나 실제 응용에서 거의 나타나지 않는다. 문제 9.9 참조.

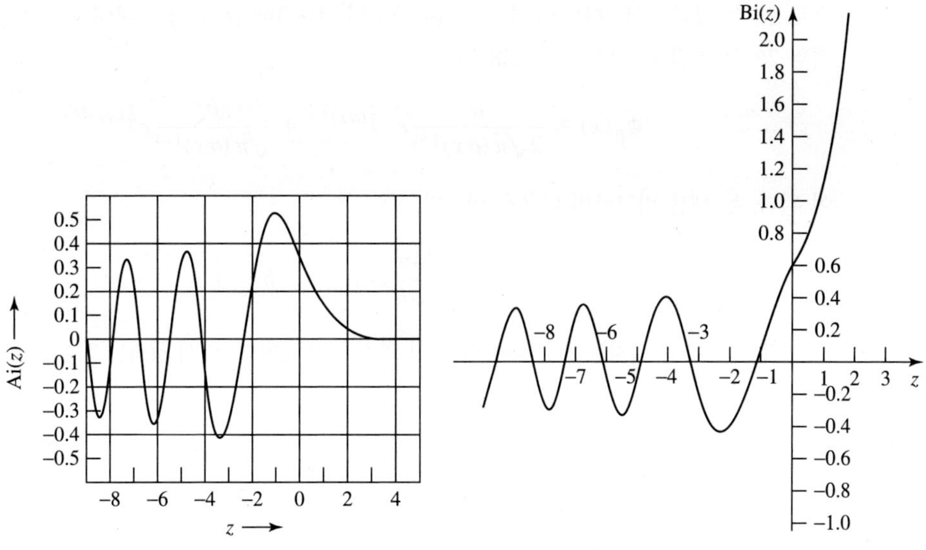

그림 9.9: Airy 함수의 그래프.

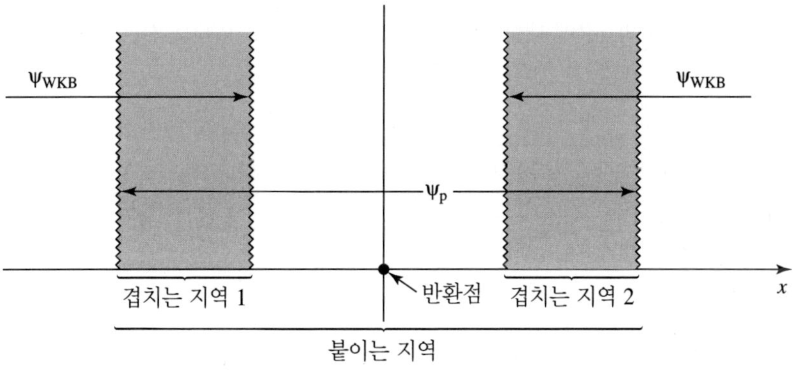

그림 9.10: 붙이는 지역과 두 개의 겹치는 지역.

$$p(x) \approx \sqrt{2m(E - E - V'(0)x)} = \hbar\alpha^{3/2}\sqrt{-x} \tag{9.39}$$

가 된다.

특히 겹치는 지역 2에서는

$$\int_0^x |p(x')|\, dx' \approx \hbar\alpha^{3/2}\int_0^x \sqrt{x'}\, dx' = \frac{2}{3}\hbar(\alpha x)^{3/2}$$

이고, 그러므로 WKB 파동함수(식 9.32)는

$$\psi(x) \approx \frac{D}{\sqrt{\hbar}\alpha^{3/4}x^{1/4}}e^{-\frac{2}{3}(\alpha x)^{3/2}} \tag{9.40}$$

으로 쓸 수 있다. 한편 (표 9.1에서) Airy 함수의 큰 z값에 대한 점근 형태를[12] 이용하면 겹치는 지역 2에서 연결 파동함수(식 9.38)는

$$\psi_p(x) \approx \frac{a}{2\sqrt{\pi}(\alpha x)^{1/4}} e^{-\frac{2}{3}(\alpha x)^{3/2}} + \frac{b}{\sqrt{\pi}(\alpha x)^{1/4}} e^{\frac{2}{3}(\alpha x)^{3/2}} \tag{9.41}$$

이 된다. 두 해를 비교하면 다음을 얻는다.

$$a = \sqrt{\frac{4\pi}{\alpha\hbar}} D \text{와} \qquad b = 0. \tag{9.42}$$

이제 돌아가서 겹치는 지역 1에 대해 이 과정을 반복한다. 다시 $p(x)$는 식 9.39로 주어지지만, 이번에는 x가 음수이므로

$$\int_x^0 p(x')\, dx' \approx \frac{2}{3}\hbar(-\alpha x)^{3/2} \tag{9.43}$$

이고, WKB 파동함수는(식 9.32)

$$\psi(x) \approx \frac{1}{\sqrt{\hbar}\alpha^{3/4}(-x)^{1/4}} \left[B e^{i\frac{2}{3}(-\alpha x)^{3/2}} + C e^{-i\frac{2}{3}(-\alpha x)^{3/2}} \right] \tag{9.44}$$

이다. 한편 큰 음수의 z값에 대한 Airy 함수의 점근형태(표 9.1)를 사용하면 연결 함수($b = 0$으로 놓은 식 9.38)는 다음과 같다.

$$\begin{aligned} \psi_p(x) &\approx \frac{a}{\sqrt{\pi}(-\alpha x)^{1/4}} \sin\left[\frac{2}{3}(-\alpha x)^{3/2} + \frac{\pi}{4}\right] \\ &= \frac{a}{\sqrt{\pi}(-\alpha x)^{1/4}} \frac{1}{2i} \left[e^{i\pi/4} e^{i\frac{2}{3}(-\alpha x)^{3/2}} - e^{-i\pi/4} e^{-i\frac{2}{3}(-\alpha x)^{3/2}} \right]. \end{aligned} \tag{9.45}$$

겹치는 지역 1에서 WKB와 연결 파동함수를 비교하면 다음을 얻는다.

$$\frac{a}{2i\sqrt{\pi}} e^{i\pi/4} = \frac{B}{\sqrt{\hbar\alpha}} \quad \text{그리고} \quad \frac{-a}{2i\sqrt{\pi}} e^{-i\pi/4} = \frac{C}{\sqrt{\hbar\alpha}}.$$

즉, a값에 식 9.42를 넣으면 다음을 얻는다.

$$B = -ie^{i\pi/4} D, \quad \text{그리고} \quad C = ie^{-i\pi/4} D. \tag{9.46}$$

이것이 WKB 해를 반환점 양쪽에서 서로 잇는 **연결 공식**이라고 한다. 이제 파동함수를 연결하는 것은 끝났다. 이것의 유일한 목적은 간격을 메꾸는 것이다. 모든 것을 하나의 규격화상수 D로 나타내고, 반환점을 원점에서 임의의 점 x_2로 옮기면 WKB 파동함수(식 9.32)는

---

[12] 언뜻 보면 이 지역에서 z가 큰 점근 어림을 사용하는 것이 터무니없어 보인다. 왜냐하면 결국 이 지역은 반환점 $z = 0$에 비교적 가까울 것이기 때문이다. (그래서 퍼텐셜에 대한 선형 어림이 유효하다.) 그러나 여기서 변수는 αx이고, 조심스럽게 살펴보면(문제 9.9 참조) 전형적으로 αx는 크지만 동시에 $V(x)$를 직선으로 어림하는 것이 적당한 지역이 있다는 것을 알게 될 것이다. 사실 Airy 함수의 점근 형태가 정확히 Airy 방정식의 WKB 해이고, 겹친 지역(그림 9.10)에서 이미 ψ_{WKB}를 사용하고 있으므로, ψ_p에 대해 같은 방법을 적용하는 것은 사실 새로운 어림 방법은 아니다.

$$\psi(x) \approx \begin{cases} \frac{2D}{\sqrt{p(x)}} \sin\left[\frac{1}{\hbar}\int_x^{x_2} p(x')\,dx' + \frac{\pi}{4}\right], & x < x_2; \\ \frac{D}{\sqrt{|p(x)|}} \exp\left[-\frac{1}{\hbar}\int_{x_2}^{x} |p(x')|\,dx'\right], & x > x_2 \end{cases} \tag{9.47}$$

이 된다.

예제 9.3

한 개의 수직 벽이 있는 퍼텐셜 우물. 퍼텐셜 우물이 한쪽은 ($x = 0$에서) 수직이고, 다른 쪽은 기울어져 있다고 하자(그림 9.11). 이 경우 $\psi(0) = 0$이므로, 식 9.47에 의하면

$$\frac{1}{\hbar}\int_0^{x_2} p(x)\,dx + \frac{\pi}{4} = n\pi, \quad (n = 1, 2, 3, \ldots).$$

즉

$$\boxed{\int_0^{x_2} p(x)\,dx = \left(n - \frac{1}{4}\right)\pi\hbar.} \tag{9.48}$$

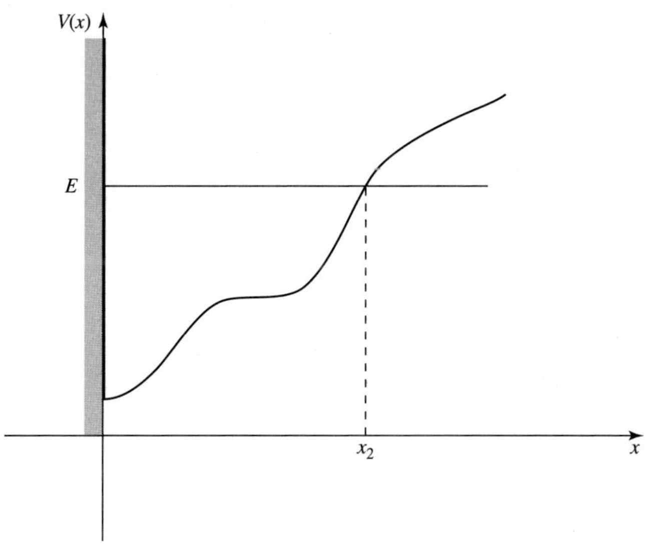

그림 9.11: 한쪽에 수직 벽이 있는 퍼텐셜.

이다. 예를 들어 "반쪽 조화진동자"를 고려하자.

$$V(x) = \begin{cases} \frac{1}{2}m\omega^2x^2, & (x > 0), \\ \infty, & (\text{이 외의 경우}). \end{cases} \tag{9.49}$$

이 경우

$$p(x) = \sqrt{2m\left[E - (1/2)m\omega^2x^2\right]} = m\omega\sqrt{x_2^2 - x^2}$$

이고, 여기서

$$x_2 = \frac{1}{\omega}\sqrt{\frac{2E}{m}}$$

은 반환점이다. 그러므로

$$\int_0^{x_2} p(x)\,dx = m\omega\int_0^{x_2}\sqrt{x_2^2 - x^2}\,dx = \frac{\pi}{4}m\omega x_2^2 = \frac{\pi E}{2\omega}$$

을 얻고 양자화 조건(식 9.48)에 의하면 다음을 얻는다.

$$E_n = \left(2n - \frac{1}{2}\right)\hbar\omega = \left(\frac{3}{2}, \frac{7}{2}, \frac{11}{2}, \ldots\right)\hbar\omega. \tag{9.50}$$

이 특별한 경우에 WKB 어림 방법은 실제로 정확한 허용된 에너지를 얻는다. (이것은 정확히 완전한 조화진동자의 홀수의 양자수에 대한 에너지이다. 문제 2.41 참조.)

예제 9.4

수직 벽이 없는 퍼텐셜 우물. 식 9.47로 퍼텐셜이 기울기가 올라가는[그림 9.12(a)] 반환점에서 WKB 파동함수를 연결한다. 같은 논리를 아래로 기울어진 곳의 반환점[그림 9.12(b)]에 적용하면(문제 9.10)

$$\psi(x) \approx \begin{cases} \frac{D'}{\sqrt{|p(x)|}}\exp\left[-\frac{1}{\hbar}\int_x^{x_1}\left|p\left(x'\right)\right|dx'\right], & x < x_1 \\ \frac{2D'}{\sqrt{p(x)}}\sin\left[\frac{1}{\hbar}\int_{x_1}^{x} p\left(x'\right)dx' + \frac{\pi}{4}\right], & x > x_1 \end{cases} \tag{9.51}$$

을 얻는다.

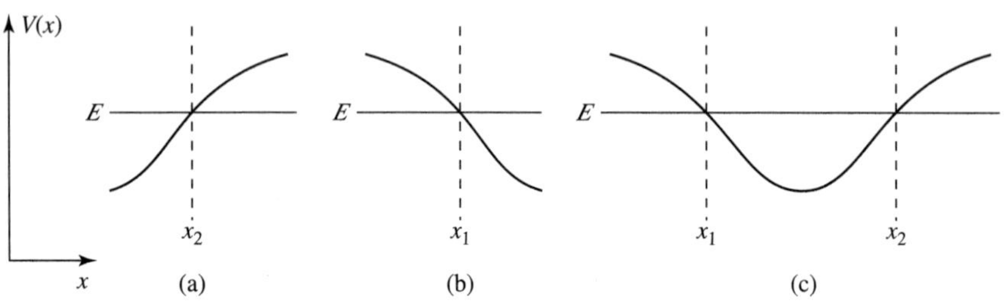

그림 9.12: 기울기가 올라가는 것과 내려가는 곳의 반환점.

특히 퍼텐셜 우물을 고려하면[그림 9.12(c)] "내부" 영역($x_1 < x < x_2$)에서 파동함수는

$$\psi(x) \approx \frac{2D}{\sqrt{p(x)}}\sin\theta_2(x), \quad \text{여기서} \quad \theta_2(x) \equiv \frac{1}{\hbar}\int_x^{x_2} p\left(x'\right)dx' + \frac{\pi}{4}$$

(식 9.47)이거나

$$\psi(x) \approx \frac{-2D'}{\sqrt{p(x)}}\sin\theta_1(x), \quad \text{여기서} \quad \theta_1(x) \equiv -\frac{1}{\hbar}\int_{x_1}^{x} p\left(x'\right)dx' - \frac{\pi}{4}$$

(식 9.51)을 얻는다. 분명히 사인 함수의 변수는 π의 배수를 제외하고는 같아야 한다.[13] $\theta_2 = \theta_1 + n\pi$. 여기서 다음을 얻는다.

$$\boxed{\int_{x_1}^{x_2} p(x)\,dx = \left(n - \frac{1}{2}\right)\pi\hbar, \quad \text{여기서} \quad n = 1, 2, 3, \ldots} \tag{9.52}$$

이 양자화 조건으로 두 비탈면이 있는 있는 퍼텐셜 우물의 "전형적인" 경우에 대한 허용된 에너지를 결정한다. 이것은 두 개의 수직한 벽(식 9.17)이 있거나, 한 개의 수직한 벽(식 9.48)이 있는 경우의 공식과는 n에서 빼는 숫자(0, 1/4 혹은 1/2)만 다르다는 것에 주목하라. WKB 어림 방법은 준고전적인 (큰 n) 영역에서 가장 잘 맞으므로 이러한 차이는 모양보다는 그 내용에 있다. 어쨌든 결과는 매우 강력하다. 왜냐하면 Schrödinger 방정식을 풀지 않고, 단지 한 개의 적분만 계산하여 (어림한) 허용된 에너지를 계산할 수 있기 때문이다. 파동함수 자체도 사라졌다.

** **문제 9.6 "튀는 공" 다시 보기.** (질량 m인) 공이 바닥에서 탄성적으로 튀는 공에 대한 고전적인 문제에 대응하는 양자역학적 문제를 고려하자.[14]

(a) 바닥 위에서 높이 x의 함수로 퍼텐셜에너지를 구하라. (음의 x값에 대해서는 퍼텐셜은 무한대이다. 공은 이곳에 갈 수 없다.)

(b) 이 퍼텐셜에 대한 Schrödinger 방정식을 풀어서 답을 적절한 Airy 함수로 나타내라. [Bi(z)는 z가 클 때 발산하므로, 이것은 버린다.] $\psi(x)$를 규격화할 필요는 없다.

(c) $g = 9.8\ \text{m/s}^2$, $m = 0.001$ kg을 이용하여 첫 번째 네 개의 허용된 에너지를 세 개의 유효숫자까지 줄의 단위로 구하라. 귀띔: Milton Abramowitz와 Irene A. Stegun, *Handbook of Mathematical Functions*, Dover, New York (1970), 478쪽을 참조하라. 표기법은 469쪽에 정의되어 있다.

(d) 이 중력장 안에 있는 전자의 바닥상태 에너지는 몇 eV인가? 이 전자는 평균적으로 바닥에서 얼마나 높이 있는가? 귀띔: 비리얼 정리를 이용하여 $\langle x\rangle$를 결정하라.

* **문제 9.7** 튀는 공(문제 9.6)을 WKB 어림 방법을 이용하여 분석하라.

(a) 허용된 에너지 E_n을 m, g와 $\hbar$로 나타내라.

(b) 이제 문제 9.6(c)에 있는 특정한 값을 대입하고, 첫 네 개의 에너지에 대한 WKB 어림 결과를 "정확한" 결과와 비교하라.

(c) 공의 평균 높이가 예컨대 바닥에서 1미터 높이 있으려면 양자수 n은 얼마나 커야 하는가?

---

[13] 2π가 아니다. 전체적인 음의 부호는 규격화상수 D나 D'에 흡수시킬 수 있다.

[14] 튀는 양자 공에 대해 더 알아보려면 문제 2.59, J. Gea-Banacloche, *Am. J. Phys.* **67**, 776 (1999)와 N. Wheeler, "Classical/quantum dynamics in a uniform gravitational field", 미출판 Reed College report (2002)를 참조하라. 이것은 매우 억지로 만들어낸 문제처럼 보이지만, 실제로 중성자를 이용하여 실험을 했다. [V. V. Nesvizhevsky 등, *Nature* 415, 297 (2002)]

* **문제 9.8** WKB 어림 방법을 이용하여 조화진동자의 허용된 에너지를 구하라.

문제 9.9 질량 m인 입자가 (각진동수 ω인) 조화진동자의 n번째 정상상태에 있다.

(a) 반환점 x_2를 구하라.

(b) 선형화된 퍼텐셜(식 9.33에서 반환점이 x_2에 있다)의 오차가 1%에 도달하기 전에 반환점 위로 얼마나(d) 갈 수 있는가? 즉,

$$\frac{V(x_2+d)-V_{\text{lin}}(x_2+d)}{V(x_2)}=0.01$$

이라면 d는 얼마인가?

(c) Ai(z)의 점근 형태는 $z \geq 5$인 한 1% 이내로 정확하다. (b)의 d에 대해 $\alpha d \geq 5$가 되는 n의 최소값을 결정하라. (이 값보다 큰 임의의 n에 대해 선형화된 퍼텐셜이 1% 이내로 잘 맞고 Airy 함수의 큰 z값에서의 값도 1% 이내로 맞는다.)

** **문제 9.10** 기울기가 아래로 내려가는 반환점에서 연결 공식을 유도하고, 식 9.51을 확인하라.

*** **문제 9.11** 적절한 연결 공식을 사용하여 기울어진 벽이 있는 장벽(그림 9.13)과의 충돌 문제를 분석하라. 귀띔: WKB 파동함수를 다음의 형태로 쓰고 시작하라.

$$\psi(x)\approx\begin{cases}\frac{1}{\sqrt{p(x)}}\left[Ae^{-\frac{i}{\hbar}\int_x^{x_1}p(x')\,dx'}+Be^{\frac{i}{\hbar}\int_x^{x_1}p(x')\,dx'}\right], & x<x_1;\\ \frac{1}{\sqrt{|p(x)|}}\left[Ce^{\frac{1}{\hbar}\int_{x_1}^{x}|p(x')|\,dx'}+De^{-\frac{1}{\hbar}\int_{x_1}^{x}|p(x')|\,dx'}\right], & x_1<x<x_2;\\ \frac{1}{\sqrt{p(x)}}\left[Fe^{\frac{i}{\hbar}\int_{x_2}^{x}p(x')\,dx'}\right], & x>x_2.\end{cases} \tag{9.53}$$

$C=0$이라고 가정하지 말라. 터널링 확률 $T=|F|^2/|A|^2$를 계산하고 이 결과는 넓고, 높은 장벽의 경우 식 9.23이 되는 것을 증명하라.

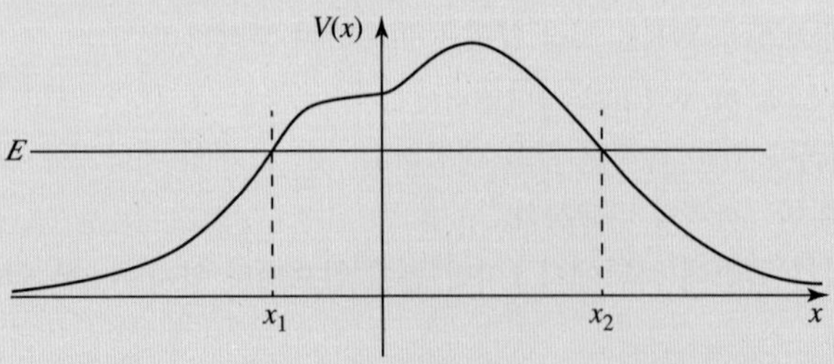

그림 9.13: 기울어진 벽이 있는 장벽.

** **문제 9.12** "반쪽 조화진동자"(예제 9.3)에 대해 $n = 3$에 대한 규격화된 WKB 파동함수와 정확한 해를 비교하는 그림을 그려라. 연결 영역이 얼마나 넓어야 하는 지 결정하기 위해 실험해 보아야 한다. 참고: $p(x)$에 대한 적분을 손으로 할 수 있지만, 수치적으로 구해도 좋다. 파동함수를 규격화하기 위해 $|\psi_{WKB}|^2$의 적분을 수치적으로 할 필요가 있다.

9장 추가문제

** **문제 9.13** WKB 어림 방법을 이용하여 일반적인 거듭제곱 형태의 퍼텐셜

$$V(x) = \alpha|x|^{\nu}$$

의 허용된 에너지를 구하라. 여기서 ν는 양수이다. 이 결과를 $\nu = 2$인 경우에 확인하라. 답:[15]

$$E_n - \alpha \left[(n \quad 1/2)\, \hbar \sqrt{\frac{\pi}{2m\alpha}} \frac{\Gamma\left(\frac{1}{\nu} + \frac{3}{2}\right)}{\Gamma\left(\frac{1}{\nu} + 1\right)} \right]^{\left(\frac{2\nu}{\nu+2}\right)}. \tag{9.54}$$

** **문제 9.14** WKB 어림 방법을 이용하여 문제 2.52의 퍼텐셜에 대한 속박 상태 에너지를 구하라. 이것을 정확한 답과 비교하라. $-\left[(9/8) - \left(1/\sqrt{2}\right)\right] \hbar^2 a^2/m$.

문제 9.15 구면 대칭성이 있는 퍼텐셜에 대해 지름 부분(식 4.37)에 WKB 어림 방법을 적용할 수 있다. $l = 0$인 경우 식 9.48을

$$\int_0^{r_0} p(r)\, dr = (n - 1/4)\, \pi\hbar \tag{9.55}$$

의 형태로 쓰는 것이 합리적이다.[16] 여기서 r_0는 반환점이다. (실제로 $r = 0$을 무한한 벽으로 취급한다.) 이 공식을 이용하여 로그 퍼텐셜

$$V(r) = V_0 \ln(r/a)$$

안에 있는 입자의 허용된 에너지를 추정하라. (V_0와 a는 상수이다.) $l = 0$인 경우만 생각하라. 준위 사이의 간격은 질량과 무관하다는 것을 증명하라. 부분답:

$$E_{n+1} - E_n = V_0 \ln\left(\frac{n + 3/4}{n - 1/4}\right).$$

---

[15] 항상 WKB 결과는 준고전적인 (큰 n값) 영역에서 가장 정확하다. 특히 식 9.54는 바닥상태($n = 1$)에서는 잘 맞지 않는다. W. N. Mei, *Am. J. Phys.* **66**, 541 (1998) 참조.

[16] 지름 방정식에 WKB 어림 방법을 적용하는 것은 미묘한 문제를 일으키지만, 여기서는 다루지 않겠다. 이 주제에 대한 대표적인 논문은 R. Langer, *Phys. Rev.* **51**, 669 (1937)이다.

** **문제 9.16** WKB 어림 방법을 식 9.52의 형태

$$\int_{r_1}^{r_2} p(r)\,dr = \left(n' - 1/2\right)\pi\hbar \tag{9.56}$$

으로 써서 수소의 속박 상태 에너지를 추정하라. 유효퍼텐셜(식 4.38)에서 원심력 항을 잊지 말라. 다음의 적분이 도움이 될 것이다.

$$\int_a^b \frac{1}{x}\sqrt{(x-a)(b-x)}\,dx = \frac{\pi}{2}\left(\sqrt{b}-\sqrt{a}\right)^2. \tag{9.57}$$

답:

$$E_{n'\ell} \approx \frac{-13.6\ \text{eV}}{\left[n' - (1/2) + \sqrt{\ell(\ell+1)}\right]^2}. \tag{9.58}$$

n'에 프라임 기호를 붙였다. 왜냐하면 이것이 Bohr 공식의 n에 대응될 어떤 이유도 없기 때문이다. 오히려 이것은 주어진 l에 대해 지름 파동함수의 마디 수를 세어 상태의 순서를 정한다.[17] 4장의 표기법으로 쓰면 $n' = N = n - \ell$이다(식 4.67). 이것을 집어 넣고 근호를 전개하고 $\left(\sqrt{1+\epsilon} = 1 + \frac{1}{2}\epsilon - \frac{1}{8}\epsilon^2 + \cdots\right)$, 답을 Bohr 공식과 비교하라.

*** **문제 9.17** 그림 9.14에 나타난 것처럼 대칭적인 이중 우물의 경우를 고려하자. $E < V(0)$인 속박 상태에 관심이 있다.

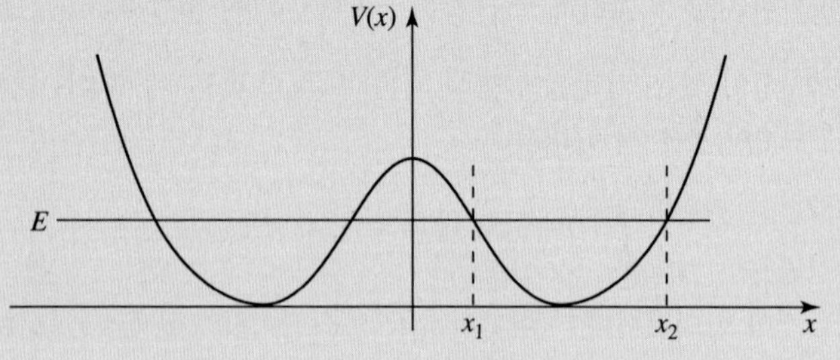

그림 9.14: 대칭적인 이중 우물. 문제 9.17.

(a) 영역 (i) $x > x_2$, (ii) $x_1 < x < x_2$, (iii) $0 < x < x_1$에서 WKB 파동함수를 써라. x_1과 x_2에서 적당한 연결 공식을 만들어서(x_2에 대해서는 이미 식 9.47에서 했다. x_1에 대해서만 직접하면 된다) 다음을 증명하라.

$$\psi(x) \approx \begin{cases} \frac{D}{\sqrt{|p(x)|}} \exp\left[-\frac{1}{\hbar}\int_{x_2}^{x} \left|p(x')\right| dx'\right], & \text{(i)} \\ \frac{2D}{\sqrt{p(x)}} \sin\left[\frac{1}{\hbar}\int_{x}^{x_2} p(x')\,dx' + \frac{\pi}{4}\right], & \text{(ii)} \\ \frac{D}{\sqrt{|p(x)|}} \left[2\cos\theta\, e^{\frac{1}{\hbar}\int_x^{x_1}|p(x')|dx'} + \sin\theta\, e^{-\frac{1}{\hbar}\int_x^{x_1}|p(x')|dx'}\right]. & \text{(iii)} \end{cases}$$

여기서

[17] Ian Gatland와 Owen Vajk가 이것을 지적해주어 감사를 표한다.

$$\theta \equiv \frac{1}{\hbar}\int_{x_1}^{x_2} p(x)\,dx \tag{9.59}$$

이다.

(b) $V(x)$가 대칭적이므로 짝(+)과 홀(−) 파동함수만 고려하면 된다. 전자의 경우 $\psi'(0) = 0$이고, 후자의 경우 $\psi(0) = 0$이다. 이로 인해 다음의 양자화 조건

$$\tan\theta = \pm 2e^{\phi} \tag{9.60}$$

을 얻는다는 것을 증명하라. 여기서

$$\phi \equiv \frac{1}{\hbar}\int_{-x_1}^{x_1} \left|p(x')\right|\,dx' \tag{9.61}$$

이다. 식 9.60으로 (어림한) 허용된 에너지를 결정한다. (E는 x_1과 x_2에 들어오므로 θ와 ϕ는 E의 함수이다.)

(c) 특별히 높거나 넓은 중심력 장벽에 관심이 있다. 이때 ϕ가 크므로 e^{ϕ}는 매우 크다. 그러면 식 9.60에 의해 θ는 π의 반정수배에 매우 가깝다는 것을 알 수 있다. 이것을 염두에 누고 $\theta = (n + 1/2)\pi + \epsilon$이라고 쓰자. 여기시 $|\epsilon| \ll 1$이다. 그러면 양자화 조건은

$$\theta \approx \left(n + \frac{1}{2}\right)\pi \mp \frac{1}{2}e^{-\phi} \tag{9.62}$$

로 주어진다는 것을 증명하라.

(d) 각각의 우물이 포물선이라고 하자.[18]

$$V(x) = \begin{cases} \frac{1}{2}m\omega^2 (x+a)^2, & x < 0, \\ \frac{1}{2}m\omega^2 (x-a)^2, & x > 0. \end{cases} \tag{9.63}$$

이 퍼텐셜을 그리고 θ(식 9.59)을 구하고, 다음을 증명하라.

$$E_n^{\pm} \approx \left(n + \frac{1}{2}\right)\hbar\omega \mp \frac{\hbar\omega}{2\pi}e^{-\phi}. \tag{9.64}$$

참고: 중심력 장벽을 침투할 수 없다면($\phi \to \infty$) 단순히 두 개의 분리된 조화진동자가 있고, 에너지 $E_n = (n + 1/2)\,\hbar\omega$는 이중 겹침이 있을 것이다. 왜냐하면 입자는 왼쪽 우물, 혹은 오른쪽 우물에 있을 수 있기 때문이다. 장벽이 유한해지면(두 우물이 서로 "정보를 교환"하게 되면) 겹침은 없어진다. 짝상태$\left(\psi_n^+\right)$는 약간 낮은 에너지를 갖고, 홀상태$\left(\psi_n^-\right)$는 약간 높은 에너지를 갖게 된다.

(e) 입자가 오른쪽 우물에서, 더 정확하게는 다음의 상태

$$\Psi(x,0) = \frac{1}{\sqrt{2}}\left(\psi_n^+ + \psi_n^-\right)$$

[18] 각각의 우물을 나타내는 $V(x)$가 정확히 포물선이 아니라도 θ에 대한 계산, 따라서 그 결과(식 9.64)는 2.3절에서 논의한 의미에서 어림하여 맞는다. 여기서 $\omega \equiv \sqrt{V''(x_0)/m}$,이고, x_0는 최소값의 위치이다.

에서 시작한다고 하자. 이 상태의 위상은 "자연스러운" 방법으로 골랐고, 오른쪽 우물에 집중되어 있을 것이다. 이 상태는 우물 사이에서

$$\tau = \frac{2\pi^2}{\omega}e^{\phi} \tag{9.65}$$

의 주기로 앞뒤로 진동함을 보여라.

(f) (d)의 특정한 퍼텐셜에서 ϕ를 계산하고 $V(0) \gg E$일 때 $\phi \sim m\omega a^2/\hbar$임을 보여라.

문제 9.18 Stark 효과에서 터널링. 외부 전기장을 켰을 때 원자 안의 전자는 원칙적으로 터널링하여 나와서 원자를 이온화시킨다. 질문: 이것은 전형적인 Stark 효과 실험에서 일어나는가? 다음과 같이 대략적인 일차원 모형을 이용하여 확률을 추정할 수 있다. 매우 깊은 유한한 사각 우물(2.6절) 안에 있는 입자를 상상하자.

(a) 우물의 바닥으로부터 측정한 바닥상태의 에너지는 얼마인가? $V_0 \gg \hbar^2/ma^2$임을 가정하라. 귀띔: 이것은 (너비 $2a$인) 무한 사각 우물의 바닥상태 에너지이다.

(b) 이제 섭동 $H' = -\alpha x$를 도입하자. (전기장 $\mathbf{E} = -E_{\text{ext}}\hat{\imath}$ 안에 있는 전자에 대하여 $\alpha = eE_{ext}$이다.) 이것이 상대적으로 약하다고 가정한다($\alpha a \ll \hbar^2/ma^2$). 전체 퍼텐셜을 그리고, 입자는 양의 x 방향으로 터널링하여 나올 수 있다는 것을 주목하라.

(c) 터널링 인자 γ(식 9.23)를 계산하고, 입자가 탈출하는 시간(식 9.29)을 추정하라. 답: $\gamma = \sqrt{8mV_0^3}/3\alpha\hbar$, $\tau = \left(8ma^2/\pi\hbar\right)e^{2\gamma}$.

(d) $V_0 = 20$ eV(외각 전자의 전형적인 속박 에너지), $a = 10^{-10}$ m(전형적인 원자 반지름), $E_{\text{ext}} = 7 \times 10^6$ V/m(실험실에서 얻는 강한 전기장)인 적당한 값을 넣자. e와 m은 전자의 전하와 질량이다. τ를 계산하고, 이것을 우주의 나이와 비교하라.

문제 9.19 상온에서 (속이 꽉 찬) 맥주 한 캔이 양자 터널링의 결과로 저절로 넘어지는 데 얼마나 시간이 걸리는가? 귀띔: 이것을 질량 m, 반지름 R, 높이 h인 균일한 원통으로 취급하자. 캔이 기울어질 때 x는 평형 위치($h/2$) 위에서 중심의 높이라고 하자. 퍼텐셜에너지는 mgx이고, x가 임계값 $x_0 = \sqrt{R^2 + (h/2)^2} - h/2$에 도달하면 넘어진다. $E = 0$일 때 터널링 확률(식 9.23)을 계산하라. 열에너지[$(1/2)mv^2 = (1/2)\,k_BT$]와 식 9.29를 이용하여 속도를 추정하라. 적당한 값을 대입하여 최종 답을 년으로 나타내라.[19]

문제 9.20 식 9.23에 의하면 고전적으로 금지된 과정인 $E > V_{\text{max}}$일 때 장벽을 터널링으로 통과하는 (어림) 투과 확률을 나타낸다. 이 문제에서는(역시 고전적으로 금지된 과정인) $E > V_{\text{max}}$일 때 장벽에서 반사하는 보완적인 현상을 살펴보겠다. $V(x)$는 $x \to \pm\infty$일 때 0으로 가는 해석적인 짝함수라고 가정하겠다(그림 9.15). 질문: 식 9.23에 해당하는 것은 무엇인가?

(a) 명백한 접근 방법을 시도해보자. 퍼텐셜이 $|x| \geq a$일 때 퍼텐셜이 0이 된다고 가정하고, 충돌 영역에서 WKB 어림 방법(식 9.13)을 사용하라.

[19] R. E. Crandall, *Scientific American*, February, 1997, 74쪽.

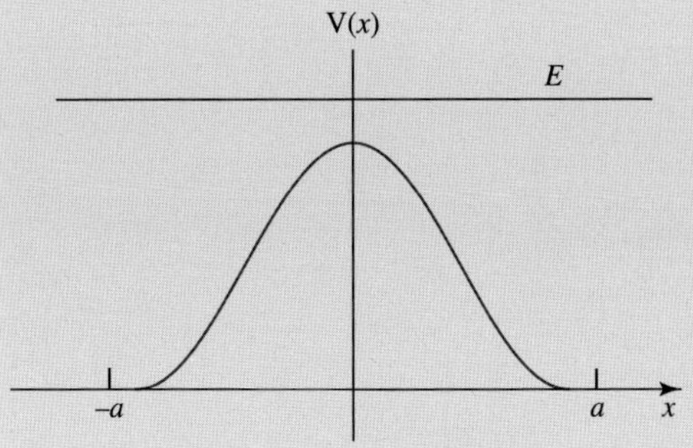

그림 9.15: 장벽에서의 반사(문제 9.20).

$$\psi(x)\begin{cases} = Ae^{ikx} + Be^{-ikx}, & x < a, \\ \approx \frac{1}{\sqrt{p(x)}}\left[C_+e^{i\phi(x)} + C_-e^{-i\phi(x)}\right], & -a < x < a, \\ = Ce^{ikx}, & x > a. \end{cases} \tag{9.66}$$

$\pm a$에서 경계조건을 부여하고, 반사 확률 $R = |B|^2/|A|^2$에 대해 풀라.

불행하게도 결과($R = 0$)에서 얻는 정보는 없다. R이 ($E < V_{\max}$일 때 투과계수처럼) 지수적으로 작다는 것은 사실이지만, 이 어림은 단순히 너무 극적이다. 올바른 공식은 다음과 같다.

$$R = e^{-2\lambda}, \quad 여기서 \quad \lambda \equiv \frac{2}{\hbar}\int_0^{y_0} p(iy)\,dy \tag{9.67}$$

그리고 y_0는 $p(iy_0) = 0$으로 정의한다. (식 9.23의 γ처럼) λ는 $1/\hbar$에 비례한다. 사실 $\hbar$의 급수로 전개했을 때 첫 항이다. $\lambda = c_1/\hbar + c_2 + c_3\hbar + c_4\hbar^2 + \cdots$. 고전적인 극한에서($\hbar \to 0$) λ와 γ는 무한대로 가므로, 예상한 대로 R과 T는 0으로 간다. 식 9.67을 유도하는 것은 쉽지 않다.[20] 그러나 몇 가지 예를 보자.

(b) $V(x) = V_0\,\text{sech}^2(x/a)$라고 하자. 여기서 V_0와 a는 양의 상수이다. $V(x)$를 그리고, $0 \le y \le y_0$에서 $p(iy)$를 그린 다음 $\lambda = (\pi a/\hbar)(\sqrt{2mE} - \sqrt{2mV_0})$임을 증명하라. V_0를 고정시키고, R을 E의 함수로 그려라.

(c) $V(x) = V_0/[1 + (x/a)^2]$라고 하자. $V(x)$를 그리고, λ를 타원적분으로 나타내라. R을 E의 함수로 그려라.

[20] L. D. Landau, E. M. Lifshitz, *Quantum Mechanics: Non-Relativistic Theory*, Pergamon Press, Oxford (1958), 190-191쪽. R. L. Jaffe, *Am. J. Phys.* **78**, 620 (2010)에서 반사는($E > V_{\max}$) 운동량 공간에서 터널링으로 생각할 수 있고 식 9.23을 얻는 논의와 비슷한 현명한 논의로 식 9.67을 얻는다.

10 산란

Scattering

10.1 소개

10.1.1 고전 산란 이론

어떤 산란 중심에 입자가 입사하는 것을 상상하자. (예컨대 볼링 공에 구슬을 튕기거나, 무거운 핵에 양성자를 쏘는 것을 생각하면 된다.) 입자는 에너지 E와 **충격 변수** b로 입사하고, **산란 각도** θ로 튀어나온다(그림 10.1 참조). (단순하게 하기 위해 표적은 z축에 대해 대칭적이어서 궤도는 한 평면에 있고, 표적은 매우 무거워서 반동은 무시할 수 있다고 가정하겠다.) 고전 산란 이론의 근본적인 문제는 충격 변수가 주어졌을 때 산란 각도를 계산하는 것이다. 물론 보통의 경우 충격 변수가 작을수록 산란 각도는 크다.

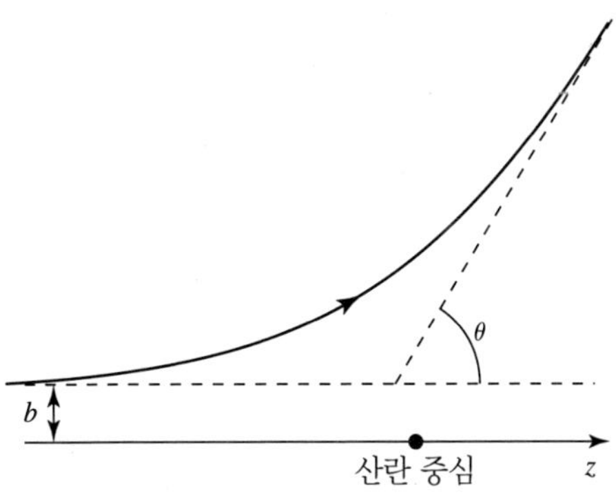

그림 10.1: 충격 변수 b와 산란 각도 θ를 보여주는 고전적인 산란 문제.

예제 10.1

딱딱한 구 산란. 표적이 반지름 R인 당구공이고 입사 입자는 탄성적으로 튕겨나가는 비비탄이라고 하자(그림 10.2). 각도 α로 충격 변수를 나타내면 $b = R\sin\alpha$이고, 산란 각도는 $\theta = \pi - 2\alpha$이므로

$$b = R\sin\left(\frac{\pi}{2} - \frac{\theta}{2}\right) = R\cos\left(\frac{\theta}{2}\right) \tag{10.1}$$

이다. 여기서

$$\theta = \begin{cases} 2\cos^{-1}(b/R), & (b \le R), \\ 0, & (b \ge R) \end{cases} \tag{10.2}$$

이다.

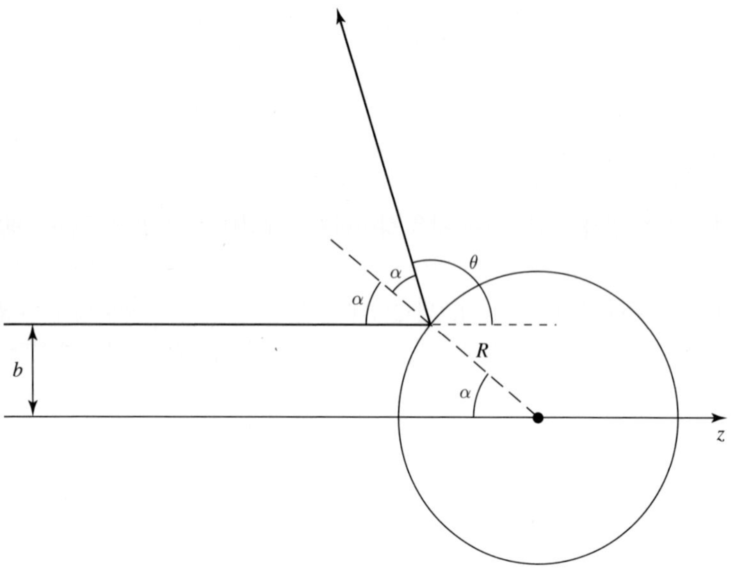

그림 10.2: 딱딱한 구에 의한 탄성 산란.

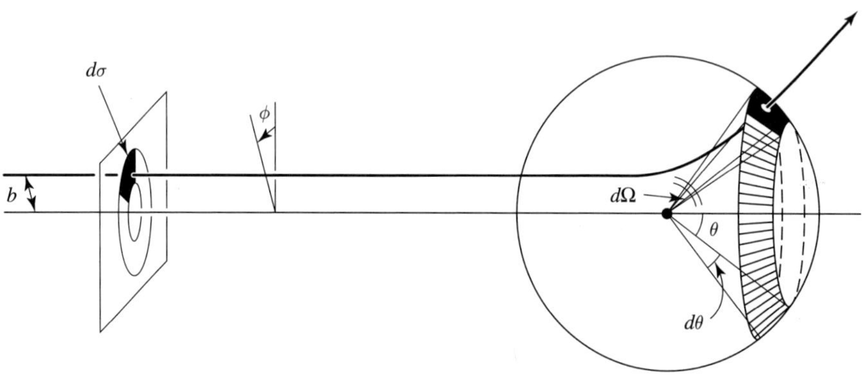

그림 10.3: 면적 $d\sigma$에 입사해서 입체각 $d\Omega$로 산란되는 입자.

더 일반적으로는 단면적 $d\sigma$인 매우 작은 조각 안으로 입사된 입자가 이에 대응되는 미소 입체각 $d\Omega$로 산란될 것이다(그림 10.3). $d\sigma$가 클수록 $d\Omega$도 클 것이다. 비례 인자 $D(\theta) \equiv d\sigma/d\Omega$

를 미분 (산란) 단면적이라고 한다.[1]

$$\boxed{d\sigma = D(\theta)\, d\Omega.} \tag{10.3}$$

충격 변수와 방위각 ϕ로 쓰면 $d\sigma = b\, db\, d\phi$와 $d\Omega = \sin\theta\, d\theta d\phi$이므로

$$D(\theta) = \frac{b}{\sin\theta}\left|\frac{db}{d\theta}\right| \tag{10.4}$$

가 된다. (전형적으로 θ는 b에 대한 감소 함수이므로, 사실 미분은 음수이다. 따라서 절대값을 붙였다.)

예제 10.2

딱딱한 구 산란(계속). 딱딱한 공 산란(예제 10.1)의 경우

$$\frac{db}{d\theta} = -\frac{1}{2}R\sin\left(\frac{\theta}{2}\right) \tag{10.5}$$

이므로

$$D(\theta) = \frac{R\cos(\theta/2)}{\sin\theta}\left(\frac{R\sin(\theta/2)}{2}\right) = \frac{R^2}{4} \tag{10.6}$$

이다. 이 예는 미분 단면적이 θ에 무관하므로 특이하다.

전체 단면적은 모든 입체각에 대해 $D(\theta)$를 적분한 것이다.

$$\boxed{\sigma \equiv \int D(\theta)\, d\Omega.} \tag{10.7}$$

대략적으로 말하면 표적에 의해 산란된 입사 빔의 전체 면적이다. 예를 들어 딱딱한 구의 산란인 경우

$$\sigma = \left(R^2/4\right)\int d\Omega = \pi R^2 \tag{10.8}$$

이고, 이것은 예상한 대로다. 이것은 구의 단면적이다. 이 면적 내부로 입사한 비비탄은 표적에 부딪칠 것이고, 이보다 멀리 떨어진 입자는 전혀 맞추지 못할 것이다. 그러나 여기서 소개한 수식화의 특징은 (핵의 Coulomb 장과 같이) "단순히 맞추거나 놓치는 것"이 아닌 "부드러운" 표적에도 적용된다는 것이다.

마지막으로 균일한 밀도로 입사된 입자의 빔(입자물리학자들은 **광도**라고 한다)이 있다고

---

[1] 이것은 말도 안 되는 표현이다. D는 미분이 아니고, 단면적도 아니다. "미분 단면적"이라는 말은 오히려 $d\sigma$에 더 자연스럽게 들린다. 그러나 이 용어를 써야만 한다. 한편 $D(\theta)$로 표기한 것도 표준적이 아니다. 거의 모든 사람들은 그냥 $d\sigma/d\Omega$라고 부른다. (이것은 식 10.3을 계속 반복한 것처럼 보인다.) 미분 단면적 자체의 기호를 주는 것이 덜 혼동될 것이라고 생각한다.

하자.

$$\mathcal{L} \equiv \text{단위 면적당 단위 시간당 입사 입자의 수.} \tag{10.9}$$

단위 시간당 면적 $d\sigma$로 들어오는 (따라서 입체각 $d\Omega$로 산란되는) 입자의 수는 $dN = \mathcal{L}\, d\sigma = \mathcal{L}\, D(\theta)\, d\Omega$이므로

$$D(\theta) = \frac{1}{\mathcal{L}} \frac{dN}{d\Omega} \tag{10.10}$$

이다. 가끔 이것을 미분 단면적의 정의로 사용한다. 왜냐하면 이것은 실험실에서 쉽게 측정할 수 있는 양만을 언급하기 때문이다. 검출기가 입체각 $d\Omega$만큼 펼쳐 있다면 단순히 단위 시간당 기록된 수(**사건 비율** dN)를 $d\Omega$로 나누고 입사 빔의 광도로 규격화한다.

*** **문제 10.1 Rutherford 산란.** 전하 q_1, 운동에너지 E인 입사 입자가 전하 q_2인 무겁고, 정지한 입자와 산란한다.

(a) 충격 변수와 산란 각도 사이의 관계를 나타내는 공식을 유도하라.[2]
답: $b = (q_1 q_2 / 8\pi\epsilon_0 E)\cot(\theta/2)$.

(b) 미분 산란 단면적을 결정하라. 답:

$$D(\theta) = \left[\frac{q_1 q_2}{16\pi\epsilon_0 E \sin^2(\theta/2)}\right]^2. \tag{10.11}$$

(c) Rutherford 산란에 대한 전체 단면적은 무한대가 됨을 증명하라.

10.1.2 양자 산란 이론

양자 산란 이론에서는 z 방향으로 진행하는 입사 평면 파동 $\psi(z) = Ae^{ikz}$이 산란 퍼텐셜을 만나서 나가는 구면 파동을 만들어 내는 것을 상상하면 된다(그림 10.4).[3] 즉 다음의 형태를 갖는 Schrödinger 방정식의 해를 찾으면 된다.

$$\boxed{\psi(r,\theta) \approx A\left\{e^{ikz} + f(\theta)\frac{e^{ikr}}{r}\right\}, \quad \text{큰 } r\text{에 대해.}} \tag{10.12}$$

(구면 파동은 $1/r$의 인자가 있다. 왜냐하면 $|\psi|^2$의 이 부분은 확률을 보존하기 위해 $1/r^2$로 변해야 하기 때문이다.) **파동수** k는 입사 입자의 에너지와 다음의 관계가 있다.

$$k \equiv \frac{\sqrt{2mE}}{\hbar}. \tag{10.13}$$

---

[2] 이것은 쉽지 않고, Jerry B. Marion, Stephen T. Thornton, *Classical Dynamics of Particles and Systems*, 4th edn, Saunders, Fort Worth, TX (1995), 9.10절을 참조하라.

[3] 당분간 여기에는 많은 양자역학은 없다. 실제로 말하는 것은 입자가 아닌 파동의 산란이고, 그림 10.4를 바위를 만난 수면파의 그림으로 생각해도 된다. (혹은 삼차원의 산란에 관심이 있으므로) 농구공에서 튕겨 나오는 음파를 생각하는 것이 더 좋다.

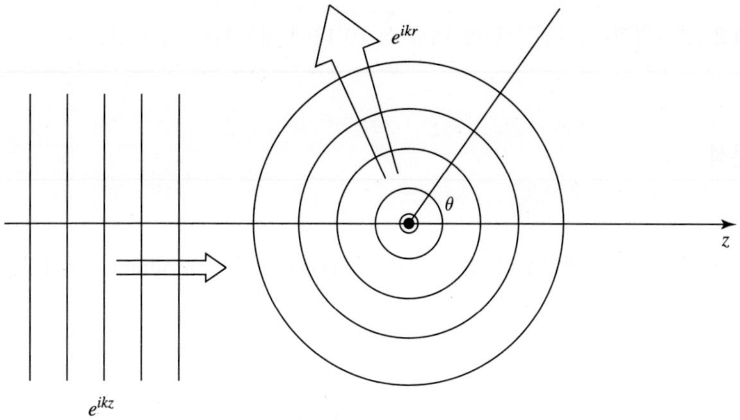

그림 10.4: 파동의 산란: 입사 평면 파동은 나가는 구면 파동을 만들어 낸다.

(예전과 같이 표적은 방위각에 대해 대칭적이라고 가정한다. 더 일반적인 경우 f는 θ뿐만 아니라 ϕ에도 의존한다.)

문제는 **산란 진폭** $f(\theta)$를 결정하는 것이다. 이것은 주어진 방향 θ로 산란될 확률을 알려주고, 따라서 미분 단면적과 관계가 있다. 사실 속력 v로 움직이는 입사 입자가 시간 dt 동안 미소 면적 $d\sigma$를 지날 확률은 (그림 10.5 참조)

$$dP = |\psi_{\text{incident}}|^2 \, dV = |A|^2 \, (v\, dt) \, d\sigma$$

이다. 그러나 이것은 입자가 대응되는 입체각 $d\Omega$로 산란될 확률과 같다.

$$dP = |\psi_{\text{scattered}}|^2 \, dV = \frac{|A|^2 \, |f|^2}{r^2} \, (v\, dt) \, r^2 \, d\Omega.$$

이로부터 $d\sigma = |f|^2 \, d\Omega$이므로

$$\boxed{D(\theta) = \frac{d\sigma}{d\Omega} = |f(\theta)|^2} \tag{10.14}$$

를 얻는다. (실험물리학자가 관심을 가지는 양인) 미분 단면적은 (Schrödinger 방정식을 풀어서 얻는) 산란 진폭의 절대값의 제곱과 같다. 다음 절에서 산란 진폭을 계산하는 두 가지 방법인 **부분파 분석**과 **Born 근사**를 공부할 것이다.

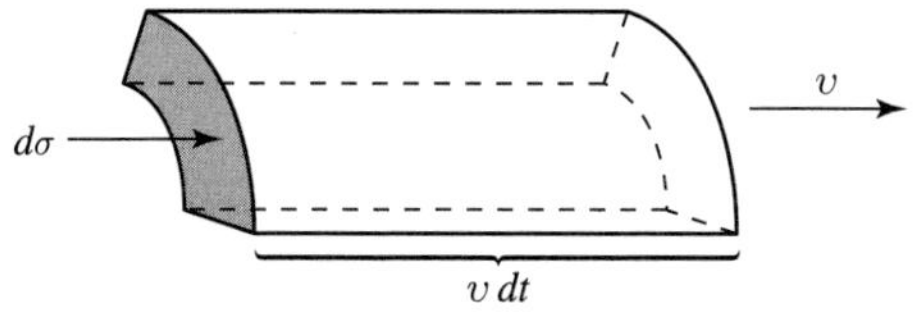

그림 10.5: 시간 dt 동안 면적 $d\sigma$를 지나는 입사 빔의 부피 dV.

문제 10.2 일차원과 이차원 산란에 대해 식 10.12에 대응되는 양을 만들라.

10.2 부분파 분석

10.2.1 수식화

4장에서 보았듯이 구면 대칭성이 있는 퍼텐셜 $V(r)$에 대한 Schrödinger 방정식은 변수분리가 되는 해

$$\psi(r,\theta,\phi) = R(r)Y_\ell^m(\theta,\phi) \tag{10.15}$$

가 존재한다. 여기서 Y_ℓ^m은 구면 조화함수(식 4.32)이고 $u(r) = rR(r)$은 지름 방정식(식 4.37)을 만족한다.

$$-\frac{\hbar^2}{2m}\frac{d^2u}{dr^2} + \left[V(r) + \frac{\hbar^2}{2m}\frac{\ell(\ell+1)}{r^2}\right]u = Eu. \tag{10.16}$$

큰 r값에서 퍼텐셜은 0으로 가고, 원심력 기여는 무시할 수 있으므로

$$\frac{d^2u}{dr^2} \approx -k^2u$$

이 된다. 일반해는

$$u(r) = Ce^{ikr} + De^{-ikr}$$

이다. 첫 항은 나가는 구면 파동이고, 두 번째 항은 들어오는 구면파이다. 산란되는 파동에 대해서는 $D = 0$이어야 한다. 그러면 매우 큰 r에 대해서

$$R(r) \sim \frac{e^{ikr}}{r}$$

이고 앞 절에서 (물리적인 이유로) 이미 유도한 것이다(식 10.12).

이것은 r이 매우 큰 경우이다. (더 정확하게는 $kr \gg 1$이다. 광학에서 이것을 **복사 지역**이라고 부른다.) 일차원 산란 이론과 마찬가지로 퍼텐셜은 어떤 유한한 산란 지역의 외부에서는 퍼텐셜이 기본적으로 0이 된다는 의미에서 "국소화"되었다고 가정한다(그림 10.6). (V는 무시할 수 있지만 원심력 항은 무시할 수 없는) 중간 지역에서는[4] 지름 방정식은

$$\frac{d^2u}{dr^2} - \frac{\ell(\ell+1)}{r^2}u = -k^2u \tag{10.17}$$

이 되고, 일반해(식 4.45)는 구면 Bessel 함수의 선형결합이다.

---

[4] 이것은 Coulomb 퍼텐셜에서는 적용되지 않는다. 왜냐하면 $r \to \infty$일 때 $1/r$은 $1/r^2$보다 천천히 0으로 가기 때문이고, 원심력 항은 이 지역에서 우세하지 않다. 이러한 의미에서 Coulomb 퍼텐셜은 국소화되어 있지 않고 부분파 분석은 적용할 수 없다.

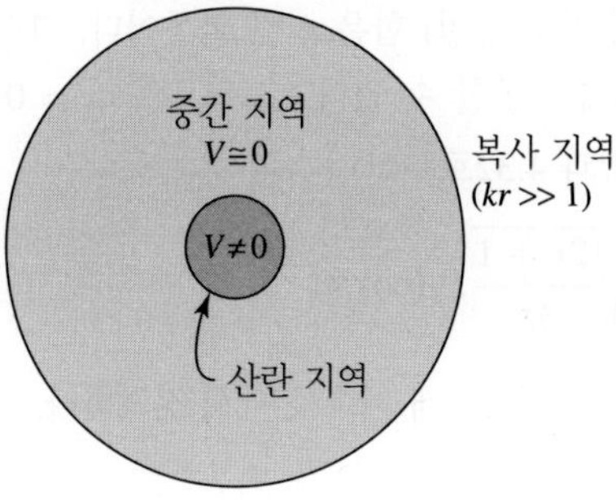

그림 10.6: 국소화된 퍼텐셜에서의 산란. (어두운) 산란 지역, (그림자가 있는) $V=0$인 중간 지역, 그리고 ($kr \gg 1$인) 복사 지역.

$$u(r) = Arj_\ell(kr) + Brn_\ell(kr). \tag{10.18}$$

그러나 (사인 함수처럼 행동하는) j_ℓ도, (일반화된 코사인 함수로 볼 수 있는) n_ℓ도 나가는(혹은 들어오는) 파동을 표현하지 않는다. 필요한 것은 e^{ikr}과 e^{-ikr}과 비슷한 선형결합이다. 이들을 **구면 Hankel 함수**라고 한다.

$$h_\ell^{(1)}(x) \equiv j_\ell(x) + in_\ell(x); \quad h_\ell^{(2)}(x) \equiv j_\ell(x) - in_\ell(x). \tag{10.19}$$

첫 몇 개의 구면 Hankel 함수를 표 10.1에 나열했다. 큰 r에 대해 (**제1종 Hankel 함수**) $h_\ell^{(1)}(kr)$은 e^{ikr}/r처럼 행동하고, 한편 (**제2종 Hankel 함수**) $h_\ell^{(2)}(kr)$은 e^{-ikr}/r처럼 행동한다. 나가는 파동에 대해서는 제1종 구면 Hankel 함수가 필요하다.

$$R(r) \sim h_\ell^{(1)}(kr). \tag{10.20}$$

[$V(r)=0$인] 외부 지역에서 정확한 파동함수는

$$\psi(r,\theta,\phi) = A\left\{e^{ikz} + \sum_{\ell,m} C_{\ell,m}\, h_\ell^{(1)}(kr)\, Y_\ell^m(\theta,\phi)\right\} \tag{10.21}$$

표 10.1: 구면 Hankel 함수 $h_\ell^{(1)}(kr)$과 $h_\ell^{(2)}(kr)$.

$h_0^{(1)} = -i\dfrac{e^{ix}}{x}.$	$h_0^{(2)} = i\dfrac{e^{-ix}}{x}.$
$h_1^{(1)} = \left(-\dfrac{i}{x^2} - \dfrac{1}{x}\right)e^{ix}.$	$h_1^{(2)} = \left(\dfrac{i}{x^2} - \dfrac{1}{x}\right)e^{-ix}.$
$h_2^{(1)} = \left(-\dfrac{3i}{x^3} - \dfrac{3}{x^2} + \dfrac{i}{x}\right)e^{ix}.$	$h_2^{(2)} = \left(\dfrac{3i}{x^3} - \dfrac{3}{x^2} - \dfrac{i}{x}\right)e^{-ix}.$

$$\left.\begin{aligned} h_\ell^{(1)} &\to \frac{1}{x}(-i)^{\ell+1}e^{ix} \\ h_\ell^{(2)} &\to \frac{1}{x}(i)^{\ell+1}e^{-ix} \end{aligned}\right\} x \gg 1\text{인 경우.}$$

이다. 첫 항은 입사 평면 파동이고, (전개 계수가 $C_{\ell,m}$인) 합은 산란 파동이다. 그러나 퍼텐셜이 구면 대칭이라고 가정했으므로 파동함수는 ϕ에 의존할 수 없다.[5] 그러므로 $m = 0$인 항만 남는다. ($Y_\ell^m \sim e^{im\phi}$임을 기억하라.) 이제 (식 4.27과 4.32로부터)

$$Y_\ell^0(\theta, \phi) = \sqrt{\frac{2\ell+1}{4\pi}} P_\ell(\cos\theta) \tag{10.22}$$

이다. 여기서 P_ℓ은 ℓ번째 Legendre 다항식이다. 보통 전개 계수를 다시 정의한다. $\left(C_{\ell,0} \equiv i^{\ell+1} k \sqrt{4\pi\,(2\ell+1)}\, a_\ell\right)$.

$$\boxed{\psi(r,\theta) = A\left\{e^{ikz} + k\sum_{\ell=0}^{\infty} i^{\ell+1}\,(2\ell+1)\; a_\ell\, h_\ell^{(1)}\,(kr)\;P_\ell(\cos\theta)\right\}.} \tag{10.23}$$

왜 이 특별한 표기가 편리한지 곧 알게 될 것이다. a_ℓ을 **부분파 진폭**이라고 한다.

매우 큰 r에 대해 Hankel 함수는 $(-i)^{\ell+1}\, e^{ikr}/kr$로 행동하므로(표 10.1)

$$\psi(r,\theta) \approx A\left\{e^{ikz} + f(\theta)\frac{e^{ikr}}{r}\right\} \tag{10.24}$$

이고, 여기서

$$f(\theta) = \sum_{\ell=0}^{\infty} (2\ell+1)\; a_\ell\; P_\ell(\cos\theta) \tag{10.25}$$

이다. 이것이 식 10.12에서 가정한 일반적인 구조를 더 엄밀하게 나타낸 것이고, 산란 진폭 $f(\theta)$를 부분파 진폭(a_ℓ)으로 계산할 수 있는 방법을 보여준다. 미분 단면적은

$$D(\theta) = |f(\theta)|^2 = \sum_\ell \sum_{\ell'} (2\ell+1)\left(2\ell'+1\right)\, a_\ell^*\, a_{\ell'}\; P_\ell(\cos\theta)\; P_{\ell'}(\cos\theta) \tag{10.26}$$

이고, 전체 단면적은

$$\sigma = 4\pi \sum_{\ell=0}^{\infty} (2\ell+1)\; |a_\ell|^2 \tag{10.27}$$

이다. (각도 적분을 하기 위해 Legendre 다항식의 직교성인 식 4.34를 이용했다.)

10.2.2 전략

남은 것은 주어진 퍼텐셜에 대해 부분파 진폭 a_ℓ을 결정하는 것이다. 이것은 [$V(r)$이 0이 아닌] 내부 지역에서 Schrödinger 방정식을 풀고, 이것을 적절한 경계 조건을 이용하여 외부의 해(식 10.23)에 연결하여 얻는다. 유일한 문제는 여기서 표기법이 혼합되어 있다는 것이다. 산란 파동

---

[5] 물론 θ에 대해 의존하는 것에는 아무런 문제가 없다. 왜냐하면 입자 평면 파동은 z 방향을 정의하여 구면 대칭성을 깨기 때문이다. 그러나 방위각 대칭성은 남는다. 입사 평면 파동은 ϕ에 의존하지 않고, 나가는 파동에 ϕ에 대한 의존성을 주는 산란 과정은 절대로 없다.

에 대해서는 구면 좌표계를 사용했지만, 입사파에 대해서는 직각좌표계를 사용했다. 파동함수를 더 일관성 있는 표기법으로 다시 쓸 필요가 있다.

물론 e^{ikz}는 $V = 0$일 때 Schrödinger 방정식을 만족한다. 한편 $V = 0$일 때 Schrödinger 방정식의 일반해는

$$\sum_{\ell,m} \left[A_{\ell,m}\, j_\ell(kr) + B_{\ell,m}\, n_\ell(kr)\right] Y_\ell^m(\theta,\phi)$$

의 형태로 쓸 수 있다고 논의했다. 특히 e^{ikz}를 이 방법으로 표현할 수 있어야 한다. 그러나 e^{ikz}는 원점에서 유한하고, 따라서 Neumann 함수는 합에서 허용되지 않고[$n_\ell\,(kr)$은 $r = 0$에서 발산한다], $z = r\cos\theta$는 ϕ에 의존하지 않으므로 $m = 0$인 항만 남는다. 평면파를 구면파로 전개하는 것을 **Rayleigh의 공식**이라고[6] 한다.

$$e^{ikz} = \sum_{\ell=0}^{\infty} i^\ell\,(2\ell+1)\, j_\ell(kr) P_\ell(\cos\theta). \tag{10.28}$$

이것을 이용하면 외부 지역의 파동함수는(식 10.23) 전적으로 r과 θ로만 표현할 수 있다.

$$\psi(r,\theta) = A\sum_{\ell=0}^{\infty} i^\ell\,(2\ell+1)\left[j_\ell(kr) + ik\,a_\ell\, h_\ell^{(1)}(kr)\right] P_\ell(\cos\theta). \tag{10.29}$$

예제 10.3

양자역학적 딱딱한 구 산란. 다음의 퍼텐셜을 고려하자.

$$V(r) = \begin{cases} \infty, & (r \le a)\,, \\ 0, & (r > a)\,. \end{cases} \tag{10.30}$$

그러면 경계조건은

$$\psi(a,\theta) = 0 \tag{10.31}$$

이므로, 모든 θ에 대해

$$\sum_{\ell=0}^{\infty} i^\ell\,(2\ell+1)\left[j_\ell(ka) + ik\,a_\ell\, h_\ell^{(1)}(ka)\right] P_\ell(\cos\theta) = 0 \tag{10.32}$$

이다. 이로부터 (문제 10.3) 다음을 얻는다.

$$a_\ell = i\,\frac{j_\ell(ka)}{k\, h_\ell^{(1)}(ka)}. \tag{10.33}$$

특히 전체 단면적은(식 10.27)

[6] 이에 대한 증명을 보려면 George Arfken, Hans-Jurgen Weber, *Mathematical Methods for Physicists*, 7th edn, Academic Press, Orlando (2013), 문제 15.2.24와 15.2.25를 참고하라.

$$\sigma = \frac{4\pi}{k^2} \sum_{\ell=0}^{\infty} (2\ell + 1) \left| \frac{j_\ell(ka)}{h_\ell^{(1)}(ka)} \right|^2 \tag{10.34}$$

이다.

이것이 정확한 답이지만, 그렇게 이해를 돕지는 않으므로 낮은 에너지 산란의 극한 $ka \ll 1$을 고려하자. ($k = 2\pi/\lambda$이므로 이것은 파장이 구의 반지름보다 매우 크다는 것을 의미한다.) 표 4.4를 참고하면 작은 z에 대해 $n_\ell(z)$가 $j_\ell(z)$보다 훨씬 작으므로

$$\begin{aligned} \frac{j_\ell(z)}{h_\ell^{(1)}(z)} &= \frac{j_\ell(z)}{j_\ell(z) + i n_\ell(z)} \approx -i \frac{j_\ell(z)}{n_\ell(z)} \\ &\approx -i \frac{2^\ell \ell! z^\ell / (2\ell + 1)!}{-(2\ell)! z^{-\ell-1} / 2^\ell \ell!} = \frac{i}{2\ell + 1} \left[\frac{2^\ell \ell!}{(2\ell)!} \right]^2 z^{2\ell+1} \end{aligned} \tag{10.35}$$

이고, 따라서

$$\sigma \approx \frac{4\pi}{k^2} \sum_{\ell=0}^{\infty} \frac{1}{2\ell + 1} \left[\frac{2^\ell \ell!}{(2\ell)!} \right]^4 (ka)^{4\ell+2}$$

이다. 그러나 $ka \ll 1$을 가정했으므로, 고차항은 무시할 수 있다. 낮은 에너지 근사에서 산란은 $\ell = 0$인 항이 우세하다. (이것은 고전적인 경우와 마찬가지로 미분 단면적은 θ에 무관하다는 것을 뜻한다.) 따라서 낮은 에너지 딱딱한 구의 산란에 대해서는

$$\sigma \approx 4\pi a^2, \tag{10.36}$$

을 얻는다. 놀랍게도 산란 단면적은 기하학적 단면적의 네 배이다. 사실 σ는 구의 전체 표면적이다. 이 "더 큰 유효 크기"는 긴 파장 산란의 특징이다. (광학에서도 성립한다.) 어떤 의미에서는 이 파동은 전체 구 주위의 경로를 "느낀다." 반면에 고전적인 입자는 정면 충돌 단면적만을 본다(식 10.8).

문제 10.3 식 10.32에서 시작하여 식 10.33을 증명하라. 귀띔: 다른 ℓ값을 갖는 항의 계수가 각각 0이 된다는 것을 증명하기 위해 Legendre 다항식의 직교성을 이용하라.

** **문제 10.4** 구면 델타함수 껍질

$$V(r) = \alpha\delta(r - a)$$

에서 낮은 에너지 산란의 경우를 고려하자. 여기서 α와 a는 상수이다. 산란 진폭 $f(\theta)$, 미분 단면적 $D(\theta)$, 그리고 전체 단면적 σ를 계산하라. $ka \ll 1$을 가정하면 $\ell = 0$ 항만 중요한 기여를 한다. (문제를 간단히 하기 위하여 처음부터 $\ell \neq 0$인 모든 항을 버려라.) 물론 주된 문제는 C_0를 결정하는 것이다. 답을 차원이 없는 양 $\beta \equiv 2ma\alpha/\hbar^2$로 나타내라. 답: $\sigma = 4\pi a^2 \beta^2/(1+\beta)^2$.

10.3 위상 이동

먼저 $x < 0$인 반직선 위에서 국소화된 퍼텐셜 $V(x)$에서 일차원 산란 문제를 고려하자(그림 10.7). $x = 0$에 "벽"을 넣어 왼쪽에서 입사한 파동

$$\psi_i(x) = Ae^{ikx} \qquad (x < -a) \tag{10.37}$$

은 모두 반사된다고 하자.

$$\psi_r(x) = Be^{-ikx} \qquad (x < -a). \tag{10.38}$$

상호작용 지역($-a < x < 0$)에서 어떤 일이 일어나든, 확률은 보존되므로 반사 파동의 진폭은 입사파의 진폭과 같아야 한다($|B| = |A|$). 그러나 같은 위상일 필요는 없다. 퍼텐셜이 전혀 없다면($x = 0$에 벽만 있다면) $B = -A$일 것이다. 왜냐하면 (입사파와 반사파를 더한) 전체 파동은 원점에서 0이 되어야 하기 때문이다.

$$\psi(x) = A\left(e^{ikx} - e^{-ikx}\right) \qquad (V(x) = 0). \tag{10.39}$$

퍼텐셜이 0이 아니면 ($x < -a$에서) 파동함수는

$$\psi(x) = A\left(e^{ikx} - e^{i(2\delta - kx)}\right) \qquad (V(x) \neq 0) \tag{10.40}$$

의 형태이다.

전체 산란 이론은 특정한 퍼텐셜에 대해 **위상 이동**[7] δ를 (k, 따라서 에너지 $E = \hbar^2k^2/2m$의 함수로) 계산하는 것이 된다. 물론 이것은 산란 지역($-a < x < 0$)에서 Schrödinger 방정식을 풀고, 적절한 경계조건을 부여해서 얻는다(문제 10.5 참조). (복소수 B에 비해) 위상 이동을 사용하는 것의 장점은 (두 개의 실수인 복소수를 한 개의 실수로 바꾸어) 수학을 간단히 하여 물리 현상을 더 잘 이해할 수 있다는 것이다.

이제 삼차원의 경우로 돌아가자. 입사 평면 파동(Ae^{ikz})은 z 방향으로 각운동량이 전혀 없지

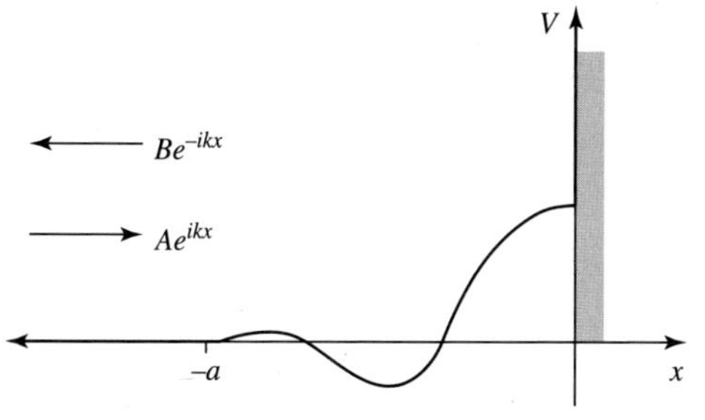

그림 10.7: 무한한 벽이 오른쪽에서 막고 있는 국소화된 퍼텐셜에서 일차원 산란.

[7] δ 앞의 숫자 2는 관습적이다. 입사파는 들어올 때 그리고 다시 나갈 때 위상이 이동한다고 생각한다. δ는 "한 방향의" 위상 이동이고 전체는 2δ이다.

만 (Rayleigh의 공식에서 $m \neq 0$인 항이 없다) 전체 각운동량의 모든 값($\ell = 0, 1, 2, ...$)을 포함한다. 각운동량은 (구면 대칭성이 있는 퍼텐셜에 대해) 보존되므로, (특정한 ℓ로 지정한) 각각의 **부분 파동**은 독립적으로 산란하고, (역시) 진폭의 변화는 없고,[8] 위상만 변한다.

퍼텐셜이 전혀 없다면 $\psi = Ae^{ikz}$이고, ℓ번째 부분 파동(식 10.28)은

$$\psi^{(\ell)} = Ai^{\ell}\,(2\ell+1)\; j_\ell(kr)\, P_\ell(\cos\theta) \qquad (V(r)=0) \tag{10.41}$$

이다. 그러나 (식 10.19와 표 10.1에서)

$$j_\ell(x) = \frac{1}{2}\left[h_\ell^{(1)}(x) + h_\ell^{(2)}(x)\right] \approx \frac{1}{2x}\left[(-i)^{\ell+1}\,e^{ix} + i^{\ell+1}e^{-ix}\right] \quad (x \gg 1) \tag{10.42}$$

이다. 따라서 r이 클 때

$$\psi^{(\ell)} \approx A\frac{(2\ell+1)}{2ikr}\left[e^{ikr} - (-1)^{\ell}\,e^{-ikr}\right] P_\ell(\cos\theta) \qquad (V(r)=0) \tag{10.43}$$

이다. 괄호 안의 두 번째 항은 입사 구면 파동을 나타내고, 입사 평면 파동에서 나오므로 퍼텐셜을 도입해도 변하지 않는다. 첫 번째 항은 나가는 파동이다. (산란 퍼텐셜에 의해) 위상 이동이 있어서

$$\psi^{(\ell)} \approx A\frac{(2\ell+1)}{2ikr}\left[e^{i(kr+2\delta_\ell)} - (-1)^{\ell}\,e^{-ikr}\right] P_\ell(\cos\theta) \qquad (V(r)\neq 0) \tag{10.44}$$

가 된다. 이것을 수렴하는 구면 파동(전적으로 e^{ikz}의 $h_\ell^{(1)}$ 부분 때문에 나타난다)이 들어오면서 δ_ℓ의 양만큼 위상이 이동되고, 다시 나갈 때 δ_ℓ만큼 이동하여(따라서 2가 있다) 나가는 구면 파동(e^{ikz}의 $h_\ell^{(1)}$ 부분에 의한 e^{ikr} 항과 산란된 파동을 더한 것이다)으로 생각하면 된다.

10.2.1절에서 모든 이론은 부분파 진폭 a_ℓ로 표현했다. 이제 이것을 위상 이동 δ_ℓ로 수식화했다. 이 둘 사이의 관계가 있다. 실제로 (큰 r값에 대한) 식 10.23의 점근 형태를 비교하면

$$\psi^{(\ell)} \approx A\left\{\frac{(2\ell+1)}{2ikr}\left[e^{ikr} - (-1)^{\ell}\,e^{-ikr}\right] + \frac{(2\ell+1)}{r}\,a_\ell\,e^{ikr}\right\} P_\ell(\cos\theta) \tag{10.45}$$

이고, δ_ℓ로 표현한(식 10.44) 것을 보면 다음을 얻는다.[9]

$$a_\ell = \frac{1}{2ik}\left(e^{2i\delta_\ell} - 1\right) = \frac{1}{k}e^{i\delta_\ell}\sin(\delta_\ell). \tag{10.46}$$

특히 이로부터(식 10.25)

$$f(\theta) = \frac{1}{k}\sum_{\ell=0}^{\infty}(2\ell+1)\,e^{i\delta_\ell}\sin(\delta_\ell)\,P_\ell(\cos\theta) \tag{10.47}$$

---

[8] 이 주제가 혼동스러운 한 가지 이유는 실제로 모든 것을 "진폭"이라고 부르기 때문이다. $f(\theta)$는 "산란 진폭", a_ℓ은 "부분파 진폭"이지만 첫 번째는 θ의 함수이고, 두 개 모두 복소수 함수이다. 이제 원래의 의미에서 "진폭"을 말하겠다. 즉 사인 파동의 높이(물론 실수)이다.

[9] a_ℓ과 δ_ℓ 사이의 관계를 구하기 위해 파동함수의 점근 형태를 이용했지만 이 결과(식 10.46)는 전혀 근사한 것이 아니다. 둘 모두 (r에 무관한) 상수이고, δ_ℓ은 (Hankel 함수가 $e^{\pm ikr}/kr$의 형태가 되는) 점근 영역의 위상 이동을 의미한다.

을 얻고 (식 10.27)

$$\sigma = \frac{4\pi}{k^2} \sum_{\ell=0}^{\infty} (2\ell+1) \sin^2(\delta_\ell) \tag{10.48}$$

이 된다. 다시 (부분파 진폭에 반하여) 위상 이동을 사용하는 장점은 물리적으로 해석하기 더 쉽고, 수학적으로 더 단순하다는 것이다. 위상 이동의 수식화에서는 복소수 a_ℓ(두 개의 실수)을 각 운동량 보존을 통하여 한 개의 실수 δ_ℓ로 환원한 것이다.

문제 10.5 질량 m, 에너지 E인 입자가 왼쪽에서 퍼텐셜

$$V(x) = \begin{cases} 0, & (x < -a), \\ -V_0, & (-a \le x \le 0), \\ \infty, & (x > 0) \end{cases}$$

으로 입사한다.

(a) 입사 파동이 Ae^{ikx}인 경우(여기서 $k = \sqrt{2mE}/\hbar$) 반사 파동을 구하라. 답:

$$Ae^{-2ika}\left[\frac{k - ik'\cot(k'a)}{k + ik'\cot(k'a)}\right]e^{-ikx}, \quad \text{여기서} \quad k' = \sqrt{2m(E+V_0)}/\hbar.$$

(b) 반사 파동은 입사 파동과 진폭이 같다는 것을 확인하라.

(c) 매우 깊은 우물($E \ll V_0$)의 경우 위상 이동 δ(식 10.40)를 구하라. 답: $\delta = -ka$.

문제 10.6 딱딱한 구 산란(예제 10.3)에 대한 부분파 위상 이동(δ_ℓ)은 무엇인가?

문제 10.7 델타함수 껍질(문제 10.4)에 대한 산란에서 S 파동($\ell = 0$)의 부분파 위상 이동 $\delta_0(k)$를 구하라. 지름 파동함수 $u(r)$은 $r \to 0$일 때 0이 된다고 가정하라. 답:

$$-\cot^{-1}\left[\cot(ka) + \frac{ka}{\beta \sin^2(ka)}\right], \quad \text{여기서} \quad \beta \equiv \frac{2m\alpha a}{\hbar^2}.$$

10.4 Born근사

10.4.1 Schrödinger 방정식의 적분 형태

시간에 무관한 Schrödinger 방정식

$$-\frac{\hbar^2}{2m}\nabla^2\psi + V\psi = E\psi \tag{10.49}$$

는 더 간단하게

$$\left(\nabla^2 + k^2\right)\psi = Q \tag{10.50}$$

으로 쓸 수 있다. 여기서

$$k \equiv \frac{\sqrt{2mE}}{\hbar} \quad \text{그리고} \quad Q \equiv \frac{2m}{\hbar^2} V\psi \tag{10.51}$$

이다. 이것은 겉으로 보기에는 **Helmholtz 방정식**의 형태이다. 그러나 "비균질" 항(Q) 자체가 ψ에 의존한다. 델타함수 "원천"이 있는 Helmholtz 방정식을 풀게 되는 함수 $G(\mathbf{r})$을 구할 수 있다고 하자.

$$\left(\nabla^2 + k^2\right) G(\mathbf{r}) = \delta^3(\mathbf{r}). \tag{10.52}$$

그러면 ψ를 적분으로 표현할 수 있다.

$$\psi(\mathbf{r}) = \int G(\mathbf{r} - \mathbf{r}_0) Q(\mathbf{r}_0)\, d^3\mathbf{r}_0. \tag{10.53}$$

식 10.50의 형태로 쓰면 이것이 Schrödinger 방정식을 만족한다는 것을 증명하기 쉬우므로

$$\begin{aligned}\left(\nabla^2 + k^2\right)\psi(\mathbf{r}) &= \int \left[\left(\nabla^2 + k^2\right) G(\mathbf{r} - \mathbf{r}_0)\right] Q(\mathbf{r}_0)\, d^3\mathbf{r}_0 \\ &= \int \delta^3(\mathbf{r} - \mathbf{r}_0) Q(\mathbf{r}_0)\, d^3\mathbf{r}_0 = Q(\mathbf{r}).\end{aligned}$$

$G(\mathbf{r})$을 Helmholtz 방정식의 **Green 함수**라고 한다. (일반적으로 선형 미분방정식에 대한 Green 함수는 델타함수 원천에 대한 "반응"으로 표현한다.)

첫 번째 임무[10]는 식 10.52를 $G(\mathbf{r})$에 대해 푸는 것이다. 이것은 Fourier 변환을 취하면 가장 쉽게 구할 수 있다. 이러면 미분방정식을 대수적 방정식으로 바꿀 수 있다.

$$G(\mathbf{r}) = \frac{1}{(2\pi)^{3/2}} \int e^{i\mathbf{s}\cdot\mathbf{r}} g(\mathbf{s})\, d^3\mathbf{s} \tag{10.54}$$

이라고 하면

$$\left(\nabla^2 + k^2\right) G(\mathbf{r}) = \frac{1}{(2\pi)^{3/2}} \int \left[\left(\nabla^2 + k^2\right) e^{i\mathbf{s}\cdot\mathbf{r}}\right] g(\mathbf{s})\, d^3\mathbf{s}$$

이 된다. 그러나

$$\nabla^2 e^{i\mathbf{s}\cdot\mathbf{r}} = -s^2 e^{i\mathbf{s}\cdot\mathbf{r}} \tag{10.55}$$

이고 (식 2.147을 참고하면)

$$\delta^3(\mathbf{r}) = \frac{1}{(2\pi)^3} \int e^{i\mathbf{s}\cdot\mathbf{r}}\, d^3\mathbf{s} \tag{10.56}$$

이다. 따라서 식 10.52은 다음을 뜻한다.

$$\frac{1}{(2\pi)^{3/2}} \int \left(-s^2 + k^2\right) e^{i\mathbf{s}\cdot\mathbf{r}} g(\mathbf{s})\; d^3\mathbf{s} = \frac{1}{(2\pi)^3} \int e^{i\mathbf{s}\cdot\mathbf{r}}\, d^3\mathbf{s}.$$

---

[10] 주의: 경로 적분을 포함한 깊은 분석을 여러 쪽에 걸쳐 할 것이다. 원한다면 답인 식 10.65로 바로 가도 좋다.

따라서 다음을 얻는다.[11]

$$g(\mathbf{s}) = \frac{1}{(2\pi)^{3/2}\left(k^2 - s^2\right)}. \tag{10.57}$$

이것을 식 10.54에 대입하면

$$G(\mathbf{r}) = \frac{1}{(2\pi)^3} \int e^{i\mathbf{s}\cdot\mathbf{r}} \frac{1}{\left(k^2 - s^2\right)}\, d^3\mathbf{s} \tag{10.58}$$

이 된다. 이제 **s** 적분에 관한 한 **r**은 고정되어 있으므로, **r** 방향을 극축으로 정한 구면좌표계 (s, θ, ϕ)를 선택할 수 있다(그림 10.8). 그러면 $\mathbf{s}\cdot\mathbf{r} = sr\cos\theta$이고, ϕ 적분은 간단히 2π이고, θ 적분은

$$\int_0^\pi e^{isr\cos\theta} \sin\theta\, d\theta = -\left.\frac{e^{isr\cos\theta}}{isr}\right|_0^\pi = \frac{2\sin(sr)}{sr} \tag{10.59}$$

이다. 따라서 다음을 얻는다.

$$G(\mathbf{r}) = \frac{1}{(2\pi)^2}\frac{2}{r}\int_0^\infty \frac{s\sin(sr)}{k^2 - s^2} ds = \frac{1}{4\pi^2 r}\int_{-\infty}^\infty \frac{s\sin(sr)}{k^2 - s^2} ds. \tag{10.60}$$

남은 적분은 그렇게 간단하지 않다. 지수함수 형태로 바꾸고, 분모를 인수분해하면

$$\begin{aligned} G(\mathbf{r}) &= \frac{i}{8\pi^2 r}\left\{\int_{-\infty}^\infty \frac{se^{isr}}{(s-k)(s+k)} ds - \int_{-\infty}^\infty \frac{se^{-isr}}{(s-k)(s+k)} ds\right\} \\ &= \frac{i}{8\pi^2 r}\left(I_1 - I_2\right). \end{aligned} \tag{10.61}$$

이다. 이 두 적분은 **Cauchy의 적분 공식**

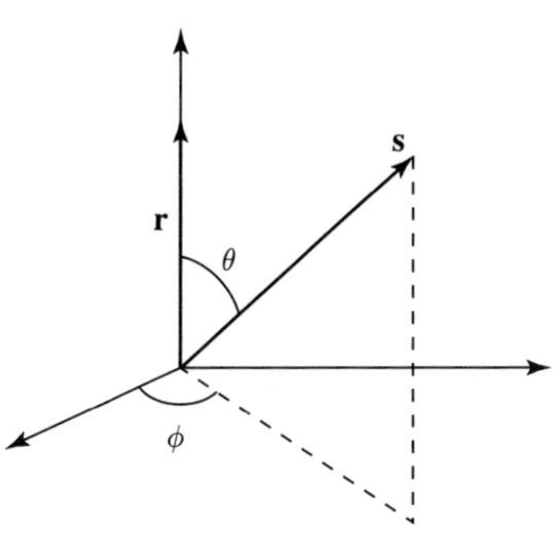

그림 10.8: 식 10.58의 적분을 편리하게 하기 위한 좌표계.

[11] 이것은 분명히 충분 조건이지만, 두 개의 항을 한 개의 적분으로 결합하고 식 2.103인 Plancherel의 정리를 사용하면 쉽게 증명할 수 있듯이 필요 조건이기도 하다.

$$\oint \frac{f(z)}{(z-z_0)}dz = 2\pi i f(z_0) \tag{10.62}$$

를 이용하여 계산할 수 있다. 여기서 z_0는 경로 안에 있다. (그렇지 않으면 적분은 0이다.) 현재의 경우 적분은 실수축을 따라 하는 것이고, $\pm k$에서 극 특이점 바로 위를 지나간다. 이 극점을 어떻게 둘러가는지 결정해야 한다. $-k$에서는 위로, $+k$에서는 아래로 돌아가겠다(그림 10.9). (원하는 다른 방법을 택해도 좋다. 심지어는 한 극점을 일곱 번 돌아도 좋다. 그러면 다른 Green 함수를 얻지만, 곧 증명하겠지만 이들 모두 허용된다.)[12]

식 10.61의 각각의 적분에 대해 무한대에서의 반원이 적분에 전혀 기여하지 않도록 "경로를 닫아야" 한다. I_1의 경우 e^{isr}의 인자는 s가 큰 양의 허수 부분을 가질 때 0에 접근하므로, 경로를 위로 닫는다[그림 10.10(a)]. 경로는 $s=+k$의 특이점만을 포함하므로

$$I_1 = \oint \left[\frac{se^{isr}}{s+k}\right]\frac{1}{s-k}ds = 2\pi i\left[\frac{se^{isr}}{s+k}\right]\bigg|_{s=k} = i\pi e^{ikr} \tag{10.63}$$

이 된다. I_2의 경우 e^{-isr}의 인자는 s가 큰 음의 허수 부분을 가질 때 0에 접근하므로, 경로를 아래로 닫는다[그림 10.10(b)]. 경로는 $s=-k$의 특이점만을 포함하고(경로가 시계 방향으로 돌기 때문에 음의 부호를 붙인다) 다음을 얻는다.

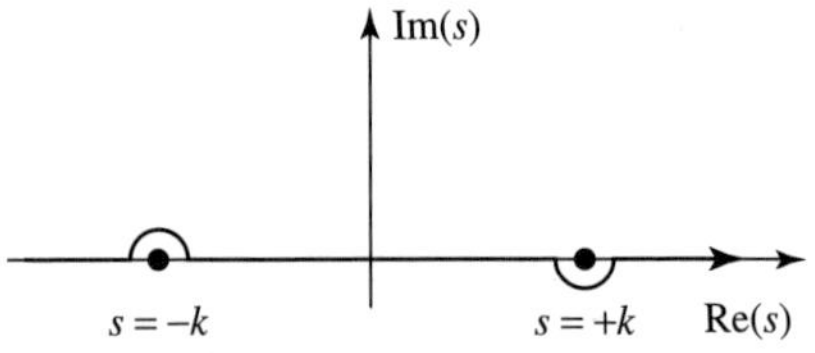

그림 10.9: 경로 적분에서 극점 둘러가기(식 10.61).

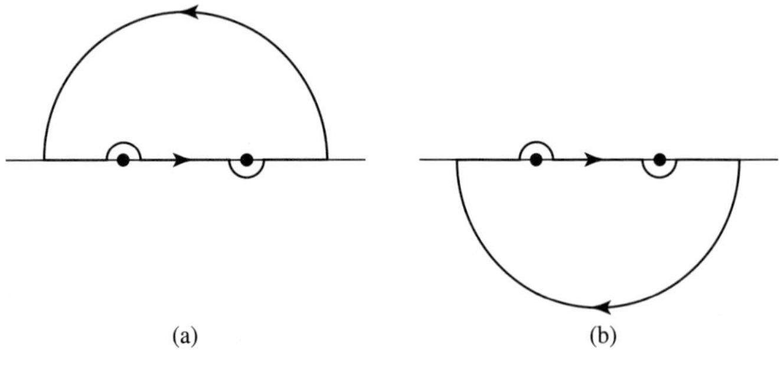

그림 10.10: 식 10.63과 10.64에서 경로 닫기.

[12] 이 방법이 낯설다면 의심할 필요가 있다. 사실 식 10.60의 적분은 잘 정의되어 있지 않을 뿐이다. 수렴하지도 않고, 의미 있는 결과를 끌어낸다는 것이 기적이다. 문제의 근원은 $G(\mathbf{r})$이 올바른 Fourier 변환이 없다는 것이다. 여기서 속도 위반을 하고 있지만, 걸리지 않기를 기도하자.

$$I_2 = -\oint \left[\frac{se^{-isr}}{s-k}\right]\frac{1}{s+k}\,ds = -2\pi i\left[\frac{se^{-isr}}{s-k}\right]\bigg|_{s=-k} = -i\pi e^{ikr}. \tag{10.64}$$

결론:

$$G(\mathbf{r}) = \frac{i}{8\pi^2 r}\left[\left(i\pi e^{ikr}\right) - \left(-i\pi e^{ikr}\right)\right] = -\frac{e^{ikr}}{4\pi r}. \tag{10.65}$$

이것이 최종적인 Helmholtz 방정식에 대한 Green 함수, 식 10.52의 해이다. (이 모든 분석을 이해하지 못했다면 직접 미분해서 결과를 확인할 수도 있다. 문제 10.8 참조.) 혹은 Helmholtz 방정식에 대한 Green 함수 중의 하나이다. 왜냐하면 $G(\mathbf{r})$에 균일한 Helmhotz 방정식

$$\left(\nabla^2 + k^2\right) G_0(\mathbf{r}) = 0 \tag{10.66}$$

을 만족하는 임의의 함수 $G_0(\mathbf{r})$을 더할 수 있기 때문이다. 분명히 $(G + G_0)$는 식 10.52를 만족한다. 이 모호함은 정확히 어떻게 극점을 둘러가는지에 대한 모호함에 해당한다. 다른 선택은 다른 함수 $G_0(\mathbf{r})$을 택하는 것에 해당한다.

식 10.53으로 돌아가서 Schrödinger 방정식의 일반해는 다음의 형태를 갖는다.

$$\boxed{\psi(\mathbf{r}) = \psi_0(\mathbf{r}) - \frac{m}{2\pi\hbar^2}\int \frac{e^{ik|\mathbf{r}-\mathbf{r}_0|}}{|\mathbf{r}-\mathbf{r}_0|} V(\mathbf{r}_0)\psi(\mathbf{r}_0)\, d^3\mathbf{r}_0.} \tag{10.67}$$

여기서 ψ_0는 자유 입자 Schrödinger 방정식

$$\left(\nabla^2 + k^2\right)\psi_0 = 0 \tag{10.68}$$

을 만족한다. 식 10.67은 **Schrödinger 방정식의 적분 형태**이다. 이것은 더 친숙한 미분 형태와 전적으로 동등하다. 언뜻 보면 (임의의 퍼텐셜에 대해) Schrödinger 방정식에 대한 명백한 해로 보인다. 이것은 너무 훌륭해 보인다. 하지만 현혹되지 말라. 우변의 적분 기호 안에 ψ가 있으므로 해를 이미 알지 않는 한 적분을 계산할 수 없다! 그럼에도 불구하고 적분 형태는 매우 강력하고, 다음 절에서 보게 되겠지만 산란 문제에는 특히 적절하다.

문제 10.8 직접 대입하여 식 10.65는 식 10.52를 만족한다는 것을 확인하라.
귀띔: $\nabla^2(1/r) = -4\pi\delta^3(\mathbf{r})$.[13]

** **문제 10.9** 수소의 바닥상태(식 4.80)는 적절한 V와 E에 대해 Schrödinger 방정식의 적분 형태를 만족한다는 것을 증명하라. (E는 음수인 것을 주목하여 $k = i\kappa$로 놓아라. 여기서 $\kappa \equiv \sqrt{-2mE}/\hbar$이다.)

[13] 예를 들어 D. Griffiths, *Introduction to Electrodynamics*, 4th edn (Cambridge University Press, Cambridge, UK, 2017), 1.5.3절을 참조하라.

10.4.2 일차 Born근사

$V(\mathbf{r}_0)$가 $\mathbf{r}_0 = 0$ 주위에 국소화되어 있다고 하자. 즉 퍼텐셜은 (산란 문제에서 전형적으로) 어떤 유한한 영역 밖에서는 0으로 떨어진다. 그리고 산란 중심으로부터 먼 점에서 $\psi(\mathbf{r})$을 계산하려고 한다. 그러면 식 10.67에서 적분에 기여하는 모든 점에서 $|\mathbf{r}| \gg |\mathbf{r}_0|$이므로

$$|\mathbf{r} - \mathbf{r}_0|^2 = r^2 + r_0^2 - 2\mathbf{r} \cdot \mathbf{r}_0 \approx r^2 \left(1 - 2\frac{\mathbf{r} \cdot \mathbf{r}_0}{r^2}\right) \tag{10.69}$$

가 되고, 따라서

$$|\mathbf{r} - \mathbf{r}_0| \approx r - \hat{r} \cdot \mathbf{r}_0 \tag{10.70}$$

이다.

$$\mathbf{k} \equiv k\hat{r} \tag{10.71}$$

로 놓으면

$$e^{ik|\mathbf{r}-\mathbf{r}_0|} \approx e^{ikr} e^{-i\mathbf{k}\cdot\mathbf{r}_0} \tag{10.72}$$

이고, 따라서

$$\frac{e^{ik|\mathbf{r}-\mathbf{r}_0|}}{|\mathbf{r} - \mathbf{r}_0|} \approx \frac{e^{ikr}}{r} e^{-i\mathbf{k}\cdot\mathbf{r}_0} \tag{10.73}$$

이 된다. [분모에서 더 단순한 근사인 $|\mathbf{r} - \mathbf{r}_0| \approx r$을 쓸 수 있다. 지수에서는 그 다음 항까지 구해야 한다. 이것이 궁금하면 분모를 전개하여 다음 항을 포함시켜 보라. 여기서는 작은 양 (r_0/r)에 대한 차수로 전개하고, 가장 낮은 차수 이외는 버린다.]

산란의 경우

$$\psi_0(\mathbf{r}) = Ae^{ikz} \tag{10.74}$$

인 입사 평면파를 원한다. r이 크면

$$\psi(\mathbf{r}) \approx Ae^{ikz} - \frac{m}{2\pi\hbar^2} \frac{e^{ikr}}{r} \int e^{-i\mathbf{k}\cdot\mathbf{r}_0} V(\mathbf{r}_0) \psi(\mathbf{r}_0)\, d^3\mathbf{r}_0 \tag{10.75}$$

가 된다. 이것은 표준적인 형태이고(식 10.12) 산란 진폭을 끄집어낼 수 있다.

$$f(\theta, \phi) = -\frac{m}{2\pi\hbar^2 A} \int e^{-i\mathbf{k}\cdot\mathbf{r}_0} V(\mathbf{r}_0) \psi(\mathbf{r}_0)\, d^3\mathbf{r}_0. \tag{10.76}$$

이것은 정확한 결과이다.[14] 이제 **Born근사**를 적용한다. 입사 평면파가 퍼텐셜에 의해 많이 변형되지 않는다고 하면

$$\psi(\mathbf{r}_0) \approx \psi_0(\mathbf{r}_0) = Ae^{ikz_0} = Ae^{i\mathbf{k}'\cdot\mathbf{r}_0} \tag{10.77}$$

을 사용해도 좋다. 여기서 적분 안에서

$$\mathbf{k}' \equiv k\hat{z} \tag{10.78}$$

[14] $f(\theta, \phi)$는 큰 r에 대해 Ae^{ikr}/r의 계수로 정의한다는 것을 기억하라.

이다. (V가 0이라면 이것은 정확한 파동함수이다. 이것은 기본적으로 약한 퍼텐셜에 대한 근사이다.[15]) 그러면 Born근사에서 다음을 얻는다.

$$\boxed{f(\theta,\phi) \approx -\frac{m}{2\pi\hbar^2}\int e^{i(\mathbf{k}'-\mathbf{k})\cdot\mathbf{r}_0}V(\mathbf{r}_0)\,d^3\mathbf{r}_0.} \tag{10.79}$$

[$\mathbf{k}'$과 $\mathbf{k}$의 정의를 잊었다면 둘 모두 크기는 k이지만, 전자는 입사 빔의 방향을 향하고, 후자는 검출기 방향이다. 그림 10.11 참조. $\hbar\left(\mathbf{k}-\mathbf{k}'\right)$는 이 과정에 **운동량 전달**이다.]

특히 **낮은 에너지**(긴 파장) **산란**에서 지수 인자는 산란 영역에서 기본적으로 상수이고, Born 근사는 다음과 같이 단순하게 된다.

$$\boxed{f(\theta,\phi) \approx -\frac{m}{2\pi\hbar^2}\int V(\mathbf{r})\,d^3\mathbf{r}, \quad (\text{낮은 에너지}).} \tag{10.80}$$

(여기서 혼동의 여지가 없으므로 $\mathbf{r}$의 첨자를 없앴다.)

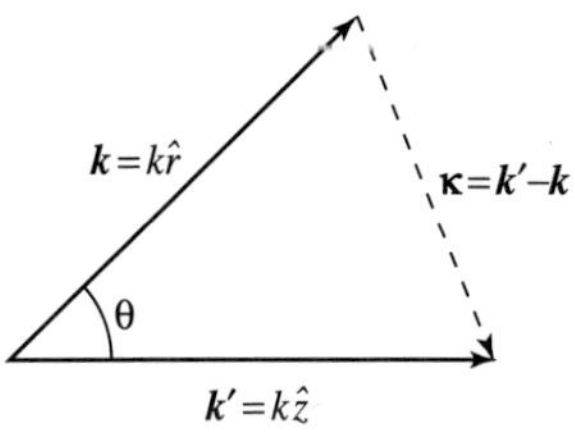

그림 10.11: Born근사에서 두 개의 파동 벡터. $\mathbf{k}'$은 입사 빔의 방향이고, $\mathbf{k}$는 산란된 방향이다.

예제 10.4

낮은 에너지 부드러운 구 산란.[16] 다음의 퍼텐셜이 있다.

$$V(\mathbf{r}) = \begin{cases} V_0, & (r \le a), \\ 0, & (r > a). \end{cases} \tag{10.81}$$

이 경우 낮은 에너지 산란 진폭은

$$f(\theta,\phi) \approx -\frac{m}{2\pi\hbar^2}V_0\left(\frac{4}{3}\pi a^3\right) \tag{10.82}$$

이고(θ와 ϕ에 무관하다) 미분 단면적은

$$\frac{d\sigma}{d\Omega} = |f|^2 \approx \left(\frac{2mV_0a^3}{3\hbar^2}\right)^2 \tag{10.83}$$

---

[15] 전형적으로 부분파 분석은 입사 입자의 에너지가 작을 때 유용하다. 왜냐하면 이때 급수의 첫 몇 항만이 중요하게 기여하기 때문이다. Born 어림 방법은 고에너지에서 편향이 상대적으로 작을 때 더 유용하다.

[16] 딱딱한 구 산란($V_0 = \infty$)에 Born 어림 방법을 적용할 수 없다. 적분은 발산한다. 요점은 퍼텐셜이 약하고, 산란 지역에서 파동함수가 많이 변하지 않는다고 가정했다. 그러나 딱딱한 구는 급격하게 Ae^{ikz}가 0으로 변하게 한다.

이고, 전체 단면적은

$$\sigma \approx 4\pi \left(\frac{2mV_0a^3}{3\hbar^2}\right)^2 \tag{10.84}$$

이다.

구면 대칭성이 있는 퍼텐셜 $V(\mathbf{r}) = V(r)$에 대해 반드시 낮는 에너지이어야 할 필요는 없지만, Born근사는 다시 단순한 형태가 된다.

$$\boldsymbol{\kappa} \equiv \mathbf{k}' - \mathbf{k} \tag{10.85}$$

를 정의하고, $\mathbf{r}_0$적분에 대한 극축이 κ 방향을 향하도록 하면

$$\left(\mathbf{k}' - \mathbf{k}\right) \cdot \mathbf{r}_0 = \kappa r_0 \cos\theta_0 \tag{10.86}$$

이 된다. 그러면 다음을 얻는다.

$$f(\theta) \approx -\frac{m}{2\pi\hbar^2} \int e^{i\kappa r_0 \cos\theta_0} V(r_0) r_0^2 \sin\theta_0 \, dr_0 \, d\theta_0 \, d\phi_0. \tag{10.87}$$

ϕ_0적분은 간단하여 2π이고, θ_0에 대한 적분은 이미 접해본 것이다(식 10.59참조). r의 첨자를 떼면 다음을 얻는다.

$$\boxed{f(\theta) \approx -\frac{2m}{\hbar^2\kappa} \int_0^\infty r V(r) \sin(\kappa r) \, dr, \text{ (구면 대칭성).}} \tag{10.88}$$

f의 각도 의존성은 κ에 담겨 있다. 그림 10.11에서

$$\kappa = 2k \sin(\theta/2) \tag{10.89}$$

임을 알 수 있다.

예제 10.5

Yukawa 산란. (원자 핵 안의 결합력에 대한 대략적인 모형인) Yukawa퍼텐셜의 형태는 다음과 같다.

$$V(r) = \beta \frac{e^{-\mu r}}{r}. \tag{10.90}$$

여기서 β와 μ는 상수이다. Born근사에 의하면

$$f(\theta) \approx -\frac{2m\beta}{\hbar^2\kappa} \int_0^\infty e^{-\mu r} \sin(\kappa r) \, dr = -\frac{2m\beta}{\hbar^2\left(\mu^2 + \kappa^2\right)} \tag{10.91}$$

이다. (문제 10.11에서 이 적분을 직접 계산할 것이다.)

예제 10.6

Rutherford 산란. $\beta = q_1q_2/4\pi\epsilon_0$, $\mu = 0$으로 놓으면 Yukawa퍼텐셜은 Coulomb퍼텐셜이 되어 두 점전하의 전기적 상호작용을 기술한다. 분명히 산란 진폭은

$$f(\theta) \approx -\frac{2mq_1q_2}{4\pi\epsilon_0\hbar^2\kappa^2} \tag{10.92}$$

즉 (식 10.89와 10.51을 이용하면)

$$f(\theta) \approx -\frac{q_1q_2}{16\pi\epsilon_0 E\sin^2(\theta/2)} \tag{10.93}$$

이 된다. 미분 단면적은 이것의 제곱이다.

$$\frac{d\sigma}{d\Omega} = \left[\frac{q_1q_2}{16\pi\epsilon_0 E\sin^2(\theta/2)}\right]^2. \tag{10.94}$$

이것이 Rutherford공식이다(식 10.11). Coulomb퍼텐셜에 대해서는 고전역학, Born근사, 그리고 양자장론을 이용하면 모두 같은 결과를 얻는다. 컴퓨터사업자들이 말하듯이 Rutherford공식은 놀랍게도 "견고하다."

* **문제 10.10** 임의의 에너지에서 부드러운 구 산란에서 Born근사를 이용하여 산란 진폭을 구하라. 이 공식은 낮은 에너지 극한에서 식 10.82로 환원됨을 증명하라.

문제 10.11 식 10.91의 적분을 계산하여 우변의 표현을 확인하라.

** **문제 10.12** Born근사에서 Yukawa퍼텐셜에 의한 산란에 대한 전체 단면적을 계산하라. 답을 E의 함수로 나타내라.

* **문제 10.13** 문제 10.4의 퍼텐셜에 대하여

(a) 낮은 에너지 Born근사에서 $f(\theta)$, $D(\theta)$와 σ를 계산하라.

(b) 임의의 에너지에서 Born근사를 이용하여 $f(\theta)$를 계산하라.

(c) 이 결과는 적절한 영역에서 문제 10.4의 답과 일치함을 증명하라.

10.4.3 Born급수

Born근사는 고전 산란 이론에서 **충격 근사**와 비슷한 개념이다. 충격 근사에서는 입자가 직선으로 움직인다고 생각하고 시작하고(그림 10.12) 이 경우 입자에 전달되는 수직 충격량을 계산한다.

$$I = \int F_\perp\, dt. \tag{10.95}$$

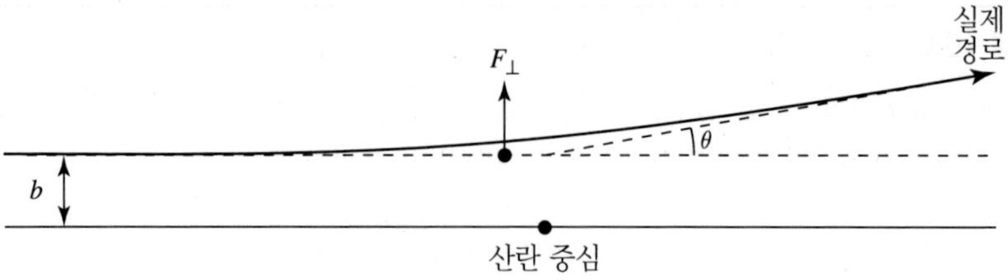

그림 10.12: 충격 근사는 입자가 편향되지 않고 진행한다고 가정하고, 전달된 수직 운동량을 계산한다.

편향이 상대적으로 작다면 이것은 입자에 전달된 수직 운동량에 대한 좋은 근사이고, 따라서 산란 각도는

$$\theta \approx \tan^{-1}(I/p) \tag{10.96}$$

이다. 여기서 p는 입사 운동량이다. 원한다면 이것은 "일차" 충격 근사이다. (0차는 편향이 전혀 없는 처음 시작한 것이다.) 마찬가지로 0차 Born근사에서 입사 평면파는 수정되지 않고 지나가고, 앞 절에서 탐구한 것이 바로 이에 대한 일차 수정이다. 그러나 같은 방법을 반복하여 고차 수정의 급수를 만들 수 있고, 이것이 아마도 정확한 답에 수렴할 것이다.

Schrödinger 방정식을 적분 형태는

$$\psi(\mathbf{r}) = \psi_0(\mathbf{r}) + \int g(\mathbf{r} - \mathbf{r}_0)V(\mathbf{r}_0)\psi(\mathbf{r}_0)\, d^3\mathbf{r}_0 \tag{10.97}$$

이다. 여기서 ψ_0는 입사 파동이고,

$$g(\mathbf{r}) \equiv -\frac{m}{2\pi\hbar^2}\frac{e^{ikr}}{r} \tag{10.98}$$

은 (편의상 $2m/\hbar^2$를 집어 넣은) Green 함수이고, V는 산란 퍼텐셜이다. 개략적으로 표현하면

$$\psi = \psi_0 + \int gV\psi \tag{10.99}$$

이다. 이러한 ψ에 대한 표현을 취해 적분 기호 안에 대입하자.

$$\psi = \psi_0 + \int gV\psi_0 + \int\int gVgV\psi. \tag{10.100}$$

이 과정을 반복하면 ψ에 대한 공식적인 급수를 얻는다.

$$\psi = \psi_0 + \int gV\psi_0 + \int\int gVgV\psi_0 + \int\int\int gVgVgV\psi_0 + \cdots. \tag{10.101}$$

각각의 피적분 함수에는 입사 파동함수(ψ_0)만 나타나고, gV의 더 많은 차수가 나타난다. 일차 Born근사에서는 둘째 항 이후의 급수는 잘라내지만, 고차항의 수정을 어떻게 만들어내는지는 매우 분명하다.

Born급수는 그림 10.13에 나타낸 것처럼 그림으로 나타낼 수 있다. 일차에서는 한 번 "차이고" 그리고 새로운 방향으로 "전파"된다. 이차에서는 차이고, 새로운 위치로 전파되고, 다시 차

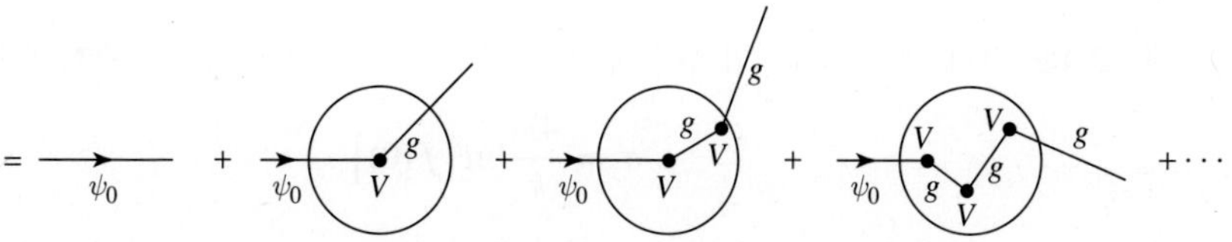

그림 10.13: Born급수를 그림으로 해석한 것(식 10.101).

이고 전파되어 나가는 방식이다. 이러한 관점에서 Green 함수는 **전파 인자**라고 부른다. 이것은 교란이 한 상호작용에서 다음으로 어떻게 전파되는지 알려준다. Born급수로부터 Feynman이 상대론적 양자역학을 수식화하는 데 영감을 받았다. **Feynman 그림**에서는 전적으로 **꼭지점 인자**(V)와 전파 인자(g)가 서로 연결된 것만으로 표현한다.

문제 10.14 Rutherford산란에서 충격 근사를 이용하여 (충격 변수의 함수로서) θ를 계산하라. 이 결과가 적절한 극한에서 정확한 표현[문제 10.1(a)]과 일치함을 증명하라.

*** **문제 10.15** 이차 Born근사에서 낮은 에너지 부드러운 구의 산란에 대한 산란 진폭을 구하라. 답:

$$-\left(2mV_0a^3/3\hbar^2\right)\left[1-\left(4mV_0a^2/5\hbar^2\right)\right].$$

10장 추가문제

*** **문제 10.16** 일차원 Schrödinger 방정식에 대한 Green 함수를 구하고, 이를 이용하여 (식 10.66과 비슷한) 적분 형태를 만들라. 답:

$$\psi(x)=\psi_0(x)-\frac{im}{\hbar^2k}\int_{-\infty}^{\infty}e^{ik|x-x_0|}V(x_0)\psi(x_0)\,dx_0. \tag{10.102}$$

** **문제 10.17** 문제 10.16의 결과를 이용하여 (구간 $-\infty < x < \infty$에서 원점에 "벽돌 벽"이 없는) 일차원 산란에 대한 Born근사를 만들라. 즉 $\psi_0(x) = Ae^{ikx}$를 선택하고, 적분을 계산하기 위해 $\psi(x_0) \approx \psi_0(x_0)$라고 가정하라. 반사 계수는 다음의 형태라는 것을 증명하라.

$$R\approx\left(\frac{m}{\hbar^2k}\right)^2\left|\int_{-\infty}^{\infty}e^{2ikx}V(x)\,dx\right|^2. \tag{10.103}$$

문제 10.18 델타함수(식 2.117)와 유한한 사각 우물(식 2.148)에 의한 산란에서 투과 계수 ($T = 1 - R$)를 계산하기 위하여 일차원 Born근사(문제 10.17)를 사용하라.

문제 10.19 전체 단면적과 전방 산란 진폭의 허수 부분의 관계를 맺는 **광학 정리**

$$\sigma = \frac{4\pi}{k}\mathrm{Im}\left[f(0)\right] \tag{10.104}$$

를 증명하라. 귀띔: 식 10.47과 10.48을 이용하라.

문제 10.20 Born근사를 이용하여 gaussian 퍼텐셜

$$V(\mathbf{r}) = V_0 e^{-\mu r^2/a^2}$$

의 산란에 대한 전체 단면적을 결정하라. 답을 상수 V_0, α와 m(입사 입자의 질량)과 $k \equiv \sqrt{2mE}/\hbar$로 표현하라. 여기서 E는 입사 에너지이다.

문제 10.21 중성자 회절. 결정에서 산란되는 중성자 빔을 고려하자(그림 10.14). 중성자와 결정의 핵 사이에는 단거리 상호작용이 있고, 이것은

$$V(\mathbf{r}) = \frac{2\pi\hbar^2 b}{m}\sum_i \delta^3(\mathbf{r}-\mathbf{r}_i)$$

으로 근사할 수 있다. 여기서 $\mathbf{r}_i$는 핵의 위치이고, 퍼텐셜의 세기는 **핵 산란 거리** b로 표현한다.

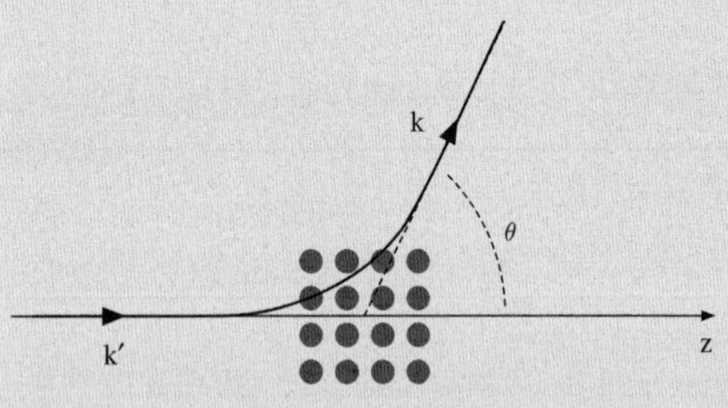

그림 10.14: 결정에서 중성자의 산란.

(a) 일차 Born근사에서 다음을 증명하라.

$$\frac{d\sigma}{d\Omega} = b^2\left|\sum_i e^{-i\,\mathbf{q}\cdot\mathbf{r}_i}\right|^2.$$

여기서 $\mathbf{q} \equiv \mathbf{k} - \mathbf{k}'$이다.

(b) 이제 핵이 간격 a인 입방 격자로 배열된 경우를 고려하자. 그 위치는

$$\mathbf{r}_i = l\,a\,\hat{\imath} + m\,a\,\hat{\jmath} + n\,a\,\hat{k}$$

으로 쓰자. 여기서 l, m과 n은 모두 0에서 $N-1$까지의 값을 가지므로, N^3개의 핵이 있다.[17] 다음을 증명하라.

[17] 이 결정의 원점이 "중심"에 없어도 전혀 차이가 없다. 결정을 $\mathbf{R}$만큼 이동하면 각각의 $\mathbf{r}_i$에 $\mathbf{R}$을 더하는 것에 해당하고, 이것은 $d\sigma/d\Omega$에 영향을 끼치지 않는다. 결국 x와 y방향으로 $\pm\infty$로 퍼져 있는 입자 평면파를 가정한다.

$$\frac{d\sigma}{d\Omega} = b^2 \frac{\sin^2(N q_x a/2)}{\sin^2(q_x a/2)} \frac{\sin^2\left(N q_y a/2\right)}{\sin^2\left(q_y a/2\right)} \frac{\sin^2(N q_z a/2)}{\sin^2(q_z a/2)} .$$

(c) 함수

$$\frac{1}{N} \frac{\sin^2(N q_x a/2)}{\sin^2(q_x a/2)}$$

을 몇 개의 N값($N = 1, 5, 10$)에 대해 $q_x a$의 함수로 그려서 이 함수는 N이 증가할수록 점점 더 뾰족한 봉우리의 급수를 기술한다는 것을 증명하라.

(d) (c)의 관점에서 큰 N 극한에서는 미분 산란 단면적은 이 봉우리 중의 한 곳을 제외하고는 무시할 정도로 작다.

$$\mathbf{q} = \mathbf{G}_{\ell mn} = \frac{2\pi}{a}\left(l\,\hat{\imath} + m\,\hat{\jmath} + n\,\hat{k}\right)$$

여기서 l, m과 n은 정수이다. 벡터 $\boldsymbol{G}_{lmn}$은 **역격자 벡터**라고 한다. 봉우리가 나타나는 산란 각도(θ)를 구하라. 중성자의 파장이 격자 간격 a와 같다면 세 개의 가장 작은 (0이 아닌) 각도는 무엇인가?

참고: 중성자 회절은 결정 구조를 결정하는 한 가지 방법이다. (전자와 x선도 사용할 수 있고, 봉우리에 대한 위치에 대한 표현은 같다.) 이 문제에서는 원자의 입방 구조를 보았지만, 다른 구조(예컨대 육방 격자)에서는 다른 각도에서 봉우리를 만들 것이다. 따라서 산란 자료로부터 그 안에 숨어 있는 결정 구조를 짐작할 수 있다.

*** **문제 10.22 이차원 산란 이론.** 10.2절과 비슷하게 이차원에 대한 부분파 분석을 하라.

(a) 극좌표계(r, θ)에서 Laplacian은

$$\nabla^2 = \frac{\partial^2}{\partial x^2} + \frac{\partial^2}{\partial y^2} = \frac{\partial^2}{\partial r^2} + \frac{1}{r}\frac{\partial}{\partial r} + \frac{1}{r^2}\frac{\partial^2}{\partial \theta^2} \tag{10.105}$$

이다. 방위각 대칭성[$V(r, \theta) = V(r)$]을 갖는 퍼텐셜에 대해 (시간에 무관한) Schrödinger 방정식에 대한 변수분리된 해를 구하라. 답:

$$\psi(r,\theta) = R(r)\,e^{ij\theta}. \tag{10.106}$$

여기서 j는 정수이고, $u \equiv \sqrt{r}\,R$은 다음의 지름 방정식을 만족한다.

$$-\frac{\hbar^2}{2m}\frac{d^2u}{dr^2} + \left[V(r) + \frac{\hbar^2}{2m}\frac{\left(j^2 - 1/4\right)}{r^2}\right]u = Eu. \tag{10.107}$$

(b) [$V(r)$과 원심력 항이 0으로 가는] 매우 큰 r값에 대해서 지름 방정식을 풀어 나가는 지름 파동의 점근 형태는

$$R(r) \sim \frac{e^{ikr}}{\sqrt{r}} \tag{10.108}$$

임을 증명하라. 여기서 $k \equiv \sqrt{2mE}/\hbar$이다. Ae^{ikx} 형태의 입사 파동은 $V(r) = 0$에 대

하여 Schrödinger 방정식을 만족함을 확인하라. (직각 좌표계를 이용하면 이것은 간단하다.) 식 10.12와 비슷한 이차원의 경우를 쓰고, 이 결과를 문제 10.2와 비교하라. 답:

$$\psi(r,\theta) \approx A\left[e^{ikx} + f(\theta)\frac{e^{ikr}}{\sqrt{r}}\right], \quad \text{큰 } r \text{ 값에 대해.} \tag{10.109}$$

(c) 식 10.21에 대응되는 양[$V(r) = 0$이지만, 원심력 항은 무시할 수 없는 영역에서의 파동함수]을 만들라. 답:

$$\psi(r,\theta) = A\left\{e^{ikx} + \sum_{j=-\infty}^{\infty} c_j H_j^{(1)}(kr) e^{ij\theta}\right\}. \tag{10.110}$$

여기서 $H_j^{(1)}$은 차수 j인 Hankel 함수(구면 Hankel 함수가 아니다!)이다.[18]

(d) 큰 z값에 대해

$$H_j^{(1)}(z) \sim \sqrt{2/\pi}\, e^{-i\pi/4}\, (-i)^j \,\frac{e^{iz}}{\sqrt{z}} \tag{10.111}$$

이다. 이것을 이용하여 다음을 증명하라.

$$f(\theta) = \sqrt{2/\pi k}\, e^{-i\pi/4} \sum_{j=-\infty}^{\infty} (-i)^j\, c_j e^{ij\theta}. \tag{10.112}$$

(e) 10.1.2절의 논의를 이 이차원 기하에 적용하자. 면적 $d\sigma$ 대신 길이 db를 쓰고, 입체각 $d\Omega$ 대신 산란 각도의 증가분 $|d\theta|$를 사용한다. 미분 단면적의 역할은

$$D(\theta) \equiv \left|\frac{db}{d\theta}\right| \tag{10.113}$$

이 하고, (전체 단면적과 비슷한) 표적의 유효 "너비"는

$$B \equiv \int_0^{2\pi} D(\theta)\, d\theta \tag{10.114}$$

이다. 다음을 증명하라.

$$D(\theta) = |f(\theta)|^2, \quad \text{그리고} \quad B = \frac{4}{k}\sum_{j=-\infty}^{\infty} |c_j|^2. \tag{10.115}$$

(f) 반지름 a인 딱딱한 원판(삼차원에서 무한한 원통[19])에서 산란을 고려하자.

$$V(r) = \begin{cases} \infty, & (r \le a), \\ 0, & (r > a). \end{cases} \tag{10.116}$$

[18] Mary Boas, *Mathematical Methods in the Physical Sciences*, 3rd edn (Wiley, New York, 2006), 12.17절 참조.

[19] S. McAlinden, J. Shertzer, *Am. J. Phys.* **84**, 764 (2016).

$r = a$에서 적절한 경계조건을 부여하여 B를 결정하라. Rayleigh 공식과 비슷한

$$e^{ikx} = \sum_{j=-\infty}^{\infty} (i)^j \, J_j \,(kr) \, e^{ij\theta} \tag{10.117}$$

이 필요할 것이다. (여기서 J_j는 차수 j의 Bessel 함수이다.) B를 ka의 함수로 $0 < ka < 2$의 범위에서 그려라.

문제 10.23 똑같은 입자의 산란. 고정된 표적으로부터 입자의 산란에 대한 결과는 질량 중심에서 두 입자의 산란에도 적용된다. $\psi(\mathbf{R}, \mathbf{r}) = \psi_R(\mathbf{R})\psi_r(\mathbf{r})$로 놓으면 $\psi_r(\mathbf{r})$은

$$-\frac{\hbar}{2\mu} \nabla^2 \psi_r + V(r) \, \psi_r = E_r \, \psi_r \tag{10.118}$$

을 만족한다(문제 5.1참조). 여기서 $V(r)$은 입자 사이의 상호작용이다. (여기서는 분리된 거리에만 의존한다고 가정한다.) 이것이 (m 대신 환원 질량 μ를 사용한) 단일 입자 Schrödinger 방정식이다.

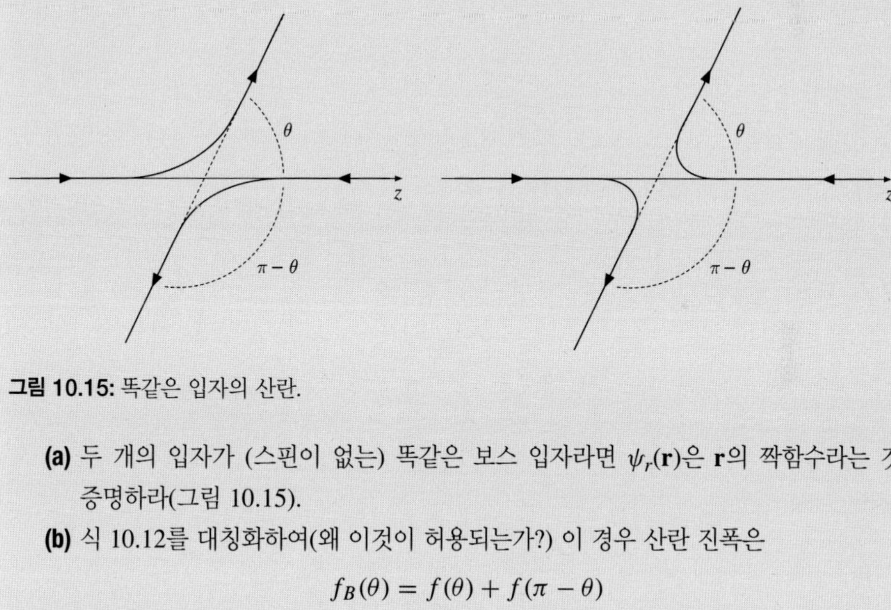

그림 10.15: 똑같은 입자의 산란.

(a) 두 개의 입자가 (스핀이 없는) 똑같은 보스 입자라면 $\psi_r(\mathbf{r})$은 $\mathbf{r}$의 짝함수라는 것을 증명하라(그림 10.15).

(b) 식 10.12를 대칭화하여(왜 이것이 허용되는가?) 이 경우 산란 진폭은

$$f_B(\theta) = f(\theta) + f(\pi - \theta)$$

임을 증명하라. 여기서 $f(\theta)$는 고정된 표적 $V(r)$로부터 질량 μ인 단일 입자의 산란 진폭이다.

(c) 부분파 진폭 f_B는 ℓ의 모든 홀수 차수에서 0이 된다는 것을 증명하라.

(d) (a)~(c)의 결과는 입자가 (삼중항 스핀 상태에 있는) 똑같은 페르미 입자인 경우 어떻게 달라지는가?

(e) 똑같은 페르미 입자에 대해 산란 진폭은 $\pi/2$에서 0이 됨을 증명하라.

(f) Rutherford산란(식 10.93)에서 페르미 입자와 보스 입자에 대한 미분 산란 단면적의 로그를 그려라.[20]

[20] 식 10.93은 Yukawa산란(예제 10.5)의 극한을 취하여 유도했고, $f(\theta)$에 대한 결과는 위상 인자가 빠져 있다. [Albert Messiah, *Quantum Mechanics*, Dover, New York, NY (1999), XI.7절 참조] 이 인자는 고정된 퍼텐셜에서의 산란에 대한 단면적에서 사라진다. 따라서 예제 10.6에서 올바른 답을 얻는다. 그러나 똑같은 입자의 산란에 대한 단면적에서는 나타난다.

11 양자 동역학

Quantum Dynamics

지금까지 공부한 거의 모든 것은 퍼텐셜에너지 함수가 시간에 무관한 $V(\mathbf{r}, t) = V(\mathbf{r})$인 **양자 정역학**이라고 부를 수 있는 주제에 속한 것이었다. 이 경우 (시간에 의존하는 Schrödinger 방정식)

$$i\hbar \frac{\partial \Psi}{\partial t} = \hat{H}\Psi \tag{11.1}$$

은 변수분리를 통하여 풀 수 있다.

$$\Psi(\mathbf{r}, t) = \psi(\mathbf{r})e^{-iEt/\hbar}. \tag{11.2}$$

여기서 $\psi(\mathbf{r})$은 시간에 무관한 Schrödinger 방정식을 만족한다.

$$\hat{H}\psi = E\psi. \tag{11.3}$$

변수분리된 해의 시간 의존성은 지수 인자($e^{-iEt/\hbar}$)에 의해 결정되지만, 물리적으로 의미 있는 양 $|\Psi|^2$을 구성할 때 상쇄되므로 (이와 같은 상태에 대해) 확률과 기댓값은 모두 시간에 의존하지 않는 상수이다. 이 정상상태의 선형결합을 만들면 더 흥미 있는 시간 의존성을 갖는 파동함수를 얻는다.

$$\Psi(\mathbf{r}, t) = \sum c_n \psi_n(\mathbf{r})e^{-iE_n t/\hbar}. \tag{11.4}$$

그러나 그렇더라도 가능한 에너지 값(E_n)과 각각의 확률($|c_n|^2$)은 상수이다.

한 에너지 준위에서 다른 준위로 **전이**(가끔 **양자 도약**이라고도 한다)를 허용하려면 시간에 의존하는 퍼텐셜을 도입해야 한다(**양자 동역학**). 양자 동역학에서는 정확히 풀 수 있는 문제는 거의 없다. 그러나 Hamiltonian에서 시간에 의존하는 부분이 (시간에 무관한 부분과 비교하여) 작을 때 섭동으로 취급할 수 있다. 이 장의 주된 목적은 시간에 의존하는 섭동 이론을 만드는 것이고, 가장 중요한 응용 분야인 원자의 복사 방출 및 흡수를 공부할 것이다.

문제 11.1 시간에 의존하는 Schrödinger 방정식 (11.1)의 t에 대한 의존성에 관해 푸는 것이 간단하지 않은가? 결국 일차 미분방정식일 뿐인데 말이다.

(a) 다음의 방정식

$$\frac{df}{dt} = kf$$

을 k가 상수라면 [$f(t)$에 대해] 어떻게 풀 것인가?

(b) k 자체가 t의 함수이면 어떻게 되는가? [$k(t)$와 $f(t)$는 $\mathbf{r}$과 같은 다른 변수에도 의존할 수 있지만, 여기서는 중요하지 않다.]

(c) (시간에 의존하는 Hamiltonian에 대한) Schrödinger 방정식에 대해서 왜 같은 방법을 적용하지 못하는가? 이것이 작동하지 않는다는 것을 보려면 간단한 경우

$$\hat{H}(t) = \begin{cases} \hat{H}_1, & (0 < t < \tau), \\ \hat{H}_2, & (t > \tau) \end{cases}$$

을 고려하자. 여기서 $\hat{H}_1$과 $\hat{H}_2$ 자체는 시간에 의존한다. (b)의 해가 Schrödinger 방정식에 대해 성립한다면 시간 $t > \tau$에서 파동함수는

$$\Psi(t) = e^{-i\left[\hat{H}_1\tau + \hat{H}_2(t-\tau)\right]/\hbar}\Psi(0)$$

이겠지만, 물론 이것을

$$\Psi(t) = e^{-i\hat{H}_2(t-\tau)/\hbar}\Psi(\tau) = e^{-i\hat{H}_2(t-\tau)/\hbar}e^{-i\hat{H}_1\tau/\hbar}\Psi(0)$$

으로 쓸 수도 있다. 왜 이들이 일반적으로 같지 않은가? [더 나아가 보려면 이것은 미묘한 문제이다. 문제 11.23을 참조하라.]

11.1 이준위계

먼저 (섭동이 없는) 계에 두 개의 상태 ψ_a와 ψ_b만 있다고 해보자. 이들은 섭동이 없는 Hamiltonian $\hat{H}^0$의 고유상태이고

$$\hat{H}^0\psi_a = E_a\psi_a \text{와} \quad \hat{H}^0\psi_b = E_b\psi_b \tag{11.5}$$

직교규격화되어 있다.

$$\langle\psi_i|\psi_j\rangle = \delta_{ij}, \quad (i, j = a, b). \tag{11.6}$$

어떤 임의의 상태도 이들의 선형결합으로 표현할 수 있다. 특히 다음과 같이 쓸 수 있다.

$$\Psi(0) = c_a\psi_a + c_b\psi_b. \tag{11.7}$$

상태 ψ_a와 ψ_b는 위치 공간의 파동함수이거나, 스피너이거나 더 기묘한 것일 수도 있지만, 중요하지 않다. 여기서 관심이 있는 것은 시간 의존성이므로 $\psi(t)$라고 쓸 때는 시간 t에서 계의 상태라는 것을 의미한다. 섭동이 전혀 없으면 각 성분은 각각의 시간 의존성 인자에 의해 변화한다.

$$\Psi(t) = c_a\psi_a e^{-iE_at/\hbar} + c_b\psi_b e^{-iE_bt/\hbar}. \tag{11.8}$$

$|c_a|^2$은 "상태 ψ_a에 있을 확률"이라고 편하게 말하지만, 진정한 의미는 에너지를 측정했을 때 E_a값을 측정할 확률이다. 물론 Ψ는 규격화되어 있으므로

$$|c_a|^2 + |c_b|^2 = 1 \tag{11.9}$$

이어야 한다.

11.1.1 섭동계

이제 시간에 의존하는 섭동 $\hat{H}'(t)$를 켜보자. ψ_a와 ψ_b는 완전집합을 이루므로 파동함수 $\Psi(t)$는 여전히 이들의 선형결합으로 표현할 수 있다. 유일한 차이는 이제 c_a와 c_b는 시간 t의 함수라는 것이다.

$$\Psi(t) = c_a(t)\psi_a e^{-iE_at/\hbar} + c_b(t)\psi_b e^{-iE_bt/\hbar}. \tag{11.10}$$

[지수 인자를 $c_a(t)$와 $c_b(t)$에 흡수시킬 수 있고, 어떤 사람들은 그러한 방법으로 하는 것을 더 좋아하지만, 섭동이 없을 때에도 존재하는 시간 의존성이 있는 부분을 보이게 쓰는 것이 더 좋아 보인다.] 문제는 c_a와 c_b를 시간의 함수로 구하는 것이다. 예컨대 입자가 상태 ψ_a에서 시작하고 $[c_a(0) = 1,\ c_b(0) = 0]$, 나중 시간 t_1에서 $c_a(t_1) = 0,\ c_b(t_1) = 1$이 되었다면 계는 ψ_a에서 ψ_b로 전이했다고 말할 것이다.

$\Psi(t)$가 시간에 의존하는 Schrödinger 방정식

$$\hat{H}\Psi = i\hbar\frac{\partial\Psi}{\partial t}, \quad \text{여기서} \quad \hat{H} = \hat{H}^0 + \hat{H}'(t) \tag{11.11}$$

을 만족한다고 요구하여 $c_a(t)$와 $c_b(t)$에 대하여 푼다. 식 11.10과 11.11로부터 다음을 얻는다.

$$\begin{aligned} c_a\left(\hat{H}^0\psi_a\right)e^{-iE_at/\hbar} &+ c_b\left(\hat{H}^0\psi_b\right)e^{-iE_bt/\hbar} + c_a\left(\hat{H}'\psi_a\right)e^{-iE_at/\hbar} \\ &+ c_b\left(\hat{H}'\psi_b\right)e^{-iE_bt/\hbar} = i\hbar\Big[\dot{c}_a\psi_a e^{-iE_at/\hbar} + \dot{c}_b\psi_b e^{-iE_bt/\hbar} \\ &+ c_a\psi_a\left(-\frac{iE_a}{\hbar}\right)e^{-iE_at/\hbar} + c_b\psi_b\left(-\frac{iE_b}{\hbar}\right)e^{-iE_bt/\hbar}\Big]. \end{aligned}$$

식 11.5의 관점에서 보면 좌변의 첫 두 항은 우변의 마지막 두 항과 상쇄되므로

$$c_a\left(\hat{H}'\psi_a\right)e^{-iE_at/\hbar} + c_b\left(\hat{H}'\psi_b\right)e^{-iE_bt/\hbar} = i\hbar\left(\dot{c}_a\psi_a e^{-iE_at/\hbar} + \dot{c}_b\psi_b e^{-iE_bt/\hbar}\right) \tag{11.12}$$

가 된다.

$\dot{c}_a$을 분리하기 위해 표준적인 방법을 사용한다. ψ_a와 내적을 취하고 ψ_a와 ψ_b의 직교성을 이용하면(식 11.6) 다음을 얻는다.

$$c_a\left\langle\psi_a\left|\hat{H}'\right|\psi_a\right\rangle e^{-iE_at/\hbar} + c_b\left\langle\psi_a\left|\hat{H}'\right|\psi_b\right\rangle e^{-iE_bt/\hbar} = i\hbar\dot{c}_a e^{-iE_at/\hbar}.$$

간단히

$$H'_{ij} \equiv \left\langle\psi_i\left|\hat{H}'\right|\psi_j\right\rangle \tag{11.13}$$

으로 정의한다. $\hat{H}'$이 hermitian이므로 $H'_{ji} = (H'_{ij})^*$임을 주목하라. $-(i/\hbar)\,e^{iE_at/\hbar}$를 곱하면 다음과 같이 결론내릴 수 있다.

$$\dot{c}_a = -\frac{i}{\hbar}\left[c_a H'_{aa} + c_b H'_{ab} e^{-i(E_b-E_a)t/\hbar}\right]. \tag{11.14}$$

마찬가지로 ψ_b와 내적을 하면 $\dot{c}_b$을 끄집어 낸다.

$$c_a\left\langle\psi_b\left|\hat{H}'\right|\psi_a\right\rangle e^{-iE_at/\hbar}+c_b\left\langle\psi_b\left|\hat{H}'\right|\psi_b\right\rangle e^{-iE_bt/\hbar}=i\hbar\dot{c}_be^{-iE_bt/\hbar}.$$

따라서 다음을 얻는다.

$$\dot{c}_b=-\frac{i}{\hbar}\left[c_bH'_{bb}+c_aH'_{ba}e^{i(E_b-E_a)t/\hbar}\right]. \tag{11.15}$$

식 11.14와 11.15로 $c_a(t)$와 $c_b(t)$를 결정한다. 둘을 결합하면 이들은 이준위계에 대해 완전히 (시간에 의존하는) Schrödinger 방정식과 동등하다. 전형적으로 $\hat{H}'$의 대각선 행렬요소는 0이다 (일반적인 경우에 대해서는 문제 11.5 참조).

$$H'_{aa}=H'_{bb}=0. \tag{11.16}$$

그렇다면 이 방정식은 간단하게 다음과 같이 된다.

$$\boxed{\dot{c}_a=-\frac{i}{\hbar}H'_{ab}e^{-i\omega_0t}c_b,\quad \dot{c}_b=-\frac{i}{\hbar}H'_{ba}e^{i\omega_0t}c_a.} \tag{11.17}$$

여기서

$$\omega_0\equiv\frac{E_b-E_a}{\hbar} \tag{11.18}$$

이다. ($E_b\ge E_a$임을 가정하므로 $\omega_0\ge 0$이다.)

* **문제 11.2** 수소 원자가 (시간에 의존하는) 전기장 $\mathbf{E}=E(t)\hat{k}$ 안에 놓여 있다. 바닥상태($n=1$)와 (사중으로 겹쳐 있는) 첫 번째 들뜬 상태($n=2$) 사이에서 섭동 $\hat{H}'=eEz$의 모든 네 개의 행렬요소 H'_{ij}을 계산하라. 또한 모든 다섯 상태에 대해 $H'_{ii}=0$이라는 것을 증명하라. 주의: z에 대한 홀함수의 성질을 이용하면 여기서는 적분 한 개만 하면 된다. $n=2$인 상태 중 한 개만이 이 형태의 섭동에 의해 바닥상태에서 "접근 가능"하고, 그러므로 더 높은 들뜬 상태로의 전이를 무시할 수 있다고 가정하면 계는 두 개의 상태로 이루어진 구조가 된다.

* **문제 11.3** $c_a(0)=1$과 $c_b(0)=0$임을 가정하고 시간에 무관한 섭동의 경우에 대해 식 11.17을 풀라. $|c_a(t)|^2+|c_b(t)|^2=1$임을 확인하라. 참고: 표면적으로는 이 계는 "순수한 ψ_a"와 "어떤 ψ_b" 사이에서 진동한다. 이는 시간에 무관한 섭동에 대해서는 어떤 전이도 일어나지 않는다는 일반적인 주장과 모순되는가? 아니지만, 그 이유는 다소 미묘하다. 이 경우 ψ_a와 ψ_b는 Hamiltonian의 고유상태가 전혀 아니다. 에너지를 측정하면 결코 E_a나 E_b를 얻지 않는다. 시간에 의존하는 섭동 이론에서는 계를 조사하기 위해 전형적으로 당분간 섭동을 켜고 이후 다시 끄는 것을 생각한다. 처음과 끝에 ψ_a와 ψ_b는 정확한 Hamiltonian의 고유상태이고, 이러한 관점에서만 계가 한 상태에서 다른 상태로 전이를 일으켰다고 말하는 것이 의미가 있다. 이 문제에서는 섭동이 시간 $t=0$에서 켜지고 다시 시간 T에서 꺼졌다고 가정한다. 이것이 계산에 영향을 주지는 않지만, 결과를 더 합리적으로 해석할 수 있다.

** **문제 11.4** 섭동이 (시간에 대해) 델타함수인

$$\hat{H}' = \hat{U}\delta(t)$$

이라고 하자. $U_{aa} = U_{bb} = 0$이라고 가정하고 $U_{ab} = U_{ba}^* = \alpha$라고 하자. $c_a(-\infty) = 1$이고, $c_b(-\infty) = 0$일 때 $c_a(t)$와 $c_b(t)$를 구하고, $|c_a(t)|^2 + |c_b(t)|^2 = 1$임을 확인하라. 전이가 일어나는 알짜 확률($t \to \infty$일 때 $P_{a\to b}$)은 얼마인가? 귀띔: 델타함수를 직사각형의 수열로 취급하면 좋을 것이다. 답: $P_{a\to b} = \sin^2(|\alpha|/\hbar)$.

11.1.2 시간에 의존하는 섭동 이론

지금까지 모든 것은 정확하다. 섭동의 크기에 대한 어떤 가정도 하지 않았다. 그러나 $\hat{H}'$이 "작다면" 다음과 같이 연속적인 근사 과정을 통해 식 11.17을 풀 수 있다. 입자가 낮은 상태에서 시작한다고 하자.

$$c_a(0) = 1, \quad c_b(0) = 0. \tag{11.19}$$

섭동이 전혀 없다면 계속 이 상태로 영원히 남아 있을 것이다.

0차:

$$c_a^{(0)}(t) = 1, \quad c_b^{(0)}(t) = 0. \tag{11.20}$$

(위첨자의 괄호는 근사의 차수를 나타낸다.)

일차 근사를 계산하기 위해서 식 11.17의 우변에 0차 값을 집어 넣는다.

일차:

$$\frac{dc_a^{(1)}}{dt} = 0 \Rightarrow c_a^{(1)}(t) = 1.$$

$$\frac{dc_b^{(1)}}{dt} = -\frac{i}{\hbar}H'_{ba}e^{i\omega_0 t} \Rightarrow c_b^{(1)} = -\frac{i}{\hbar}\int_0^t H'_{ba}(t')e^{i\omega_0 t'}\,dt'. \tag{11.21}$$

이제 이차 근사를 얻기 위해 식 11.17 우변에 이 표현을 집어 넣는다.

이차:

$$\frac{dc_a^{(2)}}{dt} = -\frac{i}{\hbar}H'_{ab}e^{-i\omega_0 t}\left(-\frac{i}{\hbar}\right)\int_0^t H'_{ba}(t')e^{i\omega_0 t'}\,dt' \quad \Rightarrow$$

$$c_a^{(2)}(t) = 1 - \frac{1}{\hbar^2}\int_0^t H'_{ab}(t')e^{-i\omega_0 t'}\left[\int_0^{t'} H'_{ba}(t'')e^{i\omega_0 t''}\,dt''\right]dt'. \tag{11.22}$$

여기서 c_b는 변하지 않는다[$c_b^{(2)}(t) = c_b^{(1)}(t)$]. [$c_a^{(2)}(t)$는 0차 항을 포함한다는 것을 주목하라. 이차 수정은 적분 부분뿐이다.]

원리적으로 언제나 n차 근사를 식 11.17의 우변에 넣고 $(n+1)$차에 대해 푸는 과정을 무한정 계속할 수 있다. 0차 항에는 $\hat{H}'$의 인자가 하나도 없고, 일차 수정은 한 개의 $\hat{H}'$이 있고, 이차 수정에는 두 개의 $\hat{H}'$ 등으로 나타난다.[1] 일차 근사의 오차는 $\left|c_a^{(1)}(t)\right|^2 + \left|c_b^{(1)}(t)\right|^2 \neq 1$이라는 사실에서 명백하다. (물론 정확한 계수는 식 11.9를 만족한다.) 그러나 $\hat{H}'$의 일차까지 보면 $\left|c_a^{(1)}(t)\right|^2 + \left|c_b^{(1)}(t)\right|^2$는 1이고, 이것이 일차 근사에서 예상하는 모든 것이다. 높은 차수에서도 마찬가지이다.

식 11.21은 다음의 형태로 쓸 수 있다.

$$c_b^{(1)}(t)\, e^{-i E_b t/\hbar} = -\frac{i}{\hbar}\int_0^t e^{-i E_b (t-t')/\hbar}\, H'_{ba}(t')\, e^{-i E_a t'/\hbar}\, dt'. \tag{11.23}$$

(식 11.10에서 끄집어낸 지수를 집어 넣었다.) 이것으로 그림을 이용한 좋은 해석이 가능하다. 오른쪽에서 왼쪽으로 읽으면 계는 시간 0에서 시간 t'까지 상태 a에 남아 있고 ("시간 인자" $e^{-i E_a t'/\hbar}$를 갖는다) 시간 t'에서 상태 a에서 상태 b로 전이하고, 시간 t까지 상태 b에 남아있다. ("시간 인자" $e^{-i E_b (t-t')/\hbar}$를 갖는다.) 이 과정을 그림 11.1에 나타내었다. (그림을 너무 문자 그대로 받아들이지 말라. 상태 사이에 날카로운 전이는 없다. 사실 이 전이가 일어나는 모든 시간 t'에 대해 적분한다.)

섭동 급수의 이러한 해석은 특히 높은 차수와 다준위계에서 표현이 복잡해질 때 특히 이해하기 쉬워진다.

$$c_a^{(2)}(t)\, e^{-i E_a t/\hbar} = e^{-i E_a t/\hbar} + \left(-\frac{i}{\hbar}\right)^2 \int_0^t \int_0^{t'} e^{-i E_a (t-t')/\hbar} \times H'_{ab}(t')\, e^{-i E_b (t'-t'')/\hbar}\, H'_{ba}(t'')\, e^{-i E_a t''/\hbar}\, dt''\, dt' \tag{11.24}$$

로 쓸 수 있는 식 11.22를 고려하자. 여기서 두 항은 계가 모든 시간 동안 상태 a에 남아 있는 과정과, 두 번째 과정은 시간 t''에서 a에서 b로, 그리고 시간 t'에서 다시 a로 전이하는 과정이다. 이것을 그림 11.2에서 그림으로 나타내었다.

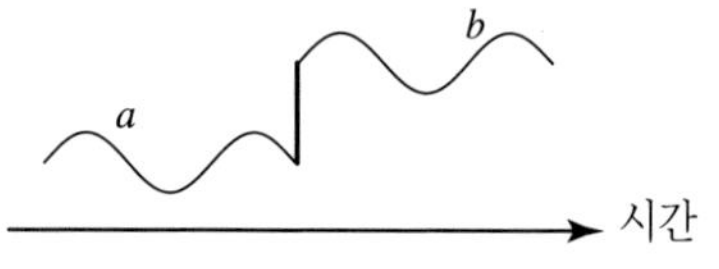

그림 11.1: 식 11.23을 그림으로 나타낸 표현.

그림 11.2: 식 11.24를 그림으로 나타낸 표현.

[1] c_a는 모든 짝수 차수에서, c_b는 모든 홀수 차수에서 수정된다는 것을 주목하라. 섭동이 대각선 항만 포함하거나, 계가 두 상태의 선형결합에서 시작했다면 이것은 사실이 아닐 것이다.

이 그림이 제공하는 개념을 이용하면 다준위계에 대한 일반적인 결과를 쉽게 쓸 수 있다.[2]

$$
\begin{aligned}
c_n^{(2)}(t)\, e^{-i E_n t/\hbar} = {} & \delta_{ni}\, e^{-i E_i t/\hbar} + \left(\frac{-i}{\hbar}\right) \int_0^t e^{-i E_n (t-t')/\hbar} H_{ni}(t')\, e^{-i E_i t'/\hbar}\, dt' \\
& + \sum_m \left(-\frac{i}{\hbar}\right)^2 \int_0^t \int_0^{t'} e^{-i E_n (t-t')} H_{nm}(t')\, e^{-i E_m (t'-t'')/\hbar} \\
& \times H_{mi}(t'')\, e^{-i E_i t''/\hbar}\, dt''\, dt' .
\end{aligned} \tag{11.25}
$$

$n \neq i$인 경우 이것은 그림 11.3의 그림으로 나타낸다. 일차 항은 i에서 n으로 직접 전이하는 것을 기술하고, 이차항은 전이가 중간(혹은 "가상") 상태 m을 통해 일어나는 과정을 기술한다.

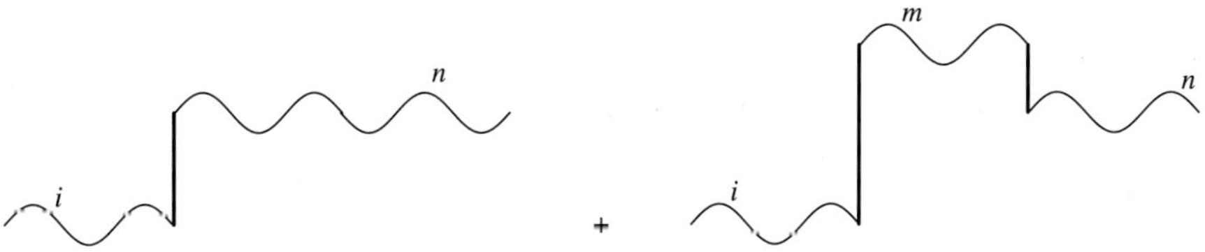

그림 11.3: $n \neq i$인 경우 식 11.25를 그림으로 나타낸 표현.

** **문제 11.5** $H'_{aa} = H'_{bb} = 0$이라고 가정하지 말자.

(a) $c_a(0) = 1$, $c_b(0) = 0$인 경우에 대하여 일차 섭동 이론에서 $c_a(t)$와 $c_b(t)$를 구하라. $\hat{H}'$의 일차까지 $\left|c_a^{(1)}(t)\right|^2 + \left|c_b^{(1)}(t)\right|^2 = 1$임을 증명하라.

(b) 이 문제를 더 멋지게 푸는 방법이 있다.

$$d_a \equiv e^{\frac{i}{\hbar}\int_0^t H'_{aa}(t')dt'} c_a, \quad d_b \equiv e^{\frac{i}{\hbar}\int_0^t H'_{bb}(t')dt'} c_b \tag{11.26}$$

이라고 하자. 다음을 증명하라.

$$\dot{d}_a = -\frac{i}{\hbar} e^{i\phi} H'_{ab} e^{-i\omega_0 t} d_b; \quad \dot{d}_b = -\frac{i}{\hbar} e^{-i\phi} H'_{ba} e^{i\omega_0 t} d_a. \tag{11.27}$$

여기서

$$\phi(t) \equiv \frac{1}{\hbar} \int_0^t \left[H'_{aa}(t') - H'_{bb}(t')\right] dt' \tag{11.28}$$

이다. 따라서 d_a와 d_b에 대한 식은 구조상 식 11.17과 ($\hat{H}'$에 붙은 추가 인자 $e^{i\phi}$를 붙인 것과) 동일하다.

(c) (b)의 방법을 사용하여 일차 섭동 이론에서 $c_a(t)$와 $c_b(t)$를 구하고, 그 답을 (a)와 비교하라. 차이가 있으면 논하라.

---

[2] 다준위계의 섭동 이론은 문제 11.24에서 다룬다.

* **문제 11.6** $c_a(0) = a$, $c_b(0) = b$인 일반적인 경우에 대해 식 11.17을 섭동 이론의 이차까지 풀라.

** **문제 11.7** 문제 11.3에 있는 섭동에 대하여 $c_a(t)$와 $c_b(t)$를 이차까지 계산하라. 이 답을 정확한 결과와 비교하라.

* **문제 11.8** 이준위계에 대한 섭동의 행렬요소가

$$H'_{ab} = H'_{ba} = \frac{\alpha}{\sqrt{\pi}\,\tau} e^{-(t/\tau)^2}, \qquad H'_{aa} = H'_{bb} = 0$$

인 경우를 고려하자. 여기서 τ와 α는 적당한 단위를 갖는 양의 상수이다.

(a) 일차 섭동 이론에 의하면 계가 $t = -\infty$에서 $c_a = 1$, $c_b = 0$인 상태에서 시작하면 $t = \infty$에서 계가 상태 b에 있을 확률은 얼마인가?

(b) $\tau \to 0$인 극한에서 $H'_{ab} = \alpha\,\delta(t)$이다. (a)에서 얻은 표현의 $\tau \to 0$인 극한을 계산하고, 문제 11.4의 결과와 비교하라.

(c) 이제 반대의 극한을 생각하자. $\omega_0\tau \gg 1$. (a)의 표현에 대한 극한은 무엇인가? 참고: 이것은 서행 정리의 한 예이다(11.5.2절).

11.1.3 사인 함수 형태의 섭동

섭동이 사인 함수 형태의 시간 의존성

$$\hat{H}'(\mathbf{r}, t) = V(\mathbf{r})\cos(\omega t) \tag{11.29}$$

을 가져서

$$H'_{ab} = V_{ab}\cos(\omega t) \tag{11.30}$$

이라고 하자 여기서

$$V_{ab} \equiv \langle \psi_a | V | \psi_b \rangle \tag{11.31}$$

이다. (전과 같이 대각선 행렬요소는 0이라고 가정하겠다. 왜냐하면 실제로 대부분 이러한 경우이기 때문이다.) 일차까지(지금부터 일차에서만 계산하고, 위첨자를 없애겠다) 다음을 (식 11.21) 얻는다.

$$\begin{aligned} c_b(t) &\approx -\frac{i}{\hbar}V_{ba}\int_0^t \cos(\omega t')e^{i\omega_0 t'}\,dt' = -\frac{iV_{ba}}{2\hbar}\int_0^t \left[e^{i(\omega_0+\omega)t'} + e^{i(\omega_0-\omega)t'}\right]dt' \\ &= -\frac{V_{ba}}{2\hbar}\left[\frac{e^{i(\omega_0+\omega)t}-1}{\omega_0+\omega} + \frac{e^{i(\omega_0-\omega)t}-1}{\omega_0-\omega}\right]. \end{aligned} \tag{11.32}$$

이것이 답이지만, 취급하기 약간 번거롭다. 구동 진동수(ω)가 전이 진동수(ω_0)에 매우 가까운 경우에만 집중하면 괄호 안의 둘째 항이 우세해져서 훨씬 간단해진다. 특히

$$\omega_0 + \omega \gg |\omega_0 - \omega| \tag{11.33}$$

을 가정한다. 이것은 큰 제한은 아니다. 왜냐하면 다른 진동수에서 섭동은 전이를 일으킬 확률을 무시할 수 있기 때문이다. 첫째 항을 버리면 다음을 얻는다.

$$\begin{aligned} c_b(t) &\approx -\frac{V_{ba}}{2\hbar}\frac{e^{i(\omega_0-\omega)t/2}}{\omega_0-\omega}\left[e^{i(\omega_0-\omega)t/2} - e^{-i(\omega_0-\omega)t/2}\right] \\ &= -i\frac{V_{ba}}{\hbar}\frac{\sin[(\omega_0-\omega)\,t/2]}{\omega_0-\omega}e^{i(\omega_0-\omega)t/2}. \end{aligned} \tag{11.34}$$

전이 확률, 즉 상태 ψ_a에서 시작한 입자가 시간 t에서 상태 ψ_b에 있을 확률은 다음과 같다.

$$\boxed{P_{a\to b}(t) = |c_b(t)|^2 \approx \frac{|V_{ab}|^2}{\hbar^2}\frac{\sin^2[(\omega_0-\omega)\,t/2]}{(\omega_0-\omega)^2}.} \tag{11.35}$$

이 결과의 가장 큰 특징은 전이 확률은 시간에 대한 사인 함수 형태라는 것이다(그림 11.4). 최대값 $|V_{ab}|^2/\hbar^2\,(\omega_0-\omega)^2$까지 증가한 후 (이 값은 반드시 1보다 훨씬 작아야 한다. 그렇지 않으면 섭동이 “작다”는 가정은 맞지 않는다) 다시 0으로 떨어진다! $n = 1, 2, 3, \ldots$인 경우 시간 $t_n = 2n\pi/|\omega_0-\omega|$에서 입자는 확실하게 더 낮은 상태로 돌아와 있다. 전이를 일으킬 기회를 최대화하고 싶다면 섭동을 오랜 기간 동안 켜놓지 말아야 한다. 시간 $\pi/|\omega_0-\omega|$만큼 지난 후 끄고, 계가 위의 상태에 있을 때 “잡기”를 기대해야 한다. 문세 11.9에서 이 “뒤집힘”은 섭동 이론의 인위적인 결과가 아니라는 것을 증명한다. 이것은 뒤집힘 진동수가 약간 수정되기는 하지만 정확한 해에서도 일어난다.

앞에서 주목했듯이 전이 확률은 구동 진동수가 “자연” 진동수 ω_0에 가까울 때 가장 크다.[3] 이것은 그림 11.5에 $P_{a\to b}$를 ω의 함수로 그려 놓은 것에 나타나 있다. 정점의 높이는 $(|V_{ab}|^2\,t/2\hbar)^2$이고, 너비는 $4\pi/t$이다. 이것은 명백하게 시간이 증가할수록 높아지면서 좁아진다. (겉으로 보

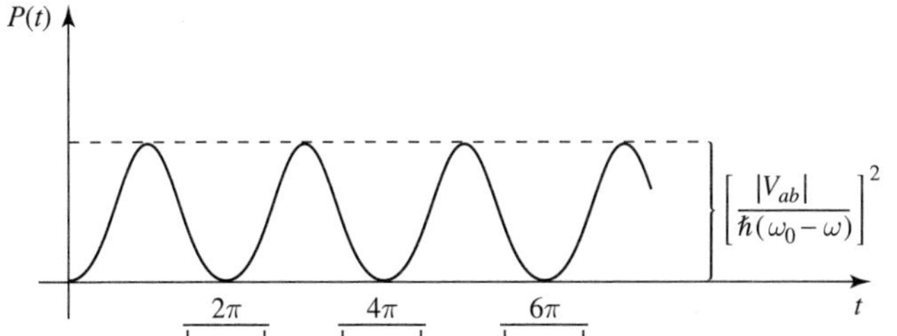

그림 11.4: 사인 형태의 섭동(식 11.35)에 대해 시간의 함수로 나타낸 전이 확률.

[3] 매우 작은 t에서 $P_{a\to b}(t)$는 ω에 무관하다. 계가 몇 주기를 돌면 섭동이 주기적이라는 것을 “느끼게” 된다.

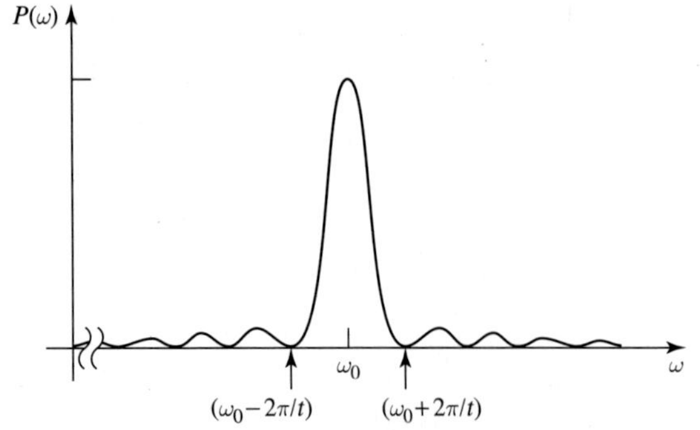

그림 11.5: 구동 진동수의 함수(식 11.35)로 나타낸 전이 확률.

기에는 최대값은 끝없이 증가한다. 그러나 1에 가까워지기 전에 섭동에 대한 가정이 깨지므로 이 결과는 상대적으로 작은 t에서만 믿을 수 있다. 문제 11.9에서 절대 1을 넘지 않는 정확한 결과를 볼 것이다.)

** **문제 11.9** 식 11.32의 첫 항은 $\cos(\omega t)$의 $e^{i\omega t}/2$ 부분에서 나오고, 둘째 항은 $e^{-i\omega t}/2$에서 나온다. 따라서 첫 항을 버리면 $\hat{H}' = (V/2)e^{-i\omega t}$, 즉

$$H'_{ba} = \frac{V_{ba}}{2}e^{-i\omega t}, \quad H'_{ab} = \frac{V_{ab}}{2}e^{i\omega t} \tag{11.36}$$

으로 쓰는 것과 수식적으로 동등하다. (후자로 인해 Hamiltonian 행렬이 hermitian이 된다. 즉 원한다면 $c_n(t)$에 대한 식 11.32와 비슷한 공식에서 우세한 항을 끄집어내는 것과 같다.) Rabi는 계산을 시작할 때 이러한 소위 **회전 파동 근사**를 하면 식 11.17은 섭동 이론을 쓰지 않고, 장의 세기에 대한 어떤 가정도 하지 않고 정확히 풀 수 있다는 것을 알아내었다.

(a) 회전 파동 근사(식 11.36)에서 보통의 처음 조건 $c_a(0) = 1$, $c_b(0) = 0$에 대해 식 11.17을 풀라. 결과[$c_a(t)$와 $c_b(t)$]를 **Rabi 뒤집힘 진동수**

$$\omega_r \equiv \frac{1}{2}\sqrt{(\omega - \omega_0)^2 + (|V_{ab}|/\hbar)^2} \tag{11.37}$$

로 표현하라.

(b) 전이 확률 $P_{a \to b}(t)$를 결정하고, 절대로 1을 넘지 않는다는 것을 증명하라. $|c_a(t)|^2 + |c_b(t)|^2 = 1$임을 확인하라.

(c) 섭동이 "작을" 때 $P_{a \to b}(t)$는 섭동 이론의 결과(식 11.35)로 환원됨을 확인하고, 이 경우 V에 대한 제한을 주는 작다는 것이 무엇인지 엄밀하게 서술하라.

(d) 어느 시간에 계는 처음으로 원래 상태로 돌아오는가?

11.2 복사의 방출과 흡수

11.2.1 전자기파

전자기파(앞으로 이것을 "빛"이라고 부르겠다. 하지만 이는 적외선, 자외선, 마이크로파, x선 등일 수 있다. 이들은 단지 진동수만 다르다)는 전기장과 자기장이 진동하는(그리고 서로 수직인) 횡파로 구성되어 있다(그림 11.6). 지나가는 빛의 파동 안에 있는 원자는 주로 전기장 성분에 반응한다. 파장이 (원자의 크기에 비해) 길면 장의 공간적 변화를 무시할 수 있고,[4] 그러면 원자는 사인 함수 형태로 진동하는 전기장

$$\mathbf{E} = E_0 \cos(\omega t)\,\hat{k} \tag{11.38}$$

에 노출된다. (당분간 빛이 단색파동이고 z 방향으로 편광되어 있다고 가정하겠다.) 섭동 Hamiltonian은[5]

$$H' = -qE_0 z \cos(\omega t) \tag{11.39}$$

이다. 여기서 q는 전자의 전하이다.[6] 명백하게[7] 다음을 얻는다.

$$H'_{ba} = -\wp E_0 \cos(\omega t), \quad \text{여기서} \quad \wp \equiv q\langle \psi_b \,|\, z \,|\, \psi_a \rangle. \tag{11.40}$$

전형적으로 ψ는 z의 짝 혹은 홀함수이다. 어떤 경우도 $z|\psi|^2$는 홀함수이고 적분하면 0이 된다. (이것은 6.4.3절에 있는 Laporte의 규칙이다. 몇 개의 예를 보려면 문제 11.2를 참조하라.)

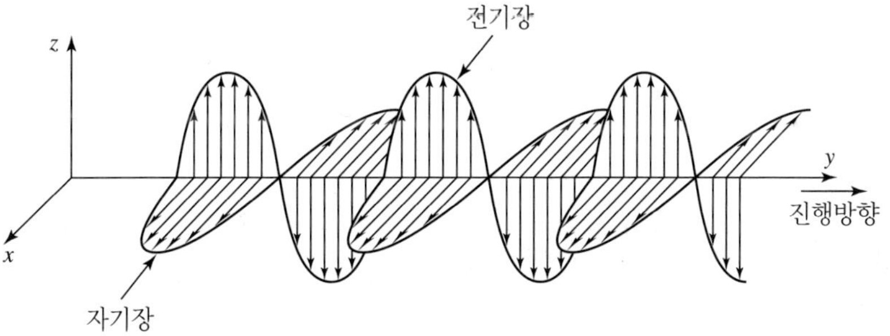

그림 11.6: 전자기파.

[4] 가시광선은 $\lambda \sim 5000$ Å인 반면 원자의 지름은 약 1 Å이므로 이 근사는 합당하다. 그러나 x선에 대해서는 맞지 않을 것이다. 문제 11.31에서 장의 공간적 변화에 대한 효과를 탐구할 것이다.

[5] 정전기장 $\mathbf{E}$ 안에 있는 전하 q의 에너지는 $-q\int \mathbf{E}\cdot d\mathbf{r}$이다. 명시적으로 시간에 의존하는 장에 대해 정전기적 공식을 사용하는 것에 대해 반대할 것이다. 암묵적으로 진동 주기는 전하가 (원자 안에서) 움직이며 돌아다니는 시간보다 길다고 가정한다.

[6] 예전처럼 핵은 무겁고 정지해 있다고 가정한다. 관심 있는 것은 전자의 파동함수이다.

[7] 문자 $\wp$는 **전기 쌍극자 모멘트**를 연상하게 하려고 쓴 것이다. (전자기학에서 보통 문자 p로 표시하지만, 여기서는 운동량과 혼동되지 않도록 $\wp$를 사용했다.) 사실 $\wp$는 쌍극자 모멘트 연산자 $q\mathbf{r}$의 z 성분에 대한 대각선이 아닌 행렬요소이다. 전기 쌍극자 모멘트와 관련이 있기 때문에 식 11.40에서 나오는 복사를 **전기 쌍극자 복사**라고 한다. 적어도 가시광선 영역에서는 가장 우세한 복사 형태이다. 문제 11.31에서 이를 일반화한 것과, 사용되는 용어를 참조하라.

이를 통해 $\hat{H}'$의 대각선 행렬요소가 0이 된다는 가정이 성립한다. 따라서 빛과 물질의 상호작용은 정확하게 11.1.3절에서 공부한 진동하는 섭동

$$V_{ba} = -\wp E_0 \tag{11.41}$$

에 의해 결정된다.

11.2.2 흡수, 유도 방출, 자발 방출

원자가 "낮은" 상태 ψ_a에서 시작하고, 편광된 단일광을 쪼이면 "위" 상태 ψ_b로 전이할 확률은 식 11.35로 주어지고, (식 11.41의 관점에서 보면) 다음의 형태를 갖는다.

$$P_{a\to b}(t) = \left(\frac{|\wp|\,E_0}{\hbar}\right)^2 \frac{\sin^2[(\omega_0-\omega)\,t/2]}{(\omega_0-\omega)^2}. \tag{11.42}$$

이 과정에서 원자는 전자기장에서 에너지 $E_b - E_a = \hbar\omega_0$를 흡수하므로 **흡수**라고 부른다. (대략 말하면 원자는 "흡수된 광자"를 갖는다[그림 11.7(a)]. 정확하게 말하면 "광자"라는 단어는 전자기 장에 대한 양자이론인 **양자 전기역학**에서 사용한다. 반면 여기서는 장 자체는 고전적으로 취급한다. 그러나 너무 많이 들어가지만 않으면 이 용어가 편리하다.)

물론 위 상태[$c_a(0) = 0,\ c_b(0) = 1$]에서 시작한 계에 대해 전체 유도를 다시 할 수 있다. 원한다면 직접 해보라. 결과는 이번에는 $P_{a\to b} = |c_a(t)|^2$를 계산하고, 이것은 아래 상태로 내려가는 전이 확률

$$P_{b\to a}(t) = \left(\frac{|\wp|\,E_0}{\hbar}\right)^2 \frac{\sin^2[(\omega_0-\omega)\,t/2]}{(\omega_0-\omega)^2} \tag{11.43}$$

이라는 것을 제외하고는 정확하게 같다. (이렇게 나와야만 한다. 여기서는 $a \leftrightarrow b$로 바꾸어 ω_0 대신 $-\omega_0$로 대입하기만 하면 된다. 식 11.32에서 첫 항의 분모에 $-\omega_0 + \omega$를 넣고, 나머지는 전과 같다.) 그러나 잘 생각해 보면 이것은 정말 놀라운 결과이다. 입자가 위 상태에 있고, 여기서 빛을 쪼이면 낮은 상태로 전이할 수 있고, 사실 이와 같은 전이 확률은 정확하게 낮은 상태에서 위 상태로 전이하는 확률과 같다. Einstein이 처음 예측한 이 과정을 **유도 방출**이라고 한다.

유도 방출의 경우 전자기장은 원자로부터 에너지 $\hbar\omega_0$를 얻는다. 이때 한 개의 광자가 들어가서 두 개의 광자가 나왔다고 말한다. 전이를 일으킨 원래 광자 더하기 전이 자체에서 나온 다른 광자이다[그림 11.7(b)]. 이로 인해 증폭의 가능성이 있다. 왜냐하면 모두 위 상태에 있는 원자를 병 속에 넣고, 한 개의 광자를 입사하면 첫 번째 광자가 두 개를 만들고, 이 두 개는 네 개를 만드는 등 연쇄반응이 일어날 것이다. 막대한 수의 광자가 튀어나오며, 이들 모두 같은 진동수이고, 사실상 같은 순간에 나온다. 이것이 **레이저**(laser: light amplification by stimulated

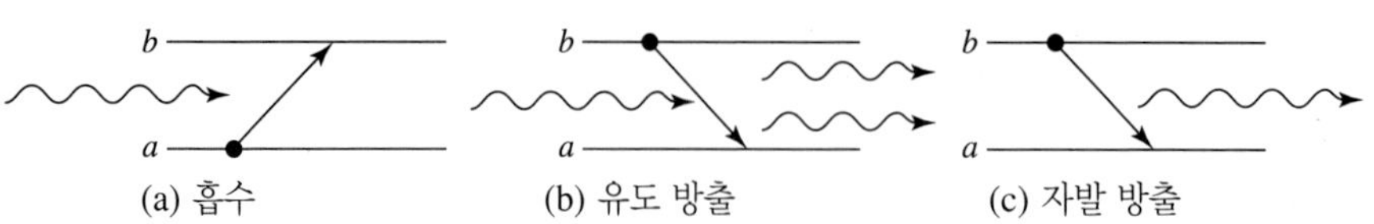

그림 11.7: 빛이 원자와 상호작용하는 세 가지 방법: (a) 흡수, (b) 유도 방출, (c) 자발 방출.

emission of radiation)의 원리이다. (레이저가 작동하려면) 대다수의 원자를 위 상태에 놓는 것(소위 **밀도 반전**)이 필수적이다. 왜냐하면 (한 광자가 없어지는) 흡수는 (하나를 만들어내는) 유도 방출과 서로 경쟁하기 때문이다. 두 상태가 같이 섞여 있는 것에서 시작하면 전혀 증폭이 없을 것이다.

(흡수와 유도 방출 이외에) 복사가 물질과 상호작용하는 세 번째 방법이 있는데 이것을 **자발 방출**이라고 한다. 여기서 들뜬 상태에 있는 원자는 광자를 방출하면 아래 상태로 전이하지만, 이 과정을 시작하게 하는 전자기장은 없다[그림 11.7(c)]. 이것이 원자의 들뜬 상태가 일반적으로 붕괴하는 작용이다. 처음 볼 때 왜 자발 방출이 일어나는지 전혀 분명하지 않다. 만일 (들뜬 상태라도) 정상상태에 있고, 외부의 섭동이 없으면 그곳에 영원히 있어야 한다. 정말 모든 외부 섭동이 전혀 없다면 그래야 한다. 그러나 양자 전기역학에서 장은 심지어 바닥상태에서도 0이 아니다. 이는 마치 예컨대 조화진동자도 바닥상태에서 0이 아닌 에너지(즉 $\hbar\omega/2$)를 갖는 것과 같다. 모든 빛을 끄고 방의 온도를 절대 0도로 낮출 수 있지만, 그래도 약간의 전자기파 복사가 있고 이 "영점" 복사가 자발 방출을 일으키는 데 기여한다. 이렇게 말하고 나면 사실 진정한 자발 방출은 없다. 모두 유도 방출이다. 유일한 차이점은 외부에서 집어 넣은 광자가 유도하는 장인지, 신이 집어 넣은 장인가 하는 것이다. 이러한 의미에서 모든 것이 자발적이고, 유도 방출이라는 것이 없는 고전적인 복사 과정에 대해서는 정확하게 반대 입장이다.

양자 전기역학은 이 책의 범위를 넘어선다.[8] 그러나 세 과정(흡수, 유도 방출과 자발 방출)을 서로 관련짓는 Einstein[9]의 멋진 논의가 있다. Einstein은 자발 방출(바닥상태 전자기장에 의한 섭동)에 기여하는 과정으로 지적하지는 않았지만, 그 결과를 이용하여 자발 방출률을 계산할 수 있고, 이로부터 들뜬 원자 상태의 자연 수명을 구할 수 있었다.[10] 그러나 이를 보기 전에 모든 방향에서 들어오는 비단일광, 비편광, 결어긋난 전자기파에 대한 원자의 반응을 고려할 필요가 있다. 예컨대 원자가 열적 복사 안에 있을 경우이다.

11.2.3 결어긋난 섭동

전자기파의 에너지 밀도는[11]

$$u = \frac{\epsilon_0}{2} E_0^2 \tag{11.44}$$

---

[8] 읽어볼 수 있도록 쓴 Rodney Loudon, *The Quantum Theory of Light*, 2nd edn (Clarendon Press, Oxford, 1983)을 참조하라.

[9] Einstein의 논문은 Schrödinger 방정식보다 훨씬 전인 1917년에 발표되었다. 양자 전기역학은 1900년으로 거슬러 올라가 Planck 흑체 복사를 통한 논의에서 나타난다.

[10] 명백하게 양자 전기역학을 사용한 다른 유도를 보려면 문제 11.11을 참조하라.

[11] David J. Griffiths, *Introduction to Electrodynamics*, 4th edn, (Cambridge University Press, Cambridge, UK, 2017), 9.2.3절. 일반적으로 전자기장의 단위 부피당 에너지는

$$u = (\epsilon_0/2)\, E^2 + (1/2\mu_0)\, B^2$$

이다. 전자기파에 대해 전기적, 자기적인 기여는 같으므로

$$u = \epsilon_0 E^2 = \epsilon_0 E_0^2 \cos^2(\omega t)$$

이고, 한 주기에 대한 평균은 $(\epsilon_0/2)\, E_0^2$이다. 왜냐하면 $\cos^2$ (혹은 $\sin^2$)의 평균은 1/2이기 때문이다.

이다. 여기서 E_0는 (전과 같이) 전기장의 진폭이다. 따라서 전이 확률(식 11.43)은 장의 에너지 밀도에 비례한다.

$$P_{b\to a}(t) = \frac{2u}{\epsilon_0\hbar^2}|\wp|^2 \frac{\sin^2[(\omega_0-\omega)t/2]}{(\omega_0-\omega)^2}. \tag{11.45}$$

그러나 이것은 한 개의 진동수 ω를 갖는 **단색광**에 대한 것이다. 여러 응용에서 계는 모든 진동수 영역에 걸쳐 있는 전자기파에 노출되어 있다. 이 경우 $u \to \rho(\omega)d\omega$로 바꾸면 된다. 여기서 $\rho(\omega)d\omega$는 진동수 영역 $d\omega$ 안에 있는 에너지 밀도이고, 알짜 전이 확률은 적분의 형태를 갖는다.[12]

$$P_{b\to a}(t) = \frac{2}{\epsilon_0\hbar^2}|\wp|^2 \int_0^\infty \rho(\omega)\left\{\frac{\sin^2[(\omega_0-\omega)t/2]}{(\omega_0-\omega)^2}\right\}d\omega. \tag{11.46}$$

괄호 안의 항은 ω_0 근처에 뾰족한 봉우리가 있지만(그림 11.5) $\rho(\omega)$는 보통 매우 넓게 분포되어 있으므로 $\rho(\omega)$를 $\rho(\omega_0)$로 바꾸고 적분 밖으로 내보내면 된다.

$$P_{b\to a}(t) \approx \frac{2|\wp|^2}{\epsilon_0\hbar^2}\rho(\omega_0)\int_0^\infty \frac{\sin^2[(\omega_0-\omega)t/2]}{(\omega_0-\omega)^2}d\omega. \tag{11.47}$$

변수를 $x \equiv (\omega_0-\omega)t/2$로 바꾸고, 적분 극한을 $x = \pm\infty$로 연장하고(피적분 함수가 바깥쪽에서는 기본적으로 0이기 때문이다) 정적분

$$\int_{-\infty}^{\infty}\frac{\sin^2 x}{x^2}dx = \pi \tag{11.48}$$

을 이용하면 다음을 얻는다.

$$P_{b\to a}(t) \approx \frac{\pi|\wp|^2}{\epsilon_0\hbar^2}\rho(\omega_0)t. \tag{11.49}$$

이번에는 전이 확률이 t에 비례한다. 단색광 섭동의 특징인 이 이상한 "뒤집히는" 현상은 계가 결맞지 않는 진동수를 접할 때 "씻겨 나간다." 특히 **전이율**($R \equiv dP/dt$)은 상수이다.

$$R_{b\to a} = \frac{\pi}{\epsilon_0\hbar^2}|\wp|^2\rho(\omega_0). \tag{11.50}$$

지금까지 섭동 파동이 y축을 따라 들어오고(그림 11.6), z 방향으로 편광되어 있다고 가정했다. 그러나 원자가 모든 방향에서 들어오고, 모든 가능한 편광을 갖는 복사 안에 있는 경우에 관심이 있다. 장 안에 있는 에너지[$\rho(\omega)$]는 모든 다른 모드에 똑같이 나뉘어 있다. $|\wp|^2$ 대신 필요한 것은 $|\boldsymbol{\wp}\cdot\hat{n}|^2$이다. 여기서

$$\boldsymbol{\wp} \equiv q\langle\psi_b|\mathbf{r}|\psi_a\rangle \tag{11.51}$$

---

[12] 식 11.46에서 다른 진동수에 대한 섭동은 독립적인 것으로 가정하여 전체 전이 확률은 각각의 확률에 대한 합이 된다. 다른 성분이 **결맞는**다면(위상이 연관되어 있다면) 확률($|c_b(t)|^2$)이 아니라 진폭[$c_b(t)$]을 더해야 하고 교차항이 있을 것이다. 이번 응용에서는 섭동이 언제나 결맞지 않는 경우만 고려하겠다.

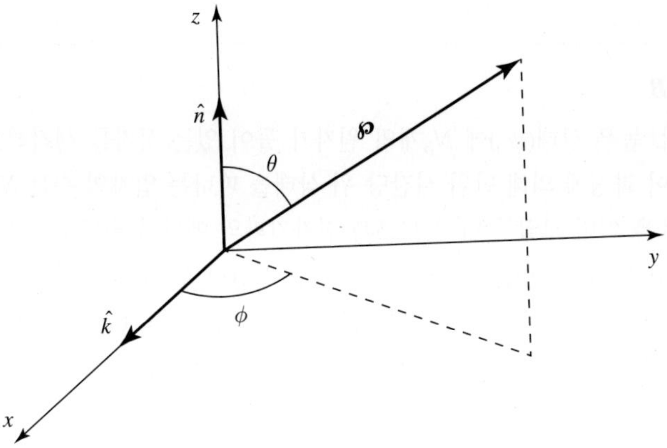

그림 11.8: $|\boldsymbol{\wp}\cdot\hat{n}|^2$의 평균을 구하는 데 필요한 좌표축.

이고(식 11.40을 일반화했다) 모든 편광과 모든 입사 방향에 대해 평균을 구한다.

평균을 내는 방법은 다음과 같이 할 수 있다. 구면좌표계를 선택하여 진행 방향($\hat{k}$)이 x, 편광($\hat{n}$)이 z 방향이고, 벡터 $\boldsymbol{\wp}$는 구면 각도 θ와 ϕ를 정의한다(그림 11.8).[13] (사실 여기서 $\boldsymbol{\wp}$는 고정되어 있고, $\hat{k}\perp\hat{n}$인 모든 $\hat{k}$와 $\hat{n}$에 대해, 즉 모든 θ와 ϕ에 대해 평균을 취한다. 그러나 한편 $\hat{k}$와 $\hat{n}$을 고정시키고 $\boldsymbol{\wp}$의 모든 방향에 대해 적분할 수도 있다. 이것은 같은 것이다.) 그러면

$$\boldsymbol{\wp}\cdot\hat{n} = \wp\cos\theta \tag{11.52}$$

이고, 다음을 얻는다.

$$\begin{aligned}\left|\boldsymbol{\wp}\cdot\hat{n}\right|^2_{\text{ave}} &= \frac{1}{4\pi}\int|\boldsymbol{\wp}|^2\cos^2\theta\sin\theta\,d\theta\,d\phi \\ &= \frac{|\boldsymbol{\wp}|^2}{4\pi}\left(-\frac{\cos^3\theta}{3}\right)\Bigg|_0^\pi(2\pi) = \frac{1}{3}|\boldsymbol{\wp}|^2.\end{aligned} \tag{11.53}$$

결론: 모든 방향에서 입사된 결맞지 않고, 비편광된 빛의 영향을 받을 때 상태 b에서 a로 유도 방출에 의한 전이율은 다음과 같다.

$$\boxed{R_{b\to a} = \frac{\pi}{3\epsilon_0\hbar^2}|\boldsymbol{\wp}|^2\rho(\omega_0).} \tag{11.54}$$

여기서 $\boldsymbol{\wp}$는 두 상태 사이의 전기 쌍극자 모멘트의 행렬요소(식 11.51)이고, $\rho(\omega_0)$는 $\omega_0 = (E_b - E_a)/\hbar$에서 단위 진동수당 장의 에너지 밀도이다.

---

[13] $\boldsymbol{\wp}$는 일반적으로 복소수이지만, 마치 실수인 것처럼 취급하겠다.

$$\left|\boldsymbol{\wp}\cdot\hat{n}\right|^2 = \left|\text{Re}(\boldsymbol{\wp})\cdot\hat{n} + i\,\text{Im}(\boldsymbol{\wp})\cdot\hat{n}\right|^2 = \left|\text{Re}(\boldsymbol{\wp})\cdot\hat{n}\right|^2 + \left|\text{Im}(\boldsymbol{\wp})\cdot\hat{n}\right|^2$$

이므로 모든 계산은 실수 부분과 허수 부분을 따로 할 수 있고, 그 결과를 더하기만 하면 된다. 식 11.54에서 절대값 기호는 벡터의 크기와 복소수 진폭을 모두 나타낸다.

$$|\boldsymbol{\wp}|^2 = |\wp_x|^2 + |\wp_y|^2 + |\wp_z|^2.$$

11.3 자발 방출

11.3.1 Einstein의 계수 *A*와 *B*

낮은 상태(ψ_a)에 N_a개, 높은 상태(ψ_b)에 N_b개의 원자가 들어 있는 상자를 생각하자. A를 자발 방출률이라고 하면[14] 이 과정에 의해 단위 시간당 위 상태를 떠나는 입자의 수는 N_bA이다.[15] 유도 방출에 대한 전이율은 이미 보았듯이(식 11.54) 전자기파의 에너지 밀도 $B_{ba}\rho(\omega_0)$에 비례한다. 여기서 $B_{ba} = \pi\,|\wp|^2\,/3\epsilon_0\hbar^2$이다. 이 과정에서 단위 시간당 위 상태를 떠나는 입자의 수는 $N_bB_{ba}\rho(\omega_0)$이다. 흡수율도 마찬가지로 $\rho(\omega_0)$에 비례한다. 이것을 $B_{ab}\rho(\omega_0)$라고 하자. 그러므로 단위 시간당 위 준위에 연결되는 입자수는 $N_aB_{ab}\rho(\omega_0)$이다. 이를 종합하면 다음을 얻는다.

$$\frac{dN_b}{dt} = -N_bA - N_bB_{ba}\rho(\omega_0) + N_aB_{ab}\rho(\omega_0). \tag{11.55}$$

이 원자들이 주위의 장과 열적 평형을 이루어서 각 준위에 있는 입자수는 상수라고 하자. 이 경우 $dN_b/dt = 0$이고, 다음을 얻는다.

$$\rho(\omega_0) = \frac{A}{(N_a/N_b)\,B_{ab} - B_{ba}}. \tag{11.56}$$

한편 통계역학으로부터[16] 온도 T에서 열적 평형을 이루는 에너지 E인 입자수는 **Boltzmann 인자** $\exp(-E/k_BT)$에 비례하므로

$$\frac{N_a}{N_b} = \frac{e^{-E_a/k_BT}}{e^{-E_b/k_BT}} = e^{\hbar\omega_0/k_BT} \tag{11.57}$$

이고, 따라서

$$\rho(\omega_0) = \frac{A}{e^{\hbar\omega_0/k_BT}\,B_{ab} - B_{ba}} \tag{11.58}$$

이다.

그러나 Planck의 흑체[17] 복사 공식에 의하면 열적 복사의 에너지 밀도는

$$\rho(\omega) = \frac{\hbar}{\pi^2c^3}\frac{\omega^3}{e^{\hbar\omega/k_BT} - 1} \tag{11.59}$$

이다. 두 표현을 비교하면

$$B_{ab} = B_{ba} \tag{11.60}$$

이고

---

[14] 보통 R을 전이율로 사용하지만 여기서는 Einstein의 표기법을 사용하자.

[15] N_a와 N_b는 매우 커서 시간의 연속함수로 취급할 수 있고 통계적인 요동은 무시한다.

[16] 예를 들어 Daniel Schroeder, *An Introduction to Thermal Physics* (Pearson, Upper Saddle River, NJ, 2000), 6.1절 참조.

[17] Schroeder, 7.4절, 각주 16.

$$A = \frac{\omega_0^3 \hbar}{\pi^2 c^3} B_{ba} \tag{11.61}$$

이라고 결론지을 수 있다. 이미 알고 있는 것을 식 11.60에서 확인할 수 있다. 유도 방출에 대한 전이율은 흡수에 대한 전이율과 같다. 그러나 1917년에 이것은 놀라운 결과였다. 사실 Einstein은 Planck의 공식을 유도하기 위해 유도 방출을 "고안"할 수밖에 없었다. 그러나 현재의 관심은 식 11.61에 있다. 왜냐하면 이것이 우리가 찾는 자발 방출률(A)을 이미 알고 있는 유도 방출률 [$B_{ba}\rho(\omega_0)$]로 구할 수 있기 때문이다. 식 11.54로부터

$$B_{ba} = \frac{\pi}{3\epsilon_0 \hbar^2} |\wp|^2 \tag{11.62}$$

임을 알 수 있고, 따라서 자발 방출률은 다음과 같다.

$$\boxed{A = \frac{\omega_0^3 |\wp|^2}{3\pi \epsilon_0 \hbar c^3}.} \tag{11.63}$$

문제 11.10 아래 방향의 전이에 대한 작용으로 자발 방출은 열적 유도 방출(흑체 복사로 인한 유도 방출)과 경쟁한다. 상온($T = 300$ K)에서 열적 유도는 5×10^{12} Hz보다 훨씬 작은 진동수에서 우세하지만, 5×10^{12} Hz보다 훨씬 큰 진동수에서는 자발 방출이 우세하다. 어떤 작용이 가시광선에서 우세한가?

문제 11.11 전자기장의 바닥상태 에너지 밀도 $\rho_0(\omega)$를 알고 있다면 자발 방출률(식 11.63)을 Einstein의 계수 A와 B를 사용한 우회로를 거치지 않고 유도할 수 있다. 왜냐하면 이것은 단지 유도 방출(식 11.54)의 경우일 것이기 때문이다. 이것을 정직하게 계산하려면 양자 전자기학이 필요하지만, 바닥상태가 각각의 고전적인 모드에 한 개의 광자가 있는 것으로 구성되어 있다고 믿을 준비가 되어 있으면, 그 유도는 매우 간단하다.

(a) 고전적인 모드를 얻기 위하여 길이가 l이고, 한 꼭지점이 원점에 있는 속이 빈 정육면체 상자를 생각하자. (진공에서) 전자기장은 고전적인 파동 방정식[18]

$$\left(\frac{1}{c^2}\frac{\partial^2}{\partial t^2} - \nabla^2\right) f(x, y, z, t) = 0$$

을 만족한다. 여기서 f는 E 혹은 B의 임의의 성분을 나타낸다. 변수분리를 하고 모든 여섯 개의 표면에서 $f = 0$이라는 경계 조건을 부여하면 정지파동 형태

$$f_{n_x,n_y,n_z} = A\cos(\omega t)\sin\left(\frac{n_x\pi}{l}x\right)\sin\left(\frac{n_y\pi}{l}y\right)\sin\left(\frac{n_z\pi}{l}z\right)$$

을 얻는다는 것을 증명하라. 여기서

[18] Griffiths, 9.2.1절, 각주 11.

$$\omega = \frac{\pi c}{l}\sqrt{n_x^2 + n_y^2 + n_z^2}$$

이다. 각각의 세 개의 양의 정수(n_x, n_y, $n_z = 1, 2, 3, \ldots$)에 대해 두 개의 편광 상태에 해당하는 두 개의 모드가 있다.

(b) 광자의 에너지는 $E = h\nu = \hbar\omega$(식 4.92)이므로 모드 (n_x, n_y, n_z)에 있는 에너지는

$$E_{n_x,n_y,n_z} = 2\frac{\pi \hbar c}{l}\sqrt{n_x^2 + n_y^2 + n_z^2}$$

이다. 그러면 각각의 모드에 광자 하나가 있다면 진동수 영역 $d\omega$ 안에 단위 부피당 전체 에너지는 얼마인가? 답을

$$\frac{1}{l^3}dE = \rho_0(\omega)\,d\omega$$

의 형태로 표현하고, $\rho_0(\omega)$를 추출하라. 귀띔: 그림 5.3을 참고하라.

(c) 이 결과와 식 11.54를 이용하여 자발 방출률을 구하라. 식 11.63과 비교하라.

11.3.2 들뜬 상태의 수명

식 11.63이 기본적인 결과이다. 이것은 자발 방출에 대한 전이율이다. 이제 어떻게든 많은 수의 원자를 들뜬 상태로 올려 놓았다고 하자. 자발 방출의 결과로 이 수는 시간이 갈수록 감소할 것이다. 특히 시간 간격 dt 동안 전체 중 Adt의 비율을 잃을 것이다.

$$dN_b = -AN_b\,dt \tag{11.64}$$

(이를 보충하는 어떤 작용도 없다고 가정한다.)[19] $N_b(t)$에 대해 풀면

$$N_b(t) = N_b(0)e^{-At} \tag{11.65}$$

를 얻고, 명백하게 들뜬 상태에 남아 있는 수는 지수적으로 감소하며 시간 상수는

$$\tau = \frac{1}{A} \tag{11.66}$$

이다. 이것을 상태의 **수명**이라고 한다. 기술적으로는 $N_b(t)$가 처음 값으로부터 $1/e \approx 0.368$에 도달하는 데 걸리는 시간이다.

이 과정에서 계에는 단지 두 개의 상태만 있다고 가정했지만, 이것은 단지 표현을 간단히 하기 위해서다. 자발 방출 공식(식 11.63)은 어떤 다른 상태에 접근할 수 있는가에 상관없이 $\psi_b \to \psi_a$에 대한 전이율이다(문제 11.24). 전형적으로 들뜬 원자는 많은 다른 **붕괴 모드**가 있다. (즉 ψ_b는 많은 수의 다른 낮은 에너지 상태 ψ_{a_1}, ψ_{a_2}, ψ_{a_3}, . . .로 붕괴할 수 있다.) 이 경우 전이율은 더하면 되고, 알짜 수명은 다음과 같다.

$$\tau = \frac{1}{A_1 + A_2 + A_3 + \cdots}. \tag{11.67}$$

---

[19] 이 상황을 앞 절에서 고려한 열적 평형의 경우와 혼동해서는 안 된다. 여기서 원자는 평형 상태에서 벗어나게 만들어 평형 준위로 되돌아오는 과정을 가정한다.

예제 11.1

전하 q가 용수철에 연결되어 있고, x축을 따라 진동한다고 하자. 예를 들어 상태 $|n\rangle$에서(식 2.68) 시작하여 자발 방출에 의해 상태 $|n'\rangle$으로 붕괴한다고 하자. 식 11.51로부터 다음을 얻는다.

$$\wp = q\left\langle n \,|\, x \,|\, n' \right\rangle \hat{\imath}.$$

문제 3.39에서 x의 행렬요소를 계산했다.

$$\left\langle n \,|\, x \,|\, n' \right\rangle = \sqrt{\frac{\hbar}{2m\omega}}\left(\sqrt{n'}\,\delta_{n,n'-1} + \sqrt{n}\,\delta_{n',n-1}\right).$$

여기서 ω는 진동자의 자연 진동수이다. (유도 복사의 진동수에 대해 이 문자는 더 이상 필요하지 않다.) 그러나 방출을 다루므로 n'은 n보다 작아야 한다. 이를 위해서는

$$\wp = q\sqrt{\frac{n\hbar}{2m\omega}}\delta_{n',n-1}\,\hat{\imath} \tag{11.68}$$

가 필요하다. 명백하게 "사다리"의 한 단계 낮은 상태로만 전이가 일어나고 방출된 광자의 진동수는 다음과 같다.

$$\omega_0 = \frac{E_n - E_{n'}}{\hbar} = \frac{(n+1/2)\,\hbar\omega - \left(n'+1/2\right)\hbar\omega}{\hbar} = \left(n - n'\right)\omega = \omega. \tag{11.69}$$

놀랍지는 않지만 계는 고전적인 진동자의 진동수로 복사한다. 전이율(식 11.63)은

$$A = \frac{nq^2\omega^2}{6\pi\epsilon_0 mc^3} \tag{11.70}$$

이고, n번째 정상상태의 수명은

$$\tau_n = \frac{6\pi\epsilon_0 mc^3}{nq^2\omega^2} \tag{11.71}$$

이다. 한편 각각의 복사된 광자의 에너지는 $\hbar\omega$이므로 복사 일률은 $A\hbar\omega$이다.

$$P = \frac{q^2\omega^2}{6\pi\epsilon_0 mc^3}\,(n\hbar\omega).$$

즉 n번째 상태에 있는 진동자의 에너지는 $E = (n + 1/2)\hbar\omega$이므로

$$P = \frac{q^2\omega^2}{6\pi\epsilon_0 mc^3}\left(E - \frac{1}{2}\hbar\omega\right) \tag{11.72}$$

이다. 이것이 (처음) 에너지 E인 양자 진동자에 의해 방출된 평균 일률이다.

비교하기 위해 같은 에너지를 갖는 고전적인 진동자에 의한 평균 복사 일률을 결정하자. 고전 전자기학에 의하면 가속되는 전하 q가 방출하는 일률은 **Larmor 공식**으로 주어진다.[20]

[20] 예를 들어 Griffiths, 11.2.1절, 각주 11을 참조하라.

$$P = \frac{q^2 a^2}{6\pi\epsilon_0 c^3}. \tag{11.73}$$

진폭이 x_0인 조화진동자에 대해 $x(t) = x_0 \cos(\omega t)$이고, 가속도는 $a = -x_0\omega^2 \cos(\omega t)$이다. 한 주기에 대해 평균을 취하면

$$P = \frac{q^2 x_0^2 \omega^4}{12\pi\epsilon_0 c^3}$$

이다. 그러나 진동자의 에너지는 $E = (1/2)m\omega^2 x_0^2$이므로 $x_0^2 = 2E/m\omega^2$이다. 따라서

$$P = \frac{q^2\omega^2}{6\pi\epsilon_0 mc^3} E \tag{11.74}$$

이다. 이것은 에너지 E인 고전적인 진동자에서 방출되는 평균 일률이다. 고전적인 극한에서 ($\hbar \to 0$) 고전적인 공식과 양자적인 공식은 일치한다.[21] 그러나 양자 공식(식 11.72)은 바닥 상태를 보호한다. $E = (1/2)\hbar\omega$이면 진동자는 복사하지 않는다.

문제 11.12 들뜬 상태의 **반감기**($t_{1/2}$)는 큰 시료에서 원자수의 반이 전이를 일으키는 시간이다. $t_{1/2}$과 (상태의 "수명") τ 사이의 관계를 구하라.

* **문제 11.13** 수소의 각각 네 개의 $n = 2$ 상태에 대해 수명을 (초로) 구하라. 귀띔: $\langle\psi_{100}\,|x|\,\psi_{200}\rangle$, $\langle\psi_{100}\,|y|\,\psi_{211}\rangle$ 등의 행렬요소를 계산하여야 할 것이다. $x = r\sin\theta\cos\phi$, $y = r\sin\theta\sin\phi$, $z = r\cos\theta$임을 기억하라. 대부분의 적분은 0이므로 계산을 시작하기 전에 미리 검사하라. 답: 모든 상태에 대해 1.60×10^{-9}초, 단 ψ_{200}는 무한대다.

11.3.3 선택 규칙

자발 방출률의 계산은

$$\langle\psi_b\,|\,\mathbf{r}\,|\,\psi_a\rangle$$

형태의 행렬요소를 계산하는 문제로 환원된다. 문제 11.13을 풀었다면 발견했겠지만 (그렇지 않다면 바로 돌아가서 풀어보라) 이러한 양들은 대부분 0이고, 미리 그럴지 아는 것이 불필요한 적분을 계산하는 데 시간을 낭비하지 않으므로, 도움이 될 것이다. 수소와 같이 Hamiltonian이 구면대칭인 계에 관심이 있다고 하자. 이 경우 보통의 양자수 n, ℓ과 m으로 상태를 지정할 수 있고, 행렬요소는

$$\langle n'\ell'm'\,|\,\mathbf{r}\,|\,n\ell m\rangle$$

이다.

[21] 이것이 Bohr의 **대응 원리**에 대한 예이다. 사실 P를 바닥상태 위의 에너지로 표현하면 두 공식은 똑같다.

이제 **r**은 벡터 연산자이고 6장의 결과를 이용하여 **선택 규칙**[22]

$$\boxed{\Delta\ell \equiv \ell' - \ell = \pm 1, \qquad \Delta m \equiv m' - m = 0 \text{ 혹은 } \pm 1} \tag{11.75}$$

를 얻는다. 이 조건은 대칭성만으로 결정된다. 이 조건을 만족하지 않으면 행렬요소는 0이 되고 전이는 **금지된다**고 말한다. 게다가 식 6.56~6.58로부터 다음을 얻는다.

$$\begin{cases} \text{만일 } m' = m\text{이면} & \langle n'\ell'm' \,|\, x \,|\, n\ell m\rangle = \langle n'\ell'm' \,|\, y \,|\, n\ell m\rangle = 0, \\ \text{만일 } m' = m \pm 1\text{이면} & \langle n'\ell'm' \,|\, x \,|\, n\ell m\rangle = \pm i \langle n'\ell'm' \,|\, y \,|\, n\ell m\rangle\text{이고} \\ & \langle n'\ell'm' \,|\, z \,|\, n\ell m\rangle = 0. \end{cases} \tag{11.76}$$

따라서 x와 y의 행렬요소를 전혀 계산할 필요가 없다. 언제든지 다른 것으로부터 구할 수 있다.

분명히 더 낮은 상태로의 모든 전이는 전기 쌍극자 복사로 일어나지는 않는다. 대부분은 선택 규칙에 의해 금지된다. 수소의 첫 네 개의 Bohr 준위에 대한 허용되는 전이에 대한 그림을 그림 11.9에 나타내었다. $2S$ 상태(ψ_{200})는 "그대로 있다"는 것을 주목하라. 왜냐하면 $\ell = 1$인 더 낮은 에너지 상태가 없기 때문이다. 이것을 **준안정 상태**라고 부르고 그 수명은 정말로 예컨대 $2P$ 상태(ψ_{211}, ψ_{210}, ψ_{21-1})의 수명보다 훨씬 길다. 준안정 상태는 결국 충돌 혹은 "금지된" 전이(문제 11.31), 혹은 여러 개의 광자 방출에 의해 붕괴한다.

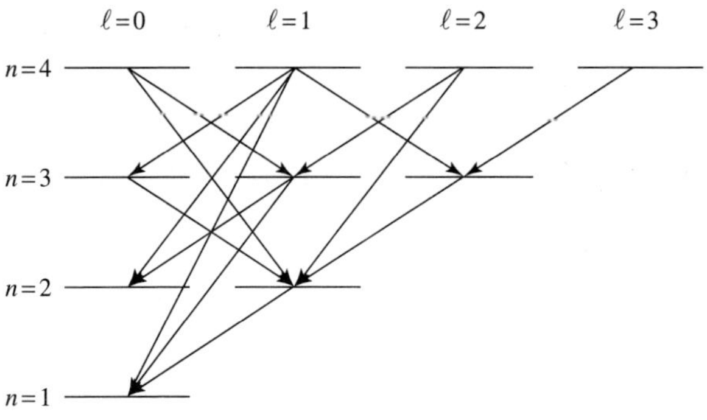

그림 11.9: 수소의 첫 네 개의 Bohr 준위에 대한 허용된 붕괴.

문제 11.14 L_z와 x, y, z의 교환자로부터(식 4.122)

$$[L_z, x] = i\hbar y, \quad [L_z, y] = -i\hbar x, \quad [L_z, z] = 0. \tag{11.77}$$

Δm과 식 11.76에 대한 선택 규칙을 구하라. 귀띔: 각각의 교환자를 $\langle n'\ell'm'|$과 $|n\ell m\rangle$ 사이에 끼워 넣어라.

** **문제 11.15** $\Delta\ell$에 대한 선택 규칙을 다음과 같이 구하라.

[22] 식 6.62를 참조하거나(식 6.26은 $\Delta\ell = 0$을 제거한다) 문제 11.14와 11.15를 이용하여 처음부터 유도하라.

(a) 교환자 관계

$$\left[L^2, \left[L^2, \mathbf{r}\right]\right] = 2\hbar^2 \left(\mathbf{r}L^2 + L^2\mathbf{r}\right) \tag{11.78}$$

을 유도하라. 귀띔: 먼저 다음을 증명하라.

$$\left[L^2, z\right] = 2i\hbar \left(xL_y - yL_x - i\hbar z\right).$$

이것과 (마지막 단계에서) $\mathbf{r} \cdot \mathbf{L} = \mathbf{r} \cdot (\mathbf{r} \times \mathbf{p}) = \mathbf{0}$임을 이용하여

$$\left[L^2, \left[L^2, z\right]\right] = 2\hbar^2 \left(zL^2 + L^2 z\right)$$

임을 보여라. z에서 $\mathbf{r}$로 확장하는 것은 간단하다.

(b) 이 교환자를 $\langle n'\ell'm'|$과 $|n\ell m\rangle$ 사이에 끼워 넣고, 그 결과를 구하라.

** **문제 11.16** $n = 3, \ell = 0, m = 0$인 수소 상태에 있는 전자는 일련의 (전기 쌍극자) 전이에 의해 바닥상태로 붕괴한다.

(a) 어떤 붕괴 경로가 열려 있는가? 이들을 다음과 같은 방법으로 지정하라.

$$|300\rangle \rightarrow |n\ell m\rangle \rightarrow \left|n'\ell'm'\right\rangle \rightarrow \cdots \rightarrow |100\rangle.$$

(b) 이 상태에 있는 원자로 가득한 병을 가지고 있다면 각각의 경로를 통과하여 붕괴하는 비율은 얼마인가?

(c) 이 상태의 수명은 얼마인가? 귀띔: 일단 첫 번째 전이를 하면 더 이상 $|300\rangle$ 상태에 있지 않으므로 각 순서의 첫 단계만이 수명을 계산하는 데 중요하다.

11.4 Fermi 황금률

앞 절에서 원자의 두 속박 상태와 같이 두 개의 불연속적인 에너지 상태 사이의 전이에 대해 고려했다. 이와 같은 전이는 마지막 에너지가 공명 조건 $E_f = E_i + \hbar\omega$를 만족할 때 가장 많이 일어난다는 것을 보았다. 여기서 ω는 섭동과 관련된 진동수이다. 이제 E_f가 연속적인 상태 안에 있는 경우를 보고자 한다(그림 11.10). 11.2절의 예제와 비슷하게 진행하기 위해 복사가 원자를

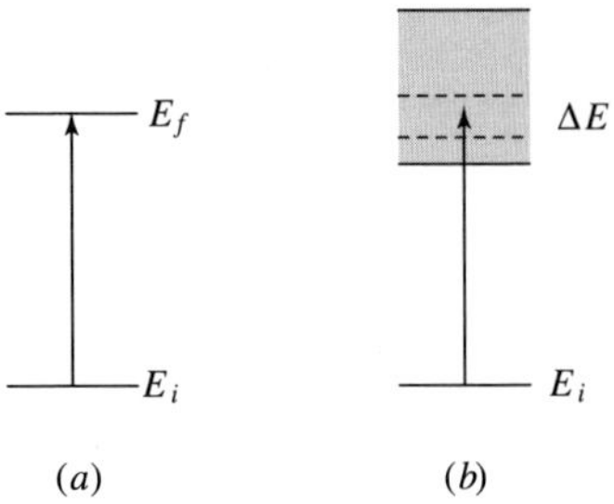

그림 11.10: (a) 두 불연속적인 상태 사이와 (b) 불연속적인 상태와 연속적인 상태 사이의 전이.

이온화시키기 충분해서 속박 상태에 있는 전자를 연속적인 충돌 상태로 들뜨게 한다고 생각한다. 이를 **광전효과**라고 한다.

(어떤 사람이 정확히 16살이 되었다고 말할 수 없듯이) 연속 상태의 정확한 한 상태로 전이하는 것을 말할 수는 없지만, 계가 E_f 주위의 어떤 유한한 영역 ΔE 안에 있는 에너지를 갖는 상태로 전이할 확률을 계산할 수 있다. 이것은 식 11.35를 모든 마지막 상태에 대해 적분하여 얻을 수 있다.

$$P = \int_{E_f-\Delta E/2}^{E_f+\Delta E/2} \frac{|V_{in}|^2}{\hbar^2} \left\{ \frac{\sin^2[(\omega_0-\omega)t/2]}{(\omega_0-\omega)^2} \right\} \rho(E_n)\, dE_n. \tag{11.79}$$

여기서 $\omega_0 = (E_n - E_i)/\hbar$이다. $\rho(E)dE$는 에너지가 E와 $E + dE$ 사이에 있는 **상태 밀도**이고, 예제 11.2에서 어떻게 계산하는지 보일 것이다.

짧은 시간에서는 식 11.79의 의하면 전이 확률은 불연속 상태 사이의 전이와 마찬가지로 t^2에 비례한다. 한편 긴 시간에서는 식 11.79의 괄호 안에 있는 양은 좁은 봉우리가 된다. E_n의 함수로서 그 최대값은 $E_f = E_i + \hbar\omega$에서 일어나고, 중심 봉우리의 너비는 $4\pi\,\hbar/t$이다. 그러므로 충분히 큰 t에 대해서 식 11.79를 다음과 같이 근사할 수 있다.[23]

$$P = \frac{|V_{if}|^2}{\hbar^2} \rho(E_f) \int_{-\infty}^{\infty} \frac{\sin^2[(\omega_0-\omega)t/2]}{(\omega_0-\omega)^2}\, dE_n\,.$$

나머지 적분은 이미 11.2.3절에서 계산했다.

$$P = \frac{2\pi}{\hbar}\left|\frac{V_{if}}{2}\right|^2 \rho(E_f)\, t\,. \tag{11.80}$$

P의 진동 성질은 여기서도 "씻겨 나가서" 일정한 전이율을 얻는다.[24]

$$\boxed{R = \frac{2\pi}{\hbar}\left|\frac{V_{if}}{2}\right|^2 \rho(E_f)\,.} \tag{11.81}$$

식 11.81은 **Fermi 황금률**로 알려져 있다.[25] $2\pi/\hbar$의 인자를 제외하면 전이율은 행렬요소의 제

---

[23] 이것은 식 11.46~11.48에서 한 것과 같은 근사이다.

[24] 식 11.35를 유도할 때 섭동은

$$\hat{H}' = V\cos(\omega t) \to \frac{V}{2}e^{-i\omega t}$$

이었다. 왜냐하면 다른 (공명 밖에서의) 지수함수를 버렸기 때문이다. 이것이 식 11.81의 절대값 안에 2가 있는 이유이다. Fermi 황금률은 일정한 섭동 $\hat{H}' = \hat{V}$에도 적용할 수 있다. 이때 $\omega = 0$으로 놓고, 2를 없앤다.

$$\boxed{R = \frac{2\pi}{\hbar}|V_{if}|^2 \rho(E_f)\,.}$$

[25] 사실 Dirac 때문이지만, Fermi가 이 기억할 만한 이름을 지었다. 역사를 보려면 T. Visser, *Am. J. Phys.* **77**, 487 (2009)를 참조하라. Fermi 황금률은 연속적인 상태로 전이하는 데에만 적용되는 것은 아니다. 예를 들어 식 11.54는 한 예로 생각할 수 있다. 이 경우 연속적인 최종 상태가 아니라 섭동 진동수의 연속적인 영역에 대해 적분한 것이다. 하지만 마지막 결과는 같다.

곱(이것이 이 과정의 동역학에 대한 모든 관련된 정보를 포함하고 있다) 곱하기 상태 밀도(섭동에 의해 에너지가 주어지면 접근 가능한 상태가 얼마나 많은가를 결정한다. 더 많은 길이 열려 있을수록 교통량은 더 빨리 지나갈 것이다)라는 것이다. 이것은 그럴듯한 말이다.[26]

예제 11.2

Fermi 황금률을 이용하여 질량 m인 입자가 입사 파동벡터 $\mathbf{k}'$으로 퍼텐셜 $V(\mathbf{r})$에 산란될 때 미분 산란 단면적을 구하라(그림 11.11).

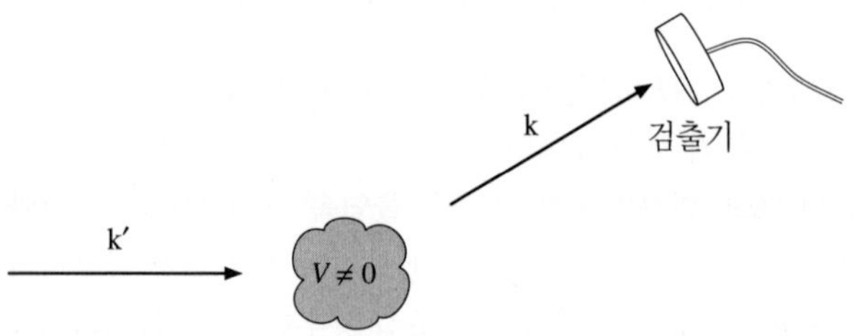

그림 11.11: 입사 파동 벡터 $\mathbf{k}'$을 갖는 입자가 파동 벡터 $\mathbf{k}$의 상태로 산란된다.

풀이:

처음과 마지막 상태를 평면 파동으로 취한다.

$$\psi_i = \frac{1}{\sqrt{l^3}}\, e^{i\,\mathbf{k}'\cdot\mathbf{r}} \text{ 그리고 } \psi_f = \frac{1}{\sqrt{l^3}}\, e^{i\,\mathbf{k}\cdot\mathbf{r}}. \tag{11.82}$$

여기서 **상자 규격화**라는 기술을 사용했다. 모든 장치를 한 변의 길이 l인 상자 안에 넣는다. 이렇게 하면 자유 입자 상태는 규격화할 수 있고, 셀 수 있다. 수식적으로는 $l \to \infty$인 극한을 취하기를 원한다. 실제로는 l은 마지막 표현에서 사라질 것이다. 주기적 경계 조건을 사용하면[26] 허용된 $\mathbf{k}$값은

$$\mathbf{k} = \frac{2\pi}{l}\left(n_x\,\hat{\imath} + n_y\,\hat{\jmath} + n_z\,\hat{k}\right) \tag{11.83}$$

이다. 여기서 n_x, n_y와 n_z는 정수이다. 섭동은 산란 퍼텐셜 $\hat{H}' = \mathrm{V}(\mathbf{r})$이고, 관련된 행렬요소는 다음과 같다.

$$V_{fi} = \int \psi_f^*(r)\, V(\mathbf{r})\, \psi_i(\mathbf{r})\, d^3\mathbf{r} = \frac{1}{l^3}\int e^{i(\mathbf{k}'-\mathbf{k})\cdot\mathbf{r}}\, V(\mathbf{r})\, d^3\mathbf{r}. \tag{11.84}$$

상태 밀도를 결정할 필요가 있다. 산란 실험에서는 입체각 $d\Omega$로 산란되는 입자수를 측정한다. 에너지는 E와 $E + dE$ 사이에 있고, 파동 벡터 $\mathbf{k}$는 $d\Omega$ 안에 있는 상태의 수를 세어야 한다. k 공간에서 이 상태들은 반지름 k, 두께 dk이고 입체각 $d\Omega$로 펼쳐져 있는 구껍질 부분을 차지한다. 이것의 부피는

[26] 주기적 경계 조건은 문제 5.39에서 논의했다. 지금의 경우에는 침투할 수 없는 벽과는 반대로 주기적인 경계조건을 사용한다. 왜냐하면 이렇게 하면 진행 파동 해를 허용하기 때문이다.

$$k^2\, dk\, d\Omega$$

이고 상태의 수[27]는 다음과 같다.

$$\rho(E)\, dE = \frac{k^2\, dk\, d\Omega}{(2\pi/l)^3} = \left(\frac{l}{2\pi}\right)^3 k^2 \frac{dk}{dE}\, dE\, d\Omega .$$

$E = \hbar^2 k^2/2m$이므로

$$\rho(E) = \left(\frac{l}{2\pi}\right)^3 \frac{\sqrt{2m^3 E}}{\hbar^3}\, d\Omega \tag{11.85}$$

을 얻는다.

Fermi 황금률로부터 입자가 입체각 $d\Omega$로 산란되는 비율은[28]

$$R_{i\to d\Omega} = \frac{2\pi}{\hbar}\frac{1}{l^6}\left|\int e^{i(\mathbf{k}'-\mathbf{k})\cdot\mathbf{r}}\, V(\mathbf{r})\, d^3\mathbf{r}\right|^2 \left(\frac{l}{2\pi}\right)^3 \frac{\sqrt{2m^3 E_f}}{\hbar^3}\, d\Omega$$

이다. 이것은 미분 산란 단면적과 밀접한 관계가 있다.

$$\frac{d\sigma}{d\Omega} = \frac{R_{i\to d\Omega}}{J_i\, d\Omega}. \tag{11.86}$$

여기서 J_i는 입사 입자의 흐름양(즉 확률 흐름)이다. $\psi_i = A\, e^{i\,\mathbf{k}'\cdot\mathbf{r}'}$의 형태인 입사 파동에 대해서 확률 흐름(식 4.220)은

$$J_i = |A|^2\, v = \frac{1}{l^3}\frac{\hbar k'}{m} \tag{11.87}$$

이므로

$$\frac{d\sigma}{d\Omega} = \left|-\frac{m}{2\pi\hbar^2}\int e^{i(\mathbf{k}-\mathbf{k}')\cdot\mathbf{r}}\, V(\mathbf{r})\, d^3\mathbf{r}\right|^2 \tag{11.88}$$

을 얻는다. 이것이 정확히 일차 Born 근사로부터 얻은 것이다(식 10.79).

*** **문제 11.17** 광전효과에서 빛의 에너지($\hbar\omega$)가 전자의 속박 에너지보다 크면 빛은 원자를 이온화시킬 수 있다. 수소의 바닥상태에서 전자가 운동량 $\hbar\mathbf{k}$로 튕겨 나오는 광전효과를 고려하자. 전자의 처음 상태는 $\psi_0(r)$이고(식 4.80) 마지막 상태[29]는 예제 11.2와 같이

$$\psi_f = \frac{1}{\sqrt{l^3}}\, e^{i\,\mathbf{k}\cdot\mathbf{r}}$$

이다.

[27] k 공간에서 각 상태는 문제 5.39에서 보았듯이 $(2\pi/l)^3$의 부피를 "차지한다."

[28] 각주 24 참조.

[29] 이것은 근사이다. 실제로는 수소의 충돌 상태를 사용해야 한다. 실험과의 비교와 이 근사의 유효성을 포함한 광전효과의 확장된 논의를 보려면 W. Heitler, *The Quantum Theory of Radiation*, 3rd edn, Oxford University Press, London (1954), 21절을 참조하라.

(a) z 방향으로 편광된 빛에 대해 Fermi 황금률을 이용하여 쌍극자 근사에서[30] 입체각 $d\Omega$로 방출되는 비율을 계산하라.

$$\left[\text{답: } R_{i\to d\Omega} = 256\,\frac{\epsilon_0 E_0^2 a^3}{\hbar}\,\frac{(k\,a)^3}{\left[1+(k\,a)^2\right]^6}\cos^2\theta\, d\Omega\,.\right]$$

귀띔: 행렬요소를 계산하기 위해 다음의 기술을 사용하라.

$$z\, e^{i\,\mathbf{k}\cdot\mathbf{r}} = -i\,\frac{d}{dk_z}\, e^{i\,\mathbf{k}\cdot\mathbf{r}}$$

으로 쓰고 $d/(dk_z)$를 적분 밖으로 끄집어 내면, 남은 것은 계산하기 쉽다.

(b) **광전 단면적**은

$$\sigma(k) = \frac{R_{i\to \text{all}}\,\hbar\,\omega}{\frac{1}{2}\,\epsilon_0\, E_0^2\, c}$$

으로 정의한다. 여기서 분자에 있는 양은 에너지가 흡수되는 비율(광전자당 $\hbar\omega = \frac{\hbar^2 k^2}{2m} - E_1$)이고 분모에 있는 양은 입사광의 세기이다. (a)에서 얻은 결과를 모든 각도에 대해 적분하여 $R_{i\to\text{all}}$을 얻고, 광전 단면적을 계산하라.

(c) 220 Å의 파장을 갖는 적외선에 대한 광전 단면적의 값을 구하라. (주의: 이것은 입사광의 파장이지, 산란된 전자의 파장이 아니다.) 답을 메가반(Mb = 10^{-22} m^2)으로 나타내라.

11.5 서행 근사

11.5.1 서행 변화 과정

마찰이나 공기 저항이 없는 완벽한 진자가 수직 평면에서 앞뒤로 진동하는 것을 상상해보자. 지지점을 잡고 마구 흔들면 추는 무질서하게 흔들릴 것이다. 그러나 지지점을 매우 부드럽게 움직이면(그림 11.12) 진자는 같은 평면(혹은 이와 평행한 평면)에서 같은 진폭으로 계속 부드럽게 진동할 것이다. 이 외부 조건의 점진적인 변화로 **서행 변화 과정**을 정의한다. 여기에 두 개의 특정한 시간이 들어 있다는 것을 주목하라. 하나는 계의 운동 자체를 나타내는 "내부" 시간 T_i이고(이 경우는 진자 진동의 주기이다), 다른 하나는 계의 변수가 상당히 변하는 데 걸리는 "외부" 시간 T_e이다. (예컨대 진자가 회전하는 받침대 위에 있다면 T_e는 받침대 운동의 주기가 될 것이다.) 서행 변화 과정은 $T_e \gg T_i$인 과정이다. (받침대가 상당히 움직이기 전에 진자는 많은 진동을 한다.)[31]

이 진자를 북극에 놓고 예를 들어 서울 방향으로 진동시키면 어떻게 될까(그림 11.13)? 당분

---

[30] 여기서의 결과는 4배로 너무 크다. 이것을 수정하려면 복사 전이에 대한 행렬요소를 더 조심스럽게 유도해야 한다(문제 11.30 참조). 하지만 전체 인자만 영향을 받는다. 더 흥미 있는 특징(k와 θ에 대한 의존성)은 맞다.

[31] 고전적인 서행 변화 과정에 대한 흥미 있는 논의를 보려면 Frank S. Crawford, *Am. J. Phys.* **58**, 337 (1990)을 참조하라.

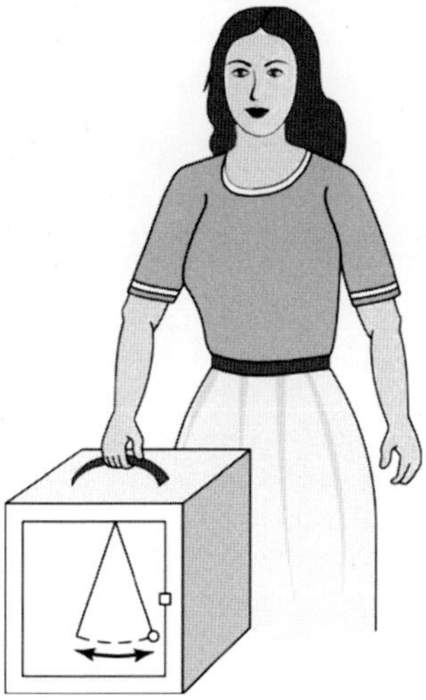

그림 11.12: 서행 운동. 상자를 매우 천천히 움직이면 안에 있는 진자는 같은 진폭으로 원래 평면과 평행한 평면에서 진동한다.

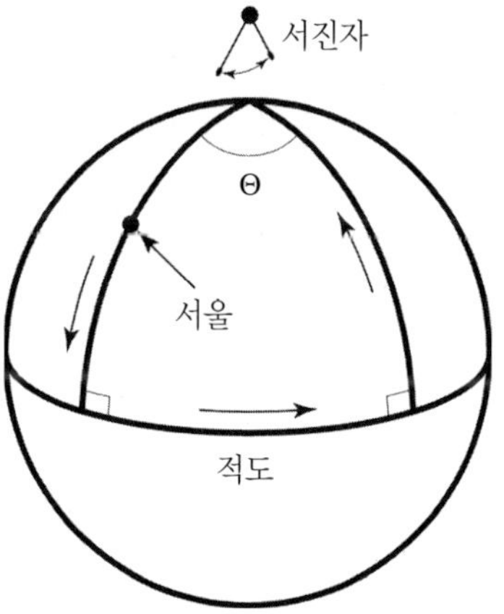

그림 11.13: 지구 표면에서 진자의 서행 이동 경로.

간 지구는 자전하지 않는다고 하자. 매우 부드럽게 (즉 서행하여) 서울을 지나는 경도로 적도로 옮길 수 있다. 여기서 남북 방향으로 진동한다. 이제 (여전히 남북 방향으로 진동하는) 진자를 적도를 따라 움직인다. 그리고 마지막으로 다른 경도를 택해 북극으로 다시 올라간다. 다시 돌아오면 더 이상 전에 진동했던 것과 같은 평면에서 진동하지 않는다. 사실 새로운 평면은 이전의 평면에 대해 각도 Θ를 이룬다. 여기서 Θ는 남쪽으로 향하는 경도와 북쪽으로 향하는 경도 사이의 각도이다. 더 일반적으로 진자를 지구의 표면에서 닫힌 경로를 따라 움직이면 (처음의 진동 평면과 마지막 평면 사이의) 각도의 차이는 구의 중심에 대해 경로에 의해 펼쳐진 입체각과 같다. 원한다면 이것을 스스로 증명할 수 있을 것이다.

우연히도 **Foucault의 진자**는 정확하게 구 위에서 닫힌 경로 주위로 서행하는 이동의 한 예

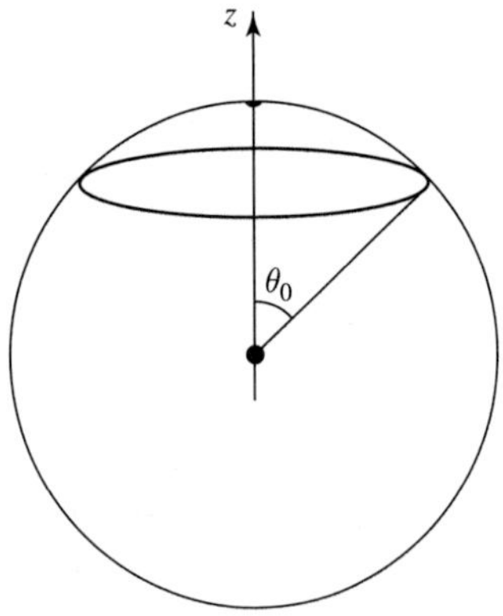

그림 11.14: 하루 동안 Foucault 진자의 경로.

이다. 단지 이번에는 사람이 진자를 이동하는 것이 아니라 지구의 자전으로 인해 이동된다. 경도선 θ_0에 의해 펼쳐진 입체각은(그림 11.14)

$$\Omega = \int \sin\theta \, d\theta \, d\phi = 2\pi \left(-\cos\theta\right)\Big|_0^{\theta_0} = 2\pi \left(1 - \cos\theta_0\right) \tag{11.89}$$

이다. (각도 2π를 회전하는) 지구에 대해 Foucault의 진자의 하루 동안 세차는 $2\pi\cos\theta_0$이다. 이 결과는 보통 회전 관성계에서 Coriolis 힘을 사용하여 얻을 수 있지만[32] 여기서는 순수하게 기하학적인 해석을 할 수 있다.

서행 변화 과정을 분석하는 기본적인 전략은 먼저 외부 변수를 일정하게 놓고 문제를 풀고, 계산의 마지막 단계에서만 이들이 시간에 대해 (천천히) 변할 수 있도록 허용한다. 예를 들어 (고정된) 길이 L인 진자의 고전적인 주기는 $2\pi\sqrt{L/g}$이다. 이제 길이가 천천히 변하면 주기는 $2\pi\sqrt{L(t)/g}$일 것이다. 더 미묘한 문제는 수소 분자 이론에 대한 논의(8.3절)에서 나타났다. 핵은 고정된 거리 R만큼 떨어져서 정지해 있고, 전자의 운동에 대해 풀었다. 일단 계의 바닥상태 에너지를 R의 함수로 구하고 평형 거리를 찾을 후 그래프의 곡률로부터 핵의 진동에 대한 진동수를 구했다(문제 8.11). 분자물리학에서 (정지한 핵에서 시작하여 전자의 파동함수를 계산하고, 이를 이용하여 핵의 위치와 운동에 대한 정보를 얻는) 기술은 **Born-Oppenheimer 근사**로 알려져 있다.

11.5.2 서행 정리

양자역학에서 **서행 근사**의 기본적인 내용은 정리의 형태로 나타낼 수 있다. Hamiltonian이 처음의 어떤 형태 $\hat{H}(0)$에서 나중에 $\hat{H}(t)$로 점진적으로 변한다고 하자. **서행 정리**[33]에 의하면 입자

[32] 예를 들어 Jerry B. Marion, Stephen T. Thornton, *Classical Dynamics of Particles and Systems*, 4th edn, Saunders, Fort Worth, TX (1995), 예제 10.5를 참조하라. 지리학자는 극에서 시작하여 아래로 측정하지 않고, 적도부터 시작하여 위로 각도(λ)를 측정하므로 $\cos\theta_0 = \sin\lambda$이다.

[33] 흔히 Ehrenfest가 사용한 것으로 알려진 서행 정리는 간단하게 서술할 수 있고, 그럴듯하게 들리지만 증명하기는 쉽지 않다. 이 논의는 이 책의 이전 판의 10.1.2절에서 볼 수 있다.

가 처음에 $\hat{H}(0)$의 n번째 고유상태에 있다면 (Schrödinger 방정식에 의해) $\hat{H}(T)$의 n번째 고유상태로 옮겨간다. (전이를 하는 동안 스펙트럼이 불연속적이고 겹침이 없어서 상태의 순서에 모호함이 없다고 가정했다. 이 조건은 고유함수를 "추적하는" 적절한 과정이 주어지면 없앨 수도 있지만, 여기서는 고려하지 않겠다.)

예제 11.3

입자를 무한 사각 우물의 바닥상태에 놓고 시작한다고 하자[그림 11.15(a)].

$$\psi^i(x) = \sqrt{\frac{2}{a}}\sin\left(\frac{\pi}{a}x\right). \tag{11.90}$$

이제 오른쪽 벽을 천천히 $2a$로 옮기면 서행 정리에 의하면 입자는 늘어난 우물의 바닥상태로 남을 것이다[그림 11.15(b)].

$$\psi^f(x) = \sqrt{\frac{1}{a}}\sin\left(\frac{\pi}{2a}x\right) \tag{11.91}$$

(곧 논의하겠지만 위상 인자는 다를 수 있다.) 여기서 (섭동 이론과 같이) Hamiltonian의 작은 변화를 말하는 것이 아니라는 것에 주목하라. 이 변화는 크다. 여기서 중요한 것은 천천히 일어난다는 것이다.

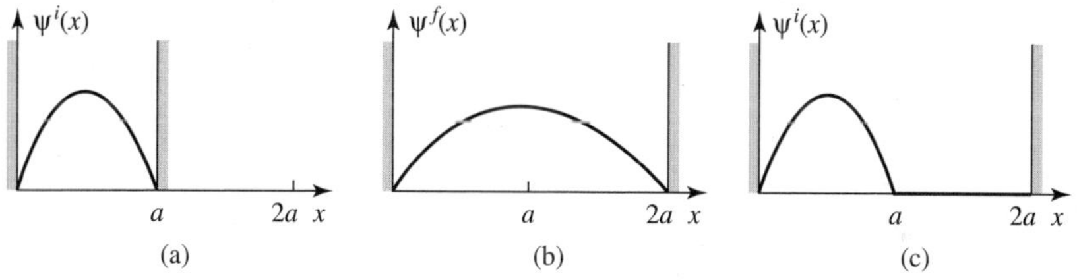

그림 11.15: (a) 입자는 무한 사각 우물의 바닥상태에서 시작한다. (b) 벽이 천천히 움직이면 입자는 계속 바닥상태에 남는다. (c) 벽이 갑자기 움직이면 입자는 (순간적으로) 처음의 상태에 남는다.

물론 여기서 에너지는 보존되지 않는다. 천천히 팽창하는 기체 원기둥의 피스톤처럼 벽을 움직이는 누군가가 계에서 에너지를 끄집어 낸다. 이와는 대조적으로 벽이 갑자기 늘어나면 남은 상태는 여전히 $\psi^i(x)$이다[그림 11.15(c)]. 이것은 새로운 Hamiltonian의 고유상태를 복잡하게 선형결합한 것이다(문제 11.18). 이 경우 장벽이 갑자기 제거되었을 때 기체가 (진공으로) 자유팽창할 때처럼 에너지는 (적어도 그 기댓값은) 보존된다. 어떤 일도 하지 않았다.

서행 정리에 의하면 처음 Hamiltonian[$\hat{H}(0)$]의 n번째 고유상태에서 시작한 계는 Hamiltonian이 천천히 변할 때 순간적인 Hamiltonian $\hat{H}(t)$의 n번째 고유상태로 변할 것이다. 그러나 파동함수의 위상은 어떻게 변하는지 알지 못한다. 일정한 Hamiltonian에 대해서는 표준적인 "시간 인자"

$$e^{-iE_nt/\hbar}$$

을 얻지만, 이제 고유값 E_n 자체는 시간의 함수이므로 시간 인자는 자연스럽게 다음과 같이 일반화된다.

$$e^{i\theta_n(t)}, \quad \text{여기서} \quad \theta_n(t) \equiv -\frac{1}{\hbar}\int_0^t E_n(t')\,dt'. \tag{11.92}$$

이것을 **동적 위상**이라고 한다. 그러나 이것이 끝이 아니다. 여기에 덧붙여서 소위 **기하학적 위상**이라고 부르는 추가적인 위상 인자 $\gamma_n(t)$가 있다. 서행 극한에서 시간 t에서 파동함수는 다음의 형태를 갖는다.[34]

$$\Psi_n(t) = e^{i\theta_n(t)}e^{i\gamma_n(t)}\psi_n(t). \tag{11.93}$$

여기서 $\psi_n(t)$는 순간적인 Hamiltonian의 n번째 고유상태이다.

$$\hat{H}(t)\psi_n(t) = E_n(t)\psi_n(t). \tag{11.94}$$

식 11.93은 서행 정리를 수식적으로 표현한 것이다.

물론 $\psi_n(t)$의 위상 자체는 임의의 값이다. (어떤 위상을 선택하든 이것은 여전히 같은 고유값을 갖는 고유함수이다.) 따라서 기하학적 위상 자체는 아무런 물리적 의미가 없다. 그러나 계를 (진자를 적도로 보내서, 돌아가고, 다시 북극으로 복귀한 것처럼) 폐곡선 주위로 움직여서 최종 Hamiltonian이 처음 시작했던 Hamiltonian과 같으면 무슨 일이 일어나는가? 그러면 알짜 위상 변화는 측정 가능한 양이다. 동적 위상은 경과한 시간에 의존하지만 서행하면 닫힌 경로를 돌면서 생기는 기하학적 위상은 취한 경로에만 의존한다.[35] 이것을 **Berry의 위상**이라고 한다.[36]

$$\gamma_B \equiv \gamma(T) - \gamma(0). \tag{11.95}$$

예제 11.4

(전하 $-e$, 질량 m인) 전자가 크기(B_0)는 일정하지만, 일정한 각속도 ω로 각도 α의 원뿔을 훑어가는 방향으로 회전하는 자기장 안에서 원점에 정지하고 있다고 하자(그림 11.16).

$$\mathbf{B}(t) = B_0\left[\sin\alpha\cos(\omega t)\hat{\imath} + \sin\alpha\sin(\omega t)\hat{\jmath} + \cos\alpha\hat{k}\right]. \tag{11.96}$$

Hamiltonian은(식 4.158)

$$\begin{aligned}\hat{H}(t) &= \frac{e}{m}\mathbf{B}\cdot\mathbf{S} = \frac{e\hbar B_0}{2m}\left[\sin\alpha\cos(\omega t)\sigma_x + \sin\alpha\sin(\omega t)\sigma_y + \cos\alpha\sigma_z\right] \\ &= \frac{\hbar\omega_1}{2}\begin{pmatrix}\cos\alpha & e^{-i\omega t}\sin\alpha \\ e^{i\omega t}\sin\alpha & -\cos\alpha\end{pmatrix}\end{aligned} \tag{11.97}$$

[34] 다른 변수에 대한 의존성은 나타내지 않았다. 여기서는 시간 의존성만이 중요하다.

[35] Michael Berry가 말했듯이 동적 위상은 "여행을 얼마나 오랫동안 했는가?" 하는 질문의 답을 주고, 기하학적 위상은 "그동안 어디 있었는가?"라는 질문에 대답한다.

[36] 이 주제에 대해 더 알아보려면 다음을 참조하라. Alfred Shapere, Frank Wilczek, eds., *Geometric Phases in Physics*, World Scientific, Singapore (1989), Andrei Bernevig, Taylor Hughes, *Topological Insulators and Topological Superconductors*, Princeton University Press, Princeton, NJ (2013), 2장.

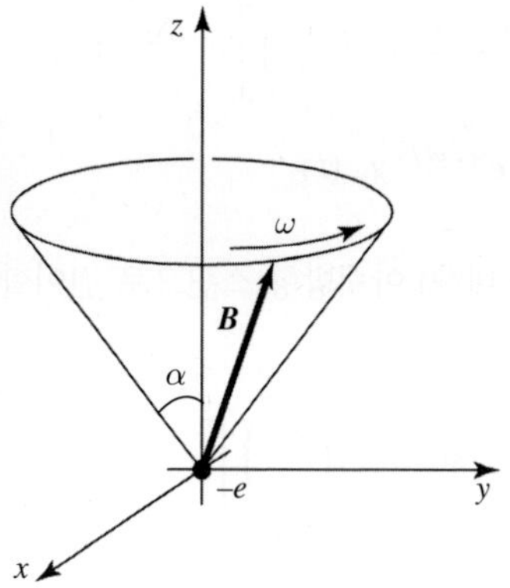

그림 11.16: 자기장이 원뿔 주위로 각속도 ω로 훑어가며 회전하고 있다(식 11.96).

이고,

$$\omega_1 \equiv \frac{eB_0}{m} \tag{11.98}$$

이다. $\hat{H}(t)$의 규격화된 고유 스피너는

$$\chi_+(t) = \begin{pmatrix} \cos(\alpha/2) \\ e^{i\omega t}\sin(\alpha/2) \end{pmatrix} \tag{11.99}$$

와

$$\chi_-(t) = \begin{pmatrix} e^{-i\omega t}\sin(\alpha/2) \\ -\cos(\alpha/2) \end{pmatrix} \tag{11.100}$$

이다. 이들은 각각 $\boldsymbol{B}(t)$의 순간적인 방향에 대해 윗방향 스핀과 아랫방향 스핀을 나타낸다(문제 4.33 참조). 이에 해당하는 고유값은

$$E_\pm = \pm\frac{\hbar\omega_1}{2} \tag{11.101}$$

이다.

전자가 $\mathbf{B}(0)$ 방향에 대해 윗방향 스핀으로 시작했다고 하자.

$$\chi(0) = \begin{pmatrix} \cos(\alpha/2) \\ \sin(\alpha/2) \end{pmatrix}. \tag{11.102}$$

시간에 의존하는 Schrödinger 방정식의 정확한 해는(문제 11.20)

$$\chi(t) = \begin{pmatrix} \left[\cos(\lambda t/2) - i\frac{(\omega_1-\omega)}{\lambda}\sin(\lambda t/2)\right]\cos(\alpha/2)e^{-i\omega t/2} \\ \left[\cos(\lambda t/2) - i\frac{(\omega_1+\omega)}{\lambda}\sin(\lambda t/2)\right]\sin(\alpha/2)e^{+i\omega t/2} \end{pmatrix} \tag{11.103}$$

이고, 여기서

$$\lambda \equiv \sqrt{\omega^2 + \omega_1^2 - 2\omega\omega_1\cos\alpha} \tag{11.104}$$

이다. 즉 이것을 χ_+와 χ_-의 선형결합으로는

$$\chi(t) = \left[\cos\left(\frac{\lambda t}{2}\right) - i\frac{(\omega_1 - \omega\cos\alpha)}{\lambda}\sin\left(\frac{\lambda t}{2}\right)\right]e^{-i\omega t/2}\chi_+(t) + i\left[\frac{\omega}{\lambda}\sin\alpha\sin\left(\frac{\lambda t}{2}\right)\right]e^{+i\omega t/2}\chi_-(t) \tag{11.105}$$

로 표현할 수 있다. 명백하게 (현재의 **B** 방향에 대해) 아랫방향 스핀으로 전이할 (정확한) 확률은

$$|\langle\chi(t)\,|\,\chi_-(t)\rangle|^2 = \left[\frac{\omega}{\lambda}\sin\alpha\sin\left(\frac{\lambda t}{2}\right)\right]^2 \tag{11.106}$$

이다.

서행 정리에 의하면 이 전이 확률은 $T_e \gg T_i$일 때 0이 되어야 한다. 여기서 T_e는 Hamiltonian의 변화에 대한 특유의 시간(이 경우 $1/\omega$)이고, T_i는 파동함수의 변화에 대한 특유의 시간[이 경우 $\hbar/(E_+ - E_-) = 1/\omega_1$]이다. 따라서 서행 근사는 $\omega \ll \omega_1$을 의미한다. (섭동이 없는) 파동함수의 위상과 비교할 때 자기장은 천천히 회전한다. 서행 영역에서는 $\lambda \approx \omega_1$(식 11.104)이고, 그러므로 예고한 대로 다음을 얻는다.

$$|\langle\chi(t)\,|\,\chi_-(t)\rangle|^2 \approx \left[\frac{\omega}{\omega_1}\sin\alpha\sin\left(\frac{\lambda t}{2}\right)\right]^2 \to 0. \tag{11.107}$$

자기장은 전자를 인도하고 스핀은 언제나 **B** 방향을 향한다. 대조적으로 만일 $\omega \gg \omega_1$인 경우에는 $\lambda \approx \omega$이고, 계는 윗방향 스핀과 아랫방향 스핀 사이에서 왔다갔다 한다(그림 11.17).

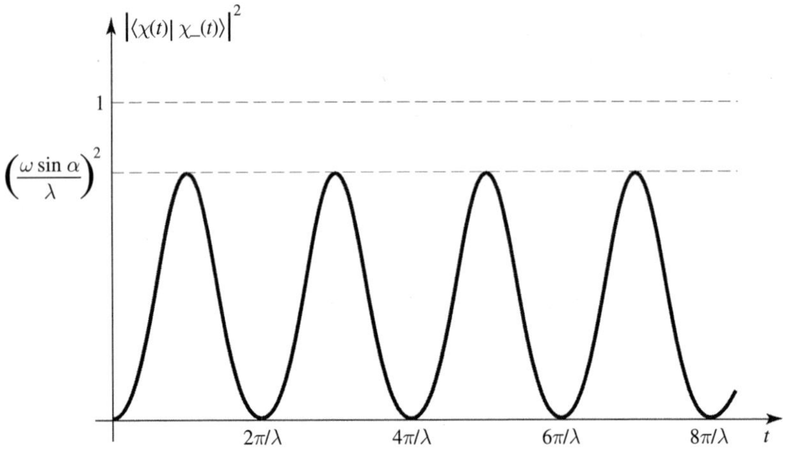

그림 11.17: 서행 영역이 아닌 지역($\omega \gg \omega_1$)에서 전이 확률(식 11.106)에 대한 그림.

* **문제 11.18** 질량 m인 입자가 무한 사각 우물(식 2.22)의 바닥상태에 있다. 갑자기 벽이 원래 크기의 두 배로 팽창했다. 오른쪽 벽은 a에서 $2a$로 움직이고 파동함수는 (순간적으로) 영향을 받지 않는다. 이제 입자의 에너지를 측정한다.

(a) 가장 확률이 큰 결과는 무엇인가? 그 결과를 얻을 확률은 얼마인가?

(b) 그 다음으로 확률이 큰 결과는 무엇이고, 그 확률은 얼마인가? 측정을 했을 때 이 값을 얻는다고 하자. 에너지 보존 법칙에 대해 어떤 결론을 내릴 수 있는가?

(c) 에너지의 기댓값은 얼마인가? 귀띔: 무한급수를 얻게 된다면 다른 방법을 시도하라.

문제 11.19 입자가 고전적인 진동수 ω인 조화진동자의 바닥상태에 있다. 갑자기 용수철 상수가 네 배가 되어 $\omega' = 2\omega$가 되고, 처음에는 파동함수의 변화가 없다. (물론 Hamiltonian이 변했으므로 이제 Ψ는 다르게 변화할 것이다.) 에너지를 측정했을 때 여전히 $\hbar\omega/2$값을 얻을 확률은 얼마인가? $\hbar\omega$를 얻을 확률은 얼마인가? 답: 0.943.

** **문제 11.20** 식 11.103은 식 11.97에 있는 Hamiltonian에 대해 시간에 의존하는 Schrödinger 방정식을 만족한다는 것을 확인하라. 또한 식 11.105를 확인하고 계수의 제곱의 합은 1이 되어 규격화가 되어 있는 것을 증명하라.

* **문제 11.21** 예제 11.4의 과정에서 한 주기를 돌 때 Berry의 위상을 구하라. 귀띔: 식 11.105를 이용하여 전체 위상 변화를 결정하고 동적인 부분을 빼라. λ를(식 11.104) ω/ω_1 의 일차까지 전개해야 할 것이다.

문제 11.22 델타함수 우물(식 2.117)에는 한 개의 속박 상태(식 2.132)가 존재한다. α가 α_1에서 α_2로 천천히 변할 때 기하학적 위상 변화를 계산하라. 일정한 비율로 증가한다면($d\alpha/dt = c$) 이 과정에 대한 동적 위상은 얼마인가?[37]

11장 추가문제

*** **문제 11.23** 문제 11.1에서

$$\frac{df}{dt} = k(t)\, f(t)$$

에 대한 해는 [여기서 $k(t)$는 t의 함수이다]

[37] $\psi_n(t)$가 실수이면 기하학적 위상은 0이 된다. 이를 피하기 위해 (하지만 전혀 문제가 없는) 불필요한 위상 인자를 고유함수에 붙일 수 있다. $\psi'_n(t) \equiv e^{i\phi_n}\psi_n(t)$. 여기서 ϕ_n은 임의의 (실수) 함수이다. 이것을 시도해보라. 0이 아닌 기하학적 위상은 얻겠지만, 이것을 다시 식 11.93에 대입하면 어떤 일이 일어나는지 주목하라. 그리고 닫힌 경로에 대해서는 0이다.

$$f(t) = e^{K(t)} f(0), \quad \text{여기서} \quad K(t) \equiv \int_0^t k(t')\, dt'$$

임을 증명했다. 이것은 Schrödinger 방정식 (11.1)의 해는

$$\Psi(t) = e^{\hat{G}(t)} \Psi(0), \quad \text{여기서} \quad \hat{G}(t) \equiv -\frac{i}{\hbar} \int_0^t \hat{H}(t')\, dt' \tag{11.108}$$

임을 암시한다. 이것은 성립하지 않는다. 왜냐하면 $\hat{H}(t)$는 함수가 아니라 연산자이고, $\hat{H}(t_1)$은 (일반적으로) $\hat{H}(t^2)$와 교환하지 않기 때문이다.

(a) 식 11.108을 이용하여 $i\hbar\, \partial\Psi/\partial t$를 계산해보라. 주의: 항상 지수함수형 연산자는 급수로 해석한다.

$$e^{\hat{G}} \equiv 1 + \hat{G} + \frac{1}{2}\hat{G}\hat{G} + \frac{1}{3!}\hat{G}\hat{G}\hat{G} + \cdots .$$

$\left[\hat{G}, \hat{H}\right] = 0$이면 Ψ는 Schrödinger 방정식을 만족함을 증명하라.

(b) 일반적인 경우$\left(\left[\hat{G}, \hat{H}\right] \neq 0\right)$ 올바른 해는

$$\begin{aligned}\Psi(t) = \Bigg\{1 &+ \left(-\frac{i}{\hbar}\right) \int_0^t \hat{H}(t_1)\, dt_1 + \left(-\frac{i}{\hbar}\right)^2 \int_0^t \hat{H}(t_1) \left[\int_0^{t_1} \hat{H}(t_2)\, dt_2\right] dt_1 \\ &+ \left(-\frac{i}{\hbar}\right)^3 \int_0^t \hat{H}(t_1) \left[\int_0^{t_1} \hat{H}(t_2) \left(\int_0^{t_2} \hat{H}(t_3)\, dt_3\right) dt_2\right] dt_1 + \cdots \Bigg\} \Psi(0)\end{aligned} \tag{11.109}$$

임을 확인하라. 너무 복잡하다! 각 항의 연산자들은 가장 나중의 $\hat{H}$가 맨 왼쪽에 있고, 그 다음으로 나중 시간의 것을 붙이는 식으로($t \geq t_1 \geq t_2 \geq t_3 \ldots$) 만든다는 의미에서 "시간 순서"로 배열 되어 있다. Dyson은 두 연산자의 **시간 순서곱**을 도입했다.

$$\mathbf{T}\left[\hat{H}(t_i)\hat{H}(t_j)\right] \equiv \begin{cases} \hat{H}(t_i)\hat{H}(t_j), & t_i \geq t_j \\ \hat{H}(t_j)\hat{H}(t_i), & t_j \geq t_i. \end{cases} \tag{11.110}$$

혹은 더 일반적으로

$$\mathbf{T}\left[\hat{H}(t_1)\hat{H}(t_2)\cdots\hat{H}(t_n)\right] \equiv \hat{H}(t_{j_1})\hat{H}(t_{j_2})\cdots\hat{H}(t_{j_n}) \tag{11.111}$$

이다. 여기서 $t_{j_1} \geq t_{j_2} \geq \cdots \geq t_{j_n}$이다.

(c) 다음의 관계

$$\mathbf{T}\left[\hat{G}\hat{G}\right] = -\frac{2}{\hbar^2} \int_0^t \hat{H}(t_1) \left[\int_0^{t_1} \hat{H}(t_2)\, dt_2\right] dt_1$$

을 증명하고 $\hat{G}$의 높은 차수로 일반화하라. 식 11.108에서 $\hat{G}^n$ 대신 진짜 원하는 것은 $\mathbf{T}\left[\hat{G}^n\right]$이다.

$$\Psi(t) = \mathbf{T}\left[e^{-\frac{i}{\hbar}\int_0^t \hat{H}(t')\, dt'}\right] \Psi(0). \tag{11.112}$$

이것이 **Dyson의 공식**이다. 이것이 식 11.109를 간결하게 쓰는 방법이고, Schrödinger 방정식의 공식적인 해이다. Dyson의 공식은 양자장론에서 기본적인 역할을 한다.[38]

** **문제 11.24** 이 문제에서 다준위계에 대한 시간에 의존하는 섭동 이론을 식 11.5와 11.6을 일반화하는 것에서 시작하여 만들어 보겠다.

$$\hat{H}_0\psi_n = E_n\psi_n, \quad \langle\psi_n|\psi_m\rangle = \delta_{nm}. \tag{11.113}$$

시간 $t = 0$에서 섭동 $H'(t)$를 켜서 전체 Hamiltonian이

$$\hat{H} = \hat{H}_0 + \hat{H}'(t) \tag{11.114}$$

가 되도록 한다.

(a) 식 11.10을 일반화하여

$$\Psi(t) = \sum_n c_n(t)\psi_n e^{-iE_nt/\hbar} \tag{11.115}$$

로 쓰고

$$\dot{c}_m = -\frac{i}{\hbar}\sum_n c_n H'_{mn} e^{i(E_m-E_n)t/\hbar} \tag{11.116}$$

이 되는 것을 증명하라. 여기서

$$H'_{mn} \equiv \left\langle\psi_m\middle|\hat{H}'\middle|\psi_n\right\rangle \tag{11.117}$$

이다.

(b) 계가 상태 ψ_N에서 시작한다면(일차 섭동 이론에서)

$$c_N(t) \approx 1 - \frac{i}{\hbar}\int_0^t H'_{NN}(t')\,dt' \tag{11.118}$$

과

---

[38] **상호작용 묘사**는 Heisenberg와 Schrödinger 묘사의 중간에 있다(6.8.1절 참조). 상호작용 묘사에서는 파동함수는 "Schrödinger 방정식"

$$i\hbar\frac{d}{dt}|\Psi_I(t)\rangle = \hat{H}'_I(t)\,|\Psi_I(t)\rangle$$

을 만족한다. 여기서 상호작용과 Schrödinger 묘사를 한 연산자들 사이에는

$$\hat{H}'_I(t) = e^{i\hat{H}_0t/\hbar}\hat{H}'(t)e^{-i\hat{H}_0t/\hbar}$$

의 관계가 있고, 파동함수는

$$|\Psi_I(t)\rangle = e^{i\hat{H}_0t/\hbar}\,|\Psi(t)\rangle$$

을 만족한다. 상호작용 묘사에서 Dyson 급수를 Schrödinger 방정식에 적용하면 정확히 11.1.2절에서 유도한 섭동 급수를 얻는다. 더 자세한 것은 Ramamurti Shankar, *Principles of Quantum Mechanics*, 2nd edn, Springer, New York (1994), 18.3절을 참조하라.

$$c_m(t) \approx -\frac{i}{\hbar}\int_0^t H'_{mN}(t')e^{i(E_m-E_N)t'/\hbar}\,dt', \quad (m \neq N) \tag{11.119}$$

를 증명하라.

(c) 예를 들어 $\hat{H}'$이 ($t = 0$에서 켠 것과 나중 시간 T에서 끈다는 것을 제외하고는) 일정하다고 하자. 상태 N에서 상태 M으로($M \neq N$) 전이하는 확률을 T의 함수로 구하라. 답:

$$4\left|H'_{MN}\right|^2 \frac{\sin^2\left[(E_N - E_M)\,T/2\hbar\right]}{(E_N - E_M)^2}. \tag{11.120}$$

(d) 이제 $\hat{H}'$이 시간에 대한 사인형 함수라고 하자. $\hat{H}' = V\cos(\omega t)$. 적절한 가정을 하여 전이는 에너지가 $E_M = E_N \pm \hbar\omega$인 상태로만 가능하고, 전이 확률은 다음과 같음을 증명하라.

$$P_{N\to M} = |V_{MN}|^2 \frac{\sin^2\left[(E_N - E_M \pm \hbar\omega)\,T/2\hbar\right]}{(E_N - E_M \pm \hbar\omega)^2}. \tag{11.121}$$

(e) 다준위계를 결어긋난 전자기 복사 안에 넣었다고 하자. 11.2.3절을 안내로 삼아 유도 방출에 대한 전이율은 이준위계에 대한 같은 공식(식 11.54)으로 주어진다는 것을 증명하라.

문제 11.25 문제 11.24(c)와 (d)의 예에서 $c_m(t)$를 일차까지 계산하라. 규격화 조건

$$\sum_m |c_m(t)|^2 = 1 \tag{11.122}$$

를 확인하고 차이가 있다면 논하라. 원래 상태 ψ_N에 남아 있을 확률을 계산하고 싶다고 하자. $|c_N(t)|^2$와 $1 - \sum_{m\neq N}|c_m(t)|^2$ 중 어느 것을 사용하는 것이 더 좋은가?

문제 11.26 입자가 (시간 $t = 0$에서) 무한 사각 우물의 N번째 상태에서 시작한다. 이제 우물 “바닥”이 순간적으로 올라가서(아마도 물이 새어 들어왔을 것이고 다시 빠져나간다) 내부의 퍼텐셜이 균일하지만 시간에 의존하는 $V_0(t)$이다. 여기서 $V_0(0) = V_0(T) = 0$이다.

(a) 식 11.116을 이용하여 정확한 $c_m(t)$에 대하여 풀고, 파동함수의 위상은 변하지만 전이는 일어나지 않는다는 것을 증명하라. 위상 변화 $\phi(T)$를 함수 $V_0(t)$로 나타내라.

(b) 같은 문제를 일차 섭동 이론에서 분석하고, 답을 비교하라.

참고: 섭동이 퍼텐셜에 단순히 상수만큼 더해질 때에는(x에 대해서 일정하지 t에 대해서는 아니다) 언제나 같은 결과가 성립한다. 무한 사각 우물 자체는 관련이 없다. 문제 1.8과 비교해보라.

*** **문제 11.27** 질량 m인 입자가 처음에 (일차원) 무한 사각우물의 바닥상태에 있다. 시간 $t = 0$에서 “벽돌”이 우물 안으로 떨어져서 퍼텐셜이 다음과 같게 되었다.

$$V(x) = \begin{cases} V_0, & 0 \le x \le a/2, \\ 0, & a/2 < x \le a, \\ \infty, & \text{이외의 경우.} \end{cases}$$

여기서 $V_0 \ll E_1$이다. 시간 T가 지난 후 벽돌을 제거하고 입자의 에너지를 측정한다. (일차 섭동 이론에서) 그 결과가 E_2일 확률을 구하라.

문제 11.28 유도 방출, (유도) 흡수와 자발 방출을 보았다. 왜 자발 흡수와 같은 것은 없는가?

*** **문제 11.29 자기 공명.** 자기 회전 비율이 γ인 정지해 있는 스핀 1/2 입자가 정적 자기장 $B_0\hat{k}$ 안에서 Larmor 진동수 $\omega_0 = \gamma B_0$로 세차 운동을 하고 있다(예제 4.3). 이제 작은 수직 라디오 진동수(rf) 장 $B_{rf}\left[\cos(\omega t)\,\hat{\imath} - \sin(\omega t)\,\hat{\jmath}\right]$를 켜서 전체 장은

$$\mathbf{B} = B_{rf}\cos(\omega t)\,\hat{\imath} - B_{rf}\sin(\omega t)\,\hat{\jmath} + B_0\,\hat{k} \tag{11.123}$$

이 된다.

(a) 이 계에 대한 2 × 2 Hamiltonian 행렬(식 4.158)을 만들라.

(b) 만일 $\chi(t) = \begin{pmatrix} a(t) \\ b(t) \end{pmatrix}$가 시간 t에서 스핀 상태라고 하면

$$\dot{a} = \frac{i}{2}\left(\Omega e^{i\omega t} b + \omega_0 a\right); \quad \dot{b} = \frac{i}{2}\left(\Omega e^{-i\omega t} a - \omega_0 b\right) \tag{11.124}$$

임을 증명하라. 여기서 $\Omega \equiv \gamma B_{rf}$는 rf 장의 세기와 관계가 있다.

(c) $a(t)$와 $b(t)$에 대한 일반적인 해를 이들의 처음 값 a_0와 b_0로 표현한 일반해는 다음과 같음을 확인하라.

$$a(t) = \left\{a_0\cos(\omega' t/2) + \frac{i}{\omega'}\left[a_0(\omega_0 - \omega) + b_0\Omega\right]\sin(\omega' t/2)\right\} e^{i\omega t/2}.$$

$$b(t) = \left\{b_0\cos(\omega' t/2) + \frac{i}{\omega'}\left[b_0(\omega - \omega_0) + a_0\Omega\right]\sin(\omega' t/2)\right\} e^{-i\omega t/2}.$$

여기서

$$\omega' \equiv \sqrt{(\omega - \omega_0)^2 + \Omega^2} \tag{11.125}$$

이다.

(d) 입자가 윗방향 스핀(즉 $a_0 = 1, b_0 = 0$)에서 시작했을 때 아랫방향 스핀으로 전이할 확률을 시간의 함수로 구하라. 답: $P(t) = \left\{\Omega^2/\left[(\omega - \omega_0)^2 + \Omega^2\right]\right\}\sin^2(\omega' t/2)$.

(e) 공명 곡선

$$P(\omega) = \frac{\Omega^2}{(\omega - \omega_0)^2 + \Omega^2} \tag{11.126}$$

을 (고정된 ω_0와 Ω에 대하여) 구동 진동수 ω의 함수로 그려라. 최대값은 $\omega = \omega_0$에서 일어남을 주목하라. "최대값의 반에서 너비" $\Delta\omega$를 구하라.

(f) $\omega_0 = \gamma B_0$이므로 실험적으로 관측한 공명을 이용하여 입자의 자기 쌍극자 모멘트를 결정할 수 있다. **핵자기 공명**(nmr) 실험에서 양성자의 g 인자를 10,000 가우스의 정지장과 0.01 가우스 진폭의 rf 장을 사용하여 측정하려고 한다. 공명 진동수는 얼마인가? (양성자의 자기 모멘트에 대해서는 7.5절을 참조하라.) 공명 곡선의 너비를 구하라. (답을 Hz로 나타내라.)

** **문제 11.30** 이 문제에서는 11.2.1절의 결과를 전자기 장 안에 있는 전하에 대한 Hamiltonian(식 4.188)으로부터 직접 구할 것이다. 전자기파는 퍼텐셜

$$\mathbf{A} = \frac{\mathbf{E}_0}{\omega}\sin(\mathbf{k}\cdot\mathbf{r} - \omega t), \qquad \varphi = 0$$

으로 기술한다. 여기서 Maxwell 방정식을 만족하기 위해 파동은 수직이고 ($\mathbf{E}_0 \cdot \mathbf{k} = 0$) 물론 빛의 속도로 이동한다($\omega = c|\mathbf{k}|$).

(a) 이 평면 파동에 대한 전기장과 자기장을 구하라.

(b) Hamiltonian은 $H^0 + H'$으로 쓸 수 있다. 여기서 H^0는 전자기파가 없는 Hamiltonian이고, H'은 섭동이다. 섭동은

$$\hat{H}'(t) = \frac{e}{2\,i\,m\,\omega}\,e^{i\,\mathbf{k}\cdot\mathbf{r}}\,\mathbf{E}_0\cdot\hat{\mathbf{p}}\,e^{-i\,\omega t} - \frac{e}{2\,i\,m\,\omega}\,e^{-i\,\mathbf{k}\cdot\mathbf{r}}\,\mathbf{E}_0\cdot\hat{\mathbf{p}}\,e^{i\,\omega t} \qquad (11.127)$$

과 여기서는 무시할 E_0^2에 비례하는 항을 더한 것임을 증명하라. 참고: 첫 번째 항은 흡수, 두 번째는 방출에 해당한다.

(c) 쌍극자 근사에서 $e^{i\,\mathbf{k}\cdot\mathbf{r}} \approx 1$로 두었다. 전자기파가 z 방향으로 편광되었을 때 흡수에 대한 행렬요소는

$$V_{ba} = -\frac{\omega_0}{\omega}\,\wp\,E_0$$

임을 증명하라. 식 11.41과 비교하라. 이들은 정확히 같지 않다. 그 차이가 11.2.3절이나 11.3절의 계산에 영향을 미치는가? 그렇다면 왜 그렇고, 그렇지 않다면 왜 그렇지 않는가? 귀띔: $\mathbf{p}$의 행렬요소를 $\mathbf{r}$의 행렬요소로 바꾸려면 다음의 관계식 $\left[\hat{H}^0, \hat{\mathbf{r}}\right] = \hbar\,\hat{\mathbf{p}}$를 증명할 필요가 있다.

*** **문제 11.31** 식 11.38에서 원자는 (빛의 파장과 비교할 때) 너무 작아서 장의 공간 변화는 무시할 수 있다고 가정했다. 진정한 전기장은

$$\mathbf{E}(\mathbf{r}, t) = \mathbf{E}_0\cos(\mathbf{k}\cdot\mathbf{r} - \omega t) \qquad (11.128)$$

일 것이다. 만일 원자가 원점에 있다면 그 주위의 부피에 대해 $\mathbf{k}\cdot\mathbf{r} \ll 1$이고($|\mathbf{k}| = 2\pi/\lambda$이므로 $\mathbf{k}\cdot\mathbf{r} \sim r/\lambda \ll 1$) 이 때문에 이 항을 무시할 수 있다. 일차 수정까지 쓰면

$$\mathbf{E}(\mathbf{r}, t) = \mathbf{E}_0\left[\cos(\omega t) + (\mathbf{k}\cdot\mathbf{r})\sin(\omega t)\right] \qquad (11.129)$$

가 된다. 첫 항은 본문에서 **허용된** (**전기 쌍극자**) 전이를 일으키고, 두 번째 항은 소위 **금지된** (**자기 쌍극자**와 **전기 사중극자**) 전이를 일으킨다. ($\mathbf{k}\cdot\mathbf{r}$에 대한 더 높은 차수는 다

중극자 모멘트와 관련된 더욱 "금지된" 전이를 일으킨다.)[39]

(a) 금지된 전이에 대한 자발 방출률을 구하라. (계산을 끝내려면 편광과 진행 방향에 대한 평균을 구해야 하지만, 여기서는 하지 말라.) 답:

$$R_{b\to a} = \frac{q^2\omega^5}{\pi\epsilon_0\hbar c^5}\left|\left\langle a\left|\left(\hat{n}\cdot\mathbf{r}\right)\left(\hat{k}\cdot\mathbf{r}\right)\right|b\right\rangle\right|^2. \tag{11.130}$$

(b) 일차원 진동자에 대하여 금지된 전이는 준위 n에서 준위 $n-2$로 전이하고, ($\hat{n}$과 $\hat{k}$에 대해 적당히 평균한) 전이율은

$$R = \frac{\hbar q^2\omega^3 n\left(n-1\right)}{15\pi\epsilon_0 m^2c^5} \tag{11.131}$$

임을 증명하라. (참고: 여기서 ω는 광자의 진동수이지, 진동자의 진동수가 아니다.) "금지된" 전이와 "허용된" 전이의 비율을 구하고, 용어에 대해 논하라.

(c) 수소에서 $2S \to 1S$ 전이는 심지어 "금지된" 전이에 의해서도 가능하지 않음을 증명하라. (이것은 모든 더 높은 차수의 다중극자에 대해서도 성립한다. 우세한 붕괴는 사실 광자를 두 개 방출하는 것이고, 수명은 수십 분의 일 초이다.[40])

*** **문제 11.32** 수소에서 n, ℓ에서 n', ℓ'으로 전이하는 자발 방출률(식 11.6)은

$$\frac{e^2\omega^3 I^2}{3\pi\epsilon_0\hbar c^3}\times\begin{cases}\frac{\ell+1}{2\ell+1}, & \ell'=\ell+1,\\ \\ \frac{\ell}{2\ell+1} & \ell'=\ell-1\end{cases} \tag{11.132}$$

임을 증명하라. 여기서

$$I \equiv \int_0^\infty r^3 R_{n\ell}(r)R_{n'\ell'}(r)\,dr. \tag{11.133}$$

이다. (원자는 특정한 m값에서 시작하고, 선택 규칙 $m' = m+1$, m 혹은 $m-1$을 만족하는 임의의 m'값을 갖는 상태로 전이한다. 답은 m에 무관한 것을 주목하라.) 귀띔: 먼저 $\ell' = \ell + 1$인 경우에 대해 $|n\ell m\rangle$과 $|n'\ell'm'\rangle$ 사이에서 0이 아닌 x, y, z의 행렬요소를 계산하라. 이로부터 다음의 양을 결정하라.

$$\left|\langle n',\ell+1,m+1\,|\,\mathbf{r}\,|\,n\ell m\rangle\right|^2+\left|\langle n',\ell+1,m\,|\,\mathbf{r}\,|\,n\ell m\rangle\right|^2+\left|\langle n',\ell+1,m-1\,|\,\mathbf{r}\,|\,n\ell m\rangle\right|^2.$$

그리고 나서 $\ell' = \ell - 1$인 경우 다시 반복하라. ($m \geq 0$일 때 성립하는) 다음의 되풀이 공식과[41]

---

[39] (자기장의 역할을 포함한) 체계적인 설명을 보려면 David Park, *Introduction to the Quantum Theory*, 3rd edn (McGraw-Hill, New York, 1992), 11장을 참조하라.

[40] Masataka Mizushima, *Quantum Mechanics of Atomic Spectra and Atomic Structure*, Benjamin, New York (1970), 5.6절 참조.

[41] George B. Arfken, Hans J. Weber, *Mathematical Methods for Physicists*, 7th edn, Academic Press, San Diego (2013), 744쪽.

$$(2\ell+1)\,x\,P_\ell^m(x) = (\ell+m)\,P_{\ell-1}^m(x) + (\ell-m+1)\,P_{\ell+1}^m(x) \qquad (11.134)$$

$$(2\ell+1)\sqrt{1-x^2}\,P_\ell^m(x) = P_{\ell+1}^{m+1}(x) - P_{\ell-1}^{m+1}(x) \qquad (11.135)$$

식 4.33인 직교규격화 관계가 도움이 될 것이다.

문제 11.33 수소의 21 cm 초미세선(7.5절)에 대한 자발 방출률은 전기 쌍극자가 아닌 자기 쌍극자 전이라는 것[42]을 제외하고는 식 11.63에서 구할 수 있다.

$$\wp \to \frac{1}{c}\mathrm{M} = \frac{1}{c}\langle 1\,|(\boldsymbol{\mu}_e + \boldsymbol{\mu}_p)|\,0\rangle.$$

여기서

$$\boldsymbol{\mu}_e = -\frac{e}{m_e}\mathbf{S}_e, \quad \boldsymbol{\mu}_p = \frac{5.59\,e}{2m_p}\mathbf{S}_p$$

은 전자와 양성자의 자기 모멘트이고(식 7.89) $|0\rangle$, $|1\rangle$은 단일항과 삼중항 상태이다(식 4.175와 4.176). $m_p \gg m_e$이므로 양성자의 기여는 무시할 수 있고, 따라서

$$A = \frac{\omega_0^3 e^2}{3\pi\epsilon_0 \hbar c^5 m_e^2}\,|\langle 1|\,\mathbf{S}_e\,|0\rangle|^2$$

이다. $|\langle 1|\mathrm{S}_e|0\rangle|^2$를 구하라. (삼중항 중 원하는 아무 상태나 사용하라.) 실제 숫자를 대입하여 삼중항 상태의 전이율과 수명을 결정하라. 답: 1.1×10^7년.

*** **문제 11.34** 입자가 (구간 $0 \le x \le a$에서) 무한한 사각우물의 바닥상태에서 시작한다. 이제 벽이 중심에서 약간 벗어난 곳에서 천천히 솟아오른다.[43]

$$V(x) = f(t)\delta\left(x - \frac{a}{2} - \epsilon\right).$$

여기서 $f(t)$는 천천히 0에서 ∞로 증가한다. 서행 정리에 의하면 입자는 변화하는 Hamiltonian의 바닥상태에 남아 있다.

(a) $t \to \infty$일 때 바닥상태를 구하고, 그려라. 귀띔: 이것은 $a/2+\epsilon$에 뚫고 지나갈 수 없는 장벽이 있는 무한 사각우물의 바닥상태이어야 한다. 입자는 (약간) 큰 우물의 왼쪽 "반"에 속박되어 있음을 주목하라.

(b) 시간 t에서 바닥상태 에너지에 대한 (초월) 방정식을 구하라. 답:

$$z \sin z = T\,[\cos z - \cos(z\delta)].$$

여기서 $z \equiv ka$, $T \equiv ma\,f(t)/\hbar^2$, $\delta \equiv 2\epsilon/a$이고 $k \equiv \sqrt{2mE}/\hbar$이다.

(c) $\delta = 0$으로 놓고 z에 대해 그래프를 이용하여 풀고, T가 0에서 ∞로 갈 때 z의 최소값은 π에서 2π로 이동한다는 것을 증명하라. 이 결과를 설명하라.

[42] 전기와 자기 쌍극자 모멘트는 다른 단위를 갖고 있다. 따라서 인자 $1/c$가 있다. (차원 분석을 통해 확인할 수 있다.)

[43] Julio Gea-Banacloche, *Am. J. Phys.* **70**, 307 (2002)는 직사각형 장벽을 이용했고, 델타함수 형태는 M. Lakner, J. Peternelj, *Am. J. Phys.* **71**, 519 (2003)이 제안했다.

(d) $\delta = 0.01$로 놓고 $T = 0, 1, 5, 20, 100$과 1000을 이용하여 z에 대해 수치적으로 풀라.

(e) 입자가 우물의 오른쪽 "반"에 있을 확률 P_r을 z와 δ의 함수로 구하라. 답: $P_r = 1/[1 + (I_+/I_-)]$. 여기서 $I_\pm \equiv [1 \pm \delta - (1/z)\sin(z(1 \pm \delta))]\sin^2[z(1 \mp \delta)/2]$이다. 이 표현을 (d)에 있는 T와 δ값에 대해 수치적으로 추정하라. 결과에 대해 논하라.

(f) 위의 같은 T와 δ값에 대해 바닥상태 파동함수를 그려라. 장벽이 올라감에 따라 우물 왼쪽으로 어떻게 밀려나는지 주목하라.[44]

*** **문제 11.35** 오른쪽 벽이 일정한 속력(v)으로 팽창하는 무한 사각우물의 경우는 정확하게 풀 수 있다.[45] 해의 완전 집합은

$$\Phi_n(x,t) \equiv \sqrt{\frac{2}{w}}\sin\left(\frac{n\pi}{w}x\right)e^{i(mvx^2-2E_n^i at)/2\hbar w} \tag{11.136}$$

이고, 여기서 $w(t) \equiv a + vt$는 우물의 너비이고, $E_n^i \equiv n^2\pi^2\hbar^2/2ma^2$는 (너비 a인) 원래 우물의 n번째 허용된 에너지이다. 일반해는 Φ의 선형결합이다.

$$\Psi(x,t) = \sum_{n=1}^{\infty} c_n \Phi_n(x,t). \tag{11.137}$$

여기서 계수 c_n은 t에 무관하다.

(a) 식 11.136은 적절한 경계조건을 갖는 시간에 의존하는 Schrödinger 방정식을 만족한다는 것을 확인하라.

(b) 입자가 처음에 ($t = 0$) 원래 우물의 바닥상태에 있다고 하자.

$$\Psi(x,0) = \sqrt{\frac{2}{a}}\sin\left(\frac{\pi}{a}x\right).$$

전개 계수는 다음의 형태로 쓸 수 있다는 것을 증명하라.

$$c_n = \frac{2}{\pi}\int_0^{\pi} e^{-i\alpha z^2}\sin(nz)\sin(z)\,dz, \tag{11.138}$$

여기서 $\alpha \equiv mva/2\pi^2\hbar$는 우물이 팽창하는 속력에 대한 차원이 없는 척도이다. (불행하게도 이 적분은 기본적인 함수로 구할 수 없다.)

(c) 우물이 원래 너비의 두 배까지 팽창하도록 하여 "외부" 시간이 $w(T_e) = 2a$로 주어진다고 하자. "내부" 시간은 (처음) 바닥상태에서 시간에 의존하는 지수 인자의 주기이다. T_e와 T_i를 결정하고, 서행 영역은 $\alpha \ll 1$에 해당하여 적분 영역에서 $\exp(-i\alpha z^2) \approx 1$이 된다는 것을 증명하라. 이것을 이용하여 전개 계수 c_n을 결정하라. $\Psi(x, t)$를 만들고, 이것이 서행 정리와 맞는다는 것을 확인하라.

[44] Gea-Banacloche(각주 43)는 서행 정리를 사용하지 않고 파동함수의 변화에 대해 논의했다.

[45] S. W. Doescher, M. H. Rice, *Am. J. Phys.* **37**, 1246 (1969)

(d) $\Psi(x, t)$의 위상 인자는 다음의 형태로 쓸 수 있다는 것을 증명하라.

$$\theta(t) = -\frac{1}{\hbar}\int_0^t E_1(t')\,dt'. \tag{11.139}$$

여기서 $E_n(t) \equiv n^2\pi^2\hbar^2/2mw^2$는 시간 t에서 순간적인 n번째 고유값이다. 이 결과에 대해 논하라. 기하학적 위상은 무엇인가? 이제 우물이 다시 원래의 크기로 줄어든다면 이 주기에 대한 Berry의 위상은 무엇인가?

*** **문제 11.36 강제 조화진동자.** (질량 m, 진동수 ω인) 일차원 조화진동자가 $F(t) = m\omega^2 f(t)$ 형태의 외부힘을 받는다고 하자. 여기서 $f(t)$는 주어진 함수이다. [여기서 표기를 편리하게 하기 위해 $m\omega^2$를 붙였다. $f(t)$는 길이의 차원이다.] Hamiltonian은 다음과 같다.

$$H(t) = -\frac{\hbar^2}{2m}\frac{\partial^2}{\partial x^2} + \frac{1}{2}m\omega^2 x^2 - m\omega^2 x f(t). \tag{11.140}$$

힘이 시간 $t = 0$에서 켜진다고 가정하자. 즉 $t \le 0$일 때는 $f(t) = 0$이다. 이 계는 고전역학과 양자역학에서 정확하게 풀 수 있다.[46]

(a) 입자가 원점에서 정지해 있다고 가정하고[$x_c(0) = \dot{x}_c(0) = 0$] 진동자의 고전적인 위치를 결정하라. 답:

$$x_c(t) = \omega\int_0^t f(t')\sin\left[\omega\left(t - t'\right)\right]dt'. \tag{11.141}$$

(b) 구동되지 않은 진동자의 n번째 상태에서 시작한다고 가정하면[$\Psi(x, 0) = \psi_n(x)$, 여기서 $\psi_n(x)$는 식 2.62로 주어진다] 이 진동자에 대한 (시간에 의존하는) Schrödinger 방정식의 해는 다음과 같이 쓸 수 있다는 것을 증명하라.

$$\Psi(x, t) = \psi_n(x - x_c)e^{\frac{i}{\hbar}\left[-\left(n+\frac{1}{2}\right)\hbar\omega t + m\dot{x}_c\left(x - \frac{x_c}{2}\right) + \frac{m\omega^2}{2}\int_0^t f(t')x_c(t')dt'\right]}. \tag{11.142}$$

(c) $H(t)$의 고유함수와 고유값은

$$\psi_n(x, t) = \psi_n(x - f);\quad E_n(t) = \left(n + \frac{1}{2}\right)\hbar\omega - \frac{1}{2}m\omega^2 f^2 \tag{11.143}$$

이라는 것을 증명하라.

(d) 서행 변화 근사에서 고전적 위치(식 11.141)는 $x_c(t) \approx f(t)$로 환원되는 것을 증명하라. 이러한 관점에서 f에 대한 시간의 미분에 대한 제한으로서 서행의 정확한 기준을 제시하라. 귀띔: $\sin[\omega(t - t')]$을 $(1\hbar\omega)(d/dt')\cos[\omega(t - t')]$으로 쓰고 부분 적분을 하라.

(e) 이 예에서 (c)와 (d)의 결과를 이용하여

$$\Psi(x, t) \approx \psi_n(x, t)e^{i\theta_n(t)}e^{i\gamma_n(t)} \tag{11.144}$$

를 증명하여 서행 정리를 확인하라. 동적 위상이 올바른 형태(식 11.92)를 갖는 것을

[46] Y. Nogami, *Am. J. Phys.* **59**, 64 (1991)과 그 안의 참고문헌을 참조하라.

확인하라. 기하학적 위상은 예상한 것인가?

문제 11.37 양자 Zeno 모순.[47] 계가 자연 수명 τ인 들뜬 상태 ψ_b에서 시작하여 바닥상태 ψ_a로 전이한다고 하자. 보통 τ보다 훨씬 작은 시간에는 전이 확률은 t에 비례한다(식 11.49).

$$P_{b\to a} = \frac{t}{\tau}. \tag{11.145}$$

그러면 시간 t 후에 측정을 하면 계가 여전히 들뜬 상태에 있을 확률은

$$P_b(t) = 1 - \frac{t}{\tau} \tag{11.146}$$

이다. 계속 이 들뜬 상태에 있다는 것을 발견했다고 하자. 이 경우 파동함수는 다시 ψ_b로 붕괴하고, 이 과정은 다시 반복된다. $2t$에서 두 번째 측정을 했다면 계가 여전히 들뜬 상태에 있을 확률은

$$\left(1 - \frac{t}{\tau}\right)^2 \approx 1 - \frac{2t}{\tau} \tag{11.147}$$

이고, 이것은 (대략 예상한 것과 같이) t에서 전혀 첫 번째 측정을 하지 않았던 것과 같다. 그러나 극단적으로 짧은 시간 동안에는 전이율은 t에 비례하지 않고, t^2에 비례한다(식 11.46).[48]

$$P_{b\to a} = \alpha t^2. \tag{11.148}$$

(a) 이 경우 두 번 측정한 후 계가 여전히 위의 상태에 있을 확률은 얼마인가? 첫 번째 측정을 전혀 하지 않았다면 (같은 시간이 지난 후) 확률은 무엇인가?

(b) 이 계를 $t = 0$에서 $t = T$까지 n개의 균일한 (매우 짧은) 간격에서 검사한다고 하자. (즉 T/n, $2T/n$, $3T/n$, . . . , T에서 측정을 한다.) 시간 T에서 이 계가 여전히 위의 상태에 있을 확률은 얼마인가? $n \to \infty$인 극한값은 얼마인가? 추가: 각 측정마다 파동함수가 붕괴하기 때문에 연속적으로 관측되는 계는 전혀 붕괴하지 않는다.[49]

*** **문제 11.38** 문제 2.61에서 시간에 무관한 Schrödinger 방정식의 수치적인 해는 시간에 의존하는 Schrödinger 방정식을 푸는 것으로 확장할 수 있다. 변수 x를 불연속적으로 만들

---

[47] 이 현상은 Zeno와 상관이 없지만 "지켜보는 냄비는 절대 끓지 않는다"는 속담을 연상하게 하므로 가끔 **지켜보는 냄비 효과**라고도 부른다.

[48] 선형 시간 의존성을 얻는 논의에서는 식 11.46의 함수 $\sin^2(\Omega t/2)/\Omega^2$이 날카로운 스파이크라고 가정했다. 그러나 "스파이크"의 너비는 $\Delta\omega = 4\pi/t$ 정도이고, 매우 짧은 t에서 이 가정은 성립하지 않고 적분은 $(t^2/4)\int \rho(\omega)d\omega$가 된다.

[49] 이 논의는 B. Misra, E. C. G. Sudarshan, *J. Math. Phys.* **18**, 756 (1977)이 도입했다. 중요한 결과는 실험실에서 확인되었다. W. M. Itano, D. J. Heinzen, J. J. Bollinger, D. J. Wineland, *Phys. Rev. A* **41**, 2295 (1990). 불행하게도 실험은 고안한 사람이 희망한 것처럼 파동함수의 붕괴에 대한 좋은 시험이 되지 못했다. 왜냐하면 관측된 결과는 아마도 다른 방법으로 설명할 수도 있었기 때문이다. L. E. Ballentine, *Found. Phys.* **20**, 1329 (1990), T. Petrosky, S. Tasaki, I. Prigogine, *Phys. Lett. A* **151**, 109 (1990)을 참조하라.

면 행렬 방정식

$$\mathsf{H}\boldsymbol{\Psi} = i\hbar \frac{d}{dt}\boldsymbol{\Psi} \tag{11.149}$$

를 얻는다. 이 식의 해는

$$\boldsymbol{\Psi}(t+\Delta t) = \mathsf{U}(\Delta t)\ \boldsymbol{\Psi}(t) \tag{11.150}$$

으로 쓸 수 있다. H가 시간에 무관하다 시간 변화 연산자에 대한 정확한 표현은[50]

$$\mathsf{U}(\Delta t) = e^{-i\mathsf{H}\Delta t/\hbar} \tag{11.151}$$

이고, 충분히 작은 Δt에 대하여 시간 변화 연산자는 다음과 같이 근사할 수 있다.

$$\mathsf{U}(\Delta t) \approx 1 - i\mathsf{H}\frac{\Delta t}{\hbar}. \tag{11.152}$$

식 11.152가 U를 근사하는 가장 명백한 방법이지만, 이를 근거로 수치해석을 한 결과는 불안정하고, 근사에 대해서는 **Cayley의 형태**를 쓰는 것이 더 낫다.[51]

$$\mathsf{U}(\Delta t) \approx \frac{1 - \frac{1}{2}i\frac{\Delta t}{\hbar}\mathsf{H}}{1 + \frac{1}{2}i\frac{\Delta t}{\hbar}\mathsf{H}}. \tag{11.153}$$

식 11.153과 11.150을 결합하면 다음을 얻는다.

$$\left(1 + \frac{1}{2}i\frac{\Delta t}{\hbar}\mathsf{H}\right)\boldsymbol{\Psi}(t+\Delta t) = \left(1 - \frac{1}{2}i\frac{\Delta t}{\hbar}\mathsf{H}\right)\boldsymbol{\Psi}(t). \tag{11.154}$$

이것은 행렬식 $\mathsf{M}\mathbf{x} = \mathbf{b}$의 형태이고, 미지수 $\mathbf{x} = \boldsymbol{\Psi}(t+\Delta t)$에 대해 풀 수 있다. 행렬 $\mathsf{M} = 1 + \frac{1}{2}i\frac{\Delta t}{\hbar}\mathsf{H}$는 **삼중 대각화**[52]되어 있기 때문에 이렇게 풀 수 있은 효율적인 알고리즘이 존재한다.[53]

(a) 식 11.153의 근사는 이차까지 정확하다는 것을 증명하라. 즉 식 11.151과 11.153을 Δt의 급수로 전개하면 $(\Delta t)^2$의 차수까지 일치함을 증명하라. 식 11.153의 행렬은 unitary임을 확인하라.

한 예로 질량 m인 입자가 단순 조화진동자 퍼텐셜 안에서 일차원 운동을 하는 것을 고려하자. 수치적인 계산을 위해 $m = 1$, $\omega = 1$, 그리고 $\hbar = 1$으로 놓아라. (이것이 바로 질량, 시간과 길이의 단위를 정의한다.)

(b) $N + 1 = 100$인 공간 격자점에 대해 Hamiltonian 행렬 H를 만들라. 차원이 없는 길이가 $\xi = \pm 10$인 공간 경계를 정하라. (이렇게 하면 충분히 멀어져서 낮은 에너지 상태에 대해서 파동함수는 0이 된다고 가정할 수 있다.) 컴퓨터를 이용하여 H의 가

---

[50] Δt를 충분히 작게 선택하면, 사실 이 정확한 형태를 얻을 수 있다. Mathematica의 **MatrixExp**라는 명령어를 사용하여 행렬의 지수함수를 (수치적으로) 구할 수 있다.

[51] 이 근사의 추가적인 논의를 보려면 A. Goldberg 등, *Am. J. Phys.* **35**, 177 (1967)을 참조하라.

[52] 삼중 대각화된 행렬은 대각선과 대각선 오른쪽 혹은 왼쪽을 따라서 있는 요소만이 0이 아닌 항을 갖는다.

[53] 컴퓨터에서 선형 방정식을 풀 수 있는 프로그램을 사용하라. Mathematica에서는 **x = LinearSolve[M, b]**이다. 이것이 실제로 어떻게 작용하는지 배우려면 A. Goldberg 등의 각주 51을 참조하라.

장 작은 두 개의 고유값을 구하고, 정확한 값과 비교하라. 해당하는 고유함수를 그려라. 이들은 규격화되어 있는가? 그렇지 않다면 (c)를 풀기 전에 먼저 규격화하라.

(c) [(b)로부터] $\Psi(0) = (\psi_0 + \psi_1)/\sqrt{2}$로 취하고, 식 11.154를 이용하여 파동함수를 $t = 0$에서 $t = 4\pi\hbar\omega$까지 시간에 대해 변화시켜라. $\text{Re}(\Psi(t))$, $\text{Im}(\Psi(t))$와 $|\Psi(t)|$를 정확한 결과와 함께 보여주는 영화를 만들라. (Mathematica에서는 **Animate**이다.) 귀띔: Δt에 대해 무엇을 사용할지 결정할 필요가 있다. 시간 간격 N_i를 $N_i\,\Delta t = 4\pi/\omega$로 정하라. 지수함수에 대한 근사가 성립하려면 $E\,\Delta t/\hbar \ll 1$이어야 한다. 상태의 에너지는 $\hbar\omega$ 정도의 크기이므로 $N_i \gg 4\pi$이다. 그러므로 적어도 (예컨대) 100개의 시간 간격이 필요할 것이다.

∗∗∗ **문제 11.39** 문제 11.38을 방법을 사용하여 Δt가 충분히 작기만 하면, Hamiltonian이 시간에 의존할 때 시간 의존성을 조사할 수 있다. 각 시간 간격의 중점에서 H를 추정하여 식 11.154를 간단하게 다음과 같이 바꿀 수 있다.[54]

$$\left[1 + \frac{1}{2}\,i\,\frac{\Delta t}{\hbar}\,\mathsf{H}\left(t + \frac{\Delta t}{2}\right)\right]\boldsymbol{\Psi}(t + \Delta t) = \left[1 - \frac{1}{2}\,i\,\frac{\Delta t}{\hbar}\,\mathsf{H}\left(t + \frac{\Delta t}{2}\right)\right]\boldsymbol{\Psi}(t)\,. \tag{11.155}$$

문제 11.36의 강제 조화진동자에서

$$f(t) = A\,\sin(\Omega\,t) \tag{11.156}$$

인 경우를 고려하자. 여기서 A는 길이의 차원을 갖는 상수이고 Ω는 구동 진동수이다. 앞으로 $m = \omega = \hbar = A = 1$로 놓고 Ω를 변화시키며 그 효과를 볼 것이다. 문제 11.38과 같이 공간 불연속에 대한 같은 변수를 사용하지만 $N_t = 1000$으로 놓아라. $t = 0$에서 바닥상태에서 시작하는 입자에 대하여 수치적 해와 정확한 해와 다음의 경우 $t = 0$에서 $t = 2\pi/\Omega$까지 순간적인 바닥상태를 보여주는 영화를 만들라.

(a) $\Omega = \omega/5$. 서행 정리와 더불어 (위상을 제외하고) 수치적인 해는 순간적인 바닥상태와 매우 근접해 있다는 것을 보아야 한다.

(b) $\Omega = 5\omega$. 충격 섭동에서 배웠던 것과 함께 수치적인 해는 외부힘에 거의 영향을 받지 않는다는 것을 보아야 한다.

(c) $\Omega = 6\omega/5$.

---

[54] C. Lubich, *Quantum Simulations of Complex Many-Body Systems: From Theory to Algorithms*, J. Grotendorst, D. Marx, A. Muramatsu (John von Neumann Institute for Computing, Jülich, 2002), 10권, 459쪽. Neumann Institute for Computing (NIC) 웹사이트에서 무료로 다운로드할 수 있다.

12 후기
Afterword

이제 양자역학에 대한 온전한 이해를 했으므로, 1.2절에서 시작한 이야기를 계속하여 양자역학의 의미에 대한 질문으로 돌아가자. 문제의 근원은 파동함수의 통계적 해석과 관련된 불확정성이다. Ψ는(혹은 더 일반적으로, 예컨대 스피너와 같은 양자 상태는) 측정 결과를 유일하게 결정하기 않기 때문이다. 알 수 있는 것은 가능한 결과에 대한 통계적 분포이다. 이 때문에 심오한 질문을 하게 된다. 물리계는 측정하기 전에 문제가 되는 성질을 "실제로 갖고 있는가"(소위 **사실주의적** 관점) 아니면 측정 행위 자체가 파동함수에 의해 부여된 통계적 제약에 의해 제한적인 성질을 "만드는가"(**정통적** 관점), 혹은 이것은 "형이상학적"이라는 근거로 이 문제를 전적으로 회피해야(**불가지론적** 반응) 하는가?

사실주의에 의하면 양자역학은 비록 양자역학이 계에 대해 말하는 모든 것(더 정확히 말하면 파동함수)을 알더라도 모든 특성을 결정하지 못하므로 불완전한 이론이다. 분명히 양자역학에 알려지지 않은 다른 정보가 있는데, 이것은 (Ψ와 함께) 물리적 실체를 완벽하게 기술하는 데 필요하다.

정통적인 입장은 더 불편한 문제를 일으킨다. 왜냐하면 측정 작용이 계의 "상태를 정하도록" 강요하여 이전에 있지 않은 속성을 만들게 되므로,[1] 측정 과정에 매우 특별한 것이 있게 된다. 게다가 바로 반복하여 측정을 하면 같은 결과를 얻는다는 것을 설명하기 위해 측정을 하면 파동함수가 **붕괴**해야만 한다고 가정하는데, 이것은 Schrödinger 방정식에 의해 결정되는 보통의 변화와 타협하기 어렵다.

이러한 관점에서 여러 물리학자들은 불가지론적 입장을 가지고, 학생들에게 이론의 개념적 기초에 대해 걱정하며 시간을 낭비하지 말라고 충고하는 것은 놀랍지 않은 일이다.

12.1 EPR 모순

1935년에 Einstein, Podolsky와 Rosen[2]은 사실주의적인 입장만이 유일하게 유지될 수 있다는 것을 (순전히 이론적인 근거에서) 증명하도록 고안한 유명한 **EPR 모순**을 발표했다. David

---

[1] 이것은 이상하지만, 대중과학자가 암시하듯이 신비롭지는 않다. Niels Bohr가 거대한 원리로(**상보성**) 올려 놓은 소위 **파동-입자 이중성**으로 인해 전자는 마치 어떤 때는 성인처럼 행동하고, 어떤 때에는 아무 이유 없이 행동하는 아이와 같이 예측할 수 없는 사춘기 소년과 같이 여겨지게 되었다. 이러한 언어를 사용하지 않겠다. 입자가 측정되기 전에 특별한 속성이 없다고 말할 때는 예컨대 전자는 스핀 상태 $\chi = \begin{pmatrix}1\\0\end{pmatrix}$에 있다는 것을 염두에 두고 있다. 각운동량의 x 성분을 측정하면 $\hbar/2$값을 얻거나 혹은 (같은 확률로) $-\hbar/2$값을 얻을 것이다. 그러나 측정하기까지 전자는 잘 정의된 S_x값을 가지고 있지 않다.

[2] A. Einstein, B. Podolsky, N. Rosen, *Phys. Rev.* **47**, 777 (1935).

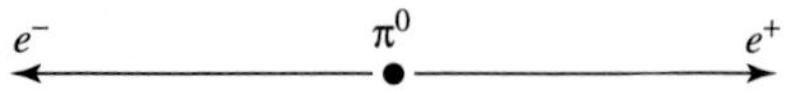

그림 12.1: Bohm이 제안한 EPR 실험. 정지해 있는 π^0가 전자와 양전자쌍으로 붕괴한다.

Bohm에 의해 더 단순화된 EPR 모순(EPRB라고 부른다)을 기술하겠다. 중성 파이 입자가 전자와 양전자로 붕괴하는

$$\pi^0 \to e^- + e^+$$

을 고려하자. 파이 입자가 정지해 있다고 가정하면 전자와 양전자는 반대 방향으로 날아간다(그림 12.1). 파이 입자의 스핀은 0이므로 각운동량 보존에 의해 전자와 양전자는 스핀 단일항 배열을 한다.

$$\frac{1}{\sqrt{2}}\left(|\uparrow\downarrow\rangle - |\downarrow\uparrow\rangle\right). \tag{12.1}$$

전자가 윗방향 스핀을 가진 것을 발견했다면, 양전자는 반드시 아랫방향 스핀을 가져야 하고, 그 역도 성립한다. 양자역학으로는 어느 특정한 파이 입자의 붕괴에서 어떤 결합이 나타날 것인지 알 수 없지만, 측정은 상호 연관되어 있고, 각각의 결합을 (평균하여) 절반씩 측정할 것이다. 이제 전자와 양전자가 실제 실험에서 10미터 정도, 혹은 원리상 10광년 멀리 날아간 후 전자의 스핀을 측정한다고 하자. 윗방향 스핀을 얻었다고 하자. 이것을 아는 순간 20미터(혹은 20광년) 떨어진 곳에서 양전자를 조사하면 아랫방향 스핀을 얻을 것이다.

이것은 사실주의자에게는 전혀 놀라울 것이 없다. 전자는 생성된 순간 정말로 윗방향 스핀을 (그리고 양전자는 아랫방향 스핀) 갖는다. 단지 양자역학에서는 이것에 대해 알지 못할 뿐이다. 그러나 "정통주의자"의 견해는 어느 입자도 측정을 하기 전까지는 윗방향 스핀이나 아랫방향 스핀을 갖지 않는다고 주장한다. 전자를 측정하여 파동함수가 붕괴되었고, 순간적으로 20미터(혹은 20광년) 떨어진 곳의 양전자 스핀을 "만들었다." Einstein, Podolsky와 Rosen은 이와 같은 "으시시한 원격 작용"이 터무니없다고 주장했다. 이들은 정통적인 입장을 지지할 수 없다고 결론지었다. 전자와 양전자는 양자역학이 알든, 알지 못하든 잘 정의된 스핀을 계속 가져야 한다.

EPR 논의에서 기본적인 가정은 어떤 정보도 빛의 속도보다 빨리 전달될 수 없다는 것이다. 이것을 **국소성**의 원리라고 한다. 파동함수의 붕괴가 순간적이 아니라, 유한한 속도로 "이동한다"고 제안하고 싶을 수도 있다. 그러나 이 경우에는 각운동량이 파괴된다. 왜냐하면 붕괴 정보가 도달하기 전에 양전자의 스핀을 측정한다면 두 입자가 윗방향 스핀을 가질 확률은 반반이기 때문이다. 추상적으로 어떤 이러한 이론을 생각하더라도 실험은 분명하다. 이와 같은 파괴는 일어나지 않는다. 스핀의 (반)상관관계는 완벽하다. 명백히 파동함수의 붕괴는 그 존재론적 지위가 어떻든 순간적이다.[3]

[3] Bohr는 EPR 모순에 대한 유명한 반박을 했다[*Phys. Rev.* **48**, 696 (1935)]. 많은 사람이 읽지도 않았겠지만, 거의 대부분이 이해하지 못했을 것이다. (Bohr 자신도 나중에 자신의 논의가 의미를 갖도록 하는 데 문제가 있었다고 인정했다.) 그러나 유명한 사람이 이 문제를 풀었고, 다른 모든 사람들은 신경 쓰지 않아도 된다는 것은 다행스러운 일이다. 1960년대 중반이 되어서야 대부분의 물리학자들이 EPR 모순에 대해 심각하게 걱정하기 시작했다.

문제 12.1 얽힌 상태. 단일항 스핀 배열(식 12.1)은 얽힌 상태에 대한 고전적인 예이다. 두 입자의 상태를 두 개의 단일 입자 상태의 곱으로 나타낼 수 없고, 그러므로 각 입자의 "상태"를 독립적으로 말할 수 없다.[4] 이것이 나쁜 표기법으로 인한 인위적인 결과일지 모른다고 생각할 수 있다. 아마도 단일 입자 상태의 적당한 선형결합을 취하면 이 계의 얽힘을 풀 수 있을지도 모른다. 다음의 정리를 증명하라.

이준위계 $|\phi_a\rangle$와 $|\phi_b\rangle$을 고려하자. 여기서 $\langle\phi_i|\phi_j\rangle = \delta_{ij}$이다(예컨대 $|\phi_a\rangle$는 윗방향 스핀, $|\phi_b\rangle$는 아랫방향 스핀 상태일 수도 있다). 두 입자 상태

$$\alpha|\phi_a(1)\rangle|\phi_b(2)\rangle + \beta|\phi_b(1)\rangle|\phi_a(2)\rangle$$

$(\alpha \neq 0, \beta \neq 0)$는 임의의 한 입자 상태 $|\psi_r\rangle$과 $|\psi_s\rangle$에 대해 이들의 곱

$$|\psi_r(1)\rangle|\psi_s(2)\rangle$$

으로 표현할 수 없다.

귀띔: $|\psi_r\rangle$과 $|\psi_s\rangle$를 $|\phi_a\rangle$와 $|\phi_b\rangle$의 선형결합으로 써라.

문제 12.2 Einstein의 상자. EPR 모순 이전의 흥미 있는 논의에서 Einstein은 다음과 같은 사고 실험을 제안했다.[5] 입자가 상자 안에 갇혀 있다고 상상하자(원한다면 일차원 무한 시각 우물일 수도 있다). 입자는 바닥상태에 있고 뚫고 지나갈 수 없는 벽이 나타나 상자를 B_1, B_2로 각각 반으로 나누는데 입자를 발견할 확률은 양쪽 반에서 같다.[6] 이제 두 상자를 멀리 떨어뜨려 놓고 B_1에서 측정하여 입자가 이 상자에 있는지 확인한다. 입자를 발견했다고 하자. 바로 입자는 (멀리 있는) 상자 B_2에 없다는 것을 알게 된다.

(a) Einstein은 이에 대해 무엇이라고 말할까?

(b) Copenhagen 해석을 따르면 이것을 어떻게 설명하는가? B_1에서의 측정 직후 B_2에서의 파동함수는 무엇인가?

12.2 Bell의 정리

Einstein, Podolsky와 Rosen은 양자역학 그 자체는 옳다는 것을 믿어 의심치 않았다. 그들은 단지 양자역학은 물리적 실체에 대해 불완전하게 기술한다고 주장했다. 파동함수가 전부는 아니다. Ψ뿐만 아니라 다른 양 λ가 계의 상태를 완전히 특정짓기 위해 필요하다. λ를 "숨은 변수"라고 부를 것이다. 왜냐하면 이 단계에서 이것을 계산하거나 측정할 방법이 전혀 없기 때문이

4 "얽힘"이라는 용어는 보통 두 (혹은 그 이상의) 입자계에 적용하지만, 같은 기본적인 개념은 단일 입자 상태로 확장할 수 있다. (문제 12.2가 그 예이다.) 흥미 있는 논의는 D. V. Schroeder, *Am. J. Phys.* **85**, 812 (2017)을 참조하라.

5 T. Norsen, *Am. J. Phys.* **73**, 164 (2005) 참조.

6 벽을 빠르게 집어 넣는다. 서행하여 나뉜다면 입자는 두 부분 중 (아무리 작더라도) 조금이라도 큰 부분으로 가게 된다. 이 결과는 문제 11.34에서 구했다.

다.[7] 오랫동안 양자역학을 보조하기 위해 여러 숨은 변수 이론이 제안되었다.[8] 그러나 이들은 번거롭거나 믿기 어려웠다. 하지만 1964년에 추구할 가치가 있는 프로그램이 제안되었다. 이 해에 J. S. Bell은 어떤 국소적인 숨은 변수 이론은 양자역학과 양립하지 않는다는 것을 증명했다.[9]

Bell은 EPRB 실험을 일반화한 것을 제안했다. 전자와 양전자 검출기를 같은 방향으로 놓는 대신 독립적으로 회전시키는 것을 허용했다. 첫 번째 검출기는 단위 벡터 **a**의 방향으로 전자 스핀의 성분을 측정하고, 두 번째 검출기는 **b** 방향에 대해 양전자의 스핀을 측정한다(그림 12.2). 간단하게 하기 위하여 스핀을 $\hbar/2$의 단위로 측정하자. 그러면 각 검출기는 주어진 방향에 대해 (윗방향 스핀에 대해) $+1$, (아랫방향 스핀에 대해) -1의 값을 기록할 것이다. 많은 π^0 붕괴에 대해 결과에 대한 표는 다음과 같을 것이다.

전자	양전자	곱
$+1$	-1	-1
$+1$	$+1$	$+1$
-1	$+1$	-1
$+1$	-1	-1
-1	-1	$+1$
⋮	⋮	⋮

Bell은 정해진 검출기의 방향에 대해 스핀의 곱에 대한 평균값을 계산하자고 제안했다. 이 평균을 $P(\mathbf{a}, \mathbf{b})$라고 하자. 검출기가 평행하면($\mathbf{b} = \mathbf{a}$) 원래 EPRB의 배열로 돌아간다. 이 경우 한 개는 윗방향 스핀이고, 다른 것은 아랫방향 스핀이어서, 그 곱은 항상 -1이고 따라서 평균도 마찬가지이다.

$$P(\mathbf{a}, \mathbf{a}) = -1. \tag{12.2}$$

같은 이유로 두 방향이 반대라면($\mathbf{b} = -\mathbf{a}$) 모든 곱은 $+1$이므로

$$P(\mathbf{a}, -\mathbf{a}) = +1 \tag{12.3}$$

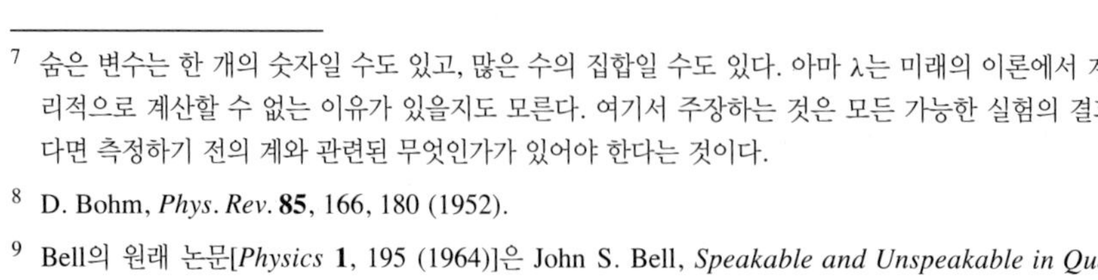

그림 12.2: Bell의 EPRB 실험. 검출기는 독립적으로 **a**와 **b**의 방향을 향하고 있다.

---

[7] 숨은 변수는 한 개의 숫자일 수도 있고, 많은 수의 집합일 수도 있다. 아마 λ는 미래의 이론에서 계산되거나, 아마 원리적으로 계산할 수 없는 이유가 있을지도 모른다. 여기서 주장하는 것은 모든 가능한 실험의 결과를 나열하기만 한다면 측정하기 전의 계와 관련된 무엇인가가 있어야 한다는 것이다.

[8] D. Bohm, *Phys. Rev.* **85**, 166, 180 (1952).

[9] Bell의 원래 논문[*Physics* **1**, 195 (1964)]은 John S. Bell, *Speakable and Unspeakable in Quantum Mechanics*, Cambridge University Press, UK (1987) 2장에 다시 발표된 것과 함께 보석과 같은 것이다. 간단하고, 접근 가능하며 아름답게 썼다.

이다. 임의의 방향에 대해서 양자역학에 의하면

$$\boxed{P(\mathbf{a}, \mathbf{b}) = -\mathbf{a} \cdot \mathbf{b}} \tag{12.4}$$

이다(문제 4.59 참조). Bell이 발견한 것은 이 결과는 어떤 국소적인 숨은 변수 이론과 양립할 수 없다는 것이다.

논의는 놀라울 정도로 간단하다. 전자-양전자 계의 "완전한" 상태가 숨은 변수 λ로 지정할 수 있다고 하자(λ는 한 파이 입자 붕괴에서 다음 붕괴로 갈 때 이해할 수도 없고, 조정할 수도 없는 방법으로 변한다). 더 나아가 전자를 측정한 결과는 양전자 검출기의 방향(**b**)과 무관하다고 하자. 사실 전자를 측정하기 바로 전에 양전자 쪽에 있는 실험자가 선택할 수도 있으므로, 아무리 빛보다 빠른 신호라도 전자 검출기로 다시 오기에는 너무 늦다(이것이 국소성에 대한 가정이다). 그러면 전자 측정의 결과를 결정하는 어떤 함수 $A(\mathbf{a}, \lambda)$가 있고, 양전자의 측정에 대한 다른 함수 $B(\mathbf{b}, \lambda)$가 있을 것이다. 이 함수들은 ± 1의 값만을 갖는다.[10]

$$A(\mathbf{a}, \lambda) = \pm 1; \quad B(\mathbf{b}, \lambda) = \pm 1. \tag{12.5}$$

검출기가 나란히 있으면 결과는 λ값에 상관없이 완벽하게 (반)상관관계가 있다.

$$A(\mathbf{a}, \lambda) = -B(\mathbf{a}, \lambda). \tag{12.6}$$

이제 측정값의 곱에 대한 평균은

$$P(\mathbf{a}, \mathbf{b}) = \int \rho(\lambda) A(\mathbf{a}, \lambda) B(\mathbf{b}, \lambda)\, d\lambda \tag{12.7}$$

이다. 여기서 $\rho(\lambda)$는 숨은 변수에 대한 확률밀도이다[다른 확률밀도와 같이 이것은 실수이고, 음수가 아니며 규격화 조건 $\int \rho(\lambda)\, d\lambda = 1$을 만족하지만, 이 외에는 $\rho(\lambda)$에 대한 어떤 가정도 하지 않는다. 다른 숨은 변수 이론은 아마도 ρ에 대한 전혀 다른 형태를 가질 것이다]. 식 12.6에 의하면 B를 소거할 수 있다.

$$P(\mathbf{a}, \mathbf{b}) = -\int \rho(\lambda) A(\mathbf{a}, \lambda) A(\mathbf{b}, \lambda)\, d\lambda. \tag{12.8}$$

c가 다른 단위벡터라면 다음 관계가 성립한다.

$$P(\mathbf{a}, \mathbf{b}) - P(\mathbf{a}, \mathbf{c}) = -\int \rho(\lambda) \left[A(\mathbf{a}, \lambda) A(\mathbf{b}, \lambda) - A(\mathbf{a}, \lambda) A(\mathbf{c}, \lambda) \right] d\lambda. \tag{12.9}$$

즉 $[A(\mathbf{b}, \lambda)]^2 = 1$이므로

$$P(\mathbf{a}, \mathbf{b}) - P(\mathbf{a}, \mathbf{c}) = -\int \rho(\lambda) \left[1 - A(\mathbf{b}, \lambda) A(\mathbf{c}, \lambda) \right] A(\mathbf{a}, \lambda) A(\mathbf{b}, \lambda)\, d\lambda \tag{12.10}$$

---

[10] 이것은 벌써 고전적인 결정론자가 허용할 준비가 되어 있는 것보다 훨씬 더 많은 것을 인정하는 것이다. 왜냐하면 이것은 입자가 동시에 결정되는 성분을 갖는 잘 정의된 각운동량 성분을 가질 수 있다는 어떤 개념도 포기하는 것이기 때문이다. Bell 논의의 요점은 양자역학은 어떤 국소적인 결정론적 이론과 양립할 수 없다는 것을 보이는 것이다. 물론 식 12.5를 버리면, 이론은 명백하게 양자역학과 양립하지 않는다.

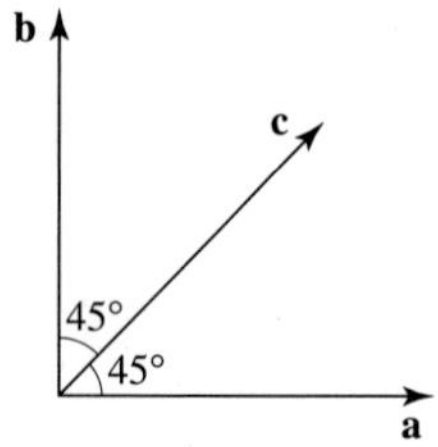

그림 12.3: Bell의 부등식이 양자역학에서 위배되는 것을 보여주는 검출기의 방향.

이 된다. 그러나 식 12.5로부터 $|A(\mathbf{a},\lambda)A(\mathbf{b},\lambda)|=1$이다. 게다가 $\rho(\lambda)[1-A(\mathbf{b},\lambda)A(\mathbf{c},\lambda)]\geq 0$이므로

$$|P(\mathbf{a},\mathbf{b})-P(\mathbf{a},\mathbf{c})|\leq\int\rho(\lambda)\big[1-A(\mathbf{b},\lambda)A(\mathbf{c},\lambda)\big]\,d\lambda \tag{12.11}$$

이 된다. 더 간단하게 쓰면 다음을 얻는다.

$$\boxed{|P(\mathbf{a},\mathbf{b})-P(\mathbf{a},\mathbf{c})|\leq 1+P(\mathbf{b},\mathbf{c}).} \tag{12.12}$$

이것이 유명한 **Bell의 부등식**이다. 이것은 (식 12.5와 12.6의 최소한의 요구 조건을 만족하는) 어떤 국소적인 숨은 변수 이론에 대해서도 성립한다. 왜냐하면 숨은 변수의 특성이나 개수 혹은 그 분포(ρ)에 대한 어떤 가정도 하지 않았기 때문이다.

그러나 양자역학적 예측(식 12.4)이 Bell의 부등식과 양립할 수 없다는 것을 증명하는 것은 쉽다. 예를 들어 세 개의 벡터가 한 평면 위에 있고, **c**는 **a**, **b**와 45° 각도를 이룬다고 하자(그림 12.3). 이 경우 양자역학에 의하면

$$P(\mathbf{a},\mathbf{b})=0,\quad P(\mathbf{a},\mathbf{c})=P(\mathbf{b},\mathbf{c})=-0.707$$

이고, 이것은 Bell의 부등식과 양립하지 않는다.

$$0.707\not\leq 1-0.707=0.293.$$

Bell의 수정을 통해 EPR 모순은 원래 저자들이 상상했던 것보다 훨씬 급진적인 것을 증명한다. 그들이 맞다면 양자역학이 불완전할 뿐만 아니라 틀린 것이다. 반면 양자역학이 맞으면 어떤 숨은 변수 이론도 Einstein이 그렇게 터무니없다고 생각한 비국소성에서 벗어날 수 없다. 게다가 이 주제를 단번에 결정짓는 매우 간단한 실험을 고안할 수 있다.[11]

Bell의 부등식을 시험하는 많은 실험이 1960년대와 1970년대에 수행되었고, Aspect, Grangier와 Roger의 실험이 가장 눈에 띈다.[12] 자세한 것은 여기서 관심이 없다(그들은 사실 파

[11] 이제 20세기에서 가장 심오한 발견 중의 하나로 널리 인식된 Bell의 정리가 그 당시에는 탁월함에도 불구하고 주변적인 분야라는 것을 제외하고는 거의 인식되지 않았다는 것이 역사적으로는 당혹스러운 일이다. 흥미 있는 설명으로는 David Kaiser, *How the Hippies Saved Physics*, W. W. Norton, New York, 2011을 참조하라.

[12] A. Aspect, P. Grangier, G. Roger, *Phys. Rev. Lett.* **49**, 91 (1982). Aspect의 실험에서 (믿기 어렵더라도) 논리적으로 가능한 허점이 있었다. 이것은 세월이 지나며 점점 메꿔졌다. J. Handsteiner 등, *Phys. Rev. Lett.* **118**, 060401 (2017) 참조. 이제는 학부 실험실에서 Bell의 부등식을 시험할 수 있다. D. Dehlinger, M. W. Mitchell, *Am. J. Phys.* **70**, 903 (2002).

이 입자 붕괴가 아니라 이광자 원자 전이를 이용했다). 양전자 검출기가 전자 검출기의 방향을 어떻게라도 "감지"할 작은 가능성도 제외하기 위해 두 방향은 광자가 이미 방출된 후에 거의 무작위로 정해진다. 이 결과는 양자역학의 예측과 매우 잘 맞고, Bell의 부등식을 큰 차이로 위배한다.[13]

역설적으로 양자역학을 실험적으로 확인하는 것은 과학계에 충격으로 받아들여졌다. 그러나 이것은 "사실주의"의 사망이라고 할 수는 없다. 이때부터 대부분의 물리학자는 이에 대해 적응해왔다(그럴 수 없는 사람들에 대해서는 Bell의 정리가 적용되지 않는 비국소적인 숨은 변수 이론의 가능성이 남아 있다).[14] 진정한 충격은 자연 자체가 기본적으로 비국소적이라는 것을 보여준 것이다. 파동함수가 순간적으로 붕괴하는(이에 관해서는 똑같은 입자에 대한 대칭성에 대한 요구도) 형태로서 비국소성은 언제나 정통적인 해석의 특징이었지만, Aspect의 실험 전에는 양자적 비국소성이 어쨌든 전혀 측정 가능한 결과가 없는 수식화의 비물리적인 인공물이라는 희망을 가질 수 있었다. 그 희망은 더 이상 가질 수 없고, 순간적인 원격 작용에 대한 거부감을 다시 검사해야 했다.

물리학자들은 왜 광속보다 빠른 효과에 거부감을 느끼는가? 사실 빛보다 빨리 움직이는 것은 많다. 벌레가 영사기 빔을 가로질러 지나가면, 그림자의 속력은 스크린까지의 거리에 비례한다. 원리적으로 그 거리는 원하는 만큼 크게 할 수 있고, 따라서 그림자는 임의의 빠른 속도로 움직일 수 있다(그림 12.4). 그러나 그림자는 에너지를 운반하지도 않고, 스크린의 한 점에서 다른

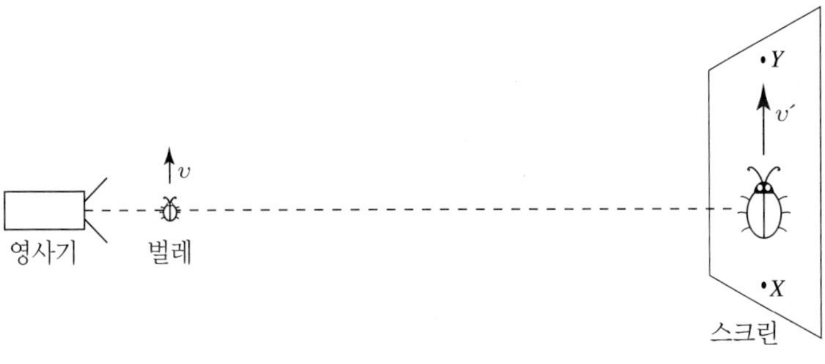

그림 12.4: 벌레의 그림자는 스크린이 충분히 멀리 있다면 c보다 큰 속도 v'으로 스크린을 가로질러 갈 수 있다.

[13] Bell의 정리는 평균이 포함되고, Aspect 것과 같은 기구는 어떤 숨겨진 편향 때문에 특정한 시료를 선택하여 평균을 왜곡한다고 생각할 수도 있다. 1989년 Bell의 정리가 개선되었는데, 여기서는 양자적 예측과 임의의 숨은 변수 이론의 예측과는 더 극심한 대조를 나타낸다. D. Greenberger, M. Horne, A. Shimony, A. Zeilinger, *Am. J. Phys.* **58**, 1131 (1990)과 N. D. Mermin, *Am. J. Phys.* **58**, 731 (1990)을 참조하라. 학부 실험실에 적당한 이런 종류의 실험은 Mark Beck과 그의 학생에 의해 이루어졌다. *Am. J. Phys.* **74**, 180 (2006).

[14] 사실주의를 증명하기 위해 국소성을 가정했던 EPR 모순이 결국 국소성이 더 이상 사실이 아니라고 하고, 사실주의의 쟁점을 결정하지 못했다는 것은 진기한 운명의 장난이다. (Bell이 말했듯이) 그 결과는 Einstein이 절대 좋아하지 않을 것이다. 오늘날 대부분의 물리학자는 국소적인 사실주의가 없다면 사실주의 자체에 전혀 의미가 없다고 생각하고, 이러한 이유로 비국소적인 숨은 변수 이론은 주변에 남아 있는 소수로 전락했다. 그래도 어떤 저자들은 특히 Bell 자신은 *Speakable and Unspeakable in Quantum Mechanics*(이 장의 각주 9)에서 이와 같은 이론은 측정되는 계와 측정 장치 사이의 개념적인 간격을 이어주는 최선의 희망을 제공하며, 파동함수의 붕괴에 대한 지적인 과정을 제공한다고 주장한다.

점으로 정보를 전달하지도 않는다. 점 X에 있는 사람은 지나가는 그림자를 이용하여 점 Y에 어떤 것도 일어나게 할 수 없다.

반면 빛보다 빨리 전달되는 인과적인 영향은 받아들일 수 없는 결과를 낳는다. 특수상대론에 의하면 이와 같은 신호는 시간을 거슬러 올라가기 때문이다. 즉 결과가 원인을 앞지르게 되므로 벗어날 수 없는 논리적 모순에 이르게 된다(예컨대 아기가 된 할아버지를 죽일 수도 있다. 생각해보면 전혀 좋은 생각이 아니다). 묻고자 하는 질문은 양자역학에서 예측하는 광속보다 빠르고, Aspect가 검출한 영향이 있다면, 이러한 의미에서 이것은 인과적인가 하는 것이다. 혹은 (벌레의 그림자처럼) 충분히 이 세상 것이 아니어서 철학적인 반대를 벗어날 수 있는가?

하지만 Bell의 실험을 고려하자. 전자를 측정하는 것이 양전자의 측정 결과에 영향을 미치는가? 틀림없이 그렇다. 그렇지 않다면 자료의 상관관계를 설명할 수 없다. 그러나 전자를 측정한 것이 양전자에 대한 특별한 결과를 일어나게 했는가? 문자 그대로의 의미로는 아니다. 전자 검출기에 있는 사람이 자신의 측정을 양전자 검출기에 있는 사람에게 보낼 수 있는 방법은 전혀 없다. 왜냐하면 자신의 측정 결과를 조정할 수 없기 때문이다(X에 있는 사람이 벌레의 지나가는 그림자에 영향을 줄 수 없듯이 주어진 전자가 윗방향 스핀이 나오도록 할 수 없다). 측정을 할 것인지 결정할 수 있는 것은 맞지만, 자신의 자료에만 바로 접근할 수 있는 양전자의 검출기에서는 전자가 측정되었는지 아닌지 알 수 없다. 양쪽에서 측정한 자료 표를 따로 고려하면 완전히 무작위적이다. 나중에 두 표를 비교했을 때에만 이 놀라운 상관관계를 발견할 수 있다. 다른 기준계에서는 전자를 측정하기 전에 양전자의 측정이 일어날 수 있지만, 이것은 전혀 논리적인 모순이 생기지 않는다. 관측된 상관관계는 이를 취급할 때 전적으로 대칭적이고, 양전자의 측정이 영향을 준 전자의 관측인지 그 반대인지 차이가 없다. 이것은 놀랍게도 미묘한 영향이며 유일한 징후는 무작위적인 두 표 사이의 절묘한 상관관계로 나타난다.

그러면 두 종류의 영향을 구별하여야 한다. 하나는 "인과적인" 것으로 부분계의 측정만으로 검출할 수 있는 검출기의 물리적인 성질의 실제적인 변화를 만드는 것이고, 다른 하나는 "가상적인" 것으로 에너지나 정보를 전달하지 않고, 유일한 증거는 두 개의 분리된 부분계에서 얻는 자료 사이의 상관관계이다. 이 상관관계는 본질적으로 각각의 표만을 검사해서는 검출할 수 없다. 인과적인 영향은 빛보다 빠르게 전달될 수 없지만, 가상적인 영향이 그래야 할 이유는 없다. 파동함수의 붕괴와 관련된 영향은 후자의 형태이고 빛보다 빨리 "이동한다"는 사실이 놀랍겠지만 결국 파멸을 초래하지는 않는다.[15]

** **문제 12.3** (국소적인) 결정적인 ("숨은 변수") 이론의 한 예는[16] . . . 고전역학이다! 전자나 양성자 대신 (예컨대 야구공 같은) 고전적인 물체로 Bell의 실험을 한다고 하자. (적당한 기계로) 크기가 같고 방향이 반대인 스핀(각운동량) $\mathbf{S}_a$와 $\mathbf{S}_b = -\mathbf{S}_a$을 갖는 두 개의 공을 반대 방향으로 쏘았다. 이제 이들은 고전적인 물체이다. 각운동량은 임의의 방향을 향할 수 있

[15] Bell의 정리에 대한 매우 많은 글이 있다. 제일 좋아하는 것은 *Physics Today*(1985년 4월호, 38쪽)에 발표된 David Mermin의 영감을 주는 수필이다. 다양한 참고서적은 L. E. Ballentine, *Am. J. Phys.* **55**, 785 (1987)에서 찾을 수 있다.

[16] 이 문제는 George Greenstein, Arthur G. Zajonc, *The Quantum Challenge*, 2nd edn., Jones and Bartlett, Sudbury, MA (2006), 5.3절을 참고했다.

으며, 이 방향은 (예컨대 무작위적으로) 쏘는 순간 정한다. 발사점에서 양쪽으로 10미터 정도 떨어진 곳에 있는 검출기로 각 야구공의 스핀 벡터를 측정한다. 그러나 Bell의 정리에 대한 조건을 만족하기 위해서 **a**와 **b** 방향으로 **S** 성분의 부호만을 기록한다.

$$A \equiv \text{sign}\,(\mathbf{a} \cdot \mathbf{S}_a)\,, \qquad B \equiv \text{sign}\,(\mathbf{b} \cdot \mathbf{S}_b)\,.$$

따라서 각각의 검출기는 어떤 측정에서도 +1 혹은 −1만을 기록한다.

이 예제에서 "숨은 변수"는 (예컨대) 극각과 방위각 θ와 ϕ로 지정한 $\mathbf{S}_a$의 실제 방향 $\lambda = (\theta, \phi)$이다.

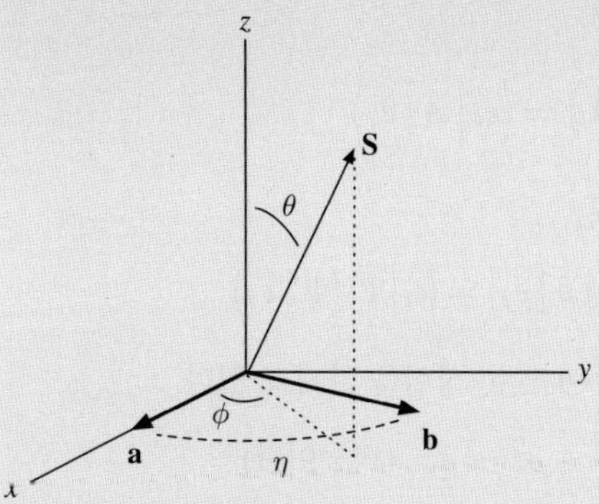

그림 12.5: 문제 12.3에 대한 축.

(a) 그림과 같이 축을 정해 **a**와 **b**는 x-y 평면에 있고, **a**는 x축에 있도록 하여 다음을 확인하라.

$$A(\mathbf{a}, \lambda)\; B(\mathbf{b}, \lambda) = -\text{sign}\,[\cos(\phi)\; \cos(\phi - \eta)].$$

여기서 η는 **a**와 **b** 사이의 각도이다($-\pi$에서 π까지의 값이다).

(b) 야구공들은 $\mathbf{S}_a$가 어떤 방향이라도 같은 확률로 향하도록 발사되었다고 가정하여 $P(\mathbf{a}, \mathbf{b})$를 계산하라. 답: $(2|\eta|/\pi) - 1$.

(c) $\eta = -\pi$에서 π까지 $P(\mathbf{a}, \mathbf{b})$의 그래프를 그리고, (같은 그래프에) 양자역학적 공식 ($\theta \to \eta$로 놓은 식 12.4)에 대한 그래프를 그려라. 어떤 η값에 대해 이 숨은 변수 이론은 양자역학적 결과와 일치하는가?

(d) 이 결과는 Bell의 부등식 12.12를 만족한다는 것을 확인하라. 귀띔: 벡터 **a**, **b**와 **c**는 단위 구 표면에 있는 세 점을 정의한다. 부등식은 이 점 사이의 거리로 표현할 수 있다.

12.3 혼합 상태와 밀도 행렬

12.3.1 순수 상태

이 책에서는 예컨대 조화진동자의 n번째 정상상태, 정상상태의 특정한 선형결합, 혹은 gaussian 파동 묶음 안에 있는 자유 입자와 같은 **순수 상태** $|\Psi\rangle$에 있는 입자를 다루었다. 관측량 A에 대한 기댓값은

$$\langle A \rangle = \left\langle \Psi \middle| \hat{A} \middle| \Psi \right\rangle \tag{12.13}$$

이고, 이것은 똑같이 준비하여 모든 계가 같은 상태 $|\Psi\rangle$에 있는 앙상블에 대한 측정의 평균이다. 전체 이론을 (Hilbert 공간 안의 벡터, 혹은 위치 기준에서 파동함수) $|\Psi\rangle$로 만들었다.

그러나 이론을 구성하는 다른 방법이 있고, 특별히 유용한 방법은 **밀도 연산자**를 정의하여 시작한다.[17]

$$\hat{\rho} \equiv |\Psi\rangle\langle\Psi|. \tag{12.14}$$

직교규격화된 기준 $\{|e_j\rangle\}$에 대해 연산자는 행렬로 표현된다. 연산자 $\hat{A}$를 나타내는 행렬 A의 ij번째 요소는

$$A_{ij} = \left\langle e_i \middle| \hat{A} \middle| e_j \right\rangle \tag{12.15}$$

이다. 특별히 **밀도 행렬** ρ의 ij번째 요소는

$$\rho_{ij} = \langle e_i \,|\, \hat{\rho} \,|\, e_j \rangle = \langle e_i | \Psi \rangle \langle \Psi \,|\, e_j \rangle \tag{12.16}$$

이다. (순수 상태에 대한) 밀도 행렬은 흥미 있는 성질을 가지고 있다.

$$\rho^2 = \rho, \quad (\text{멱등이다}). \tag{12.17}$$

$$\rho^\dagger = \rho, \quad (\text{hermitian이다}). \tag{12.18}$$

$$\text{Tr}(\rho) = \sum_i \rho_{ii} = 1, \quad (\text{대각합은 1이다}). \tag{12.19}$$

관측량 A의 기댓값은 다음과 같다.

$$\langle A \rangle = \text{Tr}(\rho \mathsf{A}). \tag{12.20}$$

입자의 상태를 표현하기 위해 파동함수 대신 밀도 행렬을 사용하여 모든 것을 할 수 있다.

예제 12.1

표준 기준에서

$$e_1 = \begin{pmatrix} 1 \\ 0 \end{pmatrix}, \quad e_2 = \begin{pmatrix} 0 \\ 1 \end{pmatrix} \tag{12.21}$$

은 z 방향에 대해 윗방향 스핀과 아랫방향 스핀을 나타낸다(식 4.149). 이 기준에서 x축에 대해 윗방향 스핀을 갖는 전자에 대한 밀도 행렬을 만들라.

풀이: 이 경우

$$|\Psi\rangle = \begin{pmatrix} 1/\sqrt{2} \\ 1/\sqrt{2} \end{pmatrix} \tag{12.22}$$

[17] 사실은 상태 $|\Psi\rangle$로의 “투영 연산자”이다. 식 3.91 참조.

이다(식 4.151). 따라서 다음을 얻는다.

$$\rho_{11} = \left[\begin{pmatrix}1 & 0\end{pmatrix}\begin{pmatrix}1/\sqrt{2}\\1/\sqrt{2}\end{pmatrix}\right]\left[\begin{pmatrix}1/\sqrt{2} & 1/\sqrt{2}\end{pmatrix}\begin{pmatrix}1\\0\end{pmatrix}\right] = \frac{1}{\sqrt{2}}\frac{1}{\sqrt{2}} = \frac{1}{2}.$$

$$\rho_{12} = \left[\begin{pmatrix}1 & 0\end{pmatrix}\begin{pmatrix}1/\sqrt{2}\\1/\sqrt{2}\end{pmatrix}\right]\left[\begin{pmatrix}1/\sqrt{2} & 1/\sqrt{2}\end{pmatrix}\begin{pmatrix}0\\1\end{pmatrix}\right] = \frac{1}{\sqrt{2}}\frac{1}{\sqrt{2}} = \frac{1}{2}.$$

$$\rho_{21} = \left[\begin{pmatrix}0 & 1\end{pmatrix}\begin{pmatrix}1/\sqrt{2}\\1/\sqrt{2}\end{pmatrix}\right]\left[\begin{pmatrix}1/\sqrt{2} & 1/\sqrt{2}\end{pmatrix}\begin{pmatrix}1\\0\end{pmatrix}\right] = \frac{1}{\sqrt{2}}\frac{1}{\sqrt{2}} = \frac{1}{2}.$$

$$\rho_{22} = \left[\begin{pmatrix}0 & 1\end{pmatrix}\begin{pmatrix}1/\sqrt{2}\\1/\sqrt{2}\end{pmatrix}\right]\left[\begin{pmatrix}1/\sqrt{2} & 1/\sqrt{2}\end{pmatrix}\begin{pmatrix}0\\1\end{pmatrix}\right] = \frac{1}{\sqrt{2}}\frac{1}{\sqrt{2}} = \frac{1}{2}.$$

그러므로

$$\rho = \begin{pmatrix}1/2 & 1/2\\1/2 & 1/2\end{pmatrix} \tag{12.23}$$

이다. 혹은 더 효율적으로는

$$\rho = |\Psi\rangle\langle\Psi| = \begin{pmatrix}1/\sqrt{2}\\1/\sqrt{2}\end{pmatrix}\begin{pmatrix}1/\sqrt{2} & 1/\sqrt{2}\end{pmatrix} = \begin{pmatrix}1/2 & 1/2\\1/2 & 1/2\end{pmatrix} \tag{12.24}$$

이다. ρ는 hermitian이고, 대각합은 1이고 다음이 성립한다.

$$\rho^2 = \begin{pmatrix}1/2 & 1/2\\1/2 & 1/2\end{pmatrix}\begin{pmatrix}1/2 & 1/2\\1/2 & 1/2\end{pmatrix} = \begin{pmatrix}1/2 & 1/2\\1/2 & 1/2\end{pmatrix} = \rho. \tag{12.25}$$

문제 12.4

(a) 식 12.17, 12.18, 12.19와 12.20의 성질을 증명하라.

(b) 밀도 행렬의 시간에 대한 변화는

$$i\hbar\frac{d\hat{\rho}}{dt} = \left[\hat{H}, \hat{\rho}\right] \tag{12.26}$$

의 방정식으로 결정된다는 것을 증명하라. (이것이 $\hat{\rho}$로 표현한 Schrödinger 방정시이다.)

문제 12.5 예제 12.1을 y 방향으로 아랫방향 스핀을 갖는 전자에 대해 반복하라.

12.3.2 혼합 상태

실제로 입자의 상태를 단순히 알지 못하는 경우가 자주 생긴다. 예를 들어 Stanford 선형가속기에서 나오는 전자에 관심이 있다고 하자. 이것은 (어떤 선택한 방향에 대해) 윗방향 스핀일 수도 있고, 혹은 아랫방향 스핀일 수도 있으며 혹은 이들의 선형결합일 수도 있다. 우리는 단지 알지

못한다.[18] 이때 입자는 **혼합 상태**에 있다고 한다.[19]

이와 같은 입자를 어떻게 기술해야 하는가? 단순히 각각의 가능한 상태 $|\Psi_k\rangle$에 있을 확률을 나열할 수 있다. 관측량의 기댓값은 이제 똑같이 준비하지 않은 계의 앙상블(모두 같은 상태에 있지 않다)에 대해 측정한 값의 평균이 될 것이다. 각각의 (순수) 상태 $|\Psi_k\rangle$에 있을 확률을 p_k라고 하면

$$\langle A\rangle = \sum_k p_k \left\langle \Psi_k \middle| \hat{A} \middle| \Psi_k \right\rangle \tag{12.27}$$

이다. 밀도 연산자를 이용하여 이 정보를 한꺼번에 표현하는 멋진 방법이 있다.

$$\hat{\rho} \equiv \sum_k p_k |\Psi_k\rangle\langle\Psi_k|. \tag{12.28}$$

다시 특별한 기준을 지정하면 이것은 행렬이 된다.

$$\rho_{ij} = \sum_k p_k \langle e_i \mid \Psi_k\rangle \left\langle \Psi_k \mid e_j \right\rangle. \tag{12.29}$$

밀도 행렬에는 계에 대해 얻을 수 있는 모든 정보가 포함되어 있다.

모든 확률과 마찬가지로

$$0 \le p_k \le 1 \text{이고} \qquad \sum_k p_k = 1 \tag{12.30}$$

이다. 혼합 상태에 대한 밀도 행렬은 순수 상태에 대해 확인했던 대부분의 성질을 가지고 있다.

$$\rho^\dagger = \rho. \tag{12.31}$$

$$\mathrm{Tr}\,(\rho) = 1. \tag{12.32}$$

$$\langle A\rangle = \mathrm{Tr}(\rho \mathsf{A}). \tag{12.33}$$

$$i\hbar\frac{d\hat{\rho}}{dt} = \left[\hat{H}, \hat{\rho}\right], \ (\text{if } \frac{dp_k}{dt} = 0 \text{ 모든 } k\text{에 대해 }). \tag{12.34}$$

그러나 ρ는 순수 상태를 표현할 때만 멱등이다.

$$\rho^2 \neq \rho \tag{12.35}$$

(이것이 상태가 순수한지 시험하는 빠른 방법이다.)

예제 12.2

(z에 대해) 윗방향 스핀 상태이거나 아랫방향 스핀 상태에 같은 확률로 있는 전자에 대한 밀도 행렬을 만들라.

---

[18] (정확한 상태를 알더라도 적용되는 Heisenberg의 불확정도나 Born의 불확정성 같은) 어떤 환상적인 양자 현상을 말하는 것이 아니다. 여기서는 잘 알고 있는 오래된 무지함에 대해 말하고 있다.

[19] 여전히 순수 상태인 두 순수 상태의 선형결합과(Hilbert 공간에서 두 벡터의 합은 Hilbert 공간에서 다른 벡터이다) 혼합 상태를 혼동하지 말라. 혼합 상태는 Hilbert 공간의 어떤 (하나의) 벡터로 표현되지 않는다.

풀이: 이 경우 $p_1 = p_2 = 1/2$이므로 다음을 얻는다.

$$\rho = \sum_k p_k |\Psi_k\rangle\langle\Psi_k| = \frac{1}{2}\begin{pmatrix}1\\0\end{pmatrix}\begin{pmatrix}1 & 0\end{pmatrix} + \frac{1}{2}\begin{pmatrix}0\\1\end{pmatrix}\begin{pmatrix}0 & 1\end{pmatrix}$$

$$= \begin{pmatrix}1/2 & 0\\0 & 0\end{pmatrix} + \begin{pmatrix}0 & 0\\0 & 1/2\end{pmatrix} = \begin{pmatrix}1/2 & 0\\0 & 1/2\end{pmatrix}. \tag{12.36}$$

ρ는 hermitian이고, 대각합은 1이지만

$$\rho^2 = \begin{pmatrix}1/2 & 0\\0 & 1/2\end{pmatrix}\begin{pmatrix}1/2 & 0\\0 & 1/2\end{pmatrix} = \begin{pmatrix}1/4 & 0\\0 & 1/4\end{pmatrix} \neq \rho \tag{12.37}$$

이므로 이것은 순수 상태가 아니다.

문제 12.6

(a) 식 12.31, 12.32, 12.33과 12.34의 성질을 증명하라.

(b) $\mathrm{Tr}(\rho^2) \leq 1$이고, ρ가 순수 상태를 나타낼 때만 1이 됨을 증명하라.

(c) ρ가 순수 상태일 때만 $\rho^2 = \rho$임을 증명하라.

문제 12.7

(a) (확률 1/3로) x축으로 윗방향 스핀 상태이거나, (확률 2/3로) y축 방향으로 아랫방향 스핀 상태에 전자가 있을 밀도 행렬을 만들라.

(b) (a)에 있는 전자에 대해 $\langle S_y\rangle$를 구하라.

문제 12.8

(a) 스핀 1/2인 입자의 가장 일반적인 밀도 행렬은 세 개의 실수 (a_1, a_2, a_3)로 쓸 수 있다는 것을 증명하라.

$$\rho = \frac{1}{2}\begin{pmatrix}(1+a_3) & (a_1 - ia_2)\\(a_1 + ia_2) & (1-a_3)\end{pmatrix} = \frac{1}{2}(1 + \mathbf{a}\cdot\boldsymbol{\sigma}). \tag{12.38}$$

여기서 σ_1, σ_2와 σ_3는 세 개의 Pauli 행렬이다. 귀띔: 이것은 hermitian이어야 하고, 대각합은 1이어야 한다.

(b) 문헌에서 $\mathbf{a}$는 **Bloch 벡터**로 알려져 있다. $|\mathbf{a}| = 1$일 때만 ρ는 순수 상태이고, 혼합 상태에 대해서는 $|\mathbf{a}| < 1$임을 증명하라. 귀띔: 문제 12.6(c)를 이용하라. 따라서 스핀 1/2인 입자에 대한 모든 밀도 행렬은 반지름 1인 **Bloch 구**에 있는 한 점에 대응된다. 표면 위의 점은 순수 상태이고, 내부의 점은 혼합 상태이다.

(c) 다음의 경우 S_z를 측정했을 때 $+\hbar/2$를 얻을 확률을 구하라. (i) 북극[$\mathbf{a} = (0, 0, 1)$], (ii) 구의 중심[$\mathbf{a} = (0, 0, 0)$], (iii) 남극[$\mathbf{a} = (0, 0, -1)$].

(d) Bloch 벡터가 방위각 ϕ에서 적도에 있을 때 이 계의 (순수) 상태를 표현하는 스피너 χ를 구하라.

12.3.3 부분계

밀도 행렬을 도입하는 다른 분야가 있다. 전자/양전자 쌍의 단일항 스핀 배열

$$\frac{1}{\sqrt{2}}\left(|\uparrow\downarrow\rangle - |\downarrow\uparrow\rangle\right) \tag{12.39}$$

와 같은 얽힌 상태이다. 단지 양전자에만 관심이 있다고 하자. 그 상태는 무엇인가? 정확하게 말할 수 없다. 측정을 하면 (반반의 확률로) 윗방향 스핀이나 아랫방향 스핀을 얻을 수 있다. 이것은 무지함과 전혀 관련이 없다. 계의 상태는 정확하게 알고 있다. 그러나 (양전자인) 부분계 자체는 순수 상태가 아니다. 양전자에 대해서만 말하는 것을 고집한다면 할 수 있는 최선의 방법은 그 밀도 행렬

$$\rho = \begin{pmatrix} 1/2 & 0 \\ 0 & 1/2 \end{pmatrix} \tag{12.40}$$

을 구하는 것이고, 이것은 50/50의 혼합을 나타낸다.

물론 이것은 양전자가 특정한 (하지만 알려져 있지 않은) 스핀 상태에 있는 것을 나타내는 밀도 행렬과 같다(예제 12.2). 이것을 **부분계** 밀도 행렬이라고 부르고, **무지한** 밀도 행렬과 구별하겠다. EPRB 모순으로 이 차이를 보일 수 있다. 전자 스핀을 측정하기 전에는 양전자 (홀로) "부분계" 밀도 행렬(식 12.40)로 표현한다. 전자를 측정하면 양전자는 특정한 상태가 되지만…(멀리 있는 양전자 검출기에 있는) 우리는 어느 상태에 있는지 알지 못한다. 양전자는 이제 "무지한" 밀도 행렬(식 12.36)로 표현된다. 그러나 두 밀도 행렬은 똑같다! 양전자 상태에 대한 기술은 전자의 측정에 의해 바뀌지 않는다. 바뀐 것은 밀도 행렬 수식을 사용하는 이유이다.

12.4 무복제 정리

양자 측정은 측정을 통해 측정된 계의 상태가 바뀐다는 의미에서 전형적으로 **파괴적**이다. 이 때문에 실험실에서 불확정성 원리가 적용된다. 왜 원래 상태의 똑같은 복사판(**복제**)을 여러 개 만들고, 이들을 측정해서 계를 변하지 않게 하지 않을까 궁금할 것이다. 그럴 수 없다. 정말로 복제기구("양자 복사기")를 만들려면 양자역학은 심각하게 바뀌어야 한다.

예를 들어 EPRB 기구를 사용하여 빛보다 빠를 신호를 보내는 것이 가능할 것이다.[20] 전자 검출기 관측자("영희"로 부르자)가 양전자 검출기 관측자("철수")에게 보낸 신호가 "네"("폭탄을 떨어뜨려라")이거나 "아니오"라고 하자. 신호가 "네"라면 영희는 (전자의) S_z를 측정한다. 어떤 결과를 얻을지는 신경 쓰지 말라. 중요한 것은 측정을 한다는 것이다. 왜냐하면 이것은 양전자는 이제 순수 상태 ↑ 또는 ↓에 있다는 것이다. (어느 것인지는 중요하지 않다.) 만일 영희가 "아니오"라고 하면 S_x를 측정하고, 이것은 양전자가 이제는 특정한 상태 ← 혹은 →에 있다(어느 것인지는 중요하지 않다). 어떤 경우든 철수는 양전자를 백만 개 복제하고 반은 S_z를 측정하고, 나머지 반은 S_x를 측정한다. 첫 번째 반이 모두 같은 상태(모두 ↑이거나 모두 ↓)에 있다면

[20] 1975년 무렵부터 시작하여 소위 "기본 물리 집단"이 빛보다 빠른 통신에 대한 점점 더 천재적인 일련의 방법을 제안했고, 이에 대해 더 복잡한 일련의 반박이 촉발되어 결국 무복제 정리가 나타났다. 이것이 잘못 시작된 전체 작업을 정지시켰다. 멋진 설명을 보려면 Kaiser의 *How the Hippies Saved Physics*의(470쪽의 각주 11) 11장을 참조하라.

영희는 틀림없이 S_z를 측정했을 것이고, 신호는 "네"이다. (S_x의 집단은 50/50으로 섞여 있다.) 모든 S_x 측정이 같은 값을 낸다면(모두 ← 혹은 모두 →) 영희는 S_x를 측정했고, 신호는 "아니오"이다(이 경우 S_z를 측정하면 50/50으로 섞여 있다).

이것은 작동하지 않는다. 왜냐하면 Wootters, Zurek과 Dieks가 1982년에 증명했듯이 양자 복사기를 만들 수 없다.[21] 대략적으로 상태 $|\psi\rangle$에 있는 입자(복사할 상태)와 두 번째 입자를 상태 $|X\rangle$("백지")에 넣어 입력하고 상태 $|\psi\rangle$에 두 개의 입자(원본과 복사)를 만들어내고 싶다.

$$|\psi\rangle|X\rangle \rightarrow |\psi\rangle|\psi\rangle. \tag{12.41}$$

상태 $|\psi_1\rangle$을 성공적으로 복제하는 도구를 만들었다고 하고

$$|\psi_1\rangle|X\rangle \rightarrow |\psi_1\rangle|\psi_1\rangle \tag{12.42}$$

또한 상태 $|\psi_2\rangle$에 대해서도 작동한다고 하자.

$$|\psi_2\rangle|X\rangle \rightarrow |\psi_2\rangle|\psi_2\rangle. \tag{12.43}$$

($|\psi_1\rangle$과 $|\psi_2\rangle$는 예컨대 입자가 전자라면 윗방향 스핀과 아랫방향 스핀일 수 있다.) 지금까지는 좋다. 그러나 선형결합 $|\psi\rangle = \alpha|\psi_1\rangle + \beta|\psi_2\rangle$은 어떻게 되는가? 당연히 다음을 얻는다.[22]

$$|\psi\rangle|X\rangle \rightarrow \alpha|\psi_1\rangle|\psi_1\rangle + \beta|\psi_2\rangle|\psi_2\rangle. \tag{12.44}$$

이것은 원하는 것이 아니다. 원하는 것은 다음과 같다.

$$\begin{aligned}|\psi\rangle|X\rangle \rightarrow |\psi\rangle|\psi\rangle &= [\alpha|\psi_1\rangle + \beta|\psi_2\rangle][\alpha|\psi_1\rangle + \beta|\psi_2\rangle] \\ &= \alpha^2|\psi_1\rangle|\psi_1\rangle + \beta^2|\psi_2\rangle|\psi_2\rangle + \alpha\beta[|\psi_1\rangle|\psi_2\rangle + |\psi_2\rangle|\psi_1\rangle].\end{aligned} \tag{12.45}$$

윗방향 스핀의 전자와 아랫방향 스핀의 전자를 복제하는 기계는 만들 수 있지만 (S_x의 고유상태와 같은) 임의의 선형결합에 대해서는 실패할 것이다. 이것은 마치 수직선과 수평선을 복사하는 복사기는 있지만, 대각선은 완전히 왜곡시킨다.

무복제 정리는 양자역학을 빛보다 빠른 통신(따라서 특수 상대론과 벗어날 수 없는 모순)으로부터 "단지" 보호하는 것을 넘어서는 중요한 것이 있다.[23] 특히 도청을 감지하기 위해 이 정리를 이용하는 **양자 암호학** 분야가 생겨났다.[24] 이번에는 영희와 철수가 귀찮게 실제로 얼굴을 맞대고 만나지 않고 신호를 해독하는 열쇠를 공유하고 싶다. 영희가 열쇠(일련의 숫자)를 철수에게 조심스럽게 준비된 일련의 광자를 이용하여 보낸다.[25] 그러나 그들의 적인 미나가 이 통신을 가로채어 그들이 모르게 암호를 해독할지 모른다고 걱정하고 있다. 영희는 일련의 광자를 네 개의 다른 상태로 준비한다. 선형 편광(수평 $|H\rangle$과 수직 $|V\rangle$), 그리고 원형 편광(왼쪽 $|L\rangle$과 오른

[21] W. K. Wootters, W. H. Zurek, *Nature* **299**, 802 (1982), D. Dieks, *Phys. Lett.* **A 92**, 271 (1982).

[22] 이것은 도구가 상태 $|\psi\rangle$에 대해 반드시 그래야 하지만 선형으로 작용한다는 것을 가정한다. 왜냐하면 (이 과정을 지배하는) 시간에 의존하는 Schrödinger 방정식이 선형이기 때문이다.

[23] 무복제 정리는 **양자 정보 이론**, **"순간 이동"**과 **양자 계산**에 대한 기초 중의 하나이다. 간단한 역사와 풍부한 참고서적을 보려면 F. W. Strauch, *Am. J. Phys.* **84**, 495 (2016)을 참조하라.

[24] 요약을 보려면 W. K. Wootters, W. H. Zurek, *Physics Today,* 2009 2월호, 76쪽을 참조하라.

[25] 전자도 좋겠지만, 전통적으로 이 이야기에서는 광자를 사용한다. 그런데 얽힘은 포함되지 않고 서두를 필요가 없다. 이것은 EPR 혹은 빛보다 빠른 신호와는 전혀 상관없다.

쪽 $|R\rangle$)된 광자를 철수에게 보낸다. 미나는 광자를 잡아 복제하고, 원래의 광자를 여전히 모르고 있는 철수에게 보낸다(나중에 영희와 철수는 광자 시료에 대한 기록을 비교하여 방해 받지 않은 것을 확인할 것이다. 이것이 미나가 들키지 않고 이들을 완벽하게 복제한 이유이다). 그러나 무복제 정리에 의하면 미나의 복사기는 실패할 것이라는 것을 보장한다.[26] 영희와 철수는 시료를 비교할 때 도청을 알아낼 수 있다(그러면 아마도 열쇠를 버릴 것이다).

12.5 Schrödinger의 고양이

측정 과정은 양자역학에서 짓궂은 역할을 한다. 여기서 불확정성, 비국소성, 파동함수의 붕괴, 그리고 모든 개념적인 어려움이 나타난다. 측정을 하지 않으면 파동함수는 Schrödinger 방정식에 의해 여유롭게 결정적인 방법으로 변화하고, 양자역학은 (예컨대 고전전자기학보다 훨씬 단순한) 보통의 장론처럼 보인다[왜냐하면 두 개의 장($\mathbf{E}$와 $\mathbf{B}$) 대신 한 개의 장(Ψ)이고, 이것은 스칼라이다]. 양자역학이 놀랍게도 풍부하고 미묘한 것은 바로 측정 과정의 이상한 역할 때문이다. 그러나 측정이란 정확하게 무엇인가? 이것이 왜 다른 물리적인 과정과 매우 다른가?[27] 그리고 측정이 일어났다는 것을 어떻게 알 수 있는가?

Schrödinger는 이 근본적인 문제를 완벽하게 그의 유명한 **고양이 모순**에서 제기했다.[28]

> 고양이가 다음과 같은 기묘한 장치와 함께 금속 상자 안에 있다. Geiger 계수기 안에는 소량의 방사능 물질이 있어서 한 시간 안에 원자 중 한 개만 붕괴하지만, 같은 확률로 전혀 붕괴하지 않을 수도 있다. 붕괴하면 계수기가 작동되어 이에 연결된 작은 망치가 청산가리 병을 깬다. 이 전체 계를 한 시간 동안 놓았을 때 아무 원자도 붕괴하지 않으면 고양이는 살아있다고 말할 것이다. 첫 번째 붕괴는 고양이를 죽였을 것이다. 전체 계의 파동함수는 이것을 살아 있고, 죽어 있는 고양이의 동등한 부분이 포함된 것으로 표현할 것이다.

한 시간이 지난 후 고양이의 파동함수를 대략 나타내면

$$\psi = \frac{1}{\sqrt{2}}(\psi_{\text{alive}} + \psi_{\text{dead}}) \tag{12.46}$$

일 것이다. 고양이는 살아 있지도, 죽어 있지도 않고, 측정을 할 때까지, 예컨대 확인하기 위해 창문을 들여다 볼 때까지 두 상태의 선형결합일 것이다. 관측한 순간 관측으로 인해 고양이가

---

[26] 영희와 철수가 단지 두 개의 직교하는 광자 상태(예컨대 $|H\rangle$와 $|V\rangle$)만 사용할 정도로 어리석다면 미나는 운좋게도 두 상태를 충실히 복제하는 양자 복사기를 사용할 것이다. 그러나 ($|R\rangle$이나 $|L\rangle$과 같은) 복잡한 선형결합을 사용하는 한 복제는 반드시 실패하고 도청은 감지된다.

[27] 계와 측정 장치를 하나의 큰 파동함수로 다루고, 이 파동함수는 Schrödinger 방정식에 따라 변화한다는 것을 주장하며, 이러한 차이를 무시하는 학파가 있다. 이와 같은 이론에서는 파동함수의 붕괴는 없지만, 개별적인 사건을 기술하는 것에 대한 희망은 포기해야 한다. (이 관점에서) 양자역학은 똑같이 준비된 계의 앙상블에만 적용된다. 예를 들어 Philip Pearle, *Am. J. Phys.* **35**, 742 (1967) 또는 Leslie E. Ballentine, *Quantum Mechanics: A Modern Development*, 2nd edn, World Scientific, Singapore (1998)을 참조하라.

[28] E. Schrödinger, *Naturwiss*, **48**, 52 (1935). 이에 대한 번역은 Josef M. Jauch, *Foundations of Quantum Mechanics*, Addison-Wesley, Reading, MA (1968) 185쪽에 있다.

죽든 살든 한 상태가 될 것이다. 그리고 고양이가 죽었다면 고양이를 실제로 죽인 것은 창문 안을 바라본 관측자이다.

Schrödinger는 이것이 말도 되지 않는다고 생각했고, 대부분의 사람들도 이에 동의할 것이다. 거시적인 물체가 두 개의 뚜렷이 다른 상태의 선형결합이 된다는 바로 그 생각에 엉터리인 부분이 있다. 전자는 위 스핀과 아래 스핀의 선형결합일 수 있지만, 고양이는 단순히 살아 있는 것과 죽어 있는 것의 선형결합으로 있을 수 없다. 그렇지만 이것을 양자역학과 어떻게 타협할 수 있는가?

Schrödinger 고양이 모순으로 인해 "양자역학에서 '측정'을 구성하는 것은 무엇인가?"라는 질문에 접하게 된다. 열쇠 구멍 안을 들여다봤을 때 정말 "측정"이 일어난 것인가? 혹은 원자가 붕괴했을 때(혹은 하지 않았을 때)처럼 훨씬 먼저 일어났는가? 혹은 Geiger 검출기가 붕괴를 기록했을 때(혹은 하지 않았을 때), 혹은 망치가 청산가리를 쳤을 때(혹은 치지 않았을 때)인가? 역사적으로 이 질문에 많은 답이 있었다. Wigner는 측정은 인간 의식이 개입되어야 한다고 주장했다. Bohr는 (양자역학의 법칙을 따르는) 미시계와 (고전적인 법칙으로 기술되는) 거시적인 측정 장치와 상호작용을 의미한다고 생각했다. Heisenberg는 측정은 영구적인 기록이 남을 때 일어난다고 주장했다. 다른 사람들은 특정의 불가역적인 성질을 지적했다. 당혹스러운 사실은 어떤 규정도 전적으로 만족스럽지 않다는 것이다. 대부분의 물리학자들은 측정은 창문을 들여다보기 훨씬 전에 (고양이는 살아 있거나 죽어 있고) 일어나지만 시점 혹은 이유에 대해 진정으로 의견이 일치하지는 않는다.

그리고 이것으로 인해 왜 거시적인 계가 두 개의 분명히 다른 상태의 선형결합이 될 수 없는지, 예컨대 야구공이 서울과 부산에 있는 선형결합이 될 수 없는지에 대한 깊은 의문이 남는다. 야구공을 이와 같은 상태에 넣었다고 하면 어떤 일이 일어날까? 어떤 궁극적인 의미에서는 거시적 계 자체가 양자역학적 법칙으로 기술되어야 한다. 그러나 첫 번째 예로 파동함수는 개별적인 기본 입자를 나타낸다. 거시적 물체의 파동함수는 10^{23}개의 구성 입자의 파동함수로 만들어진 매우 복잡한 구조일 것이다. 그리고 주변 환경으로부터 끊임없는 충격을 받을 것이다.[29] 즉 계속 "측정"되고 붕괴할 것이다. 아마 이 과정에서 "고전적인" 상태는 통계적으로 말해야 하고, 실제로 선형결합은 거의 순간적으로 일상 생활에서 접하는 보통의 배열 중의 하나로 지워질 것이다. 이 현상을 **결깨짐**이라고 하고, 비록 이것이 여전히 이해되지는 않지만, 양자역학이 고전적인 영역에서 고전역학으로 환원되는 기본적인 작용처럼 보인다.[30]

• • • • • •

이 책에서 일관성 있는 이야기를 하려고 노력했다. 파동함수(Ψ)는 입자(혹은 계)의 상태를 표현하고, 입자는 일반적으로 측정을 하기 전에는 (위치, 운동량, 에너지, 각운동량 등의) 특정한 동적인 성질을 갖지 않는다. 주어진 실험에서 특정한 값을 얻을 확률은 Ψ의 통계적인 해석으로 결정된다. 측정을 하면 파동함수는 붕괴되므로 바로 직후에 반복된 측정에서는 반드시 같은 결과

---

[29] 거의 완벽한 진공 속에 넣고, 실제로 절대 0도에 가깝게 낮추고, 우주 배경 복사로부터 차단한 경우라도 이것은 사실이다. 한 개의 전자가 오랜 시간 동안 모든 접촉을 피하는 것을 상상할 수 있지만, 거시적인 물체는 그렇지 않다.

[30] 예를 들어 M. Schlosshauer, *Decoherence and the Quantum-to-Classical Transition*, Springer (2007)이나 W. H. Zurek, *Physics Today*, 2014, 10월호, 44쪽을 참조하라.

를 얻는다. 다른 가능한 해석으로는 비국소적인 숨은 변수 이론, "다세계" 묘사, "일관성 있는 역사", 앙상블 모형 등이 있다. 그러나 양자역학이 개념적으로 가장 단순하고, 틀림없이 대부분의 물리학자들이 오늘날 공유하는 것이다.[31] 오랜 시간 동안 시험을 통과했고, 모든 실험적인 도전에도 상처받지 않고 남았다. 그러나 이것이 모든 것일 수는 없다고 믿는다. 적어도 측정의 성질과 붕괴 작용에 대해서는 배울 것이 많다. 그리고 미래 세대가 더 정교한 이론의 관점에서 돌아보고 왜 그렇게 우리가 잘 속아 넘어 갔는지 의아하게 생각할 수도 있다.

---

[31] Daniel Styer 등, *Am. J. Phys.* **70**, 288 (2002) 참조.

부록
선형대수 *Linear Algebra*

선형대수는 1학년 물리학에서 만나는 보통 벡터의 계산을 추상화하고 일반화한다. 다음과 같은 두 방향으로 일반화한다. (1) 스칼라는 복소수도 허용한다, (2) 삼차원에 국한하지 않는다.

A.1 벡터

벡터 공간은 **벡터**의 집합($|\alpha\rangle$, $|\beta\rangle$, $|\gamma\rangle, \ldots$)과 **스칼라**의 집합($a, b, c, \ldots$)으로[1] 구성되어 있다. 이것은 벡터의 덧셈과 스칼라의 곱셈의 두 가지 연산에 대해 **닫혀 있다**.[2]

• 벡터 덧셈

임의의 두 벡터의 "합"은 다른 벡터이다.

$$|\alpha\rangle + |\beta\rangle = |\gamma\rangle\,. \tag{A.1}$$

벡터 덧셈은 **교환 법칙**이 성립한다.

$$|\alpha\rangle + |\beta\rangle = |\beta\rangle + |\alpha\rangle. \tag{A.2}$$

그리고 **결합 법칙**이 성립한다.

$$|\alpha\rangle + (|\beta\rangle + |\gamma\rangle) = (|\alpha\rangle + |\beta\rangle) + |\gamma\rangle\,. \tag{A.3}$$

그리고 **영 벡터**가[3] 존재하며, 모든 벡터 $|\alpha\rangle$에 대해

$$|\alpha\rangle + |0\rangle = |\alpha\rangle \tag{A.4}$$

의 성질이 있다. 그리고 모든 벡터 $|\alpha\rangle$에 대해 **역벡터**($|-\alpha\rangle$)가 존재하며[4]

$$|\alpha\rangle + |-\alpha\rangle = |0\rangle \tag{A.5}$$

의 성질이 있다.

• 스칼라 곱셈

임의의 벡터에 임의의 스칼라를 "곱하면" 다른 벡터를 얻는다.

---

[1] 여기서 스칼라는 일반적인 복소수이다. 수학자들은 더 이색적인 장에 대한 벡터 공간에 대해 말하지만, 그와 같은 것은 양자역학에서 아무런 역할도 하지 않는다. $\alpha, \beta, \gamma \ldots$ 는 (보통의) 숫자가 아니라는 것에 주목하라. 이들은 이름(지표)이다. 예컨대 "철수" 혹은 "F43A-9GL," 혹은 무엇이든 관심 있는 벡터를 지정하는 데 사용한다.

[2] 즉 이 연산은 언제나 잘 정의되어 있고, 이로 인해 벡터 공간 바깥으로 나가지 않는다.

[3] 혼동이 없을 때에는 관습적으로 영 벡터에 괄호를 없애고 쓴다. $|0\rangle \to 0$.

[4] α는 숫자가 아니므로, 이것은 우스운 표기이다. 이름이 "철수"인 벡터의 역원을 단지 이름 "−철수"로 부르겠다. 더 자연스러운 용어는 곧 나타날 것이다.

$$a|\alpha\rangle = |\gamma\rangle\,. \tag{A.6}$$

스칼라 곱셈은 벡터 덧셈에 대해 **분배 법칙**을 만족한다.

$$a\left(|\alpha\rangle + |\beta\rangle\right) = a|\alpha\rangle + a|\beta\rangle. \tag{A.7}$$

그리고 스칼라 덧셈에 대해서는

$$(a+b)\,|\alpha\rangle = a|\alpha\rangle + b|\alpha\rangle \tag{A.8}$$

을 만족한다. 또한 스칼라의 보통의 곱셈에 대해서는 **결합 법칙**을 만족한다.

$$a\left(b|\alpha\rangle\right) = (ab)\,|\alpha\rangle. \tag{A.9}$$

스칼라 0과 1을 곱하면 예상한 결과

$$0|\alpha\rangle = |0\rangle\,; \quad 1|\alpha\rangle = |\alpha\rangle \tag{A.10}$$

을 얻는다. 명백히 $|-\alpha\rangle = (-1)|\alpha\rangle$이다. (이로 인해 단순히 $-|\alpha\rangle$로 쓴다.)

사실 이보다 훨씬 많은 내용이 있다. 여기서는 벡터를 계산하는 친근한 규칙을 추상적인 용어로 쓴 것뿐이다. 이와 같은 추상화의 특징은 우리의 지식과 직관을 이용하여 보통 벡터의 행동을 같은 성질을 공유하는 다른 계에 적용할 수 있다는 것이다.

벡터 $|\alpha\rangle, |\beta\rangle, |\gamma\rangle, \ldots,$의 **선형결합**은

$$a|\alpha\rangle + b|\beta\rangle + c|\gamma\rangle + \cdots. \tag{A.11}$$

의 형태이다. 벡터 $|\lambda\rangle$는 $|\alpha\rangle, |\beta\rangle, |\gamma\rangle, \ldots$의 선형결합으로 쓸 수 없다면 이 집합과 **선형 독립**이라고 한다. (예를 들어 삼차원에서 단위 벡터 $\hat{k}$는 $\hat{\imath}$와 $\hat{\jmath}$에 대해 선형 독립이지만 xy 평면에 있는 임의의 벡터는 $\hat{\imath}$와 $\hat{\jmath}$에 선형 종속이다.) 이를 확장하여 벡터의 집합은 각각의 벡터가 나머지에 대해 선형 독립이면 "선형 독립"이라고 한다. 모든 벡터가 한 집합 안의 벡터들의 선형결합으로 쓸 수 있으면, 이 벡터들의 모임은 이 공간을 **생성**한다고 한다.[5] 공간을 생성하는 선형 독립인 벡터의 집합을 **기준**이라고 부른다. 임의의 기준을 구성하는 벡터의 수를 공간의 **차원**이라고 한다. 당분간 차원(n)은 유한하다고 가정하겠다.

주어진 기준

$$|e_1\rangle\,,\ |e_2\rangle\,,\ \ldots,\ |e_n\rangle \tag{A.12}$$

에 대해 임의의 주어진 벡터

$$|\alpha\rangle = a_1|e_1\rangle + a_2|e_2\rangle + \cdots + a_n|e_n\rangle \tag{A.13}$$

은 (순서가 있는) n개의 **성분**으로 유일하게 표현된다.

$$|\alpha\rangle \leftrightarrow (a_1, a_2, \ldots, a_n)\,. \tag{A.14}$$

종종 추상적인 벡터 자체보다는 성분으로 계산하는 것이 더 쉽다. 벡터를 더할 때에는 대응하는

[5] 공간을 생성하는 벡터의 집합은 완전하다고 한다. 하지만 이 용어는 수렴에 대한 미묘한 문제가 생길 때 무한 차원의 경우에 대해 사용할 것이다.

성분을 더하면 된다.

$$|\alpha\rangle + |\beta\rangle \leftrightarrow (a_1 + b_1, a_2 + b_2, \ldots, a_n + b_n). \tag{A.15}$$

스칼라를 곱할 때에는 각 성분을 곱하면 된다.

$$c|\alpha\rangle \leftrightarrow (ca_1, ca_2, \ldots, ca_n). \tag{A.16}$$

영 벡터는 성분이 0인 숫자로 표현한다.

$$|0\rangle \leftrightarrow (0, 0, \ldots, 0). \tag{A.17}$$

그리고 역벡터의 성분은 부호를 바꾼다.

$$|-\alpha\rangle \leftrightarrow (-a_1, -a_2, \ldots, -a_n)\,. \tag{A.18}$$

성분으로 계산할 때 유일한 단점은 특정한 기준을 정해야 하고, 다른 기준을 사용하면 같은 계산이 어떤 사람에게는 매우 다르게 보일 수도 있다는 것이다.

문제 A.1 삼차원에서 복소수 성분을 갖는 보통 벡터 $\left(a_x\hat{\imath} + a_y\hat{\jmath} + a_z\hat{k}\right)$를 고려하자.

(a) $a_z = 0$인 모든 벡터의 부분 집합은 벡터 공간을 이루는가? 그렇다면 그 차원은 무엇이며, 아니라면 그 이유를 제시하라.

(b) z 성분이 1인 모는 벡터의 부분 집합은 어떤가? 귀띔: 이와 같은 두 개의 벡터의 합은 이 부분 집합 안에 있는가? 영 벡터는 어떤가?

(c) 모든 성분이 같은 벡터의 부분 집합은 어떤가?

* **문제 A.2** (복소수 계수를 갖는) x의 차수 $< N$인 모든 다항식의 집합을 고려하자.

(a) 이 집합은 (다항식을 "벡터"로 하는) 벡터 공간을 이루는가? 그렇다면 편리한 기준을 제안하고, 이 공간의 차원을 구하라. 그렇지 않다면 어느 정의하는 성질이 빠져 있는가?

(b) 다항식이 짝함수라고 하면 어떻게 되는가?

(c) 처음 계수(즉 x^{N-1}의 계수)가 1이라고 지정하면 어떻게 되는가?

(d) 다항식이 $x = 1$에서 0의 값을 갖는다고 하면 어떻게세 되는가?

(e) 다항식이 $x = 0$에서 1의 값을 갖는다고 하면 어떻게 되는가?

문제 A.3 주어진 기준에 대해 벡터의 성분은 유일하다는 것을 증명하라.

A.2 내적

삼차원에서는 주 종류의 벡터곱이 있다. 점곱과 가위곱이다. 후자는 n차원 벡터 공간으로 일반화하는 자연스러운 방법이 없지만, 전자는 있다. 이러한 관점에서 이것을 **내적**이라고 부른다. 벡터 $|\alpha\rangle$와 $|\beta\rangle$의 내적은 ($\langle\alpha|\beta\rangle$로 쓰는) 복소수이고, 다음의 성질이 있다.

$$\langle \beta \,|\, \alpha \rangle = \langle \alpha \,|\, \beta \rangle^*. \tag{A.19}$$

$$\langle \alpha \,|\, \alpha \rangle \geq 0, \quad \text{그리고} \ \langle \alpha \,|\, \alpha \rangle = 0 \Leftrightarrow |\alpha\rangle = |0\rangle. \tag{A.20}$$

$$\langle \alpha | \left(b\,|\beta\rangle + c\,|\gamma\rangle \right) = b\,\langle \alpha \,|\, \beta \rangle + c\,\langle \alpha \,|\, \gamma \rangle. \tag{A.21}$$

복소수로 일반화한 것을 제외하고 이 공리는 단지 내적의 친숙한 성질을 표현한 것이다. 내적이 정의된 벡터 공간을 **내적 공간**이라고 한다.

임의의 벡터를 자신과 내적한 것은 음이 아닌 수이므로(식 A.20) 그 제곱근은 실수이고, 이 것을 벡터의 **크기**라고 한다.

$$\|\alpha\| \equiv \sqrt{\langle \alpha | \alpha \rangle}. \tag{A.22}$$

이것이 "길이"를 일반화한 것이다. (크기가 1인) **단위 벡터**는 **규격화**되었다고 한다. 내적이 0인 벡터는 ("수직"이라는 개념을 일반화하여) **직교**한다고 한다. 서로 직교하는 규격화된 벡터의 집합

$$\langle \alpha_i \,|\, \alpha_j \rangle = \delta_{ij}. \tag{A.23}$$

을 **직교규격화된 집합**이라고 한다. **직교규격화 기준**을 선택하는 것은 항상 가능하고(문제 A.4 참조) 매우 편리하다. 이 경우 두 벡터의 내적은 그 성분으로 매우 깔끔하게 쓸 수 있다.

$$\langle \alpha | \beta \rangle = a_1^* b_1 + a_2^* b_2 + \cdots + a_n^* b_n. \tag{A.24}$$

크기의 제곱은

$$\langle \alpha \,|\, \alpha \rangle = |a_1|^2 + |a_2|^2 + \cdots + |a_n|^2 \tag{A.25}$$

이고, 성분 자체는

$$a_i = \langle e_i | \alpha \rangle \tag{A.26}$$

이다. (이 결과는 삼차원 직교규격화 기준 $\hat{\imath}$, $\hat{\jmath}$, $\hat{k}$에 대해 친숙한 공식 $\mathbf{a}\cdot\mathbf{b} = a_x b_x + a_y b_y + a_z b_z$, $|\mathbf{a}|^2 = a_x^2 + a_y^2 + a_z^2$와 $ax = \hat{\imath}\cdot\mathbf{a}$, $a_y = \hat{\jmath}\cdot\mathbf{a}$, $a_z = \hat{k}\cdot\mathbf{a}$를 일반화한 것이다. 이제부터 특별히 언급하지 않는 한 직교규격화된 기준을 사용할 것이다.

일반화하고 싶은 다른 기하학적인 양은 두 벡터 사이의 각도이다. 보통의 벡터 분석에서 $\cos\theta = (\mathbf{a}\cdot\mathbf{b})/|\mathbf{a}|\,|\mathbf{b}|$이지만, 내적은 일반적으로 복소수이므로 (임의의 내적 공간에서) 유사한 공식은 (실수) 각도 θ를 정의하지 않는다. 그럼에도 불구하고, 이 양의 절대값은 1보다 크지 않다.

$$|\langle \alpha \,|\, \beta \rangle|^2 \leq \langle \alpha \,|\, \alpha \rangle \langle \beta \,|\, \beta \rangle\,. \tag{A.27}$$

이 중요한 결과를 **Schwarz 부등식**이라고 한다. 이 증명은 문제 A.5에 있다. 그러므로 원한다면 $|\alpha\rangle$와 $|\beta\rangle$ 사이의 각도를 다음의 공식

$$\cos\theta = \sqrt{\frac{\langle \alpha \,|\, \beta \rangle \langle \beta \,|\, \alpha \rangle}{\langle \alpha \,|\, \alpha \rangle \langle \beta \,|\, \beta \rangle}} \tag{A.28}$$

로 정의할 수 있다.

* **문제 A.4** 직교하지 않는 기준($|e_1\rangle, |e_2\rangle, \ldots, |e_n\rangle$)에서 시작한다고 하자. 이로부터 직교규격화된 기준 ($|e_1'\rangle, |e_2'\rangle, \ldots, |e_n'\rangle$)을 얻는 체계적인 방법을 **Gram-Schmidt 과정**이라고 한다. 다음과 같이 진행한다.

(i) (크기로 나누어) 첫 번째 기준 벡터를 규격화한다.

$$|e_1'\rangle = \frac{|e_1\rangle}{\|e_1\|}.$$

(ii) 첫 번째 방향으로 두 번째 벡터를 투영하고 그 값을 뺀다.

$$|e_2\rangle - \langle e_1' \mid e_2\rangle \, |e_1'\rangle.$$

이 벡터는 $|e_1'\rangle$과 직교한다. 이를 규격화하여 $|e_2'\rangle$를 얻는다.

(iii) $|e_3\rangle$에서 $|e_1'\rangle$과 $|e_2'\rangle$에 대한 투영 성분을 뺀다.

$$|e_3\rangle - \langle e_1' \mid e_3\rangle \, |e_1'\rangle - \langle e_2' \mid e_3\rangle \, |e_2'\rangle.$$

이것은 $|e_1'\rangle$과 $|e_2'\rangle$에 직교한다. 이를 규격화하여 $|e_3'\rangle$을 얻는다. 이렇게 계속한다.

Gram-Schmidt 과정을 이용하여 3차원 기준 $|e_1\rangle = (1+i)\,\hat{\imath} + (1)\,\hat{\jmath} + (i)\,\hat{k}$, $|e_2\rangle = (i)\,\hat{\imath} + (3)\,\hat{\jmath} + (1)\,\hat{k}$, $|e_3\rangle = (0)\,\hat{\imath} + (28)\,\hat{\jmath} + (0)\,\hat{k}$을 직교규격화하라.

문제 A.5 Schwarz 부등식(식 A.27)을 증명하라. 귀띔: $|\gamma\rangle = |\beta\rangle - (\langle\alpha|\beta\rangle / \langle\alpha|\alpha\rangle)\,|\alpha\rangle$로 놓고 $\langle\gamma|\gamma\rangle \geq 0$을 이용하라.

문제 A.6 (식 A.28의 의미에서) 벡터 $|\alpha\rangle = (1+i)\,\hat{\imath} + (1)\,\hat{\jmath} + (i)\,\hat{k}$와 $|\beta\rangle = (4-i)\,\hat{\imath} + (0)\,\hat{\jmath} + (2-2i)\,\hat{k}$ 사이의 각도를 구하라.

문제 A.7 삼각 부등식 $\|(|\alpha\rangle + |\beta\rangle)\| \leq \|\alpha\| + \|\beta\|$을 증명하라.

A.3 행렬

모든 (삼차원 공간의) 벡터를 취하여 17을 곱하거나 모든 벡터를 z축에 대하여 39° 회전하거나, 모든 벡터를 xy 평면에 대해 반사시킨다고 하자. 이들은 모두 선형 변환의 예이다. **선형 변환**[6] ($\hat{T}$)은 벡터 공간에 있는 각각의 벡터를 취하여 다른 벡터로 “변환”시킨다($|\alpha\rangle \rightarrow |\alpha'\rangle = \hat{T}|\alpha\rangle$). 그리고 이 연산자는 임의의 벡터 $|\alpha\rangle$와 $|\beta\rangle$, 임의의 스칼라 a, b에 대해 선형이어야 한다.

$$\hat{T}\,(a|\alpha\rangle + b|\beta\rangle) = a\left(\hat{T}|\alpha\rangle\right) + b\left(\hat{T}|\beta\rangle\right). \tag{A.29}$$

특정한 선형 변환이 기준 벡터 집합을 어떻게 변형시키는지 알면 임의의 벡터를 어떻게 변형

[6] 이 장에서 선형 변환을 표시하기 위해 모자(^)를 사용하겠다. 이것은 (연산자에 모자를 씌우는) 본문의 관습과 어긋나지는 않는다. 왜냐하면 (보게 되겠지만) 양자 연산자는 선형 변환이기 때문이다.

시키는 지 쉽게 이해할 수 있다. 다음과 같은 선형 변환이 있다고 하자.

$$\hat{T}|e_1\rangle = T_{11}|e_1\rangle + T_{21}|e_2\rangle + \cdots + T_{n1}|e_n\rangle.$$
$$\hat{T}|e_2\rangle = T_{12}|e_1\rangle + T_{22}|e_2\rangle + \cdots + T_{n2}|e_n\rangle.$$
$$\cdots$$
$$\hat{T}|e_n\rangle = T_{1n}|e_1\rangle + T_{2n}|e_2\rangle + \cdots + T_{nn}|e_n\rangle.$$

혹은 더 간결하게 다음과 같이 쓸 수 있다.

$$\hat{T}\left|e_j\right\rangle = \sum_{i=1}^{n} T_{ij}|e_i\rangle, \quad (j = 1, 2, \ldots, n). \tag{A.30}$$

$|\alpha\rangle$가 임의의 벡터라면

$$|\alpha\rangle = a_1|e_1\rangle + a_2|e_2\rangle + \cdots + a_n|e_n\rangle = \sum_{j=1}^{n} a_j|e_j\rangle \tag{A.31}$$

이고,

$$\hat{T}|\alpha\rangle = \sum_{j=1}^{n} a_j\left(\hat{T}|e_j\rangle\right) = \sum_{j=1}^{n}\sum_{i=1}^{n} a_j T_{ij}|e_i\rangle = \sum_{i=1}^{n}\left(\sum_{j=1}^{n} T_{ij}a_j\right)|e_i\rangle \tag{A.32}$$

가 된다. $\hat{T}$는 $a_1, a_2, \ldots, a_n$의 성분을 가진 벡터를 성분이

$$a_i' = \sum_{j=1}^{n} T_{ij}a_j \tag{A.33}$$

인 벡터로 변환시킨다.[7] 따라서 n^2 **성분** T_{ij}는 (주어진 기준에 대해) 선형 변환 $\hat{T}$를 유일하게 규정한다. 이것은 n개의 성분 a_i가 (주어진 기준에서) 벡터 $|\alpha\rangle$를 유일하게 규정하는 것과 같다.

$$\hat{T} \leftrightarrow (T_{11}, T_{12}, \ldots, T_{nn}). \tag{A.34}$$

기준이 직교규격화되어 있으면 식 A.30으로부터

$$T_{ij} = \left\langle e_i \middle| \hat{T} \middle| e_j \right\rangle \tag{A.35}$$

가 된다.

이 복소수들을 **행렬**[8]의 형태로 표시하면 편리하다.

$$\mathsf{T} = \begin{pmatrix} T_{11} & T_{12} & \ldots & T_{1n} \\ T_{21} & T_{22} & \ldots & T_{2n} \\ \vdots & \vdots & & \vdots \\ T_{n1} & T_{n2} & \ldots & T_{nn} \end{pmatrix}. \tag{A.36}$$

---

[7] 식 A.30과 A.33 사이에 지수가 뒤집힌 것을 주목하라. 이것은 잘못 쓴 것이 아니다. 다른 방법으로 표현하면(식 A.30에서 $i \leftrightarrow j$로 바꾸는 것은) 성분이 T_{ij}와 변환하면, 기준 벡터는 T_{ji}와 변환한다.

[8] 정사각형 행렬을 표기할 때 굵은 대문자를 사용하겠다.

선형 변환을 공부하는 것은 행렬 이론으로 환원된다. 두 선형 변환의 합은 $\left(\hat{S}+\hat{T}\right)$ 자연스럽게

$$\left(\hat{S}+\hat{T}\right)|\alpha\rangle = \hat{S}|\alpha\rangle + \hat{T}|\alpha\rangle \tag{A.37}$$

로 정의한다. 이것은 행렬을 더하는 보통의 규칙과 일치한다. (해당되는 요소를 더한다.)

$$\mathsf{U} = \mathsf{S} + \mathsf{T} \;\Leftrightarrow\; U_{ij} = S_{ij} + T_{ij}. \tag{A.38}$$

두 선형 변환의 곱은 $\left(\hat{S}\hat{T}\right)$ 순서대로 $\hat{T}$ 먼저, 그리고 $\hat{S}$를 적용하여 구한다.

$$|\alpha'\rangle = \hat{T}|\alpha\rangle; \quad |\alpha''\rangle = \hat{S}|\alpha'\rangle = \hat{S}\left(\hat{T}|\alpha\rangle\right) = \hat{S}\hat{T}|\alpha\rangle. \tag{A.39}$$

어떤 행렬이 결합된 변환 $\hat{U} = \hat{S}\hat{T}$를 표현하는가? 이것을 구하는 것은 어렵지 않다.

$$a_i'' = \sum_{j=1}^{n} S_{ij}a_j' = \sum_{j=1}^{n} S_{ij}\left(\sum_{k=1}^{n} T_{jk}a_k\right) = \sum_{k=1}^{n}\left(\sum_{j=1}^{n} S_{ij}T_{jk}\right)a_k = \sum_{k=1}^{n} U_{ik}a_k.$$

그러므로

$$\mathsf{U} = \mathsf{ST} \;\Leftrightarrow\; U_{ik} = \sum_{j=1}^{n} S_{ij}T_{jk} \tag{A.40}$$

이다. 이것은 행렬을 곱하는 표준 규칙이다. 곱의 ik번째 요소를 구하려면 S의 i번째 열과 T의 k번째 행을 찾아 해당하는 항들 곱하고 더한다. 첫 행렬의 행의 수와 두 번째의 열의 수가 같은 한 똑같은 방법으로 정사각형 행렬을 곱할 수 있다. 특히 $|\alpha\rangle$의 n개의 성분을 $n \times 1$ **행 행렬**(즉 "행 벡터")로 쓴다면[9]

$$\mathsf{a} \equiv \begin{pmatrix} a_1 \\ a_2 \\ \vdots \\ a_n \end{pmatrix}. \tag{A.41}$$

변환 규칙(식 A.33)은 행렬의 곱으로 표현할 수 있다.

$$\mathsf{a}' = \mathsf{Ta}. \tag{A.42}$$

이제 행렬에 대한 용어를 소개하겠다.

- (물결표를 넣은 $\tilde{\mathsf{T}}$로 쓰는) **자리바꿈** 행렬은 같은 요소의 집합이지만 행과 열이 서로 바뀐 것이다. 특히 행 행렬의 자리바꿈은 **열 행렬**이다.

$$\tilde{\mathsf{a}} = \begin{pmatrix} a_1 & a_2 & \ldots & a_n \end{pmatrix}. \tag{A.43}$$

  정사각형 행렬에서는 자리바꿈은 **주대각선**(왼쪽 위에서 오른쪽 아래로)에 대해 반사하는 것에 해당한다.

[9] 열 행렬과 행 행렬에 대해 굵은 소문자를 사용하겠다.

$$\tilde{\mathsf{T}} = \begin{pmatrix} T_{11} & T_{21} & \dots & T_{n1} \\ T_{12} & T_{22} & \dots & T_{n2} \\ \vdots & \vdots & & \vdots \\ T_{1n} & T_{2n} & \dots & T_{nn} \end{pmatrix}. \tag{A.44}$$

(정사각형) 행렬은 자리바꿈과 같으면 **대칭**이고, 자리바꿈에 대해 부호가 바뀌면 **반대칭**이다.

$$\text{대칭: } \tilde{\mathsf{T}} = \mathsf{T}; \quad \text{반대칭: } \tilde{\mathsf{T}} = -\mathsf{T}. \tag{A.45}$$

• (별표를 붙여 T^*로 표시하는) 행렬의 (복소수) **켤레**는 각 요소의 복소수 켤레로 구성된다.

$$\mathsf{T}^* = \begin{pmatrix} T_{11}^* & T_{12}^* & \dots & T_{1n}^* \\ T_{21}^* & T_{22}^* & \dots & T_{2n}^* \\ \vdots & \vdots & & \vdots \\ T_{n1}^* & T_{n2}^* & \dots & T_{nn}^* \end{pmatrix}; \quad \mathsf{a}^* = \begin{pmatrix} a_1^* \\ a_2^* \\ \vdots \\ a_n^* \end{pmatrix}. \tag{A.46}$$

모든 요소가 실수이면 행렬은 **실수**이고, 모두 허수라면 행렬이 **허수**이다.

$$\text{실수: } \mathsf{T}^* = \mathsf{T}; \quad \text{허수: } \mathsf{T}^* = -\mathsf{T}. \tag{A.47}$$

• (단검 기호를 붙인 $\mathsf{T}^\dagger$로 나타내는) 행렬의 **hermitian 켤레**(혹은 **수반**)은 자리를 바꾸고 복소 켤레를 취하는 것이다.

$$\mathsf{T}^\dagger \equiv \tilde{\mathsf{T}}^* = \begin{pmatrix} T_{11}^* & T_{21}^* & \dots & T_{n1}^* \\ T_{12}^* & T_{22}^* & \dots & T_{n2}^* \\ \vdots & \vdots & & \vdots \\ T_{1n}^* & T_{2n}^* & \dots & T_{nn}^* \end{pmatrix}; \quad \mathsf{a}^\dagger \equiv \tilde{\mathsf{a}}^* = \begin{pmatrix} a_1^* & a_2^* & \dots & a_n^* \end{pmatrix}. \tag{A.48}$$

정사각형 행렬은 hermitian 켤레와 같으면 **hermitian**(혹은 **자기 수반**)이라고 한다. Hermitian 켤레를 취했을 때 부호가 바뀌면 행렬은 **빗 hermitian**(혹은 **반 hermitian**)이라고 한다.

$$\text{hermitian: } \mathsf{T}^\dagger = \mathsf{T}; \quad \text{빗 hermitian: } \mathsf{T}^\dagger = -\mathsf{T}. \tag{A.49}$$

이 표기법에서 (직교규격화된 기준에서—식 A.24) 두 벡터의 내적은 행렬의 곱으로 매우 깔끔하게 쓸 수 있다.

$$\langle \alpha | \beta \rangle = \mathsf{a}^\dagger \mathsf{b}. \tag{A.50}$$

이 단락에서 정의한 각각의 세 연산은 두 번 적용하면 원래의 행렬로 돌아온다는 것을 주목하라.

행렬의 곱은 일반적으로 교환하지 않는다($\mathsf{ST} \neq \mathsf{TS}$).두 순서 사이의 차이를 **교환자**라고[10] 한다.

$$[\mathsf{S}, \mathsf{T}] \equiv \mathsf{ST} - \mathsf{TS}. \tag{A.51}$$

곱의 자리바꿈은 자리바꿈의 곱의 순서를 뒤집은 것이다.

$$\left(\widetilde{\mathsf{ST}}\right) = \tilde{\mathsf{T}}\tilde{\mathsf{S}}. \tag{A.52}$$

[10] 물론 교환자는 정사각형 행렬에 대해서만 의미가 있다. 사각 행렬에 대해서는 두 순서는 심지어 같은 크기도 아니다.

(문제 A.11 참조.) 그리고 hermitian 켤레에 대해서도 같다.

$$(\mathsf{ST})^\dagger = \mathsf{T}^\dagger \mathsf{S}^\dagger. \tag{A.53}$$

(모든 벡터를 자기 자신으로 바꾸는 선형 변환을 나타내는) **단위 행렬**은 대각선에는 1이 있고 다른 곳은 모두 0이다.

$$\mathsf{I} \equiv \begin{pmatrix} 1 & 0 & \dots & 0 \\ 0 & 1 & \dots & 0 \\ \vdots & \vdots & & \vdots \\ 0 & 0 & \dots & 1 \end{pmatrix}. \tag{A.54}$$

다르게 표현하면

$$\mathsf{I}_{ij} = \delta_{ij}. \tag{A.55}$$

(정사각형) 행렬의 **역행렬**은(T^{-1}로 쓴다)은 명백한 방법으로 정의한다.[11]

$$\mathsf{T}^{-1}\mathsf{T} = \mathsf{T}\mathsf{T}^{-1} = \mathsf{I}. \tag{A.56}$$

행렬은 **행렬식**[12]이 0이 아닐 때만 존재한다. 사실

$$\mathsf{T}^{-1} = \frac{1}{\det \mathsf{T}} \tilde{\mathsf{C}} \tag{A.57}$$

이다. 여기서 C는 **여인수** 행렬[요소 T_{ij}의 여인수는 T에서 i번째 열과 j번째 행을 지운 부분 행렬의 행렬식에 $(-1)^{i+j}$를 곱한 것이다]이다. 역행렬이 존재하지 않는 행렬을 **특이 행렬**이라고 한다. (존재한다고 가정하면) 곱의 역행렬은 역행렬의 곱의 순서를 뒤집으면 된다.

$$(\mathsf{ST})^{-1} = \mathsf{T}^{-1}\mathsf{S}^{-1}. \tag{A.58}$$

역행렬이 hermitian 켤레와 같은 행렬을 **unitary** 행렬이라고 한다.[13]

$$\text{unitary: } \mathsf{U}^\dagger = \mathsf{U}^{-1}. \tag{A.59}$$

기준이 직교규격화 되어 있다고 가정하면 unitary 행렬의 행은 직교규격화 집합으로 구성되어 있고, 열도 그렇다(문제 A.12 참조). Unitary 행렬로 표현되는 선형 변환은 내적을 보존한다. 왜냐하면(식 A.50)

$$\langle \alpha' \mid \beta' \rangle = \mathsf{a}'^\dagger \mathsf{b}' = (\mathsf{Ua})^\dagger (\mathsf{Ub}) = \mathsf{a}^\dagger \mathsf{U}^\dagger \mathsf{U} \mathsf{b} = \mathsf{a}^\dagger \mathsf{b} = \langle \alpha | \beta \rangle \tag{A.60}$$

이기 때문이다.

---

[11] 왼쪽 역행렬과 오른쪽 역행렬은 같다는 것을 주목하라. 왜냐하면 $\mathsf{AT} = \mathsf{I}$이고 $\mathsf{BT} = \mathsf{I}$이면 (두 번째 식의 왼쪽에 A를 곱하고 첫 번째 관계를 이용하면) $\mathsf{B} = \mathsf{A}$를 얻는다.

[12] 행렬식을 어떻게 계산하는지 모두 알고 있다고 가정한다. 그렇지 않다면 Mary L. Boas, *Mathematical Methods in the Physical Sciences*, 3rd edn (John Wiley, New York, 2006), 3.3절을 참조하라.

[13] 실수 벡터 공간에서(즉 스칼라가 실수인 공간) hermitian 켤레는 자리바꿈과 같고, unitary 행렬은 **직교 행렬**이다. $\tilde{\mathsf{O}} = \mathsf{O}^{-1}$ 예를 들어 일반적인 삼차원에서 회전은 직교 행렬로 표현한다.

* **문제 A.8** 다음의 두 행렬

$$A = \begin{pmatrix} -1 & 1 & i \\ 2 & 0 & 3 \\ 2i & -2i & 2 \end{pmatrix}, \quad B = \begin{pmatrix} 2 & 0 & -i \\ 0 & 1 & 0 \\ i & 3 & 2 \end{pmatrix}$$

에 대해 다음을 계산하라. (a) $A + B$, (b) $A B$, (c) $[A,B]$, (d) $\tilde{A}$, (e) A^*, (f) $A^\dagger$, (g) $\det(B)$, (h) B^{-1}. $B B^{-1} = \mathbf{1}$임을 확인하라. A는 역행렬이 있는가?

* **문제 A.9** 문제 A.8에 있는 정사각형 행렬과 행 행렬

$$a = \begin{pmatrix} i \\ 2i \\ 2 \end{pmatrix}, \quad b = \begin{pmatrix} 2 \\ (1-i) \\ 0 \end{pmatrix}$$

을 이용하여 다음을 구하라. (a) Aa, (b) $a^\dagger b$, (c) $\tilde{a}Bb$, (d) $a\, b^\dagger$.

문제 A.10 다음의 행렬을 명시적으로 계산하여 임의의 행렬 T는 다음과 같이 쓸 수 있음을 증명하라.

(a) 대칭 행렬 S와 반대칭 행렬 A의 합.

(b) 실수 행렬 R과 허수 행렬 M의 합.

(c) Hermitian 행렬 H와 빗 hermitian 행렬 K의 합.

* **문제 A.11** 식 A.52, A.53과 A.58을 증명하라. 두 unitary 행렬의 곱은 unitary임을 보여라. 어떤 조건에서 두 hermitian 행렬의 곱이 hermitian이 되는가? 두 unitary 행렬의 합은 반드시 unitary인가? 두 hermitian 행렬의 합은 항상 hermitian인가?

문제 A.12 Unitary 행렬의 열과 행은 직교규격화된 집합을 이룬다는 것을 증명하라.

문제 A.13 $\det(\tilde{T}) = \det(T)$임을 주목하여 hermitian 행렬의 행렬식은 실수이고, unitary 행렬의 행렬식은 크기가 1(따라서 이름을 그렇게 지었다)이고, 직교 행렬(각주 13)의 행렬식 +1이거나 −1임을 증명하라.

A.4 기준 바꾸기

벡터의 성분은 물론 (임의의) 기준 선택에 의존하고, 선형 변환을 나타내는 행렬 요소도 그렇다. 이 숫자들이 다른 기준으로 바꿀 때 어떻게 변하는지 알고 싶다. 원래 기준 벡터 $|e_i\rangle$는 다른 모든 벡터와 마찬가지로 (적절한 복소수 S_{ij}의 집합에 대해) 새로운 기준 벡터 $|f_i\rangle$의 선형결합이다.

$$
\begin{aligned}
|e_1\rangle &= S_{11}|f_1\rangle + S_{21}|f_2\rangle + \cdots + S_{n1}|f_n\rangle.\\
|e_2\rangle &= S_{12}|f_1\rangle + S_{22}|f_2\rangle + \cdots + S_{n2}|f_n\rangle.\\
&\cdots\\
|e_n\rangle &= S_{1n}|f_1\rangle + S_{2n}|f_2\rangle + \cdots + S_{nn}|f_n\rangle.
\end{aligned}
$$

더 간결하게 쓰면 다음과 같다.

$$|e_j\rangle = \sum_{i=1}^{n} S_{ij}|f_i\rangle, \quad (j = 1, 2, \ldots, n). \tag{A.61}$$

이 자체가 선형 변환이다(식 A.30과 비교하라).[14] 그리고 바로 그 성분은

$$a_i^f = \sum_{j=1}^{n} S_{ij} a_j^e \tag{A.62}$$

로 변환한다는 것을 알고 있다(여기서 위첨자는 기준을 나타낸다). 행렬 형태로는 다음과 같다.

$$\mathsf{a}^f = \mathsf{S}\mathsf{a}^e. \tag{A.63}$$

선형 변환 $\hat{T}$를 나타내는 행렬은 어떤가? 이것은 기준을 바꾸면 어떻게 변화하는가? 원래 기준에서는(식 A.42)

$$\mathsf{a}'^e = \mathsf{T}^e \mathsf{a}^e$$

이었고, 양변에 S^{-1}을 곱하면 식 A.63은 $\mathsf{a}^e = \mathsf{S}^{-1}\mathsf{a}^f$가 되므로[15]

$$\mathsf{a}'^f = \mathsf{S}\mathsf{a}'^e = \mathsf{S}\left(\mathsf{T}^e\mathsf{a}^e\right) = \mathsf{S}\mathsf{T}^e\mathsf{S}^{-1}\mathsf{a}^f$$

이다. 따라서

$$\mathsf{T}^f = \mathsf{S}\,\mathsf{T}^e\mathsf{S}^{-1} \tag{A.64}$$

이다. 일반적으로 두 행렬(T_1과 T_2)은 어떤 (비특이) 행렬 S에 대해 $\mathsf{T}_2 = \mathsf{S}\mathsf{T}_1\mathsf{S}^{-1}$이면 **유사 행렬**이라고 한다. 방금 발견한 것은 다른 기준에 대해 같은 선형 변환을 나타내는 행렬은 유사 행렬이라는 것이다. 행렬 S가 unitary인 경우에만 첫 번째 기준이 직교규격화되어 있다면 두 번째 역시 직교규격화되어 있다(문제 A.16 참조). 언제나 직교규격화된 기준을 사용할 것이므로 주로 unitary 유사 변환에 관심이 있다.

주어진 선형 변환을 나타내는 행렬 요소는 새로운 기준에서 매우 다르게 보이겠지만, 행렬과 연관된 두 개의 숫자는 변하지 않는다. 그것은 행렬식과 **대각선합**이다. 곱의 행렬식은 행렬식의 곱이고 따라서

$$\det\left(\mathsf{T}^f\right) = \det\left(\mathsf{S}\,\mathsf{T}^e\mathsf{S}^{-1}\right) = \det(\mathsf{S})\det\left(\mathsf{T}^e\right)\det\left(\mathsf{S}^{-1}\right) = \det\mathsf{T}^e \tag{A.65}$$

---

[14] 그러나 전적으로 다른 관점을 주목하라. 이 경우 두 개의 전혀 다른 기준에서 봤을 때 똑같은 벡터에 대해 말하고 있고, 반면 이전에는 같은 기준에서 전혀 다른 벡터를 생각한 것이다.

[15] S^{-1}은 반드시 존재한다. S가 특이 행렬이면 $|f_i\rangle$는 공간을 생성하지 않으므로, 기준을 이루지 않을 것이다.

이다. 대각선 요소의 합인 대각선합은

$$\mathrm{Tr}(\mathsf{T}) \equiv \sum_{i=1}^{m} T_{ii} \tag{A.66}$$

(임의의 두 행렬 T_1과 T_2에 대해)

$$\mathrm{Tr}(\mathsf{T}_1\mathsf{T}_2) = \mathrm{Tr}(\mathsf{T}_2\mathsf{T}_1) \tag{A.67}$$

의 성질을 갖는다(문제 A.17 참조). 따라서 다음이 성립한다.

$$\mathrm{Tr}\left(\mathsf{T}^f\right) = \mathrm{Tr}\left(\mathsf{S}\,\mathsf{T}^e\mathsf{S}^{-1}\right) = \mathrm{Tr}\left(\mathsf{T}^e\mathsf{S}^{-1}\mathsf{S}\right) = \mathrm{Tr}\left(\mathsf{T}^e\right). \tag{A.68}$$

문제 A.14 삼차원 벡터에 대하여 표준 기준 $(\hat{\imath}, \hat{\jmath}, \hat{k})$를 사용하여 다음을 구하라.

(a) z축에 대해 (축에서 원점을 내려다 보았을 때 반시계 방향으로) 각도 θ만큼 회전시키는 행렬을 만들라.

(b) 점 (1, 1, 1)을 지나는 축에 대해(축에서 내려다 보았을 때 반시계 방향으로) 120° 회전시키는 행렬을 만들라.

(c) xy 평면에 대해 반사하는 행렬을 만들라.

(d) 이 모든 행렬은 직교 행렬임을 확인하고, 그 행렬식을 구하라.

문제 A.15 보통의 기준 $(\hat{\imath}, \hat{\jmath}, \hat{k})$를 이용하여 x축 주위로 각도 θ만큼 회전하는 행렬 T_x, y축 주위로 각도 θ만큼 회전하는 행렬 T_y를 만들어라. 이제 기준을 $\hat{\imath}' = \hat{\jmath}$, $\hat{\jmath}' = -\hat{\imath}$, $\hat{k}' = \hat{k}$로 바꾸었다고 하자. 이 기준의 변화를 반영하는 행렬 S를 만들고, $\mathsf{S}\mathsf{T}_x\mathsf{S}^{-1}$과 $\mathsf{S}\mathsf{T}_y\mathsf{S}^{-1}$이 예상한 결과라는 것을 확인하라.

문제 A.16 유사 변환은 행렬의 곱을 보존한다는 것을 증명하라. (즉 $\mathsf{A}^e\mathsf{B}^e = \mathsf{C}^e$라면 $\mathsf{A}^f\mathsf{B}^f = \mathsf{C}^f$이다.) 일반적으로 유사 변환은 대칭성, 실수의 성질 hermitian 성질을 보존하지 않는다. 그러나 S가 unitary이고 H^e가 hermitian이라면, H^f는 hermitian임을 증명하라. S가 직교규격화된 기준을 다른 직교규격화된 기준으로 바꾼다면 S는 반드시 unitary임을 증명하여라.

* **문제 A.17** $\mathrm{Tr}(\mathsf{T}_1\mathsf{T}_2) = \mathrm{Tr}(\mathsf{T}_2\mathsf{T}_1)$임을 증명하라. 이로 인해 바로 $\mathrm{Tr}(\mathsf{T}_1\mathsf{T}_2\mathsf{T}_3) = \mathrm{Tr}(\mathsf{T}_2\mathsf{T}_3\mathsf{T}_1)$임을 알 수 있지만, 일반적으로 $\mathrm{Tr}(\mathsf{T}_1\mathsf{T}_2\mathsf{T}_3) = \mathrm{Tr}(\mathsf{T}_2\mathsf{T}_1\mathsf{T}_3)$인가? 이를 증명하거나, 성립하지 않음을 증명하라. 귀띔: 가장 좋은 성립하지 않는 것을 증명하는 방법은 항상 반례를 드는 것이다. 단순할수록 좋다!

A.5 고유벡터와 고유값

3차원에서 특정한 축에 대해 각도 θ만큼 회전하는 선형 변환을 고려하자(끝점이 원점에 있는). 대부분의 벡터는 (축 주위의 원뿔을 따라 움직이는) 복잡한 방법으로 변하지만, 축 위에 있는 벡터는 단순하게 행동한다. 이들은 전혀 변하지 않는다($\hat{T}|\alpha\rangle = |\alpha\rangle$). 만일 θ가 180°라면 "적도"에 있는 벡터는 부호가 바뀐다($\hat{T}|\alpha\rangle = -|\alpha\rangle$). 복소수 벡터 공간에서는[16] 모든 선형 변환은 자신의 스칼라 배만큼 변환하는 "특별한" 벡터가 있다.

$$\hat{T}|\alpha\rangle = \lambda|\alpha\rangle. \tag{A.69}$$

이들을 변환의 **고유벡터**라고 하고 (복소수) λ를 **고유값**이라고 한다(영 벡터는 모든 $\hat{T}$와 λ에 대해 식 A.69를 항상 만족시키지만, 포함시키지 않는다. 식 A.69를 만족하는 0이 아닌 벡터를 의미한다). 고유벡터의 임의의 (0이 아닌) 배수도 같은 고유값을 갖는 고유벡터이다.

특별한 기준에 대해 고유벡터 방정식은 행렬의 형태를 띤다.

$$\mathsf{Ta} = \lambda\mathsf{a}, \qquad (\mathsf{a} \neq 0). \tag{A.70}$$

즉

$$(\mathsf{T} - \lambda\mathsf{I})\,\mathsf{a} = 0 \tag{A.71}$$

이다. [여기서 0은 모든 요소가 0인 (행) 행렬이다.] 이제 행렬 $(\mathsf{T} - \lambda\mathsf{I})$가 역행렬이 있다면 식 A.71의 양변에 $(\mathsf{T} - \lambda\mathsf{I})^{-1}$을 곱하면 $\mathsf{a} = 0$을 얻을 것이다. 그러나 a는 0이 아니라고 가정했으므로, $(\mathsf{T} - \lambda\mathsf{I})$는 특이 행렬이어야 하고 이것은 행렬식이 0이라는 것을 의미한다.

$$\det(\mathsf{T} - \lambda\mathsf{I}) = \begin{vmatrix} (T_{11} - \lambda) & T_{12} & \dots & T_{1n} \\ T_{21} & (T_{22} - \lambda) & \dots & T_{2n} \\ \vdots & \vdots & & \vdots \\ T_{n1} & T_{n2} & \dots & (T_{nn} - \lambda) \end{vmatrix} = 0. \tag{A.72}$$

행렬식을 전개하면 λ에 대한 방정식을 얻는다.

$$C_n\lambda^n + C_{n-1}\lambda^{n-1} + \cdots + C_1\lambda + C_0 = 0. \tag{A.73}$$

여기서 계수 C_i는 T의 요소에 의존한다(문제 A.20 참조). 이것을 행렬에 대한 **특성 방정식**이라고 한다. 그 해로 고유값이 결정된다. 이것은 n차 방정식이므로 (**대수의 기본 정리**에 의해) n개의 (복소수) 근이 있다.[17] 그러나 어떤 것은 중근이므로 확실하게 말할 수 있는 것은 $n \times n$ 행렬은 적어도 한 개, 많아야 n개의 고유값이 있다는 것이다. 행렬의 모든 고유값의 집합을 **스펙트럼**이라고 한다. 두 개(혹은 그 이상의) 선형 독립적인 고유벡터의 고유값이 같으면 스펙트럼은 **겹침**이 있다고 한다.

고유벡터를 구하는 쉬운 일반적인 방법은 식 A.70에 각각의 λ를 다시 넣어 "손으로" a의 성분에 대해 푸는 것이다. 예제를 통해 이를 알아보겠다.

---

[16] (스칼라가 실수 값만을 갖는) 실수 벡터 공간에서 이것은 항상 성립하지는 않는다(문제 A.18 참조).

[17] 여기서 실수 벡터 공간이 더 이상해진다. 왜냐하면 특성 방정식은 (실수) 해를 전혀 가질 필요가 없기 때문이다. 문제 A.18을 참조하라.

예제 A.1

다음 행렬의 고유값과 고유벡터를 구하라.

$$\mathsf{M} = \begin{pmatrix} 2 & 0 & -2 \\ -2i & i & 2i \\ 1 & 0 & -1 \end{pmatrix}. \qquad \text{(A.74)}$$

풀이: 특성 방정식은

$$\begin{vmatrix} (2-\lambda) & 0 & -2 \\ -2i & (i-\lambda) & 2i \\ 1 & 0 & (-1-\lambda) \end{vmatrix} = -\lambda^3 + (1+i)\,\lambda^2 - i\lambda = 0 \qquad \text{(A.75)}$$

이고, 그 근은 0, 1과 i이다. 첫 번째 고유벡터의 성분을 (a_1, a_2, a_3)라고 부르면

$$\begin{pmatrix} 2 & 0 & -2 \\ -2i & i & 2i \\ 1 & 0 & -1 \end{pmatrix} \begin{pmatrix} a_1 \\ a_2 \\ a_3 \end{pmatrix} = 0 \begin{pmatrix} a_1 \\ a_2 \\ a_3 \end{pmatrix} = \begin{pmatrix} 0 \\ 0 \\ 0 \end{pmatrix}$$

이고, 이로부터 세 개의 식을 얻는다.

$$2a_1 - 2a_3 = 0.$$
$$-2ia_1 + ia_2 + 2ia_3 = 0.$$
$$a_1 - a_3 = 0.$$

첫 번째에서 (a_1으로) a_3를 결정한다. $a_3 = a_1$. 두 번째 식으로 a_2를 결정한다. $a_2 = 0$. 세 번째 식은 필요 없다. (고유벡터를 여러 배 해도 여전히 고유벡터이므로) $a_1 = 1$로 고를 수 있다.

$$\mathsf{a}^{(1)} = \begin{pmatrix} 1 \\ 0 \\ 1 \end{pmatrix}, \ \lambda_1 = 0\text{에 대해} \qquad \text{(A.76)}$$

(성분에 대한 같은 표기법을 재활용해서) 두 번째 고유벡터로는

$$\begin{pmatrix} 2 & 0 & -2 \\ -2i & i & 2i \\ 1 & 0 & -1 \end{pmatrix} \begin{pmatrix} a_1 \\ a_2 \\ a_3 \end{pmatrix} = 1 \begin{pmatrix} a_1 \\ a_2 \\ a_3 \end{pmatrix} = \begin{pmatrix} a_1 \\ a_2 \\ a_3 \end{pmatrix}$$

을 얻고, 이로부터 다음의 식을 얻는다.

$$2a_1 - 2a_3 = a_1.$$
$$-2ia_1 + ia_2 + 2ia_3 = a_2.$$
$$a_1 - a_3 = a_3.$$

그 해는 $a_3 = (1/2)\,a_1$, $a_2 = \left[(1-i)/2\right] a_1$. 이번에는 $a_1 = 2$를 골라서 다음을 얻는다.

$$\mathsf{a}^{(2)} = \begin{pmatrix} 2 \\ 1-i \\ 1 \end{pmatrix}, \quad \lambda_2 = 1\text{에 대해} \qquad \text{(A.77)}$$

마지막으로 세 번째 고유벡터에 대해서는

$$\begin{pmatrix} 2 & 0 & -2 \\ -2i & i & 2i \\ 1 & 0 & -1 \end{pmatrix} \begin{pmatrix} a_1 \\ a_2 \\ a_3 \end{pmatrix} = i \begin{pmatrix} a_1 \\ a_2 \\ a_3 \end{pmatrix} = \begin{pmatrix} ia_1 \\ ia_2 \\ ia_3 \end{pmatrix}$$

이고, 얻는 방정식은

$$\begin{aligned} 2a_1 - 2a_3 &= ia_1, \\ -2ia_1 + ia_2 + 2ia_3 &= ia_2, \\ a_1 - a_3 &= ia_3 \end{aligned}$$

이다. 그 해는 $a_3 = a_1 = 0$이고, a_2는 결정되지 않는다. $a_2 = 1$로 선택하면 다음을 얻는다.

$$\mathsf{a}^{(3)} = \begin{pmatrix} 0 \\ 1 \\ 0 \end{pmatrix}, \quad \lambda_3 = i\text{에 대해}. \tag{A.78}$$

고유벡터가 (앞의 예제와 같이) 공간을 생성한다면, 이들을 자유롭게 기준으로 사용할 수 있다.

$$\begin{aligned} \hat{T}|f_1\rangle &= \lambda_1|f_1\rangle, \\ \hat{T}|f_2\rangle &= \lambda_2|f_2\rangle, \\ &\cdots \\ \hat{T}|f_n\rangle &= \lambda_n|f_n\rangle. \end{aligned}$$

이 기준에서 $\hat{T}$를 표현하는 행렬은 고유값이 대각선에 나타나고 다른 요소는 모두 0인 매우 간단한 형태를 갖는다.

$$\mathsf{T} = \begin{pmatrix} \lambda_1 & 0 & \dots & 0 \\ 0 & \lambda_2 & \dots & 0 \\ \vdots & \vdots & & \vdots \\ 0 & 0 & \dots & \lambda_n \end{pmatrix}. \tag{A.79}$$

그리고 (규격화된) 고유벡터는 다음과 같다.

$$\begin{pmatrix} 1 \\ 0 \\ 0 \\ \vdots \\ 0 \end{pmatrix}, \quad \begin{pmatrix} 0 \\ 1 \\ 0 \\ \vdots \\ 0 \end{pmatrix}, \quad \dots, \quad \begin{pmatrix} 0 \\ 0 \\ 0 \\ \vdots \\ 1 \end{pmatrix}. \tag{A.80}$$

기준을 바꾸어 **대각선 형태**로 만들 수 있는 행렬(식 A.79)은 **대각선화 가능**하다고 한다. (행렬은 고유벡터가 그 공간을 생성할 때에만 대각선화 가능하다.) 대각선화에 영향을 주는 유사행렬은 (원래 기준에서) 고유벡터를 S^{-1}의 행으로 사용하여 만들 수 있다.

$$\left(\mathsf{S}^{-1}\right)_{ij} = \left(\mathsf{a}^{(j)}\right)_i. \tag{A.81}$$

예제 A.2

예제 A.1에서

$$\mathsf{S}^{-1} = \begin{pmatrix} 1 & 2 & 0 \\ 0 & (1-i) & 1 \\ 1 & 1 & 0 \end{pmatrix}$$

이므로 (식 A.57을 이용하면)

$$\mathsf{S} = \begin{pmatrix} -1 & 0 & 2 \\ 1 & 0 & -1 \\ (i-1) & 1 & (1-i) \end{pmatrix}$$

이다. 스스로 다음을 확인할 수 있을 것이다.

$$\mathsf{Sa}^{(1)} = \begin{pmatrix} 1 \\ 0 \\ 0 \end{pmatrix}, \quad \mathsf{Sa}^{(2)} = \begin{pmatrix} 0 \\ 1 \\ 0 \end{pmatrix}, \quad \mathsf{Sa}^{(3)} = \begin{pmatrix} 0 \\ 0 \\ 1 \end{pmatrix}$$

과

$$\mathsf{SMS}^{-1} = \begin{pmatrix} 0 & 0 & 0 \\ 0 & 1 & 0 \\ 0 & 0 & i \end{pmatrix}.$$

행렬을 대각선 형태로 만드는 것에는 명백한 장점이 있다. 훨씬 다루기 쉽다. 불행하게도 모든 행렬을 대각선화할 수는 없다. 고유벡터가 공간을 생성해야만 한다. 특성 방정식이 n개의 다른 근을 가지면 행렬은 반드시 대각선화할 수 있지만, 중근이 있더라도 대각선화할 수도 있다(대각선화할 수 없는 행렬의 예를 보려면 문제 A.19를 참조하라). (모든 고유벡터를 구하기 전에) 미리 주어진 행렬이 대각선화할 수 있는지 할 수 있다면 편리할 것이다. (필요조건은 아니지만) 유용한 충분조건은 다음과 같다. 행렬이 자신의 hermitian 켤레와 교환하면 **정규 행렬**이라고 한다.

$$\text{정규 행렬: } \left[\mathsf{N}^{\dagger}, \mathsf{N}\right] = 0. \tag{A.82}$$

모든 정규행렬은 대각선화할 수 있다(그 고유벡터는 공간을 생성한다). 특히 모든 hermitian 행렬은 대각선화할 수 있고, 모든 unitary 행렬도 그렇다.

두 개의 대각선화할 수 있는 행렬이 있다고 하자. 양자역학의 응용에서 다음과 같은 의문이 종종 생긴다. 이들은 (같은 유사 행렬 S에 의해) **동시에 대각선화**할 수 있는가? 이제 증명하겠지만 두 행렬이 교환할 때만 그렇다. (한 기준에 대해 두 행렬이 교환하면 어떤 기준에 대해서도 교환한다. 문제 A.23 참조.)

먼저 동시의 고유벡터 기준이 존재하는지 증명하고, 행렬이 교환한다는 것을 보일 것이다. (동시에) 대각선 형태인 경우는 단순하다.

$$\mathsf{TV} = \begin{pmatrix} \lambda_1 & 0 & \cdots & 0 \\ 0 & \lambda_2 & \cdots & 0 \\ \vdots & \vdots & \ddots & \vdots \\ 0 & 0 & \cdots & \lambda_n \end{pmatrix} \begin{pmatrix} \nu_1 & 0 & \cdots & 0 \\ 0 & \nu_2 & \cdots & 0 \\ \vdots & \vdots & \ddots & \vdots \\ 0 & 0 & \cdots & \nu_n \end{pmatrix}$$

$$= \begin{pmatrix} \lambda_1\nu_1 & 0 & \cdots & 0 \\ 0 & \lambda_2\nu_2 & \cdots & 0 \\ \vdots & \vdots & \ddots & \vdots \\ 0 & 0 & \cdots & \lambda_n\nu_n \end{pmatrix} = \mathsf{VT}. \tag{A.83}$$

이 역은 조금 더 복잡하다. T의 스펙트럼이 겹치지 않는 특별한 경우에서 시작한다. T의 고유벡터 기준을 $\mathsf{a}^{(i)}$라고 하자.

$$\mathsf{T}\,\mathsf{a}^{(i)} = \lambda_i\,\mathsf{a}^{(i)}\,. \tag{A.84}$$

$[\mathsf{T},\mathsf{V}] = 0$임을 가정하고 $\mathsf{a}^{(i)}$는 또한 V의 고유벡터라는 것을 증명하고 싶다.

$$[\mathsf{T},\mathsf{V}]\,\mathsf{a}^{(i)} = 0\,, \qquad 즉 \qquad \mathsf{T}\,\mathsf{V}\,\mathsf{a}^{(i)} - \mathsf{V}\,\mathsf{T}\,\mathsf{a}^{(i)} = 0. \tag{A.85}$$

그리고 식 A.84로부터

$$\mathsf{T}\left(\mathsf{V}\,\mathsf{a}^{(i)}\right) = \lambda_i\left(\mathsf{V}\,\mathsf{a}^{(i)}\right) \tag{A.86}$$

의 관계를 얻는다. 식 A.86에 의하면 $\mathsf{b}^{(i)} \equiv \mathsf{V}\mathsf{a}^{(i)}$는 고유값 λ인 T의 고유벡터이다. 그러나 가정에 의해 T의 스펙트럼은 겹쳐 있지 않고, 이것은 $\mathsf{b}^{(i)}$는 (상수를 제외하고) $\mathsf{a}^{(i)}$ 자신과 같아야 한다. 상수를 ν_i라고 부르면

$$\mathsf{b}^{(i)} = \mathsf{V}\,\mathsf{a}^{(i)} = \nu_i\,\mathsf{a}^{(i)} \tag{A.87}$$

이므로 $\mathsf{a}^{(i)}$는 V의 고유벡터이다.

남은 것은 겹치지 않았다는 가정을 없애는 것이다. 이제 T는 적어도 한 개의 겹치는 고유값이 있어서 $\mathsf{a}^{(1)}$과 $\mathsf{a}^{(2)}$가 같은 고유값 λ_0를 갖는 T의 고유벡터라고 하자.

$$\mathsf{T}\,\mathsf{a}^{(1)} = \lambda_0\,\mathsf{a}^{(1)}\,.$$
$$\mathsf{T}\,\mathsf{a}^{(2)} = \lambda_0\,\mathsf{a}^{(2)}\,.$$

다시 행렬 T와 V가 교환한다고 가정하면

$$[\mathsf{T},\mathsf{V}]\,\mathsf{a}^{(1)} = 0$$
$$[\mathsf{T},\mathsf{V}]\,\mathsf{a}^{(2)} = 0$$

이고, 이로 인해 (겹치지 않은 경우와 같이) $\mathsf{b}^{(1)} \equiv \mathsf{V}\,\mathsf{a}^{(1)}$과 $\mathsf{b}^{(2)} \equiv \mathsf{V}\,\mathsf{a}^{(2)}$는 고유값 λ_0인 T의 고유벡터라고 결론 내릴 수 있다. 그러나 이번에는 $\mathsf{b}^{(1)}$이 $\mathsf{a}^{(1)}$의 상수배라고 할 수 없다. 왜냐하면 $\mathsf{a}^{(1)}$과 $\mathsf{a}^{(2)}$에 대한 임의의 선형결합도 고유값 λ_0인 T의 고유벡터이기 때문이다. 알 수 있는 것은 어떤 상수 c_{ij}에 대해

$$\mathsf{b}^{(1)} = \mathsf{V}\,\mathsf{a}^{(1)} = c_{11}\,\mathsf{a}^{(1)} + c_{21}\,\mathsf{a}^{(2)}$$
$$\mathsf{b}^{(2)} = \mathsf{V}\,\mathsf{a}^{(2)} = c_{12}\,\mathsf{a}^{(1)} + c_{22}\,\mathsf{a}^{(2)}$$

이 성립한다는 것이다. 그러므로 (상수 c_{12}와 c_{21}이 우연히 0이 되지 않는 한) $\mathsf{a}^{(1)}$과 $\mathsf{a}^{(2)}$는 V의 고유벡터가 아니다. 그러나 고유벡터 $\tilde{\mathsf{a}}$에 대한 다른 기준을 선택한다고 하자.

$$\begin{aligned}\tilde{\mathsf{a}}^{(1)} &= d_{11}\,\mathsf{a}^{(1)} + d_{21}\,\mathsf{a}^{(2)}\,.\\ \tilde{\mathsf{a}}^{(2)} &= d_{12}\,\mathsf{a}^{(1)} + d_{22}\,\mathsf{a}^{(2)}\,.\end{aligned} \tag{A.88}$$

여기서 d_{ij}는 상수이고, $\tilde{\mathsf{a}}^{(1)}$과 $\tilde{\mathsf{a}}^{(2)}$는 V의 고유벡터이다.

$$\mathsf{V}\tilde{\mathsf{a}}^{(i)} = \nu_i\,\tilde{\mathsf{a}}^{(i)}\,. \tag{A.89}$$

$\tilde{\mathsf{a}}$는 여전히 같은 고유값 λ_0를 갖는 T의 고유벡터이다. 왜냐하면 $\mathsf{a}^{(1)}$과 $\mathsf{a}^{(2)}$의 임의의 선형결합이 그렇기 때문이다. 그러나 V의 고유벡터인 선형결합(식 A.88)을 만들 수 있는가? 어떻게 적절한 계수 d_{ij}를 얻는가? 답: 다음의 고유값 문제를 푼다.[18]

$$\underbrace{\begin{pmatrix} c_{11} & c_{12} \\ c_{21} & c_{22}\end{pmatrix}}_{\mathsf{C}}\begin{pmatrix} d_{1i} \\ d_{2i}\end{pmatrix} = \nu_i\begin{pmatrix} d_{1i} \\ d_{2i}\end{pmatrix}. \tag{A.90}$$

이 방법으로 만든 고유벡터 $\tilde{\mathsf{a}}^{(i)}$는 식 A.88을 만족한다는 것을 보여(문제 A.24) 이 증명을 완성한다.[19]

* **문제 A.18** xy 평면에서 회전을 나타내는 2 × 2 행렬은

$$\mathsf{T} = \begin{pmatrix} \cos\theta & -\sin\theta \\ \sin\theta & \cos\theta \end{pmatrix} \tag{A.91}$$

이다. (특별한 각도를 제외하고는—이 각도는 얼마인가?) 이 행렬은 실수의 고유값이 없다는 것을 증명하라(이것은 이 평면의 어떤 벡터도 이와 같은 회전에 의해 자기 자신으로 옮겨갈 수 없다는 기하학적사실의 반영한다. 삼차원의 회전과 대비하라). 그러나 이 행렬은 복소수 고유값과 고유벡터가 있다. 이들을 구하라. T를 대각선화하는 행렬 S를 만들라. 명시적으로 유사 변환 $\left(\mathsf{STS}^{-1}\right)$을 하고 이것은 T를 대각선 형태로 만든다는 것을 보여라.

문제 A.19 다음 행렬의 고유값과 고유벡터를 구하라.

$$\mathsf{M} = \begin{pmatrix} 1 & 1 \\ 0 & 1 \end{pmatrix}.$$

이 행렬은 대각선화할 수 있는가?

---

[18] 행렬 C가 대각선화할 수 없다고 걱정할 수 있지만, 그럴 필요는 없다. 행렬 C는 $\mathsf{a}^{(i)}$ 기준에서 쓴 변환 $\hat{V}$의 2×2 블록이다. 이것은 V 자체가 대각선화할 수 있다는 사실에 의해 대각선화할 수 있다.

[19] 두 개의 겹침에 대해서만 증명했지만, 논의를 명백한 방법으로 확장시켜 고차의 겹침에 대해서도 증명할 수 있다. 다만 더 큰 행렬 C를 대각선화할 필요가 있을 뿐이다.

문제 A.20 특성 방정식(식 A.73)에서 첫 번째, 두 번째, 마지막 계수는 다음과 같음을 증명하라.

$$C_n = (-1)^n \,,\; C_{n-1} = (-1)^{n-1}\,\mathrm{Tr}(\mathsf{T}), \text{ 그리고 } C_0 = \det(\mathsf{T}). \tag{A.92}$$

요소 T_{ij}로 만든 3 × 3 행렬에 대해 C_1은 무엇인가?

문제 A.21 대각선 행렬의 대각선합은 고유값의 합이고, 행렬식은 그 곱이라는 것이 명백하다(식 A.79를 보면 안다). (식 A.65와 A.68로부터) 임의의 대각선화할 수 있는 행렬에 대해서도 이것이 성립한다. 사실 임의의 행렬에 대해

$$\det(\mathsf{T}) = \lambda_1\lambda_2\cdots\lambda_n, \quad \mathrm{Tr}(\mathsf{T}) = \lambda_1 + \lambda_2 + \cdots + \lambda_n \tag{A.93}$$

이라는 것을 증명하라(λ는 특성 방정식의 n개의 해이다. 중근이 있는 경우 해보다 적은 선형 독립적인 고유벡터가 있지만, 여전히 λ를 나타나는 횟수만큼 센다). 귀띔: 특성 방정식을

$$(\lambda_1 - \lambda)(\lambda_2 - \lambda)\cdots(\lambda_n - \lambda) = 0$$

의 형태로 쓰고 문제 A.20의 결과를 이용하라.

문제 A.22 다음의 행렬을 고려하라.

$$\mathsf{M} = \begin{pmatrix} 1 & 1 \\ 1 & i \end{pmatrix}.$$

(a) 정규 행렬인가?

(b) 대각선화할 수 있는가?

문제 A.23 두 행렬이 한 기준에서 교환한다면 임의의 기준에서 교환한다는 것을 증명하라. 즉

$$\left[\mathsf{T}_1^e, \mathsf{T}_2^e\right] = 0 \Rightarrow \left[\mathsf{T}_1^f, \mathsf{T}_2^f\right] = 0. \tag{A.94}$$

이다. 귀띔: 식 A.64를 이용하라.

문제 A.24 식 A.88과 A.90에서 계산한 $\mathsf{\hat{a}}$는 V의 고유벡터라는 것을 증명하라.

* **문제 A.25** 다음의 행렬을 고려하자.

$$\mathsf{A} = \begin{pmatrix} 1 & 4 & 1 \\ 4 & -2 & 4 \\ 1 & 4 & 1 \end{pmatrix}, \qquad \mathsf{B} = \begin{pmatrix} 1 & -2 & -1 \\ -2 & 2 & -2 \\ -1 & -2 & 1 \end{pmatrix}.$$

(a) 이들은 대각선화할 수 있고, 교환한다는 것을 확인하라.

(b) A의 고유값과 고유벡터를 구하고, 그 스펙트럼은 겹침이 없다는 것을 확인하라.

(c) A의 고유벡터는 B의 고유벡터이기도 하다는 것을 증명하라.

문제 A.26 다음의 행렬을 고려하자.

$$\mathsf{A} = \begin{pmatrix} 2 & 2 & -1 \\ 2 & -1 & 2 \\ -1 & 2 & 2 \end{pmatrix}, \qquad \mathsf{B} = \begin{pmatrix} 2 & -1 & 2 \\ -1 & 5 & -1 \\ 2 & -1 & 2 \end{pmatrix}.$$

(a) 이들은 대각선화할 수 있고, 교환한다는 것을 확인하라.

(b) A의 고유값과 고유벡터를 구하고, 그 스펙트럼은 겹쳐 있다는 것을 확인하라.

(c) (b)에서 구한 고유벡터는 또한 B의 고유벡터인가? 그렇지 않다면 두 행렬의 동시의 고유벡터인 벡터를 구하라.

A.6 Hermitian 변환

식 A.48에서 행렬의 hermitian 켤레(혹은 "수반")을 자리바꿈 켤레 $\mathsf{T}^\dagger = \tilde{\mathsf{T}}^*$로 정의했다. 이제 선형 변환의 hermitian 켤레에 대한 더 기본적인 정의를 하겠다. $\hat{T}^\dagger$를 내적의 첫 번째 벡터에 적용했을 때 마치 $\hat{T}$ 자체를 두 번째 벡터에 적용한 것과 같은 결과를 주는 변환이다(모든 벡터 $|\alpha\rangle$와 $|\beta\rangle$에 대해).[20]

$$\left\langle \hat{T}^\dagger \alpha \,\middle|\, \beta \right\rangle = \left\langle \alpha \,\middle|\, \hat{T} \beta \right\rangle. \tag{A.95}$$

모든 사람들이 사용하지만 이것은 좋지 않는 표기법이라는 것을 경고하고 싶다. 왜냐하면 α와 β는 벡터가 아니고(벡터는 $|\alpha\rangle$와 $|\beta\rangle$이다), 이름이다. 특히 수학적인 성질은 전혀 없고 "$\hat{T}\beta$"라는 표현은 말도 되지 않는다. 선형 변환은 벡터에 작용하지, 지표에 작용하지 않는다. 그러나 이 표기가 무엇을 의미하는지 분명하다. $\hat{T}\beta$는 벡터 $\hat{T}|\beta\rangle$의 이름이고, $\langle \hat{T}^\dagger \alpha | \beta \rangle$는 벡터 $\hat{T}^\dagger |\alpha\rangle$와 벡터 $|\beta\rangle$의 내적이다. 특히 다음을 주목하라. 임의의 스칼라 c에 대해

$$\langle \alpha \mid c\beta \rangle = c \, \langle \alpha \mid \beta \rangle \tag{A.96}$$

반면에

$$\langle c\alpha \mid \beta \rangle = c^* \, \langle \alpha \mid \beta \rangle \tag{A.97}$$

이다.

(언제나 그렇듯이) 직교규격화된 기준에서는 선형 변환의 hermitian 켤레는 이에 해당하는 행렬의 hermitian 켤레로 표현한다(식 A.50과 A.53을 이용하면).

[20] 이와 같은 변화가 반드시 존재하는지 궁금하다면, 이것은 좋은 질문이고, 답은 "예"이다. 예를 들어 Paul R. Halmos, *Finite Dimensional Vector Spaces*, 2nd edn, van Nostrand, Princeton (1958), 44절을 참조하라.

$$\left\langle \alpha \,\middle|\, \hat{T}\beta \right\rangle = \mathsf{a}^{\dagger}\mathsf{T}\,\mathsf{b} = (\mathsf{T}^{\dagger}\mathsf{a})^{\dagger}\mathsf{b} = \left\langle \hat{T}^{\dagger}\alpha \,\middle|\, \beta \right\rangle \tag{A.98}$$

이다. 그러므로 용어는 일치하고, 변환이나 행렬의 용어를 바꾸어 가며 말할 수 있다.

양자역학에서 **hermitian 변환** $(\hat{T}^{\dagger} = \hat{T})$은 기본적인 역할을 한다. Hermitian 변환의 고유벡터와 고유값은 세 개의 중요한 성질이 있다.

1. Hermitian 변환의 고유값은 실수이다.

증명: λ가 $\hat{T}$의 고유값이라고 하자. $\hat{T}|\alpha\rangle = \lambda|\alpha\rangle$이고 $|\alpha\rangle \neq |0\rangle$이다. 그러면 다음이 성립한다.

$$\left\langle \alpha \,\middle|\, \hat{T}\alpha \right\rangle = \langle \alpha \,|\, \lambda\alpha \rangle = \lambda \,\langle \alpha \,|\, \alpha \rangle \,.$$

한편 $\hat{T}$가 hermitian이면

$$\left\langle \alpha \,\middle|\, \hat{T}\alpha \right\rangle = \left\langle \hat{T}\alpha \,\middle|\, \alpha \right\rangle = \langle \lambda\alpha \,|\, \alpha \rangle = \lambda^{*} \,\langle \alpha \,|\, \alpha \rangle \,.$$

또한 성립한다. 하지만 $\langle\alpha|\alpha\rangle \neq 0$이므로(식 A.20) $\lambda = \lambda^{*}$이고, 따라서 λ는 실수이다. 증명끝.

2. 다른 고유값에 속하는 hermitian 변환의 고유벡터는 직교한다.

증명: $\hat{T}|\alpha\rangle = \lambda|\alpha\rangle$이고, $\hat{T}|\beta\rangle = \mu|\beta\rangle$라고 하자. $\lambda \neq \mu$. 그러면

$$\left\langle \alpha \,\middle|\, \hat{T}\beta \right\rangle = \langle \alpha \,|\, \mu\beta \rangle = \mu \,\langle \alpha \,|\, \beta \rangle$$

이고, $\hat{T}$가 hermitian이면

$$\left\langle \alpha \,\middle|\, \hat{T}\beta \right\rangle = \left\langle \hat{T}\alpha \,\middle|\, \beta \right\rangle = \langle \lambda\alpha \,|\, \beta \rangle = \lambda^{*} \,\langle \alpha \,|\, \beta \rangle$$

이다. 그러나 [(1)로부터] $\lambda = \lambda^{*}$이고, 가정에 의해 $\lambda \neq \mu$이므로 $\langle\alpha|\beta\rangle = 0$이다. 증명끝.

3. Hermitian 변환의 고유벡터는 공간을 생성한다.

앞에서 보았듯이 이것은 임의의 hermitian 행렬을 대각선화할 수 있다는 것과 동등하다. 이것은 어떤 의미에서 기술적인 사실이지만, 이것이 양자역학이 매우 많이 의존하는 수학적 사실이다. 하지만 희망했던 만큼 강한 도움을 주지는 않는다. 왜냐하면 증명은 무한 차원의 벡터 공간으로 확장되지 않기 때문이다.

문제 A.27 Hermitian 선형 변환은 모든 벡터 $|\alpha\rangle$와 $|\beta\rangle$에 대해 $\langle\alpha|\hat{T}\beta\rangle = \langle\hat{T}\alpha|\beta\rangle$이 성립한다. 이것은 모든 벡터 $|\gamma\rangle$에 대해 $\langle\gamma|\hat{T}\gamma\rangle = \langle\hat{T}\gamma|\gamma\rangle$을 증명하는 데 (놀랍게도) 충분 조건이 된다는 것을 증명하라. 귀띔: 먼저 $|\gamma\rangle = |\alpha\rangle + |\beta\rangle$이라고 하고, 다음 $|\gamma\rangle = |\alpha\rangle + i|\beta\rangle$이라고 하라.

* **문제 A.28** 다음 행렬을 고려하자.

$$\mathsf{T} = \begin{pmatrix} 1 & 1-i \\ 1+i & 0 \end{pmatrix}.$$

(a) T가 hermitian이라는 것을 확인하라.

(b) 고유값을 구하라(실수 고유값이라는 것을 주목하라).

(c) 고유벡터를 구하고 규격화하라(서로 직교한다는 것을 주목하라).

(d) 대각선화하는 unitary 행렬 S를 만들고, 명시적으로 이것이 T를 대각선화하는 것을 확인하라.

(e) det(T)와 Tr(T)는 대각선화한 형태가 되어도 같은 값을 갖는다는 것을 증명하라.

** **문제 A.29** 다음의 hermitian 행렬을 고려하라.

$$\mathsf{T} = \begin{pmatrix} 2 & i & 1 \\ -i & 2 & i \\ 1 & -i & 2 \end{pmatrix}.$$

(a) det (T)와 Tr(T)를 계산하라.

(b) T의 고유값을 구하라. 식 A.93의 의미에서 합과 곱이 (a)의 결과와 일치함을 확인하라. 대각선화된 T에 대해서 이 결과를 나타내라.

(c) T의 고유벡터를 구하라. 겹친 부분 안에서 두 개의 선형 독립적인 고유벡터를 만들어라(이 단계가 hermitian 행렬에 대해서는 항상 가능하지만 임의의 행렬에 대해서는 성립하지 않는다. 문제 A.19와 대조하라). 이들을 직교화하고, 이들 모두 세 번째 고유벡터와 직교한다는 것을 확인하라. 모든 세 개의 고유벡터를 규격화하라.

(d) T를 대각선화하는 행렬 S를 만들고, S를 이용한 유사 변환이 T를 적절한 대각선화된 형태로 환원시킨다는 것을 명시적으로 보여라.

문제 A.30 Unitary 변환은 $\hat{U}^\dagger \hat{U} = 1$인 변환이다.

(a) Unitary 변환은 모든 벡터 $|\alpha\rangle$, $|\beta\rangle$에 대해 $\langle \hat{U}\alpha \,|\, \hat{U}\beta \rangle = \langle \alpha \,|\, \beta \rangle$이라는 의미에서 내적을 보존한다는 것을 증명하라.

(b) Unitary 변환의 고유값의 크기는 1이라는 것을 증명하라.

(c) 다른 고유값에 속하는 unitary 변환의 고유벡터는 직교한다는 것을 증명하라.

*** **문제 A.31** 행렬 함수는 전형적으로 Taylor 급수 전개로 정의한다. 예를 들어

$$e^{\mathsf{M}} \equiv \mathsf{I} + \mathsf{M} + \frac{1}{2}\mathsf{M}^2 + \frac{1}{3!}\mathsf{M}^3 + \cdots \tag{A.99}$$

이다.

(a) 다음의 경우 exp (M)을 구하라.

$$\text{(i) } \mathsf{M} = \begin{pmatrix} 0 & 1 & 3 \\ 0 & 0 & 4 \\ 0 & 0 & 0 \end{pmatrix}; \quad \text{(ii) } \mathsf{M} = \begin{pmatrix} 0 & \theta \\ -\theta & 0 \end{pmatrix}.$$

(b) M을 대각선화할 수 있다면

$$\det\left(e^{\mathsf{M}}\right) = e^{\mathrm{Tr}(\mathsf{M})} \tag{A.100}$$

임을 증명하라. 참고: 이것은 M을 대각선화할 수 없을 때도 성립하지만, 일반적인 경우에 증명하기는 더 어렵다.

(c) 행렬 M과 N이 교환한다면

$$e^{\mathsf{M}+\mathsf{N}} = e^{\mathsf{M}}e^{\mathsf{N}} \tag{A.101}$$

이 성립한다(생각할 수 있는 가장 간단한 반례를 들어). 식 A.101이 일반적으로 교환하지 않는 행렬에 대해서는 성립하지 않는다는 것을 증명하라.[21]

(d) H가 hermitian이면 $e^{i\mathsf{H}}$는 unitary임을 증명하라.

[21] 더 일반적인 "Baker-Campbell-Hausdorff" 공식에 대해서는 문제 3.29를 참조하라.

찾아보기

[가]

[나]

[다]

[라]

[마]

[바]

[사]

[아]

[자]

[차]

[카]

[타]

[파]

[하]

[숫자]

[A, B, C, D]

[E, F, G, H]

[J, K, L, M]

[P, R, S, T]

[U, V, W, Y, Z]

수학 공식

삼각함수

$$\sin(a \pm b) = \sin a \cos b \pm \cos a \sin b$$
$$\cos(a \pm b) = \cos a \cos b \mp \sin a \sin b$$

코사인 법칙

$$c^2 = a^2 + b^2 - 2ab\cos\theta$$

적분

$$\int x\sin(ax)dx = \frac{1}{a^2}\sin(ax) - \frac{x}{a}\cos(ax)$$
$$\int x\cos(ax)dx = \frac{1}{a^2}\cos(ax) + \frac{x}{a}\sin(ax)$$

지수함수 적분

$$\int_0^\infty x^n e^{-x/a}dx = n!a^{n+1}$$

Gaussian 적분

$$\int_0^\infty x^{2n} e^{-x^2/a^2}dx = \sqrt{\pi}\frac{(2n)!}{n!}\left(\frac{a}{2}\right)^{2n+1}$$
$$\int_0^\infty x^{2n+1} e^{-x^2/a^2}dx = \frac{n!}{2}a^{2n+2}$$

부분적분

$$\int_a^b f\frac{dg}{dx}dx = -\int_a^b f\frac{df}{dx}g\,dx + fg\Big|_a^b$$